Joachim Zentes / Bernhard Swoboda

Grundbegriffe des Marketing

Marktorientiertes globales Management-Wissen

5., aktualisierte, überarbeitete und erweiterte Auflage

2001
Schäffer-Poeschel Verlag Stuttgart
Absatzwirtschaft

Die Deutsche Bibliothek – CIP-Einheitsaufnahme

Zentes, Joachim:
Grundbegriffe des Marketing / Joachim Zentes/Bernhard Swoboda.
– 5., aktualisierte, überarb. und erw. Aufl..
– Stuttgart : Schäffer-Poeschel, 2001
(Absatzwirtschaft, Schriften zum Marketing)
ISBN 3-7910-1958-9

Gedruckt auf chlorfrei gebleichtem, säurefreiem und alterungsbeständigem Papier

www.schaeffer-poeschel.de
info@schaeffer-poeschel.de
Einbandgestaltung: Willy Löffelhardt
Satz: Johanna Boy, Brennberg
Druck und Bindung: Franz Spiegel Buch GmbH, Ulm
Printed in Germany
November/2001

Schäffer-Poeschel Verlag Stuttgart

Ein Tochterunternehmen der Verlagsgruppe Handelsblatt

Vorwort zur fünften Auflage

Die fünfte Auflage ist ein neues Buch geworden. So wurde der zunehmenden Globalisierung der absatzmarkt- und beschaffungsmarktorientierten Aktivitäten der Unternehmen durch die Aufnahme der wichtigsten diesbezüglichen Stichwörter Rechnung getragen. Gleichzeitig wurde das Zusammenwachsen – gerade im internationalen Kontext – von Aspekten bzw. Perspektiven des Marketing und des Managements durch neue Basis- und Verweisstichwörter berücksichtigt. Diese inhaltliche Erweiterung drückt der erstmals gewählte Untertitel »Marktorientiertes globales Management-Wissen« aus.

Den Anstoß zu dieser inhaltlichen Erweiterung bildete die ursprünglich gleichzeitige Überarbeitung der vierten Auflage der »Grundbegriffe des Marketing« und der ersten Auflage der »Grundbegriffe des Internationalen Managements« (von Joachim Zentes und Bernhard Swoboda). Dabei zeigte sich die oben bereits erwähnte materielle Konvergenz – sieht man von spezifischen Fragestellungen des Internationalen Managements ab, so Organisations- und Führungsproblemen –, was sich in einer Verschmelzung der beiden »Grundbegriffe« niederschlägt. Mit dieser Verschmelzung geht auch eine veränderte Autorenschaft einher. So ist die fünfte Auflage der »Grundbegriffe des Marketing« ein gemeinsames Projekt der beiden Unterzeichner.

Beibehalten wurde die bewährte Grundkonzeption des Taschenwörterbuches. Als Grundbegriffe weist der laufende Text Basisstichwörter aus, welche die inhaltlichen Erläuterungen geben. Mit Verweisstichwörtern wird auf eines oder mehrere Basisstichwörter hingewiesen, wo entsprechende Erörterungen erfolgen. Am Ende des Taschenwörterbuches fasst ein Stichwortregister die wesentlichen Begriffe zusammen.

Für die engagierte Mitwirkung bei der Überarbeitung und der redaktionellen Fertigstellung danken wir Herrn Dipl.-Ing. Andreas Bartsch, Herrn Dipl.-Kfm. Moritz Havenstein, Herrn Dipl.-Kfm. Markus Janz, Frau Dipl.-Kff. Hanna Schramm-Klein und Frau Dipl.-Kff. Antje Wittig. Frau Heidrun Asmus und Frau Gabriele Thös danken wir für die sorgfältige Erledigung der Schreib- und Layoutarbeiten.

Nicht zuletzt dürfen wir uns bei den Mitarbeitern des Schäffer-Poeschel Verlags, insbesondere bei Herrn Volker Dabelstein, für die stets angenehme Betreuung des Buchprojektes bedanken.

Saarbrücken, im Juli 2001

Joachim Zentes und Bernhard Swoboda

Vorwort zur vierten Auflage

Die vielfältigen Entwicklungen in allen Bereichen des Marketing machten es erforderlich, die vierte Auflage grundlegend zu überarbeiten. Das bisherige Basissystem der Grundbegriffe wurde beibehalten. Das Spektrum der Grundbegriffe wurde einerseits ergänzt, so um internationale und Managementaspekte; andererseits wurde das Ausmaß der Grundbegriffe auf der technologischen Ebene des Marketing reduziert. Aktualisiert und erweitert wurden die Literaturhinweise und die Quellenangaben. Wie auch in den bisherigen Neuauflagen wurden die Änderungen des Rechtsrahmens eingearbeitet.

Die bewährte Grundkonzeption des Taschenwörterbuches (Basisstichwörter, Verweisstichwörter, Stichwortregister) wurde beibehalten. Weiter ausgebaut wurden die internen Verweise.

Für die engagierte Mitwirkung bei der Überarbeitung und der redaktionellen Fertigstellung danke ich Frau Dipl.-Kff. Natascha Ferring, Herrn Dipl.-Kfm. Ludger Opgenhoff und Herrn Dipl.-Kfm. Christian Zimmermann.

Saarbrücken, im Oktober 1995

Joachim Zentes

Vorwort zur dritten Auflage

Die vorliegende Auflage stellt im wesentlichen eine redaktionelle Überarbeitung der zweiten Auflage dar. Das System der Grundbegriffe wurde beibehalten; aktualisiert wurden die Literaturhinweise und Quellenangaben. Darüber hinaus führten Änderungen des Rechtsrahmens zur Anpassung einzelner Artikel.

Herrn Dipl.-Kfm. Falk Ihrig danke ich für die engagierte Mitwirkung bei der Überarbeitung und der redaktionellen Fertigstellung. Frau Ellen Pötter hat mit großer Sorgfalt das Manuskript geschrieben; ihr danke ich herzlich.

Saarbrücken, im Januar 1992

Joachim Zentes

Vorwort zur zweiten Auflage

Die Entwicklungen in allen Bereichen des Marketing, so auf theoretischen, methodischen und technologischen Ebenen, lassen es zweckmäßig erscheinen, das Spektrum der Grundbegriffe des Marketing zu erweitern. Neuere Erkenntnisse und Änderungen, z.B. des Rechtsrahmens haben darüber hinaus eine Überarbeitung zahlreicher Artikel erforderlich gemacht.

Die Grundkonzeption des Taschenwörterbuches (Basisstichwörter, Verweisstichwörter, Gesamtindex) wurde beibehalten. Ausgebaut wurden jedoch die internen Verweise, um eine bessere inhaltliche Verkettung zu erreichen.

Bei der Neubearbeitung haben mich meine Mitarbeiter unterstützt. Mein Dank gilt Herrn Dipl.-Kfm. Klaus Deimel, der wesentliche neue Beiträge für das Taschenwörterbuch geleistet hat, und Frau Angela Tauschwitz M. A. für die engagierte Mitwirkung bei der Überarbeitung. Frau Tauschwitz bin ich darüber hinaus für die redaktionelle Fertigstellung des Manuskriptes und die Aktualisierung des Literaturverzeichnisses verbunden. Frau cand. rer. pol. Beate Knab danke ich für die sorgfältige Durchführung der technischen Schlußarbeiten und für die Überarbeitung des Stichwortregisters.

Frau Ellen Pötter hat wiederum mit großer Sorgfalt mehrere Fassungen des Manuskriptes geschrieben; ich danke ihr herzlich.

Essen, im März 1988

Joachim Zentes

Vorwort zur ersten Auflage

Die Vielzahl unterschiedlicher Marketingkonzepte, die branchenspezifischen und sektoralen Eigenheiten des Marketing, die unterschiedlichen Forschungsparadigmen, das breite Spektrum methodischer Ansätze, die zunehmende interdisziplinäre Ausrichtung – um nur einige Determinanten der terminologischen Komplexität einer Fachdisziplin zu nennen – lassen es zweckmäßig erscheinen, den an Marketingfragen interessierten Studenten und Praktikern mit einem Taschenwörterbuch eine erste begriffliche Orientierungshilfe zur Verfügung zu stellen.

Das vorliegende Taschenbuch versucht, einerseits als wesentlich erachtete Grundbegriffe des Marketing zu erläutern oder zu definieren bzw. gängige Definitionen vorzustellen und andererseits in weitergehenden Ausführungen einzelne Sachverhalte zu vertiefen. Bei der Auswahl der Grundbegriffe wurde versucht – soweit im Rahmen eines Taschenwörterbuches möglich – die unterschiedlichen Dimensionen und Aspekte des Marketing zu berücksichtigen. Die Erörterung der Grundbegriffe orientierte sich an der Zielsetzung, speziellere Begriffe eingehender zu erläutern als kategoriale Begriffe. Durch das System der Grundbegriffe und ein System interner Verweise wird – im Wege der Stichwortverkettung – zugleich versucht, einen Problemkreis möglichst umfassend abzudecken, ohne damit den Anspruch eines Lehrbuches zu erheben. Es wird vielmehr angestrebt, durch die Heranziehung gängiger Lehrbücher, einschlägiger Monografien und Aufsätze die Vielzahl unterschiedlicher Forschungsrichtungen und Schulen des Marketing zu dokumentieren.

Bei der Konzeption des Stichwortsystems haben meine Mitarbeiter Dipl.-Kfm. Claus Muchna, Dipl.-Kfm. Helmut Gier, Dipl.-Kfm. Peter Schröer mitgewirkt; sie haben zugleich Beiträge für das Taschenwörterbuch geleistet. Ihnen gilt mein besonderer Dank. Herrn Claus Muchna bin ich darüber hinaus für die aktive Unterstützung bei der Fertigstellung des Manuskriptes verbunden. Frau Ellen Pötter und Frau Brigitte Düren haben mit großer Sorgfalt mehrere Fassungen des Manuskriptes bis zur Druckreife geschrieben; ihnen danke ich herzlich. Für das sorgfältige und umsichtige Lesen der Korrekturfahnen schulde ich meiner Frau besonderen Dank.

Essen, im April 1983

Joachim Zentes

Benutzerhinweise

1. Das Taschenwörterbuch basiert auf einem hierarchischen Begriffssystem. Basisstichwörter und Verweisstichwörter erscheinen als Grundbegriffe im laufenden Text; sie stellen die Grundlage der alphabetischen Gliederung dar. Das Stichwortregister enthält die zur Erläuterung der Basisstichwörter herangezogenen themenrelevanten Begriffe.

2. Die Grundbegriffe sind in alphabetischer Reihenfolge angeordnet. Bei zusammengesetzten Stichwörtern (Substantiv und Adjektiv) wird grundsätzlich nach dem üblichen lexikografischen Prinzip verfahren, d.h. die Einordnung orientiert sich an dem Substantiv.

   Beispiel: **Früherkennung, strategische**

   Ist im Sprachgebrauch ein zusammengesetztes Stichwort als Begriff festgeschrieben, so orientiert sich die Einordnung an dem vorangestellten Adjektiv.

   Beispiel: **Virtuelle Unternehmen**

3. Basisstichwörter werden im Text – soweit im Rahmen eines Taschenwörterbuches möglich – ausführlich behandelt. Verweisstichwörter erscheinen im laufenden Text; eine Erörterung erfolgt allerdings nur im Zusammenhang mit einem oder mehreren Basisstichwörtern, auf das (die) hingewiesen wird.

   Beispiel: **Markenartikel** → *Markenpolitik*

4. Die Verweise sind nicht als Hinweis auf unterschiedliche Begriffsfassungen für identische Phänomene zu interpretieren. So werden verwandte Phänomene aus Gründen der Redundanzvermeidung im Zusammenhang mit einem Basisstichwort erörtert. Auf dieses Basisstichwort kann dann gegebenenfalls mehrfach hingewiesen werden.

   Beispiel: **Equity Joint Venture** → *Joint Venture*

5. Bei der Erörterung eines Basisstichwortes können andere Basisstichwörter herangezogen werden, auf die hingewiesen wird.

   Beispiel:
   »Die Markenpolitik (Markierungspolitik) ist ein Teilbereich der (→) *Produktpolitik* ...«

   oder

   »Die Preiskalkulation dient der Ermittlung und Festsetzung (→ *Preisstellung*) von Preisen für die Leistungen eines Unternehmens ...«

6. Darüber hinaus wird oftmals vor der Erörterung eines Basisstichwortes auf andere Basisstichwörter verwiesen, die ergänzende Ausführungen enthalten.

   Beispiel:
   Beschaffungsallianzen [s.a. Beschaffungsmanagement; Allianzen, strategische]

7. Das Stichwortregister – am Ende des Taschenwörterbuches – stellt eine Zusammenfassung aller wesentlichen Begriffe dar, die für die laufenden Ausführungen herangezogen wurden.

Inhaltsverzeichnis

A

ABC-Analyse

Bei der im Beschaffungsbereich entwickelten ABC-Analyse handelt es sich nach Tietz (1976, S. 291) um ein Verfahren der Problemranganalyse. Sie beinhaltet »... bei begrenzten Ressourcen die Einstufung der Probleme nach ihrer Bedeutung für das Unternehmen und die grundsätzliche Klärung der Intensität und Reihenfolge der Problembearbeitung« (Tietz, 1976, S. 291).

Es werden Schwerpunkte gebildet, an denen die Aktivitäten der einzelnen Unternehmensbereiche auszurichten sind.

»Ausgangspunkt für die ABC-Analyse ist die Gliederung von Planungsgegenständen in eine dreiteilige Ordnung, und zwar:

- A-Bereich: geringe Anzahl, hoher Wert
- B-Bereich: mittlere Anzahl, mittlerer Wert
- C-Bereich: hohe Anzahl, geringer Wert« (Tietz, 1976, S. 291).

Somit können nach dieser Klassifikation Artikel eines Sortiments oder Bestellungen gewichtet werden, so dass das jeweilige Unternehmen erkennt, welche Artikel oder Bestellpartner einer besonderen Betreuung bedürfen (vgl. Barth, 1999, S. 285f.). Weitere Planungsgegenstände bzw. Einsatzfelder einer ABC-Analyse sind beispielsweise Kunden, Kundengruppen, Produkte, Produktgruppen, Lieferanten oder Lagerbestände (vgl. Becker, 2001, S. 122ff.).

Lagerführungssysteme und (→) *Warenwirtschaftssysteme* im (→) *Handel* konzentrieren sich überwiegend auf die A-Artikel und B-Artikel (vgl. Liebmann/Zentes, 2001, S. 687), da die Verluste durch eine Minderüberwachung der weniger wichtigen C-Artikel gering, die Einsparmöglichkeiten hinsichtlich des Überwachungsaufwandes aber bedeutend sein können.

Das Ergebnis einer ABC-Analyse wird beispielhaft in Übersicht 1 grafisch dargestellt.

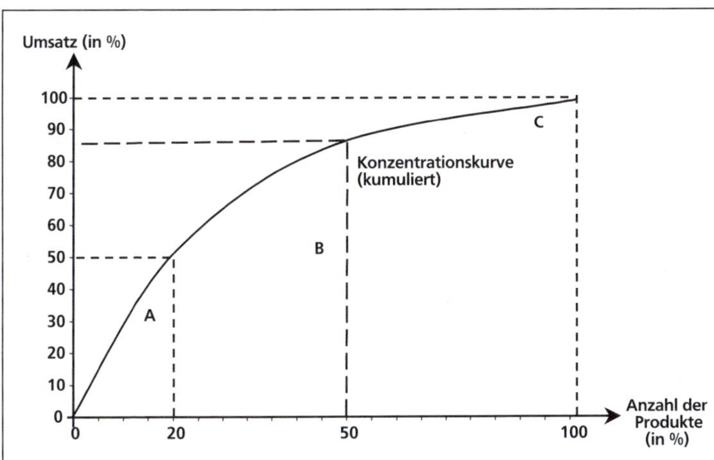

Quelle: Böcker, 1996, S. 226.

Übersicht 1: ABC-Analyse

Der Übersicht ist zu entnehmen, dass im vorliegenden Fall mit den A-Produkten (20% der gesamten Produkte) 50% des Gesamtumsatzes und mit 50% der Produkte (A-Produkte und B-Produkte) bereits 85% des Gesamtumsatzes realisiert werden. Die Krümmung der Konzentrationskurve gibt den Konzentrationsgrad des Umsatzes an.

ABC-Analysen sind nur dann aussagekräftig und somit entscheidungsrelevant, wenn Vergleichsanalysen vorliegen. So gilt für den Handel häufig die 80:20-Regel, d.h. 80% des Umsatzes sollten mit 20% der Produkte erzielt werden (vgl. Böcker, 1996, S. 225f.).

Abnutzungseffekt

Der Abnutzungseffekt (Wear-out-Effekt) ist Gegenstand der Abnutzungs- oder Wear-out-Theorie von Grass/Wallace (1969). Diese Theorie unterstellt eine negative Werbewirkung bei mehrfachen Werbedarbietungen. Für den negativen Werbeeffekt (Abnutzungseffekt) ist nach Grass/Wallace die Entwicklung menschlicher Aufmerksamkeit verantwortlich. Sie steigt zunächst bei wiederholter Darbietung einer bestimmten Werbung, fällt dann aber wieder ab. Entsprechend kann davon ausgegangen werden, dass auch die Werbewirkung, gemessen als behaltene Werbeinformation, absolut abnehmen wird. Kroeber-Riel/Weinberg (1999, S. 340) widersprechen dieser Auffassung. Durch die vorliegenden Lern- und Gedächtnistheorien sehen sie vielmehr bestätigt, dass mit einem Abnutzungseffekt (klassischer Wear-out-Effekt) der Werbung nicht zu rechnen ist. »Mit absolut rückläufigen Lernleistungen ist bei Wiederholungskontakten nur unter solchen Bedingungen zu rechnen, die für das Lernen von Werbebotschaften kaum in Frage kommen« (Kroeber-Riel/Weinberg, 1999, S. 341).

Auch in den empirischen Studien von Wimmer (1980) konnte der Abnutzungseffekt nicht bestätigt werden. Es wurde nachgewiesen, dass die Lernleistung der Empfänger, z.B. die Erinnerung an eine Werbebotschaft, bei mehreren Kontaktwiederholungen mit der Werbung nicht ab-, sondern weiter zunimmt.

Absahnungspolitik → *Marktabschöpfungspolitik*

Absatz [s.a. Absatzwirtschaft]

Der Begriff Absatz wird unterschiedlich aufgefasst.

Im eigentlichen Sinne bildet Absatz den Vorgang der entgeltlichen Überlassung der von einem Betrieb erstellten oder beschafften Güter an andere Marktteilnehmer durch Verkauf, Vermietung oder Verpachtung. In einem anderen Sinne sind darunter alle Tätigkeiten (im Sinne von Absatzprozessen), die auf entgeltliche Überlassung der vom Betrieb erstellten oder beschafften Güter (Betriebsleistungen) an andere Marktteilnehmer durch Verkauf, Vermietung oder Verpachtung gerichtet sind, zu verstehen. Dazu gehören insbesondere die Tätigkeiten der Planung, Organisation und Kontrolle des Absatzes sowie die Absatzdurchführung. In einem engeren Sinne wird unter Absatz die Menge der in einer Periode abgesetzten Güter verstanden, wobei der Wert der in dieser Periode abgesetzten Mengen (Produkt aus Mengen und Preisen) mit Umsatz (im Sinne von Umsatzwert) bezeichnet wird (vgl. Ausschuß für Begriffsdefinitionen aus der Handels- und Absatzwirtschaft, 1995, S. 16).

Raffée (1974a, S. 106) bezeichnet Absatz als eine physische und dispositive Weiterleitung von Gütern an andere Institutionen, in der Regel an andere Wirtschaftspartner, in einer arbeitsteiligen Wirtschaft. Absatz ist in diesem Sinne in jedem modernen Wirtschaftssystem anzutreffen, d.h. Absatz ist ein systemindifferenter Tatbestand. Marketing umfasst darüber hinaus zugleich die aktive Gestaltung von Märkten und damit nicht nur die Deckung von Nachfrage, sondern auch die »Produktion« von (→) *Nachfrage*. Marketing ist also ein wirtschaftssystemkonstitutiver Begriff.

Manchmal wird Absatz mit (→) *Vertrieb* gleichgesetzt. Entsprechend differenzieren beispielsweise Nieschlag/Dichtl/Hörschgen (1997, S. 467ff.) den direkten und indirekten Absatz (→ *Direktvertrieb*), den intensiven, selektiven oder exklusiven Absatz (→ *Exklusivvertrieb*) usw. Der Ausschuß für Begriffsdefinitionen aus der Handels- und Absatzwirtschaft (1995, S. 17) begreift diese Absatz- bzw. Vertriebsformen als Ausprägungen der (→) *Absatzpolitik*.

Absatzfinanzierung

Absatzfinanzierung ist die Einräumung oder Vermittlung eines Kredites an den Kunden mit dem Ziel der Absatzförderung. Charakteristisch ist für die Absatzfinanzierung, dass die Finanzierungsleistung im direkten Zusammenhang mit einem Waren- und/oder Dienstleistungsgeschäft steht und i.d.R. die Lieferung der Ware bzw. die Erbringung der Dienstleitung vor der vertraglich vereinbarten Geldleistung durch den Kunden liegt. Die wichtigsten Absatzfinanzierungsinstrumente sind u.a. (vgl. Bieg, 1995, S. 6ff.; Wöhe/Bilstein, 1998, S. 232ff.):

1. *Kurzfristige Absatzfinanzierung (Laufzeit 90 T age)*
- Lieferantenkredit, d.h. entweder besteht ein ausdrücklich vereinbartes Zahlungsziel (z.B. Begleichung der Rechnung nach 30 Tagen) oder der Lieferantenkredit wird unfreiwillig eingeräumt, da der Kunde seine Rechnung nicht oder nur schleppend bezahlt und der Lieferant keine wirksamen Gegenmaßnahmen ergreifen kann.
- Wechselkredit, d.h. ein Kunde kann an Stelle der Barzahlung oder der Ausnutzung des Zahlungsziels die Akzeptierung eines Wechsels anbieten. Der Wechsel unterliegt als Wertpapier strengen gesetzlichen Vorschriften.
- (→) *Kreditkarte*.

2. *Mittel- und langfristige Absatzfinanzierung (Laufzeit > 90 Tage)*
- Ratenkredit (= Teilzahlungskredit, Anschaffungsdarlehen), d.h. die Rückzahlung des Kredites erfolgt in festen monatlichen Raten nach einem vorher vereinbarten Tilgungsplan.
- (→) *Leasing*.

3. (→) *Factoring und* (→) *Forfaitierung*.

Weitere spezifische Erscheinungsformen der Absatzfinanzierung im Export (→ *Exportfinanzierung*) sind u.a. Dokumentenakkreditive, Rembours- und Negoziationskredite. Die Exportfinanzierung wird durch die staatlichen Exportförderungsinstrumente (→ *Exportförderung*) der Exportfinanzierungshilfe (AKA Ausfuhrkredit-Gesellschaft mbH) und der Exportkreditversicherung (HERMES-Kreditversicherungs-AG) unterstützt (vgl. Büschgen, 1997, S. 36ff.).

Absatzhelfer → *Distributionspolitik*

Absatzinstrumente → *Marketinginstrumente*

Absatzmarktforschung [s.a. Marketingforschung]

Die (→) *Marktforschung* kann nach der Marktrichtung in Absatzmarktforschung und (→) *Beschaffungsmarktforschung* gegliedert werden. Die Absatzmarktforschung hat die Gewinnung von Informationen über Einsatz- und Wirkungsmöglichkeiten der absatzpolitischen Instrumente (→ *Marketinginstrumente*) von Anbietern sowie die hiermit korrespondierenden Verhaltensweisen der übrigen Marktteilnehmer auf der

Grundlage empirisch bewährter Hypothesen zum Gegenstand. Darüber hinaus ist es Aufgabe der Absatzmarktforschung, die gegenwärtige und zukünftige Absatzsituation eines Anbieters zu analysieren.

Die Absatzmarktforschung ist das klassische Arbeitsgebiet der Marktforschung.

Absatzorganisation → *Marketingorganisation*

Absatzplanung → *Marketingplanung*

Absatzpolitik [s.a. Marketing]
Absatzpolitik umfasst alle grundlegenden Entscheidungen, die den (→) *Absatz*, d.h. die entgeltliche Überlassung der vom Betrieb erstellten oder beschafften Güter an Abnehmer, betreffen (vgl. Ausschuß für Begriffsdefinitionen aus der Handels- und Absatzwirtschaft, 1995, S. 16). In einem engeren Sinne befasst sich die Absatzpolitik mit allen auf die Absatzmärkte gerichteten Aktivitäten. Im Wesentlichen werden darunter alle absatzpolitischen Instrumente (→ *Marketinginstrumente*) subsumiert, d.h. alle Mittel, die zur Durchführung der Absatzpolitik eingesetzt werden. Dazu gehören insbesondere die (→) *Produktpolitik*, die (→) *Absatzwegepolitik*, die (→) *Werbung*, die persönliche Akquisition (→ *Personal Selling*), die (→) *Verkaufsförderung*), die Distributionslogistik (→ *Distributionspolitik*) und die (→) *Preispolitik* (vgl. Ausschuß für Begriffsdefinitionen aus der Handels- und Absatzwirtschaft, 1995, S. 17).

In der Literatur wird Absatzpolitik auch mit Marketing, im Sinne einer aktiven Gestaltung von Absatzmärkten der Unternehmen (Business Marketing), gleichgesetzt. Sie wird dann der Aktionsebene des Marketing (→ *Marketingpolitik*) zugerechnet. Die absatzpolitischen Aktionsmöglichkeiten werden meist als (→) *Absatzinstrumente* oder absatzpolitische Instrumente bezeichnet. Da Marketing auch auf andere Märkte ausgerichtet ist, so Beschaffungsmärkte (→ *Beschaffungsmarketing*), Personalmärkte (→ *Personalmarketing*), Kapitalmärkte usw., kann der Gegenstand der Absatzpolitik enger, da sie nur auf Absatzmärkte i.e.S. ausgerichtet ist, abgegrenzt werden.

Absatzpotenzial
Der Begriff Absatzpotenzial ist auf der Unternehmensebene der analoge Begriff zum (→) *Marktpotenzial*. Während das Marktpotenzial die gesamte Aufnahmefähigkeit des Marktes umfasst, beschreibt das Absatzpotenzial den Teil des Marktpotenzials, der auf das betrachtete Unternehmen entfällt, d.h. die maximal mögliche Absatzmenge eines Unternehmens. Ante (1979, S. 14) spricht in diesem Zusammenhang vom unternehmensspezifischen Absatzpotenzial (USAP). Die Ermittlung des Absatzpotenzials erfolgt durch sukzessive Abschichtung des Marktpotenzials. Nach jedem Analyseschritt zeigt sich, dass ein stets geringerer Teil des Marktpotenzials als relevant für das Unternehmen verbleibt. Mittels Anforderungs-, Image- und Motivuntersuchungen sowie Konkurrenzanalysen lässt sich der Teil der Gesamtnachfrage ermitteln, der dem Unternehmen auf Grund von Marktwiderständen verschlossen ist und somit der Teil ableiten, der als Absatzpotenzial verbleibt. Diese Erkenntnisse ermöglichen eine Konzentration der Marketingaktivitäten auf die potenziellen Abnehmerkreise, bei denen die geringsten Kaufwiderstände zu erwarten sind (vgl. Ante, 1974, S. 446f.). Zu den wesentlichsten Bestimmungsfaktoren des USAP eines Herstellers bei indirektem Vertrieb gehören das Distributionspotenzial und das (→) *Image* des eingeschalteten Absatzmittlers sowie dessen Kooperationsbereitschaft (→ *Distributionspolitik*). In Abhängigkeit von den jeweiligen Machtverhältnissen kann

eine mangelnde Kooperationsbereitschaft so weit gehen, dass Hersteller ihre Marketingkonzeption den Marketingaktivitäten des Handels (→ *Handelsmarketing*) unterordnen müssen und somit ihre Absatzmöglichkeiten u.U. beeinträchtigt werden (vgl. Böcker, 1996, S. 325f.).

Absatzwegepolitik [s.a. Distributionspolitik; Kontraktmarketing; Multi-Channel-Distribution]

Als Absatzweg (Absatzkanal, Distributionskanal) wird die Abfolge von Institutionen bezeichnet, die eine Ware oder Dienstleistung vom Hersteller zum Verwender bzw. Verbraucher dispositiv und/oder physisch durchläuft (vgl. Anderson u.a., 2001, S. 1). Absatzwege für Konsumwaren und Nicht-Konsumwaren sind in Übersicht 2 dargestellt (vgl. Tietz, 1975, S. 1191).

Das Entscheidungsproblem der Absatzwegepolitik bezieht sich auf die Wahl zwischen direktem und indirektem Absatzweg (→ *Vertrieb*). Indirekter Vertrieb aus Sicht eines Herstellers liegt dann vor, wenn Großhändler und/oder Einzelhändler in den Absatzweg eingeschaltet sind (→ *Einschaltung des Handels*). Der (→) *Direktvertrieb* ist dadurch charakterisiert, dass der Handel nicht eingeschaltet ist.

Eng verbunden mit der Frage der direkten oder indirekten Struktur der Absatzwege ist die Auswahl der Absatzmittler nach Art und Anzahl. Es wird unterschieden zwischen

- intensiver
- selektiver
- exklusiver

Distribution. Die intensive Distribution ist durch eine Vielzahl von Verkaufspunkten

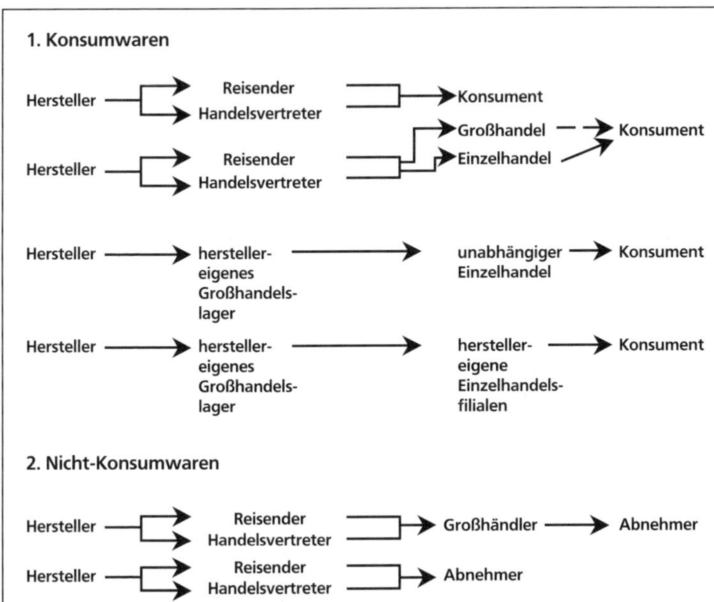

Übersicht 2: Absatzwegepolitik

(»Flächendeckung«) gekennzeichnet. Selektive Distribution beschränkt sich dagegen auf bestimmte Verkaufspunkte. Exklusive Distribution liegt bei einer sehr restriktiven Selektion der Absatzmittler vor. Selektive und exklusive Distributionssysteme sind zugleich durch vertragliche Bindungen mit den Marktpartnern gekennzeichnet.

Zum Entscheidungsfeld der Absatzwegepolitik zählt auch die Wahl der Art und Anzahl von einzusetzenden (Verkaufs-) Außendienstmitarbeitern, d.h. die Frage des Verkaufs über eigene Verkaufsorgane (Reisende) oder fremde Verkaufsorgane (Handelsvertreter, Kommissionäre, Makler) (→ *Personal Selling*).

Absatzwirtschaft

Der Begriff Absatzwirtschaft wird sowohl auf der makroökonomischen (gesamtwirtschaftlichen) als auch auf der mikroökonomischen (einzelbetrieblichen) Ebene verwendet. Aus gesamtwirtschaftlicher Sicht umfasst er die Bündelung und Institutionalisierung der Absatz- und Beschaffungsaktivitäten der Marktpartner. In diesem Sinne wird oftmals auch von Distributionswirtschaft bzw. von (→) *Distribution* gesprochen.

Die betriebliche oder einzelwirtschaftliche Absatzwirtschaft kennzeichnet die Bündelung und Institutionalisierung der absatzmarktorientierten Aktivitäten eines Unternehmens. In diesem Sinne wird auch von (→) *Vertrieb* gesprochen.

Werden die absatzmarktorientierten Aktivitäten eines Unternehmens nicht nur zur Deckung von Nachfrage, sondern auch zur »Produktion« von Nachfrage, d.h. zur aktiven Gestaltung von Absatzmärkten eingesetzt, wird von (→) *Marketing* gesprochen. Mit diesem Marketingbegriff meint man das Absatzmarketing von Unternehmen (Business Marketing).

Account-Management

Account-Management → *Key-Account-Management; Marketingorganisation*

Adoption

Unter Adoption versteht man die Annahme einer (→) *Innovation*, z.B. eines Produktes, durch eine einzelne Person. Zusammen mit dem Diffusionsprozess (→ *Diffusion*), als Ausbreitung eines Produktes bei der Gesamtheit der Konsumenten, bestimmt der Adoptionsprozess die Absatz-, bzw. Umsatzentwicklung eines Produktes, wie sie der (→) *Produktlebenszyklus* beschreibt. Adoptions- und Diffusionsprozesse beruhen auf Entscheidungsprozessen der Konsumenten. Besonders die Adoption eines neuen Produktes durch die experimentierfreudigen Innovatoren (→ *Innovator*) ist für die weitere Diffusion des Produktes entscheidend, da diese im Rahmen der mehrstufigen (→) *Kommunikation* die aus der (→) *Massenkommunikation* übernommene (Produkt-) Information vermitteln und verstärken.

Ähnlichkeitsmaße

Ähnlichkeitsmaße dienen der Quantifizierung von Ähnlichkeiten zwischen beobachteten Objekten, z.B. im Rahmen der (→) *Clusteranalyse*. Man unterscheidet zwischen Maßen für metrisch skalierte und solchen für nicht-metrisch skalierte Ausgangsdaten. Die Ähnlichkeit metrischer Daten wird mit Hilfe von (→) *Distanzmaßen* dargestellt; bei nicht-metrischen Ausgangsdaten werden Ähnlichkeitskoeffizienten ermittelt (→ *Skalenniveau*).

Bei Vorliegen ordinalskalierter Werte lassen sich zur Ähnlichkeitsmessung z.B. Rangkorrelationskoeffizienten und somit letztlich metrische Maße verwenden (vgl. Hüttner, 1979, S. 383). Häufiger sind jedoch nominalskalierte Daten, die binarisiert (d.h. auf zwei Ausprägungen reduziert) werden können. Der Vergleich der

Merkmalsausprägungen von zwei Objekten (x_i, x_j) führt zu einer so genannten Vierfelder-Tafel. Sie enthält die Anzahl der positiven (a), der negativen (d) und die Anzahl der Nicht-Übereinstimmungen (b, c) von Merkmalsausprägungen (vgl. Übersicht 3).

x_i \ x_j	1	0	Σ
1	a	b	a + b
0	c	d	c + d
Σ	a + c	b + d	a + b + c + d = m

Quelle: Hüttner, 1979, S. 383.

Übersicht 3: Vierfelder-Tafel

Hieraus lassen sich verschiedene Ähnlichkeitskoeffizienten ableiten.

Der »Simple Matching Coefficient« (s) berücksichtigt alle positiven und negativen Übereinstimmungen und stellt sie der Gesamtzahl gegenüber:

$$s = \frac{a+d}{a+b+c+d}$$

Dagegen berücksichtigt der »Tanimoto-Koeffizient« (t) lediglich die positiven Übereinstimmungen im Verhältnis zur Summe dieser und der Nichtübereinstimmungen, da die negativen Übereinstimmungen für inhaltlich bedeutungslos gehalten werden:

$$t = \frac{a}{a+b+c}$$

AFTA → *ASEAN*

After-Sales-Service → *Kundendienstpolitik*

AGB-Gesetz

Im AGB-Gesetz – Gesetz zur Regelung des Rechts der Allgemeinen Geschäftsbedingungen vom 9.12.1976 (letzte Neubekanntmachung vom 30. Juni 2000) – werden die gesetzlichen Rahmenbedingungen für die Allgemeinen Geschäftsbedingungen (→ *Konditionenpolitik*) geschaffen. Das AGB-Gesetz ergänzt und modifiziert die entsprechenden Bestimmungen des Bürgerlichen Gesetzbuches.

Die Allgemeinen Geschäftsbedingungen werden im § 1 AGB-Gesetz wie folgt definiert:

»(1) Allgemeine Geschäftsbedingungen sind alle für eine Vielzahl von Verträgen vorformulierten Vertragsbedingungen, die eine Vertragspartei (Verwender) der anderen Vertragspartei bei Abschluss eines Vertrages stellt. Gleichgültig ist, ob die Bestimmungen einen äußerlich gesonderten Bestandteil des Vertrages bilden oder in die Vertragsurkunde selbst aufgenommen werden, welchen Umfang sie haben, in welcher Schriftart sie verfasst sind und welche Form der Vertrag hat.

(2) Allgemeine Geschäftsbedingungen liegen nicht vor, soweit die Vertragsbedingungen zwischen den Vertragsparteien im Einzelnen ausgehandelt sind.«

Das Gesetz soll Missbräuche durch Vertragspartner (meist Unternehmen), die durch die Verwendung von allgemeinen Geschäftsbedingungen die Vertragsfreiheit einseitig in Anspruch nehmen, unterbinden. Es will gewährleisten, dass für den durch Allgemeine Geschäftsbedingungen ausgeformten Vertrag das Diktat der marktstärkeren Partner beseitigt und Vertragsgerechtigkeit wiederhergestellt wird. Das AGB-Gesetz gilt unabhängig davon, ob im Einzelfall zwischen den Vertragsparteien ein wirtschaftliches oder intellektuelles Machtgefälle besteht. Sein Zweck ist, die einseitige Ausnutzung der vom Verwender allein in Anspruch genommenen Vertragsgestaltungsfreiheit zu verhindern.

Es ist daher, wie auch die Einbeziehung des Handelsverkehrs zeigt, im technischen Sinne kein Verbraucherschutzgesetz;

praktisch dient es aber vor allem dem Schutz des Verbrauchers (vgl. Palandt, 2001, S. 2680; Tietz, 1993a, S. 506).

Agentur- und Kommissionsagentursystem [s.a. Handelsformen, kodifizierte; Handelsmittler; Kontraktmarketing]
Agentur- und Kommissionsagentursysteme sind vertragliche Vertriebssysteme, die einheitliche Endverbraucherpreise garantieren, d.h. sie haben eine faktische Preisbindungswirkung (→ *Preisbindung*). Bei Agentur- bzw. Kommissionsagenturvertragssystemen besteht für den Hersteller die Verpflichtung zur Rücknahme der Ware. Damit liegt das volle Produktions- bzw. Einkaufsrisiko beim Lieferanten (»Ladenhüterproblem«). Zudem obliegt dem Lieferanten die Finanzierung der Agenturware (vgl. Liebmann/Zentes, 2001, S. 368f.).

Agenturhandel → *Handelsformen, kodifizierte*

AIDA-Formel → *Werbewirkung; Bedienungsformen*

AIO-Ansatz → *Kultur*

Akkreditive → *Dokumentenakkreditive*

AKP-Staaten
AKP-Staaten (Afrika-Karibik-Pazifik-Staaten) sind ehemalige europäische Kolonien in Afrika, in der Karibik und im Pazifik, mit denen die (→) *EU* Abkommen über handelspolitische und industrielle Zusammenarbeit sowie über Finanzhilfe geschlossen hat. Zu den 77 AKP-Ländern, die das (→) *Lomé-Abkommen* unterzeichnet haben, gehören u.a.:

- die Karibik-Staaten: Antigua, Bahamas, Barbados, Belize, Domenica, Dominikanische Republik, Grenada, Guyana, Haiti, Jamaika, St. Christopher und Nevis, St. Lucia, St. Vincent und die Grenadinen, Surinam, Trinidad und Tobago;
- die Staaten des pazifischen Raumes: Fidschi, Kiribati, Papua-Neuguinea, Solomon Inseln, Tonga, Tuvalu, Vanuatu und Westsamoa;
- alle afrikanischen Staaten mit Ausnahme der Staaten Nordafrikas.

Akquisition [s.a. Akquisitorisches Potenzial]
Akquisition bezeichnet bei enger Begriffsfassung die Aktivitäten des Außendienstes (→ *Personal Selling*)

- zur Gewinnung neuer Kunden bzw.
- zum Abschluss von Geschäften mit bestehenden Kunden.

Bei einer weiten Begriffsfassung dienen sämtliche absatzmarktgerichteten Aktivitäten der Akquisition (→ *Strategisches Marketing*).

Akquisitorisches Potenzial
Der Begriff des akquisitorischen Potenzials geht auf Gutenberg (1984, S. 243ff.) zurück; er entstand im Zusammenhang mit der Betrachtung der unvollkommenen (polypolistischen) Konkurrenz (→ *Marktformen*).

Die Anbieter versuchen, durch (→) *Produktdifferenzierung* im weitesten Sinne Präferenzen zu Gunsten ihrer Produkte bei den Käufern aufzubauen. Durch den Einsatz der (→) *Kommunikationspolitik,* durch (→) *Kundendienstpolitik,* Lieferungs- und Zahlungsbedingungen und das gesamte Ansehen der Firma wird versucht, die Kunden an das Unternehmen zu binden.

Die Gesamtheit der Vorteile, die das Unternehmen aus der Sicht der Käufer bietet, sein Ansehen und positives (→) *Image* bezeichnet Gutenberg als akquisitorisches Potenzial. Es wird insgesamt durch standortliche, sachliche und persönliche Umstände bestimmt. Das durch positive Resonanzen früherer Entscheidungen entstandene Maß an Goodwill wirkt dann in folgende Perioden hinein und wird bei Kaufentscheidungen wirksam.

Für Unternehmen mit hohem akquisitorischen Potenzial entsteht nach Gutenberg ein Intervall preispolitischer Autonomie. Innerhalb dieses Intervalls kann das Unternehmen seinen Verkaufspreis variieren, ohne dass größere Käuferreaktionen zu erwarten sind. Es liegen also geringe Preiselastizitäten (→ *Elastizität*) vor.

Diese Überlegungen führen zu doppelt-geknickten (→) *Preisabsatzfunktionen.*

Das Intervall preispolitischer Autonomie ist hier als monopolistischer Bereich gekennzeichnet, der durch zwei Grenzpreise (p_1, p_2) limitiert ist (vgl. Übersicht 4). Oberhalb von p_1, und unterhalb von p_2 verlieren die Präferenzen ihre Wirkung; das Unternehmen bewegt sich dort im Bereich der atomistischen Konkurrenz (→ *Marktformen*). Der monopolistische Bereich ist um so größer, je höher das akquisitorische Potenzial ist. Er wird beeinträchtigt durch eine hohe (→) *Markttransparenz* und hohe Substituierbarkeit.

Empirisch überprüft wurden doppelt-geknickte Preisabsatzfunktionen, die auch als Gutenberg-Funktionen bezeichnet werden, u.a. von Albach und Simon (vgl. Simon, 1992, S. 105).

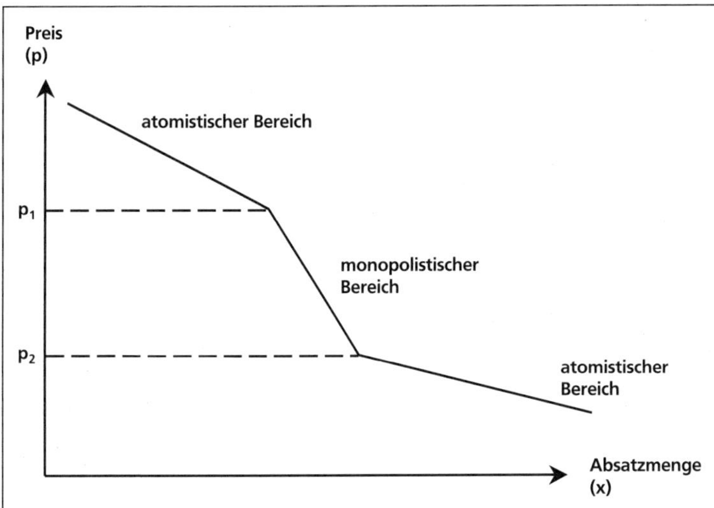

Übersicht 4: Doppelt-geknickte Preisabsatzfunktion

Aktivierung

Bei der Analyse der psychischen Vorgänge unterscheidet man aktivierende und kognitive Prozesse. Aktivierend sind solche Vorgänge, die mit innerer Erregung und Spannung verbunden sind. Sie versorgen das Verhalten mit Energie und treiben es an. Da es sich bei psychischen Prozessen um komplexe, innere Vorgänge handelt, ist die Zuordnung zu aktivierenden und kognitiven Prozessen nicht immer eindeutig möglich. Psychische Prozesse werden dann als aktivierend (kognitiv) bezeichnet, wenn die aktivierenden (kognitiven) Komponenten dominieren.

Bei diesen (→) *Antriebskräften* handelt es sich um (→) *Emotionen*, (→) *Motivationen* und (→) *Einstellungen*. Die von ihnen ausgehende innere Erregung bzw. Antriebsspannung wird als Aktivierung bezeichnet. »Durch die Aktivierung wird der Organismus mit Energie versorgt und in einen Zustand der Leistungsbereitschaft und Leistungsfähigkeit versetzt« (Kroeber-Riel/Weinberg, 1999, S. 58). Aktivierung wirkt somit einerseits direkt auf das Verhalten, andererseits beeinflusst sie die kognitiven Prozesse wie die Informationsaufnahme, -verarbeitung und -speicherung.

In der Aktivierungsforschung unterscheidet man zwischen tonischer und phasischer Aktivierung. Tonische Aktivierung bezeichnet das allgemeine Aktivierungsniveau und damit die allgemeine Leistungsfähigkeit. Die phasische Aktivierung bezieht sich dagegen auf kurzfristige Aktivierungsschwankungen, die die Leistungsfähigkeit eines Individuums in bestimmten Reizsituationen determinieren.

Der Zusammenhang von Aktivierung und Leistung wird durch die ∩-Hypothese« beschrieben. Sie gibt die Wirkung der Aktivierungsstärke auf die Leistung bzw. Leistungsfähigkeiten (vgl. Übersicht 5).

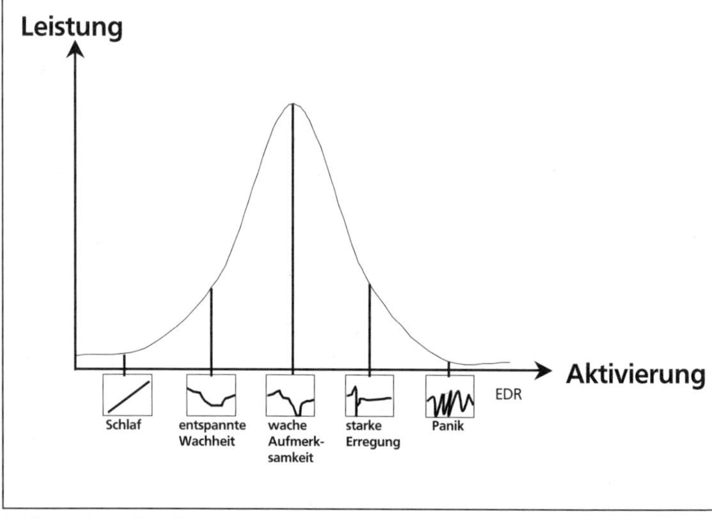

Quelle: Kroeber-Riel/Weinberg, 1999, S. 79.

Übersicht 5: Verlauf der Aktivierung

Kroeber-Riel/Weinberg (1999, S. 79f.) empfehlen, die ∩-Hypothese in Elementarhypothesen zu zerlegen:

1. Hypothese der Minimalaktivierung.
Die Leistung eines Individuums setzt ein Mindestmaß an Aktivierung voraus.

2. Hypothese der Normalaktivierung.
Die Leistung des Individuums steigt mit zunehmender Aktivierung. Bei der Normalaktivierung betrachtet man den Bereich von entspannter Wachheit bis wacher Aufmerksamkeit. Die Normalaktivierung wird weiterhin in die tonische und phasische Aktivierung unterteilt. Je höher das allgemeine Aktivierungsniveau (tonische Aktivierung) ist, um so effizienter ist die gesamte Informationsverarbeitung. Je höher die kurzfristige durch einen Reiz ausgelöste phasische Aktivierung ist, um so effizienter wird dieser Reiz verarbeitet.

3. Hypothese der Überaktivierung.
Ab einem bestimmten Grad der Aktivierung fällt die Leistung des Individuums bei weiterer Steigerung der Aktivierung.

Die Bedeutung der Aktivierung im Marketing ist insbesondere bei der Werbung zu sehen. Konsumenten, die gezielt durch Reize in der Werbung aktiviert werden, nehmen mehr Informationen auf, verarbeiten sie schneller und speichern sie besser. Die Werbung bedient sich also aktivierender Reize, um die Wirkung zu erhöhen.

Die Umsetzung wissenschaftlicher Erkenntnisse zur Aktivierung dokumentiert sich auch in dem Versuch der Auslösung eines erhöhten tonischen Aktivierungsniveaus durch eine erlebnisorientierte Ladengestaltung (→ *Erlebnismarketing*).

Ein valides Maß zur Messung der Aktivierung sind physiologische Indikatoren (→ *Messtechniken, apparative*). Es werden elektrophysiologische Indikatoren (z.B. der Hautwiderstand, EDR), Indikatoren wie Kreislauf, Atmung und Energieumsatz sowie biochemische Indikatoren herangezogen.

Weiterhin ist die Messung der Aktivierung auf der subjektiven Erlebnisebene durch verbale und nonverbale Messmethoden, z.B. durch Programmanalysatoren, möglich. Auf der motorischen Ebene werden Verhaltensweisen beobachtet, die bei Aktivierungsvorgängen auftreten. Hierzu gehört die Beobachtung des emotionalen Verhaltens durch Analyse der Gesichtssprache (→ *Kommunikation*).

Alleinvertretungsvertrag
Der Alleinvertretungsvertrag ist ein spezieller Handelsvertretervertrag, der zwischen einem Hersteller und einem Handelsvertreter (→ *Handelsformen, kodifizierte*) abgeschlossen wird. Der Vertrag räumt dem Handelsvertreter das alleinige Vertretungsrecht in einem fest umgrenzten Gebiet ein.

Der Alleinvertretung entspricht der (→) *Exklusivvertrieb*, eine Kontraktform zwischen Herstellern und Eigenhändlern.

Alleinvertrieb → *Exklusivvertrieb*

Allgemeines Präferenzsystem → *Präferenzabkommen*

Allgemeines Zoll- und Handelsabkommen [s.a. WTO]
Das Allgemeine Zoll- und Handelsabkommen (General Agreement on Tariffs and Trade, GATT) wurde am 30. Oktober 1947 in Genf unterzeichnet. Es resultierte aus dem nach dem Zweiten Weltkrieg formulierten Ziel der Völkergemeinschaft, eine globale Reintegration der Weltwirtschaft zu erreichen, um die Vorteile internationaler Arbeitsteilung wieder intensiver zu nutzen und damit einen hohen Beschäftigungsstand zu sichern. Oberste Ziele des GATT sind die Erhöhung des Lebensstandards, die Sicherung der Vollbeschäftigung und des Realeinkommens in den Volkswirtschaften der Vertragsparteien. Diese Ziele sollen durch eine weitgehende Liberalisierung des Welthandels und der Ausweitung der internationalen Handelsbeziehungen erreicht werden. Dazu sollte ein gemeinsamer Verhaltenskodex zur Einhaltung eines

konformen Verhaltens verabschiedet werden, der die Grundlage staatlicher Außenhandelspolitik bildet. Das GATT hat heute über 130 Vollmitglieder – weitere Staaten wenden das Abkommen faktisch an, ohne formal beigetreten zu sein (most favoured nations) –, so dass ihm ca. 90 % des Welthandelsvolumens unterliegt. Der Beitritt der Bundesrepublik Deutschland erfolgte bereits 1950 (vgl. Koch, 1998a, S 168f.).

Charakteristisch für die Struktur des GATT ist, dass mehr als zwei Drittel der Signatarstaaten aus (→) *Entwicklungsländern* kommen. Insofern besteht ein wesentliches Ziel des GATT in der Förderung der Entwicklungsländer. Die Präambel des GATT-Vertrages hebt primär die Förderung des internationalen Wettbewerbs hervor. Gleichermaßen haben die Vertragsparteien den Wunsch, durch den Abschluss von Vereinbarungen zur Verwirklichung der obersten Ziele des GATT beizutragen, die auf der Grundlage der Gegenseitigkeit und zum gemeinsamen Nutzen auf einen wesentlichen Abbau der Zölle und anderer Handelsschranken sowie auf die Beseitigung der Diskriminierung im Handel abzielen (vgl. Koch, 1998a, S 169). Dies wird durch die Berücksichtigung der drei Prinzipien des GATT realisiert (vgl. Beise/Oppermann/Sander, 1998, S. 35ff.; Engel/Reichert, 1999, S. 13):

1. Prinzip der unbedingten und uneingeschränkten Meistbegünstigung (Nicht-Diskriminierung).
Nach diesem Prinzip soll jeder Handelsvorteil, der einem Signatarstaat von einem anderen gewährt wird, auch anderen Signatarstaaten gewährt werden. Im weiteren Sinne bezieht sich die Nicht-Diskriminierung auch darauf, dass eingeführte Waren den gleichen inneren Abgaben (z.B. Verbrauchssteuer) und Rechtsvorschriften unterworfen werden wie inländisch produzierte Waren (Artikel II und III: Prinzip der Länder-(Gleich)Behandlung oder Paritätsklausel).

In der Praxis wird die Gewährung der Meistbegünstigung jedoch nicht automatisch, sondern als Privileg vergeben. Auch gelten für (→) *Freihandelszonen* und Zollunionen Ausnahmeregelungen. Diese führen zu einer stetigen Zunahme des Handels innerhalb der Freihandelszonen (→) *EFTA*, (→) *NAFTA*. Weitere Ausnahmeregelungen existieren zum »Schutz der nationalen Zahlungsbilanz«. Sie erlauben eine Kontingentierung der Importe. Auf Grund eines sehr breiten Auslegungsspielraumes wird hier auch von der »Grauzone des GATT« gesprochen, da bereits die Frage der Definition einer Zahlungsbilanz nicht geklärt ist.

2. Prinzip der Gegenseitigkeit (Reziprozität).
Bei der Reziprozität müssen handelspolitische Zugeständnisse an einen Signatarstaat mit gleichwertigen Zugeständnissen des anderen Signatarstaates beantwortet werden. Die Zugeständnisse müssen nicht den gleichen Bereich (z.B. Produkte) betreffen, so dass beispielsweise Zugeständnisse im Stahlbereich mit solchen im Agrarbereich kompensiert werden können. Auf Grund des Prinzips der Nicht-Diskriminierung müssen diese Zugeständnisse auch anderen Partnern gewährt werden. Da das zweite Hauptziel des GATT – die Förderung der Entwicklungsländer, insbesondere ihrer Exporte – höchste Priorität genießt, wurden die Entwicklungsländer von diesem Prinzip insoweit befreit, als dass sie bei Kooperationen mit Industrienationen nicht zu gleichwertigen Zugeständnissen gezwungen sind (»bewusste Asymmetrie«).

3. Prinzip der Liberalisierung durch multilaterale Verhandlungsrunden.
Liberalisierung (Präambel und Artikel XI) umfasst die grundsätzliche Bereitschaft zum Abbau protektionistischer Maßnahmen durch (→) *Welthandelsrunden* im Rahmen der GATT-Zollrunden (multilaterale Verhandlungsrunden). Die Vertragsstaaten des GATT sollen danach streben, den inter-

nationalen Handel von Zöllen und anderen Handelsschranken zu befreien und Diskriminierungen zu beseitigen (→ *Handelshemmnisse*). Die Verhandlungsrunden können durch das beschlussfassende Organ des GATT (Vollversammlung) einberufen werden. Die letzte (achte) Runde war die Uruguay-Runde. Als erfolgreichste gilt die sechste Runde (Kennedy-Runde), bei der eine erhebliche Reduzierung der Zollsätze für industrielle Fertigwaren beschlossen wurde (vgl. Yüksel, 2001, S. 40ff.).

Insgesamt haben die drei Grundsätze des GATT eine starke Wechselbeziehung untereinander. Beispielsweise führen bilaterale Liberalisierungsabkommen zwischen zwei Ländern nach dem Grundsatz der Gegenseitigkeit und der Meistbegünstigung automatisch zu multilateraler, letztlich weltweiter Liberalisierung. Dass dies in der Praxis nicht der Fall ist, liegt an einer Reihe von Ausnahmen im GATT, die u.a. dazu führen, dass die Meistbegünstigung einzelnen Partnerländern eingeräumt werden kann oder nicht. Zu derartigen Ausnahmen zählen z.B.

- nicht-ökonomische Ausnahmen (Artikel X)
- Integrationsräume (Artikel XXIV)
- Entwicklungsländer (Artikel XXXVI-XXXVIII) (→ *Präferenzabkommen; Lomé-Abkommen*)
- Schutz der Zahlungsbilanz (Artikel XV)
- Landwirtschaft, Fischerei, Mangel an Lebensmitteln, (→) *Normung* (Artikel XI)
- Notmaßnahmen (Artikel XIX) und
- Sicherheit (Artikel XXI) (vgl. Yüksel, 2001, S. 149ff.).

Alles in allem weist das GATT drei Kernprobleme auf (vgl. Ipsen/Haltern, 1991; Koch, 1998a, S. 168ff.):

1. Agrarprodukte sind einer der Hauptbrennpunkte des GATT. Konkret ist der Abbau der Agrarsubventionen in Japan, der EU und in den USA betroffen. Die 1986 begonnene Uruguay-Runde konnte auf Grund der Probleme der Agrarprodukte nicht wie vorgesehen im Dezember 1990, sondern nach äußerst zähen Verhandlungen und einem politischen Kraftakt erst im Dezember 1993 beendet werden.

2. Die Bereitschaft zum Abbau tarifärer Hemmnisse wurde begleitet vom Aufbau nicht-tarifärer Hemmnisse (Neo-Merkantilismus). In diesem Zusammenhang wird gegenwärtig überlegt, wie sich die nicht-tarifären Handelshemmnisse begrenzen und wieder abbauen lassen.

3. Schutz der Eigentumsrechte (Property Rights) durch internationale Patente, Währungszeichen und (→) *Urheberrechte*. Die Property Rights haben insbesondere im Zusammenhang mit Plagiaten von Konsum- und Investitionsgütern eine herausragende Bedeutung. Während in den Reformländern Osteuropas nach der Auflösung des RGW institutionelle Rahmenstrukturen zum Schutze geistigen Eigentums geschaffen wurden, erkennt beispielsweise China das private Eigentum an gewerblichen Rechten systembedingt (→ *Staatshandelsländer*) nicht an. Aus diesem Grund gestaltet sich die Zusammenarbeit mit China sehr schwierig. Bei (→) *Joint Ventures* ergibt sich in diesem Bereich die Frage nach der Sicherung des Know-hows, welches in die betreffenden Länder transferiert wird, da bei Joint Ventures mit Staatshandelsländern eine staatliche Institution i.d.R. der Parentalpartner ist, wodurch sich automatisch eine Unsicherheit beim Schutz des Know-hows ergibt. Das herausragende Ergebnis der Uruguay-Runde betraf den Schutz der Eigentumsrechte (→ *TRIPS*) und der Dienstleistungen (→ *GATS*).

Bei Betrachtung der Organisation des GATT dominiert die Vollversammlung der Mitglieder als höchstes Organ, in der jedes Land gleichberechtigt ist. Zu den weiteren

Organen gehört insbesondere der GATT-Rat, der als ständige Einrichtung zusammentritt und an dem jedes Mitglied teilnehmen kann. Er bereitet die Tagungen der Ministerkonferenz und Verhandlungsrunden vor, behandelt die GATT-Angelegenheiten im Zeitraum zwischen den Vollversammlungen, schlichtet Streitigkeiten und überwacht die Arbeiten der Unterorgane (Ausschüsse, Arbeitsgruppen, Panels). Den operativen organisatorischen »Unterbau« bildet das GATT-Sekretariat in Genf mit rund 400 Mitarbeitern. Der wohl wichtigste Ausschuss ist der für Handel und Entwicklung. Daneben gibt es das Textilüberwachungsorgan für das Welttextilabkommen (→ *WTA*). Hervorzuheben ist ferner das Internationale Handelszentrum (International Trade Center, ITC) als ein Unterorgan des GATT und die Welthandelskonferenz (→) *UNCTAD*. Eine neue juristische Persönlichkeit des GATT ist die World Trade Organization (→ *WTO*), deren Schaffung ein Kernstück der GATT-Uruguay-Runde war (vgl. Yüksel, 2001, S. 27ff.).

Allianzen, strategische [s.a. Beschaffungsallianzen; Kooperation]
Unter einer Strategischen Allianz versteht man in Anlehnung an Porter/Fuller (1989, S. 364) ein »formelles, langfristiges Bündnis zwischen zwei Firmen, innerhalb dessen bestimmte Unternehmensaktivitäten koordiniert werden, das jedoch keinen eigentlichen Zusammenschluss darstellt.« Dabei können Allianzen sowohl bezüglich der gesamten (→) *Wertkette*, aber auch nur in Bezug auf einzelne Wertschöpfungsaktivitäten vereinbart werden (vgl. Schwamborn, 1994, S. 59ff.).

Eine Strategische Allianz kann in unterschiedlichen Formen realisiert werden, so als (→) *Management-Vertrag*, als Lizenzvertrag (→ *Lizenzpolitik*) oder als (→) *Joint Venture* (vgl. Zentes, 1992b, S. 20). Die rechtliche Ausgestaltung steht jedoch in keinem engen Zusammenhang mit den Zielen, die durch die Allianz erreicht werden sollen, sondern resultiert eher aus gesetzlichen und steuerpolitischen Gegebenheiten in dem entsprechenden Land (vgl. Porter/Fuller, 1989, S. 365).

Grundsätzlich wird durch eine Strategische Allianz ein »joint competitive advantage« angestrebt, der durch die Ergänzung individueller Stärken bzw. durch die Kompensation individueller Schwächen erreicht werden soll (vgl. Zentes, 1992b, S. 20). Als grundsätzliche Vorteile sind Skalenvorteile, Zugang zu bestimmten Märkten, Ressourcen oder Kenntnissen, Teilung des unternehmerischen Risikos und eine Beeinflussung der Wettbewerbssituation zu nennen. Als Nachteile werden Koordinationskosten, die Gefahr der Untergrabung der eigenen Wettbewerbsposition und die Entstehung einer ungünstigen Verhandlungsposition genannt (vgl. Porter/Fuller, 1989, S. 375f.).

Man unterscheidet zwischen X- und Y-Allianzen. Bei einer X-Allianz teilen sich die Unternehmen die Durchführung der Aktivitäten auf, die Partner führen bestimmte Aktivitäten für den jeweils anderen aus. Eine X-Allianz entsteht meist aus einer asymmetrischen Kompetenzverteilung der teilnehmenden Unternehmen und soll zur Kompensation der jeweiligen Schwächen führen. Bei einer Y-Allianz betreiben die Unternehmen bestimmte Wertaktivitäten gemeinsam. Hier muss i.d.R. eine größere Ähnlichkeit der teilnehmenden Unternehmen bezüglich ihrer Stärken- und Schwächen-Profile sowie hinsichtlich ihrer Ziele gegeben sein. Vorteile entstehen hier z.B. aus Economies of Scale.

Als Grundlage für eine erfolgreiche Allianz können – folgt man einem konsistenztheoretischen Ansatz – generell zwei Ebenen von »fits« unterschieden werden, der unternehmenspolitische und der unternehmenskulturelle »fit«. Der Erstgenannte bezieht sich auf die Übereinstimmung von Zielen und Strategien, Leistungsfähigkeiten und Verhandlungspositionen der Partner. Der Zweitgenannte betrifft die eher weichen Dimensionen der materiellen und immateriellen Werte, der Normen und der Führungsstile der betroffenen Unternehmen (vgl. Zentes, 1992a, S. 30; Zentes/Swoboda, 1999a, S. 44ff.). Eine außerordentliche Herausforderung für die Entwicklung bzw. den Erfolg Strategischer Allianzen, insbesondere im internationalen Bereich, liegt in einer dauerhaften, dynamischen Gestaltung der Geschäftsbeziehungen (vgl. Doz, 1996, S. 55ff.; Swoboda, 2000a, S. 107ff.)

Häufig agieren Unternehmen in ihren unterschiedlichen Geschäftsfeldern in unterschiedlichen Strategischen Allianzen (→ *Allianznetzwerke*). In diesem Fall ist jedoch zu prüfen, ob nicht indirekte Konkurrenzeffekte entstehen können. Es ist also ein innerbetriebliches Management des Allianz-Portfolios des Unternehmens notwendig.

Allianznetzwerke [s.a. Netzwerkmodelle; Virtuelle Unternehmen]

Allianznetzwerke sind eine Form der Strategischen Allianzen (→ *Allianzen, strategische*). Im engeren Sinne versteht man unter Strategischen Allianzen in Anlehnung an Porter/Fuller (1989, S. 364) die Zusammenarbeit von nur zwei Unternehmen. In empirischen Untersuchungen kann man auch feststellen, dass dies der bei weitem häufigste Fall von Kooperationen, insbesondere in internationalen Märkten ist (vgl. Hammes, 1994, S. 219ff.).

Es existieren jedoch auch Strategische Allianzen zwischen mehr als zwei Unternehmen. Dabei können sich in Anlehnung an die Definition Porters in Allianznetzwerken mehr als zwei Unternehmen zu einem formellen, langfristigen Bündnis zusammenschließen, bestimmte Unternehmensaktivitäten gemeinsam koordinieren, ohne jedoch einen Unternehmenszusammenschluss darzustellen. Auch mehrere Strategische Allianzen eines Unternehmens führen in diesem Sinne dann nicht zu einem Allianznetzwerk, solange nicht zwischen den einzelnen Allianzpartnern ebenfalls strategische Beziehungen bestehen.

Strategische Netzwerke stellen eine auf die Realisierung von Wettbewerbsvorteilen zielende, polyzentrische, aber gleichzeitig von einer oder mehreren Unternehmungen strategisch geführte Organisationsform ökonomischer Aktivitäten zwischen Markt und Hierarchie dar (→ *Transaktionsformen*), die sich durch komplex-reziproke, eher kooperative als kompetitive und relativ stabile Beziehungen zwischen rechtlich selbstständigen, wirtschaftlich jedoch zumeist abhängigen Unternehmungen auszeichnet (vgl. Sydow, 1992, S. 82). Sie unterscheiden sich von anderen Unternehmensnetzwerken und auch den Strategischen Allianzen dadurch, dass sie von einer oder mehreren fokalen Unternehmungen strategisch geführt werden. Die strategische Führung äußert sich bspw. darin, dass der Markt, auf dem das strategische Netzwerk tätig ist, im Wesentlichen von einer fokalen Unternehmung (»hub firm«) definiert wird. Diese Unternehmung bestimmt mehr als andere Art und Inhalt der Strategie, mit welcher der Markt bearbeitet wird, sowie über Form und Inhalt der Interorganisationsbeziehungen. Dies gilt selbst für Interorganisationsbeziehungen, in welche die fokale Unternehmung nicht selbst eingebunden ist.

Obwohl der polyzentrische Charakter des Netzwerkes grundsätzlich erhalten bleibt, betreibt die fokale Unternehmung eine Art strategische Metakoordination der ökonomischen Aktivitäten; sie steuert, u.a. mittels Selektionsentscheidungen, Gestaltung von Anreiz- und Kontrollsystemen und Einsatz von Informations- und Kommunikationssystemen, den Prozess, der auch mit dem Begriff der systemischen Rationalisierung belegt wird. Die mehr oder weniger zusammen mit den anderen Netzwerkunternehmungen entwickelten kollektiven Strategien werden dazu netzwerkweit implementiert (vgl. Sydow, 1995, S. 97). Eine weitere Unterscheidung zu den Strategischen Allianzen liegt in der höheren Anzahl der betroffenen Unternehmen begründet. Als Sonderfall der strategischen Netzwerke sind die (→) *Keiretsu* zu nennen.

Zum Teil werden die strategischen Netzwerke von den Allianznetzwerken dadurch unterschieden, dass die fokalen Unternehmen fehlen. Von Allianznetzwerken kann man ebenfalls sprechen, wenn sich Strategische Allianzen ihrerseits zu übergeordneten »Meta-Allianzen« zusammenschließen.

Anbieterkoalition

Beim Marketing von Anlagen (→ *Anlagengeschäft; Systemgeschäft*) sind i.d.R. auf der Anbieter- bzw. Herstellerseite mehrere Organisationen beteiligt. Es bilden sich dann kooperative Anbieterorganisationen als Teil eines multiorganisationalen (→) *Selling Center*.

Die Notwendigkeit solcher Anbieterkoalitionen (vgl. Günter, 1998, S. 292ff.; Backhaus, 1999, S. 480f.) ergibt sich daraus, dass oftmals ein Anbieter z.B. auf Grund fehlenden Know-hows oder fehlender Kapazitäten nicht in der Lage ist, große Projekte (Systeme) allein durchzuführen. Weitere Gründe liegen in der Möglichkeit zur Risikoteilung sowie zur Reduktion der Zahl der Wettbewerber. Zudem kann es zu so genannten Zwangskoalitionen kommen, wenn der Kunde die Lieferung bzw. Integration bestimmter Komponenten von bestimmten Herstellern oder patentrechtlich geschützter Bauteile wünscht bzw. fordert. Auf Grund von Forderungen nach nationalen Fertigungsanteilen kommt es im internationalen Geschäft häufig zu internationalen Anbieterkoalitionen (→ *Local-Content-Politik*).

Die Konsequenz aus der Mitwirkung in einer solchen Gemeinschaft besteht für alle Anbieter darin, dass neben den Abnehmerorganisationen nun zusätzlich die potenziellen oder effektiven Mitanbieter als Zielgruppe des Marketing berücksichtigt werden müssen. Auch sind die einzelnen Anbieter hinsichtlich der Erstellung ihres Angebots nicht mehr frei; es besteht die Notwendigkeit zur Abstimmung mit den Partnern, worin ein erhebliches Konfliktpotenzial liegen kann. Je nach Machtposition innerhalb der Anbieterkoalition wird ein Unternehmen seine eigenen marketingpolitischen Ziele leichter oder schwerer durchsetzen können.

In der Praxis hat sich gezeigt, dass relativ viele stabile Beziehungen aus solchen Anbieterkoalitionen entstanden sind. Die Gründe liegen besonders

- in Lerneffekten bei laufenden Abstimmungen mit zunehmender Zahl von gemeinsam ausgeführten Projekten
- in der auf Grund von Abstimmungsprozessen steigenden technischen Kompatibilität
- in der Anpassung bei interpersonalen Kontakten
- in der Möglichkeit, auf gemeinsamen Referenzanlagen (→ *Referenz*) aufzubauen
- in der Möglichkeit, zu einem langfristigen Interessenausgleich zu gelangen.

Auch im Verhältnis zu Sublieferanten werden durch langfristige Rahmenverträge stabile Beziehungen aufgebaut. Als Organisationsformen von Anbieterkoalitionen kommen die (→) *Generalunternehmerschaft*, das offene und das stille (→) *Konsortium* sowie insbesondere im Baugewerbe die Arbeitsgemeinschaft in Frage (Günter, 1998, S. 292).

Anlagengeschäft

Beim Anlagengeschäft handelt es sich neben dem (→) *Systemgeschäft* und dem (→) *Produktgeschäft* um eine Form des (→) *Investitionsgütermarketing*, die nach dem Umfang des Leistungsangebotes der Anbieter unterschieden wird.

Während das Produktgeschäft den Verkauf von einzelnen Aggregaten bzw. Komponenten umfasst, wird beim Anlagen- und Systemgeschäft der Absatz von komplexen Leistungsbündeln organisiert. Das Anlagengeschäft fokussiert im Gegensatz zu den anderen beiden Formen auf einzelne bzw. wenige Kunden, in dem es sich hier um kundenindividuelle Hardware- oder Hardware-/Software-Bündel (i.d.R. großindustrielle Anlagen wie z.B. Raffinerien, Walzwerke usw.) zur Fertigung weiterer Güter und Leistungen handelt. Auf Grund dieser Individualität der Leistung erfolgt beim Anlagengeschäft der Vermarktungs- vor dem Herstellungsprozess. Zudem ist das Anlagengeschäft im Gegensatz zum Systemgeschäft dadurch gekennzeichnet, dass kein zeitlicher Kaufverbund zu anderen Leistungen besteht (vgl. Backhaus, 1999, S. 451ff.).

Als Charakteristika des Anlagengeschäfts lassen sich nach Backhaus (1999, S. 451ff.) und Meyer/Kern/Diehl (1998, S. 144ff.) zusammenfassen:

- kundenindividuelle, i.d.R. einmalige Leistungserstellung als Auftrags- (Einzel-)fertigung (→ *Auftragsfertigung*)
- hoher Wert des Projektes mit entsprechender Bedeutung der (→) *Auftragsfinanzierung*
- langfristige (→) *Beschaffungsentscheidungsprozesse* und Abwicklungsprozesse mit starker Phasendifferenzierung
- komplexe Hardware-Software-Kombinationen, wobei der Softwarebereich ständig an Bedeutung gewinnt
- endgültige Ausgestaltung des Projektes im Laufe des Interaktionsprozesses mit z.T. hohem Einfluss der Abnehmer
- Zusammenarbeit mehrerer Anbieter in (→) *Anbieterkoalitionen*
- Einschaltung von (→) *Drittparteien*
- Stabilität von Marktpartnerbeziehungen sowohl innerhalb der Anbieterkoalition als auch zwischen Anbietern und Nachfragern
- Bedeutung von Referenzanlagen (→ *Referenz*).

Ansoff-Matrix

Die Produkt-Markt-Matrix von Ansoff stellt ein systematisches Denkraster potenzieller Wachstumsstrategien dar. Hierbei werden vier Grundstrategien des Wachstums vorgeschlagen (vgl. Ansoff, 1957, S. 113ff.; Perlitz, 2000, S. 38f.):

1. Marktdurchdringung (→ *Marktdurchdringungspolitik*)
2. Marktentwicklung
3. Produktentwicklung
4. (→) *Diversifikation*.

Übersicht 6 stellt diese vier Grundstrategien grafisch dar.

Produkte / Märkte	gegenwärtige Produkte	neue Produkte
gegenwärtige Märkte	Markt-durchdringung	Produkt-entwicklung
neue Märkte	Markt-entwicklung	Diversifikation

Quelle: Ansoff, 1957, S. 114.

Übersicht 6: Ansoff-Matrix

Man spricht von Marktdurchdringung im Sinne einer Wachstumsstrategie, wenn durch eine Intensivierung der Marketingmaßnahmen mit den derzeitigen Produkten (Leistungsprogrammen) auf den gegenwärtig bearbeiteten Märkten Wachstum erzeugt werden soll. Neben der Erhöhung des Marktvolumens, so durch eine Erhöhung der Verwendungsrate bisheriger Verwender oder die Aktivierung von bisherigen Nichtverwendern (latenter Bedarf), kann auch eine Erhöhung des Marktanteils auf Kosten der Konkurrenz diese Strategie zum Erfolg führen.

Im Rahmen der Marktentwicklung sollen mit der vorhandenen Produktpalette neue Märkte erschlossen werden. Diese neuen Märkte können entweder bisher nicht bearbeitete Segmente in den bereits bearbeiteten geografischen Märkten oder die Nutzung des Absatzpotenzials in neuen geografischen Gebieten sein.

Bei der Produktentwicklung werden auf den bestehenden Märkten neue Produkte angeboten, wobei diese tatsächliche Innovationen sein können oder gegebenenfalls nur Imitationen bereits vorhandener Produkte, die von dem betreffenden Unternehmen bisher nicht angeboten wurden.

Eine Kombination aus Produktentwicklung und Marktentwicklung stellt die Strategie der (→) *Diversifikation* dar. Hierbei werden neue Produkte bzw. Leistungsprogramme auf neuen Märkten angeboten.

Als Kritik an der Ansoff-Matrix wird neben der Beschränkung auf zwei Faktoren (Produkte und Märkte) auch die einseitige Wachstumsfixierung gesehen, welche Desinvestitions- oder Rückzugsstrategien nicht vorsieht. Gleichwohl dient sie als Heuristik zur Schließung von frühzeitig erkannten Schwachstellen in Unternehmen (→ *Früherkennung, strategische; GAP-Analyse*).

Antidumping → *Antidumpingzölle; Dumping; Zollkodex*

Antidumpingzölle

Antidumpingzölle sind staatliche Maßnahmen zur Abwehr einer (extremen) räumlichen Preisdifferenzierung (→ *Dumping*). Antidumpingzölle oder auch Ausgleichszölle werden gegen Einfuhren aus Drittländern vom Einfuhrland festgesetzt, wenn Waren zu niedrigeren Preisen eingeführt werden, als sie auf dem inländischen Markt des exportierenden Landes erzielt werden (Antidumpingzoll) oder für die das Exportland Prämien oder (→) *Subventionen* (Ausgleichszoll) gewährt. Die Preisunterbietung führt in der Regel zu einer Schädigung der inländischen Wirtschaftszweige, da im Exportland produzierte Waren zu einem höheren Preis angeboten werden.

In der (→) *EU* stützt sich das Antidumpingrecht auf entsprechende GATT-Kodizes (Artikel 2ff. WTO; vgl. World Trade Organization, 1995a). Danach sind von Seiten geschädigter Staaten Gegenmaßnahmen grundsätzlich dann möglich, wenn

- der Tatbestand des Dumpings feststeht
- eine bedeutende Schädigung eines Wirtschaftszweiges vorliegt oder droht und
- der kausale Zusammenhang zwischen dieser Schädigung und dem Dumping nachgewiesen wird.

Da ein Antidumpingzoll den entstandenen Schaden nicht überkompensieren darf, muss das Prinzip der Verhältnismäßigkeit zwischen Schaden und Maßnahme gewahrt bleiben. Der Antidumpingzoll wird üblicherweise als Dumpingspanne (Differenz zwischen dem Inlandspreis im Exportland und dem Exportpreis) als Zusatzzoll zum normalen Zoll erhoben. Dieser kann in der EU über 30 % betragen (vgl. Altmann, 1993, S. 435). Beim Verdacht auf Dumping kann die Europäische Kommission auch die Stellung einer Sicherheit in Höhe der mutmaßlichen Dumpingspanne verlangen, die erst bei negativem Aufklärungsergebnis wieder erstattet wird.

In der letzten Runde des GATT (→ *Welthandelsrunden*) wurden Neuerungen zur Festlegung von Antidumpingzöllen vorgenommen (vgl. World Trade Organization, 1995a/b):

- Der zur Verhängung von Antidumpingzöllen notwendige direkte Zusammenhang von Dumping und Schaden für die Produzenten des Importlandes wurde präzisiert (Artikel 3 WTO).
- Kriterien, Voraussetzungen und Regeln für die Initiierung und Durchführung

von Antidumpinguntersuchungen wurden exakter formuliert.

- Antidumpingzölle dürfen wie der Subventionskodex grundsätzlich höchstens für fünf Jahre in Kraft bleiben (Artikel 11 WTO), allerdings mit der Möglichkeit einer weiteren Verlängerung bei »Vorliegen der entsprechenden Voraussetzungen«.
- Sämtliche Entscheidungen im Kampf gegen das Dumping sind unverzüglich der WTO mitzuteilen, so dass auch im Konfliktfall auf multilateraler Ebene das Streitschlichtungsverfahren in Anspruch genommen werden kann.
- Der Untersuchungsantrag muss von mehr als 50 % der heimischen Hersteller gleichartiger Waren, die zum Antrag Stellung nehmen, und von insgesamt 25 % der heimischen Hersteller unterstützt werden (Artikel 5 WTO).
- Wenn ausreichende Beweise für das Vorliegen eines Dumpings bestehen, dürfen frühestens 60 Tage nach Verfahrensbeginn und für eine Dauer von maximal sechs Monaten provisorische Antidumpingzölle verhängt werden.

Antidumpingzölle sind ein besonders beliebtes Protektionsinstrument. Mitte 1995 waren 800 solcher Maßnahmen in Kraft, wobei die USA und die EU allein 60 % der Maßnahmen verhängten. Betroffen waren hauptsächlich China, die EU und Korea (vgl. Koch, 1998a, S. 129).

Antriebskräfte

Antriebe bzw. Antriebskräfte sind aktivierende Verhaltensbedingungen und -tendenzen. Sie treiben das menschliche Verhalten an, indem sie es mit psychischer Energie versorgen. Kroeber-Riel/Weinberg (1999, S. 53ff.) zählen zu den Antrieben im weiteren Sinne (→) *Emotionen,* (→) *Motivationen* und (→) *Einstellungen.* Die drei Konstrukte erklären zusammen das Zustandekommen des menschlichen Verhaltens. Dabei gilt die (→) *Aktivierung* als Basis aller Antriebskräfte. Zur Aktivierung treten kognitive Komponenten hinzu.

Emotionen sind subjektiv erlebte innere Erregungsvorgänge. Bei der Motivation tritt zu der inneren Spannung eine Zielorientierung für das Verhalten hinzu. Einstellungen umfassen darüber hinaus eine innere Haltung und Reaktionsbereitschaft hinsichtlich eines Objektes.

Insgesamt lässt sich das System der Antriebskräfte nach Kroeber-Riel wie folgt darstellen:

Emotion	=	Erregung und Spannung als aktivierende Komponente
	+	(kognitive) Wahrnehmung
Motivation	=	Emotion
	+	(kognitive) Handlungsorientierung
Einstellung	=	Motivation
	+	(kognitive) Gegenstandsbeurteilung.

Das zentrale Merkmal aller Antriebskräfte ist ihre Stärke bzw. Intensität, welche durch die ihnen gemeinsame innere Erregung bestimmt wird.

Anzahlung → *Zahlungsbedingungen; Zahlungskonditionen*

APEC [s.a. ASEM]

Asian Pacific Economic Cooperation (APEC) ist neben der (→) *ASEAN* eine formelle Plattform (»regionales Forum«) zur Wahrung asiatisch-pazifischer Interessen. Die APEC wurde 1989 als Diskussions- und Koordinationsforum zur Förderung des wirtschaftlichen Wachstums und zur Zusammenarbeit in der Region gegründet. Zu den 21 Mitgliedern gehören Australien, Brunei-Darussalam, Kanada, Chile, China, Chinese Taipei, Hong Kong, Indonesien, Japan, Malaysia, Mexico, Neuseeland, Papua New Guinea, Peru, Philippinen, Russland, Singapur, Südkorea, Thailand, USA und Vietnam.

Ziel der gegenwärtig intensiven Diskussion über Möglichkeiten der Zusammenarbeit sind engere Kooperationen in den Bereichen Handel, Investitionen, Energie, Transport- und Kommunikationswesen sowie gemeinsame Ausbildungs- und Umweltprogramme. Eine Integration im klassischen Sinne ist bis auf die Schaffung einer (→) *Freihandelszone* bis 2020 als Fernziel nicht geplant. Beim dritten Gipfeltreffen 1995 in Osaka, Japan, vereinbarten die Staats- und Regierungschefs die Osaka Action Agenda, die die Etappen zur Errichtung der Freihandelszone festlegt. Einige Mitglieder haben bereits durch Senkung von Importzöllen und Erleichterungen für ausländische Investitionen konkrete Schritte zur Marktöffnung vollzogen.

Das Gipfeltreffen 1998 in Kuala Lumpur befasste sich mit finanzpolitischen Themen, um die Asienkrise (1997-1999) zu überwinden. Das dort verabschiedete Kuala Lumpur Action Program on Skills and Development hat zum Ziel, die wirtschaftlichen Unterschiede zwischen den Mitgliedstaaten zu verringern, da ein Hauptproblem für eine engere Kooperation insbesondere Entwicklungsunterschiede zwischen den beteiligten Ländern sowie politische Probleme sind. Eine wichtige Motivation des Zusammenschlusses ist die latente Gefahr protektionistischer Tendenzen der (→) *EU* (→ *Protektionismus*).

Artikelnummerierung [s.a. EDI; SEDAS]
Artikelnummerierungssysteme – auch als Artikelcodierungssysteme bezeichnet – sind nummerische Ordnungssysteme zur Identifikation und/oder Klassifikation von Artikeln. Sie sind eine Grundvoraussetzung für die artikelspezifische Verkaufsdatenerfassung (→ *Scanning*) im Handel.

Gleichzeitig repräsentieren Artikelnummerierungssysteme, in Verbindung mit der Möglichkeit der artikelgenauen Erfassung von Abverkäufen, die Grundlage moderner Marketingansätze im Handel, wie dem (→) *Data-Base-Marketing*.

Artikelnummerierungssysteme können grundsätzlich von Unternehmen individuell oder überbetrieblich erstellt werden. Beispiele für einheitliche (überbetriebliche) Systeme sind:

- das europäische EAN-System
- das amerikanische UPC-System.

Das EAN-System (Internationale Artikelnummerierung, früher: Europäische Artikelnummerierung) wurde 1977 als gesamteuropäisches Identifikationssystem entwickelt. Es löste das 1969 in der Bundesrepublik Deutschland geschaffene ban-System (bundeseinheitliche Artikelnummerierung) ab, das die Artikel identifizierte und klassifizierte, d.h. Artikel auch bestimmten Artikelgruppen, Warengruppen und Warenbereichen zuordnete.

Die europäische Artikelnummer umfasst 13 Stellen, die, wie in Übersicht 7 gezeigt, aufgeteilt sind.

Länder-Kennzeichen		Bundeseinheitliche Betriebsnummer »bbn«					individuelle Artikelnummer des Herstellers					Prüfziffer
4	0	1	2	3	4	5	0	0	3	1	5	4
Centrale für Coorganis. für die Bundesrepublik Deutschland		Franz Schuster KG Travestr. 20 2400 Lübeck					Lübecker Edelmarzipan Geschenkpackung 100 g					99 % Sicherheit

Übersicht 7: Europäische Artikelnummerierung

Die EAN-Nummern werden meist in Form eines maschinenlesbaren Strichcodes auf den einzelnen Artikeln durch die Hersteller angebracht (Source Marking) (vgl. Übersicht 8).

Übersicht 8: EAN-Strichcode

Nicht herstellerausgezeichnete Artikel können zum Aufbau eines integrierten (→) *Warenwirtschaftssystems* durch die Handelsbetriebe nach dem EAN-System ausgezeichnet werden (Instore-Auszeichnung).

Neben der Normalversion der EAN-Nummern (13-stellig) gibt es die so genannte Kurznummer, die aus 8 Stellen besteht. Wenn durch ein EAN-13-Symbol mehr als 25% der Frontfläche einer Verpackung in Anspruch genommen werden, kann grundsätzlich ein EAN-8-Symbol verwendet werden. Werden EAN-8-Nummern beantragt, muss in jedem Fall anhand von Mustern (Etiketten usw.) die Notwendigkeit der EAN-8-Codierung nachgewiesen werden. Dies ist unumgänglich, weil Kurznummern nur in begrenztem Umfang zur Verfügung stehen.

Das amerikanisch/kanadische UPC-System (Universal Product Code) wird ebenfalls in zwei Versionen angeboten, in einer Normalversion mit 12 Stellen und einer Kurzversion mit 7 Stellen. Die modernen elektronischen Kassensysteme sind i.d.R. in der Lage, sowohl EAN-Nummern als auch Artikelnummern nach dem UPC-System zu erfassen.

ASEAN [s.a. ASEM]

Die Association of South-East Asian Nations ist ein Verband südostasiatischer Staaten und wurde 1967 in Bangkok von Indonesien, Malaysia, Philippinen, Singapur und Thailand gegründet. Derzeit umfasst die Vereinigung insgesamt zehn Mitglieder (neben den fünf Gründerstaaten seit 1984 Brunei, seit 1995 Vietnam, seit 1997 Laos und Myanmar, seit 1999 Kambodscha). Mit dem Beitritt Kambodschas gehören zur ASEAN alle Länder der südostasiatischen Region, die eine Bevölkerung von rund 500 Mio. Menschen einschließt. Offizielles Ziel war die Schaffung einer »Zone des Friedens, der Freiheit und der Neutralität«, während das im Mittelpunkt stehende Ziel der Förderung der wirtschaftspolitischen Zusammenarbeit bis weit in die achtziger Jahre hinein eher vernachlässigt wurde. Insofern war die ASEAN durch eine primär politische Koordination und eine behutsame wirtschaftliche Kooperation gekennzeichnet. Sie hatte vor der Gründung des ASEAN Regional Forums (ARF) 1994 eher einen informellen Charakter. Mitglieder des ARF sind neben den ASEAN-Länder die zehn Dialogpartner der ASEAN, z.B. Australien, Kanada, China, (→) *EU*, Japan, Russland und die USA.

Laut Beschluss des Gipfeltreffens in Singapur 1994 soll in den nächsten 10 Jahren eine (→) *Freihandelszone*, die ASEAN Free Trade Area (AFTA), verwirklicht werden. Zunächst sollen der Intra-ASEAN-Handel ausgebaut und die Kooperation bei Investitionen verstärkt werden. Hierzu gehören Bemühungen um die Angleichung von Zollsätzen, den Aufbau grenzüberschreitender Wachstumszonen nach dem Vorbild des Wachstumsdreiecks, das sich zwischen Südmalaysia, Singapur und der indonesischen Provinz Riau um Singapur gebildet hat.

Die Integrationsbestrebungen wurden durch den Ausbruch der Asienkrise im Juli 1997 überdacht und führten gesamthaft zu einer verstärkten Kooperation zwischen den Mitgliedsstaaten. 1997 wurde die ASEAN Vision 2020 verabschiedet, wo die zukünftige Zusammenarbeit innerhalb der Region aufgezeigt wird. Insbesondere sollen die Kooperationen mit den ASEAN-Nachbarländern China, Japan und Republik Korea (ASEAN plus 3) intensiviert werden. Zur Vertiefung der Zusammenarbeit in bestimmten Bereichen wurden Gruppen gebildet bzw. Abkommen unterzeichnet, die teilweise ehemalige Regelwerke ablösten. Beispiele sind:

- ASEAN Industrial Cooperation im Bereich der industriellen Entwicklung
- Framework Agreement on Service im Bereich des Handels mit Dienstleistungen
- verschiedene Programme im Bereich der Energie-, Transport- und Kommunikationsinfrastruktur
- e-ASEAN Task Force zur Zusammenarbeit im Bereich des (→) *E-Commerce*
- ASEAN Cooperation on Food, Agriculture and Forestry.

ASEM

Das ASEM (Asia-Europe-Meeting) ist eine besondere Form interregionaler Zusammenarbeit, da es keinen »Block-zu-Block«-Dialog darstellt wie beispielsweise zwischen der (→) *EU* und (→) *ASEAN*, sondern ein informelles Dialogforum von 26 gleichberechtigten Partnern. Den Beginn des ASEM-Prozesses bildete der Europäisch-Asiatische Gipfel im März 1996 in Bangkok. Teilnehmer des ASEM sind derzeit die 15 EU-Staaten, die Europäische Kommission und die ASEAN-Staaten Brunei, Indonesien, Malaysia, Philippinen, Singapur, Thailand, Vietnam sowie China, Korea und Japan. Der Prozess ist grundsätzlich offen für weitere interessierte Staaten, allerdings setzt eine Erweiterung den Konsens aller Teilnehmer voraus. Der Kern von ASEM sind die seit 1996 alle zwei Jahre abwechselnd in Europa und Asien stattfindenden Treffen der Staats- bzw. Regierungschefs. Zur inhaltlichen Vertiefung der Schwerpunktbereiche finden Fachministertreffen zwischen Außen-, Wirtschafts-, Finanz- und Technologieministern statt. Die Außenminister wirken darüber hinaus als Gesamtkoordinatoren des Prozesses. Der Prozess wird von drei Säulen (Themenbereichen) getragen, dem politischen Dialog, den handels-, wirtschafts- und finanzpolitischen Themen und dem kulturellen, bildungspolitischen und sozialpolitischen Dialog. Ein wichtiges politisches Thema ist der Austausch über Erfahrungen mit regionaler Integration. Nicht zuletzt die Auswirkungen der Asienkrise (1997-1999) haben die regionale Stabilität und Sicherheit erheblichen Belastungen ausgesetzt. Die existierenden Regionalorganisationen ASEAN Regional Forum (ARF), aber auch informelle Foren wie ASEAN plus 3 (China, Korea, Japan) bilden einen wichtigen Ausgangspunkt für die Verstärkung der Zusammenarbeit zwischen den asiatischen Staaten.

Assoziierungsabkommen

Assoziierungsabkommen regeln die zwischenstaatlichen Beziehungen und können im Gegensatz zu Handels- und Kooperationsabkommen (→ *Handelsabkommen*) als Vorstufe der Integration (→ *Integrationsabkommen*) angesehen werden. Assoziierung umfasst ein besonderes Verhältnis zwischen einem Land und einer Staatengemeinschaft, das über bloße handelspolitische Vereinbarungen hinausgeht. Sie ist i.d.R. als eine Vorstufe zur Vollmitgliedschaft zu sehen, so die Assoziierungsabkommen der (→) *EU* mit Griechenland (1961), der Türkei (1964), Malta (1971) und Zypern (1973). Diese haben seit 1998 (Zypern), 1999 (Türkei) bzw. 2000 (Malta) Kandidatenstatus für die EU erhalten. Beitrittsverhandlungen können aber erst beginnen, wenn sie die politischen Kriterien für einen Beitritt erfüllen.

Assoziierungsabkommen bestehen seit dem Zusammenbruch des Rates für gegenseitige Wirtschaftshilfe (RGW) auch mit Staaten Osteuropas (→ *Staatshandelslän-*

der). Die so genannten »Europa-Abkommen« gehen weit über die rein wirtschaftliche und handelspolitische Zusammenarbeit hinaus. Ausdrücklich wird als Ziel die EU-Mitgliedschaft der assoziierten Partner genannt. Beitrittskandidaten sind Polen, Ungarn, die Tschechische Republik, Estland und Slowenien (die so genannte Luxemburg-Gruppe) sowie die Slowakei, Rumänien, Bulgarien, Lettland und Litauen (die so genannte Helsinki-Gruppe). Mit diesen zehn Ländern hat die EU seit 1998 (Luxemburg-Gruppe) bzw. seit Frühjahr 2000 (Helsinki-Gruppe) konkrete Beitrittsverhandlungen begonnen. Insgesamt sind es derzeit 13 Länder mit Kandidatenstatus für die EU.

Aus Sicht der EU bedürfen Assoziierungsabkommen in formeller Hinsicht nach Artikel 228 EG-Vertrag eines qualifizierten Mehrheitsbeschlusses des Ministerrates (mit Ausnahme des Artikel 228, Absatz 2 einstimmig), nach einer vorherigen Anhörung der Kommission, die Empfehlungen ausspricht. Demgegenüber ist die Assoziierung der außereuropäischen Länder und Hoheitsgebiete, die mit Belgien, Dänemark, Frankreich, Italien und dem Vereinigten Königreich besondere Beziehungen unterhalten, im Artikel 131 EG-Vertrag festgeschrieben.

Assoziierungsabkommen können auch Vereinbarungen über die wirtschaftliche und handelspolitische Zusammenarbeit ohne Beitrittsperspektive zur EU haben. Beispiel dafür sind die Assoziierungsabkommen mit den Mittelmeerdrittländern im Rahmen der Partnerschaft »Europa-Mittelmeer«. Unterzeichnet sind bereits Abkommen mit Tunesien, Israel und Marokko. Mit der Palästinensischen Befreiungsorganisation hat die EU ein Interimsassoziationsabkommen geschlossen. Mit Jordanien, Ägypten und Libanon laufen Verhandlungen; weitere Länder des Mittelmeerraumes werden folgen.

Audience-Effekt → *Kommunikationseffekte*

Auftragsfertigung [s.a. Anlagengeschäft]
Bei der Auftragsfertigung werden Güter individuell nach den Spezifikationen des Kunden gefertigt. Im Gegensatz zur Massenfertigung liegt bei diesem, auch als Make-to-Order oder Built-to-Order bezeichneten Auftragstyp die Bestellung zeitlich vor der Produktion der Ware. In der Regel liegt bei der Auftragsfertigung eine Einzel- oder Kleinserie vor.

Auftragsfinanzierung

Auftragsfinanzierung (i.e.S.) beinhaltet die Beschaffung von Finanzmitteln zur Deckung von Auszahlungsüberhängen, die aus zeitlichen und/oder betragsmäßigen Diskrepanzen im Anfall auftragsbezogener Ein- und Auszahlungen resultieren. Es handelt sich um Maßnahmen, die mit der Finanzierung eines Auftrages verbunden sind. Dazu zählen insbesondere die Auswahl und Einschaltung von Banken, mit deren Hilfe eingeräumte Zahlungsziele refinanziert werden, sowie die Beschaffung von Kreditversicherungen, die häufig Voraussetzungen für die Kreditvergabe von Banken sind (vgl. Backhaus, 1999, S. 519).

Zu der Auftragsfinanzierung im weiteren Sinne gehören alle generellen mit der Abwicklung eines Auftrages verbundenen Finanzaktivitäten, wie (vgl. Hombach/Kockelkorn/Molter, 1987, S. 4)

- die Steuerung des dokumentären und nichtdokumentären (→) *Zahlungsverkehrs*
- die Festlegung von Zahlungswegen (→ *Zahlungsbedingungen*)
- die Bankenauswahl für die Avisierung und Bestätigung von Akkreditiven und
- die Stellung und Steuerung von Vertragsgarantien jeder Art (→ *Bankgarantien*).

Eine internationale Auftragsfinanzierung liegt dann vor, wenn sich Anbieter und/

oder Kreditgeber verschiedener Nationalitäten zusammenschließen, um die Finanzierung eines Auftrages zu ermöglichen (vgl. Backhaus, 1999, S. 519f.).

Insbesondere in den »emerging markets« der (→) *Entwicklungsländer* gewinnt die Auftragsfinanzierung als Wettbewerbsinstrument für Exporteure zunehmend an Bedeutung (→ *Absatzfinanzierung*). Die potenziellen Kunden verfügen hier nämlich i.d.R. nicht über ausreichend Eigenmittel, um die geplanten Investitionsvorhaben zu finanzieren. Zudem hat die Auftragsfinanzierung insbesondere im internationalen Kontext auch das Ziel der Absicherung von Risiken, so Fabrikationsrisiken, Zahlungsausfallrisiken, Wechselkursrisiken und Zinsrisiken (→ *Außenhandelsrisiken*).

Zu den Standardinstrumenten der Auftragsfinanzierung zählen der Lieferantenkredit, die (→) *Forfaitierung*, der Besteller- und Bank-zu-Bank-Kredit sowie das (→) *Leasing*. Darüber hinausgehende, individualisierte Finanzierungskonzepte sind dem (→) *Financial Engineering* zuzuordnen (vgl. Isselstein/Schaum, 1998, S. 174ff.).

Auktion

Auktionen stellen Preisfindungsmechanismen dar, bei denen die Auktionsteilnehmer anhand von Geboten die Festlegung der Preise bewirken (vgl. McAfee/McMillan, 1987, S. 699f.). Sie sind dadurch gekennzeichnet, dass die Güterverteilung durch eindeutig definierte Regeln der Marktinstitution sowie die Kaufbereitschaft geregelt wird.

Es werden vier Formen von Auktionen unterschieden (vgl. Kräkel, 1992, S. 13f.; Wolfstetter, 1996, S. 371ff.):

- Englische Auktion
- Holländische Auktion
- Höchstpreisauktion
- Vickrey-Auktionen.

Die Englische Auktion (in England als »Amerikanische Auktion« bezeichnet) ist die verbreitetste Form der Auktionen, insbesondere für Objekte mit eher geringerem Wert. Sie erfolgt nach dem Aufschlagverfahren. Bei dieser Form von Auktionen wird ein Mindestpreis festgelegt. Die Kaufinteressenten geben Gebote ab, die zu einer sukzessiven Preiserhöhung führen, bis kein höheres Gebot mehr erfolgt. Den Zuschlag erhält der Bieter, der das Maximalgebot abgegeben hat.

Bei der Holländischen Auktion wird das Abstrichverfahren angewandt. Es wird ein i.d.R. hoher Startpreis festgelegt, der sukzessive gesenkt wird, bis der erste Bieter den Preis akzeptiert. Dieser Bieter erhält den Zuschlag.

Bei den Höchstpreisauktionen und den Vickrey Auktionen erfolgt eine verdeckte (schriftliche) Abgabe der Gebote. Jeder Bieter kann dabei nur einmalig ein Angebot abgeben. Den Zuschlag erhält jeweils der Bieter, der das höchste Gebot abgegeben hat. Bei den Höchstpreisauktionen entspricht der Kaufpreis seinem Gebot (dem Höchstgebot). Im Gegensatz dazu entspricht der Kaufpreis bei Vickrey-Auktionen dem zweithöchsten Gebot. Diese Form von Auktionen wird deshalb auch als Second-Price Auctions oder Sealed-Bid Auctions bezeichnet (vgl. Skiera/Revenstorff, 1999, S. 225f.).

Ausfuhrkreditversicherung → *Exportkreditversicherung*

Ausgleichskalkulation

Die Ausgleichskalkulation oder Mischkalkulation ist ein Kalkulationsverfahren (→ *Preiskalkulation*), das vielfach im Handel angewendet wird (vgl. Diller, 2000, S. 465f.; Tietz, 1975, S. 953). Das Grundprinzip einer solchen Preispolitik ist der kalkulatorische Ausgleich, bei dem ein möglichst hoher Gesamtgewinn innerhalb des Sortiments durch unterschiedliche Preisspielräume bei verschiedenen Artikeln bzw. Artikelgruppen angestrebt wird. Ausgleichskalkulation bedeutet hierbei, dass rechnerische Unterdeckungen von »Verlustartikeln« mit unterdurchschnittlicher Handelsspanne im Sortiment eines Einzelhandelsbetriebes durch Artikel mit überdurchschnittlicher Handelsspanne ausgeglichen werden (vgl. Diller, 2000, S. 264f., S. 465f.; Meffert, 2000, S. 1199).

Auch zum Zweck der Beeinflussung der Nachfrager werden gleichzeitig bei verschiedenen, i.d.R. komplementären Waren unterschiedlich hohe Handelsspannen angesetzt. So werden einige Artikel des Sortiments mit einer gegenüber dem Durchschnitt niedrigeren Handelsspanne angeboten (Ausgleichsnehmer); zum Ausgleich werden andere Artikel mit einer entsprechend höheren Handelsspanne »kalkuliert« (Ausgleichsträger). Als Ausgleichsträger kommen besonders Produkte in Betracht, die keinem harten Preiswettbewerb ausgesetzt sind und die trotz hoher Handelsspannen in großen Stückzahlen abgesetzt werden können. Der Extremfall der Ausgleichskalkulation liegt bei Lockvogelangeboten im Rahmen der (→) *Sonderangebotspolitik* vor (vgl. Barth, 1999, S. 190f., S. 441f.).

Auslandsagent

Der Auslandsagent ist ein rechtlich selbstständiger (→) *Handelsmittler* im Außenhandel, der in fremdem Namen und für fremde Rechnung tätig wird (nach deutschem Recht geregelt in §§ 84ff. HGB). Sein Aufgabenbereich kann von einer reinen Vermittlerrolle zwischen Lieferant und Abnehmer bis hin zur General- bzw. Alleinvertretung reichen. Im ersten Fall wird der Auslandshandelsvertreter lediglich als Vermittlungsagent, im zweiten Fall dagegen als Abschlussagent tätig, womit i.d.R. auch der Unterhalt von Auslieferungslägern und Ausstellungsräumen verbunden ist. Der Abschluss eines Agenturvertrages ist nicht genehmigungspflichtig im Sinne des deutschen Außenwirtschaftsrechts.

Als Aufgaben für Auslandsagenten können u.a. gelten:

- Geschäftsabschlüsse im vereinbarten Vertretungsgebiet
- Durchführung des Kundendienstes
- Haltung eines Auslieferungslagers
- Weitergabe von Marktinformationen an den Auftraggeber.

Um mögliche Probleme bei Vertragsverhältnissen mit Auslandsagenten zu reduzieren, gibt die (→) *Internationale Handelskammer* einen Leitfaden für den Abschluss von Handelsvertreterverträgen mit ausländischen Partnern heraus (vgl. Jahrmann, 1998, S. 73f.).

Neben den Auslandsagenten werden als Handelsmittler im Außenhandel auch (→) *CIF-Agenten*, (→) *Handelsmakler* und (→) *Kommissionäre* eingesetzt.

Auslandshandelskammer [s.a. Internationale Handelskammer]

Die Auslandshandelskammern (AHK), auch als Außenhandelskammern bezeichnet, sind privatrechtliche Organisationen von Unternehmen, Organisationen und Privatpersonen aus Deutschland und dem jeweiligen Partnerland. Aufgabe der AHK ist die individuelle Unterstützung von Mitgliedern und Nichtmitgliedern bei ihren Absatz- und Investitionsbemühungen in beiden Partnerländern durch Informationen und Beratung (→ *Außenhandel(s), Institutionen des*). Die AHK werden fachlich und organisatorisch vom Deutschen Industrie- und Handelskammertag in Bonn betreut (vgl. Schulz-Rinne, 1989, Sp. 112).

Auslandsmärkte

Mit zunehmenden Auslandsaktivitäten (→ *Internationalisierung*) und mit steigender Zahl der Zielmärkte sehen sich international tätige Unternehmen wachsenden Problemen gegenüber. Ursache dafür ist die Marktdynamik (Veränderung relevanter Bestimmungsfaktoren einzelner Märkte), die es in der unternehmerischen Tätigkeit systematisch fortzuschreiben gilt, um die hieraus für aktuelle und/oder angestrebte Formen des Auslandsengagements resultierenden Konsequenzen beurteilen zu können.

Dieser als permanenter Prozess zu betrachtende Vorgang steht in einer engen Verbindung mit der Selektion von Auslandsmärkten (→ *Marktauswahl*).

Auslandsmärkte lassen sich danach differenzieren, ob sie von einem Unternehmen aktiv bearbeitet werden, oder ob sie ein möglicherweise noch zu erschließendes Marktpotenzial darstellen.

Auslandsmarktforschung [s.a. Internationales Marketing; Marktforschung]

Als Auslandsmarktforschung bezeichnet man die Marktforschungsaktivitäten (→ *Marktforschung*) auf ausländischen Absatz- und Beschaffungsmärkten.

Die Aufgaben und die Verfahren der Auslandsmarktforschung entsprechen grundsätzlich denen der Inlandsmarktforschung.

Spezielle Probleme der Auslandsmarktforschung können sich u.a. durch religiöse, politische, kulturelle, sprachliche Faktoren sowie durch den sozioökonomischen und technologischen Entwicklungsstand der Zielländer ergeben. Dies gilt in der Datengewinnung sowohl für die Sekundär- als auch für die Primärmarktforschung (→ *Primärforschung*).

So sind oftmals die Rückgriffsmöglichkeiten auf amtliche oder halbamtliche Datenquellen begrenzt, z.B. in Entwicklungsländern. Die Begrenztheit oder Nicht-Verfügbarkeit dieser Daten engt nicht nur die Sekundäranalyse ein, sie behindert auch die Bildung von Stichproben.

Sprachprobleme (Übersetzungs- bzw. Übertragungsprobleme), unterschiedliche Begriffswelten und psychologische Kommunikationsprobleme (Misstrauen, Tabus, Gepflogenheiten, Mentalitätsprobleme u.Ä.) können die Durchführung empirischer Erhebungen (→ *Befragung; Beobachtung*) verhindern (vgl. Rödel, 1977, S. 1335ff.), beeinträchtigen oder gar verhindern.

Weitere Probleme der Auslandsmarktforschung können aus einem Mangel an geeigneten Fachkräften des eigenen Unternehmens oder des Ziellandes, aus einem Mangel geeigneter externer Institute im In- oder Ausland resultieren.

Auslandsmessen → *Kommunikationspolitik*

Auslandsniederlassungen

Auslandsniederlassungen sind eine mögliche Form der Bearbeitung ausländischer Märkte, die über eine reine Exporttätigkeit

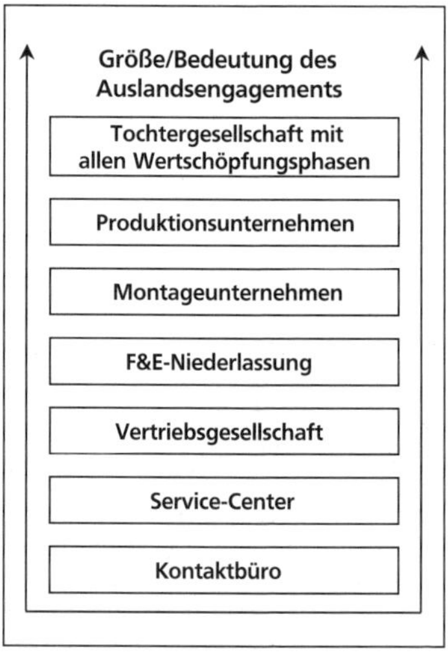

Quelle: Hünerberg, 1994, S. 129.

Übersicht 9: Klassifikation von Auslandsniederlassungen

(→ *Export*) hinausgeht (→ *Markteintrittsstrategien*). Für Niederlassungen gibt es ein großes Funktionsspektrum und eine Vielzahl unterschiedlicher Bedeutungen (vgl. Übersicht 9). Die Spanne reicht dabei von einem Kontaktbüro (→ *Repräsentanzbüros*) über Produktionsbetriebe bis hin zu eigenständigen (→) *Tochtergesellschaften* mit allen Wertschöpfungsphasen (vgl. Hünerberg, 1994, S. 127).

Auslandsprojektgesellschaften

Auslandsprojektgesellschaften sind wirtschaftlich und rechtlich selbstständige Einheiten im Ausland, die von einem Betreiberkonsortium (→ *Konsortium*) geplant, errichtet, finanziert und auf den Absatzmarkt vorbereitet werden. Nach einer gewissen Anlaufphase sollen sie ihren Kapitaldienst aus der eigenen Leistungsfähigkeit, ohne Haftung Dritter oder des Betreiberkonsortiums tragen (vgl. Jahrmann, 1998, S. 70).

Gegenstand von Auslandsprojektgesellschaften können grundsätzlich alle Arten von Großprojekten sein. Dabei bezeichnet man als Projekte einmalige, komplexe Vorhaben mit spezifischen Leistungs-, Termin- und Kostenzielen. Dies können beispielsweise Infrastrukturmaßnahmen wie Verkehrsanlagen und Kraftwerksbau, die Errichtung von Industrieanlagen zur Gewinnung und Verarbeitung oder Flugzeugbau, Raumfahrt und Wehrtechnik sein (vgl. Grün, 1989, Sp. 1737f.).

Dem Betreiberkonsortium können je nach Art, Umfang und Investitionsland angehören (vgl. Jahrmann, 1998, S. 70):

- die Projektinitiatoren, die die Projektgesellschaft gründen und bis zur Fertigstellung haften
- die Lieferanten des Exportlandes, die das Projekt erstellen und sich gegebenenfalls an der Projektgesellschaft beteiligen müssen
- die Abnehmer, die über vertraglich vereinbarte Abnahmemengen usw. die Wirtschaftlichkeit des Projekts gewährleisten
- die Finanzierungsinstitute, die u.a. das Investitionsrisiko prüfen, Rentabilitätsanalysen erstellen und Kredite beschaffen
- die Versicherungen, die als private oder staatliche Kreditversicherer das wirtschaftliche und/oder politische Risiko (→ *Außenhandelsrisiken*) decken
- sonstige Interessenten wie Rohstofflieferanten, Beratungsfirmen oder Institutionen des Investitionslandes.

Problemfelder, die vor Gründung einer internationalen Projektgesellschaft u.a. geregelt werden müssen, sind die Finanzierung sowie der Mittelrückfluss, die Vereinbarung der Arbeitsteilung inklusive der auftretenden Schnittstellen, die Entscheidungskompetenzen und möglicherweise die Festlegung einer Leitwährung, insbesondere, wenn Unternehmen aus unterschiedlichen Ländern an der Projektgesellschaft beteiligt sind (vgl. Madauss, 1989, Sp. 1750ff.). Gerade bei Auslandsprojektgesellschaften ist neben der Komplexität auch das Risiko besonders hoch. Aus diesem Grund wird gefordert, äußerst sorgfältige Vorstudien (→ *Feasibiliy-Studien*) durchzuführen. Außerdem sollten ortskundige Partner eingeschaltet werden, um die Risiken der relevanten Makroumwelt aufzudecken (vgl. Grün, 1989, Sp. 1743f.).

Ausschaltung des Handels → *Einschaltung des Handels*

Ausschließlichkeitsbindung [s.a. Kontraktmarketing]

Ausschließlichkeitsbindungen sind vertragliche Vertriebsvereinbarungen zwischen einem Hersteller und einem oder mehreren Handelsunternehmen, die die Handelsunternehmen darin beschränken, bestimmte Waren von anderen Herstellern zu beziehen. Als Beispiel sind Bierlieferungsverträge oder die Bezugsbindung für die Original-Ersatzteillieferung der Automobilhersteller zu erwähnen (vgl. Tietz, 1993a, S. 271).

Ausschreibung

Die Ausschreibung (Submission) ist ein Verfahren des (→) *Beschaffungsmarketing*, das bei komplexen Investitionsgütern, d.h. i.d.R. im (→) *Anlagengeschäft* und im (→) *Systemgeschäft*, angewendet wird. Neben der Ausschreibung von Projekten durch industrielle bzw. gewerbliche Nachfrager spielen die Ausschreibungen von öffentlichen Auftraggebern eine besondere Rolle (öffentliche Ausschreibung).

Durch eine Ausschreibung werden eine Reihe (beschränkte Ausschreibung) oder alle potenziellen Lieferanten (unbeschränkte Ausschreibung) z.B. durch ein Zeitungsinserat oder über das (→) *Internet* aufgefordert, Angebote über eine konkrete Leistung in Form von Leistungsbeschreibungen (Lastenheft) abzugeben. Man spricht hierbei auch von einem Verfahren der organisierten Konkurrenz. Durch die Ausschreibung sollen der Wettbewerb zwischen den Anbietern aufrechterhalten sowie eine höhere Transparenz und Vereinheitlichung der Angebote erreicht werden (vgl. Kotler/Bliemel, 2001, S. 406ff.).

Der Ausschreibungsprozess und die Vergabe des Auftrags sind durch Regeln bestimmt. Es wird eine Anbietungsfrist gesetzt, bis zu der Angebote entgegengenommen werden. Während der Anbietungsfrist werden die Offerten vertraulich behandelt. Nach Angebotseröffnung können keine abgegebenen Angebote verändert und auch keine zurückgezogen werden. Nachverhandlungen sollen so ausgeschlossen werden. Die Erteilung des Angebots erfolgt nach bestimmten Regeln an den günstigsten Anbieter.

Insbesondere der Ausschreibungs- und Beschaffungsprozess der öffentlichen Hand ist sehr stark formalisiert. Zur Anwendung kommen dabei für Anbieter z.B. die Verdingungsordnung für Leistungen (VOL) und die Verdingungsordnung für Bauleistungen (VOB).

Im Gegensatz zur Ausschreibung erfolgt die Auftragsvergabe bei der freihändigen Vergabe nach freiem Ermessen der Beschaffungsstelle (vgl. Kotler/Bliemel, 2001, S. 409).

Eine zunehmende Bedeutung gewinnen Ausschreibungen in Form so genannter Reverse Auctions im Internet. Private und/oder gewerbliche Abnehmer fordern dabei Anbieter zur Abgabe eines Angebotspreises auf. Während der »Auktionszeit« herrscht dabei i.d.R. Preistransparenz, d.h. allen Anbietern sind die jeweils aktuellen Preise bekannt.

Reverse Auctions können sowohl von einzelnen Nachfragern oder in Form von (→) *Kooperationen* durchgeführt werden.

Außendienst [s.a. Personal Selling]

Der Außendienst (Sales Force) stellt einen Teilbereich des Personal Selling dar. Der Außendienst kann differenziert werden nach der Art der (potenziellen) Kunden, die kontaktiert werden (Unternehmen, öffentliche Organisationen, Konsumenten usw.), nach der Wirtschaftsstufe, durch die der Außendienst eingesetzt wird (Hersteller, Großhandel, Einzelhandel) sowie nach der Art der vertriebenen Waren bzw. Dienstleistungen. Die Unternehmen können den Außendienst durch eigene Mitarbeiter (eigener Außendienst) oder fremde Verkaufsorgane (fremder Außendienst) vornehmen (vgl. Zentes, 1980, S. 29ff.).

Der Außendienst wird vom Innendienst dadurch abgegrenzt, dass die Kontakte mit den (potenziellen) Kunden außerhalb der Niederlassung des Anbieters stattfinden (vgl. Plinke, 1995a, Sp. 119). Die Außendienstmitarbeiter treten im Rahmen des persönlichen Verkaufs mit den (potenziellen) Kunden durch unterschiedliche Formen in Kontakt. So sind als unmittelbare Kontaktformen insbesondere das Face-to-Face-Selling (→ *Face-to-Face-Kommunikation*) und der → *Telefonverkauf* zu unterscheiden. Weiterhin ist der Korrespondenzverkauf als mittelbare Kontaktform von Relevanz.

Die klassischen Aufgaben des Außendienstes sind (vgl. Zentes, 1998, S. 378):

- Suchen potenzieller Kunden (search)
- Besuchen der Kaufinteressenten (contact)
- Beratung der Kunden (consult)
- Pflege der Beziehungen zwischen Lieferant und Kunden (maintain and establish buyer-seller-relations)
- Sammlung von Informationen (collect information).

Der Steigerung der Effizienz des Außendienstes dient der Einsatz von → *Computer Aided Selling* im Rahmen der informationstechnischen Unterstützung der Außendienstprozesse.

Das Personal Selling und insbesondere der Außendienst stellen auf Grund des direkten Kontaktes zu den Kunden und der Gestaltung und Pflege der Kundenbeziehungen durch den Außendienst wichtige Instrumente zur → *Kundenbindung* dar. Der Außendienst repräsentiert dabei nicht nur das Unternehmen gegenüber den Kunden, sondern nimmt gleichzeitig die Vertretung der Kundeninteressen innerhalb des Unternehmens wahr (vgl. Kotler/Armstrong, 2001, S. 582f.).

Die Außendienststeuerung umfasst alle Entscheidungen des Verkaufsmanagements, die unmittelbar auf die Tätigkeit der Außendienstmitarbeiter gerichtet sind (vgl. Plinke, 1995a, Sp. 119f.). In Übersicht 10 ist der Regelkreis der Außendienststeuerung dargestellt.

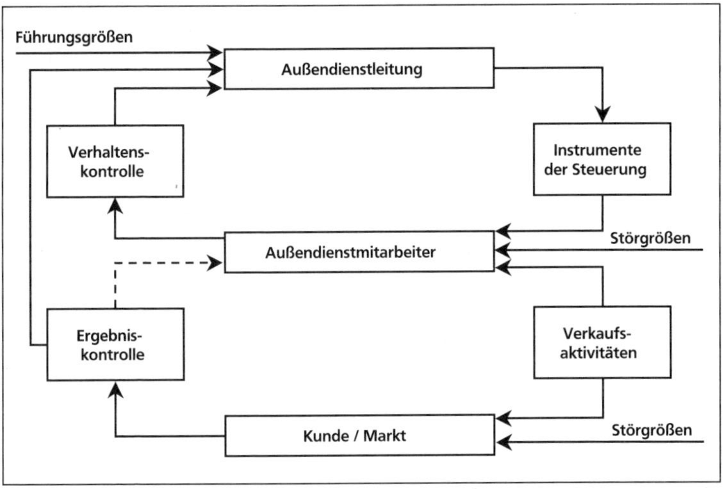

Quelle: Plinke, 1995a, Sp. 120.

Übersicht 10: Regelkreis der Außendienststeuerung

Außenhandel

Außenhandel im funktionalen Sinne umfasst alle betriebswirtschaftlichen Aktivitäten bei der Unterhaltung von wirtschaftlichen Beziehungen zum Ausland auf der Grundlage des Zoll- und Staatsgrenzen überschreitenden Warenverkehrs. Außenhandel aus institutioneller Sichtweise umfasst die Gesamtheit der Handelsbetriebe, deren wirtschaftliches Kernbetätigungsfeld im Bereich des funktionalen Außenhandels liegt (vgl. Zentes, 1995a, Sp. 133).

Außenhandel kann in direkten und indirekten Außenhandel unterschieden werden. Entscheidend für die Abgrenzung ist die Frage, ob beim Außenhandel ein Zwischenhändler im Inland eingeschaltet wird. Der direkte Außenhandel setzt eine unmittelbare, geschäftlich-vertragliche Beziehung zwischen dem inländischen und dem ausländischen Geschäftspartner voraus, während beim indirekten Außenhandel Personen oder Institutionen als selbstständige Distributionsstufe im Inland zwischengeschaltet werden und Eigentum an der Ware erwerben (vgl. Jahrmann, 1998, S. 51).

Bei den Formen des Außenhandels wird zwischen Grundformen und Sonderformen unterschieden. Zu den Grundformen gehören der (→) *Export*, der (→) *Import* und der (→) *Transithandel*. Zu den Sonderformen zählen der grenzüberschreitende Veredelungsverkehr (→ *Veredelung*) und (→) *Kompensationsgeschäfte* (vgl. Zentes, 1995a, Sp. 135ff.).

Außenhandel(s), Institutionen des

Auf Grund der Vielschichtigkeit und Komplexität der Fragen bei der Anbahnung und Abwicklung von Außenhandelsgeschäften benötigen international operierende Unternehmen Anlaufstellen, die Informationsmaterial über die (→) *Auslandsmärkte* zur Verfügung stellen und die Unternehmen hinsichtlich rechtlicher oder wirtschaftlicher Fragestellungen unterstützen. Die Institutionen des Außenhandels erfüllen die Funktion der Informationsbeschaffung im Außenhandel zur Wahrnehmung von Exportmöglichkeiten. Solche Institutionen sind z.B. (→) *Industrie- und Handelskammern*, (→) *Auslandshandelskammern* bzw. Außenhandelskammern, die (→) *Internationale Handelskammer* (International Chamber of Commerce) und die Bundesstelle für Außenhandelsinformation (BfAI) (vgl. Zentes, 1995a, Sp. 137f.).

Die BfAI in Köln ist eine dem Bundesminister für Wirtschaft unterstellte Behörde, deren Aufgabe darin besteht, Unternehmen und amtliche Stellen mit Informationen über außenwirtschaftliche Tatbestände und Vorgänge zu versorgen. Zur Erfüllung ihrer Aufgaben unterhält die BfAI ein eigenes Korrespondentennetz im Ausland, nutzt Berichtsmaterial deutscher Auslandsvertretungen (→ *Auslandshandelskammer*) und wertet die Informationen anderer Quellen (z.B. Marktforschungsinstitute und internationale Organisationen) aus. Die Ergebnisse dieser Untersuchungen werden in Form von Publikationen, Dokumentationen und Einzelinformationen veröffentlicht. Die Herausgabe von Informationsschriften bezieht sich auf:

- Ausschreibungen im In- und Ausland
- Rohstoffmärkte
- Informationen zur Wettbewerbssituation
- Auslandskontaktstellen für internationale Aktivitäten
- Stand und Veränderungen in Auslandsrecht und Rechtsschutz sowie Zollwesen und Steuerfragen.

Des Weiteren stellt sie Informationen aus der (→) *EU* und zur allgemeinen Wirtschaftslage, zu politischen Rahmenbedingungen, Rechtsformen, Auflagen, sozioökonomischen Strukturen, Devisentransferbedingungen usw. sowie zu ausländischen Standorten zur Vorbereitung von (→) *Direktinvestitionen* zur Verfügung (vgl. Deutsche Bank, 1998, S. 84; Schroth, 2001, S. 128).

Außenhandelsfinanzierung

Die Außenhandelsfinanzierung befasst sich mit der Aufbringung, der Sicherung und dem Einsatz finanzieller Mittel einer Unternehmung zur Durchführung außenwirtschaftlicher Transaktionen. Die aus dem Inlandsgeschäft bekannten Finanzierungsformen erfahren eine außenwirtschaftsbezogene Abwandlung, werden aber zugleich durch neue, im Inlandsgeschäft nicht gebräuchliche Finanzierungsarten ergänzt. Die Außenhandelsfinanzierung umfasst die (→) *Importfinanzierung* und (→) *Exportfinanzierung*.

Grundsätzlich können kurzfristige Finanzierungsformen von eher mittel- und langfristigen Finanzierungsformen unterschieden werden. Ein erheblicher Unterschied zwischen beiden Finanzierungsformen betrifft vor allem die Art des Außenhandelsgeschäfts und die Kapitalquellen. So finden die verschiedenen Formen der mittel- und langfristigen Außenhandelsfinanzierung vor allem beim Export von Investitionsgütern und Industrieanlagen, aber auch im Dienstleistungsbereich sowie bei Infrastrukturinvestitionen Anwendung.

Auf Grund des starken Wettbewerbs in diesen Produktbereichen und der Tatsache, dass die Importeure oftmals nicht in der Lage sind, die Güter und Leistungen sofort zu bezahlen, ist der auf dem Weltmarkt operierende Exporteur meist gezwungen, seinem ausländischen Kunden weitreichende Zahlungsziele zu gewähren. Da dies eine Kapitalbindung auf Seiten des Exporteurs über mehrere Jahre bedeutet, erfordert der mittel- und langfristige (→) *Lieferantenkredit* im Außenhandel besondere (Re-)Finanzierungsalternativen und Kapitalquellen. Dies ist um so bedeutender, da die Kaufentscheidung oftmals auf den finanziellen Bereich verlagert wird, d.h. dass der Exporteur den Auftrag nur bekommt, wenn er (auch) die besten Zahlungskonditionen einräumt. Aus diesen Gründen werden in den meisten Industriestaaten mittel- und langfristige Finanzierungsformen gefördert. Darüber hinaus stellen die Kreditinstitute eine Reihe mittel- und langfristiger Finanzierungsformen bereit.

Zu den kurzfristigen Finanzierungsformen des Außenhandels zählen alle Fremdfinanzierungen, die maximal eine Dauer von einem Jahr haben. Die einzelnen Formen knüpfen zum Teil an die im Inland üblichen Finanzierungsarten an, z.B. Kontokorrentkredit, Vorauszahlungen, Bankkredit (→ *Zessionskredit*), Diskontkredit, Akzeptkredit und Lombardkredit. Andererseits knüpfen sie an kommerzielle Abwicklungsinstrumente im Außenhandel an, wie Akkreditivfinanzierung (→ *Dokumentenakkreditive*), (→) *Wechselkredit*, (→) *Bankgarantien*, (→) *Factoring* oder Devisentermingeschäfte (→ *Swap-Geschäfte*) (vgl. Jahrmann, 1998, S. 405ff.; Schroth, 2001, S. 85f.).

Eine mittelfristige Außenhandelsfinanzierung liegt bei einer Kreditlaufzeit von mehr als zwölf Monaten, eine langfristige Finanzierung bei einer Laufzeit der Kredite von über vier bis fünf Jahren vor. Der Übergang ist fließend.

In Deutschland zählen zu den Hauptträgern der mittel- und langfristigen Außenhandelsfinanzierung die Ausfuhrkredit-Gesellschaft mbH (AKA) und die Kreditanstalt für Wiederaufbau (KfW). Beide Institute bieten im Exportgeschäft Bestellerkredite bzw. Finanzkredite und Lieferantenkredite an. Über die AKA engagieren sich auch einige deutsche Geschäftsbanken, die ansonsten aus bankpolitischen Risikoerwägungen ihre Aktivitäten auf kurzfristige Außenhandelsfinanzierungen beschränken.

Eine zunehmende Bedeutung in der Außenhandelsfinanzierung haben die Euromärkte; hervorzuheben ist insbesondere der Eurokapitalmarkt. Auf dem Kapitalmarkt besteht die Möglichkeit, mittel- und langfristige Darlehen aufzunehmen sowie in beschränktem Umfang auch Beteiligungen an nationalen und internationalen Unternehmen und Institutionen einzugehen. Die Darlehen werden i.d.R. durch fungible, börsengängige Euro-Bonds (Schuldverschreibungen mit Laufzeiten von 2 bis 15 Jahren) verbrieft.

Als weitere Kapitalquelle ist die Europäische Investitionsbank (EIB) hervorzuheben. Im Bereich umfangreicher Investitionsgüterlieferungen oder bei der Erstellung von Großanlagen stellen Leasing-Finanzierungen eine weitere Alternative dar (→ *Leasing*). Diese können sowohl für den Exporteur als auch für den Importeur eingeschaltet werden. Leasing-Finanzierungen können in Deutschland in die staatliche (→) *Exportförderung* durch Gewährung von Hermes-Deckungen (→ *HERMES*) oder Refinanzierungen durch Spezialkreditinstitute einbezogen werden.

Außenhandelsinformationen [s.a. Marktforschung]
Für den erfolgreichen Aufbau und die Abwicklung des Auslandsgeschäftes sowie für die auf Dauer angelegte Bearbeitung ausländischer Märkte sind Außenhandelsinformationen unentbehrlich. Jedes aktive Auslandsmarketing setzt Außenhandelsinformationen voraus, die zuverlässig, aktuell und hinreichend ausführlich sind. Zwar werden auch bei einer nationalen Marktbearbeitung weitreichende Informationen benötigt, bei internationaler Unternehmenstätigkeit sind jedoch noch weitere Faktoren zu berücksichtigen und zu erfassen.

Dabei können die Informationsbereiche in fünf Kategorien eingeteilt werden (vgl. Meissner, 1995, S. 112ff.; Schulz-Rinne, 1989, Sp. 103):

1. Kundenverhalten
Viele Aspekte des Verhaltens oder der Einstellung der Konsumenten, die dem anbietenden Unternehmen im nationalen Markt selbstverständlich sind, müssen im (→) *Internationalen Marketing* erst durch Marktforschung geklärt werden. Unter anderem müssen zur Segmentierung der jeweiligen Märkte (→ *Marktsegmentierung*) sowie zur optimalen Marktbearbeitung spezifische Daten häufig selbst erhoben werden (vgl. Tietz, 1989, Sp. 1454ff.).

2. Länderanalysen
Bei der Länderanalyse sind sowohl die (→) *Länderrisiken* als auch andere Aspekte (z.B. Wirtschaftskonjunktur) zu untersuchen. Zudem ist das jeweilige Wirtschafts- und Steuerrecht einer detaillierten Analyse zu unterziehen.

3. Branchenberichte (→ Branchenanalyse)
Neben den Länderanalysen ist auch eine differenzierte Betrachtung der interessierenden Branche in den jeweiligen Teilmärkten der Welt erforderlich, um zugleich ihre Entwicklungschancen zu beurteilen.

4. Wettbewerbsinformationen
Besonders relevant für die Bearbeitung eines ausländischen Marktes sind Informationen, die das Wettbewerbsumfeld betreffen. Dazu gehören z.B. die Wirtschaftsstruktur und die Marktverhältnisse. Aber auch Fragen des weiteren Umfelds, z.B. tarifäre und nicht-tarifäre (→) *Handelshemmnisse* sind in diesem Zusammenhang zu ergründen.

5. Technologieinformationen.
Für das strategische Internationale Marketing benötigen Unternehmen oftmals Technologieinformationen. Die unterschiedlichen technischen Niveaus bzw. die unterschiedliche technische Verfügbarkeit von Produkten, Verfahren oder Dienstleistungen können als wesentlicher Faktor für wirtschaftliche Entwicklungs- und Transferprozesse gesehen werden. Die Beurteilung der Wettbewerbssituation in einzelnen Märkten und der Einfluss des Wettbewerbs muss deshalb im Zusammenhang mit den entsprechenden Technologieinformationen erfolgen.

Viele der benötigten Informationen können von bestehenden Einrichtungen bezogen werden (→ *Außenhandel(s), Institutionen des*). Neben diesen müssen auch eine Reihe von Daten primärstatistisch erhoben werden, die auf das spezielle Unternehmen zugeschnitten sind (vgl. Tietz, 1989, Sp. 1454ff.).

Außenhandelskalkulation [s.a. Preisdifferenzierung; Preis- und Konditionenpolitik; Preisstrategien]

Ziel der Außenhandelskalkulation ist die Ermittlung von Preisen im (→) *Außenhandel*. Sie ist insofern enger definiert als die internationale Preispolitik, da sich die Außenhandelskalkulation nur auf die Außenhandelstransaktionen, nicht aber auf die Preispolitik im Rahmen anderer (→) *Markteintrittsstrategien* bezieht. Die Außenhandelspreisbildung wird im Wesentlichen bestimmt durch:

- den jeweiligen Auslandsmarkt und das dortige Preisniveau
- staatliche Beeinflussung, z.B. Zölle und andere tarifäre und nicht-tarifäre (→) *Handelshemmnisse*
- Konditionen, zu denen geliefert werden muss, insbesondere Lieferbedingungen wie den (→) *INCOTERMS* und (→) *Zahlungsbedingungen*
- die gewählte Marketingstrategie (→ *Marketingstrategie, globale*) (vgl. Jahrmann, 1998, S. 201).

Ähnlich wie bei der Kalkulation im Binnenhandel sind auch im Außenhandel die Kalkulation auf Vollkostenbasis und die Kalkulation auf Teilkostenbasis zu unterscheiden. Tritt der Export nur als Zusatzgeschäft neben das Kerngeschäft des Inlandes, kann er auch zu Grenzkosten kalkuliert werden. Steigt jedoch der Auslandsanteil an den Umsätzen eines Unternehmens, muss eine Vollkostenkalkulation vorgenommen werden (vgl. Simon, 1992, S. 462).

Eine weitere Unterscheidung kann analog zum Inlandsgeschäft in Kostenkalkulation und Marktpreiskalkulation vorgenommen werden. Dabei berechnet die Kostenkalkulation die Exportpreise auf der Grundlage von Kosten (Produktions-, Wareneingangs-, Handlingkosten) zuzüglich eines Gewinnaufschlages. Bei der Marktpreismethode werden ohne explizite Berücksichtigung von Kosten die Preise nach der Markttragfähigkeit festgelegt (vgl. Tietz, 1975, S. 951ff.).

Außenhandelskammer → *Auslandshandelskammer*

Außenhandelsrisiken [s.a. Länderrisiken]
Außenhandelsrisiken entstehen bei international tätigen Unternehmen auf Grund der (erhöhten) Wahrscheinlichkeit des Eintretens von Instabilitäten, Krisen, Turbulenzen (→ *Diskontinuitätenmanagement*) usw. im internationalen Geschäft.

I.d.R. sind Risiken als mögliche (unerwünschte) Abweichungen von Zielvorstellungen zu begreifen. Einige Risiken (z.B. → *Währungsrisiken*) können durchaus im positiven Sinne ausgenutzt werden und die Gewinnchance erhöhen. Insofern ist Risiko zunächst grundsätzlich neutral.

In Anlehnung an die Systematisierung der Versicherungsgesellschaften (→ *Exportkreditversicherung*) kann unterschieden werden in (vgl. Schroth, 2001, S. 384 und S. 433f.):

- politische Risiken (→ *Länderrisiken*), welche die mit der Außenhandelstätigkeit verbundene Gefahr umfassen, dass Kapital- oder Kapitaldienstleistungen von ausländischen Schuldnern aus politischen und/oder wirtschaftlichen Gründen des jeweiligen Staates nicht geleistet werden können, obwohl der Schuldner selbst zahlungsfähig wäre
- ökonomische Risiken, die auf unternehmerischen Fehleinschätzungen beruhen

oder ihre Ursache in den kommerziellen Verhältnissen der ausländischen Geschäftspartner eines konkreten außenwirtschaftlichen Geschäfts haben.

Bei näherer Betrachtung der ökonomischen Risiken lassen sich folgende Risikoarten differenzieren (vgl. Jahrmann, 1998, S. 272ff.; Meffer/Bolz, 1998, S. 68ff.):

1. *Marktrisiko* (Geschäftsrisiko): Marktrisiko ist eine Grundrisikoart jeglicher unternehmerischer Tätigkeit und resultiert beispielsweise aus einer falschen Einschätzung der (→) *Auslandsmärkte*. Es lässt sich durch (→) *Marktforschung* im Vorfeld der (→) *Marktauswahl* reduzieren.

2. *Preisrisiko*: Dieses Risiko bezieht sich auf die Gefahr von Preisveränderungen. Diese sind insbesondere dann relevant, wenn sich die Transaktion über einen längeren Zeitraum erstreckt und es während der Leistungserstellung zu Preisveränderungen bei Rohstoffen, Löhnen usw. kommt. Als Absicherungsmöglichkeiten kommen z.B. (→) *Preisgleitklauseln* und Sicherungsgeschäfte (→ *Preissicherung*) an Warenbörsen in Frage (→ *Außenhandelsfinanzierung*).

3. *Kreditrisiko*: Dieses Risiko bezieht sich auf die Zahlungsunwilligkeit, Zahlungsunfähigkeit oder den Zahlungsverzug eines Vertragspartners (→ *Zahlungsrisiken*). Diesem Risiko kommt im Außenhandel – bereits auf Grund unterschiedlicher Rechtssysteme – eine besondere Bedeutung zu. Zur Risikoabsicherung bestehen u.a. die Möglichkeiten der Vorauszahlung/Anzahlung (→ *Zahlungsbedingungen*), der Kreditsicherheiten (→ *Wechselkredit*), der (→) *Exportkreditversicherung* und des Forderungsverkaufs (→ *Factoring*).

4. *Lieferungs- und Annahmerisiko*: Lieferungsrisiko aus der Sicht des Abnehmers bedeutet, dass ein Exporteur eine vorgegebene und vereinbarte Lieferfrist, Lieferqualität und/oder -menge nicht einhält (→ *Lieferungspolitik*). Annahmerisiko bedeutet, dass ein Importeur Ware nicht annimmt bzw. sie zwar annimmt, aber zugleich möglicherweise unberechtigte Mängel anmeldet. Als Risikoabsicherungsmöglichkeiten kommen im Vorfeld der geschäftlichen Beziehungen Auskünfte von gewerblichen Quellen, Konsulaten, Handelskammern oder Banken in Frage. Finanzwirtschaftliche Absicherungen betreffen insbesondere die Kaufvertragsgestaltung in Bezug auf Gewährleistungsgarantien einer Bank (→ *Garantie*) und (→) *Dokumentenakkreditive*.

5. *Transportrisiko*: Das Transportrisiko umfasst die Gefahr der Beschädigung oder des Verlusts der Ware auf dem Transport ins Ausland. Auf Grund der größeren Entfernung hat dieses auch im Binnenhandel relevante Risiko eine verstärkte Bedeutung im Außenhandel. Absicherungsmöglichkeiten bestehen insbesondere durch den Abschluss einer (→) *Transportversicherung* oder durch die Gestaltung der Lieferbedingungen (→ *INCOTERMS*).

6. *Kursrisiko*: Es bezieht sich auf mögliche Veränderungen von Austauschrelationen zwischen verschiedenen Währungen im Zeitraum zwischen Vertragsabschluss und Zahlungseingang, insbesondere zwischen der fakturierten Währung gemäß Kaufvertrag und der Landeswährung. Das Kursrisiko beinhaltet gleichwohl neben der Verlustgefahr auch eine Chance auf Kursgewinne. Zur Absicherung von Wechselkursrisiken steht eine Vielzahl von Instrumenten zur Verfügung (→ *Kurssicherung*).

7. *Standortrisiko*: Durch eine falsche Standortwahl besteht das Risiko von zu hohen Kosten (z.B. Lohn- und Transportkosten, Steuern usw.) bzw. zu geringer Export- und Importfähigkeit im Vergleich zur Konkurrenz.

Neben den genannten politischen und ökonomischen Risiken existieren im Außenhandel weitere Risikoarten. Hierzu zählen vor allem Risiken, die in den sozio-kulturellen Rahmenbedingungen eines fremden Landes, der Sprache, Mentalität, (→) *Kultur*, den Sitten und Gebräuchen (→ *Managementforschung, kulturvergleichende*) begründet sind. Hervorzuheben sind zudem administrative Probleme (Verfahren und Verfahrensvorschriften), rechtliche Probleme (→ *Produkthaftung*) sowie geschäftliche Gepflogenheiten.

Außensteuerrecht

Unter Außensteuerrecht versteht man die steuerrechtliche Disziplin, die sich mit den Rechtsnormen eines Staates befasst, die die Abgrenzung der Steuergewalt zum Ausland regeln (vgl. Schroth, 2001, S. 88). Sein Regelungsbereich umfasst somit die steuerliche Behandlung von inländischem Vermögen und Einkommen im Ausland ansässiger Personen sowie von ausländischen Einkommen und Vermögen im Inland ansässiger Personen. Darüber hinaus dient es der Durchsetzung wirtschaftspolitischer Ziele, z.B. der Unterstützung des deutschen Exports (→ *Exportförderung*).

Betrachtet man das deutsche Außensteuerrecht, so sind seine Zersplitterung und damit verbunden der punktuelle Ansatz seiner Regelungen hervorzuheben.

In der Praxis ergibt sich oftmals erst aus dem Zusammenspiel mehrerer Normen, ob ein Steuergesetz nur auf inländische oder auch auf ausländische Sachverhalte anwendbar ist, z.B. im Gewerbesteuerrecht und im Umsatzsteuerrecht. Die letztliche Anwendbarkeit resultiert aus dem Zusammenspiel der verschiedenen Bereiche des internationalen Steuerrechts.

In einer weiten Auslegung umfasst das Außensteuerrecht auch bilaterale und multilaterale Abkommen, die steuerrechtliche Bestimmungen enthalten (vgl. Schroth, 2001, S. 88).

Außenwirtschaftsgesetz

Das seit 1961 gültige Außenwirtschaftsgesetz (AWG) (letzte Änderung 1. Januar 1999) regelt die Außenwirtschaftsbeziehungen auf einer nationalen Ebene. »Der Waren-, Dienstleistungs-, Kapital-, Zahlungs- und sonstige Wirtschaftsverkehr mit fremden Wirtschaftsgebieten sowie der Verkehr mit Auslandswerten und Gold zwischen Gebietsansässigen (Außenwirtschaftsverkehr) ist grundsätzlich frei. Er unterliegt den Einschränkungen, die dieses Gesetz enthält oder die durch Rechtsverordnung auf Grund dieses Gesetzes vorgeschrieben werden« (§ 1 Abs. 1 AWG).

Zu unterscheiden sind generelle und spezielle Beschränkungsmöglichkeiten. Die Erstgenannten ergeben sich etwa aus

1. der Erfüllung zwischenstaatlicher Vereinbarungen (§ 5 AWG)
2. dem Schutz der Sicherheit und der auswärtigen Interessen der Bundesrepublik Deutschland (§ 7 AWG)
3. der Abwehr schädigender Einwirkungen aus fremden Wirtschaftsgebieten (§ 6 AWG).

Spezielle Beschränkungsmöglichkeiten dürfen u.a.

1. zur Aufrechterhaltung der Versorgung (§ 8 AWG)
2. zur Verhinderung von Ausfuhrverträgen mit nicht handelsüblichen Liefer- und Zahlungsbedingungen (§ 9 AWG)
3. zum Schutz einzelner Branchen (§ 10 AWG)

auferlegt werden.

Es muss jedoch beachtet werden, dass das deutsche Außenwirtschaftsrecht nur noch in den Grenzen der EU-Regelungen agieren darf. Als nationales Recht baut es auf dem supranationalen Gemeinschaftsrecht auf, zumal das Letztgenannte Vorrang vor dem nationalen Recht hat (→ *Außenwirtschaftsrecht*).

Das Verhältnis zum europäischen Außenwirtschaftsrecht wurde bereits mit den ratifizierten Verträgen zur Gründung der Europäischen Gemeinschaften geregelt. Das Gemeinschaftsrecht hat Vorrang vor dem nationalen Recht, auch wenn es einer Umsetzung in nationales Recht bedarf. Dies ist notwendig, weil die Gemeinschaft auf dem Gebiet der Außenwirtschaft zwar eine Rechtsetzungs-, aber keine Rechtsanwendungs- oder Rechtsdurchsetzungskompetenz hat. Sie kann weder den Außenwirtschaftsverkehr überwachen, noch Genehmigungen erteilen, noch Verstöße ahnden, denn sie verfügt nicht über die hierzu erforderlichen Behörden und vor allem nicht über das Recht zum Erlass der hierfür erforderlichen Vorschriften. Erst dadurch, dass die Mitgliedstaaten das Gemeinschaftsrecht in ihr nationales Rechtssystem und damit auch in dessen Organisations-, Verfahrens- und Sanktionsvorschriften einfügen, führen sie seine Anwendbarkeit und Durchsetzbarkeit herbei.

Das Außenwirtschaftsgesetz ist die Ermächtigungsgrundlage für konkrete Rechtsverordnungen, insbesondere die (→) *Außenwirtschaftsverordnung*, die wiederum verschiedene Listen umfasst, in denen Waren aufgeführt sind, die den Vorschriften des AWG zufolge beim Export einem Genehmigungsvorbehalt unterliegen (Ausfuhrliste). In analoger Weise regelt die Einfuhrliste (Anlage zum AWG) einen etwaigen Genehmigungsvorbehalt beim Import von Waren. Daneben existieren Länderlisten (dem Außenwirtschaftsgesetz oder der Außenwirtschaftsverordnung zugeordnet), die bestimmte Länder bzw. Regionen ausweisen, an die wiederum Genehmigungs- und Meldepflichten der Warenlieferung geknüpft sind. Eine ähnliche Funktion hat auch das (→) *Kriegswaffenkontrollgesetz*.

Außenwirtschaftspolitik

Unter Außenwirtschaftspolitik wird die politische Ausgestaltung der internationalen Wirtschaftsbeziehungen eines Landes verstanden. Dabei umfassen die internationalen Wirtschaftsbeziehungen neben dem (→) *Außenhandel* auch den grenzüberschreitenden Geld- und Kapitalverkehr einschließlich der (→) *Direktinvestitionen* (vgl. Harbrecht, 1989, Sp. 134). Ziele der nationalen Außenwirtschaftspolitik können die Autarkie eines Staates, der Freihandel oder die wirtschaftliche Integration eines Staates in einen gemeinsamen Wirtschaftsraum sein (→ *Kooperations- und Integrationsformen*). Ein häufig angestrebtes Ziel ist das außenwirtschaftliche Gleichgewicht.

Die Instrumente eines Staates zur Erlangung dieser Ziele können in handels- und währungspolitische Maßnahmen differenziert werden. Dabei sind im Rahmen der handelspolitischen Maßnahmen u.a. die tarifären und nicht-tarifären (→) *Handelshemmnisse* zu nennen. Die währungspolitischen Maßnahmen sind z.B. Wechselkurspolitik, Beschränkungen des Zahlungsverkehrs und Geldpolitik (vgl. Harbrecht, 1989, Sp. 140ff.). Die nationale Außenwirtschaftspolitik muss sich gleichermaßen an internationalen Regelungen (z.B. den (→) *WTO*-Regelungen) und supranationalen Einrichtungen (z.B. der (→) *EU*) orientieren, die Grenzen hinsichtlich der nationalen Gestaltungsfreiheit definieren.

Außenwirtschaftsrecht

Unter Außenwirtschaftsrecht werden alle Rechtsnormen des kommerziellen, grenzüberschreitenden Leistungsaustausches, die den Warenverkehr des Inlands mit dem Ausland hoheitlich regeln, subsumiert (vgl. Sandrock, 1989, Sp. 156). Entsprechend vielfältig sind die Quellen des Außenwirtschaftsrechts, so zivilrechtliche, öffentlichrechtliche und internationale Rechtsvorschriften sowie Bestimmungen bilateraler und multilateraler Abkommen (vgl. Hocke/Berwald/Maurer, 2000). Im Kern handelt es sich um Rechtsakte (der EU), die Regelungen bezüglich der gemeinsamen Außenwirtschaftspolitik sowie der Aus- und Einfuhr in Form von Richtlinien und Verordnungen umfassen (vgl. Hocke/Berwald/Maurer, 2000). Hierunter kann man das Außenwirtschaftsrecht i.e.S. und das (→) *Zollrecht* zusammenfassen.

Das Außenwirtschaftsrecht der EU besteht nicht aus zusammengefassten außenwirtschaftsrechtlichen Vorschriften, sondern aus einer Vielzahl von Verordnungen und Richtlinien. Die Vielzahl von Richtlinien und Verordnungen haben den Charakter eines Supranationalrechts (vgl. Hocke/Berwald/Maurer, 2000, S. 11f.):

- Es hat Vorrang vor dem nationalen Recht, d.h. es bricht dieses, sofern sich nationales und supranationales Recht im konkreten Fall widersprechen.
- In dem Fall, dass es auf der Ebene des Gemeinschaftsrechts (noch) keine Regelungen für bestimmte Tatbestände gibt, ist weiterhin nationales Recht gültig.
- Ein dritter Fall tritt dann auf, wenn es zwar supranationale Regelungen gibt, aber aus rechtstechnischen Gründen parallel dazu nationales Recht »benötigt« wird, um beispielsweise Tatbestände aus dem Außenwirtschaftsrecht mit Strafsanktionen bedrohen zu können. Altmann (1993, S. 175) nennt als Beispiel den Fall von Exportembargos, die nach europäischem Recht lediglich mit einer Geldbuße belegt werden und für eine weitergehende strafrechtliche Würdigung (Freiheitsstrafe, Geldstrafe) nationaler Rechtsnormen bedürfen.

Die nationalen Zuständigkeiten regeln in Deutschland die »Verordnung zur Regelung von Zuständigkeiten im Außenwirtschaftsverkehr«, und die »Verordnung zur Regelung von Zuständigkeiten im Außenwirtschaftsverkehr mit Erzeugnissen der Ernährungs- und Landwirtschaft«, die durch eine Reihe von Erlassen, Richtlinien und Erläuterungen nationaler Organe ergänzt werden.

Das Außenwirtschaftsrecht findet seinen Niederschlag in dem nationalen (deutschen) (→) *Außenwirtschaftsgesetz*, das als Rahmengesetz konzipiert ist und auf dessen Ermächtigungsgrundlage konkretisierende Rechtsnormen – insbesondere die (→) *Außenwirtschaftsverordnung* sowie die erwähnten Zuständigkeitsverordnungen – erlassen worden sind. Da das Außenwirtschaftsrecht jedoch alle Bereiche der Außenwirtschaft abdeckt, gehören hierzu weitergehende Regelungen wie das (→) *Kriegswaffenkontrollgesetz* oder der (→) *Zollkodex* (vgl. Hucko/Wagner, 2001, S. 14ff.; Hocke/Berwald/Maurer, 2000).

Außenwirtschaftsverordnung

Die Außenwirtschaftsverordnung beruht auf dem (→) *Außenwirtschaftsgesetz* und führt mit ihren Vorschriften die im Außenwirtschaftsgesetz enthaltenen Ermächtigungskompetenzen aus. Sie ist einer ständigen Anpassung an die Erfordernisse des Außenwirtschaftsverkehrs unterworfen und enthält auf der Grundlage des Außenwirtschaftsgesetzes maßgebliche Genehmigungs-, Verfahrens- und Meldebestimmungen sowie die dazugehörigen Straf- und Bußgeldvorschriften (vgl. Schroth, 2001, S. 91):

- Kapitel I: Allgemeine Vorschriften (Fragen des formalen Genehmigungsverfahrens und Begriffsdefinitionen)
- Kapitel II: Vorschriften über die Warenausfuhr
- Kapitel III: Vorschriften über die Wareneinfuhr
- Kapitel IV: Vorschriften über den sonstigen Warenverkehr
- Kapitel V: Vorschriften über den Dienstleistungsverkehr
- Kapitel VI: Bestimmungen über den Kapitalverkehr

- Kapitel VII: Vorschriften über den Zahlungsverkehr
- Kapitel VIII: Bußgeldvorschriften
- Kapitel IX: Übergangs- und Schlussvorschriften.

Zu der am 28. September 2000 zuletzt neu gefassten AWV gehören verschiedene Anlagen (Ausfuhrliste, Länderlisten D bis I, Leistungsverzeichnis und Vordrucke).

Ausstellung [s.a. Messe; Trade Mart]
Die Ausstellungen sind zu den (→) *Hilfsbetrieben der Absatzwirtschaft* zu rechnen. Sie werden von privatwirtschaftlichen oder öffentlichen, meist kommunalen Trägern ausgerichtet.

Eine Definition ist in § 65 der Gewerbeordnung gegeben: »Eine Ausstellung ist eine zeitlich begrenzte Veranstaltung, auf der eine Vielzahl von Ausstellern ein repräsentatives Angebot eines oder mehrerer Wirtschaftszweige oder Wirtschaftsgebiete ausstellt und vertreibt oder über dieses Angebot zum Zweck der Absatzförderung informiert.«

Es kann ein charakteristischer Ausschnitt einer Branche oder einer Region bzw. eines Landes vorgestellt werden. Ausstellungen wenden sich sowohl an Wiederverkäufer als auch an Letztverwender, für die im Gegensatz zu Messen während der gesamten Dauer der Veranstaltung die Möglichkeit des Kaufs besteht.

Ein häufig vorkommender Typ ist die Verbraucherausstellung. Wachsende Bedeutung erlangen die Fachausstellungen, die produkt- oder bedarfsorientiert das repräsentative Angebot spezieller Wirtschaftsbereiche zeigen. Dort ist auch häufig eine starke Beteiligung internationaler Aussteller anzutreffen.

Die Ziele einer Ausstellung können in der Information und Präsentation eines gesamten Warenbereichs und in der Initiierung eines zusätzlichen Bedarfs nach diesen Waren liegen. Ziele des einzelnen Ausstellers sind die Information über seine bestehende Produktpalette sowie über innovative Produkte, die Schaffung zusätzlichen (→) *akquisitorischen Potenzials* und allgemeine Ziele der Öffentlichkeitsarbeit (→ *Public Relations*) (vgl. Strothmann, 1995, Sp. 1886ff.).

Austrittsbarrieren → *Markteintritts- und Marktaustrittsbarrieren*

Avale [s.a. Zahlungsbedingungen; Zahlungssicherung]

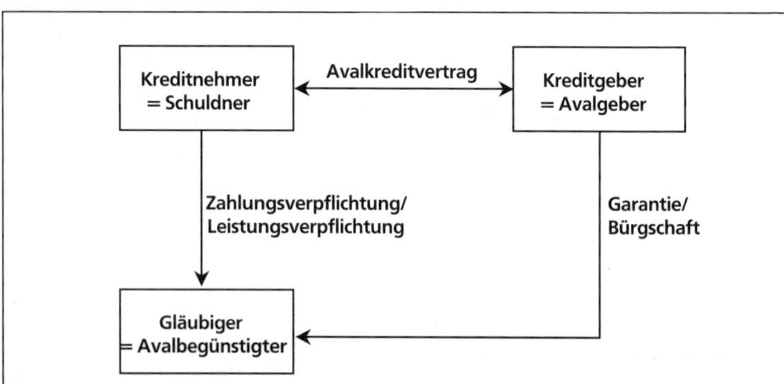

Quelle: Jahrmann, 1998, S. 421.

Übersicht 11: Avalkredit

Bei einem Avalkredit wird zwischen dem Schuldner einer Leistung (Kreditnehmer) und einem Kreditinstitut als Avalgeber ein Vertrag geschlossen, in dem sich die Bank verpflichtet, zu Gunsten des Gläubigers der Leistung ein Aval abzugeben. Die Bank übernimmt die Haftung für bestimmte Verpflichtungen oder Leistungen des Avalkreditnehmers und tritt für ihn ein, wenn der Avalkreditnehmer seine Verpflichtung nicht erfüllt.

Im Rahmen eines Avalkredites gibt die kreditgebende Bank dem Gläubiger eine (→) *Bürgschaft* und/oder (→) *Garantie*, in deren Rahmen sie sich verpflichtet für die Zahlung bzw. Leistungsverpflichtung des Schuldners einzutreten. Der Avalkredit bildet die Grundlage für (→) *Bankgarantien* im Außenwirtschaftsverkehr. Insofern stellt der Avalkredit eine Form der Risikoabsicherung dar. Es handelt sich um eine Form der privaten Ausfuhr- bzw. Kreditversicherung. Übersicht 11 visualisiert die Beziehungen in einem Avalkredit.

Awareness Advertising [s.a. Werbung]
Awareness Advertising bezeichnet eine besondere Form der Werbung für Produkte und/oder Dienstleistungen in einem Land, die dort zum Zeitpunkt der Werbung noch nicht oder nur in begrenztem Umfang zur Verfügung stehen (vgl. Kreutzer/Segler, 1989, Sp. 184). Diese Art der Werbung bietet sich vor allem dann an, wenn Produkte in einem Land eine Innovation darstellen oder der Markt eines Landes mit einem Markenartikel erschlossen werden soll (frühes Stadium des (→) *Produktlebenszyklus*).

Da die Erschließung neuer Märkte ein wesentlicher Bestandteil des (→) *Internationalen Marketing* ist, erhält das Awareness Advertising einen hohen Stellenwert als kommunikationspolitisches Instrument (→ *Kommunikationspolitik*). Gleichwohl entsteht beim internationalen Awareness Advertising das Problem, dass die Konkurrenz sowie auch die gesetzlichen Instanzen auf den Auslandsmärkten »vorgewarnt« werden.

B

Balanced Scorecard

Die Balanced Scorecard wurde zu Beginn der neunziger Jahre von Robert S. Kaplan und David P. Norton entwickelt. Das Konzept der Balanced Scorecard geht von einer Unternehmung aus, die mit einem entwickelten strategischen Konzept am Markt auftreten will, das es auf allen Ebenen des Unternehmens zu implementieren gilt. Die Balanced Scorecard bildet einen Rahmen für die Umsetzung einer Strategie in operative Größen.

Barth (1999, S. 451f.) bezeichnet die Balanced Scorecard als »... ein Management-Konzept, das unter Beachtung der gebotenen Mehrdimensionalität der Führungsperspektive ein strategisches und operatives Controlling ermöglichen soll, welches sich am Kundennutzen zu orientieren und profitables Wachstum (Wertmanagement) zu fördern hat. Die aus der Unternehmensstrategie abzuleitenden Ziele werden über Ursache-Wirkungs-Ketten auf der Grundlage geeigneter Kennzahlen zu einer integrativen Sichtweise verknüpft«.

Ziel der Balanced Scorecard ist es somit, einerseits ein Informationssystem als Grundlage für die Planung und Steuerung des Unternehmens darzustellen, um so dem Management einen schnellen, aber sinnvollen Überblick über den Geschäftsablauf zu vermitteln. Andererseits sichert die Vorgehensweise im Rahmen der Erstellung einer Balanced Scorecard, dass von oberster Managementebene formulierte Strategien auf allen organisatorischen Ebenen mit dem jeweils erforderlichen Konkretisierungsgrad umgesetzt werden (vgl. Müller-Hagedorn/Büchel, 1999, S. 158). Übersicht 12 stellt den Grundaufbau der Balanced Scorecard beispielhaft dar.

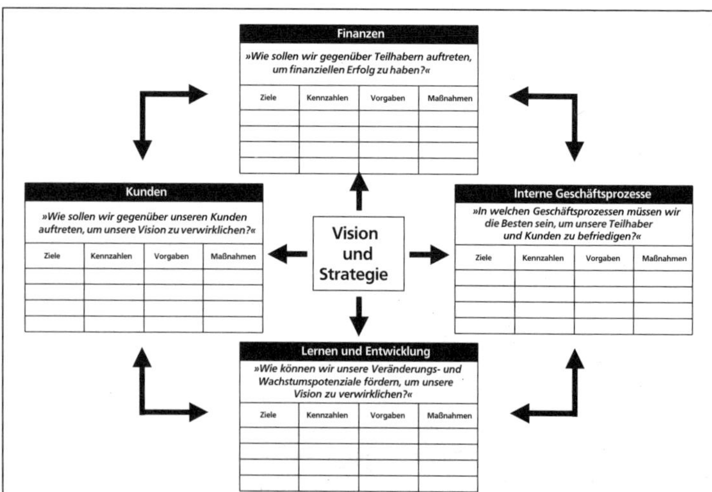

Quelle: in Anlehnung an Kaplan/Norton, 1997, S. 9.

Übersicht 12: Balanced Scorecard

Das Besondere an der Balanced Scorecard ist die Zuordnung von Zielen, Kennzahlen, Vorgaben und Maßnahmen zu jeweils einer konkreten Betrachtungsweise, der so genannten Perspektive. Unterschieden werden die Perspektiven Finanzen, Interne Geschäftsprozesse, Kunden sowie Lernen und Entwicklung. Hierdurch sollen ein einseitiges Denken bei der Ableitung und Verfolgung der Ziele verhindert, die wesentlichen Zusammenhänge hinsichtlich der Strategieumsetzung dokumentiert und ein realistisches Abbild der Situation des Unternehmens geschaffen werden (vgl. Horváth & Partner, 2000, S. 10).

Zunächst werden für jede der vier Perspektiven, zwischen denen insbesondere logische und organisatorische Verknüpfungen bestehen, einzelne Ziele (strategische Ziele) aus der Unternehmensstrategie/-vision abgeleitet. Diese Ziele weisen je nach der Ebene, für welche die Scorecard zu erstellen ist, einen unterschiedlichen Konkretisierungsgrad auf. In einem nächsten Schritt werden diese Ziele operationalisiert und in messbare Kennzahlen (Maßgrößen) übersetzt. Anschließend erfolgt die Festlegung eines Zielwertes (Vorgabe), der angibt, wann das Ziel erreicht ist. In einem letzten Schritt werden die Maßnahmen bzw. Aktivitäten abgeleitet, mit denen das Ziel erreicht werden kann. Dieser idealtypische Verlauf sollte für alle vier Perspektiven vollzogen werden, damit sich insbesondere sämtliche Mitarbeiter mit den Zielwerten identifizieren können (vgl. Kaplan/Norton, 1997, S. 10; Müller-Hagedorn/Büchel, 1999, S. 159).

Jede Balanced Scorecard stellt auf Grund der Anpassung an eine spezifische Unternehmenssituation immer ein Unikat dar. Ebenso sind die aufgeführten vier Perspektiven nicht als unumstößliche Vorgabe, sondern eher als Basis für spezifische Ergänzungen zu verstehen. Je nach Ausrichtung der Unternehmensstrategie sollten gegebenenfalls weitere Perspektiven (z.B. ökologische Perspektive) berücksichtigt werden.

Bandwagon-Effekt → *Nachfrageeffekte*

Bankgarantien [s.a. Garantien; Zahlungsbedingungen; Zahlungssicherung]

Bankgarantien sind Sicherungsformen von Auslandsgeschäften mit den Zielen der Einhaltung von Vertragspflichten und der Erhöhung des Bonitätsgrades des Vertragspartners. Rechtlich betrachtet, handelt es sich um ein einseitiges und abstraktes Zahlungsversprechen seitens eines Garantiegebers, für ein bestimmtes Verhalten auf Seiten des Garantienehmers einzustehen und/oder das Risiko eines zukünftigen Schadens zu tragen. Im Gegensatz zu Bürgschaften ist die Garantie nicht gesetzlich geregelt (vgl. Perridon/Steiner, 1999, S. 345).

Im Außenwirtschaftsverkehr geben vornehmlich Kreditinstitute derartige (Bank-)Garantieerklärungen ab. Eine Bankgarantie wird dann in Anspruch genommen, wenn die garantierte Leistungspflicht aus einem Hauptvertrag (Kauf- bzw. Werkvertrag) nicht rechtzeitig oder überhaupt nicht von dem Leistungspflichtigen, für den die Garantieleistung abgegeben worden ist, erfüllt wird. Dementsprechend sind Bankgarantien auch eine Form der (→) *Außenhandelsfinanzierung*. Sie weisen in Abhängigkeit vom Geschäftszweck unterschiedliche Erscheinungsformen auf. Zu den häufigsten Anwendungsgebieten von Bankgarantien zählen u.a.:

- Avalkredite (→ *Avale*)
- Bietungsgarantien (bidbond) zur Absicherung der Risiken von Unternehmen, die Objekte im Zuge öffentlicher Ausschreibungen nicht vertragsgemäß ausführen
- Anzahlungsgarantien (advanced payment bond) als Absicherung der geleisteten Anzahlungen im Fall der

Nicht-Belieferung bzw. Herstellung durch einen Exporteur
- Zahlungsgarantien (payment guarantee), die zu Gunsten des Exporteurs im Auftrag des Importeurs die Zahlung des (Rest-)Kaufpreises gewährleisten
- Lieferungs- und Leistungsgarantien (performance bond), die sich auf die vertragliche Erfüllung und termingerechte Lieferung der Ware beziehen (vgl. Häberle, 1998, S. 915).

Als wesentliche Unterscheidungsmerkmale der Bankgarantien gegenüber anderen Besicherungsinstrumenten sind die Formfreiheit, die fehlende gesetzliche Regelung, ihre selbstschuldnerische Form sowie die Festlegung einer Zahlungsobergrenze zu nennen. So ist beispielsweise auch das (→) *Dokumentenakkreditiv* ein abstraktes Zahlungsversprechen, das jedoch im Gegensatz zur Bankgarantie auch widerruflich erklärt werden kann und i.d.R. auf Vorlage akkreditivgemäßer Dokumente zahlbar ist, während die Bankgarantie meist auf ein erstes Anfordern auszuzahlen ist.

Zur Vereinheitlichung des Garantiewesens existieren Einheitliche Richtlinien für auf Anforderung zahlbare Garantien (ERG) der (→) *Internationalen Handelskammer*. Sie gelten für alle Verpflichtungs- oder Haftungserklärungen im Außenhandelsverkehr.

Bar-Akkreditiv → *Dokumentenakkreditive*

Barter

Barter ist ein (→) *Kompensationsgeschäft*, in welchem Lieferung und Gegenlieferung in einem einzigen Vertrag vereinbart werden (reines Kompensationsgeschäft bzw. Koppelungsgeschäft). Die Forderung aus dem Exportgeschäft wird vollständig (Vollkompensation) und ohne Einschaltung eines Dritten (Fremdkompensation) durch die Warengegenlieferung erfüllt, so dass hier keine Geldzahlungen erfolgen (vgl. Schroth, 2001, S. 104).

Baunutzungsverordnung

Die Baunutzungsverordnung (Bau NVO) gehört zum Bauordnungsrecht der Bundesrepublik Deutschland, das von zentraler Bedeutung für die (→) *Standortpolitik* von Handelsunternehmen ist (vgl. Liebmann/ Zentes, 2001, S. 107f.).

Herauszustellen ist insbesondere der im Oktober 1986 verschärfte §11 Abs. 3 Bau NVO, dessen Ziel eine Verhinderung der Disurbanisierung durch Einkaufszentren und großflächige Einzelhandelsbetriebe in Gewerbe- und Industriegebieten ist. Danach werden Einkaufszentren und großflächige Einzelhandelsbetriebe außer in Kerngebieten nur in Sondergebieten ohne besondere Prüfung zugelassen. In der Novellierung von 1986 wurde die Vermutungsgrenze von 1500 qm auf 1200 qm Geschossfläche herabgesetzt.

Allerdings erlaubt des Gesetz durchaus in Grenzen die Ansiedlung von großflächigen Einzelhandelsbetrieben in solchen Gebieten. So nutzen auch heute noch viele Unternehmen den verbliebenen Spielraum zur Ansiedlung ihrer Standorte an der Peripherie der Städte und erreichen über eine erstklassige Verkehrsanbindung eine große Akzeptanz seitens der Konsumenten, die dazu führt, dass sich das Wachstum der Großflächen als Folge der Gesetzesnovelle zwar etwas abgeschwächt, nicht aber entscheidend verringert hat (vgl. Barth, 1999, S. 51).

BDSG

Mit dem Bundesdatenschutzgesetz (BDSG) hat der Gesetzgeber umfassende gesetzliche Regelungen aufgestellt, um im Bereich der persönlichen Daten die Rechte des Bürgers, insbesondere sein Recht auf Selbstbestimmung und auf Respektierung seiner persönlichen Sphäre zu schützen.

Das Bundesdatenschutzgesetz vom 20. Dezember 1990 wurde am 17. Dezember 1997 in Verbindung mit dem Begleitgesetz zum Telekommunikationsgesetz zuletzt geändert.

Zweck dieses Gesetzes ist nach § 1 Abs. 1 »den einzelnen davor zu schützen, dass er durch den Umgang mit seinen persönlichen Daten in seinem Persönlichkeitsrecht beeinträchtigt wird.« Das Gesetz bezieht sich auf die Erhebung, Verarbeitung und Nutzung personenbezogener Daten. In insgesamt fünf Abschnitten werden die Datenverarbeitung öffentlicher Stellen sowie die Datenverarbeitung nicht-öffentlicher Stellen und öffentlich-rechtlicher Wettbewerbsunternehmen geregelt. Ergänzt wird das BDSG durch die Landesdatenschutzgesetze.

Das Marketing wird durch das Bundesdatenschutzgesetz sowie die entsprechenden Landesgesetze in vielfältiger Form tangiert. Zunächst sind die Träger der (→) *empirischen Sozialforschung* – Universitätsinstitute und kommerzielle Institute der Markt- und Meinungsforschung sowie Marktforschungsabteilungen von Unternehmen und sonstigen Institutionen – typische Adressaten der Datenschutzgesetze. Die Datenschutzgesetze betreffen sowohl die Sekundärmarktforschung (Zugriff auf zentrale Datenbanken u.Ä.) als auch die Primärmarktforschung (→ *Primärforschung*) (z.B. Ziehung von Zufallsstichproben, Durchführung von Befragungen und Panels).

Darüber hinaus beschränkt der Datenschutz die Direktwerbung (→ *Direct Marketing*). Betroffen sind sowohl die unternehmerische Direktwerbung als auch die entsprechenden Hilfsbetriebe (Adressenverlage u.Ä.).

Vor dem Hintergrund des Europäischen Binnenmarktes ist auch der Datenschutz zunehmend Gegenstand europaweiter Überlegungen geworden. So legte der Europarat schon 1981 die bereits in Kraft getretene Datenschutzkonvention vor (vgl. Oppermann, 1999, S. 32). Des Weiteren unterbreitete die EG-Kommission am 27. Juli 1990 einen »Vorschlag für eine Richtlinie des Rates zum Schutz von Personen bei der Verarbeitung personenbezogener Daten«, der am 5. November 1990 veröffentlicht wurde. Der Vorschlag, mit dem die EG-Kommission eine Harmonisierung des Datenschutzrechts in Europa erreichen will, enthält Regelungen, die beispielsweise die Direktwerbung nachteilig beeinflussen würden.

Das Europäische Parlament und der Europäische Rat verfassten zu diesem Vorschlag der Kommission als gemeinsamen Standpunkt die EG-Richtlinie 95/46 EG zum Schutz natürlicher Personen bei der Verarbeitung personenbezogener Daten und zum freien Datenverkehr (20.2.1995). Als ein wesentlicher Grund für diesen Entwurf wird das unterschiedliche Niveau des Schutzes der Rechte der Freiheiten von Personen bei der Verarbeitung personenbezogener Daten in den verschiedenen Mitgliedstaaten genannt, welches die Übermittlung dieser Daten zwischen den Staatsgebieten verhindern und somit die Ausübung einer Reihe von Wirtschaftstätigkeiten auf Gemeinschaftsebene hemmen könne. Am 15. Dezember 1997 folgte mit der Richtlinie 97/66EG eine Richtlinie über die Verarbeitung personenbezogener Daten und zum Schutz der Privatsphäre im Bereich der Telekommunikation. Diese ergänzt die allgemeine Richtlinie von 1995 um Bestimmungen zum Bereich der Telekommunikation. Insbesondere verpflichtet sie alle Mitgliedstaaten im Grundsatz zur Wahrung der Vertraulichkeit der Kommunikation (vgl. Europäische Gemeinschaft, 1999, S. 3ff.).

Beide Richtlinien sind von den meisten Mitgliedstaaten mittlerweile entsprechend im nationalen Recht umgesetzt worden.

Bedienungsformen [s.a. Betriebstypen des Handels]

Die Bedienungsformen – auch als Verkaufsformen und Bedienungssysteme bezeichnet

– beziehen sich auf die im Ladenhandel auftretenden Kontaktformen zwischen dem Ladenpersonal, der Ware und den Kunden; es werden die Aufgabenverteilung und die Kommunikationsmöglichkeiten zwischen Ladenpersonal und Kunden während des Verkaufsprozesses festgelegt. »Der anfallende Aufgabenkreis ist je nach Charakter eines Kaufs unterschiedlich und mehr oder weniger umfangreich. Er kann im weitesten Fall die Interpretation und Konkretisierung eines Konsumentenbedürfnisses, die Vorlage und Auswahl der in Frage kommenden Produktalternativen, physische Veränderungen an der Ware, den innerbetrieblichen Warentransport, Verpackung und Abwicklung des Inkassos umfassen« (Hansen, 1990, S. 276f.).

Die unterschiedliche Ausgestaltung der Aufgabenverteilung zwischen Ladenpersonal und Kunden schlägt sich in den Einsatzrelationen der Betriebsfaktoren Personal und Betriebsmittel nieder und hat damit Einfluss auf die Kosten bzw. die Kostenstruktur der Handelsunternehmen.

Üblicherweise werden die Bedienung, die Selbstbedienung und die Vorwahl unterschieden:

– *Bedienung*
Die Bedienung als arbeitsintensivste Verkaufsform des Handels ist durch persönliche Kontakte zwischen Ladenpersonal und Kunden während des Verkaufsvorgangs gekennzeichnet. Ziele sind analog der AIDA-Formel die Weckung von Aufmerksamkeit und echtem Interesse an der Ware, die Steigerung des Besitzwunsches und die Herbeiführung des Kaufabschlusses. Der Verkaufsprozess ist dabei als soziale Interaktion (→ *Interaktionsanalyse*) zu verstehen, die durch den Verkäufer auf seine Ziele hin gesteuert werden kann.

– *Selbstbedienung*
Die Selbstbedienung ist eine Verkaufsform, bei der der Kunde die Ware ohne Mitwirkung von Ladenpersonal auswählt und zur Kasse bringt. Dazu müssen die Waren frei zugänglich angeordnet, verpackt bzw. vorverpackt sowie mit dem Preis und sonstigen Angaben (z.B. Mindesthaltbarkeitsdatum) versehen sein. Ein bei der Bedienung mögliches Verkaufsgespräch entfällt bei dieser Verkaufsform. Aus diesem Grund sollten die Waren problemlos sowie nicht erklärungsbedürftig, mit einer selbstverkäuflichen Aufmachung hinsichtlich Produktgestaltung, Markierung und der Produktverpackung versehen und durch die Werbung in hohem Maße vorverkauft sein.

Die große Verbreitung der Selbstbedienung in den letzten Dekaden ist auf die Rationalisierungseffekte beim Absatz von Produkten sowie auf die im gleichen Zeitraum stark gestiegenen Personalkosten im Handel zurückzuführen. Gerade die im deutschen Lebensmitteleinzelhandel stark vertretenen Discounter, aber auch großflächige Betriebstypen wie SB-Warenhäuser oder Verbrauchermärkte haben aufgrund ihrer Kosten- bzw. Preisorientierung eine starke Ausweitung von Selbstbedienungssystemen bewirkt, auch in Warenbereichen, die klassischerweise über Bedienungs- oder Vorwahlsysteme gekennzeichnet waren.

– *Vorwahl*
Die Vorwahl ist eine Mischform zwischen Bedienung und Selbstbedienung. Der Kunde informiert sich selbst über das Warenangebot und wählt die Ware selbst aus. Das Ladenpersonal hat nur die Aufgabe, Zweifel zu klären, z.B. frische Ware zu verpacken oder den Kauf zum Abschluss zu bringen.

Bedürfnishierarchie [s.a. Feldtheorie]
Unter einem Bedürfnis wird allgemein ein subjektives, eher irrationales Mangelempfinden verstanden, das auf subjektiven und oft gefühlsbetonten Wertschätzungen beruht und nach Beseitigung strebt. Gemeinsam mit den (→) *Emotionen* (und Trieben) können Bedürfnisse den Motiven (→ *Moti-*

vation) zugeordnet werden (vgl. Kroeber-Riel/Weinberg, 1999, S. 141ff.).

Ziel des Marketing ist u.a. die Interpretation von Kundenwünschen bzw. -bedürfnissen und die Kreation von Gütern, die diese Bedürfnisse befriedigen. Ausgangspunkt sind somit nicht (nur) vorhandene Produkte, sondern es sind der Markt bzw. die dort auftretenden Bedürfnisse (Antizipierung von Kundenbedürfnissen). Marketing beginnt somit bereits bei der Erforschung der Bedürfnisse der Menschen. Dabei müssen nicht nur die offen geäußerten und deutlich empfundenen Wünsche ermittelt werden, sondern auch die unbewussten Wunschvorstellungen. Anwendung finden dabei insbesondere die Methoden der (→) *Motivforschung*.

Nach Maslow (1970) gibt es eine eindeutige Hierarchie der Bedürfnisse. Dargestellt wird dies in einer fünfstufigen hierarchischen Klassifikation, wobei auf der untersten Stufe die physiologisch bedingten Grundbedürfnisse wie Hunger und Durst stehen und auf der obersten Stufe das Streben nach Selbstverwirklichung:

(5) Bedürfnis nach Selbstverwirklichung
(4) Bedürfnis nach sozialer Anerkennung
(3) Liebesbedürfnis
(2) Sicherheitsbedürfnis
(1) physiologische Bedürfnisse.

Nach der Hypothese von Maslow wendet sich ein Individuum erst dann einem höher stehenden Bedürfnis zu, wenn die in der Hierarchie tiefer liegenden Bedürfnisse befriedigt sind, d.h. erst nach Befriedigung der Bedürfnisse einer Ebene wird die nächsthöhere Ebene verhaltenswirksam.

Diese Hypothese ist insofern dynamisch, als nach ihrer Aussage höherrangige Motive erst dann verhaltenswirksam werden, wenn die niederrangigen Motive mindestens bis zu einem Anspruchsniveau befriedigt sind. Sie ist jedoch empirisch kaum belegt und hat daher für die Konsumentenforschung nur bedingt Bedeutung erlangt.

Befragung [s.a. Erhebungsverfahren]
Die Befragung ist die am weitesten verbreitete Methode der Datenerhebung der (→) *empirischen Sozialforschung*. Das Charakteristische dieser Methode ist die systematische Erfassung sprachlich vermittelter Informationen. Diese Informationen können entweder auf mündlichem oder auf schriftlichem Wege vom Befragten geäußert werden. Die Ausrichtung auf verbale Informationen weist auf die Kernproblematik der Befragung hin. Das unterschiedliche Sprachverständnis von Interviewer und Interviewtem sowie die Mehrdeutigkeit von gesprochenen und geschriebenen Worten müssen als potenzielle Fehlerquellen (→ *Erhebungsfehler*) beim Einsatz der Befragung berücksichtigt werden.

Formen der Befragung sind die mündliche Befragung, zu der das direkte (persönliche) Interview und das konventionelle Telefoninterview zählen, die schriftliche Befragung und computergestützte sowie computerisierte Befragungsformen (→ *Befragung, computergestützte*).

Darüber hinaus unterscheidet man verschiedene Formen des Interviews:

– *standardisiertes bzw. strukturiertes Interview*

Es basiert auf einem (→) *Fragebogen*, der die Fragenformulierungen, die Fragenreihenfolge sowie die Antwortmöglichkeiten vollständig oder teilweise im Voraus festlegt. Der Interviewer hat nur die Aufgabe, die Fragen zu verlesen und die Antworten der Befragten zu notieren. Eventuell darf er Erläuterungen im Sinne der Fragestellung geben, wenn der Befragte eine Frage nicht oder falsch versteht.

Tietz (1993b, S. 437) nennt folgende Vor- und Nachteile für diese Interviewform:

Vorteile

1. Möglichkeit zur Bildung repräsentativer Stichproben
2. Feststellbarkeit der Identität des Befragten

3. Breite Spannweite der Fragen
4. Verwendbarkeit von Stimulanzien
5. Möglichkeit zur ergänzenden (→) *Beobachtung*
6. Möglichkeit von Rückfragen

Nachteile

1. Hohe Kosten
2. Vergleichsweise hoher Zeitaufwand
3. Möglichkeit von Interviewereinfluss auf die Ergebnisse
4. Notwendigkeit zur Interviewerkontrolle
5. Erfordernis einer gut geschulten Interviewerorganisation.

– *teil-standardisiertes bzw. teil-strukturiertes Interview*

Ein Leitfaden für den Interviewer wird durch eine Mindestanzahl meist offener Fragen vorgegeben. Der Interviewer hat die Möglichkeit, die Fragenreihenfolge sowie die Formulierung ergänzender oder zusätzlicher, weiterreichender Fragen der Befragungssituation anzupassen. Dadurch wird eine größere Flexibilität gegenüber dem standardisierten Interview erreicht. Nachteilige Wirkungen gehen von einem nur schwer kontrollierbaren Interviewerbias aus (vgl. Hesse, 1974, Sp. 328).

– *nicht-standardisiertes, unstrukturiertes, freies oder auch Tiefeninterview*

Diese Interviewform verzichtet vollständig auf einen Fragebogen und »...wird deshalb auch häufig als ungelenktes Interview bezeichnet« (Alemann, 1984, S. 217). Das nichtstandardisierte Interview hat eine explorative Funktion. Der Interviewer muss hochqualifiziert und mit dem Befragungsgegenstand bestens vertraut sein. Dies ermöglicht ihm, den Befragungsgegenstand weiter zu sondieren und ausgewählten Befragten, oft Experten, in offenen und freien Gesprächen die Möglichkeit zu einer freien Stellungnahme zu geben.

Beim konventionellen Telefoninterview wird als Kommunikationsmittel das Telefon eingesetzt. »Telefoninterviews setzen voraus, dass die Motivation des Befragten nicht zu sehr beansprucht wird, dass die Fragebogen kurz und unkompliziert sind und dass möglichst der Haushalt, nicht aber Personen, Einheit der Analyse ist« (Alemann, 1984, S. 217f.). Der Einsatz des Telefoninterviews ist unter den Restriktionen des Repräsentanzproblems (→ *Repräsentanz*) zu sehen.

Die **Vorteile** der Telefonbefragung sind (vgl. Tietz, 1993b, S. 437):

1. Schnelle Informationsgewinnung
2. Keine Interviewerkontrolle bei zentraler Organisation der Befragung
3. Rückfragemöglichkeit beim Befragten
4. Vergleichsweise geringe Kosten.

Als **Nachteile** können angeführt werden:

1. Probleme bei der Feststellbarkeit der Identität
2. Interviewer- und Verfahrenseinflüsse auf die Ergebnisse
3. Keine Repräsentanz bei begrenzter Verbreitung des Telefons
4. Begrenzte Zeitdauer und damit Zahl der Fragen
5. Begrenzung auf einfache und kurze Fragen ohne Stimulanzien
6. Schwierige Auskunftsgewinnung bei bestimmten Fragen
7. Keine Beobachtung möglich.

Die schriftliche Befragungsform bedient sich standardisierter Fragebogen, die entweder durch einen Interviewer oder einen Mitarbeiter eines Forschungsinstitutes, die einführende Erklärungen hinzufügen können, oder durch die Post zugestellt werden (vgl. Hafermalz, 1976, S. 7ff.). Der Befragte beantwortet die Fragen und schickt den Fragebogen zurück. Da nicht alle Befragten diesem Wunsch nachkommen, entsteht das (→) *Non-Response-Problem*, das durch geschickt formulierte Fragebogen und Begleitschreiben, durch materielle Anreize (Preisausschreiben) sowie durch »Mahnschreiben« zu minimieren versucht wird.

Die Beeinflussung durch den Interviewer (Interviewerbias) ist bei der schriftlichen Befragung ausgeschlossen.

Als **Vorteile** sind daher zu nennen (vgl. Tietz, 1993b, S. 437):

1. Keine Interviewereinflüsse
2. Vergleichsweise geringe Kosten
3. Leichte Erreichbarkeit gebildeter Bevölkerungsgruppen
4. Hoher Genauigkeitsgrad bei Prüfung der Antworten durch den Befragten
5. Beteiligung mehrerer Personen bei der Antworterteilung möglich
6. Keine Störung bei der Beantwortung
7. Vergleichsweise leichte Erreichbarkeit von Fachleuten
8. Vergleichsweise hohe Identifikation möglich.

Die **Nachteile** sind:

1. Keine konsekutive Fragetechnik wegen Kenntnis des gesamten Fragebogens
2. Lange Untersuchungszeit
3. Keine Möglichkeit zur Gewinnung spontaner Antworten
4. Keine Feststellbarkeit der Identität des Befragten
5. Große Repräsentanzprobleme
6. Viele Fehlantworten
7. Begrenzung der Komplexität beim Frageninhalt
8. Keine Klärbarkeit von Zweifelsfragen
9. Vergleichsweise begrenzter Fragenumfang.

Befragung, computergestützte

Der Einsatz der modernen Informations- und Kommunikationstechnologien (→ *Informationstechnologie*) erweitert das Spektrum der Befragungsmethoden um

- computergestützte Verfahren und
- computerisierte Verfahren

(vgl. Zentes, 1987, S. 115ff.).

Computergestützte Befragungssysteme sind dadurch charakterisiert, dass in den Prozess der Informationsgewinnung Interviewer eingeschaltet sind. Aufgabe der Interviewer ist es, Fragen an die Testpersonen zu stellen, die in Form eines Fragebogens vorliegen oder von einem Bildschirm (-terminal) abgelesen werden. Die Antworten werden durch die Testpersonen oder die Interviewer eingegeben, auf Datenträgern erfasst (Offline-Version) oder direkt in einen Rechner eingegeben (Online-Version).

Computergestützte Befragungen können in unterschiedlicher Form – sowohl als Laborerhebung als auch in Form einer Felderhebung – durchgeführt werden. Zu unterscheiden sind folgende Befragungssysteme:

- computergestützte Massenbefragung im Labor
- computergestützte Telefoninterviews
- computergestützte Feldbefragungen.

Computergestützte Laborbefragungen sind dadurch gekennzeichnet, dass ein Interviewer Fragen gleichzeitig an mehrere Testpersonen stellt. Die Probanden geben die Antworten ein, die an ein Computersystem angeschlossen sind. Bei computergestützten Telefoninterviews (Computer Assisted Telephone Interviewing, CATI) liest der Telefoninterviewer die Fragen von einem Bildschirmterminal ab. Die Kommunikation mit den Probanden erfolgt in üblicher Form. Die Antworten der telefonisch Interviewten werden vom Interviewer direkt über eine Tastatur eingegeben.

Eine »Feldvariante« dieser Befragungstechnik bietet der Einsatz mobiler Datenerfassungsgeräte bzw. Laptops, so auch für spezielle Marktforschungsmethoden wie die Conjoint-Analyse (→ *Conjoint Measurement*). Die Interviewer oder die Befragten können die Antworten über eine nummerische Tastatur (zur Beantwortung geschlossener Fragen) oder eine alphanummerische Tastatur (zur Beantwortung geschlossener und offener Fragen) eingeben; am Abend bspw. können die Antworten in den zentralen Rechner übertragen und dort ausgewertet werden.

In computerisierten Befragungssystemen erfolgt die Informationsgewinnung in Form einer Mensch-Maschine-Kommunikation zwischen den Testpersonen und dem Rechner; ein Interviewer ist dabei nicht zwischengeschaltet. Eine Zwischenstellung nehmen Systeme ein, bei denen neben dem Befragten ein Interviewer sitzt, der bei komplizierten Fragen oder Fragentypen erklärend eingreifen kann oder den Fragentext unterstützend vorliest (vgl. Glagow, 1984, S. 44ff.).

Aus technologischer Sicht kann zwischen Computerbefragungen (Interview-Computer) und Internet-Befragungen unterschieden werden.

Computerbefragungen basieren auf einer konventionellen EDV-technischen Infrastruktur. Eingesetzt werden Terminals, die an einen Großrechner angeschlossen sind oder Personalcomputer, die Daten erheben. Der Einsatz von Interview-Computern ist i.d.R. auf den stationären Bereich, z.B. in Studios, beschränkt.

Möglichkeiten zur Online-Feldforschung, die in privaten Haushalten durchgeführt wird, eröffnen auch das Zwei-Wege-Kabelfernsehen und das Internet. So bot das in den USA bereits Ende der 70er Jahre eingesetzte Interaktionssystem QUBE (Kabelfernsehen mit Rückkanaltechnik) der Warner Communications eine Kommunikation mit der Sendezentrale. Das in Haushalten eingesetzte Tastenwahlgerät enthielt u.a. fünf Antworttasten, die als Antwortalternativen im Rahmen geschlossener Fragen definiert werden konnten. Deutlich erweitere Optionen eröffnet hier das (→) *Internet*.

Computergestützte und computerisierte Befragungssysteme bieten ökonomische und methodische Vorteile. Dies gilt bspw. in Bezug auf die direkte Antworterfassung, die Möglichkeit der gleichzeitigen individualisierten Mehrpersonenbefragung, die unmittelbare Fehlerkontrolle, die Randomisierung der Fragen- und Antwortreihenfolge, die Erfassung von Spontanreaktionen.

Darüber hinaus werden in computerisierten Befragungen Interviewereffekte ausgeschaltet (vgl. Glagow, 1984, S. 49). Empirische Validierungsüberprüfungen deuten darauf hin, dass dieser Vorteil nicht durch Mensch-Maschine-Interaktionseffekte (Computerbias) kompensiert wird (vgl. Kroeber-Riel/Neibecker, 1983, S. 202ff.).

Behaviorismus [s.a. Konsumentenverhalten; Neobehaviorismus]
Der Behaviorismus wurde von dem amerikanischen Psychologen Watson begründet. »Nach behavioristischer Auffassung, die inzwischen in der Verhaltensforschung weitgehend abgelehnt wird, waren für die Erklärung des Verhaltens nur Aussagen über beobachtbare Größen zugelassen. Beobachtbar sind einerseits die Reize, die auf einen Organismus (Mensch, Tier) einwirken und andererseits die dadurch ausgelösten Reaktionen« (Kroeber-Riel/Weinberg, 1999, S. 29f.).

Das behavioristische Forschungsparadigma findet seinen Ausdruck in so genannten SR-Modellen (Reizreaktionsmodellen) (vgl. Übersicht 13).

Den behavioristischen Gesetzmäßigkeiten liegt folgendes Muster zugrunde: Wenn ein bestimmter Reiz S (Stimulus) auf einen Organismus trifft, so ist die Reaktion R (Response) zu erwarten. Das Verhalten des Individuums wird nur auf der Basis der Input- und Outputgrößen der Black-Box untersucht. Allein relevanter Verhaltensfaktor ist der erfassbare Stimulus. Somit werden nur die objektiv beobachtbaren Reize sowie die entsprechenden Reaktionen in die Theorie einbezogen, nicht dagegen die nicht beobachtbaren psychischen Vorgänge im Organismus. Es ist Ziel des Behaviorismus, Relationen zwischen Reizgrößen und Verhaltensweisen zu ermitteln.

Die SR-Modelle reichen daher nicht aus, um so komplexe Vorgänge wie das Kaufverhalten zu erklären, insbesondere können sie nicht erklären, warum z.B. eine Person ein Produkt kauft und eine andere Person nicht. Die Beobachtung des rein äußeren Verhaltens (R) muss ergänzt werden um die des inneren Verhaltens (I, O). Das berücksichtigen die weiterführenden SIR- bzw. SOR-Modelle des Neobehaviorismus.

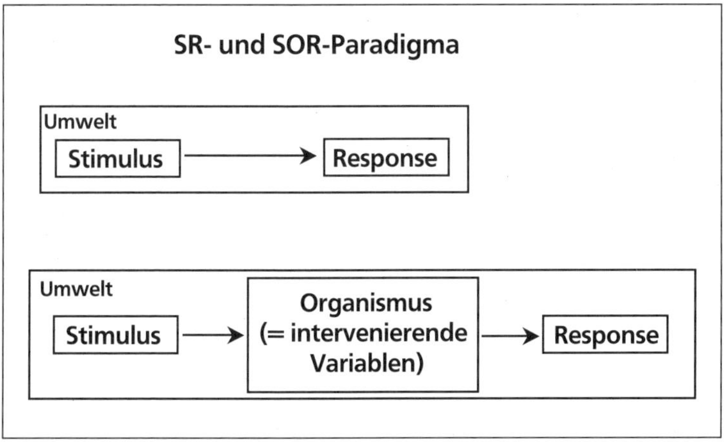

Übersicht 13: SR- und SOR-Modell

Benchmarking [s.a. Betriebsvergleich]
Benchmarking stellt eine erweiterte Form der (→) *Konkurrenzanalyse* dar (vgl. Meffert, 2000, S. 391f.). Kernstück bildet hierbei die Analyse der unternehmensbezogenen Determinanten mit dem Zweck, die wichtigsten Wettbewerber hinsichtlich Gemeinsamkeiten und Unterschieden in der Position und dem Verhalten am Markt sowie deren Ziele, Voraussetzungen und Fähigkeiten zu charakterisieren. Gegenstand der Konkurrenzanalyse sind insbesondere (vgl. Meffert, 1994, S. 151):

- Ressourcen und Fähigkeiten (→ *Stärken-/Schwächenanalyse*)
- Annahmen und Zielsetzung
- Wettbewerberverhalten.

Das Verfahren des Benchmarking geht jedoch über die einfache Analyse hinaus. Im Anschluss an die Analyse werden die Prozess- und Produkt- bzw. Leistungsparameter des jeweils stärksten Wettbewerbers mit den Parameterausprägungen des eigenen Unternehmens verglichen und als Ziel- und Orientierungsgrößen herangezogen. Zu diesem Zweck werden aus der Analyse des stärksten Wettbewerbers Standards entwickelt, an denen das tatsächliche eigene »Abschneiden« gemessen wird (vgl. Nieschlag/Dichtl/Hörschgen, 1997, S. 945; Töpfer/Mann, 1997, S. 34f.). Die Besonderheit des Benchmarking liegt im branchenübergreifenden Vergleich von Produkten, Teilbereichen, ganzen Funktionsbereichen oder sogar kompletten Wertschöpfungsprozessen mit anderen Unternehmen, die in Bezug auf die zu untersuchenden Aktionsparameter als jeweils führend gelten (vgl. Meffert, 2000, S. 392).

Beobachtung [s.a. Erhebungsverfahren]
Beobachtungen stellen eine wichtige Klasse nonverbaler Methoden der Informationsgewinnung in der (→) *Marktforschung* bzw. in der (→) *empirischen Sozialforschung* dar. Als Formen der Beobachtung lassen sich zunächst unterscheiden

- die persönliche Beobachtung und die apparative Beobachtung
- die offene und die verdeckte Beobachtung.

Wird die Beobachtungssituation von einem Beobachter erfasst, so liegt eine persönliche Beobachtung vor. Dabei kann wiederum zwischen teilnehmender und nichtteilnehmender Beobachtung unterschieden werden. Bei der teilnehmenden Beobachtung nimmt der Beobachter direkt an der Interaktion innerhalb einer untersuchten Gruppe bzw. am Geschehen teil; bei der nichtteilnehmenden Beobachtung bleibt der Beobachter außerhalb der Gruppe bzw. des Geschehens.

Als Schwierigkeiten der persönlichen Beobachtung sind herauszustellen (vgl. Behrens, 1966, S. 65ff.):

- Ein Beobachter kann nur eine begrenzte Zahl an Tatbeständen gleichzeitig sicher beobachten.
- Es ist nicht möglich, bei der Beobachtung eine künstliche Reihenfolge zu schaffen. Alle Daten müssen simultan ermittelt werden. Bei der (→) *Befragung* ist dagegen eine sukzessive Ermittlung der Erhebungsmerkmale möglich.
- Eine intersubjektiv einheitliche Interpretation der beobachteten Phänomene ist in der Regel nicht gewährleistet.

Diese Schwierigkeiten können durch den Einsatz mehrerer Beobachter bei komplexen Tatbeständen oder durch technische Hilfsmittel (Film, Video, Tonband u.Ä.) reduziert werden. Der beobachtete Merkmalskomplex kann vorab durch Interpretation gegliedert und damit einer präziseren Beobachtung zugänglich gemacht werden (strukturierte Beobachtung) (vgl. Tietz, 1993b, S. 438f.). Unstrukturierte Beobachtungsformen gliedern dagegen nur grob. Innerhalb eines gewissen Rahmens hat der Forscher für die Aufzeichnung seiner Beobachtungen freien Spielraum (vgl. Atteslander, 2000, S. 104ff.). Die Verfahren der persönlichen Beobachtung werden insbesondere in (→) *Interaktionsanalysen* eingesetzt.

Werden die Testpersonen bzw. ihre Verhaltensweisen von technischen Geräten erfast, so handelt es sich um eine apparative Beobachtung, auch als unpersönliche Beobachtung bezeichnet. Mit derartigen Verfahren wird z.B. in der Zuhörer- bzw. Zuschauerforschung die Rundfunk- bzw. Fernsehnutzung erfasst (→ *Kontaktmessung*).

Eine Zwischenstellung nehmen aus technischer Sicht Beobachtungsverfahren ein, bei denen technische Hilfsmittel zur audiovisuellen Aufzeichnung (Film, Video u.Ä.) eingesetzt werden. Aus methodischer Sicht lassen sich diese Verfahren der persönlichen Beobachtung zuordnen, da die beobachteten Tatbestände durch Forscher Beobachtungskategorien zugeordnet bzw. allgemein ausgewertet werden.

Die offene Beobachtung ist dadurch gekennzeichnet, dass für die Probanden die Testsituation erkennbar ist; bei der verdeckten Beobachtung ist dies nicht der Fall.

BERI-Index [s.a. Länderrisiken, Bewertung von]
Der BERI-Index (Business Environment Risk Index) ist ein von Frederic T. Haner entwickeltes Indikatormodell zur Ermittlung des Risikowertes eines Landes (vgl. BERI, 2001). Seit 1972 wird der Index vierteljährlich für 45 Länder erstellt (vgl. Schroth, 2001, S. 108). Das BERI-Institut der University of Delaware bietet zwei verschiedene Informationsdienste an:

- den BERI-Index (synonym Profit Opportunity Recommendation, POR), der den an Auslandsgeschäften interessierten Unternehmen, insbesondere Investoren als Instrument zur Beurteilung des Investitionsklimas in einem Land dient;
- ein Rating mit dem Namen Forecast of Country Risks for International Lenders (→ *FORELEND*), mit speziellen Länderrisikoprognosen für Kapitalgeber (vgl. Piontek, 1998, S. 492).

Der BERI-Index besteht aus drei Subindizes, dem Operation Risk Index (ORI – Geschäftsklima), dem Political Risk Index (PRI – politische Stabilität) und dem Remittance und Repatriation-Factor (R-Faktor – Rückzahlungsfaktor) (vgl. Piontek, 1998, S. 492). Jeder Subindex umfasst wiederum zahlreiche Kriterien.

Die Ermittlung des ORI und PRI basiert auf einem internationalen sich ständig veränderten Expertenpanel von ca. 100 Führungskräften aus Industrieunterneh-

	Anzahl Punkte [1]		Gewichtung		Gesamtwertung [2]
1. Politische Stabilität	——	(X)	3,0	(=)	——
2. Haltung gegenüber Auslandsinvestitionen und Gewinntransfer	——	(X)	1,5	(=)	——
3. Nationalisierungsbestrebung	——	(X)	1,5	(=)	——
4. Inflation	——	(X)	1,5	(=)	——
5. Wirtschaftswachstum	——	(X)	2,5	(=)	——
6. Arbeitskosten/Produktivität	——	(X)	2,0	(=)	——
7. Zahlungsbilanz	——	(X)	1,5	(=)	——
8. Währungskonvertibilität	——	(X)	2,5	(=)	——
9. Bürokratische Hindernisse	——	(X)	1,0	(=)	——
10. Durchsetzbarkeit vertraglicher Vereinbarungen	——	(X)	1,5	(=)	——
11. Qualität der Dienstleistungen und Zuverlässigkeit der Vertragspartner	——	(X)	0,5	(=)	——
12. Qualität des einheimischen Managements und der Partner	——	(X)	1,0	(=)	——
13. Verkehrsverbindungen	——	(X)	1,0	(=)	——
14. Kurzfristige Kredite (Verfügbarkeit auf dem lokalen Markt)	——	(X)	2,0	(=)	——
15. Langfristige Anleihen/Investitionskapital (Verfügbarkeit auf dem einheimischen Markt)	——	(X)	2,0	(=)	——
Total					——

[1] Von 0,0 (= nicht akzeptabel) bis 4,0 (= außerordentlich günstig)
[2] Eine <Gesamtnote> von 100 Punkten würde einem <perfekten> Anlage- und Investitionsklima mit der Note 4 für jedes der 15 Kriterien entsprechen.

Einstufung der Länder:

über 70 Punkte:	Typische Situation eines insgesamt stabil Industrielandes.
55-70 Punkte:	Länder mit mäßigem Risiko und gewissen Erschwernissen im täglichen Betrieb
40-55 Punkte:	Hohes Risiko und schlechtes Geschäftsklima für ausländische Unternehmen.
unter 40 Punkte:	Für ausländische Investitionen nicht akzeptabel.

Quelle: Altmann, 1993, S. 724.

Übersicht 14: BERI-Index

men, Regierungsbehörden, Banken und Wirtschaftsinstituten, die ihnen bekannte Länder anhand von 15 pragmatisch selektierten Kriterien bewerten. Jeder Beteiligte gibt eine Einschätzung des wirtschaftlichen Risikos für fünf bis 15 Staaten über einen Zeitraum von sechs bis zwölf Monaten ab. Die Kriterien werden subjektiv mit Punktzahlen zwischen 0 (nicht akzeptabel) und 4 (außerordentlich günstig) auf einer zehntelpunktgenauen Skala bewertet. Da es sich um ein Scoring-Modell handelt, werden im nächsten Schritt die arithmetischen Mittel jeweils gewichtet und anschließend zu einem Gesamtpunktwert aufaddiert, der die Risikoklasse eines Landes angibt. Ein Punktwert von 100 spiegelt ein hervorragendes Geschäftsklima wider, während ein Wert unter 40 Punkten ein nicht mehr akzeptables Risiko darstellt (vgl. Altmann, 1993, S. 722ff.; Dülfer, 1997, S. 235; Schroth, 2001, S. 108). Die Vorgehensweise ist in Übersicht 14 dargestellt.

Der R-Faktor misst schließlich die Evaluierung der Zahlungsfähigkeit eines Landes und verweist auf das Risiko internationaler Unternehmungen (→ *Außenhandelsrisiken*), die ihre Erträge und ihr investiertes Kapital nicht mehr retransferieren können. Bei diesem Modell werden quantitative Daten verwendet. Die Ergebnisse der drei Indizes werden zum Zwecke der Investitionsempfehlung (Profit Opportunity Recommendation) im gleichen Verhältnis additiv zusammengefasst. Entsprechend der errechneten POR-Werte werden die Länder abschließend in eine von vier Gesamtrisikoklassen zugeordnet (vgl. Altmann, 1993, S. 722ff.).

Die Relevanz des BERI-Index zeigt sich in dem hohen Bekanntheitsgrad und der großen Bedeutung, den er bei Banken, Versicherungen und staatlichen Institutionen erlangt hat. Schätzungen zu Folge nutzen 50 % aller japanischen, amerikanischen, deutschen, französischen und schweizerischen Industriefirmen den BERI-Index als Grundlage ihrer Direktinvestitionstätigkeit. Allerdings lässt der BERI-Index jegliche branchenspezifische Differenzierung vermissen. Er ist lediglich in der Lage, die individuelle Entscheidungsfindung allgemein zu unterstützen und ersetzt keinesfalls vertiefende branchenspezifische Analysen. Neben dem BERI-Index existieren andere Institute, die solche Länderbewertungsverfahren durchführen. Dazu gehören beispielsweise die (→) *BI Country Ratings* der Business International Corporation und der ESI-Indikator (Economic Survey International) des Ifo-Instituts, München (vgl. Dülfer, 1997, S. 235f.; Piontek, 1998, S. 492).

Berner Union

Die Berner Union ist die internationale Vereinigung der staatlichen (→) *Exportkreditversicherungen* und stellt eine der ältesten Formen internationaler Zusammenarbeit auf diesem Gebiet dar. Sie wurde bereits 1934 in der schweizerischen Stadt gegründet und umfasst gegenwärtig 43 Organisationen aus 35 Ländern. Die für die Bundesrepublik Deutschland handelnde (→) *HERMES* gehört ihr seit 1953 an.

Bei der Gründung bestand das Hauptziel des Zusammenschlusses vor allem im Erfahrungsaustausch. Die Eindämmung der kommerziellen Kreditrisiken bei internationalen Geschäften sollte durch den Austausch von zuverlässigen Informationen über ausländische Käufer bzw. Gläubiger – eine Funktion, die die Berner Union heute noch erfüllt – erreicht werden. Die Mitglieder der Berner Union treffen sich in regelmäßigen Zeitabständen (mindestens zweimal jährlich), um gemeinsam Probleme der Exportkreditversicherung und der Versicherung von Auslandsinvestitionen zu besprechen, die den Charakter von Empfehlungen (»understandings«) haben. Eine Entscheidungskompetenz oder das Erlassen verbindlicher Regeln besteht nicht. Die Berner Union hat in der Vergangenheit Vereinbarungen über (→) *Zahlungsbedingungen* für den Export bestimmter Warenarten (z.B. Stahl, Container, Zuchtvieh usw.) getroffen und die Mitglieder verpflichtet, sich gegenseitig über Geschäfte zu informieren (vgl. Häberle, 1998, S. 696f.). Mit der Einführung des so genannten (→) *OECD-Konsensus* haben die Regeln der Berner Union an Bedeutung verloren, da die dort getroffenen Vereinbarungen die meisten Regelungen der Berner Union übernommen haben (vgl. Deutsche Bank, 1998, S. 68).

Beschaffungsallianzen [s.a Allianzen, strategische; Beschaffungsmanagement] Beschaffungsallianzen sind Formen horizontaler, aber auch vertikaler (→) *Kooperationen*; sie gehören zu den kooperativen (→) *Transaktionsformen*. Ähnlich einer Strategischen Allianz existieren einerseits Beschaffungspartnerschaften zwischen Konsumgüterherstellern sowie zwischen Handelsunternehmen (horizontale Allianzen), andererseits aber auch zwischen Handelsunternehmen unterschiedlicher Stufen, so zwischen Groß- und Einzelhandelsunternehmen (vertikale Allianzen) (vgl. Zentes, 1992a, S. 21).

Ziel von Beschaffungsallianzen ist i.d.R. der gemeinsame Einkauf, der allerdings auf die gemeinsame Durchführung weiterer Aktivitäten ausgedehnt werden kann. In diesem Sinne handelt es sich bei Beschaffungsallianzen um Y-Allianzen, welche primär auf Bündelungseffekte abzielen, d.h. durch das Zusammenlegen der einzelnen Beschaffungsmengen wird versucht, günstige Einkaufskonditionen bei den Lieferanten zu erzielen.

Die Beschaffungsallianzen der Konsumgüterindustrie, insbesondere die im internationalen Bereich, dienen ebenfalls der Erschließung horizontaler Verbundwirkung, so die abgestimmte Einflussnahme auf die Standortentscheidung von Lieferanten und Initiativen zur Standortverlegung (vgl. Arnold, 1992, S. 649).

Eine weitaus längere Tradition haben Beschaffungsallianzen im Handel (vgl. Zentes/Swoboda, 2000a, S. 133f.). Hervorzuheben sind hier die Einkaufsgemeinschaften mit unterschiedlicher Rechtsform, aber auch großhandelsinitiierte (vertikale) Verbundgruppen. Sie sollen durch Bündelungs-, Degressions- und Kompetenzverstärkungseffekte strukturelle Nachteile von mittelständischen Unternehmen im Vergleich zu Filialunternehmen kompensieren.

Dieses Streben nach Bündelungs- und Degressionseffekten, die durch das Zusammenlegen von einzelnen Aktivitäten erzielt werden können, und das Streben nach einer aktivitätsübergreifenden Partnerschaft durch das Zusammenlegen komplementärer Potenziale fördern das Entstehen und die Verbreitung von Franchisesystemen (→ *Franchising*).

Neben diesen traditionellen horizontalen und vertikalen Verbundgruppen des Handels treten zunehmend neue kooperative Gruppierungen auf. Selbst filialisierte Unternehmen des (Einzel-)Handels formieren sich zu Einkaufskontoren und öffnen sich für Dritte (vgl. Zentes, 1992a, S. 26).

Beschaffungsentscheidungsprozess
Bei Beschaffungsentscheidungen von Konsumgütern auf der Endnachfragerebene handelt es sich vielfach um individuelle Entscheidungen einzelner Konsumenten oder um Entscheidungen privater Haushalte, bei denen mehrere Personen beteiligt sind (→ *Gruppenentscheidung; Familienentscheidung*). Für das unternehmerische Marketing ist es besonders wichtig zu wissen, welche Haushaltsmitglieder bei welchen Produkten in welchen Phasen mit welchem Einfluss mitentscheiden.

Um die komplexen Verhaltensweisen bei individuellen Kaufentscheidungen zu systematisieren, bildet man in Abhängigkeit vom Grad der kognitiven Steuerung bestimmte (→) *Kaufentscheidungstypen*. Entscheidend für das Auftreten der einzelnen Typen sind das auszuwählende Produkt, die Kaufsituation und die persönlichen (→) *Prädispositionen.*

Als Nachfrager von Investitionsgütern treten stets mehr oder weniger komplexe Organisationen auf. Für den Beschaffungsentscheidungsprozess in Organisationen ist die Multipersonalität typisch. Bei der Entscheidung wirken mehrere Personen mit, die gegenseitig aufeinander einwirken (→ *Buying Center*). Es vollzieht sich also ein komplexer intraorganisationaler Interaktionsprozess.

Wegen der hohen Komplexität und oft erheblichen zeitlichen Dauer der Kaufprozesse wird in vielen Modellen versucht, diesen Prozess in abgrenzbare Phasen einzuteilen (→ *Buygrid-Modell*). Im Vergleich zu Konsumgütern vollzieht sich die Kaufentscheidung bei Investitionsgütern mit einer größeren Phasendifferenzierung und -vielfalt. Die Systemmodelle des organisationalen Beschaffungsverhaltens versuchen, die verschiedenen Einflussfaktoren auf dieses Verhalten zu ordnen und in umfassenden, komplexen Modellen abzubilden (vgl. Backhaus, 1999, S. 55ff.). Während die oben beschriebenen monoorganisationalen Ansätze ihre Betrachtungen vornehmlich auf das beschaffende Unternehmen konzentrieren, interpretieren die polyorganisationalen Ansätze das Beschaffungsverhalten als einen Interaktionsprozess zwischen mehreren Organisationen (→ *Interaktionsansatz*).

Für eine theoretische Betrachtung ist es nicht zweckmäßig, dem Konsumenten mit vorwiegend nicht rationalen Kaufentscheidungsfaktoren den industriellen bzw. professionellen Einkäufern mit primär rationalen Faktoren gegenüberzustellen. Auch bei Investitionsgütern spielen irrationale Faktoren wie das Prestigedenken (vgl. Kreikebaum, 1960; 1961) eine große Rolle. Insgesamt unterscheidet sich die Beschaffung von Investitionsgütern gegenüber Konsumgütern mehr durch die Einkaufssituation als durch das Verhalten des Individuums, das entscheidet. Da der Bedarf an Investitionsgütern aber eindeutiger determiniert ist und quantitative Ergiebigkeitsaussagen einfacher möglich sind, hat der professionelle Einkäufer eher die Möglichkeit zu nachprüfbarem und rationalem Verhalten.

Beschaffungsmanagement [s.a. Beschaffungsmarketing]

Die Beschaffung dient der Aufrechterhaltung der Versorgung mit den für die Betriebsprozesse benötigten Input-Faktoren, die im Unternehmen selbst nicht verfügbar sind. Das Beschaffungsmanagement umfasst die über den einzelnen Bedarfsfall hinausgehenden, auf die (weltweiten) Beschaffungsmärkte gerichteten Entscheidungen über die Versorgung der Bedarfsträger in den Produktionsstätten mit Gütern und Leistungen. Dazu zählen die Beschaffung von Arbeitskräften (→ *Personalmarketing*), von Informationen (→ *Informationsquellen*), von Kapital (→ *Financial Sourcing*), von Rechten, Sachgütern und Dienstleistungen (Materialbeschaffung) und der Technologieerwerb (→ *Forschung und Entwicklung*) (vgl. Arnold, 1997; Perlitz, 2000, S. 364ff.).

Das Ziel des Beschaffungsmanagements besteht in der Gewährleistung einer möglichst hohen Versorgungssicherheit in quantitativer und qualitativer Hinsicht. Es sollen Versorgungsrisiken auf ein überschaubares Maß begrenzt und eine möglichst hohe Versorgungswirtschaftlichkeit, bis hin zu einem preis- bzw. kostenbewussten (→) *Global Sourcing* gewährleistet werden. Hinsichtlich der Bezugsquellen können drei Alternativen unterschieden werden (vgl. Grochla/Fieten, 1989, Sp. 206ff.):

1. Beschaffung aus lokalen Märkten
2. Beschaffung aus Drittländern, in denen die Unternehmung keine eigenen Pro-

duktionsstätten hat (konzernfremde Lieferung)
3. Beschaffung aus dem Konzernverbund.

Unterschiede zwischen national und international tätigen Unternehmen betreffen somit

- die Vielfalt der Beschaffungsalternativen und
- die Heterogenität der zu berücksichtigenden Beschaffungsmarktkonstellation.

So können international tätige Unternehmen zwar die jeweils günstigste Beschaffungsquelle im Ausland nutzen, haben aber bezüglich der Versorgungssicherheit mit Beeinträchtigungen – etwa wirtschaftlichen oder politischen Risiken (→ *Risk Management*) und Ex- oder Importbestimmungen (→ *Local-Content-Politik*) – zu rechnen. Hinzu kommen technische, logistische und finanzielle Probleme der Lieferung, die insbesondere die Zuverlässigkeit der Belieferung in Frage stellen können, so bei einer Just-in-Time-Beschaffungspolitik (→ *Just-in-Time*).

Die Organisation der Beschaffung in einem internationalen Unternehmen ist deswegen von besonderer Bedeutung, weil es zu vielfachen Arbeitsteilungen und Koordinationserfordernissen zwischen der Muttergesellschaft und den Tochtergesellschaften bzw. externen internationalen Lieferanten kommt. Grochla/Fieten (1989, Sp. 210ff.) unterscheiden drei Varianten der Organisation der internationalen Beschaffung:

1. partielle Zentralisation der Beschaffungsaufgaben, z.B. durch die Beschaffungsabteilung der Muttergesellschaft (ethnozentrisch organisiertes Beschaffungsmanagement)
2. kontrollierte Dezentralisation der Beschaffungsaufgaben, z.B. koordinierende Funktion der Mutter bei den dezentralen Beschaffungsaktivitäten der Töchter (polyzentrisch organisiertes Beschaffungsmanagement)
3. Bildung von Hauptaufgabenträgern im Konzern, d.h., dass Tochtergesellschaften, die einen besonders hohen Bedarf an bestimmten fremdbezogenen Materialgruppen aufweisen, werden für deren Beschaffung verantwortlich gemacht und schließen stellvertretend für den Konzern alle Verträge mit Lieferanten (geozentrisch organisiertes Beschaffungsmanagement) ab (→ *Lead-Country-Konzept*).

Beschaffungsmarketing [s.a. Beschaffungsmanagement]

Das Beschaffungsmarketing kennzeichnet die Ausdehnung des ursprünglich absatzmarktorientierten Marketingkonzeptes auf einen anderen betrieblichen Funktionsbereich. Es umfasst die Gesamtheit aller auf die Beschaffungsmärkte gerichteten Aktivitäten von Organisationen (Unternehmen, Behörden, sonstigen Institutionen) mit dem Ziel ihrer Beeinflussung. Die hierzu eingesetzten Instrumente können analog zum Absatzmarketing (→ *Marketinginstrumente*) auf unterschiedlichen Ebenen betrachtet werden:

- Zur informatorischen Ebene gehört die (→) *Beschaffungsmarktforschung*.
- Die Aktionsebene umfasst die Instrumente der Marktgestaltung und -beeinflussung. Diese Ebene wird oftmals als Beschaffungspolitik bezeichnet.
- Die Managementebene umfasst die beschaffungsmarktorientierte Ausrichtung der Prozesse der Planung, Organisation, Führung und Kontrolle. Damit hat das Beschaffungsmarketing einen engen Bezug zum Beschaffungsmanagement.

Die beschaffungspolitischen Aktionsmöglichkeiten sind nach Theisen (1970, S. 35ff.):

- die Beschaffungsmengen- und Beschaffungspreispolitik

- die Qualitätspolitik
- die Wahl der Marktpartner
- die Bestell- und Liefergrößen
- die Nebenleistungen
- die Werbung.

Ausschlaggebend für die Art und den Umfang der eingesetzten beschaffungspolitischen Instrumente sind die Marktbedingungen, insbesondere die (→) *Marktseitenverhältnisse.*

Dem Konzept des Beschaffungsmarketing kommt im Rahmen des (→) *Investitionsgütermarketing* entscheidende Bedeutung zu, das durch Interaktionen von Anbieter- und Nachfragerorganisationen gekennzeichnet ist. Es erhält vor allem im Rahmen des (→) *Global Sourcing* eine erhöhte Komplexität und soll auch die Frage beantworten, inwieweit reine Marktbeschaffungstransaktionen vorzunehmen sind oder etwa eine vertikale Rückwärtsintegration oder eine engere Kooperation mit der Zulieferindustrie vorteilhafter ist (→ *Transaktionsformen*). Auch die Einkaufsorganisationen bzw. die Verwenderorganisationen verfolgen bei der Beschaffung eines Investitionsgutes bestimmte Ziele und setzen ihrerseits Instrumente zur Beeinflussung oder Steuerung ihrer Marktpartner ein, so Techniken der Verhandlungsführung (→ *Interaktionsansatz*). Die nachhaltige Einflussnahme auf die Aktionen der Lieferanten werden als Reverse-Marketing bezeichnet.

Beschaffungsmarketing ist nicht auf Produktivgüter beschränkt; es ist zugleich ein wesentlicher Teilbereich des (→) *Handelsmarketing*. Dabei stimmen die Interaktionsprozesse zwischen Herstellern und Handelsbetrieben, so im Konsumgüterbereich, in wesentlichen Merkmalen mit denen im Investitionsgütermarketing überein:

- häufig multipersonale Beschaffungsentscheidung (Einkaufsgremien) auf der Abnehmerseite
- hoher Formalisierungsgrad der Entscheidungsfindung und des Beschaffungsablaufs, so in Filialbetrieben und kooperativen Gruppen
- Bedeutung von Anreiz- und Sanktionsmechanismen, z.B. in Form von Leistungslohnsystemen
- IT-Unterstützung von Beschaffungsentscheidungen, so durch integrierte (→) *Warenwirtschaftssysteme* (→ *Scanning*)
- Fremdbestimmung von Beschaffungsentscheidungen
- Prozessorientierung der Beschaffungsentscheidung.

Beschaffungsmarktforschung
Nach der Marktrichtung kann die (→) *Marktforschung* in die (→) *Absatzmarktforschung* und die Beschaffungsmarktforschung differenziert werden.

In Analogie zur Absatzmarktforschung ist die Beschaffungsmarktforschung auf die Gewinnung von Informationen über Einsatz- und Wirkungsmöglichkeiten der beschaffungspolitischen Instrumente (→ *Beschaffungsmarketing*) von Nachfragern sowie auf die hiermit korrespondierenden Verhaltensweisen der übrigen Marktteilnehmer ausgerichtet.

Darüber hinaus ist es Aufgabe der Beschaffungsmarktforschung, die gegenwärtige und zukünftige Situation auf den Beschaffungsmärkten eines Unternehmens zu analysieren (vgl. Hammann/Erichson, 2000, S. 37ff.).

Die Beschaffungsmarktforschung bezieht sich auf alle Wirtschaftsgüter (materielle und immaterielle Realgüter sowie Nominalgüter). Im weiteren Sinne ist auch die Analyse der Arbeitsmärkte (→ *Personalmarketing*) Gegenstand der Beschaffungsmarktforschung.

Beschaffungspolitik → *Beschaffungsmarketing*

Beschwerdemanagement

Das systematische Beschwerdemanagement beinhaltet die Planung, Durchführung und Kontrolle aller Maßnahmen, die ein Unternehmen im Hinblick auf Kundenbeschwerden ergreift (vgl. Meffert/Bruhn, 2000, S. 323ff.).

Die allgemeinen Ziele des Beschwerdemanagements bestehen darin, (→) *Kundenzufriedenheit* wiederherzustellen, die negativen Auswirkungen von Kundenunzufriedenheit auf das jeweilige Unternehmen zu verringern und implizite Schwachstellenhinweise zu identifizieren und zu nutzen.

Dieses führt nach Stauss (1995a, Sp. 227f.) zu folgenden marketingrelevanten Teilzielen:

- Herstellen von (Beschwerde-)Zufriedenheit, die die wesentliche Grundlage für Einstellungsverbesserung, Kundenbindung und Markentreue ist
- Vermeidung von Opportunitätskosten anderer Reaktionsformen unzufriedener Kunden, so Abwanderung oder Einschaltung von Drittinstitutionen
- Umsetzung und Verdeutlichung einer kundenorientierten Unternehmensstrategie
- Schaffung zusätzlicher akquisitorischer Effekte mittels Initiierung positiver persönlicher Kommunikation der Beschwerdeführer
- Auswertung und Nutzung der in Beschwerden enthaltenen Informationen zu Zwecken der Qualitätsüberwachung und -verbesserung sowie zur Identifizierung von Marktchancen (→ *Früherkennung, strategische*)
- Reduzierung interner und externer Fehlerkosten.

Bestimmungslandprinzip

Das Bestimmungslandprinzip ist ein Konzept, das bei der Besteuerung des internationalen Handels mit dem Ziel der Steuerharmonisierung zur Anwendung gelangt, um Doppelbesteuerungen zu vermeiden.

Seine Anwendung führt dazu, dass indirekte Steuern (z.B. die Mehrwertsteuer oder die Verbrauchsteuer) nicht im Land des Herstellers oder Verkäufers erhoben werden. Der (gewerbliche) Käufer muss folglich auf eingeführte Waren dieselben Steuern bezahlen wie auf inländische. Das Bestimmungslandprinzip trägt der Wettbewerbsneutralität Rechnung. Zielsetzung der Europäischen Union war jedoch die Einführung des Ursprungslandprinzips, bei dem die Ware in der Europäischen Union genau so behandelt würde wie in einem nationalen Markt. Dieses Verfahren würde die Binnenmarktintegration (→ *Europäischer Binnenmarkt*) vertiefen, der grenzüberschreitende Handel würde bei der Erhebung der Mehrwertsteuer nicht vom inländischen Handel unterschieden. Auf Grund von Uneinigkeiten wird jedoch heute noch das Bestimmungslandprinzip in Kombination mit der Festlegung von Mindestsätzen für die Mehrwertsteuer und die wichtigsten Verbrauchsteuern (so für Tabak, Alkohol, Mineralöl) angewendet. Diese Harmonisierung war eine wesentliche Grundlage für die Binnenmarktintegration, zumal die Besteuerung der Waren in den einzelnen Mitgliedsstaaten große Unterschiede aufwies, und eine Aufhebung der Grenzkontrollen ohne eine gewisse Angleichung Handelsverlagerungen, Wettbewerbsverzerrungen und für einige Mitglieder Einnahmeausfälle zur Folge gehabt hätte (vgl. Europäische Kommission, 2000a, S. 6ff.; Schroth, 2001, S. 110).

Die gegenwärtigen Bemessungsgrundlagen für die Ein- und Ausfuhrabgaben sind im europäischen (→) *Zollrecht*, insbesondere in den Artikeln 22ff. ZK (→ *Zollkodex*) geregelt.

Für private Reisende, die innerhalb der EU frei kaufen und die üblichen Belastungen mit Mehrwert- und anderen Verbrauchsteuern in dem jeweiligen Staat entrichten, gilt bereits das Ursprungslandprinzip (vgl. Europäische Kommission, 2000a, S. 14).

Betriebstypen des Handels [s.a. Handelsmarketing]
Die Betriebstypen können als Gruppen von Handelsbetrieben aufgefasst werden, die sich in Merkmalsausprägungen, meist Struktur- und Leistungskriterien, ähnlich sind.

Die häufigsten Systematisierungskriterien für die Betriebstypen des Einzelhandels sind in diesem Zusammenhang (vgl. Liebmann/Zentes, 2001, S. 370):

- (→) *Sortimentspolitik*
- Betriebsgröße
- Bedienungsprinzip (→ *Bedienungsformen*)
- Art des Inkasso/Warenübergangs
- Distanzüberwindung (Bringkauf vs. Holkauf)
- (→) *Preispolitik*
- Kundenkreis
- Integration in Agglomerationen (→ *Standortpolitik*)
- Integration/rechtliche Anbindung.

Die Betriebstypen unterliegen meist einem Lebenszyklus, der den Zeitraum von ihrer Einführung im Markt bis zu ihrem Ausscheiden aus dem Markt umfasst (→ *Store Erosion*). In dieser Zeit sind die Betriebstypen Wandlungen und Modifikationen ausgesetzt, die beispielsweise durch den Einsatz des absatzpolitischen Instrumentariums zum Ausdruck kommen. Dieses Phänomen wird allgemein als Betriebstypendynamik bezeichnet. Es beruht auf der Änderung betriebsinterner Einflüsse sowie der Änderung externer Umfeldbedingungen. Die Determinanten der Betriebstypendynamik sind v.a. der technisch-organisatorische Fortschritt, wirtschaftspolitische Maßnahmen und Änderungen von sozioökonomischen Basisdaten sowie des Käuferverhaltens (→ *Wertedynamik*). Einen Überblick über die der Betriebstypendynamik zugrunde liegenden Theorien geben Liebmann/Zentes (2001, S. 350ff.). Einige ausgewählte Theorien sind:

1. *Evolutionstheorien*
Diese beruhen auf der Annahme, dass durch das Aufeinandertreffen zweier Betriebstypen ein neuer Betriebstyp (»höherer Ordnung«) entsteht, der die Merkmale und Vorteile der beiden Ausgangstypen miteinander verbindet.

2. *Anpassungstheorien*
Diese gehen auf Darwin zurück und besagen in diesem Zusammenhang, dass der Erfolg und Fortbestand von Betriebstypen davon abhängt, wie gut es diesen gelingt, sich an im Zeitverlauf unweigerlich auftretende Umweltveränderungen anzupassen.

3. *Verdrängungstheorien*
Diese Theorien gehen davon aus, dass bestehende Betriebstypen durch das aggressive Auftreten neuer Betriebstypen, die bezüglich Effektivität und/oder Effizienz einen Wettbewerbsvorteil besitzen, verdrängt werden und dass somit, in einer Art Kreislauf, eine Weiterentwicklung stattfindet. Zu diesen Theorien gehören u.a. das »Wheel of Retailing« von McNair sowie das Konzept der »Dynamik der Betriebsformen« von Nieschlag.

4. Lebenszyklustheorien
In Analogie zum Konzept des (→) *Produktlebenszyklus* wird bei diesen Theorien angenommen, dass Betriebstypen mehrere Phasen von ihrer Entstehung bis zu ihrem Niedergang durchlaufen. Hierbei werden häufig Einführungsphase, Wachstumsphase, Reifephase, Sättigungsphase und Degenerationsphase unterschieden. Der Niedergang von Betriebstypen wird hier mit einem Entwertungsprozess durch den Verschleiß der Leistungskomponenten im Zeitablauf erklärt, dem jedoch durch den Einsatz des marketingpolitischen Instrumentariums und

dadurch erreichter Umpositionierungen (→ *Positionierung*) entgegengewirkt werden kann.

5. *Marktlücken- oder Nischentheorien*
Diese Theorien besagen, dass neue Betriebstypen durch nicht befriedigte Anforderungen von Kunden bzw. Warenstrukturen entstehen. Um diese Anforderungen zu erfüllen entstehen neue Betriebstypen, die genau durch eine Spezialisierung auf eben diese Segmente eine Basis erhalten.

Die Betriebstypenpolitik ist unter zwei Aspekten zu sehen. Bei einer isolierten Betrachtung des Betriebstyps wird der Einsatz des absatzpolitischen Instrumentariums mit dem Ziel, vorhandene Betriebstypen den gewandelten Marktbedingungen anzupassen oder einen innovativen Betriebstyp zu schaffen, als Betriebstypenpolitik bezeichnet.

Wird der Betriebstyp als Bestandteil eines Systems betrachtet, so kennzeichnet die Betriebstypenpolitik, dann auch als Systemtypenpolitik bezeichnet, die Struktur, die Art und die Zahl der innerhalb dieses Systems angeordneten Einzelbetriebe. Ziel ist die Aufteilung des Gesamtmarktes eines Unternehmens in kleinere, differenziertere Kundensegmente (→ *Marktsegmentierung*), die durch speziell auf sie abgestimmte Betriebstypen besser erreicht und ausgeschöpft werden können (→ *Strategisches Marketing*). Einen Überblick über die verbreitetsten Betriebstypen im Handel gibt Übersicht 15.

Traditionelle Betriebstypen	Neuere Betriebstypen	Traditionelle und neuere Vertriebstypen
Fachgeschäft	Convenience Store	Direktvertrieb
Spezialgeschäft	Off-Price Store	Versandhandel
Boutique	Fachmarkt	Internet-Handel
Gemischtwarengeschäft	Factory Outlet	
Warenhaus		
Kaufhaus		
Supermarkt		
Verbrauchermarkt		
SB-Warenhaus		
Drugstore		
Discounter		
Mobile Verkaufsstellen		
Automatenhandel		
Kiosk		

Quelle: Liebmann/Zentes, 2001, S. 373.

Übersicht 15: Betriebstypen und Vertriebstypen des Einzelhandels

Zunehmende Beachtung findet im Handel die Unterscheidung zwischen Betriebstypen und Vertriebstypen (vgl. Liebmann/Zentes, 2001, S. 345f.), wobei letztere als Überbegriff auch die nicht-stationären Formen des Handels umfassen (vgl. Zentes/Swoboda, 1999b, S. 42ff.). Gerade auf Grund der zunehmenden Convenience-Orientierung der Verbraucher sowie dem Aufkommen des (→) *Internets* gewinnen diese Formen an

Bedeutung (→ *E-Commerce; Remote Ordering*) (vgl. Zentes/Swoboda, 1998).

Betriebsvergleich [s.a. Benchmarking]
Den Vergleich betrieblicher Vorgänge, Entwicklungen und Zustände innerhalb eines Betriebes (innerbetrieblicher Vergleich) oder zwischen verschiedenen Betrieben eines oder mehrerer Wirtschaftszweige (zwischenbetrieblicher Vergleich) bezeichnet man als Betriebsvergleich (vgl. Liebmann/ Zentes, 2001, S. 315).

Der innerbetriebliche Vergleich wird in Form eines Zeitvergleichs oder in Form eines Soll-Ist-Vergleichs durchgeführt. Basis des Zeitvergleichs sind Istzahlen; d.h. bestimmte betriebliche Größen werden zu verschiedenen Zeitpunkten bzw. innerhalb verschiedener Zeiträume betrachtet (→ *Kennzahlen*). Beim Soll-Ist-Vergleich gehen die Vergleichsobjekte mit Soll- oder Plan-Werten und den korrespondierenden Ist-Werten in die Betrachtung ein. Derartigen Ansätzen kommt in der betrieblichen Planung bzw. im (→) *Controlling* (→ *Marketing-Controlling*) eine große Bedeutung zu.

Die wesentlichen Formen des zwischenbetrieblichen Vergleichs sind der Vergleich von Betrieben desselben Wirtschaftszweiges und der Vergleich von Betrieben verschiedener Wirtschaftszweige. Bei der erstgenannten Kategorie werden Ergebnis- bzw. Erfolgsgrößen verschiedener Betriebe, z.B. von Filialen einer Handelskette, Anschlusshäusern einer (→) *Verbundgruppe*, zum gleichen Zeitpunkt oder in einem gleichen Zeitraum gegenübergestellt.

Derartige Vergleichsrechnungen stellen eine wichtige informatorische Grundlage zur Unternehmenssteuerung dar; dies gilt insbesondere in Unternehmen des Einzelhandels. Methodische Entwicklungen, so im Bereich der multivariaten Statistik, und informations- und kommunikationstechnologische Entwicklungen (→ *Informationstechnologien*) haben die Aussagefähigkeit der Ergebnisse in den letzten Jahren entscheidend verbessert und damit zu einer verbesserten Akzeptanz dieser Vergleiche beigetragen. So führen multivariate statistische Verfahren, die sowohl unternehmensdemografische Merkmale als auch Umweltmerkmale (z.B. Marktpotenzial des Verkaufsgebietes) berücksichtigen, zu einer Gruppenbildung mit hoher Trennschärfe; Homogenitätsmaße der Gruppe lassen Aussagen über die Vergleichbarkeit der Betriebe zu (→ *Clusteranalyse*).

Auch wird die Versorgung der Vergleichsrechnung mit Daten durch den elektronischen und automatisierten Datenaustausch zwischen den Filialen und der Zentrale einer Handelskette oder den Anschlusshäusern einer Verbundgruppe und der Gruppenzentrale in mehrfacher Hinsicht verbessert. Ohne zusätzlichen Erfassungsaufwand können Daten dezentraler operativer Systeme, z.B. Warenwirtschaftsdaten (→ *Warenwirtschaftssystem*), genutzt werden. Gerade der zunehmende Einsatz von Filialwarenwirtschaftssystemen steigert die Datenverfügbarkeit und damit die Analysebasis für solche Vergleiche und deren Aussagekraft erheblich. Auch der damit verbundene Rationalisierungseffekt sowie der höhere Aktualitätsgrad der Daten führen zu einer Erhöhung der Akzeptanz von Vergleichsrechnungen vor allem in kooperativen Gruppen, aber auch bei Filialunternehmen.

Beziehungsmanagement
Beziehungsmanagement ist die »aufeinander abgestimmte Gesamtheit der Grundsätze, Leitbilder und Einzelmaßnahmen zur langfristig zielgerichteten Selektion, Anbahnung, Steuerung und Kontrolle von Geschäftsbeziehungen. Unter Geschäftsbeziehungen sind dabei alle von ökonomischen Zielen zweier Organisationen geleiteten Interaktionsprozesse zwischen je einer oder mehreren Personen auf beiden Seiten zu verstehen« (Diller, 1992a, S. 116).

Das Beziehungsmanagement ist als »Außenpolitik« eines Unternehmens zu betrachten. Idealtypisch können drei Arten unterschieden werden:

- *Horizontales Beziehungsmanagement:* Dieses betrifft z.B. die Geschäftsbeziehungen bei Gemeischaftswerbung, unternehmensübergreifender F & E oder einem internationalen Joint Venture.
- *Vertikales Beziehungsmanagement:* Aus Sicht der Lieferanten liegt ein vertikales Beziehungsmanagement z.B. in der individuellen Produktanpassung, aus Sicht der Kunden in der engen Abstimmung mit den Lieferanten.
- *Laterales Beziehungsmanagement:* Laterale Geschäftsbeziehungen können z.B. gegenüber Behörden, Presseorganen oder Forschungsinstituten bestehen.

Die Hauptanwendungsgebiete des Beziehungsmanagement sind das vertikale Marketing (→ *Marketing, vertikales; Trade Marketing*), das (→) *Dienstleistungsmarketing* und das (→) *Investitionsgütermarketing* (vgl. Diller, 1992a, S. 116f.).

Beziehungspromotor → *Promotor*

Bezugsgruppe

Unter Bezugsgruppen versteht man Gruppen, nach denen ein Individuum sein Verhalten ausrichtet. Dabei kann die Bezugsgruppe generell eine Mitgliedschafts- oder eine Fremdgruppe sein, d.h. eine Gruppe, der man selbst angehört bzw. nicht angehört. Die Bezugsgruppe ist mitentscheidend dafür wie das Individuum seine Umwelt und sich selbst wahrnimmt und beurteilt; sie liefert Normen (→ *Norm, soziale*) für sein Verhalten. Der Bezugsgruppeneinfluss übt einen sozialen Anpassungsdruck auf das Individuum in Richtung Konformität aus.

Man unterscheidet zwischen einer komparativen und einer normativen Funktion der Bezugsgruppe (vgl. Kroeber-Riel/Weinberg, 1999, S. 467ff.). Durch ihre komparative Funktion liefert sie Maßstäbe, an denen die Individuen ihre Wahrnehmungen, Meinungen und Urteile messen.

Diese komparative Funktion lässt sich z.B. durch die Theorie des sozialen Vergleichs von Festinger (1978) erklären. Die Kernaussage dieser Theorie ist die Orientierung der individuellen Meinungen und Ansichten am sozial Üblichen.

Ein für das Marketing relevanter Bereich, in dem der Bezugsgruppeneinfluss wirksam wird, ist die Produktbeurteilung durch die Konsumenten. Dieser Einfluss ist in der Lage, die individuellen (→) *Prädispositionen* überzukompensieren, so dass er tendenziell zu gruppenkonformen Produktbeurteilungen führt. Der Bezugsgruppeneinfluss wirkt besonders bei auffälligen Produkten (→ *Produktpolitik*), deren Prestigewert und Demonstrationseffekt von großer Bedeutung sind.

Die Bezugsgruppen übernehmen darüber hinaus auch eine normative Funktion, d.h. sie liefern den Individuen Normen, und sorgen durch Sanktionen für deren Einhaltung. Normen sind Verhaltensregeln mit Weisungscharakter, die von der Mehrheit der Gruppenmitglieder akzeptiert werden.

Abweichendes Verhalten wird durch Sanktionen bestraft. Die Wirkung von Konsumnormen beruht darauf, dass bei Konsumentscheidungen von vornherein von allen möglichen Alternativen diejenigen ausgeschlossen werden, die sozialen Normen widersprechen (vgl. Kroeber-Riel/Weinberg, 1999, S. 480ff.). Wiswede (1972, S. 85) bezeichnet den verbleibenden Entscheidungsraum als soziale Konsumfreiheit.

BI-Country Rating [s.a. Länderratings]

Das BI-Country Rating (Business International Country Rating) wird von dem New Yorker Marktforschungs- und Consulting-Unternehmen Business International seit 1976 erstellt. Es handelt sich um einen Index zur Erfassung von unternehmens- und branchenspezifischen Länderrisiken, der inhaltlich nur unwesentlich vom (→) *BERI-Index* abweicht. Einmal im Jahr beurteilt ein internationales Expertenteam das Investitionsklima in 57 Ländern anhand von insgesamt 34 qualitativen und quantitativen Kriterien (vgl. Walldorf, 2000, S. 378). Die Kriterien werden unter vier Teilindizes aufgeführt:

- politische, gesetzliche und soziale Entwicklung
- wirtschaftliche Perspektiven
- Finanz- und Währungssituation
- Energieversorgung.

Die Gesamtbewertung eines Landes ergibt sich dann aus dem arithmetischen Mittel der vier Teilindizes. Der BI-Index gibt sowohl Auskunft über die gegenwärtige Lage als auch über die wahrscheinliche Entwicklung eines Landes in der Zukunft.

Binnenhandelspolitik

Die Binnenhandelspolitik umfasst öffentliche und nicht-öffentliche Regelungen aller wirtschaftlichen Austauschbeziehungen zwischen Wirtschaftspartnern im Inland. »Somit werden durch die Binnenhandelspolitik alle Unternehmen, Verwender und Konsumenten betroffen, die Güter, vor allem Waren und Dienste, im Markt weitergeben oder aus dem Markt entnehmen. In einer weiten Abgrenzung gehört auch die (→) *Verbraucherpolitik* zur Binnenhandelspolitik. Einen Schwerpunkt der Binnenhandelspolitik bildet aus institutioneller Sicht die Einflussnahme auf die Struktur der selbstständigen Handelsbetriebe oder auch der Beschaffungs- und Absatzbereiche der sonstigen Unternehmen« (Tietz, 1986, S. 4). Das Pendant zur Binnenhandelspolitik ist die Außenhandelspolitik (→ *Außenhandel*).

Die Binnenhandelspolitik liegt nach Dichtl (1979, S. 1) »... im Schnittfeld vieler Formen von Wirtschafts- und Gesellschaftspolitik« und kann »insofern am ehesten als eine Form von Matrix-Politik verstanden werden.« In enger Abgrenzung der staatlichen Binnenhandelspolitik stellt Tietz (1986, S. 27) folgende Ziele heraus:

- die Sicherstellung der Steuerungsprinzipien im Rahmen des realisierten Gesellschaftssystems
- die Förderung einer erwünschten Struktur von Betriebstypen und Betriebsgrößen sowie von unternehmerischen Entscheidungseinheiten
- die Begünstigung des distributionswirtschaftlichen Fortschritts mit der Sicherstellung einer besseren Allokation der Ressourcen
- die Integration der unternehmerischen Aktivitäten des Handels in ein übergeordnetes System von Zielsetzungen, z.B. in Strategien des Umweltbewusstseins und der technisch bedingten Umweltänderung.

Auf den Handel wirken bspw. folgende staatliche binnenhandelspolitische Instrumente (vgl. Tietz, 1986, S. 28):

- Regelungen des Marktzutritts und des Ausscheidens aus dem Markt
- Regelungen der Koalitionen, Kooperationen, Konzernbildung der im Markt tätigen Unternehmen vor allem durch die Wettbewerbsgesetzgebung (→ *GWB*)
- Regelungen über den Schutz von Unternehmen
- Regelungen über die wünschenswerte Struktur von Unternehmen
- Regelungen über die wünschenswerte Zahl von Unternehmen
- Regelungen über die Qualifikation von Unternehmern und von deren Mitarbeitern

- Regelungen über finanzielle und steuerliche Behandlung von Unternehmen
- Regelungen über die Transaktionen zwischen Unternehmen.

Binnenmarktprogramm → *Europäischer Binnenmarkt*

Black-Box-Modell → *Behaviorismus; Neobehaviorismus*

Börse

Die Börse ist eine Einrichtung, bei der im Rahmen eines organisierten Marktes (→ *Marktorganisation*) Anbieter und Nachfrager nach bestimmten Normen und Grundsätzen zusammengebracht werden.

Börsen werden definiert als Markteinrichtungen, bei denen Käufer und Verkäufer in zeitlicher und örtlicher Konzentration zusammengeführt werden, wobei vertretbare Waren gehandelt werden. Unter vertretbaren Waren sind dabei solche Objekte zu verstehen, die bei gleichbleibender Beschaffenheit nach Zahl, Maß oder Gewicht im Handelsverkehr bestimmt werden und durch jedes andere Gut der gleichen Gattung und Menge ersetzt werden können.

Börsen weisen eine straffe Organisation auf, die abgeschlossenen Geschäfte unterliegen spezifischen Börsengebräuchen. Der Kreis der Marktteilnehmer ist beschränkt. Die Maßnahmen dienen dazu, mit der Börse einen Markt zu schaffen, der schnell, exakt und durch amtliche Preisnotierungen für jeden übersehbar arbeitet (vgl. Seyffert, 1972, S. 487).

Je nach Gegenstand der Börsentätigkeit kann unterschieden werden zwischen:

- Effektenbörsen, auf denen mit Wertpapieren (Aktien, Obligationen, Anleihen, Rentenpapieren) gehandelt wird
- Devisenbörsen, die sich mit dem Austausch fremder Valuta beschäftigen
- Warenbörsen, die als Märkte für Rohstoffe, Metalle und landwirtschaftliche Produkte anzusehen sind. An Warenbörsen ist die Vertretbarkeit der Waren, d.h. genaue Regelung der Beschaffenheit, Qualität und mengenmäßigen Stückelung, von elementarer Wichtigkeit.
- Dienstleistungsbörsen sind weniger verbreitet. Zu ihnen gehören beispielsweise die Frachten- und Versicherungsbörsen von London und New York.

Der zeitliche Wirkungshorizont der abgeschlossenen Geschäfte kommt in der Organisation der Börse als Kassa- bzw. Terminmarkt zum Ausdruck.

Bottom-Up-Planung → *Planungsprozess*

Brainstorming

Das Brainstorming ist neben der Synektik, dem Brainwriting und der (→) *Delphi-Methode* eine intuitive (→) *Kreativitätsmethode* im Rahmen der Ideenfindungsverfahren (vgl. Becker, 2001, S. 198).

Grundprinzipien, dieser von dem amerikanischen Werbeberater Alex Osborn entwickelten Technik, sind das Aufgreifen und spontane Weiterentwickeln von Ideen zur Generierung von Assoziationsketten, um auf diese Weise bisher nicht gesehene Lösungsmöglichkeiten eines spezifischen Problems zu Tage zu fördern (vgl. Nieschlag/Dichtl/Hörschgen, 1997, S. 267).

Brainstorming basiert somit auf spontan-kreativen Eingebungen aus dem Unterbewusstsein, wobei die Ideengenerierung, um das Kreativpotenzial eines jeden Teilnehmers besser ausschöpfen zu können, i.d.R. als gruppendynamischer Prozess erfolgt (vgl. Meffert, 2000, S. 395).

Folgende Regeln gelten als unabdingbar für ein erfolgreiches Brainstorming (in Anlehnung an Kotler/Bliemel, 2001, S. 525f.):

1. Es sollten zwischen sechs und zehn Personen an einer Brainstorming-Sitzung teilnehmen, wobei diese möglichst derselben Hierarchiestufe angehören sollten.
2. Das anstehende Problem sollte klar umrissen werden.
3. Als optimale Dauer einer Sitzung gilt eine Richtzeit von einer Stunde.
4. Kritik ist nicht zugelassen, d.h. es findet eine strikte Trennung von Ideengewinnung und Ideenbewertung statt.
5. Quantität vor Qualität.
6. Verknüpfung der positiven Ideen verschiedener Personen.

Branchenanalyse

Die Formulierung einer (→) *Wettbewerbsstrategie* besteht wesentlich darin, ein Unternehmen in Bezug zu seinem Umfeld zu positionieren. Dabei liegt der Schwerpunkt auf der Analyse der Branche, mit der es konkurriert. Als Branche bezeichnet man dabei eine Gruppe von Unternehmen, die Produkte herstellen, die sich gegenseitig nahezu ersetzen können. Als Maßgröße für die gegenseitigen Einflüsse ist hier z.B. der (→) *Triffin'sche Koeffizient* zu nutzen (vgl. Tietz, 1993b, S. 112f.). Der Stand des Wettbewerbs in einer Branche hängt dabei von fünf grundlegenden Wettbewerbskräften ab (vgl. Porter, 1999a, S. 33ff.) (vgl. Übersicht 16).

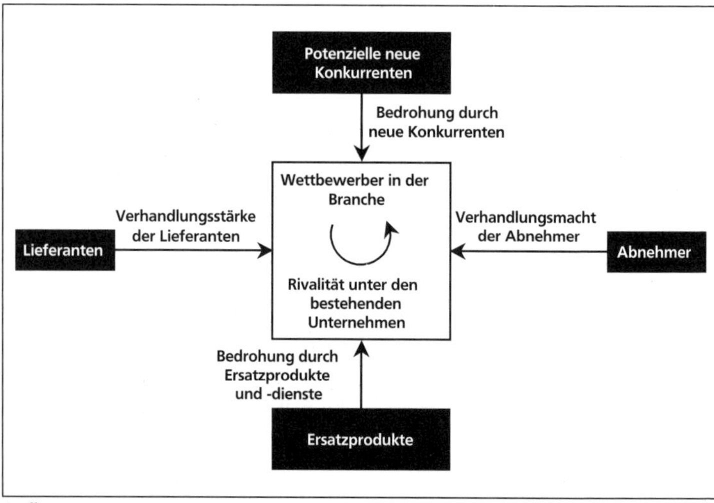

Quelle: Porter, 1999a, S. 34.

Übersicht 16: Triebkräfte des Branchenwettbewerbs

Als erstes ist hierbei die Rivalität unter den bestehenden Wettbewerbern zu nennen. Diese hängt von einer Reihe von Einflussfaktoren ab, u.a. der Anzahl der Wettbewerber, dem Branchenwachstum, den Kostenstrukturen (Fixkostenanteile) usw. Aus diesem Grund ist ein wesentlicher Schritt zur Erarbeitung einer Wettbewerbsstrategie eine (→) *Konkurrenzanalyse*.

Der mögliche Markteintritt neuer Unternehmen bringt neue Kapazitäten, die in niedrigeren Preisen oder höheren Kosten der Marktbearbeitung resultieren können. Die Gefahr des Markteintritts hängt dabei im Wesentlichen von der Höhe der Markteintrittsbarrieren (→ *Markteintritts- und Marktaustrittsbarrieren*) ab.

Als dritter Punkt, der die Branche beeinflusst, ist der Druck durch Substitutionsprodukte zu nennen. Alle Unternehmen einer Branche konkurrieren im weiteren Sinne mit anderen Branchen, die Ersatzprodukte herstellen. Ersatzprodukte begrenzen dabei das Gewinnpotenzial einer Branche, da hohe Gewinne die Entwicklung von Ersatzprodukten beschleunigen können.

Als weitere Aspekte, welche die Struktur und damit das Gewinnpotenzial in einer Branche wesentlich beeinflussen, sind die Macht und Verhandlungsstärke von Lieferanten und Käufern zu nennen. Diese ergeben sich u.a. aus einem Größenvergleich eines Unternehmens zu seinen Marktpartnern. Die Konzentration der Abnehmer und der Lieferanten sowie ihre mögliche Position in einem Monopol, Oligopol oder atomistischen Strukturen sind hier wesentliche Faktoren.

Brand Equity → *Markenwert*

Branding → *Markenpolitik*

Brand-Switching-Modelle → *Markenwechselmodelle*

Break-Even-Analyse

Ziel der Break-Even-Analyse ist die Ermittlung der Gewinnschwelle (Break-Even-Point) eines Unternehmens oder eines einzelnen Produktes. Der letztere Fall ist insbesondere im Rahmen der Wirtschaftlichkeitsanalyse bei der Neuproduktauswahl (→ *Neuproduktentwicklung, Phasen der*) von Bedeutung. Diese dient einer ersten Abschätzung der Erfolgsträchtigkeit einzelner Neuproduktideen. Man vergleicht hierbei die erwartete Absatzmenge mit der zu berechnenden Gewinnschwelle.

Die Break-Even-Analyse geht bei der Berechnung der Gewinnschwelle von folgender Definitionsgleichung aus:

Gewinn = Umsatz – Kosten

$$G = p \cdot x - (k_v \cdot x + k_f)$$

Dabei bedeuten:
G = Gewinn,
p = Preis,
x = Absatzmenge,
k_v = variable Stückkosten,
K_f = fixe Kosten.

Die Gewinnschwelle (Break-Even-Menge) erhält man, indem der Gewinn gleich Null gesetzt und die Gleichung nach x aufgelöst wird. Sie ist diejenige Absatzmenge, bei der gerade die Fixkosten durch die kumulierten Deckungsbeiträge (→ *Deckungsbeitragsrechnung*) gedeckt werden und damit der Gewinn gleich Null ist.

Formal gilt:

$$X = \frac{K_f}{p - k_v}$$

Dieser Zusammenhang ist grafisch in Übersicht 17 dargestellt.

Die Break-Even-Analyse weist im Rahmen der Produktplanung jedoch einige erhebliche Mängel auf. Die Betrachtung ist rein statischer Natur, unterstellt proportionale Gesamtkostenverläufe und beachtet nicht die sich schnell verändernde Umsatzentwicklung während des (→) *Produktlebenszyklus*. So ergibt sich vielfach eine unterschiedliche zeitliche Verteilung von Erlösen und Kosten. Zur Zeit der Markteinführung fallen i.d.R. mehr Kosten als Erlöse an. Weiterhin ist die Zuordnung der Kostenarten zu einem variablen und einem fixen Teil oftmals problematisch. Auch die Zurechnung von Gemeinkosten zu einzelnen Produkten ist als kritisch anzusehen,

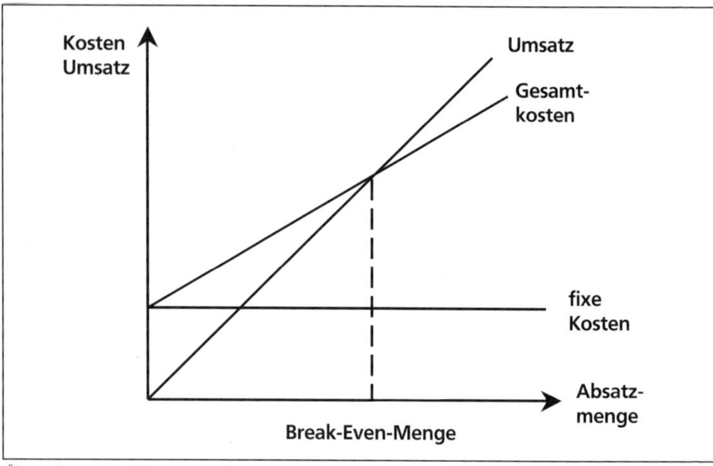

Übersicht 17: Break-Even-Analyse

so dass fragwürdige Kostenwerte entstehen. Zudem ist die zeitliche Konstanz der Fixkosten nicht immer gegeben. Ebenso ist die Unterstellung konstanter Preise nicht realistisch. Darüber hinaus werden die Wechselbeziehungen von Kosten und Erlösen nicht beachtet; so kann eine Erhöhung der Werbekosten durchaus zu höheren Umsätzen führen.

Trotz der angesprochenen Probleme ist die Break-Even-Analyse zu einer ersten näherungsweisen Abschätzung der Erfolgsträchtigkeit eines Produktes geeignet und wird in der Praxis häufig angewendet. Eine Gefahr besteht in der Förderung kurzfristigen Gewinndenkens, da ein Produkt mit längerer Einführungszeit aber insgesamt höherem Gewinn und guten Wachstumschancen zunächst schlechter bewertet wird als Produkte, die kurzfristig hohe Erlöse aufweisen.

Briefing

Briefing bezeichnet grundsätzlich die Auftragserteilung für werbliche Arbeiten (→ *Werbung*) (vgl. Pepels, 1999, S. 43). Es stellt damit ein wichtiges Instrument der Zusammenarbeit zwischen Werbeagentur (bzw. unternehmensinterner Werbeabteilung) und Werbungtreibenden dar. Beim Briefing ist zwischen Kundenbriefing und Agenturbriefing zu unterscheiden. Das Kundenbriefing hat eine zusammenfassende Kurzinformation der Agentur durch den Kunden über die sachliche Aufgabenstellung zum Inhalt und steht somit am Anfang des Arbeitsablaufs. Für das Briefing gilt in der Regel folgendes Ablaufschema (vgl. Nieschlag/Dichtl/Hörschgen, 1997, S. 545f.; Böcker, 1996, S. 360f.):

1. Aufgabenstellung (erwartete Leistung)
2. Situationsdarstellung (Information und Analyse)
3. Zielsetzung (Zusammenfassung und Fixierung der Ziele)
4. Strategie (Methode zur Erreichung der Ziele)
5. Zeit- und Kostenplan
6. Kontrolle (Beurteilungsmaßstäbe für das Ergebnis).

Die Kundenbriefings werden nach Verabschiedung durch die Werbungtreibenden und die Agentur meist in interne Briefings, so genannte Agenturbriefings, aufgelöst, die die speziellen Aufgabenstellungen für die Agenturmitarbeiter enthalten.

Budgetierung [s.a. Zero-Base-Budgeting]
Die Budgetierung umfasst nach Welge/Al-Laham (1999, S. 587) »... die vollständige, mengen- und primär wertmäßige Zusammenfassung der erwarteten und gewollten Entwicklung der Unternehmung in einer zukünftigen Planungsperiode« und unterstützt somit Entscheidungen auf der kurzfristigen Ebene der Budgettechnik. Es finden eine verbindliche Fixierung von operationalen Zielen für einzelne Organisationseinheiten und eine Zuordnung von Verantwortungsbereichen statt (vgl. Nieschlag/Dichtl/Hörschgen, 1997, S. 885).

Die Budgetierung als Planungsmethode zielt darauf ab, den Integrationsgrad der Planung in mehreren Richtungen zu erhöhen:

- die Integration der Teilplanungen
- die Integration der Planung nach Institutionen, d.h. auf der Unternehmens-, Regional- und Betriebsebene
- die Integration der Planungen unterschiedlicher Fristigkeit.

Ein Budget wird vielfach in Anlehnung an eine Organisation hierarchisch, z.B. in Masterbudgets für die Unternehmensleitung und in Bereichs- sowie Abteilungsbudgets, oder horizontal nach Sachgebieten gegliedert, das sind Einzelbudgets, z.B. für Einkauf, Verkauf, Personal, Werbung oder für Produktgruppen.

Der Entscheidungsprozess zur Aufstellung der Budgets kann zentral oder dezentral erfolgen. Ein dezentral aufgebautes Budgetsystem verfügt über mehrere selbständige und eigenverantwortliche Budgetmanager. Die Zusammenführung dieser Budgets erfolgt durch eine zentrale Instanz.

In Anlehnung an Poensgen (1973, S. 158f.) und Welge/Al-Laham (1999, S. 588) können die Aufgaben eines Budgets wie folgt gekennzeichnet werden:

- Das Budget ist ein Ziel; das Budget spezifiziert die Ziele.
- Das Budget ist ein Katalog von Restriktionen.
- Das Budget ist ein Plan, auf den die Mitarbeiter ihr Verhalten einrichten; es spezifiziert die Schritte zur Zielerreichung und gibt an, bei welchem Zustand der Variablen die Zielerfüllung zu Stande kommen kann (Prognosefunktion).
- Das Budget ist ein Koordinations- und Abstimmungs-/Integrationsinstrument; die Überprüfung und Erreichung der Kompatibilität von Teilplänen kann damit realisiert werden.
- Das Budget ist ein Überwachungs- und Kontrollinstrument; die Kontrolle geschieht durch den Vergleich zwischen Ist- und Soll-(Budget-) Größen.
- Das Budget ist ein Bewertungsinstrument, so für die Leistung der verantwortlichen Abteilungsleiter.
- Das Budget erfüllt Motivationsfunktionen im Sinne eines Führungsinstruments.

Bürgschaften [s.a. Garantien]
Bei internationalen Kauf- und Lieferverträgen werden auf Grund der besonderen Risikosituation (→ *Außenhandelsrisiken*) häufig Bürgschaften verlangt. Dies erfolgt i.d.R. durch Bankbürgschaften oder (→) *Bankgarantien*.

Die Bürgschaft ist gemäß §§ 765ff. BGB und § 349 HGB eine vertragliche Vereinbarung zwischen einem Bürgen (i.d.R. die Hausbank des Schuldners) und einem Gläubiger, wonach sich der Bürge verpflichtet, im Falle der Leistungsverweigerung bzw. des Leistungsausfalls des eigentlichen Schuldners dessen Schuld zu erfüllen (vgl. Perridon/Steiner, 1999, S. 377).

Die Verpflichtung des Bürgen ist im Verhältnis zur Hauptschuld des Schuldners akzessorisch, so dass die Eintrittspflicht des Bürgen dem Grund und der Höhe nach von der Hauptschuld abhängt. Üblicherweise haftet der Bürge subsidiär, so dass die Forderung zunächst beim Schuldner eingetrieben wird. Erst nach diesem Schritt tritt sein Bürgschaftsversprechen in Kraft (Einrede der Vorausklage), sofern er auf diese Einrede nicht verzichtet hat (selbstschuldnerische Bürgschaft) und dann direkt in Anspruch genommen werden kann (vgl. Perridon/Steiner, 1999, S. 428).

Eine Sonderform ist die Ausfallbürgschaft, die den Bürgen erst dann in Anspruch nimmt, wenn eine Zwangsvollstreckung erfolglos geblieben ist und die Vermögenslosigkeit des Schuldners nachgewiesen ist (Konkurs oder eidesstattliche Versicherung des Schuldners). Im internationalen Geschäft ist der Avalkredit (→ *Avale*), mit dem sich ein Kreditinstitut für die Verbindlichkeit eines Schuldners verbürgt, sehr verbreitet. Eine größere Bedeutung als Bürgschaften haben auch andere Formen der Bankgarantien (→ *Zahlungssicherung*) (vgl. Jahrmann, 1998, S. 436).

Bundesdatenschutzgesetz → *BDSG*

Bundesstelle für Außenhandelsinformationen → *Außenhandel(s), Institutionen des*

Bundling [s.a. Preispolitik]
Bundling bzw. Preisbündelung stellt eine spezielle Ausprägungsform der Preisdifferenzierung dar, bei der mehrere Teilleistungen zu einem Angebotspaket zusammengefasst und zu einem Gesamtpreis angeboten werden (vgl. Wübker, 1999, S. 693).

Als Formen der Preisbündelung werden zunächst die reine Preisbündelung, bei der lediglich der Gesamtpreis ausgewiesen wird, bzw. die gemischte Preisbündelung, bei der zusätzlich die Einzelpreise ausgewiesen werden, voneinander abgegrenzt (vgl. Schmalensee, 1984, S. 211). Weiterhin unterscheidet man die additive Preisbündelung, bei der der Gesamtpreis des Bündels der Summe der Einzelpreise entspricht, das superadditive Bundling, bei dem der Gesamtpreis über der Summe der Einzelpreise liegt und die subadditive Preisbündelung (Premium Bundling), die die häufigste Form darstellt, bei der der Gesamtpreis unterhalb der Summe der Einzelpreise liegt (vgl. Diller, 2000, S. 306).

Bezüglich des Integrationsgrades der zusammengefassten Produkte bzw. Leistungen kann man im Rahmen des Bundling differenzieren nach zeitlichem Zusammenhang (Folgegeschäfte), sachlichem Zusammenhang (komplementäre Teilleistungen), Erkennungsgrad für den Kunden (Ingredient Bundling; integrierte Komponenten mit eigenständigem Wert), Cross Couponing (Bündelungen von Produkten bzw. Leistungen unterschiedlicher Anbieter) sowie Systemangebote innerhalb proprietärer Produktsysteme (vgl. Diller, 2000, S. 307).

Business Environment Risk Index
→ *BERI-Index*

Business International Country Rating
→ *BI-Country Rating*

Business Marketing → *Marketing*

Buyback-Geschäft [s.a. Lizenzpolitik]
Buyback (Rückkaufgeschäft) ist ein (→) *Kompensationsgeschäft*, bei dem ein Anlagenlieferant mit Waren bezahlt wird, die auf der gelieferten Anlage erzeugt wurden. Damit weist diese Art von Geschäften Ähnlichkeiten zur (→) *Projektfinanzierung* auf (vgl. Isselstein/Schaum, 1998, S. 196).

Buygrid-Modell

Das Buygrid-Modell von Robinson/Faris/Wind (1967) ist ein komplexes Modell des organisationalen Kaufverhaltens bei der Beschaffung von Investitionsgütern. Das Buygrid-Modell nimmt eine zweifache Differenzierung des (→) *Beschaffungsentscheidungsprozesses* vor. Zum einen wird der Entscheidungsprozess in Kaufphasen unterteilt. Darüber hinaus erfolgt eine Differenzierung nach Typen der Kaufentscheidung. Als Kriterium für diese Einteilung wird der Neuigkeitsgrad der Beschaffungsentscheidungssituation zugrunde gelegt.

Robinson/Faris/Wind unterscheiden drei Entscheidungstypen:

- new task (erstmalige Beschaffung eines bestimmten Investitionsgutes)
- modified rebuy (Wiederbeschaffung eines Investitionsgutes mit Abweichungen zur ersten Beschaffungssituation)
- straight rebuy (Routineentscheidung, Wiederbeschaffung unter den gleichen Beschaffungsbedingungen).

Dieser zweidimensionalen Gliederung liegt die Annahme zugrunde, dass je nach Entscheidungstyp die einzelnen Phasen eine unterschiedliche Bedeutung und Ausprägung aufweisen (vgl. Übersicht 18). Dies gilt insbesondere im Hinblick auf die unterschiedliche Routinisierung des Kaufprozesses und die an der Kaufentscheidung Beteiligten.

Dieser recht pauschale und empirisch nicht bestätigte Ansatz kann nicht als ein generelles Modell des industriellen Kaufverhaltens für alle Investitionsgütertypen angesehen werden, insbesondere nicht bei Gütern vom Typ CII (→ *Investitionsgütertypologie*), bei denen es zu mehrfachen Informationsgewinnungsprozessen und Alternativenbewertungen kommt, die dem Idealbild des Buygrid-Modells nicht entsprechen (vgl. Wagner, 1978b, S. 283).

Kaufphasen	Erstkauf	Lieferantenwechsel	Wiederholungskauf
Problemerkennung	Geschäftsführung	Einkäufer	Lagerkontrolle
Festlegung der Produkteigenschaften (Anforderungen)	Technisches Personal	–	–
Beschreibung der Produktionseigenschaften	Technisches Personal	–	–
Lieferantensuche	Technisches Personal	Einkäufer	(Geprüfte Lieferanten)
Beurteilung der Lieferanteneigenschaften	Technisches Personal	Technisches Personal + Einkäufer	(Geprüfte Lieferanten)
Einholung von Angeboten	Einkäufer + Technisches Personal	Einkäufer	Einkaufsabteilung (evtl. Delegation an untergeordnete Stellen bzw. EDV)
Bewertung von Angeboten	Technisches Personal	Einkäufer	Einkaufsabteilung (evtl. Delegation an untergeordnete Stellen bzw. EDV)
Auswahl von Lieferanten	Technisches Personal, Geschäftsführung, Einkäufer	Einkäufer	Einkaufsabteilung (evtl. Delegation an untergeordnete Stellen bzw. EDV)
Abwicklungstechnik (Festlegung, Handlungsanweisung)	Einkäufer	Einkäufer	Einkaufsabteilung (evtl. Delegation an untergeordnete Stellen bzw. EDV)
Ausführungskontrolle und -beurteilung	Technisches Personal + Einkäufer (informal)	Einkäufer (informal) System (formal	Einkäufer (informal) System (formal)

Quelle: Backhaus, 1999, S. 102.

Übersicht 18: Kaufentscheidungsbeteiligte

Buying Center

Bei der Betrachtung von kollektiven (→) *Beschaffungsentscheidungsprozessen* in Organisationen spielt das Buying Center als Entscheidungskollektiv eine zentrale Rolle. Gemäß dem am häufigsten zu findenden Konzept (vgl. Arnold, 1997, S. 33) von Webster/Wind umfasst das Buying Center alle Personen einer Organisation, die während des Kaufentscheidungsprozesses untereinander in Interaktionsbeziehungen stehen. Es handelt sich somit um ein funktionales Subsystem der Organisation (vgl. Webster/Wind, 1972, S. 77).

Die Größe und Zusammensetzung des Buying Center sind wesentlich von der Kaufsituation beim Abnehmer und vom Gütertyp abhängig. In der Regel sind jedoch Kaufleute und Techniker aus zum Teil unterschiedlichen hierarchischen Ebenen an der Beschaffung beteiligt.

Bei der Abgrenzung dieser Gruppe und zur Analyse der interpersonalen Beeinflussungen ist es notwendig, die verschiedenen Funktionsträger des Buying Center zu differenzieren. Man unterscheidet fünf Gruppen (vgl. Webster/Wind, 1972, S. 77ff.):

- Verwender (user), die letztlich mit dem Kaufobjekt arbeiten
- Beeinflusser (influencer), die Informationen und Kriterien zur Bewertung liefern
- Einkäufer (buyer), die den formalen Auftrag zu Verhandlungen haben
- Entscheider (decider), die unabhängig von der formalen Kompetenzverteilung die Macht haben, über die Auswahl der Lieferanten zu entscheiden
- Informationsselektierer (gatekeeper), die den Informationsfluss im Buying Center kontrollieren.

Jede Person des Buying Center kann gleichzeitig oder in verschiedenen Phasen des Beschaffungsentscheidungsprozesses mehrere Funktionen übernehmen.

Buying Cycle

Der Buying Cycle drückt den Gedanken eines integrativen Gesamtmarketing aus, da es sich auf die zielorientierte Gestaltung sozialer Austauschbeziehungen in allen Kundenkontaktphasen bezieht. Die zyklische Betrachtung des Kaufverhaltes umfasst

- die Vorkaufsphase
- die Kaufphase und
- die Nachkaufphase (Nutzung- und Nachnutzungsphase),

wobei letztere die erneute Vorkaufphase, im Zuge eines Wiederholungs- und Folgekaufverhaltens einleitet. Somit stehen im Buying Cycle nicht isolierte, zeitpunktbezogene Transaktionen, sondern die Bedürfnisse und Erwartungen der Kunden über den gesamten Zeitraum des Kaufprozesses im Mittelpunkt von Marketingentscheidungen (vgl. Tomczak/Dittrich, 1996, S. 23).

Der Buying Cycle berücksichtigt die zunehmende Notwendigkeit, Austauschbeziehungen mit Konsumenten ganzheitlich zu beachten, d.h. nicht nur vor und während des Kaufvorgangs, sondern ebenso danach. Vor dem Hintergrund der zunehmenden Herausforderungen in der (→) *Kundenbindung* lenkt er damit den Blick verstärkt auf das Nachkauf-Marketing. Mit Hansen/Jeschke (1995, Sp. 1923) können darunter sämtliche Marketingaktivitäten verstanden werden, die in der Nachkaufphase eingesetzt werden oder ihre Wirkung entfalten und die darauf gerichtet sind, Konsumenten im Rahmen sozialer Austauschbeziehungen dauerhaft zufriedenzustellen (→ *Kundenzufriedenheit*) und langfristig an das Unternehmen zu binden. Entsprechend lauten die Ziele u.a. hohe Kundenloyalität, positive Mundwerbung, nachkauforientiertes Marken- und Unternehmensimage usw.

Das Kerninstrumentarium des Nachkauf-Marketing umfasst nach Hansen/Jeschke (1995, Sp. 1927) folgende Bereiche:

- Produkt- und personenbezogener Nachkaufservice, wie z.B. Transport, Wartung und Reparatur
- persönliche und unpersönliche Nachkaufkommunikation, wie z.B. Nachkaufberatung, Kundenschulung und Gebrauchsanweisungen
- Beschwerdemanagement im Sinne eines konstruktiven Umgangs mit Kundenbeschwerden durch eine verbraucherzentrierte Erfassung, Bearbeitung und Auswertung von Beschwerden
- Redistribution durch Rückführung von Konsumgütern zu deren Entsorgung/Recycling oder Weitervermarktung.

Buy-Response-Funktion

Die Buy-Response-Funktion (vgl. Kaas, 1977, S. 12f., S. 28ff.) gibt zu jedem Preis eines Gutes die Akzeptanz in Prozent aller potenziellen Käufer an (vgl. Übersicht 19). Man spricht auch von der Kurve der Kaufwahrscheinlichkeit in Abhängigkeit vom Preis.

Durch Umdrehen der Achsen erhält man eine Darstellungsweise (vgl. Übersicht 20) analog der üblichen (→) *Preisabsatzfunktion.* Im Gegensatz zu einer Preisabsatzfunktion fehlt bei der Buy-Response-Funktion die Mengenkomponente.

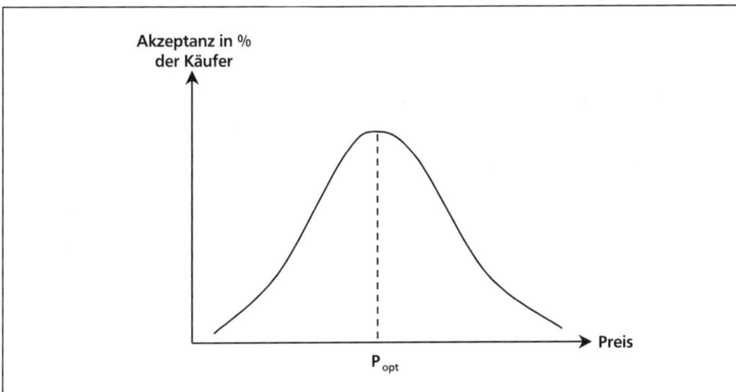

Übersicht 19: Grundlegende Buy-Response-Funktion

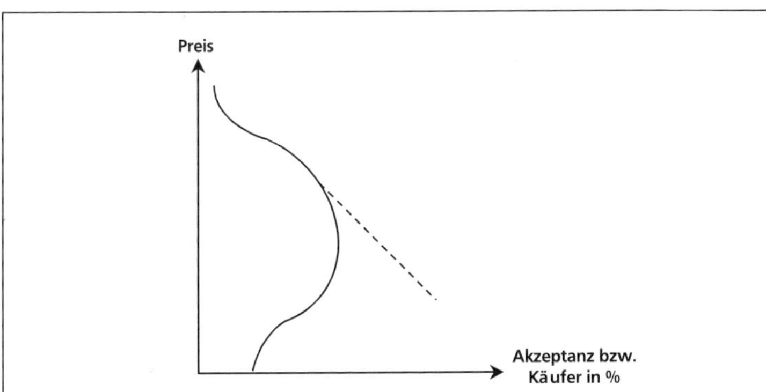

Übersicht 20: Gespiegelte Buy-Response-Funktion

Das Phänomen der fallenden Akzeptanz bei sinkenden Preisen, das dem Normalfall der Preisabsatzfunktion widerspricht, wird durch den Preis-Qualitäts-Effekt (vgl. Kaas, 1977, S. 11f.) erklärt. Bei bestimmten Produkten, insbesondere bei solchen, mit denen der Konsument nicht vertraut ist oder deren Qualität er nur schwer messen kann, zieht er den Preis als Indikator für die Qualität des Produktes heran. Von einem niedrigen Preis schließt er auf schlechte Qualität, wodurch sich die Akzeptanz und damit die Kaufwahrscheinlichkeit bei sinkendem Preis reduzieren.

Hier setzt die Kritik an der Buy-Response-Funktion an. So fungiert der Preis nur bei solchen Produkten als Qualitätsindikator, »... die den Konsumenten nicht vertraut sind. Bei Artikeln, deren Qualität sie aus eigener Erfahrung oder aufgrund von Empfehlungen Dritter einschätzen können, oder bei Markenartikeln, deren Name für Qualität ›bürgt‹, existiert kein unterer Grenzpreis« (Kaas, 1977, S. 30f.).

C

Carnet

Der Begriff Carnet bezeichnet ein Zolldokument bestehend aus einem Heft (Carnet), in dem bestimmte Stammblätter und je nach Anzahl der beteiligten Zollstellen eine entsprechende Zahl von Trennabschnitten abgeheftet werden, auf dessen Grundlage die Grenzabfertigung beim internationalen Warenverkehr beschleunigt und vereinfacht wird (→ *Zollverfahren*).

Grundsätzlich sind zwei Carnet-Verfahren zu unterscheiden (vgl. Schroth, 2001, S. 132f.; Jahrmann, 1998, S. 119ff.):

- das Carnet T.I.R. (Transport International de Marchandises par Route) und
- das Carnet A.T.A. (Admission Temporaire/Temporary Admission).

Das bekanntere und zugleich bedeutendste Versandverfahren T.I.R. basiert auf einem internationalen Abkommen zwischen allen europäischen und einigen außer-europäischen Staaten (ca. 50 Staaten) zur Vereinfachung der Warenbeförderung, welches 1975 von der Wirtschaftskommission der Vereinten Nationen für Europa (→ *UN/ECE*) erarbeitet wurde. Es wird im Warenverkehr mit Drittländern benutzt, um einen reibungslosen Transport ohne Umladung von der Abgangszollstelle im Exportland bis zur Bestimmungszollstelle im Importland zu ermöglichen. Vorraussetzung für die Anwendung des Carnet T.I.R. sind zollsicher hergerichtete Fahrzeuge und Behälter, die zur Beförderung der Waren unter Zollverschluss zugelassen sind, sowie die Stellung einer Bankbürgschaft (→ *Bürgschaften*). Die verplombten Lastkraftwagen werden an der Grenzzollstelle bevorzugt abgefertigt, da die Abfertigung lediglich papiermäßig erfolgt; eine Beschau findet nicht statt. Das Carnet wird von dem Internationalen Transportverband und den nationalen Verbänden ausgegeben und darf nicht angewendet werden, wenn der Transport innerhalb der (→) *EU* stattfindet, außer er führt über ein Drittland.

Das Carnet A.T.A. ist ein internationales Zollpassierscheinheft für die (vorübergehende) Zollverwendung, bei dessen Benutzung die Zahlung oder Hinterlegung von Zöllen entfällt. Zu den Waren, für die ein Carnet A.T.A. ausgestellt werden darf, gehören z.B. Berufsausrüstungen, Waren, die auf Ausstellungen, Messen usw. ausgestellt bzw. verwendet werden sollen, sowie Warenmuster. Die Sicherheit des Carnet A.T.A. beruht auf der Bürgschaft nationaler Spitzenverbände der Handelskammern aller Vertragsstaaten. Dadurch müssen die Zollbehörden bei einem Missbrauch nicht beim ausländischen Importeur der Ware vorstellig werden, sondern können sich direkt an die nationalen Spitzenverbände der Handelskammern wenden, deren Zahlungsfähigkeit (und vor allem -willigkeit) relativ sicher ist. In Deutschland wird das Carnet A.T.A. gegen Entrichtung einer Gebühr von den (→) *Industrie- und Handelskammern* mit einer Gültigkeit von einem Jahr ausgestellt. Zur Abdeckung des mit der Ausstellung verbundenen Risikos muss der Carnet-Antragsteller in der Regel eine Kautionsversicherung abschließen. Für den Fall, dass Exponate doch im Einfuhrland verbleiben, ist der Importeur verpflichtet, nachträglich beim Zoll vorstellig zu werden und die Ware zu verzollen (vgl. Deutsche Bank, 1998, S. 87f.).

Carry-over-Effekt [s.a. Nachfrageeffekte]
Der Carry-over-Effekt kennzeichnet eine intertemporale Wirkungsübertragung (→ *Werbewirkung*), in der Literatur oftmals auch als Wirkungsverzögerung bezeichnet (vgl. Übersicht 21).

Zeitliche Übertragungseffekte beruhen darauf, dass ein Teil der Wirkungen z.B. auf Absatz- oder Beschaffungsmärkten in der Periode des Instrumentaleinsatzes, ein anderer Teil erst mit Verzögerung wirksam wird. So kann der Instrumentaleinsatz (z.B. eine bestimmte Werbeaktion) in der Periode t zu Marktreaktionen in der Periode t und in den Folgeperioden führen. In diesem Fall kann die Absatzmenge in einer beliebigen Periode t (x_t), z.B. durch folgenden formalen Zusammenhang dargestellt werden:

$$X_t = a + (b_0 W_t)^{\frac{1}{2}} + (b_1 W_{t-1})^{\frac{1}{2}} + \ldots (b_n W_{t-n})^{\frac{1}{2}}$$

In dieser (→) *Response-Funktion* kennzeichnet W das Werbebudget; a und b sind Parameter. Die Werbewirkung verteilt sich in diesem Fall über n Perioden über die Zeit.

Ein solcher Zerfall (decay) von Werbewirkung kann z.B. durch das Vergessen von Werbeeindrücken auf Seiten der Konsumenten verursacht werden.

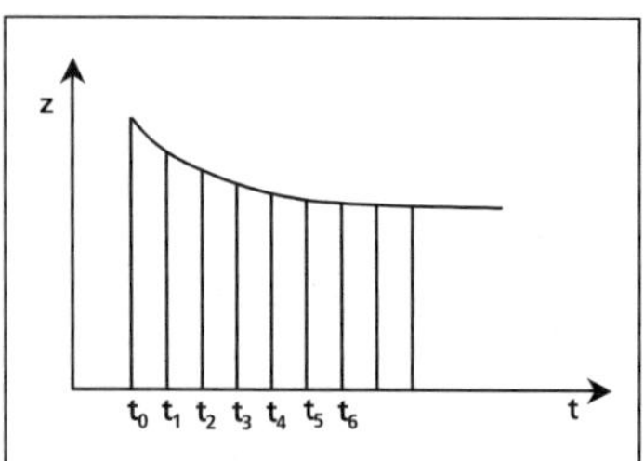

Übersicht 21: Carry-over-Effekt

CAS → *Computer Aided Selling*

Category Management
In Herstellerunternehmen der Konsumgüterwirtschaft ist seit Beginn der neunziger Jahre das Category Management (Kategorienmanagement) als Instrument der marktorientierten Sortimentsführung von Handel und Industrie zur Erschließung von Umsatzwachstums- und Ertragspotenzialen eingerichtet worden (vgl. Barth, 1999, S. 181), um den negativen Nebeneffekten des (→) *Produktmanagements* zu begegnen. Die Aufgabenspezialisierung bezüglich einzelner Objekte (Produkte, Leistungen oder Marken), wie sie für das Produktmanagement typisch ist, kann dazu führen, dass innerhalb einer Unternehmung konkurrierende Marketingstrategien entwickelt werden, wodurch auf die Realisierung von Synergiepotenzialen (→ *Synergieeffekt*) auf Grund von zwischen den einzelnen Objekten herrschenden Verbundbeziehungen verzichtet werden muss (vgl. Köhler, 1995b, Sp. 1642).

Das Category Management ist als eine Weiterentwicklung des Produktgruppenmanagement anzusehen und fasst mehrere zusammengehörige Produkte zu Produktkategorien unter einer Zuständigkeit zusammen (ganzheitliche Führung einer gesamten Warengruppe), wobei Ineffizienzen und Schnittstellenprobleme entlang der Wertschöpfungskette (→ *Supply Chain Management*) weitgehend abgebaut und der Gesamtprozess optimiert werden. Diese Komplexitätsreduzierung, beispielsweise der Sortimentsartikelanzahl, bringt direkte Vorteile für die Belieferung durch größere Mengen und eine bessere Vorhersagbarkeit (vgl. Liebmann/Zentes, 2001, S. 608). Die einzelnen Warengruppen (Categories) werden als (→) *Strategische Geschäftseinheiten* betrachtet; hierdurch erfolgt im Gegensatz zum Produktgruppenmanagement eine konsequente Delegation der Gewinnverantwortung an die, komplexe Bedürfniskategorien verantwortenden, Category Manager. Handel und Hersteller entwickeln gemeinsam Strategien, um durch die konsequente Ausrichtung an den Bedürfnissen der Konsumenten eine verbesserte Leistung der einzelnen Warengruppen zu erzielen. Das Category Management stellt eine zentrale Komponente des (→) *ECR*-Konzeptes dar.

Bedenken gegenüber dem Category Management als Kooperationsform bestehen hingegen teilweise seitens des Handels, der im Rahmen seiner originären Aufgabe, der zielgruppenorientierten Sortimentspolitik am Point-of-Sale, den Verlust seiner Sortimentshoheit und Informationsmacht befürchtet (vgl. Barth, 1999, S. 184f.). Andererseits wird diese Kooperation für den Handel zunehmend relevanter, beispielsweise, wenn es um die Erreichung der eigenen Marketing-Ziele geht.

Konsequenzen für die Konsumgüterhersteller bestehen derart, dass es nicht mehr ausreichend ist, für einzelne Produkte der vom Category Manager bevorzugte Lieferant zu sein. Vielmehr hat die jeweilige (→) *Marketingorganisation* der Hersteller dafür zur sorgen, dass die eigenen Marketing-Aktivitäten ebenfalls die Ziele der Handelskunden, so ein profitables Wachstum der Warengruppe, unterstützen, um somit einen Preferred-Supplier-Status zu erreichen. Die Herausforderung an die Hersteller besteht darin, eine Kompatibilität ihrer Produktkategorien mit jenen des Handels sicherzustellen (vgl. Großweischede, 2000, S. 168ff.).

CEFTA

Die Zentraleuropäische Freihandelsvereinbarung (Central European Free Trade Association) wurde am 1. März 1993 durch Polen, Ungarn, Slowakei und Tschechien gegründet. Mitglieder sind zwischenzeitlich Rumänien (seit 1996), Slowenien (seit 1997) und Bulgarien (seit 1998). Vorläufer war das so genannte Visegrader-Quartett der Gründerstaaten. Die baltischen Staaten, Kroatien, Mazedonien und die Ukraine gelten als Aufnahmekandidaten, die als Bedingung für eine Aufnahme bereits einen (→) *Assoziierungsvertrag* mit der (→) *EU* abgeschlossen haben müssen.

Ziel der CEFTA ist ein schrittweiser Abbau der Zölle für Agrar- und Industrieprodukte (→ *Integrationsabkommen*). Nach einer Übergangszeit sollten bis zum 1. Januar 2001 Zölle und andere Hindernisse im Handel der Industrieprodukte völlig abgeschafft und für Agrarprodukte eine wesentliche Erleichterung geschaffen werden. Durch die Erleichterung des Warenaustausches erhöhte sich der intraregionale Handel von 2 bis 5 % (1990) auf über 10 % (1999) zwischen den Mitgliedstaaten. Der Zollabbau erfolgt gemäß bilateral ausgehandelten Produktelisten und ist bereits für 90 % der Industrieprodukte vollzogen, wenngleich noch Beschränkungen bei hochsensiblen Produkten (z.B. Textil, Stahl, Fahrzeugbau) und Ausnahmen bestehen bleiben, die zu einem erheblichen Spielraum für die einzelnen Mitgliedstaaten führen. Insbesondere bestehen auch Probleme in dem individuellen Streben der Staaten nach einer EU-Integration.

Chaebol

Bei einem Chaebol handelt es sich um eine koreanische Unternehmensgruppe, ähnlich den japanischen (→) *Keiretsu*, die in Form eines Mischkonzerns in unterschiedlichen Branchen aktiv ist. Man findet diese Unternehmenskonglomerate in vielen Branchen, u.a. der Automobil- und Elektroindustrie, dem Schiffs- und Maschinenbau sowie im Bank- und Versicherungsgeschäft. Sie sind für den Außenhandel Koreas von hoher Bedeutung.

Hinter den einzelnen Chaebols stehen bis heute einflussreiche koreanische Gründerfamilien; Eigentum und Management sind dabei eng verbunden (vgl. Schmid, 1996, S. 309). Die fünf größten dieser koreanischen Gruppen sind Hyundai, Samsung, Daewoo, die LG-Gruppe (früher Lucky Goldstar) und Sunkyong (SK). In den letzten Jahren wurde auf Grund von korruptiven Verflechtungen zwischen Chaebol-Inhabern, Politik und Verwaltung sowie auf Grund der schlechten finanziellen Lage der Chaebols eine umfassende Restrukturierung und Entflechtung des Chaebol-Systems eingeleitet (vgl. o.V., 1999, S. 1).

CIF-Agent

Der CIF-Agent ist eine Sonderform des (→) *Auslandsagenten*, der häufig für mehrere Auftraggeber auf vertraglicher Basis Geschäftsabschlüsse tätigt und sich so eine unabhängigere Stellung gegenüber dem einzelnen Unternehmen bewahrt. Er steht vor allem in vertraglicher Beziehung zum Exporteur und führt Handelsgeschäfte meist mit der Lieferbedingung CIF (→ *INCOTERMS*) durch (vgl. Jahrmann, 1998, S. 74).

Clearing-Vertrag

Ein Clearing-Vertrag ist eine Sonderform eines (→) *Kompensationsgeschäftes*. Innerhalb eines Clearing-Vertrages erfolgt jedoch die Kompensation nicht auf Unternehmens-, sondern auf Staatsebene. Es werden staatliche Rahmenvereinbarungen getroffen, innerhalb derer Unternehmen beider Länder individuelle Geschäfte tätigen können, die auf Verrechnungskonten ausgeglichen werden. Der jeweilige Exporteur erhält seine Bezahlung in inländischer Währung (vgl. Jahrmann, 1998, S. 69). Derartige Geschäfte sind in der Regel bei Staatshandels- und Entwicklungsländern relevant. Im Rahmen eines als Swing bezeichneten Toleranzbereichs können auch befristete einseitige Überziehungen der Verrechnungskonten vereinbart werden (vgl. Deutsche Bank, 1998, S. 267).

Clusteranalyse [s.a. Marktsegmentierung]

Die Clusteranalyse ist ein (→) *multivariates Verfahren* der (→) *Datenanalyse* zur Bildung voneinander unabhängiger Objektgruppen. Kriterium zur Einordnung der Objekte in bestimmte Gruppen (Cluster) ist ihre Ähnlichkeit bezüglich bestimmter Merkmalsausprägungen. Innerhalb einer Gruppe sollen die Eigenschaften der Objekte möglichst große Ähnlichkeiten (Intra-Homogenität) aufweisen; die Gruppen untereinander sollen möglichst unähnlich sein (Inter-Heterogenität). Wesentliches Merkmal der Clusteranalyse ist die gleichzeitige Berücksichtigung aller gemessenen Eigenschaften der Objekte bei der Gruppenbildung. Die Vorgehensweise bei der Clusteranalyse ist in zwei Schritte zu unterteilen:

1. Messung der Ähnlichkeiten zwischen den Objekten anhand der Merkmalsausprägungen.
   Dies geschieht durch Berechnen von Proximitätsmaßen wie (→) *Distanzmaße* für metrisch skalierte Daten oder Ähnlichkeitsindikatoren (→ *Ähnlichkeitsmaße*) für nominale Ausgangswerte (→ *Skalenniveau*).
2. Zusammenfassen der Objekte in Gruppen. Dieses vollzieht sich auf Grund der errechneten Proximitätsmaße nach einem Klassifizierungsverfahren. Am häufigsten werden hierarchische Verfahren verwendet, bei denen entweder, ausgehend von den Einzelobjekten, schrittweise Zusammenfügungen bis zu einem umfassenden Cluster vorgenommen werden oder umgekehrt, von einer Gesamtgruppe ausgehend, schrittweise durch Teilungen eine hierarchische Struktur entsteht. Da i.d.R. die günstigste Clusterzahl im Voraus nicht bekannt ist, wird der Aggregations- bzw. Desaggregationsprozess zunächst vollständig durchgeführt und erst dann die Entscheidung über die optimale Clusteranzahl getroffen.

Die Clusteranalyse ist verwandt mit der ebenfalls objekt- bzw. elementbezogenen (→) *Diskriminanzanalyse,* die zu den Verfahren der Dependenzanalyse (→ *Datenanalyse*) gehört und mindestens intervallskalierte Merkmalsausprägungen (der unabhängigen Variablen) voraussetzt.

Typische Fragestellungen für die Clusteranalyse (vgl. Backhaus u.a., 2000, S. 330) sind z.B.:

- Auswahl von Testmärkten
- die Klassifikation von Unternehmen
- das Auffinden von Persönlichkeitstypen.

Co-Branding → *Markenpolitik*

COCOM

Das Coordinating Committee for Multilateral Strategic Export Controls (früher: Coordinating Committee for East-West Trade Policy) war eine Vereinigung, die während der Zeit des »Kalten Krieges« auf Initiative der USA von 17 westlichen Industrienationen errichtet wurde. Hierzu gehörten alle NATO-Staaten (außer Island) sowie Australien und Japan. Ziel war die Verhinderung des Exports militärisch oder strategisch wichtiger Güter in die sozialistischen Staaten, um den eigenen Technologievorsprung vor allem im militärischen Bereich zu sichern. COCOM wurde 1949 als informeller Zirkel mit Sitz in Paris gegründet und unterlag keiner internationalen oder nationalen Kontrolle; damit war offiziell allerdings auch kein Mitglied an die Beschlüsse gebunden. Hauptaufgabe war die Zusammenstellung von Listen technischer Güter und Know-how, deren Export in die sozialistischen Staaten verboten wurde. In drei Listen (COCOM-Liste) wurde die Nicht-Ausfuhr von

- Rüstungsgütern (→ *Kriegswaffenkontrollgesetz*)
- nuklearem Material und
- zivilen Gütern (Dual-use-Gütern) geregelt.

In Deutschland wurden diese Listen als Anlage zur Außenwirtschaftverordnung nach § 7 AWG (→ *Außenwirtschaftsgesetz*) bindendes Recht; Ausnahmen mussten beim Außenwirtschaftsamt beantragt und COCOM gemeldet werden. Damit unterlagen Verstöße gegen die COCOM-Liste auch den Sanktionen des nationalen Außenwirtschaftsrechts.

Mit Beendigung des Ost-West-Konfliktes wurde COCOM am 31. März 1994 einvernehmlich aufgelöst und die Gründung einer Nachfolgeorganisation (New Forum) vereinbart. Ziel ist die Vermeidung von Exporten von Massenvernichtungswaffen oder Technologien zu ihrer Herstellung in politisch unzuverlässige (→) *Entwicklungsländer* und (→) *Schwellenländer* wie Nord-Korea, Irak oder Libyen. Zu diesem Zweck können in der neuen Organisation auch ehemalige sozialistische Staaten mitwirken (vgl. Koch, 1998a, S. 166f.).

Computer Aided Selling [s.a. Data-Base-Marketing]

Computer Aided Selling (CAS) stellt die informationstechnische Unterstützung von Verkaufsprozessen durch Computer dar. Während der Schwerpunkt beim Data-Base-Marketing im Bereich der Planung des (→) *Marketing-Mix* liegt, hat das CAS die Abwicklung des eigentlichen Verkaufsprozesses einschließlich des Pre- und After-Sales zur Aufgabe. Die gemeinsame Kundendatenbank dient beim CAS der Unterstützung der Gesprächsvorbereitung (z.B. durch Kundenanalysen, Ziel-, Termin-, Tourenplanungen), der Gesprächsdurchführung (z.B. unmittelbar am Notebook vorgenommene Produktpräsentation, - konfiguration, -selektion und Angebotskalkulation) und der Gesprächsnachbereitung (z.B. Ausdruck eines Reports über den Kundenbesuch) (vgl. Link/Gerth/Voßbeck, 2000, S. 56ff.). Mittels Verknüpfung von Data-Base-Marketing und CAS können beide Konzeptionen sich sinnvoll ergänzen und in ihrer Wirkung verstärken. Durch Einsatz von Data-Base-Marketing und CAS können Wettbewerbsvorteile durch eine individualisierte, schnelle, wirkungsvolle und rationelle Kundenbearbeitung erzielt werden (vgl. Link/Hildebrand, 1994, S. 107ff.).

CAS-Systeme sind in der Lage, die Aufgaben des Persönlichen Verkaufs (→ *Personal Selling*) zu unterstützen und so zur Realisierung von Effizienzsteigerungen des Außendiensteinsatzes (→ *Außendienst*) beizutragen. Diese Effekte werden durch Berücksichtigung von Entscheidungsunterstützungs- und Expertensystemen (Management-Informationssystemen) verstärkt. Die wesentlichen Perspektiven der CAS-Systeme liegen sowohl in der strategischen Nutzung der Informationspotenziale als auch in der erweiterten Vernetzung mit anderen computergestützten Funktionsbereichen der Unternehmung (vgl. Hermanns, 1995, Sp. 375).

Conjoint Measurement

Das Conjoint Measurement (CM) ist ein (→) *multivariates Verfahren* der Interdependenzanalyse (→ *Datenanalyse*). Es untersucht die Beziehungen zwischen nicht-metrischen Variablen (→ *Skalenniveau*) und ist in formaler Hinsicht eine Verallgemeinerung der (→) *Multidimensionalen Skalierung*. Ziel ist es, aus den Kombinationen von Objektmerkmalen, die z.B. durch Befragungen nach Maßgabe der Vorziehenswürdigkeit in eine Rangfolge gebracht wurden, den relativen Beitrag jedes Merkmals zum Zustandekommen der geäußerten Präferenzordnung auf einer metrischen Skala zu bestimmen (vgl. Dichtl/Schobert, 1979, S. 159). Die gewonnenen Daten besitzen für alle Merkmale die gleiche Skaleneinheit; sie sind daher direkt miteinander vergleichbar und können zur Ermittlung der relativen Bedeutung der Merkmale für die Bildung eines Gesamturteils zueinander in Beziehung gesetzt werden (vgl. Thomas, 1979, S. 199ff.).

CM geht von der Annahme aus, dass empirisch festgestellte Gesamtpräferenzwerte für ein komplexes Beurteilungsobjekt in merkmalsspezifische Teilpräferenzwerte zerlegbar sind. Für diese Zerlegung bedarf es einer bestimmten Verknüpfungsregel, die angibt, wie die geschätzten Teilpräferenzwerte zu Schätzwerten für die empirischen Globalurteilswerte zu aggregieren sind. Bei polynomialer Verknüpfung spricht man von polynomialem Conjoint Measurement (PCM), bei linear-additiver Verknüpfung von additivem Conjoint Measurement (ACM). Das ACM ist bei ordinalskalierten Daten der übliche Fall. Gegeben sind also mindestens ordinalskalierte Werte einer Globalpräferenz, die das Ergebnis gemeinsamer Wirkungen der Objektmerkmale sind, sowie ein bestimmtes Design, nach dem die Objekte durch Merkmalskombinationen konstruiert werden.

Gesucht sind eine Verknüpfungsregel (Messmodell), die geeignet ist, die kognitive und affektive Verarbeitung der wahrgenommenen Merkmalskombinationen zu repräsentieren, sowie intervaliskalierte Messwerte mit der gleichen Maßeinheit für alle Merkmalsausprägungen.

Für Marketinganwendungen werden die empirischen Daten durch (computergestützte) Anwendung von psychometrischen Skalierungsalgorithmen verarbeitet, denen eine bestimmte Verknüpfungsregel zugrunde liegt. Die Eignung dieser Regel wird vereinfacht durch einen Indikator beurteilt, der die Güte der Anpassung der Modellwerte an die Ausgangsdaten misst. Ferner existieren Programme, die eine computergestützte Befragung (→ *Befragung, computergestützte*) der Probanden im Feld ermöglichen und zugleich kompositionelle und dekompositionelle Vorgehensweisen kombinieren, so die Adaptive-Conjoint-Analyse (vgl. Wittink/Vriens/Burhenne, 1994, S. 41ff.).

Ein wesentliches Problem des CM ist die Frage, in welchem Umfang die Merkmale der Objekte tatsächlich kognitiv oder affektiv von den Befragten verarbeitet werden. Bei gewohnheitsmäßig gekauften Gütern oder anderen, die ohne persönliches Interesse beurteilt werden, wird die Verlässlichkeit der Ergebnisse daher eher unbefriedigend sein. Außerdem sind i.d.R. Vorstudien erforderlich, um realistische und entscheidungsrelevante Merkmale, Merkmalsausprägungen und -kombinationen für die Beurteilung durch die Befragten zu erhalten (vgl. Swoboda, 2000b, S. 151ff.).

Consulting Engineering

Consulting Engineers (Ingenieurberatungsfirmen) treten im Großanlagen- und (→) *Systemgeschäft* als so genannte (→) *Drittpartei* neben den Anbieter- und Nachfrageorganisationen auf. Sie übernehmen dabei im Auftrage der Auftraggeber vielfältige Aufgaben, wie z.B. Durchführung von Vorstudien (→ *Feasibility-Studien*) und Standortanalysen, Beschaffung (→) *Ausschreibung*, Lieferantenauswahl, Auftragserteilung usw. sowie die Koordinierung, Abnahme und Abrechung des Projekts (vgl. Kleinaltenkamp, 1999, S. 298f.; Walldorf, 2000, S. 118).

Content-Analyse → *Inhaltsanalyse*

Contracting

Das Contracting kann als Oberbegriff für bestimmte Formen der vertraglich geregelten wirtschaftlichen Zusammenarbeit zwischen international tätigen Unternehmen verwendet werden:

- Im Fall des Managementcontracting (→ *Management-Verträge*) stellt ein Unternehmen aus einem fremden Wirtschaftsgebiet (z.B. Deutschland) als Contracting Firm Management-Knowhow – fallweise gemeinsam mit der erforderlichen personellen Basis – zur Verfügung, während die Partnerseite (managed firm) aus dem Gastland und/oder ebenfalls aus einem fremden Wirtschaftsgebiet z.B. (→) *Direktinvestitionen* tätigt (vgl. Walldorf, 2000, S. 401).
- Im Fall des Contractual Manufacturing stellt ein im fremden Wirtschaftsgebiet ansässiger Produzent auf vertraglicher Basis für ein Unternehmen mit Sitz im Inland (z.B. Deutschland) Produkte oder Produktteile her (vgl. Walldorf, 2000, S. 119).

Die vertragliche Bindung kann verschiedene Formen annehmen, so dass das Contracting auch mit einer Lizenzvergabe (→ *Lizenzpolitik*) verbunden sein kann, eine (→) *Beschaffungsallianz* oder eine Vertriebskooperation (→ *Kooperation*) für den betreffenden Auslandsmarkt (z.B. mit Anrainerländern) beinhalten oder – als Folgeschritt – in ein (→) *Joint Venture* überführt werden kann (vgl. Walldorf, 1992, S. 455). In diesem Sinne stellt das Contracting eine Form der (→) *Internationalisierung* der Unternehmenstätigkeit dar.

Als Hauptvorteile des Contracting nennt Walldorf (1992, S. 455) u.a.:

- Verlagerung inländischer Kapazitätsbedarfe (Kosten- bzw. Imagevorteile)
- Risiko-Übertragung (keine Direktinvestitionen)
- Überwindung von Import- oder Direktinvestitionsrestriktionen im Gastland.

Contractual Joint Venture → *Joint Venture*

Contractual Manufacturing → *Contracting*

Controlling

Auf Grund des Ursprungs des Controlling in der Unternehmenspraxis existiert eine Fülle von Definitionsansätzen. Während frühere Autoren Controlling eher als einen Soll-/Ist-Vergleich definierten, werden heute neben der Abweichungsanalyse weitere Teile der Entscheidungsvorbereitung und -maßnahmen, umfassendere Informationstätigkeiten sowie Koordination integriert (vgl. Zimmermann, 2001, S. 9ff.). So beschreibt Henzler (1990, S. 52) die wesentlichen Aufgaben des Controllers folgendermaßen: »Transparenz schaffen, Entscheidungen vorbereiten, Realisierung sicherstellen«. Welge (1988, S. 6) sieht Controlling als Instrument an, mit dem das Management bestimmte Ziele verfolgt. Diese Sichtweise macht deutlich, dass Controlling nicht die Aufgabe bzw. Kompetenz hat, eigenständig Unternehmensziele zu definieren und zu verfolgen.

Als Subsystem der Führung und somit Hilfsfunktion des Managements obliegt dem Controlling nach Baum/Coenenberg/Günther (1999, S. 3f.) »... die Aufgabe der Versorgung der Unternehmensleitung mit entscheidungsrelevanten Informationen und der Koordination der [...] Planungs- und Steuerungseinheiten des Unternehmens. Hiernach umfasst Controlling die Informationsgewinnung, -verarbeitung und -aufbereitung«. Somit sind eine zielorientierte Anpassung der Unternehmen an Umweltveränderungen sowie die Wahrnehmung der erforderlichen Steuerungsaufgaben möglich. Die Führung der Unternehmung wird in die Lage versetzt, bei der Festlegung und Verfolgung der Ergebnis- und Sachziele der Unternehmung koordinations-, reaktions- und adaptionsfähig zu operieren (vgl. Horváth, 1998, S. 142).

Zur Erfüllung dieser Anforderung hat das Controlling die Funktion einer systembildenden und systemkoppelnden Koordination von Planung und Kontrolle sowie der Informationsversorgung wahrzunehmen:

- Systembildende Koordination bedeutet den Aufbau aufeinander abgestimmter, moderner Planungs- und Kontrollsysteme sowie Informationsversorgungssysteme mit den entsprechenden Instrumenten.
- Systemkoppelnde Koordination bedeutet die Abstimmung der Unternehmensbereiche mit Hilfe eines Planungs- und Kontrollsystems sowie eines Informationsversorgungssystems.

Das Informationsversorgungssystem umfasst die Datengewinnung, Datenaufbereitung und das Berichtswesen.

Vor allem in größeren, international tätigen Unternehmen sind die Anforderungen meist sehr detailliert in einem »Controlling-Handbuch« festgelegt. Hier finden sich Vorschriften zur Entwicklung von Kennzahlen, zur Form der Berichte bis hin zu Vorlagen und Häufigkeit der Berichterstattung usw.

Mit dem Planungs- und Kontrollsystem werden Zielvorgaben für die jeweiligen Bezugsobjekte aufgestellt und deren Einhaltung überwacht. Hier ist zwischen der operativen und strategischen Planung zu unterscheiden (→ *Strategische Planung*). Operative Planung beschäftigt sich mit der regelmäßigen Budgetplanung und den am Rechnungswesen orientierten Wirtschaftlichkeitsuntersuchungen. Strategische Planung ist hingegen auf die langfristige Sicherung von Wettbewerbsvorteilen ausgerichtet. Das Controlling analysiert dabei die möglichen Alternativen. Der Schwerpunkt des Controlling verlagert sich zunehmend von der operativen Planung, die zunehmend rationalisiert wird, hin zur Unterstützung der strategischen Planung (vgl. Horváth, 1998, S. 144ff.).

Die organisatorische Gestaltung des Controlling in internationalen Unternehmen kann nach Horváth (1998, S. 803f.) im Wesentlichen anhand der Merkmale:

- Zusammenfassung/Trennung von Teil-

aufgaben hinsichtlich eines Aufgabenmerkmals auf einer bestimmten Hierarchieebene (Zentralisation bzw. Dezentralisation)
- Spezialisierung im Sinne der Aufgaben- und Kompetenzzuteilung (Funktionalisierung)
- vertikale Abtretung von Kompetenzen an nachgeordnete Stellen (Delegation)
- Beteiligung von Mitarbeitern an der Willensbildung einer hierarchisch höheren Stelle (Partizipation)
- Festlegung von bestimmten Problemlösungsprozessen und Arbeitsfolgen (Standardisierung) und
- personelle Aufteilung standardisierter operativer Prozesse (Arbeitszerlegung)

vorgenommen werden.

Gleichwohl hängt sie u.a. von einer Reihe interner und externer Einflussfaktoren ab, so von der Unternehmensgröße, der Organisationsstruktur des Unternehmens, dem Entwicklungsstadium des Controllingkonzeptes, dem Führungsstil, dem Unternehmenswachstum, der Rechtsform, den Umweltbedingungen oder dem Fertigungs- und Absatzprogramm sowie den Erwartungen und Anforderungen des Managements (vgl. Horváth, 1998, S. 801f.).

Convenience Goods → *Konsumgütertypologie*

Convenience Shopping

Der angelsächsische Begriff Convenience lässt sich im deutschen Sprachraum am ehesten mit Annehmlichkeit oder Bequemlichkeit für den Kunden umschreiben. Gemeint sind dabei allerdings nicht die Werte, die jede Dienstleistung bzw. jedes Produkt dem Kunden idealerweise bieten sollte, sondern vielmehr das Angebot und der bequeme Einkauf von Produkten, z.B. Lebensmitteln, die eine bequeme Art der Zubereitung ermöglichen und die i.d.R. in kleinen Mengen, mit dem Ziel des schnellen Verzehrs, gekauft werden.

Sowohl in der neueren Konsumentenforschung als auch in der Handelsforschung wird die Convenienceorientierung der Verbraucher als ein wesentlicher Trend beschrieben (vgl. Zentes, 1996a, S. 229f.; Swoboda, 1999, S. 95f.). Sie manifestiert sich

- auf der Ebene der Sortimente im Lebensmitteleinzelhandel, so in dem Bedeutungsanstieg von Produkten, die sofort verzehrt oder mit einigen Handgriffen zubereitet werden können (Ready-to-eat-Produkte, d.h. frische, vorgefertigte Produkte und Fertigmahlzeiten)
- auf der Ebene der Remote-Ordering-Dienste; hier sind die Food-Services hervorzuheben, so Zustell- und Heimdienste (z.B. etablierte Systeme in den Bereichen Tiefkühl- sowie Getränkedistribution oder Pizza- und Party-Service als auch neue Formen des Zustellservice, die vom Handel etabliert werden), und
- auf der Ebene der Handelsformen, so im wachsenden Stellenwert so genannter Convenience-Shops (C-Stores) (z.B. klassische Nachbarschaftsläden, Bäckereien und Metzgereien, die ihr Sortiment um weitere Food-Bereiche ergänzen, Kioske, Trinkhallen, Imbisbetriebe, Bahnhof- und Flughafengeschäfte und insbesondere Tankstellen-Shops).

Insbesondere die letzteren beiden Ausprägungen des Convenience Shopping gewinnen bedingt durch das (→) *Internet* und durch strategische Aktivitäten von Handelsunternehmen, die Convenience-Shops eröffnen, eine zunehmende Bedeutung in Europa. In den USA und vor allem in Japan hat Convenience Shopping bereits seit Jahren eine sehr große Bedeutung (vgl. Swoboda/Morschett, 2001a, S. 178).

Zur Erklärung des convenienceorientierten Verhaltens von Konsumenten (→

Konsumentenverhalten; Konsumentenverhaltensforschung) wurde von Swoboda/Morschett (2001a, S. 180ff.) ein umfassender Modellrahmen vorgeschlagen und in Teilen empirisch überprüft.

Corporate Behavior → *Corporate Identity*

Corporate Communications → *Corporate Identity*

Corporate Culture → *Corporate Identity; Unternehmenskultur*

Corporate Design → *Corporate Identity*

Corporate Identity [s.a. Public Relations] Corporate Identity (CI) bezeichnet die spezifische, einheitliche Selbstdarstellung eines Unternehmens nach innen wie nach außen (vgl. Birkigt/Funck/Stadler, 2000, S. 18). Ziel ist die Schaffung und Weiterentwicklung einer unverwechselbaren Unternehmenspersönlichkeit oder -identität. Diese in den Unternehmensgrundsätzen verankerte, also strategisch geplante Unternehmenspersönlichkeit äußert sich durch

- einheitliches Verhalten (Corporate Culture, Corporate Behavior)
- einheitliche Kommunikation (Corporate Communications) und
- ein einheitliches Erscheinungsbild (Corporate Design) (vgl. Meffert, 2000, S. 707ff.).

Corporate Culture bzw. Corporate Behavior zielt auf die Harmonisierung aller Interaktionsweisen einer Unternehmung in Bezug auf das externe und interne Umfeld im Sinne der Unternehmensphilosophie. Hierzu gehören die Formulierung von Verhaltensgrundsätzen (z.B. Richtlinien für den Umgang mit Kunden), die Organisationsgestaltung (z.B. Betonung der Marktorientierung durch Schaffung eines (→) *Key-Account-Managements*) oder der Aufbau von Sozio-Konzeptionen. Zentraler Punkt ist die Vermittlung dieser Philosophie an die Mitarbeiter.

Corporate Communications verfolgt das Ziel, die Einstellung der Öffentlichkeit oder spezifischer Zielgruppen im Sinne des Unternehmens zu steuern, um ein klares Vorstellungsbild seiner sozialen und wirtschaftlichen Bedeutung zu vermitteln. Ziel ist die Profilierung der Unternehmung gegenüber Marktpartnern und der Öffentlichkeit mittels geeigneter Kommunikationsinstrumente (→ *Werbung*), die Vermittlung des Leistungsprogramms und seiner Charakteristika oder die Entwicklung eines bestimmten Kommunikationsstils. Corporate Communications ist durch eine ganzheitliche Betrachtung aller kommunikativen Äußerungen eines Unternehmens nach innen wie nach außen gekennzeichnet.

Die Schaffung eines einheitlichen optischen Unternehmenserscheinungsbildes ist Aufgabe des Corporate Design. Durch Abstimmung aller vermittelten Informationen eines Unternehmens, z.B. Symbolträger wie Name, Logo, Farbe, Architektur, wird ein (→) *Imagetransfer* gefördert, der dann zur Durchsetzung der Unternehmensidentität beiträgt.

Insgesamt verlangt eine CI-Strategie eine effiziente organisatorische Umsetzung im Sinne einer Führungskonzeption. Dies erfordert eine umfassende Neuorientierung von Unternehmensstruktur und -verhalten.

Diese CI-Bausteine fußen auf einem Leitbild, das im Zentrum jeder CI-Konzeption und damit auch an ihrem Anfang steht. Das Leitbild umfasst Unternehmensgrundsätze nach innen und nach außen.

Cost Center → *Profit Center*

Cost-Plus-Pricing → *Preisstellung*

Countermarketing → *Kontramarketing*

Counterpurchase

Als Counterpurchase, eine Form des (→) *Kompensationsgeschäftes*, bezeichnet man Transaktionen, bei denen sich ein Exporteur verpflichtet, bestimmte Güter im Wert eines bestimmten Anteils am Liefervertrag (Kompensationsquote) über einen bestimmten Zeitraum vom Importeur abzunehmen. Die beiden Verträge werden unabhängig voneinander geschlossen (vgl. Deutsche Bank, 1998, S. 266). Man unterscheidet dabei zwischen Parallelgeschäften und Junktimgeschäften. In einem Junktimgeschäft wird die (übertragungsfähige) Abnahmeverpflichtung gegenüber dem Importland an einen anderen, inländischen Importeur, der an der ausländischen Ware interessiert ist, gegen Zahlung einer Prämie abgetreten (vgl. Walldorf, 2000, S. 354). Dagegen erfüllt der Exporteur die Abnahmeverpflichtung in einem Parallelgeschäft selbst.

Country-of-Origin-Effekt

Die Ausstrahlung des Herkunftslandes auf die Positionierung und Bewerbung von Produkten und Marken (→ *Markenpolitik*) bezeichnet man als Country-of-Origin-Effekt.

Im Rahmen einer Imagetransferstrategie wird dabei das (→) *Image* eines Landes für die Vermarktung von Produkten, insbesondere im Ausland, eingesetzt. Schweiger/Schrattenecker (1995, S. 181) sprechen in diesem Zusammenhang von der Kapitalisierung des Landesimages.

Um von einem positiven Länderimage zu profitieren, stehen einem Unternehmen zwei Möglichkeiten zur Verfügung:

1. Die erste Möglichkeit bezieht sich auf die Verwendung von »made in«-Bezeichnungen, die als international anerkannte Qualitätsurteile der Imagesteuerung dienen.
2. Die zweite Alternative ist durch die Integration von weltweit anerkannten Symbolen eines bestimmten Herkunftslandes in der Produktwerbung charakterisiert. Als Beispiele können das Matterhorn, ein Symbol für die Schweizer Bergwelt, oder das Image des Wilden Westens für die USA dienen. Die damit verbundenen Qualitäts- oder Erlebnisassoziationen vereinfachen den für den Kauf eines Produktes notwendigen Informationsprozess (→ *Informationsverhalten*) wesentlich.

Durch die Nutzung von Herkunftslandeffekten anderer Länder ist es aber auch möglich, deren Produktkompetenz auf die eigenen Produkte zu übertragen. Ebenso kann durch die Verwendung von »made in«-Bezeichnungen erreicht werden, dass die tatsächliche Herkunft nicht herausgestellt, verschwiegen oder fehlerhaft angegeben wird. Vor diesem Hintergrund ist allerdings zu berücksichtigen, dass Länderimages produktabhängig sind, einer landesspezifischen (→) *Wahrnehmung* und langfristig einem Wandel unterliegen können (vgl. Hünerberg, 1994, S. 160). Im Zuge der zunehmenden Globalisierung stellen insbesondere Unternehmen (z.B. der Automobilindustrie), die weltweit Fertigungsstätten betreiben, die »made by«-Dimension verstärkt in den Vordergrund, um sich von dem einengenden und auch grundsätzlich nicht mehr gerechtfertigten Herkunftslandbezug zu lösen.

Country Ratings → *BI-Country Rating; Länderratings*

Cournot'scher-Punkt → *Preistheorie*

CPFR → *Supply Chain Management*

CRM → *Customer Relationship Management*

Cross Docking → *Marketinglogistik*

Cross Selling → *Data-Base-Marketing*

Culture Pattern [s.a. Marktsegmentierung]
Die kulturellen Verhaltensmuster (Culture Pattern) ethnischer Gruppen sind für das (→) *Internationale Marketing* insofern von Bedeutung, als sie eine (→) *Prädisposition* individueller Verhaltensweisen darstellen.

Eine (→) *Kultur* konstituiert sich stets durch eine Übereinstimmung der Grundeinstellungen und Grundmotive ihrer Mitglieder. So umfasst sie häufig bestimmte Denk- und Verhaltensmuster, die mittels des Sozialisationsprozesses (→ *Konsumentensozialisation*) auf die Angehörigen einer Kultur übertragen werden, wie das Sprachverhalten, die Bedeutung von Symbolen, Traditionen und Wertvorstellungen (vgl. Kroeber-Riel/Weinberg, 1999, S. 541ff.; Böcker, 1996, S. 65f.).

Tritt ein Unternehmen mit seinen Marketingaktivitäten auf Märkten verschiedener Kulturkreise auf, so kann es zweckmäßig sein, die interkulturellen Unterschiede hinsichtlich Sprache, Symbolik und (→) *Lebensstil* durch ein differenziertes Vorgehen zu berücksichtigen. Die Gegenposition zu einer solchen (→) *Differenzierung* stellt eine Politik der (→) *Standardisierung* dar.

Die Informationsgrundlagen für eine differenzierte Marktbearbeitung liefert die interkulturelle Konsumentenforschung (→ *Konsumentenforschung, interkulturelle*), die sich besonders mit dem Lebensstil und den Zusammenhängen zwischen Lebensstil und Kauf- bzw. Konsumverhalten (→ *Konsumentenverhalten*) beschäftigt (vgl. Kroeber-Riel/Weinberg, 1999, S. 550f.).

Customer Relationship Management
Customer Relationship Management (CRM) wird z.T. synonym zu den Begriffen des Kundenbindungsmanagements bzw. des Kundenbeziehungsmanagements bzw. Beziehungsmarketing verwendet. Das CRM umfasst alle auf die aktuellen und potenziellen Beziehungen zwischen Unternehmen und Kunden ausgerichteten (Marketing-) Aktivitäten. CRM stellt somit einen Teilbereich des (→) *Beziehungsmanagements* dar. Es handelt sich um ein holistisch ausgerichtetes Konzept, das im Gegensatz zum Massenmarketing (→ *Massenkommunikation*) eine individuelle Steuerung der bestehenden und potenziellen Kundenbeziehungen beinhaltet. Dabei steht die wertorientierte Ausrichtung im Mittelpunkt (vgl. Holland, 2000, S. 1893f.). Customer Relationship Management ist Ausdruck der Ausrichtung der Unternehmen auf Kundenorientierung, Kundennähe, (→) *Kundenzufriedenheit* und (→) *Kundenbindung*.

Die Hauptzielsetzungen des CRM liegen in der Steigerung der Quantität und Qualität der Kundenbeziehungen und der Maximierung des Ertragspotenzials der einzelnen Kundenbeziehungen. Anhand des CRM sollen die Kontinuität, die Stabilität und die Intensität der Kundenbeziehungen erreicht und gesichert werden. Ziel ist also die Erhöhung des »share of wallet« der Kunden, d.h. des Anteils, den das Unternehmen an den Gesamtausgaben der jeweiligen Kunden realisieren kann. Neben diesen auf die Kundenbindung ausgerichteten Dimensionen des CRM stellt auch die Neuanbahnung von Kundenbeziehungen, d.h. die Gewinnung von Neukunden (vgl. Rapp, 2000, S. 42ff.), einen wichtigen Teilbereich dar.

Im Rahmen des CRM spielen der Einsatz von Personalisierung bzw. (→) *Customizing* der Prozesse und Produkte, von Loyalitätsmaßnahmen (Kundenbindungsprogramme, (→) *Kundenkarten*) sowie die Betrachtung des Kundenwertes eine besondere Rolle.

Zur Unterstützung des CRM können IT-Systeme eingesetzt werden, die den gesamten Kaufprozess inklusive des Pre- und After-Sales-Service unterstützen. Insbesondere von Bedeutung ist in diesem Zusammenhang die Sammlung und Auswertung von Kundeninformationen für operative und dispositive Zwecke (→ *Data-Base-Marketing*).

Customizing

Customizing beinhaltet die Bereitschaft eines Unternehmens, für Kunden, die dies wünschen, jeweils eine maßgeschneiderte Leistung zu erbringen (vgl. Becker, 1998, S. 297f.).
Diese Strategie der extremen Differenzierung ist eine Reaktion von Unternehmen auf den gesellschaftlichen Individualisierungsprozess, der sich in zunehmendem Maße auch im individualisierten (→) *Käuferverhalten* abzeichnet, mit dem Ziel, einen Wettbewerbsvorteil mittels individueller Bedürfnisbefriedigung zu erlangen.

Customized Marketing ist eine hinreichend spezifische Gestaltung des (→) *Marketing-Mix*. Die Customized Marketing-Strategie stellt besondere Anforderungen an die (→) *Marktforschung*. Sie erfordert eine Hypersegmentierung des Marktes (→ *Marktsegmentierung*), bei der jeder Kunde als ein trennscharfes Segment betrachtet wird, um eine spezifische Bearbeitung zu ermöglichen.

Wenngleich Customizing in Verbindung mit einem »Segment of One-Management« (→ *One-to-One-Marketing*) als umfassenderes Führungskonzept Unternehmen eine Möglichkeit bietet, Wettbewerbsvorteile gegenüber Konkurrenten zu erzielen, ist nicht jede Branche in gleichem Maße für eine Umsetzung der Customizing-Philosophie geeignet. Besonders auf dem höherwertigen Konsumgütersektor, im Investitionsgütersektor (Sondermaschinen- und Anlagenbau) und im Dienstleistungsbereich dürften hohe Individualisierungsansprüche des Kunden zu erfüllen sein (vgl. auch Nieschlag/Dichtl/Hörschgen, 1997, S. 131f.).

Als Gegentendenz zur Massenproduktion (Mass Production) wird die Massenindividualisierung (Mass Customization) angesehen (vgl. Pine, 1994). Hierunter wird ein strategisches (Marketing-)Konzept bzw. die Fähigkeit verstanden, in großem Umfang Kunden individuell anzusprechen bzw. kundenindividuelle Produkte herzustellen unter Berücksichtigung der Anforderungen der einzelnen Kunden (vgl. Kotler/Bliemel, 2001, S. 422). Voraussetzung für die Realisierung von Mass Customization sind computerbasierte bzw. -gestützte Informations-, Kommunikation- und Produktionssysteme (→ Data-Base-Marketing) (vgl. Becker, 1998, S. 297).

D

Data-Base-Marketing

Unter Data-Base-Marketing versteht man die Steuerung des Marketing (→ *Computer Aided Selling*) auf der Grundlage einer kundenbezogenen, EDV-gestützten (→) *Datenbank.* Eine Kundendatenbank enthält zum einen die »Stammdaten« der Kunden, so allgemeine demografische oder sozio-ökonomische Merkmale. Zum anderen können in einer Datenbank auch Transaktionsdaten, z.B. Verkaufsdaten, gespeichert werden. Während die Erhebung solcher Daten im industriellen Bereich wenig Schwierigkeiten bereitet, ist die Erhebung von Konsumentendaten im Handel auf Grund der Anonymität des Marktes schwierig. Eine Ausnahme bilden hier z.B. Versandhäuser. Im (stationären) Handel wird versucht, durch die Ausgabe handelseigener (→) *Kundenkarten* kundenindividuelle Daten zu erfassen. Durch Kundenkarten ist es dem Handel in Verbindung mit der artikelgenauen Warenausgangserfassung (→ *Scanning*) möglich, auch Transaktionsdaten zu erfassen, z.B. Artikeldaten, Artikelmengen oder Preise.

So entsteht im Handel über den Einsatz von solchen Technologien (→ *Informationstechnologien*) eine Hierarchie von Informationen bzw. Informationsquellen, die – aufeinander aufbauend – eine zunehmende Implementierung eines datenbankgestützten (→) *One-to-One-Marketing* erlauben, wie Übersicht 22 zeigt.

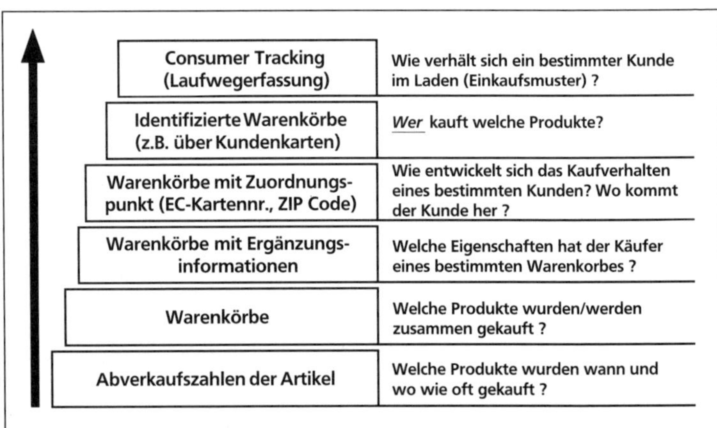

Übersicht 22: Informationsgewinnungshierarchie

Die Auswertung kundenbezogener Daten eröffnet für Unternehmen die Möglichkeit einer persönlichen Ansprache des einzelnen Kunden. Die Datenbank bildet die Basis für ein effizientes (→) *Direct Marketing.* Dadurch ist es möglich, den Kundenkontakt zwischen Anbietern und Kunden aufrechtzuerhalten und so eine (→) *Kundenbindung* herzustellen.

Gleichzeitig ermöglicht eine Kundendatenbank die Segmentierung des Kundenbestandes (→ *Marktsegmentierung*) nach soziodemografischen und transaktionsspezifischen Merkmalen. Interessant ist weiterhin die Möglichkeit der Verknüpfung von Kundendaten, Transaktionsdaten und sonstigen internen Daten (z.B. Sonderangebotsdaten, Direct Mailing), so genannten Kausaldaten, zu Ursache-Wirkungsanalysen im Rahmen einer internen Marketingforschung.

Nicht zu vergessen ist auch die Möglichkeit des so genannten Cross-Selling, d.h. des Verkaufs von solchen Produkten aus dem Sortiment eines Händlers an einen Kunden, die dieser bisher noch nicht dort einkauft, die aber auf Grund seiner Einkäufe auch von Interesse für ihn sein müssten.

Einschränkend muss jedoch hinzugefügt werden, dass die Erfassung und Speicherung von Kundendaten in einer Datenbank, wie auch die Auswertung dieser Informationen durch die Bestimmungen des Bundesdatenschutzgesetzes (→ *BDSG*) (vgl. Link/Hildebrand, 1994, S. 107ff.; Holten/Knackstedt/Becker, 2001, S. 54ff.) beschränkt werden.

Data Mining → *Warenwirtschaftssystem*

Data Warehouse → *Datenbanken*

Datenanalyse

Gegenstand der Datenanalyse ist die Ermittlung statistischer Messgrößen aus empirisch gewonnenen Daten. Die dabei angewandten statistischen Verfahren lassen sich nach verschiedenen Gesichtspunkten einteilen.

Eine erste Differenzierung lässt sich danach treffen, ob eine Teilung (Partitionierung) der zu analysierenden Variablen vorgenommen wird oder nicht (vgl. Übersicht 23).

Einteilungskriterium	Art des Analyseverfahrens	Beispiele von Analyseverfahren
ungeteilte Variablenmenge	Interdependenzanalyse	Korrelationsanalyse Faktorenanalyse Clusteranalyse
geteilte Variablenmenge	Dependenzanalyse	Varianzanalyse Regressionsanalyse Diskriminanzanalyse Kontingenzanalyse

Quelle: Hammann/Erichson, 2000, S. 290.

Übersicht 23: Einteilung der Verfahren der Datenanalyse

Bei der Interdependenz- oder Unabhängigkeitsanalyse geht es um die Klärung des Beziehungsgefüges zwischen gleichrangigen Variablen; bei der Dependenz- oder Abhängigkeitsanalyse handelt es sich dagegen um Verfahren, die mit Hilfe der Werte der unabhängigen Variable(n) Aussagen über die abhängige(n) Variable(n) treffen. Der Abhängigkeitsbegriff ist hier jedoch nur in einem formalen Sinne zu verstehen. Mit Hilfe von mathematisch-statistischen Verfahren können lediglich assoziative Beziehungen, nicht aber Kausalzusammenhänge (→ *Kausalität*) festgestellt werden.

Eine zweite Differenzierung führt zur Einordnung der Verfahren der Datenanalyse nach dem (→) *Skalenniveau* der abhängigen und unabhängigen Variablen (vgl. Übersicht 24). Die Anwendungsbereiche von (→) *Regressionsanalyse* und (→) *Diskriminanzanalyse* können erweitert werden, wenn nominale Variablen durch Verwendung binärer Variablen wie metrische behandelt werden. Ordinale Variablen können (mit Informationsverlust) in nominale Variablen transformiert werden.

abhängige Variable	unabhängige Variable	
	metrisch	nominal
metrisch	Regressionsanalyse	Varianzanalyse
nominal	Diskriminanzanalyse	
	Kontingenzanalyse	

Quelle: in Anlehnung an Hammann/Erichson, 2000, S. 293.

Übersicht 24: Einteilung der Verfahren der Dependenzanalyse

Eine grundsätzliche Differenzierung führt zur Systematisierung der Verfahren der Datenanalyse nach der Anzahl der in die Auswertung einbezogenen Merkmale bzw. Variablen. Danach werden unterschieden:

- univariate Verfahren
- bivariate Verfahren
- multivariate Verfahren.

Die univariaten Verfahren berücksichtigen nur eine Variable, z.B. Verfahren zur Berechnung von Häufigkeit, Varianz, Mittelwert, Standardabweichung, Standardfehler, Minimum/Maximum, Spannweite, Schiefe der Verteilung. Den univariaten Verfahren kommt in der praktischen (→) *Marktforschung* eine erhebliche Bedeutung zu.

Die bivariaten Verfahren beziehen sich gleichzeitig auf zwei Variablen. Hierzu gehören z.B. die Verfahren der (→) *Kontingenzanalyse*, die einfache (→) *Korrelationsanalyse* sowie einfache (→) *Regressionsanalyse*.

Die (→) *multivariaten Verfahren* analysieren die gegenseitigen Beziehungen zwischen mehr als zwei Variablen. Zu diesen Analyseverfahren zählen u.a. die multiple Korrelations- und die multiple Regressionsanalyse, die (→) *kanonische Analyse*, die (→) *Faktorenanalyse*, die (→) *Clusteranalyse* und die (→) *Diskriminanzanalyse*. Zu den multivariaten Verfahren gehören weiterhin die (→) *Varianzanalyse* und die (→) *Kontingenzanalyse*, die mindestens zwei unabhängige Variablen berücksichtigen.

Eine Integration mehrerer Verfahren, unter simultaner Berücksichtigung der Interdependenzen zwischen den Variablen bzw. Konstrukten ermöglicht die (→) *Kausalanalyse* (→ *LISREL*).

Datenbanken [s.a. Marketinginformationssysteme]
Datenbanksysteme lassen sich als eine Softwaretechnologie kennzeichnen. Als betriebssystemnahen Softwaresystemen fällt ihnen die Aufgabe zu, die Daten einer Unternehmung so zu verwalten, dass die einzelnen Anwender ohne Kenntnis der physischen Speicherungsform auf diese Daten zugreifen können. Den Anwendern stellt das Datenbankverwaltungssystem Befehle zum Speichern, Verändern, Lesen und Löschen von Daten zur Verfügung. Die Optimierung der physischen Speicherungsstrukturen hinsichtlich ihrer Zugriffsfreundlichkeit und Speicherplatzverwaltung ist Aufgabe des Datenbankadministrators.

Der Aufbau einer betrieblichen (internen) Datenbank ermöglicht eine programmunabhängige Datenorganisation; d.h. verschiedene Anwendungsprogramme greifen auf die gleiche Datenbank zu. Benutzer einer (internen) Datenbank können neben den Anwendungsprogrammen auch Mitarbeiter sein, z.B. mit einer ad-hoc-Abfrage von einem Terminal aus. Ziel für die Entwicklung des Datenbankkonzeptes ist die Aggregation der unterschiedlichen Datenbestände zu einem Pool, der weitgehend den Anforderungen Redundanzfreiheit (Vermeidung von Mehrfachhaltung gleicher Daten) und universeller Nutzbarkeit entsprechen sollte.

Jedoch ergibt sich im Zusammenhang mit einer zentralen Speicherung von Daten gerade für das Marketing das Problem, dass Daten über einen langen Zeitraum gespeichert werden müssen, um zuverlässige Trends und Prognosen herleiten zu können. Somit stehen in diesem Zusammenhang Datenbankarchitekturen vor dem Dilemma eines geeigneten Trade-offs zwischen Kosten- und Qualitätsorientierung, da lange Zeitreihen zwar die Prognosequalität verbessern, gleichzeitig aber die Datenhaltung extrem verteuern. Einen Ausweg bieten hier moderne Datenbank- oder Data Warehouse-Systeme, in denen so genannte Data Marts eingerichtet werden können. Dies sind auf bestimmte Anwender zugeschnittene Teile der Datenbasis, die aus der zentralen Datenbank entnommen und separat gespeichert werden (vgl. Übersicht 25) (vgl. Liebmann/Zentes, 2001, S. 678).

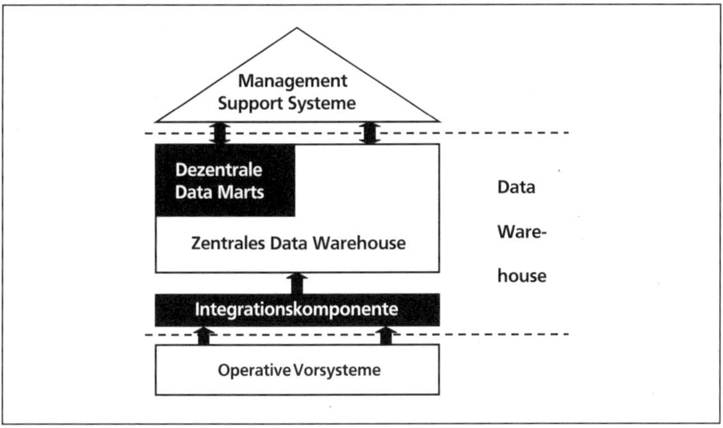

Quelle: Liebmann/Zentes, 2001, S. 679.

Übersicht 25: Komponenten einer Datenbank-Konzeption

Die telekommunikationstechnischen Entwicklungen (→ *Informationstechnologien*) ermöglichen auch den Zugriff auf (unternehmens-) externe Datenbestände in Form von Datenbanken. Technisch können externe Datenbanken in prinzipiell gleicher Weise vom Benutzer angesprochen werden, wie dies bei internen Datenbanken der Fall ist. Die externen Datenbanken können in

- qualitative Datenbanken und
- quantitative Datenbanken

unterschieden werden.

Qualitative Datenbanken liefern dem Nutzer Informationen in vorwiegend textlicher Form. Zu den qualitativen Datenbanken gehören zunächst die bibliografischen Datenbanken. Bibliografische Datenbanken haben meist den Charakter von Referenzdatenbanken. Sie beinhalten Literaturverweise, oftmals zusätzlich eine Zusammenfassung der gesuchten Artikel. Als Volltext-Datenbanken beinhalten sie die vollständigen Dokumente.

Zu den qualitativen Datenbanken gehören neben den bibliografischen Referenz- oder Volltext-Datenbanken auch die vorwiegend textlich orientierten Faktendatenbanken, die Patentdatenbanken sowie die juristischen Datenbanken.

Aus quantitativen Datenbanken erhält der Nutzer die Informationen in nummerischer Form (Zahlen, Tabellen) bzw. aufbereitet in Diagrammen, Grafiken u.Ä. Derartige nummerische Datenbanken beinhalten beispielsweise makroökonomische Zeitreihen, Wertpapierkurse, -dividenden und -renditen, soziodemografische Daten u.Ä.

Für das Marketing spielen in diesem Zusammenhang die Marktforschungsdaten von Instituten wie der GfK oder A.C.Nielsen eine große Rolle (→ *Marktforschung*). Lange Zeit war die Integration solcher Daten in das eigene Datenbanksystem auf Grund der oft mangelnden Kompatibilität ein großes Problem. Im Zuge der Entwicklung (→) *EDI*-basierter Standards für den Datenaustausch zwischen Unternehmen wurde auch für diesen Bereich mit dem System (→) *MADAKOM* ein Standard entwickelt, der eine problemlose Integration von Marktforschungsdaten, z.B. aus Panelerhebungen, in das eigene Datenbanksystem ermöglicht (vgl. Liebmann/Zentes, 2001, S. 677).

Das Spektrum der Zugangsmöglichkeiten zu dem in Datenbanken gespeicherten Wissen reicht für Endbenutzer von der Einschaltung von Informationsbrokern bis zur Online-Verbindung mit Datenbankdiensten. Die Informationsbroker (Informationsmakler) bieten die Möglichkeit der Informationsbeschaffung außer Haus. Ihre Dienstleistung besteht darin, zu jedem beliebigen Fachgebiet kurzfristig den aktuellen Wissensstand zu beschaffen. Informationssuchaufträge, die schriftlich, telefonisch oder auf sonstigem Weg übermittelt werden, werden durch Zugriff auf Datenbanken und Archive bearbeitet und i.d.R. in schriftlicher Form erledigt.

Die Nutzung so genannter Profildienste empfiehlt sich, wenn ein Benutzer immer wieder gleichartige Informationen, z.B. aktuelle volkswirtschaftliche Daten benötigt. Diese können ihm sowohl offline in gedruckter Form auch als online zur Verfügung gestellt werden.

Dem Fremdbezug der gewünschten Informationen steht die Eigenerstellung durch interaktive Computerrecherche gegenüber. Der Nutzer ist z.B. durch ein bei ihm installiertes Terminal über Datenübertragungsnetze – zunehmend über das (→) *Internet*, das in diesem Zusammenhang die komfortabelsten und einfachsten Zugriffsmöglichkeiten bietet – mit dem Rechner des Datenbankanbieters (Host) verbunden. Die Verbindung mit dem Host-Computer, in dem auch eigene Datenbanken aufgebaut werden können, ermöglicht Online-Abfragen (Information Retrieval), die mathematisch-statistische Verarbeitung der Daten (so bei nummerischen Datenbanken) auf dem Host-Computer oder die Übernahme der Daten in den eigenen Rechner zur Weiterverarbeitung.

Qualitative und quantitative Datenbanken bedürfen eines umfangreichen Instrumentariums an Benutzerunterstützung, um unterschiedlichen Nutzergruppen in gleicher Weise dienen zu können. Neben Software- und Hardware-technischen Möglichkeiten (Menütechnik, Help-Programmen, Bildschirmsichtanzeigen u.Ä.) sind so genannte Help-Desks zu erwähnen, die einige große Datenbankanbieter eingerichtet haben. Help-Desks sind telefonisch erreichbare Beratungs- und Auskunftsstellen, mit denen ein Recherchenproblem gelöst werden kann.

Externen Datenbanken kommt eine große Bedeutung in der Marktforschung, so in der Sekundärforschung zu. Als Beispiele seien die Datenbanksysteme des Ifo-Instituts, das Informationssystem des Statistischen Bundesamtes STATISBUND sowie der GENIOS-Wirtschaftsdatenbankenpool erwähnt.

Datenmatrix

Formal ausgedrückt ist eine Datenmatrix ein rechteckiges (zweidimensionales) Schema, das aus Zeilen und Spalten zur Aufnahme von Daten besteht.

Die Datenmatrix besteht aus den Zeilen i = 1,2, ..., n, den Spalten j = 1, 2, ..., m, und den Elementen (Daten) xij. Üblicherweise werden die Objekte zeilenweise angeordnet, die einzelnen Variablen (Merkmale) spaltenweise (vgl. Übersicht 26).

		Merkmalsvariablen j			
		1	2	...	m
Messobjekte i	1	x_{11}	x_{12}	...	x_{1m}
	2	x_{21}	x_{22}	...	x_{2m}
	.	.	.		.
	.	.	.		.
	.	.	.		.
	.				
	n	x_{n1}	x_{n2}	...	x_{nm}

Übersicht 26: Datenmatrix

Die Darstellung von Datenmaterial in Matrixform stellt i. d. R. einen ersten systematisierenden Schritt der Analyse dar (→ *Datenanalyse*).

Werden Merkmale für verschiedene Objekte zu unterschiedlichen Zeiten erfasst, so können diese in Form eines Datenkubus dargestellt werden. Der Datenkubus ist ein dreidimensionales Gebilde; er ist als Aufeinanderschichtung von Matrizen vorstellbar, wobei jede Schicht Daten einer anderen Periode oder eines anderen Zeitpunkts enthält. Werden Daten zu einem Zeitpunkt erhoben und ausgewertet, spricht man von (→) *Querschnittsanalyse;* erfolgen mehrere Messungen hintereinander zu verschiedenen Zeitpunkten, handelt es sich um eine (→) *Längsschnittanalyse.*

Datenreduktion [s.a. Datenanalyse]
Im Rahmen von empirischen Erhebungen (→ *Marktforschung*) fallen häufig Daten in sehr großem Umfang an. Da die Kapazität der menschlichen Informationsaufnahme begrenzt ist, nur wenige Daten simultan betrachtet und analysiert werden können, ist die Rohdatenmasse überschaubar zu machen. Hierfür sind systematische Verfahren der Datenreduktion erforderlich. Die Datenreduktion dient auch der Eliminierung von Datenredundanz und der Systematisierung.

Durch Komprimierung des Rohdatenmaterials auf wenige, überschaubare Größen entsteht zwar ein (möglichst geringer) objektiver Informationsverlust; der subjektive Informationsgehalt des Datenmaterials wird jedoch erhöht (vgl. Hammann/Erichson, 2000, S. 249). Einfache Möglichkeiten der Datenreduktion sind die Bildung von (→) *Kennzahlen*, z.B. Indexzahlen. Komplexe Verfahren der Datenreduktion sind die (→) *Faktorenanalyse* und die (→) *Clusteranalyse*.

Datenschutz → *BDSG*

Debitkarte → *Kreditkarte*

Deckungsbeitragsrechnung [s.a. Direkte Produkt Profitabilität]
Die Deckungsbeitragsrechnung ist ein auf Teilkosten basierendes Kostenrechnungssystem. Im Marketing findet sie insbesondere im Rahmen der Erfolgsrechnung (Absatzsegmentrechnung, Wirtschaftlichkeitsrechnung bezüglich einzelner Produkte) und der (→) *Preiskalkulation* Anwendung. Bei diesem Kostenrechnungssystem werden die systemimmanenten Fehler der Vollkostenrechnung, d.h. die Proportionalisierung von Fixkosten und die Schlüsselung von Gemeinkosten, vermieden.

Bei der Deckungsbeitragsrechnung nach Riebel (1994) werden einem Kalkulationsobjekt nur Kosten und Erlöse nach dem Identitätsprinzip zugeordnet, d.h. es werden nur solche Kosten und Erlöse zugeordnet, die den gleichen dispositiven Ursprung wie das Kalkulationsobjekt selbst haben (Einzelkosten, Einzelerlöse). Vom Gesamterlös werden dann stufenweise bestimmte Kosten abgezogen und so Deckungsbeiträge ermittelt.

Die Deckungsbeiträge sagen aus, in welchem Maß die Kalkulationsobjekte zur Deckung der nicht verrechneten Kosten sowie zum Gewinn beitragen. Es entsteht so eine Hierarchie von Bezugsgrößen und Deckungsbeiträgen. Man kann z.B. Stück-, Artikel-, Auftrags-, Bezirks- und Umsatzbeiträge ermitteln.

Als Beispiel ist der Einsatz der Deckungsbeitragsrechnung in der Absatzsegmentrechnung in Übersicht 27 dargestellt (vgl. Nieschlag/Dichtl/Hörschgen, 1997, S. 970f.): Der Nettoumsatz abzüglich Skonto sowie Herstellkosten, die den einzelnen Artikeln zurechenbar sind, ergibt den Artikelbeitrag. Von diesen werden in weiteren Schritten jeweils die Kosten subtrahiert, die den Aufträgen und den Verkaufsbezirken eindeutig zurechenbar sind. Man ermittelt so den Auftragsbeitrag und den Bezirksbeitrag.

Diese Größen geben insbesondere durch die Kumulierung der absoluten, innerhalb einer Periode erzielten Deckungsbeiträge im Vergleich mit den planmäßig zu erwirtschaftenden Deckungsbeiträgen wichtige Informationen.

Sie sind wichtige Hilfsmittel bei der Beurteilung der Erfolgsträchtigkeit verschiedener Produkte/Artikel oder Absatzsegmente und bilden so eine Grundlage der (→) *Marketingplanung*. Mit Hilfe der Deckungsbeitragsrechnung lassen sich weiterhin preis- und konditionspolitische Alternativen beurteilen, insbesondere durch die Ermittlung von relativen Preisuntergrenzen (→ *Preisgrenzen*). Teilweise werden die Deckungsbeiträge auch als Basis zur leistungsorientierten Entlohnung der Außendienstmitarbeiter herangezogen.

Deckungsbeitragsrechnung nach Aufträgen und Verkaufsbezirken			
Kenngröße	B_1 in 1000 DM	B_2 in 1000 DM	B_3 in 1000 DM
Nettoumsatz	1.406,4	820,4	845,8
./. Skonti, preis- und erzeugungsabhängige Kosten	1.084,4	594,4	624,4
Artikelbeiträge	322,0	226,0	221,4
./. Fracht	88,0	42,0	49,4
./. sonstige direkte Kosten der Auftragsabwicklung	7,2	4,8	5,4
Auftragsbeiträge	226,8	179,2	166,6
./. direkt den Verkaufsgebieten zurechenbare Kosten	22,0	4,0	6,6
Bezirksbeiträge	204,8	175,2	160,0
Summe der Bezirksbeiträge		540,0	

Quelle: Nieschlag/Dichtl/Hörschgen, 1997, S. 970.

Übersicht 27: Deckungsbeitragsrechnung in der Absatzsegmentrechnung

Degenerationsphase → *Produktlebenszyklus*

Desision-Calculus-Modelle → *Decision-Support-System*

Decision-Support-System [s.a. Marketinginformationssysteme]
Ein Decision-Support-System (DSS) bzw. Entscheidungsunterstützungssystem ist ein interaktives System, das auch von Entscheidungsträgern, die über geringe (oder keine) Programmierkenntnisse verfügen, genutzt werden kann. Das System ersetzt den Entscheidungsträger nicht. Der Entscheidungsprozess wird weder vollständig automatisiert, noch werden die zur Problemlösung erforderlichen Schritte determiniert. Vielmehr dient das System dem Entscheidungsträger als »Assistent«, an den bestimmte Aufgaben delegiert werden. Dem Entscheidungsträger werden vom System Ergebnisse zur Evaluation vorgelegt, und dieser entscheidet über die weitere Vorgehensweise. Es kann sich um Expertensysteme handeln, deren wichtigste Aufgabe in der »Akkumulation, Synthese und Verarbeitung des Wissens« liegt (vgl. Esch, 1995, Sp. 655). Letztere sind Ausprägungen künstlicher Intelligenz, die gemeinhin als die Entwicklung von Ideen bezeichnet wird, mit denen intelligente Computer realisiert werden können (vgl. Neibecker, 1995, Sp. 1309).

Entscheidungsunterstützungssysteme setzen neben einer (→) *Datenbank* und einer Methodenbank (Zusammenfassung von Verfahren der (→) *Datenanalyse* und Entscheidungsunterstützung wie Operations-Research-Verfahren) eine Modellbank (Zusammenfassung partieller Planungs- und Entscheidungsmodelle, die den Entscheidungsträgen aller Hierarchiestufen im Unternehmen bei der Lösung von Aufgaben im Rahmen des (→) *Marketing-Mix* unterstützen) voraus.

Mit Hilfe von Beschreibungs-, Erklärungs- und Entscheidungsmodellen (→ *Marketing-Modelle*) werden die vielfältigen

Informationen für den Entscheidungsträger operational aufbereitet. Die Struktur eines solchen Systems ist in Übersicht 28 dargestellt.

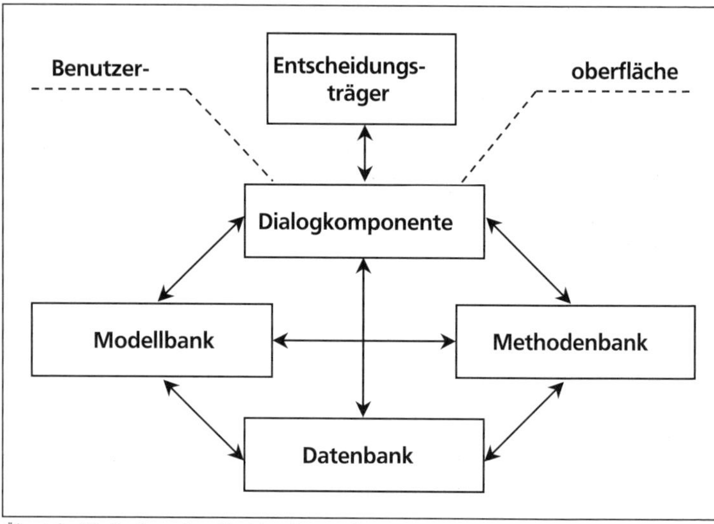

Übersicht 28: Struktur eines Decision-Support-Systems

Unter einer einheitlichen Benutzeroberfläche eines Steuerungssystems kann der Anwender Daten aus einer Datenbank, Methoden aus einer Methodenbank und Modelle aus einer Modellbank abrufen. Das Steuerungssystem (»Dialogkomponente«) stellt die Benutzerführung, Eingabeformate und Help-Funktionen zur Verfügung. Zur Benutzerführung wird meist ein Laien-Modus (ausgeprägte Bedienerführung, vordefinierte Bildschirmmasken usw.) und ein Experten-Modus unterschieden (vgl. Scheer, 1984, S. 120f.).

Mit der Entwicklung von Entscheidungsunterstützungssystemen wurde bereits in den sechziger und frühen siebziger Jahren begonnen, wobei die Tendenz zu Totalsystemen nach und nach durch das Konzept integrierbarer Teilsysteme abgelöst wurde. Derzeit am Markt erhältliche Hard- und Softwarekomponenten sind spezifische Entscheidungsunterstützungssysteme, DSS-Generatoren und DSS-Werkzeuge. Spezifische Systeme sind programmierte Anwendungen konkreter Einzelfragen und Klassen von Fragestellungen. Zur bedarfsgerechten Gestaltung von DSS-Generatoren und spezifischen Systemen dienen DSS-Werkzeuge. Hierbei handelt es sich um effiziente Systembausteine wie sehr hoch entwickelte Programmiersprachen, komfortable Datenverwaltungssysteme, Datenbanken usw.

Auf dem Gebiet der Marketing-Entscheidungsunterstützungssysteme (Marketing-Support-Systems) leistete insbesondere Little bahnbrechende Arbeit (vgl. Little, 1979). Seine Ansätze, die auf das Decision-Calculus-Konzept bzw. entsprechende Modelle zurückgehen, lösten die Entwicklung und Implementierung einer Vielzahl von Marketing-Support-Systemen aus (z.B. ASSESOR, NEWS, BRANDAID, ADBUDG MEDIAC), bei denen jedoch eine Entscheidungsunterstützung (i.e.S.) in unterschiedlichem Ausmaß realisiert ist. Im Marketing wurden Entscheidungsmodelle nach dem Decision-Calculus-Konzept u.a. zur Mediaplanung (MEDIAC, vgl. Little/Lodish, 1969) und zur Außendienststeuerung (CALLPLAN, vgl. Lodish, 1971) entwickelt. Oftmals handelt es sich »nur« um komplexe Mess- und Prognosesysteme (vgl. Simon, 1986, S. 207).

Als Beispiel eines klassischen Marketing-Support-Systems, das sich auf ein breites Spektrum von Marketinginstrumenten bezieht, kann das System EXPRESS (Taylorix Tymshare) angesehen werden (vgl. Gansera/Röske, 1981). Vergleichbare Systeme wurden in Deutschland u.a. von der GfK, Nürnberg und von A. C. Nielsen, Frankfurt angeboten.

Delphi-Methode

Die Delphi-Methode ist ein qualitatives Prognoseverfahren (→ *Prognose*) auf der Basis von Expertenbefragungen, mit dessen Hilfe versucht wird, zukünftige Entwicklungen hinsichtlich ihrer Wirkungen abzuschätzen (vgl. Kotler/Bliemel, 2001, S. 255). Ziel ist die systematische Ausnutzung von Expertenwissen für bestimmte Prognoseprobleme. So werden in mehreren Runden Experten befragt, die untereinander anonym bleiben. Sie haben ihre Prognosen schriftlich begründet einzureichen, wobei alle für die Prognose relevanten Informationsquellen ebenfalls anzugeben sind. Auf diese Weise soll eine möglichst breit angelegte Expertenmeinung eingeholt werden, wobei die negativen Auswirkungen direkter gegenseitiger Beeinflussung im Meinungsbildungsprozess ausgeschaltet werden sollen. Nach jeder Befragungsrunde wird eine Auswertung vorgenommen und diese den Experten mit der Bitte um Überprüfung ihrer Prognosen zugesandt. Diejenigen, die mit ihrer Meinung vom Durchschnitt abweichen, können ihre Meinung ändern oder aber begründen, warum sie diese beibehalten. Die Befragung wird fortgesetzt, bis sich eine eindeutige Mehrheit herausgebildet hat.

Für die Qualität der Prognose ist die Zusammensetzung der Expertengruppe von zentraler Bedeutung. Die Auswahl der Gruppenmitglieder sollte sich in erster Linie an den Kriterien Zuverlässigkeit und Genauigkeit bei bisher erstellten Prognosen sowie an der Art des Prognoseproblems orientieren.

Demoskopie → *Marktforschung; Meinungsforschung*

Desinvestitionen

»Die Desinvestition ist eine strategische Entscheidung, die über eine Anpassung des Produktprogramms und/oder des Potenzialsystems (leistungswirtschaftlicher Aspekt) an Unternehmensteilen zu einer Reduzierung der Kapitalbindung (finanzwirtschaftlicher Aspekt) führt« (Gehrke, 1999, S. 15).

Im internationalen Kontext ist damit eine Umkehrung der Internationalisierung von Unternehmensprozessen verbunden, so dass es sich hier in Abgrenzung zu (→) *Direktinvestitionen* um einen Rückzug aus dem internationalen Engagement handelt.

Internationale Desinvestitionen sind insbesondere dann zu erwarten, wenn

- die Konkurrenzvorteile gegenüber ausländischen Unternehmungen verloren gegangen sind
- zwar Konkurrenzvorteile bestehen, das Unternehmen es jedoch nicht länger für profitabel hält, diese Vorteile zu internalisieren

- eine Unternehmung es nicht mehr länger für profitabel hält, die vorhandenen internalisierten Konkurrenzvorteile im Ausland zu nutzen (vgl. Welge, 1989, Sp. 280).

Im Gegensatz zu anderen verwandten Themengebieten, wie z.B. Investitionen, sind die theoretischen und empirischen Ansätze zur Erklärung von Desinvestitionsentscheidungen noch vergleichsweise unterentwickelt. Einen Überblick dazu gibt Gehrke (1999, S. 2ff.).

Dezentralisation → *Zentralisation*

Dialogwerbung → *Massenkommunikation*

Dienstleistungsmarketing

Kulhavy (1974a, Sp. 456) definiert Dienstleistungen als »... die Verrichtung einer geistigen oder körperlichen Tätigkeit, bei der das wirtschaftliche Ziel der Bedürfnisbefriedigung ohne den Umweg über ein Sachgut im Augenblick der Inanspruchnahme der Leistung durch den Bedürfnisträger erreicht wird«. Charakteristisch für Dienstleistungen ist, dass es sich um immaterielle, nicht lagerfähige Güter (Verrichtungen) handelt, deren Erstellung zumeist an die Beteiligung der Leistungsempfänger gebunden ist (vgl. Langeard, 1981, S. 232). Dienstleistungen können Haupt- und Nebenleistungscharakter haben. Dienstleistungen mit Nebenleistungscharakter werden der (→) *Kundendienstpolitik* zugerechnet; der Hauptleistungscharakter ist kennzeichnend für die Dienstleistungsbetriebe. Typische Dienstleistungsbranchen (»tertiärer Sektor«) sind (vgl. Scheuch, 1982, S. 27ff.):

- öffentliche Versorgungsunternehmen (Elektrizitätswerke, Wasserwerke u.Ä.)
- Beherbergung und Gastronomie (Hotels, Restaurants u.Ä.)
- Verkehr und Nachrichtenübermittlung (Speditionen, Fluggesellschaften, Presseagenturen u.Ä.)
- Geld- und Kreditwesen, Versicherungen (Banken, Sparkassen, Versicherungsbetriebe u.Ä.)
- Rechts- und Wirtschaftsdienste (Immobilienmakler, Rechtsanwälte, Steuerberater, Marktforschungsinstitute u.Ä.)
- Körperpflege und Reinigung (Kosmetiksalons, Gebäudereinigungen u.Ä.)
- Kunst, Unterhaltung, Sport (Opernhäuser, Galerien, Messen, Sportvereine u.Ä.)
- Gesundheits- und Fürsorgewesen (Ärzte, Kuranstalten, Altersheime u.Ä.)
- Unterricht und Forschung (Hochschulen, Internate, Musikschulen u.Ä.)
- Ämter, Interessenvertretungen (Bundeswehr, Kammern, Innungen. Parteien u.Ä.).

Die Branchenauflistung verdeutlicht die Stellung des Dienstleistungsmarketing als Teilbereich des Business Marketing und zugleich des (→) *Non-Business-Marketing.*

Das Marketing für Dienstleistungen kann mit einigen Änderungen analog zum (→) *Konsumgütermarketing* betrachtet werden. Dies gilt sowohl für die Entwicklung von Marketingstrategien als auch den Einsatz der absatzpolitischen Instrumente und die Marktforschung. Besonderheiten im Dienstleistungsmarketing ergeben sich aus den spezifischen Merkmalen von Dienstleistungen: Immaterialität, Nichtlagerfähigkeit und Kundenbeteiligung bei der Erstellung.

Der immaterielle Charakter der Dienstleistung macht es beispielsweise in der (→) *Werbung* unmöglich, die Dienstleistung selbst darzustellen. Häufig werden daher Komponenten der Faktorkombination (z.B. Flugzeuge als Teil der Dienstleistung Flugreise) oder die Personen, die die Leistung erbringen, zur Darstellung der Dienstleistung verwendet. Ebenso impliziert die Immaterialität der Dienstleistung die Schaffung fungibler Anrechtsformen wie Karten, Tickets, Verträge (vgl. Scheuch, 1982, S. 171).

Besondere Probleme bringen die Eigenschaft der Nichtlagerfähigkeit und die Tatsache, dass die Kunden an der Erstellung der Dienstleistung unmittelbar beteiligt sind. Die Fremdbestimmtheit des Arbeitsanfalls durch die Nachfrage der Kunden und die fehlende Möglichkeit der Bevorratung veranlasst den Dienstleister, hohe Kapazitäten bereitzustellen, um Spitzenbelastungen bewältigen zu können. Dieses Niveau der Leistungsbereitschaft erzeugt hohe, weitgehend fixe Kosten, die bei geringerer Auslastung zu Leerkosten führen (vgl. Decker, 1974, Sp. 1171f.). Auf Grund der Nichtlagerfähigkeit ist eine solche nicht abgesetzte Dienstleistung unwiederbringlich »verloren«. Dies stellt die Kapazitätsplanung und -auslastung in den Mittelpunkt der Marketingüberlegungen eines Dienstleistungsanbieters (→ *Yield-Management*).

Auf Grund dieser Leistungscharakteristika können mit Blick auf die Internationalisierung von Dienstleistungen folgende Besonderheiten, die vor allem im Hinblick auf die Gestaltung der (→) *Marketinginstrumente* von Bedeutung sind, hervorgehoben werden (vgl. Perlitz, 2000, S. 362):

- hohe Risiken bei einer internationalen Expansion
- strategische Bedeutung der Markteintrittsformen
- komplexe Hersteller-Kunden-Beziehung
- große Bedeutung der lokalen Umfeldbedingungen
- besondere Bedeutung der Kommunikationspolitik
- besondere Rolle des Faktors Personal und
- erhebliche Unterschiede zwischen den einzelnen Dienstleistungsarten.

Im Vergleich zwischen internationalen Sachleistungs- und Dienstleistungsherstellern existieren insbesondere Unterschiede bezüglich der Schwerpunkte und der Bedeutung einzelner Marketinginstrumente. Booms/Bitner (1981, S. 51ff.; Nicoulaud, 1989, S. 64) erweitern beim internationalen Dienstleistungsmarketing daher die vier klassischen Marketinginstrumente (→) *Produktpolitik*, (→) *Preispolitik*, (→) *Kommunikationspolitik* und (→) *Distributionspolitik* um die Elemente »people«, »physical evidence« und »process«.

Differenzierung [s.a. Standardisierung] Die Differenzierungsstrategie ist eine der grundlegenden Wettbewerbsstrategien nach Porter (1999a, S. 70ff.). Hierunter wird eine Strategie verstanden, bei der anhand der Schaffung von Leistungsvorteilen (z.B. hohe Qualität, Sortimentsbreite, Servicequalität) qualitative Präferenzen zu Gunsten des Anbieters gegenüber der Konkurrenz geschaffen werden (vgl. Porter, 1999a, S. 73f.) (→ *Porter-Matrix*).

Im Rahmen der segmentspezifischen Marktbearbeitungsstrategie (→ *Marktsegmentierung*) wird Differenzierung auf die Gestaltung des Marketing-Mix als Differenzierung des Instrumenteneinsatzes verstanden. Die jeweiligen Marktsegmente werden anhand eines jeweils spezifischen und unterschiedlichen Marketing-Mix-Instrumentariums bearbeitet.

Im Rahmen der internationalen Marktbearbeitung wird unter Differenzierung die Anpassung des Marketing an die einzelnen Ländermärkte verstanden und damit ein Abweichen von einem international einheitlichen Marketing. Ziel der Differenzierung ist ein besseres Abstimmen des (→) *Marketing-Mix* auf die Bedürfnisse bzw. Gegebenheiten der einzelnen Länder und daraus resultierend eine Erhöhung des Wertes der Leistung des Unternehmens für die Abnehmer. Levitt (1983) argumentiert, dass in vielen Bereichen eine differenzierte Marktbearbeitung nicht erfolgreich sein könne, da der Kostennachteil der Differenzierung die bessere Anpassung an die Konsumenten überkompensiere und plädiert statt dessen für eine Standardisierung.

Diffusion

Unter Diffusion versteht man die Ausbreitung einer (→) *Innovation* (z.B. eines neuen Produktes) in einem sozialen System unter Berücksichtigung der sozialen Interaktionen zwischen Individuen.

Wenn ein neues Produkt auf den Markt kommt, wird es oftmals zuerst von einigen experimentierfreudigen, innovationsfreudigen und aufgeschlossenen Personen gekauft. Diese Personengruppe bezeichnet man als (→) *Innovatoren.* Den Innovatoren folgen dann nach und nach weitere Käufer, bis schließlich auch vorsichtige und konservative Käuferschichten das Produkt annehmen (→ *Adoption*). Letztlich wird das Produkt auch von den so genannten Nachzüglern gekauft. Insofern kann die Diffusionskurve eines Produktes, die den Diffusionsprozess als Häufigkeitsverteilung der Erstkäufer über die Zeit darstellt, als Erklärungsansatz für den (→) *Produktlebenszyklus* herangezogen werden.

Eine treibende Kraft der Diffusion ist der mehrstufige Kommunikationsprozess (→ *Kommunikation*), in dem die Innovatoren und die Diffusionsagenten (Handel) als Schlüsselfiguren fungieren (vgl. Kroeber-Riel/Weinberg, 1999, S. 642ff.). Erst wenn die Innovatoren, deren Eigenschaftsprofil sich größtenteils mit dem der (→) *Meinungsführer* deckt, eine Innovation übernommen haben, hat diese eine Chance auf weitere Verbreitung. Die Wirkung der Innovatoren liegt besonders darin, dass sie gezielt nach Informationen suchen, diese aktiv aufnehmen und dann an andere Personen übermitteln. Dabei führt ihr persönlicher Einfluss zu stärkeren Beeinflussungseffekten als die Kontaktierung durch die Medien der (→) *Massenkommunikation.* Das Modell von Kaas (1973) verdeutlicht diese Funktion der Innovatoren bzw. Meinungsführer.

In der Diffusionsforschung werden folgende Fragestellungen diskutiert:

- Wie läuft der Diffusionsprozess für verschiedene Güterarten ab?
- Von welchen Einflussgrößen hängt eine erfolgreiche Produkteinführung ab?
- Welcher Personenkreis kann für bestimmte Güterarten die Rolle des Innovators bzw. Meinungsführers spielen?

DIN ISO 9000 → *Qualitätsmanagement*

Direct Marketing

Direct Marketing umfasst alle Formen der direkten, individuellen Marketingkommunikation zwischen Anbietern und Konsumenten bzw. privaten Haushalten. Besondere Relevanz weist das Direct Marketing im Zusammenhang mit dem (→) *One-to-One-Marketing* auf. Als Anbieter können sowohl Hersteller als auch Handels- und Dienstleistungsbetriebe auftreten. Die Kommunikation erfolgt dabei in erster Linie in Form

- persönlicher Kontakte und
- schriftlicher Kontakte.

Persönliche Kontakte entstehen durch den Einsatz von Außendienstmitarbeitern (→ *Außendienst; Personal Selling; Direktvertrieb*). Die persönlichen Kontakte durch das Verkaufspersonal im Handel, so in Fachgeschäften oder Warenhäusern, werden dagegen nicht zum Direct Marketing gerechnet.

Schriftliche Kontakte entstehen durch Werbemittel im Rahmen der Einzelumwerbung. Insofern gehört die konsumentengerichtete (→) *Direktwerbung* zum Direct Marketing ebenso wie der (→) *Telefonverkauf.* Neue Formen des Direct Marketing entstehen im Zusammenhang mit den neuen interaktiven Medien (→ *Multi-Media*).

Im Rahmen des Schutzes der Verbraucher vor Werbebriefen bzw. Direct-Mailings wurde im Jahre 1971 die Robinson-Liste vom Deutschen Direktmarketing Verband e.V. als freiwillige Einrichtung der Werbewirtschaft in Deutschland eingerichtet. Die Robinson-Liste, in die Verbraucher sich aktiv eintragen lassen können, bietet ihnen Schutz vor der Zusendung personalisierter Werbebriefe von Unternehmen, von denen sie nicht bereits Kunden sind (vgl. Kotler/Bliemel, 2001, S. 1227). Robinson-Listen existieren nicht nur im Bereich der herkömmlichen Brief-Post, sondern wurden weiterhin auch zum Schutz vor Direct-Mailings u.a. per E-Mail (»E-Robinson«), SMS (»SMS-Robinson«) sowie Telefon (»Tele-Robinson«) etabliert.

Direkte Produkt Profitabilität

Das Konzept der Direkten Produkt Profitabilität (DPP) ist eine spezielle Form der (→) *Deckungsbeitragsrechnung* im Handel, mit deren Hilfe der Deckungsbeitrag bzw. Gewinnbeitrag eines einzelnen Artikels berechnet wird (vgl. Liebmann/Zentes, 2001, S. 816f.).

Artikelbezogene Analysen sind im Handel üblicherweise auf den Rohertrag (Spanne) als Differenz von

Netto-Verkaufspreis
./. Netto-Einkaufspreis
(abzüglich aller Rabatte, Werbekostenzuschüsse und sonstigen Vergütungen)

ausgerichtet. Diese Größe wird oftmals bereits als Deckungsbeitrag (Deckungsbeitrag I) bezeichnet. Nicht berücksichtigt sind hierbei die auf den Artikel bezogenen Handlingkosten. Die traditionelle Handelsspannen-Kalkulation berücksichtigt diese Kosten, indem sie durchschnittliche Handlingkosten auf alle Artikel verteilt. Als Bezugsgröße wird dabei i.d.R. der Einkaufspreis bzw. der Einstandspreis (Einkaufspreis ergänzt um Bezugskosten u.Ä.) herangezogen.

Die artikelbezogene Deckungsbeitragsrechnung versucht dagegen, jedem Artikel die durch ihn verursachten direkten Kosten (direkte Produktkosten) anzurechnen. Besondere Bedeutung hat in diesem Zusammenhang das Verfahren der Direkten Produkt Profitabilität bzw. der Direkten Produkt Rentabilität (DPR) gewonnen. Der »Direkte Produkt Profit« ist dabei wie folgt definiert:

Netto-Verkaufspreis
./. Netto-Einkaufspreis
(abzüglich der Rabatte, Werbekostenzuschüsse und sonstigen Vergütungen)
./. direkte Produktkosten
= Direkter Produkt Profit.

Alle mit dem Informations- und Warenfluss eines Artikels verbundenen Kosten – von der Bestellung über den Wareneingang, die Lagerung, das Handling im Verkaufsraum bis zur Abwicklung an der Kasse – sollen erfasst und dem einzelnen Artikel zugerechnet werden (vgl. Barth, 1999, S. 406). Neben Materialkosten werden auch alle Personalkosten durch Arbeitszeitstudien erfasst, seien es Griffzeiten an der Kasse, das Einräumen im Regal oder das Kommissionieren. Neben den direkt zurechenbaren Kosten werden in unterschiedlichem Umfang auch indirekte Kosten zugerechnet, speziell die Kosten des Lagerplatzes und des Regalplatzes.

Als Beispiel zeigt Übersicht 29 eine artikelbezogene DPP-Analyse.

In gleicher Weise kann die DPP-Analyse verkaufs- bzw. regalflächenbezogen durchgeführt werden; auf diese Weise lässt sich z.B. der DPP pro Regalflächeneinheit berechnen (→ *Merchandising*).

Die Direkte Produkt Rentabilität (DPR) weist als relative Größe den Direkten Produkt Profit in Prozent des im durchschnittlichen Lagerbestand des betrachteten Artikels gebundenen Kapitals aus.

Gegenstand	Dollar pro Karton
Verkaufspreis	18,72
abzüglich Einkaufspreis	14,98
Brutto-Spanne	3,74
zuzü glich Preisnachlässe u.a.	
Rabatt	0,30
warenbezogene Vergütungen	0,50
abzü glich Handling-Kosten	
direkter Arbeitsaufwand im Lager	0,41
Bestandserfassung	0,18
Betriebskosten	0,12
Transport zu den Läden	0,14
direkter Arbeitsaufwand im Laden	1,78
Bestandspflege	0,81
Direkter Produkt Profit	1,10

Quelle: in Anlehnung an Phipps, 1986, S. 31.

Übersicht 29: Artikelbezogene DPP-Analyse

Wesentlich für die Philosophie des DPP-Konzeptes sind folgende Prinzipien (vgl. Hallier, 1995, Sp. 493):

- Prinzip der funktionsbezogenen Kostenrechnung, d.h. aus dem Gesamtkostenblock der jeweils gesondert ausgewiesenen Großhandels- und Einzelhandelsstufen des Handelsbetriebes werden warenspezifische Funktionen betrachtet und deren Kosten den sie beanspruchenden Artikeln zugerechnet.
- Prinzip der Direktkostenverrechnung, d.h. es werden nur die direkten Kosten der warenbezogenen Funktionen verrechnet; es erfolgt keine Umlage von Kosten allgemeiner und Hilfskostenstellen.
- Prinzip der Nutzkostenverrechnung, d.h. es werden nur die Kosten der effektiv genutzten Kapazitäten verrechnet; effektiv umgesetzte Waren werden demnach nicht mit Kosten ungenutzter Kapazitäten belastet.

Der Direkte Produkt Profit ist eine bessere Steuerungsgröße als die bisher i.d.R. angewandten Bruttomargen (Roherträge, Spannen), da die mit dem Artikel verbundenen Handlingkosten berücksichtigt werden. Das DPP-Konzept ist erst durch moderne Informations- und Kommunikationstechnologien machbar bzw. ökonomisch sinnvoll realisierbar. So liefert die Erfassung artikelgenauer Warenbewegungen in rechnergestützten (→) *Warenwirtschaftssystemen* wichtige Ausgangsdaten. Zusätzlich erforderlich sind u.a. Zeitstudien zur Bestimmung der Handlingkosten.

Wenngleich die Berechnung artikelbezogener Deckungsbeiträge im Handel grundsätzlich eine wichtige Entscheidungsunterstützung liefert, dürfen vielfältige kostentheoretische bzw. kostenrechnerische Probleme nicht übersehen werden. Sie beziehen sich insbesondere auf die Zurechnung von Gemeinkosten auf die einzelnen Artikel und auf die Zurechnung bzw. Umlage von Fixkosten. In diesen Zusammenhang gehört auch die Vernachlässigung marktbedingter Verbundeffekte (vgl. Liebmann/Zentes, 2001, S. 817).

Direktinvestitionen

Als Direktinvestitionen bezeichnet man Kapitalanlagen im Ausland, die vom Investor auf Grund alternativer Zielsetzungen vorgenommen werden (vgl. Deutsche Bank, 1998, S. 123):

- Gewinnung eines unmittelbaren Einflusses auf die Geschäftstätigkeit des kapitalnehmenden Unternehmens
- Erweiterung der Kapitalbasis eines bereits kontrollierten Unternehmens (auch Reinvestition von Gewinnen)
- Neugründung eines Unternehmens.

Wesentliches Kriterium einer Direktinvestition im Ausland ist neben dem Ertrags- das Kontrollmotiv sowie die Schaffung dauerhafter Wirtschaftsverbindungen. Abgesehen vom Kapitaltransfer findet demzufolge ein Transfer von Kontrollrechten, Know-how, Produktionsfaktoren, Managementleistungen usw. statt (vgl. Pfaffermayr, 1996, S. 2; Stehn, 1992, S. 4f.). Das Kriterium, nach dem entschieden wird, ob ein Kapitaltransfer statistisch als Direktinvestition oder als Portfolioinvestition eingeordnet wird, stellt die Beteiligungsquote dar. Von einer dauerhaften Wirtschaftsverbindung wird ausgegangen, wenn der inländische (deutsche) Investor 10% (bis Ende 1998 lag diese Grenze noch bei 20%) oder mehr der Anteile oder Stimmrechte am ausländischen Investitionsobjekt unmittelbar hält (vgl. Landeszentralbank im Freistaat Bayern, 2000, S. 18; Hucko/Wagner, 2001, S. 269). In der Mehrzahl der Industrieländer gelten ähnliche Bestimmungen.

Direktvertrieb [s.a. Distributionspolitik]

Der Direktvertrieb (Direktabsatz) kennzeichnet eine spezielle (→) *Absatzwegepolitik* der Hersteller. Sie ist dadurch charakterisiert, dass der Handel (Groß- und Einzelhandel) nicht eingeschaltet wird. Der Hersteller steht in unmittelbarer Geschäftsbeziehung mit den Endabnehmern. Endabnehmer sind entweder Konsumenten bzw. private Haushalte oder Industrie-, Handwerks- und Dienstleistungsbetriebe.

Der Direktvertrieb kann zum einen durch den Einsatz von Außendienstmitarbeitern erfolgen. Der persönliche Verkauf durch den Außendienstmitarbeiter gegenüber privaten Endabnehmern (Direct Selling) ist zugleich eine Maßnahme im Rahmen des (→) *Direct Marketing*. Direktvertrieb ist auch bei der Einschaltung eigener Verkaufsstellen (Factory Outlet) oder durch Versandhandel möglich. Die modernen Informations- und Kommunikationstechnologien bzw. Neuen Medien eröffnen z.B. in der Form des (→) *E-Commerce* neue Möglichkeiten des Direktvertriebs und tragen damit zur Tendenz zur Vertikalisierung bei.

Der Direktvertrieb ist für das (→) *Investitionsgütermarketing* von großer Bedeutung (vgl. Backhaus, 1999, S. 358ff.). Der Begriff Endabnehmer ist dort weiter zu fassen; so umfasst er auch die Unternehmen, die zugekaufte Aggregate oder Teile in ein zu erstellendes Investitionsgut integrieren.

Die Vorteile des Direktvertriebs sind in der unmittelbaren Einflussnahme auf die Endabnehmer und der beim Hersteller verbleibenden Handelsspanne zu sehen. Als Nachteile ergeben sich höhere Kosten der (→) *Distribution* und ein möglicherweise geringerer Distributionsgrad.

In der Markenartikelindustrie im Sinne des (→) *Konsumgütermarketing* wird der Begriff Direktvertrieb (einstufiger Vertrieb) auch zur Kennzeichnung der Ausschaltung des Großhandels verwendet. Er stellt dann auf die Direktbelieferung des Einzelhandels, so von Verbrauchermärkten, durch die Markenartikelhersteller ab.

Diskontinuitätenmanagement

Diskontinuitäten (synonym Strukturbrüche, Turbulenzen oder revolutionäre Veränderungen) beschreiben abrupte Entwicklungsänderungen durch nicht erwartete

Umweltereignisse. Hierzu zählen politische, wirtschaftliche, umweltbedingte und/oder technologische Entwicklungen bzw. Veränderungen in der kognitiven Orientierung, wie z.B. Deutsche Wiedervereinigung, Öffnung der osteuropäischen Märkte, Umweltkatastrophen, zunehmender Fundamentalismus in der arabischen Welt usw. (vgl. Macharzina, 1999, S. 490ff.).

Aus Unternehmenssicht bedeuten derartige Diskontinuitäten einen Einschnitt in die Unternehmenspolitik. D.h., die Gesetzmäßigkeiten der Vergangenheit gelten nicht mehr für die Zukunft, vorhandene Erfahrungswerte verlieren an Bedeutung, weil historische Parallelen fehlen. Auf Grund der Dynamik des Umweltwandels und des Auftretens von Schlüsselereignissen wird aus Unternehmenssicht die Vorlaufzeit für die Konzeption unternehmenspolitischer Reaktionen enorm reduziert (vgl. Meffert, 1999a, S. 530).

Im Sinne einer erfolgreichen Handhabung der aus Diskontinuitäten erwachsenden Gefahren wurde der Begriff des Diskontinuitätenmanagements (vgl. Macharzina, 1984) geprägt. Wesentliche Basis des Diskontinuitätenmanagements ist demzufolge das Konzept der Wahrnehmung strategischer Chancen und Bedrohungen und der darin enthaltenen Trennung zwischen den sich objektiv in der Umwelt ereignenden Diskontinuitäten und deren subjektiven Wahrnehmung, Interpretation und Anpassung.

Ursachen für aus Diskontinuitäten resultierenden Gefahren liegen vor allem in Hindernissen bei der problemadäquaten Informationsbeschaffung oder bei der gehaltvollen Informationsauswahl. Insofern baut das Diskontinuitätenmanagement vor allem auf der Ausschöpfung aller Möglichkeiten der Frühwarnung bzw. -erkennung (→ *Früherkennung, strategische*) auf (vgl. Welge/Al-Laham, 1999, S. 298).

Die Anpassung an veränderte Umfeldbedingungen kann in zwei Arten erfolgen (Macharzina, 1989a, Sp. 324f.):

- Eine elastische Anpassung liegt vor, wenn die unternehmenspolitischen Reaktionen negative Rückkoppelungsschleifen schaffen, welche die Diskontinuitäteneinflüsse schwächen und die Kopplung zwischen dem Unternehmen und seiner Umwelt lockern.
- Beharrung tritt dagegen ein, wenn die unternehmenspolitischen Maßnahmen neue kausale Dependenzen zur Umwelt offen legen. Eine derartige Form der Diskontinuitätenhandhabung wirkt abweichungsverstärkend und geht schließlich mit hoher Wahrscheinlichkeit in ein krisenerzeugendes Missmanagement über.

Diskriminanzanalyse

Die Diskriminanzanalyse ist ein (→) *multivariates Verfahren* der (→) *Datenanalyse*, mit dem Werte einer nominal skalierten abhängigen Variablen durch die Werte zweier oder mehrerer Variablen erklärt bzw. prognostiziert werden können (vgl. Hammann/Erichson, 2000, S. 306ff.). Sie dient der Klassifizierung von Objekten und deren Zuordnung zu a priori definierten Teilmengen (Gruppen) der Grundgesamtheit Die Unterschiede zwischen den Teilmengen werden durch die unabhängigen Variablen (Merkmalsausprägungen der Objekte) erklärt. Liegen zwei zu trennende Gruppen vor, spricht man von einfacher, bei mehr als zwei Gruppen von multipler Diskriminanzanalyse. Die Diskriminanzanalyse dient der Beantwortung folgender Problemstellungen (vgl. Backhaus u.a., 2000, S. 146):

- Unterscheiden sich Gruppen signifikant?
- Wie lassen sich die Gruppenunterschiede erklären?
- In welche Gruppe ist ein Objekt, dessen Gruppenzugehörigkeit nicht bekannt ist, auf Grund seiner Merkmalsausprägung einzuordnen?

Eine weitere Anwendungsmöglichkeit der Diskriminanzanalyse ist die Überprüfung der Trennschärfe von Gruppen, die mit Hilfe der (→) *Clusteranalyse* ermittelt wurden.

Dispositionszentrum → *Großhandelszentrum; Trade Mart*

Distanz

Eine Distanz drückt in der Kaufverhaltensforschung (→ *Konsumentenverhaltensforschung*) die Entfernung einer Person zum Handlungsziel, etwa im Rahmen unterschiedlicher (→) *Transaktionen* aus. Sie kann psychische, räumliche oder soziale Ausprägungen aufweisen.

Eine psychische Distanz repräsentiert die von einer Person wahrgenommene Entfernung zu einem Handlungsziel. Das Handlungsziel kann dabei etwa der Kauf eines Produktes sein. Je näher das Ziel ist, um so stärker ist die Hinwendung zu diesem Ziel und damit die Verhaltenstendenz bezüglich der Erreichung des Ziels. Der Anreizcharakter eines relativ nahen Ziels ist allgemein größer als der Anreizcharakter eines noch fernen Ziels. Die Verstärkung der Verhaltenstendenz bei zunehmender Zielnähe lässt sich, wie Übersicht 30 zeigt, durch Zielgradienten darstellen. Mit diesen Zielgradienten lassen sich besonders Konfliktsituationen (→ *Konflikte*) darstellen, z.B. Appetenz-Appetenz-Konflikte oder Ambivalenzkonflikte (vgl. Kroeber-Riel/Weinberg, 1999, S. 162ff.).

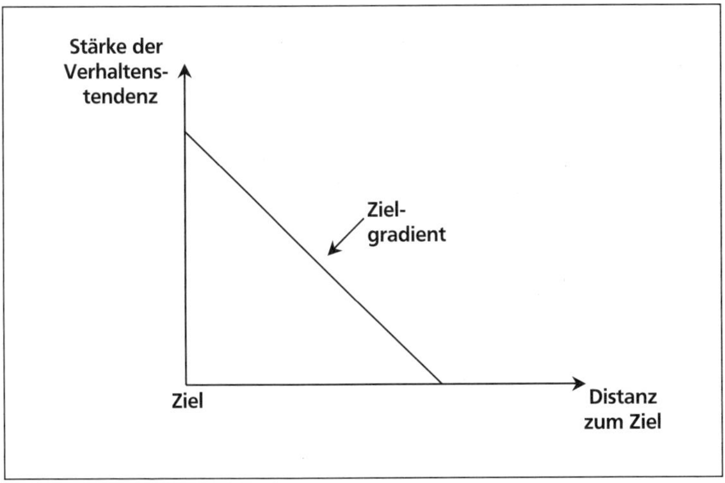

Quelle: Kroeber-Riel/Weinberg, 1999, S. 162.

Übersicht 30: Beziehung zwischen Zielnähe und Stärke der Verhaltenstendenz

Die räumliche Distanz und die soziale Distanz sind wesentliche Determinanten der Kommunikationssituation. Zu ihr gehören alle Bedingungen, die für die Entstehung und den Ablauf von menschlichen Kontakten von Bedeutung sind. In einem sozialen

System unterscheiden sich die Individuen u.a. durch die Häufigkeit ihrer Kontakte zu anderen.

Die räumliche (geografische) Distanz ist ein Faktor, der die Kontaktaufnahme bestimmt. Bei abnehmender Distanz steigt die Kontaktwahrscheinlichkeit. Dieser Zusammenhang ist bei der räumlichen Kommunikation zu beachten. Die räumliche Entfernung zwischen Kommunikator (Sender) und Kommunikant (Empfänger) ist ein wesentlicher Faktor dafür, ob die Nachricht den Empfänger erreicht. Betrachtet man ein soziales System differenziert nach geografischen Feldern (Modell von Karlsson), so ist die Kontaktwahrscheinlichkeit zwischen den Personen innerhalb eines räumlichen Feldes am größten und nimmt mit der Entfernung ab (vgl. Kroeber-Riel/Weinberg, 1999, S. 495ff.).

Im Gegensatz zur persönlichen Kommunikation liegt bei der (→) *Massenkommunikation* generell eine größere räumliche Distanz vor. Darüber hinaus spielt die räumliche Distanz eine entscheidende Rolle in persönlichen Kommunikationssituationen, z.B. bei der Käufer-Verkäufer-Interaktion. Es ist für die Kommunikationspartner wichtig, das räumliche Verhalten des anderen zu beachten. Eine Verletzung der interkulturell unterschiedlichen räumlichen Distanzen kann eine Kommunikation empfindlich stören oder sogar den Abbruch der Beziehung zur Folge haben (vgl. Weinberg, 1986, S. 105).

Das Konzept der räumlichen Distanz wird auch im Rahmen der (→) *Positionierung* verwendet. Sie bezeichnet dann die Entfernung zwischen Objekten in einem mehrdimensionalen Merkmalsraum (→ *Distanzmaße*).

Die soziale Distanz ist ein bedeutender Faktor für die Kommunikationssituation, insbesondere für die Kontaktwahrscheinlichkeit zwischen verschiedenen Individuen (vgl. Kroeber-Riel/Weinberg, 1999, S. 496). Sie ergibt sich aus der Abweichung im sozialen Status (→ *Status, sozialer*). So kommt es zwischen Personen gleicher Schichtzugehörigkeit häufiger zu Kontakten als zwischen Personen aus verschiedenen Schichten. Zusammen mit der räumlichen Distanz können alle Mitglieder eines sozialen Systems nach ihrer geografischen und sozialen Position in einem sozialen Feld klassifiziert und die Distanzen zu anderen Personen ermittelt werden. Je kleiner die räumliche und soziale Distanz zweier Individuen ist, desto größer ist die Wahrscheinlichkeit, dass es zu einem Kontakt und damit zu persönlicher Kommunikation zwischen beiden Personen kommt.

Distanzmaße [s.a. Ähnlichkeitsmaße]
Distanzmaße werden im Rahmen der (→) *Datenanalyse* (z.B. (→) *Clusteranalyse; Multidimensionale Skalierung*) zur Bestimmung der Beziehungen zwischen Messobjekten eingesetzt (vgl. Hammann/Erichson, 2000, S. 272f.). Dabei werden durch Vergleiche von metrisch skalierten Ausgangsdaten (→ *Skalenniveau*) die zwischen Objekten bestehenden Ähnlichkeiten gemessen. Ist die Distanz gering, dann ist die Ähnlichkeit groß; entsprechend sind sich Objekte bei großer Distanz sehr unähnlich.

Zur Messung der Distanzwerte wird die sog. Minkowski-Metrik angewandt:

$$d_{it}^{(r)} = \left[\sum_{j=1}^{m} \left| x_{ij} - x_{tj} \right|^{r} \right]^{1/r}$$

Dabei bedeuten:

$d_{it}^{(r)}$ = Distanz zwischen den Punkten i und t unter Beachtung des Metrik-Parameters r,

x_{ij} (x_{tj}) = Koordinantenwerte des Elementes i (t) auf den Achsen j (j = 1, 2, ..., m),

r = Metrik-Parameter (1 < r <).

Die Minkowski-Metrik wird in Übersicht 31 exemplarisch dargestellt.

Die City-Block-Distanz und die euklidische Distanz sind Sonderfälle der Minkowski-Metrik; für r = 2 ergibt sich die Erstere, auch L2-Norm genannt; für r = 1 ergibt sich die Letztere, auch L1-Norm, genannt:

$$d_{it}^{(2)} = \left[|x_{i1} - x_{t1}|^2 + |x_{i2} - x_{t2}|^2 \right]^{1/2}$$

(= euklidische Distanz)

$$d_{it}^{(1)} = | x_{i1} - x_{t1} | + | x_{i2} - x_{t2} |$$

(= City-Block-Distanz)

Beide Maße beruhen auf verschiedenen Grundideen. Während die euklidische Distanz die kürzeste zwischen zwei Objekten ist, quasi der »Luftweg«, basiert die City-Block-Distanz, wie der Name andeutet, auf der Vorstellung einer im Schachbrettmuster gebauten Stadt, in der die Entfernung zweier Punkte durch Abschreiten rechtwinkliger Blöcke gemessen wird, d.h. als Summe der Einzelabstände.

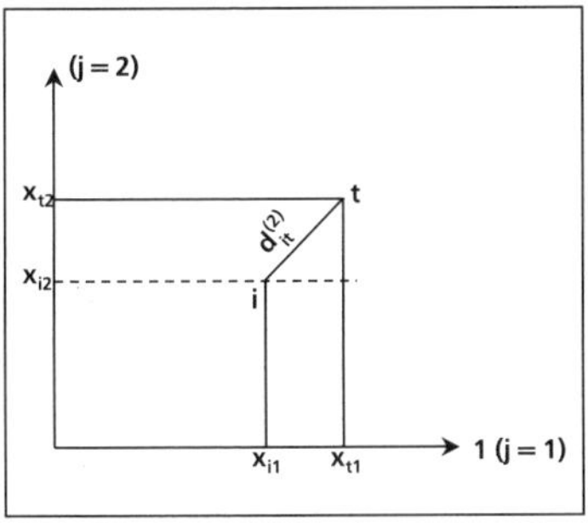

Übersicht 31: Die Minkowski-Metrik

Distribution

Aus makroökonomischer Sicht kennzeichnet Distribution den Prozess und die Struktur der physischen Weiterleitung von Gütern zwischen Wirtschaftspartnern; aus mikroökonomischer (unternehmerischer) Sicht bezieht sich der Begriff auf die Güterübertragungswege und Distribution wird zunächst mit (→) *Vertrieb* gleichgesetzt. I.e.S. wird der Begriff auf die logistischen Aspekte des Vertriebs begrenzt (→ *Marketinglogistik*) (vgl. Specht, 1998, S. 3ff.).

Auf einer anderen Ebene versteht man unter Distribution den Grad der Präsenz eines Produktes in den einzelnen (→) *Betriebstypen des Handels* (Distributionsgrad). Der prozentuale Anteil der Zahl der Verkaufspunkte, die einen bestimmten Markenartikel führen, bezogen auf die Gesamtzahl der Verkaufspunkte eines Betriebstyps oder der Gesamtheit des Einzelhandels wird als nummerische Distribution bezeichnet. Im Gegensatz hierzu berücksichtigt die gewichtete Distribution den Umsatz der entsprechenden Verkaufspunkte (vgl. Specht, 1998, S. 5).

Distributionskanäle → *Absatzwegepolitik; Multi-Channel-Distribution*

Distributionslogistik → *Marketinglogistik*

Distributionsorgane → *Distribution; Distributionspolitik*

Distributionspolitik

Die Distributionspolitik umfasst als Teilbereich des (→) *Marketing-Mix* alle Entscheidungen und Maßnahmen, die im Zusammenhang mit dem Weg von Gütern zum Endabnehmer stehen. Zur Distributionspolitik gehören die Entscheidungstatbestände (vgl. Ahlert, 1996, S. 15ff.):

- Gestaltung der Absatzwege (→ *Absatzwegepolitik*), einschließlich der vertraglichen Beziehungen (Einsatz von Distributionsorganen zur Herstellung und Pflege des Kundenkontaktes, zur Vertragsvorbereitung und zum Vertragsabschluss)
- Gestaltung der logistischen Systeme (→ *Logistik*) (Einsatz von Organen zur physischen Übermittlung, d.h. zum Trans-

port, zur Lagerung von Gütern) einschließlich der Liefer- und Zahlungsbedingungen (→ *INCOTERMS*; *Zahlungsbedingungen*).

Von zentraler Bedeutung für die Entscheidungen der Distributionspolitik sind die Zahl und die Art der in den Distributionsprozess zwischengeschalteten Distributionsorgane. Distributionsorgane sind Personen und/oder Organisationen, die ein Unternehmen für den (→) *Vertrieb* bzw. die (→) *Distribution* seiner Produkte bzw. Leistungen einsetzt. Zur Einteilung der verschiedenen Distributionsorgane werden in der Literatur rechtliche und geografische Aspekte herangezogen.

In Abhängigkeit von der Unternehmenszugehörigkeit unterscheidet man betriebseigene Organe (Verkaufsabteilung, Exportabteilung, Geschäftsleitung usw.) und betriebsfremde Organe (Handelsunternehmen, Exporthändler im Inland, Importhändler in ausländischen Märkten usw.) (vgl. Gerth, 1999, S. 85f.). Wesentlich ist dabei die Unterscheidung zwischen Absatzmittlern und Absatzhelfern:

- Absatzmittler sind wirtschaftlich und rechtlich selbstständige Organe, z.B. Großhandel und Einzelhandel.
- Absatzhelfer sind rechtlich selbstständige Organe, die jedoch nur eine unterstützende Funktion haben, z.B. (→) *Speditionen* und Lagerhausbetriebe.

Der Absatz durch Mitglieder der Geschäftsleitung bietet sich bei einer begrenzten und überschaubaren Zahl von Kunden (→ *Key-Account-Management*) und bei komplexen Aufträgen an. Bei internationaler Tätigkeit bzw. zunehmender Größe des Kundenkreises und/oder des Absatzgebietes kommt der Einsatz von Auslandsreisenden in Betracht. Diese, wie auch Niederlassungen im Ausland, gewährleisten eine ständige Präsenz im jeweiligen Markt. Weitere Gründe, die ein Unternehmen zum Aufbau eines eigenen Distributionssystems veranlassen können, sind beispielsweise die Notwendigkeit von Servicestationen, der Wunsch nach einer weitgehenden Kontrolle des Marketing-Instrumentariums oder die Notwendigkeit der Erbringung von Beratungsleistungen.

Bei den betriebsfremden Distributionsorganen ist eine Unterscheidung zwischen Absatzmittlern (= Eigenhändlern) und (→) *Handelsmittlern* sinnvoll.

Während Absatzmittler (= Handelsbetriebe) Eigentum an der Ware erwerben, geht beim Verkauf über Handelsmittler (z.B. Handelsvertreter, (→) *Kommissionäre* und (→) *Handelsmakler*) das Eigentum an der Ware nicht auf die Mittelsperson (-institution) über. In diesem Fall verbleiben die Risiken des Preisverfalls, der Unverkäuflichkeit usw. bei dem beauftragenden Unternehmen. Im Ausland übernehmen nicht nur Handelsvertreter (→ *Auslandsagent*) die Funktion, für andere Geschäfte zu vermitteln oder abzuschließen, sondern auch Großhändler sind gelegentlich in dieser Funktion tätig und arbeiten auf Provisions- oder auch auf Kommissionsbasis.

Absatzwirtschaftlich relevante Erscheinungsformen des international tätigen Großhandels sind (im Inland) die Exporteure und (im Ausland) die Importeure. Die Exporteure werden auch als Exporthändler, Ausfuhrhändler, Außenhandelshäuser oder Handelshäuser bezeichnet. Eine Sonderstellung innerhalb des Großhandels haben die asiatischen (→) *Universalhandelshäuser*. Z.B. arbeiten (→) *Sogo Shosha* im japanischen Außenhandel sowohl als Importeur als auch als Exporteur und spielen darüber hinaus als Transithändler (→ *Transithandel*) vor allem für Entwicklungsländer eine wichtige Rolle.

Wie bei den anderen (→) *Marketinginstrumenten* sind auch bei der Distributionspolitik die Gestaltungsoptionen bei international tätigen Unternehmen – im Vergleich zu nationalen Unternehmen – wesentlich differenzierter. Gliederungskriterien grenzüberschreitender Distributionssysteme sind (vgl. Scheuch, 1989, Sp. 350ff.):

- Distributionsweg: direkt (z.B. eigene Tochterunternehmung, eigene Filialen, Franchising-Systeme usw.); indirekt (Lieferung an ein selbstständiges Handelsunternehmen usw.).
- Differenzierung der Distributionswege: eingleisig (alle Kunden werden nur über ein definiertes Distributionssystem angesprochen); mehrgleisig (differenzierte Distributionswege für unterschiedliche Kundentypen, Absatzgebiete usw.).
- Auslastung alternativer Distributionsorgane: Universaldistribution (Einschaltung aller im betroffenen Markt existierenden Absatzmittler); Selektivdistribution (z.B. Franchising-Systeme, freiwillige Kooperationsformen, Vertragshändlernetze).
- Zentralisationsgrad: z.B. Ausgliederung des Großkundengeschäfts, das durch Angehörige der Geschäftsleitung der Muttergesellschaft ausschließlich betrieben wird, im Gegensatz zur dezentralen Struktur von Distributionsorganen für andere Kunden.
- Kooperationsgrad der Distributionsorgane: kompetitive Distributionsorgane mit autonomen Zielsetzungen (potenzielle Konflikte zwischen den Distributionsorganen, z.B. mangels Gebietsschutz in Drittmärkten); kooperative Distributionssysteme (es dominiert das gemeinsame Ziel, z.B. internationales Franchising-System).
- Anzahl vertikaler inländischer und/oder ausländischer Distributionsorgane oder Wirtschaftsstufen (Hersteller, Großhandel, Einzelhandel, verarbeitende Betriebe).
- Steuerung des Distributionssystems (z.B. durch Hersteller, Großhandel, Einzelhandel, Konsument (z.B. Konsumgenossenschaften mit Filialen und angegliederten Produktionsunternehmen) oder gewerbliche Verwender).
- Regionaler Steuerungsbereich: weltweit, überregional (z.B. Ländergruppe), national oder nur regional (innerhalb eines Landesmarktes).

Diversifikation [s.a. Ansoff-Matrix; Wachstumsstrategien]
Unter Diversifikation versteht man das Vordringen eines Unternehmens in Bereiche, die es bisher noch nicht bearbeitet hat. Dabei verstand Ansoff nur das Bearbeiten neuer Märkte mit neuen Produkten als Diversifikation (vgl. Ansoff, 1957). In einer weiteren Begriffsauslegung kann man aber auch von Diversifikation sprechen, wenn nur eines der beiden Elemente erweitert wird (Marktdiversifikation oder Produktdiversifikation).

Man unterscheidet weiter zwischen horizontaler Diversifikation, bei der das bisherige Leistungsspektrum des Unternehmens auf gleicher Wirtschaftsstufe erweitert wird, vertikaler Diversifikation, bei der die Leistungstiefe zu vorgelagerten oder nachgelagerten Wirtschaftsstufen hin vergrößert wird, sowie der lateralen Diversifikation, bei der das Leistungsprogramm auf neue, mit der bisherigen Geschäftstätigkeit in keinem sachlichen Zusammenhang stehende Bereiche ausgedehnt wird (vgl. Liebmann/Zentes, 2001, S. 320ff.).

Diversifikation findet oft durch M&A-Aktivitäten (→ *Mergers and Acquisitions*) statt. Eine starke Tendenz hin zur Diversifikation wurde durch (→) *Portfolio-Analysen* ausgelöst, da hier (oftmals) unterstellt wurde, dass durch Diversifikation sowohl ein besserer Risikoausgleich als auch eine gleichmäßigere Liquiditätsausstattung des Unternehmens erreicht werden können. Gerade bei einer internationalen Diversifikation führen auch die international nicht parallel laufenden Konjunkturzyklen zu einer Risikoreduzierung (vgl. Schmidt, 1989a, Sp. 364f.).

In der Folge wurden jedoch auch erhebliche Nachteile der Diversifikation ausgemacht. So können im Rahmen der Diversifikation oft nur geringe (→) *Synergieeffekte* realisiert werden (vgl. Macharzina, 1999, S. 251ff.). Außerdem verlässt man durch Diversifikation häufig die Felder seiner eigenen Kernkompetenzen, so dass auch die Wettbewerbsvorteile eines Unternehmens in den neuen Feldern häufig nicht gegeben sind (vgl. Hamel/Prahalad, 1995, S. 333ff.). Diese »Verzettelung« der Kräfte kann zu Einbußen in den angestammten Geschäftsfeldern und zu überproportional steigenden Kosten im neuen Produkt-Markt-Bereich führen. So stellte Porter in einer empirischen Analyse fest, dass Diversifikationen häufig nur eine geringe Erfolgsquote aufweisen (vgl. Porter, 1987, S. 30ff.).

Divisionalisierung → *Marketingorganisation*

Dokumentenakkreditive [s.a. Zahlungsbedingungen; Zahlungssicherung]
Ein Akkreditiv ist eine vertragliche Vereinbarung, wonach sich ein Kreditinstitut seinem Kunden (Akkreditivauftraggeber, Importeur) gegenüber verpflichtet hat, dessen Weisungen entsprechend bei Erfüllung der vorgeschriebenen Bedingungen einen im Akkreditiv bezifferten Betrag einem Dritten (Begünstigten, Exporteur) auszuzahlen. Diese treuhänderische Form der Zahlungsabwicklung wurde erstmals im 17. Jahrhundert in Großbritannien verwendet, wo internationale Geschäfte weitgehend über den Bankplatz London abgewickelt wurden, auch wenn die Partner in anderen Ländern ansässig waren (vgl. Schroth, 2001, S. 25; Deutsche Bank, 1998, S. 18).

Bei einem Bankakkreditiv überweist ein Kreditinstitut auf Anweisung eines Auftraggebers einen Geldbetrag an ein Kreditinstitut, das die Zahlung an den vom Auftraggeber genannten Empfänger nach dessen Legitimationsprüfung weiterleitet. Das Bankakkreditiv, das in früheren Jahren als Mittel des bargeldlosen Zahlungsverkehrs Verwendung fand, wurde in der Form eines Reisekreditbriefes (Reiseakkreditiv) genutzt. Es wird auch als Bar-Akkreditiv (clean credit) bezeichnet. In jüngerer Zeit wird es durch Reiseschecks und insbesondere durch Euroschecks und Kreditkarten zunehmend verdrängt. Im Außenhandel hat das Bankakkreditiv auf Grund der fehlenden Zahlungssicherungsfunktion keine Bedeutung mehr.

Neben den Bar-Akkreditiven sind als weitere Art des Akkreditivs Dokumentenakkreditive hervorzuheben, die für das internationale Geschäft eine herausragende Bedeutung erlangt haben. Da Dokumentenakkreditive ebenso wie das (→) *Dokumenteninkasso* eine Zahlungssicherungs- und Finanzierungsfunktion übernehmen, werden sie dementsprechend als Instrumente der kurzfristigen (→) *Außenhandelsfinanzierung* eingesetzt.

Ein Dokumentenakkreditiv basiert auf einem Warengeschäft mit einem Kaufvertrag und der Verpflichtung zur Akkreditiv-Eröffnung seitens des Käufers (Importeurs). Wesentliches Element eines Dokumentenakkreditivs ist die bindende Verpflichtungserklärung eines Kreditinstituts (Zahlungsversprechen der Importeurbank), bei Vorlage entsprechender Dokumente, die den Versand, die Versicherung, die Qualität und/oder andere auf die Ware bezogene Sachverhalte beweisen, Zahlungen zu leisten (vgl. Häberle, 1998, S. 371).

Bezüglich der Zahlungssicherung erhält der Exporteur für seine Kaufpreisforderung eine Sicherung, indem ihm eine Bank ein Zahlungsversprechen gibt. Er versendet die Ware erst nach Vorlage des Akkreditivs, sichert so seine Forderung und reduziert sein Annahmerisiko sowie sein Zahlungsrisiko, da er bei Erfüllung der im Akkreditiv genannten Bedingungen Leistungen von der Bank erhält. Für die Beurteilung der Akkreditivkonformität der Dokumente gelten die Einheitlichen Richtlinien und Gebräuche für Dokumentenakkreditive (ERA) der (→) *Internationalen Handelskammer*, Paris.

Dokumentenakkreditive umfassen auch eine Finanzierungsfunktion, weil der Exporteur sofort bei der Einreichung der Dokumente Zahlungen erhält und nicht die Finanzierung der Transportdauer vornehmen muss. Übersicht 32 zeigt den Ablauf eines Dokumentenakkreditivs.

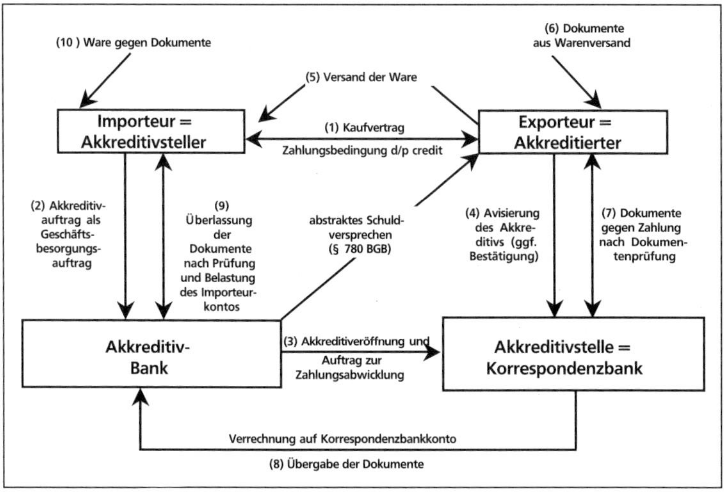

Quelle: Jahrmann, 1998, S. 380.

Übersicht 32: Ablauf eines Dokumentenakkreditivs

Als Arten der Dokumentenakkreditive lassen sich Auszahlungsakkreditive (d/p credit) und Wechselakkreditive (d/a credit) unterscheiden. Beim d/p credit erfolgt die Zahlung bei Eingang der Dokumente, d.h. bei Sichtung der Dokumente (Sichtakkreditiv) oder z.B. bei Schiffsankunft (Deferred Payment Akkreditiv).

Beim d/a credit erfolgt die Zahlung nach Ablauf des Zahlungsziels auf Wechselbasis. Die Akzeptleistung kann von Kreditinstituten (Remboursakkreditiv) oder vom Importeur (Negoziationsakkreditiv) erfolgen. In beiden Fällen erfolgt eine Zahlung auf Akkreditivbasis erst nach Ablauf einer Frist im Anschluss an die Sichtung der Dokumente. Weitere Formen der Akkreditive lassen sich nach

- Widerruflichkeit (widerrufliche und unwiderrufliche Akkreditive)
- Bestätigung (bestätigte und unbestätigte Akkreditive)
- Übertragbarkeit (übertragbare und nichtübertragbare Akkreditive)
- Revolvierbarkeit (revolvierende und nichtrevolvierende Akkreditive)

unterscheiden. Daneben existieren eine Reihe von Sonderformen (vgl. Jahrmann, 1998, S. 390).

Dokumenteninkasso [s.a. Zahlungsbedingungen; Zahlungssicherung]
Das Dokumenteninkasso ist neben dem (→) *Dokumentenakkreditiv* die im Außenwirtschaftsverkehr am häufigsten verwendete Form der dokumentären Zahlungsabwicklung zwischen den Parteien eines Außenhandelsgeschäfts. Seine Hauptfunktion besteht in der Zahlungssicherung.

Beim Dokumenteninkasso werden dem Importeur bzw. Besteller (Zahlungspflichtiger) unter Einschaltung von Geld- bzw. Kreditinstituten Dokumente gegen Zahlung des Gegenwerts bzw. gegen Akzeptierung von Wechseln (Tratten) übergeben. Die Zahlungsforderungen des Exporteurs (Zahlungsempfängers) werden von einem Geld- bzw. Kreditinstitut eingezogen, in dem ein Geldinstitut (Inkassobank) im Auftrag des Einreichers (Exporteur) dem Importeur (Bezogener) Dokumente (→ *Wertpapiere und Dokumente*) gegen Barzahlung oder gegen Übernahme einer wechselmäßigen Verpflichtung vorlegt. Die Bank haftet nicht für die Richtigkeit der Dokumente oder deren Einlösung, sondern legt die Dokumente (z.B. Transportdokumente, Versicherungsdokumente, Handelsrechnung) mit anderen im Rahmen der Zahlungsbedingungen vereinbarten Dokumente dem Importeur zur Zahlung bzw. zur Akzeptleistung vor (vgl. Häberle, 1998, S. 277ff.). Der Exporteur hat im Zeitpunkt der Warenlieferung keine Sicherheit, wie etwa beim (→) *Dokumentenakkreditiv*, dass der Besteller bei Vorlage der inkassogemäßen Dokumente auch Zahlung leisten kann oder will.

Beim Dokumenteninkasso wird zwischen Zahlungsinkasso (documents against payment, d/p inkasso) und Akzept-/Wechselinkasso (documents against acceptance, d/a inkasso) unterschieden. Beiden Inkassi gemeinsam sind folgende Merkmale:

- Zug-um-Zug-Geschäft: der Exporteur händigt die Ware, die durch die Dokumente verkörpert wird, nur bei Gegenleistung aus
- Einschaltung von Kreditinstituten zur Zahlungsabwicklung
- Geschäftsbesorgungsauftrag des Exporteurs gemäß § 675 BGB
- die Inkassobanken prüfen nur die Aufnahmefähigkeit der Dokumente, sie haften nicht für deren Richtigkeit
- Zugrundelegung der Einheitlichen Richtlinien für das Inkasso von Handelspapieren (ERI) der (→) *Internationalen Handelskammer*
- Gutschrift der Forderung entweder im Rahmen eines Exportkredits oder erst bei Zahlungseingang vom Importeur
- Zahlungs- und Erfüllungsort im Bestimmungsland der Ware (vgl. Jahrmann, 1998, S. 373).

Das Risiko liegt aus Sicht des Importeurs in der Bezahlung der Ware vor Besichtigung und Überprüfung, für den Exporteur in der Aufnahmeverweigerung oder -verspätung der Dokumente.

Beim d/p inkasso übergibt die Bank die Dokumente zur Gegenzahlung. Der Lieferant (Exporteur) erfüllt seine Verpflichtungen aus dem Exportvertrag durch Übergabe sämtlicher für den Nachweis der Eigentumsübertragung, der Wareneinfuhr und des Zollrechts des Einfuhrlandes erforderlichen Dokumente an dem vereinbarten Ort an den Empfänger der Ware (Importeur).

Beim d/a inkasso erhält der Importeur (Besteller) die Dokumente Zug um Zug gegen sein Akzept auf einer vom Exporteur (Lieferant) ausgestellten Tratte (Wechsel) ausgehändigt. Eine Zahlungssicherung besteht dann für den Exporteur nur noch auf Grund des Wechselrechts.

Bei einem geringen Vertrauen in den Importeur sollte der Exporteur bei gleicher Finanzierungswirkung ein Wechselaval (→ *Avale*) der Importeurbank oder ein Wechselakkreditiv (→ *Dokumentenakkreditive*) durchsetzen.

Drittpartei [s.a. Consulting Engineering]
Im Investitionsgütergeschäft treten neben den Hersteller- und Verwenderorganisationen häufig so genannte Drittparteien auf. Es handelt sich hierbei um Organisationen wie Architektur- und Ingenieurbüros, Unternehmensberater, Banken und Versicherungen sowie staatliche Stellen. Alle an der Investitionsgütertransaktion beteiligten Organisationen bilden ein multiorganisationales System (→ *Multiorganisationalität des Kaufprozesses*). Auf Seiten der Verwenderorganisationen kann man auch von einem multiorganisationalen (→) *Buying Center* sprechen. Die Drittparteien werden solange zum Buying Center gerechnet, wie sie als Berater oder Agent des Nachfragers auftreten und im Wesentlichen mit solchen Aufgaben betraut sind, die sonst der Nachfrager übernimmt. Zur Anbieterseite und damit zum (→) *Selling Center* sind analog diejenigen Drittparteien zu zählen, die am Akquisitions- und Verhandlungsprozess des Anbieters beteiligt sind (vgl. Backhaus, 1999, S. 134). In vielen Fällen geht durch die Einschaltung von Drittparteien auf der Abnehmerseite der unmittelbare Einfluss des Herstellers auf den Abnehmer verloren, denn die Planungsbüros übernehmen oftmals die gesamte Planung und Verantwortung für ein Projekt und entscheiden über den Kauf einzelner Erzeugnisse (vgl. Plinke, 1997a, S. 120).

Du-Pont-System → *Kennzahlen*

Dualdistribution → *Monodistribution*

Dumping

Dumping ist nach Artikel VI des GATT (→ *Allgemeines Zoll- und Handelsabkommen*) eine Wettbewerbsverfälschung im internationalen Handel, bei der der Ausfuhrpreis einer Ware niedriger angesetzt wird als ihr »normaler« Wert (vgl. World Trade Organization, 1995a, S. 168). In der Praxis heißt das, dass die Waren zu Preisen verkauft werden, die unter den üblichen Marktpreisen oder auch unter den Selbstkosten (Herstellkosten) liegen (vgl. Schroth, 2001, S. 190).

Als »normaler« Wert gilt (vgl. Kulhavy, 1993, S. 206):

- der vergleichbare Preis einer zur Verwendung oder zum Verbrauch im Ausfuhrland bestimmten gleichwertigen Ware im normalen Handelsverkehr, oder
- wenn ein vergleichbarer Preis nicht feststellbar ist, der höchste vergleichbare Preis für eine gleichwertige Ware bei einer Ausfuhr nach einem Drittland, soweit dieser repräsentativ ist, oder die Summe der Herstellkosten im Ursprungsland für eine gleichartige Ware zuzüglich eines angemessenen Betrages für Verwaltungs-, Verkaufs- und sonstige Kosten sowie für den Gewinn, wobei der Gewinnaufschlag den Gewinn, der üblicherweise bei Verkäufen von Waren der gleichen allgemeinen Art auf dem Inlandsmarkt des Ursprungslandes erzielt wird, nicht unterschreiten darf. Die Festlegung dieser Werte ist in der Praxis problematisch.

Dumping zählt ebenso wie Exportsubventionen (→ *Subventionen*) zu den protektionistischen Maßnahmen (→ *Protektionismus*). Anders jedoch wie importbehindernde Maßnahmen (→ *Handelshemmnisse*) ist Dumping eine klassische exportfördernde Maßnahme, die eine enge Beziehung zu (→) *Kartellen* hat (vgl. Yüksel, 2001, S. 243). Es widerspricht den Freihandelsprinzipien des GATT.

Ein vom Dumping betroffenes Importland ist den GATT-Regeln zufolge nicht ad hoc berechtigt, Gegenmaßnahmen zu treffen, z.B. (→) *Antidumpingzölle* zu erheben. Vorgeschaltet ist ein Prüfverfahren, an dessen Ende der Exporteur (Schädigender) freiwillig die Preise erhöht oder die staatliche Festsetzung eines Antidumpingzolls entschieden wird (Artikel VI Absatz 1 u. 2).

Die GATT-Regeln schützen nicht nur die von Dumping-Einfuhren betroffenen Staaten, sondern auch und insbesondere die Exportländer vor ungerechtfertigten Antidumpingmaßnahmen. Dazu wurde bereits in der 6. GATT-Runde (→ *Welthandelsrunden*) ein Anti-Dumping-Kodex entwickelt, der zusammen mit dem Subventions-Kodex 1980 in Kraft trat (vgl. Schroth, 2001, S. 44). Der Anti-Dumping-Kodex unterscheidet zwischen direktem und indirektem Dumping:

- Beim direktem Dumping werden durch Güter des Exportlandes gleichartige Güter des Importlandes verdrängt.
- Beim indirekten Dumping verdrängen die Güter des Export- und Importlandes gemeinsam die eines Drittlandes. In diesem Fall kann auch das Importland Maßnahmen zu Gunsten des Drittlandes ergreifen (vgl. Schroth, 2001, S. 191).

Die letzte Runde des GATT (Uruguay-Runde) präzisierte die Antidumpingregelungen und engte die Grenzen des Missbrauchs dieses Schutzinstrumentes ein (vgl. Hauser/Schanz, 1995, S. 83). In der (→) *EU* stützt sich das (Anti-)Dumping- und (Anti-)Subventionsrecht auf die entsprechenden GATT-Kodizes, mit abweichenden Besonderheiten. Insofern stellen Antidumpingzölle eine Form tarifärer Protektion der Importseite dar, die durch Dumping als eine nicht-tarifäre Protektionsmaßnahme der Exportseite ausgelöst werden (→ *Handelshemmnisse*).

Da die traditionellen Formen des Dumpings im Rahmen des GATT sanktioniert werden, gewinnen Dumpingpraktiken in anderen Bereichen an Bedeutung, die volkswirtschaftlich stark umstritten sind:

- Sozialdumping: Preisvorteile auf Grund weniger entwickelter Sozialsysteme durch die im internationalen Vergleich sehr geringen Lohnnebenkosten.
- Umweltdumping: Ermöglichen von Kosteneinsparungen durch die im internationalen Vergleich niedrigeren Umweltstandards.
- Wechselkursdumping: Systematische Abwertungsstrategien des Exportlandes, die u.U. erhebliche Wettbewerbsvorteile generieren. Diese Dumpingart wird nach dem GATT-Anti-Dumping-Kodex nicht als Dumpingmittel angesehen (vgl. Deutsche Bank, 1998, S. 131; Schroth, 2001, S. 191).

Dyopol → *Marktformen; Marktverhaltensweisen*

E

EAN-Code → *Artikelnummerierung*

E-Business → *E-Commerce*

E-Commerce
Die Begriffe E-Commerce und E-Business sind in der Literatur wie auch in der betriebswirtschaftlichen Praxis nicht eindeutig abgegrenzt. Grundsätzlich kann eine Abgrenzung dergestalt vorgenommen werden, dass der Begriff des E-Business als Oberbegriff den gesamten Bereich der elektronischen Geschäfts- und Austauschprozesse beschreibt, während sich E-Commerce auf den elektronischen Geschäftsverkehr zwischen Wirtschaftssubjekten i.e.S. beschränkt, deren Zweck im kommerziellen Bereich angesiedelt ist (vgl. Übersicht 33).

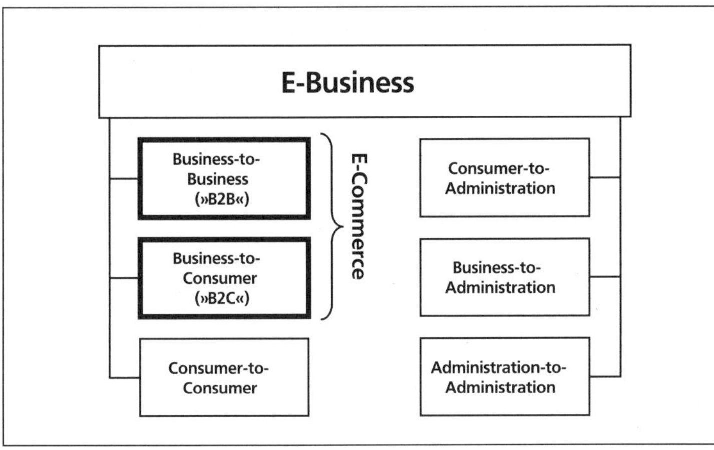

Quelle: Zentes/Ferring/Janz, 2001, S. 669.

Übersicht 33: E-Business und E-Commerce

E-Commerce betrifft somit nicht nur den Business-to-Consumer- (»B2C«), sondern vor allem auch den Business-to-Business-Bereich (»B2B«) und umfasst mehr als den Verkauf von Gütern und Dienstleistungen. Insbesondere geht es hierbei um die Verzahnung und Integration unterschiedlicher Wertschöpfungsketten und unternehmensübergreifender Geschäftsprozesse auf der Grundlage des schnellen und plattformunabhängigen Informationsaustausches über Informations- und Kommunikationstechnologien (vgl. Bliemel/Fassott/Theobald, 2000, S. 2).

Electronic Commerce basiert auf der Verknüpfung mehrerer technischer Prinzipien. Dabei handelt es sich vor allem um Datenbanksysteme (→ *Datenbanken*) zur Speicherung und zum selektiven Abruf vorhandener Informationen, um Kommunikationsnetze für den Datenaustausch zwischen einzelnen elektronischen Systemen sowie um (→) *Multi-Media*, d.h. die interaktive und integrative Verwendung von dynamischen Medientypen wie Audio oder Video und statischen Typen wie Texten oder Grafiken. Weiterhin ist das Hypertextprinzip relevant, womit die nichtlineare bzw. modulhafte und durch Querverweise verbundene Anordnung von Informationen gemeint ist, sowie eine Interaktionsfähigkeit, durch die Nutzer selbstständig Inhalte verändern oder hinzufügen bzw. Aktionen auslösen können. Als Herausforderungen für das Marketing von Unternehmen gilt es, sich die Potenziale, die durch Electronic Commerce eröffnet werden, nutzbar zu machen und mit den bestehenden Marketingkonzepten möglichst effizient zu verbinden.

So lassen sich insbesondere die folgenden Potenzialbereiche für das Marketing im Sinne eines Online-Marketing von Unternehmen erkennen (vgl. Bliemel/Fassott/Theobald, 2000, S. 5ff.):

- Online-Verkauf von Produkten
- Individualisierung der Kundenansprache im Sinne des (→) *One-to-One-Marketing*
- Integration der Online-Kommunikation in die bestehenden Werbemaßnahmen (Online-Werbung)
- Ausbau des Service-Managements über die Nutzung des neuen Kanals
- integratives Informationsmanagement in Verbindung mit dem Aufbau professioneller CAM-Systeme.

Insbesondere entstehen durch die Nutzung von E-Commerce im Handel wie in der Konsumgüterindustrie zunehmend so genannte Multi-Channel-Unternehmen (→ *Multi-Channel-Distribution*), die mehrere Verkaufskanäle parallel nutzen und für die es vordringlich darum geht, den neu hinzugekommenen Kanal des E-Commerce in das bestehende Geschäft zu integrieren. Vor diesem Hintergrund erlangt gerade das (→) *Customer Relationship Management* mit den Bestandteilen des Produktvertriebes über die verschiedenen Verkaufskanäle, des Service-Managements im Sinne einer idealen Integration und Abstimmung der unterschiedlichen Servicekomponenten in den einzelnen Verkaufskanälen sowie eines professionellen Kundeninformationsmanagements, das in der Lage ist, dem Kunden an jeder Stelle über jedes Medium die Informationen weiterzuleiten, die er braucht und andererseits in der Lage ist, einen Kunden verkaufskanal-übergreifend abzubilden, eine besondere Bedeutung.

Eine weitere Entwicklung in diesem Zusammenhang, die in Verbindung mit der zunehmenden Verbreitung von tragbaren »Minicomputern« bzw. Sende- und Empfangsstationen von Informationen wie Handys, Palmtops u.Ä. zunehmend an Bedeutung gewinnt, ist die des M(obile)-Commerce. Über solche Technologien können Transaktionen in ähnlicher Weise wie über stationäre Systeme »von unterwegs aus« abgewickelt werden. Transaktionen wie das Bestellen von Produkten (→ *Remote Ordering*) oder das Erledigen von Bankgeschäften und ähnlichen Dienstleistungen erhalten so eine neue Convenience-Dimension.

E-Commerce-Richtlinie [s.a. E-Commerce] Die Richtlinie 2000/31/EG der Europäischen Union regelt rechtliche Aspekte des elektronischen Geschäftsverkehrs im Europäischen Binnenmarkt und wurde am 4. Mai 2000 verabschiedet. Sie ist am 8. Juni in Kraft getreten und findet Anwendung »auf elektronisch im Fernabsatz auf individuellen Abruf mittels Geräten für die elektronische Verarbeitung gegen Entgelt erbrachte Dienstleistungen« (Artikel 2a). Die

Europäische Union will dadurch den freien Verkehr von Telediensten zwischen den Mitgliedsstaaten sicherstellen. Ziel der Richtlinie ist es, im Europäischen Binnenmarkt einen einheitlichen Rechtsrahmen für den elektronischen Rechtsverkehr zu schaffen.

Die E-Commerce-Richtlinie verfolgt einen breiten Ansatz und regelt sämtliche Kernbereiche des elektronischen Geschäftsverkehrs. Neben der Verantwortlichkeit der Provider, der Online-Werbung, den Anbieterkennzeichnungen und Preisangaben regelt sie auch den Abschluss elektronischer Verträge und enthält Regelungen zur außergerichtlichen Streitbeilegung und zur Online-Klage. Sie bedarf in vier zentralen Bereichen einer Umsetzung durch den deutschen Gesetzgeber: dem Herkunftslandprinzip, der Formwirksamkeit elektronisch geschlossener Verträge, den Informationspflichten des Betreibers elektronischer Dienste und den Haftungsprivilegien für bestimmte Dienste der Anbieter.

Das Herkunftslandprinzip soll insofern umgesetzt werden, als die Anbieter von Telediensten künftig ausschließlich den Bestimmungen ihres Niederlassungsstaates unterworfen sein sollen. Hierdurch soll im (→) *Internet* Rechtssicherheit geschaffen werden (vgl. Fritze/Holzbach, 2000, S. 872f.).

In Bezug auf die Informationspflichten sind im Wesentlichen die Anbieterkennzeichnung, die Informationspflichten bei der Werbung sowie die Informationspflichten bei elektronischen Bestellungen geregelt. Über diese E-Commerce-Richtlinie sollen somit ein grenzüberschreitender Handel durch eindeutigere Regelungen und eine sichere Gesetzgebung gefördert werden.

Economic Commission for Europe
→ *UN/ECE*

ECE → *UN/ECE*

ECR

Efficient Consumer Response (ECR) (»Effiziente Reaktion auf die Kundennachfrage«) bezeichnet eine kundenorientierte und ganzheitliche Betrachtungsweise der Prozesskette, in der alle Beteiligten – von der Produktion über den (→) *Handel* bis zum Endverbraucher – zusammenarbeiten (vgl. Ritter, 1995, S. 26).

ECR hat sich aus der Problematik heraus entwickelt, dass in der gesamten Versorgungskette (Supply Chain) Handel und Industrie durch die arbeitsteilige Vorgehensweise in der Vergangenheit jeweils nur solche (Teil-)Prozesse optimiert haben, die in ihren unmittelbaren Interessen- und Entscheidungsbereichen lagen. Dadurch sind – bezüglich der gesamten Prozesskette – Suboptima entstanden und es blieben große Potenziale für Kosteneinsparungen bzw. Erhöhung der (→) *Kundenzufriedenheit* an den Schnittstellen der Versorgungskette unberücksichtigt.

Zielsetzung von ECR ist es, den Bedarf des Kunden möglichst präzise und schnell zu erkennen, z.B. durch Scannerinformationen (→ *Scanning*), und zu decken. Gleichzeitig sollen die gesamte Logistikkette unternehmensübergreifend optimiert (→ *Marketinglogistik; Supply Chain Management*) und nicht-wertschöpfende Aktivitäten reduziert bzw. abgebaut werden.

Dazu ist erforderlich, dass Handel und Hersteller die gesamte Wertschöpfungskette (→ *Wertkette*) gemeinsam analysieren und bisher geschlossene Systeme gegebenenfalls zueinander öffnen. Hierzu gehören insbesondere eine Coorganisation des Warenflusses zu einer integrierten Versorgungskette sowie der Austausch interner und externer Daten im Rahmen einer lückenlosen Integration der Informationskette (vgl. Ritter, 1995, S. 26).

Die Anwendung aller Formen des elektronischen Datenaustauschs (→ *EDI*) ermöglicht, dass die elektronische Verkaufsmitteilung aus dem einzelnen Markt online an den Hersteller übermittelt wird und dort einen Warenfluss an diesen Markt initiiert, so dass der Händler schnellstmöglich wieder über die Waren verfügt. Die Verwendung von Scannerdaten ermöglicht somit eine Steuerung der Warenmengen durch den Abverkauf im Handel.

Das Konzept des ECR bezieht sich jedoch nicht nur auf eine Optimierung des Logistikbereiches, sondern auch auf eine Effektivitätssteigerung im Bereich des Marketing durch die Einführung eines professionellen (→) *Category Managements*. So bezieht sich die Hersteller-Handels-Kooperation im Rahmen des Category Managements auf folgende Aktivitäten (vgl. Wiezorek, 1998, S. 395ff.):

- Effiziente Sortimentsgestaltung: Lieferanten und Händler definieren gemeinsam ein Sortiment.
- Effiziente (→) *Verkaufsförderung*: Lieferanten und Händler erarbeiten ein gemeinsames Verkaufsförderungskonzept, das kompatibel mit den (→) *Marketingzielen* des Handels und der Industrie ist, z.B. im Zusammenhang mit der angestrebten Produktpositionierung.
- Effiziente Produktentwicklung (→ *Innovation*): Lieferanten und Handel arbeiten bereits in der Produktentwicklung zusammen, um das Risiko eines Misserfolges bei der Produktneueinführung zu reduzieren.

Das ECR-Konzept gewinnt vor dem Hintergrund einer zunehmenden »Hybridisierung« der Käufer verstärkt Bedeutung; es trägt dazu bei, auch qualitativ höherwertige Produkte bzw. Premiummarken zu vergleichsweise niedrigen Preisen anbieten zu können, sofern die durch die Optimierung der gesamten Prozesskette realisierten Kosteneinsparungen an den Käufer weitergegeben werden.

ECU → *EWS; Euro*

EDI

Als Basiskonzeption des strukturierten Geschäftsdatenaustausches zwischen Unternehmen hat sich das Konzept des EDI (Electronic Data Interchange) heute in vielen Branchen durchgesetzt.

EDI kennzeichnet dabei die unternehmensübergreifende Übermittlung strukturierter und normierter Geschäftsdaten ohne Doppelerfassung zwischen den beteiligten Unternehmen bzw. deren Computersystemen unter Anwendung offener elektronischer Kommunikationsverfahren (vgl. Liebmann/Zentes, 2001, S. 692).

So wurden zu Beginn der EDI-Entwicklung zunächst in vielen Ländern nationale branchenabhängige oder -unabhängige Datenformate entwickelt. Diese werden auf Grund der Internationalisierung der Wirtschaftsbeziehungen jedoch zunehmend durch internationale Standards abgelöst. Bekanntestes Beispiel eines solchen Standards ist EDIFACT (EDI For Administration, Commerce and Transport). Auf Grund der unterschiedlichen Anforderungen verschiedener Branchen in Bezug auf den Austausch von Geschäftsdaten ist EDIFACT heute als Basisnorm zu verstehen, aus der sich unterschiedliche Branchenstandards entwickelt haben.

Auf Basis dieser Branchenstandards können nun die unterschiedlichsten Geschäftsprozesse zwischen Unternehmen abgewickelt werden.

Übersicht 34 zeigt den Datenaustausch zwischen Handel und Hersteller in der Konsumgüterwirtschaft auf Basis des EDIFACT-Branchenstandards EANCOM.

Durch EDI sollen vor allem operative Effizienzeffekte realisiert werden. Unter anderem sollen eine mehrfache Datenerfassung, ein damit einhergehendes größeres Fehlerrisiko sowie eine unnötige Papierflut vermieden und die Informationsbereitstellung wesentlich beschleunigt werden. Durch diese Beschleunigung ergeben sich in der Folge aber auch strategische Effekte,

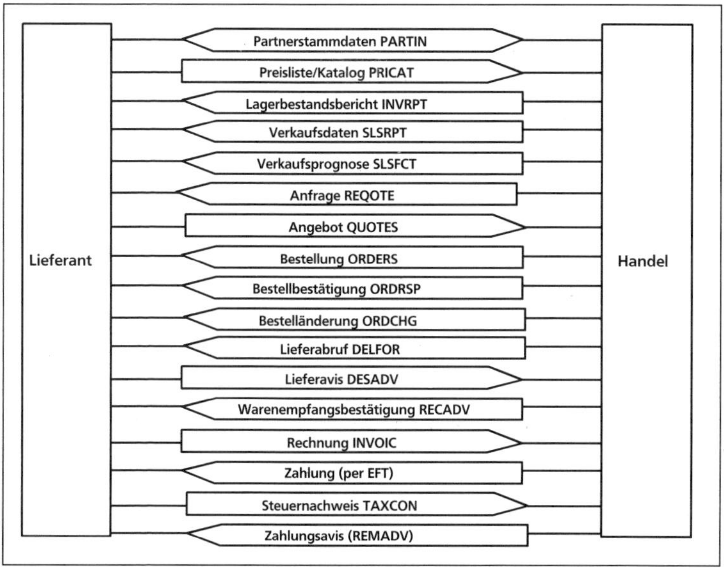

Quelle: Swoboda, 1998a, S. 360.

Übersicht 34: Datenaustausch zwischen Handel und Hersteller auf der Basis von EANCOM

die die Art der Zusammenarbeit zwischen Unternehmen betreffen (vgl. Liebmann/Zentes, 2001, S. 691ff.).

Für den Bereich der Abwicklung des Zahlungsverkehrs zwischen Unternehmen existiert seit einiger Zeit das auf einem EDI-Standard basierende Konzept des Electronic Funds Transfer (EFT). Bei diesem System wird der gesamte Zahlungs- und Abrechnungsvorgang zwischen Unternehmen unter Einbeziehung der Banken automatisiert.

Nach Übermittlung der Rechnung durch den Verkäufer sowie deren Prüfung wird im System des Käufers zum Zeitpunkt der Fälligkeit eine entsprechende Zahlungsanweisung an die Bank des Händlers ausgelöst. In deren System wird dadurch wiederum die Überweisung des Betrages an die Verkäuferbank initiiert. Die Systeme beider Banken generieren daraufhin eine Zahlungs- bzw. Empfangsbestätigung und übermitteln diese in die jeweiligen Systeme des Käufers bzw. des Verkäufers (vgl. ECR Europe, 1996, S. 14ff.).

Eine Weiterentwicklung der EDI-basierten Kommunikation zwischen Unternehmen stellen Internet-basierte Extranets und elektronische Marktplätze (Online-Marktplätze), die als Informationsdrehscheiben fungieren, dar. Die geringeren Kosten der Implementation sowie eine flexiblere Handhabung sind Gründe, warum diese Systeme in den nächsten Jahren die heutigen, relativ starren EDI-Systeme ablösen werden (vgl. Zentes/Janz/Morschett, 2000a, S. 93). Jedoch entsteht auch hier, ähnlich wie im Zusammenhang mit der

EDI-Technologie, die Notwendigkeit einer gewissen Standardisierung der Datenformate und Übertragungsstandards, was über neuartige Programmiersprachen wie XML, die neben der Syntax auch semantische Informationen zu einem bestimmten Datensatz übertragen können und somit seine Wiedererkennbarkeit im Empfängersystem erleichtern, erreicht werden kann (vgl. Zentes/Janz/Morschett, 2000a, S. 15).

EDIFACT → *EDI*

Efficient Consumer Response → *ECR*

EFT → *EDI*

EFTA [s.a. EU]

Die Europäische Freihandelszone (European Free Trade Association) entstand 1960 aus dem Zusammenschluss von sieben westeuropäischen Ländern, die ihre gemeinsamen wirtschaftlichen Interessen gegenüber der 1957 gegründeten Europäischen Wirtschaftsgemeinschaft (EWG) wahren wollten, dabei selbst aber keine weiter gehende politische Integration anstrebten. Ihr Ziel war es, den Handel mit Industriegütern untereinander zu liberalisieren, zur Schaffung eines ganz Europa umfassenden Markts beizutragen und die Entwicklung des Welthandels zu fördern. Unterzeichner des am 3. Mai 1960 in Kraft getretenen »Stockholmer Abkommens« und damit Gründungsmitglieder der EFTA waren Großbritannien, Schweden, Norwegen, Dänemark, Österreich, die Schweiz und Portugal. Ihnen schlossen sich Island (1961) und Finnland (1986) an. Liechtenstein, das als Teil des Schweizer Zollgebiets bereits in die EFTA einbezogen war, erwarb 1991 die Vollmitgliedschaft.

Die Gründung der EFTA resultierte aus dem erfolglosen Versuch, eine umfassende europäische Integration – eine große europäische Freihandelszone anstelle der EWG – zu gründen. So konnten die skandinavischen Länder bestimmte Aspekte des EWG-Vertrages nicht akzeptieren, insbesondere im Bereich der Landwirtschaft und der Fischerei.

Die EFTA ist eine (→) *Freihandelszone*, weitestgehend ohne Binnenzölle und mengenmäßige Handelsbeschränkungen, jedoch ohne gemeinsame Außenhandelspolitik. Seit 1972 besteht eine enge Verbindung zwischen der EFTA und der EG. Auf Grund der damals abgeschlossenen Freihandelsabkommen konnte der Handel mit gewerblichen Gütern zwischen den beteiligten Staaten im Laufe der siebziger Jahre weitgehend von Zöllen befreit werden. Mit der gemeinsamen »Erklärung von Luxemburg« wurde 1984 eine Phase noch intensiverer Zusammenarbeit eingeleitet, die schließlich in den Vertrag über den Europäischen Wirtschaftsraum (→ *EWR*) mündete. Anfang 1994 trat das Vertragswerk in Kraft, mit dem der Binnenmarkt auf die EFTA-Staaten mit Ausnahme der Schweiz ausgedehnt wurde. Ausgeklammert blieben vom EWR-Abkommen die Bereiche Zollunion, Landwirtschaft und Fiskalpolitik, was eine Aufrechterhaltung der Grenzen zwischen der EU und EFTA-Staaten notwendig macht. Neben dem EWR-Abkommen haben die EFTA-Staaten jeweils bilaterale Verträge mit der EU abgeschlossen, die punktuelle Marktzugangsbegünstigungen für Agrarwaren vorsehen.

Das erste Ziel des Zusammenschlusses, der Abbau der Zölle im EFTA-Binnenhandel mit Industriegütern, wurde 1966 vorzeitig erreicht. Trotzdem konnte sich die EFTA der Anziehungskraft der Europäischen Gemeinschaft immer weniger entziehen. Bereits 1973 wechselten Großbritannien und Dänemark zur EG über, 1986 folgte Portugal und 1995 vollzogen Finnland, Österreich und Schweden den Beitritt zur EU. Die Anfang 1995 auf vier Mitglieder geschrumpfte EFTA (»Mini-EFTA«) will an den Zielen des »Stockholmer Abkommens« festhalten und ihre eigenständige Rolle im Rahmen des EWR-Vertrags weiter wahrnehmen.

Die Schweiz ist mit der EU nach wie vor durch das Freihandelsabkommen aus dem Jahr 1972 verbunden. Dieses sieht eine Handelsliberalisierung für industriell-gewerbliche Erzeugnisse sowie für landwirtschaftliche Verarbeitungsprodukte vor. Daneben gewähren sich beide Vertragsparteien punktuelle Begünstigungen im Agrarhandel.

Ursprünglich hätte die Schweiz ebenfalls am EWR teilnehmen sollen, was aber durch eine negative Volksabstimmung vereitelt wurde. Nunmehr versuchen beide Seiten diesem Umstand durch den Abschluss von Sektoralabkommen in folgenden Bereichen entgegenzuwirken:

- freier Personenverkehr
- Forschung und technologische Entwicklung
- Landwirtschaft
- gegenseitige Anerkennung von Konformitätsbewertungen
- öffentliches Auftragswesen
- Straßenverkehr
- Luftverkehr.

EG → *EU*

EGKS → *EU*

Eigenhandel → *Handelsformen, kodifizierte*

Einführungsphase → *Produktlebenszyklus*

Eingang → *Import*

Einheitspapier [s.a. INTRASTAT]
Beim Einheitspapier handelt es sich um einen Formularsatz für Ein- und Ausfuhren im Warenverkehr. Bei seiner Einführung 1988 ersetzte es eine Vielzahl von nationalen Papieren auf der Käufer- und Verkäuferseite im Intra-EG-Handel.

Seit der Realisierung des Binnenmarktes (→ *Europäischer Binnenmarkt*) und dem Wegfall sämtlicher Zollformalitäten für den EU-internen Warenverkehr findet es hauptsächlich im Warenverkehr mit Drittländern (Extrahandel) Anwendung. Im Intrahandel gilt das Einheitspapier nur für den Verkehr von Nichtgemeinschaftswaren.

Einheitspreise
Einheitspreise sind das Ergebnis einer preispolitischen (→) *Standardisierung* und bedeuten die Vereinheitlichung der Preispolitik (→ *Preispolitik; Konditionenpolitik*). Die Festlegung eines Einheitspreises wird in einzelnen Ländern durch Preiskontrollen, Preisbindungen, Minimal- und Maximalpreise usw. gesetzlich begrenzt (vgl. Jahrmann, 1998, S. 245f.).

Neben der Problematik bezüglich der Durchsetzbarkeit von Einheitspreisen ist die Preisstandardisierung auch deswegen meist nicht sinnvoll, weil die länderspezifischen Kosten und Gegebenheiten und oft auch die Nachfrage- und Wettbewerbsstrukturen im Ausland zu verschieden sind (vgl. Segler, 1986, S. 222f.).

Einkäuferverhalten [s.a. Beschaffungsentscheidungsprozess]
Das Einkäuferverhalten soll hier im Gegensatz zum Kaufverhalten der Konsumenten gesehen werden. Es umfasst das Verhalten der Einkäufer in Industrie, Handel und sonstigen Institutionen und bezieht sich sowohl auf den Kauf von Konsumgütern als auch Investitions- und Produktionsgütern. Zu unterscheiden ist das Verhalten einzelner Einkäufer in einem unipersonalen Einkaufsprozess und das Verhalten und Zusammenwirken mehrerer Personen in einem multipersonalen Einkaufsprozess (→ *Multipersonalität des Kaufprozesses*).

Die Nutzenvorstellungen spielen für das Einkaufsverhalten eine erhebliche Rolle, wobei zwischen Grund- und Zusatznutzen zu unterscheiden ist (→ *Nutzen*). Der Grundnutzen ist weitgehend rational bestimmt und ergibt sich durch die Eignung eines Gutes für die ihm zugedachte Verwendung im Abnehmerbetrieb.

Der Zusatznutzen liegt z.B. in der leichten Bedienbarkeit oder im Wert des Gutes als Repräsentationsobjekt. Besonders hochwertige Investitionsgüter sind geeignet, dem Abnehmer einen Geltungsnutzen oder sozialen Nutzen zu vermitteln. Es spielt dann der Prestigegedanke bei der Entscheidung des Einkäufers eine große Rolle (vgl. Knüvener, 1967, S. 89ff.; Geisser, 1961, S. 57; Kreikebaum, 1960 und 1961).

Von Interesse für das Investitionsgütermarketing ist das (→) *Informationsverhalten* der Einkäufer. Strothmann (1979, S. 92ff.) unterscheidet drei Typen des Informationsverhaltens. Er differenziert zwischen einem literarisch wissenschaftlichen Informationsverhalten mit der Präferenz zu fachlichem Informationsmaterial und geringer Beachtung von Kurzinformationen, einem objektiv wertenden Informationsverhalten, dessen Repräsentanten jedes Kommunikationsmittel nutzen, um objektive Daten herauszufiltern und einem spontanen Informationsverhalten, das durch eine passive und spontane Informationsaufnahme gekennzeichnet ist.

Einkaufsgemeinschaft [s.a. Verbundgruppe]
Die Einkaufsgemeinschaft (vgl. Liebmann/Zentes, 2001, S. 283) ist ein Zusammenschluss von Einzelhandelsbetrieben, seltener auch von Großhandelsbetrieben, zum Zweck des gemeinsamen Wareneinkaufs. Die Initiative zur Schaffung von Einkaufsgemeinschaften ging ursprünglich von Einzelhandelsbetrieben aus, die ihre Wettbewerbssituation durch einen günstigeren Einkauf verbessern wollten. Im Gegensatz dazu wurden (→) *Freiwillige Ketten* meist vom Großhandel gegründet, der in erster Linie Absatzziele verfolgte. Die Einkaufsgemeinschaften können hinsichtlich der von ihnen vermittelten bzw. vertriebenen Sortimente unterschieden werden in (vgl. Liebmann/Zentes, 2001, S. 283):

- Spezialeinkaufsverbände (z.B. für einzelne Produktgruppen im Textilbereich)
- Sortimentseinkaufsverbände für branchenübliche Sortimente
- Mehrbrancheneinkaufsverbände für Waren mehrerer Branchen.

Das ursprüngliche Tätigkeitsgebiet der gemeinsamen Beschaffung innerhalb von Einkaufsgemeinschaften ist heute sehr stark ausgeweitet worden. So zeigt sich innerhalb von Verbundgruppen eine neue Arbeitsteilung bzw. Aufteilung der Wertschöpfungsaktivitäten dahingehend, dass die Verbundgruppenzentrale zunehmend als Systemkopf agiert mit dem Ziel der Effizienz- und Effektivitätssteigerung der gesamten Gruppe v.a. in Bezug auf die Marktbearbeitung und damit Marketingaktivitäten. So zeigen sich innerhalb von Verbundgruppen insbesondere folgende Trends:

- harmonisierter Marktauftritt im Sinne einer Betriebstypenprofilierung (→ *Betriebstypen des Handels*)
- Full-Service-Betreuung der Mitglieder in Marketing, Logistik, Controlling und Warenwirtschaft
- Standortsicherung durch die Übernahme von Mitgliederstandorten
- Expansion von Regiebetrieben und Entstehen Franchise-ähnlicher Strukturen
- Angebot von Finanzierungspaketen
- Anpassung und Koordination von Entscheidungsstrukturen und -prozessen.

Einkaufsgemeinschaften treten häufig in der Rechtsform der eingetragenen Genossenschaft (Einkaufsgenossenschaft) auf. Allerdings sind auch Kapital- (GmbH, AG) und Personengesellschaften vorzufinden.

Parallel dazu zeigt sich, ausgelöst durch steigenden Wettbewerbsdruck und zunehmende Internationalisierungstendenzen, eine zunehmende Bündelungstendenz auf supranationaler Ebene, die als »Kooperation der Kooperationen« oder zweistufige Kooperation auf den internationalen Beschaffungsmärkten ein Gegengewicht gegenüber den Kooperationen der filialisierten Systeme erreicht (→ *Einkaufskontore*).

Einkaufskontore [s.a. Beschaffungsallianzen; Einkaufsgemeinschaft]
Einkaufskontore sind kooperative Einrichtungen verschiedener Unternehmen und Gruppen des Handels, welche meistens dem Zweck dienen, Beschaffungsvorgänge über eine zentrale Stelle abzuwickeln.

Der Hauptzweck der Einkaufskontore liegt in der Bündelung von Einkaufsvolumen, die sich beispielsweise in der Gestaltung der Zahlungskonditionen, insbesondere der Preisnachlässe, niederschlägt und in der Öffnung des Zugangs zu internationalen Beschaffungsmärkten, der beispielsweise durch weltweite Einkaufsbüros internationaler Handelsorganisationen zum Ausdruck kommt (vgl. Liebmann/Zentes, 2001, S. 287).

Die weiteren Aufgaben von Einkaufskontoren lassen sich wie folgt zusammenfassen (vgl. Lerchenmüller, 1992, S. 324):

- Marktforschung und -erschließung
- Kontaktpflege mit Lieferanten
- Herausgabe von Marktinformationen
- Rahmenvereinbarungen mit zu listenden Lieferanten
- Schaffung von Eigenmarken
- Zentralregulierung, gegebenenfalls Delkredereübernahme
- Beratung und Schulung
- Entwicklung von Konzeptionen für die angeschlossenen Unternehmen in den Bereichen Marketing, Organisation usw.

Mitglieder von Kontoren sind i.d.R. Ein- und Mehrbetriebsunternehmen, Filialunternehmen sowie Verbundgruppen des Handels wie Einkaufsgenossenschaften und Freiwillige Ketten.

In den letzten Jahren hat sich ein zunehmendes Internationalisierungsstreben im Beschaffungsbereich des Einzelhandels gezeigt. Dies führte zu einer Ausweitung der Kooperationen auf internationaler Ebene. Durch diese internationalen Kooperationsbestrebungen sind sog. Euro-Kontore entstanden, z.B. EMD, Eurogroup.

Da zwischen den beschaffungs- und absatzseitigen Aktivitäten zahlreiche Interdependenzen bestehen, ergibt sich aus der Tätigkeit von Einkaufskontoren langfristig gesehen das strategische Potenzial, Beschaffungsmärkte auch in Absatzmärkte zu transformieren (vgl. Zentes/Ferring, 1995, S. 430).

Einkommenselastizität → *Elastizität*

Einschaltung des Handels
Die Einschaltung des Handels kennzeichnet die Art und Zahl der Handelskettenglieder (→ *Handelskette*), die in bestimmten Wirtschaftsbereichen oder in einer Volkswirtschaft zwischen Produzenten und Verwendern von Gütern angeordnet sind. Durch die Einschaltung von Handelsbetrieben erhöht sich die Zahl der Handelskettenglieder, durch die Ausschaltung des Handels wird sie verringert.

Die Ein- und Ausschaltung des Handels sind von der Art und Menge der produzierten und zu verteilenden Güter, von der Zahl und den Aktivitätenbündeln der in einer Handelskette eingeschalteten Institutionen und von den Aktivitätenbündeln vergleichbarer nicht integrierter Institutionen abhängig (vgl. Tietz, 1975, S. 220f.).

Eine grundlegende Gesetzmäßigkeit der Ein- bzw. Ausschaltung formulierte Schär bereits im Jahre 1923. Er stellte die Forderung auf, dass in einem Absatzweg jeweils derjenige Partner anfallende Aktivitäten erledigen soll, der am besten dazu in der Lage ist: »Wer ein Glied ausschalten will, muss erstens genau wissen, welche Dienste dieses Glied bisher geleistet hat, zweitens erwägen, ob er diese Dinge nunmehr ebenso gut selbst ausführen kann, und drittens kalkulieren, ob der Vorteil aus der Ausschaltung größer oder kleiner ist als der Aufwand, um das ausgeschaltete Glied zu ersetzen.«

Das explikative Gesetz über die Ein- und Ausschaltung des Handels lautet: »Selbständigkeit und Existenzmöglichkeit jedes Gliedes sind bedingt durch die Summe von nützlichen und notwendigen Diensten in der Güterzirkulation, die es leistet bzw. die von einem anderen Gliede nicht ebenso gut und wirtschaftlich verrichtet werden können« (Schär, 1923, S. 194, S. 214). In der neueren Literatur werden einzelne Wertschschöpfungsfunktionen als Analysegrundlagen für die Ausschaltung der Handelsfunktionen in der vertikalen Wertschöpfungskette zum Verbraucher (→ *Wertkette; Wertschöpfungskreislauf*) diskutiert, so im Zuge der (→) *E-Commerce*- bzw. Internet-Diffusion (vgl. Zentes/Swoboda, 2000b, S. 687ff.).

Einstellung [s.a. Einstellungsmessung]
Die Einstellung ist eine wesentliche Variable zur Erklärung des Käuferverhaltens. Sie ist eine aktivierende Variable und zählt zu den (→) *Antriebskräften* menschlichen Verhaltens (→ *Intervenierende Variablen*). Eine Einstellung ist die subjektiv wahrgenommene Eignung eines Gegenstandes zur Befriedigung einer Motivation. Betrachtet man das System der aktivierenden Variablen, also (→) *Emotion*, (→) *Motivation* und Einstellung, so kann die Einstellung definiert werden als:

»Einstellung = Motivation + kognitive Gegenstandsbeurteilung«
(Kroeber-Riel/Weinberg, 1999, S. 168).

Einstellungen sind stets auf bestimmte Gegenstände, z.B. ein Produkt oder eine Person, gerichtet, über die ein subjektives und emotional ausgerichtetes Urteil entsteht (vgl. Kroeber-Riel/Weinberg, 1999, S. 168).

Nach der Drei-Komponenten-Theorie (vgl. Kroeber-Riel/Weinberg, 1999, S. 169ff.) haben Einstellungen neben der affektiven und kognitiven Komponente auch eine Verhaltenskomponente (vgl. Übersicht 35).

Untersuchungen zufolge besteht ein direkter Zusammenhang zwischen Einstellung und Kaufverhalten, auch als »EV-Hypothese« bezeichnet (vgl. Übersicht 36). Dieser Zusammenhang ist aber nur unter gewissen Vorbehalten aufrechtzuerhalten, wenn nämlich situative, objekt- und personenspezifische Aspekte dem nicht widersprechen.

In der neueren Literatur zum Konsumentenverhalten wird das (→) *Involvement* als Determinante der Einstellungsbildung stärker hervorgehoben. Auf Grund eines schwächer ausgeprägten Informationsverhaltens wie auch einer weniger extensiven gedanklichen Beschäftigung mit dem Entscheidungsproblem bei so genannten Low-Involvement-Produkten bildet sich die Einstellung in einer anderen Weise, als es die EV-Hypothese unterstellt. Low-Involvement-Kaufentscheidungen werden nicht notwendigerweise durch vorher gebildete Einstellungen gesteuert, sondern ein Produkt wird beispielsweise auf Grund flüchtig erinnerter Produkteigenschaften oder Sympathien gekauft. Eine Einstellung bildet sich erst nach dem Kauf durch Verwendungserfahrungen. Bei geringem Involvement wird die EV-Hypothese in eine Verhaltens-Einstellungs-Hypothese verkehrt (vgl. Bleicker, 1983, S. 165ff.; Kroeber-Riel/Weinberg, 1999, S. 170).

Zum Zweck der Verhaltensprognose kann man auch die näher zum Verhalten stehende (→) *Kaufabsicht* messen. Dabei bestehen aber ebenfalls Probleme, da z.B.

die Kaufsituation nur schwer von den Käufern antizipiert werden kann.

Auf Grund der Erklärungskraft für das Käuferverhalten sowie guter Operationalisierungsmöglichkeiten und der vielfältigen Methoden der Einstellungsmessung haben Einstellungen eine große Bedeutung für das Marketing. Einstellungen bieten nach Kroeber-Riel/Weinberg (1999, S. 211ff.) eine Reihe wichtiger Anwendungspunkte:

- als Basis der Erklärung und Prognose des Konsumentenverhaltens
- als Basis der Erfolgskontrolle absatzpolitischer Maßnahmen (z.B. (→) *Werbewirkungskontrolle*)
- als Basis der (→) *Marktsegmentierung*
- zur Ermittlung des »idealen Produktes«
- zur Produktpositionierung (→ *Positionierung*) und
- zur Konzeption der (→) *Kommunikationspolitik*.

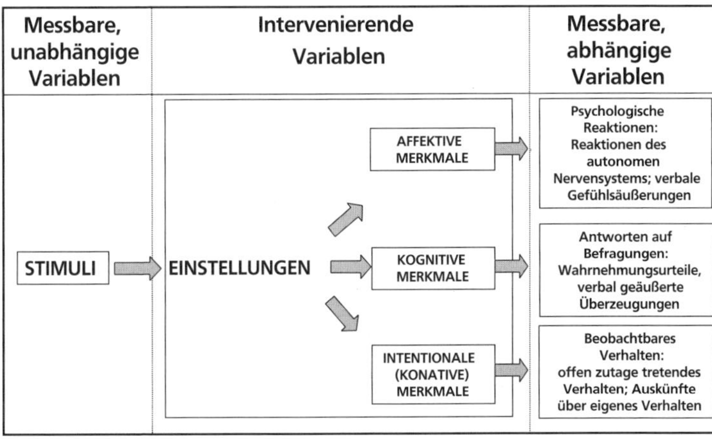

Übersicht 35: Komponenten der Einstellung

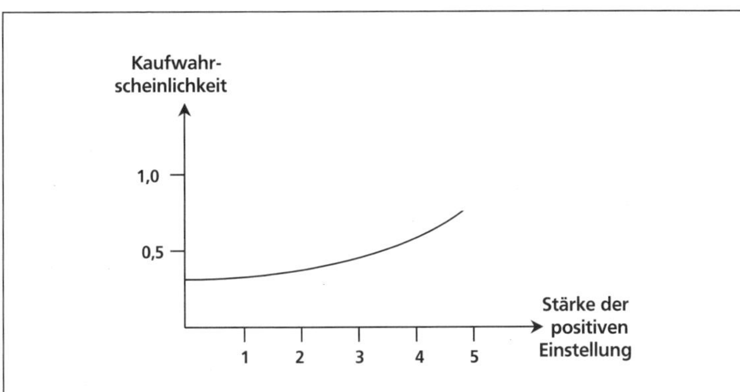

Übersicht 36: Zusammenhang zwischen Einstellung und Kaufverhalten

Für das Marketing ist es besonders wichtig zu wissen, wie Einstellungen entstehen und wie sie sich verändern. Einstellungen entstehen oder wandeln sich durch die direkte Erfahrung mit einem Produkt und durch die (→) *Kommunikation* über ein Produkt (Werbung und persönliche Kommunikation). Ein Einstellungswandel kann auch durch kognitive Inkonsistenzen bedingt sein, wie sie bspw. in der Dissonanztheorie abgegrenzt werden (→ *Konflikte*).

Einstellungsmessung

Da (→) *Einstellungen* nicht beobachtbare psychische Größen (theoretische Konstrukte) sind, kann eine Messung nur über (→) *Indikatoren* erfolgen. In der Regel erfolgt die Einstellungsmessung über verbale Indikatoren im Rahmen einer Befragung, um sowohl die affektive als auch die kognitive Komponente der Einstellung zu erfassen. Eine Messung ist aber auch mittels Aufzeichnung physiologischer Reaktionen (affektive Komponente) (→ *Messtechniken, apparative*) und durch Beobachtung (Verhaltenskomponente) möglich. Weiterhin kann man die Methoden der Einstellungsmessung nach dem (→) *Skalenniveau* und nach der Zahl der Dimensionen unterscheiden. Bezüglich der Dimensionen unterscheidet man ein- und mehrdimensionale Messungen (vgl. Übersicht 37):

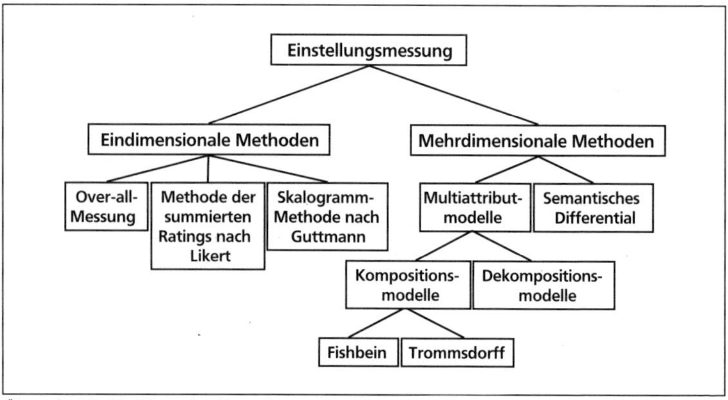

Übersicht 37: Verfahren der Einstellungsmessung

Eindimensionale Einstellungsmessung: Die Methoden der eindimensionalen Messung erfassen fast ausnahmslos die affektive Einstellungskomponente. Die Messung durch einfache Rating-Skalen (vgl. Kroeber-Riel/ Weinberg, 1999, S. 193f.; Hammann/ Erichson, 2000, S. 331ff.) ist eine häufig angewendete Methode (Over-all-Messung). Weitere eindimensionale Verfahren sind die Skalierungsverfahren nach Likert und nach Guttman, bei denen zu dem Einstellungsobjekt Statements bzw. Items (Äußerungen) formuliert werden.

Rating-Skalen sind einfache Zuordnungsskalen (→ *Rating*). Mittels einer Skala wird einem Einstellungsobjekt ein Messwert zugeordnet, d.h. die Frage »Wie beurteilen Sie generell das Produkt A?« wird anhand bspw. einer Skala von 1 (= sehr gut) bis 5 (= sehr schlecht) beantwortet. »Einzelne Rating-Skalen geben ein direktes und unspezifiziertes Urteil der Befragten wieder« (Kroeber-Riel/Weinberg, 1999, S. 194). Bei bipolaren (zweipoligen) Skalen, d.h. an ihren Polen stehen Ausdrücke mit gegensätzlicher Bedeutung, entstehen Schwierigkeiten bei der Interpretation des Mittelpunktes (Nullpunktes). Es ist dabei unklar, ob der Befragte indifferent ist oder sich positive und negative Aspekte gegenseitig aufheben. Es ist daher zweckmäßig, einpolige Skalen anzuwenden, die durch eine abnehmende oder zunehmende Intensität hinsichtlich eines Begriffs gekennzeichnet sind. Die abgetragenen Werte sind eigentlich ordinaler Natur. Sie können aber wie metrische Messwerte behandelt werden, bei der Annahme, dass die Abstände in der Vorstellung des Befragten als gleich interpretiert werden.

Nach dem Likert-Verfahren (Verfahren der summierten Ratings) sammelt man gleich viele günstige und ungünstige Statements zu einem Messobjekt und befragt die Personen über ihre Ablehnung oder Zustimmung zu den Items unter Verwendung bipolarer Skalen. Zur Auswertung addiert man die Skalenwerte zu einem Messwert der Einstellung für jede Person (vgl. Übersicht 38).

Stimulus	Einschätzungen	
	Person A	Person B
1	+ 2	- 2
2	+ 1	0
3	+ 1	- 1
4	+ 2	- 2
5	+ 1	- 2
6	+ 2	- 2
7	+ 2	0
8	0	0
Summe der Einschätzungen	11	- 9

Quelle: Hammann/Erichson, 2000, S. 345.

Übersicht 38: Beispiel des Verfahrens der summierten Ratings nach Likert

Bei der Skalogramm-Methode nach Guttman wählt man ebenfalls mehrere Items zu einem Einstellungsobjekt aus und führt dann eine dichotome Befragung der Personen über Zustimmung (1) oder Ablehnung (0) durch. Die Aussagen aller Personen werden im Skalogramm aufgeführt. Auf der Basis der Gesamtpunktzahl jeder Person können diese in eine Rangfolge gebracht werden. Man erhält eine eindimensionale Rangskala (vgl. Übersicht 39).

Personen	Aussagen (1) 1	(1) 0	(2) 1	(2) 0	(3) 1	(3) 0	(4) 1	(4) 0	Gesamtpunktzahl
1	x		x		x		x		4
2	x		x		x		x		4
3	x		x		x		x		4
4	x		x		x		x		4
5	x		x		x		x		4
6	x		x			x	x		3
7	x		x			x	x		3
8	x		x			x	x		3
9		x	x			x	x		2
10		x	x			x	x		2
11		x	x			x		x	1
12		x	x			x		x	1
13		x	x			x		x	1
14		x	x			x		x	1
15		x		x		x		x	0
16		x		x		x		x	0
17		x		x		x		x	0
18		x		x		x		x	0
19		x		x		x		x	0
20		x		x		x		x	0

Quelle: Hammann/Erichson, 2000, S. 347.

Übersicht 39: Anwendungsbeispiel der Skalogramm-Methode nach Guttman

Mehrdimensionale Einstellungsmessung: Betrachtet man das (→) *Image* als mehrdimensionales Einstellungskonstrukt, so können die Methoden der Imagemessung zur mehrdimensionalen Einstellungsmessung herangezogen werden.

Semantisches Differenzial: Das Semantische Differenzial nach Osgood (vgl. Hammann/Erichson, 2000, S. 348ff.) verwendet eine Anzahl von gegensätzlichen Eigenschaftswörtern, die eine metaphorische Bedeutung haben sollen, d.h. sie sollen nicht wörtlich, sondern in einem übertragenen Sinne verstanden werden. Die Wörter werden mit Rating-Skalen verbunden. Auf diesen Skalen geben die Probanden durch Ankreuzen eines Wertes an, inwieweit die jeweiligen Eigenschaftswörter mit ihren Assoziationen zu dem Objekt übereinstimmen. Nach Hofstätter (1973) werden dann die Mittelwerte der von allen Personen angegebenen Werte je Skala ermittelt. Verbindet man diese Mittelwerte grafisch, ergibt sich das Eigenschafts- oder Polaritätsprofil des Objektes (Produktes) (vgl. Übersicht 40).

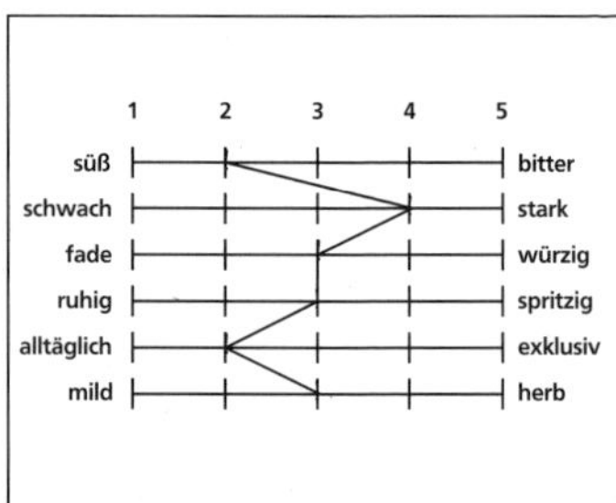

Übersicht 40: Beispiel eines Semantischen Differenzials

Fishbein-Modell: Das grundsätzliche Merkmal des Fishbein-Modells besteht in der getrennten Erfassung der affektiven und der kognitiven Einstellungskomponente. Dem Modell liegen zwei Hypothesen zugrunde:

- Die Konsumenten nehmen bei jedem Objekt nur einige für ihre Einstellung entscheidende Eigenschaften wahr.
- Die Einstellung zu einem Objekt ergibt sich aus der subjektiven Wahrnehmung der Eigenschaften (Eindrucksausprägung = kognitives Element) und ihrer Bewertung (Eindrucksbewertung = affektives Element).

In formaler Schreibweise (vgl. Trommsdorff, 1975, S. 56) gilt:

$$A_{ij} = \sum_{k=1}^{n} B_{ijk} \cdot a_{ijk}$$

Dabei bedeuten:

A_{ij} = Eindruckswerte (= Einstellung) der Person i zu Produkt j,

B_{ijk} = Wahrscheinlichkeit, mit der Person i Eigenschaft k an Objekt j für vorhanden hält,

a_{ijk} = Bewertung von Eigenschaft k an Objekt j durch Person i.

Die Kritik an diesem Modell wendet sich besonders gegen die multiplikative Verknüpfung der Wahrscheinlichkeiten und der Bewertungen. Beide Werte können sich gegenseitig ausgleichen.

Trommsdorff-Modell: Trommsdorff (1975) vermeidet die multiplikative Verknüpfung. Die getrennte Erfassung von affektiver und kognitiver Komponente der Einstellung wird dabei nicht aufgegeben; die kognitive Komponente wird direkt über die wahrgenommenen Merkmalsausprägungen (B_{ijk}) gemessen, während die affektive Komponente indirekt gemessen wird, indem die Probanden nach der aus ihrer Sicht idealen Merkmalsausprägung (I_{ik}) gefragt werden. Der Einstellungswert (E_{ij}) ermittelt sich dann formal wie folgt (vgl. Trommsdorff, 1975, S. 73):

$$E_{ij} = \sum_{k=1}^{n} | B_{ijk} - I_{ik} |$$

Problematisch ist hierbei, wie auch beim Fishbein-Modell, die Additivitätshypothese, nach der die Einstellung sich additiv aus den Einzeleindrücken zusammensetzt. Die einzelnen Eigenschaften werden hier als kompensatorisch und voneinander unabhängig betrachtet.

Eine weitere Möglichkeit zur mehrdimensionalen Einstellungsmessung bietet die (→) *Multidimensionale Skalierung* (MDS) auf der Basis von Ähnlichkeitsdaten (→ *Ähnlichkeitsmaße*). Die Conjoint-Analyse (→ *Conjoint Measurement*) eröffnet ebenfalls die Möglichkeit zur mehrdimensionalen Einstellungsmessung, indem sie sowohl kompositionelle als auch dekompositionelle Befragungssequenzen kombiniert.

Einzelhandel [s.a. Handel; Großhandel]
Der Begriff Einzelhandel wird im funktionellen und institutionellen Sinne verwendet. Im funktionellen Sinne wird darunter die wirtschaftliche Tätigkeit des Absatzes von Gütern (Handelswaren) an Letztverbraucher (private Haushalte) verstanden.

Institutionell fasst der Begriff die Institutionen des Einzelhandels (Einzelhandelsunternehmen) zusammen, deren wirtschaftliche Tätigkeit ausschließlich oder überwiegend dem Einzelhandel im funktionellen Sinne dient (vgl. Ausschuß für Begriffsdefinitionen aus der Handels- und Absatzwirtschaft, 1995, S. 41).

Einzelhandelspanel → *Handelspanel*

Elastizität [s.a. Triffin'scher Koeffizient]
Der Begriff der Elastizität geht auf Marshall zurück und bezeichnet das Verhältnis der relativen Veränderung zweier Größen. Der Elastizitätskoeffizient (η) misst das Verhältnis einer relativen Änderung der abhängigen Variablen (y) zur relativen Änderung der unabhängigen Variablen (x):

$$\eta = \frac{\delta y}{y} : \frac{\delta x}{x} = \frac{\delta y}{\delta x} \cdot \frac{x}{y}$$

Wichtige Elastizitätsarten sind:

– *die Preiselastizität der Nachfrage*
Das Ausmaß der Absatz- bzw. Nachfrageänderung bei einer bestimmten Preisänderung wird als Absatz- oder Preiselastizität bezeichnet. Sie wird definiert als Verhältnis von relativer Absatzänderung zu relativer Preisänderung:

$$\eta = -\frac{\delta x}{\delta p} \cdot \frac{p}{x}$$

Dabei bedeuten: p = Preis, x = Menge.

Je höher η ist, desto elastischer ist die Nachfrage.

Analog der Preiselastizität ist die Kreuzpreiselastizität definiert. Sie gibt das Verhältnis der relativen Änderung der Absatzmenge des Produktes i bei relativer Preisänderung des Produktes j wieder:

$$\eta_{ij} = -\frac{\delta x_i}{\delta p_j} \cdot \frac{p_j}{x_i}$$

– *die Einkommenselastizität*
Die Einkommenselastizität gibt die Veränderung der Nachfrage nach einem Gut bei verändertem Einkommen der Konsumenten an.

– *die Verbrauchselastizität*
Die Verbrauchselastizitäten sind Strukturkoeffizienten zum Zweck der langfristigen Prognose. Sie bringen z.B. zum Ausdruck, wie sich der Verbrauch eines Gutes ändert, wenn sich ein Indikator ändert, z.B. bei Investitionsgütern die industrielle Bruttoproduktion.

Electronic Data Interchange → *EDI*

Electronic Shopping
Electronic Shopping bzw. elektronischer Einkauf bezeichnet alle Vertriebsformen für Waren und Dienstleistungen, bei denen über elektronische Medien (→ *Multi-Media*) ohne gleichzeitige körperliche Anwesenheit der Vertragspartner die Angebotspräsentation sowie die Vertragsanbahnung durch einen Anbieter und der Bestellvorgang durch einen Nachfrager realisiert werden. Die Bezahlung erfolgt konventionell, z.B. per Nachnahme oder mit Kreditkarte, oder mittels Electronic Banking. Nur in Sonderfällen wird ebenfalls die Leistungserbringung auf elektronischem Wege vollzogen (z.B. Software-Produkte, Datenbankrecherchen) (vgl. Flegel, 1995, Sp. 556).

Dem Konsumenten stehen beim Electronic Shopping computerisierte Kataloge der Produkte von Herstellern, Händlern, Banken und Reiseveranstaltern online zur Verfügung, aus denen dann direkt per PC oder Fernseher (beim digitalen Fernsehen) bestellt werden kann.

Das Electronic Shopping gewinnt gerade mit der Verbreitung des (→) *Internet* zunehmend an Bedeutung. Zwar sind die Umsätze in diesem Bereich noch relativ gering, jedoch ergeben sich zumindest für einige Branchen durchaus nennenswerte Potenziale, über Electronic Shopping relevante Umsatzgrößen zu erzielen.

Hierbei wird das Potenzial vor allem im Dienstleistungsbereich i.e.S. weit höher eingeschätzt als in den klassischen Einzelhandelsbranchen. Insbesondere im Bereich von Finanzdienstleistungen und im Tourismusbereich zeigen sich bereits Anzeichen, die für eine erhebliche Umstrukturierung der Vertriebswege sprechen (vgl. Zentes/Swoboda, 1998; Zentes/Ferring/Janz, 2001, S. 683f.)

Emotion

Emotionen sind ein grundlegendes Element im System der (→) *intervenierenden Variablen* und der (→) *Antriebskräfte*. Sie dienen vor allem der (→) *Aktivierung* und beinhalten noch wenige kognitive Komponenten. »Emotionen sind innere Erregungen, die angenehm oder unangenehm empfunden und mehr oder weniger bewusst erlebt werden« (Kroeber-Riel/Weinberg, 1999, S. 106). Im System der Antriebskräfte können Emotionen wie folgt charakterisiert werden:

»Emotion = zentralnervöse Erregungsmuster + kognitive Wahrnehmung« (Kroeber-Riel/Weinberg, 1999, S. 56).

Erst durch die kognitive Verarbeitung einer inneren Erregung entstehen emotionale Erlebnisse. Auf Grund der beiden Komponenten werden zur Erklärung von Emotionen psychophysiologische und kognitive Theorien herangezogen. Bei den kognitiven Theorien finden die Attribuierungstheorien zunehmende Bedeutung. Sie gehen davon aus, dass Individuen nach Ursachen – die in den Eigenschaften von Personen, in Umweltreizen oder in Handlungsumständen liegen können – für ihr eigenes oder für fremdes Verhalten suchen, um die wahrgenommene Verhaltensweisen kausal zu erklären (Attributierung).

Emotionen sind durch die Dimensionen Erregung, Richtung, Qualität und Bewusstsein gekennzeichnet (vgl. Kroeber-Riel/Weinberg, 1999, S. 105f.). Mit Erregung meint man die Stärke bzw. Intensität der Aktivierung. Bezüglich der Richtung kann man zwischen angenehmen und unangenehmen Emotionen unterscheiden. Die Qualität ist ein bedeutender kognitiver Aspekt der Emotion. Es handelt sich um die subjektiven Erlebnisse, insbesondere Assoziationen – Verknüpfungen von verschiedenen Vorstellungsinhalten bzw. verschiedenen mentalen Inhalten –, die bei einer Emotion auftreten. Durch sie wird ein Gefühl bei gleicher emotionaler Stärke und gleicher Richtung von anderen unterschieden. Die Qualität gibt dem Gefühl eine besondere Bedeutung (Beispiele: Liebe, Freude).

Das subjektive Bewusstsein wird als Dimension häufig problematisiert. »Viele Emotionen sind wenig oder nicht klar bewusst – und sie sind bildlich, aber nicht verbal bewusst. Das hängt nicht zuletzt damit zusammen, dass emotionale Vorgänge vor allem in der rechten Gehirnhälfte (Hemisphäre) ablaufen und dass gerade diese Vorgänge oft im Hintergrund des Bewusstseins bleiben, weil unser Bewusstsein von den analytischen, linkshemisphärischen Gehirnaktivitäten beherrscht wird« (Kroeber-Riel/Weinberg, 1999, S. 105f.).

Die Messung der Emotion erfolgt anhand physiologischer, verbaler und motorischer (→) *Indikatoren*. Die physiologischen Indikatoren messen die Stärke der Emotionen sehr valide. Als Indikator wird häufig die elektrodermale Reaktion (i.e.S. Hautwiderstandsmessung) angesehen. Zur Messung der Richtung und besonders auch der Qualität sind jedoch verbale Indikatoren notwendig, z.B. das semantische Differential (→ *Einstellungsmessung*). Assoziationstests werden eingesetzt, um vorhandene Assoziationen, die bestimmte Reize bei den Versuchspersonen auslösen, zu ermitteln, oder um zu prüfen, ob es durch eine emotionale Werbung auf der Basis der (→) Konditionierung gelungen ist, bestimmte Assoziationen mit einem Markennamen oder einem Symbol zu verknüpfen. Zunehmende Bedeutung gewinnt die (→) *Beobachtung* des Ausdrucksverhaltens, so der Körpersprache, insbesondere der Gesichtssprache (vgl. Kroeber-Riel/Weinberg, 1999, S. 111ff.).

Marketingpolitische Implikationen dieser Erkenntnisse dokumentieren sich in den Bemühungen um eine emotionale Produktdifferenzierung und eine Vermittlung emotionaler Konsumerlebnisse. Ziel der emotionalen (→) *Produktdifferenzierung* ist es, das eigene Produkt von anderen Produkten abzuheben und durch Produktgestaltung, Werbung usw. einen monopolistischen Spielraum im Sinne von Gutenberg (1984) zu schaffen (akquisitorisches Potenzial). Der Konsument konsumiert nicht nur zur funktionellen Beseitigung empfundener Mangelzustände, sondern auch wegen der damit verbundenen Aktivierungserlebnisse (emotionale Zusatzerlebnisse). Ziel des Marketing ist die Vermittlung von spezifischen Produkterlebnissen als zusätzlichen Konsumerlebnissen (Prestige, Erotik, Sicherheit u.Ä.). Der Konsument soll so mit dem Produkt emotionale Zusatzerlebnisse verbinden und es daher bevorzugen. Man erhöht damit den Belohnungswert des Produktes. Das Produkt erhält ein abgehobenes emotionales Profil (vgl. Kroeber-Riel/ Weinberg, 1999, S. 113ff.).

Empirische Sozialforschung

Aufgabe der empirischen Sozialforschung ist die Gewinnung von Erkenntnissen über gesellschaftliche Phänomene bzw. gesellschaftliche Gesetzmäßigkeiten. Da Absatz- und Beschaffungsmärkte komplexe soziale Beziehungsstrukturen aufweisen, gehören sie zu diesen Gegenständen.
So werden die Verfahren und Techniken der empirischen Sozialforschung (→ *Erhebungsverfahren*) in der (→) *Marktforschung* eingesetzt.

Empirische Wirtschaftsforschung

Die empirische Wirtschaftsforschung hat die Gewinnung von Erkenntnissen über ökonomische Gesetzmäßigkeiten und Phänomene zur Aufgabe. Die Analyse des wirtschaftlichen Geschehens wird einerseits auf einer mikroökonomischen, andererseits auf einer makroökonomischen Ebene vorgenommen.

Die mikroökonomische Analyse setzt an den einzelnen Wirtschaftseinheiten an. Hierzu zählen sowohl Konsumenten bzw. private Haushalte als auch Unternehmen und sonstige Institutionen. Gegenstand mikroökonomischer empirischer Analysen ist z.B. der (→) *Konsum* der einzelnen Wirtschaftseinheiten. Im Sinne von Behrens (1966) handelt es sich hierbei um die Erforschung von »Objektivationen menschlichen Handelns«. Die Analyse der psychischen und sozialen Determinanten dieses Handelns gehört dagegen nicht zu dem Aufgabengebiet der empirischen Wirtschaftsordnung (→ *Empirische Sozialforschung*).

Die makroökonomische Analyse stellt auf Probleme ab, die aus dem Zusammenwirken aggregierter Größen resultieren. Hierzu zählt z.B. die Analyse der Auswirkungen von Wechselkursrelationen auf die Zahlungsbilanz einer Volkswirtschaft.

Im Rahmen solcher Analysen kommen in der empirischen Wirtschaftsforschung vorrangig Methoden der Statistik und der Ökonometrie zum Einsatz.

Entwicklungsländer

Auf der Welt existieren derzeit rund 150 Länder, die auf Grund ihrer wirtschaftlichen, sozialen und sonstigen Charakteristika einen Kontrast zu den ca. 20 Industriestaaten bilden und als Entwicklungsländer bezeichnet werden. Entwicklungsländer weisen im internationalen Vergleich einen wesentlichen Entwicklungsrückstand auf. Die Unterschiede zwischen den Entwicklungsländern sind so vielfältig, dass eine Charakterisierung dieses Ländertyps (→ *Ländertypologie*) sehr schwierig ist. Auf Grund unterschiedlicher Entwicklungsniveaus und -prozesse lässt sich keine allgemeinverbindliche Abgrenzung und Klassifizierung von Entwicklungsländern aufstellen. Insgesamt sind die einzelnen Abgrenzungen auf Grund unterschiedlicher Kennzahlen nicht überschneidungsfrei. Abgrenzungskriterien und Länderlisten wurden von der (→) *Weltbank*, der (→) *OECD* und den Vereinten Nationen entwickelt (vgl. Dülfer, 1997, S. 57f.).

Die Abgrenzung und Einteilung der Entwicklungsländer (Less Developed Countries, LDC) erfolgt anhand vielfältiger (→) *Indikatoren* (vgl. Deutsche Bank, 1998, S. 150):

- wirtschaftliche Charakteristika, denen zufolge Entwicklungsländer im Vergleich zu Industrieländern u.a. ein niedriges Pro-Kopf-Einkommen, eine niedrigere Spar- und Investitionstätigkeit, eine geringere Kapitalintensität (gemessen am Kapitalaufwand pro Beschäftigten), einen niedrigeren technischen Ausbildungsstand und die Vorherrschaft des primären Wirtschaftssektors haben
- soziale Indikatoren wie geringe Lebenserwartung, hohe Kindersterblichkeitsrate, hohe Analphabeten-Quote usw.
- sozio-kulturelle Merkmale wie geringe soziale Mobilität, das Vorherrschen traditioneller Verhaltensmuster, beruhend auf festen Rollen von sozialen Bereichen und fehlende Möglichkeiten zur Befriedigung individueller Bedürfnisse.

Die Weltbank nutzt eine Länderklassifikation, die auf dem Bruttosozialprodukt (BSP) pro Kopf beruht und als Grundlage für viele andere internationale Organisationen zur folgenden Unterscheidung führt (Stand 2000):

- Länder mit niedrigem Einkommen (low-income economies) mit einem BSP pro Kopf von weniger als 755 US-Dollar im Jahr
- Länder mit mittleren Einkommen (middle-income economies) werden differenziert in lower middle-income economies mit einem BSP pro Kopf von 756 bis 2.995 US-Dollar und upper middle-income economies mit einem BSP pro Kopf von 2.996 bis 9.265 US-Dollar
- Länder mit hohem Einkommen (high-income economies) mit einem BSP pro Kopf von über 9.266 US-Dollar.

Diese Klassifizierung schließt alle 181 Mitglieder der Weltbank ein als auch diejenigen Länder mit mehr als 30.000 Einwohner. Insgesamt handelt es sich um 206 Staaten. Zu den Entwicklungsländern gehören die Länder mit niedrigem und mittlerem Einkommen (ca. 150 Staaten).

Auch die (→) *OECD* unterteilt die Länder anhand des BSP pro Kopf, wobei die Grenzwerte ähnlich wie bei der Weltbank alle drei Jahre angepasst werden. Ihre Länderliste nutzt die OECD für die Gewährung von Entwicklungshilfen. Diese Liste (DAC-Liste) besteht aus zwei Teilen. Im ersten Teil sind die »traditionellen« Entwicklungsländer aufgeführt. Der zweite Teil wurde nach dem Ende des »Kalten Krieges« aufgenommen, um auch die Transformationsländer (→ *Staatshandelsländer*) zu berücksichtigen.

Im ersten Teil der DAC-Liste werden folgende Entwicklungsländer aufgeführt (Stand 1998):

- Gruppe der am wenigsten entwickelten Länder (Least Developed Countries, LLDC)
- Länder mit niedrigem Einkommen (low-income countries) mit einem BSP pro Kopf von weniger als 760 US-Dollar
- Länder mit niedrigem mittleren Einkommen (lower middle-income countries) mit einem BSP pro Kopf von 761 bis 3.030 US-Dollar
- Länder mit höherem mittlerem Einkommen (upper middle-income countries) mit einem BSP pro Kopf von 3.031 bis 9.360 US-Dollar
- Länder mit hohem Einkommen (high-income countries) mit einem BSP pro Kopf von über 9.360 US-Dollar.

Der zweite Teil der DAC-Liste begünstigt Transformationsländer und wird unterschieden in:

- Länder Zentral- und Osteuropas sowie die Staaten der früheren Sowjetunion
- weiter entwickelte Länder (wie z.B. China, Hongkong, Korea, Kaimaninseln, Bahamas, Gibraltar, Singapur).

Die Gruppe der am wenigsten entwickelten Länder (LLDC) wurde von den Vereinten Nationen 1971 (terminologisch) eingeführt und umfasst Länder mit einem BSP pro Kopf von weniger als 699 US-Dollar (Durchschnitt der letzten drei Jahre), einer Alphabetisierungsquote von maximal 20 % bei den über 15-jährigen und einem Anteil der Industrieproduktion am BSP kleiner als 10 %. Schließlich werden nur Länder mit einer Bevölkerung unter 75 Mio. Einwohnern berücksichtigt. Hierzu zählen vorwiegend Länder aus Zentralafrika und Südasien, so Mozambik, Äthiopien, Nepal oder Bangladesch (vgl. Koch, 1998a, S. 184).

Neben den besonderen Rahmenbedingungen ist ein weiteres wesentliches Kennzeichen von Entwicklungsländern die Dominanz der Agrar- und Rohstoffproduktion. Dies führt zu besonderen Anforderungen an das Management in Entwicklungsländern, aber auch zu besonderen Schwierigkeiten beim Export von Agrarerzeugnissen beispielsweise in die EU (→ *Lomé-Abkommen*). Demgegenüber beschaffen Entwicklungsländer häufig Fertigprodukte und fortschrittliche Technologien aus dem Ausland, was zu negativen Exportüberschüssen (Leistungsbilanzdefizite) und einer wachsenden Brutto-Auslandsverschuldung führt.

Environmental Analysis → *Früherkennung, strategische*

EPRG-Konzept

Das EPRG-Konzept stellt eine Systematisierung von Führungskonzepten in international tätigen Unternehmen dar. Hierbei unterscheidet Perlmutter eine ethnozentrische, eine polyzentrische, eine regiozentrische und eine geozentrische Ausrichtung einer Unternehmung, die er ursprünglich in dieser Reihenfolge als sukzessive Evolutionsstufen einer internationalen Unternehmenstätigkeit ansah (vgl. Perlmutter, 1969, S. 9ff.). Der ethnozentrische Ansatz ist dadurch charakterisiert, dass die Schlüsselpositionen in ausländischen Tochtergesellschaften bevorzugt durch Angehörige aus dem Stammland des Unternehmens besetzt werden (vgl. Perlitz, 2000, S. 137). Die Gastlandaktivitäten werden von ihrer Bedeutung den Stammlandaktivitäten eher untergeordnet und Marketingstrategien werden analog zu den im Stammland eingesetzten geplant. Eine Analyse des Gastlandes wird nur in geringem Maße durchgeführt und die Märkte werden häufig nur durch Exporte bearbeitet (vgl. Wind/Douglas/Perlmutter, 1973, S. 15). Parallel dazu wird versucht, die Stammhauskultur (→ *Unternehmenskultur*) unmodifiziert auf die Tochtergesellschaften zu übertragen.

Im Gegensatz dazu beachtet der polyzentrische Ansatz die möglichen Unterschiede der verschiedenen Märkte, die sich z.B. durch die jeweilige (→) *Kultur* ergeben können, durch eine starke (→) *Differenzierung* der jeweiligen Strategien. Das Management im Gastland wird mit inländischen Führungskräften besetzt, die auch eine sehr weitgehende Entscheidungsgewalt übertragen bekommen (vgl. Perlitz, 2000, S. 137f.). Dies bedeutet auch, dass die einzelnen (→) *Tochtergesellschaften* unabhängig voneinander operieren und ihre Marketingstrategien an die einzelnen Ländermärkte anpassen (vgl. Wind/Douglas/Perlmutter, 1973, S. 15f.). Ziel einer solchen Ausrichtung ist die Erreichung von Optima in den jeweiligen Märkten. Als Problem wird jedoch gesehen, dass es sich hierbei nur um Suboptima handelt, da Interdependenzen der einzelnen Märkte nicht beachtet werden.

Diese Überlegung führt zu einer geozentrischen Ausrichtung. Hierbei versucht man, die unterschiedlichen Ländermärkte im Rahmen eines globalen Ansatzes zu integrieren. Interdependenzen der einzelnen Tochtergesellschaften untereinander und mit der Muttergesellschaft werden beachtet. Dadurch sollen eine optimale Allokation der Ressourcen sowie eine Ausschöpfung von Synergieeffekten auf globaler Ebene erreicht werden (vgl. Perlitz, 2000, S. 138). Bei Marketingaktivitäten wird auf ein einheitliches Image des Unternehmens in der ganzen Welt geachtet.

Der regiozentrische Ansatz steht als Überlegung zwischen dem polyzentrischen und dem geozentrischen Ansatz. Die Strategien werden hierbei innerhalb der einzelnen Regionen (z.B. Europa, Asien) einheitlich ausgestaltet und aufeinander abgestimmt. Die einzelnen Regionen arbeiten jedoch weitgehend unabhängig voneinander (vgl. Perlitz, 2000, S. 138).

Equity Joint Venture → *Joint Venture*

Erfahrungskurve

Die Erfahrungskurve (experience curve) beschreibt den Zusammenhang zwischen der kumulierten produzierten Menge eines Produktes und den Kosten dieses Produktes. Eingeführt wurde der Begriff durch die Boston-Consulting-Group. Die Erfahrungskurve besagt: »Mit jeder Verdoppelung der im Zeitablauf kumulierten Produktionsmengen gehen die auf die Wertschöpfung bezogenen Stückkosten eines Produktes potenziell um 20 bis 30% zurück« (Gälweiler, 1986, S. 258).

Dieser Kostendegressionseffekt auf Grund der Erfahrungskurve beruht auf vier Teilkonzepten (vgl. Kreikebaum, 1997, S. 98ff.):

- der Theorie der (→) *Lernkurve*
- dem Größendegressionseffekt (periodenbezogene statische Kostensenkung)
- dem technischen Fortschritt
- der Rationalisierung.

Die Erfahrungskurve zeigt die große Bedeutung des (→) *Marktanteils* und des Marktwachstums als Leitgrößen der strategischen Planung (→ *Strategisches Marketing*). Die Bedeutung dieser Faktoren als Schlüsselgrößen hat auch die (→) *PIMS-Studie* (Profit Impact of Market Strategy) des Strategic Planning Institute aufgezeigt. Methodisch wurde beim PIMS-Projekt mit Hilfe einer multiplen Regressionsanalyse auf der Basis einer empirischen Untersuchung von rd. 60 Unternehmen mit über 800 Geschäftsbereichen der Einfluss von 37 strategischen Einflussfaktoren auf den Erfolg der Unternehmen untersucht. Als Erfolgsmaßstab diente der jeweilige Return of Investment (ROI).

Mit Hilfe der Erfahrungskurvenanalyse kann man auf die Kostensituation von Wettbewerbern schließen und so die eigene Wettbewerbsposition bestimmen. Da oftmals Informationen über die kumulierten Mengen fehlen, geht man davon aus, dass sich die kumulierten Mengen der Konkurrenten wie ihre Marktanteile verhalten. Dies ist insbesondere dann gerechtfertigt, wenn mehrere Anbieter etwa gleichzeitig in einen Markt einsteigen und ein in etwa konstantes Wachstum haben. Als Beispiel sei die Situation von vier Unternehmen dargestellt (vgl. Übersicht 41).

Das Beispiel zeigt, dass es dem Unternehmen mit dem höchsten (relativen) Marktanteil (Marktführer) gelungen ist, einen erheblichen Kostenvorteil gegenüber seinen Konkurrenten zu erzielen. Das Unternehmen A hat die höchste potenzielle Erfolgsspanne. Das Unternehmen D läuft dagegen Gefahr, bei einem Preiswettbewerb schnell aus dem Markt gedrängt zu werden. Als strategisches Marketingziel folgt

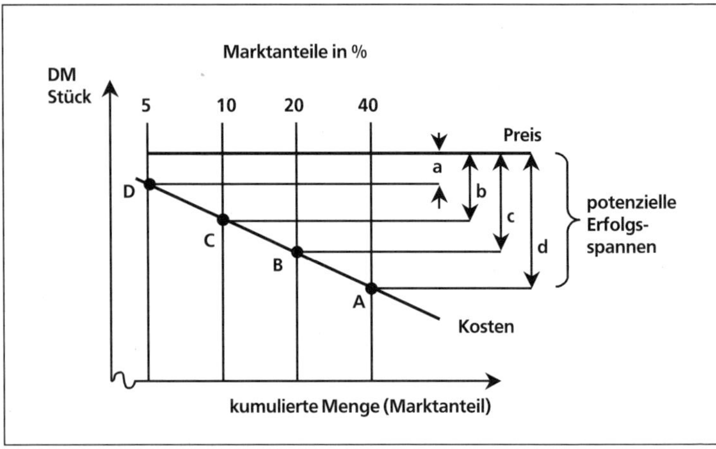

Quelle: Kreikebaum, 1997, S. 105.

Übersicht 41: Beziehung zwischen Marktanteilen und Erfolgspotenzialen

daraus, hohe und sichere Marktpositionen anzustreben. Ein hoher Marktanteil ist eine gute strategische Marktposition.

Für die (→) *Produktpolitik* bedeutet dies, Produkte zu entwickeln, deren Akzeptanz so hoch ist, dass schnell Erfahrungskurveneffekte erzielt werden können. Für die (→) *Preispolitik* bei der Einführung neuer Produkte folgt daraus, dass man nicht über einen hohen Einführungspreis (→ *Marktabschöpfungspolitik*) das Ziel verfolgen sollte, den Break-Even-Point (→ *Break-Even-Analyse*) zu erreichen, sondern, dass der Preis bei der Einführung eher niedrig zu halten ist (→ *Marktdurchdringungspolitik*), um andere Unternehmen vom Markteintritt abzuhalten. Zur Realisierung des Erfahrungskurveneffektes sollten zuerst ein hoher Marktanteil und somit eine langfristig gute Marktposition angestrebt werden (vgl. Kreikebaum, 1997, S. 106).

Der Erfahrungskurveneffekt stellt aber kein allgemeingültiges Gesetz dar. So ist dieser Effekt z.B. in arbeitsintensiven Branchen höher als in Branchen mit überwiegend synthetischen Fertigungsverfahren. Die Kritik richtet sich weiter auf die teils unklare Kostendefinition, die Problematik der Marktabgrenzung, die Definition eines neuen Produktes, die Nichtbeachtung des Sortimentsverbundes und generell auf die Monokausalität, da auch andere Faktoren auf die Erfolgspotenziale wirken (vgl. Backhaus, 1999, S. 243f.; Kreikebaum, 1997, S. 107f.). Unter Beachtung dieser Punkte handelt es sich jedoch um ein praktikables Analyse- und Planungskonzept, das in der (→) *Portfolio-Analyse* durch Verwendung des relativen Marktanteils als Erfolgsfaktor Eingang findet.

Erfolgskontrolle [s.a. Marketing-Controlling; Werbewirkungskontrolle]
Kontrollprozesse können in Ergebniskontrollen und Verfahrenskontrollen gegliedert werden. Während Verfahrenskontrollen sich auf die Einhaltung und Effizienz von Richtlinien, Anweisungen und Abläufen beziehen, wird im Rahmen der Ergebnis-

kontrolle das realisierte Ergebnis an den entsprechenden Planwerten überprüft (vgl. Tietz, 1976, S. 842). So wird untersucht, ob die Wirkungen, die das Unternehmen erwartet, auch eingetreten sind.

Ein großes konzeptionelles Problem im Marketing bereitet die Kontrolle von Marketing-Strategien, die eine Bewertung der Auswirkungen einer Strategie voraussetzt. In welchem Maße eine Marketing-Strategie bislang erfolgreich umgesetzt werden konnte, ist an Hand ihres Zielerreichungsgrades festzustellen (vgl. Bauer, 1995c, Sp. 1664). Oftmals wird der Begriff Erfolg ausschließlich auf ökonomische Wirkungsdimensionen bezogen. Wirkungsmaßstäbe sind dann z.B. die Absatzmenge, der Umsatz, die Kosten, die Deckungsbeiträge, der (→) *Marktanteil* (vgl. Meffert, 2000, S. 1132ff.)

Erfolgspotenziale → *Stärken-/Schwächenanalyse; Strategisches Marketing*

Erhebungsfehler

Bei Primärerhebungen (→ *Primärforschung*) treten zwei kategoriale Fehler auf, der Zufalls- oder Auswahlfehler und der systematische Fehler.

Der Zufallsfehler ist darauf zurückzuführen, dass keine Vollerhebung, sondern lediglich eine Teilerhebung (→ *Stichprobenverfahren*) durchgeführt wird. Er beruht auf zufälligen Verzerrungen der (→) *Repräsentanz* und ist unvermeidbar. »Er kann aber verkleinert werden durch Vergrößerung des Umfangs der Teilerhebung und seine Größe lässt sich statistisch schätzen. Die Verringerung des Zufallsfehlers lässt sich mit dem Gesetz der großen Zahl erklären, nach dem die bei der Erfassung der einzelnen Untersuchungseinheiten gemachten Fehler sich mit wachsender Zahl der Untersuchungseinheiten tendenziell ausgleichen« (Hammann/Erichson, 2000, S. 129).

Der systematische Fehler ist als Verzerrung von Erhebungsergebnissen durch nicht-zufällige Einflussfaktoren anzusehen. Er kann sowohl bei Teil- als auch bei Vollerhebungen auftreten. Ursachen für das Auftreten des systematischen Fehlers können in einer fehlerhaften Problemstellung, in einem fehlerhaften (→) *Fragebogen*, in verzerrenden Interviewereinflüssen sowie in einer fehlerhaften Aufbereitung, Analyse und Interpretation der Daten liegen.

Bei Erhebungen von Primärinformationen weist Tietz (1975, S. 269ff.) auf folgende potenziellen systematischen Fehlermöglichkeiten hin:

- die Auswahl der Erhebungsobjekte
- die Umweltbedingungen außerhalb des Informationsgewinnungsprozesses: sie sollten möglichst konstant sein
- die Umweltbedingungen innerhalb des Informationsgewinnungsprozesses: das Bewusstsein über die Erhebungssituation kann zu verändertem Verhalten oder zu veränderten Aussagen führen
- der Kommunikationsprozess bei der Informationsgewinnung: die Mehrdeutigkeit von gesprochenen und geschriebenen Worten und von Verhaltensweisen kann zu Missverständnissen bei der Informationsübermittlung führen
- die Freiwilligkeit und der Zwang zur Auskunftserteilung
- das Wissen: Aussagen sind vom Wissen des Probanden abhängig
- die Erwartungen: Nutzen- und Rollenerwartungen zwischen Proband und Interviewer führen zu Fehlern
- die Unterschiede der Wahrnehmung: dazu zählen das selektive Hören und Sehen der Probanden
- die Wahl der Sprache: Sprachprobleme bei internationalen Erhebungen sowie das Problem der Wahl der Hochsprache oder des Dialekts
- die Fragenformulierung

- die Festlegung der Antworten: bei vorgegebenen Antworten entstehen Fehler, wenn nicht alle relevanten Alternativen erfasst sind; bei freien Antworten entstehen Fehler durch unvollständige Aufzeichnung seitens des Erhebers
- die Zuständigkeit für die Antwort: das Auffinden der für die Antwortgebung kompetenten und richtigen Person
- die Reihenfolge und die Anzahl der Fragen
- der Sachzusammenhang der Erhebungsmerkmale: Erhebungen können auf einen Sachzusammenhang begrenzt sein oder mehrere umfassen
- die Assoziationen: bei bestimmten Problemen sind Antworten nur mit Hilfe des Einsatzes von Stimulanzien möglich; die Wahl der Stimulanzien kann das Ergebnis beeinflussen
- die technische Datenverarbeitung: Fehler durch Mängel bei der technischen Datenverarbeitung
- das Auswertungsprogramm: Fehler durch falsche Auswertungen.

Hilfsmittel zur Beseitigung systematischer Fehler können Splittungstechniken sein, mit denen Fragen- und Antwortkataloge zur Kontrolle des Einflusses von Fragen- bzw. Antwortreihenfolgen aufgesplittet werden. Weitere Hilfsmittel sind Nachinterviews, die Auffächerung des Auswertungsprogramms, die Bereinigung von »Weiss-nicht-Antworten«. Die Ermittlung von Korrekturkoeffizienten kann zur Beseitigung ständig gleichartiger Fehler beitragen.

Erhebungsverfahren [s.a. Experiment]
Der Gewinnung von Primärinformationen (→ *Primärforschung*) kommt in der (→) *Marktforschung* große Bedeutung zu. Die eingesetzten Methoden bzw. Verfahren lassen sich zunächst einteilen in

- verbale Methoden und
- nonverbale Methoden.

Das Charakteristische verbaler Methoden ist die systematische Erhebung sprachlich vermittelter Informationen. Diese Informationen können entweder auf mündlichem oder auf schriftlichem Wege von Befragten geäußert werden. Das am häufigsten eingesetzte Verfahren ist die (→) *Befragung*.

In der Marktforschung hat innerhalb der letzten Jahre die Bedeutung nonverbaler Methoden für die Informationsgewinnung stark zugenommen. Dies gilt insbesondere hinsichtlich der Analyse des (→) *Konsumentenverhaltens*. Ursache hierfür ist zum einen eine Umorientierung der Konsumentenforschung, welche die Bedeutung nicht kognitiv gesteuerter Verhaltensweisen wieder stärker hervorhebt (vgl. Kroeber-Riel, 1983a, S. 13f.). Derartiges Verhalten lässt sich durch Befragungen oder andere verbale Methoden kaum messen. Man benötigt dazu nonverbale Methoden, die häufig durch moderne Informations- und Kommunikationstechnologien (→ *Informationstechnologie*) ermöglicht werden.

Zu den nonverbalen Methoden zählen sowohl apparative als auch nicht-apparative Verfahren. Zu den apparativen Verfahren zählen z.B. die computergestützte Magnitudemessung, die Programmanalysatoren, die psychobiologischen Messungen (→ *Messtechniken, apparative*), die apparativen (→) *Beobachtungen* und die elektronischen Panels (→ *Panelerhebung*). Zu den nicht-apparativen Verfahren gehören u.a. die persönliche Beobachtung, Bilderskalen und Musterzuordnungsverfahren (vgl. Schweiger, 1985).

Erinnerungsverfahren
Die Erinnerungsverfahren (Recall-Tests) dienen wie die (→) *Wiedererkennungsverfahren* (Recognition-Tests) zum Messen der Gedächtniswirkung der Werbung (→ *Werbewirkung*).

Grundsätzlich unterscheidet man zwei Verfahrensformen:

- das ungestützte Erinnerungsverfahren (Unaided Recall Test) und
- das gestützte Erinnerungsverfahren (Aided Recall Test).

Bei den gestützten Erinnerungsverfahren wird den Versuchspersonen nicht nur die Frage gestellt, ob sie sich an eine Anzeige erinnern, sondern es werden Hilfen in Form von Werbeslogans, Markennamen u.Ä. gegeben. Als Beispiel eines Aided Recall Tests soll das klassische Impact-Verfahren des Emnid-Instituts vorgestellt werden (vgl. Johannsen, 1975, S. 760). Mindestens 200 Versuchspersonen werden durch Quotenverfahren (→ *Stichprobenverfahren*) ausgewählt; ihnen wird eine (geschlossene) Zeitschrift vorgelegt, die sie gelesen haben. Den Teilnehmern werden dann Kärtchen gezeigt, auf denen Namen von Firmen oder Produkten aufgedruckt sind, einschließlich fiktiver Markennamen. Der Befragte hat nun anzugeben, ob er sich an eine Anzeige für diese Firma oder Marke erinnert. Das daran anschließende Interview soll klären, inwieweit er die Anzeige beschreiben kann, was er beim Ansehen der Anzeige gedacht und welchen Eindruck sie hinterlassen hat.

Durch den Impact-Test wird ermittelt:

- wie viele der Befragten sich an eine Anzeige erinnern konnten
- wie stark sich die Anzeige bzw. Anzeigenelemente den Befragten eingeprägt haben
- ob die Anzeige auch richtig verstanden wurde
- welche Assoziationen die Anzeige ausgelöst hat
- ob sie eine positive oder negative Resonanz ausgelöst hat
- welche Unterschiede zwischen männlichen und weiblichen Befragten bestehen
- wie die Anzeige gegenüber Konkurrenzanzeigen im gleichen Testheft abgeschnitten hat.

Aus methodischer Sicht können die Erinnerungsverfahren sowohl als (→) *Pretest* als auch als Posttest eingesetzt werden.

Erlebniskauf → *Erlebnismarketing; Eventmarketing; Wertedynamik*

Erlebnismarketing [s.a. Eventmarketing]
Erlebnismarketing zielt darauf ab, die eigenen Produkte durch Anwendung erlebnisvermittelnder Maßnahmen von den Konkurrenzprodukten abzuheben. Dabei bedient sich das Erlebnismarketing in erster Linie der Vermittlung von Erlebniswerten, d.h. von sinnlichen Konsumerlebnissen, die ihre Verankerung in der Erfahrungs- und Gefühlswelt der Konsumenten haben und zu ihrer Lebensqualität beitragen (vgl. Kroeber-Riel/Weinberg, 1999, S. 116). Als typische Erlebniswerte in diesem Zusammenhang sind Gesundheit, Genuss, Luxus, Nostalgie und Ästhetik zu nennen. Entscheidend für ein attraktives Erlebnismarketing ist die Ausgestaltung des (→) *Marketing-Mix* im Sinne eines »Erlebnis-Mix«. Als Gestaltungsmittel hierzu dienen insbesondere (vgl. Kroeber-Riel/Weinberg, 1999, S. 116ff.):

- erlebnisorientiertes Design
- erlebnisorientierte (→) *Werbung* und Verkaufsgespräche und
- erlebnisbetonte Gestaltung der Einkaufsstätten, insbesondere Visual (→) *Merchandising*.

Erstausrüstungsgeschäft
Beim Begriff des Erstausrüstungsgeschäfts sind zwei Dimensionen zu unterscheiden: Bezogen auf Investitionsgütermärkte (→ *Anlagengeschäft; Systemgeschäft*) kann das Erstausrüstungsgeschäft von dem Ersatzteilgeschäft auf der Basis der zugrunde liegenden Bedarfsarten folgendermaßen un-

terschieden werden. Das Erstausrüstungsgeschäft basiert auf dem Erst-, Erweiterungs- oder Rationalisierungsbedarf. Erstbedarf entsteht bei Unternehmensgründungen sowie beim Wechsel der Produktionsmethode und des Produktionsprogramms. Dem Ersatzteilgeschäft liegt hier der Ersatzbedarf zugrunde, der sich durch eine Minderung der Funktionsfähigkeit des Gutes, die technisch und wirtschaftlich determiniert sein kann, entsteht. Die technische Funktionsfähigkeit wird durch Abnutzung und Verschleiß vermindert; die wirtschaftliche Funktionsfähigkeit wird durch Wirtschaftlichkeitsüberlegungen bestimmt (vgl. Knüvener, 1967, S. 50f.).

Einer anderen Bedeutungsdimension zu Folge liefern Zulieferer ihre Vorprodukte gemäß Auftrag und Vorgabe an Herstellerunternehmen (Original Equipment Manufacter, OEM). Diese Vorprodukte gehen dort als Bestandteil in die Endprodukte ein, die dann wiederum an nachgelagerte Marktstufen verkauft werden (vgl. Kleinaltenkamp/Jakob, 1999, S. 12). Ersatzteilgeschäfte beziehen sich in diesem Zusammenhang auf den Ersatzbedarf in Bezug auf das Endprodukt. Erstausrüstungs- und Ersatzteilgeschäft stehen in enger wechselseitiger Beziehung. So resultieren bei markentreuem Verhalten der Käufer (→ *Markenpolitik*) aus Erstausrüstungsgeschäften i.d.R. im Laufe der Zeit (lukrative) Ersatzteilgeschäfte. Auf Grund dieser strategischen Bedeutung sind Zulieferer im Erstausrüstungsgeschäft häufig zu weitgehenden Preiszugeständnissen bereit. Darüber hinaus führen die Anforderungen der OEM-Hersteller dazu, dass die Zulieferer gezwungen sind, immer auf dem neuesten technischen Stand zu sein und intensive Forschung zu betreiben. Daraus resultiert auch im Ersatzgeschäft eine technische Überlegenheit gegenüber kleineren Wettbewerbern, die nicht in der Erstausrüstung vertreten sind.

In vielen Branchen zeichnet sich eine Entwicklung ab, bei denen die Zulieferer auch die Rolle von Entwicklungspartnern (Systemlieferanten) einnehmen (vgl. Kleinaltenkamp/Jakob, 1999, S. 12) und ganze Komponenten (Module) des Endproduktes an den OEM-Hersteller liefern.

Ethnozentrischer Ansatz → *EPRG-Konzept*

EU

Die Europäische Union (EU) – früher Europäische Gemeinschaft (EG) – ist die weltweit am weitesten vorangeschrittene Integration zwischen selbstständigen Staaten. Historisch betrachtet, kann die Europäische Union zurückgeführt werden auf eine Rede von Winston Churchill (1946), in der die Schaffung der Vereinigten Staaten von Europa vorgeschlagen wird. Vorläufer der Europäischen Union ist die Europäische Gemeinschaft für Kohle und Stahl (EGKS), die bereits 1951 von sechs Staaten gegründet wurde und für 50 Jahre in Kraft trat. Gründungsmitglieder waren auch die späteren sechs Gründungsmitglieder der Europäischen Wirtschaftsgemeinschaft (EWG) Belgien, Deutschland, Frankreich, Italien, Luxemburg und Niederlande, die ihre Schwerindustrie und damit die Schlüsselindustrien für die Rüstung gemeinsam organisieren wollten. Zum ersten Mal fand hier eine weiter gehende Kooperation und Bereitschaft zum Souveränitätsverzicht mit dem Ziel statt, alle Handelsrestriktionen für Kohle und Stahlerzeugnisse abzuschaffen sowie eine Freihandelszone für Kohle und Stahl zwischen den Mitgliedsländern zu bilden. Zum ersten Mal wurde ein supranationales Organ geschaffen, das weit reichende wirtschaftspolitische Befugnisse erhielt. Am 25. März 1957 wurde die Europäische Wirtschaftsgemeinschaft (EWG) zeitgleich mit der Europäischen Atomgemeinschaft (EURATOM) gegründet. Zusammen mit der EURATOM und der EGKS bildet die

EWG die Europäische(n) Gemeinschaft(en). Insofern existieren seit 1957 faktisch drei Gemeinschaften mit jeweils eigener Gründungsakte und identischen Mitgliedern, die alle grundsätzlich die gleichen wirtschaftspolitischen Ziele verfolgen: die Verwirklichung eines organisierten Europas, die Schaffung der Grundlage für einen immer engeren Zusammenhang der europäischen Völker und ein gemeinsames Vorgehen als Beitrag zum Wohlstand ihrer Völker. Für alle drei Gemeinschaften wurde nach einem Beschluss des Europäischen Parlaments (1978) die gemeinsame Bezeichnung Europäische Gemeinschaft eingeführt, mit dem die Exekutivorgane der drei Gemeinschaften verschmolzen wurden. Seitdem wird die Bezeichnung »EG« oft als Sammelbegriff für diese drei Europäischen Gemeinschaften verwendet.

De facto besteht die heutige Europäische Union aus drei Teil-Gemeinschaften:

- der Europäischen Gemeinschaft für Kohle und Stahl (EGKS)
- der Europäischen Atomgemeinschaft (EURATOM)
- der Europäischen Wirtschaftsgemeinschaft (EWG).

Historisch betrachtet, hat die EU folgende Entwicklungsstufen durchlaufen (vgl. Brandstetter, 1996, S. 35ff.; Läufer, 1998, S. U2):

1951 Unterzeichnung des Vertrages zur Gründung der Europäischen Gemeinschaft für Kohle und Stahl in Paris (Pariser Verträge)

1957 Unterzeichnung der Verträge zur Gründung der EWG und EURATOM in Rom (Römische Verträge)

1967 Fusionsvertrag: Schaffung der EG durch Zusammenlegung der Organe von EWG, EGKS und EURATOM (Mitgliedsländer: Belgien, Deutschland, Frankreich, Italien, Luxemburg und Niederlande)

1970 Präferenzabkommen der EG mit Spanien

1972 Unterzeichnung der Beitrittsverträge mit Dänemark, Irland und Großbritannien (9 Mitglieder)

1972 Präferenzabkommen der EG mit Portugal

1979 Unterzeichnung des Beitrittsvertrages mit Griechenland (10 Mitglieder)

1979 Schaffung des Europäischen Währungssystems (→ *EWS*) mit der Europäischen (Verrechnungs-)Währungseinheit (European Currency Unit, ECU), eines Wechselkurs- und Interventionsmechanismus sowie Kredit- und Transfermechanismen als Grundelemente

1986 Beitritt von Portugal und Spanien (12 Mitglieder)

1987 Inkraftsetzung der Einheitlichen Europäischen Akte (EEA) mit dem Beschluss zur Schaffung eines (→) *Europäischen Binnenmarktes* zum 1. Januar 1993

1990 Vorübergehende Mitgliedschaft der DDR auf Grund der deutsch-deutschen Vereinigung durch den Staatsvertrag vom Juni 1990 über die Errichtung der Wirtschafts- und Währungsunion (bis zum Beitritt zur Bundesrepublik gemäß Artikel 23 Grundgesetz am 3. Oktober 1990)

1991 Unterzeichnung der Verträge von Maastricht über die Europäische Union: »Grundlage der Union sind die Europäischen Gemeinschaften, ergänzt um Formen der Zusammenarbeit.« (Artikel A des Vertrages über die Europäische Union; Presse- und Informationsamt der Bundesregierung, 1994, S. 19); zweistufige Vorbereitung der Währungsunion bis spätestens 1. Januar 1999 (→ *Maastrichter Abkommen*)

1993 Beginn des Europäischen Binnenmarktes

1995 Beitritt Österreichs, Schwedens und Finnlands (15 Mitglieder)
1997 Unterzeichnung des Vertrages von Amsterdam, Weiterentwicklung der Bestimmungen des Vertrags von Maastricht und Überführung wesentlicher Bereiche der Justiz- und Innenpolitik in den Gemeinschaftsrahmen, die bisher unter das Verfahren der Regierungszusammenarbeit fielen
1997 »Agenda 2000« der Europäischen Kommission zur Erweiterung der Europäischen Union
1999 Effektiver Start der Wirtschafts- und Währungsunion durch Einführung des Euro als offizielle eigenständige Währung, der den ECU als definierte Rechnungseinheit für den Währungskorb ablöst.

Gegenwärtig umfasst die Europäische Union einen Wirtschaftsraum mit rund 380 Mio. Einwohnern. Mit einer Wirtschaftsleistung (Bruttoinlandsprodukt) von rund 11 Billionen DM bildet sie den wirtschaftsstärksten Binnenmarkt der Welt. Gemessen am Bruttosozialprodukt pro Kopf in US-Dollar gehören zur EU Länder mit einem BSP pro Kopf unter 10.000 (Griechenland und Portugal), unter 15.000 (Irland und Spanien) und zugleich Länder mit weit über 20.000 bzw. 25.000 (wie Deutschland, Dänemark und Luxemburg).

Die Europäische Union basiert auf dem Vertrag von Maastricht und Amsterdam auf drei Säulen: Das tragende Element bleibt die »Europäische Gemeinschaft«, die aus den EG-Gründungsverträgen hervorgegangen ist und in Maastricht weiter vertieft wurde. Die zweite Säule bildet der Einstieg in eine Gemeinsame Außen- und Sicherheitspolitik (GASP) und die dritte Säule die Zusammenarbeit der Justiz- und Innenminister. Im Gegensatz zur EG ist die Europäische Union keine »juristische Person«. Internationale Verträge werden daher weiter von der EG unterzeichnet.

Die EU wird im Wesentlichen durch folgende Organe repräsentiert: das Europäische Parlament, den Rat der Europäischen Union (Ministerrat), die Europäische Kommission, den (→) *Europäischen Gerichtshof* sowie der Europäische Rechnungshof. Die EU-Gesetzgebung basiert auf einem System von Richtlinien und Verordnungen. Die Regelungen der EU verfolgen das Ziel der Harmonisierung. Da dieses sich jedoch in vielen Gebieten als langwierig erweist, wird in der Praxis viel stärker die Anerkennung praktiziert, so bei Normen (→ *Normung*). Diese ist als Vorstufe zur Harmonisierung zu betrachten.

Neben dem Beitritt weiterer Länder wird für die Zukunft die Verwirklichung des Maastrichter Abkommens die Entwicklung der EU bestimmen. Fraglich ist, inwiefern die angestrebte Währungsunion zu einer Aufgliederung der Gesamtmitgliedschaft führen wird, wenn die einzelnen Mitgliedstaaten die geforderten Bedingungen zur Währungsunion (→ *Euro*) zu unterschiedlichen Zeitpunkten erfüllen, so dass zunächst nur einige Mitglieder in die Währungsunion (seit 1. Januar 1999) einbezogen wurden. Dies könnte den politischen Integrationsprozess insofern beeinflussen, dass eine engere staatliche Integration nur zwischen einigen (unter Umständen den ursprünglichen) Mitgliedern der Gemeinschaft denkbar ist.

EU-Richtlinie → *EU-Verordnung*

EU-Verordnung

Verordnungen der EU stellen im Rahmen des EG-Vertrages neben den Richtlinien, Entscheidungen, Empfehlungen und Stellungnahmen das Kerninstrument zur Erfüllung der Aufgaben der Europäischen Kommission und des Europäischen Rates dar.

Nach Maßgabe des EG-Vertrages können entweder das Europäische Parlament und der Rat gemeinsam oder der Rat bzw. die Kommission Verordnungen erlassen, die dann unmittelbar innerhalb der EU allgemeine Geltung erlangen, d.h. Vorrang vor nationalen Gesetzen haben.

Im Gegensatz dazu sind Richtlinien lediglich hinsichtlich ihrer Zielsetzung für alle Mitglieder verbindlich, während die Wahl der Form und der Mittel den Mitgliedern freigestellt ist. Somit müssen Richtlinien erst im nationalem Recht verankert werden (vgl. EG-Vertrag, Artikel 189).

EU-Vertrag → *Maastrichter Abkommen*

Euro

Euro ist die Bezeichnung der neuen, einheitlichen Währung, die im Rahmen der Europäischen Wirtschafts- und Währungsunion (EWWU) eingeführt wurde (→ *Maastrichter Abkommen*). Die Einführung der gemeinsamen Währung bildet dabei eine wichtige Strukturreform zur Vollendung des Binnenmarktes, durch die noch bestehende wirtschaftliche Schranken innerhalb der EU aufgehoben wurden. Vereinbart wurde die Einführung des Euro im Vertrag von Maastricht; die Vorstufe wurde vom (→) *EWS* gebildet. Die Umstellung vom Währungssystem auf die gemeinsame Währung vollzieht sich in drei Stufen:

- Die erste Stufe der EWWU begann am 1. Juli 1990. In ihrem Verlauf haben die EU-Mitgliedstaaten ihren Kapitalverkehr liberalisiert und Anstrengungen unternommen, ihre Wirtschafts- und Währungspolitik stärker zu koordinieren.
- Die zweite Stufe der EWWU hat am 1. Januar 1994 begonnen und dauerte bis zum 31. Dezember 1998. Während dieses Zeitraums sollten sich möglichst viele Staaten »fit« für die EWWU machen. 1998 wurden die Teilnehmer der Währungsunion bestimmt. Hierbei wurde ermittelt, welche Mitgliedstaaten der EU die Konvergenzkriterien erfüllen. Diese sind genau quantifizierte Maßgrößen, die sich auf
  - Preisstabilität
  - Stabilität des Zinsniveaus
  - geringe Neuverschuldung des Staates
  - niedrige Staatsschuld und
  - Stabilität der Währung

  beziehen und im Maastrichter Abkommen festgelegt sind.

  Zeitgleich begann der konkrete Aufbau der Europäischen Zentralbank (EZB), die über die Stabilität des Euro wachen soll. Vorarbeiten hierzu erfolgten unter Federführung des Europäischen Währungsinstituts in Frankfurt.
- Mit der dritten und letzten Stufe wird die eigentliche Wirtschafts- und Währungsunion Wirklichkeit. Am 1. Januar 1999 wurde sie von den EU-Mitgliedstaaten gebildet, die die Konvergenzkriterien erfüllten. Die Wechselkurse der Währungen der beteiligten Länder untereinander wurden unwiderruflich am 1. Januar 1999 festgelegt. Die Europäische Zentralbank ist seitdem für die gemeinsame Geldpolitik verantwortlich. Bei Unternehmen, Banken und dem Staat wurden zu diesem Zeitpunkt alle Maßnahmen in die Wege geleitet, die für ein reibungsloses Funktionieren aller Transaktionen in der neuen Währung notwendig waren. Die betriebliche Rechnungslegung musste ebenso geändert werden wie Gesetzestexte usw. Hierfür wurden etwa drei Jahre veranschlagt.

Spätestens bis zum Jahre 2002 ersetzt der Euro die nationalen Währungen der Teilnehmerstaaten. Zu diesem Zeitpunkt werden die nationalen Währungen auch in Euro-Noten und -Münzen umgetauscht.

Als positive Effekte einer gemeinsamen Währung für den (→) *Europäischen Binnen-*

markt werden gesehen (vgl. Bodin, 1997, S. 20ff.):

- die Internationalisierung der Wirtschaftspolitik
- die Errichtung eines größeren Währungsraums, der das Potenzial hat, die Aufgaben einer internationalen Reservewährung zu erfüllen
- die Verminderung wirtschaftlicher Transaktionskosten, die z.B. zur Absicherung von (→) *Währungsrisiken* anfallen
- die Intensivierung des Wettbewerbs
- die positiven Auswirkungen auf das Zinsniveau in Europa
- die Vertiefung der Europäischen Integration.

Zudem führt die Eliminierung von Währungsrisiken dazu, dass eine höhere Planungssicherheit für die Unternehmen entsteht.

Für international tätige Unternehmen, die in mehreren Ländern der künftigen Währungsunion anbieten, bringt der Euro eine zunehmende Preistransparenz. Die bisher existierende (→) *Preisdifferenzierung*, d.h. das Angebot gleicher Waren zu unterschiedlichen Preisen in unterschiedlichen Währungen, die zu erheblichen Preisunterschieden zwischen den Ländern der EU führte, wird schwieriger, wenn Kunden direkt die Preise in unterschiedlichen Ländern vergleichen können, ohne zuerst Umrechnungen vornehmen zu müssen.

Euro Brand → *Global Brand; Markenpolitik*

Euromoney-Index → *Länderratings*

Europäische Aktiengesellschaft → *S.E.*

Europäische Gemeinschaft → *EU*

Europäische Gemeinschaft für Kohle und Stahl → *EU*

Europäische Union → *EU*

Europäische Wirtschaftliche Interessenvereinigung → *EWIV*

Europäische Wirtschaftsgemeinschaft → *EU*

Europäische Wirtschafts- und Währungsunion → *Euro; Maastrichter Abkommen*

Europäischer Binnenmarkt [s.a. Kooperations- und Integrationsformen]
Die Realisierung des Europäischen Binnenmarktes zum 1. Januar 1993 stellte zu diesem Zeitpunkt die intensivste Stufe der europäischen Integration dar; sie ist ein wesentlicher Höhepunkt des Prozesses der Entwicklung der Europäischen Union (→ *EU*) (vgl. Europäische Gemeinschaft, 1996). Mit rund 380 Millionen Verbrauchern und einer Wirtschaftsleistung (Bruttoinlandsprodukt) von fast 18 Billionen DM ist der europäische Binnenmarkt der größte einheitliche Markt der industrialisierten Welt. Bereits der EWG-Gründungsvertrag von 1957 sah die Schaffung eines gemeinsamen Marktes vor.

1985 legte die Kommission der Europäischen Gemeinschaft das so genannte »Weißbuch zur Vollendung des Binnenmarktes« vor, das eine Auflistung der gesetzgeberischen Maßnahmen enthält, die zur Realisierung eines Binnenmarktes nötig waren. Fast 300 Rechtsakte mussten beschlossen und in vielen Fällen in nationales Recht umgesetzt werden. Die 1987 mit den Bestimmungen der Einheitlichen Europäischen Akte (EEA) beschlossenen Weiterentwicklungen der EG zu einem gemeinsamen Markt bildeten den Rahmen zur Durchsetzung des Binnenmarktprogramms. Die Mitgliedsländer der Gemeinschaft einigten sich nicht nur darauf, die Warenkontrollen an den Binnengrenzen vollständig abzuschaffen, sondern auch auf Maßnahmen, die eine weiter gehende Integration über einen gemeinsamen Markt hinaus ermöglichen, so in Richtung einer Wirtschafts- und Währungsgemeinschaft (→ *Euro; EWS*). Dabei handelt es sich um die Herstellung oder Garantie folgender vier Freiheiten (Artikel 7a EG-Vertrag):

1. freier Warenverkehr
2. freier Dienstleistungsverkehr
3. freier Kapitalverkehr
4. freier Personenverkehr.

Nach dem Wegfall der Zölle im internen (Frei-)Handel und den gemeinsamen Außenzöllen kamen insbesondere der freie Handel (Gütermobilität) und die Faktormobilität (freie Beweglichkeit der Produktionsfaktoren) hinzu (Artikel 7a EG-Vertrag). Die im Binnenmarktprogramm formulierte Faktormobilität wurde durch die Konstitution des Europäischen Binnenmarktes mehr oder weniger umfassend verwirklicht.

Der Status-Quo der Entwicklung kann unter Berücksichtigung der Konsequenzen für das (→) *Internationale Marketing* und das (→) *Internationale Management* von Unternehmen folgendermaßen zusammengefasst werden:

1. Freier Handel

a. Freier Warenverkehr
Der freie Warenverkehr ist gleichbedeutend mit dem Wegfall der Binnenzölle und damit der Grenzkontrollen. Dadurch verkürzten sich die Transportzeiten innerhalb der EU wesentlich. Als Konsequenz ergeben sich Effizienzsteigerungspotenziale in der Logistik. Gleichzeitig erfolgt im Rahmen des freien Warenverkehrs ein schrittweiser Übergang zur Harmonisierung oder gegenseitigen Anerkennung von Normen und Vorschriften. Obwohl eine Harmonisierung angestrebt wird, ist diese auf Grund der vielfachen Transformationsnotwendigkeiten von Normen (→ *Normung*) und Vorschriften ein langwieriger mindestens 10 bis 15 Jahre dauernder Prozess. Gegenwärtig wird deswegen die gegenseitige Anerkennung von rechtlichen Normen präferiert. Konsequenzen ergeben sich hieraus insbesondere für kleine und mittelständische Betriebe, denen selbst bei einer Kleinserienfertigung Exportmöglichkeiten offeriert werden. Grundsätzlich ergeben sich aus der Harmonisierung des Normensystems Rationalisierungspotenziale, so bezüglich der Analyse und Aktualisierung der Normenvorschriften, die vor der Realisierung des Europäischen Binnenmarktes notwendig waren. In Bezug auf die Anerkennung existieren gesonderte Vorschriften für den (→) *Verbraucherschutz*. Für umwelt- und gesundheitsgefährdende Produkte gelten die Anerkennungsregeln während einer Übergangszeit nicht. Ein weiteres wichtiges Ziel im Rahmen des freien Warenverkehrs ist die Harmonisierung der steuerlichen Vorschriften, was insbesondere die indirekten Steuern wie die Mehrwertsteuer und die Verbrauchssteuer betrifft.

b. Freier Dienstleistungsverkehr
Unter diesem Aspekt sind zunächst die Liberalisierung der Finanzdienste und die Harmonisierung der Bank- und Versicherungsaufsicht hervorzuheben. So dürfen Banken in anderen Mitgliedstaaten Geschäfte tätigen, ohne wie bisher in diesen Staaten Niederlassungen betreiben zu müssen. Dadurch steigen nicht nur der Wettbewerb im Finanzsektor, sondern auch die Finanzierungsmöglichkeiten für Unternehmen. Im Vergleich mit dem Warenverkehr, in dem bereits früher ein sehr hoher Liberalisierungs- und Verflechtungsgrad bestand, ist auch mit einer entsprechenden Entwicklung im Dienstleistungsbereich zu rechnen. So sind beispielsweise im Transportwesen erste Auswirkungen erkennbar: Neben einer Fusions- und Akquisitionswelle richten sich Logistikdienstleister zunehmend europaweit aus und versuchen den Großunternehmen gemäß dem Prinzip »follow the customer« die europaweite Leistungskompetenz anzubieten. Ein wich-

tiger Schritt in diese Richtung ist die Aufhebung des Kabotageverbotes mit der Konsequenz, dass ein ausländisches Unternehmen die Fracht an einem beliebigen Ort im Inland aufnehmen und an einen anderen beliebigen Ort im Inland ohne Genehmigung transportieren kann. Auf Grund unterschiedlicher Besteuerungen und vor allem arbeitsrechtlicher Vorschriften (wöchentliche Arbeitszeit, Sozialkosten usw.) führt die Deregulierung gegenwärtig noch zu Wettbewerbsverzerrungen und zu extremen Umbrüchen. Demgegenüber führte die Liberalisierung des Transportverkehrs zu einer Reduzierung der ökonomischen und ökologischen Belastungen, da bei bestehendem Kabotageverbot auf europäischen Straßen bis zu 50 % Leerfahrten festgestellt wurden. Eine ähnliche Entwicklung kann im Luftverkehr und auf den Telekommunikationsmärkten, die ebenfalls unter den freien Dienstleistungsverkehr fallen, festgestellt werden.

2. Faktormobilität

a. Freier Kapitalverkehr
Die Freiheit des Kapitalverkehrs umfasst die Freizügigkeit für Geld- und Kapitalbewegungen, die Liberalisierung des Wertpapierverkehrs und Schritte zu einem gemeinsamen Markt für Finanzleistungen. In ihrer Konsequenz wird die Freiheit des Kapitalverkehrs einerseits institutionelle Konsequenzen haben (freie Geschäftstätigkeit von Banken, Versicherungen) und zum anderen die Freizügigkeit von Kapitaltransaktionen innerhalb der EU fördern.

b. Freier Personenverkehr
Durch den Wegfall der Grenzkontrollen wird der freie Verkehr der Bürger zwischen den Staaten der EU gewährleistet. Wichtiger ist jedoch die Niederlassungs- und Beschäftigungsfreiheit, die bereits vor der Realisierung des Europäischen Binnenmarktes rechtlich abgesichert war, aber durch eine Reihe nationaler Eigenheiten und Regelungen behindert wurde. So wird beispielsweise die wechselseitige Anerkennung von Berufs- und Ausbildungsabschlüssen deutlich erleichtert. Auch in diesem Bereich wird eine internationale Tätigkeit von Unternehmen gefördert.

Bei der Umsetzung der Richtlinien in nationales Recht haben die Mitgliedstaaten unterschiedliche Fortschritte erreicht. Die Niederlande z.B. lag bereits im März 1997 mit einer Umsetzungsquote von 98,6 % an der Spitze. Der Umsetzungstand der im Weißbuch vorgeschlagenen Maßnahmen belief sich im Dezember 1995 im Durchschnitt aller Mitglieder auf etwa 93,3 %. Die Verwirklichung des Binnenmarktes war und ist ein kontinuierlicher Prozess, der bis heute nicht vollständig abgeschlossen ist. Insbesondere bei den indirekten Steuern stehen endgültige Regelungen noch aus. Weitere, notwendige wirtschaftliche Reformen müssen umgehend ohne Verzögerungen durchgeführt werden, da anderenfalls die Möglichkeiten, die wirtschaftliches Wachstum und neue Technologien bieten, ungenutzt bleiben. Zu diesem Zweck hat die Kommission eine Binnenmarktstrategie für den Zeitraum 2000 bis 2004 festgelegt, die an vier Hauptzielen ausgerichtet ist: die Lebensqualität der Bürger zu verbessern, die Effizienz der gemeinschaftlichen Güter- und Kapitalmärkte zu stärken, die Rahmenbedingungen für die Wirtschaft zu verbessern und die Errungenschaften des Binnenmarktes effizienter zu nutzen. Der Aktionsplan zur Vereinfachung und Modernisierung des öffentlichen Auftragswesens muss dringend umgesetzt werden. Ein weiterer Schwerpunkt liegt auf der Bedeutung der Integration der Dienstleistungsbetriebe, aus der rund 36 Millionen neue Arbeitsplätze entstehen könnten.

Europäischer Gerichtshof

Der Europäische Gerichtshof (EuGH) ist das oberste überstaatliche (supranationale)

Rechtsprechungsorgan und die höchste richterliche Instanz der Europäischen Union (→ *EU*). Er wurde am 1. Januar 1958 gegründet und in Artikel L des Vertrages von Maastricht in seinen Zuständigkeiten gestärkt (vgl. Brandstetter, 1996, S. 53; Presse- und Informationsamt der Bundesregierung, 1994, S. 33). Seine Zuständigkeit erstreckt sich auf die Überprüfung der Rechtmäßigkeit des Handelns der Organe, die Einhaltung der Verträge durch die Mitgliedstaaten sowie die Überwachung der Anwendung und Durchsetzung des Gemeinschaftsrechts. Zu unterscheiden ist dabei zwischen einem primären und einem sekundären Gemeinschaftsrecht. Zum primären Gemeinschaftsrecht gehören die Gründungsverträge der Europäischen Gemeinschaft. Das sekundäre Gemeinschaftsrecht (»abgeleitetes Recht«) umfasst die aus dem primären Gemeinschaftsrecht abgeleiteten Rechtsnormen, die sich gemäß Artikel 189 des EG-Vertrages in Verordnungen, Richtlinien, Entscheidungen, Empfehlungen und Stellungnahmen unterteilen (vgl. Louis, 1995, S. 107ff.).

Ein Gericht erster Instanz wurde 1989 zur Entlastung des EuGH dem Gerichtshof beigeordnet (Artikel 168a). Es befasst sich mit Klagen aus dem Beamtenrecht, dem Wettbewerbsrecht, aus dem Bereich Kohle und Stahl sowie mit allen direkten Klagen von Unionsbürgern und Unternehmen gegen ein Gemeinschaftsorgan (mit Ausnahme von Klagen aus dem Antidumpingrecht).

Neben der Auslegung und Durchführung des EU-Rechts entscheidet der EuGH bei Streitigkeiten zwischen EU-Organen und Mitgliedstaaten sowie bei der Umsetzung der oft lückenhaften Bestimmungen (Ergänzungsfunktion), sofern er unmittelbar vor Rechtsakten der Gemeinschaft angerufen wird.

Der EuGH mit Sitz in Luxemburg besteht aus 15 Richtern, die von den Mitgliedstaaten für jeweils sechs Jahre ernannt und i.d.R. wieder gewählt werden. Das Gericht tagt zum Teil in Vollsitzungen, zum Teil in Kammern. Vor dem EuGH können die Organe der EU und die einzelnen Mitgliedstaaten verklagt werden und klagen. Zwischen 1957 und 1994 wurden mehr als 8.600 Klagen beim EuGH eingereicht.

Der Europäische Gerichtshof spielte von Beginn seiner Tätigkeit an eine wichtige Rolle als Motor im Integrationsprozess. Durch seine Rechtsprechung trug er entscheidend dazu bei, die tragenden Grundsätze der Rechtsordnung der Europäischen Union verbindlich herauszuarbeiten.

Der Vertrag von Amsterdam von 1997 brachte für den EuGH neue Zuständigkeiten im Bereich der Grundrechte. Künftig kann jeder Bürger den Europäischen Gerichtshof anrufen, wenn er glaubt, dass seine Grundrechte durch das Handeln der Institutionen eingeschränkt werden.

Euro-Socio-Styles

Im Rahmen der internationalen (→) *Marktsegmentierung* haben mehrdimensionale Ansätze zur Zielgruppenbildung mittels so genannter Life-Style-Typologien eine erhebliche Bedeutung. Im Gegensatz zu den klassischen, eindimensionalen Segmentierungsverfahren, z.B. auf der Basis demografischer Merkmale, werden bei dem Life-Style-Ansatz länderübergreifende Zielgruppen anhand von Merkmalskombinationen gebildet.

Der Vorteil dieses Ansatzes liegt in der höheren Kaufverhaltensrelevanz des zu Grunde gelegten Lebensstils, da die identifizierten länderübergreifenden Zielgruppen auf Grund ihrer weitgehend gleichen Einstellungen und Verhaltensweisen ähnliche Reaktionen auf Marketingmaßnahmen zeigen (vgl. Berndt/Fantapié Altobelli/Sander, 1999, S. 115f.). Als Beispiele derartiger Typologien dienen die Milieu-Studie von Sinus Sociovision, die Life-Style-Typen von Conrad/Burnett und die Euro-Socio-Styles von CCA/Europanel. Nach der Euro-Socio-Styles-Studie konnten in 15 europäischen Ländern 14 Cluster, so genannte Euro-Socio-Styles, identifiziert werden, die in einer zweidimensionalen »Landkarte« positioniert werden. Als Gegenpole beinhaltet die Matrix die Ausprägungen Ich-Orientierung/Gesellschafts-Orientierung und Gegenwarts-Orientierung/Vergangenheitsorientierung (vgl. Übersicht 42). Während die einzelnen Positionen der Euro-Socio-Styles von Länderaspekten unabhängig sind, variiert die Bedeutung der Segmente in den verschiedenen Ländern.

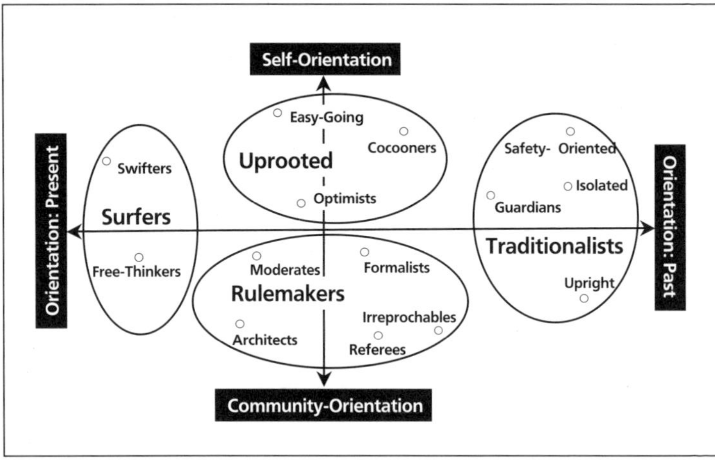

Quelle: GfK-Lebensstilforschung.

Übersicht 42: Euro-Socio-Styles

EUROSTAT

EUROSTAT ist das 1958 errichtete Statistische Amt der (→) *EU* mit Sitz in Luxemburg. EUROSTAT stellt internationale Daten zu Preisen, Welthandel, Volkswirtschaftliche Gesamtrechnung, Arbeitsmarkt- und Regionalentwicklungen zusammen, die vor allem in der Europäischen Kommission genutzt werden. Zudem wird der Intra-EU-Handel im Rahmen von (→) *INTRASTAT* ermittelt.

Für die Aufgaben von EUROSTAT sind methodisch einheitliche Statistiken aus Gründen der internationalen Vergleichbarkeit notwendig. Vergleichende wirtschaftliche und soziale Daten für einzelne Regionen spielen eine wesentliche Rolle als Grundlage für die Verteilungsschlüssel der Gemeinschaftsfonds. Die Datenerhebung und -aufbereitung selbst liegt bei den jeweiligen nationalen Ämtern. EUROSTAT übernimmt diese Angaben und stellt sie für die Europäische Union als Entscheidungshilfen für die Politik der nationalen Regierungen und Gebietskörperschaften der Mitgliedstaaten zusammen (vgl. Wisdorff/Haupt, 1993, S. 105f.; Schroth, 2001, S. 245).

Eventmarketing

Unter Eventmarketing wird die Inszenierung von besonderen Ereignissen

(»Events«) im Rahmen der Unternehmenskommunikation verstanden, deren Ziel es ist, durch erlebnisorientierte (→ *Erlebnismarketing*) unternehmens- oder produktbezogene Veranstaltungen emotionale und physische Reize bei der (→) *Zielgruppe* auszulösen, die deren (→) *Einstellung* zum Produkt bzw. Unternehmen positiv beeinflussen sollen. Zielgruppen der (→) *Kommunikation* durch Events können grundsätzlich unternehmensintern (Mitarbeiter) oder unternehmensextern (Marktpartner, z.B. Konsumenten) sein.

Wesentliches Merkmal des Eventmarketing ist die Möglichkeit der Interaktivität. So ermöglichen Events direkte Kontakte zu den Anwesenden (Zuschauer, Mitwirkende) und unterstützen auf diese Weise die unpersönlichen klassischen Kommunikationsinstrumente (z.B. → *Werbung*, → *Public Relations*); gleichzeitig aber können diese Ereignisse als Basis für den Einsatz der klassischen Instrumente dienen.

Häufig werden Planung, Organisation und Ausführung der Events an spezielle Agenturen vergeben, die über die entsprechende und teilweise sehr aufwändige Technik für Präsentationen und Shows verfügen (vgl. Diller, 1992b, S. 289).

Evolutionsphasen der Internationalisierung → *Internationalisierung, Prozessmodelle der*

EWG → *EU*

EWIV

Die Europäische Wirtschaftliche Interessenvereinigung (EWIV) ist die erste und bislang einzige Rechtsform europäischen Rechts für Gesellschaften. Sie beruht auf einer Vereinbarung, die der grenzüberschreitenden Zusammenarbeit innerhalb der Gemeinschaft dient. Die EWIV darf allerdings nur eine Hilfstätigkeit für die wirtschaftlichen Tätigkeiten ihrer Mitglieder darstellen und nicht eine eigene Geschäftsidee zur Gewinnerzielung verfolgen. Die wirtschaftliche Selbstständigkeit der Mitglieder dieser Vereinigung bleibt unberührt; ein Kapitalaufwand ist nicht notwendig. Rechtsgrundlage ist eine EU-Verordnung, die auf Artikel 235 des EG-Vertrages beruht.

Die Gründungsvoraussetzungen sind grundsätzlich formfrei. So können nicht nur Gesellschaften, die einen Erwerbszweck verfolgen, sondern auch andere juristische Einheiten des öffentlichen und des privaten Rechts (z.B. Forschungsinstitute und Universitäten) eine EWIV errichten. Zweck der Interessenvereinigung ist die (→) *Kooperation*. Die EWIV übernimmt eine »Hilfstätigkeit« im Verhältnis zu den Aktivitäten ihrer Mitglieder, so dass die Interessenvereinigung nur nach- und untergeordnete Aufgaben erfüllen kann.

Die Schaffung dieses Rechtsinstrumentes innerhalb der EU soll insbesondere die grenzüberschreitende Zusammenarbeit zwischen kleinen und mittleren Unternehmen sowie die Verbindung von Wissenschaft und Praxis fördern. Die EWIV unterscheidet sich in ihren Aufgabenstellungen und inhaltlichen Regelungen wesentlich von der Europäischen Aktiengesellschaft (→ *S.E.*).

EWR [s.a. EU]

Der Europäische Wirtschaftsraum (EWR) basiert auf einer am 9. April 1984 in einer gemeinsamen Ministerkonferenz der EG- und (→) *EFTA*-Staaten verfassten Absichtserklärung (Luxemburger Erklärung) für eine weiter gehende Integration der damals 12 EG- und 7 EFTA-Länder. Ziel war die Realisierung eines Europäischen Wirtschaftsraumes für knapp 400 Mio. Bürger aus 19 Staaten, auf die rund 40 % des Welthandels entfallen. Inhaltlich sollte u.a. die Freiheit für den Warenverkehr auf die

»4 Freiheiten« des EG-Binnenmarktes (→ *Europäischer Binnenmarkt*) ausgedehnt werden; das EG-Wettbewerbsrecht sollte ausschließlich der Bestimmungen über die Kartell- und Fusionskontrolle für alle Vertragsstaaten gelten; für den Agrarbereich sollten bilaterale Abkommen zwischen der EG und den EFTA-Ländern Probleme regeln. Ausgeklammert blieben vom EWR-Abkommen die Bereiche Zollunion, Landwirtschaft und Fiskalpolitik, was eine Aufrechterhaltung der Grenzen zwischen der EU und EFTA-Staaten notwendig machte, sowie die Abschaffung der Personenkontrollen zwischen den EG- und EFTA-Staaten und eine gemeinsame Währungspolitik.

Unabhängig von den ungelösten Problembereichen des 1992 unterzeichneten Vertragstextes (z.B. bezüglich der Mitspracherechte der EFTA-Länder) hat der EWR auf Grund des Beitritts mehrerer EFTA-Staaten zur Europäischen Union eine abnehmende Bedeutung. Allerdings gewann der EWR nach Beendigung des »Kalten Krieges« hinsichtlich der politischen Neuordnung in Europa insbesondere vor dem Hintergrund der Entwicklung in Mittel- und Osteuropa wieder an Bedeutung (ehemalige (→) *Staatshandelsländer*).

EWS [s.a. Euro; IWF; Maastrichter Abkommen]

Das Europäische Währungssystem (in der Vorstufe »Europäischer Wechselkursverbund«) ist Ausdruck der seit 1972 vorhandenen Bemühungen der (→) *EU*-Staaten, ein eigenes Währungs- und Wechselkurssystem zu schaffen, das die Währungs- und Wirtschaftspolitik vereinheitlichen und die Vorstufe zu einer Währungsunion darstellen sollte (vgl. Cwik, 1991, S. 152f.).

In der ersten Stufe wurde in dem Abkommen über eine Verringerung der Wechselkursbandbreiten zwischen den Währungen der beteiligten Länder der Europäische Wechselkursverbund geschaffen, der zwischen den EG-Währungen ein System fester Wechselkurse und gegenüber anderen Währungen zu gemeinsamen flexiblen Wechselkursen führte (vgl. Brandstetter, 1996, S. 90). Mit dem Europäischen Wechselkursverbund wurden erste Erfahrungen für das Europäische Währungssystem gesammelt. Insofern entsprechen die Ziele des EWS weitgehend denen des Wechselkursverbundes:

- Das EWS soll die währungspolitische Zusammenarbeit der EG-Mitgliedstaaten verstärken und eine Zone der Währungsstabilität in Europa schaffen, die von den Schwankungen des Dollar-Kurses und den dadurch verursachten destabilisierenden Wirkungen weitgehend abgeschottet ist.
- Ein enger währungspolitischer Spielraum soll die stabilitätsorientierte nationale Wirtschaftspolitik fördern, um so Inflation und Wechselkursschwankungen innerhalb der EG zu verringern und eine gleichwertige Wirtschafts- und Währungspolitik zu erreichen.

Als Instrumente zur Zielerreichung umfasste das EWS drei Elemente (vgl. Deutsche Bank, 1998, S. 174):

1. Eine europäische Währungseinheit, den ECU (European Currency Unit), dessen Wert aus einem Währungskorb und aus absolut festgelegten Anteilen der teilnehmenden Währungen ermittelt wurde und vorwiegend als Rechnungseinheit, als Bezugsgröße für die Wechselkurse der EWS-Währungen und als Reservemedium der Zentralbanken diente (vgl. Cwik, 1991, S. 153ff.).

2. Ein Interventionsmechanismus und ein Abweichungsindikator dienten der Überwachung des Systems fester Wechselkurse auf der Basis eines berechneten Leitkurses aller Mitgliedswährungen in ECU. Überschritten die Wechselkurse eine bestimmte Bandbreite (+/- 2,25 %

bzw. +/- 6 %) der Leitkurse, dann wurden die Zentralbanken der Länder, deren Währung von Ungleichgewichten betroffen war, verpflichtet, durch betragsmäßig unbegrenzte Käufe und Verkäufe auf dem Devisenmarkt zu intervenieren und die abwertungsbedrohte Währung zu stützen (Interventionsverpflichtung). Im Rahmen der sehr kurzfristigen Finanzierung räumten die sich am System teilnehmenden Zentralbanken gegenseitig Kredite in unbegrenzter Höhe mit einer Laufzeit bis zu 45 Tagen ein. Die Leitkurse im EWS wurden bei Bedarf durch ein so genanntes Realignment neu festgesetzt. Nach den Wechselkursturbulenzen im August 1983 wurden die Bandbreiten auf +/- 15 % mit einer Ausnahme ausgeweitet.

3. Ein umfassendes finanzielles Beistandssystem sollte Interventionsverpflichtungen stützen, wenn die jeweiligen Zentralbanken eigene Devisenreserven nicht in einem ausreichenden Maße verfügbar haben. Hierzu wurde ein Europäischer Fonds für währungspolitische Zusammenarbeit (EFWZ) für den kurzfristigen Interventionsbedarf geschaffen. Daneben gab es einen Währungsbeistand zur Ablösung nicht zurückgezahlter kurzfristiger Kredite sowie die Möglichkeit zur Aufnahme mittelfristiger Kredite mit einer Laufzeit bis zu fünf Jahren vom Ministerrat der EU. Der EFWZ wurde allerdings mit Beginn der zweiten Stufe der Europäischen Wirtschafts- und Währungsunion (EWWU) am 1. Januar 1994 aufgelöst (→ *Maastrichter Abkommen*). Seine Aufgaben wurden dem gleichzeitig gegründeten Europäischen Währungsinstituts (EWI) übertragen (vgl. Deutsche Bank, 1998, S. 169).

Mitte September 1992 kam es nach Turbulenzen auf den Devisenmärkten zunächst zur Abwertung der italienischen Lira und der spanischen Peseta. Kurz danach verließen die Lira und das britische Pfund den Wechselkursverbund des EWS (vgl. Wisdorff/Haupt, 1993, S. 95f.), die Lira trat ihm 1996 wieder bei. Am Wechselkursmechanismus des EWS nahmen 1998 bis auf Griechenland, Großbritannien und Schweden alle Mitglieder der EU teil.

In Vorbereitung der EWWU und der vereinbarten Einführung des (→) *Euro* einigte sich der Rat der EU 1996 auf die Schaffung eines neuen Wechselkursverbundes (EWS II) zwischen dem Euro und den nicht an der EWWU teilnehmenden Währungen. Der EWS II soll den Eintritt der Nachzügler in die EWWU fördern, indem er die Erfüllung des Wechselkurskriteriums erleichtert. Die Teilnahme am EWS II wird nach den Wünschen Großbritanniens und Schwedens freiwillig sein (vgl. Deutsche Bank, 1998, S. 175).

Exklusivvertrieb [s.a. Kontraktmarketing]
Exklusivvertrieb (Alleinvertrieb, Ausschließlichkeitsvertrieb) liegt vor, wenn ein Hersteller alle oder einen Teil seiner Produkte in einem festgelegten Gebiet ausnahmslos über einen Vertragshändler absetzt (regionale Alleinvertriebsberechtigung). Der Hersteller selektiert seine unmittelbaren Handelspartner (Vertragshändler) nach qualitativen und quantitativen Kriterien. I.d.R. wird in den vertraglichen Vereinbarungen mit dem unmittelbaren Abnehmer auch die Weitergabe der Produkte festgelegt.

Expatriates → *Stammhausdelegierte*

Experiment [s.a. Experimentanordnung]
Unter einem Experiment wird eine Datenerhebung zur Überprüfung einer Kausalhypothese (→ *Kausalität*) verstanden. Eine Kausalhypothese ist eine Aussage der fol-

genden Art: Eine Änderung der Variablen x bewirkt eine Änderung der Variablen y. Dabei ist die Änderung von x die Ursache und die Änderung von y die Wirkung; anders formuliert ist x die unabhängige (erklärende) und y die abhängige (erklärte) Variable. In Experimenten wird eine bestimmte Veränderung der unabhängigen Variablen (Ursache) herbeigeführt und die Entwicklung der abhängigen Variablen (Wirkung) auf Grund dieser Veränderung überprüft.

Experimente lassen sich nach unterschiedlichen Kriterien gliedern:

- Nach den zur Anwendung gelangenden (→) *Erhebungsverfahren* unterscheidet man Beobachtungs- und Befragungsexperimente.
- Nach den Bedingungen, unter denen das Experiment durchgeführt wird, unterscheidet man Feld- und Laborexperimente. Dabei findet das Feldexperiment unter natürlichen und das Laborexperiment unter künstlichen Bedingungen statt. Es ermöglicht dadurch die Kontrolle von Störfaktoren.

Bei der Durchführung von Experimenten ergeben sich zwei Probleme bezüglich der (→) *Validität*. Die interne Validität betrifft die Gültigkeit des Untersuchungsergebnisses hinsichtlich der untersuchten Teilauswahl (vgl. Hammann/Erichson, 2000, S. 184f.); d.h. sie bezieht sich darauf, ob die beobachtete Veränderung der abhängigen Variablen (y) tatsächlich durch die Veränderung der unabhängigen Variablen (x) bewirkt wurde oder aber durch andere Einflussgrößen zustande gekommen ist. Um dieses Problem zu lösen, müssen alle anderen Faktoren konstant gehalten werden, was bei Laborexperimenten möglich ist (vgl. Churchill, 1976, S. 89). Die externe Validität betrifft die Frage, ob das in der Teilauswahl erzielte Untersuchungsergebnis auch für die Grundgesamtheit Gültigkeit besitzt (vgl. Hammann/Erichson, 2000, S. 184f.). Es muss also die (→) *Repräsentanz* der untersuchten Teilauswahl und der Untersuchungsbedingungen gewährleistet sein.

Der Vorteil der Laborexperimente gegenüber Feldexperimenten besteht in der Isolier- und Kontrollierbarkeit der experimentellen Faktoren. Das Laborexperiment verfügt damit über eine höhere interne Validität. Nachteilig wirkt sich die größere Realitätsferne des Laborexperiments auf die externe Validität einer Untersuchung aus. Ein weiterer Nachteil ist darin zu sehen, dass die Testpersonen in ihrem Verhalten durch die Testsituation beeinflusst werden können. Dagegen verstärkt sich bei Feldexperimenten das Problem der internen Validität, da eine Vielzahl von unkontrollierten Einflussfaktoren auf das Untersuchungsobjekt einwirken. Ein weiterer Nachteil liegt in den erheblichen Kosten. Laborexperimente kommen besonders zur Anwendung, wenn bestimmte Bedingungen eingehalten werden müssen, z.B. gleichbleibende äußere Faktoren wie Belastung oder Temperatur, und wenn bestimmte Hilfsmittel und Geräte wie filmtechnische Geräte, Schnellgreifbühnen oder Tachistoskope eingesetzt werden müssen.

Bei der Produkt- und Werbeforschung lassen sich durch Laborexperimente wichtige Erkenntnisse über das Konsumverhalten ermitteln. Bei der Produktforschung werden dabei (→) *Produkttests*, bei der Werbeforschung u.a. aktualgenetische Tests und im Rahmen der (→) *Motivforschung* die so genannten (→) *projektiven Tests* eingesetzt. Die am weitesten entwickelte Form des Feldexperiments ist der (→) *Markttest*.

Experimentanordnung [s.a. Experiment; Randomisierung]
Bei der technischen Durchführung von (→) *Experimenten* können verschiedene Experimentanordnungen bzw. Versuchsanlagen (experimentelle Designs) unterschieden werden. Das Ziel solcher Anordnungen ist

es, die Variation eines oder mehrerer Faktoren zu messen, wobei mögliche Störfaktoren ausgeschaltet werden sollen. Hüttner (1979, S. 135ff.) unterscheidet zwei Gruppen von Experimentanordnungen: Designs, bei denen Zufallseinflüsse berücksichtigt und analysiert werden, und Designs, bei denen dies nicht geschieht.

Die Versuchsanordnungen ohne Analyse von Zufallseinflüssen bezeichnet Hüttner als »klassische« Experimente. Zur Feststellung der Faktorwirkung wird dabei die Differenzenbildung benutzt. Die Differenzen ergeben sich aus der Messung vor dem Einsatz des Testfaktors (B) und der Messung danach (A). Darüber hinaus arbeitet man i.d.R. mit zwei Gruppen, einer Experiment- bzw. Versuchsgruppe (E) und einer Kontrollgruppe (C). Als Grundtypen der »klassischen« Experimente ergeben sich nach Hüttner (1979, S. 136f.):

- *EBA-Typ:* Hierbei wird bei nur einer Gruppe jeweils vor und nach Einsatz des Testfaktors eine Messung vorgenommen. Die Faktorwirkung ergibt sich aus der Differenz der Messung nach Faktoreinsatz (y_1) und vor Faktoreinsatz (y_0). Die Faktorwirkung ist somit: $y_1 - y_0$. Dieser Experimentanordnung liegen oftmals (→) *Panelerhebungen* zugrunde. Nach Hammann/Erichson (2000, S. 190ff.) ist hierbei die interne Validität nicht gesichert (»unvollständiges Experiment«).
- *EA-CA-Typ:* Bei diesem Typ erfolgt bei beiden Gruppen nur eine Messung im Anschluss an den Einsatz des Testfaktors. Die Faktorwirkung ist somit: y_1-x_1.
- *EBA-CBA-Typ:* Bei diesem vollständigsten Typ des klassischen Experiments erfolgen bei beiden Gruppen jeweils zwei Messungen. Die Faktorwirkung ergibt sich aus: $(y_1 - y_0) - (x_1 - x_0)$.

Bei der zweiten Gruppe von Experimentanordnungen, den »statistischen« Experimenten, wird mittels der mathematischen Statistik eine Analyse der Zufallseinflüsse vorgenommen. Durch (→) *Varianzanalysen* wird getestet, ob die im Experiment gemessenen Abweichungen zufällig oder signifikant sind. Dabei können sowohl ein als auch mehrere Testfaktoren betrachtet werden. Als Grundtypen derartiger Versuchsanordnungen sind zu nennen:

- der vollständige Zufallsplan
- der zufällige Blockplan
- das lateinische Quadrat
- die faktoriellen Pläne.

Während die ersten drei Typen eher einfaktorielle Versuchsanlagen darstellen, sind die faktoriellen Pläne auf die Untersuchung von mehreren Faktoren sowie den Interaktionen zwischen ihnen angelegt.

Nach dem Zeitpunkt der Zuordnung von Testeinheiten zur Experimentgruppe oder zur Kontrollgruppe werden die Ex-post-facto-Experimente abgegrenzt; hierbei erfolgt die Zuordnung erst nach Vornahme der experimentellen Behandlung. Ex-post-facto-Zuordnungen werden z.B. »... in der Praxis häufig bei der Untersuchung der (→) *Werbewirkung* angewandt. Innerhalb einer Teilauswahl werden alle Personen der Experimentgruppe zugerechnet, die die betreffende Werbung wahrgenommen haben. Zur Kontrollgruppe gehören die restlichen Personen, die die Werbung nicht wahrgenommen haben. Als experimentelle Wirkung wird dann die unterschiedliche Kaufrate hinsichtlich der Produktmarke, für die geworben wurde, interpretiert« (Hammann/Erichson, 2000, S. 192).

Expertenbefragung → *Delphi-Methode*

Expertensysteme → *Decision-Support-Systeme*

Export

Export bezeichnet die grenzüberschreitende Bereitstellung von wirtschaftlichen Leistungen an das Ausland. Man unterscheidet dabei zwischen direktem und indirektem Export. Während beim direkten Export im Inland kein Zwischenhändler eingeschaltet wird und der Hersteller selbst unmittelbar grenzüberschreitend fakturiert, übernimmt diese Aufgabe beim indirekten Export der Zwischenhändler. Dieser übernimmt dann zusätzlich mehrere Funktionen, z.B. die Lagerhaltung (vgl. Jahrmann, 1998, S. 51ff.).

Die Auswahl zwischen beiden Formen hängt ab von

- produktbezogenen Faktoren wie Sortimentsbedürftigkeit und Serviceerfordernissen
- unternehmensbezogenen Faktoren wie Kapitalausstattung und Auslands-Know-how
- auslandsmarktbezogenen Faktoren wie Konkurrenzsituation und dortigen Distributionswegen.

Der Vorteil des indirekten Exportes liegt in dem (→) *Outsourcing* bestimmter Funktionen begründet, die Gefahr ist dem daraus resultierenden Verlust an Marktnähe. Bei Warenlieferungen innerhalb der EU spricht man an Stelle des Exports von der Versendung.

Export wird als unternehmerische (→) *Markteintrittsstrategie* von vielfachen Determinanten beeinflusst (vgl. Cavusgil/Nevin, 1981, S. 114ff.).

Exportfinanzierung [s.a. Außenhandelsfinanzierung]

Die Exportfinanzierung umfasst sowohl die Finanzierung der Herstellung bzw. des Einkaufs der zu exportierenden Ware als auch die Finanzierung der Transportdauer und des Zahlungsziels. Zugleich umfasst sie die Finanzierung weiterer Kosten, die sich aus dem Exportgeschäft ergeben, so Lagerung und Versicherung der Exportware. Neben den Funktionen der Finanzierung und Risikoabsicherung kommt der Exportfinanzierung im Sinne der vertraglich ausgehandelten Lieferungs- und (→) *Zahlungsbedingungen* eine entscheidende akquisitorische Wirkung zu (→ *Internationales Marketing*).

Die Exportfinanzierung ist von der (→) *Importfinanzierung* insofern abzugrenzen, dass die Darstellung häufig nur eine Umkehrung der Sichtweise der Beteiligten erfordert. Dies gilt für die Zahlungsbedingungen ebenso wie für die meisten (Re-)Finanzierungs- und Sicherungsinstrumente. Export- und Importfinanzierung können begrifflich der Außenhandelsfinanzierung untergeordnet werden (vgl. Häberle, 1998, S. 1). Insofern finden viele Finanzierungsinstrumente bzw. -möglichkeiten je nach Sichtweise sowohl im Rahmen der Export- als auch der Importfinanzierung ihren Einsatz.

Zu unterscheiden ist zwischen einer kurzfristigen und einer mittel- und langfristigen Exportfinanzierung. Zu den Instrumenten der kurzfristigen Exportfinanzierung zählen u.a. (vgl. Jahrmann, 1998, S. 405ff.; Schroth, 2001, S. 85f.):

- Vorauszahlungen (→ *Zahlungsbedingungen*)
- Bankkredite (→ *Zessionskredit*)
- (→) *Bankgarantien*
- (→) *Wechselkredite*
- Diskontkredite
- Akzeptkredite
- Lombardkredite
- (kurzfristige) Eurokredite
- Akkreditive (→ *Dokumentenakkreditive*)
- Ankauf und Bevorschussung beim (→) *Dokumenteninkasso*
- (→) *Factoring*
- (→) Devisentermingeschäfte (→ *Swap-Geschäfte*).

Als Instrumente der mittel- und langfristigen Exportfinanzierung sind insbesondere hervorzuheben (vgl. Jahrmann, 1998, S. 449ff.; Schroth, 2001, S. 85f.):

- (mittel- und langfristige) Eurokredite
- (→) *Lieferantenkredite*
- (→) *Forfaitierung*
- Kredite von Spezialinstituten wie der Ausfuhrkredit-Gesellschaft mbH (AKA) sowie der Kreditanstalt für Wiederaufbau (KfW).

Die verschiedenen Formen der mittel- und langfristigen Exportfinanzierung finden vor allem beim Export von Investitionsgütern Anwendung.

Exportförderung

Exportförderung ist die staatliche Begünstigung von Absatzmöglichkeiten im Ausland, da Exportgeschäfte speziellen wirtschaftlichen und politischen Risiken unterliegen. Koch (1998a, S. 155) differenziert in kompensatorische, protektionistische und zahlungspolitische Exportförderung. Während bei der kompensatorischen Exportförderung nur die nicht selbst verschuldeten Nachteile, die inländische Anbieter behindern (z.B. durch inländische Importabgaben für Vorprodukte bzw. durch Exportförderungsmaßnahmen anderer Länder), ausgeglichen werden, sollen bei der protektionistischen Exportförderung die Absatzchancen der heimischen Industrie insbesondere der klein- und mittelständischen Unternehmen auf dem Weltmarkt vergrößert werden. Die zahlungsbilanzpolitische Förderung wird eingesetzt, um Leistungsbilanzdefizite zu verringern und einen Devisenmangel zu beseitigen.

Im Rahmen der Exportförderung kommen verschiedene Instrumente zur Anwendung. In Deutschland engagieren sich neben staatlichen vor allem auch private Institutionen in der Exportförderung. Bei den staatlichen Institutionen handelt es sich vor allem um den Auswärtigen Dienst mit seinen Auslandsvertretungen, Botschaften und Konsulaten, die Bundesstelle für Außenhandelsinformation (BfAI) (→ *Außenhandel(s), Institutionen des*) und die Kreditanstalt für Wiederaufbau (KfW). Die wichtigsten nicht-staatlichen Institutionen sind die regionalen (→) *Industrie- und Handelskammern* (IHK) mit ihrer Dachorganisation, dem Deutschen Industrie- und Handelskammertag (DIHK), der auch die (→) *Auslandshandelskammern* (AHK) betreut, die Ausfuhrkredit-Gesellschaft mbH (AKA), der Ausstellungs- und Messeausschuss der deutschen Wirtschaft (AUMA) sowie insbesondere die zum Teil im staatlichen Auftrag handelnde (→) *HERMES* Kreditversicherungs-AG (vgl. Koch, 1998a, S. 155f.).

Die Förderung von Auslandsmessen und messeähnlichen Aktivitäten hat als Marketinginstrument zur Anbahnung und Ausweitung von Geschäftskontakten mit ausländischen Kunden erheblich an Bedeutung gewonnen. Ziel der staatlichen Förderung ist die finanzielle Erleichterung der Auslandsmessebeteiligung zur Reduzierung der im Vergleich zum Inland höheren Markteintrittskosten. Im Rahmen von Firmengemeinschaftsausstellungen (als häufigste Beteiligungsform) bezuschusst der Bund z.B. die Betreuung seitens der Messedurchführungsgesellschaft, die Überlassung der Ausstellungsfläche, allgemeine Dekorationen, den technischen Support usw.

Neben der Informationsbereitstellung und Kontaktanbahnung stellen Risikoabsicherungsmaßnahmen (→ *Kapitalanlagebesicherung*) einen weiteren Schwerpunkt der deutschen Exportförderung dar. Eine HERMES-Deckung kann sowohl das Risiko vor Versendung der Ware (Fabrikationsrisiko) als auch das Risiko nach Warenversand, das eigentliche Ausfuhrrisiko auf Grund Zahlungsverzug oder Forderungsausfall übernehmen. Eine (→) *Exportfinanzierung* auf Grund längerer Zahlungsfristen ausländischer Kunden, die die Finanzierungskonditionen und insofern die Wettbewerbsfähigkeit der inländischen Produkte beeinflussen, kann durch die AKA bzw. die KfW erfolgen (vgl. Koch, 1998a, S. 156ff.).

Exportgemeinschaften

Exportgemeinschaften bilden eine institutionalisierte Form der (→) *Kooperation* im Außenhandel (→ *Allianzen, strategische*). Hier arbeiten meist mehrere Hersteller mit absatzmäßig komplementären Produkten zur Durchführung des Exports in bestimmte Länder über ein gemeinschaftlich getragenes Exportbüro zusammen (vgl. Schneider, 1992a, S. 744). Die Möglichkeit der Gründung von Exportgemeinschaften mit anderen am Direktexport interessierten Herstellern (z.B. in Form einer BGB-Gesellschaft) eignet sich insbesondere für Unternehmen, die sich teure eigene Exportorganisationen nicht leisten können (z.B. klein- und mittelständische Unternehmen) oder wollen, weil sie nur sporadisch exportieren (vgl. Mahefa, 1998, S. 531). Nach Walldorf existieren die in Übersicht 43 aufgeführten Intensitätsstufen von Exportgemeinschaften (vgl. Walldorf, 1992, S. 452).

Grundtypen	Untertypen	Art der übernommenen Funktionen
Exportgemeinschaft einfacher Stufe	Marktforschungsgemeinschaft Werbegemeinschaft Transportgemeinschaft Markengemeinschaft Kundendienstgemeinschaft Ersatzteillagergemeinschaft Vertretungsgemeinschaft	Anbahnungs- und/oder Begleitfunktionen im Export
Exportgemeinschaft höherer Stufe	Exportvermittlungsgemeinschaft Exportabschlussgemeinschaft	Anbahnungs- und/oder Begleitfunktionen im Export; zusätzliche Funktionen auf fremde Rechnung
Exportgemeinschaft höchster Stufe	Exportvermittlungsgemeinschaft Exportabschlussgemeinschaft	vollständige Übernahme der Exportfunktionen auf eigene Rechnung

Quelle: Walldorf, 1992, S. 453.

Übersicht 43: Intensitätsstufen der Exportgemeinschaft

Vorteile von Exportgemeinschaften sind:

- Reduzierung der Exportkosten durch Aufteilung auf mehrere Partner
- Teilung des Risikos
- Nutzung von gegenseitigen Stärken und Ressourcen
- Erzielung eines größeren Exportvolumens durch gemeinsames Auftreten
- Ausnutzung von Größenvorteilen im Auslandsgeschäft.

Diesen stehen folgende Nachteile gegenüber:

- Abhängigkeit von Partnern
- Erfolgs-/Gewinnteilung
- langwierige Abstimmungs- und Entscheidungsprozeduren

- hohes Konfliktpotenzial (vgl. Hünerberg, 1994, S. 125).

Exportkreditversicherung [s.a. HERMES]
Die Exportkreditversicherung (auch als Ausfuhr(risiko)versicherung und als Delkredereversicherung bezeichnet) stellt einen Oberbegriff für verschiedene Versicherungsarten dar und besichert die Exportrisiken des Ausfalls von Forderungen aus Warenlieferungen und Dienstleistungen.

Zur Absicherung der Exportkredit-/Ausfuhrkreditrisiken können grundsätzlich private Kreditversicherer und staatliche Kreditversicherungen eingeschaltet werden (vgl. Jahrmann, 1998, S. 332). Zu den privaten Ausfuhrkreditversicherungen zählen:

- die Hermes Kreditversicherungs-AG (Hamburg)
- die Allgemeine Kreditversicherungs-AG (Mainz)
- die Gerling Konzern Spezielle Kreditversicherungs-AG (Köln)
- die Züricher Kantons- und Kreditversicherungs-AG (Frankfurt) sowie
- Gothaer Credit (Köln).

Zu den staatlichen Ausfuhrkreditversicherungen gehören:

- die Hermes Kreditversicherungs-AG (Hamburg) sowie
- die PwC Deutsche Revision AG (vormals: C&L Deutsche Revision AG) (Hamburg).

Bei den staatlichern Versicherern handelt es sich (in Deutschland) um private Gesellschaften, die im Auftrag des Bundes tätig sind (Mandatare). HERMES ist federführend vom Bund ermächtigt, alle die Ausfuhrgewährleistungen betreffenden Erklärungen im Namen, im Auftrag und für Rechnung des Bundes abzugeben und entgegenzunehmen. Deswegen hat sich in der Praxis die Bezeichnung »HERMES-Deckung« durchgesetzt. HERMES bietet aber auch Versicherungen auf eigene Rechnung an und ist insofern auch als privater Kreditversicherer tätig. Während HERMES federführend im Bereich der Ausfuhrgewährleistung tätig ist, agiert die PwC Deutsche Revision AG federführend im Bereich der (→) *Kapitalanlagebesicherung* im Auftrag des Bundes.

Ein Vergleich der privaten und der staatlichen Versicherungen zeigt, dass die privatwirtschaftlichen Exportkreditversicherungen nur das Forderungsausfallrisiko des Exporteurs bei Zahlungsunfähigkeit seines Abnehmers decken. Unter bestimmten Voraussetzungen können auch das Risiko des Zahlungsverzugs sowie bei Spezialanfertigungen das Fabrikationsrisiko des Exporteurs und dessen (Ersatz-)Forderungsrisiko bei Nichtabnahme der Ware in die Versicherung einbezogen werden. An Schäden ist der Versicherte regelmäßig mit einem so genannten Selbstbehalt (einer Selbstbeteiligung) beteiligt. Die privatwirtschaftlichen Exportkreditversicherungen decken insofern nur das wirtschaftliche Risiko in Ländern mit stabilen wirtschaftlichen und politischen Verhältnissen ab. Die Deckung politischer Risiken (→ *Länderrisiken*) wird von den privaten Kreditversicherungsgesellschaften direkt in den Versicherungsbedingungen oder indirekt dadurch ausgeschlossen, dass Lieferungen an Importeure in bestimmte risikobehaftete Länder oder Ländergruppen nicht versichert werden. Ausgenommen ist Lloyd's of London, wo von den so genannten Underwriters grundsätzlich alle ökonomischen und länderspezifischen Risiken versichert werden. Lloyd's wird i.d.R. nur dann tätig, wenn die nationalen Kreditversicherer eine Versicherung nicht anbieten (internationales Subsidiaritätsprinzip). Dies ist beispielsweise bei (→) *Kompensationsgeschäften* der Fall.

Private Kreditversicherungsgesellschaften übernehmen in der Regel keine Wechselkursrisiken vom Exporteur. Vertragswährung für Versicherungssummen, Prämienzahlungen und Entschädigungsleistungen ist vielmehr (zumindest bei deutschen Anbietern von Warenkreditversicherungen) die Deutsche Mark (vgl. Häberle, 1998, S. 937f.).

Die Vorteile der Privatversicherer gegenüber der staatlichen Kreditversicherung bestehen in:

- meist geringeren Prämiensätzen
- ständiger intensiver Bonitätsüberwachung der Importeure
- schneller Entschädigung im Schadensfall.

Zudem bestehen beispielsweise für kleinere und mittlere Unternehmen Sonderdeckungsmöglichkeiten, wie die so genannte Europa-Police der Allgemeinen Kreditversicherungs-AG. Nachteilig allerdings sind:

- kurze Laufzeiten der abzusichernden Kredite
- hohe Selbstbeteiligungsquoten von 30 %
- Ausschluss politischer Risiken
- Beschränkung auf stabile Länder (meist nur OECD-Länder) (vgl. Jahrmann, 1998, S. 333).

Die Bedeutung privatwirtschaftlicher Ausfuhrkreditversicherungen wird in Zukunft steigen, da sich der Bund aus der Absicherung kurzfristiger so genannter marktfähiger Risiken zurück zieht. Seit dem 1. Oktober 1997 werden keine Deckungen mehr für wirtschaftliche Risiken aus kurzfristigen Geschäften bis zu zwei Jahren Kreditlaufzeit in ausgewählten OECD-Ländern übernommen (vgl. Häberle, 1998, S. 937).

Exportleasing → *Leasing*

Exportmarketing [s.a. Export]
Unter Exportmarketing versteht man die systematische, planmäßige und aktive Bearbeitung von Auslandsmärkten im Zuge von Exportaktivitäten. Innerbetrieblich werden alle Voraussetzungen geschaffen, um das Auslandsgeschäft optimal durchzuführen, und die absatzpolitischen Instrumente (→ *Marketinginstrumente*) werden professionell eingesetzt (vgl. Kulhavy, 1993, S. 6f.). Die neuere Literatur differenziert die Formen des Marketing nicht in Abhängigkeit von der gewählten (→) *Markteintrittsstrategie*, z.B. Export, sondern verwendet den integrativen Begriff (→) *Internationales Marketing* (vgl. Zentes, 1995a, Sp. 1031f.; Meissner, 1995, S. 2ff.; Backhaus/Büschken/Voeth, 2000, S. 34ff.).

Exportwechsel → *Wechselkredit*

Exposure → *Währungsrisiken*

Extranet → *Internet*

F

Face-to-Face-Kommunikation

Kommunikation bezeichnet allgemein den Austausch von Informationen. Dem Kommunikationsprozess kommt bei der Erklärung des menschlichen Verhaltens eine große Bedeutung zu, da die Kommunikation der Träger des sozialen Lebens ist.

Man unterscheidet die persönliche Kommunikation oder Face-to-Face-Kommunikation und die (→) *Massenkommunikation*, wobei die persönliche Kommunikation direkt von Person zu Person erfolgt, z.B. in Form der Mund-zu-Mund-Werbung.

Die Bedeutung des persönlichen Gesprächs zeigt sich z.B. in Diffusionsprozessen (→ *Diffusion*). Dort entstehen laufend Rückkopplungen (Feedback) zwischen den Kommunikationspartnern in Form von Rückfragen und abwechselndem Gespräch. Diese führen zu unmittelbaren Verständigungsmöglichkeiten und hoher Flexibilität der Kommunikation. Diese Flexibilität ist ein Grund für die größere Beeinflussungswirkung der persönlichen Kommunikation gegenüber der Massenkommunikation. Ein weiterer beruht auf der größeren Glaubwürdigkeit persönlicher Kommunikationspartner (vgl. Kroeber-Riel/Weinberg, 1999, S. 498ff.).

Als Auslöser für marketingrelevante persönliche Kommunikation sind besonders das aktuelle Interesse an einem Produkt, die Reduzierung des (→) *Kaufrisikos* und die Dissonanzreduzierung zu nennen. Personen, die ein Produkt gekauft haben, können zu Werbern für das Produkt werden, indem sie die Vorteile hervorheben, um ihre eigenen Dissonanzen abzubauen.

Auch in der medialen Werbung als einer Form der Massenkommunikation wird versucht, die Wirkung der persönlichen Kommunikation zu erreichen, indem man die Illusion einer persönlichen direkten Kommunikation erzeugt. Die direkte absatzpolitische Anwendung der Kenntnisse über die Wirkung der persönlichen Kommunikation erfolgt im persönlichen Verkauf (→ *Personal Selling*), so im Kontakt zwischen Verkäufer und Käufer.

Face-to-Face-Selling → *Personal Selling*

Fachhandel → *Betriebstypen des Handels*

Fachpromotor → *Promotor*

Factoring

Factoring ist eine spezielle Form eines Finanzierungsgeschäftes, bei dem ein meist spezialisiertes Finanzinstitut auf Grund eines Factoring-Vertrages Forderungen aus Warenlieferungen oder Dienstleistungen und die Verwaltung (Fakturierung, Mahnwesen, Inkasso, Beratungsleistungen usw.) dieser Forderung übernimmt (vgl. Deutsche Bank, 1998, S. 181f.). Das Factoring umfasst i.d.R. drei Teilbereiche:

1. Dienstleistungsfunktion (Verwaltungsfunktion), in deren Rahmen das Factoring-Institut bestimmte Dienstleistungen, z.B. die Führung der Debitorenbuchhaltung und die Abwicklung des Inkassowesens, übernimmt.
2. Delkrederefunktion (Kreditversicherungsfunktion), innerhalb derer die Factoring-Gesellschaft das Forderungsausfallrisikos, d.h. das Risiko der Zahlungsunfähigkeit des Debitors (Schuldners), übernimmt.

3. Finanzierungsfunktion durch Sofortgutschrift im Sinne einer Refinanzierung der Lieferantenkreditgewährung für den Exporteur (vgl. Häberle, 1998, S. 670ff.; Jahrmann, 1998, S. 430ff.).

Im Außenwirtschaftsverkehr haben vor allem das Export- und das Importfactoring eine hohe Bedeutung. Beim Importfactoring übernimmt ein inländischer Factor gegenüber dem ausländischen Factor die Haftung für die Zahlungsunfähigkeit eines inländischen Debitors. Beim Exportfactoring reicht der Exporteur dem inländischen Factor eine Abschrift seiner Rechnung ein, die vom inländischen Factor an einen ausländischen, mit ihm korrespondierenden Factor weitergeleitet wird. Es handelt sich somit um den Verkauf von kurzfristigen Exportforderungen aus Warenlieferungen und Dienstleistungen auf der Basis einer Globalzession (→ *Zessionskredit*) zur Refinanzierung des dem Importeur gewährten Lieferantenkredits.

Als Formen des Factoring können unterschieden werden (vgl. Häberle, 1998, S. 673):

- echtes Factoring (mit Delkredere)
- unechtes Factoring (ohne Delkredere)
- offenes Factoring (Kenntnisnahme des Schuldners von der Schuldabtretung)
- stilles Factoring (keine Kenntnisnahme des Schuldners von der Schuldabtretung)
- Fälligkeitsfactoring (lediglich Inkasso der Forderung bei Fälligkeit).

Die wesentlichen Unterschiede zwischen Factoring und einem Zessionskredit liegen darin,

- dass es sich beim Factoring um einen Forderungskauf mit einem zu Grunde liegenden Kaufvertrag (kein Kreditvertrag) handelt
- dass der Finanzierungsgrad mit üblicherweise rund 90 % hoch ist
- dass keine Regresspflicht des Exporteurs bei Forderungsausfall besteht und
- dass eine laufende Bonitätsüberwachung der Importeure durch den Factor erfolgt.

Insofern hat das Factoring in einem stärkeren Maße als der Zessionskredit eine Sicherungs- und eine Finanzierungsfunktion im Außenhandel.

International tätige Factoring-Institute sind:

- die Factor Chain International (eine Kette von Gesellschaften in rund 48 Ländern mit ca. 130 Mitgliedern)
- die Heller-Factoring-Gruppe aus den USA (in Deutschland Heller Factoring Bank in Mainz)
- die International Factors-Gruppe aus den USA (in Deutschland DG Diskontbank AG in Frankfurt) (vgl. Jahrmann, 1998, S. 434).

Factory Outlet → *Betriebstypen des Handels; Direktvertrieb*

Faktorenanalyse

Die Faktorenanalyse ist ein (→) *multivariates Verfahren* der (→) *Datenanalyse*, das aus einer Vielzahl von metrischen Variablen voneinander unabhängige Einflussfaktoren herauszukristallisieren versucht (→ *Datenreduktion*), die dann weiteren Analysen zu Grunde gelegt werden können (vgl. Backhaus u.a., 2000, S. 253ff.). Basis der Ermittlung der hinter den Variablen stehenden Faktoren ist die → *Korrelationsanalyse*. Mit ihrer Hilfe wird die Beziehungsintensität zwischen den Variablen ermittelt.

Die Faktorenanalyse geht davon aus, dass die Korrelationen der Ausgangsdaten durch einen oder mehrere »hinter« den Variablen stehende Faktoren abbildbar sind. Auf diese Weise geben wenige Größen fast vollständig den Informationsgehalt der Ausgangsdaten wieder. Die inhaltliche

Interpretation der Faktoren kann jedoch nur subjektiv durch den Anwender erfolgen.

Die Faktorenanalyse ist im Normalfall auf die Variablen (Spalten) der (→) *Datenmatrix* ausgerichtet (R-Technik). Wird eine Datenreduktion in Bezug auf die Elemente (Zeilen) der Datenmatrix angestrebt, so handelt es sich um die Q-Technik. Diese Technik weist Parallelen zur (→) *Clusteranalyse* auf.

Eine Fragestellung, die mit der Faktorenanalyse beantwortet werden kann, ist z.B.: Lässt sich die Vielzahl der Merkmale, die von Käufern bestimmter Produkte als wichtig empfunden werden, auf wenige Faktoren reduzieren? Darauf aufbauend kann weiter überprüft werden, wie die Produkte anhand der extrahierten Faktoren beschrieben werden können.

Familienentscheidung

Die Familienhaushalte sind die wirtschaftlich bedeutendste Gruppe von Haushalten als eine Personengemeinschaft, welche die Befriedigung der Lebensbedürfnisse gemeinsam finanziert (gemeinsame Wirtschaftsführung) und als Kollektiv gemeinsam wohnt.

Familienentscheidungen sind häufig (→) *Gruppenentscheidungen*, die durch Interaktionen zwischen den einzelnen Gruppenmitgliedern zustande kommen. Mit Hilfe der (→) *Interaktionsanalyse* lassen sich die sozialen Positionen und die daraus abgeleiteten Rollen (→ *Soziale Rolle*) der einzelnen Gruppenmitglieder erfassen (vgl. Kroeber-Riel/Weinberg, 1999, S. 447ff.). Bei der Rollenverteilung innerhalb der Familie zeigt sich, dass arbeitsteilig einige Mitglieder besonders auf sachliche Aufgabenlösungen spezialisiert sind (aufgabenorientierte Gruppenführer) und andere sich durch ein mehr soziales, emotionales Verhalten auszeichnen (stimmungsorientierte Gruppenführer). Im patriarchalischen Familientypus ordnete man dem Mann die aufgabenorientierte und der Frau die stimmungsorientierte, emotionale Führerschaft zu. Durch den Rollenwandel in der Gesellschaft zeigt sich jedoch vermehrt eine Tendenz zur Kooperationsfamilie, die sich durch Aufgabenteilung und gemeinsame Entscheidungen auszeichnet (vgl. Kroeber-Riel/Weinberg, 1999, S. 459f.).

Hinsichtlich dieser Rollenverteilung spricht man daher differenzierter von vier Typen von Familienentscheidungen:

- autonome Entscheidungen der Familienmitglieder
- Dominanz des Mannes (patriarchalisch)
- Dominanz der Frau (matriarchalisch)
- gemeinsame Entscheidungen.

Die Rollenverteilung kann dabei je nach Entscheidungsobjekt, Entscheidungssituation und Entscheidungsphase variieren. Die unterschiedlichen Entscheidungstypen lassen sich jedoch tendenziell auch bestimmten (→) *sozialen Schichten* zuordnen. So kommt es in der Oberschicht auf Grund des höheren Einkommens häufig zu autonomen Entscheidungen, während besonders in der Mittelschicht gemeinsame Entscheidungen überwiegen. Die Unterschicht ist häufig durch die Dominanz der Frau gekennzeichnet.

Bei der Analyse von Familienentscheidungen ist nicht zuletzt der Einfluss der Kinder zu berücksichtigen. Sie beeinflussen die Familienentscheidungen direkt, indem sie als Interaktionspartner am Entscheidungsprozess teilnehmen. Ihr Einfluss ist stark vom Entscheidungsobjekt abhängig. Darüber hinaus ist die Beteiligung der Kinder vom Alter abhängig (z.B. kleinere Kinder, Jugendliche). Kinder beeinflussen die Familienentscheidungen auch indirekt, indem sie eine bestimmte Phase des (→) *Familienzyklus* begründen (vgl. Kroeber-Riel/Weinberg, 1999, S. 456ff.).

Familienzyklus

Der Familienzyklus, als ein Ausschnitt des Lebenszyklus, ist eine demografische Variable, die zur Analyse des Verhaltens von Familien und deren Mitglieder herangezogen wird. Der Familienzyklus »gibt den simultanen Einfluss mehrerer sozioökonomischer Einflussgrößen wieder« (Kroeber-Riel/Weinberg, 1999, S. 440); er ermöglicht eine Segmentierung der Konsumenten nach ihrem Kaufverhalten (→ *Marktsegmentierung*).

Der Familienzyklus unterteilt den Lebenslauf der Familie in vier Phasen (vgl. Kroeber-Riel/Weinberg, 1999, S. 439):

- Phase I: unverheiratet, jung
- Phase II: verheiratet, mit jungen Kindern
- Phase III: verheiratet, mit älteren Kindern
- Phase IV: verheiratet, ohne Kinder (diese haben das Elternhaus nach Ausbildung oder Ehe verlassen).

Jede dieser Phasen ist durch eine spezifische Konstellation von Einflussgrößen gekennzeichnet. Solche Einflussgrößen sind das Alter der Familienmitglieder, die Anzahl der Kinder im Haushalt und das Familieneinkommen.

Neben diesem älteren Familienzyklusmodell wurde eine Phaseneinteilung durch Gilly/Enis (1982) entwickelt, die neuere gesellschaftliche Entwicklungen einbezieht und vom bisherigen (soziologischen) Familienbegriff abrückt (vgl. Übersicht 44). Dieses Modell trägt beispielsweise der Zunahme von Singlehaushalten und der Zunahme gemeinsamer Haushalte mehrerer Personen, auch wenn sie unverheiratet sind (z.B. unverheiratete Paare) Rechnung. Der Familienzyklus von Gilly/Enis gliedert die Konsumenten nach den Kriterien:

- Alter
- Familienstand im weiteren Sinne
- Zahl und Alter der im Haushalt lebenden Kinder.

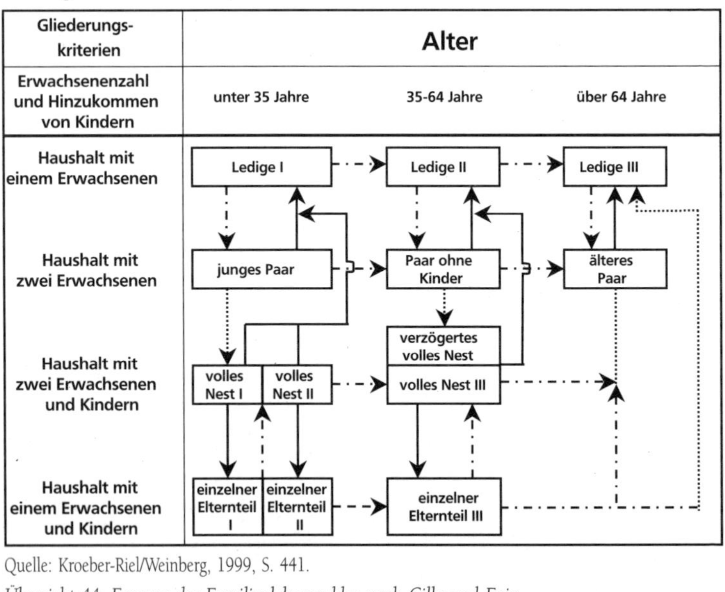

Quelle: Kroeber-Riel/Weinberg, 1999, S. 441.

Übersicht 44: Fassung des Familienlebenszyklus nach Gilly und Enis

Den einzelnen Phasen lässt sich tendenziell ein bestimmtes Konsumentenverhalten zuordnen. Junge Erwachsene zeichnen sich durch einen verstärkten Konsum zur Befriedigung ihrer persönlichen Bedürfnisse (→ *Bedürfnishierarchie*) sowie einen hohen Freizeitanteil aus. Auch die Nachfrage nach hochwertigen, längerlebigen Haushaltsgütern und Einrichtungsgegenständen nimmt verstärkt zu. Dem jungen Paar steht auf Grund der Tendenz zu doppeltem Einkommen ein hohes Familienbudget zur Verfügung. Einrichtungsgegenstände bilden den größten Teil der Ausgaben. In der Phase »das volle Nest« geht auf Grund der Geburt der Kinder und der damit meist verbundenen Aufgabe der Berufstätigkeit der Frau das Familieneinkommen zurück, die Ausgaben steigen rasch an.

Die Verwendung der knappen Mittel (Haushaltsbudget) wird bei Konsumgütern verstärkt vom Bedarf der Kinder geprägt. Bei Gebrauchsgütern werden vornehmlich Haushaltsgüter (oft auf Kredit) und erste Ersatzanschaffungen gekauft. In der späteren Nestphase mit bereits erwachsenen Kindern steigt zumeist das Familienbudget auf Grund der beruflichen Karriere des Mannes und der Wiederaufnahme der Berufstätigkeit der Frau wieder an. Die Phase des »leeren Nests« ist anfangs tendenziell durch ein hohes Einkommen und hochwertigen Konsum geprägt. Mit zunehmendem Alter werden das Einkommen, aber auch die Konsumansprüche geringer.

Bei der Umsetzung des Familienzyklus in der Marketingplanung bereitet vor allem die Einteilung und Abgrenzung der einzelnen Phasen Probleme (vgl. Kroeber-Riel/Weinberg, 1999, S. 442).

Feasibility-Studien

Feasibility-Studien werden meist von Nachfragern komplexer Systeme (→ *Systemgeschäft*) als Vorstudien durchgeführt, um das geplante Projekt auf seine Durchführbarkeit hin zu prüfen und den genauen Leistungsumfang der durchzuführenden Projekte zu erkennen. Daraus ergibt sich eine klare Problemstrukturierung, die auch Grundlage ihrer Anfragepolitik ist. Da im Rahmen solcher Vorstudien das Projekt bereits in vielen Teilen konkretisiert wird, ist es im Interesse der Systemanbieter, auf die Durchführung der Studien Einfluss zu nehmen, beziehungsweise diese an Stelle der Nachfrager oder der Consulting-Unternehmen (→ *Drittpartei*) selbst durchzuführen. In diesem Fall handelt es sich um ein Dienstleistungsangebot des Systemherstellers im Rahmen einer frühzeitigen Interaktionsbeziehung mit dem Nachfrager. Es ist dann Ziel des Anbieters, das Projekt auf sein Know-how hin zu konkretisieren, seine technologischen Verfahren einzubringen und dafür zu sorgen, dass eine Kompatibilität seiner Systemelemente mit Konkurrenten ausgeschlossen ist, um so einen Systemeffekt auszulösen (vgl. Engelhardt/Günter, 1981, S. 121f.).

Feldexperiment → *Experiment*

Feldtheorie

Nach Lewin (1969), einem Begründer der Feldtheorie, ist das Verhalten eine Funktion von interdependenten Variablen der Person und der Umwelt, die die Gesamtsituation bzw. den Lebensraum (psychologisches Feld) bilden, in dem das Individuum bzw. der Konsument seine Entscheidungen trifft.

Bei dieser Betrachtungsweise des Konsumentenverhaltens entsprechen die Variablen der Person den (→) *intervenierenden Variablen*, die in den SOR-Modellen des (→) *Neobehaviorismus* berücksichtigt werden. Die Umweltvariablen sind Aktionsvariablen der sozialen Umwelt, welche die Person als Stimuli erreichen.

In der Feldtheorie wird die Gesamtsituation grafisch in einem Feld dargestellt, das alle Faktoren enthält. Das Feld ist dabei um so strukturierter, je mehr Faktoren gegeben sind. Lewin stellt neben den bestehenden Beziehungen zwischen den Faktoren auch die dynamischen Momente als gerichtete Kräfte dar. Diese Kräfte sind Vektoren im Lebensraum und zeigen die Richtung und Stärke, mit der eine Person zu Veränderungen neigt. Eine positive Kraft in Richtung auf ein Objekt ist mit einem Bedürfniszustand (→ *Bedürfnishierarchie*) gleichzusetzen. Durch zwei oder mehrere entgegengesetzte Kräfte entsteht eine intrapersonelle Konfliktsituation (→ *Konflikte*), z.B. durch eine positive Kraft in Richtung auf ein Produkt beim gleichzeitigen Wunsch zu sparen. Das Verhalten resultiert aus dem Kräfteverhältnis zwischen der Kraft hin zum Produkt und der Kraft weg von der Geldausgabe.

Eine grafische Darstellung situativer Gegebenheiten gibt auch der sozialpsychologisch orientierte Ansatz von Spiegel (1961). Im Modell von Spiegel werden die Personen eines Sozialgebildes nach bestimmten Gliederungskriterien im sozialen Feld dargestellt. Durch Anwendung polarer Merkmale (Gegensatzpaare) erhält man die Struktur der Meinungsverteilung im sozialen Feld. Die Individuen werden dabei je nach ihrer Grundhaltung gegenüber dem Meinungsgegenstand in das soziale Feld eingruppiert und als Anhänger, Ablehner oder Indifferenter bzw. als Nicht-Informierter klassifiziert. Die Grundhaltung der Person ergibt sich aus ihrer Bedürfnisstruktur und den Vorstellungen bezüglich des Meinungsgegenstandes. Die Position eines Meinungsgegenstandes entspricht der Position der stärksten, spontanen Anhänger (vgl. Übersicht 45). Aus der Übersicht ergeben sich Hinweise auf die Konkurrenzsituation, Kundenstruktur sowie auf Marktlücken und (→) *Marktnischen*.

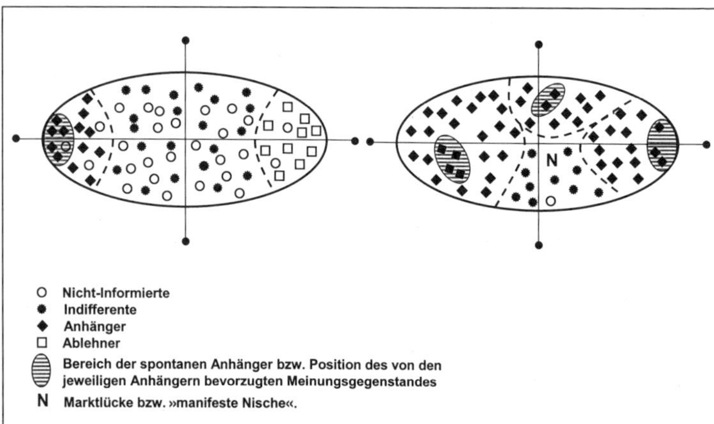

Quelle: Nieschlag/Dichtl/Hörschgen, 1981, S. 50f.

Übersicht 45: Beispiele einer strukturellen Meinungsverteilung

Fernabsatzgesetz

Das deutsche Fernabsatzgesetz repräsentiert die Umsetzung der Fernabsatzrichtlinie der EU in nationales Recht. Das Gesetz ist am 30.06.2000 in Kraft getreten (vgl. Härting, 2000, S. 5). Das Fernabsatzgesetz regelt die

Anbahnung und den Abschluss von Distanzgeschäften, also Geschäften, die ausschließlich im Wege der Fernkommunikation zu Stande gekommen sind. Erfasst werden allerdings nur Verträge zwischen Verbrauchern und Unternehmern. Der Unternehmer muss darüber hinaus seine Waren oder Dienstleistungen systematisch über den Weg des Fernabsatzes vertreiben. Dies ist i.d.R. gegeben, wenn der Unternehmer über einen eigens für diese Art von Geschäften eingerichteten Vertriebskanal verfügt. Das Fernabsatzgesetz ist als Verbraucherschutzgesetz zu verstehen.

Mit dem Fernabsatzgesetz wurde versucht, die Probleme in Bezug auf die Widerrufsmöglichkeit von Online-Verträgen zu beheben. Es regelt somit den Absatz über elektronische Medien mit der Folge, dass der Anbieter vielfältigen Informationspflichten unterworfen ist und dem Verbraucher ein Widerrufs- bzw. Rückgaberecht eingeräumt werden muss. Mit dem Gesetz ist auch ein erster Schritt zu einer Regelung des Electronic Commerce-Bereichs (→ *E-Commerce*) aus Sicht des Verbraucherschutzes unternommen worden (vgl. Tonner, 2000, S. 1413ff.).

Gemäß des Fernabsatzgesetzes muss der Verbraucher vor einem Kauf von Produkten im (→) *Internet* über alle in diesem Zusammenhang wichtigen Informationen in klarer und verständlicher Form informiert werden. Die Informationen sind dem Verbraucher später bei Lieferung der Ware auch auf einem dauerhaften Datenträger zu übermitteln. Dies dient Beweissicherungszwecken und der Verhinderung späterer einseitiger Veränderung von Daten des Unternehmers. Der Verbraucher kann den Kauf binnen zwei Wochen widerrufen und die gekaufte Ware an den Verkäufer zurückschicken (vgl. § 3 Abs. 1 Fernabsatzgesetz). Ab einem Warenwert von 40 Euro hat hierbei der Verkäufer die Kosten der Rücksendung zu tragen. Diese Preisgrenze gilt jedoch nicht, wenn es sich bei der rückgesendeten Ware um Ware handelt, die Verbraucher nicht bestellt hatte, also wenn es sich um eine Falschlieferung handelt.

Filialunternehmen

Die charakteristischen Merkmale eines Filialunternehmens ergeben sich aus der räumlichen Organisation des Absatzes und den Eigentümerverhältnissen. Der gleiche Eigentümer vertreibt seine Waren über mindestens fünf (oft. werden auch zehn Verkaufsstellen als Mindestzahl angegeben) standörtlich getrennte Verkaufsstellen. Die getrennten Verkaufsstellen (Filialen) unterstehen einer gemeinsamen Leitung, welches die langfristige Unternehmenspolitik festlegt. Dazu gehören insbesondere die Steuerung der Sortimente, die in den einzelnen Filialen in hohem Maße kongruent sind, die Entwicklung einer gemeinsamen Preis- und Werbepolitik und die Durchsetzung einer einheitlichen Ladengestaltung. Es wird also eine einheitliche Präsentation der Filialen gegenüber den Kunden angestrebt.

In diesem Zusammenhang ist eine zunehmende Tendenz festzustellen, die darauf abzielt, das eigene Unternehmen bzw. eine bestimmte Vertriebsschiene als Marke (Retail Brand) zu etablieren, über eine einheitliche Aufmachung bzw. Gestaltung des gesamten Außenauftritts (vgl. Zentes/Janz/Morschett, 2000b, S. 11ff.).

Vorteile von Filialunternehmen ergeben sich, neben den angesprochenen Steuerungs-, Planungs- und Marketingeffekten auch aus Degressionseffekten, z.B. durch Auftragskonzentration, sowie in den Bereichen Lagerhaltung, Transport und Verwaltung. Filialunternehmen sind sowohl auf der Einzelhandelsstufe (→ *Einzelhandel*) als auch auf der Großhandelsstufe (→ *Großhandel*) sowie als Verkaufsfilialen von Herstellern anzutreffen.

Financial Engineering

Der Begriff des Financial Engineering kann zusammenfassend als Entwurf, Entwicklung und Implementierung von innovativen Finanzinstrumenten und -prozessen sowie als Realisierung kreativer, maßgeschneiderter Lösungen für Kapitalanleger und -nachfrager gesehen werden (vgl. Schneider, 2000, S. 1082).

Diese weit gefasste Definition beinhaltet die verschiedenen Auslegungen des Begriffs Financial Engineering. So findet er zum einen Verwendung in Zusammenhang mit internationalen → *Auftragsfinanzierungen*. Um der Komplexität der jeweiligen Vorhaben gerecht zu werden, entwickeln Banken im Auftrag des Exporteurs oder Bestellers individuelle, über die Standardinstrumente hinausgehende (»strukturierte«) Finanzierungskonzepte (vgl. Isselstein/Schaum, 1998, S. 190). Hierbei handelt es sich insbesondere um (→) *Projektfinanzierungen*, Misch- und Kofinanzierungen, (→) *Leasing* und (→) *Kompensationsgeschäfte* (vgl. Backhaus, 1999, S. 534ff.), aber auch um investive Engagements (→ *Direktinvestitionen*; *Joint Venture*) des Exporteurs im Ausland.

Eine andere Verwendung erfährt der Begriff des Financial Engineering insofern, als dass es um den Einsatz von innovativen Finanzierungs- und Risikoabsicherungsinstrumenten geht. In diesem Sinne werden Finanztitel zunächst in ihre Grundelemente, z.B. Zins, Tilgung, Währung, Fristigkeit, Sicherheit, Zusatzrechte, aufgespalten (»Stripping«), um sie (einzeln) besser bewerten zu können. Darauf basierend, werden beim »Replicating« neue, optimale Finanztitel geschaffen, in dem die Module gemäß des jeweiligen Finanzierungsfalls optimal kombiniert werden (vgl. Perridon/Steiner, 1999, S. 24).

Financial Sourcing

In Analogie zum (→) *Global Sourcing* stellt das Financial Sourcing ein strategisches Instrument des internationalen (→) *Beschaffungsmanagements* dar, demzufolge Produktionsfaktoren wie Arbeit, Rohstoffe oder Kapital dort nachgefragt werden, wo sie am kostengünstigsten angeboten werden (vgl. Eiteman, 1989, Sp. 603). Beim Financial Sourcing (interationale Kapitalbeschaffung) kann unterschieden zwischen der Innenfinanzierung über den Cash-Flow, der konzerninternen Außenfinanzierung über verbundene Unternehmen sowie der konzernexternen Außenfinanzierung. Die wichtigsten Vorteile internationaler Unternehmen liegen beim Financial Sourcing darin, dass sie durch Tochtergesellschaften in den verschieden Ländern einen leichteren Zugang zu den entsprechenden Finanzmärkten haben. Dadurch können sie schneller auf veränderte Marktsitutionen und sich bietende Finanzierungschancen reagieren und haben somit gegenüber rein national operierenden Unternehmen einen komparativen Vorteil (vgl. Perlitz, 2000, S. 509).

Auf der Instrumentalebene steht dem Financial Sourcing das komplette Spektrum des Finanzmanagements zur Verfügung. Auf der operativen Ebene erfolgt das Financial Sourcing entweder durch zwischengeschaltete Finanzinstitutionen oder direkt.

Fishbein-Modell → *Einstellungsmessung*

FOC → *Betriebstypen des Handels; Direktvertrieb*

FORELEND [s.a. BERI-Index; Länderratings; Länderrisiken, Bewertung von]

FORELEND (Forecast of Country Risk for international Lenders) ist ein branchenspezifisches Länderrisikokonzept (Bankenindikator), das seit 1978 dreimal jährlich vom BERI-Institut angeboten wird. Es ist speziell auf die Kreditrisikoprüfung der Banken zugeschnitten, denen so wichtige Auskünfte über die Bonität von rund 50 Ländern gegeben werden.

Das Modell baut zum großen Teil auf Kriterien und der Methodik des BERI-Indexes auf. Der Gesamtindex, bezeichnet als Recommended Lender Action (Kreditempfehlung), setzt sich aus drei Subindizes zusammen:

- LRquant (quantitativer Index)
- LRqual (qualitativer Index)
- LRenvir (sozialer Index).

Dem Subindex LRquant dienen aktuelle statistische Kennzahlen zur Einschätzung der Fähigkeit eines Landes, Devisen zu erwirtschaften, ausreichend hohe Währungsreserven zu unterhalten, seine Auslandsverschuldung zu begrenzen und den Staatshaushalt auszugleichen. Der Subindex LRqual verwendet qualitative Kriterien zur Beurteilung der Zahlungsfähigkeit. Der LRenvir-Index erfasst auf der Grundlage qualitativer Einzelkriterien die Auswirkungen der politischen, sozialen und wirtschaftlichen Bedingungen auf die Kreditwürdigkeit. Die Ergebnisse der drei Komponenten werden für eine Kreditempfehlung zum Recommended Lender Action zusammengefasst, wobei der LRquant mit 50% und der LRqual und der LRenvir jeweils mit 25% in den Gesamtindex eingehen. Die Gewichtung der drei Teilindikatoren verdeutlicht, dass die Kreditempfehlung am stärksten von der Bedeutung der Zahlungsfähigkeit eines Landes beeinflusst wird (vgl. BERI, 2001; Walldorf, 2000, S. 378).

Abschließend werden die Gesamtpunktwerte in acht Kreditwürdigkeitsklassen eingestuft, die dem Kreditgeber Handlungsempfehlungen geben. Ebenso wie der BERI-Index beurteilt der FORELEND die gegenwärtige und auch die zukünftige Situation.

Forensische Marktforschung → *Marktforschung*

Forfaitierung

Forfaitierung ist der regresslose Ankauf von mittel- bis langfristigen Einzelforderungen mit hohen Beträgen aus Lieferung von Waren oder Dienstleistungen mit Übernahme aller Forderungsrisiken durch den Forfaiteur, wobei die Forderungen in der Zukunft fällig werden.

Im (→) *Außenhandel* hat die Forfaitierung vor allem eine Refinanzierungs- und Risikoabsicherungsfunktion. Forfaitiert werden vor allem Forderungen mit einer Laufzeit von sechs Monaten bis acht Jahren, wobei die Forfaitierung nur dann möglich ist, wenn der Forderungskauf auf abstrakte, vom Grundgeschäft losgelöste Forderungen (Wechselfinanzierung) gerichtet ist, die durch eine (→) *Bankgarantie*, einen Wechsel (→ *Wechselkredit*) oder durch ein (→) *Dokumentenakkreditiv* verkörpert werden (vgl. Deutsche Bank, 1998, S. 188f.).

Gegenüber dem Exportfactoring (→ *Factoring*) und anderen Formen der (→) *Außenhandelsfinanzierung* weist die Forfaitierung folgende Vorteile auf:

- für den Exporteur besteht eine Refinanzierungsmöglichkeit über einen längerfristigen Lieferantenkredit ohne wirtschaftliches und politisches Risiko sowie ohne Selbstbeteiligung
- für den Importeur erfolgt die Einräumung eines längerfristigen Exportkredits bei Barzahlung an den Exporteur
- Liquiditätsverbesserung durch 100 %-ige Fremdfinanzierung
- keine Beitragszahlungen für den Abschluss einer Exportkreditversicherung
- keine Veränderungen bilanzieller Art durch kurzfristige Forderungen auf der Aktivseite und durch langfristige Verbindlichkeiten als Folge der Refinanzierung auf der Passivseite, die eine verbesserte Kreditwürdigkeit generiert
- Kosteneinsparungen durch den Verzicht auf Durchführung von Inkassomaßnah-

men und Überwachung der Fristfälligkeit in dem exportierenden Unternehmen auf Grund einfacher und einmaliger Abwicklung vor Forderungsverkauf
- Abwälzung von Exportkreditrisiken und Wechselkursverlusten auf den Forfaitierenden
- kein Wechselkursrisiko bei Fakturierung in Fremdwährung (vgl. Jahrmann, 1998, S. 484).

Forschung und Entwicklung

»Forschung und Entwicklung ist eine Kombination von Produktionsfaktoren, die die Gewinnung neuen Wissens ermöglichen sollen« (Brockhoff, 1999a, S. 48). Dabei kann es sich um ein objektiv neues Wissen (Weltneuheit) oder auch ein subjektiv neues Wissen (Neuheit für das Unternehmen) handeln.

Im Zusammenhang mit Fragen der (→) *Internationalisierung* hat die Forschung und Entwicklung eine entscheidende Bedeutung für die Wettbewerbsfähigkeit eines Unternehmens. Dies gilt vor allem für Unternehmen aus Industrieländern, die gezwungen sind, eine Weiterentwicklung ihrer Technologien anzustreben, um die innovative Konkurrenz aus (→) *Entwicklungsländern*, die häufig günstigere Kostenstrukturen in der Produktion aufweisen, einzudämmen. Geschka (1993, S. 23) spricht in diesem Zusammenhang von der Notwendigkeit zum (→) *Innovationsmanagement*. Im Einzelnen können folgende empirische Bestimmungsgründe für die Internationalisierung der Forschung und Entwicklung genannt werden (in der Reihenfolge ihrer Bedeutung) (vgl. Boehmer, 1995, S. 88ff.):

1. Personalverfügbarkeit, d.h. Qualifikation und Verfügbarkeit von Forschern
2. Marktattraktivität, die sich in Größen wie Marktwachstum, Marktanteil usw. niederschlägt
3. Managementaktivität einer bereits vorhandenen Auslandstochter, d.h. die technologische Stärke oder die bereits vorhandene Initiative
4. Marktbesonderheiten, d.h. Situationen bzw. Leistungsanforderungen des ausländischen Marktes an Produkte bzw. Prozesse
5. Attraktivität des wirtschaftlich-technologischen Umfeldes, d.h. der Infrastruktur des ausländischen Standortes
6. rechtliche und finanzielle Freiräume, z.B. staatliche Auflagen, öffentliche Meinung und finanzielle Ressourcen
7. die relativen Faktorkosten der Forschung und Entwicklung, d.h. Personal- und Materialkosten, aber auch finanzielle Anreize
8. Orientierung an relevanten Marktteilnehmern, so die Nähe zu Zulieferern, Reaktion auf Wettbewerbsverhalten, zwischenbetriebliche Kooperationen usw.

Die Entscheidungstatbestände der (internationalen) Forschung und Entwicklung umfassen vor allem die Standortentscheidung, die Make-or-buy-Entscheidung (→ *Outsourcing*) sowie die generelle Vorgehensweise im Entwicklungsprozess, d.h. die Festlegung der Forschungsrichtung und die Allokation personeller und finanzieller Ressourcen (vgl. Perlitz, 2000, S. 469ff.). Eine Form der organisatorischen Bündelung der Forschung und Entwicklung stellen (→) *Kompetenzzentren* dar. Sie bündeln die Forschung und Entwicklung in zeitlicher und inhaltlicher Form.

Krubasik/Schrader (1989) zeigen eine Reihe pragmatischer Regeln für ein internationales Forschungs- und Entwicklungs-Management auf. Demzufolge wird die Vorgehensweise in der internationalen Forschung und Entwicklung durch Entwicklungskosten und -zeit sowie Marktanforderungen bestimmt. Demgegenüber liegen bisher unzureichende empirisch gesicherte Erkenntnisse hinsichtlich der Erfolgsbeurteilung alternativer Forschungs- und Entwicklungseinheiten vor (vgl. Boehmer, 1995, S. 128f.). Eine Ausnahme bilden dabei die F&E-Kooperationen (vgl. Teichert, 1994).

Forschungs- und Entwicklungsverträge

Forschungs- und Entwicklungsverträge bzw. Technologieverträge sind eine Markteintritts- und -bearbeitungsstrategie im Ausland, die Unternehmen neben (→) *Export* und (→) *Direktinvestitionen* zur Internationalisierung nutzen können. Man unterscheidet Lizenz-, Know-how-, technische Hilfs-, Beratungs- und Regieverträge. Im weiteren Sinne stellen sie eine Form der Vertragsforschung dar, wie sie von Brockhoff (1999a, S. 63) im Gegensatz zu Gemeinschaftsforschung, deren Erkenntnisse allgemein zugänglich sind, abgegrenzt wird.

Lizenzverträge (→ *Lizenzpolitik*) ermöglichen die Nutzung eines rechtlich geschützten intellektuellen Eigentums. Bei (→) *Know-how-Verträgen* besteht im Gegensatz dazu kein Schutzrecht für das Know-how. Während Beratungsverträge allgemeines gewerbliches Fachwissen vermitteln, umfassen technische Hilfsverträge die praktische Anwendung des Fachwissens, d.h. beispielsweise die Projektierung und Errichtung von Anlagen. Vor allem im Verkehr mit (→) *Entwicklungsländern* haben sie eine große Bedeutung. Demgegenüber dienen Regieverträge der Know-how-Übermittlung zwischen Mutter- und Tochtergesellschaft.

Der Abschluss von Technologieverträgen ist eine notwendige Begleiterscheinung des (→) *Technologietransfers*. So entwickeln beispielsweise Unternehmen eine Technologie, die sie selbst nicht ausnutzen wollen oder können (Überschusstechnologie) und transferieren diese mit zusätzlicher Gewinnabsicht ins Ausland.

Der Abschluss von Technologieverträgen ist nicht unproblematisch (vgl. Perlitz, 2000, S. 227ff.). In der Regel übernimmt der Technologiegeber das wirtschaftliche Risiko des Markterfolges, d.h. der erfolgreichen Vermarktung der Technologie, während der Technologienehmer das Risiko der kostengünstigen Anwendung der Technologie übernimmt und die Marktentwicklung offen legt.

Auf Grund von Risiken bei der Vergabe von Technologieverträgen existiert eine Reihe von Elementen der Vertragsgestaltung, so Fragen des Gebietsschutzes, der Wettbewerbsverbote sowie vertikale Preisbindungsklauseln (→ *Preisbindung*) oder Verpflichtungen bezüglich des Bezuges von Grund- oder Rohstoffen, Zubehör oder Ersatzelementen von Technologiegebern (Bezugsverpflichtungen).

Zur Gestaltung von Technologieverträgen sind die rechtlichen Vorgaben und Vorschriften des Stammlandes des Technologienehmers zu beachten, so die kartellrechtliche Zulässigkeit von Preisfixierungen.

Frachtbedingungen

Frachtbedingungen beziehen sich auf alle Umstände und Faktoren, von denen die Beförderung von Gütern (Fracht) abhängt, ermöglicht und/oder beeinflusst wird. Der Begriff Fracht umfasst neben den zu befördernden Gütern auch die über den (→) *Transport* hinausgehenden Funktionen sowie das Entgelt für die gewerbliche Beförderung. Im internationalen Bereich erfährt der Transport bzw. das Frachtwesen eine mit den zu bewegenden Güterströmen wachsende funktionale, instrumentale und kostenrechnerische (kalkulatorische) Bedeutung. Dementsprechend sind die Bestimmungsfaktoren internationaler Frachtbedingungen unterscheidbar nach:

- Unternehmensgröße und -struktur

- Bedeutung des Auslandsgeschäftes (auch differenziert nach Ländergruppen)
- Güterarten, insbesondere mit speziellen Anforderungen in Bezug auf Verpackung, Frachtdienstleistungen, Transportart und Lagerung
- Transport-/Frachtvolumen (auch differenziert nach Kontingenten oder Ländern bzw. Ländergruppen)
- Vereinbarungen in Bezug auf Lieferbedingungen (→ *INCOTERMS*)
- Transit- und Zielländer
- Verkehrsträger.

In Abhängigkeit von diesen Bestimmungsfaktoren existiert im internationalen Handel eine Fülle von Frachtbedingungen, die insbesondere vor dem Hintergrund des Internationalen Transportrechts (→ *ITR*) ihre Gültigkeit haben. Gleichermaßen müssen beim internationalen Frachtverkehr Zollvorschriften (→ *Zollrecht*) sowie Vorschriften des (→) *Internationalen Handelsrechts* und des (→) *Außenwirtschaftsrechts* berücksichtigt werden.

Fragebogen

Kernstück der (→) *Befragung* ist der Fragebogen. Im Fragebogen wird das zu lösende Problem (z.B. ein Marktforschungsproblem) in Fragen umgesetzt, die eine sprachliche und intellektuelle Überforderung der Befragten möglichst ausschließen.

Es sollten folgende Grundregeln beachtet werden (Kirschhofer-Bozenhardt/Kaplitza, 1991, S. 98):

»1. Klarheit und Verständlichkeit des sprachlichen Ausdrucks;
2. Neutralität der Fragestellung, ausgewogene Alternativen;
3. Eindeutigkeit der Fragen: Ausschluss jeder Möglichkeit einer Fehlinterpretation;
4. alle Antwort-Alternativen müssen auf einer logischen Ebene sein;
5. Denk- und Handlungsweisen, die nicht unmittelbar abfragbar sind, müssen psychologisch phantasievoll in klare Indikatoren übersetzt werden, mit denen Meinungen und Sachverhalte verlässlich erhoben werden können;
6. Ausschluss von Rangreihenfaktoren durch Verwendung von Kartenspielen, auf denen Antwort-Alternativen einzeln dargestellt sind, sowie durch »Drehen« von Listen und Austauschen von Fragepositionen im Bogen durch Split-Befragungen;
7. die Alternativen müssen ausformuliert sein;
8. Ausgewogenheit der Fragen untereinander; keine gegenseitige Beeinflussung im Fragebogen.«

Der Aufbau eines Fragebogens beginnt, nachdem die Projektziele festgelegt sind, mit der Formulierung der Fragen. Diese sollten einfach, verständlich, eindeutig, klar und genau sein. Hammann/Erichson (2000, S. 107ff.) beschreiben die verschiedenen Formen von Fragen und gehen auf die Aspekte ein, die bei der Gestaltung des Fragebogens zu beachten sind:

- So vermeidet die Verwendung von Alternativfragen, dass von bestimmten Fragen Suggestivwirkungen auf die Antworten ausgehen.
- Durch indirekte Fragen können prestigegelenkte Antworten vermieden werden.
- Bei langen, sachbezogenen Interviews kann durch mehrmaliges Wechseln der Fragetechnik die Befragungssituation aufgelockert werden. Eine Ermüdung und ein Nachlassen der Konzentration beim Befragten, die zu ungenaueren Antworten führen, können so minimiert werden.

Für die Fragenreihenfolge hat sich folgendes Schema durchgesetzt (vgl. Hammann/Erichson, 2000, S. 114):

1. Kontaktfragen (Eisbrecher- und Einlei-

tungsfragen): sie sollen den Befragten für eine Beteiligung am Interview aufschließen
2. Sachfragen (Ergebnisfragen)
3. Kontrollfragen zur Überprüfung und Absicherung von gewonnenen Informationen
4. Ergänzungsfragen (z.B. Angaben zur Person).

Bei der Fragenanordnung ist zu beachten, dass keine Ausstrahlungseffekte (→ *Haloeffekt*) auftreten. Diese können durch so genannte Puffer- oder Ablenkungsfragen reduziert werden. Die Ausstrahlungseffekte können auch konstruktiv im Rahmen von Trichtertechniken eingesetzt werden, bei denen eine Frage und die dazugehörige Antwort zur nächsten Frage überleiten sollen. Auch bei der Aufeinanderfolge der Sachfragen sollte Abwechslung geboten werden.

Der Umfang eines Fragebogens sollte bei monothematischen Befragungen eine durchschnittliche Beantwortungszeit von ca. einer halben Stunde nicht überschreiten. Bei polythematischen Befragungen (→ *Omnibusbefragung*) ist durch die größere Themenstreuung und die damit verbundene Möglichkeit einer kurzweiligeren Gestaltung ein größerer Umfang möglich. Diese Angaben sind bezüglich der Befragungssituation und des Interesses, das dem Befragungsgegenstand entgegengebracht wird, zu relativieren.

Zur Absicherung des Fragebogens ist vor der eigentlichen Felduntersuchung ein (→) *Pretest* durchzuführen. Eventuelle Schwächen eines Fragebogens können so erkannt und vor der Felduntersuchung korrigiert werden.

Moderne Informations- und Kommunikationstechnologien (→ *Informationstechnologie*) beinhalten auch Rationalisierungspotenziale hinsichtlich der Erstellung von Fragebögen. So kann in Verbindung mit Textverarbeitungssoftware ein Fragebogengenerator aufgebaut werden. Bestimmte Fragen- und Antwortvorgabetypen, z.B. Alternativfragen, Ratingskalen, Rangreihen, Polaritätenprofile, die in einer vorab festgelegten Standardform gespeichert sind, können am Bildschirm interaktiv der jeweiligen Problemstellung angepasst werden (vgl. Zentes, 1987, S. 116).

Franchising

Unter Franchising versteht man eine durch Vertrag geregelte Zusammenarbeit (→ *Kooperation*) zwischen rechtlich selbstständigen Unternehmen, die als Franchise-Geber (Kontraktgeber) und Franchise-Nehmer (Kontraktnehmer) bezeichnet werden. Der Deutsche Franchise-Verband definiert Franchising wie folgt (Deutscher Franchise-Verband e.V., 1999, S. 218): »Franchising ist ein Vertriebssystem, durch das Waren und/oder Dienstleistungen und/oder Technologien vermarktet werden. Es gründet sich auf eine enge und fortlaufende Zusammenarbeit rechtlich selbstständiger und unabhängiger Unternehmen, den Franchise-Geber und seine Franchise-Nehmer. Der Franchise-Geber gewährt seinen Franchise-Nehmern das Recht und legt ihnen gleichzeitig die Verpflichtung auf, ein Geschäft entsprechend seinem Konzept zu betreiben. Dieses Recht berechtigt und verpflichtet den Franchise-Nehmer, gegen ein direktes oder indirektes Entgelt im Rahmen und für die Dauer eines schriftlichen, zu diesem Zweck zwischen den Parteien abgeschlossenen Franchisevertrags bei laufender technischer und betriebswirtschaftlicher Unterstützung durch den Franchise-Geber, den Systemnamen und/oder das Warenzeichen und/oder die Dienstleistungsmarke und/oder andere gewerbliche Schutz- oder Urheberrechte sowie das Know-how, die wirtschaftlichen und technischen Methoden und das Geschäftssystem des Franchise-Gebers zu nutzen.«

Die ersten klassischen Franchise-Systeme entstanden gegen Ende des 19. Jahrhunderts in den USA, so die Systeme von Singer, Coca Cola, General Motors und Rexall.

Franchise-Vereinbarungen bieten für Unternehmen gerade bei der (→) *Internationalisierung* den Vorteil, dass eine Expansion ohne wesentlichen eigenen Kapitalbedarf möglich ist. Eine Internationalisierung des Franchising kann in Form eines direkten oder eines indirekten Auslandsfranchising geschehen. Beim direkten Auslandsfranchising ist dabei der Franchise-Geber im Inland mit den Franchise-Nehmern im Ausland direkt vertraglich verbunden. Beim indirekten Auslandsfranchising ist eine Institution im Land der Franchise-Nehmer zwischen dem Franchise-Geber und dem Franchise-Nehmer geschaltet, welche die Franchiseverträge abschließt. Dies kann ein Masterfranchisenehmer sein, aber auch eine Tochtergesellschaft des Franchise-Gebers oder ein (→) *Joint Venture* des Franchise-Gebers mit einem lokalen Unternehmen.

Nach EU-Recht (Artikel 85 EWG-Vertrag) sind wettbewerbsbeschränkende Vereinbarungen zwar grundsätzlich verboten (→ *Kartelle*), durch (→) *Gruppenfreistellungsverordnungen* (GVO), können vertikale Vertriebsvereinbarungen, zu denen auch das Franchising zählt, unter bestimmten Bedingungen von der Anwendung dieses Artikels freigestellt werden. Die Gruppenfreistellungsverordnung bietet für Unternehmen im EU-Binnenmarkt den Vorteil der Rechtssicherheit, so dass eine Genehmigung in den einzelnen Mitgliedstaaten bei Einhaltung der in der Gruppenfreistellungsverordnung aufgeführten Bedingungen nicht erforderlich ist.

Freihäfen

Freihäfen sind nach dem (→) *Zollrecht* Einrichtungen, die den Umschlag und die Lagerung von Waren im Außenhandel erleichtern, so dass diese Aktivitäten möglichst wenig durch (Zoll-)Formalitäten behindert werden. Ziel ist die Belastung der eingeführten Ware mit Eingangsabgaben erst dann, wenn sie auch tatsächlich in den Wirtschaftskreislauf integriert worden ist (vgl. Harms, 1989, Sp. 730ff.). Vorteile entstehen dadurch, dass

- in Freihäfen die Anmeldepflicht entfällt
- keine Zollabfertigung der von See kommenden Güter bzw. Schiffe existiert
- Waren in Freihäfen nicht durch Importabgaben belastet werden und nicht von handelspolitischen Maßnahmen betroffen (z.B. hinsichtlich Importkontingenten) sind.

Freihäfen sind im Sinne des EG-Zollrechts Freizonen. Das deutsche Zollrecht kannte nur Freihäfen als Freizonen, die als Zollfreigebiete vom deutschen Zollgebiet ausgeschlossen waren und in denen das Zollrecht nur eingeschränkt wirksam war. Sie hatten einen Status von zollrechtlichen Sonderrechtzonen, in denen die zollrechtliche Sonderbehandlung der Waren an bestimmte Voraussetzungen bezüglich Gebrauch, Verbrauch, Lagerung oder Aufzeichnung geknüpft war.

Dem gemeinschaftlichen Zollrecht (→ *Zollkodex*) entsprechend gehören dagegen Freizonen und die ihnen gleich gestellten Freilager zum Zollgebiet der EG, ohne dass auf sie die für Zollgebiete geltenden Zollvorschriften angewandt werden (→ *Zölle*). Die in sie verbrachten Nichtgemeinschaftswaren werden für die Anwendung der Einfuhrabgaben und handelspolitischen Maßnahmen als nicht in des Zollgebiet eingeführt betrachtet, insofern sie keinerlei Zollbehandlung unterliegen.

Freizonen (Freihäfen) der Bundesrepublik Deutschland sind nach § 29 Zollverwaltungsgesetz diejenigen Einrichtungen, die bereits am 1. Januar 1994 bestanden. Dazu gehören die bisherigen Seefreihäfen Bremen, Bremerhaven, Cuxhaven, Emden, Hamburg und Kiel sowie die Binnenfreihäfen am Rhein (Duisburg) und an der Donau (Deggendorf). Freilager bestehen in der Bundesrepublik nicht (vgl. Deutsche Bank, 1998, S. 197).

Eine besondere Bedeutung haben Freihäfen bei der Durchfuhr von Waren in Drittländer (Seetransithandel). Beim (→) *Transithandel* erfolgt eine zollrechtlich freie Abwicklung.

Freihandelszone

Unter einer Freihandelszone (Free Trade Area) ist der Abschluss eines (→) *Handelsabkommens* zwischen zwei oder mehreren Staaten zu verstehen, das alle zwischen diesen Staaten gehandelten Güter betrifft und für diese die Aufhebung aller (→) *Handelshemmnisse* im Intrahandel festlegt wird.

Eine Freihandelszone ist damit durch den Abbau von Zöllen und sonstigen Handelsschranken zwischen den Mitgliedstaaten gekennzeichnet. Zugleich kann gegenüber Drittländern jedes Mitgliedsland die bisherigen nationalen (Zoll-)Tarife und Bestimmungen aufrechterhalten. Insofern findet keine gemeinsame Außenhandelspolitik der Partner statt, so dass autonome Zollschutzpraktiken weiterhin erlaubt sind und keine einheitlichen Regelungen der Beziehungen zu Nichtmitgliedstasten bestehen (vgl. Deutsche Bank, 1998, S. 197).

Beispiele für Freihandelszonen sind die European Free Trade Association (→ *EFTA*), das North American Free Trade Agreement (→ *NAFTA*), die Zentraleuropäische Freihandelsvereinbarung (→ *CEFTA*) und die südamerikanische Freihandelszone (→ *MERCOSUR*) sowie das asiatisch-pazifische Abkommen (→ *APEC*). Allerdings sind die einzelnen (→) *Integrationsabkommen* unterschiedlich weit fortgeschritten.

Das Hauptproblem einer Freihandelszone besteht in den unterschiedlichen Zollsätzen nach außen und den damit verbundenen hohen Transaktionskosten im Intrahandel. Importiert beispielsweise eine Firma mit Sitz im Land A Ware aus einem Drittland (Nicht-Mitglied der Freihandelszone) über Land B (Mitglied der Freihandelszone), dann bestünde für diese Firma die Option, die (unterstellten) niedrigeren Zölle im Land B auszunutzen, da zwischen den Ländern A und B alle Zölle aufgehoben sind. Auf Grund dieser Zolldifferenzen innerhalb der Freihandelszone nach außen muss für die Gewährung von Zollfreiheit im Intrahandel jeweils geprüft werden, ob das betreffende Gut seinen Ursprung in einem Mitgliedsland der Freihandelszone hat. Diesbezüglich werden Prozentsätze für die Mindestwertschöpfung eines Mitgliedslandes festgelegt (Basiswertschöpfung), die erzielt werden müssen, damit die Ware zollfrei innerhalb der Freihandelszone zirkulieren kann (→ *Bestimmungslandprinzip*; *Local-Content-Politik*).

Je höher der Local-Content-Anteil ist, desto stärker ist die Limitierung für eine Auslagerung der Produktion: Eine Auslagerung der Produktion ins Ausland (außerhalb der Freihandelszone) wird unter Berücksichtigung der Local-Content-Vorschriften weniger lukrativ. Insofern haben die Vorschriften eine eminente Bedeutung für Weltmarktstrategien (→ *Wettbewerbsstrategien*).

Freiwillige Kette [s.a. Einkaufsgemeinschaft; Verbundgruppe]

Die Freiwillige Kette oder Freiwillige Handelskette ist eine vertikale Kooperationsform (→ *Kooperation*), zu der sich Groß- und Einzelhandelsunternehmen meist gleichartiger Branchen mit dem Ziel einer gemeinsamen Marktstrategie zusammenschließen. Es arbeiten mehrere Groß- und Einzelhändler zusammen, die ihre juristische und kapitalmäßige Selbstständigkeit behalten. Die Inititative geht dabei von den Großhändlern aus, die mit den beteiligten Einzelhändlern meist nur lose Verträge eingehen. Die Freiwilligen Ketten sind hinsichtlich ihrer Ziele daher weniger einkaufs- als vielmehr absatzorientiert. Die Kooperation nur eines Großhändlers mit mehreren Einzelhändlern wird als Freiwillige Gruppe bezeichnet.

Im Rahmen dieser Kooperation werden bestimmte Funktionen von den Einzelhandelsbetrieben auf die vorgelagerte Stufe bzw. die Zentrale der Freiwilligen Kette vertraglich übertragen oder mit der Zentrale abgestimmt. Die Intensität dieser vertraglichen Bindung bestimmt auch die Nähe zur Kooperationsform des (→) *Franchising.*

Grundlage der Kooperation ist die Selektion der Einzelhandelspartner, durch den oder die Großhändler gemäß des Ziels der Auftragskonzentration, d.h. der Rationalisierung der Auftragsabwicklung, der Fakturierung und des Transports. Umgekehrt wird die Modernisierung und Vergrößerung der Ladengeschäfte den Mitgliedern der Kette z.B. durch Ladenbaufinanzierungsprogramme ermöglicht. Die Zentrale übernimmt meist unter Ausnutzung von Degressionseffekten beratende Funktionen, Buchführung und Datenverarbeitung. Die Sortiments-, Preis- und Kommunikationspolitik werden mit den Einzelhandelsbetrieben abgestimmt. Darüber hinaus verfügen die meisten größeren Ketten über Weiterbildungseinrichtungen zur Schulung und Beratung ihrer Mitglieder.

Freizonen → *Freihäfen*

Fremdwährungskonten

Fremdwährungskonten bzw. Devisenkonten sind Bankkonten, deren Bestände auf Fremdwährung lauten. Sie stellen eine Form der (→) *Kurssicherung* dar, da sie die Möglichkeit eröffnen, laufende Zahlungsein- und -ausgänge in einer bestimmten Währung zu fakturieren und damit das Wechselkursrisiko sowie die Tauschkosten z.B. der (→) *Swap-Geschäfte* zu vermeiden. Da Fremdwährungskonten im Inland relativ teuer sind, werden sie in der Praxis meist im Ausland (z.B. Dollarkonten in New York) unterhalten. Da Banken kurzfristige (und kleinere) Fremdwährungsguthaben oft nicht bzw. nicht mit marktmäßigen Zinssätzen verzinsen, ist die Vorhaltung von Fremdwährungsguthaben aus Gründen der Verzinsung für die Unternehmen in der Regel nicht attraktiv (vgl. Häberle, 1998, S. 120f.; Schroth, 2001, S. 282).

Erwähnenswert ist in diesem Zusammenhang der Fremdwährungskredit, der die Möglichkeit eröffnet, auch über längere Zeiträume hinweg Kurssicherung zu betreiben.

Früherkennung, strategische [s.a. Strategisches Marketing]

Strategische Früherkennung (Frühaufklärung, Frühwarnung) beschäftigt sich mit der Antizipation und Prognose zukünftig für die Unternehmung relevanter Umwelt- wie auch Unternehmensentwicklungen. Im Gegensatz zur Frühwarnung (Frühwarnsysteme) signalisiert die Früherkennung nicht einseitig nur latente Bedrohungen, sondern auch spezifische Chancen. Die Aufgabe der Früherkennung ist die Schaffung einer frühzeitigen, zukunftsorientierten Informationsgrundlage für die strategische (→) *Marketingplanung* mit dem Ziel »... der Verlängerung der verfügbaren Reaktionszeiten, indem mögliche zukünftige Entwicklungen antizipiert, frühzeitige Hinweise auf tendenziell noch verborgene Tatbestände und Entwicklungen gegeben« (Muchna, 1995, Sp. 721) und abgestufte Reaktionsstrategien hinsichtlich alternativ möglicher Zukunftsentwicklungen entworfen werden. Im internationalen Bereich besteht ein enger Bezug der Früherkennung zur Risikoanalyse (→ *Außenhandelsrisiken*; *Länderrisiken*).

Von zentraler Bedeutung für die strategische Früherkennung der derzeitigen Entwicklungsstufe der Früherkennungssysteme sind die so genannten »schwachen Signale«, welche zukünftigen Entwicklungen und Ereignissen i.d.R. vorangehen. Insbesondere in dynamischen Umweltsituationen bereitet die Erkennung der »schwachen Signale« durch das Auftreten von Diskontinuitäten, so Richtungsänderungen (Strukturbrüche) oder Niveauänderungen (Unstetigkeiten) des Umweltsystems, besondere Probleme (vgl. Welge/Al-Laham, 1999, S. 298). Die meisten Ansätze strategischer Früherkennung basieren auf der Diffusionstheorie (→ *Diffusion*) und ganz maßgeblich auf dem Ansoff'schen Konzept der »schwachen Signale« (vgl. Ansoff, 1979, S. 21ff.).

Als derartige schwache Signale gelten u.a.:

- plötzliche Häufung gleichartiger Ereignisse in einem oder mehreren Ländern/Regionen
- Verbreitung von neuartigen Meinungen/Ideen in den Medien
- Meinungen und Stellungnahmen von Schlüsselpersonen und/oder (internationalen) Organisationen und Verbänden
- Tendenzen in der Rechtsprechung und Gesetzgebung sowie politische Strömungen im In- und Ausland (vgl. Krystek/Walldorf, 1992, S. 352).

Im anglo-amerikanischen Sprachraum wird die strategische Früherkennung als Zusammenfassung der Begriffe Environmental Scanning und Environmental Monitoring zur Environmental Analysis aufgefasst. Monitoring bedeutet dabei die Beobachtung bereits bekannter Bereiche und Phänomene, während das Scanning neue, noch nicht analysierte Bereiche erfasst und analysiert (vgl. Horváth, 1998, S. 388; Welge/Al-Laham, 1999, S. 301).

Monitoring und Scanning werden im Rahmen der Früherkennung z.B. zur Suche nach neuen Geschäftsfeldern (→ *Strategische Geschäftseinheiten*) eingesetzt. Eine solche strategische (→) *Suchfeldanalyse* bezeichnet eine Systemkonzeption zur Unterstützung, Analyse (i.e.S.), Bewertung und Auswahl neuer Geschäfte mit dem Ziel, ein ausgeglichenes Geschäftsfeldportfolio innerhalb eines Unternehmens zu erreichen (→ *Portfolio-Analyse*).

Innerhalb der Fülle von Früherkennungssystemen (vgl. Horváth, 1998, S. 384ff.; Tümpen, 1987; Meyer, 1987) haben im Rahmen der auslandsmarktorientierten Früherkennung insbesondere Indikatorprognosen sowie die Szenario-Technik eine hohe Bedeutung.

Indikatorprognosen unterstellen einen Kausalzusammenhang zwischen den ausschließlich quantitativen (→) *Indikatoren* – im Sinne zuvor definierter Beobachtungsbereiche – und den zeitlich nachgelagerten Umweltentwicklungen; d.h. Frühindikatoren in Form statistischer Größen zeigen mit einem Time-lead die Veränderung relevanter Größen und damit Umweltveränderungen an (vgl. auch Kotler/Bliemel, 2001, S. 253). Indikatorprognosen leiden an der Schwäche, Diskontinuitäten nur ungenügend prognostizieren zu können. Als externe Beobachtungsbereiche indikatororientierter Früherkennungssysteme kommen generelle Indikatoren wie wirtschaftliche, sozio-politische oder technologische Entwicklungen, unternehmensindividuelle (Absatz-, Beschaffungs-, Arbeitsmarkt usw.) und funktionsorientierte Indikatoren (Forschung und Entwicklung, Absatz, Produktion und Beschaffung usw.) zur Anwendung (vgl. Baum/Coenenberg/Günther, 1999, S. 317).

Die Szenario-Technik betrifft die Entwicklung von (→) *Szenarien* als interdisziplinäre, umfassende Erstellung eines möglichen Zukunftsstatus auf Grund möglicher Entwicklungen strategierelevanter Ereignisse mit einem zeitlichen Horizont von mindestens zehn Jahren. Die Erstellung von Szenarien erfolgt mit Hilfe von Simulationsmodellen, Delphi-Befragungen (→

Delphi-Methode), Brainstorming-Techniken (→ *Brainstorming*) u.a. und bezieht sowohl quantitative wie auch qualitative Informationen in die (→) *Prognose* ein. Die Szenario-Technik konzentriert sich auf die Prognose der Entwicklung der unternehmensrelevanten Felder, z.B.

- weltwirtschaftliche Trends
- Energiesituationen
- geopolitische und ökologische Trends
- technologischer Wandel
- gesellschaftspolitische Veränderungen
- Geld-, Kapital-, Beschaffungs- und Absatzmarktentwicklungen.

Diese Einzeltrends werden zu einem Zukunftsbild (Szenario) zusammengefasst, das zur langfristigen Ziel-, Maßnahmen- und Ressourcenplanung herangezogen wird (»Schubladen-Planung«) (vgl. Höhn, 1983, S. 27ff.; Kotler/Bliemel, 2001, S. 253).

Neben den genannten Früherkennungssystemen spielen im (→) *Internationalen Management* Country-Ratings (→ *Länderratings*) eine besondere Rolle. Ihre Aufgabe besteht darin, politische und wirtschaftliche Chancen und Bedrohungen, die in jeweiligen Auslandsmärkten zu erwarten sind, frühzeitig zu signalisieren.

Führungsstile

Die Führung – als Teilbereich des (→) *Marketingmanagements* – beruht wie die Organisation auf der durch den Zwang zur Arbeitsteilung begründeten Zusammenarbeit. »Führung bedeutet die bewusste Gestaltung des Spannungsverhältnisses zwischen denjenigen, die Führungsaufgaben wahrnehmen sollen, und denjenigen, gegenüber denen diese Führungsaufgaben wirksam werden« (Tietz, 1993b, S. 377).

Führungsstile sind regelmäßig wiederkehrende, zeitlich überdauernde und in Bezug auf bestimmte Situationen in sich konsistente Muster des Führungsverhaltens (vgl. Macharzina, 1999, S. 416). Da Führungsstile abstrakte und mehrdimensionale Konstrukte sind, lassen sie sich nur anhand mehrerer Merkmale beschreiben. Dazu zählen z.B. die von einer Führungskraft wahrgenommene Bedeutung der Zielerreichung, die Art der Willensbildung, die informationellen Beziehungen in der Gruppe, die Form der Kontrolle, die Art der Sanktionierung, die Einstellung einer Führungskraft gegenüber den Mitarbeitern und das Ausmaß der von einer Führungskraft ausgehenden Fürsorge für die Mitarbeiter (vgl. Baumgarten, 1977, S. 27; Horváth, 1998, S. 824).

In der Führungsstilforschung werden drei Basisstile unterschieden (vgl. Macharzina, 1999, S. 416f.):

- autokratischer bzw. autoritärer Führungsstil
- kooperativer bzw. partizipativer Führungsstil
- Laissez-faire-Führungsstil.

Während beim letztgenannten Führungsstil das interpersonelle Beeinflussungshandeln weitgehend reduziert ist und es daher fraglich erscheint, überhaupt noch von Führung zu sprechen, können die beiden anderen Führungsstile als Endpunkte eines Kontinuums angesehen werden. So werden bei einem autokratischen bzw. autoritären Führungsstil die Ziele und Handlungen der Individuen oder der Gruppen durch eine Führungskraft gelenkt, welche die Aufgaben ohne nähere Erläuterung auf die Mitglieder der Gruppe verteilt. Beim kooperativen bzw. partizipativen Führungsstil werden die Gruppenmitglieder hingegen von der Führungskraft dazu ermutigt, ihre Ziele und Handlungen zum Gegenstand von Gruppendiskussionen und -entscheidungen zu machen. In diesem Fall wird viel stärker beraten als angewiesen.

Im (→) *Internationalen Management* zeigen kulturvergleichende Untersuchungen zur Führung, dass Führungsstile in verschiedenen Ländern höchst unterschiedlich ausgeprägt sind. Übersicht 46 verdeutlicht die unterschiedliche Ausprägung partizipativer bzw. autoritärer Führungsstile in verschiedenen Ländern.

Länder	Führungsstilmerkmale
USA	Führung durch gemeinsame Entscheidungsvorbereitung
Niederlande, Flamen Schweden	Entscheidungs- und Führungsinstanzen durch formelle Normen am Machtmissbrauch weitgehend gehindert
Großbritannien	geringe Sicherheitsbedürfnisse bei den Unterstellten
Belgien, Frankreich	Führung überwiegend am Rat und an der Meinung der Mitarbeiter interessiert/orientiert
Dänemark, Norwegen Australien Japan	mittlerer Delegationsgrad
Spanien, Deutschland Italien	Unterstellte erwarten keinen hohen Grad an Entscheidungsautonomie
Griechenland, Türkei Südamerikanische Länder	sehr geringer Delegationsgrad, zentralistische Entscheidungen
Malaysia, Indonesien Thailand, usw.	Statussymbole und Privilegien für Führungskräfte sichtbar und legitim
arabische Länder	Autorität wird nicht hinterfragt, sondern akzeptiert
Indien, Pakistan	kaum Informationen zwischen den Ebenen

Quelle: Rosenstiel, 1992, S. 831.

Übersicht 46: Führungsstilmerkmale in verschiedenen Kulturen

Basierend auf derartigen Befunden resultiert für die Führungskräfte internationaler Unternehmen die Frage nach einem adäquaten Führungsstil, der die vielfältigen und unterschiedlichen Wertorientierungen und kulturellen Selbstverständlichkeiten berücksichtigt (→ *Management, interkulturelles; Managementforschung, kulturvergleichende*). Als ausgesprochene Gefahren sieht Rosenstiel (1992, S. 832) dabei vor allem:

- einen ethnozentrischen Führungsstil, der unreflektiert Führungsgrundsätze und das Führungsverhalten des Stammhauses auf die Auslandsniederlassungen oder die Tochterunternehmen überträgt
- eine kritiklose Verhaltensanpassung im Sinne einer gänzlichen Übernahme der im Gastland üblichen Führungsverhaltensweise.

Insgesamt gilt es bei der Suche nach dem adäquaten Führungsstil die Identität des Stammhauses zu wahren, diese aber so zu modifizieren, dass sie mit den Normen und Selbstverständlichkeiten des Auslands, aber auch mit den dort spezifisch bestehenden Erwartungen einem ausländischen Unternehmen gegenüber, konfliktfrei korrespondiert.

Führungssysteme

Führungssysteme oder Führungsmodelle sind Gestaltungskonzepte der Unternehmensführung, die etwas darüber aussagen, wie Führung in Unternehmen vollzogen werden sollte. Ein wesentliches Merkmal dieser Rahmenkonzepte besteht darin, »... dass sie die funktionsbereichsbezogene Analyse zu Gunsten einer ganzheitlichen, bereichsübergreifenden Betrachtung des Unternehmensführungsproblems aufgeben. Aus diesem Grunde werden in ihrem Rahmen Aussagen über die Strategieformulierung, die Gestaltung der Organisationsstruktur, die Architektur von Managementsystemen und über Managerprofile bereitgestellt« (Macharzina, 1999, S. 489).

Wie Untersuchungen belegen, ist die Ausprägung von Führungssystemen abhängig vom Grad der (→) *Internationalisierung* von Unternehmen. So unterscheidet bereits Perlmutter (1969, S. 11) zwischen einem ethnozentrischen (Heimatland-orientierten), einem polyzentrischen (Gastland-orientierten), einem regiozentrischen (Regionen-orientierten) und einem geozentrischen (Welt-orientierten) Führungskonzept. Das praktizierte Führungssystem international tätiger Unternehmen wird wesentlich von der Einstellung des Managements (vgl. Perlmutter, 1969, S. 9ff.), aber auch von situativen Umweltdeterminanten, so der Landeskultur, bestimmt.

Für die internationale Unternehmenspraxis bewirken die Führungssysteme

- eine einheitliche Handhabung von Führungsproblemen
- eine Erhöhung der Transparenz und
- eine Reduktion der Komplexität von Entscheidungsproblemen.

In Anlehnung an Wild (1974, S. 164f.) führt Macharzina (1999, S. 489) die idealtypischen Bestandteile von Führungssystemen wie folgt auf:

- Aussagen über Zielsetzung, Prämissen und den Gestaltungsbereich
- Aussagen über allgemeine Führungsprinzipien
- Aussagen über Teilsysteme der Führung
- Aussagen über den Einsatz von Führungsinstrumenten
- Aussagen über das Anreiz- und Belohnungssystem
- Aussagen über das Personalentwicklungssystem
- Aussagen über die Gestaltung persönlicher Beziehungen und sozialer Strukturen.

In Marketingabteilungen von Unternehmen oder in entsprechenden Dienstleistungsbetrieben, z.B. Werbeagenturen, bestehen teilweise besondere Führungsprobleme, da es bei den Marketing-Fachleuten eine Zweiteilung in Analytiker (Diagnostiker) und Problemlöser gibt. Die unterschiedlichen Arbeitsbereiche – die Unterschiedlichkeit wird oftmals auch durch die Polarisierung in »Kalkül« und »Kreativität« ausgedrückt – erfordern nicht nur unterschiedliche Organisationsstrukturen und Arbeitsbedingungen, sondern meist auch einen unterschiedlichen Menschentyp und daran angepasste Führungssysteme. Als Beispiel sei die Werbung erwähnt.

Die Führungssysteme in der Werbung reichen von der völligen Hierarchielosigkeit bis zur streng hierarchisch-patriarchalischen Führung. Vorherrschend sind Teamkonzepte. Diese Teamkonzepte sind durch einen partizipativen, kooperativen oder demokratischen Führungsstil gekennzeichnet. Beim Teamsystem unterwirft sich i.d.R. jedes Teammitglied der Gruppenentscheidung und ist auch dann zur Realisation einer Entscheidung bereit, wenn es gegenteiliger Meinung war und im Abstimmungsprozess unterlegen ist. Die Teamkonzepte zeichnen sich deshalb durch eine gemeinsame Verantwortung aus.

Fundraising [s.a. Sponsoring]
Unter Fundraising wird der Teilbereich des Beschaffungsmarketing von Nonprofit-Organisationen (NPO) verstanden, der die Planung, Steuerung und Kontrolle von Marketing-Strategien beinhaltet, die sich auf die Beschaffung von Ressourcen ohne bzw. ohne marktadäquate Gegenleistung beziehen. Fundraising ist daher abzugrenzen von der erwerbswirtschaftlichen Beschaffung, bei der die Ressourcenbereitstellung zu einer marktadäquaten Gegenleistung erfolgt. Benötigte Ressourcen können dabei sowohl Finanzleistungen als auch Sachleistungen, Dienst- bzw. Arbeitsleistungen (ehrenamtliche Tätigkeiten) sowie Rechte und Informationen sein (vgl. Urselmann, 1998, S. 11ff.).

Nonprofit-Organisationen stehen dabei auf Grund der Struktur ihrer Austauschbeziehungen ebenso wie kommerziell arbeitende Unternehmen mit zwei Märkten in Verbindung, dem Beschaffungs- und dem Absatzmarkt. NPO nehmen in dieser Konstellation eine Mittlerrolle zwischen Absatz- und Beschaffungsmarkt ein (vgl. Übersicht 47).

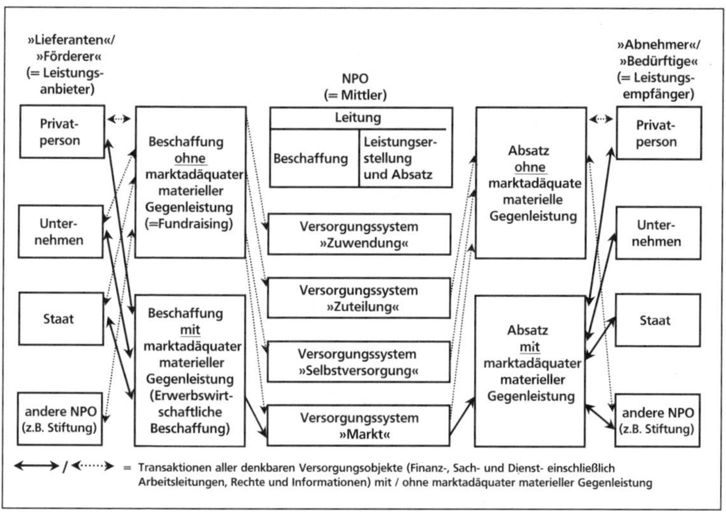

Quelle: Urselmann, 1998, S. 22.

Übersicht 47: Fundraising-Modell

Die Notwendigkeit des Fundraising von NPO ergibt sich daraus, dass sie auf der Absatzseite keine oder keine marktadäquate Gegenleistung für ihre Leistungserstellung bzw. -bereitstellung erhalten, was die Voraussetzung für eine erwerbswirtschaftliche Beschaffung darstellen würde. Sie sind daher darauf angewiesen, ihre Ressourcen zu beschaffen, ohne auf dem Beschaffungsmarkt eine äquivalente monetäre oder materielle Gegenleistung anbieten zu können. Die entstehende »Gegenleistungslücke« muss durch eine andere Form von Gegenleistungen geschlossen werden, da sonst nach der Austauschtheorie keine Austauschbeziehung eingegangen werden würde. Solche Gegenleistungen können ökonomische oder quasi-ökonomische Gegenleistungen sein, wie z.B. die Minderung des zu versteuernden Einkommens bei Spendenleistungen, oder es kann sich um außerökonomische bzw. immaterielle Gegenleistungen handeln, so z.B. den Abbau von Schuldgefühlen oder Stolz und Prestige (vgl. Schlegelmilch, 1995, Sp. 2334f.; Holscher, 1994, S. 221ff.).

Eine Existenzberechtigung für NPO in ihrer Mittlerfunktion im Rahmen dieser Austauschbeziehungen besteht nur solange, wie es den NPO gelingt, eine Leistungserbringung in effizienterer Form zu organisieren, als es bei direktem Kontakt zwischen Ressourcenbereitsteller und Leistungsempfänger möglich wäre (→ *Transaktionskosten*). Aufgaben im Rahmen des Fundraising bestehen in der Identifikation potenzieller Ressourcenbereitsteller, der Ermittlung ihrer Motive und Nutzenerwartungen und darin, ihre Interessen für die Unterstützung der Organisation und ihrer Arbeit bzw. der Leistungsempfänger zu wecken. Dabei muss die NPO den (potenziellen) Ressourcenbereitstellern die Gewissheit verschaffen, dass sie die Zuwendung effizienter und effektiver einsetzen kann als sie es selbst realisieren könnten. Zudem muss die NPO die Nachfrage der Ressourcenbereitsteller nach der (immateriellen) Gegenleistung befriedigen können. In diesem Zusammenhang ist insbesondere die Öffentlichkeitsarbeit (→ *Public Relations*) von besonderer Relevanz.

G

Gap-Analyse [s.a. Strategisches Marketing] Die Gap-Analyse (Lückenanalyse) ist ein klassisches Instrument der strategischen Planung zur Früherkennung von Schwachstellen (→ *Früherkennung, strategische*). Die methodische Vorgehensweise besteht darin, für die Zukunft geplante Größen, z.B. Umsatz oder Ertrag, den auf Grund der derzeitigen Unternehmungssituation und -aktivitäten extrapolierten Prognosegrößen (→ *Prognose*) gegenüberzustellen (vgl. Übersicht 48). Um eine entsprechende Lücke zwischen geplanten und extrapolierten Zielgrößen zu schließen, werden auf der Produkt-Markt-Matrix beruhende strategische Stossrichtungen (→ *Ansoff-Matrix*) aufgezeigt. Die Reihenfolge der vorgeschlagenen Strategien folgt dem »Gesetz der abnehmenden Synergiepotenziale«, d.h. das Synergiepotenzial zwischen bisherigem Geschäft und Marktdurchdringung ist am größten, nimmt aber in Richtung Diversifikation (→ *Wachstumsstrategien*) sukzessive ab (→ *Synergieeffekt*).

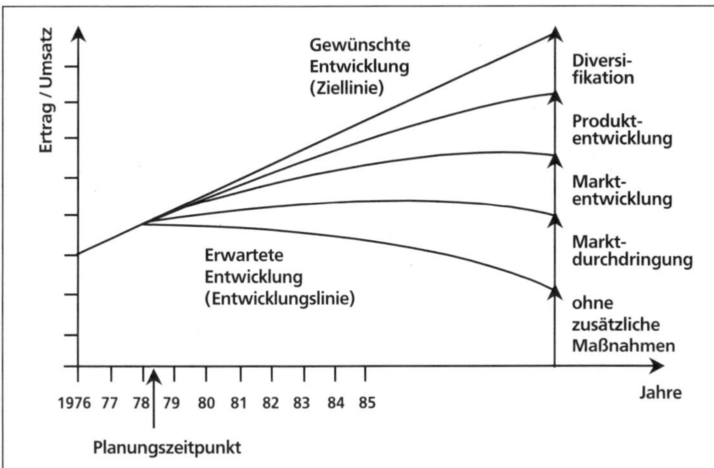

Quelle: Meffert, 2000, S. 246.

Übersicht 48: Gap-Analyse

Garantie
Die Garantieleistungen eines Unternehmens sind ein Instrument der Qualitätspolitik. Auf Grund von gesetzlichen oder vertraglichen Vereinbarungen hat der Kunde einen Anspruch auf diese Leistungen. Durch diesen Anspruch unterscheiden sich Garantieleistungen und Kun-

dendienstleistungen (→ *Kundendienstpolitik*).

Die Garantiezusage bezieht sich auf die Haltbarkeit und Funktionsfähigkeit von Produkten, besonders bei technisch komplizierten und hochwertigen Gütern. Umfang und Frist der Garantieleistung werden von den Unternehmen unterschiedlich festgesetzt; so kann die gesetzliche Gewährleistungsfrist auch ausgedehnt werden (vgl. Nieschlag/Dichtl/Hörschgen, 1997, S. 251). Wird ein Gut über den Handel abgesetzt, so kann die Garantieleistung sowohl vom Hersteller als auch vom Händler übernommen werden.

Eine großzügige bzw. entgegenkommende Abwicklung von Garantieleistungen, die auch als Kulanz bezeichnet wird, sowie eine schnelle Abwicklung von Garantieleistungen haben positive akquisitorische Effekte (→ *Akquisitorisches Potenzial*) für das Unternehmen. Hat ein Kunde jedoch Schwierigkeiten bei der Durchsetzung seines Anspruchs oder bei der Ausführung, so kann dies gerade zu einer negativen Wirkung der Garantiezusage führen.

Gatekeeper → *Buying Center*

GATS [s.a. TRIMS; TRIPS]

GATS (General Agreement on Trade in Services) stellt die Einbeziehung des Dienstleistungshandels in die multilateralen Regelungen des GATT (→ *Allgemeines Zoll- und Handelsabkommen*) dar. Mit dem Dienstleistungsverkehr wurde erstmalig ein Wirtschaftsbereich, der bisher nicht den GATT-Regelungen unterworfen war, zum Bestandteil des Allgemeinen Zoll- und Handelsabkommens als ein Hauptergebnis der 8. Verhandlungsrunde des GATT (→ *Welthandelsrunden*). Der Dienstleistungshandel erreicht derzeit etwa einen Anteil von 20 % am Welthandel.

Durch das Abkommen sollen eine zunehmende Dynamik und Expansion des Weltdienstleistungshandels erreicht werden, zumal im Dienstleistungsverkehr bisher sehr unterschiedliche Regeln bezüglich der Reziprozität und anderer Formen der Diskriminierung galten. Da im Rahmen des GATT die allgemeine Pflicht zur Gewährung der unbedingten Meistbegünstigung besteht, müssen die einer Vertragspartei gewährten Handelserleichterungen automatisch auf alle GATS-Signatare ausgedehnt werden. Das GATS bezieht sich auf alle Dienstleistungsbereiche wie Finanzdienstleistungen, Telekommunikation, Transport sowie alle Arten von touristischen Dienstleistungen. Allerdings sind nach wie vor Ausnahmenregelungen in erheblichem Umfang möglich. Das GATS wurde inzwischen von weit über 100 Ländern unterzeichnet (vgl. Koch, 1998a, S. 172f.).

GATT → *Allgemeines Zoll- und Handelsabkommen*

Gattungsmarken → *Handelsmarken*

Gebrauchsmuster → *Schutzrechte, gewerbliche*

Gegengeschäft

Ein Gegengeschäft ist ein (→) *Kompensationsgeschäft*, in welchem die beiden Transaktionen – im Gegensatz zum (→) *Counterpurchase* – in einem einzigen Vertrag, der Lieferung und Gegenlieferung enthält, vereinbart werden. Es ist neben der Vollkompensation auch eine Teilkompensation möglich (vgl. Jahrmann, 1998, S. 68), so dass auch Zahlungsströme fließen können. Des Weiteren ist auch eine Fremdkompensation möglich. Liegt ein Gegengeschäft mit Vollkompensation und ohne Einschaltung eines Fremdkompensateurs vor, spricht man von (→) *Barter*.

Gegenstrom-Planung → *Planungsprozess*

Generalhandelshäuser → *Sogo Shosha; Universalhandelshäuser*

Generalunternehmerschaft
Die Generalunternehmerschaft ist eine Organisationsform der (→) *Anbieterkoalition*, bei der ein Anbieter die Gesamtleistung mit den Kunden kontrahiert (vgl. Backhaus, 1999, S. 481f.). Der Generalunternehmer, auch als Prime oder General Contractor bezeichnet, vergibt im eigenen Namen Unteraufträge an weitere Lieferanten (Subcontractors). Zwischen den Unterlieferanten und dem Kunden bestehen bei dieser Konstellation keine Vertragsverhältnisse. Der Generalunternehmer haftet allein gegenüber dem Kunden für die Gesamtleistung einschließlich aller zu erbringenden Teilleistungen (vgl. Übersicht 49). Er wird jedoch i.d.R. versuchen, Risiken an seine Unterlieferanten weiterzugeben. Daraus resultieren Konfliktpotenziale zwischen dem Generalunternehmer und dem Unterlieferanten in den Bereichen der Preis- und Kursrisiken, Zahlungs- und Haftungsbedingungen sowie Gewährleistungsfristen.

Der besondere Vorteil der Generalunternehmerschaft für den Kunden liegt darin, dass er nur einen Verhandlungspartner hat. Der Generalunternehmer hat den Vorteil, seine Eigenleistungen frei bestimmen und die Subunternehmer frei auswählen zu können.

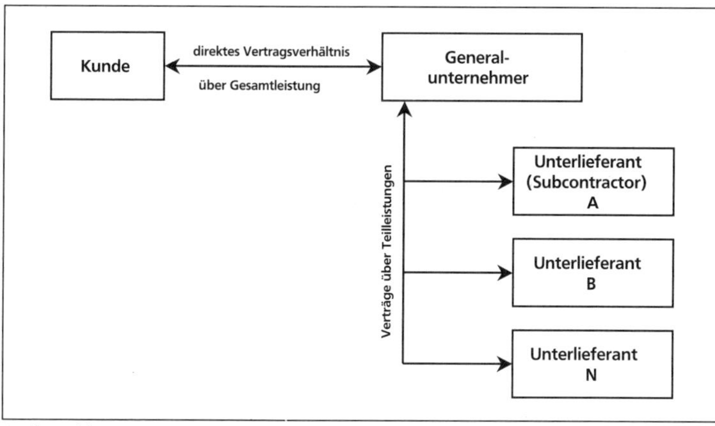

Quelle: Backhaus, 1999, S. 481.

Übersicht 49: Generalunternehmerschaft

Generic Concept of Marketing → *Marketing, generisches*

Generics → *Handelsmarken*

Geozentrischer Ansatz → *EPRG-Konzept*

Geschäftsbedingungen, allgemeine → *AGB- Gesetz*

Geschäftstreue → *Ladentreue*

Geschmacksmuster → *Schutzrechte, gewerbliche*

Gesetz gegen den unlauteren Wettbewerb → *UWG*

Gesetz gegen Wettbewerbsbeschränkungen → *GWB*

Gesetz zur Regelung des Rechts der Allgemeinen Geschäftsbedingungen → *AGB-Gesetz*

Gewinn- und Kapitaltransfer
Im Rahmen der internationalen Unternehmenstätigkeit ist häufig die Notwendigkeit (Möglichkeit) gegeben, Gewinne von Tochtergesellschaften an die Muttergesellschaft zu transferieren oder auch andere finanzielle Transaktionen vorzunehmen, bei denen einer Konzerngesellschaft Liquidität aus einem Land, das nicht Sitz dieser Gesellschaft ist, zur Verfügung gestellt wird. Beim Kapitaltransfer ist dabei zu unterscheiden zwischen der Eigenkapitalausstattung einer Tochtergesellschaft durch die Muttergesellschaft und der Zurverfügungstellung von Fremdkapital in Form von konzerninternen Darlehen sowie die Zurückführung der Mittel aus (→) *Desinvestitionen* bzw. Rückerstattungen von Darlehen und Zinszahlungen (vgl. Pohle, 1989, Sp. 768f.).

Dabei sind von internationalen Unternehmen vor allem gesetzliche Restriktionen zu beachten, die meist das Ziel verfolgen, den Abzug von Kapital (Devisen) aus den jeweiligen Ländern einzuschränken. Diese können sich sowohl in direkten Beschränkungen als auch in einer hohen Besteuerung von Gewinn- oder Kapitaltransfers niederschlagen. Wegen der wesentlichen Auswirkung möglicher Restriktionen auf den Erfolg der internationalen Unternehmung sind vor der Aufnahme einer Auslandstätigkeit die jeweiligen (→) *Länderrisiken* genau zu prüfen. Auch bei Einschränkungen des freien Gewinn- und Kapitaltransfers bieten sich einem internationalen Unternehmen allerdings Möglichkeiten, die Kapitalströme in seinem Sinne zu lenken, z.B. über die Festlegung geeigneter (→) *Transferpreise*.

Gewohnheitsverhalten → *Habituelles Kaufverhalten*

Giffen-Effekt → *Nachfrageeffekte*

Global Brand [s.a. Markenpolitik]
Global Brands bzw. Weltmarken drücken eine produktpolitische Strategie aus, die auf die weit gehend standardisierte Bearbeitung des Weltmarktes bzw. der zentralen Märkte der Triade (→ *Triade-Modell*) ausgerichtet ist. Diese Strategie basiert auf der Tendenz einer zunehmenden Homogenisierung der Bedürfnisse bestimmter sozio- und psychografisch ähnlicher Zielgruppen auf dem Weltmarkt (→ *Marktsegmentierung*) (vgl. Levitt, 1983, S. 92ff.). Diese Tendenzen werden gefördert durch neuere Kommunikationstechniken, bessere Ausbildungsniveaus und einen intensiveren Reiseverkehr.

Mit der Homogenisierung der Nachfrage geht eine (→) *Standardisierung* im Produktbereich, im Bereich des Marketinginstrumentariums, z.B. Weltkampagnen in der (→) *Werbung*, wie auch im Bereich der Marketingplanung einher (→ *Internationales Marketing*).

Unter einer Weltmarke wird in der idealtypischen Ausprägung ein Produkt verstanden, das weltweit (weitest gehend) einheitlich hinsichtlich Qualität, Markierung und Verpackung ist, im Rahmen eines integrierten, (weit gehend) einheitlichen Preis-, Kommunikations- und Distributionskonzeptes (vgl. Meffert/Bolz, 1998, S. 176).

Grundsätzlich erlaubt die weltweit einheitliche Markierung der Produkte die Ausnutzung eines positiven (renommierten) Images und den Aufbau eines internationalen Qualitätsvertrauens auf der Käuferseite. Den Kernpunkt einer Weltmarkenstrategie bildet eine global (weltweit) schutzfähige Marke. Als Beispiele für Global Brands lassen sich Marken wie Kodak, Marlboro, Sony und Nescafé anführen.

Erfolgskriterien von Weltmarken sind (vgl. Tietz, 1990, S. 248; Kelz, 1989, S. 237ff.):

- leichte Aussprache in allen erforderlichen Sprachen
- hohe Gedächtniswirkung von Schrift und Symbol
- kurzer Markenname
- Weckung der richtigen Assoziationen zum Produkt in allen Ländern
- Möglichkeiten des gesetzlichen Schutzes in den relevanten Ländern.

Global Marketing

Global Marketing bezeichnet eine Strategie des (→) *Internationalen Marketing*, die auf die Bearbeitung des Weltmarktes bzw. der zentralen Märkte der Triade (→ *Triade-Modell*) Japan, Nordamerika und Europa ausgerichtet ist. Seit Beginn der achtziger Jahre hat sich die Tendenz zum globalen Marketing entwickelt. Grundlegend für diese Entwicklung war, so die These Levitts (1983, S. 92ff.), dass die Bedürfnisse bestimmter Zielgruppen auf dem Weltmarkt auf Grund zunehmender psychographischer und soziodemografischer Ähnlichkeiten immer homogener wurden. Darüber hinaus wird diese Tendenz durch neue Kommunikationstechniken (z.B. Satellitenfernsehen, (→) *Internet*), bessere Ausbildung, intensiveren Reiseverkehr und internationale technische Standards bei Investitionsgütern gefördert. Die Folge davon ist, so Levitt, eine weltweite Homogenisierung der Nachfrage nach bestimmten Produkten.

Mit einer Homogenisierung der Nachfrage geht eine Standardisierung im Produktbereich (Produktion für den Weltmarkt), im Bereich des Marketinginstrumentariums (z.B. Weltkampagnen in der Werbung) wie auch im Bereich des Marketingmanagement (z.B. Vereinheitlichung der Marketingplanung oder der Informationsprozesse) einher. Globales Marketing bedeutet somit eine Bearbeitung des Weltmarktes mit hoch standardisierten Produkten und standardisiertem Marketinginstrumentarium ohne Berücksichtigung länderspezifischer Bedürfnisse.

Zur Gewährleistung der Einheitlichkeit und der Standardisierung werden bei der Verfolgung einer globalen Marketingstrategie (→ *Strategisches Marketing*) möglichst viele Entscheidungen zentralisiert; zweckmäßig ist eine produktorientierte Aufbauorganisation (→ *Organisationsstrukturen*).

Die globale Marketingstrategie zielt zunächst darauf ab, eine weltweite Kostenführerschaft durch Standardisierung zu erreichen. Dies soll vor allem durch Ausnutzung von Stückkostendegressionseffekten (→ *Erfahrungskurve*) und (→) *Synergieeffekten* in Produktion und Marketing erreicht werden. Darüber hinaus bietet sich diese Strategie dort an, wo hohe Technologiedynamik, kurze Lebenszyklen und hohe Fixkostenbelastung, z.B. durch hohe Forschungs- und Entwicklungskosten, eine schnelle Vermarktung mit hohen Stückzahlen erfordern (z.B. High-Tech-Märkte).

Nachteilig für ein globales Marketing können sich die Nichtansprache einzelner Segmente, die geringe Flexibilität auf Grund der Entscheidungszentralisation und die erhöhte Störanfälligkeit gegenüber externen Faktoren erweisen. Als strategische Erfolgsfaktoren für die Wahl einer globalen Strategie gelten der weltweite Zugang zu den Vertriebskanälen, die Höhe der Distributionskosten, das Potenzial an Stückkostendegressionen, die Homogenität der Nachfrage wie auch geringe staatliche Einflüsse, ein Technologievorsprung und die Unternehmensgröße (vgl. Meffert, 1985, S. 5f.; Meissner, 1995, S. 165ff.).

Global Sourcing [s.a. Outsourcing]

Global Sourcing lässt sich als eine (→) *Internationalisierungsstrategie* kennzeichnen, die durch eine systematische Ausdehnung der Beschaffung (→ *Beschaffungsmanagement*) auf weltweite Beschaffungsquellen gekennzeichnet ist. Keinesfalls beschränkt sich Global Sourcing darauf, die Kostensituation durch eine billigere Beschaffung im Ausland zu verbessern (vgl. Zentes/Ferring, 1995, S. 429f.; Bedacht, 1995, S. 11).

Arnold (1990, S. 47ff.) greift zur Verdeutlichung des Global Sourcing auf den Entwicklungspfad des traditionellen Materialeinkaufs zurück:

1. Internationale Marktbearbeitung:
   Die systematische Ausdehnung der Beschaffung auf internationale Beschaffungsquellen mit dem Ziel der Erweiterung der Bedarfsdeckungsmöglichkeit (Globalisierung des Materialmanagements). Sie ist einerseits eine Ausprägung der zunehmenden internationalen Arbeitsteilung und der damit tendenziell zu verzeichnenden Ausweitung möglicher Beschaffungsquellen; andererseits sind die beschaffungspolitischen Ziele als ein erster Schritt zur Internationalisierung des Unternehmens aufzufassen.
2. Strategische Ausrichtung:
   Das Beschaffungsmanagement hat eine strategische Bedeutung zur Sicherung der Erfolgspotenziale eines Unternehmens durch die Erschließung von Marktchancen bzw. durch die Erkennung von Risiken bzw. Bedrohungen für ein Unternehmen. Dies bedeutet, dass im Falle einer Strategie der Kostenführerschaft die Beschaffung Kostenvorteile bringen muss, während sie im Falle einer (→) *Differenzierung* entsprechende Differenzierungsmöglichkeiten eröffnen muss.
3. Integrierte Betrachtungsweise:
   Die internationale Beschaffung begründet nur dann langfristig ein Erfolgspotenzial, wenn sie nicht als isolierte Teilfunktion, sondern gleichberechtigt und in enger Abstimmung mit anderen Wertschöpfungsaktivitäten betrachtet wird.

Insgesamt liegt Global Sourcing nur dann vor, wenn die strategischen Aufgaben des Materialmanagements in einen internationalen Transaktionsrahmen gestellt werden und beispielsweise sowohl aktuelle als auch potenzielle ausländische Lieferanten als ständige Informationsquellen genutzt werden. Damit ist Global Sourcing eine besondere Importstrategie (→ *Import*).

Die Aktionsschwerpunkte des Global Sourcing sind:

- die direkte Versorgung
- der Zugang zu neuen Technologien
- die Beeinflussung von Wettbewerbsstrukturen
- die Unterstützung eigener Outputaktivitäten (vgl. Monczka/Giunipero, 1984, S. 3ff.; Arnold, 1990, S. 63ff.).

Neben den Aktionsschwerpunkten in den Beschaffungsmärkten verlangt das Global Sourcing eine Grundsatzentscheidung über die organisatorische Bewältigung (vgl. Bedacht, 1995, S. 97ff.). Im Extremfall können die organisatorische Einbindung und Bewältigung des Global Sourcing mit (→) *Direktinvestitionen* verbunden sein. Dies ist beispielsweise der Fall, wenn zur Durchführung von Beschaffungsaktivitäten im Ausland Niederlassungen bzw. (→) *Tochtergesellschaften* gegründet werden. Für kleinere und mittlere Unternehmen wird das Global Sourcing durch den Einsatz von Beratern, Vermittlern, Handelszentren oder Einfuhrverbänden (Einkaufsverbänden) vereinfacht. Letztere bilden moderne Formen Strategischer Allianzen mittelständischer Unternehmen (→ *Allianzen, strategische*). Für das Outsourcing sind moderne Informations- und Kommunikationstechnologien unerlässlich (→ *Informationstechnologie*). So entstehen neue (virtuelle) Einkaufsplattformen auf der Basis des (→) *Internet*.

Globale Koordinationsgruppen

Globale Koordinationsgruppen gehören neben dem (→) *Lead-Country-Konzept* zu den Koordinationsinstrumenten der organisatorischen Gestaltung internationaler Unternehmenstätigkeit. Sie bestehen aus Delegierten aller Länderniederlassungen und Mitgliedern des zentralen Marketing bzw. anderer Bereiche, die nach dem Gegenstromprinzip (→ *Planungsprozess*) in verschiedenen Gruppen (z.B. strategische Planungsgruppen, kreative Kommunikationsgruppen, kreative F&E-Gruppen) Konzepte und einheitliche Vorgehensweisen erarbeiten (vgl. Meffert, 1989, Sp. 1424).

Koordinationsgruppen sind Ausdruck eines eher zentralistischen Koordinationskonzeptes (→ *Koordination; Zentralisation*). Bei der Berücksichtigung lokaler Erfordernisse wird der Know-how-Transfer innerhalb derartiger Koordinationsgruppen durch Manager vor Ort ergänzt. Diese Integration regionaler Manager ist Ausdruck einer stärkeren regionalen Differenzierung. In diesem Fall erhält die Koordinationsgruppe den Charakter eines eher gemischten Koordinationskonzeptes.

Globalisierung [s.a. Global Marketing]

Unter Globalisierung versteht man einerseits die zunehmende Konvergenz verschiedener Märkte, insbesondere der Konsumentenbedürfnisse in diesen Märkten. Diese Konvergenz hat ihre Ursachen in (vgl. Kreutzer, 1989, S. 39):

- der soziodemografischen Entwicklung
- der Transporttechnologie
- der Kommunikationstechnologie
- der Ausbildung
- dem Engagement internationaler Unternehmen
- länderübergreifenden Entwicklungsprogrammen.

Desweiteren wird angeführt, dass ein sich selbstverstärkender Globalisierungsprozess eintreten kann: Durch die zunehmende Homogenisierung der Weltmärkte werden immer mehr Unternehmen eine standardisierte Form der Marktbearbeitung nutzen. Dieses zunehmend standardisierte Angebot wird wiederum die Homogenisierung der Nachfrage weiter verstärken (vgl. Meffert, 1989, Sp. 1417f.). Diesen Faktoren stehen jedoch auch Divergenzfaktoren entgegen (vgl. Kreutzer, 1989, S. 39):

- die unzureichende Ressourcenausstattung einiger Länder
- länderinterne Spannungen
- kulturelle Trägheit
- Streben nach differenzierter Bedürfnisbefriedigung
- länderspezifische politische Maßnahmen und Entwicklungsprogramme.

Aus den unterschiedlich starken Einflüssen der Konvergenz- und der Divergenzfaktoren lässt sich das Ausmaß der Globalisierung einer Branche ableiten. Die zunehmende Globalisierung wird als Voraussetzung für eine zunehmend standardisierte Marktbearbeitung gesehen (vgl. Levitt, 1983).

Oftmals wird auch die internationale (→) *Standardisierung* im Marketing selbst als Globalisierung bezeichnet (vgl. Zentes, 1992b, S. 4). Andererseits steht Globalisierung in einem weiteren Sinne für (→) *Internationalisierung* in einem weltweiten Rahmen.

Goodwilltransfer → *Imagetransfer*

Grenzrate der Substitution → *Indifferenzkurve*

Großhandel

Der Begriff Großhandel beinhaltet sowohl funktionelle als auch institutionelle Aspekte. Im funktionellen Sinne wird darunter der Handel unter Kaufleuten, d.h. die wirtschaftliche Tätigkeit des Absatzes von Gütern (Handelswaren) an Wiederverkäufer, Weiterverarbeiter oder gewerbliche Verwender verstanden (Business-to-Business-Handel). Die Güter werden dabei bis auf geringe handelsübliche Manipulationen physisch nicht verändert. Das Schwergewicht der Tätigkeit des Großhandels hat dispositiven Charakter. Es liegt im Bereich der Sortimentsbildung, der Lagerhaltung, der physischen Distribution und der Kreditgewährung.

Großhandel im institutionellen Sinne umfasst alle Betriebe – Großhandelsunternehmen, Großhandelsbetriebe, Großhandlungen –, deren Tätigkeit ausschließlich oder überwiegend dem Großhandel im funktionellen Sinne zuzurechnen ist (vgl. Ausschuß für Begriffsdefinitionen aus der Handels- und Absatzwirtschaft, 1995, S. 35).

Als Unterscheidungsmerkmale für Betriebstypen des Großhandels werden häufig die folgenden Kriterien aufgeführt (vgl. Liebmann/Zentes, 2001, S. 361):

- Sortimentspolitik (Sortimentsgroßhandel vs. Fach- bzw. Spezialgroßhandel)
- Warenart (naturnaher vs. konsumnaher Großhandel)
- Belieferungsprinzip (Abhol- vs. Zustellgroßhandel)
- Marktgebiet (Binnengroßhandel, Außen(groß)handel, Transithandel, Globalhandel)
- rechtliche Organisation (einzelwirtschaftlich vs. genossenschaftlich)
- Kundenstruktur (Wiederverkäufer, private Großabnehmer, gewerbliche Weiterverarbeiter, gewerbliche Abnehmer)
- Marktorientierung (Aufkaufgroßhandel vs. Absatzgroßhandel).

Großhandelszentrum

Ein Großhandelszentrum ist die räumliche Zusammenfassung mehrerer Großhandelsbetriebe (→ *Großhandel*) und anderer zentrengeeigneter Betriebe wie Handelsvermittler, Auslieferungslager der Industrie, Zen-

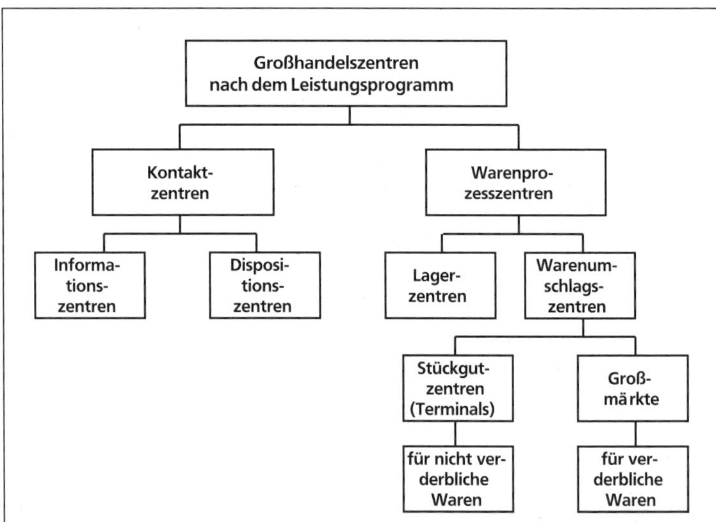

Quelle: Tietz, 1993a, S. 1409.

Übersicht 50: Großhandelszentren

trallager des Einzelhandels (→ *Einzelhandel*) und Hilfsbetriebe des Handels an einem Standort (vgl. Ausschuß für Begriffsdefinitionen aus der Handels- und Absatzwirtschaft, 1995, S. 39). Nach dem Leistungsprogramm können Großhandelszentren in Warenprozesszentren und Kontaktzentren unterteilt werden (vgl. Übersicht 50).

In Warenprozesszentren liegt der Schwerpunkt der Aktivitäten im Rahmen des physischen Warenumschlags, also gemeinsamer Warenlagerung, Fuhrparkwesen u.Ä. Dabei werden primär Synergien im Bereich der Warenprozesse durch gemeinschaftliche Nutzung von Lagerkapazitäten, Lagertechniken und Logistik genutzt. Der Aktivitätenschwerpunkt bei Kontaktzentren umfasst die Information über das Warenangebot sowie dispositive Einkaufs- und Verkaufstätigkeiten. Die Kontaktzentren tragen den Charakter ständiger (→) *Messen*, (→) *Ausstellungen* bzw. (→) *Trade Marts* (vgl. Tietz, 1993a, S. 140ff.).

Gruppenentscheidung

Gruppenentscheidungen sind durch die Beteiligung mehrerer Personen an einer Entscheidung, z.B. an einer Kauf- oder Beschaffungsentscheidung, gekennzeichnet. Von einer Gruppenentscheidung oder kollektiven Entscheidung kann auch dann gesprochen werden, wenn die letzte Entscheidung zwar nur von einer Person getroffen wird, aber im vorausgehenden Entscheidungsprozess mehrere Personen beteiligt waren (vgl. Kirsch, 1971, S. 53f.).

Im Konsumgüterbereich herrschen (→) *Individualentscheidungen* vor; bei hochwertigen Gebrauchsgütern werden jedoch auch in privaten Haushalten Gruppenentscheidungen getroffen. Auch durch die Tendenz zur Kooperationsfamilie auf Grund des gesellschaftlichen Rollenwandels kommt es in der Familie häufiger zu gemeinsamen Entscheidungen über Anschaffungen als in traditionellen, patriarchalisch geprägten Familien (→ *Familienentscheidung; Familienzyklus*).

Gegenüber dem Konsumbereich dominieren bei Investitionsgütern kollektive Entscheidungen. Dies gilt umso mehr, als es sich um hochwertige Produkte im Sinne des Types C (→ *Investitionsgütertypologie*) handelt (→ *Beschaffungsentscheidungsprozess; Global Sourcing*).

Kennzeichen solcher kollektiven Entscheidungen sind die vielfältigen Interaktionsbeziehungen zwischen den am Entscheidungsprozess beteiligten Personen. Neben der (→) *Befragung* ist daher die (→) *Interaktionsanalyse* der wichtigste Ansatz zur Analyse von Gruppenentscheidungen.

Gruppenfreistellungsverordnung

Die Gruppenfreistellungsverordnungen (GVO) sind Teil der Wettbewerbsregeln des Kartellrechts der EU (→ *Kartelle*). Kernstück dieses Kartellrechts ist das Verbot wettbewerbsbeschränkender Vereinbarungen zwischen Unternehmen, Beschlüssen von Unternehmensvereinigungen und aufeinander abgestimmter Verhaltensweisen, das in Artikel 85 EG-Vertrag geregelt ist. Gemäß Artikel 85 Abs. 3 kann jedoch das Verbot des Abs. 1 unter bestimmten Voraussetzungen auf Vereinbarungen oder Gruppen von Vereinbarungen zwischen Unternehmen für nicht anwendbar erklärt werden.

Bei den Gruppenfreistellungsverordnungen handelt es sich um gesetzesgleiche, unmittelbar in allen Mitgliedstaaten der EU wirkende Verordnungen (→ *EU-Verordnung*). Sie sehen eine weit reichende Zulassung wettbewerbsbeschränkender Vereinbarungen und aufeinander abgestimmter Verhaltensweisen vor, die zur Beeinträchtigung des zwischenstaatlichen Handels in der EU geeignet sind; sie stellen dabei Gruppen von Verträgen, die gleiche oder ähnliche Tatbestände erfüllen, vom Kartellverbot frei. Ziel ist eine Verwaltungsvereinfachung und -beschleunigung. Den Unternehmen soll zudem Rechtssicherheit gegeben werden sowie die Möglichkeit, europaweit einheitliche Verträge einzusetzen (vgl. Wiedemann, 1989, S. 20ff.).

Gruppenfreistellungsverordnungen bestehen in der EU derzeit beispielsweise für Franchisevereinbarungen (→ *Franchising*), für Technologie-Transfer, für Forschung und Entwicklung und für Vertriebs- und Kundendienstvereinbarungen über Kraftfahrzeuge.

Letztere hat in diesem Zusammenhang großen Einfluss auf die Gestaltung der Vertriebskanäle in der Automobilwirtschaft. Auf Grund der Probleme, die in Verbindung mit der branchenübergreifenden GVO für den Automobilvertrieb entstanden sind, fordern insbesondere die Automobilhersteller sowie die Verbände der Automobilwirtschaft nach ihrem Auslaufen im Jahr 2002 eine grundsätzliche Neuausrichtung der GVO, und zwar als branchenspezifische Lösung, die die Besonderheiten einzelner Wirtschaftssegmente stärker berücksichtigen kann (vgl. Diez, 1999, S. 58f.).

Gruppenmarketing → *Einkaufsgemeinschaften; Freiwillige Ketten; Franchising; Verbundgruppe*

Gruppenwerbung → *Werbung, kooperative*

Gruppenwettbewerb → *Wettbewerb*

Gütekriterien → *Messen; Reliabilität; Validität*

Gütezeichen

Das Gütezeichen ist ein Instrument der Qualitätspolitik bzw. Qualitätssicherung (→ *Produktpolitik*). Im Gegensatz zu Marken- und (→) *Warenzeichen*, die von Handelsunternehmen und Herstellerfirmen geschaffen und verwendet werden, sind Gütezeichen ein überbetriebliches Markierungsinstrument. Ihre Festlegung geschieht durch Wirtschaftsverbände (z.B. RAL Ausschuss für Lieferbedingungen und Gütesicherung, VDE Verband Deutscher Elektrotechniker, TÜV Technischer Überwachungsverein). Gütezeichen gelten somit nicht für die Waren eines Herstellers oder Handelsunternehmens, sondern für alle Produkte eines Bereiches, welche die Bedingungen des Gütezeichens erfüllen. Diese Bedingungen sollen folgende Punkte umfassen (vgl. Purtschert, 1974, Sp. 2153):

- überbetrieblicher Charakter der Zeichen
- festgelegte, objektive, der Verkehrsauffassung entsprechende Gütebedingungen
- Öffentlichkeit der Bedingungen
- Gewährleistung der Einhaltung der Gütebedingungen durch die Zeichenbenutzer
- Garantie der Gewährleistungspflicht durch Kontrolle neutraler Stellen.

Gütertypologie → *Typologie der Wirtschaftsgüter*

Gutenberg-Funktion → *Akquisitorisches Potenzial*

Guttmann-Technik → *Einstellungsmessung*

GWB [s.a. Kartelle]

Als grundlegendes Gesetzeswerk der marktwirtschaftlichen Ordnung in Deutschland kann das GWB (Gesetz gegen Wettbewerbsbeschränkungen) – auch Kartellgesetz genannt – angesehen werden.

Aufgabe des deutschen wie des europäischen Kartellrechts ist in erster Linie der Schutz des (→) *Wettbewerbs* in seinem Bestand. Das Kartellrecht soll dafür Sorge tragen, dass in einer marktwirtschaftlichen

Ordnung (→ *Marktwirtschaft*) überhaupt Wettbewerb existiert. Die Regelung der mit der Ausübung der Wettbewerbsfreiheit verbundenen Fragen ist vorrangige Aufgabe des vom Kartellrecht zu trennenden Lauterkeitsrechts. Dieses ist vornehmlich im UWG geregelt (vgl. Emmerich, 2001, S. 3) (→ *UWG*).

Das GWB wurde am 27. Juli 1957 verkündet. Heute gilt das GWB in der Fassung der 6. Novelle und wurde durch das Gesetz zur Sicherung der nationalen Buchpreisbindung vom 1. Juli 2000 zuletzt modifiziert.

Das GWB unterscheidet die Fülle möglicher Wettbewerbsbeschränkungen vor allem in Wettbewerbsbeschränkungen durch

- Kartellverträge und Kartellbeschlüsse (§§ 1-13)
- Vertikalvereinbarungen (§§ 14-18)
- Marktbeherrschung, wettbewerbsbeschränkendes Verhalten (§§ 19-23)
- Unternehmenszusammenschlüsse (§§ 35-43).

Nach § 1 GWB gilt ein grundsätzliches Kartellverbot, wobei jedoch in den §§ 2 bis 7 Ausnahmen von diesem Kartellverbot definiert werden (→ *Kartelle*).

Die in den §§ 2 bis 7 geregelten Kartelle unterscheiden sich insbesondere im Verfahren, durch das sie im Einzelfall ihre Wirksamkeit erlangen können; danach hat man heute vier Kartellgruppen zu unterscheiden (vgl. Emmerich, 2001, S. 61ff.)

- Kartelle, deren Wirksamkeit bei Erfüllung bestimmter Voraussetzungen kraft Gesetzes eintritt
- Anmeldekartelle, deren Wirksamkeit bereits durch eine nicht grob mangelhafte Anmeldung bei der zuständigen Kartellbehörde eintritt (z.B. Normen- und Typenkartelle, reine Exportkartelle)
- Widerspruchskartelle, deren Wirksamkeit nach Anmeldung eintritt, wenn die zuständige Kartellbehörde nicht binnen einer Dreimonatsfrist widerspricht (z.B. Konditionenkartelle) sowie
- Erlaubniskartelle, deren Wirksamkeit eine ausdrückliche Erlaubnis bedürfen (z.B. Rationalisierungskartelle, Importkartelle).

Zu den »sonstigen Verträgen« zählt u.a. die (→) *Preisbindung*, die nach § 15 nur für Verlagserzeugnisse zulässig ist. Die Vorschriften der §§ 16 und 19, welche die so genannte Missbrauchsaufsicht über marktbeherrschende Unternehmen regeln, gehören zu den zentralen Vorschriften des GWB. Unerwünschte Unternehmenszusammenschlüsse zu unterbinden und somit kompetitive Marktstrukturen zu erhalten, ist Aufgabe der Fusionskontrolle. Diese Zusammenschlusskontrolle wird im Wesentlichen in den §§ 35-42 geregelt.

Für mittelständische Unternehmen sind insbesondere die Regelungen zur Erleichterung der (→) *Kooperation* von Bedeutung; sie zielen auf einen strukturellen Nachteilsausgleich kleiner Unternehmen gegenüber Großunternehmen ab. Mit der weit gehenden Freistellung der so genannten Kooperationskartelle (Mittelstandskartelle) (§ 4) und der Ausdehnung der Freistellung auf Einkaufsgemeinschaften ist dieser Bereich geregelt. Im Rahmen der 6. GWB-Novelle wurde diese Form des Mittelstandsschutzes weiter verstärkt (vgl. Liebmann/Zentes, 2001, S. 104ff.).

Neben dem GWB ist das europäische Kartellrecht von Bedeutung, welches das deutsche Recht vielfältig überlagert und verdrängt. Umgekehrt basieren aber auch viele Regelungen des europäischen Kartellrechts auf Grundsätzen aus dem deutschen GWB (vgl. Baron, 1999, S. 13ff.).

Die bedeutendste Konsequenz aus dem Vorrang der europäischen Wettbewerbsregeln vor dem nationalen Kartellrecht ist, dass sich Artikel 85 Abs. 1 (europäisches Kartellverbot) gegen jede nationale Kartellerlaubnis durchsetzt. Artikel 85 ist selbst dann anwendbar, wenn auf nationaler Ebene das fragliche Kartell ausdrücklich gebilligt worden ist (vgl. Emmerich, 2001, S. 397).

Das in Artikel 86 EWGV enthaltene Missbrauchsverbot verbietet die missbräuchliche Ausnutzung einer beherrschenden Stellung auf dem Gemeinsamen Markt oder einem wesentlichen Teil desselben durch ein oder mehrere Unternehmen, »... soweit diese dazu führen kann, den Handel zwischen den Mitgliedstaaten zu beeinträchtigen«. Als Beispiele nennt der Vertrag (Artikel 86 Abs. 2) u.a. die Erzwingung unangemessener Einkaufs- oder Verkaufspreise oder sonstiger Geschäftsbedingungen und die Einschränkung der Erzeugung des Absatzes oder der technischen Entwicklung zum Nachteil der Verbraucher (vgl. Emmerich, 2001, S. 381).

H

Habituelles Kaufverhalten

Das habituelle bzw. gewohnheitsmäßige Kaufverhalten ist, wie auch das (→) *impulsive Kaufverhalten*, den (→) *Kaufentscheidungstypen* mit geringer kognitiver Steuerung zuzurechnen. Habituelles Verhalten beruht auf Einkaufsgewohnheiten als verfestigten Verhaltensmustern; es werden vorgefertigte Einkaufsentscheidungen in Kaufhandlungen umgesetzt. Im Gegensatz zum impulsiven Kaufverhalten wird das Gewohnheitsverhalten vom Konsumenten gesteuert.

Das habituelle Verhalten entsteht entweder durch die (→) *Adoption* von Verhaltensmustern im Rahmen des Sozialisationsprozesses (→ *Konsumentensozialisation*) oder durch Beibehalten bewährter Entscheidungen. Insofern kann das habituelle Verhalten eine Fortführung und Vereinfachung ursprünglich extensiver Entscheidungen sein (vgl. Kroeber-Riel/Weinberg, 1999, S. 390ff.).

Das Gewohnheitsverhalten bringt für das Marketing einen Langzeiteffekt. Der Konsument folgt verfestigten Kaufplänen und entwickelt eine große (→) *Markentreue* bzw. (→) *Produkttreue*.

Zur Messung des Gewohnheitsverhaltens werden besonders die Kaufhäufigkeit und die Kaufmuster, wiederholter Kauf einer Marke oder Markenwechsel, als Indikatoren herangezogen.

Haloeffekt

Der Haloeffekt ist ein aus der Informationsverarbeitungsforschung stammender Begriff (vgl. Kroeber-Riel/Weinberg, 1999, S. 305). Man versteht darunter den Einfluss des allgemeinen Eindrucks eines Objektes auf spezielle Eindrücke desselben Objektes. Es handelt sich dabei also um einen Prozess der Reizgeneralisierung (→ *Lernen*).

Dieser Einfluss wird dann wirksam, wenn eine Person mit dem Wahrnehmungsobjekt nicht vertraut ist, seine Eigenschaften unklar sind, oder bei besonders stark wahrgenommener Beliebtheit oder Nutzung des Objektes.

Im Marketing tritt dieser Effekt bei der Beurteilung von Produkten durch die potenziellen Käufer auf. Die Wahrnehmung und auch die Bewertung des Produktes bzw. bestimmter Eigenschaften erfolgen anhand der allgemeinen (→) *Einstellung* zum Produkt. Deutlich zeigt sich der Haloeffekt bei der Wirkung der Markenbezeichnung auf die Einschätzung anderer Eigenschaften, z.B. gute Markenartikel haben gute Qualität (vgl. Kroeber-Riel/Weinberg, 1999, S. 291).

Von einem Haloeffekt spricht man auch in der Marktforschung. Er bezeichnet dann die Ausstrahlung einer Frage bzw. Antwort auf die folgende Antwort (→ *Fragebogen*).

Handel

[s.a. Distribution; Handelsfunktionen; Handelsmarketing]

Handel kann nach Tietz (1975, S. 12) wie folgt abgegrenzt werden: »Handel i.w.S. ist der Austausch von Waren und Diensten zwischen Wirtschaftspartnern. Handel i.e.S. oder Warenhandel ist der Austausch von Waren zwischen Wirtschaftspartnern. Der Begriff Handel kennzeichnet in mikroökonomischer Sicht den Austauschvorgang, in makroökonomischer Sicht einen Sektor der Volkswirtschaft. Man spricht in diesem Zusammenhang auch von Distribution. Gesamtwirtschaftlich wird der Handel dem tertiären Bereich zugeordnet, dem u.a. auch Verkehrswesen, Banken, Versicherungen und beratende Berufe angehören.«

Unter funktionellem Gesichtspunkt wird Handel als die wirtschaftliche Tätigkeit der Beschaffung und des Absatzes von Gütern i.d.R. ohne wesentliche Be- und Verarbeitung verstanden. Handel im institutionellen Sinne – auch als Handelsunternehmen, Handelsbetrieb oder Handlung bezeichnet – umfasst die Institutionen, deren Tätigkeit ausschließlich oder überwiegend dem Handel im funktionellen Sinne zuzurechnen ist (vgl. Ausschuß für Begriffsdefinitionen aus der Handels- und Absatzwirtschaft, 1995, S. 28).

Nach den Marktpartnern der Handelsunternehmen wird in (→) *Großhandel* und (→) *Einzelhandel* unterschieden. Während der Großhandel seine Leistungen an Wiederverwender, Weiterverarbeiter und gewerbliche Verwender absetzt, verkauft der Einzelhandel an Letztverbraucher.

Nach dem räumlichen Betätigungsfeld wird in Binnen- und (→) *Außenhandel* unterschieden (→ *Binnenhandelspolitik*).

Handelsabkommen

Handelsabkommen stellen eine (→) *Kooperation* auf staatlicher Ebene dar, die durch den Abschluss von Handelsverträgen gekennzeichnet ist. In den Handelsabkommen werden rechtliche und andere Rahmenbedingungen für den Handel oder die technische oder finanzielle Zusammenarbeit zwischen (zwei) Staaten generell geregelt (vgl. Ohr, 1989, Sp. 780ff.). Handelsabkommen sind Kooperationsformen, die auf Regierungsebene stattfinden und von betriebswirtschaftlichen Kooperationen auf Unternehmensebene abzugrenzen sind. Vielmehr schaffen entsprechende Regierungsverträge den Rahmen für unternehmerische Kooperationen. Überschneidungen ergeben sich bei begrenzten Kooperationen von Unternehmen und Regierungen, z.B. im Rahmen von Großprojekten. Abzugrenzen sind die Handels- und Kooperationsabkommen von den verschiedensten Formen der Integration (→ *Integrationsabkommen*). Über die handels- und industriepolitischen Aspekte hinaus werden in Handelsabkommen keine weitergehenden Integrationsabsichten verfolgt.

Die Vereinbarungen betreffen beispielsweise die Lieferung und Abnahme bestimmter Rohstoffe, die Formalitäten bei der gegenseitigen Ein- und Ausfuhr, die Festlegung der Investitionsbedingungen oder patentrechtliche Regelungen. Ein Beispiel für Handelsabkommen ist (→) *APEC*, das die wirtschaftliche Zusammenarbeit zwischen den (→) *ASEAN*-Staaten, die ihrerseits eine Freihandelszone anstreben, mit Australien, Japan, Kanada, den USA sowie weiteren Ländern koordiniert. Auf der Ebene der Koordination können auch die verschiedensten (→) *EU*-Abkommen genannt werden. Solche Abkommen bestehen auf der einen Seite mit Regionalblöcken, z.B. mit der (→) *ASEAN* (seit 1993), den (→) *AKP-Staaten* (seit 1975 im Rahmen der (→) *Lomé-Abkommen*), dem (→) *MERCOSUR* (seit 1999), der Rio-Gruppe (seit 1990), der Andengemeinschaft (seit 1993), Zentralamerika (seit 1999) sowie bilateral mit einer Reihe von lateinamerikanischen und asiatischen Staaten (Chile 1999, Mexiko 2000, Indien 1993, Sri Lanka 1994, Vietnam 1995, Nepal 1995, Laos/Kambodscha 1997, Pakistan 1998, Bangladesch 2000).

Mit den USA pflegt die EU seit 1998 eine »Transatlantische Wirtschaftspartnerschaft«. Kooperationsabkommen bestehen auch nach dem Zusammenbruch der sozialistischen Staaten mit Russland, der Ukraine, Belarus, Moldawien, Kasachstan, Kirgisistan, Georgien, Armenien und Aserbaidschan. Den betroffenen Ländern werden beim Handel keine weiterreichenden Zugeständnisse eingeräumt als anderen Drittstaaten (→ *WTO*). Das Abkommen sieht nur einen institutionalisierten politischen Dialog vor.

Handels- bzw. Kooperationsabkommen stellen die erste Stufe zur Regelung zwischenstaatlicher Beziehungen dar (→ *Kooperations- und Integrationsformen*). Das umfassendste weltweite Handelsabkommen ist das GATT (→ *Allgemeines Zoll- und Handelsabkommen*).

Handelsformen, kodifizierte

Nach Handelsrecht kann ein Kaufmann entweder in eigenem Namen und auf eigene Rechnung Geschäfte abschließen (= Eigengeschäft bzw. Eigenhandel) oder auf fremde Rechnung Geschäfte abschließen oder vermitteln. Dabei unterscheidet man u.a. folgende Formen:

- Kommissionsgeschäft (vgl. §§383ff. HGB): in eigenem Namen und auf fremde Rechnung, z.B. Kommissionshandelsbetriebe
- Abschlussvertretung (vgl. §84 Abs. 1 Satz 1 2. Alternative HGB): in fremdem Namen und auf fremde Rechnung, insbesondere Agenturbetriebe
- Vermittlungsvertretung (vgl. § 84 Abs. 1 Satz 1 1. Alternative HGB): reine Vermittlungstätigkeit mit Dauervertragsbindung, insbesondere Handelsvermittlung
- Maklerhandel (vgl. §§93ff. HGB): reine Vermittlungstätigkeit ohne Dauervertragsbindung im Interesse beider Marktpartner.

Handelsforschung

Handelsforschung kann nach Tietz (1969, S. V) umfassend »... als Forschung über den Handel und Forschung für den Handel« verstanden werden. Sie umfasst die wissenschaftliche Analyse sämtlicher Probleme, Erscheinungsformen und Entscheidungsprozesse des Handels.

Es lassen sich mehrere Dimensionen der Handelsforschung unterscheiden; sie orientieren sich an dem Inhalt des Begriffes (→) *Handel*. Handel kann zunächst funktionell und institutionell abgegrenzt werden. Aus funktioneller Sicht sind die Aktivitäten und Prozesse der Warenbeschaffung und des Warenabsatzes Gegenstand der Handelsforschung, unabhängig davon, welche Institutionen diese Tätigkeiten ausüben. In diesem Sinne betreiben auch Industriebetriebe Handel. Handelsforschung kann dann mit Absatz- und Beschaffungsforschung (→ *Marketingforschung*) gleichgesetzt werden. Aus institutioneller Sicht bilden die Handelsbetriebe den Objektbereich der Handelsforschung. Eine weitere Differenzierung ist nach der Stellung der Handelsbetriebe in der (→) *Handelskette* möglich.

Die Handelsforschung im institutionellen Sinne kann sich auf das Leistungsprogramm, das Management und die Technologien eines Handelsbetriebs beziehen. Im Hinblick auf das Leistungsprogramm beschäftigt sich die Handelsforschung z.B. mit Fragen der Absatz- und Beschaffungsmarktgestaltung (→ *Handelsmarketing*), der Faktorkombination und der Finanzierung. In Bezug auf das Management untersucht sie die Prozesse der Planung, Organisation, Führung und Kontrolle. Hinsichtlich der Realisationstechnologien, verkürzt auch als Technologien eines Unternehmens bezeichnet, entwickelt die Handelsforschung die für konkrete Gestaltungsaufgaben erforderlichen Verfahren und Techniken (vgl. Barth, 1999, S. 15).

Handelsforschung gewinnt zugleich aus der Sicht der Lieferanten des Handels, so der Hersteller, zunehmende Bedeutung. So sind Erkenntnisse über Struktur und Prozesse der Leistungsprogramm-, Management- und Technologieebene der Handelsbetriebe Voraussetzungen für die Gestaltung des handelsgerichteten Marketing (→ *Trade Marketing*).

Eine weitere Differenzierung der Handelsforschung betrifft ihre mikroökonomische oder makroökonomische Ausrichtung. Aus einzelwirtschaftlicher Sicht lassen sich die dargestellte funktionelle und institutionelle Betrachtungsweise unterscheiden. Aus makroökonomischer Sicht wird der Handel sektoral betrachtet. In diesem Sinne kann Handel weiter in Binnenhandel und (→) *Außenhandel* differenziert werden. Die sektoralorientierte Handelsforschung wird jedoch meist auf den Binnenhandel beschränkt (→ *Binnenhandelspolitik*).

Handelsfunktionen

Unter den Handelsfunktionen sind die Aufgaben bzw. Tätigkeits-Wirkungszusammenhänge zu verstehen, die dem (→) *Handel* als verbindendem Glied zwischen Produktion und Konsumption bzw. Verwendung zukommen (vgl. Barth, 1999, S. 25).

Zu den bedeutendsten Systematiken der Handelsfunktionen zählen die Ansätze von Oberparleiter, Seyffert und Buddeberg. Ihre Ansätze sowie die vieler anderer Autoren laufen auf eine mehr oder weniger starke Differenzierung der in räumlicher, zeitlicher, quantitativer, qualitativer, kapitalmäßiger und kommunikativer Hinsicht zu erbringenden Leistungen zur Verbindung von Produktion und Konsumtion hinaus.

Oberparleiter (1955) unterscheidet folgende Funktionen:

1. Räumliche Funktion
Das Auffinden geeigneter Marktpartner sowie die physische und dispositive Übertragung der Ware (Transport).

2. Zeitliche Funktion
Zeitliche Unterschiede von Produktion und Verwendung werden durch die zeitliche Marktfindung (u.a. Lagerung) ausgeglichen.

3. Quantitätsfunktion
Distribution bei Massenproduktion und Kleinmengenbedarf bzw. Aufkaufhandel bei Kleinmengenproduktion und Massenbedarf.

4. Qualitätsfunktion
Sortieren von Waren aus ihrer produktionsbedingten Ordnung in eine bedarfsorientierte Ordnung.

5. Kreditfunktion
Gewährung von Zahlungszielen bei Warenlieferungen, Vorauszahlungen an Lieferanten, also Finanzierung von Warenumsätzen durch einen der Tauschpartner zur Überbrückung von Inkongruenzen des Kapitalbesitzes.

6. Werbefunktion
Gewinnung von Tauschpartnern durch Entgegenkommen im weitesten Sinne, Werbung für das Objekt und das Subjekt des Warenumsatzes.

Nach Seyffert (1972, S. 6) ist die Handelsleistung die Leistung des Güteraustausches und damit eine Umsatzleistung. Sie kann in folgende Einzelfunktionen aufgeteilt werden (vgl. Seyffert, 1972, S. 6ff.):

1. Überbrückungsfunktionen
- Raumüberbrückung
- Lagerfunktion als Zeitüberbrückung gegenüber dem Abnehmer
- Vordispositionsfunktion als Zeitüberbrückung gegenüber dem Lieferanten
- Preisausgleichsfunktion
- Kreditfunktion zur Überbrückung der Zeit zwischen Kauf und Zahlung

2. Warenfunktionen
- Quantitätsfunktion
- Qualitätsfunktion
- Sortimentsfunktion

3. Funktionen des Makleramtes
- Markterschließungsfunktion als Marktsuchen und -finden für das Sortiment des Handelsbetriebes
- Interessenwahrungs- und Beratungsfunktion gegenüber Lieferanten und Abnehmern.

Der Ansatz von Buddeberg (1959, S. 21ff.) stellt die Kontakte zu den Marktpartnern explizit heraus:

1. Kontaktfunktion
2. Informationsfunktion
3. Beratungsfunktion
4. Warenumgruppierungsfunktion
5. Mengenumgruppierungsfunktion
6. Raumausgleichsfunktion
7. Zeitausgleichsfunktion
8. Veredelungsfunktion (handelsübliche Manipulation der Waren).

Gerade in der neueren Literatur werden häufig die unmittelbar konsumentenorientierten Dienstleistungsfunktionen des Einzelhandels in den Mittelpunkt der Betrachtung gerückt, als die für den Handel konstituierenden Funktionen, über welche auch und vor allem eine Differenzierung vom Wettbewerb im horizontalen wie vertikalen Sinne möglich ist. So erscheint es nach Müller-Hagedorn heute bereits sehr schwierig, den Handelsbetrieb vom Dienstleistungsbetrieb eindeutig abzugrenzen (vgl. Müller-Hagedorn, 1998, S. 20).

Handelshemmnisse [s.a. Protektionismus]

Handelshemmnisse sind generell Beeinträchtigungen des freien internationalen Güter- und Leistungsaustauschs, die aus einem aktiven Handeln des Staates oder zumindest einer passiven Billigung von Aktionen resultieren, die den internationalen Wirtschaftsverkehr behindern. Im Gegensatz zu natürlichen Hemmnissen, die den Handel beschränken (z.B. Sprachbarrieren), haben Handelshemmnisse stets einen protektionistischen Hintergrund. Handelshemmend wirkt sich die gewollte Ungleichbehandlung, d.h. die Diskriminierung zwischen Inländern und Ausländern oder zwischen einzelnen Ausländern untereinander, aus. Handelshemmnisse widersprechen damit den Grundprinzipien des GATT (→ *Allgemeines Zoll- und Handelsabkommen*). Seit der 6. GATT-Runde (→ *Welthandelsrunden*), 1964 bis 1967, hat sich die begriffliche Unterscheidung zwischen Zöllen als tarifären (→) *Handelshemmnisse* und den nicht-tarifären Handelshemmnissen durchgesetzt. Die Spannweite der Diskriminierungen und Einflussträger sind in Übersicht 51 dargestellt.

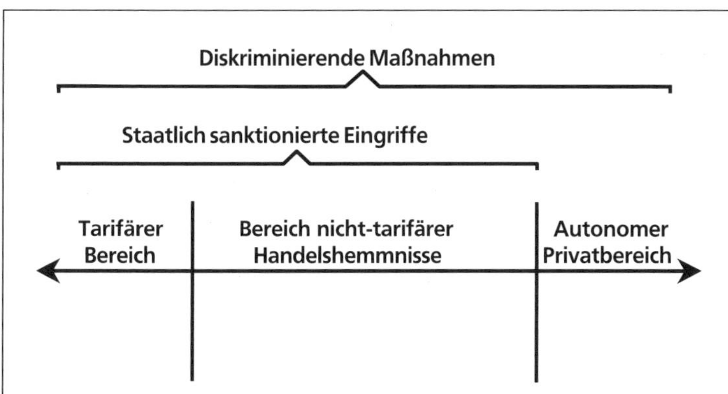

Quelle: Quambusch, 1989, Sp. 783.

Übersicht 51: Spektrum handelshemmender Maßnahmen

Seit Mitte der fünfziger Jahre ist eine Reduktion der tarifären Hemmnisse zu verzeichnen, während das Ausmaß der nicht-tarifären Hemmnisse in Abhängigkeit von der jeweiligen Konjunktur zu betrachten ist. Die Möglichkeiten zur Durchsetzung nicht-tarifärer Handelshemmnisse bestehen nach wie vor. Hierzu zählen auch die Subventionierung inländischer Unternehmen, wodurch Markteintrittsbarrieren für ausländische Unternehmen geschaffen werden, oder die Subventionierung von Exporten (→ *Subventionen*). Auch das (→) *Dumping* sowie staatliche Auslandsbürgschaften (→ *HERMES*) sind Maßnahmen, die den »freien« Handel im Sinne des GATT behindern. Insofern standen Handelshemmnisse (erneut) im Vordergrund der 8. Verhandlungsrunde des GATT (→ *Welthandelsrunden*).

Handelskette [s.a. Absatzwegepolitik]
Der Begriff der Handelskette wird von Seyffert (1972, S. 623) wie folgt definiert:

»Die am Umsatz einer in ihrem stofflichen Charakter unverändert bleibenden Ware beteiligten Betriebe bilden in der Reihenfolge vom Erzeuger bis zum Verwender eine Handelskette. Sie weist als Anfangsglied immer einen Betrieb auf, in dem die zum Absatz bestimmte Ware (Neuware, Gebrauchtware, Altware, Abfallware usw.) erzeugt wird. Endglied ist immer ein Betrieb, in dem die Ware zur Konsumtion oder zur Produktion anderer Güter verwendet wird. Zwischen Erzeuger- und Verwenderglied schalten sich die Zwischenhandelsglieder ein. Ihre Umsatzaufgabe ist je nach der Arbeitsteilung und je nach ihrer Stellung innerhalb der Handelskette entweder mehr eine sammelnde oder eine verteilende, so dass sich als Hauptformen der Handelskette die der distribuierenden und die der kollektierenden ergeben. Dazwischen schieben sich beim zwischenstaatlichen Handel noch die Außenhandelsglieder ein.«

Die an der Handelskette beteiligten Glieder können nach dem in Übersicht 52 dargestellten Schema geordnet werden.

<table>
<tr><td>1. Erzeuger</td><td colspan="4">Erzeugerhandel</td></tr>
<tr><td>2. Detailkollekteur</td><td rowspan="2">Kollektierende Binnenhandelsglieder</td><td rowspan="2">Binnengroßhandel</td><td rowspan="7">Großhandel</td><td rowspan="8">Zwischenhandel</td></tr>
<tr><td>3. Grossokollekteur</td></tr>
<tr><td>4. Mittelbarer Exporteur</td><td rowspan="3">Außenhandelsglieder</td><td rowspan="3">Außenhandel</td></tr>
<tr><td>5. Transitär</td></tr>
<tr><td>6. Mittelbarer Importeur</td></tr>
<tr><td>7. Zentralgrossierer</td><td rowspan="3">Distribuierende Binnenhandelsglieder</td><td rowspan="2">Binnengroßhandel</td></tr>
<tr><td>8. Grossierer</td></tr>
<tr><td>9. Detailleur</td><td colspan="2">Einzelhandel</td></tr>
<tr><td>10. Verwender</td><td colspan="4">Verwenderhandel</td></tr>
</table>

Quelle: Seyffert, 1972, S. 628.

Übersicht 52: Glieder der Handelskette

Es ist nicht erforderlich, dass in einer Handelskette alle Handelsglieder vertreten sind. So können mehrere Glieder zu einem zusammengefasst werden, einzelne Glieder ausgeschaltet werden oder bestimmte Glieder mehrfach auftreten (→ *Einschaltung des Handels*).

Mit der Entscheidung über die Stellung in der Handelskette legt ein Unternehmen in einer arbeitsteiligen Wirtschaft seine Position gegenüber den Absatz- und Beschaffungsmärkten fest. Es werden indirekt die Konkurrenten sowie die potenziellen Absatz- und Beschaffungspartner selektiert. Die Stellung, die ein Unternehmen in der Handelskette einnimmt, wird als Handelsstufe bezeichnet. Ein Unternehmen oder eine Gruppe (→ *Freiwillige Kette*) kann sich für die Tätigkeit auf mehreren Handelsstufen entscheiden.

Handelsmakler [s.a. Handelsmittler]
Handelsmakler stellen eine Ausprägungsform der Handelsvermittlung dar. Sie vermitteln oder tätigen Kaufabschlüsse für die jeweils auftraggebenden Unternehmen. Dabei besteht kein ständiges Vertragsverhältnis zwischen Handelsmakler und Auftraggeber, sondern die Auftraggeber wechseln (vgl. Liebmann/Zentes, 2001, S. 368f.).

Der Handelsmakler im Außenhandel übernimmt die Vermittlung und Anbahnung des Außenhandelsgeschäftes und ist häufig auf bestimmte Branchen und Waren spezialisiert. Vorteilhaft kann sein Einsatz besonders bei unregelmäßigem oder spontanem Handel sein. Über das vermittelte Geschäft muss der Makler eine Schlussnote ausstellen, in der alle wichtigen Einzelheiten des Handelsgeschäfts beurkundet werden. Der Makler hat die Interessen beider Parteien zu wahren und bezieht, soweit nichts anderes vereinbart wurde, die Maklercourtage auch von beiden Parteien je zur Hälfte (vgl. Jahrmann, 1998, S. 72).

Handelsmarken [s.a. Markenpolitik]
Handelsmarken (Private Brand, Private Label) werden von den Herstellermarken nach der institutionellen Marktstellung des Inhabers der Marke bzw. des Trägers der gesetzlichen Schutzrechte an der Marke abgegrenzt. Ist der Hersteller Träger der Schutzrechte, handelt es sich um Herstellermarken, ist der Handel Inhaber der Schutzrechte, handelt es sich um Handelsmarken (vgl. Schenk, 1997, S. 75). Handelsmarken von Verbundgruppen werden als Verbundmarken bezeichnet.

Der Vertrieb von Handelsmarken bzw. Verbundmarken wird durch die Handelsunternehmen bzw. Verbundgruppen ausschließlich oder in überwiegender Form in den eigenen oder in angeschlossenen Verkaufsstellen vorgenommen (vgl. Ausschuß für Begriffsdefinitionen aus der Handels- und Absatzwirtschaft, 1995, S. 73).

Als Erscheinungsformen bzw. Typen von Handelsmarken werden die klassischen Handelsmarken, Gattungsmarken sowie Premiummarken des Handels unterschieden. Klassische Handelsmarken sind bei vergleichbarer Qualität gegenüber Herstellermarken durch einen Preisvorteil diesen gegenüber gekennzeichnet. Gattungsmarken als »Quasi-Marken« (Generics, Generika, No Names, Weiße Ware) weisen bei (sehr) niedrigem Preis eine wesentlich einfachere Produktgestaltung unter Sicherung einer Mindestproduktqualität auf. Handels-Premiummarken bieten eine hohe Qualität bei entsprechend hohem Preisniveau. I.d.R. weisen die Handels-Premiummarken einen (hohen) Zusatznutzen für die Konsumenten auf, z.B. durch Bio-/Öko-Orientierung (vgl. Liebmann/Zentes, 2001, S. 495).

In Übersicht 53 ist die Positionierung der unterschiedlichen Erscheinungsformen von Handels- und Herstellermarken bezüglich der Dimensionen Qualität und Preisniveau dargestellt.

Einen Überblick über die Phasen der Entwicklung der Handelsmarken im Zeitablauf von »No Names« zu »Gestaltmarken« gibt Übersicht 54.

Im Rahmen der strategischen (horizontalen) Handelsmarkenstrategie sind analog zu den Optionen der Markenstrategien bei Herstellermarken die folgenden strategischen Optionen realisierbar:

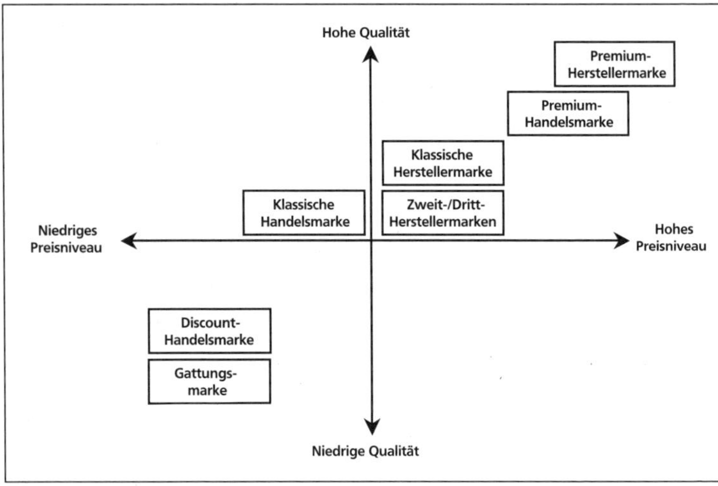

Quelle: Bruhn, 1997a, S. 12.

Übersicht 53: Positionierung der Erscheinungsformen von Handelsmarken und Herstellermarken

	Erste Generation	Zweite Generation	Dritte Generation	Vierte Generation
1. Marke	No-Name	»Quasimarke«	Dachmarke des Handels	Segmentierte Handelsmarken »Gestaltmarken«
2. Produkte	Basislebens-mittel	Großvolumige Einzelartikel	Große Kategorien	Imagebildende Produkte
3. Technologie	Basistechnologie mit niedrigen Barrieren	Eine Generation im Rückstand gegenüber Marktführer	Näher an Marktführer	Innovativ
4. Qualität/Image	Geringer als beim Herstellermarken-produkt	Mittel, aber als geringer wahrgenommen	Wie führende Marken, Quali-tätsgarantie des Handels	Besser/genauso gut wie führende Marke, Image-aura des Handels
5. Kaufmotivation	Preis	Preis	Produktqualität/ Preis	Besseres Produkt
6. Hersteller	National, meist nicht spezialisiert	National, z.T. auf Handelsmarken spezialisiert	National, meist auf Handelsmarken spezialisiert	International, meist auf Handelsmarken spezialisiert

Quelle: Kornobis, 1997, S. 246.

Übersicht 54: Phasen der Handelsmarkenentwicklung

- Monomarkenstrategie
- Mehrmarkenstrategie
- Markenfamilienstrategie
- Dachmarkenstrategie.

Hersteller- und Handelsmarken erfüllen gleichermaßen die folgenden Funktionen (vgl. Hansen/Algermissen, 1979, S. 226):

- Identifizierungsfunktion (Wiedererkennbarkeit, Differenzierung)
- Herkunftsbestimmungsfunktion (»Visitenkarte«)
- Unterstützungsfunktion (Unterstützung anderer absatzwirtswirtschaftlicher Aktivitäten, so Werbe-, Imagepolitik).

Handelsmarken dienen dabei auf Grund ihrer Positionierung als strategische Sortimentseinheiten des Handels darüber hinausgehend den folgenden Funktionen (vgl. Schenk, 1997, S. 82f.):

- Preis-Leistungs-Funktion: Dokumentation der preislichen Leistungsfähigkeit durch niedrigeres Preisniveau als Herstellermarke.
- Sortimentsleistungsfunktion: Dokumentation des exklusiven Sortiments und unverwechselbaren Alternativenangebots.
- Profilierungsfunktion: Dokumentation eines eigenständigen Sortimentsprofils und Abhebung von der Konkurrenz.
- Polarisierungsfunktion: Dokumentation der Abgrenzung zu anderen eigenen Betriebstypen bzw. Betriebstypen der Konkurrenz.
- Spannensicherungs-/Ertragsverbesserungsfunktion: Spielraum bei der Kalkulation der Handelsmarke auf Grund fehlender direkter Vergleichsmöglichkeiten.
- Gewerbliche Schutzfunktion: Warenzeichenschutz.
- Solidarisierungsfunktion: Stärkung der Corporate Identity/des »Zusammengehörigkeitsgefühls« unter Mitarbeitern bzw. Kooperationspartnern.
- Innovationsfunktion: Möglichkeit der Entwicklung neuer Produkte bzw. neuer Marken.

Handelsmarketing [s.a. Beschaffungsmarketing]
Handelsmarketing wird in der absatzwirtschaftlichen Literatur unterschiedlich abgegrenzt. Bei enger Betrachtungsweise werden hierzu nur die absatzpolitischen Aktivitäten der Unternehmen des (→) *Großhandels* und (→) *Einzelhandels* gerechnet (vgl. Liebmann/Zentes, 2001, S. 428ff.). Als charakteristische Instrumentalbereiche werden u.a. die (→) *Sortimentspolitik* und die (→) *Preispolitik* einschließlich der (→) *Sonderangebotspolitik* herausgestellt.

Der Absatzmarkt- und Beschaffungsmarktorientierung der Handelsbetriebe wird in einem erweiterten Konzept des Handelsmarketing Rechnung getragen, das die Gesamtheit aller marktgerichteten Aktivitäten umfasst.

In dieser umfassenden Abgrenzung wird unter Handelsmarketing eine Unternehmenspolitik der Handelsbetriebe unter dem Primat der Marktorientierung verstanden. Danach umfasst Handelsmarketing u.a. auch die betriebliche Faktorkombinationspolitik, so die Personalpolitik, die Lagerpolitik, die Transportpolitik. In diesem Sinne spricht Tietz (1993a, S. 181ff.) von Handelsprogrammpolitik (Leistungsprogrammpolitik). Sie umfasst:

- die Grundstrukturpolitik
- die Marktpolitik
- die Faktorkombinationspolitik
- die Finanzierungspolitik.

Der Grundstrukturpolitik werden u.a. die folgenden Instrumentalbereiche zugeordnet:

- die Stellung in der (→) *Handelskette*
- die Marktreichweite, d.h. das Ausmaß der Absatz- und Beschaffungsaktivitäten, so die räumliche Ausdehnung

- der Standort (→ *Standortpolitik*)
- die Branche.

Diese Instrumente bezeichnet Tietz (1993a, S. 183) als Instrumente der Markteinpassung. Weitere grundstrukturpolitische Instrumente sind:

- die (→) *Diversifikation*
- die (→) *Kooperation* in horizontaler und vertikaler Hinsicht, so die Integration in (→) *Einkaufsgemeinschaften* oder die Kontraktbindung mit Herstellern (→ *Kontraktmarketing*)
- die Betriebsgröße, d.h. die Dimensionierung der Faktorpotenziale, so der Verkaufs- und Lagerfläche und des Personals.

Das System der marktpolitischen Instrumente (Marktinstrumente) umfasst die (→) *Marketinginstrumente* und die Beschaffungsinstrumente. Tietz (1993a, S. 299ff.) gliedert die Instrumente in:

- waren- und dienstleistungsbezogene Instrumente
- entgeltbezogene Instrumente
- nebenleistungsbezogene Instrumente
- nformations- und kommunikationsbezogene Instrumente
- Warenprozessinstrumente (→ *Lieferungspolitik*).

Gegenstand der Faktorkombinationspolitik, zu der auch die (→) *Marketinglogistik* gerechnet wird, sind (vgl. Tietz, 1993a, S. 577ff.):

- die Personalpolitik, so die Personalbestands-, die Personaleinsatz- und die Personalausbildungspolitik
- die Flächen- und Flächenausstattungspolitik, so die Ladenbaupolitik, die Lagerbaupolitik
- die (außerbetriebliche) Transportpolitik, so die Fuhrparkpolitik, die Auslieferungspolitik
- die Lagerbestandspolitik.

Die Kombination der grundstrukturpolitischen, marktpolitischen und faktorkombinationspolitischen Instrumente determiniert die (→) *Betriebstypen des Handels*. Insofern kann die Betriebstypenpolitik als eine umfassende Form der Marketing-Mix-Politik der Handelsbetriebe betrachtet werden.

Die zunehmende Eigenständigkeit der Marketingkonzepte des Handels sowie die Professionalisierung des Handelsmarketing in den letzten Jahren sind Ausdruck einer Erstarkung des Handels. Die Emanzipation des Handelsmarketing löste die Phase einer überwiegenden Marketingführerschaft der Industrie ab (vgl. Tietz, 1984, S. 63ff.).

Mit dieser Emanzipation geht zugleich eine Neuorientierung des Marketing der Hersteller einher. Sie findet ihren Ausdruck in handelsgerichteten Marketingaktivitäten, so der Unterstützung der Abverkaufsaktivitäten des Handels (→ *In-Store-Marketing*), der Schulung von Verkaufspersonal des Handels. Derartige Maßnahmen der Hersteller werden oftmals auch als Formen des Handelsmarketing (→ *Trade Marketing*) bezeichnet.

Die Ausrichtung des Herstellermarketing auf den Handel führt auch zu Anpassungen der Marketingorganisation (→ *Organisationsstruktur*) in der Industrie, so zur Form des Account Management (→ *Key-Account-Management*).

Handelsmittler

Die Handelsvermittlung stellt keine selbstständige Handelsstufe dar, sondern sie liegt vor, wenn Betriebe ausschließlich bzw. überwiegend Fremdgeschäfte tätigen, d.h., sie tätigen Handel in fremdem Namen auf fremde Rechnung (vgl. Liebmann/Zentes, 2001, S. 368).

Handelsvermittlung tritt in zwei Basisformen auf (vgl. Liebmann/Zentes, 2001, S. 368f.):

- »Down-Stream«-Vermittlung: Handelsmittler vermitteln im Auftrag geeignete Käufer für die Waren ihrer Auftraggeber.
- »Up-Stream«-Vermittlung: Handelsmittler vermitteln geeignete Lieferanten für ihre Auftraggeber (z.B. Einkaufsorganisationen von Verbundgruppen).

Bei der Handelsvermittlung »Down-Stream« unterscheidet man wiederum:

- Handelsvermittlung auf Großhandelsebene (Kunden und Auftraggeber sind Unternehmen):
  - Handelsvertreter (ständige Vermittler)
  - (→) *Handelsmakler* (Auftraggeber wechseln)
- Handelsvermittlung auf Einzelhandelsebene (Kunden sind private Verbraucher):
  - Versandhandelsvertreter
  - (→) *Agenturen.*

Eine Übersicht über die unterschiedlichen Formen der Handelsvermittlung gibt Übersicht 55.

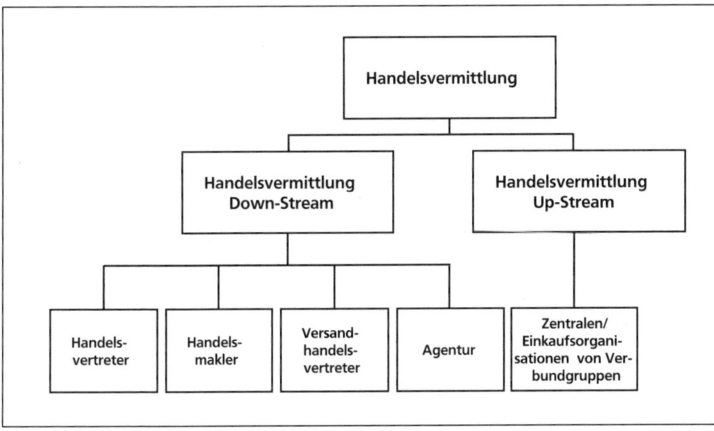

Quelle: Liebmann/Zentes, 2001, S. 369.

Übersicht 55: Formen der Handelsvermittlung

Handelsmittler im (→) *Außenhandel* sind Vermittler zwischen Exporteuren und Importeuren. Für viele Unternehmen ist der Aufbau eines eigenen Distributionsnetzes, der Anschluss an eine Außenhandelsgemeinschaft, die Errichtung von Einkaufsstellen oder ähnlichen Distributions- oder Einkaufsinstitutionen auf dem Weltmarkt nicht durchführbar. Aus diesem Grund werden Handelsmittler eingesetzt (vgl. Jahrmann, 1998, S. 75). Mögliche Formen des Handelsmittlers im Außenhandel sind der (→) *Auslandsagent*, der (→) *CIF-Agent*, der (→) *Handelsmakler* und der (→) *Kommissionär*.

Handelspanel

Neben dem (→) *Verbraucherpanel* ist das Handelspanel eine Art der (→) *Panelerhebung*. Als Panelteilnehmer kommen Groß- und Einzelhandelsbetriebe in Frage. Der Schwerpunkt liegt in der Praxis eindeutig bei den Einzelhandelspanels. Als Untersuchungsgegenstand werden weniger die Meinungen und Wünsche der Händler herangezogen als vielmehr die quantitativen Daten, so die vorhandenen Lagervorräte, die Ein- und Verkäufe. Hinsichtlich der Art der Datengewinnung lassen sich die Handelspanels – wie auch die Verbraucherpanels – in konventionelle und elektronische Panels unterscheiden.

In konventionellen Handelspanels erfolgt die Datengewinnung durch Formen der (→) *Beobachtung*. Die Außendienstmitarbeiter der durchführenden Institute (in Deutschland besonders A. C. Nielsen Company und GfK) führen periodisch, i. d. R. zweimonatlich oder auch monatlich, bei jedem erfassten Handelsbetrieb eine Inventur durch. Durch Ermittlung des Warenbestandes und Auswertung der Lieferscheine wird für jedes Produkt die Absatzmenge wie folgt ermittelt:

Bestand zu Beginn der Periode
\+ Zugang während der Periode
– Bestand am Ende der Periode
= Absatz an Verbraucher in der Periode.

Neben dem Endverbraucherabsatz erhält man auch Daten über den Gesamteinzelhandelsumsatz, Lagerbestände, Umschlaggeschwindigkeiten, Bezugsquellen u.a.

Die Paneldaten lassen sich nach geografischen Gebieten, Geschäftstypen und Umsatzgrößenklassen der Handelsbetriebe gliedern.

Elektronische Handelspanels entstehen im Zusammenhang mit der Einführung des (→) *Scanning*. Durch die Ausstattung der Verbraucher mit (→) *Kundenkarten*, Kreditkarten u.Ä. Identifikationskarten wird eine Zusammenführung von Handels- und Verbraucherpanels ermöglicht.

Hinsichtlich des Endverbraucherabsatzes wird das Einzelhandelspanel häufig alternativ zum Verbraucherpanel eingesetzt. Auch hinsichtlich des Paneleffektes und der Panelsterblichkeit bietet das Handelspanel im Vergleich zum Verbraucherpanel Vorteile. Da diese Panel aber in großen zeitlichen Abständen durchgeführt werden, lassen sich keine kurzfristigen Umsatzschwankungen ermitteln. Auch über die Merkmale der jeweiligen Käufer kann nur das Verbraucherpanel Auskunft geben. Außerdem erfasst das Einzelhandelspanel nicht alle Absatzwege, d.h. die Forderung nach (→) *Repräsentanz* kann nur bedingt erfüllt werden (vgl. Nieschlag/Dichtl/Hörschgen, 1997, S. 751ff.).

Auf einem Großhandelspanel beruht der klassische MIDAS-Dienst von Nielsen. Grundlage dieses Dienstes bilden Daten, die von den Handelsunternehmen (Filialunternehmen, Einkaufsgenossenschaften, Handelsketten) an die Nielsen-Zentrale geliefert werden (→ *Warenwirtschaftssystem*). Die Daten enthalten die artikelgenaue Warenbewegung in den angeschlossenen Märkten nach folgenden Kriterien:

- monatlich/Mengen bzw. Wertumsatz
- pro Warenbereich/Warengruppe
- pro Artikel/Packungsgröße/Sorte
- Verkaufspreis pro Artikel
- getrennt nach Vertriebsschienen
- Lager- bzw. Streckengeschäft.

Nutzer dieses Dienstes sind sowohl Hersteller als auch Handelsunternehmen.

Handelsstufe → *Handelskette*

Handelsvermittlung → *Handelsformen, kodifizierte; Handelsmittler*

Handelsvertreter → *Handelsformen, kodifizierte; Personal Selling*

Haushaltspanel → *Verbraucherpanel*

Haushaltstheorie

In der mikroökonomischen Haushaltstheorie (vgl. Böcker, 1996, S. 40ff.) wurden die ersten Ansätze zur Erklärung des (→) *Konsumentenverhaltens* entwickelt.

Bei diesen Ansätzen wird das Konsumentenverhalten fast ausschließlich als Folge ökonomischer Variablen dargestellt. Ziel der haushaltstheoretischen Modelle ist es, aggregierte Nachfragefunktionen nach einem Produkt abzuleiten, wobei die Nachfrage nur als Funktion des Preises angesehen wird (→ *Preisabsatzfunktionen*). Diese Modellansätze bilden eine in sich geschlossene Theorie, aus denen sich formal sehr einfach Größen wie das (→) *Marktpotenzial* und das (→) *Marktvolumen* ermitteln lassen.

Der Auffassung, die Kaufentscheidung des Konsumenten bestehe nur aus rationalen, ökonomischen Wahlakten liegt als Leitfigur der »homo oeconomicus« zu Grunde, der durch die folgenden Grundannahmen gekennzeichnet ist (vgl. Böcker, 1996, S. 41):

- Der »homo oeconomicus« hat vollständige Kenntnis seiner Bedürfnisstruktur.
- Er besitzt vollständige (→) *Markttransparenz*, d.h. er kennt alle Möglichkeiten der Bedürfnisbefriedigung.
- Es liegt ein homogener Markt vor, d.h. es gibt keine markenbezogenen Präferenzen.
- Es gibt keine zeitlichen und räumlichen Präferenzen, d.h. der Beschaffungsaufwand ist nicht relevant.
- Der »homo oeconomicus« strebt nach Nutzenmaximierung (→ *Nutzen*).
- Er verfügt über eine unbegrenzte Informationsverarbeitungskapazität und handelt rein rational, ohne Einfluss von (→) *Emotionen*, Erfahrungen und sozialen Determinanten.

Unter diesen Prämissen ist es möglich, eine unter Einschaltung des verfügbaren Budgets nutzenoptimale Kombination von Produkten abzuleiten. Diese Modelle entsprechen jedoch nicht der Realität und sind kaum geeignet, eine Erklärung für das Kaufverhalten von Konsumenten zu liefern. Aus diesen Mängeln ergibt sich die Notwendigkeit eines empirisch fundierten, verhaltenswissenschaftlichen Ansatzes zur Erklärung des Konsumentenverhaltens (→ *Behaviorismus; Konsumentenverhaltensforschung; Neobehaviorismus; Verhaltensforschung*).

HERMES [s.a. Exportkreditversicherung]
Die nach dem Ersten Weltkrieg gegründete HERMES Kreditversicherungs-AG (Hamburg) ist ähnlich wie die PwC Deutsche Revision AG als private Gesellschaft im Auftrag des Bundes tätig. Sie ist analog zu der federführenden Tätigkeit der PwC Deutsche Revision AG im Rahmen der (→) *Kapitalanlagebesicherung* federführend im Bereich der Ausfuhrgewährleistungen aktiv, so dass bei der Exportkreditversicherung in Deutschland generell von »HERMES-Deckungen« gesprochen wird.

HERMES ist ermächtigt, alle die Ausfuhrgewährleistung betreffenden Erklärungen im Namen, im Auftrag und für Rechnung des Bundes abzugeben und entgegenzunehmen. Die Besicherung eines Exportgeschäfts erfolgt nach individueller Prüfung des Einzelfalls, wobei die Anträge nach versicherungstechnischer Bearbeitung einem interministeriellen Ausschuss zur Entscheidung vorgelegt werden müssen. Diesem Ausschuss gehören Vertreter der Exportwirtschaft, des Bundesministeriums für Wirtschaft, des Bundesministeriums für Finanzen, des Bundesrechnungshofes, der Deutschen Bundesbank, der Kreditanstalt für Wiederaufbau (KfW) und der Ausfuhrkredit-Gesellschaft mbH (AKA) an.

Auf Grund der Harmonisierungsbestrebungen der (→) *EU* übernimmt der Bund seit dem 1. Oktober 1997 keine kurzfristigen Ausfuhrgewährleistungen mehr gegenüber privaten Schuldnern in den meisten (→) *OECD*-Ländern bei einer Kreditlaufzeit unter zwei Jahren. Die nicht marktfähigen politischen Risiken in diesen Ländern können über Länder-Pauschal-Gewährleistungen (LPG) als neue Deckungsform weiterhin vom Bund gedeckt werden. Insofern wird dem Subsidiaritätsprinzip entsprochen, da inzwischen ausreichende Absicherungsmöglichkeiten über den freien Versicherungsmarkt für die OECD-Länder bestehen. Das Subsidiaritätsprinzip besagt, dass eine staatliche Besicherung nur dann greift, wenn keine privaten Möglichkeiten zur Verfügung stehen. Die Höhe des Ermächtigungsrahmens für Ausfuhrgewährleistungen wird jedes Jahr im Haushaltgesetz des Bundes festgelegt, in dessen Grenzen Kreditversicherungen durchgeführt werden können. Dieser Rahmen wurde 1998 bereits auf 215 Mrd. DM von 165 Mrd. DM (1991) angehoben (vgl. Häberle, 1998, S. 948f.; Jahrmann, 1998, S. 332ff.).

HERMES unterliegt dem Prinzip der Selbsttragung (Kostendeckung); arbeitet in den letzten Jahren im privat abgeschlossenen Versicherungsgeschäft mit Verlusten. Dagegen verzeichnete das in Rückdeckung übernommene staatliche Versicherungsgeschäft 1998 erstmals einen Jahresüberschuss von 11,0 Mio. DM (vgl. Hermes Kreditversicherungs-AG, 1999a, S. 25). HERMES übernimmt folgende Formen der Ausfuhrdeckung (Deckungsformen) (vgl. Hermes Kreditversicherungs-AG, 1999b, S. 2):

1. Im Rahmen von Einzeldeckungen werden Forderungen aus einem individuellen Exportgeschäft besichert, insbesondere im Anlagenbau, bei Schiffen oder Flugzeugen. Die Einzeldeckung gilt für Forderungen (Kaufpreisforderung) des Exporteurs aus einem Ausfuhrvertrag mit einem ausländischen Besteller sowie bei Folgeexporten an denselben ausländischen Besteller.

2. Bei regelmäßig wiederkehrenden Exporten an einen bestimmten Käufer zu kurzfristigen Zahlungsbedingungen kann an Stelle der Einzeldeckung, bei der jedes Mal ein Antrag gestellt werden muss, eine Sammeldeckung in Form der revolvierenden Ausfuhrgarantie oder -bürgschaft beantragt werden. Innerhalb eines zur Verfügung stehenden Höchstbetrages werden alle Forderungen gegenüber den betreffenden Auslandskunden abgesichert. Die Versendungen sind monatlich in Listenform zu melden.

3. Für Forderungen des Exporteurs auf Grund laufender Belieferung einer Mehrzahl von ausländischen Kunden in verschiedenen Ländern zu kurzfristigen Zahlungsbedingungen steht ein vereinfachtes Verfahren mit günstigen Entgeltsätzen als Ausfuhr-Pauschal-Gewährleistung (APG) zur Verfügung.

4. Als neue Deckungsform kann zur Absicherung des politischen Risikos in so genannten marktfähigen Ländern (meistens OECD-Länder) eine Länder-Pauschal-Gewährleistung abgeschlossen werden.

Als staatlicher Kreditversicherer deckt HERMES politische und wirtschaftliche Risiken. Die Konditionen setzen sich zusammen aus Bearbeitungsentgelten und Entgelten für die Übernahme von Deckungen. Die Bearbeitungsentgelte werden in Form einer Antragsgebühr (gestaffelte Beiträge in Abhängigkeit von Auftragswerten), einer Verlängerungsgebühr (zur Verlängerung der Anträge um maximal drei Monate) und einer Ausfertigungsgebühr (für die Ausfertigung der Deckungsurkunde) berechnet. Die Entgelte für die Übernahme von Deckungen variieren in Abhängigkeit von risikobestimmenden Faktoren, den Länderrisiken, die in sieben Länderkategorien unterteilt sind, der Käuferkategorie des Bestellers, dem zu deckenden Forderungsbetrag, der Deckungsform sowie den Zahlungsbedingungen. Die Selbstbeteiligungsquoten des Exporteurs betragen 5 % für politische Risiken bei Ausfuhrgarantien und -bürgschaften bzw. für alle Risiken bei Fabrikationsgarantien und -bürgschaften, bei Finanzkreditgarantien und -bürgschaften sowie 15% für Insolvenz- und Nichtzahlungsrisiken bei Ausfuhrgarantien und für die Nichtzahlungsrisiken bei Ausfuhrbürgschaften. Das Risiko der Selbstbeteiligung darf nicht anderweitig abgesichert werden. Bei Fabrikations- und Ausfuhrdeckungen ist jedoch die Weitergabe der Selbstbeteiligung an Unterlieferanten des Exporteurs zulässig (vgl. Hermes Kreditversicherungs-AG, 1999b, S. 4f.).

Die Deckung von Wechselkursrisiken (→ *Währungsrisiken*) wurde bereits in der Vergangenheit von HERMES i.d.R. nicht übernommen, da HERMES nur für Risiken eintritt, die nicht am privaten Markt versichert werden können. Spezielle Wechselkursversicherungen wurden nur unter der Erfüllung bestimmter Vorraussetzungen übernommen, z.B. bei langfristigen Exportgeschäften, für bestimmte Fremdwährungen (z.B. US-Dollar, Schweizer Franken) und für solche Risiken, die nicht durch Devisentermingeschäfte (→ *Swap-Geschäfte*) und andere Möglichkeiten am freien Markt abgedeckt werden konnten. Gemäß der HERMES-Mitteilung (AGA-Report) Nr. 69 vom November 1997 wurde die Wechselkurssicherung des Bundes vollständig eingestellt (vgl. Häberle, 1998, S. 965). Hier können Besicherungsformen wie (→) *Garantien* und (→) *Bürgschaften* zur Anwendung kommen.

Übersicht 56 gibt einen Überblick über die Ausfuhrgewährleistungen des Bundes.

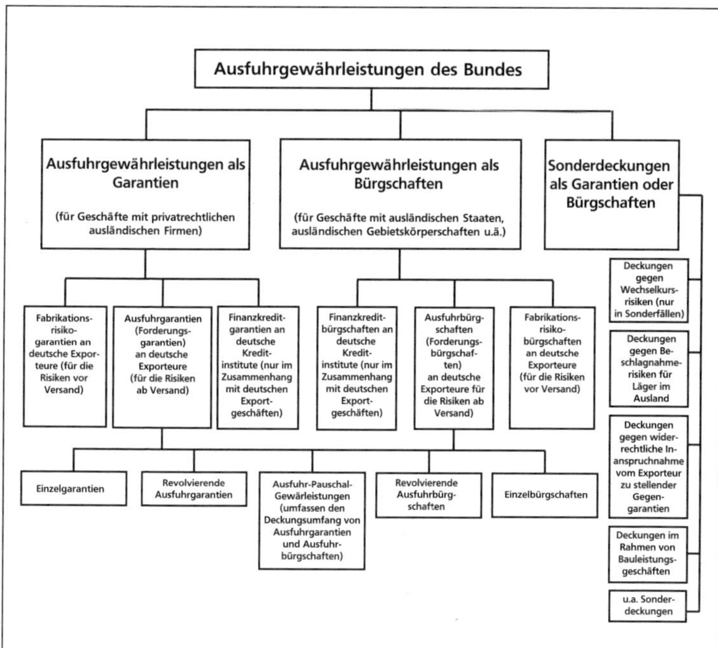

Quelle: Häberle, 1998, S. 954.

Übersicht 56: Ausfuhrgewährleistungen des Bundes

Hilfsbetriebe der Absatzwirtschaft

Hilfsbetriebe der Absatzwirtschaft ist eine traditionelle Bezeichnung für Institutionen, mit deren Hilfe der Handel gefördert wird, so Märkte, (→) *Messen*, (→) *Ausstellungen*, (→) *Trade Marts*, (→) *Auktionen*, (→) *Börsen*, Einschreibungen und (→) *Ausschreibungen*. Die Aufgabe dieser Hilfsbetriebe der Absatzwirtschaft liegt in der Zusammenführung von Marktpartnern zum Zweck der Handelsförderung.

Eine weitere Form von Hilfsbetrieben der Absatzwirtschaft stellen die Lager- und Transportbetriebe dar. Ihre Aufgaben liegen in der physischen Warenweiterleitung.

Zudem existiert eine Vielzahl vom Wirtschaftszweig her gemischter Betriebe, wie Handelsbetriebe, die mit Lagerhäusern oder Speditionen verknüpft sind, oder an Produktionsbetriebe angegliederte Handelsbetriebe. Neben den unmittelbar warenbezogenen Leistungen erstellt der Handelsbetrieb oft auch nicht in Verbindung mit Waren vermarktbare Dienstleistungen, z.B. die Gewährung von Krediten (vgl. Tietz, 1993a, S. 159f.).

Hilfsbetriebe der Werbung

Hilfsbetriebe der Werbewirtschaft – eine traditionelle Bezeichnung – sind neben den Werbeberatungen die Werbemittler und die Werbeagenturen.

Oft bedienen sich die werbungtreibenden Unternehmen selbstständiger Kommunikations- und Werbeberater. Wissenschaftler, Architekten, Journalisten, Maler und sonstige Künstler haben sich seit der Jahrhundertwende neben ihren sonstigen Aufgaben als Werbeberater bedeutender Unternehmen betätigt. Heute ist die Werbeberatung teilweise spezialisiert auf einzelne Medien oder Aufgaben – ein eigenständiger Beruf für selbstständige Spezialisten wie den Werbegrafiker, den Public-Relations-Fachmann (→ *Public Relations*).

Die Werbemittler sind Betriebe, die im eigenen Namen und für eigene Rechnung die Aufträge von werbungtreibenden Unternehmen weitergeben. Werbemittler sind z.B. die Annoncen- und die Plakatexpeditionen. Erstere übernehmen die Platzierung von Zeitungsanzeigen, letztere sind Dienstleistungsbetriebe, die private und öffentliche Anschlagstellen verwalten und Plakate platzieren.

Werbeagenturen sind Unternehmen, die die Betreuung anderer Unternehmen bzw. Institutionen (Werbungtreibende) in Fragen der Werbung und Absatzförderung vornehmen. Sie beraten diese in Fragen der Kommunikationspolitik und übernehmen für sie die Planung, Gestaltung, Realisation und Kontrolle der Werbung. Weiterhin übernehmen sie die Streuung der gestalteten Werbung an die Medien (Werbungdurchführenden) in eigenem Namen.

Zu den Hauptaufgaben einer Werbeagentur gehören im Wesentlichen (vgl. Kotler/Bliemel, 2001, S 932ff.):

- die Werbevorbereitung
- die Entwicklung der Werbekonzeption
- die Gestaltung (Layout) und die Produktion der (→) *Werbemittel*
- die (→) *Mediaplanung* und die Mediadurchführung
- die Kontrolle
- die Abrechnung.

Zu den Nebenaufgaben der Agenturen zählen insbesondere:

- die Marketingplanung
- die Gestaltung von Produkten, Verpackungen, Messeständen u.Ä.
- die Planung und Durchführung von Verkaufsförderungsaktionen (Sales Promotion)
- die Planung und Durchführung von Public-Relations-Aktionen.

Die Agenturtypen lassen sich unmittelbar aus den Kernfunktionen der Werbeagenturen ableiten. Agenturen, die ein umfassendes Angebot an Dienstleistungen anbieten, d.h. Agenturen, die neben den Hauptfunktionen sämtliche Ergänzungs- oder Spezialfunktionen anbieten, werden als Full-Service-Agenturen bezeichnet. In der Full-Service-Agentur stehen sämtliche Spezialisten aller Bereiche der Werbung sowie die für ihre Dienstleistungen notwendige technische Ausstattung zur Verfügung, um alle Probleme, die mit der Planung und Durchführung der Werbung in Zusammenhang stehen, als Ganzes zu lösen. Die Full-Service-Agentur betreut ihre Kunden von der Werbevorbereitung über die Werbeplanung, Werbemittelgestaltung und Überwachung der Herstellung, Werbemittelstreuung bis zur Werbeerfolgs- und (→) *Werbewirkungskontrolle*. Die Werbungtreibenden können sowohl den Service dieser Agentur als Ganzes in Anspruch nehmen oder sich auf eine für ihre Belange ausreichende Auswahl aus dem Angebot der Full-Service-Agentur beschränken; ausgesprochene Spezialaufträge relativ kleineren Umfangs werden jedoch von einer solchen Agentur i.d.R. nicht ausgeführt.

Neben den Full-Service-Agenturen sind die Werbeagenturen mit eingeschränktem Servicebereich zu erwähnen. Dabei handelt es sich meist um kleinere oder mittlere Unternehmen der Werbebranche, die keine breit gefächerten Spezialfunktionen anbieten. Für derartige Aufgaben greifen diese Agenturen auf freie Mitarbeiter oder auf spezielle Institutionen zurück. Eine weitere Einschränkung des Leistungsspektrums kennzeichnet die so genannten kreativen Werbeagenturen. Dieser Agenturtyp bietet ein Leistungspaket an, das nur auf einen Teil der Hauptaufgaben beschränkt ist. Der Schwerpunkt liegt bei den kreativen Aufgaben, so dem Design, dem Texten und der Gestaltung der Werbemittel. I.d.R. gehört auch die Produktion der Werbemittel zum Aufgabenbereich dieses Agenturtyps. Dagegen beschränken sich die so genannten kreativen Teams, Hot Shops oder Creative Groups als Spezialagenturen im Wesentlichen auf die »Produktion« von Ideen und gegebenenfalls auf die Gestaltung der Werbemittel. Einige dieser Hot Shops befassen sich nur mit der grafischen Gestaltung und überlassen das Texten freiberuflichen Spezialisten, andere wiederum erstellen nur den Werbetext und betrauen freiberufliche Grafiker mit der Gestaltung des betreffenden Werbemittels. Betriebe dieses Agenturtyps werden zum einen direkt vom Werbungtreibenden beauftragt oder sie arbeiten im Auftrag von anderen Werbeagenturen.

Neben den kreativitätsorientierten Spezialagenturen gibt es »kalkülorientierte« Spezialagenturen, die sich ausschließlich mit Fragen der (→) *Mediaplanung* beschäftigen. Sie entwickeln konfektionierte oder maßgeschneiderte Computerprogramme zur Werbeträgerplanung. Auch diese Agenturen werden entweder vom werbungtreibenden Unternehmen oder von anderen Agenturen eingeschaltet.

Durch die zunehmende Nutzung der Kommunikationsinstrumente (→) *Sponsoring*, Sportwerbung und Product Placement durch Unternehmen haben sich auch für diese Bereiche meist kleinere Spezialagenturen entwickelt. Diese haben die Planung, Gestaltung und Durchführung von Sponsor- oder Sportwerbungsaktivitäten zur Aufgabe. Product Placement-Agenturen sind darauf spezialisiert, durch Kontakte zur Filmwirtschaft die von ihnen betreuten Produkte werbewirksam in Fernseh- oder Filmproduktionen zu platzieren.

Holding-Konzepte

»Eine Holding ist ein Unternehmen, das Beteiligungen an mehreren rechtlich selbständigen Unternehmen hält (›to hold‹) und dabei selbst nicht am Markt auftritt, also keine operative Tätigkeit wahrnimmt« (Bea/Göbel, 1999, S. 327; vgl. auch Perlitz, 2000, S. 625). Bei der Holding-Struktur als Organisationsform entsteht ein Unternehmensverbund, dem die Holding als Obergesellschaft vorsteht (vgl. Schreyögg, 1999, S. 137).

Holding-Konzepte stellen eine Form der differenzierten Organisationsstruktur international tätiger Unternehmen dar (→ *Organisationsstrukturen*). Im Gegensatz zu anderen Gebilden der differenzierten Organisation – so der Exportabteilung und der internationalen Division – werden bei den Holding-Konzepten die internationalen Aktivitäten in einer rechtlich selbstständigen Einheit zusammengefasst, die an anderen rechtlich selbstständigen Unternehmen maßgeblich und dauerhaft beteiligt ist, wobei sie jedoch in den wichtigen betrieblichen Funktionen nicht selbst, sondern ausschließlich über ihre Beteiligungsunternehmen aktiv wird (vgl. Welge, 1992, S. 595). Historisch gesehen, ergibt sich die Bildung von Holding-Konzepten oftmals als ein Prozess, bei dem eine internationale Division rechtlich verselbstständigt und aus der Muttergesellschaft herausgelöst wird.

Aus der Typenvielfalt der in der Praxis vorfindbaren Holdinggesellschaften sind die Finanzholding und die Managementholding hervorzuheben (vgl. Bea/Göbel, 1999, S. 37f.; Macharzina, 1999, S. 362ff.):

1. Eine Finanzholding hat ihre Aufgabe im Erwerb und der Verwaltung – im Sinne der finanziellen Kontrolle und (→) *Koordination* – der Beteiligungsgesellschaften. Diese haben, auf Grund eines vergleichsweise geringen Einflusses der Finanzholding auf ihren Mitteleinsatz, relativ große Freiheitsgrade hinsichtlich der Gestaltung ihres strategischen und operativen Geschäftes vor Ort.
2. Demgegenüber gibt bei einer Managementholding die Konzernleitung – im Wege strategischer Entscheidungen – die geschäftspolitischen Grundsätze den Beteiligungsgesellschaften weitest gehend vor.

Der Übergang zwischen diesen zwei »reinen Formen« des Holding-Konzepts ist als fließend anzusehen, da sich in der Unternehmenspraxis zahlreiche Zwischenstufen finden lassen.

Human Concept of Marketing → *Marketing, soziales*

I

ICC → *Internationale Handelskammer*

IDA → *Weltbank*

Identitätspolitik → *Corporate Identity*

IFC → *Weltbank*

Image [s.a. Imageanalyse; Imagemessung; Imagetransfer]
Das Image ist allgemein das Bild, das sich eine Person von einem beliebigen Meinungsgegenstand macht. Es beruht auf objektiven und subjektiven, eventuell auch falschen und stark emotional gefärbten Vorstellungen, Ideen, Gefühlen, Erfahrungen, Kenntnissen bezüglich eines Meinungsgegenstandes. Kennzeichnend für das Image ist die Stabilisierung und Verfestigung im Zeitablauf. Je nach Objekt kann man drei Imagearten unterscheiden:

- das Generetic- oder Product-Image, d.h. Image einer ganzen Gattung oder Produktgruppe
- das Brand-Image, d.h. Image einer bestimmten Marke
- das Company- oder Corporate-Image, d.h. Image eines Unternehmens.

Nach Kroeber-Riel/Weinberg (1999, S. 196f.) stehen das Image eines Objektes und die (→) *Einstellungen* von Individuen zu diesen Objekten in einem engen Bedeutungszusammenhang. Grundsätzlich gilt, dass ein Image Objekten eigen ist, während Einstellungen sich auf ein Objekt beziehen und Individuen zu eigen sind. Das Image eines Objektes kann als ein mehrdimensionales Einstellungskonstrukt definiert und daher mit Methoden der (→) *Einstellungsmessung* analysiert werden.

Imageanalyse [s.a. Image; Imagemessung; Imagetransfer]
Als Hauptaufgabe der Imageanalyse ist zunächst die Diagnose des bestehenden Ist-Images eines Objektes zu nennen. Dabei sind Ursachen, Prämissen, Entstehungszusammenhänge und Bestandteile des Images zu ermitteln, um aus einer solchen Analyse der Stärken und Schwächen (→ *Stärken-/Schwächenanalyse*) eine Therapie zur Verbesserung bzw. Veränderung des Images entwickeln zu können.

Darüber hinaus wird es für ein Unternehmen wichtig, ob und eventuell aus welchen Gründen eine Divergenz zwischen dem Image verschiedener Objekte, z.B. zwischen dem Unternehmens- und Markenimage oder zwischen dem eigenen Image und dem Konkurrenzimage, zu verzeichnen ist. Die Ermittlung des Konkurrenzimages ist ein wertvoller Hinweis zur Einschätzung des eigenen Images. Für die Image-Therapie ist es Voraussetzung, ein Soll- oder Ideal-Image festzulegen, an das das Ist-Image angeglichen werden soll. Es ist eine entscheidende Aufgabe der (→) *Kommunikationspolitik*, ein positives Unternehmens- und/oder Markenimage aufzubauen.

Eine weitere Aufgabe der Imageanalyse ist die Ermittlung von (→) *Marktnischen* als Grundlage für die Entwicklung neuer Produkte. Hierzu können die Images aller auf dem Markt vorhandenen Produkte oder Marken in einem Produkt- oder Markenraum mit Hilfe bestimmter Techniken, so der (→) *Multidimensionalen Skalierung* positioniert (→ *Positionierung*) und noch nicht besetzte Räume abgeleitet werden.

Imagemessung [s.a. Imageanalyse; Imagetransfer]

Da das (→) *Image* als ein mehrdimensionales Einstellungskonstrukt betrachtet werden kann, lassen sich zur Imagemessung die Methoden der mehrdimensionalen Einstellungsmessung heranziehen (→ *Einstellungsmessung*). Es handelt sich hierbei hauptsächlich um das Semantische Differential nach Osgood, die Messung nach dem Fishbein- oder Trommsdorff-Modell und um das Verfahren der (→) *Multidimensionalen Skalierung*. Im Gegensatz zur subjektbezogenen Einstellungsmessung erfolgt die Imagemessung objektbezogen, d.h. sie bezieht sich auf konkrete Produkte, Marken oder generell Meinungsgegenstände.

Imagetransfer

Imagetransfer kennzeichnet die wechselseitige Übertragung und Verstärkung von Objektassoziationen zwischen Objekten unterschiedlicher Kategorien. Dabei steht die Übertragung von denotativen und konnotativen Assoziationen im Mittelpunkt. Unter Denotationen versteht man die technische Beschaffenheit eines Objekts, die objektiv nachvollziehbar ist; Konnotationen bezeichnen die emotionalen Assoziationen, die ein Objekt auslöst (vgl. Mayer/Mayer, 1987, S. 26).

Nach dem Imagetransfermodell von Schweiger/Schrattenecker (1995, S. 178) bildet die technologische und emotionale Affinität zwischen den Objekten eine Grundvoraussetzung für einen erfolgreichen Imagetransfer (vgl. Übersicht 57).

Unter Imagetransfer i.e.S. versteht man eine Marketingstrategie, die sich besonders für die Markenartikelindustrie eignet. Dabei versucht der Anbieter, das vorhandene positive (→) *Image* einer Marke auf ein anderes Produkt zu übertragen. Man ver-

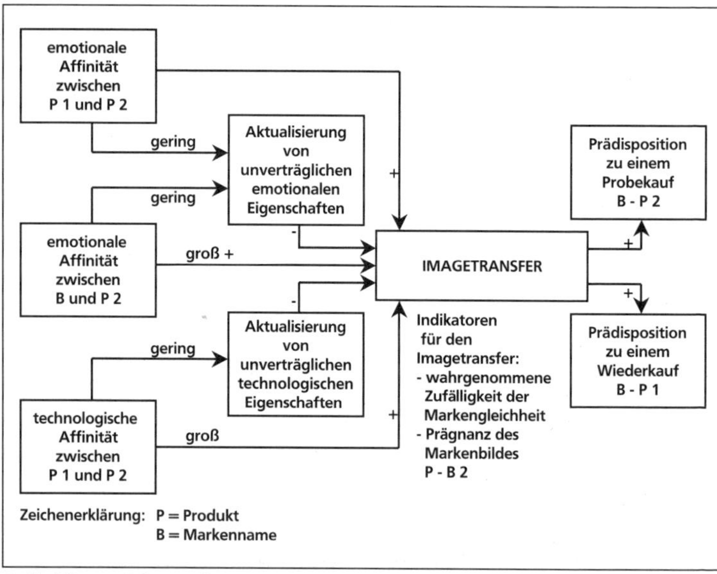

Quelle: Schweiger/Schrattenecker, 1995, S. 178.

Übersicht 57: Imagetransfer

folgt dabei das Ziel, die auf Grund des positiven Images geschaffene Kaufneigung für ein anderes Produkt zu nutzen. Der Imagetransfer geschieht durch Nutzung des bekannten Markennamens und der dazugehörigen gesamten Ausstattung (Schriftzug, Farben, Symbole usw.) der Marke für andere Produkte, d.h. verschiedene Produkte, auch aus verschiedenen Produktklassen, werden unter demselben Markennamen angeboten und es wird für alle diese Produkte eine vereinheitlichte Kommunikationspolitik durchgeführt. Durch diese Strategie können so genannte Markenfamilien geschaffen werden (vgl. Kroeber-Riel/Weinberg, 1999, S. 212ff.).

Imagetransfer wird zunehmend auch eingeleitet, indem Markenimages durch Lizenzvergabe auf Produkte fremder Unternehmen übertragen werden. Neben der Partizipation am Goodwill, dem Vertrauenskapital einer bereits etablierten Marke (Goodwilltransfer) bestehen die Vorteile einer Imagetransferstrategie vor allem in der Verminderung des Floprisikos, der besseren Akzeptanz im Handel und der Einsparung im Bereich der Werbekosten. Probleme ergeben sich vor allem bei denotativen und konnotativen Unverträglichkeiten zwischen den Partnerprodukten (vgl. Mayer/Mayer, 1987, S. 28ff., S. 57ff.).

Der Begriff Imagetransfer wird häufig weiter gefasst und in Zusammenhang mit (→) *Leitbildmarketing* und (→) *Sponsoring* genannt. Hierbei sollen die mit einem Leitbild oder beispielsweise einer Sportart verknüpften, positiven Assoziationen auf ein Unternehmen oder bestimmte Produkte übertragen werden.

Imagery-Forschung

Die Imagery-Forschung beschäftigt sich mit den internen Prozessen der nicht-verbalen, gedanklichen Entstehung, Verarbeitung und Speicherung von inneren Bildern. Solche Gedächtnisbilder lassen sich als gelernte, visuelle Eindrücke eines Menschen kennzeichnen (→ *Lernen*).

Die Imagery-Forschung basiert auf zwei grundlegenden Forschungsrichtungen, der psychologisch orientierten Theorie der dualen Codierung und der biologisch orientierten Hemisphärentheorie. Nach der Theorie der dualen Codierung werden »verbale und nicht-verbale Informationen in unabhängigen aber miteinander verbundenen Systemen repräsentiert und verarbeitet« (Paivio, 1977, S. 60), d.h. in einem bildlichen und einem verbalen Code. Konkrete Wörter (z.B. Center) können sowohl bildlich als auch verbal codiert und gespeichert werden, abstrakte Wörter (z.B. Moral) im allgemeinen lediglich verbal. Abstrakte bildliche Informationen lassen sich nur bedingt verbal speichern.

Die Hemisphärentheorie unterstützt die Ergebnisse der Theorie der dualen Codierung insofern, als experimentell festgestellt wurde, dass die beiden menschlichen Gehirnhälften (Hemisphären) – obwohl untereinander verbunden – auf bestimmte Funktionen spezialisiert sind. Bei rechtshändigen Menschen ist die linke Hemisphäre für verbal-logische Aktivitäten und die rechte Hemisphäre für nichtverbal-emotionale Aktivitäten »zuständig«. Die Prozesse der rechten Gehirnhälfte laufen eher »ganzheitlich« (holistisch) und wenig bewusst ab.

Aus diesen Befunden leitet die Imagery-Forschung folgende Schlüsse über die kognitiven und emotionalen Wirkungen innerer Bilder auf das Konsumentenverhalten ab: Bilder werden ganzheitlich verstanden und weit gehend automatisch verarbeitet. Dies führt zu einer schnelleren Aufnahme und Verarbeitung von bildlichen als von verbalen Informationen. Die Bildverarbeitung läuft nach einem analogen und nicht nach einem sequenziell-logischen gedanklichen Schema ab, was dazu führt, dass räumlich nah dargestellte Bildelemente auch als kausal zusammengehörig interpretiert werden. Zusammenfassend ist festzuhalten, dass Bildinformationen wesentlich schneller und besser gespeichert werden als sprachliche Informationen. In emotionaler Hinsicht haben Bilder die Eigenschaft, gefühlsmäßige Inhalte besser übermitteln zu können, als es verbal möglich ist.

Für die Anwendung im Marketing lassen sich aus den Ergebnissen der Imagery-Forschung wichtige Schlüsse ziehen. In der (→) *Werbung* ist es insbesondere in einer Zeit der Informationsüberlastung (Information-Overload) infolge der Überlastung des menschlichen (→) *Informationsverarbeitungssystems* und gering involvierter Konsumenten (→ *Involvement*) wichtig, relevante Informationen schnell, prägnant und aktivierend zu vermitteln.

Auf Grund der Ergebnisse der Imagery-Forschung ist die Bildkommunikation dazu besonders geeignet. Die wichtigsten zu übermittelnden Informationen sollten dabei in Wort und Bild dargestellt werden. Bilder sollten in der Werbung insbesondere dazu verwendet werden, emotionale Sachverhalte und Konsumerlebnisse zu übermitteln (→ *Kommunikation*). In der (→) *Marktforschung* gewinnen Bilderskalen zunehmend an Bedeutung. Zum einen eignen sich Bilder durch ihre bessere Erinnerungsfähigkeit zu Bildrecallverfahren (→ *Erinnerungsverfahren*) oder Bildrecognitionverfahren (→ *Wiedererkennungsverfahren*), also dem Wiedererkennen oder -erinnern der Bilder. Wichtig ist dies bei gering involvierten Konsumenten. Zum anderen werden Bilderskalen zur Messung von inneren Bildern und anderen nur schwer verbalisierbaren Sachverhalten herangezogen (vgl. Kroeber-Riel/Weinberg, 1999, S. 343f.). Auch gedankliche Lagepläne (mental maps) zählen zu inneren Bildern einer räumlichen Ordnung, z.B. eines Straßennetzes oder der Warenanordnung in einem Geschäft. Sie dienen zur räumlichen Orientierung des Menschen (vgl. Kroeber-Riel/Weinberg, 1999, S. 415ff.). Eine weitere Anwendung der Imagery-Forschung findet sich in der Visualisierung von Informationen. Darunter versteht man eine Darstellungsweise von Informationen nicht in verbaler oder zahlenmäßiger Form, sondern durch leicht eingängige Grafiken (Balken-, Kurven- oder Kuchendiagramme). So können die wesentlichen Informationen, z.B. Trends oder Aufteilungen, schnell erfasst werden (vgl. Zentes, 1987, S. 231).

IMF → *IWF*

Impact-Analyse → *Stärken-/Schwächenanalyse*

Import

Import ist der grenzüberschreitende Bezug von wirtschaftlichen Leistungen aus dem Ausland. Analog zum (→) *Export* unterscheidet man zwischen direktem und indirektem Import, wobei beim indirekten Import die Ware von einem Zwischenhändler im Inland gekauft wird, der sie aus dem Ausland beschafft. Dieser Weg wird vor allem gewählt, wenn der Auslandsbezug nur sporadisch oder in kleineren Mengen erfolgt (vgl. Jahrmann, 1998, S. 56). Beim länderübergreifenden Bezug von Waren innerhalb der EU spricht man an Stelle des Imports vom Eingang.

Importfinanzierung [s.a. Zahlungskonditionen]

Die Importfinanzierung ist neben der (→) *Exportfinanzierung* ein wesentlicher Teilbereich der (→) *Außenhandelsfinanzierung*. Aus dem Blickwinkel eines Inländers befasst sich die Importfinanzierung mit der Aufbringung, der Sicherstellung und dem Einsatz finanzieller Mittel zur Bezahlung aus fremden Wirtschaftsgebieten empfangenen (importierten) Waren und Leistungen.

Auf Grund der spiegelbildlichen Sichtweise hat die Importfinanzierung einen engen Bezug zur Exportfinanzierung auf der Instrumentalebene. So stehen dem importierenden Unternehmen alle nationalen und internationalen Finanzmittel zur Begleichung seiner Zahlungsverpflichtungen zur Verfügung. Als Instrumente der Importfinanzierung sind hervorzuheben:

- Vorschüsse durch Abnehmer der Importware, die durch Voraus- oder Anzahlungen den Import ganz oder teilweise finanzieren (→ *Zahlungsbedingungen*)
- (→) *Wechselkredite*
- Bankkredite, die im Sinne von Importvorschüssen durch eine ausländische Bank dem ausländischen Importeur gewährt werden (→ *Zessionskredit*)
- (→) *Dokumentenakkreditive*, bei denen die Bank des Importeurs dem Exporteur Zahlung gegen Vorlage bestimmter Dokumente garantiert
- Euromarktfinanzierung, bei der die Importbank für den Importeur Mittel am Euromarkt aufnimmt.

Importquoten → *Selbstbeschränkungsabkommen*

Impulsives Kaufverhalten

Das impulsive Kaufverhalten ist im System der (→) *Kaufentscheidungstypen* dasjenige mit der geringsten kognitiven Steuerung (vgl. Kroeber-Riel/Weinberg, 1999, S. 398ff.). Es handelt sich um ein unmittelbar reizgesteuertes (reaktives) Verhalten. Der Käufer agiert nicht, sondern reagiert weit gehend automatisch auf die dargebotenen Reize. In dieser Reizabhängigkeit liegt der wesentliche Unterschied zu anderen Formen der Kaufentscheidung. Einkaufsstimulierende Reize sind z.B. das Display-Material, die Gestaltung der Produkte, Musik. Gleichzeitig aber wird das impulsive Kaufverhalten auch durch Persönlichkeitsmerkmale wie Reflektivität und Impulsivität begünstigt, wobei hohe Impulsivität und geringe Reflektivität zu impulsivem Verhalten führen.

Das Impulsverhalten wird meist anhand der nicht geplanten Käufe gemessen. Hierzu werden Konsumenten vor ihren Einkäufen befragt, was sie zu kaufen beabsichtigen. Die Abweichung zwischen diesen geplanten Käufen und den im Geschäft registrierten Käufen wird als Impulskauf interpretiert. Dieses Verfahren hat aber erhebliche Mängel, etwa bedingt durch die Ungenauigkeit von Einkaufsplänen. Selbst wenn man davon ausgeht, dass tatsächlich das – wahre – ungeplante Kaufverhalten ermittelt worden wäre, so kann man dieses doch nicht annähernd mit dem Impulsverhalten gleichsetzen. Die ungeplanten Käufe umfassen neben dem durch die Einkaufssituation ausgelösten und weit gehend automatisch ablaufenden Impulsverhalten auch noch die durch die Einkaufssituation lediglich angestoßenen gewohnheitsmäßigen und entscheidungsgesteuerten Verhaltensweisen.

Klassifikationen von Impulskäufen bzw. deren Charakteristika und deren Messmöglichkeiten gehen zurück

- auf Stern (1962, S. 58f.), mit affektiven und kognitiven Erklärungselementen für sog. reine Impulskäufe und Impulskäufe durch Überredung
- auf unterschiedliche Studien, die sich mit dem Einfluss von Persönlichkeitsmerkmalen auf das impulsive Kaufverhalten beschäftigen
- auf Studien, die ansetzend auf der Identifikation ungeplanter Käufe verbale Indizes zur Einordnung impulsiver Käufe vorschlagen (vgl. Rook, 1987, S. 189ff.).

Auf Grund der Messprobleme konstatieren Kroeber-Riel/Weinberg (1999, S. 401), dass die Praxis mit ihren Erfahrungen, wie man Kunden zum impulsiven Kauf anleitet, ausnahmsweise der Konsumentenforschung voraus ist. Eine valide Messung von Impulskäufen ist bis heute kaum möglich.

Impulskauf → *Impulsives Kaufverhalten*

Incentives

Unter Incentives versteht man allgemein alle Anreize, die auf Grund ihrer motivierenden Wirkung zur Leistungssteigerung der Mitarbeiter im Sinne der unternehmerischen Zielsetzung herangezogen werden. Zu Incentives i.w.S. zählen demnach alle Formen der Entlohnung (→ *Vergütungssystem*). I.e.S. versteht man unter Incentives eine besondere Prämie, die zumeist durch (Verkaufs-)Wettbewerbe (Incentive-Wettbewerbe) vergeben wird und deren Erreichen eine besondere Anstrengung erfordert. Incentive-Prämien lassen sich unterscheiden in

- Geldprämien
- Sachprämien
- Statusprämien
- Reisen.

Während Geld- und Sachprämien den Gewinnern von Incentive-Wettbewerben materielle Anreize bieten, zielen die Statusprämien eher auf eine (→) *Motivation* durch ideelle Werte wie Selbstbestätigung, Anerkennung und Prestige (Urkunden, Pokale, öffentliche Ehrungen).

Der zunehmenden Erlebnisorientierung (→ *Wertedynamik; Eventmarketing*) entsprechend, sind Incentive-Reisen eine begehrte Prämienart.

Im Rahmen der (→) *Verkaufsförderung* spielen Incentives eine wichtige Rolle zur Motivation des (Verkaufs-) Innen- und Außendienstes wie auch der Inhaber/Mitarbeiter auf Abnehmerseite, z.B. im Handel.

Ein übergreifendes, strategisches Instrument der Motivation sind so genannte Kundenclubs (→ *Personal Selling*). Die Zugehörigkeit zu einem solchen Club ist an die längerfristige Erfüllung spezieller Vorgabewerte gebunden. Der Kundenclub verbindet Sach- wie auch Statusprämien und häufig auch Incentive-Reisen (vgl. Liebmann/Zentes, 2001, S. 449ff.).

INCOTERMS

Die INCOTERMS (International Commercial Terms) sind international »einheitliche Regelungen wesentlicher Käufer- und Verkäuferpflichten für die wichtigsten im internationalen Handel gebräuchlichen Lieferverträge« (Bredow/Seiffert, 2000, S. 1). Sie beruhen auf praxisnahen Regelungen, die teilweise eine sehr lange kaufmännische Tradition haben. So wurde die Klausel FOB (Free On Board) bereits früh in der Segel-/Schiffahrt verwendet. Seit 1936 gibt die (→) *Internationale Handelskammer* (ICC) die INCOTERMS heraus, um zur Förderung und Erleichterung des internationalen Handels weltweit gebräuchliche Vertragsklauseln einheitlich zu definieren. Entsprechend der Weiterentwicklung des internationalen Handels erfolgte eine Revision der Klauseln in den Jahren 1953, 1967, 1976, 1980, 1990 und 2000, die der technischen Weiterentwicklung der Transporttechniken und den daraus resultierenden Änderungen in der Praxis entsprach.

Die INCOTERMS regeln grundlegende Fragen eines Kaufvertrages beim grenzüberschreitenden Handel, so die Pflichten von Käufern und Verkäufern bezüglich Transportkosten (Kostenübergang), Transportrisiko (Gefahrenübergang) und Abwicklungspflichten (Dokumentenbeschaffung, Vertragsabschlüsse) sowie den Übergang der Sorgfaltspflicht (Dispositionspflicht). Sie regeln jedoch nicht den Eigentumsübergang, die Lieferunmöglichkeit, die Mängelrüge, die Gewährleistung sowie die Zahlungsabwicklung und den Gerichtsstand. Insofern ist das auf den Vertrag ergänzend anwendbare nationale Recht oder einer internationalen Konvention (z.B. das UN-Kaufrecht) entscheidend. Die INCOTERMS können jedoch als unmissverständlicher Vertragsteil in internationalen Kauf- bzw. Lieferverträgen eingebunden werden (vgl. Bredow/Seiffert, 2000, S. 7).

INCOTERMS 2000			INCOTERMS 1980
Gruppe E Kosten- und Gefahrenübergang : Werk	EXW	Ex Works...(named place) Ab Werk...(benannter Ort)	EXW
Gruppe F Kosten- und Gefahrenübergang: Lieferort	FCA	Free Carrier...(named place) Frei Frachtführer...(benannter Ort)	FRC, FOR/ FOT, FOA, FAS
	FAS	Free Alongside Ship... (named port of shipment) Frei Längsseite Seeschiff... (benannter Verschiffungshafen)	
	FOB	Free On Board... (named port of shipment) Frei an Bord... (benannter Verschiffungshafen)	FOB
Gruppe C Gefahrenübergang: Lieferort Kostenübergang: Bestimmungsort	CFR	Cost and Freight ... (named port of destination) Kosten und Fracht... (benannter Bestimmungshafen)	CFR
	CIF	Cost, Insurance and Freight... (named port of destination) Kosten, Versicherung und Fracht... (benannter Bestimmungshafen)	CIF
	CPT	Carriage Paid to... (named point of destination) Frachtfrei... (benannter Bestimmungsort)	DCP
	CIP	Carriage and Insurance Paid to... (named point of destination) Frachtfrei versichert... (benannter Bestimmungsort)	CIP
Gruppe D Kosten- und Gefahrenübergang: Bestimmungsort = Lieferort	DAF	Delivered At Frontier...(named point) Geliefert Grenze...(benannter Ort)	DAF
	DES	Delivered Ex Ship... (named port of destination) Geliefert ab Schiff... (benannter Bestimmungshafen)	EXS
	DEQ	Delivered Ex Quay (duty paid)... (named port of destination) Geliefert ab Kai (verzollt)... (benannter Bestimmungshafen)	EXQ
	DDU	Delivered Duty Unpaid... (named point) Geliefert unverzollt... (benannter Ort)	
	DDP	Delivered Duty Paid... (named point) Geliefert verzollt...(benannter Ort)	DDP

Quelle: In Anlehnung an: Bredow/Seiffert, 2000, S. 14.

Übersicht 58: INCOTERMS 2000

Einschränkend ist hervorzuheben, dass sich INCOTERMS nur auf Kaufverträge beziehen, nicht etwa auf andere rechtlich wirksame Vertragsbeziehungen (z.B. Transportverträge, Darlehensverträge usw.).

Nicht zu verwechseln sind sie mit den von der ICC publizierten Trade Terms, welche die Handelsbräuche von 28 Ländern definieren, sowie mit den (→) *Terms of Trade*, welche das Verhältnis eines Exportpreisindex zu einem Importpreisindex definieren. Die Trade Terms wurden zuletzt 1953 von der ICC publiziert und haben heute so gut wie keine Bedeutung mehr.

Trotz der weltweiten Verwendung der INCOTERMS werden auch andere Lieferklauseln verwendet, die teilweise einen identischen oder ähnlichen Titel haben, aber inhaltlich stark abweichen, wie die American Foreign Trade Definition (AFTD). Die amerikanische Beteiligung bei der Ausarbeitung der INCOTERMS 2000 gibt Anlass dazu, dass auch die US-Wirtschaft die INCOTERMS 2000 in zunehmendem Maße verwenden wird, um entsprechend eindeutige Vereinbarungen zu schließen.

Die in den INCOTERMS enthaltenen Käufer- und Verkäuferpflichten sind in Übersicht 58 enthalten. Sie sind so aufgebaut, dass von Klausel EXW bis Klausel DDP fortschreitend die Verkäuferpflichten zunehmen, während die Käuferpflichten abnehmen. Die INCOTERMS 2000 stellen nur eine Überarbeitung der INOCOTERMS 1990 dar. Abgesehen von Zuweisung der Exportfreimachung an den Verkäufer in FAS und der Importfreimachung an den Käufer in DEQ enthalten sie keine grundsätzlichen Änderungen.

Index [s.a. Kennzahlen]

Ein Index ist eine Maßzahl, d.h. eine reellwertige Abbildung einer Datenmenge. Maßzahlen fassen eine Vielzahl von Daten zusammen, dienen also der (→) *Datenreduktion*. Grundsätzlich muss ein Index den folgenden Kriterien genügen:

- Angemessenheit, d.h. er soll den betreffenden Sachverhalt adäquat repräsentieren
- Anschaulichkeit, d.h. er soll großen subjektiven Aussagewert besitzen
- Einfachheit der Berechnung.

Der Index gehört zu den Maßzahlen, die ein Verhältnis von jeweils zwei Werten in Form eines Quotienten ausdrücken. Indexzahlen sind Zusammenfassungen von sachlich gleichartigen, zeitlich differenzierten Datenreihen. Bekannte Beispiele sind die Preisindizes von Laspeyres und Paasche, welche die Preisentwicklung im Zeitablauf ins Verhältnis setzen (vgl. Hammann/ Erichson, 2000, S. 254f.).

Bei der Indexberechnung können verschiedene Gewichte benutzt werden; wesentlich ist jedoch, dass ein einmal gewähltes Gewicht über den Berechnungszeitraum hinweg konstant gehalten wird, um einen sinnvollen Vergleich der Werte zu gewährleisten.

Indifferenzkurve

Indifferenzkurven sind ein wichtiges Konstrukt der mikroökonomischen (→) *Haushaltstheorie* zur Erklärung des Verhaltens der Konsumenten (vgl. Woll, 2000, S. 133ff.). Die Indifferenzkurven stellen alle Güterkombinationen dar, die nach der Einschätzung eines Wirtschaftssubjektes oder eines Haushalts für ihn den gleichen Nutzen stiften oder umgekehrt: alle Güterkombinationen, die durch eine Indifferenzkurve beschrieben werden, sind für das Wirtschaftssubjekt gleichwertig bzw. indifferent.

Die Indifferenzkurven lassen sich in zweidimensionalen Mengendiagrammen grafisch darstellen (Zwei-Güter-Fall). Die Form der Indifferenzkurve hängt vom Verhältnis beider Güter zueinander ab (vgl. Übersicht 59).

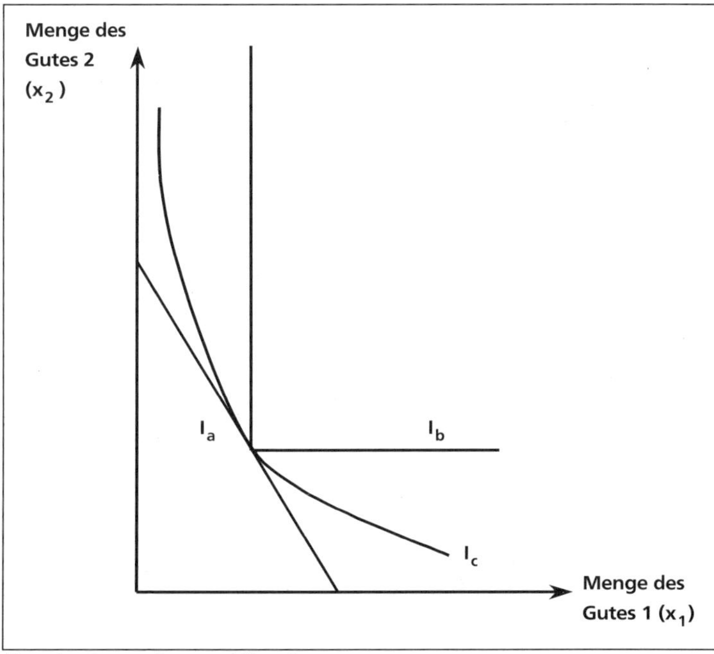

Übersicht 59: Beispiel einer Indifferenzkurve

Die Indifferenzkurve I_a gilt für Güter, die sich gegenseitig völlig substituieren können (Substitutionsgüter). Hinsichtlich des Nutzenniveaus ersetzen sich beide Güter in einem konstanten Verhältnis. Ein anderer Grenzfall liegt bei der Indifferenzkurve I_b vor. Die beiden Güter sind gegenseitig überhaupt nicht substituierbar; sie sind vollständig komplementär (Komplementärgüter). Die (typische) Indifferenzkurve I_c gilt für beschränkt substitutive bzw. teilweise komplementäre Güter. Hierbei kann die Menge eines Gutes durch eine entsprechende Menge des anderen Gutes substituiert werden; das Nutzenniveau bleibt dabei gleich.

Die Grenzrate der Substitution formal als Differentialquotient $d_{x2} : d_{x1}$ ausgedrückt – gibt die Menge x_2 an, auf die verzichtet werden muss, um bei einer Erhöhung der Menge x_1 um eine unendlich kleine Einheit das Nutzenniveau beizubehalten; sie ist gleich der Steigung der Indifferenzkurve. Die Indifferenzkurve I_c beschreibt auf Grund ihrer negativen Steigung das Gesetz der fallenden Grenzrate der Substitution. Dies besagt, dass eine fortlaufende Verringerung eines Gutes um eine Einheit durch eine ständig steigende Menge des Substitutionsgutes ausgeglichen werden muss, um das Nutzenniveau aufrechtzuerhalten.

Die unterschiedlich hohen Nutzenniveaus, die ein Haushalt erreichen kann, lassen sich durch eine überschneidungsfreie Schar von Indifferenzkurven abbilden.

Indikator

Der Begriff Indikator kann grundsätzlich mit »Anzeiger« gleichgesetzt werden. Indikatoren sind unmittelbar messbare Sachverhalte, die das Vorliegen nicht direkt erfassbarer Phänomene anzeigen. Dabei ist es eine absolute Voraussetzung, dass zwischen dem Indikator und dem zu ermittelnden Sachverhalt ein enger Zusammenhang besteht. Der Indikator muss entweder theoretisch-deduktiv oder empirisch-statistisch überprüfbar sein. Die Güte der Operationalisierung wird anhand der (→) *Validität* (Gültigkeit) und der (→) *Reliabilität* (Genauigkeit) beurteilt (vgl. Greipl, 1974, Sp. 831; Kroeber-Riel/Weinberg, 1999, S. 31f.). Schwerpunkte der Anwendung von Indikatoren im Marketing liegen in der Erforschung des (→) *Konsumentenverhaltens* und ökonomischer Entwicklungsvorgänge.

Im Rahmen der Erforschung des Konsumentenverhaltens werden physiologische, motorische und verbale Indikatoren herangezogen, um die (→) *intervenierenden Variablen*, d.h. die psychischen Determinanten des Konsumentenverhaltens, und soziale Indikatoren, um die sozialen Determinanten zu messen (vgl. Kroeber-Riel/Weinberg, 1999, S. 63ff., S. 106ff., S. 190ff., S. 234ff., S. 271ff., S. 553ff.). So wird etwa über motorische Indikatoren (z.B. Gesichts- und Körpersprache) eine unmittelbare Beobachtung von Verhaltensäußerungen vorgenommen. Im Rahmen der zunehmenden Höherbewertung der nonverbalen (→) *Kommunikation* wird die Messung derartiger Indikatoren weiter an Gewicht gewinnen (vgl. Weinberg, 1986, S. 5f.). Darüber hinaus entziehen sich diese motorischen Signale weitest gehend der kognitiven Kontrolle der Individuen, was ihre Eignung als Indikatoren noch verbessert.

Große Bedeutung in der Konsumentenverhaltensforschung haben auch die zahlreichen physiologischen Indikatoren. Bekannte Indikatoren sind z.B. die elektrophysiologischen Reaktionen, die durch moderne Verfahren wie das EEG (Elektroenzephalogramm) zur Wiedergabe bioelektrischer Vorgänge im Zentralnervensystem messbar geworden sind. Ebenso interpretiert man die elektrodermale Reaktion, den Kreislauf, die Atmung, den Energieumsatz und biochemische Veränderungen als Indikatoren. Bei der Pupillometrie wird als physiologischer Indikator der Durchmesser der Pupille gemessen. Im Gegensatz zu verbalen Äußerungen können physiologische Reaktionen unabhängig davon erfasst werden, ob die psychischen Vorgänge vom Probanden registriert oder verbalisiert werden können. Sie lassen sich immer dann messen, wenn eine (→) *Aktivierung* vorliegt. Physiologische Indikatoren werden daher besonders für die Messung aktivierender Prozesse und Variablen wie (→) *Emotionen* und (→) *Einstellungen* herangezogen. Der Nachteil besteht hauptsächlich darin, dass solche Messungen (bisher) nur in Laboruntersuchungen durchgeführt werden können. Verbale Äußerungen werden vor allem als Indikatoren für vollzogene kognitive Prozesse herangezogen, da die Verbalisierung subjektiven Erlebens bzw. seiner Wahrnehmungen stets eine kognitive Verarbeitung voraussetzt. Nur falls aktivierende Prozesse bewusst erlebt und geäußert werden, können mittels verbaler Indikatoren auch aktivierende Prozesse gemessen werden.

Verbale Indikatoren sind jedoch unerlässlich, um die Richtung und die Qualität von Emotionen zu ermitteln; sie sind der zentrale Ansatzpunkt zur (→) *Einstellungsmessung*. In vielen Fällen wird es daher zweckmäßig sein, eine Reaktion gleichzeitig anhand von motorischen, physiologischen und verbalen Indikatoren zu messen.

Soziale Indikatoren sind z.B. die anteilige Redemenge einer Person in einer Gruppe als Indikator für ihren interpersonellen Einfluss, der Beruf als Indikator für die Schichtzugehörigkeit.

Die Beobachtung ökonomischer Entwicklungen auf der Grundlage von Indikatoren wurde zuerst im Rahmen der volkswirtschaftlichen Konjunkturforschung angewandt. Indikatoren werden dabei zur Strukturanalyse herangezogen sowie zu regionalen und zeitlichen Vergleichen. Als absatzwirtschaftliche Indikatoren kommen z.B. die Bevölkerungsentwicklung, die Entwicklung des Sozialproduktes, die industrielle Nettoproduktion, der private Verbrauch, (→) *Kaufkraftkennziffern* oder die Entwicklung des Geschäftsklimas in Betracht (vgl. Greipl, 1974, Sp. 832f.).

Indikatorsysteme können auch unternehmensbezogen als Grundlage der Absatzplanung herangezogen werden. Aus den Zeitreihen der Indikatoren lassen sich Konjunkturdiagnosen ableiten, die den Unternehmen wichtige Anhaltspunkte für ihren eigenen Absatz liefern können. Wenn etwa ein paralleler Verlauf mit einer Zeitverzögerung zwischen der allgemeinen Entwicklung des Indikators und der Absatzentwicklung des eigenen Unternehmens festgestellt werden kann, so kann dieser Zusammenhang als Grundlage einer (→) *Prognose* verwendet werden.

In diesem Zusammenhang sind Frühindikatoren von Bedeutung (→ *Früherkennung, strategische*). Es handelt sich dabei um eine Zeitreihe x die einen gleichförmigen aber vorauseilenden Verlauf gegenüber der zur prognostizierenden Zeitreihe y hat. Aus dem Verlauf von x kann auf die Entwicklung von y geschlossen werden.

Indikatorprognosen → *Früherkennung, strategische*

Individualentscheidungen
Individualentscheidungen sind im Gegensatz zu (→) *Gruppenentscheidungen* dadurch gekennzeichnet, dass an der Entscheidung über die Beschaffung eines Gutes nur eine Person beteiligt ist und diese Person allein und selbstständig entscheidet.

Ein solches Individualverhalten tritt hauptsächlich bei bestimmten Produktgruppen im Konsumgüterbereich auf, z.B. bei Verbrauchsgütern des täglichen Bedarfs oder bei hochwertigen Gütern, die ausschließlich von einer Person verbraucht oder gebraucht werden. Auch im Investitionsgüterbereich treten Individualentscheidungen auf, wobei sie sich dort ebenfalls nur auf häufig gekaufte, einfache Güter beziehen, die eventuell stets nach bestimmten Richtlinien gekauft werden. Dabei ist zu beachten, dass diese Richtlinien meist auf Entscheidungen mehrerer Personen zurückgehen.

In allen Fällen, in denen es zu Individualentscheidungen kommt, wirken aber die Einflüsse der sozialen Umwelt des Entscheidenden und damit andere Individuen auf die Entscheidung.

Individualpanel → *Verbraucherpanel*

Individualwettbewerb → *Wettbewerb*

Industrie- und Handelskammer [s.a. Internationale Handelskammer]
Die Industrie- und Handelskammern (IHK) sind Körperschaften öffentlichen Rechts, denen grundsätzlich alle Gewerbetreibenden eines Kammerbezirkes als Pflichtmitglieder angehören und die sich aus den (Pflicht-)Beiträgen ihrer Mitglieder finanzieren. Ihre Aufgaben bestehen in der Förderung der gewerblichen Wirtschaft und der Vertretung der Interessen ihrer Mitglieder (vgl. Koch, 1998a, S. 157f.). Die IHK leisten neben den Aufgaben im Inland auch Hilfe beim Außenhandel (→ *Außenhandel(s), Institutionen des*). Dazu existieren eigene Außenwirtschaftsabteilungen, welche die Beratung und Information in wirtschaftlichen, rechtlichen und steuerlichen

Fragen übernehmen. In regelmäßig erscheinenden Zeitschriften und Merkblättern informieren die IHKs insbesondere über Handelsverträge, internationale handelspolitische Abkommen, Ex- und Importvorschriften sowie über Fragen des internationalen Zahlungsverkehrs. Sie erteilen weiterhin Auskünfte über internationale Ausschreibungen, Messen und Ausstellungen. Durch Vermittlung von Anfragen aus dem Ausland, von Vertreterfirmen und durch die Unterstützung von Kooperationen leisten die Kammern Hilfe bei der Anbahnung von Geschäftsbeziehungen. Neben außenhandelsrechtlichen und zollrechtlichen Informationen hat die IHK auch die Aufgabe der Ausstellung von Ursprungszeugnissen und der Schulung von Mitarbeitern im Außenhandel (vgl. Schroth, 2001, S. 335). Der Spitzenverband der IHK ist der 1949 neu gegründete Deutsche Industrie- und Handelskammertag (DIHK), der eine privatrechtliche Vereinigung öffentlich-rechtlicher Verbände darstellt. Seine Hauptaufgaben bestehen in der Förderung und Sicherung der Zusammenarbeit der IHKs und der Wahrung und Durchsetzung der Belange der gewerblichen Wirtschaft gegenüber Instanzen des Bundes und der Gesetzgebung (vgl. Deutsche Bank, 1998, S. 115).

Inflation

Unter Inflation versteht man den Prozess anhaltender Preisniveausteigerung, der sich in dem Verlust bzw. in der Verschlechterung des realen Geldwertes niederschlägt. Als Ursachen der Inflation sind hervorzuheben (vgl. Dieckheuer, 1998, S. 265ff.; Woll, 2000, S. 546f.):

- Die gesamtwirtschaftliche Nachfrage übersteigt das gesamtwirtschaftliche Angebot (Nachfrageinflation).
- Gestiegene Kosten werden auf Preise überwälzt (Kosteninflation).
- Preissteigerungen im Ausland greifen auf dem Weg über den (→) *Außenhandel* auf die heimischen Märkte über (importierte Inflation).

Auf Grund des pauschal anzunehmenden inversen Zusammenhangs zwischen der Inflationsrate eines Landes und dem Außenwert von dessen Währung hat die Inflationsrate einen unmittelbaren Einfluss auf das Angebot und die Nachfrage auf internationalen Märkten. Im Fall der Verschlechterung des Geldwertes (z.B.) des Euro (im Verhältnis zum US-Dollar) resultieren für international beschaffende Unternehmen aus dem Euro-Raum höhere Beschaffungskosten (gemessen in Euro/US-Dollar-Relationen). Für international anbietende Unternehmen aus dem Euro-Raum bedeutet eine Verschlechterung des Geldwertes des Euro – unter Annahme unveränderter Verkaufspreise (in US-Dollar) – eine inflationsbedingte Umsatzsteigerung (in Euro).

Informationsökonomie [s.a. Markttransparenz]

Unter Informationsökonomie »... lassen sich Ansätze der Markttheorie unter Unsicherheit zusammenfassen, die sowohl individuelle Entscheidungsprozesse als auch Marktgleichgewichtsfragen bei Marktunsicherheit (endogene Unsicherheit) analysieren« (Hülser/Mühlenkamp, 1992, S. 149).

Unter der Annahme asymmetrisch verteilter Information zwischen den Marktteilnehmern existiert Marktunsicherheit: Die Marktteilnehmer sind nicht (vollständig) über die für ihre jeweils geplante Transaktion günstigste Möglichkeit informiert. So sind bspw. Güterpreise und -qualitäten nicht kostenlos, sondern nur über die Aufwendung von Informations- bzw. Transaktionskosten zu erfahren (vgl. Hülser/Mühlenkamp, 1992, S. 149).

Im Mittelpunkt informationsökonomischer Ansätze stehen daher Fragen der Informationsgewinnung und -übertragung. »Screening« und »Signaling« stellen Möglichkeiten zum Abbau von Informationsasymmetrien dar. Screening wird von den Nachfragern betrieben, die unter den Annahmen der Informationsökonomie aktiv nach Informationen suchen. Signaling bezeichnet die Aktivität der Anbieter gegenüber den Informationssuchenden, bspw. in Form der (→) *Werbung*.

Beide Vorgänge haben zum Ziel, durch Unsicherheitsreduktion die informationsbezogene Kooperationsbasis zwischen Anbieter und Nachfrager zu verbessern (vgl. Hülser/Mühlenkamp, 1992, S. 150; Kaas, 1991, S. 357ff.).

Informationsquellen

Die für die Informationsbeschaffung potenziell nutzbaren Informationsquellen kann man in unternehmensinterne und unternehmensexterne Quellen unterscheiden.

In einem ersten Schritt sollten hierbei die unternehmensinternen Informationsquellen genutzt werden, da ihr Zugang i.d.R. problemloser, schneller und billiger ist. Zu diesen gehören u.a. Umsatzstatistiken, Auftrags- und Bestellstatistiken, Kundendienst- und Außendienstberichte und vorhandene Studien über Länder, Märkte und Verbraucher (vgl. Bauer, 1995a, S. 84ff.).

Für die internationale Informationsbeschaffung sind vor allem die (→) *Außenhandelsinformationen*, die in den ausländischen Unternehmenseinheiten verfügbar sind, relevant. Aus diesem Grund sollte darauf geachtet werden, dass auch im Ausland die entsprechenden (→) *Informationssysteme* in ähnlicher Art und Weise geführt werden, um damit eine internationale Vergleichbarkeit zu gewährleisten.

In den meisten Fällen müssen die unternehmensintern verfügbaren Informationen durch unternehmensexterne Quellen ergänzt werden. Hier bietet sich eine Vielzahl von (inländischen) Quellen an, so z.B. (vgl. Bauer, 1995a, S. 87ff.):

- Publikationen von Ministerien und Behörden, z.B. der Bundesstelle für Außenhandelsinformationen
- Publikationen nationaler statistischer Ämter, z.B. das »Statistische Jahrbuch für das Ausland«
- Publikationen der Bundesbank
- Publikationen, Archivmaterial und Informationsdienste von nationalen Handelskammern, Wirtschaftsforschungsinstituten usw.

In neuerer Zeit wurden zahlreiche Online-Datenbanken geschaffen, deren Dienste öffentlich angeboten werden. Neben nummerischen Datenbanken, die primär statistische Zeitreihen in unterschiedlichen Aggregationen umfassen, sind dabei auch Textdatenbanken, die Artikel aus Zeitschriften, Zeitungen u.a. enthalten, von Bedeutung (vgl. Hammann/Erichson, 2000, S. 78ff.). Beispiel einer klassischen Textdatenbank ist GENIOS, die auch über das (→) *Internet* zugänglich ist.

Neben diesen nationalen gibt es auch eine Vielzahl von ausländischen, unternehmensexternen Informationsquellen. Die den oben angeführten Institutionen entsprechenden Stellen im Ausland (Ministerien, Nationalbanken, statistische Ämter usw.) bieten i.d.R. ein umfassendes Informationsangebot über das jeweilige Land, zudem können internationale Wirtschaftsverbände und Publikationen, Auslandshandelskammern und die (→) *Internationale Handelskammer* zur Informationsbeschaffung genutzt werden. Auch supranationale Organisationen wie (→) *OECD*, (→) *EUROSTAT*, (→) *WTO*, (→) *IWF* und (→) *Weltbank* bieten Informationen über unterschiedliche Märkte an.

Informationssystem [s.a. Informationsverarbeitungssystem; Marketinginformationssysteme]
Informationssysteme lassen sich als aufeinander abgestimmte Arrangements von personellen, organisatorischen und technischen Elementen verstehen, die dazu dienen, Handlungsträger mit zweckorientiertem Wissen für die Aufgabenerfüllung zu versorgen (vgl. Picot/Maier, 1992, Sp. 923). Sie basieren auf der (→) *Informationstechnologie*. Als wesentliche Neuerung der letzten Jahre lässt sich die Entwicklung von plattformunabhängiger Software zur Unternehmenssteuerung nennen, die einerseits alle Unternehmensbereiche erfasst, andererseits standardisierte Schnittstellen bereitstellt, so dass auch der externe Datenaustausch möglich wird.

Mit Hilfe solcher Systeme, die weltweit eingesetzt werden können, kann ein (internationales) Unternehmen Informationen über die einzelnen Marktengagements leichter erfassen und auswerten. Die Auswertung wird ermöglicht durch eine Vielzahl von Werkzeugen, die aus der Menge von Daten, die in einem Unternehmen anfallen, diejenigen extrahieren und auf einer eigenen Datenbank verdichten, mit denen intelligente Informationssysteme alle gewünschten Kombinationen schnell abfragen können. Diese Werkzeuge sind in einem so genannten Data Warehouse (→ *Warenwirtschaftssystem*) integriert, das eine vordefinierte Datenbank mit flexiblen und wahlfreien Abfragen darstellt (vgl. Schrade, 1996, S. 50). Mit seiner Hilfe wird die strategische und operative Steuerung insbesondere eines internationalen Unternehmens wesentlich erleichtert.

Informationstechnologie

Die Informationstechnologie kann man grundsätzlich in Hard- und Software unterteilen. In beiden Bereichen fanden in den letzten Jahrzehnten bedeutende Entwicklungsschübe statt. Auch für die Zukunft wird hier eine weitere Dynamik erwartet. So hat sich im Bereich der Hardware in den letzten Jahren eine dynamische Weiterentwicklung der Technologien gezeigt, so in:

- einer ständigen Verbesserung des Preis/Leistungs-Verhältnisses
- einer Verschiebung des Gewichts hin zu dezentralen, vernetzten Systemen
- einer Erhöhung der Übertragungszeiten in Netzen (vgl. Wloka, 1996, S. 112)
- einem Zusammenwachsen benachbarter Technologien, so z.B. des Fernsehens und des PCs.

Auch im Bereich der Software zeigt sich diese Dynamik, z.B. durch die zunehmende Benutzerfreundlichkeit auch komplexer Systeme, die Entwicklung von besseren Management-Informationssystemen und den massiven Ausbau bei Büroautomatisierungs- und Kommunikationssystemen. Als wichtige Entwicklungen sind in diesem Zusammenhang die Software zur Unternehmenssteuerung, beispielsweise SAP R/3 und auch das Konzept des Data Warehouse (→ *Datenbanken*) zu nennen (vgl. Liebmann/Zentes, 2001, S. 669ff.).

Die Entwicklung der Informationstechnologie hat wesentlichen Einfluss auf Unternehmen sowohl hinsichtlich der Kommunikation mit Kunden und Lieferanten als auch hinsichtlich unternehmensinterner Prozesse.

Durch die Entwicklung des (→) *Internet* wird Unternehmen eine weltweite Plattform zur Darstellung ihrer Produkte bzw. Leistungen gegeben (vgl. Swoboda, 1998b, S. 3ff.). Unternehmen können Kunden weltweit gewinnen, die Globalisierung von (→) *virtuellen Unternehmen* wird somit möglich. Auch in der Kommunikation zu den weltweiten Lieferanten ergeben sich Veränderungen. Der Informationsaustausch über (→) *EDI* (Electronic Data Interchange) hat in den letzten Jahren bereits die Effizienz und die Zuverlässigkeit von Lieferprozessen wesentlich erhöht. Durch den zunehmenden Einsatz der Internet-Technologie entstehen heute mit Internet-basierten Kommunikationsplattformen Systeme, die es erlauben, vernetzte Kommunikationsstrukturen innerhalb (Intranet) und zwischen Unternehmen unterschiedlicher Wirtschaftsstufen (Extranet) aufzubauen, was die Effizienz von Warenflüssen sowie den gesamten intra- und interorganisationalen Austausch von Gütern sowie die Vernetzung und Koordination von Prozessen wesentlich verbessern kann. Der Einsatz solcher Technologien ermöglicht eine flexible und effiziente Verteilung und Koordination von Aufgaben in einer Größenordnung, Geschwindigkeit und Qualität, die auf Grund zu hoher Kosten bisher bei solchen Aufgaben als kaum realisierbar erschienen (vgl. Weiber/Kollmann, 2000, S. 48ff.). Zum anderen entstehen über solche Plattformen Bündelungs- und Transparenzeffekte, welche die Beschaffung und den Vertrieb von Gütern in bestimmten Bereichen auf eine neue Basis stellt. So wird z.B. (→) *Global Sourcing* dadurch wesentlich vereinfacht.

Gerade auch das Marketing von Unternehmen verändert sich über den Einsatz moderener Informations- und Kommunikationstechnologien zunehmend. So entstehen über das Internet nicht nur neue Vertriebswege für Produkte (→ *Direktvertrieb*), sondern es wird, auf Grund der Zwei-Wege-Kommunikationsmöglichkeiten, eine neue Basis für die Kommunikation mit bzw. die Ansprache von Kunden geschaffen. In Verbindung mit dem Konzept des (→) *Data-Base-Marketing* kommt es so zu einer zunehmenden Individualisierung der Kundenansprache, in Verbindung mit einer zunehmend interaktiveren Kommunikation (→ *Direct Marketing*).

Informationsverarbeitungssystem
In der Theorie des Konsumentenverhaltens werden die kognitiven Prozesse, durch die das Individuum über sich selbst und seine Umwelt Kenntnis erhält, als Informationsverarbeitung analog der maschinellen Informationsverarbeitung aufgefasst.

Die ursprüngliche Einteilung der kognitiven Prozesse in Wahrnehmung, Denken und Problemlösen, Lernen und Gedächtnis wurde durch diesen Ansatz aufgegeben. Zur menschlichen Informationsverarbeitung im weiteren Sinne zählen:

- Informationsaufnahme ((→) *Wahrnehmung*)
- Informationsverarbeitung (Wahrnehmung, Denken, Entscheiden)
- Informationsspeicherung (Gedächtnis, (→) *Lernen*).

Die Informationsverarbeitung beginnt bereits mit der Aufnahme eines Reizes und dessen Entschlüsselung. Im weiteren Verlauf werden die vom Reiz vermittelten Informationen in Verbindung mit bereits vorhandenen Informationseinheiten gebracht und unter bestimmten Umständen letztlich im Gedächtnis langfristig gespeichert.

Von zentraler Bedeutung sind die Prozessoren, über die sich die kognitive Verarbeitung von der Aufnahme bis zur Speicherung von Informationen vollzieht. Hierzu gehören (vgl. Kroeber-Riel/Weinberg, 1999, S. 225ff.):

1. der sensorische Informationsspeicher (SIS) oder Ultrakurzzeitspeicher
2. der Kurzzeitspeicher (KZS)
3. der Langzeitspeicher (LZS).

Der SIS dient der Aufnahme und kurzfristigen Speicherung von Reizen. Die nacheinander aufgenommenen Reize werden auf elementarer Ebene ausgewählt, interpretiert und zu einer Reizkonstellation zusammengesetzt. Die Kapazität des SIS ist groß, die Speicherdauer gering (bis 1 sec.).

Der KZS ist eine Art »Arbeitsspeicher«. Er übernimmt aus dem SIS nur einen Teil der Sinneseindrücke zur eigentlichen Verarbeitung. Sie werden decodiert, mit anderen Informationen in Beziehung gesetzt und zu größeren Informationseinheiten zusammengefasst. Dabei greift der KZS auf den Langzeitspeicher zurück, so dass gegenwärtige und vergangene gespeicherte Erfahrungen verknüpft werden. Gegenüber dem SIS hat der KZS eine begrenzte Kapazität. Die Speicherdauer ist länger (bis 30 sec.). Da laufend neue Informationen hinzukommen, werden die sich im Speicher befindlichen Informationen entweder gelöscht oder aber in den Langzeitspeicher übertragen.

Der LZS entspricht dem menschlichen Gedächtnis. Im LZS befinden sich das gesamte Wissen und die Erfahrungen eines Individuums. Die Kapazität ist extrem groß. Nach der Interferenztheorie werden einmal gespeicherte Informationen nicht wieder vergessen. Vielmehr wird Vergessen als mangelnde Zugriffsmöglichkeit auf Grund von Überlagerungen betrachtet.

Neuere Ergebnisse der Gedächtnisforschung haben ergeben, dass diese Speicher nicht als festgelegte Gedächtnisinformationen zu interpretieren sind, sondern vielmehr als unterschiedliche Verarbeitungstiefe der wahrgenommenen Reize (Gedächtnismodell der Verarbeitungstiefe). Reizmaterial (z.B. Informationen) kann danach umso besser erinnert werden, je stärker der Konsument involviert ist (→ *Involvement*) und je stärker die Aufmerksamkeit auf das zu lernende Material gerichtet ist. Die Tiefe der Verarbeitung nimmt zu, je mehr kognitive Anstrengungen bei der Informationsverarbeitung aufgewendet werden.

Die kognitiven Prozesse stehen in enger Wechselwirkung mit der (→) *Aktivierung*.

Informationsverhalten

Das Informationsverhalten der Käufer umfasst in weiter Abgrenzung sowohl die Informationsbeschaffung als auch die Informationsverarbeitung (→ *Informationsverarbeitungssystem*).

Das Informationsverhalten der Konsumenten gliedert sich nach Kroeber-Riel/ Weinberg (1999, S. 245ff.) in:

- das absichtslose, zufällige Aufnehmen von Informationen und
- das aktive Suchen nach Informationen.

Die zufällige Informationsaufnahme erfolgt einerseits im Rahmen der persönlichen Kommunikation (→ *Face-to-Face-Kommunikation*) oder ausgelöst durch die Flut von Informationen aus der (→) *Massenkommunikation*. Der Konsument nimmt auch unbewusst Informationen auf, z.B. auf Grund von gewohnheitsmäßigem oder automatischem Reagieren auf bestimmte Reizeigenschaften.

Die aktive Informationssuche kann auf impulsivem oder gewohnheitsmäßigem Verhalten oder auf Suchentscheidungen beruhen. Impulsive Informationssuche beruht häufig auf Neugier, gewohnheitsmäßige Informationssuche auf verfestigten Verhaltensmustern.

Hinsichtlich der bewusst gesteuerten Informationssuche lassen sich die individuelle Informationsneigung, der Umfang der Informationssuche und die Informationsquellen betrachten. Die Informationsneigung der Konsumenten ist ein Persönlichkeitsmerkmal. Danach kann man Personen mit stärkerer und geringerer Neigung zur aktiven Informationssuche unterscheiden. Informationsbewusste Personen, auch Informationssucher genannt, sind stets darauf bedacht, vor einer Kaufentscheidung hinreichend informiert zu sein. Insbesondere die (→) *Meinungsführer* und (→) *Innovatoren* gelten als typische Informationssucher.

Der Umfang der Informationssuche wird durch die folgenden Determinanten bestimmt:

- subjektiv wahrgenommene Bedeutung des Kaufs bzw. der Entscheidung
- subjektiv wahrgenommenes (→) *Kaufrisiko*
- Komplexität und Erklärungsbedürftigkeit des Produktes
- positive oder negative Erfahrungen aus früheren Entscheidungen
- Dringlichkeit der Entscheidung
- (→) *Involvement.*

Als Informationsquellen werden besonders Verkaufsgespräche Gespräche mit Bekannten, Testinformationen in Zeitschriften und die Werbung herangezogen. Dabei hat die persönliche Kommunikation eine erheblich größere Bedeutung als die Massenkommunikation. Darüber hinaus werden als interne Informationsquellen die eigenen Erfahrungen herangezogen.

Die hinsichtlich der Konsumenten getroffenen Aussagen gelten grundsätzlich auch für industrielle Einkäufer. Dies kommt auch in der Typologie des Informationsverhaltens von Strothmann (1979) zum Ausdruck (→ *Einkäuferverhalten*).

Tendenziell gilt jedoch, dass bei den stärker phasendifferenzierten, multipersonalen (→) *Beschaffungsentscheidungsprozessen* beim Kauf von Investitionsgütern eine intensivere und mehr bewusst gesteuerte aktive Informationsbeschaffung vorliegt. Dies schließt jedoch zufällige Informationsaufnahmen nicht aus.

Für das Informationsverhalten hat die Kaufsituation große Bedeutung. So ist der Informationsbedarf beim Erstkauf höher als bei einem Wiederholungskauf. Während beim Erstkauf die Informationssuche am Anfang des Beschaffungsprozesses steht und sich meist mehrere Personen daran beteiligen, werden Wiederholungskäufe oft habituell getätigt, so dass höchstens am Ende des kürzeren Beschaffungsprozesses von den Einkäufern eine geringe Informationssuche zu erwarten ist (vgl. Kutschker/ Roth, 1975, S. 16f.). Dabei sind die Informationsbedürfnisse der Mitglieder des (→) *Buying Center* sehr unterschiedlich und orientieren sich an den jeweiligen Umweltunsicherheiten, welche die Person mit dem Kauf verbindet. So beschäftigen sich Einkäufer besonders mit externen Unsicherheiten des Marktes und suchen daher Informationen über Preisschwankungen u.Ä., während Benutzer mehr die Unsicherheiten im internen Bereich der Unternehmen beachten, etwa technische Unsicherheiten, und daher verstärkt an technischen Informationen interessiert sind (vgl. Spekman/ Ford, 1977, S. 395ff.).

Ingredient Branding → *Markenpolitik*

Inhaltsanalyse

Die Inhaltsanalyse, eine Datenerhebungsmethode der (→) *empirischen Sozialforschung*, wird von Berelson (1952, S. 489) als »... Untersuchungstechnik, die der objektiven, systematischen und quantitativen Beschreibung des offenbaren Inhalts von Mitteilungen aller Art dient«, definiert. Bei den Mitteilungen kann es sich um geschriebene und gesprochene Texte sowie um Bilder handeln.

Im Mittelpunkt des inhaltsanalytischen Vorgehens steht die Anwendung eines Kategoriensystems auf das zu untersuchende Material. Durch die Zuordnung des Textes zu den Kategorien soll der für die Fragestellung relevante Textinhalt in intersubjektiv nachvollziehbarer Weise erfasst und ausgewertet werden können (vgl. Grunert/ Bader, 1986, S. 293).

Die modernen Informations- und Kommunikationstechnologien (→ *Informationstechnologie*), die zunehmend in der empirischen Sozialforschung eingesetzt werden, haben auch zu einer Weiterentwicklung der Inhaltsanalyse geführt. So ermöglicht die computergestützte Inhaltsanalyse, durch iteratives Arbeiten an Transkripten aus qualitativen Erhebungen ein möglichst valides Kategoriensystem zu erstellen. In der computergestützten Inhaltsanalyse wird die intensionale Kategoriendefinition, bei der die Bedeutung jeder Kategorie abstrakt gekennzeichnet und möglicherweise auch durch einige Beispiele erläutert wird, »... durch eine extensionale Definition ersetzt, wodurch es möglich wird, die Vercodung des Textes vom Rechner vornehmen zu lassen. Kategorien müssen also definiert werden durch eine vollständige Auflistung all der Textelemente, deren Vorliegen zur Einordnung in eine bestimmte Kategorie führen soll.... Dadurch, dass der bei der manuellen Inhaltsanalyse aufwendigste Arbeitsteil, nämlich die Vercodung des Textes, in kürzester Zeit vom Rechner durchgeführt werden kann, wird es möglich, ein Kategoriensystem durch iteratives Arbeiten am Text immer weiter zu verfeinern, bis es sowohl in Bezug auf die theoretische Fragestellung als auch in Bezug auf den vorliegenden Text als ausreichend valide erscheint« (Grunert/Bader, 1986, S. 239).

Zur computergestützten Inhaltsanalyse wurden wie auch zur computergestützten (→) *Datenanalyse* eine Reihe von Programmpaketen entwickelt. Eines der klassischen Pakete ist TEXTPACK, das vom ZUMA in Mannheim entwickelt wurde (vgl. Grunert/Bader, 1986, S. 239).

Im Marketing wird die Inhaltsanalyse insbesondere im Bereich der absatzwirtschaftlichen Kommunikation und Information eingesetzt. So werden in der Werbeforschung Anzeigen, Werbeslogans, Zeitungs- und Zeitschrifteninhalte und andere Texte ausgewertet, um Einstellungen, Meinungen und sprachliche Ausdrucksgepflogenheiten der Kommunikatoren und Kommunikanten zu messen.

Innovation

Innovationen sind neuartige Produkte oder Verfahren, die eine Unternehmung erstmalig in den Markt oder in den Betrieb einführt (vgl. Hauschildt, 1997, S. 3ff.). Innovation bezeichnet sowohl den Prozess der Hervorbringung als auch das Ergebnis dieses Prozesses, so dass zwischen einem objektbezogenen und prozessualen Innovationsbegriff unterschieden wird.

Betrachtet man den Forschungs- und Entwicklungsprozess, so resultieren aus ihm in gedanklicher Abfolge zunächst als Ergebnisse der Grundlagenforschung neues (technisches) Wissen (Entdeckung), dann als Ergebnis der angewandten Forschung anwendbares neues Wissen (Erfindung oder Invention) und letztlich als Ergebnis der Entwicklungstätigkeit die so genannten Innovationen zur erstmaligen oder neuartigen Anwendung der Erkenntnisse aus der Forschungstätigkeit (vgl. Kern/Schröder, 1977, S. 22f.).

Die Verbreitung einer Innovation erfolgt über Adoptions- und Diffusionsprozesse (→ *Adoption; Diffusion*).

Eine für das Marketing besonders wichtige Innovation ist die Produktinnovation, die von Unternehmen als Wachstumsinstrument (→ *Wachstumsstrategien*) eingesetzt wird. Bei der Produktinnovation unterscheidet man zwischen Marktneuheiten und Betriebs- bzw. Unternehmensneuheiten. Erstere stellen grundsätzlich neue Problemlösungen dar, d.h., eine bestehende Problemstellung wird entweder auf eine völlig neue Weise gelöst (z.B. Elektroherd gegenüber Kohleofen), oder aber es wird ein Bedürfnis befriedigt, für das bisher noch kein Konzept existierte (z.B. Videorecorder). Betriebsneuheiten bzw. Unternehmensneuheiten hingegen unterscheiden sich lediglich in ihrer äußeren Gestaltung oder in einer modifizierten (verbesserten) Funktionserfüllung von ähnlichen, sich bereits auf dem Markt befindlichen Produkten (vgl. Meffert, 2000, S. 374ff.).

Innovationsmanagement
Unter Innovationsmanagement wird die bewusste Gestaltung des Prozesses der Hervorbringung von Innovationen, d.h. neuer bzw. neuartiger Produkte oder Verfahren, unter Beachtung von betriebswirtschaftlichen und organisatorischen Kriterien verstanden. Da es systematisch mit der strategischen Unternehmensführung verbunden ist und daher die Entscheidungen zur Innovationstätigkeit organisatorische Konsequenzen nach sich ziehen, ist im Rahmen des Innovationsmanagements festzulegen,

- ob die Innovationsfunktion in die Unternehmung eingegliedert werden soll oder ob man sie institutionell getrennt von den laufenden Unternehmensprozessen führen soll
- ob die Innovationstätigkeit befristet oder unbefristet ausgeübt werden soll
- ob die Innovationstätigkeit eine Aufgabe spezialisierter Stellen sein soll oder ob jeder Stelleninhaber innerhalb seines Fachgebietes auch zur Innovation verpflichtet wird (vgl. Hauschildt, 1992, Sp. 1030).

Die strategische Entscheidung zur Ein- oder Ausgliederung der Innovationstätigkeit wird in der amerikanischen Literatur vorwiegend unter dem Konzept des (→) *Venture Management* untersucht. Die Fristigkeit der Innovationstätigkeit bedeutet, im Falle einer unbefristeten Lösung (Innovationsmanagement als Daueraufgabe) die Institutionalisierung von Forschungs- und Entwicklungsabteilungen (→ *Forschung und Entwicklung*). Demgegenüber führt eine befristete Innovationstätigkeit zur Bewältigung von isolierten, befristeten Projekten (→ *Projektorganisation*).

Die hohe Bedeutung des Innovationsmanagements für international tätige Unternehmen wird insbesondere in zwei Dimensionen gesehen (vgl. Macharzina, 1999, S. 552ff.):

1. Zum einen in der unbestrittenen Rolle von Innovationen als Triebfelder der wirtschaftlichen Prosperität, insbesondere für hochentwickelte Industrienationen (gesamtwirtschaftliche Bedeutung).
2. Zum anderen in der elementaren Bedeutung von Innovationen für die Leistungskraft von Branchen und Unternehmen, so als Voraussetzung, um überhaupt im Wettbewerb bestehen zu können (branchenbezogene und einzelwirtschaftliche Bedeutung).

Die einzelwirtschaftliche Bedeutung belegen bereits frühe empirische Befunde, wonach Unternehmen mit einer hohen Innovationsneigung ein überdurchschnittliches Exportwachstum aufweisen (vgl. Schlegelmilch, 1988, S. 227ff.).

Als Ordnungsrahmen für die Gestaltungsbereiche des Innovationsmanagements werden in der Literatur idealtypische, an allgemeinen Planungsprozessen angelegte, phasenbezogene Konzepte vorgestellt. Hauschildt (1992, Sp. 1033ff.) unterscheidet folgende Schwerpunkte der Gestaltung von Innovationsaktivitäten:

1. Initiative
2. Problemdefinition
3. Zielbildung
4. Alternativendesign
5. Prozesssteuerung.

Zu den Methoden und Instrumenten des Innovationsmanagements zählen u.a. das (→) *Technologieportfolio*, aber auch heuristische Konzepte, die beispielsweise einen Zusammenhang zwischen der Wachstumsrate eines Marktes und der Häufigkeit technologischer Änderungen in Beziehung setzen und daraus innovationsstrategische Optionen ableiten.

Innovationsrisiko → Innovation

Innovator

Tritt in einem (→) *sozialen System* eine (→) *Innovation* (Neuerung) auf, z.B. eine neue Idee oder Verhaltensweise oder ein neues Produkt, so wird diese zuerst von den so genannten Innovatoren aufgenommen. Die Untersuchung der Vorgänge, die mit der Penetration einer Innovation in den Markt verbunden sind, wird als Diffusionsforschung bezeichnet (vgl. Nieschlag/Dichtl/Hörschgen, 1997, S. 175). Im Rahmen derartiger Analysen werden die grundlegenden Charakteristika der Innovatoren – als erste Adopter (→ *Adoption*) eines neuen Produktes – ermittelt (vgl. Kroeber-Riel/Weinberg, 1999, S. 642ff.): Sie sind gekennzeichnet durch eine ausgeprägte Innovations- und Risikofreudigkeit, eine geringe (→) *Markentreue* und ein relativ großes Kaufvolumen.

Das Eigenschaftsprofil der Innovatoren weist Ähnlichkeiten zu dem der (→) *Meinungsführer* auf. Allerdings ist für die Leitbildfunktion der Meinungsführer ein hoher sozioökonomischer Status unersetzlich, während die Innovatoren allein durch ihre reine (z.T. unreflektierte) Neuigkeitsorientierung noch keine Leitbildfunktion ausüben (vgl. Nieschlag/Dichtl/Hörschgen, 1997, S. 574). Besondere Bedeutung kommt ihrem Kommunikationsverhalten zu, das für die (→) *Diffusion* entscheidend ist. Erst wenn die Innovatoren bzw. Meinungsführer eine Innovation übernommen haben, hat diese eine Chance auf weitere Verbreitung.

Institutionenökonomik

Die moderne Institutionenökonomik umfasst vier Gruppen von Spezialgebieten der ökonomischen Analyse von Institutionen: die Neue politische Ökonomik (Public Choice), die Neue Institutionenökonomik, die Ökonomische Analyse des Rechts und die Neue österreichische Schule (vgl. Richter, 1994, S. 3).

Die elemtaren konstitutionellen Regeln eines Staates bzw. einer Gesellschaft werden auf das Prinzip der Unverletzlichkeit individueller Verfügungsrechte gegründet. Demzufolge sind eine Rechtsordnung sowie ein Mechanismus zur Durchsetzung der Rechte zu implementieren. Inhalte der entsprechenden Regelungen sind (vgl. Richter/Furubotn, 1999, S. 13):

- die Verfügungsrechte (»Property Rights«) der Einzelnen gemäß den allgemeinen Grundsätzen des Privateigentums
- die einverständliche Übertragung dieser Rechte gemäß des Grundsatzes der Vertragsfreiheit und
- die Haftung des Einzelnen auf Grund vertraglicher Verpflichtungen oder rechtswidriger Handlungen.

Im Mittelpunkt des betriebswirtschaftlichen Interesses steht die Neue Institutionenökonomik, deren zentrales Thema die Analyse der Verfügungsrechte ist unter Berücksichtigung der Tatsache, dass ihre Nutzung, Übertragung und Sicherung Kosten – (→) *Transaktionskosten* – verursachen. Der ökonomische Ansatz der Verfügungsrechte (Property-Rights-Ansatz) besagt, dass ökonomische Entscheidungen bezüglich der Allokation und Nutzung von Ressourcen auf prognostizierbare Weise durch die Ausgestaltung der Regeln und Normen (Handlungsrechte) beeinflusst werden (vgl. Gümbel/Woratschek, 1995, Sp. 1010).

Neben den Transaktionskosten und den Verfügungsrechten spielt das Denken in Verträgen sowohl im rechtlichen als auch im nicht-rechtlichen Sinne eine wichtige Rolle in der modernen Institutionenökonomik. In diesem Zusammenhang ist insbesondere die Rechtsfigur der Vertretung von Interesse, die sich als Heuristik auch auf Fälle anwenden lässt, in denen keine Vertretung und kein Vertrag im juristischen Sinne vorliegen. Die ökonomische Theorie der Vertretung beschreibt das Verhältnis (die Kooperation) zwischen zwei Individuen, dem Prinzipal (Vertretener) und dem Agent (Stellvertreter) (Principal-Agent-Theorie), mit folgenden Annahmen: Aus einer Anzahl von alternativen Handlungsmöglichkeiten wählt der Agent eine aus, die sowohl seine eigene Wohlfahrt als auch die seines Prinzipals beeinflusst. Der Prinzipal kann nur das Resultat der Aktionen des Agenten, nicht aber die Aktionen selbst, beobachten. Das Resultat kommt jedoch nicht alleine auf Grund der Handlungen des Agenten, sondern auch auf Grund der von diesem nicht zu steuernden (zufälligen) Umwelteinflüsse zu Stande.

Der Prinzipal kann deshalb nicht vom Resultat auf die ihm unbekannten Aktionen des Agenten schließen. Er muss vielmehr unter bestimmten Annahmen über die (→) *Präferenzen* des Agenten und die Verteilungsfunktion der Umwelteinflüsse ein Erfolgshonorar für seinen Stellvertreter bestimmen, das diesem eine Handlungsmöglichkeit wählen lässt, welche für beide Individuen nutzenmaximierend ist (vgl. Richter, 1994, S. 17). Die Informationssuche zur Ermittlung dieses nutzenmaximierenden Anreizes für den Agenten, Kontrollkosten sowie Verpflichtungskosten des Agenten auf Grund freiwilliger Bindungen und Garantieleistungen stellen Transaktionskosten, so genannte »Agency-Kosten«, dar (vgl. Gümbel/Woratschek, 1995, Sp. 1013).

Versuche, theoretische Erkenntnisse aus der Institutionenökonomik auf die Absatzwirtschaft anzuwenden, werden erst in neuerer Zeit unternommen. Probleme bereitet insbesondere die mangelnde Operationalisierbarkeit der Transaktionskosten. »Trotzdem kann die Institutionenökonomik hilfreich sein, Verhaltensunsicherheiten zu typologisieren (→ *Typologisierung*), deren Auswirkungen zu strukturieren und geeignete Kooperationsdesigns auszuwählen« (Gümbel/Woratschek, 1995, Sp. 1017).

In-Store-Marketing

Als In-Store-Marketing bezeichnet man einen Teil des (→) *Handelsmarketing*. In-Store-Marketing umfasst den Einsatz der informations- und kommunikationsbezogenen Instrumente in den (stationären) Verkaufsstellen des Handels (→ *Betriebstypen des Handels*). Hierzu gehören insbesondere:

- der persönliche Verkauf (→ *Personal Selling*)
- die Sachwerbung in Form von Schaufensterwerbung
- die (→) *Verkaufsförderung*, so der Einsatz von Display-Material, Regalstoppern, Sonderausstellungen, Produktvorführungen, audiovisuelle Präsentationen, Lautsprecherwerbung (→ *Point-of-Purchase- Werbung*)
- die Dekoration
- die Warenpräsentation und die Ladengestaltung (Ladenlayout).

Die Warenpräsentation ist nicht zuletzt abhängig von den Verkaufsflächen- bzw. der Regalflächenaufteilung, so in den Selbstbedienungsformen des Handels (→ *Bedienungsformen*). Auf der Grundlage artikelgenauer Abverkaufsdaten (→ *Scanning*) kann die Regalplatzierung optimiert werden (Regalflächenoptimierung), so die Anzahl der zu platzierenden Frontstücke (Facings) eines Artikels. Hierzu stehen eine Vielzahl von Computermodellen zur Verfügung, so Accu-Space, Apollo, Spaceman (vgl. Liebmann/Zentes, 2001, S. 817ff.).

In-Store-Marketing gewinnt vor dem Hintergrund der strategischen Ausgangssituation im Einzelhandel – gesättigte Märkte und zunehmende Austauschbarkeit der Betriebstypen – verstärkt an Bedeutung. So sollen mit dem Einsatz der In-Store-Instrumente eine eindeutige (→) *Positionierung* der Einkaufsstätte erzielt und der Ladenverschleiß (→ Store Erosion) vermieden werden (vgl. Gröppel, 1995, Sp. 1020).

In-Supplier

Mit In- und Out-Supplier kennzeichnet man verschiedene Positionen, die ein Anbieter von Investitionsgütern in Routinetransaktionen gegenüber dem Abnehmer haben kann (→ *Investitionsgütermarketing*). Bei Investitionsgütern der Massen- und Serienproduktion, d.h. tendenziell Gütern vom Typ Al (→ *Investitionsgütertypologie*), die häufig beschafft werden, liegen oft habituelle, vereinfachte Kaufentscheidungen vor. Backhaus (1999, S. 289) spricht daher von Routinetransaktionen.

Ein Anbieter befindet sich in der Position des In-Supplier, wenn er bei einem Abnehmer bereits Lieferant und in den Routinebeschaffungsprozess integriert ist. Beliefert ein Anbieter einen bestimmten Abnehmer noch nicht, so ist er in der Position des Out-Supplier (vgl. Günter, 1998, S. 271). Es wird dann sein Ziel sein, in die Position des In-Supplier zu gelangen. Dies kann er erreichen, indem er zusätzlich zu anderen Lieferanten hinzutritt (Ergänzungspolitik) oder indem er andere verdrängt (Verdrängungspolitik). Das Ziel des In-Supplier ist es, die Geschäftsbeziehung zu intensivieren und die (→) *Lieferantentreue* zu stabilisieren und zu erhöhen (vgl. Backhaus, 1999, S. 596).

Integrale Segmentbildung → *Marktsegmentierung*

Integrationsabkommen [s.a. Kooperations- und Integrationsformen]

Die Weltwirtschaftsentwicklung ist nach der Desintegrationsphase in der ersten Hälfte des zwanzigsten Jahrhunderts heute durch zwei integrative Entwicklungen geprägt:

1. Globalisierung des Handels: Zunahme multilateraler Abkommen wie das GATT (→ *Allgemeines Zoll- und Handelsabkommen*) und der Internationale Währungsfonds (→ *IWF*), in denen sich alle beteiligten Länder zum Freihandel bzw. zur Einleitung diesbezüglicher Maßnahmen verpflichten.

2. Regionalisierung des Handels: Förderung und Institutionalisierung des regional begrenzten Freihandels durch Kooperation, später durch Integration (vgl. Ohr, 1989, Sp. 775f.).

Bei der Regionalisierung handelt es sich um die Entstehung verschiedenster Integrationen, die von partiellen Kooperationsabkommen bezüglich der Zusammenarbeit bei Einzelvorhaben (→ *Handelsabkommen*), über (→) *Präferenzabkommen* und (→) *Assoziierungsabkommen* bis hin zu den Formen (→) *Freihandelszone*, Zollunion, Gemeinsamer Markt, Wirtschaftsunion und vollständige (auch politische) Integration reichen. Bei der Betrachtung der Integration als Prozess (dynamischer Aspekt) sind alle genannten Abkommen und Handelsverträge Schritte in Richtung Integration. Gleichwohl haben die wenigsten Abkommen den Zustand (statische Betrachtung) einer Integration erreicht. Handels-, Präferenz- und Assoziierungsabkommen sind eher Vorstufen für eine Integration.

Integrationsformen → *Integrationsabkommen; Kooperations- und Integrationsformen*

Integrierte Kommunikation → *Kommunikationspolitik*

Interaktionsanalyse

Die Interaktionsanalyse ist ein Beobachtungsverfahren (→ *Beobachtung*) zur Erfassung von Rollenbeziehungen in Kleingruppen.

Das bekannteste Verfahren ist die »Interaction Process Analysis« (IPA) von Bales (1975, S. 148ff.). Dabei hält sich die zu untersuchende Gruppe in einem Raum auf, der mittels Einwegspiegel eingesehen werden kann. Im Kern besteht die Methode in einer Registrierung der Interaktionen zwischen den Gruppenmitgliedern und einer Klassifizierung des Verhaltens. Dabei wird jede Handlung einer bestimmten Kategorie zugeordnet. Bales benutzt hierzu das in Übersicht 60 dargestellte Kategoriensystem.

Als Ergebnis der Klassifizierung des beobachteten Verhaltens ergeben sich Interaktionsprofile der einzelnen Gruppenmitglieder. Sie geben Auskunft über Art und Anzahl der Verhaltenseinheiten der bei einem Entscheidungsprozess abgelaufenen Interaktionen.

Ein Anwendungsgebiet für das Verfahren im Marketing ist die Analyse von Kaufentscheidungsprozessen in Familien (→ *Familienentscheidung*).

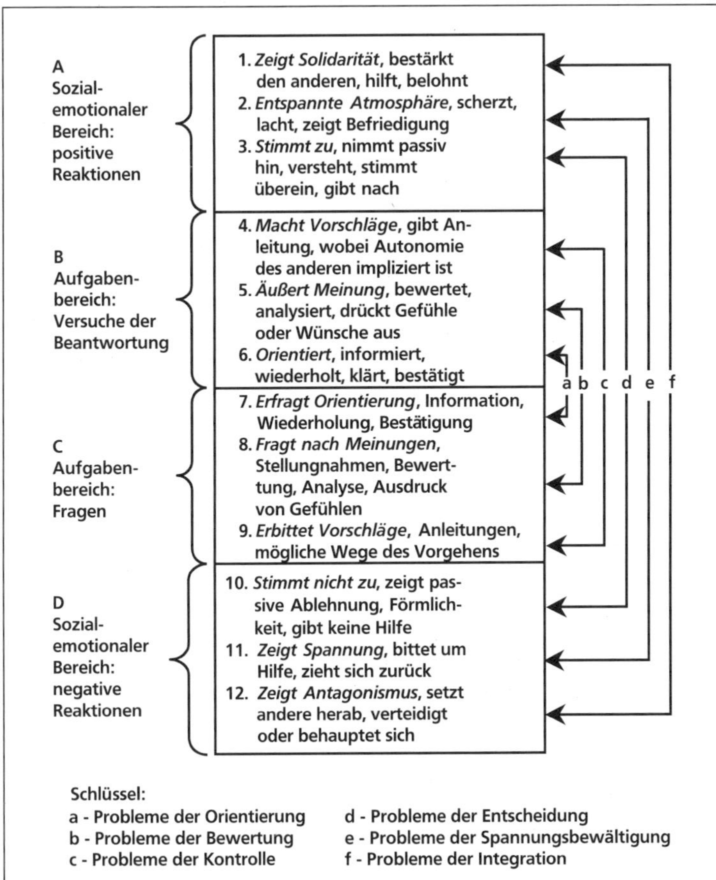

Quelle: Atteslander, 1975, S. 158.

Übersicht 60: Kategoriensystem der Interaction Process Analysis (IPA)

Interaktionsansatz
Die Interaktionsansätze verstehen die (→) *Transaktion* als Basiskonzept des Marketing. Danach ist der Austausch von Leistungen als sozialer Vorgang der zentrale Ansatzpunkt der Betrachtung. Interaktion wird definiert als die gemeinsame Teilnahme von zwei oder mehreren Personen an einem sozialen Vorgang. Nach Homans wird eine solche Interaktionsbeziehung aufrechterhalten, solange beide Parteien von dieser Beziehung profitieren (Leitprinzip der Gratifikation gemäß der Anreiz-Beitrags-Theorie). Die Interaktionsansätze, die besonders im (→) *Investitionsgütermarketing* (vgl. Kirsch/Kutschker/Lutschewitz, 1980, S. 76ff.) Anwendung finden, befassen sich mit der wechselseitigen Beeinflussung der Interaktionspartner. Das Schwergewicht der Interaktionsansätze im Investitionsgütermarketing kann damit erklärt werden, dass bei Investitionsgütertransaktionen die Interaktionsbeziehungen vielfältig und deutlich hervortreten. Diese Ansätze gehen über die monoorganisationalen Ansätze hinaus, die nur ein Modell der Käuferorganisation entwickeln und darauf aufbauend die optimalen Aktivitäten der Anbieterorganisation ableiten. Der (→) *Beschaffungsentscheidungsprozess* vollzieht sich aber in einer komplexen interorganisationalen Interaktion, die durch ein Wechselspiel zwischen mehreren Organisationen gekennzeichnet ist (→ *Multiorganisationalität des Kaufprozesses*).

Die Interaktionsansätze unterscheidet man in personale Ansätze – die Beteiligten werden als einzelne Personen angesehen, d.h. losgelöst von ihrer organisationalen Umwelt, – und organisationale Ansätze – die Beteiligten werden als Personen in einer organisationalen Umwelt betrachtet.

Untersuchungsgegenstand der personalen Interaktionsansätze ist die Käufer-Verkäufer-Dyade als einfachstes soziales System. Käufer und Verkäufer werden nicht isoliert als Individuen betrachtet, sondern als soziale Gruppe; ihr Verhalten ist kein individuelles (Entscheidungs-)Verhalten, sondern eine interpersonale Interaktion mit dem Ziel der gegenseitigen Beeinflussung.

Daneben steht der multipersonale Interaktionsansatz, der die dynamischen Beziehungen zwischen mehreren Personen, z.B. die Koalitionenbildung, analysiert.

Die organisationalen Interaktionsansätze tragen dem Sachverhalt Rechnung, dass Käufer und Verkäufer in Organisationen integriert sind und es zudem zu vielfältigen interorganisationalen Interaktionen kommt, nicht nur zwischen Käufer- und Verkäuferorganisationen (dynamisch-organisationaler Interaktionsansatz), sondern auch zwischen verschiedenen Verkäuferorganisationen und mit (→) *Drittparteien* (multiorganisationaler Interaktionsansatz).

International Country Risk Guide
→ *Länderratings*

International Monetary Fund → *IWF*

International Political Affairs [s.a. Stakeholder-Ansatz]
Unter International Political Affairs (IPA) versteht man die wechselseitige Kommunikation zwischen einer Unternehmung und deren relevanten externen Bezugsgruppen, die darauf ausgerichtet ist,

- Trends, Problembereiche und Entwicklungen der externen Umwelt, welche die Unternehmung betreffen können, zu analysieren und
- bei Bedarf dazu beizutragen, dass die Unternehmung proaktive oder reaktive Maßnahmen ergreifen kann, um handlungsfähig zu bleiben oder ihr Image zu verbessern (vgl. Bergener, 1989, Sp. 884).

Bei IPA handelt es sich um eine Brücke zwischen der Unternehmung und ihrer externen Umwelt, so dass sich hier Parallelen zum Stakeholder-Ansatz abzeichnen (vgl. Perlitz, 2000, S. 26). Die Gründe für ihre zunehmende Bedeutung sieht Bergener (1989, Sp. 885ff.) u.a. in:

- der zunehmenden internationalen Verflechtung
- der zunehmenden Komplexität der sozio-politischen Umwelt der internationalen Unternehmung
- dem zunehmenden (→) *Diskontinuitätenmanagement*
- der wachsenden Bedeutung regionaler Regierungsstellen für das internationale Geschäft
- dem Auftreten international tätiger öffentlicher Interessengruppen.

Zugleich grenzt er die IPA von (→) *Public Relations*, die üblicherweise eine ausgeprägte kommunikationsbezogene Funktion erfüllen und auch die Produktwerbung beinhalten können, ab.

Internationale Betriebswirtschaftslehre [s.a. Internationales Management; Internationales Marketing; Internationalisierung]

Die Internationale Betriebswirtschaftslehre unterscheidet sich von der »nationalen« Betriebswirtschaftslehre dadurch, dass sie Probleme zum Gegenstand hat, die sich ausschließlich durch die integrative Umweltberücksichtigung bei grenzüberschreitender Unternehmenstätigkeit ergeben (vgl. Macharzina, 1989b, Sp. 911). Diese Spezifikation beschreibt den Kern der Internationalen Betriebswirtschaftslehre über den Objektbereich.

Indessen werden die Notwendigkeit und Sinnhaftigkeit der Bezeichnung und der Existenz einer Internationalen Betriebswirtschaftslehre kontrovers diskutiert (vgl. Perlitz, 2000, S. 21ff.). Ein weitgehender Konsens herrscht darüber, »dass nicht die formale Handhabung der Problemlösungen, sondern die inhaltliche Ausgestaltung der Problemlösungskonzepte die Nationale von einer Internationalen Betriebswirtschaftslehre unterscheidet« (Macharzina, 1989b, Sp. 911). Zur Berücksichtigung der zunehmenden Bedeutung internationaler Fragestellungen in der Betriebswirtschaftslehre werden zwei grundsätzliche Vorschläge gemacht (vgl. Macharzina, 1989b, Sp. 912ff.; Perlitz, 2000, S. 23f.):

1. Die Fachvertreter der traditionellen Funktionsbereichslehren (z.B. Beschaffung, Produktion, Absatz usw.) betrachten explizit die internationale Dimension im Sinne einer Ergänzung der bisherigen wissenschaftlichen Lehre.
2. Die Etablierung des Fachgebiets Internationale Betriebswirtschaftslehre als funktionsbezogene, eigenständige Teildisziplin, deren Status dem der Versicherungsbetriebslehre, der Bankbetriebslehre oder der Handelsbetriebslehre gleichzustellen wäre.

Gegen diese Institutionalisierung einer eigenständigen Internationalen Betriebswirtschaftslehre werden die Breite des relevanten Wissens- und Fähigkeitsreservoirs sowie die damit verbundene Überlastung eines einzigen Fachvertreters angeführt. Vorteilhaft erscheint die institutionale Verfestigung der Internationalen Betriebswirtschaftslehre aus wissenschaftsökonomischen Gründen. Solange die Internationale Betriebswirtschaftslehre kein abgegrenztes akademisches Fachgebiet ist, sind die Fachvertreter gezwungen, sich nur am Rande mit ihr zu beschäftigen. Dieses reduziert nicht die Kluft zwischen der Forschung und der Unternehmenspraxis. »Gegenwärtig sieht es so aus, dass von einer Verdrängung der ABWL durch die IntBWL nicht die Rede sein kann. Auch in absehbarer Zeit wird die ABWL die theoretischen Grundlagen liefern, während die IntBWL deren Anwendung auf neue Fragestellungen erzwingt« (Schoppe, 1998, S. 1).

Als der zentrale Nachteil dieser Lösung wird angeführt, dass die Aufstockung der traditionellen Funktionsbereichslehre durch eine internationale Dimension nicht der im Internationalen Management notwendigen funktionsübergreifenden Betrachtungsweise Rechnung trägt und zudem der Verödung der Grenzgebiete zwischen den Funktionsbereichslehren Vorschub leisten würde.

Internationale Finanzinstitutionen

Im Außenhandel existieren eine Fülle von Institutionen, welche die Finanzierung des internationalen Handels zum Gegenstand haben. Insofern stellt der Begriff Internationale Finanzinstitutionen eine Sammelbezeichnung dar, unter der sowohl private Kreditinstitute als auch supranationale Institutionen subsumiert werden.

Von besonderer Bedeutung sind supranationale Institutionen wie der (→) *IWF*, der prinzipiell für kurzfristige Zahlungsbilanzprobleme seiner Mitglieder konzipiert wurde und die (→) *Weltbank*, welche die Finanzierung eher längerfristiger Entwicklungsaufgaben übernimmt. Zur Weltbankgruppe gehören neben der Internationalen Bank für Wiederaufbau und Entwicklung (Weltbank) weitere drei rechtlich selbstständige internationale Finanzinstitutionen mit unterschiedlicher Zielsetzung (vgl. Koch, 1998b, S. 73; Jahrmann, 1998, S. 454f.):

1. Die International Finance Corporation (IFC) dient der Förderung internationaler privatwirtschaftlicher Investitionen insbesondere in (→) *Entwicklungsländern* und Transformationsländern (→ *Staatshandelsländer*). In Ergänzung der Aufgaben der Weltbank engagiert sich die IFC auch durch Kapitalbeteiligungen bei privaten Unternehmen zur Refinanzierung.
2. Die Internationale Entwicklungs-Organisation (International Development Association, IDA) ergänzt die Weltbank in ihren Aktivitäten durch die Finanzierung von Entwicklungsprojekten in den ärmsten (→) *Entwicklungsländern*. Insbesondere stellt sie Finanzmittel zu günstigen Konditionen zur Verfügung. Schwerpunkte der Arbeit sind die Bekämpfung der Armut, die Förderung privatwirtschaftlicher Anpassungsmaßnahmen und der Umweltschutz.
3. Die Multilaterale Investitions-Garantie-Agentur (Multilateral Investment Guarantee Agency, MIGA) sichert private Investitionen in Entwicklungs- und Transformationsländern durch die Übernahme nicht-kommerzieller, insbesondere politischer Risiken und berät bei der Entwicklung von Investitionsförderungs- und Schutzprogrammen.

Das 1966 gegründete Internationale Zentrum zur Beilegung von Investitionsstreitigkeiten (International Center for Settlement of Investment Disputes, ICSID) ist als unabhängige Organisation der Weltbankgruppe angeschlossen. Als weitere internationale Finanzinstitutionen außerhalb der Weltbankgruppe sind die Bank für Internationalen Zahlungsausgleich (BIZ) sowie die regionalen Entwicklungsbanken hervorzuheben. Entwicklungsbanken sind meist öffentlich-rechtliche Spezialinstitute und nehmen vergleichbare Aufgaben wie die Weltbank wahr, allerdings mit regionaler Begrenzung des Aufgabengebietes. Beispiele sind die Afrikanische Entwicklungsbank, die Asiatische Entwicklungsbank, die Interamerikanische Entwicklungsbank, die Europäische Bank für Wiederaufbau und Entwicklung und die Europäische Investitionsbank (EIB). Daneben gibt es eine Reihe von subregionalen Instituten. Entwicklungspolitische Bedeutung haben die Entwicklungsbanken für Entwicklungs- und Transformationsländer, in denen leistungsfähige Kapitalmärkte noch nicht bzw. ergiebig genug vorhanden sind.

Internationale Handelskammer

Die Internationale Handelskammer (International Chamber of Commerce, ICC) ist eine privatrechtliche Organisation von Unternehmen, nationalen Unternehmensverbänden und nationalen Wirtschaftsorganisationen aus Industrie- und Entwicklungsländern mit Sitz in Paris. Sie wurde 1920 auf Grund einer Initiative der internationalen Handelskonferenz von 1919 gegründet und unterhält mehr als 60 nationale Komitees, von denen das deutsche in Köln ansässig ist. Ziel des ICC ist die ständige Förderung und Verbesserung des Welthandels und der Weltwirtschaft sowie die Harmonisierung und Liberalisierung von internationalen Handelsverfahren und Geschäftsusancen mit dem Ziel der Erreichung eines freien und fairen internationalen Wettbewerbs für Güter und Kapitaltransaktionen (vgl. Deutsche Bank, 1998, S. 246).

Von hoher Bedeutung sind die Standardisierungsmöglichkeiten der Handelsterminologien, der Währungspolitik, des Kreditwesens und des Zollrechts, welche die ICC für den Welthandel entwickelt hat, z.B. die (→) *INCOTERMS*, die Einheitlichen Richtlinien für das Inkasso von Handelspapieren (ERI), die Einheitlichen Richtlinien und Gebräuche für Dokumentenakkreditive (ERA), die Einheitlichen Richtlinien für auf Anforderung zahlbare Garantien (ERG) sowie die Einheitlichen Richtlinien für Rembours zwischen Banken unter Dokumentenakkreditiven (ERR). Weiterhin ist die Einrichtung einer internationalen Schiedsgerichtsbarkeit von Bedeutung. Bei Handelsstreitigkeiten kann ein ständig etablierter Gerichtshof (Court of Arbitration) angerufen werden, wenn sich die Vertragsparteien über dessen Einschaltung verständigt haben. Ziel dieser Maßnahmen ist die Senkung der Transaktionskosten im internationalen Handel, z.B. durch die Verkürzung der Verhandlungsdauer und die Reduzierung der Informationskosten (vgl. Zentes, 1995a, Sp. 137; Schroth, 2001, S. 348).

Internationale Segmentbildung

→ *Marktsegmentierung*

Internationale Unternehmung [s.a. Internationale Betriebswirtschaftslehre; Internationalisierung]

Die Grenzziehung zwischen »Nationaler Unternehmung« und »Internationaler Unternehmung« ist sprachlich einfach: Nationale Unternehmen beschränken ihre Aktivitäten auf ein Land bzw. eine Volkswirtschaft, während internationale Unternehmungen in mehreren Ländern bzw. mehreren Volkswirtschaften tätig sind.

Diese Begriffsauffassung orientiert sich an der prozessualen Sichtweise der Internationalisierung, indem sie den Blick auf die jeweils grenzüberschreitend tätig werdende Unternehmung richtet (institutioneller Ansatz). Ein internationales Unternehmen liegt demnach dann vor, wenn es – unabhängig von der Art der Auslandsaktivität und von den betrieblichen Funktionsbereichen, die international ausgerichtet sind – Aktivitäten im Ausland durchführt.

In der Vergangenheit wurden in der Literatur internationale Unternehmungen nach dem Grad des Auslandsengagements spezifiziert. Danach ist eine Unternehmung nicht als international zu bezeichnen, wenn die Funktionen der Beschaffung, Leistungserstellung und -verwertung hauptsächlich auf eine bestimmte Volkswirtschaft gerichtet sind – ungeachtet möglicher Import- und Exportbeziehungen mit anderen Ländern, soweit diese nur den Umsatzprozess, nicht jedoch die Unternehmensstruktur beeinflussen. Erst wenn die Unternehmensstruktur modifiziert wird und die Unternehmung dauerhaft mit Direktinvestitionen in den Wirtschaftsprozess verschiedener Volkswirtschaften integriert ist, gilt sie als international.

Eine engere Auffassung macht den Begriff der internationalen Unternehmung am Auslandsanteil des Umsatzes bzw. Gewinns am Gesamtumsatz bzw. Gesamtgewinn fest: Danach ist eine Unternehmung, die im Ausland Niederlassungen oder Tochtergesellschaften unterhält, nicht notwendigerweise international, wenn die im Ausland betriebenen Geschäfte im Rahmen des Gesamtumfanges der Unternehmung nicht wesentlich ins Gewicht fallen. Vielmehr ist die Internationalisierung der Unternehmung dann erst erreicht, wenn das geschäftliche Schwergewicht nicht mehr in einem Staat liegt, also nur noch wenige Prozent des Gesamtumsatzes im Stammland erzielt werden.

Demgegenüber ist eine Unternehmung als »Weltunternehmung« zu bezeichnen, wenn sie ihre Zweigbetriebe über die ganze Welt verteilt hat und auf allen diesen Märkten einen relativ hohen Marktanteil erzielt (world enterprise) (vgl. Sieber, 1966, S. 54f.; Dülfer, 1997, S. 6).

In der Literatur werden Begriffe wie internationale, transnationale, multinationale oder globale Unternehmung uneinheitlich verwendet. Während einzelne Autoren die Begriffe international und multinational weitgehend synonym verwenden, verstehen andere unter diesen Bezeichnungen jeweils ganz spezifische Konzepte international tätiger Unternehmen, die im Wesentlichen den Begriff der Internationalisierung einschränken.

Eine grobe Charakterisierung der unterschiedlichen Begriffe kann folgendermaßen erfolgen (→ *EPRG-Konzept*):

- Eine internationale Unternehmung liegt nach Perlitz (2000, S. 11f.) dann vor, wenn die Auslandsaktivitäten zur Erreichung und Sicherstellung der Unternehmensziele von wesentlicher Bedeutung sind. Es bleibt offen, wie diese Bedeutung gemessen werden kann. Dennoch wird dieser Abgrenzung hier gefolgt.
- Bei multinationalen Unternehmungen rückt das Ziel der Sicherung des Unternehmenserfolges auf einer Vielzahl nationaler Märkte in den Mittelpunkt strategischer Überlegungen. So erhalten Tochtergesellschaften einen entsprechenden Entscheidungsspielraum, der es ihnen ermöglicht, sich auf die Erfordernisse des jeweiligen Auslandsmarktes auszurichten und als quasi autonomes Unternehmen aufzutreten (polyzentrischer Ansatz).
- Globale Unternehmungen sind durch eine Integration aller Unternehmensaktivitäten in ein zusammenhängendes Gesamtsystem der Marktbearbeitung und Führung von Tochtergesellschaften im Ausland sowie auf eine geografische Festlegung der Auslandsaktivitäten auf den Weltmarkt (geozentrischer Ansatz) gekennzeichnet.
- Betrachtet man die strukturellen Merkmale, die Bartlett (1989, S. 438ff.) transnationale Unternehmungen nennt, nämlich eine Vielzahl verschiedener interner Perspektiven, die Interdependenz der Ressourcen bezüglich des Gesamtergebnisses trotz ihrer Verteilung auf alle Auslandsniederlassungen und einen intensiven und flexiblen internen Integrationsprozess im Sinne eines (→) *Netzwerkmodells*, ist der Begriff der transnationalen Unternehmung synonym zum Begriff der globalen Unternehmung zu verwenden.

Dülfer (1997, S. 7f.) verweist darauf, dass eine schlüssige und eindeutige Abgrenzung internationaler Unternehmungen basierend auf dem Grad der Internationalität (qualitative und quantitative Kriterien) ebenso wie auf der Festlegung der Intensitätsstufen der Internationalisierung nicht gelungen ist: »In der neueren Literatur sind diese Abgrenzungsversuche als mehr oder weniger unfruchtbar aufgegeben worden.«

Internationaler Währungsfonds

→ *IWF*

Internationales Handelsrecht

Zu dem Internationalen Handelsrecht (IHR) i.w.S. zählt man die Gesamtheit aller Normen, die auf internationale Handelsgeschäfte anwendbar sind. I.e.S. wird heute darunter das Privatrecht des internationalen Handelsverkehrs (Kaufvertragsrecht) verstanden, soweit es durch internationale Konventionen, Musterlösungen, einheitliche Richtlinien, internationale Handelsbräuche oder durch Vertragsmuster und allgemeine Geschäftsbedingungen vereinheitlicht ist (→ *KVR*) (vgl. Jahrmann, 1998, S. 122ff.).

Internationales Kaufvertragsrecht

→ *KVR*

Internationales Management

Die Bedeutung der (→) *Internationalisierung* der Betriebswirtschaftslehre (→ *Internationale Betriebswirtschaftslehre*) ist seit der Tagung des Verbandes der Hochschullehrer für Betriebswirtschaft e.V. – 1992 in Berlin – mit dem Generalthema »Internationalisierung der Unternehmung als Problem der Betriebswirtschaftslehre« stetig gestiegen. In einer historischen Betrachtung entwickelte sich das Internationale Management wie folgt (vgl. Macharzina/Welge, 1989, S. Vff.):

1. Export als wesentliche Form der Internationalisierung, so bei Hellauer (1910), Sonndorfer (1910), Oberparleiter (1913) und Nicklisch (1926)
2. Intensivierung der Forschungsbemühungen seit 1966 (Sieber, 1966)

a) institutionelle Ansätze, so bei Perridon (1967), Macharzina (1982), Pausenberger (1982) und Macharzina/Staehle (1986)
b) funktionale Ansätze, so bei Welge (1980/1989), Dülfer (1982/1983), Macharzina (1984), Kulhavy (1993) und Meissner (1995)
c) problemorientierte Ansätze, so bei Pausenberger (1981) und Wacker/Haussmann/Kumar (1981).

Ohne die Ansätze zur Abgrenzung der Managementaufgaben im Einzelnen zu diskutieren (vgl. dazu Dülfer, 1997, S. 1ff.), können als Teilfunktionen des Managements die Planung, die Kontrolle, die Organisation und die Führung abgegrenzt werden. Dieselben Teilfunktionen kennzeichnen den Aufgabenbereich des Internationalen Managements. Es soll allerdings originäre Fragestellungen be- bzw. erarbeiten, die sich aus der Internationalisierung der Unternehmenstätigkeit ergeben.

Konsens herrscht darüber, dass die Planungs- und Entscheidungssituation international agierender Unternehmen im Vergleich zu nationalen Unternehmen weitaus komplexer ist. Demgegenüber wird ein Diskurs darüber geführt, inwiefern eine eigenständige Disziplin »Internationales Management« bzw. eine Internationale Betriebswirtschaftslehre notwendig ist oder ob Problembereiche der Internationalisierung nur jeweils eine Ausdehnung der Funktionsbereiche um internationale Aspekte erfordern, im Sinne von »internationale Beschaffung«, »internationale Produktion« usw. Dieser an den Unternehmensfunktionen orientierten Begründung wird zum einen entgegengehalten, dass

- die Beschränkung auf lediglich ausgewählte Entscheidungsbereiche des Unternehmens der Komplexität realer Entscheidungssituationen nicht gerecht wird und daher keine hinreichende Basis der Problemlösung darstellt
- keine Aussage darüber getroffen wird, wann eine Internationalisierung der Unternehmung vorliegt (→ *Internationale Unternehmung*).

Neueren, integrativen Auffassungen zufolge muss die Lehre vom Internationalen Management sowohl die Fälle der funktionalen als auch die der institutionalen Grenzüberschreitung berücksichtigen. Zweckmäßig hat sich der Sprachgebrauch erwiesen, dann von Internationalem Management auszugehen, wenn Interaktionsbeziehungen geknüpft werden, die über die eigenen Staatsgrenzen hinausgehen, und wenn dementsprechend die eigene Unternehmenstätigkeit in irgendeiner Weise grenzüberschreitend erfolgt.

Insgesamt ist das Internationale Management nicht als eine neue betriebswirtschaftliche Funktions- oder Institutionenlehre, sondern als General-Management-Lehre zu verstehen, die die Erkenntnisse einer Reihe von Wissenschaften benötigt und nutzt (vgl. Perlitz, 2000, S. 23).

Internationales Marketing

Nach räumlichen oder geografischen Kriterien kann zwischen nationalem Marketing (domestic marketing) und Internationalem Marketing unterschieden werden.

Charakteristisch für das Internationale Marketing sind einerseits grenzüberschreitende marktorientierte Aktivitäten, andererseits länderspezifisches und länderübergreifendes Denken und Handeln. Insofern umfasst das Internationale Marketing neben dem reinen Waren- und Dienstleistungsexport vor allem die Erschließung und Bearbeitung ausländischer Märkte durch Verlagerung von Produktions- und Managementaufgaben ins Ausland mit und ohne Direktinvestitionen unter Beachtung von Rückkopplungen zwischen den Märkten (vgl. Zentes, 1995c, Sp. 1031f.; Backhaus/Büschken/Voeth, 2000, S. 34ff.). Es ist damit komplexer als das nationale Marketing.

Die Entscheidungsfelder im Rahmen des Internationalen Marketing lauten:

- Marktauswahl,
- Markteintritt und
- Marktbearbeitung.

Basis des Internationalen Marketing und zugleich elementare Voraussetzung für seinen Erfolg ist die Auswahl relevanter Märkte (→ *Marktauswahl*). Dabei hat neben der (→) *Marktsegmentierung* die branchenbezogene Konkurrenzanalyse eine hohe Bedeutung, um relevante Wettbewerbsvorteile aufzudecken. Die Segmentierung fußt auf Makrokriterien (→ *Makrosegmentierung*) und Mikrokriterien, so die Auftragsvergabekriterien der Nachfrager (vgl. Backhaus, 1977). Die Segmentierung kann auch produktspezifisch erfolgen (vgl. Kulhavy, 1993). Auf Grund der Vielzahl potenzieller Zielmärkte schlagen Meffert/Bolz (1998, S. 108f.) für die Marktwahl ein zweistufiges Vorgehen vor. Für die Grobauswahl dienen die generellen Kaufvoraussetzungen und die politischen Risiken als Auswahlkriterien, bei der Feinauswahl dagegen eher die Mikrokriterien und die marktspezifische Höhe des Zielbetrages (Gewinn, Absatz).

Zu den strategischen Entscheidungen des Internationalen Marketing zählen weiterhin die Art des Markteintritts (→ *Markteintrittsstrategien*) sowie die Art der Marktbearbeitung (Marktbearbeitungsstrategien). Beide stehen insofern in einem interdependenten Verhältnis, als die Art des Markteintritts eng mit der Form der Marktbearbeitung (Standardisierung versus (→) *Differenzierung*) zusammenhängt (vgl. Zentes, 1995c, Sp. 1038):

- Bei Fusionen, Akquisitionen, Beteiligungen und Joint Ventures (→ *Joint Venture*) ist es tendenziell schwieriger, Programm- und Prozessstandardisierungen durchzuführen, da hier zunächst Potenzialharmonisierungen stattfinden müssen, die einige Zeit in Anspruch nehmen können.
- (→) *Export*, Lizensierung (→ *Lizenzpolitik*), (→) *Franchising* und die Grün-

dung von (→) *Tochtergesellschaften* bieten dagegen höhere Standardisierungspotenziale, da der Multiplikation der eigenen Konzeption weniger Widerstände entgegentreten.

Auf der operativen Ebene bedient sich das Internationale Marketing der (→) *Marketinginstrumente* (→ *Marketing-Mix*). Die Planung und Gestaltung des Einsatzes der Marketinginstrumente kann analog zum nationalen Marketing behandelt werden. Allerdings sind auch hier die länderspezifischen Gegebenheiten (z.B. das Konsumentenverhalten) zu berücksichtigen. Für die Planung der (→) *Produktpolitik* sind insbesondere die technischen und rechtlichen Restriktionen, die unterschiedliche Stellung der Produkte im länderspezifischen Lebenszyklus wie auch klimatische oder infrastrukturelle Bedingungen des Exportlandes zu beachten. Besonderheiten für die (→) *Kommunikationspolitik* ergeben sich vor allem aus kulturellen und sprachlichen Gegebenheiten, der Art und Verfügbarkeit von Medien (Media-Szene) und der Verfügbarkeit von Marktforschungs- und Werbeagenturen (vgl. Meffert/Bolz, 1998, S. 189ff.). Darüber hinaus spielt für das Auslandsgeschäft neben der (→) *Absatzwegepolitik* die (→) *Konditionenpolitik* eine entscheidende Rolle. Hierzu zählen einerseits die Lieferungs- und Zahlungsbedingungen zwischen den Handelspartnern (→ *INCOTERMS*), andererseits staatliche Exportgarantien (z.B. durch die Hermes-Kreditversicherung) (→ *HERMES*). Im weiteren Sinne gehören zur Konditionenpolitik auch die Vereinbarungen über (→) *Kompensationsgeschäfte*.

Entsprechende Überlegungen zur Gestaltung der Marketinginstrumente sind auch für Handelsunternehmen relevant (vgl. Lingenfelder, 1996). Hervorzuheben ist ferner die Unterscheidung des Internationalen Marketing nach der Art und Weise der Marktbearbeitung bzw. des Marktauftritts. So kann zwischen

- dem globalen Marketing, welches die Bearbeitung des Weltmarktes mit hochstandardisierten Produkten bzw. Dienstleistungen und standardisiertem Marketinginstrumentarium ohne Berücksichtigung länderspezifischer Bedürfnisse umfasst (→ *Global Marketing*), und
- dem multinationalen Marketing, welches eine länderspezifische Differenzierung der Leistungsprogramme, Marketinginstrumente und -prozesse vornimmt,

unterschieden werden.

In Abgrenzung zum (→) *Internationalen Management* beschäftigt sich das Internationale Marketing nur begrenzt mit der Führung (Implementierung) der Internationalen Strukturen, Prozesse und Kultur (→) *Internationaler Unternehmen* oder Multinationaler Unternehmen.

Internationales Transportrecht → *ITR*

Internationales Wirtschaftsrecht → *IWR*

Internationalisierung

Der Begriff der Internationalisierung umfasst eine Fülle verschiedener Phänomene, so

- grenzüberschreitende Auslandstätigkeiten (→ *Außenhandel*)
- bestimmte Formen des Markteintritts (→ *Markteintrittsstrategien*), d.h. Export, Direktinvestitionen im Ausland oder Lizenzvergaben ins Ausland als Ausprägung der Internationalisierung (→ *Internationalisierungsstrategien*)
- Fragestellungen der Führung ausländischer Tochterunternehmen (→ *Management, interkulturelles*).

Bezüglich der Internationalisierung können funktionsspezifische und funktionsübergreifende Begriffsauffassungen unterschieden werden. Funktionsspezifische Ansätze reduzieren die Internationalisierung häufig auf Fragen des Absatzes bzw. des Marketing (→ *Internationales Marketing*). Sie sind eng mit der traditionellen Betrachtung der Internationalisierung in der Betriebswirtschaftslehre verbunden (→ *Internationale Betriebswirtschaftslehre*). Diese Auffassung vernachlässigt andere betriebliche Funktionsbereiche, beispielsweise die (→) *Forschung und Entwicklung*, die Finanzierung usw. Sie lässt auch außer Acht, dass Internationalisierung – zumindest konzeptionell – das Unternehmen als Ganzes umfasst (vgl. Perlitz, 2000, S. 9ff.). Perlitz sieht nicht nur die funktionsspezifische Betrachtung, sondern auch die Einschränkung des Begriffes auf die erstmalige Aufnahme von Auslandsaktivitäten als zu eng an. Zugleich zeigt er, dass in folgenden Fällen des internationalen Wettbewerbs ebenfalls von einer Internationalisierung gesprochen werden kann:

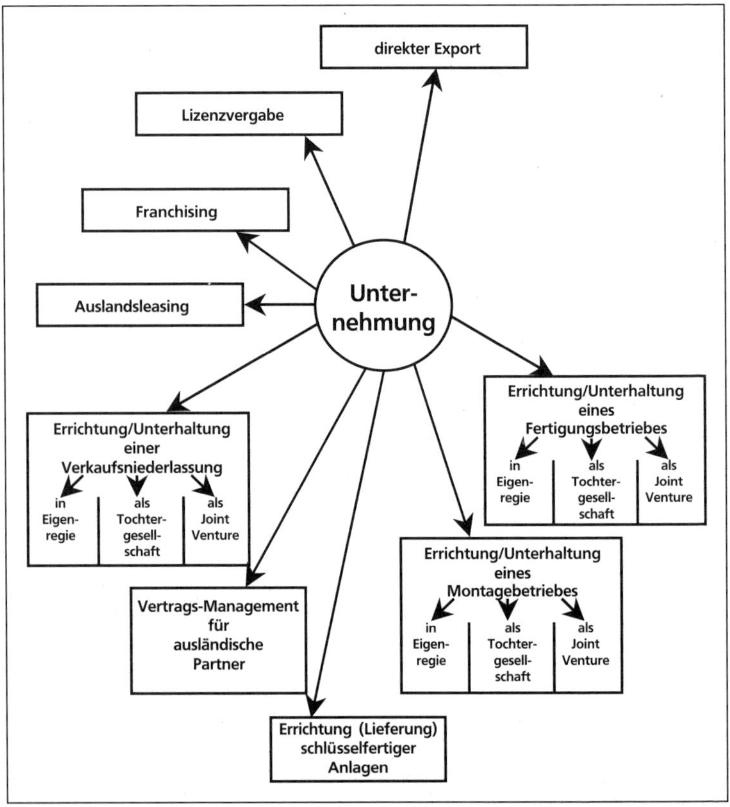

Quelle: Dülfer, 1985, S. 497.

Übersicht 61: Formen internationaler Unternehmenstätigkeit

- Ein inländisches Unternehmen konkurriert mit einem ausländischen Unternehmen auf dessen Heimatmarkt.
- Ein inländisches Unternehmen konkurriert mit einem ausländischen Unternehmen auf einem Drittmarkt.
- Ein ausländisches Unternehmen konkurriert mit einem inländischen Unternehmen auf dessen Heimatmarkt.

Dieser weite Internationalisierungsbegriff umfasst jede länderübergreifende Ausdehnung des unternehmerischen Aktionsfeldes. Gleichwohl ist Internationalisierung nicht mit dem Begriff (→) *Internationale Unternehmung* gleichzusetzen.

Die Internationalisierung bzw. die internationale Unternehmenstätigkeit kann in zahlreichen Formen/Varianten erfolgen (vgl. Übersicht 61).

Internationalisierung, Prozessmodelle der [s.a. Internationalisierung]
Die Prozess- oder Phasenmodelle der Internationalisierung wurden bereits in den siebziger Jahren vorgestellt (vgl. Kulhavy,

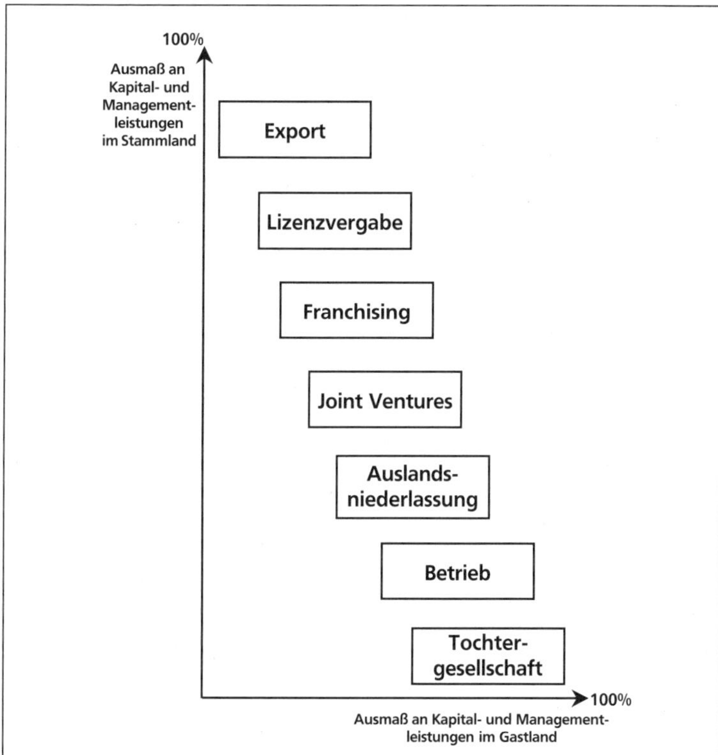

Quelle: Meissner/Gerber, 1980, S. 224.

Übersicht 62: Internationalisierungsgrade in Abhängigeit von Kapital- und Managementleistung

1975, Sp. 726ff.; Meissner/Gerber, 1980, S. 223f.; Berekoven, 1985, S. 39ff.). Sie folgen dem Grundgedanken, dass grenzüberschreitende Aktivitäten einerseits durch kreative Innovationen (Dynamik) zu erfolgen haben, diese aber andererseits den mit der Internationalisierung verbundenen Risiken Rechnung tragen müssen. Eine vorsichtige, sukzessive Steigerung der Risikohöhe geht einher mit einer zunehmenden Verlagerung von Know-how und Kapital ins Ausland. Diese Handlungsweise kommt beispielsweise im Prozessmodell von Meissner/Gerber zur Geltung (vgl. Übersicht 62).

Ausgehend von dem Kriterium einer zunehmenden Bindung von Ressourcen im Ausland können die Formen der Internationalisierung in drei Gruppen zusammengefasst werden:

- (→) *Außenhandel*, insbesondere (→) *Export*
- Kooperationsformen ohne Kapitalbeteiligung, insbesondere Lizenzen (→ *Lizenzpolitik*) und (→) *Franchising*
- Kooperations- und Integrationsformen mit Kapitalbeteiligung, insbesondere (→) *Joint Venture* und (→) *Tochtergesellschaften*.

Empirisch konnte eine derartige strikte Abfolge der von den Unternehmen genutzten Betätigungsformen nicht oder nur in Ansätzen nachvollzogen werden (vgl. Bamberger/Evers, 1994, S. 249ff.; Kutschker/Bäurle/Schmid, 1997, S. 101ff.). Vielmehr entwickeln sich Unternehmen unterschiedlich, in Abhängigkeit von jeweils situativen, unternehmensinternen und externen Faktoren. Die Entwicklung folgt einzelnen, nicht notwendigerweise nacheinander zu durchschreitenden Pfaden, wobei innerhalb der einzelnen Pfade charakteristische Organisationsstrukturen, Organisationsprozesse und Unternehmenskulturen festgestellt werden können. Swoboda (2001a, S. 410ff.) zeigt zudem signifikante Differenzen in der Gestaltung der Strukturen, Prozesse und Kultur im Vergleich erfolgreicher und weniger erfolgreicher Unternehmen in den einzelnen Pfaden.

Internationalisierungsgrad

Der Internationalisierungsgrad drückt das Ausmaß der wirtschaftlichen Verbundenheit eines Unternehmens, einer Branche oder einer ganzen Volkswirtschaft mit dem Ausland aus. Das Ausmaß der internationalen Tätigkeit von Unternehmen oder Volkswirtschaften kann durch Nominalgrößen wie Exportvolumen erfasst werden.

Gegenüber dieser nominalen Betrachtung erfasst der Internationalisierungsgrad die Auslandsaktivitäten als Relation zu den das Inland betreffenden Aktivitäten. Als Grundlage einer Messung des Internationalisierungsgrades können verschiedene Merkmale, z.B. die Anzahl von Tochtergesellschaften, das Vermögen oder der Umsatz herangezogen werden. Für jedes dieser Merkmale lässt sich eine Auslandsquote als Verhältniszahl ermitteln, z.B.:

Auslandsanteil am Umsatz =
Auslandsumsatz ./. Gesamtumsatz.

Durch die grafische Veranschaulichung verschiedener derartiger Auslandsquoten entsteht ein Internationalisierungsprofil (vgl. Kutschker, 1999, S. 107f.).

Verbreitet sind auch andere Kennzahlen zur Charakterisierung des Internationalisierungsgrades. Eine Kennzahl, welche die Konkurrenzsituation berücksichtigt, ist die relative Marktanteilsstärke im Auslandsgeschäft (Quotient der Marktanteile im Auslandsgeschäft und der Marktanteile im Inlandsgeschäft). Zur Berücksichtigung der Dynamik der (→) *Internationalisierung* wurde eine Reihe von Kennzahlen entwickelt, die zum Teil Rückschlüsse auf die (→) *Internationalisierungsmotive* und die (→) *Internationalisierungsstrategien* ermöglichen (vgl. Schmidt, 1989b, Sp. 970ff.).

Die Analyse des Internationalisierungsgrades bezweckt

- die Vergleichbarkeit unterschiedlich großer Wirtschaftseinheiten, z.B. Unternehmen oder
- die Erkennung von Wechselwirkungen zwischen Aktivitäten im Inland und im Ausland, um auf dieser Basis entsprechende Aktivitäten im Interesse der unternehmerischen Ziele zu entfalten.

Internationalisierungsmotive

Die Motive der (→) *Internationalisierung* umfassen Beweggründe der Unternehmen zur wirtschaftlichen Tätigkeit über die Grenzen ihres Stammlandes hinaus.

Im Zuge der zunehmenden (→) *Globalisierung* des Wettbewerbs kann der Absatz nicht mehr als ausschließliches Motiv einer Internationalisierung angesehen werden. Vielmehr sind als Internationalisierungsmotive u.a. zu nennen (vgl. Meffert/Bolz, 1998, S. 97f.; Dülfer, 1997, S. 108ff.):

- Sicherung der Krisenfestigkeit des Unternehmens durch Risikostreuung über zusätzliche Märkte oder Kundengruppen
- Ausnutzung von Fertigungskapazitäten durch Erschließung neuer Märkte
- Erzielung von Kostenvorteilen (Niedriglöhne, Materialkosten) und Nutzung staatlicher Förderungsmaßnahmen (Subventionen, Kredite, Steuererleichterung) durch Auslandsproduktion
- Folgen des Hauptabnehmers ins Ausland, was insbesondere für Zulieferer (→ *Erstausrüstungsgeschäft*) und Dienstleister gilt
- Verschaffung des Zutritts zu bestimmten Technologien (→ *Technologietransfer*)
- Sicherung des unbeeinträchtigten Marktzugangs im Hinblick auf erwartete zukünftige wirtschaftspolitische Maßnahmen im Absatzland oder in Drittländern
- Teilnahme am dynamischen Wachstum von Auslandsmärkten
- Veränderung von Währungsrelationen (→ *Währungsrisiken*).

Die vielfältigen Motive führen zu unterschiedlichen (→) *Internationalisierungsstrategien*; zugleich resultieren hieraus auch unterschiedliche (→) *Internationalisierungsgrade*. Sie werden auch durch situative Merkmale der Unternehmen (z.B. Rechtsform, Kapitalstruktur und -ausstattung, Eigentumsverhältnisse, Branchenzugehörigkeit) und situative Gegebenheiten der Zielländer (z.B. Konkurrenzdruck, protektionistische Maßnahmen, politische Situation) bestimmt.

Internationalisierungsstrategien

Unter Internationalisierungsstrategien versteht man »die Entwicklung einer grundsätzlichen, länderübergreifenden Handlungskonzeption, die auf Wettbewerbsvorteilen aufbaut, die für die Auslandsaktivitäten des Unternehmens notwendig oder nützlich sind« (Perlitz, 2000, S. 70). Analog zu anderen Strategien hat auch hier eine Abstimmung mit der Unternehmens- und Umweltsituation sowie eine Verankerung in dem Regelkreissystem der Unternehmensführung zu erfolgen.

Dabei kann das Spektrum der Ausprägungen der Internationalisierungsstrategien durch folgende Elemente determiniert werden (vgl. Scholl, 1989, Sp. 986):

1. Konzepte strategischer Orientierung, z.B. (→) *EPRG-Konzept*, (→) *Triade-Modell*
2. Strategien für die Entwicklung der internationalen Unternehmensposition (→ *Markteintrittsstrategien*)
3. Kooperations- und Eigentumsstrategien (→ *Transaktionsformen*), z.B. Strategische Allianzen
4. (→) *Wettbewerbsstrategien*
5. Funktionsbereichsstrategien

6. Strategien des Managements der politischen Umwelt.

Internes Marketing

Internes (→) *Marketing* kennzeichnet die Übertragung der auf externe (→) *Zielgruppen* gerichteten Marketingkonzeption auf die Gestaltung unternehmensinterner Austauschprozesse. Als unternehmensinterne Marketing-Akteure kommen insbesondere Führungskräfte auf Unternehmens- und Subsystemebene in Betracht (vgl. Stauss, 1995b, Sp. 1046). Das interne Marketing hat im Wesentlichen zwei Ansätze:

- Der personalorientierte Ansatz umfasst die Marketingaktivitäten bezüglich der Mitarbeiter und ihrer unternehmensinternen Umwelt.
- Der leistungsorientierte Ansatz betrachtet hingegen die interne Vermarktung innerbetrieblicher (Dienst-)Leistungen.

Das personalorientierte interne Marketing unterscheidet drei Auffassungen (vgl. Stauss, 1995b, Sp. 1046ff.):

- *Internes Marketing als interne Kundenorientierung*

Der Mitarbeiter wird als (interner) Kunde des Unternehmens (i.e.S. der Unternehmensführung) betrachtet; analog zur (→) *Kundenzufriedenheit* wird die Ausrichtung sämtlicher Unternehmensentscheidungen auf das Ziel der Personalzufriedenheit gefordert.

- *Internes Marketing als Mix von Instrumenten zur personalorientierten Informationsbeschaffung und Verhaltenssteuerung*

Die »herkömmlichen« Instrumente des (→) *Marketing-Mix* werden gegenüber den Mitarbeitern eingesetzt. So wird hier analog von interner (→) *Produktpolitik* (insbesondere Gestaltung des Arbeitsplatzes und des Betriebsklimas), (→) *Distributionspolitik* (z.B. geografische Anordnung der Arbeitsplätze), (→) *Kontrahierungspolitik* (Art und Umfang des vom Mitarbeiter verlangten Einsatzes) und (→) *Kommunikationspolitik* (Übermittlung von Informationen zur Steuerung des Verhaltens und der Einstellung des Personals) gesprochen.

- *Internes Marketing als planmäßige Gestaltung der Austauschbeziehungen mit den Mitarbeitern zu absatzmarktorientierten Zwecken*

Diese Auffassung von internem Marketing fordert die innerbetriebliche Durchsetzung der für den Absatzmarkt entwickelten Marketing-Strategien gegenüber den Mitarbeitern. Im Gegensatz zu den vorgenannten Auffassungen erfolgt hier keine Ablösung der externen Kundenorientierung durch eine interne Personalorientierung.

Der leistungsorientierte Ansatz des internen Marketing umfasst das Konzept eines kundenorientierten Prozessmanagements und eines abteilungs- bzw. funktionsorientierten Leistungsmarketing.

»Im kundenorientierten Prozessmanagement werden wesentliche innerbetriebliche Leistungsprozesse, ausgehend von den Kundenanforderungen an das Leistungsergebnis, abteilungsübergreifend konzipiert. Auf diese Weise werden Ketten von innerbetrieblichen Kunden-Lieferanten-Beziehungen geschaffen« (Stauss, 1995b, Sp. 1051f.).

Das abteilungs- oder funktionsbezogene Leistungsmarketing beinhaltet die Aktivitäten einzelner organisatorischer Einheiten mit begrenztem innerbetrieblichem Servicespektrum zur kundenorientierten Weiterentwicklung und Verbesserung ihrer Leistungen. Dieser Ansatz gewinnt an Bedeutung, da einzelne organisatorische Einheiten zunehmend ihre ökonomische Existenzberechtigung vor dem Hintergrund der alternativen Fremdvergabe bzw. Outsourcing erlangen bzw. bewahren müssen (vgl. Stauss, 1995b, Sp. 1053).

Internet

Das Internet ist technisch ein weltumspannendes Netzwerk von Rechnern bzw. Servern (Knotenpunkten), die über Netzwerkprotokolle miteinander verbunden sind. Eine Besonderheit in diesem Zusammenhang ist, dass das Internet weder hierarchisch organisiert noch zentral verwaltet wird. Über eine Verbindung zum Internet kann somit direkt auf Dienste oder Daten anderer Rechner zugegriffen werden. Weiterhin ist das Internet kein starres Netzwerk mit festen Knotenpunkten bzw. Verbindungen, sondern ein dynamisches Netzwerk, zu dem ständig neue Knotenpunkte und Verbindungen hinzukommen bzw. bestehende wegfallen können (vgl. Horn, 1999, S. 11ff.).

Im Internet werden im Wesentlichen drei zentrale Dienste zur Verfügung gestellt. Diese sind E-Mails, Newsgroups und WWW.

WWW steht hierbei für Worldwide Web (weltweite Vernetzung). Das WWW stellt den Kern des Internets dar. Es repräsentiert den multimedialen Teil des Internets. Über Betrachterprogramme, so genannte Webbrowser, kann dieser Teil genutzt werden. Im WWW können außer Texten somit auch Bilder, Sounds und Videos übertragen werden. Eine der wichtigsten Funktionen im WWW sind so genannte Hyperlinks. Dies sind in den Webseiten eingebettete, besonders markierte Textpassagen oder Bilder, über die auch auf andere Internetseiten verwiesen und verzweigt werden kann. Somit repräsentieren diese Hyperlinks die Verbindungen zwischen den Rechnern/Servern im Internet, also die Strecken zwischen den Knotenpunkten, die ständig erweitert und feiner verflochten werden können.

Über E-Mail (elektronische Post) können Textpassagen oder beliebige Dateien auf elektronischem Wege an einen anderen Teilnehmer (oder gleichzeitig mehrere Teilnehmer) mit Internetanschluss verschickt werden.

Die Newsgroups im Internet sind elektronische Diskussionsforen. Mittlerweile gibt es zu fast jedem speziellen Thema einige Tausend Newsgroups, in die sich Benutzer einloggen können und dort in Echtzeit mit anderen Nutzern über bestimmte Themen diskutieren können. Jeder eingeloggte Benutzer kann die einzelnen schriftlichen Beiträge mitlesen und selbst Beiträge beisteuern.

Vom allgemeinen und öffentlich zugänglichen Internet ist der Begriff des Intranets abzugrenzen. Intranets sind i.d.R. nicht öffentlich zugänglich, sondern werden von den Zugriffsmöglichkeiten her auf einen bestimmten Benutzerkreis, oft die Angehörigen einer Organisation oder eines Unternehmens beschränkt. In Bezug auf die Nutzung unterscheiden sich Intranets i.d.R. nicht vom öffentlichen Internet. Ein Intranet kann innerhalb einer Firma an einem Standort auf das lokale Netzwerk (LAN, Local Area Network) beschränkt bleiben. Es kann aber auch ein weltumspannendes, aber privat genutztes Netzwerk sein (WAN, Wide Area Network). Somit kann bei kleineren Unternehmen das Intranet über die eigene hausinterne Netzwerkverkabelung betrieben werden. Bei global agierenden Unternehmen werden zusätzlich auch die verschiedenen Standorte zu einem großen Intranet verkoppelt. Diese Überbrückung der verschiedenen Standorte kann über eine eigene Verbindung, z.B. eine gemietete Standleitung erfolgen, oder die Daten werden zusammen mit fremden Daten über das öffentliche Internet übertragen. In diesem Zusammenhang ist die Übertragung über das öffentliche Internet zwar wesentlich preiswerter als eine eigene Standleitung, es erfordert aber zusätzliche Techniken, um das private Intranet zuverlässig vom öffentlichen Datenverkehr zu trennen und vor externen

Zugriffen zu schützen (z.B. durch so genannte Firewalls).

Eine Erweiterung von Intranets sind so genannte Extranets. Das Extranet erweitert das Intranet für bestimmte ausgewählte externe Nutzergruppen. Es ist nicht wie das öffentliche Internet allgemein zugänglich, aber auch nicht wie das private Internet völlig abgeschottet. Somit können bei Extranets externe Partner über das öffentliche Internet auf das Intranet/Extranet von Unternehmen über bestimmte Autorisierungen wie Passwörter u.Ä. zugreifen. Dabei wird allerdings häufig nicht der Zugang zum gesamten Intranet eines Unternehmens gewährt, sondern nur zu bestimmten abgegrenzten Teilbereichen. Hauptzweck solcher Extranets ist die Einbeziehung von externen Interessengruppen wie Geschäftspartnern im Rahmen der Business-to-Business-Kommunikation. So können über Passwörter autorisierte Nutzer auf bestimmte Dokumente oder Systeme zugreifen. Ebenfalls kann der Zugang zu bestimmten Anwendungen wie etwa Bestellsystemen gewährt werden. Häufig werden heute Extranets zur Verkoppelung interner Systeme zwischen Unternehmen eingesetzt. So kann über eine solche Technologie der automatische Datenaustausch zwischen den (→) *Warenwirtschaftssystemen* von Unternehmen etwa per (→) *EDI* abgewickelt werden (vgl. Horn, 1999, S. 14).

Für das Marketing hat das Internet heute eine große Bedeutung erlangt. Es gibt sogar eigene Forschungszweige, die sich speziell mit Marketingfragen im Internet beschäftigen (Web-Marketing). Zurückzuführen ist dies zum einen auf den multimedialen Charakter des Internets, dadurch dass neben Texten auch Bilder und Sounds übertragen werden können, also eine komplette audiovisuelle Welt geschaffen wird. Weiter ist das Internet ein weltumspannendes Netz, mit dem in Sekundenschnelle Geschäftspartner, Konsumenten oder andere Unternehmen weltweit erreicht werden können. Somit ergeben sich hier neue Möglichkeiten der Kommunikationspolitik für Unternehmen und es eröffnen sich zusätzlich neue Verkaufs- bzw. Vertriebskanäle (→ *Electronic Shopping; E-Commerce*).

Das Internet eröffnet weiterhin neue Möglichkeiten für die Marktforschung von Unternehmen. So können bspw. über so genannte Cookies (kleine Computerprogramme, die bei der Nutzung eines Internetangebotes auf die Festplatte des Nutzers gespeichert werden und die sein Nutzungsverhalten von Internetseiten aufzeichnen können), oder über die Auswertung von Protokollen der Diskussionsforen, detaillierte Einblicke in das Verhalten von Nutzern bzw. Konsumenten gewonnen werden. Da das Internet ein Medium darstellt, bei dem Nutzer i.d.R. anonym bleiben können, ist hier häufig eine exaktere Bestimmung von Bedürfnissen bzw. Vorlieben von Konsumenten bzw. Nutzern möglich, da über die Anonymität bestimmte Vorlieben oder Neigungen offener geäußert werden als bspw. in klassischen (→) Befragungen (vgl. Zentes/Janz/Morschett, 2000a, S. 64f.).

Auch die Kommunikation innerhalb von Unternehmen hat durch das Internet eine neue Dimension erlangt. Daten zwischen verschiedenen Arbeitsgruppen können in Sekundenschnelle ausgetauscht werden. Die Vernetzung weltumspannender, dezentraler Teams wird somit ebenso möglich wie die Vernetzung von bestimmten Unternehmensteilen oder von verschiedenen Unternehmen. Somit wird das Internet häufig als eine zentrale Voraussetzung für das Entstehen (→) *virtueller Unternehmen* genannt.

Internet-Shopping → Electronic Shopping; Remote Ordering

Intervenierende Variablen

Intervenierende Variablen werden bei der

Erforschung des Konsumentenverhaltens als theoretische Konstrukte herangezogen, um die nicht beobachtbaren Vorgänge innerhalb des Organismus zu erklären und zu analysieren. Ausgangspunkt ist das SOR- bzw. SIR-Paradigma des (→) *Neobehaviorismus* (vgl. Übersicht 63). Danach treten die intervenierenden Variablen (I) zwischen die beobachtbaren Stimuli (S) und die Reaktionen (R).

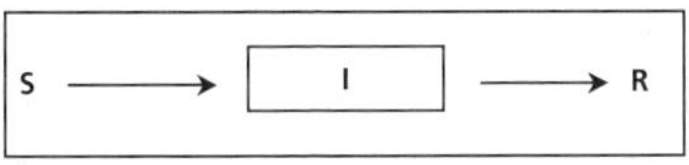

Übersicht 63: Position intervenierenderVariablen im SIR-Modell

Es liegt also die Annahme zugrunde, dass zwischen dem Stimulus (Reiz) und dem Verhalten (Reaktion) keine Einfachrelation besteht. Die Reize geben zwar den Anlass für das Verhalten; das aber ist nicht nur das Ergebnis der Reize, sondern auch aller inneren psychischen Prozesse.

Nach Kroeber-Riel/Weinberg, (1999, S. 29ff.) zählen zu den intervenierenden Variablen die psychischen Prozesse, die in aktivierende und kognitive Prozesse unterteilt werden. Als aktivierende Prozesse bzw. Variablen gelten (→) *Emotionen*, (→) *Motivationen* und (→) *Einstellungen*; die kognitiven Prozesse bzw. Variablen wie Wahrnehmen, Entscheiden, Lernen dienen der Informationsverarbeitung (→ *Informationsverarbeitungssystem*).

Mit Hife der intervenierenden Variablen ist es möglich, nicht nur einen Zusammenhang von Stimulus und Verhalten zu erkennen (→ *Behaviorismus*), sondern diesen auch zu beschreiben und zu erklären.

Interventionspreis → *Marktordnung*

Interview → *Befragung*

Interview-Computer → *Befragung*

Intranationale Segmentbildung → *Marktsegmentierung*

Intranet → *Internet*

INTRASTAT

INTRASTAT (Intrahandelsstatistik) ist ein permanentes statistisches Erhebungsverfahren, das zur statistischen Erfassung wirtschaftlicher Aktivitäten innerhalb des Binnenmarktes eingesetzt wird. Durch die Beseitigung der Grenzkontrollen zum 1. Januar 1993 im innergemeinschaftlichen Warenverkehr besteht nach wie vor ein umfassender und konkreter Informationsbedarf innerhalb der (→) *EU* über den grenzüberschreitenden innergemeinschaftlichen Warenverkehr, da die nationalen Behörden und die Behörden der EU die jeweiligen statistischen Daten für ihre Handels- und Wirtschaftspolitik benötigen. Da mit Wegfall der materiellen Grenzen auch die zollamtliche Überwachung im Intra-Handel für die Erfassung des Warenverkehrs für wesentliche Teilbereiche aufgehoben wurde, wurde ein neues Konzept für die Erhebung der Statistik entwickelt, das die Erfassung über das EG-Einheitspapier ablöste. Das (→) *Einheitspapier* ist nur noch für Drittlandsgeschäfte zu verwenden (vgl. Jahrmann, 1998, S. 44).

Die jeweiligen statistischen Landesbehörden (in Deutschland das Statistische Bundesamt) melden dabei die entsprechenden Erhebungsdaten unmittelbar an INTRASTAT. Die Erhebung in Unternehmen erfolgt i.d.R. monatlich über Formulare, kann aber auch in Abstimmung mit dem Statistischen Bundesamt über Datenträger gemeldet werden. Seit Anfang des Jahres 2000 gibt es auch die Möglichkeit, die Meldungen zur EU-Intrahandelsstatistik über das (→) *Internet* abzuwickeln. Bereits 3.000 Unternehmen nutzen das Online-

Verfahren »w3stat« des Statistischen Bundesamtes zur verschlüsselten Übermittlung der Daten.

INTRASTAT erfasst drei Teilstatistiken:

- die Extrahandelsstatistik und Intrahandelsstatistik
- die Durchfuhrstatistik sowie
- die Statistik des Lagerverkehrs (vgl. Schroth, 2001, S. 359).

Im Extrahandel werden die Einfuhren in das und die Ausfuhren aus dem Zollgebiet der Gemeinschaft erfasst. Auch der Warenverkehr mit Nichtgemeinschaftswaren innerhalb des Zollgebiets der Gemeinschaft gehört grundsätzlich zum Extrahandel. Im Intrahandel wird der innergemeinschaftliche Warenverkehr mit Gemeinschaftswaren erfasst. Die Durchfuhrstatistik umfasst die von See über bestimmte Häfen in das nationale statistische Erhebungsgebiet eingehenden oder über diese Häfen nach See aus dem Erhebungsgebiet ausgehenden Durchfuhrsendungen sowie den Seeumschlag in diesen Häfen.

Investitionsförderungsverträge

Investitionsförderungsverträge (bzw. Kapitalschutzabkommen) sind bilaterale Abkommen, die zwischen Staaten zum Zweck der Absicherung von privaten Investitionen (→ *Direktinvestitionen*) im Ausland geschlossen werden. Sie umfassen gegenseitige staatliche Zusagen bezüglich der wirtschaftlichen und insbesondere politischen Rahmenbedingungen einer investiven Tätigkeit von Unternehmen in diesen Ländern und mindern die damit verbundenen (→) *Außenhandelsrisiken*.

Die Bundesrepublik Deutschland hat mit rund 120 Ländern Investitionsförderungsverträge unterzeichnet (vgl. PwC Deutsche Revision, 1999, S. 36), die eine wesentliche Grundlage der vom Bund angebotenen Garantien für Auslandsinvestitionen deutscher Unternehmen bilden (→ *Kapitalanlagebesicherung*).

Investitionsgütermarketing [s.a. Produktionsgütermarketing]

Investitionsgüter sind in enger Abgrenzung materielle und immaterielle Wirtschaftsgüter, die von gewerblichen Unternehmen oder sonstigen Organisationen nachgefragt und innerhalb dieser Organisationen zum Zwecke der längerfristigen Nutzung eingesetzt werden. Im Gegensatz zu den Produktionsgütern stellen sie die Teilmenge der Produktivgüter dar, die im Leistungserstellungsprozess weder unverändert noch verändert in die Erzeugnisse (Leistungen) eingehen oder durch Verbrauch untergehen; sie werden zum Zwecke der Produktion anderer Güter bzw. Erstellung neuer Leistungen eingesetzt. Es handelt sich um Güter, die durch die Merkmale institutioneller Verbleib und zeitliche Inanspruchnahme gekennzeichnet sind (vgl. Wagner, 1978a, S. 270).

Die Investitionsgüter stellen keine homogene Gruppe von Wirtschaftsgütern dar, sondern sie bilden ein breites Spektrum (→ *Investitionsgütertypologie*). Abnehmer sind vorrangig Industriebetriebe; der Abnehmerkreis ist jedoch nicht auf diese Gruppe beschränkt. So sind auch Handelsunternehmen Nachfrager von Investitionsgütern, z.B. von Hochregallagersystemen.

Anders als im (→) *Konsumgütermarketing* kommt immateriellen Gütern, z.B. Dienstleistungen, oftmals eine Schlüsselstellung im Investitionsgütermarketing zu, so im (→) *Anlagengeschäft* und insbesondere im (→) *Systemgeschäft*.

Wenngleich das Spektrum der Investitionsgüter sehr heterogen ist, lassen sich einige wesentliche Merkmale des Marketing für Investitionsgüter herausstellen. Hierzu zählen:

- das organisationale Beschaffungsverhalten und
- die Interaktion von Hersteller und Verwenderorganisationen.

Besonderheiten des organisationalen Beschaffungsverhaltens sind (vgl. Backhaus, 1999, S. 57ff.):

- kollektive Entscheidungsprozesse (→ *Gruppenentscheidung*)
- hoher Formalisierungsgrad der Entscheidungsfindung und des Beschaffungsablaufs
- Bedeutung von Anreiz- und Sanktionsmechanismen
- EDV-Unterstützung (Automatisierung) von Beschaffungsentscheidungen
- Fremddeterminiertheit von Beschaffungsentscheidungen, z.B. in Form vorgeschriebener Sublieferanten
- Prozessorientierung der Beschaffungsentscheidung (→ *Beschaffungsentscheidungsprozess*)
- (→) *Multiorganisationalität des Kaufprozesses.*

Kennzeichnend für das Investitionsgütermarketing ist, dass Marketing in erster Linie in der Interaktion geleistet wird und nicht an einem anonymen, passiven Markt, der für Konsumgüter typisch ist (→ *Interaktionsansatz*). Charakteristisch ist weiterhin die Langfristigkeit des Beziehungsgefüges zwischen Herstellern und Abnehmern von Investitionsgütern, d.h. eine gewisse Stabilität der Marktbeziehungen.

Backhaus (1999, S. 289) gliedert die Transaktionsprozesse bei Investitionsgütern in Individual- und Routinetransaktionen. Während Individualtransaktionen durch einzelkundenbezogene, komplexe Verhandlungsprozesse gekennzeichnet sind, zeichnen sich Routinetransaktionen durch eine hohe Wiederholungshäufigkeit mit einer starken Tendenz zu habitualisiertem Verhalten aus (→ *Habituelles Kaufverhalten*).

Bei weiter Abgrenzung des Begriffs Investitionsgut werden dazu auch die Produktionsgüter gerechnet (vgl. Engelhard/Günter, 1981); Produktivgütermarketing wird dann mit Investitionsgütermarketing (i.w.S.) gleichgesetzt.

Investitionsgütertypologie [s.a. Typologie der Wirtschaftsgüter]
Eine Typologie (→ *Typologisierung*) der Investitionsgüter kann auf der Grundlage hinkunfts- und herkunftsbezogener Kriterien erstellt werden.

Als hinkunftsbezogene Kriterien werden dabei nach die Neuartigkeit der Problemdefinition für den Verwender, der organisatorische Wandel beim Verwender und der Wert des Investitionsgutes für den Verwender herangezogen. Je nach Ausprägung dieser Merkmale unterscheidet man Investitionsgüter vom Typ A, B oder C.

Wenn diese Merkmale in niedriger Ausprägung zusammentreffen, handelt es sich um Güter des Typs A, bei hoher Merkmalausprägung um Güter des Typs C, während Investitionsgüter des Typs B eine Zwischenstellung einnehmen.

Der Vorteil dieser Gliederung liegt darin, dass die Güter nicht auf Grund produktbezogener Eigenschaften differenziert werden, sondern anhand unterschiedlicher Entscheidungssituationen beim Abnehmer. Die Ausprägungen der Merkmale können beim gleichen Produkt von Abnehmer zu Abnehmer unterschiedlich sein.

Zu einer allgemeinen Typologie gelangt man durch eine zusammenfassende Betrachtung verschiedener Definitionsansätze, wobei sich folgende Merkmale ableiten lassen (vgl. Richter, 2001, S. 130):

- Spezifität der Transaktionsobjekte: Bipolares Kontinuum von minimaler Standardleistung bis zu maximaler Spezialleistung.

- Güterstruktur der Transaktionsobjekte: Spektrum von Normteilen über Systemtechnik, z.B. Verarbeitungs- und Informationstechnologien, bis zu gemeinsamer Entwicklung kundenindividueller Problemlösungen.
- Geschäftsbeziehungen zwischen den Transaktionspartnern: Bipolares Kontinuum von Einzelgeschäften bis zu engen Kooperationsbeziehungen.

Investment Center → *Profit Center*

Involvement

Das durch Krugman (1965, S. 349f.) in die Theorie des Konsumentenverhaltens eingeführte Involvement-Konzept bezeichnet die Ich-Beteiligung (Ego-Involvement), das innere Engagement, mit dem sich ein Individuum einem Sachverhalt oder einer Aufgabe widmet (vgl. Trommsdorff, 1998). Dabei wird insbesondere zwischen den dichotomen Ausprägungen Low-Involvement und High-Involvement unterschieden.

Während bei High-Involvement-Situationen das Ausmaß der kognitiven Aktivitäten beim Lernprozess groß ist, also eine tiefe Verarbeitung erfolgt (→ *Informationsverarbeitungssystem*), versteht man unter Low-Involvement-Lernen ein absichtsloses Lernen mit geringer Aufmerksamkeit und geringer Verarbeitungstiefe. Dies bedeutet, dass das Lernen mit geringem Involvement eine häufigere Wiederholung erfordert, die gedankliche Kontrolle aber, im Gegensatz zum High-Involvement-Lernen, unterlaufen wird (vgl. Kroeber-Riel/Weinberg, 1999, S. 339). Mühlbacher (1982, S. 188ff.) unterscheidet verschiedene Arten des Involvements: Produktinvolvement, Stimulusinvolvement, Werbemittelinvolvement und Werbeträgerinvolvement.

Das Involvement zeigt prädispositionalen Einfluss (→ *Prädisposition*) auf das Ausmaß der Informationsverarbeitung, insbesondere bei der Einstellungsbildung und der Verarbeitung von Werbebotschaften. Die Konsumentenforschung hat gezeigt, dass hoch involvierte Konsumenten mehr Informationen suchen und verarbeiten als gering involvierte. Darüber hinaus müssen zur Einstellungsbildung bei hoch involvierten Konsumenten auf Grund der stärker kognitiven Verarbeitung von Informationen höhere Ansprüche an die Qualität der Argumente und die Glaubwürdigkeit der Quelle gestellt werden als bei wenig involvierten Konsumenten. Diese wiederum reagieren stark auf nicht thematische, z.B. bildliche Informationen (→ *Imagery-Forschung*) (vgl. Bleicker, 1983, S. 188ff.).

In der Werbewirkungsforschung wurde bisher die klassische Hierarchie der (→) *Werbewirkungen*: starke Aufmerksamkeit, affektive Haltung, Einstellung, Kauf postuliert. Vor dem Hintergrund der Erkenntnisse der Low-Involvement-Forschung kann man dieser High-Involvement-Hierarchie eine Low-Involvement-Hierarchie gegenüberstellen. Danach ist der Konsument bei der Aufnahme von Werbung zumeist wenig involviert. Für die Werbewirkung bedeutet das, dass vor dem Kauf keine kognitive Einstellungsbildung erfolgt, sondern dass Werbebotschaften durch häufige Wiederholung lediglich die Produktwahrnehmung verändern und eine unbewusste emotionale Bindung hervorrufen. Dies geschieht ohne gedankliche (kognitive) Steuerung. Die Bildung einer produktspezifischen Einstellung erfolgt erst nach dem Kauf bzw. dem Gebrauch des Produktes. Die Low-Involvement-Lernhierarchie lautet also: schwache Aufmerksamkeit, affektive Haltung, Kauf, Einstellung (vgl. Kroeber-Riel/Weinberg, 1999, S. 595ff.).

Probleme bei der Erforschung der Wirkungen des Involvements auf das Konsumentenverhalten bereitet die Operationalisierung des Konstrukts Involvement.

Irradiation

Irradiation ist ein Begriff der Gestaltpsychologie; sie ist für die Produktbeurteilung durch den Käufer relevant (vgl. Kroeber-Riel/Weinberg, 1999, S. 303ff.; Rosenstiel/Ewald, 1979b, S. 21f.). Man spricht von einer Irradiation, wenn ein Bereich der (→) *Wahrnehmung* einen anderen beeinflusst, ein Eindruck etwa als elementare Wahrnehmungseinheit auf andere Eindrücke ausstrahlt.

So wird von dem Geruch eines Reinigungsmittels auf seine Reinigungskraft oder von der Farbe des Speiseeises auf den Geschmack geschlossen. Eine solche Wirkung kommt besonders zustande, wenn die Qualität eines Produktes nur schwer vom Verbraucher wahrgenommen und beurteilt werden kann, weil einige Eigenschaften nicht oder kaum abgeschätzt werden können. Die Irradiationseffekte werden auch begünstigt, wenn zwei Eindrücke erlebnismäßig verknüpft sind.

Das Marketing kann diese Effekte nutzen, indem es den Verbrauchern durch Verwendung von deutlichen Signaleigenschaften Ansatzpunkte der Wahrnehmung gibt, die dann im Sinne der Irradiation positiv auf die Produktbeurteilung wirken. Beispiele solcher Signaleigenschaften sind Farben, Gerüche, die Art der Verpackung, Prüfvermerke, Herkunftsbezeichnungen, (→) *Gütezeichen* u.Ä.

Irreführung

Hinsichtlich der Definition der Irreführung lassen sich zwei Grundpositionen unterscheiden.

Nach dem so genannten objektiven Irreführungskonzept liegt eine Irreführung vor, wenn eine Information objektiv falsch ist. Verhaltenswissenschaftlich wird Irreführung aus der subjektiven Sicht des Empfängers bzw. Verbrauchers gesehen (vgl. Kroeber-Riel/Weinberg, 1999, S. 661ff.). Es wird bei diesem empfängerorientierten Irreführungsbegriff auf die Wirkung einer Information abgestellt. Irreführung setzt voraus, dass nicht nur ein falscher Eindruck entsteht, sondern dass dieser Eindruck auch verhaltensrelevant ist; d.h. er führt zu konkreten Handlungen, ohne dass der Beeinflusste diese Einflussnahme bemerkt. Es kommt also darauf an, wie die Information vom Empfänger subjektiv wahrgenommen wird.

Rechtlich ist der Tatbestand der irreführenden Werbung im (→) *UWG* geregelt.

ITR [s.a. INCOTERMS; IWR]

Das Internationale Transportrecht (ITR) umfasst verschiedene internationale Abkommen über den grenzüberschreitenden Güterverkehr. Diese sind durch Ratifizierung bzw. Transformierung unmittelbar geltendes innerstaatliches Recht geworden, so dass die nationalen Rechtsnormen über den grenzüberschreitenden Güterverkehr auf internationalen Vereinbarungen beruhen. Zu den Rechtsgebieten des Internationalen Transportrechts gehören (vgl. Zippel, 1998, S. 678):

- der grenzüberschreitende Güterfernverkehr auf der Straße
- der grenzüberschreitende Eisenbahnverkehr
- die internationale Luftbeförderung von Gütern
- der See-Transport und
- die verschiedensten Formen des kombinierten Transports.

Die wichtigsten, in Übersicht 64 dargestellten Transportrechtverordnungen zeichnen sich durch folgende Grundstruktur aus (vgl. Zippel, 1998, S. 679ff.):

- Die Haftung ist zwingend, d.h. Haftungsausschlüsse durch Individualabreden oder allgemeine Geschäftsbedingungen sind nicht zulässig.

- Der Beförderer, d.h. der Landfrachtführer, der Luftfrachtführer, der Eisenbahnfrachtführer oder der Verfrachter, haftet entweder aus Gefährdungshaftung, d.h. ohne Verschulden, oder aus vermutetem Verschulden.
- Die Haftung ist i.d.R. beschränkt auf den Zeitraum, in welchem der Beförderer das Gut in Obhut hatte.

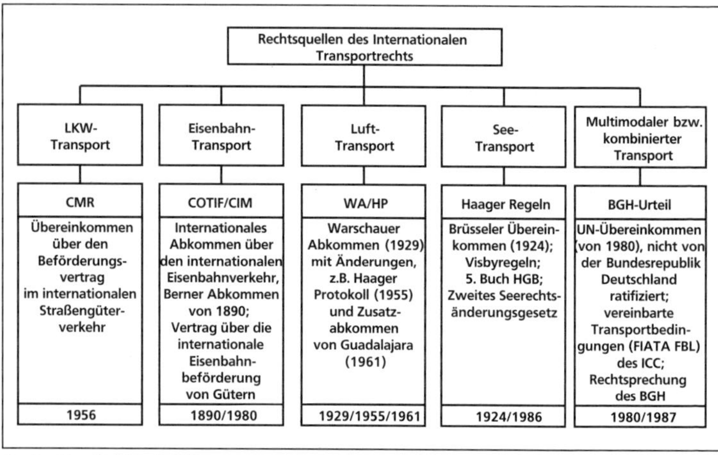

Quelle: Zippel, 1998, S. 679.

Übersicht 64: Rechtsquellen des internationalen Transportrechts

IWF [s.a. Internationale Finanzinstitutionen]
Der Internationale Währungsfonds (IWF; International Monetary Fund, IMF) wurde auf der Bretton Woods-Konferenz zusammen mit der (→) *Weltbank* eingerichtet und trat 1945 in Kraft, wobei die Institutionen (auch als Bretton Woods-Institutionen bezeichnet) mit Sitz in Washington, D.C., Anfang 1947 ihre Arbeit aufnahmen.

Auf der Konferenz wurde ein System fester Wechselkurse nach dem so genannten Gold-Devisen-Standard vereinbart. Hierbei fungierten neben dem Gold der US-Dollar und zusätzlich auch das britische Pfund als Reservewährungen. Der IWF hatte die Aufgabe, Devisenkredite bereit zu stellen. Der US-Dollar war Leitwährung und damit Hauptreservewährung des Systems. Sein Wert wurde durch seine Relation zum Gold bestimmt: eine Feinunze (= 31,104 g) Gold erhielt den Gegenwert von 35 US-Dollar. Gegenüber Inländern und ausländischen Zentralbanken hatte sich die US-Notenbank verpflichtet, Dollar zu diesem Kurs zu kaufen und zu verkaufen. Der Dollar war so gut wie Gold. Dies war zu diesem Zeitpunkt möglich, da die USA 1944 über den größten Goldvorrat der Welt verfügte, so dass der US-Dollar zu 25 % mit Gold gedeckt war. In diesem statischen Element waren die späteren Probleme schon erkennbar, da sich die Deckungsrelationen durch die wachsende Dynamik der Weltwirtschaft und eine gewisse »Sorglosigkeit« der USA rasch änderten. So überstiegen 1960 die Dollar-Guthaben außerhalb den USA schon den US-Goldschatz. Jedes Mitgliedsland vereinbarte mit dem IWF die Anfangsparitäten seiner Währung in Gold bzw. US-Dollar. Wie bei einem System fester Wechselkurse üblich, waren die Mitglieder verpflichtet, durch Zentralbankinterventionen die Stabilität ihrer Währungen und ihrer Wechselkurse innerhalb einer Bandbreite von +/- 1% (ab 1971: +/- 2,25%) zu sichern (vgl. Koch, 1998b, S. 61f.).

Nach dem Zusammenbruch des Systems fester Wechselkurse (1973) verlagerte sich der Tätigkeitsbereich des Fonds in Richtung der Überwachung der Wirtschaftspolitik, welche die Wechselkurse der Mitgliedsländer in dem jetzt vorherrschenden System flexibler Wechselkurse beeinflusst. Hierdurch ergeben sich frühzeitig Möglichkeiten, beratend bei Wechselkurs- und Zahlungsbilanzproblemen einzugreifen und gegebenenfalls wiederum kurz- und mittelfristige Devisenkredite zu gewähren. Die derzeit 183 Mitglieder (Stand: Mitte 2001) des IWF sind verpflichtet, die Regeln des Fonds zur Wechselkursstabilisierung einzuhalten, Beschränkungen im zwischenstaatlichen Zahlungsverkehr zu vermeiden und sich gegenseitig zur Überwindung außenwirtschaftlicher Ungleichgewichte zu unterstützen.

Der IWF hat im Gegensatz zur Weltbank primär die Aufgabe, die internationale Zusammenarbeit auf dem Gebiet der Währungspolitik zu fördern, die Stabilität der Währungen zu sichern und vor allem Ländern mit vorübergehenden Zahlungsschwierigkeiten Währungskredite zu gewähren und somit insgesamt ein ausgeglichenes Wachstum des Welthandels zu erleichtern.

Während die Weltbank längerfristige Entwicklungsaufgaben übernimmt, konzentriert sich der IWF auf vorübergehende Zahlungsbilanzschwierigkeiten.

Mittlerweile hat der IWF jedoch auch eine wichtige Funktion bei der Bewältigung der Schuldendienste der Dritten Welt und überschneidet sich somit in dieser Funktion mit der Weltbank bei der Bereitstellung längerfristiger Finanzierungsmöglichkeiten. Nach dem Zusammenbruch der zentralverwaltungswirtschaftlichen Systeme in Osteuropa (→ *Staatshandelsländer*) wurden weitere Kreditvereinbarungen mit den osteuropäischen Staaten zur Unterstützung der Umgestaltung ihrer Wirtschaftsysteme bereit gestellt (vgl. Koch, 1998b, S. 64f.).

Oberstes politisches Leitungsgremium des IWF ist der Gouverneursrat, der über die Festlegung der Länderquoten, über die Aufnahme neuer Mitgliedsländer und die Zuteilung von Sonderziehungsrechten (SZR) entscheidet. Jedes Mitgliedsland des IWF entsendet einen Repräsentanten, normalerweise den Finanzminister oder den Zentralbankchef.

Die Kapitalanteile der Mitgliedsländer am IWF werden als Quoten bezeichnet. Diese werden nach gesamtwirtschaftlichen Indikatoren wie BSP, Währungsreserven oder Außenhandelsvolumen festgelegt. Nach den Quoten wiederum bemessen sich die Kredit- und Stimmrechte sowie die Einzahlungsverpflichtungen der Länder. Die höchste Länderquote haben die USA (17,49 %), gefolgt von Japan (6,27 %), Deutschland (6,12 %), Großbritannien sowie Frankreich (je 5,06 %), Italien (3,32 %) und Kanada (3,0 %) (Stand: Mitte 2001). Insgesamt entfallen ca. 57 % auf Industrieländer und 43 % auf (→) *Entwicklungsländer*.

Bei Krediten des IWF (Ziehungen) kann jedes Mitglied zunächst in Höhe seiner Subskription gebührenfrei Mittel beanspruchen, weil es die Mittel selbst aufgebracht hat (Reservetranche). Das Mitglied kann vier Kredittranchen zu je 25 % der Quote aufnehmen. Zusätzlich kann jedes Mitglied Kredite im Rahmen von Bereitschaftskreditvereinbarungen (standby arrangements) beantragen. Die Vergabe der übrigen Tranchen ist an bestimmte Auflagen (Konditionen) geknüpft, deren Ausgestaltung auf den IWF-Prognosen über den erforderlichen Anpassungsbedarf beruhen. Über die bestehenden Ziehungsrechte hinaus wurden im Laufe der Zeit weitere Kreditmöglichkeiten geschaffen. Dazu gehören:

- die Erweiterte Fondsfazilität (EFF) für Länder mit längerfristigen Strukturproblemen
- die Fazilität zur Kompensierung von Exporterlösausfällen und unerwarteten externen Störungen (CCFF)
- die Strukturanpassungsfazilität (SAF) und die Erweiterte Strukturanpassungsfazilität (ESAF) für Länder mit niedrigem Einkommen und langwierigen Zahlungsbilanzproblemen
- die Systemtransformationsfazilität (STF) für Transformationsländer (→ *Staatshandelsländer*) (vgl. Koch, 1998b, S. 67ff.).

Insbesondere mit den übernommenen zusätzlichen Aktivitäten läuft der IWF Gefahr, sich zu sehr von seinen ursprünglichen Aufgaben zu entfernen und zusätzlich kaum kalkulierbare finanzielle Risiken einzugehen. Aus diesem Grund wird seit Mitte der neunziger Jahre wieder mehr Wert auf die ursprüngliche Funktion des IWF gelegt, die Finanz- und Währungsprobleme der Mitgliedsländer durch Beratungsgespräche im Vorfeld zu entschärfen. Hierzu sollen die Mitgliedsländer wichtige wirtschaftliche Daten, z.B. Währungsreserven, Geldmenge und Zinssätze zeitnah vorlegen, so dass der IWF ein Frühwarnsystem etablieren kann, mit dem die Länder erfasst werden, die sich nicht normgerecht verhalten.

Der IWF stellt neben der Weltbank und der (→) *WTO* die dritte Säule der Weltwirtschaft dar. Während der IWF die weltweit zuständige Organisation für Währungsfragen zur währungspolitischen Neuordnung der Beziehungen zwischen den Ländern nach dem Zweiten Weltkrieg darstellt, kann als Pendant die WTO als weltweit zuständige Organisation für Handelsfragen zur Ausgestaltung der handelspolitischen Beziehungen gesehen werden.

IWR [s.a. ITR; KVR]

IWR (Internationales Wirtschaftsrecht) stellt das Internationale Recht der Wirtschaft dar, welches auf unterschiedlichsten Rechtsquellen basiert. Hierzu gehören das gesamte nationale inländische Recht, das nationale ausländische Recht, das Völkerrecht, aber auch das europäische Gemeinschaftsrecht (vgl. Schneider, 1992b, S. 644).

Gegenwärtig sind weder der Begriff des IWR noch seine Inhalte eindeutig abgegrenzt. Vielmehr handelt es sich beim IWR um die Bestrebung zur Lösung von Problemfeldern wie internationaler Handel, internationale Währungsprobleme, Rohstoff- und Energieversorgung, Ernährungsprobleme, Umweltschutz usw. (vgl. Schneider, 1992b, S. 621). Nach einer Systematisierung von Fischer (1976, S. 160ff.) gehören zum IWR unter anderem folgende Sachgebiete (internationale Rechte): Finanz- und Währungsrecht, Recht des Handels und der wirtschaftlichen Integration, Rohstoff- und Energierecht, Bergrecht, Jagd- und Fischereirecht, Investitions- und Konzessionsrecht, Recht der Wettbewerbsbeschränkungen, Steuerrecht, Gesellschaftsrecht, Verkehrsrecht, Recht des Technologietransfers und Recht des Wirtschaftskrieges und der wirtschaftlichen Neutralität.

J

JETRO

Die Japan External Trade Organization (JETRO) ist eine gemeinnützige Einrichtung, die von der japanischen Regierung unterstützt wird. Sie wurde 1958 als Gesellschaft mit Sonderstatus unter Aufsicht des japanischen Ministeriums für Handel und Industrie (→ *MITI*) auf der Grundlage eines speziellen Gesetzes (JETRO-Recht) gegründet. Ihre Aufgabe besteht darin, die Handelsbeziehungen zwischen Japan und dem Ausland zu fördern. Zur Unterstützung dieser Aufgabe unterhält die JETRO weltweit ca. 80 Büros in 60 Ländern und 31 Büros in Japan (JETRO Trade Information Centers) sowie ca. 50 JETRO Economic Internationalization Centers, die in Zusammenarbeit mit öffentlichen Regionalorganisationen in Japan geführt werden. 60 bis 70 % des Budgets stammen von der japanischen Regierung, der Rest wird von den 6.000 privaten Mitgliedsunternehmen und über den Verkauf von Publikationen und Beratungsleistungen getragen.

Zur Förderung der japanischen Exporte (→ *Exportförderung*) werden Marktbeobachtungen und Marktanalysen durchgeführt und auf diese Weise der japanischen Wirtschaft wesentliche Informationen zur Verfügung gestellt (vgl. Porter, 1999c, S. 675). Die JETRO ist auch verantwortlich für die Präsentation japanischer Industrien und Produkte im Ausland sowie für die Anbahnung von und die Mitwirkung bei Handelsgesprächen. Im Rahmen der Importförderung werden ausländischen Unternehmen verschiedene Dienstleistungen in Japan angeboten, so strategische Unterstützung beim Markteintritt, Durchführung von Ausstellungen, Messen und die Vermittlung von Büroräumen. Des Weiteren werden branchenspezifische Studien des japanischen Marktes sowie mehrere Monatspublikationen veröffentlicht (vgl. Deutsche Bank, 1998, S. 260).

Joint Venture [s.a. Allianzen, strategische]

Als Joint Ventures werden »allgemein alle Formen kooperativer Arrangements zwischen zwei oder mehr selbstständigen Unternehmen bezeichnet [...], die zur Gründung einer dritten, von ihren Eltern losgelösten Einheit führen« (Probst/Rüling, 1999, S. 6).

Joint Ventures lassen sich nach unterschiedlichen Kriterien einteilen. So kann zwischen Equity Joint Venture und Contractual Joint Venture unterschieden werden. Bei der Gründung einer rechtlich selbstständigen Gemeinschaftsunternehmung, an der die Partner sowohl die Führungsverantwortung als auch das Risiko gemeinsam tragen, spricht man von einem Equity Joint Venture. Basiert die Zusammenarbeit lediglich auf einem Vertrag, der Kosten, Risiko und Gewinn aus dem gemeinsamen Vorhaben auf die Partner aufteilt, ohne dass es dabei zu einer organisatorischen Verselbstständigung der gemeinsamen Betätigung kommt, so handelt es sich um ein Contractual Joint Venture (vgl. Stephan, 1999, S. 99f.).

Ein weiteres Kriterium der Differenzierung ist die räumliche Dimension. Danach lassen sich Domestic und International Joint Ventures unterscheiden. In Domestic Joint Ventures gründen mehrere Partner eines Landes im selben Land eine Gemeinschaftsunternehmung. Ein International Joint Venture ist dagegen dadurch charakterisiert, dass »die Herkunft mindestens eines Partners nicht mit dem Standort des Joint Ventures übereinstimmt« (Weder, 1989, S. 51).

Internationale Joint Ventures stellen eine Form der mittel- bis langfristig ausgerichteten Unternehmenskooperation, d.h. eine Strategische Allianz, und eine Form der Internationalisierung durch (→) *Direktinvestitionen* dar.

Joint Ventures werden oftmals eingegangen, um gemeinsam einen Markt zu erschließen. Dies gilt speziell für Märkte mit großen Wachstumschancen und/oder Risiken. Durch Joint Ventures mit lokalen Partnern können auch Importverbote umgangen und Forderungen nach nationalen Fertigungsanteilen (→ *Local-Content-Politik*) erfüllt werden. Häufig entstehen Joint Ventures durch eine Potenzialinkongruenz zwischen den Partnern im Rahmen von X-Allianzen. Aus diesem Grund ist die langfristige Beibehaltung dieser Potenzialinkongruenz eine Voraussetzung für die dauerhafte Existenz des Joint Ventures. Hierzu können beispielsweise die Zuständigkeiten eindeutig abgegrenzt werden, um damit den Abfluss von Technologie-Know-how zu vermeiden. Trotzdem ist diese Form der Joint Ventures durch eine systemimmanente Instabilität gekennzeichnet (vgl. Zentes, 1992b, S. 19).

Im Gegensatz zur internationalen Vergabe von Lizenzen (→ *Lizenzpolitik*) als (→) *Markteintrittsstrategie*, bei der Fertigung und Verkauf auch lokal, aber in fremder Verantwortung durchgeführt werden, werden bei einem Joint Venture Verantwortung und Risiko direkt übernommen (vgl. Zielke, 1992, S. 39).

Just-in-Time

Just-in-Time ist eine Produktions- und Logistikstrategie, die als Ziel die Schaffung durchgängiger Material- und Informationsflüsse entlang der Wertschöpfungskette (→ *Wertkette*) verfolgt und zu einer schnelleren Auftragsbearbeitung sowie zu einer Beschleunigung des Auftragsflusses führen soll (vgl. Pfohl, 2000, S. 207).

Unter der Forderung der Bedarfserfüllung zum richtigen Zeitpunkt, in richtiger Qualität und Menge am richtigen Ort (→ *Logistik*) erfolgt eine Neuorganisation des betrieblichen Ablaufs, die sich auf den Material- wie auch auf den Informationsfluss mit dem Ziel erstreckt, Aktivitäten des Wertschöpfungsprozesses an den Marktbedürfnissen auszurichten.

Die Bausteine eines Just-in-Time-Konzeptes sind nach Wildemann (2001, S. 32ff.) die integrierte Informationsverarbeitung, die Fertigungssegmentierung und die produktionssynchrone Beschaffung (→ *Beschaffungsmanagement*).

Die integrierte Informationsverarbeitung folgt dem so genannten Holprinzip, d.h. dass der Produktionsauftrag von der verbrauchenden an die produzierende Stelle vergeben wird. Organisatorisch werden selbststeuernde Regelkreise implementiert, so dass die Einführung des Holprinzips eine detaillierte Planung der organisatorisch zu verbindenden Kapazitätseinheiten mit einer Gestaltung dezentraler, im Fertigungsbereich angeordneter, physisch begrenzter Pufferläger, die Einhaltung von Verfahrensregeln durch die Mitarbeiter und einen flexiblen Personal- und Anlageneinsatz zur Anpassung an Beschäftigungsschwankungen erfordert. Während der Materialfluss vom Zulieferanten zum Abnehmer verläuft, ist der Verlauf des zur Koordination notwendigen Informationsflusses entgegengerichtet und zeitlich vorgezogen (vom Abnehmer zum Zulieferanten).

Die Fertigungssegmentierung hat eine weitgehende Entflechtung der Kapazitäten zum Ziel. So zielt sie auf eine neuartige Ablauforganisation durch die Veränderung des Kontrollkonzeptes ab. Es wird eine Gruppenorganisation angestrebt, die für ein Produkt bzw. für ein bestimmtes Segment die gesamte Kostenverantwortung trägt.

Die produktionssynchrone Beschaffung steht im Mittelpunkt des Just-in-Time-Konzeptes und umfasst als Werkzeug zur Lenkung von Kosten Bausteine wie Lieferantenbewertung und -auswahl, die Analyse des Informationsflusses zwischen Lieferanten und Abnehmern und der eingesetzten Kommunikationstechnologien, Qualitätssicherungs- und Speditionskonzepte.

Zur Implementierung einer Just-in-Time-Produktion und -Beschaffung ist eine ganzheitliche Betrachtung der Auftragsabwicklung in einer logistischen Kette erforderlich, die Zulieferer, Rohmateriallager, Fertigung, Teilelager, Montage, Fertigwarenlager und die Warenverteilung bis hin zum Abnehmer umfasst.

Betrachtet man als Grundmodell des Just-in-Time-Konzeptes das so genannte »Supermarktprinzip« – die vom Kunden in einem Supermarkt aus dem Regal entnommenen Produkte werden dem Produktlieferanten gemeldet, und der Fehlbestand wird ersetzt – findet es über die Produktion hinaus eine Ausprägung in der Konsumgüterwirtschaft (vgl. Zentes, 1991, S. 5ff.). Das Konzept des Efficient Consumer Response (→ *ECR*) spricht, neben dem Just-in-Time im operativen Sinne, unmittelbar die Zusammenarbeit zwischen Handels- und Industrieunternehmen an. Insofern wird es als Ansatz zur Verbesserung der Zusammenarbeit in der gesamten Wertschöpfungskette angesehen (vgl. Zentes, 1996b; Swoboda, 1997).

K

Kaizen

Unter Kaizen wird das Prinzip verstanden, das hinter den japanischen Total Quality-Konzepten steht und als wichtigstes japanisches Management-Konzept gewertet wird (vgl. Imai, 1994, S. 24). Wörtlich bedeutet Kaizen »Verbesserung« und beinhaltet die beiden Elemente KAI (Ändern) und ZEN (Güte). Hier wird es gesehen als Streben nach ständiger Verbesserung bezüglich aller Wertschöpfungsaktivitäten in kleinen Schritten unter Einbeziehung aller Mitarbeiter (vgl. Macharzina, 1999, S. 743f.). Dies verlangt im Sinne einer ständigen Weiterentwicklung, das eigene Tun ständig zu analysieren.

Die Mitarbeiter aller Ebenen sind das Potenzial, aus dem heraus diese kleinen Schritte der Verbesserung entstehen, so dass ein Unternehmen das Kaizen-Bewusstsein bei allen seinen Mitarbeitern wecken muss (vgl. Jung, 1993, S. 361). In vielen japanischen Unternehmen wird Kaizen nicht nur für diese abstrakte »Philosophie« verwendet, sondern auch als Bezeichnung für die japanische Art des betrieblichen Vorschlagswesens. In diesem Sinne hat das japanische Management – viel stärker als beim westlichen betrieblichen Vorschlagswesen – die Aufgabe, die Mitarbeiter zu möglichst vielen Vorschlägen zu motivieren. Die Motivation der Mitarbeiter erfolgt durch Präsentationen, in denen umgesetzte Vorschläge vorgestellt und die einreichenden Mitarbeiter materiell und/oder immateriell belohnt werden. Oftmals wird ein Wettbewerb bezüglich der meisten und besten Vorschläge zwischen den Mitarbeitern bzw. Teams von Mitarbeitern stimuliert, so durch Informationstafeln hinsichtlich der monatlich abgegebenen Vorschläge jeder Abteilung (vgl. Imai, 1994, S. 37; Macharzina, 1999, S. 744f.).

Insgesamt ist Kaizen Ausdruck der in japanischen Unternehmen stärker erachteten Notwendigkeit der ständigen Verbesserung, wobei Probleme und Schwierigkeiten im Unternehmen als Chance betrachtet werden, aus den gemachten Fehlern zu lernen.

Kanonische Analyse

Die kanonische Analyse (kanonische Korrelation) ist ein (→) *multivariates Verfahren* der Abhängigkeitsanalyse (Dependenzanalyse) zur Untersuchung der Beziehung zwischen zwei Variablensätzen.

Die (→) *Regressionsanalyse*, (→) *Varianzanalyse*, (→) *Diskriminanzanalyse* und (→) *Faktorenanalyse* werden als Spezialfälle der kanonischen Analyse aufgefaßt.

Liegt bspw. ein Satz von $z = p + q$ Variablen vor, so ist das Ziel des kanonischen Analyseverfahrens, jene Linearkombination der p Variablen zu finden, die mit einer gegebenen Linearkombination der q Variablen maximal korreliert (vgl. Hildebrandt, 1992b, S. 504).

Ein Beispiel für die Anwendung im Marketing ist die Untersuchung der Beziehungen zwischen einer Gruppe von gleichzeitig eingesetzten Werbemitteln und den verschiedenen dadurch erzielten Wirkungen. Das Verfahren lässt sich für metrische Variablen mit der Analysetechnik (→) *LISREL* ausführen.

Kapitalanlagebesicherung [s.a. Exportförderung; Exportkreditversicherung]

Für Kapitalanlagen (→ *Direktinvestitionen*)

deutscher Unternehmen im Ausland gewährt die Deutsche Bundesregierung Garantien zur Absicherung der politischen, nicht jedoch der wirtschaftlichen Risiken (→ *Außenhandelsrisiken*). Diese Absicherungsmöglichkeit wurde 1960 eingeführt und ist seitdem zu einem wesentlichen Instrument geworden, durch das die Bundesrepublik Deutschland private Investitionen im Ausland fördert (→ *Investitionsförderungsverträge*). Auf Antrag können folgende Kapitalanlagen besichert werden:

- Beteiligungen an ausländischen Unternehmen
- Kapitalausstattungen von Niederlassungen und beteiligungsähnliche Darlehen.

Betragsmäßige Begrenzungen bestehen nicht. Die Laufzeit beträgt bis zu 15 Jahre, in begründeten Ausnahmefällen bis zu 20 Jahre. Garantiefähig sind nur Neuinvestitionen, nicht jedoch bereits bestehende Kapitalanlagen. Es ist daher erforderlich, den Garantieantrag vor Leistung auf die Kapitalanlage zu stellen, und zwar auch dann, wenn Einzelheiten der geplanten Kapitalanlage noch offen sind. Die Garantie wird wirksam mit der Aushändigung der von der Bundesschuldenverwaltung unterzeichneten Garantieerklärung. Diese enthält alle für die Garantie maßgebenden Bestimmungen.

Der Garantienehmer muss sich an einem etwaigen Verlust mit mindestens 5% beteiligen. Diese Selbstbeteiligung darf nicht anderweitig abgesichert werden. Mit der Bearbeitung der Garantien sind die PwC Deutsche Revision AG (Hamburg) und die Hermes Kreditversicherungs-AG (Hamburg) beauftragt (Mandatare des Bundes). Die Federführung liegt bei der PwC Deutsche Revision AG, während (→) *HERMES* bei den Ausfuhrgewährleistungen des Bundes federführend ist. Ein Erfahrungsaustausch mit den Stellen und Institutionen anderer Länder, die über ähnliche Garantieinstrumente verfügen, erfolgt über die Mitgliedschaft in der (→) *Berner Union*.

Kapitalschutzabkommen (→) *Investitionsförderungsverträge*

Kapitalverkehr → *Zahlungsverkehr*

Kartelle

Das deutsche Gesetz gegen Wettbewerbsbeschränkungen (→ *GWB*), das zum 1. Juli 2000 mit dem Gesetz zur Sicherung der nationalen Buchpreisbindung letztmals geändert wurde, definiert Kartelle in § 1 Abs. 1 durch eine prinzipielle Unwirksamkeit wettbewerbsbeschränkender Maßnahmen: »Vereinbarungen zwischen miteinander im Wettbewerb stehenden Unternehmen, Beschlüsse von Unternehmensvereinigungen und aufeinander abgestimmte Verhaltensweisen, die eine Verhinderung, Einschränkung oder Verfälschung des Wettbewerbs bezwecken oder bewirken, sind verboten.«

Weitere Kartelldefinitionen finden sich in Artikel 65 § 1 EGKS-Vertrag sowie in Artikel 85 EG-Vertrag. Demnach sind »mit dem gemeinsamen Markt unvereinbar und verboten (...) alle Vereinbarungen zwischen Unternehmen, Beschlüsse von Unternehmensverbänden und aufeinander abgestimmte Verhaltensweisen, welche den Handel zwischen Mitgliedstaaten zu beeinträchtigen geeignet sind und eine Verhinderung, Einschränkung oder Verfälschung des Wettbewerbs innerhalb des gemeinsamen Marktes bezwecken oder bewirken (...).« Artikel 86 regelt den Missbrauch einer marktbeherrschenden Stellung und Artikel 87 umfasst den Erlass von Verordnungen und Richtlinien.

Im Vergleich dieser Kartelldefinitionen ergibt sich als Wesen eines Kartells, dass mehrere Unternehmen durch einen Vertrag ihr Verhalten auf dem Markt koordinieren, um dadurch den (→) *Wettbewerb* untereinander auszuschließen. Klassische Beispiele sind Absprachen der Unternehmen über den Preis, den sie fortan gemeinsam fordern wollen, über die Menge, die jedes

Unternehmen jeweils nur noch anbieten darf, sowie über das Gebiet, das jedem von ihnen reserviert werden soll (vgl. Emmerich, 2001, S. 50f.).

Als Folge von Kartellen ist eine allgemeine Verschlechterung der Position der Marktgegenseite festzustellen, da Alternativen verlorengehen. Daher existiert sowohl im deutschen als auch im europäischen Recht ein generelles Kartellverbot, welches jedoch Ausnahmeregelungen zulässt. Hierzu zählen insbesondere

- Normen- und Typen-, sowie Konditionenkartelle (§ 2 GWB)
- Spezialisierungs- bzw. Rationalisierungskartelle (§§ 3 bzw. 5 GWB)
- Mittelstandskartelle (§ 4 GWB)
- Strukturkrisenkartelle (§ 6 GWB).

Im europäischen Recht ist in Artikel 85 Abs. 3 EG-Vertrag geregelt, dass die Kommission unter bestimmten Bedingungen Einzelfreistellungen und Gruppenfreistellungen (→ *Gruppenfreistellungsverordnung*) vom allgemeinen Kartellverbot gewähren kann. Die Ausnahmeregelungen zum generellen Kartellverbot resultieren aus wettbewerbspolitischen Überlegungen (→ *Wettbewerbspolitik*).

Im Rahmen der letzten größeren Gesetzesnovelle in 1999 wurde insbesondere die Position kleiner und mittelständischer Händler und Hersteller dadurch weiter gefördert, dass zum einen kleinere Hersteller bei der Anmeldung von Beschwerden gegen Handelskonzerne wegen Ausnutzung der Marktmacht nun anonym bleiben können. Zum zweiten wurden über den § 4 GWB die Handlungsspielräume für (→) *Verbundgruppen* erweitert und verbessert. So sollen Gruppierungen kleiner und mittelständischer Unternehmen der Zugang zu solchen Wettbewerbsinstrumenten eröffnet werden, die filialisierten Handelsunternehmen zur Verfügung stehen. Dies hat insbesondere Auswirkung auf die Marketingaktivitäten von Verbundgruppen bzw. auf bestimmte Formen des koordinierten Marktauftrittes im Rahmen der Betriebstypen- bzw. Vertriebsschienenpolitik sowie bei Modulstrategien. Zwar sind solche Strategien nur in der Begründung des Gesetzes angesprochen, können aber in Abhängigkeit von der tatsächlichen Ausgestaltung in Einzelfällen für zulässig erklärt werden (vgl. Liebmann/Zentes, 2001, S. 105f.).

Kartellgesetz → *GWB; Kartelle*

Käufermarkt [s.a. Markt]
Für die Intensität und Ausprägung der absatzpolitischen Aktivitäten sowie für die gesamte Orientierung des Unternehmens ist entscheidend, ob ein Verkäufer- oder Käufermarkt vorliegt. Dabei ist ein Käufermarkt durch eine starke Marktposition der Käufer gekennzeichnet, ein Verkäufermarkt durch eine starke Marktposition des Verkäufers.

Die Märkte sind durch die in Übersicht 65 dargestellten Merkmale charakterisiert.

Käufertypologie
Käufertypologien werden auf der Grundlage kaufrelevanter Merkmale erstellt, um das Marketinginstrumentarium auf die typenspezifischen Besonderheiten auszurichten (→ *Marktsegmentierung*). Die Käufersegmente sind z.B. durch gemeinsame (→) *Motivationen*, (→) *Einstellungen* und Verhaltensweisen gekennzeichnet.

Der (→) *Typologisierung* kann man verschiedene Merkmale und Merkmalskombinationen zugrunde legen. Eine Möglichkeit ist die Gliederung nach sozialen und demografischen Merkmalen der Individuen. Die Relevanz solcher Merkmale für eine Typologisierung kann dadurch erhöht werden, dass z.B. das Merkmal Geschlecht nach rollentheoretischen Konzepten definiert wird und den Individuen

Merkmal	Verkäufermarkt	Käufermarkt
wirtschaftliches Entwicklungsstadium	Knappheitswirtschaft	Überflussgesellschaft
Verhältnis Angebot zu Nachfrage	Nachfrage > Angebot (Nachfrageüberhang) Nachfrager aktiver als Anbieter	Angebot > Nachfrage (Angebotsüberhang) Anbieter aktiver als Nachfrager
Engpassbereich der Unternehmungen	Beschaffung und/oder Produktion	Absatz
primäre Anstrengungen der Unternehmungen	rationelle Erweiterung der Beschaffungs- und Produktionskapazitäten	Weckung von Nachfrage und Schaffung von Präferenzen für eigenes Angebot
langfristige Gewichtung der betrieblichen Grundfunktionen	Primat der Beschaffung/ Produktion	Primat des Absatzes

Übersicht 65: Merkmale von Käufer- und Verkäufermärkten

bestimmte Rollenattribute (→ *Soziale Rolle*) zugeordnet werden (vgl. Böhler, 1995, Sp. 1091f.).

Auf Grund der Bedeutung der Einstellung als wesentliche (→) *intervenierende Variable* zur Erklärung des Konsumentenverhaltens treten zunehmend Typologien auf der Basis von Einstellungsdaten in den Vordergrund. Derartige von Agenturen bzw. Instituten durchgeführte Typologien sind z.B. die SINUS-Milieus und die (→) *Euro-Socio-Styles* der GfK (vgl. Kroeber-Riel/ Weinberg, 1999, S. 549).

Das Marketing kann auf solche Typen ausgerichtet werden, indem das Angebot und die Kommunikation auf die für sie typische Haltung (motivationale Orientierung) abgestimmt werden. So können den Konsumenten gruppenspezifische Belohnungswerte vermittelt werden. Auch für den Medieneinsatz sind die Typologien von Bedeutung (→ *Mediaplanung*).

Die zunehmend festzustellende Tendenz eines hybriden (→) *Konsumentenverhaltens* schränkt jedoch die Aussagefähigkeit bzw. Einsatzfähigkeit von Käufertypologien ein. So verhalten sich Konsumenten bei bestimmten Produkten, z.B. Verbrauchsgütern des täglichen Bedarfs, preisorientiert, bei anderen Produkten, z.B. modischen Accessoires, prestige- oder erlebnisorientiert (→ *Erlebniskauf*).

Käuferverhalten

Das Käuferverhalten kann in das Verhalten der privaten Haushalte auf Konsumgütermärkten (→ *Konsumentenverhalten*) und in das Verhalten der industriellen Einkäufer auf Investitionsgüter- und Produktionsgütermärkten sowie der Einkäufer des Handels und sonstiger Institutionen bzw. Organisationen (→ *Einkäuferverhalten*) unterschieden werden. In beiden Fällen handelt es sich (im weiteren Sinne) zwar um Personen, die einkaufen und entscheiden. Die Bedingungen der Märkte, die Kaufsituation, Art und Ausprägung der (→) *Beschaffungsentscheidungsprozesse* unterscheiden sich jedoch erheblich.

Kaufabsicht

Auf Grund der Vorbehalte gegenüber der Art der Beziehung zwischen (→) *Einstellungen* und Verhalten (EV-Hypothese) wird zum Zweck der Verhaltensprognose häufig die geäußerte Kaufabsicht von Konsumenten als (→) *Indikator* herangezogen. Dies führt – bei sequenzieller Betrachtung des Kaufentscheidungsprozesses – mit größerer Wahrscheinlichkeit zu einem Verhalten als grundlegende Einstellungen (→ *Einstellungsmessung*).

Die Kaufabsicht ist definiert als Wahrscheinlichkeit, mit der ein Konsument in nächster Zeit mit einem konkreten Kaufverhalten rechnet, d.h. die »gemessene Kaufabsicht umfasst neben der Einstellung zum Produkt die antizipierten Einflüsse der Kaufsituation« (Kroeber-Riel/Weinberg, 1999, S. 175).

Gemessen wird diese Größe durch Interviews (→ *Befragung*). Der Konsument wird beispielsweise gefragt, ob er beabsichtigt, ein bestimmtes Produkt zu kaufen. Voraussetzung für dieses Verfahren ist die Festlegung einer angenommenen Kaufsituation. Diese kann aber häufig nicht antizipiert werden und wechselt zudem oft. Der Indikator Kaufabsicht umfasst zwar bereits mehr Einflussgrößen als der Indikator Einstellung, dennoch hängt es von dem Zweck und den Umständen einer Prognose ab, ob man Einstellungen oder Kaufabsichten von Konsumenten zur Prognose des Verhaltens heranzieht. »Wenn die Handlungssituation schlecht antizipiert werden kann oder wenn die Handlungssituation oft wechselt, lässt sich das Verhalten besser mit Hilfe von Einstellungen erklären und voraussagen. Anders sieht es aus, wenn der Konsument voraussehen kann, was ihn in der Kaufsituation erwartet« (Kroeber-Riel/Weinberg, 1999, S. 175).

Wird das Verhalten nur wenig kognitiv gesteuert, so bei (→) *impulsivem Kaufverhalten*, dann haben sowohl die Kaufabsicht als auch die Einstellung eine geringe Erklärungskraft für das Verhalten.

Kaufentscheidungstypen

Um die komplexen Verhaltensweisen bei individuellen Kaufentscheidungen zu systematisieren, lassen sich in Abhängigkeit vom Grad der kognitiven Steuerung Kaufentscheidungstypen bilden. Dabei wird der Entscheidungsprozess vereinfacht als Einheit betrachtet und nicht in einzelne Phasen zerlegt, die durchaus unterschiedlich stark kognitiv gesteuert werden können (→ *Kaufphasenansatz*).

In der Reihenfolge abnehmender kognitiver Steuerung unterscheidet man folgende Typen (vgl. Kroeber-Riel/Weinberg, 1999, S. 366ff.):

1. Entscheidungen mit stärkerer kognitiver Steuerung (echte Kaufentscheidungen) (→ *Kognitive Entscheidungsmuster*)
   - extensive Entscheidungen
   - vereinfachte Entscheidungen.
2. Entscheidungen mit geringer kognitiver Steuerung
   - habituelles Verhalten (Gewohnheitsverhalten) (→ *Habituelles Kaufverhalten*)
   - impulsives Verhalten (→ *Impulsives Kaulverhalten*)
   - Zufallsverhalten.

Die Kaufentscheidungstypen sind in gradueller Ausprägung zu sehen. Um die einzelnen Typen abgrenzen zu können, wendet man als Kriterien die Anzahl der durchlaufenen Phasen des Entscheidungsprozesses (→ *Beschaffungsentscheidungsprozess*) und die Intensität der durchlaufenen Phasen an.

Als Determinanten für das Auftreten einzelner Kaufentscheidungstypen auf Konsumgütermärkten kann man die Art des auszuwählenden Produktes, die Kaufsituation und die persönlichen (→) *Prädispositionen* des Entscheidenden betrachten. Dabei unterscheidet man als Produktarten einerseits Gebrauchs- und Verbrauchsgüter, andererseits Convenience Goods (→ *Convenience Shopping*), Shopping Goods und Specialty Goods (→ *Konsumgütertypologie*).

Bezüglich der Kaufsituation sind als Bestimmungsgrößen der emotionale Reizwert der Situation, der Zeitdruck und die Neuartigkeit der Situation zu nennen. Zu den persönlichen Prädispositionen zählen die Risikoneigung der Käufer, das persönliche Informationsniveau und die Ich-Beteiligung (→ *Involvement*), d.h. das individuelle Engagement bei der Kaufentscheidung (vgl. Kroeber-Riel/Weinberg, 1999, S. 360).

Durch eine Kombination der Ausprägungen dieser Bestimmungsgründe ergeben sich verschiedene Verhaltenssegmente (vgl. Übersicht 66).

Persönliche Prädispositionen	Verbrauchsgüter		Gebrauchsgüter	
	reizstarke Situation	reizschwache Situation	reizstarke Situation	reizschwache Situation
stark engagierte Käufer (großes Involvement)	I, V	V, G	E	E, V
schwach engagierte Käufer (geringes Involvement)	I	G, V	V, I	G, E

Zeichenerklärung:
I = Impulsives Verhalten
V = Vereinfachtes Verhalten
G = Gewohnheitsverhalten
E = Extensives Entscheiden

Quelle: Kroeber-Riel, 1984, S. 322.

Übersicht 66: Kaufentscheidungstypen

Bei den Kaufentscheidungstypen mit stärkerer kognitiver Steuerung geht man häufig von Kaufentscheidungsmodellen aus, nach denen der Käufer vor Kaufentscheidungen sämtliche verfügbaren Informationen aufnimmt und rational verarbeitet. Hierzu ist er aber auf Grund vorhandener Restriktionen nicht in der Lage. So greifen stets emotionale Komponenten in den Entscheidungsprozess ein und bestimmen die Effizienz der Informationsverarbeitung. Diese steht auch unmittelbar unter sozialem Einfluss. Weiterhin sind die kognitiven Restriktionen im Sinne einer begrenzten Informationsverarbeitungskapazität und Problemlösungsfähigkeit zu beachten. Daher werden auch in echten Kaufentscheidungssituationen häufig vereinfachte Entscheidungsprogramme angewendet. Die Vereinfachung des Entscheidungsverhaltens entlastet den Käufer und verringert die möglichen Konflikte. Eine Vereinfachung der Produktauswahl kann dadurch entstehen, dass der Käufer nur eine geringe Zahl von Alternativen prüft, sich von Prädispositionen, besonders (→) *Einstellungen* leiten lässt, nicht nach optimalen Lösungen sucht, sondern eine Alternative sucht, die seinem Anspruchsniveau genügt.

Extensive Kaufentscheidungen werden von Konsumenten nur durchgeführt, wenn sie vor einem größeren Auswahlproblem stehen, z.B. bei neuen, hochwertigen Produkten. Bei extensiven Entscheidungen orientiert sich der Käufer an den Entscheidungswerten der Produkte, die sich aus der Differenz von wahrgenommener Qualität (→ *Nutzen*) und wahrgenommenem Preis (Kosten) ergibt. Er vollzieht dann eine Kosten-Nutzen-Analyse.

Zugleich treten in der Praxis unterschiedliche, diesen Kaufentscheidungstypen nur situativ zuzuordnenden Verhaltensweisen von Konsumenten auf. So ist ein hybrider Käufer dadurch gekennzeichnet, dass er in Abhängigkeit von Einkaufsituation, Produkt oder seiner sozialen Bedeutung einerseits sehr auf den Preis achtet (z.B. beim Kauf von Lebensmitteln) und andererseits eine hohe Qualität zum teuren Preis wünscht (z.B. bei Bekleidung). Hybrides Verhalten zeigt sich auch dann, wenn die gleichen Produkte in unterschiedlichen Kaufsituationen einmal preissensibel und zum anderen ohne jegliche Preissensibilität nachgefragt werden. In diesem Zusammenhang hat auch der Begriff des Smart Shoppers Verbreitung gefunden, eines Konsumententyps, der nicht billige Produkte, sondern qualitativ hochwertige Marken billig, schnell und stressfrei kauft. Er gilt als cleverer Konsument, der durch ein nachhaltiges »Pokern« um den Mehrwert der Marke gekennzeichnet ist (vgl. Grey Werbeagentur, 1995).

Auch auf Investitionsgütermärkten gibt es Kaufentscheidungstypen mit mehr oder weniger starker kognitiver Steuerung. Tendenziell liegt aber eine stärkere kognitive Steuerung vor. Im Bereich geringer kognitiver Steuerung handelt es sich überwiegend um habituelle Entscheidungen; impulsives Kaufverhalten kann weitgehend ausgeschlossen werden.

Als Einflussfaktoren für das Vorliegen eines Entscheidungstyps spielen besonders die Faktoren eine Rolle, die als Kriterien für die (→) *Investitionsgütertypologie* herangezogen werden. Es handelt sich um die Neuartigkeit der Problemdefinition, den organisatorischen Wandel beim Verwender und den Wert des Gutes. Anhand der Ausprägungen der Kriterien Neuartigkeit des Kaufentscheidungsproblems bzw. der Problemdefinition, Ausmaß des organisationalen Wandels und Wert des Objektes gelangt man zu den Kaufentscheidungsprozessen vom Typ A, B oder C. Ein Kaufentscheidungsprozess vom Typ C liegt vor, wenn es sich um einen Erstkauf handelt, bei dem sich ein großer Wandel ergibt und über ein Objekt großen Wertes entschieden wird. Bei Typ A liegen die entgegengesetzten Ausprägungen vor; zu Typ B gehören alle dazwischenliegenden Formen.

Kauffrequenz

Die Kauffrequenz steht in enger Beziehung zum (→) *habituellen Kaufverhalten* und zur (→) *Produkttreue* bzw. (→) *Markentreue*.

Die Kauffrequenz ist die in einer Periode getätigte Zahl und Abfolge von Käufen einer bestimmten Produktgruppe oder einer speziellen Marke durch eine Gruppe von Käufern oder durch einen einzelnen Käufer. Sie wird zunächst durch die Verbrauchsgeschwindigkeit bestimmt. Eine hohe Produkt- bzw. Markentreue ist durch eine hohe Kauffrequenz bei dem betreffenden Produkt oder der betreffenden Marke gekennzeichnet; dies gilt insbesondere bei Verbrauchsgütern.

Solche Daten lassen sich durch Panels erheben (→ *Panelerhebung*) und als Grundlage für Absatzprognosen heranziehen. So wird bei der (klassischen) Absatzprognose nach Parfitt/Collins (1972) mittels der aus Paneldaten gewonnenen kumulierten Marktdurchdringung (kumulierte Erstkäufer) und der Wiederholungskaufrate auf den zukünftigen (→) *Marktanteil* geschlossen. Diese Daten sind auch die Grundlage von (→) *Markenwechselmodellen*. Die Kauffrequenz einer Produktgruppe gibt weiterhin wichtige Hinweise auf die Periodizität des Bedarfs; sie ist damit eine Grundlage der Bedarfsprognose und ein wesentlicher Bestandteil der Bedarfsforschung. Betrachtet man Bedürfnisse (→ *Bedürfnishierarchie*) als eine Vorsteuergröße für den Bedarf und letztlich für die Nachfrage, so ist es weiterhin Aufgabe der Marktforschung, diese zu untersuchen (→ *Motivforschung*).

Kaufkraft

Die Kaufkraft ist der ausgabefähige Geldbetrag, den Konsumenten für Konsumzwecke zur Verfügung haben. Sie ist ein wesentlicher Ansatzpunkt der Bedarfsforschung und Grundlage zur Bestimmung des (→) *Marktpotenzials*.

Die verfügbare Kaufkraft ergibt sich aus dem Einkommen einschließlich des Vermögensverzehrs, erhöht um die Kreditaufnahme für Konsumzwecke, vermindert um die Kreditrückzahlungen. Subtrahiert man von der verfügbaren Kaufkraft die Sparbeträge, so ergibt sich die realisierte Kaufkraft.

Die Kaufkraft wird i.d.R. indirekt über (→) *Indikatoren* gemessen, wobei man meist auf sekundärstatistische Daten zurückgreift. So wird zur Ermittlung der verfügbaren Kaufkraft vielfach auf Daten der Lohn- und Einkommensteuerstatistik und zur Ermittlung der realisierten Kaufkraft auf Daten der Umsatzsteuerstatistik zurückgegriffen. Abgesehen von den Problemen und Ungenauigkeiten der Steuererfassung liegen so zwar Daten über Einkommen und Umsätze vor, es fehlen aber weitgehend entsprechende Daten über das Sparen und die Kreditaufnahme und -rückzahlung.

Als Kaufkraftindikatoren werden auch das Bruttosozialprodukt als hoch aggregierte Größe und Bestandszahlen herangezogen. Als Bestandsgrößen werden etwa die Zahl der Pkws oder der Telefonanschlüsse verwendet. Solche Größen können aber keine Aussage über die absolute Höhe der Kaufkraft geben, sondern lassen höchstens Rückschlüsse auf regionale Verteilungen oder zeitliche Veränderungen zu. Zur Ermittlung der regionalen Unterschiede werden vielfach so genannte (→) *Kaufkraftkennziffern* eingesetzt.

Kaufkraftkennziffern

Kaufkraftkennziffern bewerten regionale Teilmärkte hinsichtlich ihrer (nominalen) (→) *Kaufkraft*. Sie zeigen die regionalen Unterschiede bzw. die regionale Verteilung der Kaufkraft und dienen u.a. als Grundlage für die Standortplanung (→ *Standortpolitik*) der Handelsbetriebe, zur Planung und Kontrolle des Außendienst- bzw. Vertretereinsatzes und zur Streuung von Werbemitteln.

Die von den verschiedenen Marktforschungsinstituten (z.B. BBE, GfK, Infas) ermittelten Kaufkraftkennziffern sind oftmals eine Kombination verschiedener Indikatoren; der bestimmende Faktor ist aber stets die Kaufkraft.

Die GfK ermittelt unterschiedliche Kaufkraftkennziffern, so die wohnort- bzw. verbraucherbezogenen Kennzahlen

- allgemeine Kaufkraftkennziffer (Summe der Nettoeinkünfte)
- einzelhandelsrelevante Kaufkraft (Teil der Kaufkraft, der im Einzelhandel ausgegeben werden kann; allgemeine Kaufkraft abzüglich Miete, Versicherungen, Autokosten usw.)
- sortimentsbezogene Kaufkraft (einzelhandelsrelevante Kaufkraft bezogen auf bestimmte Sortimentsgruppen).

Die GfK-Kaufkraftkennziffern für die allgemeine Kaufkraft werden nach folgender Formel errechnet:

GfK-Kaufkraft =
Nettoeinkommen aus Lohn- und Einkommensteuerstatistik + Renten/Pensionen + Arbeitslosengeld/-hilfe + Sozialhilfe + Wohngeld + Kindergeld + BaföG + Steuervergünstigungen der Landwirtschaft – Kürzungsbetrag der Einkommensmillionäre.

Mit Hilfe der so gewonnenen Kaufkraftkennziffern lässt sich die einzelhandelsrelevante Kaufkraft pro Kopf (durch Division durch die Zahl der Einwohner der betrachteten Gebietseinheiten) und das theoretische (→) *Marktpotenzial* (Umsatzpotenzial) dieser Gebietseinheit ermitteln. Die Kaufkraftdaten werden jährlich als Tabellen oder Kaufkraftkarten veröffentlicht.

Ein Vergleich der Kennziffern einzelner Gebiete mit den vom eigenen Unternehmen erzielten Umsätzen zeigt, wo – regional betrachtet – relative Stärken und Schwächen des Unternehmens liegen. Dort, wo der Umsatz anteilsmäßig höhere Werte als der Kaufkraftanteil der Region aufweist, ist das Unternehmen vor Ort überdurchschnittlich stark präsent und umgekehrt (vgl. Bauer, 1995b, Sp. 1121f.).

Probleme bei der Berechnung ergeben sich neben der Ungenauigkeit der zu Grunde liegenden Statistiken z.B. auf Grund der Zuordnung von Pendlern. Weiterhin muss oft auf alle potenziellen Bedarfsträger (z.B. Gesamtbevölkerung) zurückgegriffen werden, da die Daten der tatsächlichen Bedarfsträger (z.B. Männer einer bestimmten Altersgruppe) nicht erfasst werden können.

Die dargestellten Kaufkraftkennziffern sind wohnortbezogen; sie geben nicht an, wo die Ausgaben getätigt werden. Die GfK erfasst die regional tatsächlich realisierten Umsätze des Einzelhandels anhand von Umsatzkennziffern. Aus diesen Umsatzkennziffern im Zusammenhang mit der einzelhandelsrelevanten Kaufkraft lässt sich die Zentralität von Regionen bzw. Städten ermitteln, die als Indikator für deren Attraktivität dienen kann und den Zufluss bzw. Abfluss von Kaufkraft angibt.

Kaufphasenansatz

Beim Kaufphasenansatz wird der Kauf- bzw. (→) *Beschaffungsentscheidungsprozess* zeitlich differenziert; der Prozess wird in einzelne identifizierbare Phasen eingeteilt. Die Phaseneinteilung orientiert sich an den üblichen Stufen eines Entscheidungsprozesses.

Als Kaufphasen lassen sich unterscheiden (vgl. Böcker, 1996, S. 32f.):

1. Prozessanregungsphase, im Sinne einer Bedürfniserkennung.
2. Such- und Vorauswahlphase, als Phase, in der nach Objekten zur Bedürfnisbefriedigung gesucht wird und eine Vorauswahl auf der Basis von Merkmalen erfolgt, die im Urteil der Entscheider in einem Mindest- oder Maximalausmaß vorhanden sein müssen.
3. Bewertungs- und Auswahlphase, d.h. Bewertung der einzelnen Objekte auf der Basis der relevanten Merkmale und Auswahl des Objektes, das die beste Bedürfnisbefriedigung verspricht.
4. Realisierungsphase als Vollzug der Kaufhandlung und
5. Nachkaufphase.

Bei einer Kaufentscheidung werden nicht generell alle Phasen durchlaufen. Besonders bei Konsumgütern liegt oft keine sehr starke Phasendifferenzierung vor. Dies gilt besonders bei (→) *Kaufentscheidungstypen* mit geringer kognitiver Steuerung.

Von großer Bedeutung sind die Kaufphasenansätze jedoch im Bereich des (→) *Investitionsgütermarketing*, da dort oftmals sehr langwierige und komplexe Beschaffungsentscheidungsprozesse (→ *Kaufprozess*) vorliegen. Die Phasendifferenzierung ist dort sehr stark ausgeprägt. In den einzelnen Phasen werden unterschiedliche Personen mit unterschiedlich starker Kompetenz aktiv, ein Phänomen, das auch bei der Beschaffung von Konsumgütern (→ *Familienentscheidung*) auftritt. Die Kaufphasen bei Investitionsgütern kommen im (→) *Buygrid-Modell* deutlich zum Ausdruck.

Für das Marketing ergibt sich aus einer starken Phasendifferenzierung die Möglichkeit und Notwendigkeit, auf die spezifischen Bedingungen der einzelnen Phasen im Rahmen eines sequenziellen Marketing einzugehen. Hierbei geht es vor allem um die optimale zeitliche Hintereinanderschaltung von Marktaktivitäten (→ *Timing*), z.B. innerhalb der häufig langwierigen und phasendifferenzierten Investitionsgütertransaktionen. Eine Kernfrage bezieht sich auf die Wahl des Zeitpunktes für einen Strategiewechsel (Switch-Problem) und die Wahl der optimalen Strategiesequenz (monoinstrumental oder polyinstrumental). Als Beispiel für eine instrumentalbezogene Strategiesequenz kann die pulsierende (→) *Werbung* herangezogen werden.

Kaufprozess [s.a. Beschaffungsentscheidungsprozess; Kaufphasenansatz]
Die Analyse von Kaufprozessen ist vor allem im (→) *Investitionsgütermarketing* relevant. »Deutlicher als in der Mehrzahl konsumtiver Kaufprozesse (→ *Konsumgütermarketing*) lassen sich bei organisationalen Beschaffungsentscheidungen verschiedene Phasen unterscheiden, in denen unterschiedliche Nachfrageprobleme im Vordergrund stehen. Der Prozess beginnt mit der ersten Feststellung eines bestimmten Bedarfs beim Nachfrager und erstreckt sich über die Angebotserstellungsphase mit ihren verschiedenen technischen und ökonomischen Konkretisierungen des Projektes bis zum Kaufabschluss« (Backhaus, 1999, S. 61).

Für eine eingehende Analyse der Kaufprozesse liegen sowohl Partialansätze, in denen jeweils nur eine Komponente in ihrer Wirkung auf das Kaufverhalten analysiert wird, wie auch Totalansätze vor.

Zu den Partialansätzen, die auf den Kaufprozess fokussieren, zählen unterschiedliche Konzepte mit verschiedenen Phaseneinteilungen. In der Spiegel-Untersuchung werden drei Phasen des Kaufprozesses unterschieden (vgl. Spiegel-Verlag, 1982):

- Initiierungsphase, in der eine Organisation aus unterschiedlichen Abteilungen kommende Anregungen aufgreift, um eine bestimmte Investition zu tätigen
- Vorüberlegungs-/Vorentscheidungsphase, die durch eine projektbezogene Informationsbeschaffung und die Bewertung der Leistungsalternativen gekennzeichnet ist
- Entscheidungsphase, in der die Entscheidung für eine Alternative fällt und der Kauf formal in Gang gesetzt wird.

Demgegenüber unterscheiden Backhaus/Günter fünf Phasen, so die Voranfrage, Angebotserstellung, Kundenverhandlungen, Abwicklung und Gewährleistung (vgl. Backhaus, 1999, S. 64). Wesentlich ist, dass in die Phasen des Kaufprozesses unterschiedliche Entscheider involviert sind und sie unterschiedliche Anforderungen an die Organisation stellen. Berücksichtigt man zudem, dass bei unternehmerischen Entscheidungen oft mehrere Organisationen auf der Anbieter- und Nachfragerseite beteiligt sind (→ *Buying Center*), dann liegen i.d.R. multipersonelle oder multiorganisationale Kaufprozesse vor (→ *Multiorganisationalität des Kaufprozesses; Multipersonalität des Kaufprozesses*).

Die Totalansätze analysieren die Wirkung aller Komponenten auf das Kaufverhalten, wobei ein eher struktureller oder prozessualer Fokus eingenommen wird.

Zu den bekanntesten Prozessmodellen zählt der Ansatz von Choffray/Lilien, in dem, ausgehend von den Phasen der Alternativenauswahl, der Präferenzbildung bei den Mitgliedern des Buying Centers und der Präferenzbildung bei der gesamten Organisation, verschiedene Entscheidungsmodelle miteinander kombiniert werden, so das Awareness-Modell, das Akzeptanz-Modell, individuelle Bewertungsmodelle und Gruppenentscheidungsmodelle (vgl. Backhaus, 1999, S. 123ff.). Hierdurch sollen die Beziehungszusammenhänge der kollektiven Kaufprozesse in operationaler und zugleich totaler Form aufgedeckt werden.

Einen anderen Versuch die Fülle partieller Modelle zu verbinden, legte Sheth (1973) mit seinem Strukturmodell mit Prozessorientierung vor.

Kaufrisiko

In der verhaltenswissenschaftlichen Theorie versteht man unter wahrgenommenem Kaufrisiko die vom Käufer nicht sicher vorhersehbaren negativen Folgen seines (Kauf-) Verhaltens (vgl. Kroeber-Riel/Weinberg, 1999, S. 386f.). Das wahrgenommene Risiko wird also auf zwei Komponenten zurückgeführt (Zwei-Komponenten-Ansatz):

- die vom Käufer wahrgenommenen möglichen negativen Konsequenzen des Kaufs und
- die empfundene Unsicherheit über das Eintreffen dieser Kauffolgen.

Für den Konsumenten verbinden sich mit einem Kauf finanzielle, funktionale, psychische und soziale Risiken. Die erstgenannten Risiken beziehen sich auf eine eventuelle Fehlausgabe von knappen Mitteln oder die fehlende Einschätzung des erhofften Gebrauchsnutzens. Das psychische Risiko kann in einer Nicht-Erfüllung der Bedürfnisse (→ *Bedürfnishierarchie*) bestehen, während das soziale Risiko in der Verletzung von sozialen Normen (→ *Norm, soziale*) oder in der Verminderung des sozialen Ansehens durch einen Kauf liegen kann.

Übersteigt dieses wahrgenommene Kaufrisiko eine individuell unterschiedlich hohe Toleranzschwelle, so wird das Individuum versuchen, das Risiko zu vermindern. Für eine Risikoreduktion kommen Techniken in Frage, die dazu dienen, die negativen Konsequenzen zu verringern, wie der Kauf kleiner Packungen, die Inanspruchnahme einer Umtauschgarantie oder die Orientierung an (→) *Bezugsgruppen*. Auch eine aktive Informationssuche dient letztlich der Reduzierung von Unsicherheiten (→ *Informationsverhalten*). Ferner bilden die (→) *Produkttreue* und (→) *Markentreue* mögliche Maßnahmen zur Verringerung oder Vermeidung des Kaufrisikos.

Kaufwahrscheinlichkeit

Die Kaufwahrscheinlichkeit wird definiert als der Anteil der Personen oder Haushalte, der innerhalb der relevanten (→) *Zielgruppe* das betreffende Produkt kaufen wird. Die Kaufwahrscheinlichkeit und ihre Manipulationsmöglichkeiten sind u.a. abhängig von:

- der Art des Kaufverhaltens und der Länge des Entscheidungsprozesses
- der (→) *Produkttreue* bzw. (→) *Markentreue*
- dem zeitlichen Einsatz und der Intensität der (→) *Werbung*.

Jeder Konsument besitzt eine Präferenzordnung zur Steuerung der Konkretisierungsmöglichkeiten der Bedürfnisse (→ *Bedürfnishierarchie*), die durch vielfältige externe Einflussfaktoren, auch durch Werbung, veränderbar ist. So geht man davon aus, dass eigene absatzwirtschaftliche Aktivitäten eine Veränderung der Präferenzordnung zu Gunsten des eigenen Produktes bewirken und damit die Kaufwahrscheinlichkeit erhöhen, wogegen die Aktivitäten der Konkurrenten ein Aufsteigen auf der Präferenzskala behindert.

Gewohnheitsverhalten (→ *Habituelles Kaufverhalten*) und starke Markenbindung beispielsweise erfordern intensive werbliche Aktivitäten, um das Kaufverhalten zu ändern und die Kaufwahrscheinlichkeit für das eigene Produkt zu erhöhen, während bei geringer Markenbindung der punktuelle Einsatz von Werbung ausreicht (vgl. Rogge, 2000, S. 200ff.).

Zur Vorhersage der Kaufwahrscheinlichkeit werden üblicherweise die (→) *Kaufabsichten* im Rahmen von (→) *Befragungen* erfasst. Die Erfassung der Antworten kann dabei anhand einer Kaufwahrscheinlichkeitsskala (→ *Rating*) erfolgen. Zur Ermittlung der Kaufabsichten und damit der Kaufwahrscheinlichkeit stehen einem Unternehmen je nach Zweck der Vorhersage, Produkttyp, Verfügbarkeit und Zweckmäßigkeit der Daten auch Methoden zur Verfügung wie Zukunftsschätzungen des Vertriebspersonals, Expertenmeinungen, (→) *Markttests*, Zeitreihenanalyse oder statistische Nachfrageanalyse (vgl. Kotler/Bliemel, 2001, S. 538ff.).

Kausalanalyse

In der Kausalanalyse werden Hypothesentest-Verfahren angewendet, die u.a. als Strukturgleichungs-Methodologie, Kovarianzstrukturanalyse (→ *Varianzanalyse*) oder LISREL-Modelling (→ *LISREL*) bezeichnet werden.

Charakteristisch für die Modelle der Kausalanalyse ist die Kombination der Faktorenanalyse zum Test von Messhypothesen mit einem Strukturgleichungsmodell zum Test von Dependenzhypothesen (vgl. Homburg/Hildebrandt, 1998, S. 18). Die Kausalanalyse ist damit ist eine Analysetechnik, die weit über die traditionelle (→) *Pfadanalyse* hinausgeht. Sie verbindet regressions- bzw. pfadanalytische (→ *Regressionsanalyse*) mit faktorenanalytischen Elementen (→ *Faktorenanalyse*). »Diese Verbindung gestattet es, in einem Untersuchungsschritt nicht nur ein Geflecht von theoretisch hergeleiteten Kausalbeziehungen, und zwar direkter, indirekter oder reziproker Art, zwischen relevanten Größen zu untersuchen, sondern darüber hinaus auch unterschiedliche Messkonzepte für die miteinander verknüpften Variablen in die Analyse einzubeziehen« (Nieschlag/Dichtl/Hörschgen, 1997, S. 787).

Wesentlich für diesen Ansatz ist, dass es gelingt, Messfehler zu identifizieren und zu kontrollieren, welche die Analyse vermuteter Kausalbeziehungen (→ *Kausalität*) verfälschen können. Der Ansatz »trägt damit dem Umstand Rechnung, dass viele in der Marketing-Forschung interessierende Variablen theoretische Konstrukte darstellen, also nicht direkt beobachtet, sondern erst über die Zuordnung von (→) *Indikatoren* empirisch erfasst werden können« (Nieschlag/Dichtl/Hörschgen, 1997, S. 787f.).

Das kausalanalytische Verfahren besteht im Wesentlichen aus folgenden Schritten (vgl. Hildebrandt, 1992a, S. 525):

1. Eine verbal formulierte Kausaltheorie, bestehend aus »wenn-dann«- bzw. »je-desto«-Aussagen wird über Variablenbeziehungen in ein Pfaddiagramm übersetzt (→ *Pfadanalyse*). Zudem wird für die latenten Konstrukte ein Messmodell angenommen. Die Richtigkeit der angenommenen Beziehungen zwischen den Variablen muss durch das Pfaddiagramm widergespiegelt werden.
2. Das vorliegende theoretische Modell wird durch ein System von (linearen) Gleichungen abgebildet.
3. Die Struktur dieses Systems wird anhand empirischer Daten getestet. Dabei wird mittels der Kovarianzstrukturanalyse untersucht, ob die im Pfaddiagramm unterstellten Beziehungen, die geschätzten Modell-Parameter, mit den empirischen Daten konsistent sind. »Eine angenommene Kausalstruktur wird als nicht falsifiziert betrachtet oder zu dem Grad akzeptiert, zu dem das Modell die Kovarianzen der Daten reproduziert« (Hildebrandt, 1992a, S. 526).

Kausalität

In der (→) *empirischen Sozialforschung* wird vielfach mit Kausalhypothesen gearbeitet, die durch (→) *Experimente* überprüft werden. Die Kausalhypothesen haben dabei folgende Struktur: Eine Änderung der unabhängigen Variablen (x) (Ursache) bewirkt eine Änderung der abhängigen Variablen (y) (Wirkung). Zwischen den betrachteten Variablen wird dann ein kausaler Zusammenhang vermutet. Er liegt vor, wenn folgende Bedingungen erfüllt sind (vgl. Hammann/Erichson, 2000, S. 180ff.; Churchill, 1976, S. 80ff.):

1. *Assoziation zwischen den Variablen.*
   Eine Assoziation liegt vor, wenn zwei oder mehrere Variablen gemeinsam variieren.
2. *Zeitfolge der Ereignisse.*
   Die verursachende Größe (x) muss der abhängigen Variablen (y) vorausgehen.
3. *Abwesenheit anderer möglicher Kausalfaktoren.*
   Bis auf eine der möglichen Ursachen müssen alle anderen Möglichkeiten ausgeschaltet werden.

Einschränkend ist jedoch in den Sozialwissenschaften festzustellen:

1. Ein Ereignis kann immer mehrere Ursachen haben.
2. In den meisten Fällen lassen sich nur stochastische und keine deterministischen Kausalzusammenhänge feststellen.
3. Ein kausaler Zusammenhang zwischen zwei- oder mehreren Variablen kann letztlich nur vermutet werden.

Keiretsu

Keiretsu sind wirtschaftliche Verbundgruppen in Japan. Nachdem die (→) *Zaibatsu* abgeschafft wurden, formierten sich die betroffenen Unternehmen ohne Holdinggesellschaften neu, wobei der Zusammenhalt durch kapitalmäßige Verflechtung, Finanzierung aus der Gruppe, Personaltausch leitender Angestellter und Abstimmung bei grundsätzlichen Entscheidungen hergestellt wird. Bei den meisten Keiretsu gruppieren sich eine Vielzahl von Unternehmen um eine Großbank, ein oder zwei große Industrieunternehmen und ein (→) *Universalhandelshaus* (→ *Sogo Shosha*) (vgl. Schütte/Lasserre, 1996, S. 69). Die einflussreichsten Verbundgruppen sind heute die Mitsui-, Mitsubishi-, Sumitomo-, Fuyo-, Sanwa- sowie DKB (Dai-Ichi Kangyo Bank)-Gruppe. Diese Gruppen sind teilweise auch miteinander verflochten.

Kennedy-Runde → *Welthandelsrunden*

Kennzahlen

Kennzahlen sind Größen, die verschiedene absolute Zahlen oder Werte in Beziehung zueinander setzen; sie führen damit zu einer (→) *Datenreduktion*. Kennzahlen lassen sich in Gliederungszahlen und Verhältniszahlen unterscheiden (vgl. Übersicht 67).

Gliederungszahlen geben das Verhältnis einer Teilmasse zur übergeordneten Gesamtmasse an. Verhältniszahlen entstehen durch die Gegenüberstellung von gleichgeordneten Massen. Dabei weisen die gegenübergestellten Massen bei Indexzahlen im Gegensatz zu den Beziehungszahlen einen zeitlichen Unterschied auf (vgl. Übersicht 68).

Kennzahlen finden bei der Planung und Kontrolle Anwendung (→ *Marketingplanung; Marketing-Controlling; Erfolgskontrolle*). Sie dienen auch zur Durchführung von (→) *Betriebsvergleichen*. Durch Kopplung von Kennzahlen entstehen Kennzahlensysteme, so das ROI-System (Du-Pont-System) (vgl. Übersicht 69).

Als Return on Investment (ROI) wird die Rentabilität des investierten (gebunde-

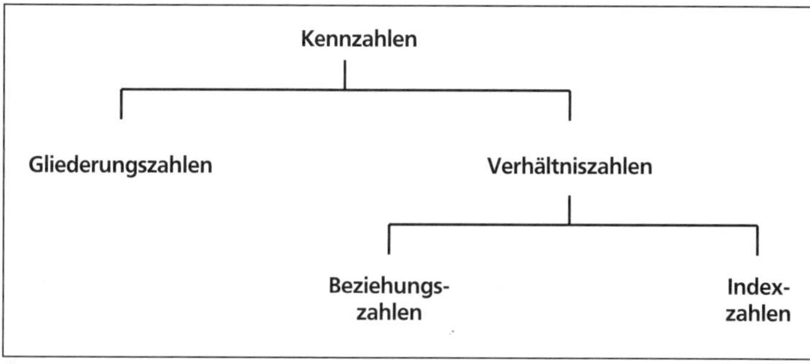

Übersicht 67: Kennzahlen-Systematik

- ***Gliederungszahlen***

$$\frac{\text{Umsatz Abteilung A}}{\text{Umsatz Gesamtbetrieb}} \quad \text{oder} \quad \frac{\text{Marktvolumen}}{\text{Marktpotenzial}}$$

- ***Beziehungszahlen***

$$\frac{\text{Umsatz Abteilung A}}{\text{Umsatz Abteilung B}} \quad \text{oder} \quad \frac{\text{Umsatz}}{\text{beschäftigte Personen}} \quad \text{oder} \quad \frac{\text{Istkosten}}{\text{Sollkosten}}$$

- ***Indexzahlen***

$$\frac{\text{Umsatz lfd. Jahr}}{\text{Umsatz Vorjahr}}$$

Übersicht 68: Kennzahlen-Beispiele

nen) Kapitals bezeichnet (= Gewinn in % des investierten Kapitals). Die Rentabilität ist ein relatives Erfolgsmaß, das die Effizienz der Vermögens- und Kapitalverwendung zum Ausdruck bringt, indem der Erfolg zum Werteeinsatz ins Verhältnis gesetzt wird.

Die ROI-Formel in ihrer einfachsten Ausprägung lautet:

$$\text{ROI} = \frac{\text{Ergebnis}}{\text{Gesamtkapital}} \cdot 100$$

Der ROI drückt damit die durchschnittliche Investitionsrendite des Gesamtunternehmens aus. Die Grundformel des ROI wird durch Erweiterung mit dem Umsatz in die folgenden Bestandteile aufgespalten:

$$\text{Umsatzrentabilität} = \frac{\text{Ergebnis}}{\text{Umsatz}} \cdot 100$$

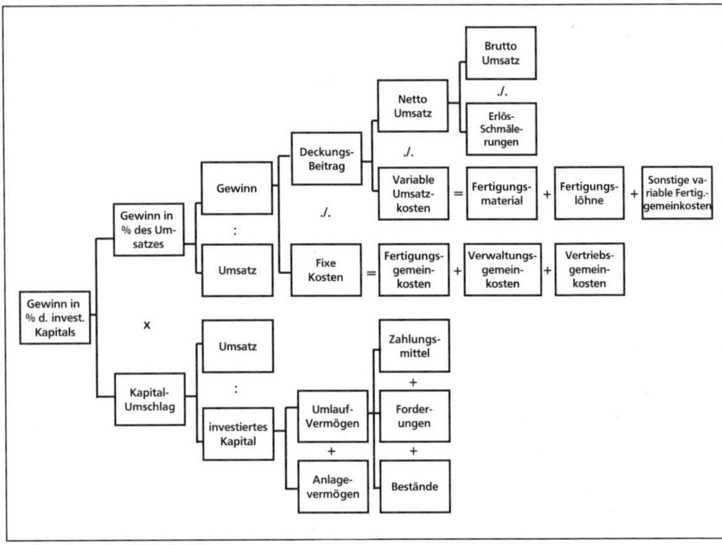

Quelle: Horváth, 1998, S. 551.

Übersicht 69: ROI als Beispiel eines Kennzahlensystems

$$\text{Kapitalumschlagshäufigkeit} = \frac{\text{Umsatz}}{\text{Gesamtkapital}}$$

Mittels dieser Aufspaltung können grundlegende Rentabilitätsabhängigkeiten verdeutlicht werden. Dabei wird durch die Umsatzrentabilität die markt- und kostenseitige Erfolgskraft des Unternehmens gekennzeichnet, während die Kapitalumschlagshäufigkeit den rationellen Einsatz von Gesamtvermögen und -kapital ausdrückt. Dabei ist zu beachten, dass solche Zahlen ohne Informationen über die Datengrundlage irreführend sein können.

Die Kennzahl ROI kann auch als Ausgangs- oder Endpunkt eines Zielsystems angesehen werden, das sich aus den Komponenten der ROI-Formel ableiten lässt. Anhand des ROI-Systems können die Ziele und Maßnahmen der Unternehmen in ergebnisorientiertem Zusammenhang mit Wertgrößen des Rechnungswesens abgebildet und gestaltet werden. Das Soll-/Ist-Zahlenwerk ist als Schema für den Aufbau einer kombinierten retrograd-progressiven, rollenden, ergebnisorientierten Planungs- und Kontrollrechnung geeignet (vgl. Hahn, 1996, S. 156ff.).

Key-Account-Management

Als Account-Management (AM) bezeichnet man analog zum (→) *Produktmanagement* eine Form der Marketingorganisation. Grundsätzlich lassen sich dabei drei organisatorische Varianten des Account-Managements unterscheiden (vgl. Kleinaltenkamp/Rieker, 1997, S. 181):

– *Account-Management als Linienorganisation*: Diese Form entspricht einer kundenorientierten Organisation, bei der die Abnehmer bzw. Abnehmergruppen zum primären Strukturierungskriterium der Marketingorganisation werden.

- *Account-Management als modifizierte Linienorganisation*: Durch die Account-Manager, die z.B. in Form einer Stabsstelle dem Verkauf oder dem Marketing zugeordnet sind, wird eine verstärkte Berücksichtigung horizontaler kundenspezifischer Koordinierungserfordernisse angestrebt.
- *Account-Management als Matrixorganisation*: Die Account-Manager haben in einem Matrixsystem nicht nur eine koordinierende Funktion, sie sind hierarchisch den Funktionsmanagern gleichgestellt.

Das Account-Management in Form der modifizierten Linienorganisation und der Matrixorganisation ist bei Konsumgüterherstellern mittlerweile weit verbreitet. Dies gilt insbesondere im Hinblick auf die Strukturierung der Verkaufs- oder Außendienstorganisation. So zeichnet sich in der Außendienstorganisation eine Umstrukturierung zu kundengruppenorientierten Ansätzen ab (vgl. Übersicht 70). Im Grenzfall bedeutet diese Form der Linienorganisation, dass ein »Account-Manager und die ihm unterstellten Mitarbeiter ausschließlich für einen Kunden (einschließlich der Filial- bzw. der Anschlusshäuser in Kooperationsgruppen/Verbundgruppen) zuständig sind« (Zentes, 1986, S. 21ff.). Account-Management ist insofern der organisatorische Ausdruck eines handelsorientierten Marketing (→ *Trade Marketing*) der Hersteller.

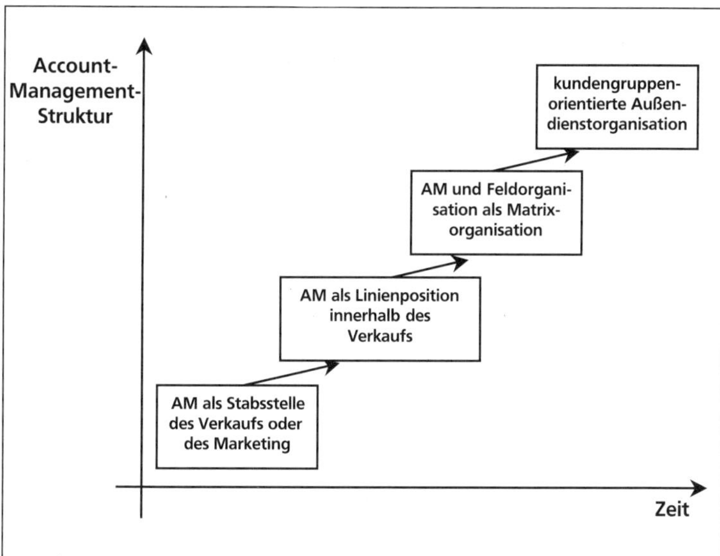

Quelle: Zentes, 1986, S. 26.

Übersicht 70: Entwicklungspfad von Account-Management-Strukturen in der Außendienstorganisation

Account-Management wird oftmals auf die so genannten »Key-Accounts« beschränkt. Darunter sind Großkunden zu verstehen, mit denen ein Unternehmen einen beträchtlichen Teil seines Umsatzes abwickelt. Hierbei werden alle Beziehungen zu einem Kunden organisatorisch zusammengefasst, um dem Gewicht der Großkunden zu begegnen. Man spricht auch von Account-Management als Großkundensteuerung in Ergänzung zu einer Produktsteuerung.

Das Key-Account-Marketing/Management (vgl. Backhaus, 1999, S. 288) trägt dieser Tatsache Rechnung und besteht in der Konzentration der Marketingaktivitäten auf diese Kunden. Es wird dabei das Ziel verfolgt, bei diesen wichtigen Kunden eine möglichst hohe (→) *Lieferantentreue* zu erreichen und die Interaktionsbeziehungen mit diesen Kunden zu festigen (Verbesserung der Geschäftsbeziehungen). Darüber hinaus sehen Kotler/Bliemel (2001, S. 1024ff.) die Minimierung des Koordinationsaufwands, die Verbesserung der Marktstellung im Vergleich zum Wettbewerber sowie die Stärkung der vertikalen Marktposition als weitere Zielsetzungen eines Einstiegs der Herstellerunternehmen in das Key-Account-Management. Kleinaltenkamp/Rieker (1997, S. 165f.) nennen nochmals zusätzlich die Verbesserung der Kommunikation und Koordination innerhalb des Anbieterunternehmens, Verbesserung des After-Sales-Marketing des Anbieters, Verbesserung des Servicemarketing des Anbieters, Verbesserung der Verkaufseffizienz und Wachstum des Anbieters durch Erhöhung des Umsatzanteils bei den Key-Accounts sowie Partizipation an deren Wachstum.

Das Tätigkeitsfeld des Account-Managers, das Planungs-, Steuerungs- und Koordinationsaufgaben beinhaltet, richtet sich zum einen nach außen auf die Großkunden und zum anderen nach innen, so dass man seine Aufgaben in Kunden- und Eigenaktivitäten gliedern kann. Nach Zentes/Ferring (1995, S. 431) werden zukünftig europaweite Key-Account-Manager der Industrie die Gesprächspartner europäischer Einkaufszentralen sein. Der (Euro-)Key-Account-Manager koordiniert in diesem Beziehungsgeflecht alle handelsgerichteten Aktivitäten (vgl. Zentes, 1989b, S. 225f.). Gleichwohl hat das Euro-Key-Account-Management – im Vergleich zum nationalen Key-Account-Management – wesentlich weiterreichende Konsequenzen für den Hersteller und seine Unternehmenspolitik, da es nicht nur Auswirkungen auf die jeweiligen Ländergesellschaften hat, sondern vielmehr die gesamte internationale Unternehmensgruppe betrifft. Die Ziele des Euro-Key-Account-Managements müssen also, im Hinblick auf ein langfristiges Gesamtkonzept, unter den einzelnen Ländergesellschaften abgestimmt werden und haben daher einen stärkeren strategischen Charakter als das beim nationalen Key-Account-Management der Fall ist.

Diller (1992c, S. 242) unterscheidet folgende strategische Ziele des Euro-Key-Account-Managements:

- Unterbindung von Parallelimporten und eines damit einhergehenden Preisverfalls auf das niedrigste Länderniveau
- Koevolution mit wichtigen nationalen Key-Accounts, die sich internationalisieren, und damit einhergehende Verbesserung der relativen vertikalen Wettbewerbsposition bei diesen Kunden gegenüber anderen Mitbewerbern
- Erschließung von internationalen Synergiepotenzialen durch Kooperationen mit Euro-Key-Accounts, z.B. im Bereich der Logistik oder Handelsmarken
- gemeinsame Markterschließung bzw. Marktanteilserlangung in Ländern, in denen man (auf Handels- und/oder Herstellerseite) bisher unterrepräsentiert war.

Gerade dieser letzte Aspekt und die Tendenz zum globalen Einkauf im Handel werden zunehmend zur Ausprägung von Global-Key-Accounts führen, die weltweit einen Großkunden betreuen (→ *Einkaufskontore*).

Klumpenauswahl → *Stichprobenverfahren*

Know-how-Verträge

Die in vielfältigen Ausgestaltungen anzutreffenden Know-how-Verträge haben die Vermittlung und Überlassung gewerblich nutzbarer Kenntnisse und Fertigkeiten zum Gegenstand. Sie sind eine Untergruppe der Lizenzvereinbarungen (→ *Lizenzpolitik*), nämlich Vereinbarungen, bei denen die überlassenen Kenntnisse nicht durch (→) *Patente* geschützt sind. Auch ohne Erfindungscharakter und Patentierbarkeit verschafft exklusives Spezialwissen eine Vorsprungstellung im Markt (vgl. Martinek, 1992, S. 206f.). Know-how-Verträge können Unternehmen als Markteintrittsform in ausländischen Märkten dienen. Dies ist u.a. von Vorteil, wenn dem Export (→) *Handelshemmnisse* tarifärer oder nicht-tarifärer Form entgegengesetzt werden oder die eigenen Produktionskapazitäten erschöpft sind. Hierbei sind Know-how-Verträge besonders für kleine und mittelständische Unternehmen eine geeignete Alternative (vgl. Martinek, 1992, S. 209).

Kognitive Dissonanz → *Einstellung; Konflikte*

Kognitive Entscheidungsmuster [s.a. Kognitive Programme]

Kognitive Entscheidungsmuster bei der Produktauswahl kommen bei den (→) *Kaufentscheidungstypen* mit stärkerer kognitiver Steuerung, d.h. bei echten Kaufentscheidungen, zur Anwendung.

Nach Kroeber-Riel/Weinberg (1999, S. 375ff.) unterscheidet man die Produktauswahl nach Alternativen und nach Produktattributen.

Bei der Auswahl nach Produktalternativen werden die Alternativen ganzheitlich bewertet und in eine Reihenfolge gebracht. Bei extensiven Entscheidungen vollzieht der Käufer eine Kosten-Nutzen-Analyse und wählt die Produktalternative, deren Differenz zwischen wahrgenommener Qualität (Nutzen) und wahrgenommenem Preis (Kosten) am größten ist. Diese Ausrichtung der Entscheidung an einem Entscheidungswert aus einer Kosten-Nutzen-Analyse ist vereinbar mit der klassischen (→) *Haushaltstheorie*. Zur Operationalisierung dieses Zusammenhangs verwendet Kaas (1977, S. 43ff.) als Entscheidungswert die Differenz aus Produkteinstellung (→ *Einstellung*) und wahrgenommenem Preis.

Bei der Auswahl nach Produktattributen prüft der Käufer nicht jedes Produkt ganzheitlich, sondern alle Alternativen nach einzelnen Produkteigenschaften. Dabei verwenden die Käufer verschiedene, z.T. stark vereinfachte Auswahlmodelle.

Nach der konjunktiven Regel werden mehrere wichtige Eigenschaften zur Bewertung herangezogen. Für jedes Attribut legt der Entscheidende ein Mindestanspruchsniveau fest. Werden diese Bedingungen von mehreren Produkten gleichzeitig oder von keinem Produkt erfüllt, so erfolgt eine Anpassung des Anspruchsniveaus nach oben bzw. unten.

Nach der disjunktiven Regel, die eine noch geringere kognitive Steuerung bedeutet, wird die Alternative gewählt, die bei einer wichtigen Eigenschaft einen besonders guten oder den höchsten Wert aufweist.

Nach der lexikografischen Regel werden die Attribute entsprechend ihrer Bedeutung in eine Hierarchie gebracht. Es werden dann alle Alternativen in Bezug auf das wichtigste Attribut geprüft. Dabei wird die Alternative gewählt, die hinsichtlich dieses Attributs den besten Wert aufweist. Werden mehrere Alternativen gleich bewertet, so wird zu ihrer weiteren Überprüfung das zweit- (dritt- ...) wichtigste Attribut zur Bewertung herangezogen.

Unter Zeitdruck oder bei geringem (→) *Involvement* der Käufer werden diese Regeln durch noch weiter vereinfachte Heuristiken ersetzt, z.B. Betrachtung einer geringen Anzahl von Alternativen, Entscheidung nach vorgefertigten Präferenzen.

Die Erforschung der kognitiven Entscheidungsmuster kann mit Hilfe von Informations-Display-Matrizen oder Protokollen lauten Denkens durchgeführt werden.

Kognitive Inkonsistenz → *Einstellung; Konflikte*

Kognitive Programme

Kognitive Programme sind Programme, die Konsumenten zur Verarbeitung von Informationen anwenden. Bei Entscheidungen der Konsumenten werden nach Kroeber-Riel/Weinberg (1999, S. 292ff.) zwei Arten von kognitiven Informationsverarbeitungsprogrammen wirksam:

- Beurteilungsprogramme zur Produktbewertung
- Auswahlprogramme zur Produktauswahl.

Die Beurteilungsprogramme (Qualitätswahrnehmung) reichen nicht zur Produktauswahl aus, denn eine hohe wahrgenommene Qualität eines Produktes führt nicht automatisch zum Kauf, z.B. wenn bei einem hohen Preis andere Alternativen eine vergleichbare Qualität aufweisen. Bei den Beurteilungsmustern handelt es sich weniger um Regeln, die auf einer objektiven mathematischen Logik basieren, sondern auf einer subjektiven Psycho-Logik, die Verzerrungen durch (→) *Emotionen*, Vorurteile (kognitive Strukturen) und Intuitionen unterworfen ist.

Zur Vereinfachung der Produktbewertung wird häufig auf einfache Programme wie Denkschablonen (z.B. Vorurteile) und subjektive Denkgewohnheiten (z.B. Schlussfolgerungen) zurückgegriffen. So schließt der Konsument oftmals vereinfacht von einem Eindruck, als elementarer Wahrnehmungseinheit, auf die gesamte Produktqualität. Bei dem einzelnen Eindruck handelt es sich um eine Schlüsselinformation (Information-Chunk). Beim umgekehrten Beurteilungsmuster schließt der Konsument von der gesamten Produktqualität auf einzelne Eindrücke (→ *Haloeffekt*).

In vielen Fällen wird auch von einem Einzeleindruck auf einen anderen Einzeleindruck geschlossen. Dies bezeichnet man als (→) *Irradiation*.

Da Individuen nach der kognitiven Theorie Beurteilungen auf Grund solcher Denkschablonen und emotional gefärbter Informationen ablehnen, versuchen sie unbewusst, diese Beurteilungen nachträglich durch rationale Gründe zu rechtfertigen (Attributionstheorie).

Neben diesen einfachen Beurteilungsprogrammen werden auch komplexe Programme durchgeführt, die systematischer und rationaler sind. Der Konsument wendet dabei mehr Mühe und Aufmerksamkeit bei der Produktbeurteilung auf. Bei den entsprechenden Modellen geht man davon aus, dass sich die Beurteilung eines Produktes aus den Teilurteilen bezüglich einzelner Produkteigenschaften zusammensetzt. Man spricht daher von kompensatorischen und nicht-kompensatorischen Multiattributmodellen. Als neue methodische Entwicklung zur Bestimmung von Qualitätsurteilen für Produkte mit unterschiedlichen Eigenschaften ist die Verbundmessung (→ *Conjoint Measurement*) zu nennen.

Die Auswahlprogramme entsprechen den (→) *Kaufentscheidungstypen* mit starker kognitiver Steuerung; es handelt sich um

(→) *kognitive Entscheidungsmuster*, die von den Käufern angewendet werden, um zwischen mehreren Produktalternativen auszuwählen.

Kognitive Prozesse → *Informationsverarbeitungssystem*

Kohortenanalyse
Kohortenanalysen oder Kohortenstudien werden in der Literatur sehr unterschiedlich abgegrenzt. »Nach einer ersten, ziemlich einheitlichen Auffassung liegt eine Kohortenstudie dann vor, wenn eine Gruppe von Personen, die eine Kohorte, z.B. eine Geburtskohorte bilden, wiederholten Erhebungen unterzogen wird. In diesem Fall liegt gleichzeitig eine (→) *Panelerhebung* und damit i.e.S. eine Longitudinalstudie (→ *Längsschnittanalyse*) vor« (Kaas, 1983, S. 169).

Ein zweiter Typ der Kohortenstudie ist dadurch gekennzeichnet, dass zu verschiedenen Messzeitpunkten unabhängige Stichproben aus ein und derselben Kohorte gezogen werden. Ein dritter Typ der Kohortenstudie liegt vor, »... wenn verschiedene Kohorten zu verschiedenen Zeitpunkten Gegenstand einer Erhebung sind. Dieses Design wird häufig von demoskopischen Instituten verwendet, um den sozialen Wandel (z.B. von Wertorientierungen) (→ *Wertedynamik*) zu verfolgen, soweit er durch den Wechsel der Generationen bedingt ist« (Kaas, 1983, S. 170).

Eine kohortenanalytische Auswertung kann auch in Bezug auf Daten aus Querschnittserhebungen (→ *Querschnittsanalyse*) durchgeführt werden. So können in Untersuchungen, in denen z.B. das Lebensalter der Probanden erhoben wird, durch eine entsprechende Schichtung Kohorten gebildet und auf ihre spezifischen Variablenausprägungen hin untersucht werden.

Kollektive Kaufentscheidung → *Gruppenentscheidung*

Kommissionär [s.a. Handelsformen, kodifizierte; Handelsmittler]
Kommissionäre nehmen für ihren Auftraggeber im eigenen Namen, aber auf dessen Rechnung Handelsgeschäfte vor (nach deutschem Recht §§ 383ff. HGB). Man unterscheidet Einkaufs- und Verkaufskommissionäre. Einkaufskommissionäre haben die Aufgabe, in den von ihnen vertretenen Gebieten die jeweils günstigsten Beschaffungsquellen zu erschließen. Sie sind häufig für Großhandelsunternehmen und Warenhäuser tätig. Üblicherweise gibt der Auftraggeber (»Kommittent«) Preisobergrenzen vor, die der Kommissionär nicht überschreiten darf. Der Kommissionär hat nach Abschluss des Geschäfts eine Ausführungsanzeige und eine Abrechnung zu erstellen sowie den Namen des Kontrahenten an den Kommittenten weiterzugeben (vgl. Jahrmann, 1998, S. 74).

Der Verkaufskommissionär übernimmt in einem bestimmten Vertragsgebiet den Vertrieb durch Katalogangebot, Proben, Modelle oder auch die Unterhaltung von Konsignationslagern. Da sich das Konsignationslager im Eigentum des Auftraggebers befindet, müssen die Lagerführung, Versicherung usw. vertraglich geregelt werden. Üblicherweise gibt der Auftraggeber bei Verkaufskommissionen Preisuntergrenzen vor, die der Kommissionär einhalten muss (vgl. Jahrmann, 1998, S. 74).

Kommissionshandel → *Handelsformen, kodifizierte; Kommissionär*

Kommunikation
Als Kommunikation bezeichnet man den Austausch von Informationen. Findet dieser Informationsaustausch zwischen Perso-

nen statt, spricht man von Mensch-Mensch-Kommunikation. Erfolgt der Austausch zwischen Computersystemen, so liegt eine Maschine-Maschine-Kommunikation vor. Entsprechend bezeichnet man als Mensch-Maschine-Kommunikation (→ *Decision-Support-System*) einen Informationsaustausch, an dem sowohl Personen als auch Computer beteiligt sind. Für das Marketing ist in erster Linie die Mensch-Mensch-Kommunikation (»Mund-zu-Mund«) als eine Form des sozialen Handelns von Bedeutung.

Der Kommunikationsprozess enthält nach der Lasswell-Formel fünf Komponenten: Wer (Kommunikator) sagt was (Kommunikationsinhalt) über welchen Kommunikationskanal zu wem (Kommunikant, Rezipient, Empfänger) mit welchem Effekt (Kommunikationswirkung). Die Informationsvermittlung erfolgt verbal oder nicht verbal, etwa durch Mimik und Gestik.

Hinsichtlich der Art der Übermittlung der Informationen unterscheidet in persönliche Kommunikation (→ *Face-to-Face-Kommunikation*) und (→) *Massenkommunikation*.

Von großer Bedeutung für die (→) *Kommunikationspolitik* ist weiterhin die Unterscheidung in ein-, zwei- und mehrstufige Kommunikation.

Einstufige Kommunikation liegt vor, wenn ein Kommunikator mit einem Empfänger unmittelbar Kontakt aufnimmt. Dies lässt sich sowohl auf die persönliche Kommunikation beziehen als auch auf die Massenkommunikation. Somit lassen sich zwei Arten von einstufiger Kommunikation unterscheiden (vgl. Übersicht 71).

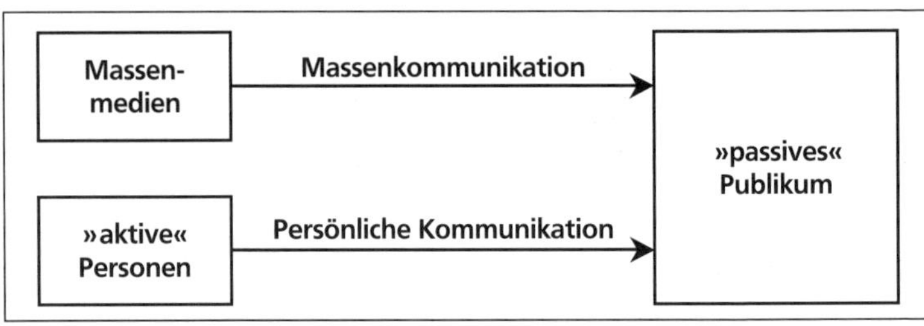

Quelle: Kroeber-Riel/Weinberg, 1999, S. 634.

Übersicht 71: Einstufige Kommunikation

Nach dem Konzept der zweistufigen Kommunikation werden die von den Massenmedien gelieferten Informationen nur von einem kleinen, aktiven Teil der Bevölkerung (→ *Meinungsführer*) aufgegriffen und von diesen in persönlichen Gesprächen an den weniger aktiven Teil der Bevölkerung (passives Publikum) weitergeleitet (vgl. Übersicht 72).

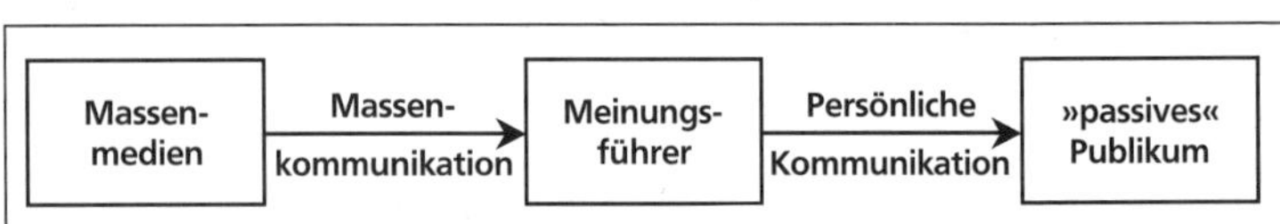

Quelle: Kroeber-Riel/Weinberg, 1999, S. 635.

Übersicht 72: Zweistufige Kommunikation

In diesem Konzept haben die Meinungsführer zwei Funktionen, einerseits die Relaisfunktion, da sie Informationen übermitteln, und andererseits die Verstärkerfunktion auf Grund der verstärkten Beeinflussungswirkung der persönlichen Kommunikation.

Das Konzept der mehrstufigen Kommunikation beruht auf der Kritik an den Konzepten der ein- und zweistufigen Kommunikation, nämlich der isolierten Betrachtung der ein- und zweistufigen Kommunikationsprozesse und der Annahme eines ausschließlich passiven Publikums.

Das Konzept der mehrstufigen Kommunikation geht davon aus, dass alle Kommunikationsarten stets zusammen das Verhalten beeinflussen. Außerdem wird berücksichtigt, dass der Kommunikationsfluss nicht nur einseitig vom Sender zum passiven Publikum verläuft, sondern dass die Kommunikanten zum Teil selbst aktiv sind und den Kommunikationsfluss lenken.

Kommunikationseffekte

Nach Levitt (1965) lassen sich mehrere Kommunikationseffekte unterscheiden, die in ihrem Zusammenwirken wesentlich die Wirkung der Werbung bestimmen (→ *Werbewirkung*). Hierzu gehören:

- *der Source-Effekt*
  Der Source- oder Sender-Effekt besteht im positiven Einfluss des (→) *Images* oder des Bekanntheitsgrades eines Unternehmens als Sender der Werbebotschaft auf die Kommunikationswirkung.
- *der Sleeper-Effekt*
  Als Sleeper-Effekt bezeichnet man den Abbau des positiven Sender-Effektes im Zeitablauf, wenn dieser nicht laufend durch die Kommunikation gefördert wird.
- *der Audience-Effekt*
  Die Kommunikationswirkung wird auch durch die Eigenschaften der Empfänger mitbestimmt, z.B. ihre Informationsbasis und Risikoneigung.
- *der Message-Effekt*
  Der Message-Effekt resultiert aus der Qualität der Kommunikationsbotschaft.
- *der Communicator-Effekt*
  Der Einfluss der Art und Weise der Präsentation durch den Kommunikator nennt man Communicator-Effekt.

Die Audience, Message- und Communicator-Effekte können die Wirkung des Source-Effektes relativieren und eventuell kompensieren.

Kommunikationspolitik

[s.a. Corporate Identity; Marketinginstrumente]

Die Kommunikationspolitik hat in enger Abgrenzung die aktive Gestaltung der auf die Märkte (Absatz- und Beschaffungsmärkte) gerichteten Informationen zum Gegenstand. Zu den Instrumenten, die zusammen das Kommunikations-Mix bilden, zählen:

- die (→) *Werbung*
- die (→) *Verkaufsförderung*
- die Öffentlichkeitsarbeit (→ *Public Relations*)
- der persönliche Verkauf (→ *Personal Selling*).

Darüber hinaus sind (vgl. Tietz, 1993b, S. 26):

- die Kontaktintensität und
- die zeitliche Kontaktbereitschaft der Marktpartner

bei der Planung der Kommunikationspolitik zu berücksichtigen.

Nach dem Träger der Kommunikation können die kommunikationspolitischen Instrumente in Instrumente der persönlichen

Kommunikation und Instrumente der unpersönlichen Kommunikation differenziert werden.

Bei weiterer Begriffsfassung ist die Kommunikationspolitik von Unternehmen nicht nur auf die Absatz- und Beschaffungsmärkte, sondern auch auf das gesellschaftliche Umfeld gerichtet. Zum gesellschaftlichen Umfeld gehören u.a. staatliche Institutionen, kulturelle und politische Institutionen sowie Kirchen. Die so abgegrenzte Kommunikationspolitik ist ein instrumenteller Teilbereich der Corporate Communications.

Zur Vermittlung eines einheitlichen und konsistenten Erscheinungsbildes gegenüber den Marktpartnern wird die integrierte Kommunikation eingesetzt (vgl. Bruhn/Boenigk, 1999, S. 13ff.). Integrierte Kommunikation bedeutet die inhaltliche und formale Abstimmung der Maßnahmen der Kommunikationspolitik. Dadurch soll die Wirkung der unterschiedlichen Kommunikationsmaßnahmen gegenseitig unterstützt und verstärkt werden (vgl. Esch, 1999, S. 27f.).

Besonderheiten der internationalen Kommunikationspolitik resultieren aus folgenden Kommunikationsbarrieren im internationalen Umfeld (vgl. Cundiff/Hilger, 1988, S. 405; Berndt/Fantapié Altobelli/Sander, 1997, S. 273ff.):

- Sprachunterschiede
- Unterschiede in den staatlichen Regulierungen
- Unterschiede in der Verfügbarkeit von Medien
- Unterschiede in den wirtschaftlichen Gegebenheiten
- Unterschiede in den lokalen Handelsstrukturen
- Unterschiede im Geschmack und in den Verhaltensweisen der Kunden und
- Unterschiede in der Verfügbarkeit von Werbeagenturen.

Die Kernentscheidung international tätiger Unternehmen in der Kommunikationspolitik betrifft insbesondere die kommunikationspolitische Strategie. Drei grundsätzliche Optionen stehen dem Unternehmen dabei zur Verfügung:

- (→) *Standardisierung* der internationalen Kommunikationsstrategie
- (→) *Differenzierung* der internationalen Kommunikationsstrategie
- internationale Dachkampagnenstrategie.

Im Zuge der Standardisierung strebt das Unternehmen eine weltweit einheitliche Strategie in der Kommunikationspolitik an. Diese Standardisierung der internationalen Kommunikation resultiert aus einer Globalisierungsstrategie (→ *Globalisierung*; *Global Brand*) und basiert auf der Annahme, dass die Märkte weltweit immer ähnlicher werden (Konvergenzthese).

Die Differenzierung berücksichtigt unterschiedliche nationale Gegebenheiten und Bedürfnisse von Konsumenten. Sie bietet die Möglichkeit, auf den Wettbewerb und die Kundenstruktur weltweit flexibel und schnell zu reagieren. Darüber hinaus ermöglicht diese Strategie die Verfolgung unterschiedlicher Zielsetzungen, so die Ansprache differenzierter Zielgruppen und die Berücksichtigung länder- bzw. segmentspezifischer Gegebenheiten (→ *Marktsegmentierung*). Zudem liegt ein wesentlicher Vorteil länderspezifischer Kommunikationsstrategien in dem geringen Risiko der Fehleinschätzung einer kommunikationspolitischen Konzeption. Beim Versagen einer Kampagne sind die negativen Konsequenzen (z.B. Imageeinbußen) auf diesen Markt beschränkt.

Eine Kombination aus einer standardisierten und einer differenzierten internationalen Kommunikationsstrategie stellt die Dachkampagnenstrategie dar. Dabei erfolgt eine Fokussierung auf ein Zentralthema (zentrale Kommunikationselemente), das in den unterschiedlichen Ländern mit verschiedenen anderen Elementen kombiniert bzw. mit verschiedenen Werbemitteln umgesetzt wird. Ein zentrales Grundschema wird länderspezifisch so ausgestaltet, dass lokale Anforderungen berücksichtigt werden können. I.d.R. enthalten Kommunikationsstrategien sowohl länderspezifische als auch globale Elemente.

Kompensationsgeschäfte

Kompensationsgeschäfte (oder Countertrade-Geschäfte) sind Transaktionen, bei denen die Partner gegenseitig Realgüter (Sachgüter oder Dienstleistungen) austauschen, unabhängig davon, ob zusätzlich Zahlungen erfolgen (vgl. Berndt/Fantapié Altobelli/Sander, 1999, S. 138). Einer Schätzung der WTO zufolge haben Kompensationsgeschäfte einen Anteil von etwa 20% am Welthandel (vgl. Jahrmann, 1998, S. 70). Kompensationsgeschäfte sind u.a. im Handel mit den ehemaligen Ostblockländern und den Entwicklungsländern von Bedeutung. Die Gründe für Kompensationshandel liegen im Wesentlichen im Devisenmangel und in dem fehlenden Vermarktungs-Know-how dieser Länder.

Die Grundformen von Kompensationsgeschäften lassen sich in drei Hauptgruppen unterteilen (vgl. Übersicht 73).

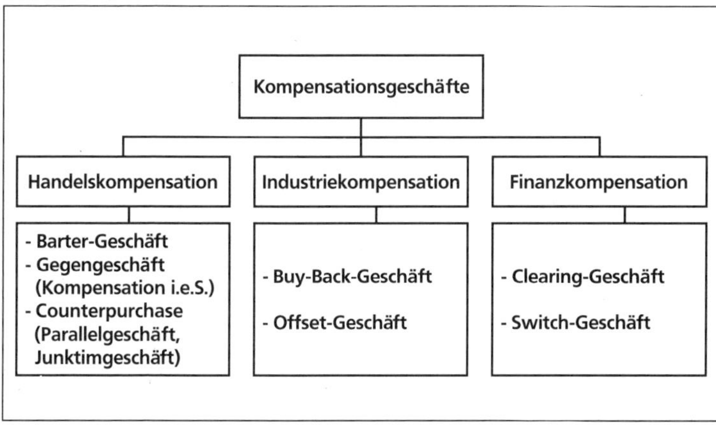

Quelle: in Anlehnung an Fantapié Altobelli, 1994, S. 9.

Übersicht 73: Arten von Kompensationsgeschäften

Handelskompensationen sind eher kurzfristig orientiert, während die Industriekompensationen langfristige Vereinbarungen mit Projektcharakter umfassen. Finanzkompensationen bezeichnen zwischenstaatliche Abkommen mit dem Ziel, internationale Transferzahlungen zu erleichtern (vgl. Berndt/Fantapié Altobelli/Sander, 1999, S. 138f.).

Je nachdem, ob der Exporteur die Kompensationsware selbst verwendet oder die Güter von einem dritten Beteiligten (z.B. einem Handelshaus) übernommen werden, spricht man von Eigen- oder Fremdkompensation. Eine weitere Differenzierung der Kompensationsgeschäfte kann in Teil-, Voll- und Überkompensation erfolgen.

Kompetenzzentren

Kompetenzzentren stellen eine Form der organisatorischen Bündelung von Fachwissen, Verantwortlichkeit, Zuständigkeit und Befugnissen in zeitlicher und inhaltlicher Form dar. In international tätigen Unternehmen beinhalten sie die vollständige Übertragung unternehmerischer Funktionen – wie (→) *Forschung und Entwicklung* oder Produktion – an eine Einheit (z.B. eine Niederlassung oder Tochtergesellschaft), in der diese Funktion konzentriert wird. Bei Funktionen, die an unterschiedlichen Orten durchgeführt werden, ist eine ablauforganisatorische Abstimmung notwendig, so bei Forschungs- und Entwicklungsprojekten.

Kompetenzzentren entstehen häufig zunächst durch die Übertragung von Teilfunktionen an ausländische Niederlassungen zur Anpassung an nationale Gegebenheiten oder Kundenwünsche, so bei der Übertragung von Entwicklungsteilfunktionen oder Aufgaben der Produktanpassung. Bartlett/Ghoshal (1990, S. 217) sprechen in diesem Zusammenhang von »locally leveraged innovation processes«. Wird die entwickelte Erzeugnisvariante dann für die Kunden weltweit eingesetzt, so kann die Niederlassung auf diesem Gebiet zum Kompetenzzentrum für die Kunden werden (→ *Lead-Country-Konzept*). Die Bildung von Kompetenzzentren erfolgt auf der Basis günstiger Rahmenbedingungen wie niedriger Löhne und gebündeltem Wissen, so bei Kompetenzzentren zur Softwareentwicklung in Indien.

Komplementarität → *Sortimentsverbund*

Komponentengeschäft → *Produktgeschäft*

Konditionenpolitik [s.a. Kontrahierungspolitik]

Die Instrumente der Konditionenpolitik umfassen neben Garantieversprechen (→ *Garantie*), Umtausch- und Rückgaberechten die Rabatte und Boni sowie die Lieferungs- und Zahlungskonditionen.

Rabatte sind als Nachlässe auf Listenpreise zu bezeichnen. Im Einzelnen gehören hierzu u.a.:

- der Listungsrabatt
- der Funktionsrabatt
- der Mengenrabatt
- der Zeitrabatt
- der Sortimentsrabatt
- der Gesamtumsatzrabatt
- der Treuerabatt
- der Sonderrabatt.

Der Listungsrabatt stellt eine Vergütung für die Aufnahme eines Lieferanten in den Kreis der Belieferer dar. Der Funktionsrabatt stellt auf die Handelsstufe, so Groß- oder Einzelhandel, der belieferten Unternehmen ab. Dagegen ist der Mengenrabatt ausschließlich an der Abnahmemenge orientiert.

Eine Sonderform des Mengenrabatts ist der Naturalrabatt. Er ist dadurch charakterisiert, dass weniger Einheiten fakturiert als geliefert werden. Zeitrabatte beziehen sich auf den Zeitpunkt der Bestellung oder der Abnahme der Ware, so auf Bestellungen oder Warenabnahme vor der Saison (Vordispositionsrabatt).

Der Sortimentsrabatt ist ein Nachlass für die Führung des gesamten Sortiments bzw. der gesamten Produktlinie eines Herstellers. Stellt der Umsatz, den ein Abnehmer innerhalb einer bestimmten Periode mit einem Unternehmen tätigt, die Grundlage der Rabattierung dar, so liegt ein Gesamtumsatzrabatt vor; er entspricht dem Bonus.

Treuerabatte werden zur Belohnung dauerhafter Geschäftsbeziehungen gewährt. Sonderrabatte sind zeitlich befristete Preisnachlässe. Einen wichtigen Sonderrabatt stellt der Einführungsrabatt dar, der die Markteinführung neuer Produkte (→ *Neuprodukteinführung*) begünstigen soll.

Der Skonto ist ein Nachlass für die prompte Bezahlung oder die Bezahlung innerhalb einer (vorgegebenen) kurzen Frist und für Vorkasse. Er bezieht sich somit auf die finanzielle Abwicklung des Kaufprozesses. Neben dem Skonto sind als Zahlungskonditionen die Arten der Kreditgewährung von Relevanz. Dabei ist zu unterscheiden zwischen der Kreditgewährung gegenüber Konsumenten und dem Kredit unter Kaufleuten.

Kreditgewährung gegenüber Konsumenten liegt bei Teilzahlungsgeschäften vor (Ratenkauf, Kreditkauf). Kreditgewährung ist im Handel auch bei der Annahme von bargeldlosen Zahlungsmitteln, so Schecks und Kreditkarten, bzw. bei der Herausgabe unternehmenseigener Kreditkarten (→ *Kundenkarte*) gegeben. Zwischen Kaufleuten haben der (→) *Lieferantenkredit* und die Valutierung Bedeutung. Beim Lieferantenkredit werden dem Abnehmer Zahlungsziele eingeräumt; bei Valutierung wird die gelieferte Ware erst später in Rechnung gestellt.

Rechtliche Begrenzungen der Konditionenpolitik ergeben sich u.a. aus dem (→) *UWG* und dem (→) *GWB*. Konditionenpolitische Selbstbeschränkungen können in (→) *Wettbewerbsregeln* festgelegt werden.

Rechtliche Begrenzungen der Konditionenpolitik werden insbesondere vor dem Hintergrund der zunehmenden (→) *Konzentration* auf der Handelsstufe diskutiert, die u.a. zu erheblichen »Konditionenspreizungen« und einem breiten Spektrum neuer konditionenpolitischer Instrumente führte, so Werbekostenzuschüssen (WKZ) u.Ä.

Konditionierung

Die Konditionierung ist eines der wesentlichen Lernprinzipien (→ *Lernen*). Die auf diesem Prinzip aufbauenden psychologischen Lerntheorien werden als SR-Theorien bezeichnet (→ *Behaviorismus*). Konditionierung bezeichnet bestimmte Lernbedingungen, die eine Verknüpfung von Stimulus und Reaktion herbeiführen.

Es sind grundsätzlich zwei Formen der Konditionierung zu unterscheiden (vgl. Behrens, 1991, S. 74ff.; Kroeber-Riel/Weinberg, 1999, S. 328ff.):

- die klassische Konditionierung bzw. das Lernen nach dem Kontiguitätsprinzip (Pawlow)
- die operante bzw. instrumentelle Konditionierung bzw. das Lernen nach dem Verstärkungsprinzip (Skinner).

Ein zentraler Begriff der klassischen Konditionierung ist der Reflex. Ein Reflex liegt vor, wenn auf die Reizung eines Sinnesorganes als Rezeptor eine direkte und unmittelbare Reaktion eines Muskels oder einer Drüse als Effektor folgt. Jeder Organismus verfügt über so genannte ungelernte Reflexe. Er reagiert dabei automatisch ohne vorhergehende Erfahrungen auf bestimmte Umweltreize (Stimuli). Wird ein neutraler Reiz eine gewisse Zeit zusammen mit einem Reiz dargeboten, der auf Grund angeborener Reizreaktionsverbindungen einen angeborenen (ungelernten bzw. unbedingten) Reflex auslöst, so löst schließlich auch die alleinige Darbietung des ursprünglich neutralen Reizes diese Reaktion aus (gelernter bzw. bedingter Reflex). Der neutrale Reiz bzw. Stimulus ist damit zu einem konditionierten Reiz (Stimulus) geworden, der einen konditionierten Reflex auslöst. Ein Individuum lernt so neue SR-Verbindungen, indem es nun auch auf vorher neutrale Reize reagiert.

Die Lernprozesse bei der klassischen Konditionierung beruhen auf der räumlichen und zeitlichen Nähe der Reize (Kontiguität). Auf Grund der Kontiguität werden zwei oder mehrere Erlebnisinhalte untereinander verknüpft (Assoziation). Ist eine neue SR-Verbindung gelernt, so sind auch neben dem konditionierten Reiz ähnliche Reize in der Lage, die bedingte Reaktion auszulösen. Man spricht dann von einer Reizgeneralisation. Besondere Bedeutung erlangt die klassische Konditionierung in der Werbung. So ist es in Experimenten gelungen, durch gleichzeitige, wiederholte Darbietung stark emotional geladener Reize (Bilder, Wörter) mit ursprünglich neutralen Marken- und Produktnamen, diese emotional aufzuladen und so die Einstellung zu einer Marke zu verändern (emotionale oder bildliche Konditionierung) (vgl. Kroeber-Riel/Weinberg, 1999, S. 333f.).

Die operante Konditionierung bezieht sich auf das Lernen am Erfolg. Dabei wird von einem Verhalten ausgegangen, das von den Organismen freiwillig erfolgt und nicht einem Verhalten, das automatisch durch einen Reiz ausgelöst wird. Eine operante Konditionierung liegt vor, wenn die Wahrscheinlichkeit für eine einmal freiwillig gezeigte Reaktion durch einen nachfolgenden Verstärkungseffekt erhöht wird. Das Individuum reagiert auf einen bestimmten Stimulus zunächst unregelmäßig und zufällig. Durch wiederholte Belohnungen nach der Reaktion lernt das Individuum, auf den Stimulus in bestimmter Weise zu reagieren. Eine bestimmte SR-Verknüpfung wird durch den nachfolgenden belohnenden Stimulus verstärkt, d.h. die Konsequenzen des Verhaltens verändern die Wahrscheinlichkeit für die Verhaltensweise. Diese Konsequenzen sind die vom handelnden Individuum als positiv (belohnend) oder negativ (bestrafend) wahrgenommenen Umweltreize. Dabei sind Belohnungen für die Verhaltenssteuerungen wirksamer als Bestrafungen. Vereinfachend dargestellt wirkt eine positive Erfahrung mit einem Produkt verstärkend auf das Kaufverhalten.

Konfiguration

Die Konfiguration der Unternehmensaktivitäten ist eine wichtige Dimension einer internationalen (→) *Wettbewerbsstrategie*. Die Grundfrage ist dabei, wie die einzelnen Aktivitäten der (→) *Wertkette* auf verschiedene Länder verteilt werden sollen. Nachgelagerte, also stärker auf den Kunden bezogene, Unternehmensaktivitäten werden eher in geografischer Nähe zum Kunden angesiedelt. Die vorgelagerten und die flankierenden Maßnahmen dagegen sind in den meisten Branchen nicht an den Kundenstandort gebunden (vgl. Porter, 1989, S. 25).

Die Konfigurationsoptionen reichen von einer hohen Konzentration bis hin zur totalen Streuung. Porter spricht dann von einer hohen Konzentration, wenn eine Aktivität der Wertschöpfungskette schwerpunktmäßig an einem einzigen Standort ausgeführt wird; bei einer hohen Streuung wird dagegen eine einzelne Aktivität an mehreren Standorten ausgeführt (vgl. Porter, 1989, S. 27). Als Vorteile einer hohen Konzentration einer Aktivität sind hierbei zu nennen (vgl. Porter, 1989, S. 32):

- zunehmende Skalenerträge bei den Aktivitäten
- das Voranschreiten auf der Lernkurve
- die komparativen Kostenvorteile durch Konzentration der Aktivität auf einen bestimmten Standort
- Koordinationsvorteile, die sich aus der geografischen Verknüpfung verwandter Funktionen ergeben (→ *Koordination*).

Die ersten beiden Faktoren beziehen sich hierbei auf die Anzahl der Standorte, die anderen beiden auf die geografische Lage. Neben diesen Vorteilen der Konzentration ergibt jedoch auch eine Streuung mögliche Vorteile, so (vgl. Porter, 1989, S. 32):

- die bessere Anpassung an die lokalen Gegebenheiten
- das Image eines lokalen Unternehmens (»inländisches Unternehmen«)
- das Ausnutzen staatlicher Ansiedlungsanreize

- das möglicherweise schnellere Voranschreiten auf der Lernkurve durch internationale Erfahrungen.

Konflikte

Zu den marketingrelevanten Konflikten gehören intrapersonelle, interpersonelle und interinstitutionelle Konflikte. Intrapersonelle Konflikte spielen im Bereich des (→) *Käuferverhaltens* eine wesentliche Rolle. Sie entstehen, wenn zwei Verhaltensweisen in Widerspruch zueinander geraten.

Man unterscheidet weiterhin motivationale und kognitive Konflikte (vgl. Kroeber-Riel/Weinberg, 1999, S. 159ff.). So kommt es zu einem motivationalen Konflikt, wenn ein Käufer auf Grund des Sicherheitsmotivs die Automarke A und auf Grund des Prestigemotivs die Marke B bevorzugt.

Die motivationalen Konflikte unterscheidet man wiederum in drei Arten. Die Grundlagen zu ihrer Erklärung sind das Appetenzverhalten (Annäherungsverhalten), als eine positive Verhaltenstendenz, und das Aversionsverhalten, als eine negative Verhaltenstendenz. Das Appetenzverhalten führt zur Annäherung an ein anziehendes Verhaltensziel (z.B. Kauf eines Produktes), das Aversionsverhalten führt zu seiner Vermeidung.

Von einem Appetenz-Appetenz-Konflikt spricht man, wenn zwei verschiedene Verhaltensziele jeweils eine positive Verhaltenstendenz bewirken. Ein Aversions-Aversions-Konflikt liegt vor, wenn zwei Verhaltensziele jeweils negative Verhaltenstendenzen auslösen.

In beiden Fällen besteht jeweils Hinwendung zu bzw. Ablehnung von zwei Zielen. Diese Konflikte sind nicht stabil, denn eine geringfügige Annäherung an ein Ziel lässt dieses dominieren.

Als dritte Kategorie treten Ambivalenzkonflikte auf. Sie sind dadurch gekennzeichnet, dass ein Ziel sowohl eine positive als auch eine negative Verhaltenstendenz auslöst. In diesem Fall kann ein stabiler Konflikt entstehen, wenn das Individuum ein Stadium gleich großer Appetenz und Aversion erreicht.

Bei Kaufentscheidungen treten besonders Appetenz-Appetenz- und Ambivalenzkonflikte als Präferenzkonflikte auf, wenn im ersten Fall das Individuum gleichzeitig verschiedene Produktalternativen präferiert und im zweiten Fall eine Alternative Merkmale mit positivem und negativem Anreizcharakter aufweist.

Kognitive Konflikte liegen eher im assoziativen Bereich. Sie führen zur Umorganisation von Kognitionen, aber nicht unmittelbar zu Handlungstendenzen. Ein zentrales Beispiel für einen kognitiven Konflikt ist die kognitive Dissonanz, als ein gedanklicher Konflikt, den ein Käufer nach einem getätigten Kauf erleben kann.

Die Unterscheidung in motivationale und kognitive Konflikte ist jedoch theoretisch, da bei der Entstehung motivationaler Konflikte auch stets kognitive Prozesse beteiligt sind.

Interpersonelle Konflikte treten bei (→) *Gruppenentscheidungen* auf. Die Konflikte werden durch unterschiedliche Ziele oder unterschiedliche Ansichten über die Realisationsmöglichkeiten dieser Ziele ausgelöst. Solche Konflikte entstehen z.B. zwischen den Haushaltsmitgliedern (Kinder – Eltern, Mann – Frau) oder zwischen denen zum (→) *Buying Center* gehörenden Personen (Techniker-Kaufleute, Benutzer- Einkäufer). Die Konflikte führen zu gegenseitigen Beeinflussungsversuchen, Bildung von Koalitionen und zum Aushandeln von Kompromissen.

Interinstitutionelle Konflikte entstehen dann, wenn das Verhalten einer Organisation die Zielerreichung einer anderen an dem Prozess beteiligten Organisation beeinträchtigt. Derartige Konflikte bestehen etwa als Absatzwegekonflikte zwischen Herstellern und Händlern. Sie entstehen im Zusammenhang mit der Sortimentsbereinigung, (→) *Neuprodukteinführung*, Produktplatzierung, Preisauszeichnung, (→) *Verkaufsförderung*.

Auf Grund der (→) *Multiorganisationalität des Kaufprozesses* bei Investitionsgütern im Sinne von (→) *Anbieterkoalitionen* und der Einschaltung von (→) *Drittparteien* bestehen auch dort erhebliche Konfliktpotenziale zwischen den beteiligten Organisationen.

Konkurrenz

Konkurrenz kann zunächst mit (→) *Wettbewerb* gleichgesetzt werden. Andererseits versteht man unter Konkurrenz die Gesamtheit der Mitanbieter auf den Absatzmärkten (Absatzkonkurrenten) bzw. die Mitnachfrager auf den Beschaffungsmärkten (Beschaffungskonkurrenten).

Konkurrenzanalyse [s.a. Wettbewerb]

Zur Entwicklung einer (→) *Wettbewerbsstrategie* ist eine Analyse des gesamten Unternehmensumfeldes, insbesondere eine (→) *Branchenanalyse* vorzunehmen. Ein wesentliches Element dieser Branchenanalyse ist die Analyse der Konkurrenz. Dabei ist es wichtig, nicht nur alle bedeutenden existierenden Wettbewerber, sondern auch potenzielle Wettbewerber zu identifizieren und zu analysieren. Als wesentliche Elemente einer Konkurrenzanalyse nennt Porter (1999a, S. 78ff.):

- die Ziele der Wettbewerber für die Zukunft; hier sind gerade bei international tätigen Unternehmen zukünftige geografische Ausweitungen des Absatzgebietes von hoher Bedeutung
- die Annahmen der Wettbewerber über sich selbst und die gesamte Branche
- die gegenwärtige Strategie des Konkurrenten
- die Fähigkeiten der Wettbewerber, die z.B. in Stärken-/Schwächen-Analysen untersucht werden können.

Aus diesen Elementen kann man das Reaktionsprofil eines Konkurrenten für die Zukunft ermitteln. Mögliche Reaktionsprofile von Konkurrenten sind dabei (vgl. Kotler/Bliemel, 2001, S. 678f.):

- der zurückhaltende Konkurrent, der auf Schritte des Wettbewerbs weder schnell noch intensiv reagiert
- der selektive Konkurrent, der nur auf ganz bestimmte Aktionen reagiert
- der »Tiger«, der schnell und intensiv auf alle Übergriffe in seine Bereiche antwortet
- der unberechenbare Konkurrent, der kein vorhersehbares Reaktionsprofil entwickelt.

Konsortialkredit

Ein internationaler Konsortialkredit wird von mehr als einem Finanzinstitut (→ *Konsortium*) einem Kreditnehmer zur Verfügung gestellt, der in einem anderen Land als die Kreditgeber seinen Sitz hat. Von einem Inlandskredit unterscheidet er sich dadurch, dass durch die Kreditvergabe nationale Grenzen überschritten werden und i.d.R. die kreditierte Währung von der Landeswährung des Schuldners und/oder des Kreditgebers abweicht.

Konsortialkredite erlangten ihre größte Bedeutung in der ersten Ölpreiskrise 1973. Auf Grund eines verdreifachten Weltkreditvolumens erweiterte sich der Markt für Konsortialbanken nicht nur auf große Geschäftsbanken, sondern auch auf eine Vielzahl mittlerer bis kleinerer Regionalbanken. Westliche Industriestaaten, aber vor allem die nicht-ölexportierenden (→) *Entwicklungsländer* (allen voran lateinamerikanische Staaten), benötigten den internationalen Kreditmarkt zur Finanzierung ihrer Leistungsbilanzdefizite. Diese wurden in einem erheblichen Umfang von Privatbanken (Konsortialbanken) gedeckt.

Mit einer zunehmenden Überschuldung vieler Länder (internationale Verschuldungskrise, die mittlerweile über 40 Länder erfasst) nahm der internationale Konsortialkredit an Bedeutung ab, so dass die ehemals beherrschende Rolle des Konsortialkredits auf den internationalen Märkten seit Ende der achtziger Jahre stetig zurückgeht (vgl. Androsch/Plank, 1989, Sp. 1134ff.).

Konsortium

Das Konsortium ist eine Organisationsform der (→) *Anbieterkoalition*. Dabei ist zwischen einem offenen und einem stillen Konsortium zu unterscheiden.

Ein offenes Konsortium entsteht durch den Zusammenschluss von rechtlich selbstständigen Unternehmen (Konsorten) zur gemeinsamen Erfüllung einer Gesamtleistung. Im Außenverhältnis treten die beteiligten Organisationen gemeinsam gegenüber dem Kunden auf, oft in Form einer Gesellschaft des bürgerlichen Rechts. Die vertragliche Beziehung besteht zwischen der Gesamtheit der Anbieterkoalition und dem Kunden. Jeder der Konsorten haftet gesamtschuldnerisch (vgl. Kleinaltenkamp, 1999, S. 302f.). Aus diesem Grund erfolgt im Innenverhältnis eine separate Haftungsregelung durch den Konsortialvertrag. In vielen Fällen wird das Konsortium nach außen durch ein federführendes Unternehmen, den Pilot Contractor, vertreten.

Die Vorteile des offenen Konsortiums bestehen für den Kunden in der breiteren Haftungsbasis und in der Möglichkeit, über einzelne Leistungsbestandteile direkt zu verhandeln. Für die einzelnen Anbieter sinkt der Risikoanteil und es ergibt sich zudem für alle Konsorten die Möglichkeit des direkten Kundenkontakts.

Bei einem stillen Konsortium handelt es sich im Verhältnis zum Kunden um eine (→) *Generalunternehmerschaft*. In direkter vertraglicher Beziehung zum Kunden steht nur der Generalunternehmer. Alle Teilleistungen werden im Rahmen des stillen Konsortiums erbracht. Das stille Konsortium ist eine Innengesellschaft. Zwar besteht im Außenverhältnis zum Kunden eine Alleinhaftung des formellen Generalunternehmers, im Innenverhältnis haftet jedoch jeder Konsorte für seine eigenen Leistungsanteile entsprechend den Bedingungen des Kundenvertrages (vgl. Backhaus, 1999, S. 482ff.).

Konsum

Konsum kann als eine Teilmenge der (→) *Nachfrage* betrachtet werden; er umfasst die Nachfrage der privaten Haushalte nach Waren und Dienstleistungen und ist insofern ein makroökonomischer Begriff. I.e.S. stellt Konsum nur auf Verbrauchsgüter ab.

Die Konsumtheorien versuchen, die Bestimmungsfaktoren des Konsums zu klären. Als eine Determinante wird dabei das Einkommen betrachtet. Den Konsumtheorien liegt eine aggregierte Betrachtungsweise zu Grunde, d.h. die Konsumentennachfrage wird in ihrer Gesamtheit betrachtet. Formaler Ausdruck der Abhängigkeit des Konsums von bestimmten Einflussgrößen sind die Konsumfunktionen. Eine Konsumfunktion drückt z.B. die Abhängigkeit des Konsums (C) vom Einkommen (Y) aus:

$$C=C_a+cY.$$

Dabei kennzeichnet C_a den autonomen (einkommensunabhängiger) Konsum; c symbolisiert die marginale Konsumquote.

Die verhaltenswissenschaftliche Konsumforschung (→ *Konsumentenverhalten*) versucht auf der Individualebene, die psychischen und sozialen Determinanten der Kaufentscheidungen zu erklären. Die aggregierte (volkswirtschaftliche) und die individuelle (verhaltenswissenschaftliche) Analyse des Konsums werden oftmals zusammenfassend als Konsumforschung bezeichnet. Konsumforschung basiert dann sowohl auf Methoden der (→) *empirischen Wirt-*

schaftsforschung als auch der (→) *empirischen Sozialforschung.*

Konsumentenforschung, interkulturelle [s.a. Marktforschung]
Die interkulturelle Konsumentenforschung bezieht sich auf den Teilbereich der Konsumentenforschung (→ *Konsumentenverhaltensforschung*), der darauf abzielt, die interkulturelle Gültigkeit von Aussagen über psychische und soziale Determinanten des Kaufverhaltens zu überprüfen (vgl. Holzmüller, 1989, Sp. 1143f.). Die Ergebnisse interkultureller bzw. grenzüberschreitender Konsumentenstudien bilden eine wertvolle Grundlage für die Planung internationaler Marketingstrategien (→ *Internationales Marketing*) und wirken in sämtliche Marketing-Entscheidungsfelder hinein. Eine Problematik ergibt sich jedoch dadurch, dass in mehreren fremden sozialen Systemen Daten erhoben werden, diese Daten jedoch über die Kulturgrenzen hinaus vergleichbar sein müssen (vgl. Holzmüller, 1989, Sp. 1146).

In der interkulturellen Psychologie wurden zweckmäßige Methoden zur Übersetzung von (→) *Fragebögen* entwickelt, die auf die Gleichwertigkeit (Äquivalenz) in den jeweiligen nationalen Bedeutungsinhalten abstellen. Die Übersetzungsqualität wird dabei z.B. durch Rückübersetzungen überprüft. Auch die (→) *Erhebungsverfahren* an sich (z.B. Telefoninterview, persönliche Befragung, Experiment) sowie die Anwendung von Rating-Skalen (→ *Rating*) kann kulturabhängige Einflüsse nach sich ziehen (vgl. Holzmüller, 1989, Sp. 1148).

Untersuchungsrelevante Bereiche der interkulturellen Konsumentenforschung sind beispielsweise das Risiko- und Informationsverhalten der Konsumenten, Werte, Einstellungen sowie der Einfluss von Familienmitgliedern auf die Kaufentscheidung. Ebenso zählt hierzu die Wirkung des Einsatzes der (→) *Marketinginstrumente*.

Konsumentenrente
Konsumentenrente und (→) *Produzentenrente* sind Theoreme der klassischen Mikroökonomie. Auf polypolistischen Märkten (→ *Marktformen*) bildet sich ein Marktgleichgewicht und damit ein Gleichgewichtspreis (p_G).

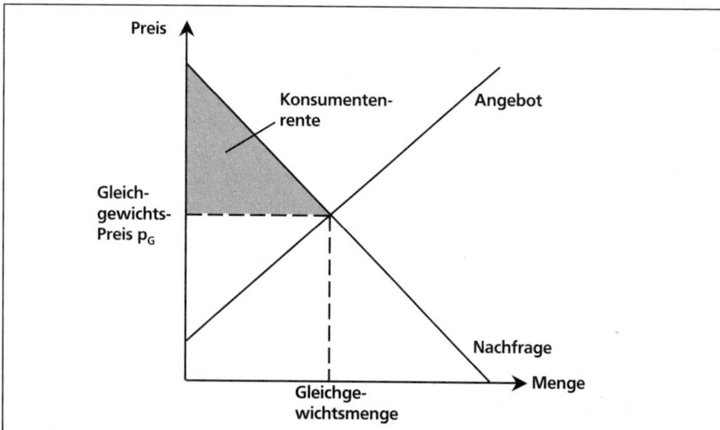

Übersicht 74: Konsumentenrente

Die Konsumentenrente ist definiert als positive Differenz zwischen dem gültigen Gleichgewichtspreis und der Höhe des Preises, den der Einzelne zu zahlen bereit wäre. Die Konsumentenrente resultiert daraus, dass alle Nachfrager (Konsumenten) den Preis p_G zahlen, einige Konsumenten aber bereit wären, einen höheren Preis zu zahlen (vgl. Übersicht 74).

Bei vollständiger Konkurrenz sind die einzelnen Anbieter nicht in der Lage, die Konsumentenrente abzuschöpfen, da für sie der Preis ein Datum ist (vgl. Woll, 2000, S. 199). Ein Monopolist kann den Preis als Aktionsparameter wählen und durch eine horizontale (monopolistische) (→) *Preisdifferenzierung* die Konsumentenrente zum Teil abschöpfen (vgl. Merk, 1976, S. 136f.).

Er bringt dann zunächst die Menge x_1 zum Preis p_1 auf den Markt und spricht dabei die Käuferschichten an, die bereit sind, dieses Preisniveau zu akzeptieren, z.B. (→) *Innovatoren.* Anschließend verfährt er analog mit der Menge x_2 und dem Preis p_2. Erst wenn das Potenzial dieser Käuferschichten abgeschöpft ist, bringt er die Cournot'sche Menge x_c (→ *Preistheorie*) zum Cournot'schen Preis p_c auf den Markt. Übersicht 75 zeigt, dass die Konsumentenrente ohne Preisdifferenzierung (Fläche oberhalb p_c bis zur Nachfragekurve) größer ist als bei Preisdifferenzierung (schraffierte Fläche).

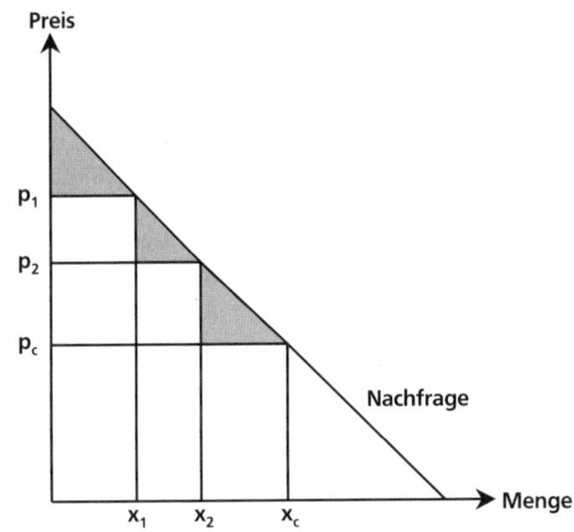

Quelle: Merk, 1976, S. 137.

Übersicht 75: Konsumentenrente und Preisdifferenzierung

Konsumentensouveränität [s.a. Konsumfreiheit]

Die These von der Konsumentensouveränität (allgemeiner: Käufersouveränität) unterstellt, dass »alle Macht beim Verbraucher liegt«. Die traditionelle Wirtschaftstheorie nimmt an, dass die Kaufinitiative vom Verbraucher ausgeht, d.h. der Verbraucher fragt auf Grund seiner Bedürfnisse (→ *Bedürfnishierarchie*) auf dem Markt Güter nach. Aus dieser Handlung ergeben sich Signale an die Produzenten, die sich daran orientieren und entsprechende Produkte und Leistungen zur Verfügung stellen.

Die Anhänger der These von der Konsumentensouveränität gehen darüber hinaus von der Annahme aus, dass die Bedürfnisse der Konsumenten gegeben sind und nur von den Produzenten ermittelt und erfüllt werden. Aber selbst wenn ein Großteil der Bedürfnisse von den Verbrauchern selbst ausgeht und sich die Unternehmer in einem (→) *Käufermarkt* an den Wünschen der Abnehmer orientieren müssen, so kann doch diese idealtypische These von der Konsumentensouveränität nicht uneingeschränkt aufrechterhalten werden. In Frage gestellt wird sie besonders von der Konsumerismus-Bewegung (→ *Konsumerismus*), die auf die Manipulationsmöglichkeiten des Marketing sowie auf das Transparenz- und Machtdefizit der Verbraucher gegenüber den Produzenten hinweist.

Konsumentensozialisation

Als Sozialisation bezeichnet man einen interaktionalen Prozess, der dazu führt, dass Individuen ihr Verhalten und ihre (→) *Einstellungen* der Umwelt anpassen. Die Sozialisation erfolgt dabei vorwiegend über Lernprozesse (→ *Lernen*). Das soziale Lernen beruht dabei nicht auf eigenen Erfahrungen der Individuen, sondern erfolgt durch Nachahmung (Imitation) von beobachteten Verhaltensweisen. Die Übernahme des Beobachteten erfolgt u.a. durch Lernen nach dem Verstärkungsprinzip (→ *Konditionierung*) und durch die Identifikation mit dem Modell. Durch die Sozialisation lernen die Individuen, in der Gesellschaft eine bestimmte Rolle (→ *Soziale Rolle*) zu spielen.

Konsumentensozialisation kann somit als Einführung des Individuums in die Konsumfunktion der Gesellschaft angesehen werden. Die Individuen lernen, den Erwartungen der Gesellschaft zu genügen, oftmals geschlechts-, schicht- und/oder altersspezifischen Rollen gerecht zu werden (vgl. Kroeber-Riel/Weinberg, 1999, S. 621ff.).

Konsumentenverhalten [s.a. Konsumentenverhaltensforschung]

Das Verhalten der Konsumenten kann aus verhaltenswissenschaftlicher Sicht danach eingeteilt werden, ob es bewusst, d.h. kognitiv gesteuert (willentlich), oder unbewusst, d.h. wenig kognitiv gesteuert, abläuft. Kognitiv gesteuertes Verhalten ist demnach mit zielorientiertem, intendiertem Verhalten gleichzusetzen. Die kognitiven Ansätze der Konsumentenverhaltensforschung basieren auf der Theorie der Informationsverarbeitung (→ *Informationsverarbeitungssystem*) und beschäftigen sich insbesondere mit dem Entscheidungsverhalten der Konsumenten. Diese Forschungsrichtung bevorzugt verbale Messmethoden.

Das nicht oder wenig kognitiv gesteuerte Konsumentenverhalten umfasst das automatisierte, das nicht-bewusste und das emotionale Verhalten. Nicht kognitiv gesteuertes Verhalten bedeutet, dass das Individuum nicht willentlich zwischen mehreren möglichen Verhaltensweisen auswählen kann.

Automatisiertes Verhalten kann zum einen durch (→) *Lernen* erworben werden. Zum anderen zählen die erarbeiteten (biologisch vorprogrammierten) Verhaltensweisen zum automatisierten Verhalten. Bei der Automatisierung von Verhalten besteht eine Reiz-Reaktionsschaltung. Unter nicht-bewusstem Verhalten versteht man die internen Vorgänge, die ablaufen, ohne dass das Individuum seine Aufmerksamkeit darauf lenkt, die aber kognitiv kontrolliert werden könnten. Darüber hinaus kann mangelndes Bewusstsein darauf hindeuten, dass psychische Ereignisse statt verbal lediglich visuell verarbeitet werden (→ *Imagery-Forschung*) oder zwar bewusst wahrgenommen, aber in ihrer komplexen Wirkung nicht durchschaut werden. Auch emotionales Verhalten unterliegt zum Teil wenig bewusster Steuerung. Als Beispiele für wenig oder nicht kognitiv kontrolliertes Konsumentenverhalten können die (→) *Konditionierung*, die (→) *Aktivierung* oder das routinisierte Kaufverhalten (→ *Kaufentscheidungstypen*) genannt werden.

Die Erforschung nicht kognitiv gesteuerten Verhaltens kann wegen des geringen Bewusstseinsgrades nicht ausschließlich auf verbale Methoden zurückgreifen, sondern muss zusätzlich neue Verfahren anwenden, z.B. psychobiologische Verfahren (→ *Messtechniken, apparative*), (→) *Beobachtungen*, Bilderskalen (→ *Kommunikation*) oder projektive Befragungsformen (→ *Befragung*) (vgl. Kroeber-Riel, 1983a, S. 13ff.).

Die verhaltenswissenschaftlichen Einflussfaktoren können nach Kroeber-Riel/Weinberg (1999) in psychische und soziale Determinanten eingeteilt werden. Die psychischen Determinanten sind die sich gegenseitig beeinflussenden aktivierenden Prozesse (→ *Aktivierung*) und die kognitiven Prozesse der Informationsaufnahme, -verarbeitung und -speicherung.

Unter den sozialen Determinanten des Konsumentenverhaltens sind alle Umwelteinflüsse auf den Konsumenten zu subsumieren. Hierzu zählen im Rahmen der näheren Umwelt der Einfluss von Gruppen (→ *Familienentscheidung; Bezugsgruppe*) und die beeinflussenden Wirkungen der persönlichen Kommunikation (→ *Kommunikation; Meinungsführer*).

Darüber hinaus wird das Konsumentenverhalten durch subkulturelle und kulturelle Faktoren wie auch von der Massenkommunikation (→ *Werbung*) beeinflusst (Einflussfaktoren der weiteren Umwelt).

Konsumentenverhaltensforschung

[s.a. Konsumentenverhalten; Verhaltensforschung]

Konsumenten sind Wirtschaftssubjekte, deren Verhalten auf Dispositionen zur Befriedigung konsumtiver Bedürfnisse der eigenen Person oder der Haushaltsmitglieder gerichtet ist. Dabei sind diese Personen nur in ihrer Funktion als Letztverbraucher Konsumenten, nicht dagegen in ihrer Funktion als Erwerbstätige und Arbeitnehmer (vgl. Raffée, 1974b, Sp. 1025f.). Die Konsumentenforschung geht heute von einem sehr weiten Konsumentenbegriff aus, der auch den Verbrauch von immateriellen Gütern einbezieht. Als Konsument werden dann auch Wähler oder Museumsbesucher betrachtet (vgl. Kroeber-Riel/Meyer-Hentschel, 1982, S. 19; Terlutter, 2000).

Ziel der Erforschung des Konsumentenverhaltens ist es, das Verhalten der Konsumenten zu erklären, Regelmäßigkeiten und Gesetzmäßigkeiten zu erkennen, um somit eine Grundlage für eine Prognose des Verhaltens der Konsumenten zu schaffen. Aus der Perspektive des unternehmerischen (→) *Marketing* ist die Erforschung des Konsumentenverhaltens die Grundlage für seine zieladäquate Steuerung.

Erste Ansätze zur Erklärung des Konsumentenverhaltens gehen auf die (→) *Haushaltstheorie* zurück. Diese nicht empirischen Ansätze mit unrealistischen Prämissen wie dem »homo oeconomicus« können jedoch nicht zur Erklärung des realen Konsumentenverhaltens herangezogen werden. Zum Teil werden zwar in der modernen mikroökonomischen Theorie des Haushalts einige dieser Prämissen modifiziert, aber auch diese Erklärungsansätze reichen nicht aus, das Konsumentenverhalten mit seinen vielfältigen Determinanten zu erklären (vgl. Raffée, 1974b, Sp. 1037).

Aus den Mängeln dieser rein ökonomischen Erklärungsansätze ergibt sich die Notwendigkeit verhaltenswissenschaftlicher Ansätze. An diese sind die folgenden Anforderungen zu stellen:

- Es soll kein rein ökonomischer Ansatz sein, auch nicht-ökonomische Faktoren (psychologische und soziale Faktoren)

sollen berücksichtigt werden, d.h. es ist ein interdisziplinärer Ansatz notwendig.
- Die theoretischen Aussagen sollen empirisch fundiert werden, d.h. es sollen überprüfbare Hypothesen über das Käuferverhalten aufgestellt werden. Die verhaltenswissenschaftliche Absatztheorie sollte auch wertend sein, also primäre Werturteile beinhalten. Kroeber-Riel begründet dies mit der Möglichkeit der Beeinflussung von Menschen und somit der Ausübung sozialer Macht durch die Entwicklung von Beeinflussungstechniken durch die Wissenschaft.

Ein solcher interdisziplinärer Ansatz erfordert das Adoptieren der verschiedensten Forschungsansätze aus den unterschiedlichsten Forschungsbereichen, so der Soziologie, der Psychologie, der Sozialpsychologie, der Kommunikationswissenschaften (vgl. Kroeber-Riel/Weinberg, 1999, S. 9ff.).

Der verhaltenswissenschaftliche Ansatz in der Konsumentenforschung hat eine Entwicklung vom (→) *Behaviorismus* zum (→) *Neobehaviorismus* vollzogen. Während der Behaviorismus den Menschen als »Black-box« betrachtet, arbeitet der Neobehaviorismus mit einem System von (→) *intervenierenden Variablen.*

Die neuere Konsumentenforschung geht jedoch über den neobehavioristischen Ansatz hinaus, wenngleich sein Paradigma beibehalten wird, so die psychologische Verhaltensforschung (Psychobiologie und biologische Psychologie).

Sie beschäftigt sich mit den Funktionen des menschlichen Körpers und den Wechselwirkungen zwischen Körperfunktion und Verhalten.

Ihr Interesse gilt in erster Linie der Arbeitsweise und Leistungsfähigkeit des zentralen Nervensystems (ZNS).

Das zentrale Nervensystem ist ein substantieller Träger der gefühlsmäßigen und gedanklichen Prozesse, die sich in Organismen abspielen.

Konsumerismus

Der Konsumerismus ist eine gesellschaftliche Bewegung mit dem Ziel, die Konsumenteninteressen besser gegenüber den Anbietern durchzusetzen. Er vertritt eine Konzeption zur verstärkten Orientierung der Wirtschaft am Konsumenten. Die Bewegung entstand mit zunehmendem Selbstbewusstsein der Konsumenten und der Einschätzung, dass die Interessen der Konsumenten bisher nur unzureichend wahrgenommen wurden (vgl. Kotler/Bliemel, 2001, S. 313f.).

Der Konsumerismus umfasst den (→) *Verbraucherschutz* und den Bereich der Verbraucherinformation (→ *Verbraucherpolitik*); er entwickelt dort teilweise bewusst ein Antimarketing bzw. Demarketing (→ *Kontramarketing*) und erhebt Forderungen nach weitgehenden gesellschaftlichen Veränderungen (vgl. Tietz, 1993b, S. 103f.).

Der Konsumerismus stellt häufig die negativen Wirkungen des (→) *Marketing* auf die Gesellschaft in den Mittelpunkt seiner Angriffe. Kritik wird hauptsächlich an den Manipulationsmöglichkeiten und -techniken (→ *Irreführung*) des Marketing geübt. Weiterhin wird ein Transparenz- und Machtdefizit der Konsumenten gegenüber den Produzenten beklagt. Angegriffen werden ferner verbreitete Konsumnormen (z.B. Prestigekonsum, Anspruchsinflation).

Die Vertreter des Konsumerismus stellen an die Unternehmen z.B. Forderungen nach sinnvollen Produktinformationen, zweckmäßiger Verpackung und intensiver Beschäftigung mit den Erwartungen und Auffassungen der Verbraucher. Weiterhin werden Forderungen an den Staat erhoben, z.B. nach Setzung von Rechtsnormen und Maßnahmen gegenüber fragwürdigen Produkten und Marketingmaßnahmen sowie Verboten von Werbung für gesundheitsschädliche Produkte. Gefordert wird auch die Einrichtung von unabhängigen Institutionen, so Instituten zur Durchführung von (→) *Warentests*. Insgesamt werden Forderungen nach verstärkter Berücksichtigung sozialer und ökologischer Aspekte erhoben (→ *Marketing, soziales; Marketing, ökologisches*).

Konsumforschung → *Konsum*

Konsumfreiheit

Der These der (→) *Konsumentensouveränität*, die vereinfacht besagt, dass Konsumenten die Aktivitäten der Produzenten beeinflussen, steht diejenige der Konsumfreiheit nach Scherhorn (vgl. Hemberle/v. Keitz, 1978, S. 32) gegenüber. Sie unterstellt eine Gleichrangigkeit der Konsumenten- und Produzenteninteressen und der Chancen ihrer Durchsetzung. Darüber hinaus liegt ihr die Annahme zu Grunde, dass sich die Bedürfnisse der Konsumenten in der Interaktion mit den Produzenten bilden.

Als Ziel der (→) *Verbraucherpolitik* steht die Konsumfreiheit nicht für eine »Alleinherrschaft der Konsumentem«, sondern für eine Gleichberechtigung von Konsumenten- und Anbieterinteressen. Dies wäre erreicht, wenn die Konsumenten nach ihrem Bedürfnis frei und unbeeinflusst Güter auswählen, kaufen und konsumieren und andererseits die Produzenten ohne unangemessene Beschränkungen über Art und Umfang der Produktion und Verteilung der Güter bestimmen könnten.

Konsumgütermarketing

Konsumgüter oder Konsumtivgüter sind Wirtschaftsgüter (→ *Typologie der Wirtschaftsgüter*), die von privaten Haushalten gebraucht oder verbraucht werden. I.e.S. werden nur materielle Wirtschaftsgüter hierzu gerechnet, nicht dagegen immaterielle Güter wie Dienstleistungen.

Unter Konsumgütermarketing versteht man das Absatzmarketing der Hersteller von Konsumgütern in Abgrenzung zu den Marketingaktivitäten der meist zwischen Hersteller und Letztverwender eingeschalteten Institutionen des Handels (→ *Handelsmarketing*). Das Konsumgütermarketing gilt als das klassische Arbeitsfeld des Marketing. Es ist daher aber auch der klassische Ansatzpunkt der gesellschaftlichen und ökologischen Kritik am Marketing (→ *Konsumerismus*). Konsumgütermarketing und Marketing werden häufig unzulässigerweise gleichgesetzt. Zahlreiche Lehrbücher des Marketing sind implizit auf Konsumgüterhersteller ausgerichtet.

Das Konsumgütermarketing verfügt über Instrumente (→ *Marketinginstrumente*) auf der Informationsebene, der Aktionsebene und der Managementebene.

Wichtige Besonderheiten des Marketing der Konsumgüterhersteller sind ausgebaute Strategien der (→) *Marktsegmentierung* und der (→) *Markenpolitik.*

Aus der Sicht der Hersteller von Konsumgütern sind neben den konsumentengerichteten Marketingaktivitäten die handelsgerichteten Marketingaktivitäten von Bedeutung (→ *Trade Marketing*), da die Hersteller meist nur über kommunikative Absatzinstrumente direkten Kontakt zu Letztverwendern haben; direkter Marktpartner ist meist der Handel.

Konsumgütertypologie [s.a. Typologie der Wirtschaftsgüter]

Zur (→) *Typologisierung* der Konsumgüter oder Konsumtivgüter bieten sich zwei Differenzierungsmöglichkeiten an. Zum einen unterscheidet man Verbrauchsgüter und Gebrauchsgüter. Die Verbrauchsgüter sind zur einmaligen Verwendung bestimmt. Es handelt sich z.B. um Güter des täglichen Bedarfs wie Lebensmittel. Dagegen sind die Gebrauchsgüter für eine mehrmalige bzw. längerfristige Verwendung bestimmt, z.B. Kühlschränke oder Möbel. Diese Einteilung bezieht sich auf die Bildung von Produktgruppen nach ihrem Verwendungszweck.

Eine weitere Typologie der Konsumgüter basiert auf den Kriterien Budgetanteil und (→) *Kaufrisiko*. Nach der Ausprägung dieser beiden Merkmale unterscheidet man:

- *Convenience Goods:* niedriger Budgetanteil, niedriges Kaufrisiko.
  Die Produkte werden von Konsumenten häufig und mit einem Minimum an Aufwand gekauft, z.B. Güter des täglichen Bedarfs.
- *Shopping Goods:* mittlerer Budgetanteil, mittleres Kaufrisiko.
  Es handelt sich um relativ selten gekaufte Güter, bei denen der Konsument Preis- und Qualitätsvergleiche durchführt, z.B. Möbel und elektrische Haushaltsgeräte.
- *Specialty Goods:* großer Budgetanteil, großes Kaufrisiko.
  Auch diese Güter werden in großen Abständen gekauft; der Konsument unternimmt hier allerdings beachtliche Kaufanstrengungen. Es liegt somit tendenziell ein extensives Entscheidungsverhalten vor (→ *Kaufentscheidungstypen*), z.B. beim Kauf von hochwertigen Luxusgütern.

Konsumpionier
Der Begriff des Konsumpioniers ist in der Literatur nicht eindeutig abgegrenzt. Er wird wie verwandte Begriffe (Geschmacksführer, Modeführer, Fashion Leader u.a.) zur Beschreibung von besonders einflussreichen Mitgliedern eines sozialen Systems herangezogen. Als Konsumpioniere werden bestimmte Personengruppen, z.B. prominente Konsumleitbilder (Filmstars, Künstler, Sportler) und Meinungsführer bezeichnet. In der Marketingliteratur haben sich die Begriffe (→) *Meinungsführer* und (→) *Innovator* durchgesetzt.

Kontaktmessung [s.a. Kontaktzahlen]
Die Verfahren zur Kontaktmessung – als Methode zur Erfassung der außerökonomischen oder kommunikativen (→) *Werbewirkung* – sind nach den (→) *Werbeträgern* zu unterscheiden. Zur Erfassung des Fernseh- und Rundfunkkontaktes werden Aufzeichnungen verwendet, die, in die Empfangsgeräte eingebaut, messen, ob und auf welche Sender ein Gerät eingeschaltet ist. Hervorzuheben sind hier Audimeter oder Telemeter, als eingetragene Warenzeichen der A.C. Nielsen Company, die in den Fernsehgeräten ausgewählter Haushalte eingebaut sind und die automatisch die eingeschalteten Kanäle/Programme bzw. die Nutzungsart, z.B. Videorecorder-Nutzung, die Einschaltzeit und die Einschaltdauer festhalten. Auf der Basis der gewonnenen Daten lässt sich auf die durch eine Werbekampagne erreichten Personen schließen.

Als Ergänzung zu den apparativen Aufzeichnungen werden Aufzeichnungen der Zuschauer und Zuhörer in Tagebüchern (Audiologs) herangezogen, um das Verhältnis zwischen eingeschalteten Geräten und der Zahl der Zuschauer bzw. Zuhörer zu erfassen. Zusätzlich werden telefonische Befragungen unmittelbar nach Ausstrahlung eines Werbespots durchgeführt, um die Werbekontakte zu messen. Eine alternative Form der personenbezogenen Messung der Fernseh- und Rundfunkkontakte ermöglichen Sensoren. Sie stellen fest, ob eine Person den Raum betreten hat und in der Lage ist, dem Fernsehprogramm zu folgen. Beim traditionellen People-Meter erfolgt die Anmeldung durch die Person selbst, i.d.R. über die Fernbedienung.

Zur Erfassung des Zeitungs- und Zeitschriftenkontaktes werden das Leseverhalten einzelner Personen mittels Kameras beobachtet oder Fingerabdruckmethoden angewendet (→ *Beobachtung*). Nach der Fingerabdruckmethode werden die Seiten der Zeitschriften so präpariert, dass nach Gebrauch die Fingerabdrücke der Leser identifiziert werden können.

Um Plakatkontakte zu messen, werden Verkehrszählungen vorgenommen, d.h. an den entsprechenden Orten werden die Passanten gezählt. Der eigentliche Blickkontakt wird häufig mit Hilfe von Kameras ermittelt. Weitere Optionen bietet die Plakatmedia-Analyse.

Kontaktzahlen [s.a. Kontaktmessung]
Kontaktzahlen kennzeichnen die Nutzung der einzelnen Medien, die Unternehmen im Rahmen der (→) *Kommunikationspolitik* zur Verfügung stehen. Die Kontaktzahlen sind wichtige quantitative Daten für die Ermittlung möglicher Werbeträgerwirkungen und damit eine Grundlage der (→) *Mediaplanung*.

Man unterscheidet quantitative und ökonomische Kontaktzahlen. Die quantitativen Kontaktzahlen zeigen in absoluten Zahlen oder Prozentsätzen an, wie viele Kontakte mit einem bestimmten (→) *Werbeträger* zustande kommen; sie beinhalten somit indirekt Kontaktwahrscheinlichkeiten. Diese Kontakte werden in Medienreichweiten ausgedrückt. Weiterhin ist die Kontakthäufigkeit, als durchschnittliche Anzahl der Kontakte der Zielgruppe mit dem Werbeträger, von Bedeutung.

Die ökonomischen Kontaktzahlen berücksichtigen auch Kostengesichtspunkte. In der Praxis weit verbreitet ist der Tausenderpreis. Er legt die Auswahl der Medien durch die Kosten nahe, die bei ihrem Einsatz entstehen. Ausschlaggebend ist das Verhältnis der Werbeträgerkosten zur erreichbaren (→) *Zielgruppe*. Dieses Verhältnis ergibt sich rechnerisch aus den Werbeträgerkosten je 1000 Zielpersonen. Der Tausenderpreis wird dabei auf verschiedene Auflagenziffern (Druck-, Vertriebs-, Verkaufsauflage) bei Printmedien oder auf die Medienreichweite bezogen und wie folgt berechnet:

$$\text{Tausenderpreis} = \frac{\text{Preis einer Anzeige} \cdot 1000}{\text{Auflage}}$$

$$\text{Tausenderpreis} = \frac{\text{Preis einer Belegung} \cdot 1000}{\text{(Netto-)Reichweite}}$$

Vernachlässigt werden hierbei jedoch die qualitativen Unterschiede der Wirkung verschiedener Werbeträger. Ein weiterer Nachteil besteht in der Annahme der Gleichgewichtigkeit der Kontakte unabhängig von der Zahl der Einschaltungen (→ *Kontaktmessung*).

Kontiguitätsprinzip → *Konditionierung*

Kontingenzanalyse [s.a. Datenanalyse]
Mit Hilfe der Kontingenzanalyse ist es möglich, die Abhängigkeit bzw. Unabhängigkeit von zwei oder mehreren nominalskalierten Variablen zu untersuchen (→ *Skalenniveau*). Die Unterscheidung der Variablen in abhängige und unabhängige ist lediglich für die Interpretation der Ergebnisse, nicht jedoch für die Analyse selbst von Bedeutung (vgl. Hammann/Erichson, 2000, S. 322).

Zur Feststellung einer möglichen Abhängigkeit werden zunächst eine Nullhypothese und eine Alternativhypothese gebildet. Die erste postuliert Unabhängigkeit der Merkmalsausprägungen, die letztere dagegen Abhängigkeit. Wird die Hypothese der Abhängigkeit (Alternativhypothese) nicht bestätigt, so bedeutet dies nicht, dass Abhängigkeit ausgeschlossen werden kann. Nur die Nullhypothese (keine Abhängigkeit) lässt sich durch einen statistischen Test widerlegen, womit die Alternativhypothese (Abhängigkeit) dann zwangsläufig angenommen werden muss (→ *Testverfahren*).

Die Überprüfung der Hypothesen ist u.a. durch den Chi-Quadrat-Test möglich. Die Vorgehensweise kann an dem einfachen Zwei-Variablen-Fall dargestellt werden (vgl. Hammann/Erichson, 2000, S. 322ff.).

Auf Grund der empirisch gewonnenen Daten über die nominalen Variablen mit den Ausprägungen a (a = 1, 2, ..., A) und b (b = 1, 2, ..., B) lassen sich die Häufigkeiten f_{ab} feststellen, die angeben, wie viele der Untersuchungseinheiten die Ausprägungen a und b haben. Unter der Nullhypothese (Unabhängigkeit) kann außerdem für jede Kombination (a, b) eine theoretische Häufigkeit F_{ab} angegeben werden. Die Summe der quadrierten Abweichungen $(f_{ab} - F_{ab})^2$ bildet ein geeignetes Maß für die Güte der Übereinstimmung zwischen der empirischen und der theoretischen Häufigkeitsverteilung. Daraus ergibt sich die folgende Testgröße der Chi-Quadrat-Analyse:

$$\chi^2 = \sum_{a=1}^{A}\sum_{b=1}^{B}\frac{(f_{ab} - F_{ab})^2}{F_{ab}} = \sum_{a=1}^{A}\sum_{b=1}^{B}\frac{(f_{ab} - \frac{f_g f_h}{n})^2}{\frac{f_g f_h}{n}} = n\hat{\varphi}^2$$

Unter der Annahme der Nullhypothese ist diese Größe annähernd χ^2-verteilt mit (A- 1) (B- 1) Freiheitsgraden. Die Werte der χ^2-Verteilung liegen in Abhängigkeit von bestimmten Freiheitsgraden für verschiedene Signifikanzniveaus in Tabellenform vor, z.B. im Anhang von statistischen Lehrbüchern.

Die Nullhypothese muss bei einem bestimmten Signifikanzniveau abgelehnt werden, wenn der empirische Wert von χ^2 größer ist als der aus der Tabelle entnommene theoretische Wert.

Weitere Maße für den Zusammenhang zwischen nominalskalierten Variablen sind z.B. Phi, Kendall's Tau oder Lambda.

Eine Fragestellung der Kontingenzanalyse ist z.B. die Untersuchung einer möglichen Abhängigkeit der Wahl zwischen den Marken x und y vom Geschlecht des Käufers. Die Nullhypothese postuliert in diesem Fall Unabhängigkeit vom Geschlecht bei der Wahl von x oder y, die Alternativhypothese dagegen Abhängigkeit vom Geschlecht.

Die Kontingenzanalyse ist nicht auf die Auswertung zweidimensionaler Kontingenztabellen beschränkt. Zur Analyse mehrdimensionaler Kontingenztabellen können neuere Verfahren eingesetzt werden, die auf einer logarithmischen Transformation der Variablen beruhen, d.h. auf einer Anwendung des Logit-Modells und (allgemeiner) des Log-Linear-Modells (vgl. Nieschlag/Dichtl/Hörschgen, 1997, S. 782ff.).

Kontrahierungspolitik [s.a. Konditionenpolitik]
Das Kontrahierungsmix umfasst die Vereinbarungen über das Entgelt des Leistungsangebots, mögliche Rabatte und darüber hinausgehende Lieferungs-, Zahlungs- und Kreditierungsbedingungen, die in Verträgen fixiert sind (vgl. Meffert, 2000, S. 260).

Zur Kontrahierungspolitik zählen somit die Entscheidungen der (→) *Preispolitik* und Rabattpolitik, die Festsetzung der Lieferungs- und Zahlungskonditionen sowie die Kreditpolitik (Kreditierung von Forderungen).

Kontraktmarketing [s.a. Distributionspolitik; GWB]
Kontraktmarketing (Kontraktvertrieb) kennzeichnet nach Tietz/Mathieu (1979, S. 19) »... den Absatz von Waren unter Abstützung auf Verträge, die sich nicht auf einen Verkaufsakt beziehen, sondern für eine Periode oder eine Anzahl von Fällen gelten und die Dauerhaftigkeit des Absatzes fördern.«

Zum Kontraktmarketing gehören demnach alle vertraglich gestalteten und abgesicherten marktbezogenen Kooperationsformen (→ *Kooperation*) zwischen Marktpartnern, so:

- die (→) *Rahmenvereinbarungen*
- die Vertriebsbindung
- die Ausschließlichkeitsbindung
- der selektive Vetrieb
- der (→) *Exklusivvertrieb*
- die (→) *Agentur und Kommissionsagentur*

- die Depotsysteme
- das (→) *Franchising*.

Wenn innerhalb des Absatzkanals (bzw. eines Teilbereichs des Absatzkanals) eine bestimmte Struktur der Beziehungen zwischen Hersteller und Absatzmittlern besteht, wird von Vertriebssystemen gesprochen (vgl. Specht, 1998, S. 176ff.). Nach der Intensität und dem Umfang der vertraglichen Vereinbarungen lassen sich die Kontraktvertriebssysteme (vertragliche Vertriebssysteme) in lose und in straffe Formen gliedern. Aus der Sicht des kaufenden Unternehmens wird auch von Kontraktkauf (Contract Buying) gesprochen (vgl. Liebmann/Zentes, 2001, S. 291).

Charakteristisch für Kontraktvertriebssysteme ist eine über die üblichen Austauschsysteme herausgehende Institutionalisierung der Beziehungen zwischen Industrie und Handel. Wesentliche Gründe hierfür sind (vgl. Ahlert, 1996, S. 193f.):

- Sicherstellung der Einhaltung der Kooperationsvereinbarungen
- Verhaltensbindung durch Vertragsabschluss
- Regelung der Konsequenzen bei Verstößen gegen die Kooperationsvereinbarungen
- organisatorische Erleichterungen der Verhaltensabstimmung durch schriftliche Vertragsfassung
- Vermeidung von Vergessen, Missverständnissen und Auslegungsdivergenzen durch präzise Formulierung der Vereinbarungen in Verträgen
- Vereinfachung der Verhandlungen mit neuen Teilnehmern des Vertriebssystems
- wirksamerer Schutz gegen Außenseiter bei lückenloser Vertragsgestaltung
- Möglichkeit der Händlerselektion.

Kontramarketing

Kontramarketing (Countermarketing) steht in einem engen Zusammenhang zum Demarketing (→ *Konsumerismus*), geht aber in seiner Zielsetzung noch weiter. Es handelt sich hierbei um den Einsatz von Marketingaktivitäten, die darauf abzielen, die Nachfrage nach einem Produkt vollkommen aufzulösen, während das Demarketing bestimmte Verhaltensweisen vermindern soll.

Dem Kontramarketing sind bspw. die Marketingaktivitäten von Tierschützern gegen die Nachfrage nach Pelzbekleidung zuzuordnen. In diesem Zusammenhang ist das Wertmarketing als eigenständiges Konzept zu erwähnen, das in der Marktbearbeitung die Berücksichtigung des gesellschaftlichen Wertewandels erfordert (vgl. Tietz, 1993b, S. 9).

Kontrolle → *Erfolgskontrolle; Marketing-Controlling*

Kontrollgruppe → *Experiment*

Konzentration

Konzentration kann auf unterschiedlichen Ebenen definiert werden. Sie kennzeichnet zum einen Entwicklungsprozesse:

- Unternehmenswachstum durch Zusammenschluss von Unternehmen gleicher oder unterschiedlicher Stufen (→ *Wachstumsstrategien*)
- Wachstum von Großunternehmen durch im Vergleich zu den Konkurrenten stärkere Umsatzentwicklung
- Ausscheiden von Konkurrenten aus dem Markt, z.B. durch Verdrängung.

Zum anderen bezieht sich die Konzentration auf die zeitpunktbezogene Anzahl und Größenverteilung der Unternehmen einer Branche oder eines Sektors als Ergebnis dieses Entwicklungsprozesses.

Der Umfang der Konzentration wird durch den Konzentrationsgrad ausgedrückt. Er ist definiert als der prozentuale Umsatzanteil der x-größten (x = 1, 2, ...) Unternehmen einer Branche am Gesamtumsatz dieser Branche.

Kooperation [s.a. Verbundgruppe; Allianzen, strategische]
Kennzeichnend für die Kooperation ist nach Tietz/Mathieu (1979, S. 9) die Harmonisierung oder die gemeinsame Erfüllung von betrieblichen Aufgaben durch mehrere rechtlich selbständige Unternehmen. Unter einer Kooperation versteht man Formen der unternehmerischen Zusammenarbeit. Sie haben jedoch meist – im Gegensatz zu Strategischen Allianzen (→ *Allianzen, strategische*) – eine eher operative Dimension (vgl. Laurent, 1996, S. 135). Die grundlegenden Merkmale einer Kooperation bestehen darin, dass

- sich verschiedene Unternehmen innerhalb der Wertschöpfungskette einzelne Funktionen teilen oder gemeinsam ausüben und
- sich die Zusammenarbeit auf ein klar abgegrenztes Leistungsspektrum oder Marktsegment bezieht.

Dabei ist im Gegensatz zur Strategischen Allianz die Dauer der Zusammenarbeit i.d.R. begrenzt (vgl. Swoboda, 2000a, S. 109f.). Analog zu Strategischen Allianzen kann man unterschiedliche Formen der Kooperation unterscheiden (→ *Transaktionsformen*).

Die Kooperation kann zunächst nach dem Umfang und der Intensität der Zusammenarbeit differenziert werden. Die Kooperation kann im Prinzip alle Funktionsbereiche des Unternehmens umfassen. Insofern spricht man von Beschaffungskooperationen (Einkaufskontore), Produktions- und Absatzkooperationen sowie F&E-Kooperationen (vgl. Teichert, 1994). Marketingrelevante Kooperationsfelder sind u.a. die Marktforschung, die Werbung, der Vertrieb.

Die Kooperationsintensität betrifft die Stärke der Zusammenarbeit in einem bestimmten Kooperationsfeld; sie kann z.B. im Vertrieb von losen (→) *Rahmenvereinbarungen* bis hin zu straffen Formen des Kontraktvertriebs (→ *Kontraktmarketing*) reichen.

Eine weitere Unterscheidung kann erfolgen in

- kontraktfreie Kooperation, z.B. den Erfahrungsaustausch, sowie
- kontraktgebundene Kooperation, z.B. in Form des (→) *Exklusivvertriebs.*

Neben diesen Differenzierungen steht die Unterscheidung in

- horizontale Kooperation und
- vertikale Kooperation (vgl. Mengele, 1994, S. 20ff.).

In vertikalen Kooperationen rückt die jeweils »nächste« Institution im Absatzkanal in den Mittelpunkt der Betrachtung, so in der Konsumgüterwirtschaft beispielsweise der Handel aus der Sicht der Industrie bzw. umgekehrt. »Daher spricht man hier von Kundenpolitik/Kundenkooperation aus Herstellersicht und Lieferantenpolitik/Lieferantenkooperation aus Händlersicht« (Laurent, 1996, S. 135). Kooperationen zwischen Groß- und Einzelhandelsunternehmen sind bspw. (→) *Freiwillige Ketten.* Bei horizontalen Kooperationen arbeiten zwei Unternehmen der gleichen Wirtschaftsstufe, unter Umständen auch aktuelle oder potenzielle Konkurrenten zusammen, um eine stärkere Machtposition gegenüber anderen Konkurrenten oder auch gegenüber den vor- und/oder nachgelagerten Wirtschaftsstufen zu erreichen (vgl. Mengele, 1994, S. 20).

Zentrale Voraussetzung für Kooperationen ist die Vertragsfreiheit. Sie wird jedoch durch eine Reihe von Gesetzen begrenzt, so durch das Kartellgesetz (→ *GWB*). Aus ökonomischer Sicht werden kooperative Transaktionsformen immer dann zustande kommen, wenn die Partner erwarten, sich dadurch besser zu stellen. Zugleich beinhaltet Kooperation ein bestimmtes Maß an Bindung zwischen den Transaktionspartnern: »Jede Kooperation bewirkt eine Veränderung der Autonomiegrade und beruht damit auf einer freiwilligen Aufgabe von Freiheitsgraden« (Tietz/Mathieu, 1979, S. 11).

Kooperationsabkommen → *Handelsabkommen; Kooperations- und Integrationsformen*

Kooperations- und Integrationsformen [s.a. Integrationsabkommen]
Kooperations- und Integrationsformen sind verschiedene Ausgestaltungsformen der vertraglichen Zusammenarbeit zwischen einzelnen Ländern auf Regierungsebene (staatliche Kooperationen). Sie können dadurch von betriebswirtschaftlichen (→) *Kooperationen* auf Unternehmensebene abgegrenzt werden (vgl. Altmann, 1993, S. 96).

Die Verwendung der Begriffe Kooperationsformen und Integrationsformen ist uneinheitlich (vgl. Koch, 1998a, S. 193):

- Bei einer prozessualen (dynamischen) Betrachtung sind alle Formen der vertraglichen Zusammenarbeit zwischen autonomen Staaten als eine spezifische Form der Integration anzusehen. Unterschiedliche Kooperationsformen wie beispielsweise partielle Kooperationsabkommen (→ *Handelsabkommen*), (→) *Präferenzabkommen* und (→) *Assoziierungsabkommen* können als Vorstufen (Zwischenschritte) zu einer vollständigen (auch politischen) Integration als stärkste Form zwischenstaatlicher Zusammenarbeit aufgefasst werden.
- Bei einer statischen Zustandsbetrachtung sind Kooperations- von den Integrationsformen zu differenzieren. Danach sind Präferenzräume, wie sie beispielsweise die (→) *EU* gegenüber (→) *Entwicklungsländern* geschaffen hat (→ *Lomé-Abkommen*), nicht als eine Form der Integration anzusehen. »Von einer Integration i.e.S. sollte nur gesprochen werden, wenn sich die Partnerstaaten bemühen, einen gemeinsamen Wirtschaftsraum zu entwickeln« (Altmann, 1993, S. 101).

Die Integrationsformen können in sechs Stufen unterteilt werden. Die in Übersicht 76 dargestellten Integrationsformen sind durch eine zunehmende Integrationsintensität gekennzeichnet:

Freihandelszone
(Wegfall der Binnenzölle)
↓
Zollunion
(+ gemeinsame Außenzölle)
↓
Gemeinsamer Markt
(+ interne Faktormobilität)
↓
Wirtschaftsunion
(+ abgestimmte Wirtschaftspolitik)
↓
Währungsunion
(+ einheitliche Währung)
↓
Politische Union
(+ gemeinsame politische Instanzen)

Quelle: Koch, 1998a, S. 193.

Übersicht 76: Internationale Integrationsformen

1. (→) *Freihandelszonen* weisen die geringste Intensität auf und sind durch eine allgemeine Zollfreiheit und Beseitigung anderer Handelsbeschränkungen zwischen den Mitgliedsländern gekennzeichnet. Nach außen, gegenüber Drittländern betreiben die Mitgliedsländer eine autonome Außenhandelspolitik und weisen damit unterschiedliche Außenzölle auf. Beispiele für Freihandelszonen sind die (→) *NAFTA* oder die (→) *CEFTA*.

2. Die Zollunion entspricht einer Freihandelszone mit einem gemeinsamen Außenzoll gegenüber Drittländern. Die Mitgliedsländer geben einen Teil ihrer Souveränität im Außenwirtschaftsbereich zu Gunsten einer einheitlichen Außenhandelspolitik auf, so dass die Zollunion eine weitergehende Integrationsstufe darstellt. Durch die Anwendung gleicher Ausfuhrzölle haben Ursprungszeugnisse für den Intrahandel keine Relevanz, da keine Zollarbitrage wie bei einer (→) *Freihandelszone* mehr möglich ist. Ursprungszeugnisse werden bei einem erstmaligen Eintritt in die Zollunion überprüft. An dieser Stelle wird festgestellt, welche Zollsätze, z.B. bei Importen aus (→) *Entwicklungsländern*, greifen. Die nationalen Zollbehörden erhalten nur noch eine Bearbeitungsgebühr, die die administrativen Kosten deckt. Die (→) *EU* stellt eine derartige Zollunion dar, obwohl die formale Struktur des (→) *Europäischen Binnenmarktes* weit über eine Zollunion hinausgeht. Eine Zollunion wurde 1996 auch zwischen der EU und der Türkei geschlossen.

3. Der Gemeinsame Markt (Binnenmarkt) stellt einen qualitativen Integrationsfortschritt dar. Im Vergleich zu den bereits behandelten Integrationsformen herrscht zwischen den Mitgliedern nicht nur Gütermobilität, sondern auch die Produktionsfaktoren sind frei beweglich, um sämtliche Vorteile internationaler Arbeitsteilung nutzen zu können (Faktormobilität). Dabei geht es vor allem um freie Arbeitsplatzwahl, einen freien Personenverkehr (der im Zuge des Schengener Abkommens weitgehend realisiert wurde) sowie um Niederlassungs- und Gewerbefreiheit und einen freien Kapitalverkehr. Es existieren eine Reihe von Integrationsabkommen, die einen Gemeinsamen Markt anstreben, die aber eine freie Faktormobilität noch nicht gewährleisten. Insbesondere beim Kapitalverkehr besteht fast immer eine Behinderung durch Kapital- und Devisenkontrollen. Der (→) *Europäische Binnenmarkt* entspricht durch die Realisierung der vier Grundfreiheiten den Strukturen eines Gemeinsamen Marktes, der die Wirtschaftsbeziehungen durch die Herstellung von Wirtschaftsverhältnissen, die denen eines nationalen Marktes entsprechen, erheblich verbessert.

4. Bei einer Wirtschaftsunion erfolgen aus wirtschaftspolitischer Sicht eine zunehmende Kooperation und eine zunehmende Übertragung wirtschaftspolitischer Entscheidungen und Kompetenzen auf Gemeinschaftsinstitutionen, einhergehend mit einer Reduzierung der nationalen Autonomie bezüglich der Gestaltungsmöglichkeiten der Konjunktur-, Beschäftigungs- und Verteilungspolitik. Die Angleichung der wirtschaftpolitischen Systeme und Strategien muss üblicherweise als wichtige Voraussetzung für eine Währungsunion gesehen werden.

5. Bei einer Währungsunion erfolgt der Zusammenschluss souveräner Staaten zu einem einheitlichen Währungsgebiet, wie es z.B. zwischen der Schweiz und Liechtenstein und zwischen Monaco und Frankreich besteht. Zwei Optionen können hierbei realisiert werden. Auf der einen Seite ist es die Beibehaltung der bisherigen nationalen Währungen, deren Wechselkursrelation zu einem bestimmten Stichtag unwiderruflich fixiert wird, oder die »große Währungsunion« mit einer einheitlichen Währung auf der anderen Seite.

Die Verwirklichung der Währungsunion setzt voraus, dass Beschränkungen des Kapitalverkehrs zwischen den Staaten aufgehoben sind sowie die Geld- und Währungspolitik zwischen den Staaten vereinheitlicht wird. Gleichermaßen wird eine Währungsunion nur dann erfolgreich sein, wenn auch ein Konsens über die zu verfolgenden wirtschaftspolitischen Ziele und den Einsatz der wirtschaftspolitischen Instrumente hergestellt wird. Auch für diesen Schritt haben sich die EU-Mitgliedstaaten entscheiden. Mit der Festlegung fester Wechselkurse zwischen den nationalen Währungen und der Einführung des (→) *Euro* am 1. Januar 1999 begann die Währungsunion, die spätestens bis zum Juli 2002 abgeschlossen sein wird. Dann existiert nur noch eine einheitliche europäische Währung sowohl im Buchgeld- als auch im Bargeldverkehr. Der Euro wird als einziges gesetzliches Zahlungsmittel zwischen den Teilnehmerstaaten gelten (→ *Maastrichter Abkommen*).

6. Die politische Union stellt die intensivste Integrationsform dar. Sie ist vor allem durch eine gemeinsame Außen- und Sicherheitspolitik gekennzeichnet. Die europäische politische Union wird in allen Verträgen der EG/EU als zentrales Ziel bezeichnet, wobei die notwendige Delegation entscheidender Bereiche nationaler politischer Souveränität an eine gemeinsame Regierung oder Legislative von vielen Ländern Überwindung verlangt und noch nicht durchgehend realisiert werden konnte.

Koordination

Frese (2000, S. 69) definiert Koordination als die Ausrichtung von Einzelaktivitäten in einem arbeitsteiligen System auf ein übergeordnetes Gesamtziel. Macharzina (1999, S. 353) spricht von einer zielorientierten »Abstimmung der interdependenten Teilaufgaben eines Unternehmens«, Staehle (1999, S. 555) betrachtet Koordination als eine zentrale Managementfunktion und subsumiert darunter die »Abstimmung und Harmonisierung der Organisationsmitglieder sowie die Ausrichtung arbeitsteilig gebildeter Stellen« im Hinblick auf die Ziele und Zwecke der Organisation.

Demnach besteht die Notwendigkeit der Koordination auf Grund eines grundsätzlichen Dilemmas arbeitsteiliger Systeme: »Die begrenzte qualitative und quantitative Kapazität der Organisationseinheiten bedingt auf der einen Seite die Arbeitsteilung eines komplexen Gesamtproblems und die bis zu einem gewissen Grad isolierte Entwicklung von Teillösungen, das Bestreben nach einer möglichst weitgehenden Verwirklichung des übergeordneten Gesamtziels erfordert auf der anderen Seite die integrierende Abstimmung aller Teilaktivitäten« (Frese, 2000, S. 69).

In Anlehnung an Rühli (1992, Sp. 1165) kann der Koordinationsbedarf dann als besonders groß angesehen werden, wenn

- die Differenzierung des Systems in Elemente weit fortgeschritten ist (z.B. starke Arbeitsteilung)
- eine hohe Komplexität und Intensität der Beziehungen zwischen den Elementen besteht (Grad der gegenseitigen Abhängigkeit)
- große räumliche, zeitliche, sachliche und menschliche Distanzen zu überwinden sind
- die zu lösenden Probleme umfangreich, variabel oder unstrukturiert sind
- das dysfunktionale Verhalten von Elementen die Zielerreichung des Systems nachhaltig gefährdet.

Im (→) *Internationalen Management* ist die Koordination eine wichtige Dimension internationaler (→) *Wettbewerbsstrategien*. Der Koordinationsbedarf der länderübergreifenden bzw. weltweiten Aktivitäten ist davon abhängig, inwieweit ähnliche Aktivitäten aufeinander abgestimmt werden sollen (vgl.

Meffert/Bolz, 1998, S. 225). Dies ist beispielsweise bei einem weltweit standardisierten Angebotskonzept der Fall (→ *EPRG-Konzept; Globalisierung*).

Die besonderen Ziele der Koordination ergeben sich aus dem allgemeinen Zielsystem der Unternehmung. Zur Erreichung allgemeiner Formalziele wie Produktivität, Wirtschaftlichkeit, Rentabilität ist die Koordination der Strategie, der Struktur und der Kultur notwendig. In diesem Sinne unterscheidet Rühli (1992, Sp. 1168) eine Koordination

- der Strategie und durch die Strategie
- der Struktur und durch die Struktur
- der Kultur und durch die Kultur
- der Umweltbeziehungen und durch die Umweltbeziehungen.

Dieser Systematisierung folgend, differenziert er zwischen strategieorientierter, strukturorientierter, kulturorientierter und umweltorientierter Koordination.

Die strategieorientierte Koordination umfasst das gesamte Spektrum der (→) *Internationalisierungsstrategien*, während die strukturorientierte Koordination die organisatorische Gestaltung der internationalen Unternehmenstätigkeit umfasst (→ *Organisationsstrukturen*).

Auf der Instrumentalebene unterscheiden Welge (1980, S. 192ff.) und Macharzina (1999, S. 714) zwischen strukturellen, personellen und technokratischen Koordinationsinstrumenten oder -mechanismen (vgl. Übersicht 77). Zu beachten ist jedoch, dass angesichts der Komplexität der internationalen Unternehmenstätigkeit kein Instrument für sich genommen allein geeignet ist, die auftretenden Probleme zu lösen. Die drei Gruppen von Instrumenten ergänzen sich somit gegenseitig.

Strukturelle Steuerungsinstrumente
- Organisationsstruktur der internationalen Beziehungen
Personenorientierte Steuerungsinstrumente
- Delegiertenentsendung - Art der Einflussnahme auf Delegiertenselektion - Verantwortlichkeit für internationale Personalentscheidungen - Führungskräftetransfer - Besuche zur Auslandgesellschaft - Besuche zur Zentrale
Technokratische Steuerungsinstrumente
- Eigentumsverhältnisse - Verantwortlichkeit bei Investitionsentscheidungen - Verantwortlichkeit bei Kreditentscheidungen - Verantwortlichkeit bei Gewinnverwendungsentscheidungen - Formalisierungsgrad der Planung - Detaillierungsgrad der Planung - Integrationsgrad der Planung - Planungsträger - Anzahl der am Planungsprozess beteiligten Stellen

Quelle: Macharzina, 1999, S. 715.

Übersicht 77: Koordinationsinstrumente internationaler Unternehmen

Zusammenfassend kann die Koordination als eine Basisdimension zur Sicherung der internen Effizienz der organisatorischen Gestaltung und der internationalen Wettbewerbsfähigkeit gesehen werden. In diesem Sinne dient sie der Gewährleistung von gesamtstrategiekonformen Einzelentscheidungen und zur Minimierung von Abstimmungskosten. Sie ist – neben der (→) *Konfiguration* – eine wesentliche Dimension internationaler Wettbewerbsstrategien (vgl. Porter, 1999b, S. 474).

Korrelationsanalyse

Die Korrelationsanalyse untersucht die Strenge des Zusammenhangs zwischen zwei oder mehreren Variablen und in welche Richtung (gleichgerichtet oder entgegengesetzt) der Zusammenhang verläuft. Sie gehört zu den Verfahren der Interdependenzanalyse, da eine Teilung der Variablen in abhängige und unabhängige Variablen nicht vorgenommen wird (→ *Datenanalyse*).

Abhängig von der Zahl der untersuchten Variablen wird zwischen der einfachen und der multiplen Korrelationsanalyse unterschieden. Mit der multiplen Korrelationsanalyse können – je nach Betrachtungsweise – partielle oder multiple Korrelationskoeffizienten ermittelt werden. Der partielle Korrelationskoeffizient beschreibt die Strenge des Zusammenhangs zwischen zwei Variablen unter der Annahme der Konstanz der anderen Variablen; beim multiplen Koeffizienten wird eine Aussage über den simultanen Zusammenhang zwischen einer Variablen und allen anderen getroffen.

Abhängig vom (→) *Skalenniveau* der Variablen lassen sich verschiedene Verfahren der Korrelationsanalyse unterscheiden. Eines der gebräuchlichsten ist die Produkt-Moment-Korrelation für metrisch-skalierte Variablen. Ergebnis der Korrelationsanalyse ist der Korrelationskoeffizient (nach Bravais/Pearson), der auf das Intervall [-1, +1] begrenzt ist (vgl. Hammann/Erichson, 2000, S. 195ff.). Bei maximaler Strenge der Beziehungen zwischen den Variablen erreicht er den Höchstwert +1; der Wert 0 deutet auf das Fehlen jeglicher Beziehung hin; bei streng gegenläufiger Abhängigkeit ergibt sich ein Wert von -1.

Korrelationen zwischen ordinalen Variablen können nach dem Rangkorrelationsverfahren von Spearman ermittelt werden.

Bei der Anwendung der Korrelationsanalyse ist zu berücksichtigen, dass der Wert des Koeffizienten keine Aussage über Kausalzusammenhänge (→ *Kausalität*) macht.

Ein Beispiel für den Einsatz der Korrelationsanalyse im Marketing ist die Frage nach der Stärke des Zusammenhangs zwischen dem Einkommen und den Ausgaben für Lebensmittel.

Kreativitätsmethoden

Kreative Prozesse sind kognitive Prozesse, die auf schöpferische Intuition, Assoziationsfähigkeit u.Ä. Fähigkeiten abstellen. Neben diesen Faktoren spielen Fragen der Gruppendynamik und der Prozessorganisation eine bedeutende Rolle. Methoden, die derartige Prozesse unterstützen, bezeichnet man als Kreativitäts- bzw. Ideenfindungsmethoden oder Kreativitätstechniken.

Als wichtigste Verfahren sind hier zu nennen (vgl. Becker, 2001, S. 198):

- (→) *Brainstorming*
- Brainwriting
- (→) *Delphi-Methode*
- Synektik.

Grundidee des Brainstorming ist die spontane und ungebremste Ideenproduktion in einer gleichberechtigten Gruppe. Assoziative Anregungen und Weiterentwicklungen sind erwünscht; kein Beitrag sollte kritisierend abgewiesen werden. Eine Bewertung der Ideen erfolgt erst im Anschluss (vgl.

Becker, 2001, S. 199). Eine Abwandlung des Brainstorming-Verfahrens stellt das Brainwriting dar. Hier werden, um negative Gruppeneffekte auszuschalten, die Ideen zunächst schriftlich niedergelegt. Ein negativer Gruppeneffekt kann z.B. der Anpassungsdruck sein, der unkonventionelle, nicht »mehrheitsfähige« Ideen von vornherein verhindert.

Bei der Delphi-Methode wird auf der Grundlage von Expertenbefragungen versucht, künftige Entwicklungen zu prognostizieren.

Die Synektik ist die in Bezug auf die Methodenkenntnisse der Teilnehmer anspruchsvollste Kreativitätstechnik. Sie erfordert darüber hinaus einen erfahrenen Moderator, der das Ziel exakt zu formulieren und den kreativen Prozess zu steuern hat. Die synektische Ideenfindung orientiert sich an bei Wissenschaftlern festgestellten Verhaltensmustern der Problemlösung. Das dort gefundene Phasenschema

1. intensive Beschäftigung mit dem Problem
2. Entfernung vom Problem und Bildung von Analogien
3. spontane Lösungsideen

wird in den Verfahrensstufen der »klassischen Synektik« (vgl. Schlicksupp, 1977, S. 80) ausgebaut.

Die Marketinganwendung von Kreativitätsmethoden liegt hauptsächlich bei der Ideensuche für neue Produkte (→ *Neuproduktentwicklung, Phasen der*).

Kreditkarte

Die Kreditkarte ist ein Instrument des bargeldlosen Zahlungsverkehrs.

Sie fand ihren Ursprung in Amerika. Bereits in der Jahrhundertwende (19./20. Jahrhundert) begannen Hotels, Mineralölkonzerne und Warenhäuser mit der Ausgabe von Kreditkarten. Jedoch war die Verwendbarkeit für den Karteninhaber eingeschränkt, da diese Kundenkreditkarten meist eine lokale, auf den eigenen Geschäftsbereich der emittierenden Stellen (insbesondere Nicht-Banken) begrenzte Gültigkeit und Bedeutung hatten und somit jeweils nur von wenigen Vertragsunternehmen akzeptiert wurden (vgl. Buchal, 1994, Sp. 1272).

Kreditkarten werden nach einer Kreditwürdigkeitsprüfung gegen Zahlung eines Jahresbeitrages von Kreditkartenherausgebern, so Banken und Kreditkartenorganisationen (z.B. American-Express, Diners Club, Visa) ausgestellt. Mit dieser Karte kann der Karteninhaber in allen, dem jeweiligen System angeschlossenen Hotels, Restaurants oder Geschäften Waren und Dienstleistungen ohne Barzahlung erwerben, indem die Karte vorgelegt wird und die Rechnung vom Karteninhaber unterzeichnet wird. Die Rechnungen werden durch das Kreditkartenunternehmen beglichen und der Karteninhaber wird per Sammelrechnung zumeist monatlich belastet.

Die Kreditkarte erfüllt somit sowohl eine kredittechnische als auch eine zahlungstechnische Funktion (vgl. Gabler Wirtschaftslexikon, 2000, S. 1873).

Den im Kreditkartensystem zusammengeschlossenen Vertragspartnern wird je bargeldlosem Umsatz eine Provision in Rechnung gestellt. Bei Debitkarten wird im Gegensatz zu den Kreditkarten, bei denen dem Karteninhaber ein Kredit gewährt wird, bei jeder Verwendung der Karte eine Lastschrift erzeugt. Der ausgegebene Betrag wird direkt vom Konto des Kunden abgebucht. Diese von den Banken herausgegebenen Karten kosten den Einzelhändler i.d.R. keine Provision.

Im Gegensatz zu Kreditkarten der Kreditkartenorganisationen und Banken werden von Einzelhandelsunternehmen, meist (→) *Filialunternehmen*, zunehmend handelseigene (→) *Kundenkarten* herausgegeben, die teilweise auch zur bargeldlosen Zahlung an der Kasse des jeweiligen Unternehmens verwendet werden können.

Neben der Kredit- und Zahlungsfunktion hat die Kundenkarte für Handelsunternehmen im Wesentlichen Marketingfunktionen. Zum einen wird durch die Ausgabe von Kundenkarten und der damit verbundenen zusätzlichen Leistungen versucht, eine Bindung an das eigene Unternehmen herzustellen (→ *Kundenbindung*). Zum anderen soll eine effiziente Ansprache des Kunden durch ein (→) *Data-Base-Marketing* gewährleistet werden. Interessant ist zudem die Möglichkeit der Verknüpfung von Kundendaten mit internen Warenwirtschaftsdaten zu Kundenanalysen und Ursache-Wirkungsanalysen.

Die Ausgabe von Kundenkarten durch Marktforschungsinstitute eröffnet zudem neue Möglichkeiten elektronischer Panels (→ *Panelforschung*).

Kriegswaffenkontrollgesetz

Das Kriegswaffenkontrollgesetz (KWKG), das als Ausführungsgesetz zu Artikel 26 Abs. 2 des Grundgesetzes 1961 in Kraft trat, regelt die Herstellung, die Beförderung und das Inverkehrbringen von Kriegswaffen. Danach bedarf derjenige, der Kriegswaffen herstellen, die tatsächliche Gewalt über Kriegswaffen von einem anderen erwerben oder einem anderen überlassen will oder diese im Bundesgebiet außerhalb eines abgeschlossenen Geländes befördern will, einer Genehmigung (vgl. Schroth, 2001, S. 381).

Von den Bestimmungen sind alle Vorrichtungen, Teile, Geräte, Einrichtungen, Substanzen und Organismen ausgenommen, die zivilen Zwecken oder der wissenschaftlichen, medizinischen oder industriellen Forschung auf dem Gebiet der reinen und angewandten Wissenschaft dienen (vgl. Hucko/Wagner, 2001, S. 289). Ein Verstoß gegen das KWKG zieht Sanktionen nach sich, die teilweise erheblich strenger sind als die des (→) *Außenwirtschaftsgesetzes*. Das KWKG ist Bestandteil des (→) *Außenwirtschaftsrechts*.

Krisenmanagement

Krisenmanagement ist eine spezifische Form der Führung von Unternehmen. Seine Aufgabe besteht darin, alle Prozesse in der Unternehmung zu vermeiden oder zu bewältigen, die ansonsten in der Lage wären, den Fortbestand der Unternehmung substanziell zu gefährden (vgl. Mette, 1999, S. 330f.). Grundsätzlich kann zwischen einem aktiven und einem reaktiven Krisenmanagement unterschieden werden (vgl. Hahn/Krystek, 1989, Sp. 1220ff.):

- Das aktive Krisenmanagement bezieht sich auf die Früherkennung und Vermeidung von noch nicht akuten Unternehmensrisiken (→ *Früherkennung, strategische*). Hier kann zwischen potenziellen Unternehmenskrisen (antizipatives Krisenmanagement) und latenten Unternehmenskrisen (präventives Krisenmanagement) unterschieden werden.
- Das reaktive Krisenmanagement hat die Bewältigung bereits eingetretener (akuter) Unternehmenskrisen zum Gegenstand. Sind die akuten Unternehmenskrisen beherrschbar, spricht man von einem repulsiven Krisenmanagement, während man bei nicht beherrschbaren Unternehmenskrisen von einem liquidativen Krisenmanagement spricht.

In einer umfassenden Betrachtung erstreckt sich auch das internationale Krisenmanagement nicht nur auf die »Bewältigung« von Krisen, sondern insbesondere auf eine Früherkennung und Vermeidung von Krisen (vgl. Mette, 1999, S. 335).

Ursachen von Krisen in internationalen Unternehmen sind Mängel in der Planung, Steuerung und Kontrolle (Führungsfehler) des Unternehmens. Risikofaktoren sind hier u.a. die Führungskräfteauswahl, die Konzernorganisation, ein unzureichendes Informationssystem usw. Zum anderen können Ursachen von Krisen in exogenen, spezifischen Risiken der jeweiligen Gast- bzw. Zielländer sowie in der möglichen Multiplikatorwirkung solcher Risiken auf das Gesamtsystem liegen. Besonders hervorzuheben sind politische und wirtschaftliche Risiken, insbesondere das Währungsrisiko internationaler Unternehmen (→ *Länderrisiken*).

Krisenvermeidungsstrategien gegenüber politisch induzierten Krisenerscheinungen sind z.B.:

- zeitliche Verzögerung des Markteintritts in latent krisenbedrohte Gastländer
- (→) *Desinvestitionen* als Einschränkung/ Aufgabe regionaler Geschäftsaktivitäten
- Zentralisierung des Know-hows in ein nicht krisenbedrohtes Land
- Verteilung des Produktionsvolumens auf unterschiedliche regionale/nationale Standorte.

Neben den auf das Gesamtsystem bezogenen Strategien unterscheidet man spezifische subsystembezogene (länderorientierte) Strategien der Krisenvermeidung:

- Abschluss von Investitionsschutzverträgen (→ *Kapitalanlagebesicherung*) mit den jeweiligen Gastländern, die die gegenseitigen Rechte und Pflichten von Gastland, Regierung und Auslandsinvestor festlegen
- Bildung internationaler (→) *Joint Ventures* für länderspezifische Aktivitäten
- vertikale Integration in Form einer Verflechtung mit lokalen Zuliefer- und/ oder Weiterverarbeitungsunternehmen.

Treten losgelöst von politischen und/oder spezifischen Wechselkurs-orientierten Krisenursachen Bedrohungen (oder Chancen) in einzelnen Ländermärkten der internationalen Unternehmen auf, dann sind regionalorientierte Offensivstrategien, Umstrukturierungsstrategien sowie Defensivstrategien relevant (vgl. Hahn/Krystek, 1989, Sp. 1230f.).

Insgesamt müssen Krisen internationaler Unternehmen nicht zwangsläufig nur negative Effekte haben. Sie bieten grundsätzlich auch die Chance, tiefergehende Änderungen durchzuführen, neue Konzeptionen zu entwickeln und erstarrte Strukturen aufzubrechen.

Kultur [s.a. Landeskultur; Unternehmenskultur]

»Kultur besteht aus expliziten und impliziten Denk- und Verhaltensmustern, die durch Symbole erworben und weitergegeben werden und eine spezifische, abgrenzbare Errungenschaft menschlicher Gruppen bilden« (Kroeber/Kluckhohn, 1952, S. 181). Bei diesen Gruppen kann es sich um Unternehmen, Länder, Regionen oder auch andere Gruppen handeln. Dabei ist Kultur ein Hintergrundphänomen, welches das Verhalten von Personen prägt, ohne dass man sich dieses Einflusses bewusst ist (vgl. Kroeber-Riel/Weinberg, 1999, S. 542).

Elemente einer Kultur sind Werte (→ *Wertedynamik*), Grundannahmen, Normen und (→) *Einstellungen*. Daran orientiert sich auch das Verhalten der Personen, die der Kultur angehören (vgl. Scholz/Hofbauer, 1990, S. 19). Wesentliche Faktoren, die als Medien von Kultur dienen, sind Helden, Symbole, Riten und Rituale (vgl. Deal/ Kennedy, 1982, S. 13ff.; Hofstede, 1993, S. 22).

Zur (→) *Messung* von Kultur kann man auf unterschiedlichen Ebenen ansetzen. Einerseits kann man über die Sprache eine Kultur erforschen, denn kulturelle Verhaltensweisen spiegeln sich in der Sprache wider (vgl. Kroeber-Riel/Weinberg, 1999, S. 545ff.). Eine zweite Möglichkeit der Erfassung von Kultur ergibt sich über den (→) *Lebensstil*. Unter Lebensstil versteht man dabei eine Kombination typischer Verhaltensmuster einer Person oder einer Personengruppe. Eine Messung des Lebensstils kann über das Verhalten, aber auch über Einstellungen, Meinungen und Werte erfolgen. Umfassend kann der Lebensstil – und damit die Kultur – über den AIO-Ansatz gemessen werden (vgl. Kroeber-Riel/Weinberg, 1999, S. 547ff.). Dieser erfasst die drei wesentlichen Formen menschlicher Lebensäußerungen, so

- die beobachtbaren Aktivitäten
- das emotional bedingte Verhalten (Interessen)
- die kognitiven Orientierungen (Opinions).

Die Kultur hat eine besondere Relevanz in internationalen Märkten. Hervorzuheben sind vor allem zwei Ebenen: Einerseits müssen Managementtechniken auf ihre interkulturelle Anwendbarkeit überprüft werden (→ *Managementforschung, kulturvergleichende*). Andererseits muss auch das (→) *Internationale Marketing* Kulturunterschiede beachten und dabei die Frage der (→) *Standardisierung* oder (→) *Differenzierung* beantworten (→ *Konsumentenforschung, interkulturelle*).

Kultur-Sponsoring → *Sponsoring*

Kundenanalyse

Unter Kundenanalyse versteht man die systematische Sammlung, Verdichtung und Auswertung von Informationen über Kunden und Kundengruppen. Als Vorraussetzung für eine markt- und kundenorientierte Geschäftsführung schafft die Kundenanalyse die informatorische Basis, um die Verfügbarkeit der kritischen Ressource Kunde (→ *Nachfrage*) langfristig sicher zu stellen. Daraus lässt sich die Bedeutung eines Kunden ableiten, die sich aus dem Wert des gesamten Ressourcenpaketes – meist finanzieller Art – zusammensetzt, das er dem Unternehmen zur Verfügung stellt. Der Gesamtnutzen eines Kunden kann verstanden werden als der Nettoschaden, der eintritt, falls dieser Kunde zur Konkurrenz abwandert (vgl. Plinke, 1995b, Sp. 1329f.).

Kundenbindung

Unter Kundenbindung versteht man die Intensivierung und Schaffung einer dauerhaften Beziehung zwischen Anbietern und Kunden und damit den Aufbau einer Geschäftstreue (→ *Ladentreue*) oder (→) *Markentreue* beim Kunden (vgl. Homburg/Giering/Hentschel, 2000, S. 88f.). Die Kundenbindung bildet ein weites Ziel der Kundenorientierung. Die Marketinganstrengungen konzentrieren sich also nicht auf die Gewinnung von Neukunden, sondern beziehen sich auf den aktuellen Kundenstamm (Kundenstamm-Marketing). Die soziodemografischen Kundendaten bilden die Informationsbasis zur Gestaltung eines Kundenstamm-Marketing (vgl. Bruhn, 1999, S. 112). Diese können in einer kundenbezogenen (→) *Datenbank* gespeichert werden. Ergänzt werden diese Stammdaten durch verhaltensorientierte Transaktionsdaten (z.B. Kaufhäufigkeit, Kaufrhythmus, Reaktionen auf Mailings). Insofern bildet das (→) *Data-Base-Marketing* einen zentralen Bestandteil des Kundenstamm-Marketing.

Wichtige Kundenbindungsinstrumente sind (vgl. Liebmann/Zentes, 2001, S. 447ff.):

- Kundenkarten
- Kundenclubs
- Bonus- und Treueprogramme
- Beschwerdemanagement
- Dienstleistungen/Serviceleistungen
- Event-Marketing
- Kundenzeitungen/-zeitschriften.

Auf die Kundenbindung ausgerichtet ist das (→) *Customer Relationship Management*

(Kundenbindungsmanagement). Eine Vorsteuerungsgrösse bildet die (→) *Kundenzufriedenheit*. Die wichtigsten Kundenbindungsziele sind in Übersicht 78 dargestellt.

Ökonomische Kundenbindungsziele	Außerökonomische Kundenbindungsziele
◆ Absatz-, Umsatz-, Marktanteilsziele	◆ kundennahes Unternehmensimage
◆ höhere kundenindividuelle Erträge	◆ höhere Nachkaufzufriedenheit
◆ bessere DB- und Gewinnsituation	◆ weniger Unvoiced Complaints
◆ Kontinuität des Absatzes	◆ positive Mundpropaganda
◆ höherer Stammkundenanteil	◆ höhere Beschwerdezufriedenheit
◆ höhere Durchschnittsausgaben	◆ Verbundenheit mit Unternehmen
◆ niedrigere Preiselastizität	
◆ Reduktion werblicher Streuverluste	
◆ Steigerung der Wiederkaufrate	

Quelle: Liebmann/Zentes, 2001, S. 444.

Übersicht 78: Kundenbindungsziele

Kundendatenbank → *Data-Base-Marketing*

Kundendienstpolitik

Die Nebenleistungen oder Kundendienstleistungen ergänzen das Waren- und Dienstleistungsprogramm der Hersteller- und Handelsbetriebe. Ihre Gestaltung wird als Kundendienstpolitik bezeichnet. Grundsätzlich lassen sich technische Kundendienstleistungen wie Installation, Inspektion, Wartung, Reparatur, Ersatzteilversorgung u.Ä. und kommerzielle Kundendienstleistungen wie Beratung, Schulung, Zustellung von Waren usw. unterscheiden.

Nach dem Zeitpunkt der Bereitstellung bzw. der Inanspruchnahme der Nebenleistungen kann man den Pre-Sales-Service und den After-Sales-Service unterscheiden. Differenzierungskriterium ist hierbei der Zeitpunkt des Kaufabschlusses.

Serviceleistungen nach dem Kauf erweisen sich meist als eher zur Verstärkung des (→) *akquisitorischen Potenzials* eines Anbieters geeignet. Ihnen kommt insbesondere im (→) *Investitionsgütermarketing* eine wichtige Rolle zu.

Kundenkarte [s.a. Data-Base-Marketing; Kreditkarte]

Kundenkarten gehören heute im europäischen Ausland bereits zum Standardinstrumentarium des Marketing von Handelsunternehmen. Solche Kundenkartenprogramme sind in Deutschland auf Grund der bislang (Juli 2001) eingeschränkten Möglichkeiten der Rabattgewährung durch das Rabattgesetz bzw. vor allem die Zugabeverordnung noch nicht sehr weit verbreitet. Zukünftig werden solche Programme aber auch in Deutschland vermehrt entstehen, was vor allem auf die ersatzlose Streichung des Rabattgesetzes und vor allem der Zugabeverordnung zurückzuführen ist.

Die Funktionen von Kundenkarten lassen sich primär in drei Teilbereiche untergliedern.

Oft erfüllen die Karten die Funktion einer handelseigenen Kreditkarte, mit der die Kunden ihre Wareneinkäufe bezahlen können. Somit repräsentieren Kundenkarten auch eine Form des PoS-Banking.

Als Marketinginstrument eingesetzt, kann ein Kunde über eine solche Karte in Verbindung mit einem entsprechenden Bonusprogramm bei jedem seiner Einkäufe Punkte sammeln, diese kumulieren und dann entweder in bestimmte Produktgeschenke oder aber in Form eines Rabattes bei seinem nächsten Einkauf einlösen. Für das Handelsunternehmen erfüllen diese Kundenkarten insbesondere den Zweck, dass über solche Kartenprogramme Informationen über Kunden generiert werden können, die neue Möglichkeiten des Kundenmanagements eröffnen (→ *Customer Relationship Management*).

Sie führen auch zu einem Bedeutungsanstieg des (→) *Direct Marketing* und damit dazu, dass Marketingbudgets nicht mehr primär für undifferenzierte Massenmarktbearbeitung ausgegeben werden. Statt wie bisher in vielen Unternehmen üblich, das Marketingbudget pauschal über alle Kunden hinweg einzusetzen, wird über die Kundenkarten eine Individualisierung erreicht, die dazu führt, dass es zu einer Verschiebung von Budgetprioritäten hin zu Marketingmaßnahmen kommt, die speziell auf Kernzielgruppen bzw. Kundengruppen mit einem hohen Ertragspotenzial aus Sicht des Unternehmens ausgerichtet sind (→ *One-to-One-Marketing*) (vgl. Zentes/Janz/Morschett, 1999, S. 78f.).

Für das Marketing von Handelsunternehmen erfüllen Kundenkarten weiterhin den Zweck, dass sich ein Kunde, wenn er mit einer Kundenkarte bezahlt bzw. diese beim Einkauf vorlegt, identifiziert und somit eine Verbindung zwischen seinen persönlichen Daten, die über die Kundenkarte erfasst werden und seinen Einkäufen hergestellt werden kann, was wiederum in vielfacher Weise, so für Direktmarketingaktivitäten oder zu einer aussagekräftigeren Segmentierung (→ *Marktsegmentierung*) genutzt werden kann.

Auf Grund der Vielzahl der bereits existierenden Kundenkartenprogramme entstehen zunehmend unternehmensübergreifende Ansätze mit dem Ziel, die Karten dadurch möglichst attraktiv zu machen, dass sie bei einer möglichst großen Anzahl von Unternehmen eingesetzt werden können und zusätzlich die Anzahl der Karten pro Konsument gering und damit effektiv zu halten. Solche unternehmensübergreifenden Kundenkartenprogramm sind gerade auch für kleinere und mittelständische Händler relevant, deren Potenzial alleine nicht für die effiziente Umsetzung eines solchen Programmes ausreicht. Auch auf regionaler oder kommunaler Ebene werden Kundenkarten zunehmend als Marketinginstrument für das Stadt- oder Regionalmarketing eingesetzt.

Kundenstromanalyse

Die Kundenstromanalyse – auch als Kundenfrequenzanalyse oder Kundenlaufstudie bezeichnet – hat die qualitative und quantitative Erfassung der Personenbewegungen innerhalb eines Ladens oder in einer Agglomeration, beispielsweise eines Einkaufszentrums, Geschäfts- oder Stadtzentrums, zum Gegenstand.

Der Kundenstrom (vgl. Hansen/Algermissen, 1979, S. 260f.) ist als mehr oder weniger ungerichtete Massenbewegung mit individueller Bewegungsgeschwindigkeit und Gangrichtung zu charakterisieren. Auf ausgewählten Strecken wird der Kundenstrom nach Quantität, Struktur (demografische und soziografische Merkmale), Bewegungsgeschwindigkeit und Dichte analysiert. Die quantitativen Merkmale des Kundenstroms werden durch Auszählungen zwischen zwei Zeitpunkten nach Anzahl und Geschwindigkeit innerhalb dieses Zeitintervalls ermittelt. Die qualitativen Merkmale werden durch (→) *Beobachtung* und (→) *Befragung* erfasst.

Gerade zur Durchführung von Standortanalysen (→ *Standortpolitik*) in Innenstädten werden Kundenstromanalysen eingesetzt, die über eine Analyse der Frequentierung eines Standortes durch bestimmte Kunden- bzw. Zielgruppen, die Attraktivität und die Potenziale dieses Standortes für bestimmte (→) *Betriebstypen* oder Sortimentsbereiche von Handels- oder Dienstleistungsbetrieben aufzeigen können.

Kundenzufriedenheit

Die Bedeutung innovativer Kundenpolitik wird durch die Diskussion von Fragen der Kundenzufriedenheit, (→) *Kundenbindung* oder allgemein der Kundenorientierung geprägt. Letztere ist für die betriebswirtschaftliche Forschung und insbesondere für das Marketing nicht neu. Bezeichnend ist demgegenüber die zunehmende Bedeutung der Kundenorientierung als Zielgröße unternehmerischer Aktivitäten, wofür Zentes/Swoboda (2000d, S. 179) folgende Begründungen finden:

- Auf der wissenschaftlichen Ebene stellt die Kundenbindung ein zentrales Element der Entwicklung des Marketing vom instrumentellen Beeinflussungs- zum prozessualen Beziehungsmarketing dar (vgl. Diller, 1996, S. 92).
- In der Unternehmenspraxis resultiert die Relevanz der Kundenorientierung aus
  - Schätzungen, wonach eine aktive Kundenbindung lediglich 15 bis 20 Prozent der Aufwendungen erfordert, die für eine vergleichbare Gewinnung neuer Kunden entstehen würde und aus
  - Erfahrungen, z.B. der abnehmenden Loyalität der Konsumenten bei der Marken- oder Einkaufsstättenwahl (so Zunahme des Shop-Hopping, d.h., dass Händler jährlich 30 bis 40 Prozent der Kunden verlieren, zugleich aber zwei Drittel des Umsatzes mit Stammkunden erzielen) (vgl. Laurent, 1996, S. 42ff.).

Der Relevanz dieses Themas entsprechend, kann hierzu eine Fülle von Diskussionsbeiträgen angeführt werden, so zur Kundenzufriedenheit (vgl. Dichtl, 1996; Meyer, 1997; Simon/Homburg, 1997), zur Kundennähe (vgl. Homburg, 1995), zur »Bezahlbarkeit« der Kundenorientierung (vgl. Haedrich, 1997), zur Kunden- und Mitarbeiterzufriedenheit (vgl. Zentes, 1997) oder umfassend zum Kundenbindungsmanagement (vgl. Bruhn/Homburg, 1998). Spannagel/Trommsdorff (1999, S. 63f.) sehen die Bemühungen der Marketingwissenschaft vor allem auf drei Grundfragen konzentriert, so die Erklärung der wirtschaftlichen Wirkung, die Messung und die die psychologische Erklärung von Kundenzufriedenheit, Kundenbindung und Kundenorientierung.

Die Kundenzufriedenheit ist das Ergebnis eines Bewertungsprozesses, bei dem die von Kunden wahrgenommene Leistung eines Anbieters mit der Erwartung verglichen wird. Diese Erwartung gilt es auf den ersten Blick zu erfüllen, will man die Konsumenten langfristig an sich binden. Insofern besteht ein enger Zusammenhang zwischen Kundenzufriedenheit und -bindung, der etwa unter Berücksichtigung des wettbewerblichen Umfeldes u.a. von Jones/Sasser (1995) oder Homburg/Giering/Hentschel

(2000) untersucht wurde. Je höher die Wettbewerbsintensität und Käuferdominanz in den Märkten und je weniger wettbewerbsinduzierte Bindungsdeterminanten wirken können, desto bedeutender sind »sehr zufriedene« Kunden für die Erhöhung der Kundenbindung. Übersicht 79 zeigt Kurvenverläufe dieser Beziehung in verschiedenen Branchen.

In der Praxis stellt sich gleichwohl die Frage nach dem anzustrebenden Maß an Kundenzufriedenheit, denn entsprechende

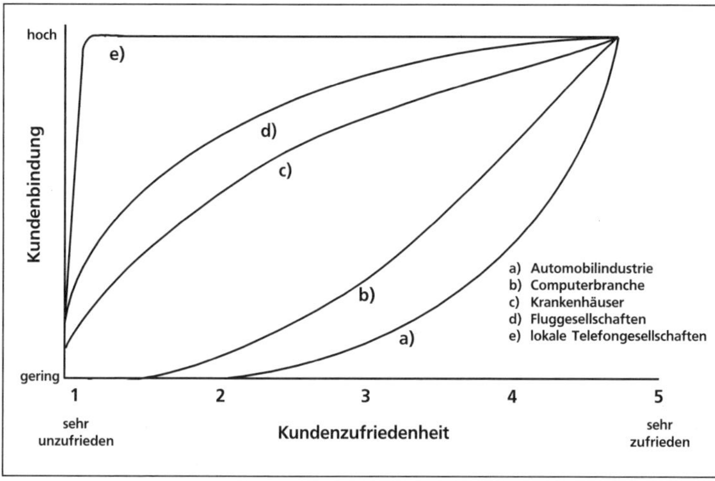

Quelle: Jones/Sasser, 1995, S. 91.

Übersicht 79: Beziehungen zwischen Kundenzufriedenheit und Kundenbindung in verschiedenen Branchen

Maßnahmen kosten Geld, und die Forderung nach Maximierung der Kundenzufriedenheit in den Bankrott treiben kann. So ist es keinesfalls zwangsläufig, dass Kundenzufriedenheit zu Kundenloyalität und Kundenbindung führt. Dafür gibt es mehrere Gründe:

- Manch ein Abnehmer verhält sich nur deshalb marken-, anbieter- oder betriebsstättentreu, weil es ihm derzeit an Ausweichmöglichkeiten mangelt. Er wird bei der ersten günstigen Gelegenheit, die sich ihm bietet, abspringen.
- Ab und zu einmal den »Lieferanten« zu wechseln, bedeutet auch ein Stück »Marktforschung«. Man möchte sehen, was andere zu bieten haben und ob man dort, wo man zumeist einkauft, wirklich gut bedient ist. Hier betreiben die Käufer Benchmarking.
- Dass Kundenzufriedenheit nicht automatisch zu Kundenbindung führt, hängt auch mit der menschlichen Eigenart des »Variety Seeking« zusammen; alle wollen Abwechslung, sei es in der Gastronomie oder im Handel, der heutzutage nicht nur eine Versorgungs-, sondern zunehmend eine soziale Funktion erfüllt.

Kundenzufriedenheit stellt somit eine notwendige, aber keine hinreichende Bedingung für (→) *Kundenbindung* dar.

Kurssicherung

Die Kurssicherung soll die Verlustrisiken, die aus Änderungen der Wertrelationen zwischen Währungen resultieren, abwenden oder mildern (→ *Währungsrisiken*). Das Währungsrisiko entsteht, da sich in vielen Fällen das Außenhandelsgeschäft vom deutschen Importeur oder Exporteur nicht in inländischer Währung abschließen lässt, so dass ein Fremdwährungsgeschäft mit einem Kreditinstitut einbezogen werden muss, wenn die Währung nicht auf einem Fremdwährungskonto bereit steht. Ein Kurssicherungsbedarf ergibt sich für den

- Exporteur, der den Eingangserlös in fremder Währung erwartet und befürchtet, dass die fremde Währung in Relation zu seiner Heimatwährung an Wert verliert
- Importeur, der Verbindlichkeiten in fremder Währung zu begleichen hat und befürchtet, dass die fremde Währung in Relation zu seiner Heimatwährung an Wert gewinnt
- Gläubiger, der Tilgungen und/oder Zinszahlungen in fremder Währung erwartet und befürchtet, dass die fremde Währung in Relation zu seiner Heimatwährung an Wert verliert
- Schuldner, der Tilgungs- und/oder Zinszahlungen in fremder Währung zu leisten hat und befürchtet, dass die fremde Währung in Relation zu seiner Heimatwährung an Wert gewinnt (vgl. Topritzhofer, 1989, Sp. 1239).

Insgesamt soll die Kurssicherung aus Sicht des Exporteurs (Gläubiger) Erlösschmälerungen und aus Sicht des Importeurs (Schuldner) Kostensteigerungen entgegen wirken. Zur Bewältigung dieser Gefahr existiert ein umfassendes Instrumentarium der Wechselkursabsicherung. Die Entscheidung zur Kurssicherung umfasst im Einzelnen welcher Betrag, mit welchem Instrument, ab welchem Zeitpunkt, für welchen Zeitraum kursgesichert werden soll (vgl. Topritzhofer, 1989, Sp. 1239).

Instrumente der Kurssicherung (Wechselkurssicherung i.e.S.) sind (vgl. Topritzhofer, 1989, Sp. 1244-1247):

1. Vertraglich vereinbarte Kurssicherungsmaßnahmen, so die Fakturierung in heimischer bzw. ausländischer Währung, die Vereinbarung von Kurssicherungs-/Währungsklauseln oder Währungsoptionen. Kurssicherungsklauseln sichern die auf ausländische Währung lautenden Forderungen bzw. Verbindlichkeiten, indem sie den im ursprünglichen Vertrag genannten Preis auf der Grundlage des zu einem bestimmten künftigen Stichtag notierten Wechselkurses umbewerten. Demgegenüber ermöglichen Währungsoptionen dem Begünstigten i.d.R. das Recht, bei Fälligkeit der Forderung die Währung der Zahlung zu bestimmen.
2. Geschäftliche Transaktionen zur Kurssicherung wie Devisentermingeschäfte, Devisenoptionsgeschäfte, Devisen-Swaps/Zins-Swaps (→ *Swap-Geschäfte*), (→) *Matching*, oder (→) *Fremdwährungskonten*.
3. Sonderformen der Kurssicherung, so (→) *Leading* und (→) *Lagging*, Forderungsverkäufe (→ *Factoring; Forfaitierung*), Diskontierung von Auslandswechseln (→ *Wechselkredit*) und die Negoziierung von Akkreditiven (→ *Dokumentenakkreditive*).

KVR

Das Internationale Kaufvertragsrecht (KVR) ist Ausdruck des Strebens nach einer Vereinheitlichung von Kaufrechten im Rahmen internationaler Wirtschaftsbeziehungen. Dies resultiert aus den unterschiedlichen rechtlichen Regelungen, denen internationale Vertragspartner unterliegen.

Neben den (→) *INCOTERMS* hat im KVR das UN-Übereinkommen zum internationalen Wareneinkauf (Convention on Contracts for the International Sale of Goods, CISG) von der United Nations Commission on International Trade Law die größte Bedeutung. Das (→) *UN-Kaufrecht* verfolgt das Ziel, die verschiedenen nationalen Vorschriften der Vertragsgestaltung zu vereinheitlichen. Es handelt sich um ein Abkommen (völkerrechtliche Konvention), das sich auf den Kauf von Waren – unter Ausklammerung anderer Rechtsbereiche, wie Kauf von Immobilien, Wertpapieren usw. – bezieht (vgl. Piltz, 2001, S. 8ff.). Es umfasst vier Teile (vgl. Piltz, 2001, S. 90ff.):

- Anwendungsbereiche und allgemeine Bestimmungen
- Abschluss des Vertrages
- Wareneinkauf
- Schlussbestimmungen.

Sofern nicht explizit nationales Recht unter Ausschluss des UN-Kaufrechts vereinbart worden ist, findet das UN-Kaufrecht automatisch Anwendung, wenn das Land mindestens eines der Vertragspartner Mitglied des UN-Abkommens ist und das internationale Privatrecht des anderen Landes auf das nationale Recht des ersten Landes verweist. Sofern nicht das internationale UN-Recht, sondern das nationale Recht angewendet werden soll, muss dies vertraglich vereinbart und das UN-Recht ausgeschlossen werden (vgl. Altmann, 1993, S. 284f.).

Einschränkend ist hervorzuheben, dass die Anwendbarkeit des UN-Kaufrechts in einigen Staaten durch Vorbehaltsklauseln gemindert ist und, dass es eine Reihe von Rechtsbegriffen unbestimmt lässt, die zusätzlich vertraglich konkretisiert werden müssen. Insgesamt gibt es jedoch einen Rahmen für den Vertragsabschluss vor und formuliert die Rechte und Pflichten der Verkäufer und der Käufer auf der Basis einer gemeinsamen Rechtskonvention.

L

Laborexperiment → *Experiment*

Ladenlayout → *Betriebstypen des Handels; In-Store-Marketing*

Ladenschlussgesetz

Die zeitliche Leistungsbereitschaft des Einzelhandels im Sinne einer Kontaktbereitschaft gegenüber Kunden ist in der Bundesrepublik Deutschland durch das Ladenschlussgesetz (LadenschlG) vom 28. November 1956 limitiert. Das LadenschlG gilt nur für den Verkauf »an jedermann« (§1 Abs. I 2 LadenschlG); d.h. nur für den Einzelhandel.

Der Gesetzgeber suchte im Jahre 1956 mit der Einführung fester Ladenschlusszeiten die Sicherung der Wettbewerbsneutralität und die Wahrung der Chancengleichheit im Einzelhandel zu erreichen, wenngleich er die möglicherweise auftretenden Wettbewerbsnachteile der deutschen Gewerbetreibenden im Verhältnis zum benachbarten Ausland nicht berücksichtigte (vgl. Vogt, 1994, S. 185).

Seit seiner Einführung ist das Ladenschlussgesetz umstritten und bereits mehrfach liberalisiert worden, zuletzt am 30. Juli 1996. Befürworter einer Liberalisierung sind insbesondere Verbraucherverbände sowie Unternehmen und Verbände aus dem Verbrauchermarkt- und SB-Warenhausbereich; Gegner sind insbesondere Gewerkschaften sowie Unternehmen und Verbände mittelständischer Unternehmen.

Nach dem LadenschlG müssen die Verkaufsstellen zu folgenden Zeiten für den geschäftlichen Verkehr mit den Kunden geschlossen sein (vgl. § 3 LadenschlG):

- an Sonn- und Feiertagen
- montags bis freitags bis 6.00 Uhr und ab 20.00, für Verkaufsstellen für Bäckerwaren bis 5.30 Uhr
- samstags bis 6.00 Uhr (5.30 Uhr) und ab 16.00
- an den vier aufeinanderfolgenden Samstagen vor dem 24. Dezember bis 6.00 und ab 18.00 Uhr
- am 24. Dezember, wenn dieser Tag auf einen Werktag fällt, bis 6.00 und ab 14.00 Uhr.

Abweichend von diesen Vorschriften erlaubt § 6 LadenschlG »... Tankstellen an allen Tagen während des ganzen Tages geöffnet« zu sein.

Diese Vorschrift ermöglicht den in neuerer Zeit stark zunehmenden Verkauf von Reisebedarf, Süßwaren, Spirituosen u.Ä., was zu einer weiteren Benachteiligung des »klassischen Einzelhandels« durch das vergleichsweise restriktive LadenschlG führt. So belief sich der deutschlandweite Tankstellenshop-Umsatz in 1998 bereits auf mehr als 13 Mrd. DM.

Auch die Vielzahl an Ausnahmeregelungen, die das Ladenschlussgesetz in seiner jetzigen Form vorsieht, lässt die Diskussion um eine grundlegende Liberalisierung nicht verstummen, da gerade diese Regelungen zum Teil zu erheblichen Wettbewerbsverzerrungen führen und das Gesetz zunehmend »entleeren«.

So existieren Ausnahmen für den Sonn- und Feiertagsverkauf:

- In Kur- und Erholungsgebieten dürfen Geschäfte an jährlich bis zu 40 Sonn- und Feiertagen für die Dauer von acht Stunden geöffnet sein.

- In ländlichen Gebieten dürfen Geschäfte während der Ernte oder Feldbestellung bis zu zwei Stunden geöffnet sein.
- Anlässlich von Märkten, Messen oder ähnlichen Veranstaltungen dürfen Geschäfte bis zu viermal im Jahr bis zu fünf Stunden (nicht im Dezember) geöffnet sein.

Für den Spätverkauf gilt:

- Anlässlich von Märkten, Messen oder ähnlichen Veranstaltungen dürfen Geschäfte an bis zu 6 Werktagen im Jahr bis 21 Uhr geöffnet sein.

Ladentreue [s.a. Kundenbindung; Kundenzufriedenheit]
Die Ladentreue oder Geschäftstreue ist, wie die verwandten Phänomene der (→) *Markentreue* und (→) *Produkttreue*, eine spezielle Art der Kundentreue. Die Ladentreue ist durch eine Konzentration der Einkäufe eines Konsumenten auf ein oder wenige Geschäfte gekennzeichnet.

Zwischen der Ladentreue einerseits und der Marken- und Produkttreue andererseits gibt es zum Teil enge Zusammenhänge. Bei manchen Produkten bestimmt die Geschäftstreue die Markentreue. In anderen Fällen ist die Beeinflussungsrichtung umgekehrt. In empirischen Untersuchungen (vgl. Nolte, 1976, S. 152ff.) konnte eine positive Korrelation zwischen den Phänomenen Ladentreue und Markentreue festgestellt werden. Daraus folgt auch, dass mit dem Wechsel des Geschäfts die Wahrscheinlichkeit für einen Markenwechsel steigt.

Auf Grund der zunehmenden Anzahl unterschiedlicher (→) *Betriebstypen des Handels* gewinnt die Betriebstypen- und Warengruppenakzeptanz der Konsumenten, als wichtige Grundlage für die Profilierung der unterschiedlichen Einkaufsstätten, an Bedeutung (vgl. Arend-Fuchs, 1996).

Länderportfolio
Mit Hilfe der (→) *Portfolio-Analyse* kann ein Unternehmen die bearbeiteten oder potenziell zu bearbeitenden Ländermärkte untersuchen und in eine systematische Struktur bringen. Dabei kann beispielsweise eine Marktattraktivitäts-Marktbarrieren-Matrix erstellt werden (vgl. Übersicht 80), in der – anders als in der BCG-Matrix –

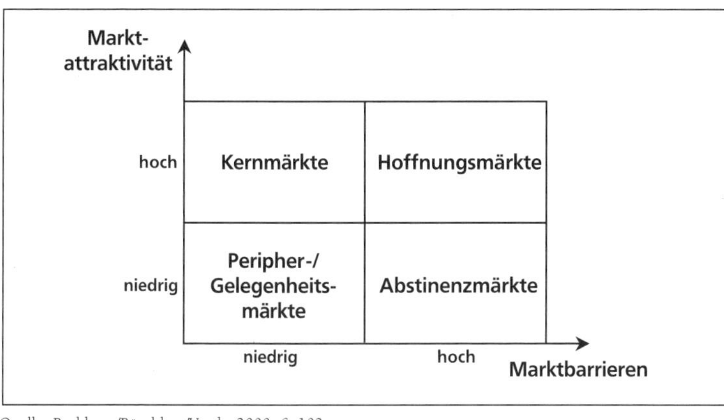

Quelle: Backhaus/Büschken/Voeth, 2000, S. 102.

Übersicht 80: Ländermarkttypologie

die Entscheidungsobjekte nicht Strategische Geschäftseinheiten, sondern Ländermärkte sind. Diese Portfolio-Matrix kann als Grundlage für die Formulierung von (→) *Internationalisierungsstrategien* eingesetzt werden (vgl. Macharzina, 1999, S. 282ff.).

Länderratings

Länderratings (Country-Ratings) sind Früherkennungssysteme für Chancen und Risiken in Auslandsmärkten, die auf Grund politischer Ereignisse sowie sozialer, ökonomischer und rechtlicher Entwicklungen zu erwarten sind (vgl. Walldorf, 2000, S. 377).

Es handelt sich dabei um quantitative Verfahren der Länderrisiko-Analyse, die zumeist in der Form von Scoring-Modellen bzw. Ratings (→ *Früherkennung, strategische*) durchgeführt werden. Dabei werden Kriterien und Risikoindikatoren bewertet und durch Gewichtung miteinander in Relation gebracht, um einen Kennwert zu ermitteln. Dadurch können sowohl verschiedene Länder miteinander verglichen werden als auch frühere Bewertungen gleicher Länder im Hinblick auf Veränderungen untersucht werden (vgl. Krämer-Eis, 1998, S. 23ff.).

Es können drei Ausprägungen von Länderratings unterschieden werden, die sich durch die Träger und Anwender der Ergebnisse, durch die Zahl der befragten Experten und die Anzahl der Wiederholungen dieser Befragungen pro Jahr differenzieren lassen. Zudem werden andere Scoring-Methoden bzw. -Modelle angewandt und verschiedene Kriterien (Teilscores) inklusive deren Gewichte bei der Bildung des Gesamtscores zu Grunde gelegt (vgl. Krystek/Walldorf, 1992, S. 358; Krämer-Eis, 1998, S. 37):

1. Indikatormodelle der politischen Instabilität

Bei dieser Form der Länderratings wie z.B. dem Coplin-O'Leary System, bei dem eine Evaluierung der Regimestabilität eines Landes sowie der Gefahr von Unruhen erfolgt, dem PSSI (Political Systems Stability Index) sowie dem WPRF (World Political Risk Forecast) wird versucht, die politische Umwelt eines Landes anhand geeigneter Indikatoren vollständig (Totalmodelle) zu erfassen. Den Modellen ist gemeinsam, dass das (→) *Länderrisiko* für die Beurteilung eines Auslandsmarktes nur durch Einschätzung der politischen Lage in einem Land bestimmt wird. Demgegenüber lassen sie offen, ob aus politischen Instabilitäten Risiken für ausländische Unternehmen (Investoren) resultieren können, und in welcher Weise dies gegebenenfalls geschieht.

2. Umfassende Indikator-Modelle zur Bestimmung der Investitionsrisiken bzw. des Investitionsklimas in einzelnen Ländern

Entgegen der eindimensionalen Sichtweise der Indikatormodelle der politischen Instabilität stehen bei den folgenden Konzepten weniger die politische Situation eines Landes allein als vielmehr die Indikatoren zur Bestimmung des Investitionsklimas bzw. der Investitionsrisiken im Mittelpunkt der Betrachtung. International am bekanntesten ist der (→) *BERI-Index*. Eine ähnliche Konstruktion hat auch das Business International Country Rating (→ *BI-Country Rating*). Der Ifo Economic Survey International (ESI) folgt einer anderen Methodik. Hier werden zweimal jährlich Expertenbefragungen in Bezug auf acht Kriterien durchgeführt, wobei keine Gesamtbeurteilung pro Land erfolgt, sondern eine Aggregation auf Ebene der untersuchten Kriterien (vgl. Walldorf, 2000, S. 378). Das Rating der Economist Intelligence Unit (EIU) beurteilt alle zwei Jahre makroökonomische Risiken, die international investierende, kreditgebende und finanzierende Unternehmen betreffen können. Dabei werden politische und ökonomische Risiken sowie Kreditrisiken bewertet, gewichtet und zu einem Gesamtrating, das in dem Country Risk Service publiziert wird, verdichtet.

3. Firmen- und branchenspezifische Länderrisiken

Diese Gruppe von Länderratings basiert ebenfalls auf umfassenden Indikatormodellen, die allerdings firmen- bzw. branchenspezifische Faktoren in den Mittelpunkt ihrer Betrachtung stellen. Ein Beispiel ist der Institutional Investor (II)-Index, der vom amerikanischen Wirtschaftsmagazin »Institutional Investor« zweimal jährlich publiziert wird und die Beurteilung der Kreditwürdigkeit von ca. 100 bis 120 Ländern durch 75 bis 100 Experten führender internationaler Banken wiedergibt (vgl. Krämer-Eis, 1998, S. 41). Ein anderes Beispiel ist der Euromoney-Index, der jährlich das Länderrisiko mit Hilfe der Zugangsmöglichkeiten eines Landes zu den internationalen Kapitalmärkten beurteilt. Dies geschieht, in dem aus den Konditionen der Kreditvergabe an dieses Land auf das jeweilige Kreditrisiko geschlossen wird (vgl. Walldorf, 2000, S. 384). Weitere Konzepte sind das (→) *FORELEND* sowie der (qualitative) International Country Risk-Guide (ICRG), der auf der Bewertung durch international tätige Banken beruht.

Als wesentliche Kritikpunkte an den Länderrating-Verfahren werden deren Subjektivität, Theorielosigkeit, Nichtberücksichtigung länderspezifischer Besonderheiten sowie Probleme hinsichtlich der Datenverfügbarkeit und -qualität angeführt. Die Vorteile derartiger Verfahren sind jedoch zu sehen in der Praktikabilität, Übersichtlichkeit und systematischen Vorgehensweise (vgl. Krämer-Eis, 1998, S. 28f.).

Länderrisiken [s.a. Außenhandelsrisiken] Der Begriff der Länderrisiken (politische Risiken i.w.S.) wird in der Literatur sehr uneinheitlich verwendet. Im Gegensatz zu den ökonomischen Risiken, die häufig in dem ausländischen Unternehmen begründet sind, resultieren Länderrisiken aus Maßnahmen ausländischer Regierungen oder allgemein aus der Situation des Partnerlandes. Es handelt sich konkret um Verlustgefahren, die einem Unternehmen aus der gesamtwirtschaftlichen, politischen und sozio-kulturellen Situation eines Landes entstehen können (vgl. Engelhard, 1992, S. 369; Meyer, 1987, S. 16).

Altmann (1993, S. 709f.) differenziert zwischen politischen und wirtschaftspolitischen Risiken. Jahrmann (1998, S. 272ff.) differenziert nach politischen Risiken (i.e.S.), Zahlungsverbots- und Moratoriumsrisiken sowie Transfer- und Konvertierungsrisiken, die er gesamthaft als politische Risiken i.w.S. bezeichnet:

1. Politische Risiken (i.e.S.): Zu den politischen Risiken zählen Schäden, die auftreten können als Folge von kriegerischen Ereignissen, politischen Instabilitäten (Regierungswechsel), Blockaden oder Boykottmaßnahmen, so dass die Ware nicht vertragsgemäß exportiert bzw. importiert werden kann bzw. darf. Gleichermaßen zählen hierzu auch Schäden als Folgeerscheinungen von innenpolitischen Entwicklungen im Schuldnerland wie Bürgerkriege, Unruhen oder Streiks. Diese Ereignisse schlagen sich entweder in der Beschlagnahmung der Ware, in dem Verlust der Ware, in der Beschädigung der Ware oder in der Möglichkeit, eine Liefertransaktion nicht realisieren zu können oder in Enteignung nieder.
2. Zahlungsverbots- und Moratoriumsrisiken (ZM-Risiken): In diesem Falle werden durch staatliche Maßnahmen, z.B. im Schuldnerland, zahlungswillige und zahlungsfähige Schuldner an der Zahlung ihrer Verbindlichkeiten gehindert. Gründe für derartige Zahlungsverbote

können zwischenstaatliche Konflikte, aber auch Zahlungsbilanzprobleme sein. Bei einem Moratorium (Zahlungsaufschub) wird nur eine teilweise Zahlung erlaubt, oder die Überweisung ins Ausland wird über einen längeren Zeitraum gestreckt.

3. Konvertierungs- und Transferrisiken (KT-Risiken): Das Konvertierungsrisiko liegt vor, wenn der Umtausch der Währung des Schuldners – auf Grund eines staatlichen Umtauschverbotes – vorübergehend nicht möglich ist. Transferrisiken sind dadurch charakterisiert, dass die Währung des Schuldners nicht überwiesen werden kann, da beispielsweise der Staat des Schuldners für eine bestimmte Zeit den »Geldexport« nicht erlaubt. Dies kann politische oder währungspolitische Gründe haben.

Über die politischen Risiken i.w.S. hinausgehend, nennt Jahrmann (1998, S. 277) das rechtliche Risiko im Sinne einer Änderung relevanter Rahmenbedingungen der Rechts- und Wirtschaftsordnung sowie die in der Gesellschaftsstruktur eines Landes begründeten sozio-kulturelle Risiken.

Maßnahmen zur Risikoabsicherung sind u.a. Zahlungsgarantien und Kreditversicherungen (→ *Exportkreditversicherung*), die auch Länderrisiken umfassen, wie die (→) *HERMES*-Kreditversicherung.

Da die Länderrisiken in einem geringeren Maße als die ökonomischen Risiken durch vertragliche Gestaltungen von den international tätigen Unternehmen abgesichert werden können, kommt der Bewertung von Länderrisiken (→ *Länderrisiken, Bewertung von*) eine besondere Bedeutung zu.

Hierzu steht eine Reihe von Indikatoren (→ *BERI-Index*) und sonstiger Bewertungsverfahren zur Verfügung (→ *Länderratings*).

Länderrisiken, Bewertung von

In den letzten Jahren ist eine kaum noch überschaubare Anzahl von Konzepten zur Beurteilung von (→) *Länderrisiken* entwickelt worden, mit dem Ziel, Entscheidungshilfen für die Selektion erfolgsversprechender Auslandsmärkte (→ *Marktauswahl*) zu liefern.

Klassische risikobezogene Länderanalysen umfassen neben politischen und wirtschaftlichen (ökonomischen) Aspekten auch gesellschaftliche (sozio-kulturelle) Rahmenbedingungen bzw. Einflussfaktoren.

Grundsätzlich können die Länderrisikobeurteilungskonzepte in Partialansätze und Totalansätze eingeteilt werden. Bei den Partialansätzen der Länderrisikoanalyse werden aus der Komplexität des Entscheidungsfeldes jeweils nur Ausschnitte der relevanten Risikoursachenbereiche in Betracht gezogen. Das Ziel der Totalansätze besteht darin, die Umweltkomponenten möglichst vollständig zu erfassen. Darüber hinaus kann zwischen quantitativen und qualitativen Verfahren der Bewertung von Länderrisiken unterschieden werden (vgl. auch Backhaus/Büschken/Voeth, 2000, S. 111; Engelhard, 1992, S. 376ff.; Krämer-Eis, 1998, S. 23ff.):

- Unter qualitativen Verfahren sind Konzepte zu subsumieren, die keine zahlenmäßige Bewertung verwenden, sondern versuchen, ein ganzheitliches Bild der Situation des entsprechenden Landes wiederzugeben. Hierzu zählen u.a. Expertisen, Szenarien, Checklisten, Risikoprofile oder Informationsreisen vor Ort. Sie bieten die Möglichkeit, die speziellen Stärken und Schwächen eines Landes zu zeigen und individuell bewerten zu können.
- Unter quantitativen Verfahren sind alle Vorgehensweisen zu verstehen, die unter Zuhilfenahme von zahlenmäßigen Bewertungen das Länderrisiko als kar-

dinale bzw. ordinale Maßzahl darstellen. Die Mehrzahl der Verfahren basiert auf Punktbewertungsmodellen, stellt das Länderrisiko eindimensional als Zahlenwert dar und verwendet diesen Wert als Grundlage für ein (→) *Länderrating* bzw. eine Länderklassifikation.

Eines der bekanntesten Verfahren zur Bewertung von Länderrisiken ist der (→) *BERI-Index*.

Ländertypologie [s.a. Länderportfolio]
Ländertypologien zielen auf eine Zusammenfassung von Auslandsmärkten zu Marktbündeln. Die Basis sind Informationen über Auslandsmärkte (→ *Marktforschung*), die gesammelt, aufbereitet und hinsichtlich vielfacher Kennzahlen komprimiert werden. Darauf basierend, erfolgt eine Bündelung (→) *Marktsegmentierung* von Ländern bzw. Ländergruppen. Als Typologisierungsmöglichkeiten dient beispielsweise die Unterscheidung zwischen Industrieländern mit bzw. ohne Rohstoffbasis, z.B. reine Rohstoffländer, (→) *Entwicklungsländer* usw.

Leitherer (1989, Sp. 1273f.) unterscheidet vier Grundsatzentscheidungen als Basis zur Gestaltung des betrieblichen (→) *Außenhandels*:

1. Die Bündelung von Ländern, die Ähnlichkeiten in Marktstrukturen aufweisen.
2. Die Berücksichtigung der Charakteristika der »Länder-Bündel« als Grundlage für die Unternehmenspolitik.
3. Die Möglichkeit der weiteren Aufsplittung einzelner (→) *Zielgruppen*.
4. Eine Konzentration auf Ballungsräume innerhalb eines einzigen nationalen Marktes/Landes, als eine selten angewandte Option.

Längsschnittanalyse [s.a. Datenmatrix; Querschnittsanalyse]
Die Längsschnittanalyse (Longitudinalstudie) bezeichnet eine Betrachtung von Daten über die Zeit. Zu diesem Zweck werden in bestimmten Zeitabständen stets die gleichen Tatbestände zu bestimmten Untersuchungsobjekten erhoben. Charakteristisch ist also die wiederholte Erhebung und Analyse von Daten über Untersuchungsobjekte im Zeitablauf.

Die Erfassung der Daten über einen längeren Zeitraum ermöglicht die Feststellung intertemporaler Veränderungen; es ergeben sich Längsschnitt- oder Zeitreihendaten. So können Trends oder auch Trendwenden registriert werden. Längsschnittdaten sind eine wichtige Grundlage für (→) *Prognosen*, z.B. in Form der Trendextrapolation, bei der die beobachtete Zeitreihe in die Zukunft extrapoliert wird.

Die bedeutendste Methode zur Gewinnung von Längsschnittdaten ist die (→) *Panelerhebung*.

Lagging [s.a. Kurssicherung]
Lagging beschreibt neben dem (→) *Leading* die Möglichkeit, erwartete Wechselkursveränderungen auszunutzen. Lagging liegt dann vor, wenn z.B. ein deutscher Schuldner in Erwartung der Abwertung einer Währung bewusst das Zahlungsziel überschreitet. Dies ist beispielsweise der Fall, wenn die Schuld auf US-Dollar lautet und der Dollarkurs sinkt. Der Gläubiger hat insofern kein Kursrisiko, als er – wenn auch verspätet – denselben Dollarbetrag erhält. Das Kursrisiko besteht dann, wenn er diesen Dollarbetrag später in DM konvertiert. In diesem Moment erleidet er einen Kursverlust. Auf der anderen Seite kann er in Erwartung der Aufwertung einer Währung das Einziehen aller Forderungen in dieser Währung hinauszögern. Da Lagging eine

vertragswidrige Überschreitung des Zahlungsziels darstellt, belastet es jedoch die Geschäftsbeziehungen und wird meist bei der Zahlung zwischen den Tochtergesellschaften und der Konzernzentrale multinationaler Unternehmen einvernehmlich angewandt.

Landeskultur [s.a. Kultur]
Die Landeskultur bezieht sich auf den Personenkreis der Einwohner eines Landes. Sie ist im Rahmen der internationalen Unternehmenstätigkeit ein wesentlicher Bestimmungsfaktor. Bei der Ausgestaltung der (→) *Marketinginstrumente* muss die jeweilige Landeskultur beachtet werden, um die Frage nach (→) *Standardisierung* oder (→) *Differenzierung* zu beantworten. Andererseits müssen auch bei der Unternehmensführung interkulturelle Fragestellungen beachtet werden (→ *Management, interkulturelles*). Nicht zuletzt ist jede (→) *Unternehmenskultur* eingebettet in eine Landeskultur (vgl. Scholz/Hofbauer, 1990, S. 87).

Eine umfassende Analyse verschiedener Landeskulturen nahm Hofstede (1997) vor. Er identifizierte vier Dimensionen nationaler Kulturen, die er später um eine weitere ergänzte (vgl. Hofstede, 1997, S. 25ff.; Scholz, 2000b, S. 255ff.):

- Machtdistanz charakterisiert, inwieweit eine Gesellschaft unterschiedliche Machtverteilungen akzeptiert.
- Unsicherheitsvermeidung zeigt das Ausmaß der Vermeidung von Risiko und Unsicherheit einer Gesellschaft an.
- Individualität bezieht sich auf die Betonung des Individuums gegenüber der Gruppe.
- Maskulinität drückt aus, wie stark in einer Gesellschaft maskuline Werte wie Selbstbehauptung, Leistung usw. den femininen Werten wie sozialen Kontakten, Lebensqualität usw. vorgezogen werden.
- Langfristorientierung gibt an, für welchen Zeitraum Planungen vorgenommen werden bzw. in welchen Zeithorizonten sich Gesellschaften bewegen.

LDC → *Entwicklungsländer; Welthandelsstrukturen*

Lead-Country-Konzept [s.a. Kompetenzzentren]
Beim Lead-Country-Konzept handelt es sich um ein strukturelles Koordinationsinstrument (→ *Koordination*), demzufolge eine organisatorische Einheit für ein Produkt, eine Produktgruppe, eine bestimmte Region, teilweise bestimmte Kundengruppen oder auch nur einen Kunden die Position des Koordinators und »primus inter pares« übernimmt (vgl. Köhler, 1992b, Sp. 50; Welge/Holtbrügge, 1998, S. 177f.). Perlitz (2000, S. 634) spricht diesbezüglich von der Übernahme strategischer Gesamtverantwortung für ein bestimmtes Teilgebiet im Sinne eines lokalen Akteurs.

Die von dieser Einheit erarbeiteten Konzepte sind Grundlage der Marktbearbeitung für die Gesellschaften in anderen Auslandsmärkten. Insofern liegt dem Lead-Country-Konzept die Erkenntnis zu Grunde, dass die Koordination nicht notwendigerweise durch die Zentrale erfolgen muss, um die Ausrichtung auf globale Unternehmensziele sicherzustellen (vgl. Welge, 1992, S. 584; Welge/Holtbrügge, 1998, S. 182).

Durch das Konzept wird versucht, eine verstärkte (→) *Standardisierung* zu erreichen, d.h. dass zwar das Lead-Country eine dominierende Stellung (koordinierende, harmonisierende Funktion) bei der Entwicklung der gemeinsamen Konzeption innehat, es aber zugleich zweckmäßig sein kann, nationale Freiheitsgrade für die einzelnen Landesgesellschaften zuzulassen. Die Vorteile dieses einfachen, aber effizienten Systems bestehen in der Entlastung der Zentrale, der Verbesserung der Entscheidungsergebnisse und der verbesserten Motivation der Mitarbeiter für Aktivitäten, die sich auf diese Lead-Funktion beziehen (vgl. Frese, 2000, S. 308f.).

Das Lead-Country-Konzept ist vergleichbar mit dem integrierten Netzwerkmodell (→ *Netzwerkmodelle*), in welchem ein Knoten die – etwas stärker ausgeprägte – Entscheidungskompetenz verwirklicht.

Die Kernvorteile des Lead-Country-Konzepts liegen zum einen in der Koordination durch Partizipation und dementsprechend auch Motivation durch Partizipation. Weiterhin lassen sich durch die Auswahl derjenigen Tochtergesellschaft als Lead-Country, welche die höchste Kompetenz in einem Bereich besitzt, Synergieeffekte für das ganze System auf Grund dieser Kompetenzverstärkung ausnutzen. Der dritte Kernvorteil dieser Konzeption ist die Entlastung der Zentrale auf Grund der Dezentralisierung der Entscheidungskompetenzen.

Leading [s.a. Kurssicherung]

Leading bedeutet im Gegensatz zu (→) *Lagging* eine vorzeitige, vertragskonforme Zahlung einer Schuld bei erwarteter Aufwertung einer Währung. Ein deutscher Schuldner kann sich z.B. dadurch Vorteile verschaffen, wenn er vorzeitig in US-Dollar zahlt und anschließend der Dollarkurs steigt. Wiederum kann er in Erwartung der Abwertung einer Währung alle Forderungen in dieser Währung beschleunigt einziehen. Gleichwohl müssen in dieser Überlegung Liquiditätsverminderungen und eventuelle Zinseinbußen einbezogen und abgewogen werden.

Leasing

Leasing stellt eine aus dem amerikanischen Recht übernommene Form der Finanzierung dar. »Unter dem Begriff Leasing werden Vertragsgestaltungen subsumiert, die vom normalen Mietvertrag bis zum verdeckten Raten-Kaufvertrag reichen« (Perridon/Steiner, 1999, S. 436). Leasingverträge sind überwiegend Gebrauchsüberlassungs-Verträge, in denen sich ein Leasinggeber dem Leasingnehmer gegenüber verpflichtet, eine Sache, deren Rückgabe für einen späteren Zeitpunkt vertraglich festgelegt wurde, zeitweilig gegen regelmäßige Leasingraten zu überlassen. Leasing ist durch folgende Merkmale aus Sicht des Leasingnehmers gekennzeichnet (vgl. Jahrmann, 1998, S. 490):

- 100%ige Fremdfinanzierung
- i.d.R. steuerliche Berücksichtigung der Leasingraten als Betriebsausgaben
- i.d.R. kein Eigentum
- i.d.R. keine Bilanzierung von Leasingobjekt und Leasingfinanzierung
- häufig Einbeziehung von Dienstleistungen.

Grundlegend unterscheidet man zwischen Financial Leasing und Operating Leasing. Das Erstgenannte ist durch eine vertraglich vereinbarte feste Grundmietzeit gekennzeichnet, die nicht gekündigt werden kann, während das Zweitgenannte unter Einhaltung einer Frist kündbar ist, so dass das Investitionsrisiko beim Leasinggeber liegt. Zudem kommt es beim Operating Leasing (auch Full-Service-Leasing bzw. Contract Hire) zur Übernahme von weitergehenden Dienstleistungen, z.B. der Übernahme von Betriebskosten, der Stellung von Fachpersonal sowie der regelmäßigen Wartung und Reparatur (vgl. Perridon/Steiner, 1999, S. 437; Jahrmann, 1998, S. 494). Leasing-Gesellschaften übernehmen heute für Unternehmen beispielsweise die gesamte Fuhrparkverwaltung (Flottenleasing). Vor diesem Hintergrund sind die Leasing-Gesellschaften als Absatzweg (→ *Absatzwegepolitik*) von absatzpolitischer Bedeutung. Die eingeschalteten Leasing-Gesellschaften

– häufig Tochterunternehmen von Kreditinstituten – kaufen die Leasing-Produkte bei den Herstellern und schließen mit den Leasingnehmern die entsprechenden Verträge ab.

Aus Sicht der Hersteller hat Leasing als Instrument der (→) *Absatzfinanzierung* zugleich akquisitorische Wirkungen und berührt Fragen der (→) *Konditionenpolitik* und der (→) *Kundendienstpolitik.*

Für die Außenwirtschaft hat das Exportleasing (Cross Border Leasing) die größte Bedeutung. Dieses liegt dann vor, wenn der Leasinggeber und der Leasingnehmer ihren Sitz in verschiedenen Ländern haben. Beim direkten Exportleasing (grenzüberschreitendes Leasing) schließt ein Leasinggeber direkt einen Leasingvertrag mit einem gebietsfremden Besteller bzw. mit einem gebietsfremden Leasingnehmer. Ein indirektes Exportleasing liegt dann vor, wenn eine Leasinggesellschaft zwischengeschaltet ist.

Als weitere Form ist Sale-and-lease-back hervorzuheben, bei dem der Leasingnehmer ein ihm gehörendes Objekt an den Leasinggeber verkauft und dann im Leasingvertrag zurückmietet, so beispielsweise Verwaltungsgebäude oder Werkhallen (vgl. Dülfer, 1997, S. 181; Jahrmann, 1998, S. 491).

Least Developed Countries → *Entwicklungsländer; Welthandelsstrukturen*

Lebensstil [s.a. Euro-Socio-Styles; Kultur; Wertedynamik]

Der Lebensstil (Life Style) kennzeichnet die charakteristischen kulturellen und subkulturellen Verhaltensmuster Einzelner oder einer Gruppe von Personen. Im Lebensstil kommt die Wert- und Zielorientierung der Konsumenten zum Ausdruck.

Die Lebensstilforschung analysiert als soziologischer Ansatz sowohl beobachtbares Verhalten (z.B. in der Freizeit, im Beruf) als auch psychische Größen (z.B. Einstellungen, Werte, Meinungen) (vgl. Kroeber-Riel/Weinberg, 1999, S. 547ff.). Zur Messung des Lebensstils werden das Sport-, Urlaubs-, Media-, Arbeits- und insbesondere das Konsumverhalten sowie (→) *Einstellungen* und Meinungen erfasst. Innerhalb eines bestimmten Spielraumes können Personen ihren Lebensstil auf Grund von Wertvorstellungen, Einstellungen, Erwartungen und Überzeugungen gestalten. Dieser Spielraum wird durch Faktoren wie die Kultur, das geltende Wertsystem, die verfügbaren finanziellen Mittel, die erlaubten Handlungsmöglichkeiten und der soziale Druck bestimmt. Besondere Bedeutung für die Lebensstilforschung hat der AIO-Ansatz erlangt. Dieser erfasst und analysiert zur Bestimmung des Lebensstils die Aktivitäten (z.B. Aktivitäten in der Freizeit, Einkauf, Beruf und im sozialen Bereich), Interessen (z.B. im Hinblick auf Familie, Beruf, Essen) und Meinungen (Optionen) der Konsumenten.

Das vom Institut Sinus Sociovision entwickelte »Konzept des sozialen Milieus« verwendet als Segmentierungskriterium die persönlichen Lebenswelten der Zielgruppen. In methodischer Hinsicht erfasst das Lebensweltkonzept alle Erlebnisbereiche der Konsumenten, die deren Entwicklung und Veränderung von Einstellungen, Werthaltungen und Verhaltensmustern bestimmen. Ergebnis der Sinus-Lebensweltforschung ist die Abgrenzung von zwölf sozialen Milieus nach Lebensauffassung und Lebensweise (vgl. Übersicht 81).

Der Lebensstil kann zur Erklärung und Prognose des Konsumentenverhaltens herangezogen werden, da in den hoch entwickelten Konsumgesellschaften Güter nicht nur wegen ihres Grundnutzens gekauft werden, sondern auch wegen ihres Symbolcharakters. Dabei ist das Handeln der Konsumenten auf den Lebensstil gerichtet, d.h., die Konsumenten präferieren solche

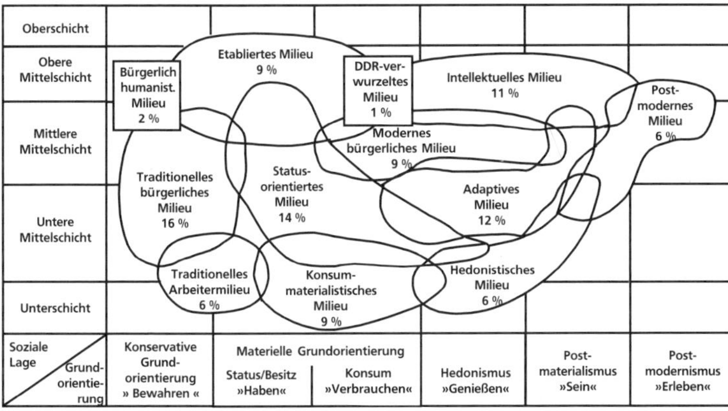

Quelle: Sinus Sociovision, 2001.

Übersicht 81: Sinus-Milieus 2000

Güter, die mit ihrem Lebensstil vereinbar sind bzw. einen gewünschten Lebensstil dokumentieren. So kann der Konsum als symbolisierter Lebensstil betrachtet werden (vgl. Bebié, 1978, S. 179).

Durch Lebensstilanalysen kann versucht werden, aus den individuellen Verhaltensweisen und -mustern Lebensstilsegmente (→ *Marktsegmentierung*) auf der Grundlage der Interessen, Werte, Einstellungen, Meinungen, Persönlichkeitsmerkmale und der demografischen Merkmale zu bilden (Lebensstiltypologien).

Die Analyse der Lebensstilsegmente führt zu Erkenntnissen über die segmentspezifischen Eigenheiten und Problemstellungen der Konsumenten, über mögliche Marktlücken und über das (→) *Marktpotenzial* bestimmter Produkte. Weiterhin ergeben sich Hinweise für die Produktadoption (→ *Adoption*) und die Gestaltung des Kommunikationsmix (vgl. Bebié, 1978, S. 179f.). Der Lebensstil wird darüber hinaus herangezogen, um kulturelle und subkulturelle Unterschiede im Konsumverhalten festzustellen (vgl. Kroeber-Riel/Weinberg, 1999, S. 547).

Lebenszyklus von Familien → *Familienzyklus*

Lebenszyklus von Produkten → *Produktlebenszyklus*

Leitbildmarketing

Leitbilder können im Sinne von personifizierten Vorbildern verstanden werden (vgl. Bebié, 1978, S. 283). Als Leitbildmarketing bezeichnet man solche Marketingaktivitäten, die sich auf Personen mit einer Leitbildfunktion beziehen; Leitbildfunktion haben Personen mit einem hohen sozialen Prestige.

Innerhalb der Marketingaktivitäten kommt der Leitbildwerbung eine besondere Bedeutung zu. In der Werbung werden Leitbilder als idealisierte Bezugspersonen herausgestellt (z.B. Stars, Musterfamilien), die in eine positive Beziehung zu dem Produkt gebracht werden (Testimonial). Dabei ist neben der persönlichen Ausstrahlung auf die Glaubwürdigkeit und die Expertenstellung des Leitbilds hinsichtlich des beworbenen Produktes zu achten. Der Einsatz solcher Personen wirkt fördernd auf den Lernprozess im Sinne des sozialen Lernens am Modell (→ *Lernen*). Personen mit Leitbildfunktionen sind als Modelle geeignet und fördern so den Lernprozess und damit die (→) *Werbewirkung*. Die Konsumenten übernehmen das von den Leitbildern demonstrierte Konsumverhalten, um ihren eigenen sozialen Status (→ *Status, sozialer*) zu erhöhen und soziale Anerkennung zu erzielen (vgl. Böcker, 1996, S. 67).

Über diese Nachahmungswirkung von Leitbildwerbung hinaus kann versucht werden, einen (→) *Imagetransfer* zwischen dem (→) *Image* des Leitbildes und dem Image eines Produktes bzw. eines Unternehmens herbeizuführen.

Lernen

Lernen wird nach Hofstätter (1973, S. 214) definiert als Veränderung der Wahrscheinlichkeit für das Auftreten einer bestimmten Verhaltensweise in einer bestimmten Reizsituation. Lernen bezieht sich damit nicht nur auf konkrete Verhaltensänderungen, sondern häufig auf kognitive Veränderungen, z.B. Veränderungen im Wissensstand oder im System der (→) *Einstellungen*. So kann man motorische und kognitive Veränderungen unterscheiden, die sich gegenseitig beeinflussen.

Diese Begriffsauffassung orientiert sich an den psychischen Lerntheorien, die im Vergleich zu den neurobiologischen, bioelektrischen Lerntheorien eine größere Relevanz in der verhaltenswissenschaftlichen Theorie des (→) *Konsumentenverhaltens* haben. Zu den Erstgenannten zählen:

- die modelltheoretischen Lerntheorien, die eine Formalisierung der Erkenntnisse über den Lernprozess vornehmen
- die (elementaren) experimentellen Theorien (vgl. Übersicht 82), die vor allem in Form von SR-Theorien (→ *Konditionierung*) und den Theorien des bildlichen Lernens (→ Imagery-Forschung) relevant sind (→ *Informationsverarbeitungssystem*)
- die komplexen Theorien des sozialen Lernens am Modell, die auf die Interaktionsbeziehungen mit der sozialen Umwelt abstellen (→ *Konsumentensozialisation*).

Versteht man Lernen als relativ dauerhafte Veränderung von Verhaltensweisen auf Grund von Erfahrungen, so beruht der Lernprozess auf Beobachtung. Ein Individuum hat gelernt, wenn es »... wiederholt einem bestimmten Stimulus ausgesetzt wird und daraufhin häufiger als vorher in einer bestimmten Weise reagiert« (Kroeber-Riel/Weinberg, 1999, S. 319).

Hierbei spielen die Prozesse der Reizgeneralisation und der Reizdiskrimination eine wesentliche Rolle. Die Reizgeneralisation beruht auf einer Verallgemeinerung von Reizen; d.h. eine Person reagiert auf Grund des Lernprozesses nicht nur auf die gleichen Reize mit der gelernten Reaktion, sondern die Reaktion erfolgt auch nach der Wahrnehmung vergleichbarer oder assoziierter Reize. Die Bedeutung eines Reizes wird also verallgemeinert. Je nachdem, ob sich der Prozess auf physikalische oder semantische Reize bezieht, unterscheidet man eine physikalische und eine semantische Reizgeneralisation. Dieser Zusammenhang lässt sich im Marketing durch die Nachahmung erfolgreicher Produkte und im Wege des (→) *Imagetransfers* nutzen, wenn etwa das positive Image eines vorhandenen Produktes auf ein neues Produkt übertragen wird. So kann man etwa den Markennamen für ein neues Produkt nur unwesentlich durch einen Zusatz verändern oder Markenfamilien bilden (vgl. Behrens, 1976, S. 94ff., S. 121).

Reizdiskrimination liegt vor, wenn ein Individuum lernt, Reize zu unterscheiden und entsprechend der vollzogenen Reizdifferenzierung unterschiedlich zu reagieren.

Es entsteht ein differenziertes Verhaltensrepertoire. Diesen Lernprozess macht sich die (→) *Produktdifferenzierung*, z.B. durch Markenzeichen, zu Nutze (vgl. Kroeber-Riel/Weinberg, 1999, S. 323).

Ein zum Lernen gegenläufiger Prozess ist das Vergessen von Gedächtnisinhalten. Es liegt vor, wenn ein einmal abgespeichertes Material nicht mehr aktivierbar ist (vgl. Schrader, 1971, S. 149). Zwei Theorien befassen sich mit der Erklärung des Vergessens (vgl. Behrens, 1976, S. 47f., S. 123):

- Nach der Theorie des autonomen Verfalls (Decay Theory) ist das Vergessen ein passiver Vorgang, der von der Zeit abhängig ist. Danach bauen sich Gedächtnisinhalte nach der Lernphase zeitlich bedingt wieder ab. Aus dieser Theorie ergibt sich eine typische Vergessenskurve (vgl. Übersicht 83).
- Nach der Interferenztheorie ist Vergessen ein aktiver Vorgang, der nicht von der Zeit abhängt, sondern vom Einfluss des vorher und nachher gelernten Materials. Heute geht man davon aus, dass sowohl Interferenzen (Überlagerungen) als auch ein autonomer Verfall zum Vergessen von Inhalten führt.

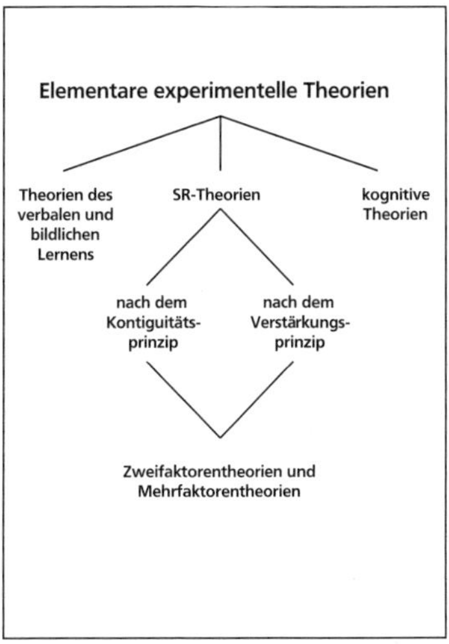

Quelle: Kroeber-Riel/Weinberg, 1999, S. 327.

Übersicht 82: Elementare experimentelle Lerntheorien

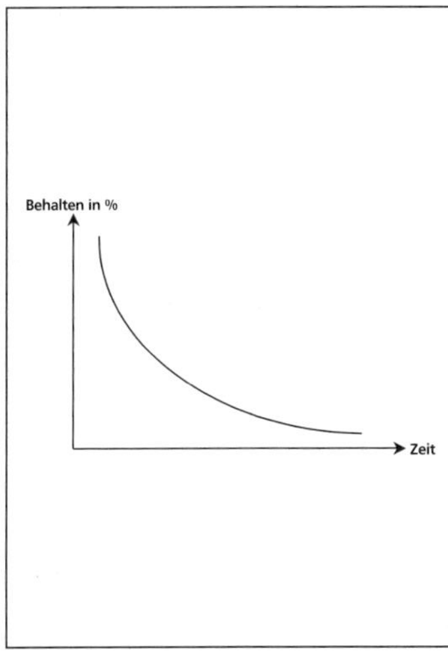

Quelle: Behrens, 1991, S. 68.

Übersicht 83: Typischer Verlauf einer Vergessenskurve

Lernkurve [s.a. Lernen]
Lernkurven sind eine grafische Darstellungsform der Ergebnisse von Lernprozessen. Ausgangspunkt ist ein Lernprozess auf Grund wiederholter Darbietung des Lernmaterials.

Die Speicherung von Informationen (Lernen) bedeutet, dass diese Informationen nicht nur gelernt, sondern auch behalten werden. Dazu sind zum einen Wiederholungen für das erstmalige Lernen einer Information (z.B. einer Werbebotschaft) notwendig; zum anderen verlangt das Behalten einer Information deren Wiederholung, um dem Vergessen entgegenzuwirken.

Die idealtypischen Lernkurven sind durch einen S-förmigen Verlauf gekennzeichnet (vgl. Übersicht 84). Der untere, konvexe Teil der Lernkurve wird meist vernachlässigt, da man von einer gewissen Lernerfahrung des Individuums ausgehen kann.

Der konkave Teil der Lernkurve drückt aus, dass von einer bestimmten Lernbasis aus der Umfang des behaltenen Materials bei fortlaufender Übungszeit bzw. bei fortlaufender Konfrontation mit dem Material degressiv ansteigt bis zur Beherrschung des Lernmaterials (Sättigungsniveau). Diese Aussage der Lernkurven ist allerdings nicht als generelle Gesetzmäßigkeit anzusehen, da die Lernleistung in Abhängigkeit von der Anzahl der Wiederholungen stark von der Verarbeitungstiefe des ausgelösten Lernvorgangs abhängt (→ *Informationsverarbeitungssystem; Involvement*) (vgl. Kroeber-Riel/Weinberg, 1999, S. 337ff.).

Bei der Untersuchung von Lernprozessen ist auch die sich an die Lernphase anschließende Vergessensphase zu berücksichtigen, woraus sich die Notwendigkeit kombinierter Lern- und Vergessenskurven ergibt.

Kombinierte Lern- und Vergessenskurven von Werbebotschaften ermittelte Zielske in einer werbepsychologischen empirischen Untersuchung (vgl. Übersicht 85). Er untersuchte die unterschiedliche Werbewirkung (Erinnerung) bei pulsierendem und bei massiertem Einsatz der Werbung (→ *Timing*) einer Werbekampagne.

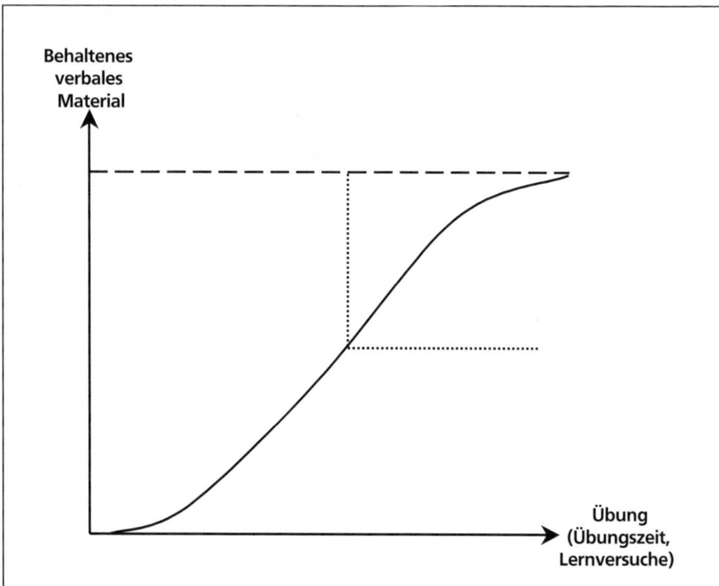

Quelle: Rosenstiel/Ewald, 1979b, S. 126.

Übersicht 84: Behaltenes verbales Material bei wiederholter Darbietung

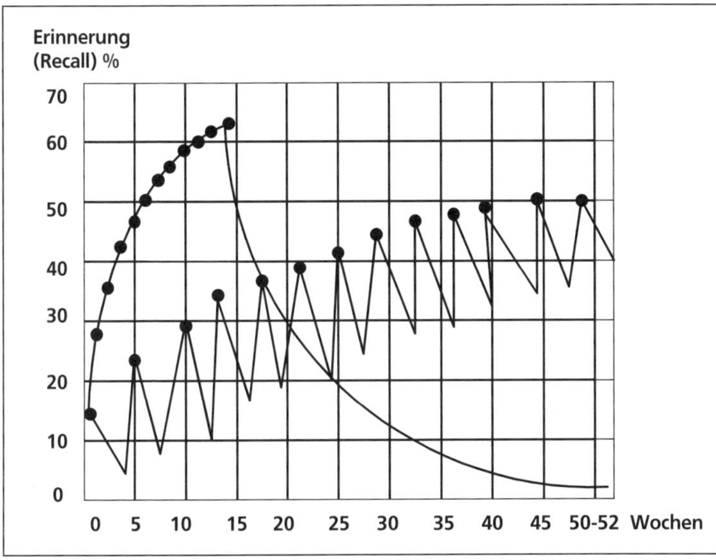

Quelle: Kroeber-Riel/Weinberg, 1999, S. 357.

Übersicht 85: Wirkung der massierten Werbung (steilere Kurve) und der verteilten Werbung (Sägezähne)

Für das Marketing sind weiterhin produktions- bzw. kostentheoretische Lernkurven von Bedeutung, so für die Preispolitik, die in dem Konzept der (→) *Erfahrungskurve* ihren Niederschlag finden.

Das Konzept der Lernkurve spielt auch über den Bereich der Konsumentenforschung hinaus eine Rolle. Beispielsweise findet es sich im internationalen Bereich in der Lernkurventheorie des internationalen Handels. Dieses Konzept wird dahingehend interpretiert, dass auch die Technologie eines Landes durch die kumulierte Produktionsmenge bestimmt wird und damit das Land mit dem größten kumulierten Produktionsvolumen durch Lerneffekte die niedrigsten Kosten erreicht, d.h. eine überlegene Technologie entwickelt, und damit über bessere Exportchancen verfügt als ein Land mit einer geringeren kumulierten Produktion. Durch den komparativen Kostenvorteil kann ein Land in der Lage sein, die entsprechenden Produkte erfolgreich zu exportieren, selbst wenn beide Länder die gleiche Faktorausstattung haben (vgl. Perlitz, 2000, S. 85ff.). Auch für ein einzelnes Unternehmen stellen Lernkurveneffekte einen Anreiz zur Ausdehnung ihrer Aktivitäten dar, da durch den größeren Absatzmarkt schneller ein Stückkostenrückgang erreicht werden kann (→ *Internationalisierung, Prozessmodelle der*).

Leserschaftsanalyse

Leserschaftsanalysen sind eine wichtige Grundlage der (→) *Mediaplanung*. Die durch die Leserschaftsanalyse ermittelten

Strukturwerte zeigen die Zusammensetzung der Leserschaft einer Publikation nach verschiedenen Schichtungskriterien. Diese Daten sind eine Voraussetzung für eine zielgruppenorientierte Werbeträgerauswahl.

Leserschaftsanalysen werden einerseits von Marktforschungsinstituten, andererseits von den Medienverlagen direkt angeboten. Zu erwähnen sind u.a. die Analysen der Informationsgemeinschaft zur Feststellung der Verbreitung von Werbeträgern (IVW) und der Arbeitsgemeinschaft Media-Analyse (AG.MA).

Deren Media-Analyse (MA) enthält vielfältige Mediadaten über Publikumszeitschriften, Tageszeitungen, Fernsehen, Hörfunk, Lesezirkel und Filmtheater. Sie zeigt die Verteilung von demografischen Merkmalen der Gesamtbevölkerung, die Struktur der Leserschaft sowie die Reichweite der verschiedenen Medien. Außerdem werden Angaben zu internen und externen Überschneidungen gemacht, d.h. zur Reichweite (→ *Kontaktzahlen*).

Less Developed Countries → *Entwicklungsländer; Welthandelsstrukturen*

Letter of Intent

Als Letter of Intent bezeichnet man ein Dokument, das eine Zuschlagszusicherung enthält, d.h. eine Absichtserklärung des Abnehmers, den Kauf bei einem bestimmten Lieferanten tätigen zu wollen, ohne jedoch einen formaljuristischen Rechtsanspruch zu begründen (vgl. Backhaus, 1999, S. 562).

Derartige Absichtserklärungen haben bei der Vermarktung von Investitionsgütern, so im (→) *Anlagengeschäft* und im (→) *Systemgeschäft*, die sich üblicherweise in mehreren Phasen vollzieht (→ *Investitionsgütermarketing*), große Bedeutung. Mit der Erteilung des Letter of Intent endet i.d.R. die Kundenverhandlungsphase.

Lieferantenkredit

Bei dem Lieferantenkredit können zwei Bedeutungsdimensionen unterschieden werden. Zum einen kann man darunter einen Kredit verstehen, den ein Lieferant seinem Kunden durch Gewährung von Zahlungszielen einräumt, so dass hier eine kurzfristige Kreditgewährung vorliegt.

Auf der anderen Seite wird der Begriff im Außenhandelsgeschäft synonym zur Exportfinanzierung verwendet. Dabei erhält ein Exporteur zur Refinanzierung einer etwaigen Zielgewährung an seinen Importeur einen Kredit von der Ausfuhrkredit-Gesellschaft mbH (AKA), einem permanenten Bankenkonsortium, das von deutschen Banken als Gesellschafter getragen wird. In diesem Sinne stellen Lieferantenkredite eine langfristige Form der Außenhandelsfinanzierung dar (→ *Außenhandelsfinanzierung*). Lieferantenkredite der AKA sind deutschen Exporteuren über ihre Hausbank zugänglich, die den Antrag mit ihrer Stellungnahme an die AKA weiterleitet.

Der AKA stehen zwei Grundformen von Fonds für Lieferantenkredite zur Verfügung (vgl. Schroth, 2001, S. 24):

- Plafond A steht speziell zur Refinanzierung für Kosten während der Produktionszeit bzw. für Forderungen aus dem vom Exporteur eingeräumten Zahlungszielen zur Verfügung. Eine Selbstfinanzierungsquote in Höhe von 10% bis 15% ist üblich. Die Laufzeit sollte mindestens 12 Monate betragen.
- Im Gegensatz zu Plafond A sind die Plafonds C, D, E allgemein für gebundene Finanzkredite sowie für den Ankauf bundesgedeckter Exportforderungen vorgesehen.

Durch die Konstruktion der Zwischenschaltung der Hausbank liegt die Primärhaftung bei dem Kreditinstitut. Eine Sicherung ist durch Abtretung der Ansprüche aus der Exportforderung und durch Hermesdeckung (→ *HERMES*) möglich.

Lieferantentreue

Die Lieferantentreue ist ein der (→) *Produkttreue* und (→) *Markentreue* verwandtes Phänomen. Diese Art des Treueverhaltens ist für die Beziehungen zwischen Anbieter- und Verwenderorganisation im Rahmen des (→) *Investitionsgütermarketing* und für die Beziehungen zwischen Herstellern und Handel von Bedeutung.

Beschaffungsentscheidungen auf Investitionsgütermärkten beziehen sich nicht nur auf das zu beschaffende Produkt, sondern auch auf das liefernde Unternehmen. Dies gilt verstärkt bei hochkomplexen und technisch aufwendigen Produkten und bei Systemen (→ *Systemgeschäft*). Dabei hängt das Entstehen einer Lieferantentreue im Sinne einer hohen Wahrscheinlichkeit, dass bei einer nochmaligen gleichartigen oder ähnlichen Problemstellung derselbe Lieferant gewählt wird, von den Erfahrungen ab, die der Verwender während der gesamten Transaktionsperiode sowie hinsichtlich des After-Sales-Service (→ *Kundendienstpolitik*) mit der Lieferantenorganisation gemacht hat. Diese Erfahrungen determinieren die (→) *Einstellungen* gegenüber den verschiedenen Lieferanten. Als weitere Einflussfaktoren auf die Lieferantentreue können genannt werden: der Preis, die Qualität, die Liefergeschwindigkeit und -verlässlichkeit, die Erreichbarkeit und Nähe des Lieferanten sowie bereits eingespielte Geschäftsverbindungen, die eine Art der Habitualisierung des industriellen Kaufverhaltens darstellen (→ *Habituelles Kaufverhalten*) und sich in langfristigen Lieferverträgen niederschlagen können. Aber auch interne Bedingungen innerhalb der Verwenderorganisation wie Beschaffungsentscheidungsrichtlinien oder Preislimits beeinflussen die Lieferantentreue (vgl. Plinke, 1997b, S. 23ff.; Plinke, 1998a, S. 189ff.).

Lieferantentreue entsteht auch durch Effekte, die sich aus der integralen Qualität von Investitionsgütern und der oft fehlenden Kompatibilität von Komponenten eines Systems ergeben.

Die Bestimmungsfaktoren der Lieferantentreue im Handel sind denen im Investitionsgüterbereich ähnlich; sie sind aber bezüglich unterschiedlicher Waren oder Warengruppen zu relativieren. Bei Markenartikeln, deren Präsenz in Handelsbetrieben der Konsument erwartet, ist der Handel ohnehin an einen Hersteller gebunden. Durch Einsatz des informations- und kommunikationspolitischen Instrumentariums (z.B. Verkaufsförderungsaktionen, Mediawerbung) kann der Hersteller die intensive Bindung des Handels an ihn beeinflussen, die Lieferantentreue fördern (→ *Trade Marketing*). Bei nicht markierten Gütern sind häufigere Lieferantenwechsel und damit geringere Lieferantentreue zu verzeichnen. Die Lieferantentreue ist also auch davon abhängig, ob der Handel vom Hersteller vorwiegend Preisleistungen oder ein breites komplexes Leistungsbündel erwartet. Zur Beurteilung der Lieferantentreue ist auch die jeweilige Wettbewerbssituation, in der sich Hersteller und Handel gegenüberstehen, zu berücksichtigen. Dazu zählen Zahl und Größe der anbietenden Unternehmen sowie Zahl und Größe der Einkaufsorganisationen im Handel.

Lieferungspolitik

Die Lieferungspolitik als Teilbereich der (→) *Marketinglogistik* hat die Gestaltung der Lieferungskonditionen zum Gegenstand. Hierzu gehören (vgl. Ahlert, 1996, S. 25):

- Entscheidungen über die Kosten- und Gefahrentragung sowie über die technische Abwicklung der Raumüberbrückung
- die Bestimmung der Lieferzeit und der Liefertermine
- die Bestimmung der Beschaffenheit und Genauigkeit der Lieferung sowie der rechtlichen Verpflichtungen

- Entscheidungen über personelle und sachliche Lieferungsumstände.

Die akquisitorischen Wirkungen (→ *Akquisitorisches Potenzial*) der Lieferungspolitik drücken sich in dem Lieferservice aus. »Dabei handelt es sich um eine subjektive Größe, die von der Bewertung der Lieferungspolitik durch die potenziellen Transaktionspartner abhängig ist. Im Lieferservice schlagen sich Art und Ausmaß nieder, in denen die Unternehmung auf das physische Distributionssystem gestalterischen Einfluss nimmt« (Ahlert, 1996, S. 24).

Von besonderer Bedeutung sind dabei Lieferzeit und Liefertermin. Dies gilt sowohl vom Standpunkt der Konsumenten, z.B. beim Home-Service, vom Standpunkt des Handels, so bei Just-in-Time-Belieferungskonzepten, als auch vom Standpunkt der Hersteller gegenüber ihren Zulieferern, so bei Just-in-Time-Konzepten der Beschaffungs- bzw. Produktionslogistik (vgl. Wildemann, 2001, S. 13ff.).

Likert-Verfahren → *Einstellungsmessung*

Limitrechnung

Als kurzfristiges Planungs- und Kontrollsystem dient die Limitrechnung der Lagerbestands- und Sortimentssteuerung mit dem Ziel einer wirtschaftlichen Abstimmung von Einkauf und Verkauf zur Kostensenkung und Liquiditätssicherung. Wesentliche Funktion ist die Koordination und Steuerung zwischen der Faktoreinsatz- und der Finanzplanung (vgl. Barth, 1999, S. 361f.; Tietz, 1993a, S. 733). Die Limitrechnung basiert beispielsweise in Handelsbetrieben auf den Grunddaten über Umsatz, Wareneinsatz und Lagerbeständen. Als wichtigste Zielsetzungen der Limitplanung lassen sich festhalten:

- Koordination von Einkauf und Verkauf zur Vermeidung von Überlägern, Sicherstellung der zeitlichen Adäquanz des Wareneingangs und Vermeidung von Ladenhütern durch vorsichtige Einkaufspolitik
- wertmäßige Koordination zwischen den Warengruppen zur Erhaltung des Gleichgewichts zwischen Warengruppen bzw. konsequente Umsetzung der handelsbetrieblichen Strategien durch Aus- oder Abbau von Warengruppen
- Koordination zwischen Einkauf und Finanzwesen zur Sicherstellung des finanziellen Gleichgewichts.

Die Limitrechnung wird hier als Einkaufslimitrechnung (Warenlimitrechnung) verstanden, ist jedoch auch unter anderen Gesichtspunkten, z.B. als Personallimitrechnung, denkbar. Die Aufgaben der Limitrechnung sind die Fixierung und Kontrolle des Finanzbedarfs im Warenbereich sowie dessen Abstimmung mit der Finanz- und Liquiditätsplanung auf der Basis der Ergebnisse der Vorperioden und der für die Planperiode erwarteten Werte. Ausgangspunkt sind die Plangrößen Umsatz, Lagerbestand und Handelsspanne für die Planperiode.

Das Einkaufslimit, d.h. die wertmäßige Obergrenze des für den Einkauf verfügbaren Betrages, ergibt sich vereinfacht als Differenz zwischen Umsatz und absoluter Handelsspanne. Wird der geplante Lagerbestand über- bzw. unterschritten, tritt eine entsprechende Kürzung bzw. Erhöhung des Einkaufslimits ein. Sinnvoll ist i.d.R. eine differenzierte Limitplanung, z.B. nach Warengruppen. Eine zu detaillierte Vorgabe kann den Einkäufer in seiner Flexibilität einschränken und schnelle Reaktionen auf Marktänderungen o.Ä. behindern, so dass ein aus Kundensicht nicht optimales Sortiment präsentiert wird. Die Limitrechnung sollte deshalb im Hinblick auf Warenaktualität ergänzt werden.

Die Vorgabe von Limits erfordert in jedem Fall eine entsprechende Kontrolle, um

Abweichungen festzustellen und zu analysieren. Da die Limitkontrolle in Form eines Soll-Ist-Vergleiches durchgeführt wird, müssen Abweichungs- und Abweichungsanalyseinformationen zur Verfügung stehen, um entsprechende Gegensteuerungsmaßnahmen auszulösen bzw. um Lerneffekte zu ermöglichen. Die Durchführung der Limitrechnung wird durch rechnergestützte (→) *Warenwirtschaftssysteme* wesentlich unterstützt, da sie die informatorischen Grundlagen für diverse Differenzierungen, so unterschiedliche Perioden, bereitstellen.

Line Extension → *Produktpolitik*

LISREL

Das Softwareprogramm LISREL (Linear Structural Relationships) ist ein Programm zur Analyse von Kausalmodellen (→ *Kausalanalyse*). Es war eines der ersten Computerprogramme für diese statistische Methode. Von den vorliegenden Programmen hat es bisher die weiteste Verbreitung gefunden. Alternative Systeme von Bedeutung sind EQS, SEPATH und AMOS (vgl. Homburg/Hildebrandt, 1998, S. 18).

Lizenzpolitik [s.a. Patentpolitik]

Als Lizenz bezeichnet man die vollständige oder teilweise Übertragung von gewerblichen (→) *Schutzrechten* durch den Urheber auf andere Personen oder Organisationen. Bei der Lizenzvergabe werden nur Nutzungsrechte übertragen; der Lizenzgeber bleibt Eigentümer des Lizenzobjektes.

Die Lizenz als Marketinginstrument kann sowohl vom Standpunkt des Lizenzgebers als auch vom Standpunkt des Lizenznehmers gesehen werden (vgl. Macharzina, 1999, S. 699f.). In beiden Fällen ist die Markterschließung das wesentlichste Ziel der Lizenzpolitik. So vermarktet der Lizenzgeber keine Realgüter, sondern verschiedene Arten von Know-how (→ *Know-how-Verträge*) als Dienstleistungen; es handelt sich dabei um einen (→) *Technologietransfer*.

Die Strategie der Lizenzvergabe erbringt als Vorteile nicht nur Lizenzeinnahmen, sondern auch die Möglichkeit, eine (→) *Innovation* zu nutzen, wenn die eigene Weiterentwicklung zu hohe Kosten verursachen würde, die Kapazitäten zur Markteinführung nicht ausreichen oder die Innovation nicht in das bestehende Leistungsprogramm passen würde. Weiterhin können ausländische Handelsschranken umgangen werden.

Dem Lizenzgeber stehen vielfältige Formen der Beschränkung der Lizenzen zur Verfügung. Neben mengenmäßigen, zeitlichen und räumlichen Beschränkungen sind auch beschränkte Lizenzen in Form von Herstellungs-, Gebrauchs-, Vertriebs- und Warenzeichen- oder Ausstattungslizenzen möglich. Bei der Herstellungslizenz erstreckt sich die Berechtigung nur auf die Produktion; den Vertrieb übernimmt häufig der Lizenzgeber. Die Herstellungslizenz in Verbindung mit einer Reimportvereinbarung ermöglicht dem Lizenzgeber, lokale komparative Kostenvorteile des Lizenznehmerlandes zur Stärkung seiner Wettbewerbsposition im Heimatmarkt zu nutzen, ohne selbst vor Ort direktinvestiv tätig zu sein (vgl. Berndt/Fantapié Altobelli/Sander, 1999, S. 134).

Mit Gebrauchslizenzen wird dem Lizenznehmer etwa der Einbau eines patentierten Teilaggregats in ein größeres System oder der Gebrauch einer Produktionstechnik erlaubt. Die Vertriebslizenz ermöglicht nur den Vertrieb des Produktes oder des Know-how. Die Warenzeichen- oder Ausstattungslizenz gestattet den Lizenznehmern die Benutzung eines (→) *Warenzeichens* oder einer bestimmten Ausstattung (→ *Franchising*).

Als Nachteile der Lizenzvergabe sind die Gefahren zu nennen, dass die Kontrolle über eine Innovation verloren gehen und sich so die Wettbewerbssituation verstärken kann, sowie, dass durch schlechte Qualität und Serviceleistungen des Lizenznehmers das Firmenimage des Lizenzgebers ebenfalls beeinträchtigt werden kann. Zudem kann bei Lizenzvergabe ein freiwilliger Verzicht auf eine eventuell mögliche Monopolstellung vorliegen.

Der Lizenznehmer kann durch den Kauf von Lizenzen sein Leistungsangebot vergrößern, um so etwa eine komplette Leistungspalette anbieten zu können oder neue Märkte zu erschließen. Weitere Vorteile für den Lizenznehmer sind der Wegfall eigener Forschungs- und Entwicklungskosten, die Verringerung der Innovationsrisiken, die Möglichkeit zur Erschließung neuer Verfahren und die Umgehung von Handelshemmnissen. Darüber hinaus kann der Lizenznehmer an dem (→) *Image* des Lizenzgebers partizipieren.

LLDC → *Entwicklungsländer; Welthandelsstrukturen*

Local-Content-Politik

Local-Content-Vorschriften werden von Ländern aufgestellt und legen fest, wie hoch der Anteil der Wertschöpfung im Inland (mindestens) sein muss, damit dort Transaktionen bzw. Auslandsengagements möglich sind. Sie umfassen damit eine Verpflichtung von Unternehmen zur Verwendung heimischer Vorleistungen im Fall von (→) *Direktinvestitionen*.

In (→) *Freihandelszonen* gewähren die Mitgliedsländer im Intrahandel nur dann Zollfreiheit, wenn das Gut in einem Mitgliedsland hergestellt wurde. Hierbei kann es allerdings dann zu Problemen kommen, wenn nicht alle Inhaltsstoffe einer Ware bzw. alle für ihre Produktion benötigten Arbeitsschritte einem Land zuzurechnen sind. In diesem Fall wird Zollfreiheit i.d.R. nur dann gewährt, wenn ein bestimmter festgelegter Mindestprozentsatz des Warenwertes aus dem Mitgliedsland stammt (Local-Content-Regelung).

Auf Grund von Local-Content-Vorschriften ist die Endfertigung in den entsprechenden Regionen in Kooperation mit Zulieferanten aus dieser Region erforderlich. So werden im Automobilbereich z.T. modulare CKD (Completely Knocked Down) – bzw. SKD (Semi Knocked Down) – Bausätze in die Zielmärkte verschifft und vor Ort montiert, um so die jeweiligen Local-Content-Vorschriften zu erfüllen.

Da die Local-Content-Auflagen einen Verstoß gegen den Grundsatz der Inländerbehandlung des GATT (→ *Allgemeines Zoll- und Handelsabkommen*) darstellen (Artikel III), wurde im Rahmen der 8. Verhandlungsrunde des GATT (→ *Uruguay-Runde*) erstmalig ein Abkommen über handelsbezogene Investitionsmaßnahmen (→ *TRIMS*) abgeschlossen (vgl. Yüksel, 2001, S. 93f.).

Die Local-Content-Politik beeinflusst neben den Standortentscheidungen (→ *Standortpolitik*) auch die Bestimmungen der Fertigungstiefe (→ *Produktpolitik*), die konzerninternen Lieferbeziehungen (→ *Transferpreise*) und Art, Zahl und Ort der Beschaffungsquellen (→ *Beschaffungsmanagement*).

Logistik [s.a. Marketinglogistik]

Der Logistikbegriff entstammt der militärischen Terminologie; er bezeichnet dort den Bereich des (→) *Transports* und der Quartierung bzw. Lagerung von Truppen und Gütern.

In der Betriebswirtschaftslehre bezieht er sich auf Systeme zur Raum- und Zeitüberbrückung von physischen Gütern, Personen und Informationen (vgl. Pfohl, 2000, S. 5).

Ziel der Logistik ist es,

- das richtige Produkt
- im richtigen Zustand

- zur richtigen Zeit
- an den richtigen Ort

zu minimalen Kosten auszuliefern. Neben dieser so genannten »4r«-Funktion kann die Logistik als Instrument zur aktiven Absatzmarktgestaltung eingesetzt werden. Zu unterscheiden sind fünf Teilsysteme der betriebswirtschaftlichen Logistik (vgl. Pfohl, 2000, S. 179ff.):

- Beschaffungslogistik mit der Aufgabe, den stofflichen Produktionsfaktornachschub des gesamten Systems sicherzustellen (→ *Beschaffungsmanagement*)
- Produktionslogistik mit der Aufgabe, die verschiedenen Fertigungsstufen im Rahmen der stofflichen Transformationsprozesse mit den notwendigen Sachgütern zu versorgen
- Distributionslogistik mit der Aufgabe, die Outputgüter den Weiterverkäufern oder Endverbrauchern außerhalb des Unternehmens zuzuführen
- Ersatzteillogistik (als Variante der Beschaffungslogistik) mit der Aufgabe, eine schnelle und zuverlässige Instandhaltung und Reparatur von ausgefallenen Produktionsanlagen zu gewährleisten
- Entsorgungslogistik (Redistribution) mit der Aufgabe einer weitgehenden Rückführung von Rückständen in den Produktionsprozess unter Beachtung ökonomischer und ökologischer Kriterien.

Die Anforderungen an die Logistik steigen mit einem zunehmenden (→) *Internationalisierungsgrad* der Geschäftsaktivitäten. Bei weltweit operierenden Mehrbetriebsunternehmen laufen dann die logistischen Prozesse zwischen einer Vielzahl international verstreuter Produktionsstätten, Beschaffungs- und Absatzstützpunkten – bei Handelslsunternehmen zwischen unterschiedlichen Zenrallägern und Filialen (vgl. Swoboda/Morschett, 1998, S. 45ff.) – ab.

Die Anforderung an die internationale Aufgabenstellung der Logistik betrifft dann folgende Gestaltungsbereiche:

- die unternehmensinterne Organisation der Güterflüsse in den einzelnen Betriebsstandorten und zwischen den verschiedenen Betriebsstätten im In- und Ausland
- die Organisation leistungsfähiger Informations- und Steuerungssysteme
- die Vernetzung dieser Systeme mit den Systemen selbstständiger Logistikbetriebe
- den Einsatz geeigneter Transport-, Lager- und Verpackungstechniken.

Die dabei zu treffenden Entscheidungen beziehen sich u.a. auf Transportwege und Transportmittel sowie Art, Anzahl und Standorte der Waren-Bestandsläger oder Waren-Verteilzentren. Zugleich stellt sich die Frage nach Eigenerstellung (make) oder Fremdbezug (buy) der logistischen Leistungen (→ *Outsourcing*).

Eine an Bedeutung zunehmende Form der Ausgliederung stellt die Übertragung der logistischen Aufgaben auf ein rechtlich selbstständiges Unternehmen dar, das von mehreren Herstellerunternehmen gemeinsam betrieben wird (kooperative Logistik). Auch für Handelsunternehmen stellen sich verstärkt Fragen der Logistik im Zusammenhang mit dem zunehmenden Bestreben dieser Unternehmen, die logistische Führerschaft in der Wertkette und damit der Kontrolle und Steuerung der Warenflüsse in der Konsumgüterwirtschaft zu übernehmen. So ermöglichen rechnergestützte Warenwirtschaftssysteme die Optimierung des internationalen Bestandsmanagements im Handel bis hin zu Just-in-Time-Belieferungskonzepten (→ *Just-in-Time*). Dies bedeutet eine Reduzierung der Bestände in den Verkaufsstellen und damit eine häufigere Belieferung.

Eine Stufe weiter gehen informationstechnologisch unterstützte Systeme zur unternehmensübergreifenden Koordinierung und optimierten Steuerung von Warenflüssen, so zwischen Konsumgüterherstellern und Handelsbetrieben.

So wird eine koordinierte Bündelung der Herstellerbelieferung über Zentralläger (Waren-Bestandsläger) oder bestandslose Waren-Verteilzentren (→ *Transit-Terminals*) des Handels ermöglicht, in denen die von den Herstellern angelieferte Ware, z.T. bereits vorkommissioniert, sehr effizient auf die zu beliefernden Verkaufsstellen (z.B. Filialen) aufgeteilt wird. Diese Entwicklung mündet in ein Real-Time-Merchandising (vgl. Zentes, 1991, S. 6).

Lokalisierung → *Differenzierung; EPRG-Konzept*

Lomé-Abkommen [s.a. Präferenzabkommen]
Die (→) *EU* hat mit der Gruppe der (→) *AKP-Staaten* (Afrika-Karibik-Pazifik-Staaten, derzeit 77 Länder) spezielle (→) *Präferenzabkommen* abgeschlossen. Es handelt sich dabei um Staaten, mit denen mindestens ein EU-Mitgliedstaat schon vor dem Eintritt zur EU »besondere Beziehungen« unterhielt, wie beispielsweise Frankreich zu seinen ehemaligen Kolonien. Am 28. Februar 1975 wurde erstmalig in Lomé (Togo) ein Abkommen zur Forcierung einer eigenständigen Entwicklung unterzeichnet, deren Folgeverträge 1980, 1985 und 1989 ratifiziert wurden. Am 23. Juni 2000 wurde ein neues Partnerschaftsabkommen (Lomé IV-Nachfolgeabkommen) zur Sicherung der Kontinuität der bestehenden Zusammenarbeit zwischen der EU und den (→) *Entwicklungsländern* unterzeichnet. Die Finanzierung der im Partnerschaftsabkommen vorgesehenen Maßnahmen erfolgt im Wesentlichen aus dem Europäischen Entwicklungsfonds (EEF) und durch Darlehen der Europäischen Investitionsbank (EIB). Deutschland ist mit ca. 23 % nach Frankreich der zweitgrößte Beitragszahler zum EEF. Seit 1975 erhöhte sich das Finanzvolumen der EU für die AKP-Staaten auf das über Vierfache. Während die finanzielle Unterstützung im Rahmen das Lomé I-Abkommens zwischen 1975 und 1980 insgesamt 3,4 Mrd. ECU betrug, erhöhten sich die Ausgaben zwischen 1995 und 1999 auf 14,6 Mrd. ECU (vgl. Koch, 1998a, S. 187).

Die Instrumente der Lomé-Verträge sind vielfältig geworden und in der Handhabung äußerst komplex. Die Regelungen betreffen im Einzelnen:

- die Handelspolitik
- die Unterstützung bei Grundstoffen
- die finanzielle und technische Kooperation.

Die handelspolitische Zusammenarbeit beinhaltet umfassende (einseitige) Zollpräferenzen (Zoll- und Abgabenfreiheit) für AKP-Ursprungswaren. Dieser freie Zugang zum (→) *Europäischen Binnenmarkt* gilt für fast alle gewerblichen und rund 97 % der Agrarausfuhren der AKP-Länder. Allerdings gilt die Zollfreiheit nicht für Agrarprodukte, die in der EU einer Marktorganisation oder sonstigen Agrarmarktregeln unterliegen. Hier wird den AKP-Staaten grundsätzlich nur die normale Meistbegünstigung gewährt; die Zollfreiheit ist auf bestimmte Kontingente oder Zeiträume begrenzt (→ *Selbstbeschränkungsabkommen*). Eine uneingeschränkte Zollfreiheit zum EU-Markt besteht für Industrieprodukte der AKP-Länder. Diese Industrieprodukte haben aber nur einen Anteil von 1 % an den EU-Importen. Die einseitige Präferenz des Abkommens kommt in einem Verzicht der EU auf die reziproke Gewährung entsprechender Handelsvergünstigungen zum Ausdruck. Die AKP-Länder sind lediglich verpflichtet, EU-Importe nach dem Meistbegünstigungsprinzip zu behandeln.

Die Unterstützung bei Grundstoffen umfasst insbesondere eine Absicherung gegen Schwankungen der Erlöse der AKP-Staaten aus Rohstoffexporten. Dieses Problem wird in den STABEX (System zur Stabilisierung der Exporterlöse im Agrarbereich)- und SYSMIN (System zur Stabilisierung der Exporterlöse im Bergbausektor)-Vereinbarungen berücksichtigt. Das STABEX-System umfasst 51 landwirtschaftliche Produkte und soll Mindereinnahmen bei den Exporterlösen (z.B. in Folge von Preissenkungen) in gewissem Umfang ausgleichen. Der Sonderfonds für Bergbauerzeugnisse stellt Mittel bei Erlösausfällen für neun mineralische Rohstoffe zur Verfügung, die als nicht-rückzahlbare Kredite vergeben werden. Des Weiteren existieren Sondervereinbarungen für Agrarprodukte wie die Verpflichtung zur Abnahme von bestimmten Bananenmengen aus den AKP-Staaten (»Marktordnung für Bananen«).

Die finanzielle und technische Zusammenarbeit stützt sich auf den EEF und umfasst u.a. Entwicklungshilfeprojekte, die Förderung der regionalen Zusammenarbeit, Programme in den Bereichen Gesundheit und AIDS-Bekämpfung, Entwicklung des Handels und des Fremdenverkehrs sowie industrielle und kulturelle Zusammenarbeit.

Das neue Abkommen vom 23. Juni 2000 enthält wesentliche Reformen, nachdem auf Grund der bisherigen Erfahrungen und der zum Teil als bedrohlich empfundenen Globalisierung ein hoher Reformdruck entstanden war. Die erstmalige Einbeziehung der Rückübernahmeklausel, d.h. der Rückführung von Personen, die sich illegal in EU-Ländern aufhalten, stellt eine wichtige Präzedenz für weitere Abkommen dar. Der zukunftsweisende Charakter rechtfertigt die gegenüber dem bisherigen Abkommen verdoppelte Vertragsdauer von 20 Jahren mit einer Überprüfungsmöglichkeit nach jeweils fünf Jahren.

Bei einer Bewertung der Lomé-Abkommen ist festzustellen,

- dass es für die Entwicklungsländer umfangreiche finanzielle Hilfen, einen wirksamen Ausgleich für Exportverluste sowie einen erleichterten Zugang zum Binnenmarkt bedeutet
- dass das Abkommen für die Europäische Union neben entwicklungspolitischem Prestige (knapp die Hälfte aller Entwicklungsländer ist in das Abkommen eingebunden) die Rohstoffversorgung stabilisiert und eigene Exportmöglichkeiten verbessert
- dass das neue Abkommen vor allem im Hinblick auf die (→) *WTO* ein wichtiges Zeichen für die Zusammenarbeit zwischen Industrie- und Entwicklungsländern gesetzt hat.

Allerdings wurden die Handelsbeziehungen zwischen der EU und den AKP-Staaten durch das Abkommen nicht verbessert. So blieb die Struktur des AKP-EU-Handels unverändert; die EU importiert weiterhin Rohstoffe sowie tropische Agrarerzeugnisse und exportiert Fertigerzeugnisse. Auch sank der AKP-Anteil am EU-Handel. Bei der EU steht immer noch der Schutz der eigenen Produktion von »sensiblen« Produkten (wie Tomaten, Erdbeeren oder Rindfleisch) im Vordergrund (vgl. Koch, 1998a, S. 187ff.).

M

Maastrichter Abkommen

Als Maastrichter Abkommen werden die auf dem EG-Gipfel in Maastricht am 9./10. Dezember 1991 gefassten Beschlüsse zur Bildung der (→) *EU* unter Fortschreibung des EWG-Vertrages sowie zur stufenweisen Errichtung einer Europäischen Währungsunion mit einer gemeinsamen Europäischen Währung (→ *Euro*) am 1. Januar 1999 bezeichnet. Zu den wesentlichen Neuerungen des Vertrages zählen neben der Europäischen Wirtschafts- und Währungsunion (EWWU) eine Gemeinsame Außen- und Sicherheitspolitik (GASP) sowie neue Kompetenzen der Gemeinschaft zur Stärkung der demokratischen Legitimität der europäischen Institutionen im Sinne einer Zusammenarbeit in der Innen- und Rechtspolitik (ZIJP) (vgl. Brandstetter, 1996, S. 189; Läufer, 1998, S. 7). Durch das Maastrichter Abkommen wurden die drei Säulen der Zusammenarbeit (EU, GASP, ZIJP) der EU-Mitgliedstaaten definiert, die auch im Vertrag von Amsterdam 1997 wieder aufgegriffen wurden. Die Beschlüsse des Europäischen Rates knüpften an die erste Stufe der Währungsintegration an, die sich ab Juli 1990 mit der Liberalisierung des Kapitaltransfers sowie mit verstärkter wirtschaftspolitischer Abstimmung der Regierungen (Vorlage von so genannten Konvergenzprogrammen) und der Teilnahme von 10 Staaten am EWS vollzog. Entsprechend des Delor-Plans ist das Maastrichter Abkommen die zweite von drei Stufen zur Realisierung der EWWU (vgl. Brandstetter, 1996, S. 131).

Im Maastrichter Abkommen wurde, wie bei der Schaffung des (→) *EWS*, die Annahme verworfen, dass eine vollendete Wirtschaftsunion Voraussetzung für eine Währungsunion sei. Im Gegensatz zu Stufenkonzepten der Integration (→ *Kooperations- und Integrationsformen*) hat sich die politische Auffassung durchgesetzt, dass die ökonomische (und politische) Integration durch die monetäre Integration vorangetrieben werden wird. Die Beschlüsse beziehen sich zunächst auf die Schaffung eines Europäischen Währungsinstituts (EWI), welches

- die Europäische Währungseinheit weiter entwickeln
- freiwillig übertragene Währungsreserven der nationalen Notenbanken verwalten und
- allgemein die Voraussetzungen für die Schaffung einer Europäischen Zentralbank nach dem Modell der Deutschen Bundesbank fördern soll (vgl. Läufer, 1998, S. 61ff.; Presse- und Informationsamt der Bundesregierung, 1994, S. 61ff.).

Die Verantwortung für die Geld- und Währungspolitik verbleibt in dieser Stufe noch bei den nationalen Zentralbanken, die jedoch die Bandbreite der Wechselkurse verringern und Leitkursänderungen nur noch in Ausnahmefällen vornehmen sollen.

In einer dritten Stufe (Endstufe) wird die monetäre Integration mit gemeinsamer Währung und einer gemeinsamen Geld- und Währungspolitik vollzogen. Das zu gründende Europäische System der Zentralbanken (ESZB, Artikel 2 des oben genannten Protokolls), besteht aus den nationalen Zentralbanken und der Europäischen Zentralbank.

Der Eintritt in diese Endstufe ist an die Erfüllung bestimmter wirtschafts- und finanzpolitischer Kriterien (so genannter

Konvergenzkriterien, gemäß des Protokolls über dieselben, nach Artikel 109j des Vertrages zur Gründung der EG) gebunden (vgl. Presse- und Informationsamt der Bundesregierung, 1994, S. 75; Läufer, 1998, S. 75):

- Die Inflationsrate (gemessen am Verbraucherpreisindex) soll nicht mehr als 1,5 Prozentpunkte höher sein als der Durchschnitt der drei stabilsten EU-Länder.
- Das Haushaltsdefizit (Neuverschuldung) soll drei Prozent des BSP nicht überschreiten; dabei soll die gesamte öffentliche Verschuldung höchstens 60 % des BSP betragen.
- Die nationale Währung soll sich mindestens zwei Jahre vor dem Eintritt in die Währungsunion ohne Abwertung innerhalb der Bandbreiten des EWS bewegen.
- Die nationalen Zinssätze sollen sich angeglichen haben, d.h. das langfristige Zinsniveau soll mindestens ein Jahr lang nicht um mehr als zwei Prozentpunkte höher liegen als in den drei stabilsten Staaten.

An die Realisierung der Europäischen Währungsunion werden vielfache positive Erwartungen geknüpft, zugleich aber noch zu lösende Probleme diskutiert. Die positiven Erwartungen (vgl. Altmann, 1993, S. 239f.; Läufer, 1994, S. 28ff.) sind:

- Beseitigung von Unsicherheit und damit auch Wegfall von Kurssicherungskosten und Transaktionskosten bei Währungsan- und -verkauf durch den Wegfall der Währungsschwankungen
- eine Beruhigung der Geld- und Kapitalmärkte, weil Spekulationen bezüglich interner Wechselkursveränderungen unbedeutend werden
- verbesserte Spar- und Investitionsbedingungen auf Grund eines freien Kapitalmarktes
- ein intensiver Wettbewerb zwischen den nationalen Banken und den Währungen, woraus sich eine Annäherung der nationalen Geld- und Finanzpolitiken in Richtung auf größere Stabilität ergibt
- Sicherung der Preisniveaustabilität für den gesamten EU-Bereich durch eine Europäische Zentralbank (Autonomie vorausgesetzt) im Vergleich zu einer Vielzahl nationaler Zentralbanken.

Probleme werden bei der konkreten Festlegung bestimmter, besonders kritischer Bereiche wie der Angleichung der Stabilitätspolitik, den notwendigen Anstrengungen ein außenwirtschaftliches Gleichgewicht zu erzielen und der Einigung auf gemeinschaftlich abgestimmte und kontrollierbare Regelungen zur Haushaltsfinanzierung erwartet. Die Angleichung der Inflationsraten auf niedrigem Niveau stellte insbesondere für Länder mit den höchsten Teuerungsraten, wie Irland (4,6 %), Luxemburg (4,3 %) und Spanien (4,0 %), ein Problem dar. Die niedrigsten Raten hatten das Vereinigte Königreich (0,9 %), Schweden (1,3 %) und Frankreich (1,7 %) zu verzeichnen. Deutschland lag mit 2,3 % knapp unter dem Durchschnitt (Stand: Dezember 2000). Das Kriterium der jährlichen Neuverschuldung haben alle Staaten eingehalten. Finnland, Irland und Luxemburg haben sogar Überschüsse erzielt. Die Leistungsbilanzsalden bewegen sich auf Grund unterschiedlicher Wirtschaftsstrukturen und internationaler Wettbewerbsfähigkeiten in einer Spanne zwischen 0,9 % und 3 % (Stand: Mai 1998). Besonders problematisch wird ein Konsens über die Höhe der Staatsverschuldung beurteilt, zumal auf bindende Leitlinien verzichtet wird und in einzelnen Ländern die Staatverschuldung über 120 % (Belgien, Italien) bzw. unter 60 % (Luxemburg, Finnland, Frankreich) lag (Stand: Mai 1998).

Zur Verbesserung dieser wirtschaftspolitischen Konvergenzen wurden die Kooperationen des Rates der Wirtschafts- und Finanzminister und des Ausschusses der Zentralbank-Gouverneure verstärkt. Der Ausschuss wird von einem neu eingerichteten wissenschaftlichen Sekretariat mit Sitz in der Bank für Internationalen Zahlungsausgleich (BIZ) unterstützt. Hierdurch sollen die wirtschaftspolitischen Ziele, Instrumente und Konzepte sowie die geldpolitischen Zielvorstellungen vereinheitlicht und koordiniert werden.

Da nicht alle Staaten die Konvergenzkriterien gleichermaßen erfüllt haben, wird sich Europa zukünftig mit unterschiedlichen Geschwindigkeiten entwickeln. Die Kern-EU, die aus den Teilnehmerstaaten der EWWU (Deutschland, Frankreich, Belgien, Luxemburg, Niederlande, Spanien, Portugal, Italien, Österreich, Irland, Finnland) besteht, folgt eine zweite Gruppe von derzeitigen EU-Mitgliedsländern, die der Währungsunion möglicherweise zu einem späteren Zeitpunkt angehören wird. Die dritte Gruppe wird aus zukünftigen EU-Mitgliedsländern bestehen, mit den seit 1998 Beitrittsverhandlungen geführt werden (z.B. mit den Mitgliedern der (→) *CEFTA*). Mit einer vierten Gruppe wird wahrscheinlich zu einem späteren Zeitpunkt verhandelt (z.B. zukünftige Mitglieder der (→) *CEFTA*). Schließlich existiert noch eine fünfte Gruppe, die kein »Europa-Abkommen« mit der EU hat, sondern nur Sonderverträge, z.B. die Länder der (→) *EFTA* (vgl. Koch, 1998b, S. 151ff.).

Machtpromotor → *Promotor*

MADAKOM [s.a. Scanning; SEDAS]
Das Marktdatenkommunikationssystem MADAKOM der CCG (Centrale für Coorganisation – Gesellschaft zur Rationalisierung des Informationsaustausches zwischen Handel und Industrie mbH) basiert auf einem multilateralen Datenaustausch (→ *EDI*).

MADAKOM stellt verkaufsstellenbezogene Artikelverkaufsdaten für marktforscherische und logistische Auswertungen zur Verfügung. Es handelt sich dabei um Artikelrohdaten, d.h. ungewichtete und nicht ausgewertete Artikelumsatzdaten (Menge/Werte). Diese Informationen werden ergänzt um den Verkaufspreis und die verschiedenen Aktionsaktivitäten. Die Daten werden von ausgewählten Verkaufsstellen an den MADAKOM-Datenpool geliefert.

Auf dieser Basis können Handels- wie Industrieunternehmen eine gezielte geografische Sortimentssteuerung erreichen. Es können Verkaufstrends und Kunden- bzw. Zielgruppendichte auf regionaler Ebene über eine Analyse der Struktur der Abverkäufe erkannt werden. Insofern repräsentiert der MADAKOM-Datenpool eine wichtige Grundlage für das Marketing und das Warengruppenmanagement von Handel und Konsumgüterindustrie.

Mäzenatentum → Sponsoring

Make-or-Buy-Entscheidung → *Beschaffungsmanagement; Outsourcing*

Make-to-Order → *Auftragsfertigung*

Maklerhandel → *Handelsformen, kodifizierte; Handelsmittler*

Makrosegmentierung
Ein Ausgangspunkt der (→) *Marktsegmentierung* im Investitionsgüterbereich ist das Auftragsvergabeverhalten der Käufer. Die Zusammenfassung der Käufer zu relativ homogenen Gruppen kann nach Wind/Cardozo als ein zweistufiger Prozess verstanden werden (vgl. Richter, 2001, S. 144):

1. Die Makrosegmentierung ist auf das Unternehmen (Nachfrageinstitution) ausgerichtet (→ *Buying Center*). Relevante (→) *Segmentierungskriterien* können z.B. sein:
   - Unternehmensgröße
   - Organisationsstruktur
   - SIC (Standard Industrial Classification)-Bereich (Nachfragebranchen in der amerikanischen Industriestatistik)
   - Wiederkaufverhalten.
2. Die Mikrosegmentierung ist auf die einzelnen, an dem Kaufentscheidungsprozess beteiligten Personen ausgerichtet. Relevante Segmentierungskriterien können z.B. sein:
   - Produktkenntnisse
   - Ausbildung
   - hierarchische Stellung
   - Persönlichkeitsmerkmale.

Management [s.a. Internationales Management; Marketingmanagement]
Der Begriff Management kann auf unterschiedlichen Ebenen definiert werden. Aus funktionaler Sicht kennzeichnet Management die zielorientierte und bewusste Planung, Organisation, Führung und Kontrolle von Institutionen. »Die personalistische Auffassung des Managements umfasst primär den Personenkreis, dem auf Grund einer Organisationsstruktur Führungsaufgaben übertragen sind« (Tietz, 1993b, S. 352).

Die Managementaufgaben können nach Tietz (1976, S. 37) differenziert werden in Aufgaben des Routine- und des Projektmanagements. Im Rahmen des Projektmanagements – auch als Projektorganisation, Teamorganisation, Management by Task Force oder (→) *Venture Management* bezeichnet – wird eine fest umrissene, zeitlich befristete Aufgabe an eine zur Problemlösung fähige Gruppe von Mitarbeitern, teilweise unter Einschaltung von Außenstehenden (Beratern), übertragen. Mit einer Projektorganisation umgesetzt werden z.B. die Entwicklung eines neuen Betriebstyps im Handel (→ *Betriebstypen des Handels*) oder die Umstellung eines werkseigenen Vertriebssystems in Form von Niederlassungen auf Franchising.

Das Routinemanagement ist auf die Bewältigung von auf Dauer angelegten Aufgaben der Planung, Organisation, Führung und Kontrolle ausgerichtet.

Von der räumlichen Ausdehnung kann das Management auf nationale oder internationale Märkte bezogen werden. Aus einer institutionellen Sicht ist das Management u.a. von produzierenden Unternehmen, Dienstleistungsunternehmen und Handelsunternehmen zu unterscheiden (vgl. Zentes/Swoboda, 1999c, S. 75ff.).

Management, interkulturelles [s.a. Konsumentenforschung, interkulturelle; Management]
Das interkulturelle Management befasst sich mit der konkreten Gestaltung von funktionalen, strukturalen und personalen Managementprozessen in unterschiedlichen Ländern oder Kulturkreisen. Ziel ist die erfolgreiche Bewältigung kulturbedingter Managementprobleme durch Bereitstellung entsprechender Lösungsvorschläge für effizientes interkulturelles Handeln (vgl. Perlitz, 2000, S. 297). Hierbei gibt es zumindest zwei unterschiedliche Standpunkte. Die »Universalisten« behaupten, dass Managementprinzipien unabhängig von kulturellen Kontextbedingungen allgemeine Gültigkeit und Wirksamkeit haben. Demgegenüber gehen die »Kulturrelativisten« von der Annahme aus, dass unterschiedliche kulturelle Ausgangsbedingungen unterschiedliche Anforderungen an das Management stellen. Führungstheorien ebenso wie die Führungspraxis seien kulturgebunden und somit nicht problemlos von einer Kultur auf eine andere zu über-

tragen (vgl. Perlitz, 2000, S. 295f.; Thomas, 1996, S. 39).

Interkulturelle Probleme sind oftmals die Folge einer impliziten Ähnlichkeitsannahme gegenüber ausländischen Partnern oder die Folge von fehlendem Verständnis und Einfühlungsvermögen für die jeweilige (→) *Landeskultur*.

Stützen kann sich das interkulturelle Management auf die interkulturelle Managementforschung (→ *Managementforschung, kulturvergleichende*) sowie auf generelle Studien zur (→) *Kultur*, in denen ein tiefergehendes Verständnis der kulturellen Phänomene und Dimensionen sowie ihrer Hintergrundfaktoren geschaffen wird (vgl. Lenders, 1995, S. 4).

Neben den auf Hofstede (1993) zurückgehenden Dimensionen – der unterschiedlichen Einstellung gegenüber Machtabständen, dem Wunsch Risiko zu vermeiden, dem unterschiedlichen Grad an Kollektivismus und dem Vorherrschen männlicher bzw. weiblicher Einstellungen – haben auch andere Einstellungs- und Verhaltensdimensionen eine Auswirkung auf das Führungsverhalten in unterschiedlichen Kulturkreisen (vgl. Thomas, 1996, S. 39f.):

- *Traditionalismus versus Modernität*: Kulturen unterscheiden sich hier in ihrer Tendenz, an Traditionellem festzuhalten oder aber für Neuerungen aufgeschlossen zu sein.
- *Universalismus versus Partikularismus*: Während der Universalismus stärker die Verantwortung gegenüber der Gesellschaft als Ganzes betont, werden beim Partikularismus kleinere Gruppen und zwischenmenschliche Beziehungen in den Vordergrund gestellt.
- *Pragmatismus versus Idealismus*: Auch die Orientierung an Idealvorstellungen bzw. an eher praktisch gewonnenen Überzeugungen differiert im internationalen Vergleich.

Konkret muss das interkulturelle Management Kulturunterschiede z.B. beim Personalmanagement (→ *Personalmarketing*) berücksichtigen. Neben vielen anderen Fragen ist auch die Effizienz eines autoritären bzw. partizipativen Führungsstils kulturabhängig. Je kleiner die subjektiv empfundene Diskrepanz zwischen den Partizipationserwartungen der Mitarbeiter und dem organisatorischen Partizipationsangebot ist, um so mehr identifiziert sich der Mitarbeiter mit seiner Organisation und deren Zielen, um so besser sind auch die Motivation und der Leistungswille (vgl. Keller, 1995, Sp. 1402). Die Partizipationserwartungen hängen dabei unter anderem von der Einstellung zur Machtdistanz ab. Daraus ergibt sich ebenso die Frage nach dem optimalen Grad der (→) *Zentralisation*.

Neben den in den unterschiedlichen Ländern gegebenen Umfeldbedingungen ist auch die strategische Einstellung des Unternehmens von Bedeutung. Im Rahmen des (→) *EPRG-Konzeptes* wird deutlich, dass auch die strategische Grundeinstellung des Unternehmens für die Frage relevant ist, ob das Management jeweils kulturell angepasst oder interkulturell einheitlich durchgeführt wird.

Neuere Ansätze gehen davon aus, dass kulturbedingte Unterschiede in Zukunft weniger relevant sein werden. Die »ökonomischen Relativisten« erwarten, dass mit zunehmender Modernisierung der Gesellschaft und verstärkter Industrialisierung zwangsläufig eine Konvergenz kulturverschiedener Führungsprinzipien stattfinden wird (vgl. Thomas, 1996, S. 39).

Managementberatung

Managementberatung ist eine von außenstehenden Personen durchgeführte Dienstleistung zur Identifizierung und Untersuchung von Problemen auf den Gebieten der Unternehmenspolitik und -strategie, Organisation, Arbeitsabläufe und Prozesse sowie zur Ableitung geeigneter Handlungsempfehlungen und zur Hilfestellung bei der Implementierung dieser Empfehlungen.

Internationale Beratungsunternehmen, die meist über ein weltumspannendes Netz von Niederlassungen verfügen, fördern dabei Trends zur Internationalisierung von Managementmethoden. Erfolgreiche Managementmethoden einzelner Regionen werden hierbei via Beratung in Unternehmen anderer Regionen eingesetzt. Gerade bei internationalen Unternehmensaktivitäten, wie internationaler (→) *Diversifikation* oder Akquisitionen im Ausland (→ *Mergers and Acquisitions*) sowie bei der Wahl von (→) *Internationalisierungsstrategien*, können internationale Managementberatungsunternehmen Hilfestellung leisten.

Diese Beratungsleistungen können grundsätzlich auch unternehmensintern erbracht werden. Es gibt jedoch unterschiedliche Gründe für den Beratereinsatz. So kann die Unabhängigkeit des Beraters eine größere Objektivität bei der Aufdeckung von Problemen gewährleisten. Als Unternehmensexterner mit Erfahrungen in anderen Beratungsprojekten ist es ihm oft auch einfacher möglich, überkommene Erfahrungsregeln eines Unternehmens kritisch in Frage zu stellen und zu verändern. Häufig sind auch die speziellen Fachkenntnisse und das Know-how in Bezug auf geeignete Analyseinstrumente im eigenen Unternehmen nicht vorhanden. Statt diese dauerhaft aufzubauen, kann es sinnvoll sein, im Sinne des (→) *Outsourcing* nur zeitweise die Dienstleistung von Beratungsunternehmen in Anspruch zu nehmen (vgl. Schrader, 1989, Sp. 1374f.).

Managementcontracting → *Contracting*

Managementforschung, kulturvergleichende [s.a. Internationales Management; Management, interkulturelles]

Die kulturvergleichende Managementforschung untersucht den Einfluss kultureller Unterschiede auf den Managementprozess (→ *Kultur*). Sie verfolgt dabei die nachstehenden Erkenntnisziele (vgl. Perlitz, 2000, S. 292f.; Keller, 1982, S. 38ff.):

- deskriptiv-klassifikatorische Ziele, so die verschiedenen Kulturen zu beschreiben, erfassen, vergleichen und die Unterschiede und Gemeinsamkeiten in den Managementprozessen zu identifizieren
- heuristische Ziele, so einen Zusammenhang zwischen den kulturellen Faktoren und den erfassten Managementvorgängen zu finden und trankskulturelle Gesetzmäßigkeiten abzuleiten
- falsifikatorische Ziele, so die Gültigkeit von Theorien, Hypothesen und Erklärungsmodellen in fremden Kulturen an der Realität zu überprüfen.

Adler teilt die kulturvergleichende Managementforschung in sechs Gruppen ein (vgl. Adler, 1983, S. 30ff.):

1. Parochiale Studien, die nur in einer einzigen Kultur durchgeführt werden und der impliziten Annahme unterliegen, dass die Forschungsergebnisse interkulturelle Gültigkeit haben.
2. Ethnozentrische Studien, die untersuchen, inwieweit die heimischen Managementmethoden auch in anderen Kulturen angewendet werden können.
3. Polyzentrische Ansätze, die davon ausgehen, dass jede Kultur einzigartig ist und deshalb auch die Anpassung von Managementmethoden in jeder Kultur einzeln erfolgen muss.
4. Komparative Ansätze, welche die Ähnlichkeiten zwischen verschiedenen Kulturen aufdecken wollen. Dadurch sollen universelle und kulturabhängige Elemente von Managementprozessen identifiziert werden.

5. Geozentrische Studien, die das Management globaler Unternehmungen untersuchen und hierbei besonders nach Ähnlichkeiten zwischen den Kulturen suchen.
6. Synergistische Forschungsansätze, die sich auf die Untersuchung interkultureller Interaktionen konzentrieren.

Management-Verträge [s.a. Allianzen, strategische; Contracting]
Bei einem Management-Vertrag verpflichtet sich ein Vertragspartner (Manager oder Management-Unternehmen), das Unternehmen des anderen Vertragspartners für dessen Rechnung und Risiko im eigenen oder im fremden Namen gegen Entgelt zu führen (vgl. Meffert/Bolz, 1998, S. 127). Dabei stellt der Manager bzw. das Management-Unternehmen sein unternehmerisches Wissen, seine Erfahrung und seine wirtschaftlichen Beziehungen zur Verfügung und verbindet diese immateriellen Werte mit den sachlichen, finanziellen und personellen Produktionsfaktoren des Unternehmens (vgl. Martinek, 1992, S. 276).

Für den »Managementnehmer« stellt der Management-Vertrag damit eine Form zur Erlangung von Know-how dar (vgl. Macharzina, 1999, S. 700), für den Manager bzw. das Management-Unternehmen kann ein solcher Vertrag neben einer Einnahmequelle auch eine Möglichkeit sein, einen fremden Markt zu erkunden. Im internationalen Wirtschaftsverkehr dient der Management-Vertrag vor allem in der Beziehung zu (→) *Entwicklungsländern* häufig auch als Alternative zu einem direktinvestiven Engagement (→ *Direktinvestitionen*), da auf diese Art und Weise die Unabhängigkeit der Unternehmen in den Entwicklungsländern eher gewahrt bleiben kann (vgl. Martinek, 1992, S. 283).

Markenartikel → *Markenpolitik*

Markenpiraterie [s.a. Markenpolitik]
Auf Grund der vielfältigen Formen der Markenpiraterie, die im weitesten Sinne einen Teilbereich der Produktpiraterie darstellt, liegen in der Literatur verschiedene Begriffsabgrenzungen vor. So kann man von einem Kontinuum ausgehen, wobei der eine Extrempunkt darin zu sehen ist, dass sowohl Marke als auch Produkt kopiert sind; im entgegengesetzten Fall ist zwar die Marke identisch, das Produkt jedoch ein völlig anderes (vgl. Busse, 1994, S. 1893f.).

Der Markenpirat als Trittbrettfahrer zielt in allen Fällen darauf, an dem Goodwill der durchgesetzten Marke zu partizipieren.

Um dieser Form von Wirtschaftskriminalität zu begegnen, wurde am 1. Juli 1995 die sog. EG-Anti-Piraterie-Verordnung über Maßnahmen zum Verbot der Überführung nachgeahmter Waren in den zollrechtlich freien Verkehr erlassen. Der Zeicheninhaber kann nach der Anti-Piraterie-VO die Beschlagnahmung von Waren, die rechtswidrig ein fremdes (→) *Warenzeichen* tragen, bei der zuständigen Behörde beantragen.

Markenpolitik
Die Markenpolitik umfasst strategische und operative Maßnahmen der Markierung (Branding) von Produkten. Sie ist Teil der (→) *Produktpolitik*.

Nach den Trägern der Marken unterscheidet man Herstellermarken (Markenartikel), (→) *Handelsmarken* und Verbundmarken.

Der Markenartikel wird üblicherweise wie folgt abgegrenzt:

- Es handelt sich um eine industrielle Fertigware,
- die ein Hersteller mit seiner Marke – meist in Form eines gesetzlich geschützten (→) *Warenzeichens* – kennzeichnet,

- deren Menge, Verpackung und Gewicht normiert sind,
- deren gleichbleibende oder verbesserte Qualität und Ausstattung im Zeitablauf garantiert sind (Informations-Chunk),
- die in einem größeren Marktgebiet (meist über den Handel) vertrieben wird,
- die umworben wird.

Ziel der Markenpolitik ist es, sich von Konkurrenzmarken und -produkten abzuheben und auf der Nachfrageseite einen möglichst hohen Grad an Markentreue aufzubauen. Dazu sollten der Markenname und die Verpackungsgestaltung eine absatzfördernde Funktion übernehmen, um auf unterschiedlichen Märkten, so im Rahmen des (→) *Internationalen Marketing*, erfolgreich zu sein. Folgenden Anforderungen soll der Markenname genügen (vgl. Meffert/Bolz, 1998, S. 185):

- in allen »relevanten« Sprachen leicht auszusprechen
- akustisch und visuell einprägsam
- Assoziationen mit dem Produkt wecken
- gesetzlicher Markenschutz auf allen Märkten erreichbar.

Vor dem Hintergrund der zunehmenden Internationalisierung der Märkte ist der Aufbau imagestarker internationaler Marken und/oder Weltmarken (Euro Brand, → *Global Brand*) erfolgversprechend.

Becker (1994, S. 465ff.) bezeichnet die Marke und damit die Markenpolitik als einen strategischen Schlüsselfaktor für den Markterfolg von Unternehmen. Er unterscheidet drei markenpolitische Grundsatzentscheidungen (Strategieebenen), die zu einer Typologisierung von Marken(-strategien) führen:

1. Wahl des richtigen Markentyps unter dem Aspekt der Zahl der unter einer Marke angebotenen Produkte (= Festlegung der Kompetenzbreite).
   Als grundsätzliche Optionen ergeben sich hier die Einzelmarkenstrategie (jedes Marktsegment wird anhand einer Marke bearbeitet), die Dachmarkenstrategie (sämtliche Produkte eines Unternehmens unter einer Marke), die Markenfamilienstrategie (mehrere verwandte Produkte unter einer Marke) sowie die Mehrmarkenstrategie (mehrere Marken im gleichen Marktsegment parallel durch ein Unternehmen) (vgl. Meffert, 2000, S. 856ff.).
2. Wahl des richtigen Markentyps unter dem Aspekt der Grundpositionierung im Markt (= Festlegung der Kompetenzhöhe).
   Aus dieser Option resultiert die Unterscheidung in Luxusmarken, klassische Markenartikel und Handelsmarken (inklusive No Names).
3. Wahl des richtigen Markentyps unter dem Aspekt der geografischen Reichweite (= Festlegung der Kompetenztiefe).
   Hier ergeben sich die Optionen nationaler Marken, internationaler Marken und Weltmarken.

Ausdruck einer Markendifferenzierung, d.h. einer zwei- oder mehrgleisigen Markenpolitik eines Herstellers, ist der Einsatz von Zweitmarken. Durch qualitativ ausgereifte Produkte, die jedoch imagemäßig niedriger positioniert sind (→ *Positionierung*), wird versucht, Profilierungsbestrebungen des Handels durch Einsatz von Herstellermarken im Rahmen von Niedrigpreisstrategien zu entsprechen, ohne für die Stammmarke in Image- oder Absatzwegekonflikte zu geraten. Für die Markenartikelhersteller erweist sich weiterhin der zunehmende Umfang der Markenimitationen bzw. (→) *Markenpiraterie* als Problem.

Erfolgt im Rahmen der Markenpolitik eine Kombination mehrerer Marken für ein Produkt bzw. eine Leistung, spricht man von Co-Branding (Brand Bundling, Brand

Alliances) (vgl. Rao/Ruekert, 1994, S. 87ff.). Die Zielsetzung dieser Strategie liegt in der Realisierung von Vorteilen aus dem Image der jeweils kombinierten Marken, indem wertsteigernde Assoziationen, die mit den integriert eingesetzten Marken verbunden sind, auf das betreffende Produkt bzw. die Leistung übertragen werden. Beim Co-Branding werden nach der Richtung horizontale Formen (Allianzen zwischen Marken von Herstellern einer Stufe) und vertikale Formen (Allianzen zwischen Marken von Herstellern unterschiedlicher Stufen) unterschieden (vgl. Kotler/Bliemel, 2001, S. 751f.).

In enger Verwandtschaft zum Co-Branding steht das Ingredient Branding. Hierbei handelt es sich um markenpolitische Konzepte, bei denen Verbrauchsgüter (Rohstoffe, Einsatzstoffe, Komponenten) die Markierungsobjekte darstellen. Es handelt sich somit um ein Markenkonzept in der vertikalen Kette, das von der Vorstufe initiiert und realisiert wird (z.B. »Intel inside«) (vgl. Kleinaltemkamp, 2000, S. 103-110).

Der Zusammenhang zwischen Co-Branding und Ingredient Branding ist in Übersicht 86 dargestellt.

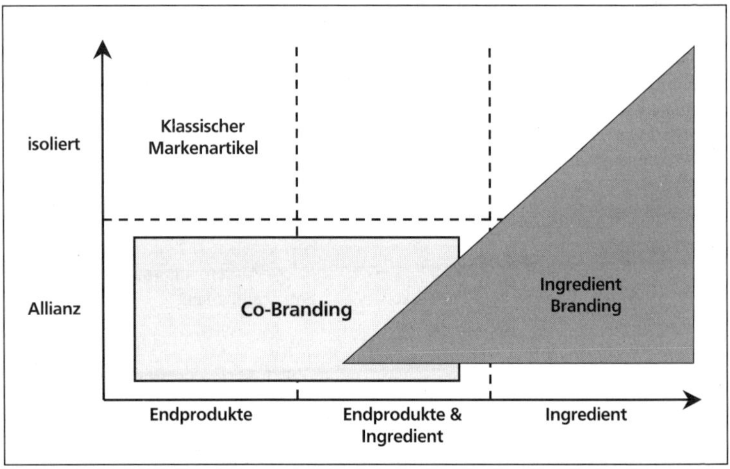

Quelle: in Anlehnung an Baumgarth, 1998, S. 11.

Übersicht 86: Zusammenhang zwischen Co-Branding und Ingredient Branding

Markentreue

Markentreue kennzeichnet eine bestimmte Form der Markenauswahl der Konsumenten. Konsumenten verhalten sich bei der Markenauswahl nicht nach einem Zufallsprinzip, sondern konzentrieren sich auf eine oder wenige Marken. Die Markentreue findet ihren Ausdruck in einem mehrfachen Wiederkauf eines Markenartikels (→ *Kauffrequenz*). Ein weiteres Charakteristikum der Markentreue ist eine positive Einstellung der Konsumenten zu der entsprechenden Marke. Je nach Gewichtung dieser beiden Komponenten lassen sich mehrere Markentreue-Konzepte unterscheiden (vgl. Nolte, 1976, S. 15ff.).

Die behavioristischen Markentreue-Konzepte orientieren sich in erster Linie an den Kaufhandlungen in einem bestimmten Zeitraum und beachten die Einstellungen oft nur implizit. So wird etwa nach dem Kaufreihenfolge-Konzept mittels Paneldaten (→ *Panelerhebung*) die Reihenfolge der Markenwahl erhoben, wobei ein mehrmaliger aufeinanderfolgender Wiederkauf einer Marke als Markentreue interpretiert wird. Nach dem Marktanteils-Konzept gilt das Kaufvolumen eines Konsumenten hinsichtlich einer Marke, gemessen an den Gesamteinkäufen der Produktgruppe, als (→) *Indikator* der Markentreue.

Das Wiederkaufsrate-Konzept betrachtet die Markentreue auf einer kollektiven Ebene. Die Markentreue wird durch die Zahl der Wiederkäufe in einer Periode ausgedrückt. Die Wiederkaufsrate, als Verhältnis der Wiederkäufe einer Marke zur Gesamtzahl der Käufe dieser Marke in einer Periode, wird im klassischen Modell von Parfitt/Collins (1972) zur Prognose des (→) *Marktanteils* benutzt.

Nach den einstellungsorientierten Markentreue-Konzepten wird die Markentreue anhand der Einstellungskomponente erklärt. Die Verhaltenskomponente wird insofern berücksichtigt, als die (→) *Einstellung* zu einer entsprechenden Markenauswahl führt (EV-Hypothese). Das Markenpräferenzkonzept setzt an der affektiven Komponente der Einstellung an und betrachtet die Markentreue als Konstanz der Markenpräferenz der Konsumenten, die auf einer affektiven Bindung zu den Markenartikeln beruht. Das Wiederkaufsabsichts-Konzept stellt auf die Verhaltenskomponente der Einstellung ab. Als Indikator für Markentreue gilt die auf eine bestimmte Marke gerichtete Aktionsbereitschaft.

Als dritte Gruppe sind einstellungsgeprägte Verhaltens-Konzepte der Markentreue zu erwähnen, die sowohl die Kaufhandlung als auch die Einstellung explizit berücksichtigen. Diese Konzepte interpretieren die Markentreue als eine vereinfachte, habitualisierte Kaufentscheidung (→ *Kaufentscheidungstypen*). Die Marke dient dabei als Information-Chunk (→ *Kognitive Programme*) für die Konsumenten. Der Kauf stets der gleichen Marken führt aus Sicht des Konsumenten zu einer Verringerung des wahrgenommenen Kaufrisikos (vgl. Kroeber-Riel/Weinberg, 1999, S. 393ff.).

Das Phänomen der Markentreue wird primär aus der Sicht des Konsumenten gesehen (→ *Konsumentenverhalten*); Markentreue kann aber zugleich bei gewerblichen Einkäufern des Handels oder der Industrie gegeben sein (→ *Einkäuferverhalten*).

Markenwechselmodelle

Die Markenwechselmodelle (Brand-Switching-Modelle) sind typische Ausprägungen modelltheoretischer Lernansätze (→ *Lernen*); sie basieren auf stochastischen Prozessen. Die Modelle gehen davon aus, dass der Kauf und die Verwendung eines Produktes den Konsumenten bestimmte Konsumerlebnisse vermitteln, die dazu führen, dass die Wahrscheinlichkeit, ein Produkt nochmals zu kaufen, beeinflusst wird. Die Kauf- oder Nichtkaufwahrscheinlichkeit für das Produkt ist davon abhängig, inwieweit der Kauf des Produktes und die damit verbundenen Konsumerlebnisse für den Konsumenten positiv oder negativ waren. Ein klassisches Modell dieser Art ist das Modell von Kuehn (1972), das auf einer Quantifizierung des Lernprinzips der operanten (→) *Konditionierung* beruht.

Markenwert

Die Verfahren der Markenevaluierung lassen sich einteilen in finanz- und marktwertorientierte Verfahren. Nach den finanzorientierten Verfahren ergibt sich der Markenwert anhand der Quantifizierung und Zurechnung von Kosten bzw. Erträgen, die einem Unternehmen beim Aufbau einer Marke entstanden sind. Demgegenüber ergibt sich bei den marktwertorientierten Verfahren der Wert einer Marke über die Angebots- und Nachfrageverhältnisse am Markt (vgl. Bekmeier-Feuerhahn, 1998, S. 30ff.). Auf Grund der Komplexität des Phänomens Markenwert ergeben sich Operationalisierungs- und messtechnische Probleme.

So definiert Kaas (1990, S. 48) den Markenwert (Brand Equity) »... als Barwert aller zukünftigen Einzahlungsüberschüsse, die der Eigentümer aus der Marke erwirtschaften kann« und vertritt dabei eine zahlungsstromorientierte (finanzorientierte) Sichtweise. Aaker (1992, S. 31) umschreibt den Markenwert als »... eine Gruppe von Vorzügen und Nachteilen, die mit einer Marke, ihrem Namen oder Symbol in Zusammenhang stehen und den Wert eines Produktes oder Dienstes für ein Unternehmen oder seine Kunden mehren oder mindern« und vertritt somit eine konsumentenorientierte bzw. marktorientierte Betrachtungsweise.

Marketing

Marketing kann zunächst mit (→) *Absatz* gleichgesetzt werden. Absatz bezeichnet in einer arbeitsteiligen Wirtschaft die physische und dispositive Weiterleitung von Gütern an andere Institutionen, in der Regel an andere Wirtschaftspartner, d.h. eine entgeltliche Güterübertragung. Marketing ist in diesem Sinne in jedem modernen Wirtschaftssystem anzutreffen; es ist ein systemindifferenter Tatbestand (vgl. Raffée, 1974a, S. 106).

Der Begriff Marketing hat darüber hinaus eine Bedeutung, die üblicherweise gemeint ist: die aktive Gestaltung von Märkten. In diesem Sinne umfasst Marketing nicht nur die Deckung und Nachfrage, sondern auch die Produktion von (→) *Nachfrage*. Die Erschließung und Schaffung von Märkten erfolgt aus der Perspektive unternehmerischen Zielstrebens durch Einsatz absatzpolitischer Instrumente (→ *Marketinginstrumente*). Marketing wird damit zu einem systembezogenen Sachverhalt (vgl. Raffée, 1974a, S. 107).

Mit diesem Marketing-Begriff meint man meist das Absatzmarketing von Unternehmen (Business Marketing). In diesem Sinne gibt es u.a.:

- Marketing in der Konsumgüterindustrie (→ *Konsumgütermarketing*)
- Marketing in der Investitionsgüterindustrie (→ *Investitionsgütermarketing*)
- Marketing im Handel (→ *Handelsmarketing*)
- Marketing in der Touristik (→ *Dienstleistungsmarketing*),

aber auch

- Marketing in der Landwirtschaft
- Marketing in der Geld- und Kreditwirtschaft
- Marketing in der Versicherungswirtschaft usw.

Neben dieser branchenmäßigen Differenzierung steht die räumliche oder geografische Differenzierung. So unterscheidet man nationales Marketing und (→) *Internationales Marketing*.

Marketing kommt zunehmend auch in anderen betrieblichen Funktionsbereichen zum Einsatz. So spricht man von (→) *Beschaffungsmarketing*, (→) *Personalmarketing* u.Ä. Gemeinsam ist diesen Marketing-Varianten der zieladäquate Einsatz eines speziellen Instrumentariums der Marktgestaltung auf der Grundlage systematisch gewonnener Informationen.

Marketing wird zu einer Denkhaltung oder Unternehmensphilosophie, wenn die Kunden- bzw. Marktorientierung sämtliche unternehmerischen Aktivitäten und Institutionen prägt. In diesem Sinne spricht Raffée von Marketing als einer Grundkonzeption der modernen Betriebswirtschaftslehre (vgl. Raffée, 1974a, S. 107). Eine Unternehmenspolitik unter dem Primat der totalen Marktorientierung bezeichnet Tietz (1975, S. 7) als marketingorientierte Unternehmenspolitik.

Die Übertragung des Konzeptes der Absatzmarkt- bzw. Kundenorientierung auf nicht-kommerzielle Organisationen wie Wohlfahrtsverbände, Krankenhäuser, Museen, Parteien, Gewerkschaften, Militär u.Ä. wird als (→) *Non-Business-Marketing* bezeichnet. Dieser Übertragung liegt die Auffassung zugrunde, dass auch die Leistungen nicht-kommerzieller Institutionen Gegenstand von Austauschprozessen zwischen Organisationen und Personen sind. Als Non-Business-Marketing bezeichnet man auch das Marketing für soziale Ideen, Normen und Wertvorstellungen.

Neben Business Marketing und Non-Business-Marketing spricht man vom so genannten generischen Marketing (→ *Marketing, generisches*). Das generische Marketing umfasst sämtliche Werttransaktionen zwischen sozialen Einheiten, d.h. zwischen Institutionen, Personengruppen und Einzelpersonen. Dazu kann z.B. die Belohnung eines Arbeitnehmers durch Beförderung gehören.

Darüber hinaus gibt es eine Vielzahl von Varianten des Marketing-Konzeptes (→ *Marketing, soziales; Marketing, ökologisches*).

Marketing, generisches

Das generische Marketing (Generic Concept of Marketing) stellt die weiteste Ausdehnung des Marketing-Konzeptes dar. Der Grundgedanke dieses universalistischen Konzeptes von Kotler (1972) beruht darauf, die (→) *Transaktion,* d.h. den Austausch von Werten, in den Mittelpunkt der Betrachtung zu stellen. Gegenstand des generischen Marketing sind damit alle Werttransaktionen, sowohl materielle als auch ideelle.

Betrachtet werden nicht nur Transaktionen zwischen Verkäufern und Käufern, Hersteller- und Verwenderorganisationen, sondern zwischen beliebigen Partnern, also auch organisationsinterne Tauschprozesse (→ *Internes Marketing*). So liegt schon eine Transaktion vor, wenn eine Person ein Fernsehprogramm einschaltet; sie tauscht dabei Zeit gegen Unterhaltung.

Dieses »Generic Concept of Marketing« bezeichnet Kotler auch als Schritt zum (→) *Metamarketing,* das jedoch nicht unumstritten ist, da es die Grenzen zwischen Marketing und menschlicher Kommunikation verwischt. Marketing sollte nach Ansicht der Kritiker nur auf Markttransaktionen bezogen werden (vgl. z.B. Holscher, 1977, S. 19f.; Luck, 1969).

Marketing, nicht-kommerzielles

→ *Non-Business-Marketing*

Marketing, ökologisches

Das ökologische Marketing verfolgt das Ziel, die Marktteilnehmer, die Gesamtheit der Bürger und die sie repräsentierenden Institutionen zu einem umweltfreundlichen Verhalten zu veranlassen.

Ökologisches Marketing, als eine Variante des Sozio-Marketing (→ *Marketing, soziales*), trägt dazu bei, die negativen Wirkungen des kommerziellen Marketing auf die natürliche Umwelt zu vermindern oder zu vermeiden.

Aufbauend auf einer Verbreitung von umweltrelevanten Informationen wird eine Veränderung der Gewohnheiten und Grundeinstellungen angestrebt, z.B. werden die Energieverschwendung und die Produktion und Verwendung umweltschädlicher Produkte bekämpft. Hierzu können Marketingaktivitäten im Sinne eines Demarketing oder (→) *Kontramarketing* eingesetzt werden (vgl. Raffée, 1979, S. 41f.).

An das unternehmerische Marketing wird von Verbänden und Öffentlichkeit verstärkt die generelle Forderung nach Berücksichtigung der Umweltwirkungen (→ *Marketing Assessment*) seiner marktgerichteten Aktivitäten erhoben.

Diese Forderungen beziehen sich vorrangig auf die (→) *Produktpolitik* und die Verpackungspolitik. Ökologische Forderungen richten sich z.B. auf die Nichtverwendung umweltschädlicher Stoffe, die Wiederverwendung von Materialien im Rahmen des Recycling, die Anwendung umweltverträglicher Produktionsverfahren u.Ä.

Im weiteren Sinne umfasst das ökologische Marketing auch die Forderung nach verstärktem Ressourcenbewusstsein. Ansatzpunkt der Kritik sind für die Verfechter des ökologischen Marketing z.B. die Wegwerfmentalität von Konsumenten sowie die von Unternehmen initiierte psychologische (→) *Produktdifferenzierung* und geplante (→) *Obsoleszenz*.

Marketing, soziales

Unter sozialem Marketing oder Sozio-Marketing versteht man Marketing für soziale Ideen bzw. Ziele. Teilweise wird Sozio-Marketing auch mit dem übergeordneten Begriff nicht-kommerzielles Marketing (→ *Non-Business-Marketing*) gleichgesetzt. Nach Holscher (1977, S. 29) wird Sozio-Marketing nur auf die sozialwirtschaftlich tätigen Einzelwirtschaften bezogen.

Nach Raffée (1979, S. 41ff.) kann Sozio-Marketing ein Korrekturinstrument für problematische (Konsum-)Normen sein, die das kommerzielle Marketing auslöst oder verstärkt. Das Sozio-Marketing würde dann als eine Art Gegenmacht zu kommerziellem Marketing auftreten. Zum anderen kann es Ziel des Sozio-Marketing sein, sozial unerwünschte Verhaltensweisen eines Einzelnen oder einer Gruppe in einer von der Gesellschaft erwünschten Weise zu verändern. Ein Vorläufer bei dieser Konzepterweiterung des Marketing war Dawson mit seinem normativ angelegten »Human Concept of Marketing« (vgl. Dawson, 1969).

Träger des Sozio-Marketing sind die Konsumentenbewegungen (→ *Konsumerismus*), karitative Organisationen und Bürgerinitiativen. Dazu zählen auch Organisationen wie die »Aktion Mensch« mit Kampagnen zur Unterstützung von Randgruppen der Gesellschaft oder kirchliche Organisationen wie »Brot für die Welt« und »Miserior«, die sich aktiv für vermehrte Entwicklungshilfe einsetzen.

Sozio-Marketing kann auch Ziele verfolgen wie einen Boykott von Produkten aus bestimmten Ländern, um so gegen dortige politische und gesellschaftliche Zustände zu protestieren. Eine wichtige Variante des Sozio-Marketing ist das ökologische Marketing (→ *Marketing, ökologisches*), das auf ein umweltbewusstes Verhalten abzielt.

Da sozialwirtschaftlich tätige Organisationen ihre Leistungen zumeist unentgeltlich abgeben, finanzieren sich diese Organisationen teilweise durch die Sammlung von Spenden. Zur Beschaffung dieser Mittel wird das Instrument des Spendenmarketing eingesetzt. Das Spendenmarketing einer Non-Profit-Organisation wird als (→) *Fundraising* bezeichnet (vgl. Urselmann, 1998).

Marketing, vertikales [s.a. Handelsmarketing]

Ein Unternehmen betreibt vertikales Marketing, wenn es versucht, über mehrere Marktstufen hinweg die Endabnehmer seiner Produkte zu beeinflussen (vgl. Zentes/Swoboda, 2000d, S. 177). Charakteristisch hierfür sind die Marketingbemühungen der Konsumgüterindustrie, die sich sowohl in Richtung des Handels, der den direkten Kontakt zum Kunden hat, wie auch in Richtung der Endkonsumenten orientieren (vgl. Zentes/Swoboda, 2000c, S. 803ff.). Hierzu werden eine Vielzahl von Maßnahmen eingesetzt.

Im Rahmen der Preispolitik kann durch unverbindliche (→) *Preisempfehlun-*

gen versucht werden, Leitlinien für Verkaufspreise der Wiederverkäufer festzulegen; eine straffe Form des vertikalen Marketing war früher durch die Möglichkeit der (→) *Preisbindung* gegeben. Möglichkeiten der direkten Einflussnahme auf Endabnehmer sind in der Kommunikationspolitik gegeben, so durch Instrumente der medialen Werbung.

Eine Einflussnahme auf die Marketingaktivitäten nachgelagerter Handelsstufen gegenüber Endabnehmern ist durch (→) *Kontraktmarketing* möglich. So kann ein Hersteller im Wege der Vertriebsbindung seine Abnehmer in der Weitergabe der Waren beschränken. In der Konsumgüterwirtschaft setzen sich zunehmend kooperative Strategien des (→) *Supply Chain Managements* und des (→) *Category Managements* im Zuge des (→) *ECR*-Konzeptes durch (vgl. Swoboda, 1997, S. 449ff.).

Marketing-Accounting

Das Marketing-Accounting strebt eine für Marketingentscheidungen und -kontrollen (→ *Marketing-Controlling*) geeignete Struktur des betrieblichen Rechnungswesens an und ist somit ein Aufgabenbereich an der Schnittstelle zwischen Marketing und Rechnungswesen (vgl. Klingebiel, 2000, S. 67; Köhler, 1993, S. 279).

Die Eigenart des Marketing-Informationsbedarfs macht eine Anpassung der Gestaltungskonzeption des überwiegend innen-, administrativ- und vergangenheitsorientierten Rechnungswesens erforderlich. Inhaltliche und organisatorische Anforderungen an das Rechnungswesen bestehen insbesondere im Hinblick auf den Bedarf an Rechnungsweseninformationen in Abhängigkeit von der jeweiligen absatzwirtschaftlichen Problemstellung. So sollten beispielsweise die Kostenrechnung und Kalkulation zu preispolitischen Entscheidungen herangezogen werden können. Eine auf Marketingfunktionen ausgerichtete Vertriebskostenrechnung und Absatzsegmentrechnung nach Produkten oder Produktgruppen, Aufträgen, Absatzregionen und Absatzwegen stellt eine weitere wesentliche Anforderung an das Rechnungswesen dar. Üblicherweise werden als Analyse- und Entscheidungsdimensionen des Marketing im Rahmen des Marketing-Accounting

- Maßnahmen, d.h. absatzpolitische Instrumente
- Absatzsegmente
- Organisationseinheiten, z.B. so genannte Cost Center, (→) *Profit Center* oder Investment Center,

herangezogen (vgl. Köhler, 1993, S. 281ff.).

Marketing Assessment [s.a. Marketing-Ethik]

Das Marketing Assessment ist wie das (→) *Technology Assessment* Bestandteil der strategischen Ausrichtung der Unternehmenspolitik. Gegenstand des Marketing Assessment ist die Abschätzung der (gesellschaftlichen) Folgewirkungen von Marketingentscheidungen in einer langfristigen, umfeldbezogenen Perspektive. Folgende Schritte werden hierbei durchlaufen:

1. Bestimmung der relevanten Marketing-Strategien
2. Wirkungsabschätzung hinsichtlich der potenziellen ökonomischen, politisch-rechtlichen, öffentlichen und ökologischen Folgen
3. Abschätzung möglicher Rückwirkungen auf das eigene Unternehmen
4. Bewertung von Folgewirkungen
5. Entwurf strategischer Handlungsalternativen bezüglich der Vermeidung erwarteter negativer Folgewirkungen für das Unternehmen.

Das Marketing Assessment weist eine enge Beziehung zu den Aufgaben einer strategisch ausgerichteten (→) *Marktforschung* einschließlich der Entwicklung von Früherkennungssystemen (→ *Früherkennung, strategische*) auf. Die Notwendigkeit eines Marketing Assessment ergibt sich aus den zunehmend dynamischen Veränderungen von Werthaltungen (→ *Wertedynamik*) hinsichtlich ökologischer oder sozialer Fragen, aber auch aus Verschärfungen des Rechtsrahmens, so der Regelungen der Produzentenhaftung (→ *Produkthaftung*).

Marketing-Audit

Neben der Kontrolle der Wirkungen einzelner (→) *Marketinginstrumente*, z.B. der (→) *Werbewirkungskontrolle*, oder deren Gesamtheit ist das Marketing-Audit ein weiterer Gegenstandsbereich des (→) *Marketing-Controlling*. Aufgabe des Marketing-Audits ist die umfassende, systematische, nicht weisungsgebundene und regelmäßige Überprüfung des gesamten Marketingsystems mit dem Ziel der kontinuierlichen Anpassung der Mittel bzw. Aktivitäten an sich ändernde Markt- und Umweltbedingungen (vgl. Kotler/Bliemel, 2001, S. 1305). Überprüft werden insbesondere die (→) *Marketingziele*, die Marketingstrategien (→ *Marketingstrategie, globale*), die Marketinginstrumente wie auch die (→) *Marketingorganisation* im Hinblick auf die Umweltadäquanz (vgl. Meffert, 2000, S. 1137).

Der Prozess des Marketing-Audit gliedert sich in drei Phasen. In der ersten Phase wird ein Ist-Zustand in Bezug auf die Festlegung der Ziele, die eingesetzten Strategien, die zur Durchführung des Marketingprogramms ausgewählten Verfahren wie auch die Marketingorganisation ermittelt. In der zweiten Phase (Beurteilungsphase) wird analysiert, ob der ermittelte Ist-Zustand des Marketingsystems den Erfordernissen des Marktes und den Unternehmensverhältnissen entspricht. In der dritten Phase des Marketing-Audits werden Vorschläge zur Anpassung des Marketingsystems an die Umwelterfordernisse und zur Beseitigung der festgestellten Mängel erarbeitet (vgl. Droege, 1989, S. 169ff.).

Marketing-Controlling

Unter Kontrolle wird allgemein die systematische, zeitgerechte sowie sachgemäß umfassende Überprüfung und Beurteilung der Strukturen und Abläufe in Unternehmen verstanden. Die Kontrolle erstreckt sich vor allem auf interne Phänomene, kann sich aber auch auf Ergebnisse beziehen, die auf externe, nicht vom Unternehmen beeinflussbare Ursachen zurückzuführen sind. Diese Differenzierung ist insbesondere für das Marketing von Interesse. Neben der primär intern-orientierten Kontrolle der Abläufe, Kosten und Effizienz der Arbeitsweise ist im Marketing die extern-orientierte Wirkungs- bzw. (→) *Erfolgskontrolle* vorrangig.

Dieses Konzept einer zweiteiligen Aufgabenstellung der Marketingkontrolle wird zunehmend von einer differenzierteren Sichtweise ihres Aufgabengebietes abgelöst. So wird als Marketing-Controlling heute oft die bewusste Verschmelzung von Informationsversorgung, Planungsprozess und Kontrolle bezeichnet (vgl. Meffert, 2000, S. 1129ff.; Nieschlag/Dichtl/Hörschgen, 1997, S. 944).

Charakteristisch für das Marketing-Controlling ist seine Koordinationsaufgabe. Sie besteht nach Horváth/Stark (1982, S. 185) einerseits in der Entwicklung und Implementierung eines Marketingplanungs- und -kontrollsystems sowie eines Marketing-Informationsversorgungssystems (systembildende Funktion), andererseits in der Abstimmung innerhalb des bestehenden Systemzusammenhanges (systemkoppelnde Funktion) (vgl. auch Meffert, 2000, S. 1126, S. 1131f.).

Gegenstand des Marketing-Controlling sind die (→) *Marketingplanung*, die (klassische) Marketingkontrolle und das (→) *Marketing-Audit*.

Die zunehmend strategische Ausrichtung des betrieblichen Controlling (strategisches Controlling) erweitert auch den Aufgabenbereich des Marketing-Controlling (→ *Strategisches Marketing*). Das so ausgerichtete Marketing-Controlling weist enge Beziehungen zur strategischen (→) *Marktforschung*, einschließlich der Suche nach Früherkennungsindikatoren (→ *Früherkennung, strategische*) auf.

Marketing-Ethik

Die Veränderungen in den Werthaltungen (→ *Wertedynamik*) von Individuen und Öffentlichkeit führt u.a. zu einer Diskussion der Sozial- und Umweltverträglichkeit von modernen Technologien (→ *Technology Assessment*); sie fördert darüber hinaus das gesellschaftliche Verantwortungsbewusstsein des (→) *Marketingmanagements*.

Vor diesem Hintergrund wird über eine Codifizierung ethischer Grundsätze für Marketing-Manager diskutiert, die ihr Handeln leiten sollen. Fragen der Ethik werden auch durch die Marktforschung berührt, in der moderne elektronische Informations- und Kommunikationstechnologien (→ *Informationstechnologie*), so Sensor- und Lasertechnologien, neuartige telemetrische Beobachtungs- und Messverfahren ermöglichen (»High-Tech-Marktforschung«), die die Vision des »gläsernen Konsumenten« heraufbeschwören.

Marketingforschung

Marketingforschung (Marketing Research) wird oftmals mit (→) *Marktforschung* (Market Research) gleichgesetzt.

In anderer Abgrenzung ist Marketingforschung (Absatzforschung) einerseits umfassender, andererseits enger als der Begriff der Marktforschung (vgl. Übersicht 87).

»Umfassender ist der Begriff der Absatzforschung auf der einen Seite, weil er die gesamten zur Absatzgestaltung eines Unternehmens zu lösenden Informationsprobleme zum Gegenstand hat. Insbesondere müssen die Wirkungen von Marketingaktivitäten (z.B. Werbe-, Distributions-, Produkt-, Preisforschung) und die Erforschung innerbetrieblicher marketingrelevanter Sachverhalte (z.B. Vertriebskosten, Lagerung, Kapazitäten) in die Betrachtung mit einbezogen werden. Enger als Marktforschung ist der Begriff Absatzforschung deshalb, weil Absatzforschung nur die Absatzmärkte des Unternehmens berührt« (Meffert, 2000, S. 93). Diese Abgrenzung kommt auch in der Definition der American Marketing Association zum Ausdruck.

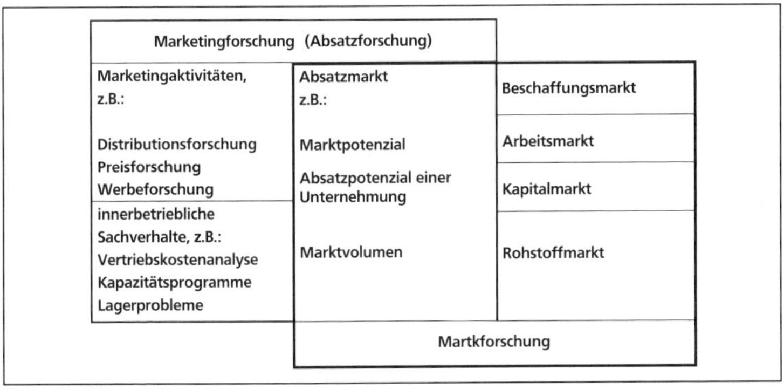

Quelle: in Anlehnung an Meffert, 2000, S. 94.

Übersicht 87: Abgrenzung zwischen Marketingforschung und Marktforschung

Marketinginformationssysteme [s.a. Decision-Support-System]

Marketinginformationssysteme (MAIS) bestehen aus Personen, technischen Einrichtungen und Verfahren zur Gewinnung, Zuordnung, Analyse, Bewertung und Weitergabe zeitnaher und zutreffender Informationen, die dem Entscheidungsträger bei Marketingentscheidungen helfen (vgl. Kotler/Bliemel, 2001, S. 170).

MAIS arbeiten i.d.R. rechnergestützt. Neben dem eigentlichen Computersystem sind im Hinblick auf computergestützte Marketinginformationssysteme folgende Grundkomponenten von besonderer Relevanz (vgl. Zentes, 1993b, Sp. 2707):

- die Artikel- bzw. Verkaufsdatenerfassung, so auf der Grundlage der Internationalen Artikelnummer (→ *Artikelnummerierung*)
- der elektronische Datenaustausch (→ *EDI*)
- Datenbanksysteme, so relationale (→) *Datenbanken*
- Methodenbanksysteme, so interaktive und interpretative Decision-Support-Systeme
- Modellbanken
- Kommunikationseinrichtungen sowie
- die Wissensverarbeitung, die u.a. Expertensysteme ermöglicht.

Aufgabe von MAIS ist die Bereitstellung notwendiger Informationen für Marketingentscheidungen. In Unternehmen werden sowohl reine Berichtssysteme (Reporting Systeme), die periodisch im Offline-Betrieb Informationen bereitstellen, als auch Ausnahmeberichtssysteme (Exception Reporting Systeme) oder online arbeitende Auskunfts- und Abfragesysteme eingesetzt. Neben vergangenheitsorientierten Daten sind vielfach auch Hochrechnungen für zukunftsorientierte Aussagen verfügbar.

Zunehmend werden im Zuge der Entwicklung moderner flexibler Informationstechnologien auch interaktive Systeme bzw. explorative Systeme entwickelt und eingesetzt (vgl. Liebmann/Zentes, 2001, S. 695ff.).

Explorative Systeme sind im Gegensatz zu den beiden obigen Systemen fragengenerierende Systeme. Dies bedeutet, dass ein Nutzer nicht mit einem vorformulierten Informationsbedarf mit einem solchen System arbeitet, sondern dass er explorativ nach bisher unbekannten Zusammenhängen sucht.

Solche interaktiven, komplexen Analysen, die technisch in Form einer mehrdimensionalen Sicht auf vorhandene Datenbestände realisiert werden, werden als Online Analytical Processing (OLAP) bezeichnet.

OLAP-Technologien erlauben also eine mehrdimensionale Analyse von Daten und somit ein Aufdecken von Zusammenhängen zwischen verschiedenen Variablen. Grafisch gleicht diese Vorgehensweise dem »Durchschneiden« eines Datenraumes und der anschließenden Analyse der sich daraus ergebenden Schichten.

Eine weitere Technologie in diesem Zusammenhang ist die des Data Mining. Data Mining kennzeichnet Technologien, die ein hypothesengestützes oder hypothesenfreies Durchsuchen sequenzieller Datenbestände mit Hilfe statistischer Verfahren, KI-basierter Logik und genetischen Algorithmen beinhaltet, mit dem Ziel, bisher unbekannte Beziehungen zwischen Daten (Datenmuster) aufzudecken.

Sowohl die vergangenheitsorientierten als auch die zukunftsorientierten Informationen sind vielfach nicht nur für den Marketingbereich des Unternehmens relevant, sondern auch für andere Bereiche, z.B. Personal, Beschaffung u.Ä. Daher ist die verstärkte Integration des MAIS zusammen mit anderen Informationsmodulen in ein umfassendes rechnergestütztes betriebliches Informationssystem zu fordern.

Marketinginstrumente [s.a. Marketingpolitik]
Marketinginstrumente kommen auf unterschiedlichen Ebenen des Marketing zum Einsatz. Zu unterscheiden sind (vgl. Zentes, 1989a, Sp. 1396f.):

- die Informationsebene
- die Aktionsebene
- die Managementebene.

Auf der Informationsebene können die (→) *Marktforschung* bzw. die Methoden der (→) *empirischen Sozialforschung* und der (→) *empirischen Wirtschaftsforschung* als ein Instrumentalbündel des Marketing betrachtet werden. Sie liefern die informatorischen Grundlagen zur Gestaltung der Austauschprozesse.

Der Aktionsebene sind die Instrumente zur Gestaltung der Austauschprozesse zuzuordnen. Hierzu zählen die auf die Absatzmärkte sowie die auf die Beschaffungsmärkte gerichteten Instrumente (→ *Beschaffungsmarketing*). In gleicher Weise sind der Aktionsebene die Gestaltungsinstrumente im Rahmen des (→) *Non-Business-Marketing* zuzuordnen.

Marketinginstrumente auf der Managementebene umfassen spezielle Konzepte der Planung, der Organisation, der Führung, der Steuerung und der Kontrolle. Hierzu zählen i.w.S. auch das (→) *Produktmanagement* und das Account-Management (→ *Key-Account-Management*).

In der Literatur wird der Begriff Marketinginstrumente oftmals nur auf die Aktionsebene bezogen und weiter einengend mit den absatzpolitischen Instrumenten gleichgesetzt. Diese können nach unterschiedlichen Kriterien differenziert werden. Eine Gliederungsmöglichkeit ist die Unterscheidung in Instrumente

Übersicht 88: Aktionsinstrumente des Marketing

- der (→) *Produktpolitik*
- der (→) *Preis- und Konditionenpolitik*
- der (→) *Kommunikationspolitik*
- der (→) *Distributionspolitik.*

Die Kombination dieser Instrumentalbereiche wird als (→) *Marketing-Mix* bezeichnet (vgl. Übersicht 88).

Marketinglogistik [s.a. Logistik; Warenwirtschaftssysteme]
Aufgabe der Marketinglogistik als Teil der Logistik insgesamt – auch als Physical Distribution (Physische Distribution) bezeichnet – ist zunächst, entsprechend der Kundennachfrage

- das richtige Produkt
- im richtigen Zustand
- zur richtigen Zeit
- an den richtigen Ort
- zu minimalen Kosten
  auszuliefern (Distributionslogistik).

Neben dieser passiven Marketingfunktion können Instrumente der Marketinglogistik, d.h. Instrumente des Lieferservice (→ *Lieferungspolitik*), auch zur aktiven Absatzmarktgestaltung eingesetzt werden.

Entscheidungen im logistischen System betreffen u.a.:

- Transportwege und Transportmittel
- Art, Anzahl und Standorte der Waren-Bestandsläger oder Waren-Verteilzentren.

Zugleich stellt sich die Frage nach Eigenerstellung (make) oder Fremdbezug (buy) der logistischen Leistungen. So können Hersteller ihre Distributionslogistik an Logistik-Dienstleister ausgliedern, die neben den logistischen Kernaufgaben (Lagerhaltung, Transport) auch warenwirtschaftliche Funktionen (z.B. Disposition, Bestellübermittlung), Merchandising-Funktionen (z.B. Regalpflege, Preisauszeichnung) (→ *Merchandising*), die z.B. durch sog. (→) *Rack Jobber* übernommen werden können, und finanzwirtschaftliche Funktionen (z.B. Fakturierung, Factoring) übernehmen. Eine weitere Form der Ausgliederung stellt die Übertragung der logistischen Aufgaben auf ein rechtlich selbstständiges Unternehmen dar, das von mehreren Herstellerunternehmen gemeinsam betrieben wird (kooperative Distributionslogistik).

Fragen der Marketinglogistik stellen sich in gleicher Weise für Handelsunternehmen, so im Zuge der zunehmenden Prozessorientierung im Handel (vgl. Swoboda/Morschett, 2001b, S. 1ff.). So ermöglichen rechnergestützte Warenwirtschaftssysteme die Optimierung des Bestandsmanagements im Handel bis hin zu (→) *Just-in-Time*-Belieferungskonzepten. Dies bedeutet eine Reduzierung der Bestände in den Verkaufsstellen und damit eine häufigere Belieferung. Die aus Kostengründen erforderliche Bündelung der Herstellerbelieferung übernimmt der Handel in eigenen Zentrallägern (Waren-Bestandslägern) oder in bestandslosen Waren-Verteilzentren (→ *Transit-Terminals*), in denen die von den Herstellern angelieferte Ware auf die beliefernden Verkaufsstellen (z.B. Filialen) aufgeteilt wird. Eine weitere Form der Warenbündelung stellt die Einschaltung von Distributeuren, z.B. im Frischwarenbereich, dar. Diese logistische Konzeption ist dadurch charakterisiert, dass der Distributeur (Broker) die gesamte Anlieferung einer Warengruppe (z.B. Obst und Gemüse) übernimmt. Dabei werden im Lager des Distributeurs, der in der entsprechenden Warengruppe Hauptlieferant ist, auch Produkte anderer Hersteller bzw. Lieferanten gesammelt und von dort auf die einzelnen Verkaufsstellen verteilt.

Neben der Frage der Eigenerstellung oder des Fremdbezugs marketinglogistischer Leistungen, die sich für Hersteller- und Handelsunternehmen stellt, spielt aus gesamtwirtschaftlicher Sicht auch die Frage der logistischen Aufgabenverteilung zwischen Industrie und Handel eine entscheidende Rolle.

In diesem Zusammenhang ist auch die Übernahme der Kommissionieraufgaben von Bedeutung. Der zunehmende Austausch von Abverkaufszahlen zwischen Industrie und Handel ermöglicht auch eine zunehmende Übernahme der filialgenauen Kommissionierung bereits ab Verladerampe der Industrie. In diesem Zusammenhang werden zunehmend Cross Docking-Systeme in den Lägern des Handels in Zusammenhang mit einer verkaufsdatengesteuerten Just-in-Time-Produktion auf Seiten der Hersteller ermöglicht. Bei diesen Systemen werden die Produkte direkt aus der Produktion des Herstellers filialkommissioniert verladen und in den Lägern bzw. Umschlagstationen des Handels nur noch umgeladen und die verschiedenen Herstellerlieferungen zu filialspezifischen Sendungen aggregiert, ohne dass dort noch Kommissioniervorgänge anfallen (vgl. Swoboda/Morschett, 2000, S. 331ff.). Man spricht in diesem Zusammenhang auch von »rollenden Lägern«, da im Idealfall so überhaupt keine stationäre Lagerung der Produkte mehr stattfindet (vgl. Liebmann/Zentes, 2001, S. 645f.).

Auf der Basis des Austausches von Lagerbestands- oder Abverkaufszahlen lassen sich, als weitere Form einer veränderten Aufgabenteilung zwischen Hersteller und Handel, auch herstellergeführte Bestände in den Lägern des Handels erwähnen (Vendor Managed Inventory). Hier entfällt der komplette Bestellvorgang des Handels und der Hersteller liefert auf der Basis der erhaltenen Abverkaufszahlen die Produkte automatisch nach; er hat somit die Bestandsverantwortung für seine Produkte im Lager des Handels (vgl. Zentes/Janz/Morschett, 2000a, S. 51).

Im Zusammenhang mit der Evolution von Betriebstypen (→ *Betriebstypen des Handels*) und einer zunehmenden Convenience-Orientierung von Verbrauchern wird auch die Marketinglogistik vor neue Herausforderungen gestellt. Die Entwicklungen führen zu einer zunehmenden Verbreitung kleinflächiger, Convenience-orientierter Betriebstypen wie Convenienceläden oder Tankstellenshops (→ *Convenience Shopping*), deren Belieferung eine hohe logistische Kompetenz erfordert, auf Grund der hohen Lieferfrequenz in Verbindung mit der Sendungsstruktur, die im Wesentlichen Kleinstmengen umfasst. Auch die Kleinstmengen-Feinverteilung im Zusammenhang mit (→) *Remote Ordering*-Angeboten stellt die Marketinglogistik in diesem Zusammenhang vor große Herausforderungen.

Marketingmanagement [s.a. Management]

Der Begriff Marketingmanagement wird in der absatzwirtschaftlichen Literatur unterschiedlich verwendet. Teilweise wird er synonym für (→) *Marketingpolitik* oder für Marktpolitik gesetzt; oftmals werden nur die absatzmarktorientierten Maßnahmen der Planung (→ *Marketingplanung*), Organisation (→ *Marketingorganisation*), Führung und Kontrolle (→ *Marketing-Controlling*) darunter verstanden.

Marketing-Mix

Die absatzpolitischen Instrumente, über die ein Unternehmen verfügt, um seine marktorientierten Ziele zu erreichen, werden – in unterschiedlichster Form – stets kombiniert eingesetzt.

Als Marketing-Mix bezeichnet man die zieladäquate Kombination der einzelnen absatzpolitischen Instrumente (→ *Marketinginstrumente*), d.h. das zu einem bestimmten Zeitpunkt bzw. für einen bestimmten Zeitraum festgelegte Aktivitätsniveau der absatzpolitischen Instrumente.

Marketing-Modelle

Marketing-Modelle gehören zur Klasse der abstrakt-symbolischen Modelle, die auf einer Symbolisierung des Objektbereiches beruhen. Demgegenüber sind die anschaulich-ikonischen Modelle nicht-linguistische Abbilder.

Die Marketing-Modelle können nach dem Merkmal der Aussagenkategorie gegliedert werden in

- deskriptive Modelle (Beschreibungs- und Erklärungsmodelle) und
- präskriptive Modelle (Entscheidungsmodelle).

Deskriptive Marketing-Modelle versuchen, z.B. die Kaufentscheidungsprozesse in Form von interdependenten Gleichungssystemen abzubilden (→ *Simulationsmodelle*).

Marketing-Entscheidungsmodelle – oftmals in der Literatur mit Marketing-Modellen gleichgesetzt – versuchen, auf der Grundlage der dem Entscheidungsfeld übergeordneten Zielvorstellung unter Berücksichtigung der relevanten Daten aus einer Menge von Aktionsprogrammen das Optimale zu selektieren. Dabei kommen in erster Linie mathematische Optimierungsverfahren zum Einsatz.

Marketingorganisation [s.a. Marketingmanagement]

Die Marketingorganisation hat die Zuordnung von Aufgaben des Marketing zu Aufgabenträgern zum Gegenstand. Grundlegende Anknüpfungspunkte sind dabei jene Kriterien, die für die Strukturierung auf der ersten bzw. zweiten Hierarchiestufe maßgebend sind. Basisorientierungen bzw. Basistypen der Marketingorganisation sind (vgl. Macharzina, 1999, S. 356ff.; Meffert, 2000, S. 1071ff.; Nieschlag/Dichtl/Hörschgen, 1997, S. 992ff.):

1. Funktionsorientierung

Die Funktionsorientierung bedeutet eine Stellen- oder Abteilungsspezialisierung nach Tätigkeitsarten, d.h. gleichartige oder ähnliche Aufgaben (z.B. Marktforschung, Werbung, Produktentwicklung) werden zusammengefasst. Auf der zweiten (bzw.

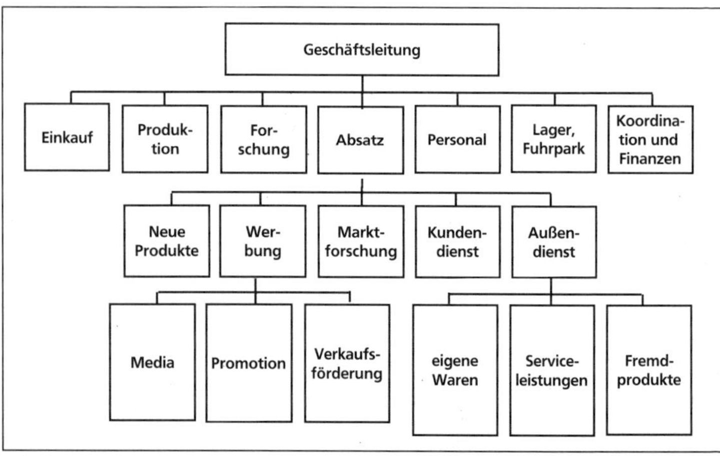

Quelle: Tietz, 1993b, S. 373.

Übersicht 89: Funktionale Marketingorganisation

ersten) Hierarchieebene entstehen so Funktionsbereiche wie Einkauf, Produktion, Absatz, usw. (vgl. Übersicht 89). Eine derartige Aktivitätenbündelung erweist sich dann als vorteilhaft, wenn eine geringe Zahl gleichartiger Abnehmer und eine einheitliches Abnehmergebiet vorhanden sind.

2. *Objektorientierung*
Die Aufgabendefinition erfolgt bei der objektorientierten Marketingorganisation nicht primär nach Tätigkeitsarten, sondern unter Bezug auf relevante Entscheidungsgegenstände (bzw. Gruppen von Entscheidungsgegenständen). Diese Organisationsstrukturen sind dann erforderlich, »... wenn die Unternehmung ein sehr heterogenes Produktprogramm und/oder spezifisch zu behandelnde Kunden(gruppen) bzw. Marktregionen hat und sich einer ausgeprägten Veränderungsdynamik der Marktbedingungen gegenübersieht« (Köhler, 1995b, Sp. 1641).

– *Produktorientierung*
Bei der Produktorientierung bzw. dem (→) *Produktmanagement* erfolgt die Aufgabenspezialisierung im Hinblick auf ein Produkt bzw. eine Marke. Diese Aufgabenspezialisierung kann u.U. zu konkurrierenden Markenstrategien und damit zu »Kannibalisierungseffekten« innerhalb derselben Unternehmung führen. Mittels eines Kategorienmanagements (→ *Category Management*) wird versucht, solchen Ineffizienzen entgegenzutreten.

– *Kundenorientierung*
Während die Produktorientierung der Heterogenität des Leistungsprogramms Rechnung trägt, zielt die Kundenorientierung bzw. das (→) *Key-Account-Management* auf die Verschiedenartigkeit bei den Nachfragen ab.

– *Gebietsorientierung*
Die Gebietsorientierung ist im Wesentlichen für solche Unternehmungen re-

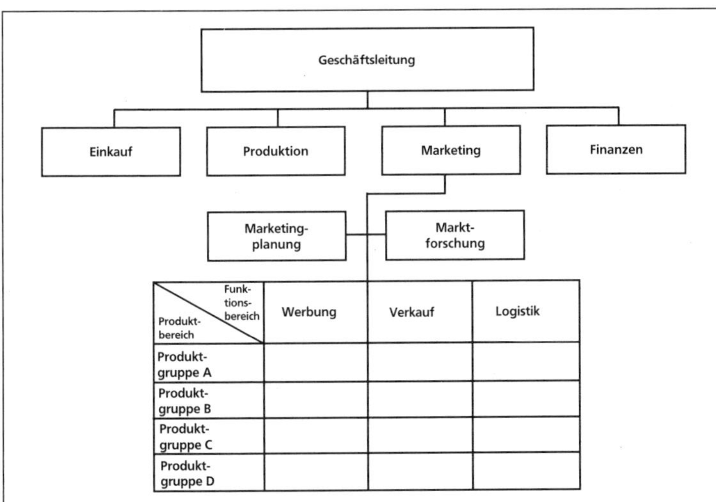

Quelle: Tietz/Zentes, 1980, S. 349.

Übersicht 90: Matrix-Organisation

levant, die über ein großes Absatzgebiet verfügen, welches regional oder länderspezifisch sehr heterogene Marktbedingungen aufweist.

3. Matrix- und Tensor-Organisation
Die Matrixorganisation ist durch eine gleichberechtigte Strukturierung nach zwei Kriterien auf einer Ebene charakterisiert, so nach Funktionen und Produkten, nach Funktionen und Kunden oder nach Funktionen und Gebieten (vgl. Übersicht 90).

Das Matrixprinzip wird wegen seiner organisatorischen Mehrdimensionalität und der damit verbundenen Koordinationsprobleme auch als »Prinzip des institutionalisierten Konfliktes« bezeichnet. Eine Organisation, die gleichzeitig nach mehr als zwei Merkmalen, so nach Funktionen, Kunden und Gebieten, gegliedert ist, bezeichnet man als Tensororganisation.

Marketingplanung [s.a. Marketingmanagement; Strategisches Marketing]
Planung ist nach Wöhe (2000, S. 134) »... die gedankliche Vorwegnahme zukünftigen Handelns durch Abwägen verschiedener Handlungsalternativen und Entscheidung für den günstigsten Weg. Planung bedeutet also das Treffen von Entscheidungen, die in die Zukunft gerichtet sind und durch die der betriebliche Prozessablauf als Ganzes und in allen Teilen festgelegt wird.« Unter dem Begriff Marketingplanung (Absatzplanung) werden die Prozesse subsumiert, die zur Lösung marktbezogener Entscheidungsprobleme eingesetzt werden, wobei sich die Planung eines ausschließlich national tätigen Unternehmens von der eines international tätigen Unternehmens unterscheidet.

Die Marketingplanung ist dementsprechend ein Entscheidungsprozess zur Festlegung des marktbezogenen Verhaltens einer Unternehmung im Sinne der Bestimmung und Durchsetzung der (→) *Marketingpolitik*. In einer marktorientierten Unternehmenspolitik nimmt der Marketingplan oder Absatzplan die Rolle des Leitplans ein, dem sich alle anderen Pläne unterordnen. Dieses Primat des Marketingplans gilt sowohl in der unternehmerischen Grundsatzplanung, d.h. der Festlegung des Unternehmenskonzeptes (Unternehmensphilosophie), als auch in

- der (→) *strategischen Planung*
- der operativen Planung
- der taktischen Planung.

Die strategische Marketingplanung ist langfristig orientiert. Sie bezieht sich beispielsweise auf die Festlegung der (→) *Strategischen Geschäftseinheiten*, Festlegung der zu bearbeitenden Märkte und die Festlegung des Leistungsprogramms eines Unternehmens. Der Planungshorizont beträgt meist fünf bis zehn Jahre, oftmals auch darüber. Die operative Marketingplanung ist mittelfristig orientiert und bezieht sich auf die Teilphasen einer Strategie. Relevante Planungszeitabschnitte sind ein bis fünf Jahre. Die taktische Marketingplanung legt konkrete Aktionsprogramme und Verfahrensregeln für kurzfristige Zeitabschnitte – i.d.R. ein Jahr – fest. Die Aktionsprogramme umfassen sowohl die Festlegung der einzelnen Aktivitäten als auch die Festlegung der Aktivitätsniveaus. Als Beispiel der Festlegung eines instrumentspezifischen Aktivitätsniveaus sei die Planung des Werbebudgets (→ *Werbebudgetierung*) erwähnt.

Marketingpolitik
Als Marketingpolitik wird die Gesamtheit der Aktivitäten eines Unternehmens zur aktiven Gestaltung von Märkten bezeichnet. Dabei lassen sich unterschiedliche Ebenen der marketingpolitischen Aktivitäten (→ *Marketinginstrumente*) unterscheiden, so

- die Informationsebene
- die Aktionsebene
- die Managementebene.

Neben dieser weiten Begriffsfassung steht die enge Abgrenzung der Marketingpolitik als Gesamtheit der Aktivitäten nur auf der Aktionsebene. Marketingpolitik wird dann mit Marktpolitik gleichgesetzt.

Eine weitere Einengung kann hinsichtlich der durch die Marketingpolitik zu bearbeitenden Märkte getroffen werden. Werden nur die Absatzmärkte betrachtet, spricht man von Marketingpolitik im Sinne der Absatzpolitik eines Unternehmens. Synonym wird hierfür häufig auch schon der Begriff (→) *Marketing* verwendet.

Marketingstrategie, globale [s.a. Global Marketing]
Eine globale Marketingstrategie, die auf einer geozentrischen Orientierung der internationalen Unternehmenstätigkeit (→ *EPRG-Konzept*) aufbaut, lässt sich durch folgende Merkmale charakterisieren (vgl. Kreutzer, 1989, S. 28; Wrona, 1999, S. 123ff.):

- Das Denken und Handeln eines Unternehmens geschieht in Weltmarkt-Dimensionen, die Ziele einzelner (→) *Tochtergesellschaften* sind dabei stets im Hinblick auf ihre Vereinbarkeit mit der globalen Zielsetzung zu überprüfen.
- Die Tochtergesellschaften operieren nicht mehr unabhängig auf nationaler Ebene, sondern sind in ein weltweites System der Arbeitsteilung und Spezialisierung einzubinden, um so Synergie- und Kostensenkungspotenziale auszuschöpfen (→ *Netzwerkmodelle*).
- Zur Optimierung der Zielerreichung aller Unternehmenseinheiten wird ein kalkulatorischer Länderausgleich angestrebt. Bei diesem Ausgleich werden in einzelnen Niederlassungen suboptimale Lösungen akzeptiert, soweit dies der Erreichung der globalen Unternehmensziele dient.
- Marketingprogramme werden standardisiert (→ *Standardisierung*), wobei die Erarbeitung von Standardprogrammen in Kooperation zwischen Stammhaus und den Länderniederlassungen erfolgt. Auch eine Prozessstandardisierung, d.h. die Vereinheitlichung der Informations-, Planungs- und Kontrollprozesse kann im Rahmen einer globalen Marketingstrategie zu Vorteilen führen.

Ziel globaler Marketingstrategien ist es, durch Integration aller Unternehmensaktivitäten in ein zusammenhängendes Gesamtsystem die internationale Wettbewerbsfähigkeit zu verbessern (vgl. Meffert, 1989, Sp. 1413). Es ist notwendig, das jeweils optimale Standardisierungsniveau der einzelnen Funktionen zu ermitteln, das bei unterschiedlichen Branchen voneinander abweicht. Die ideale Strategie passt dabei das Niveau der Strategieglobalisierung an das Globalisierungspotenzial der Branche an (vgl. Yip, 1989, S. 34). Nicht zu vernachlässigen ist bei Globalisierungsstrategien die Wechselwirkung von Strategie und Organisation (→ *Marketingorganisation*). Eine effektive Einführung globaler Marketingstrategien erfordert ein hohes Maß an (→) *Koordination* und damit verbunden effiziente Koordinations- und Steuerungsinstrumente.

Marketing-Support-System → *Desision-Support-System*

Marketingziele
Die Ziele des Marketing bzw. der Absatzpolitik werden an den Oberzielen der Unternehmen ausgerichtet. In einer ersten sehr allgemeinen Differenzierung lassen sich ökonomische und außerökonomische Ziele unterscheiden.

Typische ökonomische Zielvariablen sind die absoluten Zielvariablen

- Absatz (X)
- Umsatz (U)
- Gewinn (G)

und die relativen Zielvariablen

- (→) *Marktanteil* (M)
- Rentabilität (R) oder auch
- Return on Investment (ROI).

Hinsichtlich der angestrebten Zielerreichung kann unterschieden werden in:

- Extremwertorientierung
- Maximalwertorientierung
- Minimalwertorientierung
- Anspruchsniveauorientierung (aspiration level)
- Orientierung an vorgegebenen unteren oder oberen Schwellenwerten
- Orientierung an vorgegebenen Intervallen.

Beispiele für maximalwertorientierte Zielvorstellungen sind:

- Absatzmaximierung (x → *Max!*)
- Umsatzmaximierung (U → *Max!*)
- Gewinnmaximierung (G → *Max!*)
- Rentabilitätsmaximierung (R → *Max!*).

Zu den anspruchsniveauorientierten Zielvorstellungen gehören:

- Erreichung einer bestimmten Absatzmenge ($x \geq \bar{x}$)
- Erreichung eines bestimmten Mindestumsatzes ($U \geq \bar{U}$)
- Erreichung eines bestimmten Mindestgewinns ($G \geq \bar{G}$)
- Erreichung eines bestimmten Mindestrentabilität ($R \geq \bar{R}$)
- Erreichung eines bestimmten Intervalls des Marktanteils ($M_u \leq M \leq M_0$).

Neben diesen monovariablen Zielvorstellungen lassen sich auch polyvariable Ziele herausstellen. Beispiele für derartige Zielvorstellungen sind:

- Gewinnmaximierung unter der Nebenbedingung, dass mindestens ein bestimmter Umsatz erzielt wird (G → *Max!* $U \geq \bar{U}$)
- Umsatzmaximierung unter der Nebenbedingung der Kostendeckung (U → *Max!* $G \geq 0$)
- Marktanteilsmaximierung unter der Nebenbedingung der Erreichung eines bestimmten Gewinnintervalls (M → *Max!* $G_u \leq G \leq G_0$).

Typische außerökonomische Ziele sind z.B. das Macht- und Prestigestreben, aber auch der Verzicht auf den Einsatz psychologischer Mittel zur Verhaltensbeeinflussung der Konsumenten.

Neben diesen sehr allgemeinen Zielkategorien können spezielle Marketingziele herausgestellt werden. Hierzu gehören insbesondere die Anpassung an und Beeinflussung von Abnehmern und Konkurrenten auf den Absatzmärkten. Anpassungs- und Beeinflussungsziele können auch als Defensiv- und Aggressivziele bezeichnet werden (vgl. Tietz, 1975, S. 783ff.).

Ein Unternehmen betreibt eine aggressive Absatzpolitik, wenn es versucht, das Marktgeschehen ohne Rücksichtnahme auf die Marktpartner oder Konkurrenten zu beeinflussen; eine defensive Politik liegt vor, wenn nur versucht wird, sich an Aktionen der Konkurrenten und Abnehmer anzupassen.

Zielgesteuerte Verhaltensweisen können gegenüber Marktpartnern, mit denen man in unmittelbarem Kontakt steht, oder gegenüber Marktpartnern, mit denen man nur mittelbar über Dritte Beziehungen hat, wirksam werden (→ *Marketing, vertikales*).

Ziele werden auch hinsichtlich einzelner Instrumente (→ *Marketinginstrumente*) gesetzt. Beispiele für instrumentspezifische Ziele, z.B. Werbeziele sind:

- Steigerung der Bekanntheit des Firmennamens
- Erschließung neuer Kunden.

Beispiele für komplexe Marktzielbündel sind:

- das (→) *Relaunching* der Markenartikelhersteller
- das (→) *Trading-up* der Handelsbetriebe.

Aufgabe der empirischen Zielforschung ist u.a. die Feststellung der Relevanz von herausgestellten Zielkategorien.

Die absatzpolitischen Ziele eines Unternehmens lassen sich nach Unternehmensbereichen, Hierarchieebenen u.Ä. Kriterien »aufbrechen«. Als operationales Beispiel soll hier die Zielvorgabe eines Produktmanagers dienen (→ *Produktmanagement*). Mit Hilfe der Werbung sollte unter anderem folgendes erreicht werden (vgl. Nieschlag/Dichtl/Hörschgen, 1997, S. 579):

- *hoher Bekanntheitsgrad*
  Das für einen speziellen Verwendungszweck konzipierte Produkt sollte am Ende des ersten Jahres 75% aller Hausfrauen bekannt sein.
- *hoher Probiereranteil*
  30% aller Hausfrauen sollten den Artikel im selben Zeitraum erprobt haben.
- *hoher Stammverbraucheranteil*
  Innerhalb derselben Frist sollten 12% aller Hausfrauen zu Stammverbraucherinnen geworden sein.

Markt

Die Wettbewerbstheorie versteht unter Markt den ökonomischen Ort des Zusammentreffens von Angebot und Nachfrage. Insofern kennzeichnet der Markt ein komplexes Gefüge von Beziehungen zwischen Anbietern und Nachfragern, die auch als Marktteilnehmer bezeichnet werden. Die Theorie der Wettbewerbswirtschaft (→ *Marktwirtschaft*) begreift den Markt als einen kybernetischen Selbststeuerungsmechanismus.

In einem konkreten Sinne bezeichnet Markt eine Veranstaltung, in der Kauf und Verkauf abgewickelt werden, z.B. Wochenmarkt, Jahrmarkt. Metaphorisch stehen die Begriffe »grauer Markt« und »schwarzer Markt«. Unter einem grauen Markt versteht man den legalen Absatz von Waren unter Umgehung privatrechtlicher Vereinbarungen, anerkannter Handelsbräuche oder steuerrechtlicher Vorschriften. Einzelne Marktteilnehmer versuchen sich hierdurch Vorteile zu verschaffen. Zu grauen Märkten zählen z.B. Direktverkäufe der Industrie und des Großhandels unter Umgehung üblicher Handelsstufen (→ *Handelskette*), z.B. des Einzelhandels, an Letztverbraucher. Der Letztverbraucher spart dadurch Handelsspannen. Eine weitere Form des grauen Marktes ist der Beziehungskauf. Ein schwarzer Markt ist ein illegaler Markt. Schwarze Märkte entstehen i.d.R. in Notzeiten, so bei Kontingentierung bzw. bei Verbot der Herstellung bzw. des Vertriebs bestimmter Waren. Schwarze Märkte sind meist durch überhöhte Verkaufspreise gekennzeichnet.

Eine Schlüsselfunktion nimmt im (→) *GWB* der relevante Markt ein. Dieses theoretische Konstrukt dient zur Abgrenzung von Marktmacht oder von Wettbewerbsverminderung. Die Abgrenzung des relevanten Marktes ist nach unterschiedlichen Kriterien möglich, so unterscheidet man

- den sachlich relevanten Markt (Abgrenzung nach dem Bedarfsmarktkonzept/Konzept der funktionellen Austauschbarkeit bzw. Substitutionalität der Marktgegenseite)
- den räumlich relevanten Markt (Abgrenzung nach räumlich gegebenen Austauschmöglichkeiten der Marktgegenseite; entspricht i.d.R. dem Geltungsbereich des GWB)
- zeitlich relevanten Markt.

Marktabschöpfungspolitik

Neben der (→) *Marktdurchdringungspolitik* (Penetrations-Politik) ist die Marktabschöpfungspolitik (Skimming-Politik) eine der grundlegenden Preisstrategien bei der Einführung neuer Produkte (→ *Neuprodukteinführung*). Die Marktabschöpfungs- oder Absahnungspolitik ist durch einen relativ hohen Einführungspreis gekennzeichnet. Durch diese Strategie wird das Ziel verfolgt, die (→) *Konsumentenrente* abzuschöpfen. Zunächst wird über einen hohen Preis nur ein kleiner Kreis von potenziellen Käufern angesprochen; nach einer bestimmten Periode wird dann der Preis gesenkt, um weitere Käuferkreise zu gewinnen.

Die Marktabschöpfungspolitik ist dann Teil einer zeitlichen bzw. dynamischen (→) *Preisdifferenzierung*. Der Markt wird nach dem Kriterium Preissensitivität segmentiert und so werden nach und nach unterschiedliche Käuferklassen angesprochen (vgl. Meffert, 2000, S. 566).

Diese Strategie ist vor allem insofern vorteilhaft, als in den ersten Phasen des (→) *Produktlebenszyklus* die Preiselastizität (→ *Elastizität*) häufig niedrig ist. Ein preisunelastisches Verhalten der Konsumenten entsteht speziell bei neuen Produkten, z.B. durch das Fehlen von Vergleichsmaßstäben für Wert und Kosten des Gutes. Je niedriger die Urteilsfähigkeit der Verbraucher ist, desto eher werden hohe Preise als Indikator für Qualität angesehen. Gleichzeitig verfügen gerade die frühen Käufer (→ *Innovator*) i.d.R. über ein höheres Einkommen.

Die Realisierung der Marktabschöpfungspolitik kann bei Vorliegen der folgenden Konstellationen erfolgversprechend sein (vgl. Meffert, 2000, S. 566f.):

- ausreichend hohe Nachfrage nach dem Produkt in der Einführungsphase und geringe Preiselastizität der Nachfrage
- Gefahr der raschen Veralterung der Produkte
- geringe Substituierbarkeit der Produkte
- Möglichkeit der Realisierung hoher Deckungsbeiträge in der Einführungsphase
- begrenzte Produktions-/Vertriebskapazitäten.

Risiken dieser Strategie liegen vor allem im besonderen Anreiz für Konkurrenten, in den Markt einzutreten.

Marktanteil

Als Marktanteil eines Unternehmens bezeichnet man den prozentualen Anteil des Unternehmens am gesamten (→) *Marktvolumen*. Man unterscheidet den wert- und den mengenmäßigen Marktanteil. Der wertmäßige Marktanteil wird wie folgt definiert:

Wertmäßiger Marktanteil = Umsatz des Unternehmens : wertmäßiges Marktvolumen der betrachteten Leistung.

Analog lässt sich ein mengenmäßiger Marktanteil berechnen:

Mengenmäßiger Marktanteil = Absatzmenge des Unternehmens : mengenmäßiges Marktvolumen.

Der Marktanteil gibt Auskunft über die Stellung des Unternehmens auf dem Markt. Hinsichtlich der Stellung gegenüber der Konkurrenz ist der relative Marktanteil besonders aussagefähig (→ *Erfahrungskurve*). Er ergibt sich aus dem Verhältnis des eigenen Marktanteils zu dem des stärksten Konkurrenten.

Die Veränderung des Marktanteils ist ein wichtiger Indikator für die Behauptung des Unternehmens am Markt.

Marktauswahl

Als erster Schritt im Rahmen von marktorientierten (→) *Internationalisierungsstrategien* lässt sich die Auswahl des zu bearbeitenden Marktes nennen. Aus verfahrenstechnischer Sicht lassen sich zwei Vorgehensweisen der Marktauswahl unterscheiden:

- Auswahl mittels Gruppierungsverfahren
- Auswahl mittels Filterverfahren.

Bei den Gruppierungsverfahren werden die einzelnen Ländermärkte zunächst nach Ähnlichkeiten im Hinblick auf die herangezogenen Kriterien gruppiert, um dann »Länderbündel« als Zielmärkte auszuwählen (→ *Marktsegmentierung*). Bei Filterverfahren werden dagegen auf der Basis bestimmter Kriterien sukzessive Länder als Zielmärkte ausgeschieden, bis schließlich nur noch eine »Restgruppe« der zu bearbeitenden Märkte übrig bleibt (vgl. Backhaus/Büschken/Voeth, 2000, S. 118ff.).

Als Beurteilungshilfen für die Bewertung eines Marktes anhand der gewählten Kriterien sind Scoring-Modelle oder die Profilmethode zu nennen. Während bei Scoring-Modellen eine gewichtete Summe der Einzelbewertungen der einzelnen Kriterien errechnet wird und somit eine kompensatorische Beurteilung erfolgt, kann man durch die Darstellung der Einzelergebnisse mit Hilfe der Profilmethode auch zulässige Grenzwerte für die jeweiligen Kriterien mit den jeweiligen Bewertungen vergleichen (vgl. Schneider/Müller, 1989, S. 38ff.).

Geeignete Kriterien zur Bewertung der Märkte können etwa sein (vgl. Schneider/Müller, 1989, S. 46):

- Entwicklungstendenzen der Region und des Landes
- strategische Position im Umfeld anderer Länder
- Marktvolumina
- Importbedingungen
- Konkurrenzsituation und/oder
- Länderrisiken (→ *Länderrisiken, Bewertung von*).

Marktdatenkommunikation → *MADAKOM*

Marktdurchdringungspolitik

Die Marktdurchdringungspolitik (Penetrations-Politik) ist neben der (→) *Marktabschöpfungspolitik* (Skimming-Politik) eine der beiden grundlegenden Preisstrategien bei der Einführung neuer Produkte (→ *Neuprodukteinführung*).

Die Marktdurchdringungspolitik ist durch einen relativ niedrigen Einführungspreis gekennzeichnet, der i.d.R. auch in den nachfolgenden Perioden beibehalten wird (vgl. Meffert, 2000, S. 565).

Als Ziele werden eine möglichst schnelle (→) *Diffusion* und das Erreichen eines hohen (→) *Marktanteils* verfolgt. Bereits bei der Einführung wird ein möglichst großer potenzieller Kundenkreis angesprochen. Durch einen hohen Marktanteil schafft sich das Unternehmen ein langfristiges Erfolgspotenzial; durch den Absatz großer Mengen erzielt das Unternehmen zudem große Rationalisierungs- und Kostensenkungspotenziale. Ein weiterer Vorteil liegt darin, dass den Konkurrenten der Markteintritt erschwert wird, d.h. Markteintrittsbarrieren errichtet werden.

Als Voraussetzung für eine solche Strategie sind zu nennen:

- großes (→) *Marktpotenzial*
- große Produktions- und Distributionskapazitäten
- kein Auftreten von Konflikten zwischen Penetrationspolitik und angestrebtem Produktimage.

Risiken der Marktdurchdringungspolitik liegen in einer evtl. langen Amortisationsdauer von Neuproduktinvestitionen und geringem Preisspielraum nach unten. Weiterhin lassen sich Preissteigerungen in Folgeperioden u.U. schlecht bei den Abnehmern durchsetzen (vgl. Meffert, 2000, S. 565f.).

Markteintritts- und Marktaustrittsbarrieren

Unter dem Begriff der Markteintritts- und Marktaustrittsbarrieren kann eine Vielzahl von Phänomenen subsumiert werden, die es einem Unternehmen erschweren, in einen ausländischen Markt einzutreten, ihn zu bearbeiten bzw. das dortige Engagement wieder zu beenden. Die Markteintrittsstrategien können unterteilt werden in institutionelle Markteintrittsbarrieren und verhaltensbedingte Markteintrittsbarrieren (vgl. Meffert/Bolz, 1998, S. 141).

Als institutionelle Markteintrittsbarrieren sind vor allem die tarifären und die nicht-tarifären Handelshemmnisse zu nennen (→ *Handelshemmnisse*). Auch bestehende Strukturen, z.B. bestehende Distributionskanäle, die in der Hand konkurrierender Hersteller liegen, können diesen Barrieren zugerechnet werden. Ein bekanntes Beispiel sind die (→) *Universalhandelshäuser* in Japan (→ *Sogo Shosha*).

Die verhaltensbedingten Markteintrittsbarrieren ergeben sich nicht aus staatlichen Vorschriften oder bestehenden Einrichtungen, sondern aus dem faktischen Verhalten von Geschäftsleuten oder Verbrauchern auf der Marktseite. Diese Markteintrittsbarrieren beruhen u.a. auf (→) *Wahrnehmungen*, (→) *Präferenzen* und Gewohnheiten. In vielen ausländischen Märkten sind diese verhaltensbedingten wichtiger als die institutionellen Aspekte, so beispielsweise in asiatischen Ländern (vgl. Hilger, 2001, S. 360ff.; Zinzius, 1996, S. 47).

Auch im eigenen Unternehmen können Markteintrittsbarrieren vorhanden sein. Hier sind Unzulänglichkeiten in der Information über ausländische Märkte zu nennen, aber auch psychische Barrieren sowie fehlende Auslandserfahrung, Sprachkenntnisse usw. (vgl. Simon, 1989, Sp. 1446f.).

Zugangsbarrieren, die nicht nur zu ausländischen Märkten, sondern auch hinsichtlich des inländischen Marktes bestehen können, liegen u.a. in folgenden Faktoren begründet (vgl. Porter, 1999a, S. 37ff.):

- *Betriebsgrößenersparnisse* (Economies of Scale): Sind in der Branche wesentliche Betriebsgrößenersparnisse zu erzielen, dann haben bereits bestehende Wettbewerber einen Wettbewerbsvorteil, da potenzielle neue Konkurrenten entweder höhere Kosten in Kauf nehmen müssen oder sofort mit sehr hohen Ausbringungsmengen arbeiten müssen, was ihr Eintrittsrisiko erhöht.
- *Produktdifferenzierung:* Wenn auf Grund von Produktdifferenzierung bereits etablierte Anbieter eine hohe Käuferloyalität aufgebaut haben, wird der Markteintritt für neue Konkurrenten erschwert (→ *Differenzierung*).
- *Kapitalbedarf:* Je höher der Kapitalbedarf für (→) *Forschung und Entwicklung*, für Produktionsanlagen usw. ist, desto höher ist die Eintrittsbarriere in den Markt.
- *Umstellungskosten:* Müssen die Abnehmer eines Produktes hohe Kosten aufwenden, wenn sie auf die Systeme neuer Anbieter umstellen, z.B. durch technische Umstellungen oder Mitarbeiterschulungen, erschwert dies ebenfalls das Auftreten neuer Anbieter.
- *Zugang zu den Vertriebskanälen:* Da häufig etablierte Anbieter bereits durch die vorhandenen Vertriebskanäle ihre Waren anbieten, müssen neue Anbieter zuerst sicherstellen, dass sie ebenfalls Vertriebskanäle aufbauen oder ihre Waren durch die vorhandenen, vertreiben können. Je begrenzter die Groß- und Einzelhandelskanäle für ein Produkt sind, und je mehr diese Kanäle an etablierte Wettbewerber gebunden sind, desto schwieriger wird der Eintritt.
- *Größenunabhängige Kostennachteile:* Auch der Besitz von bestimmten Technologien, der Zugang zu Ressourcen, die Besetzung der günstigen Standorte und

das Voranschreiten auf der (→) *Erfahrungskurve* durch die etablierten Anbieter können den Eintritt neuer Wettbewerber erschweren.

- *Erwartete Vergeltung:* Die Erwartungen des potenziellen neuen Konkurrenten im Hinblick auf die Reaktion der bestehenden Wettbewerber können ebenfalls den Markteintritt beeinflussen. Erwartet dieser eine heftige, aggressive Reaktion der bestehenden Unternehmen, wird dies die Wahrscheinlichkeit eines Markteintritts reduzieren.

Neben den Markteintrittsbarrieren sind oftmals auch Hindernisse vor einem Marktaustritt zu überwinden. Im weitesten Sinne könnte man diese jedoch auch den Markteintrittsbarrieren zurechnen, da ein erschwerter Marktrückzug natürlich auch ein erhöhtes Risiko beim Markteintritt darstellt. Als Marktaustrittsbarriere ist beispielsweise der Imageverlust des Unternehmens zu nennen, der sich über den verlassenen (ausländischen) Markt hinaus ausdehnen und dabei sowohl andere Märkte als auch andere Produkte des Unternehmens betreffen kann. Weiterhin können bei einigen (→) *Markteintrittsstrategien* auch das kapitalmäßige Engagement sowie arbeitsrechtliche Verpflichtungen einen Rückzug vom Markt erschweren (→ *Joint Venture; Tochtergesellschaften*).

Markteintritts- und Marktaustrittsbarrieren haben einen wesentlichen Einfluss auf die Rentabilität einer Branche. Nach Porter (1999a, S. 56) lassen sich grundlegende Situationen unterscheiden, wobei die Höhe der Erträge von der Höhe der Markteintrittsbarrieren abhängt, die Sicherheit der Erträge von der Möglichkeit für erfolglose Konkurrenten, aus dem Markt auszuscheiden (vgl. Übersicht 91).

Andererseits kann man durch die Wahl einer passenden Markteintrittsstrategie auch den Einfluss von Markteintritts- und -austrittsbarrieren verringern. Aus diesem Grund sind bestehende Marktbarrieren we-

Eintrittsbarrieren \ Austrittsbarrieren	niedrig	hoch
niedrig	**Niedrige, stabile Erträge**	**Niedrige, unsichere Erträge**
hoch	**Hohe, stabile Erträge**	**Hohe, unsichere Erträge**

Quelle: Porter, 1999a, S. 56.

Übersicht 91: Markteintritts- und Marktaustrittsbarrieren und Rentabilität

sentliche Bestimmungsfaktoren bei der Wahl von optimalen Markteintrittsstrategien.

Markteintrittskosten

Der Eintritt eines Unternehmens in einen neuen Markt verursacht vielfältige Kosten. So entstehen bereits durch den Prozess der (→) *Marktauswahl* Kosten. Zur Festlegung der geeigneten (→) *Internationalisierungsstrategie* sind vielfältige (→) *Außenhandelsinformationen* einzuholen, die in der Regel ebenfalls nicht kostenlos zu beschaffen sind. Die Höhe der Markteintrittskosten hängt in hohem Maße von der gewählten (→) *Markteintrittsstrategie* ab. Die höchsten Kosten entstehen dabei bei Markteintrittsstrategien mit Kapitaltransfer, z.B. der Gründung von (→) *Tochtergesellschaften* und (→) *Joint Ventures*. Aber auch bei Strategien ohne Kapitaltransfer entstehen neben den oben erwähnten Kosten weitere für Vertragsgestaltung und -durchsetzung usw.

Ebenfalls Einfluss auf die Höhe der Markteintrittskosten haben Markteintrittsbarrieren (→ *Markteintritts- und Marktaustrittsbarrieren*). Diese können in tarifäre und nicht-tarifäre Barrieren unterteilt werden (→ *Handelshemmnisse*). Tarifäre Handelshemmnisse führen direkt zu Kosten. Aber auch bestehende nicht-tarifäre Markteintrittsbarrieren erfordern häufig einen hohen finanziellen Aufwand zu ihrer Überwindung. So müssen notwendige Einfuhrformalitäten erfüllt werden, Produkte entsprechend des jeweils nationalen Rechts gekennzeichnet werden, eventuell Anpassungen der Produkte vorgenommen werden, um technische Normen und Standards einzuhalten usw. (vgl. Quambusch, 1989, Sp. 788). Erhöhte Kosten der Marktbearbeitung im Ausland können ebenfalls als Folge von verhaltensbedingten Markteintrittsbarrieren bestehen. Vorbehalte gegenüber ausländischen Produkten bzw. Bevorzugung inländischer Lieferanten (→ *Country-of-Origin-Effekt*) erfordern unter Umständen einen intensiveren Einsatz der (→) *Marketinginstrumente* einschließlich der damit verbundenen Kosten (vgl. Simon, 1989, Sp. 1445).

Markteintrittsstrategien [s.a. Transaktionsformen]

Eine der Kernfragen des strategischen (→) *Internationalen Marketing* ist die Form der Markterschließung. Sie schließt sich an die (→) *Marktauswahl* an.

Dabei lassen sich die möglichen Markteintrittsstrategien einteilen in solche mit Wertschöpfungsschwerpunkt im Inland, nämlich den (→) *Export*, und solche mit Wertschöpfungsschwerpunkt im Ausland. Letztere kann man weiter differenzieren in Strategien mit oder ohne Kapitaltransfer (vgl. Zentes, 1993a, S. 67) (vgl. Übersicht 92).

Die Wahl der optimalen Markteintrittsstrategie wird von einer Vielzahl von Faktoren beeinflusst, die Root (1994, S. 8ff.) in sechs Kategorien einteilt:

1. Einflussfaktoren des Zielmarktes
2. Umweltfaktoren des Ziellandes
3. Produktionsfaktoren des Ziellandes
4. Einflüsse des Heimatlandes
5. Produkteinflüsse
6. Ressourcen des Unternehmens und die Bereitschaft diese einzusetzen.

Diese Kriterien lassen sich beispielsweise in einem Scoring-Modell zusammenführen (vgl. Perlitz, 2000, S. 185ff.). Bei der Wahl der optimalen Markteintrittsstrategie kann man auch eine Matrix mit den Dimensionen Marktattraktivität und Marktbarrieren zu Grunde legen (→ *Länderportfolio*). Hier kann aus der Position eines Ländermarktes auf die geeignete Form der Markterschließung geschlossen werden (vgl. Übersicht 93).

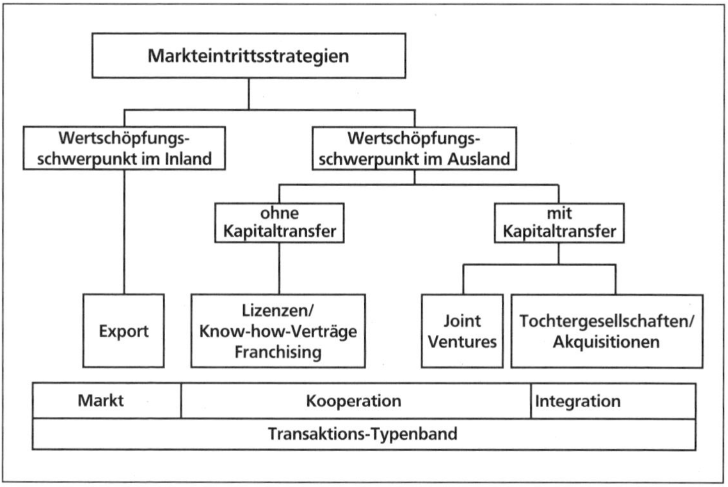

Quelle: Zentes, 1993a, S. 67.

Übersicht 92: Markteintrittsstrategien im Internationalen Marketing

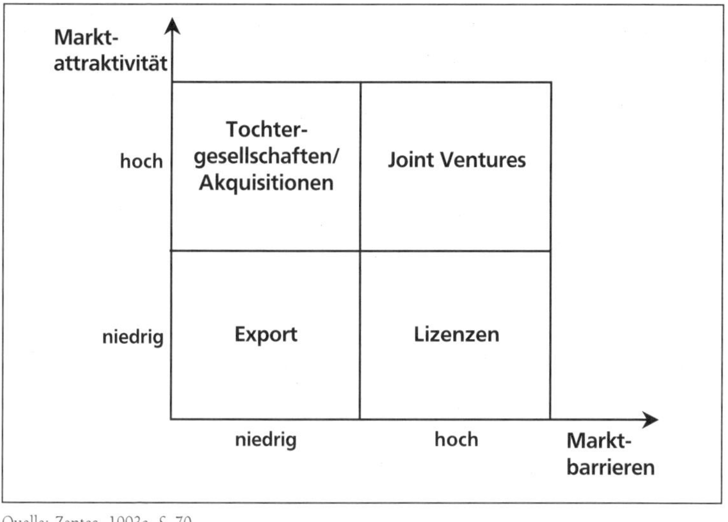

Quelle: Zentes, 1993a, S. 70.

Übersicht 93: Markttypen und Internationalisierungsformen

So kann bei einer hohen Marktattraktivität und gleichzeitig niedrigen Marktbarrieren eine integrative Strategie genutzt werden. Bei hohen Marktbarrieren sind kooperative Strategien zu empfehlen, die bei hoher Marktattraktivität eher als bei niedriger Marktattraktivität mit einem eigenen Kapitalengagement verbunden werden können. Ist eine niedrige Marktattraktivität mit niedrigen Marktbarrieren kombiniert, kann eine Exportstrategie, also eine Strategie, die auch die Möglichkeit des Marktaustritts eher offen hält, sinnvoll sein (vgl. Zentes, 1993a, S. 69f.). Oftmals kann man bei der Wahl der Markteintrittsstrategie eine Strategiesequenz feststellen.

Markteintrittszeitpunkt → *Timing*

Marktformen

Die einfachste formale Abbildung von (→) *Marktstrukturen* besteht in der Systematisierung nach dem Merkmal Zahl der Marktpartner. Zusätzlich wird bei dieser Form der Darstellung zwischen vollkommenen und unvollkommenen Märkten unterschieden.

Ein vollkommener Markt liegt vor, wenn die folgenden Prämissen erfüllt sind:

- die Prämisse der (→) *Markttransparenz*
- die Prämisse der Homogenität (sachliche Indifferenz, persönliche Indifferenz, räumliche Indifferenz, zeitliche Indifferenz)
- die Prämisse der Zeitlosigkeit (unendlich schnelle Reaktionsgeschwindigkeit)
- die Prämisse der fehlenden Behinderung der Marktgeschehnisse durch Eingriffe von außen, z.B. Eingriffe der (→) *Binnenhandelspolitik* und der Wirtschaftspolitik
- die Prämisse des streng rationalen Verhaltens der Anbieter (Gewinnmaximierungshypothese) und der Nachfrager (Nutzenmaximierungshypothese).

Ist eine dieser Bedingungen verletzt, so liegt ein unvollkommener Markt vor.

Die Gegenüberstellung der Anbieter- und Nachfragerstruktur führt zu dem morphologischen Marktformenschema. Als Beispiel sei das Marktformenschema von Möller (1962) erwähnt. In der Übersicht 94 kennzeichnet »a« den Fall vollkommener, »b« den Fall unvollkommener Märkte.

Nachfrage	Angebot		
	atomistisch (viele)	oligopolistisch (wenige)	monopolistisch (einer)
atomistisch (viele)	a) freie Konkurrenz b) polypolistische Konkurrenz	Angebots-Oligopol Angebots-Oligopoloid	Angebotsmonopol Angebots-Monopoloid
oligopolistisch (wenige)	a) Nachfrage-Oligopol b) Nachfrage-Oligopoloid	bilaterales Oligopol bilaterales Oligopo-loid	beschränktes Angebots-Monopol beschränktes Angebots-Monopoloid
monopolistisch (einer)	a) Nachfrage-Monopol b) Nachfrage-Monopoloid	beschränktes Nachfrage-Monopol beschränktes Nachfrage-Monopoloid	bilaterales Monopol bilaterales Monopoloid

Übersicht 94: Marktformenschema

Marktforschung [s.a. Marketingforschung]
Marktforschung ist nach Hammann/Erichson (2000, S. 30) » ... eine systematische, empirische Untersuchungstätigkeit mit dem Zweck der Informationsgewinnung oder -verbesserung über objektiv bzw. subjektiv bedingte Markttatbestände und -phänomene als Grundlage beschaffungs- und absatzpolitischer Entscheidungen.«

Es existieren vielfältige Formen und Abgrenzungen der Marktforschung. Auf Behrens (1966) geht die klassische Unterscheidung in demoskopische und ökoskopische Marktforschung zurück. Die demoskopische Marktforschung ist subjektbezogen; die ökoskopische Marktforschung sach- oder objektbezogen. Zur demoskopischen Marktforschung zählen die Erforschung der Handlungssubjekte sowie ihrer Gegebenheiten. Untersuchungsmerkmale sind z.B. Alter, Geschlecht, Beruf, aber auch (→) *Einstellungen* und Meinungen der Marktteilnehmer. Während sich die demoskopische Marktforschung auf Subjekte bzw. deren Merkmale bezieht, ist die ökoskopische Marktforschung auf Objekte und deren Zusammenhänge ausgerichtet. So gehören die Erforschung der Umsätze und Preise der Güter, der Struktur der Anbieter und Nachfrager zur ökoskopischen Marktforschung.

Die demoskopische Marktforschung ist somit eine Disziplin der (→) *empirischen Sozialforschung*, die ökoskopische Marktforschung eine Disziplin der (→) *empirischen Wirtschaftsforschung*.

Während sich die demoskopische Marktforschung schwerpunktmäßig der Methoden der (→) *Primärforschung*, (→) *Beobachtung* und (→) *Befragung* bedient, wird die ökoskopische Marktforschung schwerpunktmäßig als Sekundärforschung durchgeführt.

Die Primärforschung hat sich in den letzten Jahren sowohl durch methodische als auch durch technologische Entwicklungen (→ *Informationstechnologie*) verändert. So wurden verbale Methoden, insbesondere die Befragung, ergänzt um nonverbale Methoden (vgl. Kroeber-Riel, 1983b, S. 277f.), die innerhalb und außerhalb sozialwissenschaftlicher Labore angewandt werden können. Aber auch verbale Methoden wurden weiterentwickelt, z.B. durch computergestützte Erhebungsverfahren, und mit nonverbalen Methoden verknüpft, so im Rahmen automatischer Antwortzeit- oder Reaktionszeitmessung. Die Verbindung neuerer methodischer und technologischer Konzepte bietet Ansatzpunkte, sowohl Umfang und Intensität der probandenspezifischen Messungen als auch die Anzahl der einbezogenen Probanden (Stichprobe) zu vergrößern und damit die Repräsentativität der Messungen hinsichtlich der Person und der Population zu erhöhen (vgl. Müller, 1986, S. 387). Innovative Ansätze in der Sekundärforschung sind in erster Linie auf technologische Entwicklungen wie externe Datenbanksysteme (→ *Datenbanken*) zurückzuführen.

Darüber hinaus werden an die Marktforschung auch inhaltlich veränderte Anforderungen gestellt. »Der Marktforscher steht auf der Grenze des Unternehmens, sein Blick ist diagnostisch auf die Gesellschaft gerichtet, er muss gesellschaftliche Fragen in seine Überlegungen einbeziehen, darf nicht eng produktverhaftet arbeiten. Die Orientierung der Marktforschung muss langfristiger werden, dass aus produktbezogener Marktforschung soziale Marktforschung wird« (Noelle-Neumann, o. J., S. 12). In diesem Sinne wird auch von strategisch-orientierter Marktforschung gesprochen (vgl. Hüttner, 1986; Muchna, 1984).

Für Unternehmen werden die Aufgaben der Marktforschung entweder von eigenen Marktforschungsabteilungen oder von externen Marktforschungsinstituten übernommen.

Ferner erfolgt der Einsatz der Marktforschung zur empirischen Stützung gerichtlicher Entscheidungen. Diese forensische Marktforschung hat das Ziel, rechtssprachliche Begriffe in messbare ökonomische bzw. verhaltenswissenschaftliche Kategorien zu transformieren. Als Beispiel für derartige theoretische Konstrukte im Kartellrecht (→ *GWB*) sei der so genannte »relevante Markt« erwähnt. Die empirische Stützung forensischer Entscheidungen auf dem Gebiet des Wettbewerbsrechts (Gesetz gegen den unlauteren Wettbewerb (→ *UWG*), Warenzeichengesetz u.Ä.) dient u.a. der Klärung von Fragen des gewerblichen Rechtsschutzes, z.B. der (→) *Irreführung* maßgeblicher Verkehrskreise. Empirische Untersuchungen zur Stützung forensischer Entscheidungen werden auch durchgeführt zur Feststellung der Verkehrssitte nach § 157 BGB und des Handelsbrauchs nach § 346 HGB. In der gegenwärtigen Praxis der empirischen Beweisführung in Wettbewerbsprozessen dominiert das demoskopische Gutachten. Demoskopische Gutachten werden nach der Zivilprozessordnung (§ 402 ZPO) als Beweismittel zugelassen; sie werden als Sachverständigenbeweis eingestuft. Bei der Auskunftserteilung handelt es sich um ein Sachverständigengutachten, das der Leiter des Instituts anhand der erarbeiteten Feststellungen abgibt.

Marktlücke → *Marktnische*

Marktnische [s.a. Positionierung]

Die Marktnische ist ein Begriff des feldtheoretischen Konzeptes (→ *Feldtheorie*) von Spiegel (1961). Eine Marktnische liegt vor, wenn durch die vorhandenen Produkte ein bestimmter Teilmarkt nicht ausgeschöpft wird.

Spiegel unterscheidet zwischen manifesten und latenten Marktnischen. Eine latente Marktnische ist gegeben, wenn die auf dem Markt vorhandenen Produkte nicht den Idealvorstellungen der Konsumenten entsprechen, diese aber dennoch die auf dem Markt vorhandenen Produkte kaufen. Diese Konsumenten würden auf ein neues Produkt umschwenken, wenn es den Idealvorstellungen besser entspräche als die vorhandenen Produkte. Eine manifeste Marktnische liegt vor, wenn die Konsumenten keines der vorhandenen Produkte kaufen, da aus ihrer Sicht keines zur Bedürfnisbefriedigung geeignet ist. Eine manifeste Marktnische bzw. Marktlücke bietet die besten Chancen für ein neues Produkt.

Ein Produkt, das den Idealvorstellungen des betrachteten Segments entspricht, wird auf geringe Marktwiderstände treffen, da ein entsprechendes Bedürfnis besteht, aber noch kein adäquates Angebot und somit auch keine wesentliche Konkurrenz. Der Anbieter eines solchen Produktes kann – zumindest kurzfristig – als Monopolist agieren.

Dabei bietet es sich insbesondere für kleinere Unternehmen an, Marktnischen zu besetzen, da sie ihre (begrenzten) finanziellen und personellen Ressourcen auf ein spezielles Segment konzentrieren können (vgl. Nieschlag/Dichtl/Hörschgen, 1997, S. 83).

Marktordnung

Marktordnungen sind ein Instrument der nationalen und supranationalen Wettbewerbs- und Wirtschaftspolitik. Sie stellen ein System von Maßnahmen dar, um Märkte für bestimmte Waren zu regeln. Hierzu zählen die Beeinflussung des Handelsverkehrs und Interventionen auf dem Binnenmarkt (→ *Binnenhandelspolitik*).

Große Bedeutung haben die Marktordnungen für Agrarprodukte in der Europäischen Union. Durch die Agrarmarktordnungen soll ein Ausgleich von Angebot und Nachfrage bei angemessenen Preisen für Erzeuger und Verbraucher erreicht werden. Grundsätzlich werden vier Formen von Marktordnungen unterschieden (vgl. aid, 1997, S. 26):

- *Außenschutz und obligatorischer Binnenschutz*: Die EU kauft die Erzeugnisse zum Interventionspreis (= garantierter Mindestpreis) auf, sofern die Produkte nicht mehr zum Mindestpreis auf dem freien Markt absetzbar sind, so dass eine volle Preis- und Absatzgarantie gegeben ist (z.B. Getreide).
- *Außenschutz und fakultativer Binnenschutz*: Preis- und Absatzgarantien sind zeitlich und/oder mengenmäßig begrenzt (z.B. Milch, Rindfleisch).
- *Außenschutz ohne Binnenschutz*: keine interne Marktpreisstützung der EU-Erzeugnisse (z.B. Schweinefleisch, Eier, Geflügel).
- *Weder Außenschutz noch Binnenschutz*: Zur Sicherung der Wettbewerbsfähigkeit gegenüber Anbietern des Weltmarktes werden direkte Erzeugerbeihilfen gewährt (z.B. Ölsaaten, Eiweißpflanzen).

Marktorganisation

Nach dem Kriterium der Regelung von Tauschbeziehungen wird zwischen organisierten und nicht organisierten Märkten unterschieden. Das Ziel organisierter Märkte besteht darin, sich den Bedingungen eines vollkommenen Marktes (→ *Marktformen*) anzunähern, in dem sich Angebot und Nachfrage zu einem bestimmten Zeitpunkt frei einpendeln können.

Organisiert wird ein Markt durch (→) *Hilfsbetriebe der Absatzwirtschaft* wie Warenbörsen, Wertpapierbörsen (→ *Börse*) und (→) *Auktionen*. Auch die so genannten unorganisierten Märkte verfügen über bestimmte Regelungen, da im Rahmen der rechtlichen Begrenzungen und auf Grund von Usancen gehandelt wird.

Marktpotenzial [s.a. Absatzpotenzial]

Das Marktpotenzial (MP) gibt an, wie viele Einheiten eines Produktes insgesamt abgesetzt werden könnten, wenn alle potenziellen Kunden über die erforderlichen Mittel (→ *Kaufkraft*) verfügten und ein Kaufbedürfnis bestünde. Es zeigt die absolute Aufnahmefähigkeit des Marktes, d.h. seine Sättigungsgrenze (vgl. Meffert, 2000, S. 171). Daher wird das Marktpotenzial als Orientierungsgröße für die Bestimmung des (→) *Marktvolumens* (MV) herangezogen. Durch Ermittlung des Marktsättigungsgrades (MV/ MP x 100) kann abgeschätzt werden, ob Wachstumschancen des Marktes gegeben sind. Das Marktpotenzial kann nur unter optimalen Bedingungen der Marktentwicklung voll realisiert werden.

Da das MP eine fiktive, nicht beobachtbare Größe ist, werden zu seiner Ermittlung oftmals (→) *Indikatoren* wie Kaufkraft und Bevölkerungszahl herangezogen. Je nach Produktart werden verschiedene Verfahren zur Bestimmung des MP verwendet.

In der Konsumgütermarktforschung lassen sich bei Verbrauchsgütern etwa die (→) *Querschnittsanalyse* und die Methode des internationalen Vergleichs anwenden. Die Querschnittsanalyse ermittelt zunächst die Verbrauchsmengen pro Kopf in den verschiedenen Einkommensklassen und bestimmt dann das MP unter der Annahme, dass alle Haushalte über das Einkommen der höchsten Einkommensklasse verfügten.

Bei der Methode des internationalen Vergleichs wird das Bruttosozialprodukt (BSP) verschiedener Länder verglichen unter der Annahme eines analogen Verlaufs von BSP und der Verbrauchsmenge eines bestimmten Produktes. Der Grundgedanke ist dabei, dass die Entwicklung im eigenen Land mit einem Time-lag der Entwicklung in einem höher entwickelten Land mit einem bereits höheren BSP folgt.

Bei langfristigen Gebrauchsgütern ist der Markt gesättigt, wenn der denkbare

Höchstbestand an einem Produkt in jedem Haushalt erreicht ist. Bei diesen Gütern muss zusätzlich der Ersatzbedarf unter Beachtung der durchschnittlichen Lebensdauer berechnet werden (vgl. Hill/Rieser, 1993, S. 116).

Bei Investitionsgütern wird das Marktpotenzial bestimmt durch die generelle Wirtschaftsentwicklung, die technologische Entwicklung, durch die Potenziale nachgelagerter Wirtschaftszweige und durch die Struktur des Außenhandels. Als Verfahren bietet sich z.B. die »Census Method« an, wonach das MP durch Addition der individuellen Potenziale aller möglichen Abnehmer abgeleitet wird. Dabei werden die einzelnen Abnehmer gebeten, ihren potenziellen Bedarf zu schätzen. Die »Market Survey Method« beruht auf einer Stichprobe (→ *Stichprobenverfahren*). Es wird eine Kennzahl ermittelt, die den Zusammenhang von Verkäufen in einer Abnehmergruppe und einer statistischen Größe herstellt. Diese Kennzahl wird dann auf alle potenziellen Abnehmer übertragen (vgl. Cox, 1979, S. 157ff.).

Marktsättigungsphase → *Produktlebenszyklus*

Marktsegmentierung

Nach dem Konzept der Marktsegmentierung (Absatzsegmentierung, Market Segmentation) sollen die Kunden bzw. Abnehmer nach unterschiedlichen Kriterien gruppiert werden, um bessere Anpassungen unternehmerischer Entscheidungen an diese Kundenschichten bzw. Kundensegmente zu ermöglichen (vgl. Kotler/Bliemel, 2001, S. 416ff.).

Die Marktsegmentierung bildet somit die Voraussetzung für eine Strategie der differenzierten Zielgruppenansprache (→ *Differenzierung*) (vgl. Althans, 1989, Sp. 1469ff.; Freter, 1983).

Ziel ist es, Segmente ausfindig zu machen, die in sich möglichst homogen sind (z.B. hinsichtlich der Wirkung des Einsatzes absatzpolitischer Aktivitäten), im Vergleich zu anderen Segmenten hingegen möglichst heterogen reagieren (Intra-Homogenität und Inter-Heterogenität). Ergeben sich bei grenzüberschreitenden Marktaktivitäten ähnliche oder gleiche Segmente in mehreren Ländern, so bietet dies die Möglichkeit eines länderübergreifenden einheitlichen Auftretens (→ *Standardisierung*).

Voraussetzungen der Marktsegmentierung sind u.a.:

- Der Gesamtmarkt muss identifizierbar und definierbar sein.
- Es müssen Kriterien existieren, welche die Zerlegung eines Marktes nach bestimmten Gesichtspunkten (Disaggregation) oder den Aufbau eines Teilmarktes erlauben.
- Die verwendeten Messkriterien müssen vergleichbar, zeitlich stabil sein sowie einen Bezug zur Marktbearbeitung aufweisen.
- Es muss möglich sein, die einzelnen Teilmärkte mit differenziertem Instrumentaleinsatz (wirtschaftlich) zu bearbeiten.

Die Marktsegmentierung erfolgt im internationalen Kontext oftmals in zwei Stufen:

- In der ersten Stufe wird mit Hilfe länderspezifischer Merkmale eine Aufteilung des Weltmarktes in Länder-Cluster (→ *Ländertypologie*) vorgenommen; hierdurch wird der Marktauswahlprozess (→ *Marktauswahl*) vereinfacht. Gebräuchlichste Kriterien der Ländergruppenbildung sind das Jahres-Pro-Kopf-Einkommen, politische Merkmale (politische Risikoklassen) und Kombinationen von sozio-kulturellen und sozio-ökonomischen Merkmalen. Man spricht hier von der internationalen Marktsegmentierung.

- In der zweiten Stufe erfolgt dann die Aufteilung der Abnehmer in den einzelnen Ländern in Abnehmergruppen (Abnehmersegmentierung). Diese kann auf der Basis demografischer (z.B. Geschlecht, Alter, Beruf usw.), sozio-ökonomischer (z.B. Einkommen, Konsumbudgets usw.) oder psychographischer (z.B. Einstellungen, Persönlichkeits- und Verhaltensmerkmale) Merkmale erfolgen. Diese Form der Abnehmersegmentierung bezeichnet man als intranationale Marktsegmentierung.

Neben dieser zweistufigen Marktsegmentierung, die der Identifikation der Gruppen von Ländermärkten dient, und der intranationalen Marktsegmentierung, mit der innerhalb der einzelnen Länder in sich homogene Abnehmergruppen ermittelt werden sollen, kann die integrale Marktsegmentierung herausgestellt werden. Bei diesem Konzept wird ein zweistufiger Prozess umgangen. Unter Verzicht auf eine länderspezifische Segmentierung werden weltweit die Abnehmer nach verschiedenen Merkmalen klassifiziert, um so länderübergreifende Marktsegmente (Cross-Country-Segmentierung) zu identifizieren (vgl. Meffert/ Bolz, 1998, S. 116).

Marktseitenverhältnisse [s.a. Marktformen]
Die Lehre von den Marktseitenverhältnissen (vgl. Theisen, 1970, S. 38ff.) geht davon aus, dass die (→) *Marktpolitik* von der Art der Betrachtungsweise der Nachfrager durch die Anbieter oder der Anbieter durch die Nachfrager beeinflusst wird. Theisen unterscheidet:

- *die kollektive Betrachtung der Nachfrager durch die Anbieter* (vgl. Übersicht 95). Die einzelnen Anbieter betrachten in diesem Fall die Menge der Nachfrager, nicht die einzelnen Nachfrager.
- *die kollektive Betrachtung der Anbieter durch die Nachfrager* (vgl. Übersicht 96):

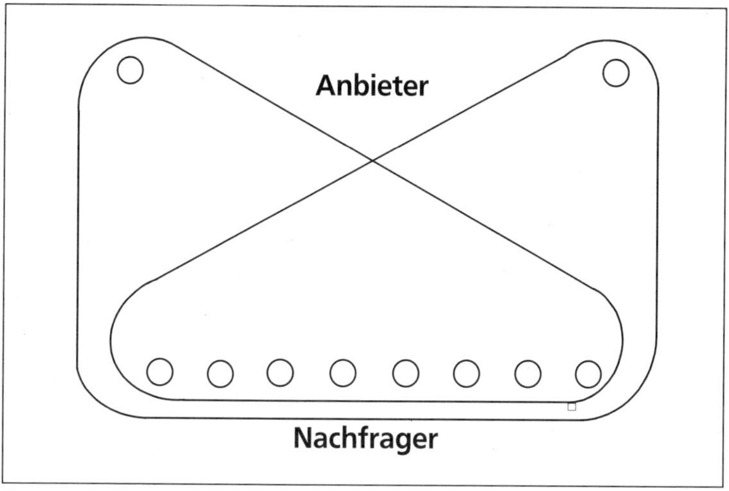

Übersicht 95

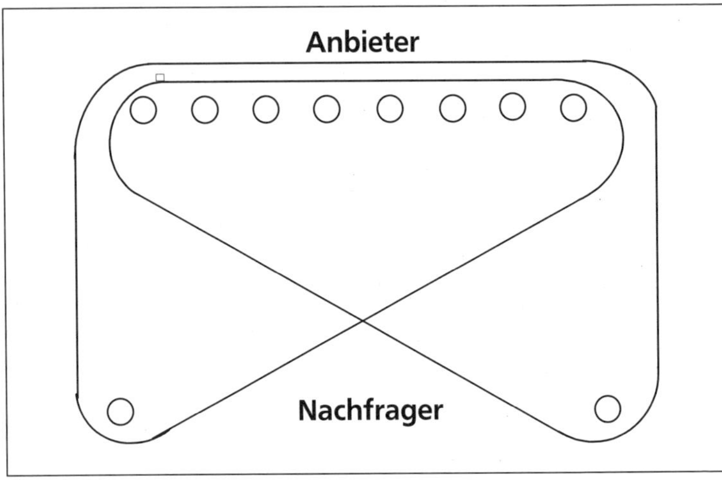

Übersicht 96

Hier betrachten einzelne Nachfrager die Gesamtheit der Anbieter, nicht den einzelnen Anbieter.

– *die gegenseitig singuläre Betrachtung der Marktpartner* (vgl. Übersicht 97):

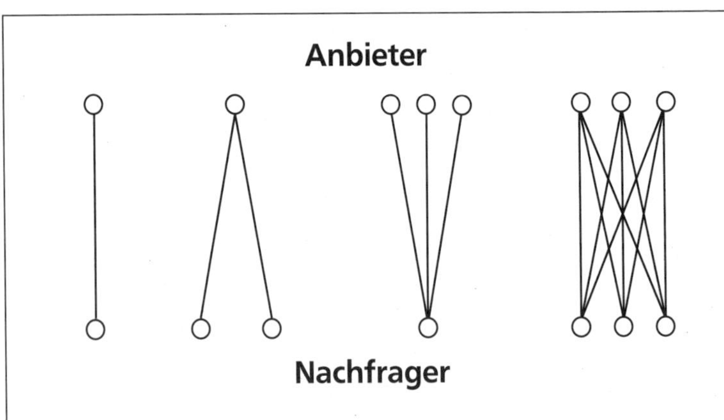

Übersicht 97

Diese Marktsituation führt zu Verhandlungen zwischen den Marktpartnern.

Marktselektion → *Marktauswahl; Marktsegmentierung*

Marktstruktur
Märkte sind durch Struktur- und Wirkungskomponenten gekennzeichnet (→ *Marktwirkung*). Die Struktur eines Marktes entsteht durch das Gefüge der Anbieter und Nachfrager. Die Vielfalt der bestehenden Märkte kann nach unterschiedlichen Kriterien differenziert werden (vgl. Tietz, 1993b, S. 110ff.), z.B. nach

- der Zahl der Anbieter (→ *Marktformen*)
- den Reaktionsweisen der Marktpartner (→ *Triffin'scher Koeffizient*)
- dem Verhalten der Marktpartner (→ *Marktverhaltensweisen*)
- der Art der (→) *Marktseitenverhältnisse*.

Neben diesen klassischen Differenzierungen stehen die Gliederungen nach

- güterbezogenen Merkmalen (z.B. Dienstleistungsmärkte, Investitionsgütermärkte, Konsumgütermärkte)
- räumlichen Merkmalen (z.B. lokaler Markt, regionaler Markt, nationaler Markt, internationaler Markt)
- abnehmerbezogenen Merkmalen.

Marktstufen [s.a. Marketing, vertikales]
Die absatzpolitischen Aktivitäten eines Anbieters können auf seine direkten Abnehmer und gegebenenfalls auch auf seine indirekten Abnehmer ausgerichtet sein. So kann ein Markenartikelproduzent seine Absatzpolitik auf den (→) *Einzelhandel* konzentrieren, ohne sich um die Konsumenten zu kümmern. In diesem Fall liegt aus der Sicht des Herstellers eine einstufige Marktbearbeitung vor.

Andererseits kann ein Hersteller z.B. Instrumente des persönlichen Verkaufs, der Preis- und Konditionenpolitik auf den Einzelhandel und Instrumente der Werbepolitik unmittelbar auf Konsumenten ausrichten. In diesem Fall liegt eine mehrstufige Marktbearbeitung vor. Die Absatzpolitik kann somit nach der Zahl der berücksichtigten Marktstufen differenziert werden.

Die Marktstufe (→ *Handelskette*) eines Unternehmens beschreibt gleichzeitig seine Einordnung in der Versorgungskette und determiniert somit zum Teil seine Transaktionsbeziehungen bzw. Transaktionspartner im vorwärtsorientierten wie im rückwärtigen Bereich.

Markttest [s.a. Panelerhebung]
Der Markttest ist eine weit entwickelte und häufig angewendete Form des Feldexperiments (→ *Experiment*).

Es handelt sich dabei um den probeweisen Verkauf von Produkten in einem begrenzten Markt unter Einsatz bestimmter Marketinginstrumente. Dabei wird das Ziel verfolgt, allgemeine Erfahrungen über die Akzeptanz des Produktes bzw. über die Wirksamkeit einzelner (→) *Marketinginstrumente* zu gewinnen. Der Markttest kann in den kontrollierten Markttest (Store-Test) und den Gebietstest unterschieden werden.

Der kontrollierte Markttest ist ein Feldexperiment unter kontrollierten Bedingungen. Der Store-Test vollzieht sich in einem verkleinerten (→) *Testmarkt*, d.h. er ist auf eine kleine Anzahl von repräsentativen Geschäften beschränkt. Alle Variablen, außer der zu überprüfenden, werden soweit wie möglich konstant gehalten. Zur besseren Kontrolle der experimentellen Faktoren werden die Geschäfte nach dem Zufallsprinzip in Experiment- und Kontrollgruppen aufgeteilt.

Die Vorteile dieses Verfahrens liegen in den geringen Kosten gegenüber dem Gebietstest sowie in der Möglichkeit, Partialtests durchzuführen; d.h. es können verschiedene Varianten der Produktkonzeption und/oder einzelner Komponenten getestet werden (vgl. Nieschlag/Dichtl/Hörschgen, 1997, S. 839f.). Der Store-Test stellt so die Verbindung zwischen (→) *Produkttest* und Gebietstest dar.

Der Gebietstest ist das realitätsnaheste Verfahren zur Überprüfung der Marktchancen eines Produktes. Es handelt sich um die Simulation der Produkteinführung auf einem regional abgegrenzten Markt. Da kein Kontrollmarkt existiert, kann man nur mit gewissen Einschränkungen von einem Experiment sprechen.

Es wird stets eine gesamte Marketing-Strategie getestet; Partialtests bzw. das Testen alternativer Produktkonzeptionen sind nicht möglich. Dieses kostenintensive Verfahren wird insbesondere zur Risikominderung bei Produkteinführungen (→ *Neuprodukteinführung*) eingesetzt.

Bei der Durchführung von Gebietstests entstehen folgende Probleme:

- Problem der Repräsentanz bei der Auswahl des Testmarktes
- Abgrenzbarkeit der Testmärkte
- Kooperationsbereitschaft des Handels
- Bestimmung der Dauer des Markttests.

Gefahren bestehen in einer möglichen Übertestung von häufig herangezogenen Testmärkten und darin, dass die Konkurrenz den Test durch eigene Marketingaktivitäten stört bzw. der Markteinführung durch eine Imitation zuvorkommt.

Zur Reduzierung der immensen Kosten umfassender Gebietstests werden auch Tests auf so genannten Mini-Testmärkten durchgeführt. Ihre (→) *Validität* ist jedoch sehr zweifelhaft (vgl. Nieschlag/Dichtl/Hörschgen, 1997, S. 841). Aus Zeit- und Kostengründen werden zunehmend auch (→) *Testmarktsimulationen* durchgeführt.

Markttransparenz [s.a. Informationsökonomie]

Markttransparenz charakterisiert den Grad des marktrelevanten Wissens von Anbietern und Nachfragern. Vollkommene Markttransparenz (oftmals mit Markttransparenz gleichgesetzt) liegt vor, wenn die Anbieter und die Nachfrager über alle Markt- und Austauschbedingungen vollständig informiert sind.

Die vollkommene Markttransparenz ist eine zentrale Prämisse des Modells vom »vollkommenen Markt« in der mikroökonomischen Preistheorie (→ *Marktformen*). Danach ist die rational handelnde Modellfigur des »homo oeconomicus« über alle Handlungsmöglichkeiten und deren Auswirkungen auf seine Ziele vollständig informiert.

Da in realen Märkten nie vollkommene Markttransparenz gegeben ist, versuchen Anbieter durch Methoden der (→) *Marktforschung* ihr Wissen über Märkte, Mitanbieter und Nachfrager zu erweitern. Gleichermaßen sind Nachfrager beim Kauf bestimmter Güter informationsaktiv (→ *Informationsverhalten*), um Kaufalternativen zu generieren oder gegeneinander (hinsichtlich bestimmter Ziele) abzuwägen. Letztlich beruht (→) *Wettbewerb* in einem Markt gerade auf fehlender und nicht auf vollkommener Markttransparenz.

Marktverhaltensweisen [s.a. Marktformen]

Die Betrachtung des Marktes nach Verhaltensweisen der Marktpartner geht auf Frisch und Schneider zurück (vgl. Tietz, 1993b, S. 114). Sie gehen davon aus, dass die Daten der Absatzpolitik in der Regel nicht bekannt sind. Ebenfalls wird angenommen, dass weder die Reaktion der Nachfrager noch die der Konkurrenten bekannt sind. Dieses fehlende Wissen wird durch bestimmte Erwartungen auf Seiten des Unternehmens kompensiert. Unterschieden werden zwei Marktformen mit den dazugehörigen Verhaltensweisen des Unternehmens:

- Ein Unternehmen rechnet damit, dass sein Absatz nur von den eigenen preispolitischen Maßnahmen und dem Verhalten der Käufer abhängt, nicht dagegen vom Verhalten der Konkurrenten (monopolistische Verhaltensweise).
- Ein Unternehmen glaubt, dass neben den eigenen preispolitischen Maßnahmen und dem Verhalten der Konsumenten auch das Verhalten der Konkurrenten einen Einfluss auf die absetzbaren Mengen hat (konkurrenzgebundene Verhaltensweise).

Die konkurrenzgebundenen Verhaltensweisen gliedert Schneider weiter in polypolistische und oligopolistische Verhaltensweisen. Bei der polypolistischen Verhaltensweise rechnet der Unternehmer zwar mit einem Einfluss der Konkurrenten auf seine Absatzmenge, aber er rechnet nicht mit Rückwirkungen der Konkurrenten auf seine eigenen Maßnahmen. Bei einem oligopolistischen Verhalten rechnet der Unternehmer mit diesen Rückwirkungen.

Marktvolumen

Das Marktvolumen kennzeichnet die tatsächliche Absatzmenge einer Branche. Es handelt sich um den Teil des (→) *Marktpotenzials*, den die gesamte Branche realisiert hat.

Marktwirkung

Als Marktwirkung bezeichnet man Veränderungen der Marktgegebenheiten, die durch bestimmte Einflussgrößen ausgelöst werden. Marktwirkungen sind insofern als Gesetzmäßigkeiten zu verstehen.

Von zentraler Bedeutung sind die instrumentellen Marktwirkungen. Sie beruhen auf dem Einsatz von Aktions- bzw. Instrumentalvariablen (→ *Marketinginstrumente*) durch Unternehmen. Z.B. führt die preispolitische Maßnahme eines Anbieters häufig zu einer Reaktion der Konkurrenten. Die formale Abbildung solcher instrumentellen Marktwirkungen erfolgt durch Marktwirkungsfunktionen (→ *Response-Funktionen*).

Die instrumentellen Marktwirkungen lassen sich nach unterschiedlichen Kriterien gliedern, so nach

- der Instrumentalart (Preiswirkungen, Werbewirkungen)
- der Wirkungsrichtung (Konkurrentenwirkungen, Abnehmerwirkungen, Umweltwirkungen).

Zu den instrumentellen Marktwirkungen zählen auch die sachlichen Wirkungsübertragungen (→ *Spill-over-Effekt*) und die zeitlichen Wirkungsübertragungen (→ *Carry-over-Effekt*) sowie die zeitlichen Verzögerungseffekte (Time-lag).

Marktwirkungsfunktionen → *Response-Funktionen*

Marktwirtschaft

Die Marktwirtschaft ist eine Form der Wirtschaftsordnung; sie beruht auf dem Ordnungsprinzip des (→) *Wettbewerbs*.

Dem Koordinationsprinzip der Marktwirtschaft ist das soziale Postulat der bestmöglichen Bedürfnisbefriedigung inhärent. Darüber hinaus schließt das ordnungspolitische Konzept der sozialen Marktwirtschaft institutionelle soziale Sicherungen ein. Hierzu gehören u.a. die Überwachung von Oligopolen, die Verhinderung von Machtmissbrauch (→ *GWB*).

Massenkommunikation

Unter Massenkommunikation versteht man nach Maletzke (1972, S. 9) eine Kommunikation, deren Aussagen öffentlich durch technische Verbreitungsmittel (Massenmedien) bei räumlicher und/oder zeitlicher Distanz der Kommunikationspartner (→ *Distanz*) einseitig an ein disperses (voneinander getrenntes, zerstreutes) Publikum vermittelt werden. Im Unterschied zur direkten persönlichen Kommunikation (→ *Face-to-Face-Kommunikation*) liegt keine begrenzte, personell definierte Empfängerschaft vor; der Empfängerkreis ist durch eine geringe Homogenität gekennzeichnet. Die Kontaktfrequenz und Kontaktintensität sind gegenüber der Face-to-Face-Kommunikation gering, wobei die Distanz zwischen Sender und Empfänger groß ist und i.d.R. keine Rückkopplungen zwischen beiden möglich sind (Ein-Weg-Kommunikation). Durch die Entwicklungen der Neuen Medien (→ *Multi-Media*) werden bei bestimmten neuen Massenkommunikationsmitteln Rückkopplungen möglich.

Die Wirkung der Massenkommunikation ist umstritten, es wird i.A. angenommen, dass die persönliche Kommunikation wirkungsvoller ist als die Massenkommunikation.

Matching → *Experiment; Kurssicherung; Randomisierung*

M-Commerce → *E-Commerce; Remote Ordering*

MDS → *Multidimensionale Skalierung*

Mediaplanung [s.a. Werbebudgetierung]
Aufgabe der Mediaplanung ist die Verteilung eines gegebenen Werbebudgets auf (→) *Werbeträger* nach sachlichen, räumlichen und zeitlichen Gesichtspunkten. Ergebnis der Mediaplanung ist der Streuplan. Als Werbeträger im Rahmen der Mediaplanung kommen u.a. Zeitungen, Zeitschriften, Fernsehen, (→) *Internet*, Kino, Radio, Außenwerbung, Direktwerbung oder Adressbücher in Frage.

Ziel der Mediaplanung ist es, die Werbewirkung des Budgets zu maximieren. Folgende Entscheidungen sind dazu zu treffen (vgl. Meffert, 2000, S. 811ff.):

- Intermediaselektion (Wahl zwischen verschiedenen Werbemedien)
- Intramediaselektion (Auswahl innerhalb einer Kategorie von Werbeträgern)
- Gewichtung der Medien im Media-Mix und
- die zeitliche und geografische Verteilungskonzeption.

Für diese Entscheidungen ist eine Reihe von Einflussfaktoren zu prüfen. Dazu zählen die Medienverfügbarkeit, die Medienkompatibilität, das Mediennutzungsverhalten sowie die Mediakosten und die Reichweite von Medien. Dabei ist die Reichweite die bedeutendste Kontaktzahl. Sie gibt die Zahl der Personen an, die Kontakt mit einem Werbeträger haben und bildet eine wichtige quantitative Grundlage der Mediaplanung.

Insbesondere im internationalen Zusammenhang ergeben sich spezifische Problemstellungen. So muss ein für internationale Kommunikationskampagnen eingesetztes Medium möglichst hohe Reichweiten aufweisen, um das Erreichen länderübergreifender Zielgruppen sicherzustellen. Allerdings ist die Chance des Einsatzes eines einzigen internationalen Basismediums gering einzuschätzen, so dass die Medienauswahl ein tendenziell geringes Standardisierungspotenzial (→ *Standardisierung*) aufweist (vgl. Berndt/Fantapié Altobelli/Sander, 1997, S. 292ff.). Bezüglich des Mediennutzungsverhaltens der unterschiedlichen Zielgruppen kommt es darauf an, für internationale Kommunikationskampagnen jene Medien auszusuchen, die sich durch eine länderübergreifende Glaubwürdigkeit und damit einen hohen Stellenwert als Informationsquelle auszeichnen.

Die Verfahren der Mediaplanung werden auch als Mediaselektionsmodelle bezeichnet und lassen sich in drei Gruppen aufteilen:

- Die Rangreihenverfahren haben zum Ziel, eine Rangfolge der alternativen Werbeträger zu bilden. Dabei geht man von Leistungswerten der Werbeträger, z.B. von Reichweiten, aus, die dann in Beziehung zu den entsprechenden Kosten gesetzt werden. Man erhält so Wirtschaftlichkeitswerte, nach denen die Werbeträger in eine Rangfolge gebracht werden können. Ein typisches Beispiel ist die Berechnung von Tausenderpreisen.
- Die Evaluierungsverfahren wenden für die Bewertung vorgegebener Streupläne Zielkriterien wie die Reichweite oder die Kontaktstruktur an. Als Ergebnis der Evaluierung erhält man eine Reihe von Leistungswerten, die dann die Grundlage der eigentlichen Entscheidung sind.
- Zu den Optimierungsverfahren zählen alle Verfahren bei denen – ausgehend von einem Ausgangsplan – dieser schrittweise verbessert wird, bis eine Annäherung an ein Optimum erreicht ist (Näherungsverfahren) sowie die Verfahren auf der Basis der mathematischen Programmierung (z.B. lineare, binäre, dynamische Programmierung).

Der enorme Dateninput, den diese Verfahren erfordern, setzt den Einsatz von Computern voraus. Die Evaluierungsmodelle bzw. die Modelle zur Streuplanerstellung werden unter rechentechnischen Aspekten daher auch als computerisierte Werbemodelle bezeichnet.

Während sich in der Vergangenheit der Einsatz von Computern ausschließlich auf die Verarbeitung dieser Daten im Stapelbetrieb beschränkte, gewinnt der Einsatz von Computern im Dialog- oder Online-Betrieb zunehmende Bedeutung. Die Mediaplaner können die Streupläne direkt erstellen. So können die aus statistisch-ökonometrischen Analysen abgeleiteten (→) *Werbewirkungsfunktionen* ergänzt oder modifiziert werden. Dadurch lassen sich subjektive Schätzungen und Erfahrungen der Mediaplaner unmittelbar mit objektiven Daten verknüpfen. Darüber hinaus können die Mediaplaner jederzeit in den Bewertungs- oder Optimierungsprozess eingreifen, um Parametervariationen vorzunehmen oder den Prozess abzubrechen (→ *Decision-Support-System*).

Mediaselektionsmodelle → *Mediaplanung*

Medienverhalten [s.a. Informationsverhalten]

Das Medienverhalten von Konsumenten stellt eine wesentliche Bestimmungsgröße der (→) *Werbewirkung* dar. Man versteht darunter im Wesentlichen ein auf die Massenmedien bezogenes Informationsverhalten.

Diese Medien haben unterschiedliche Funktionen. So dienen z.B. Zeitschriften insbesondere der Unterhaltung sowie der Information bezüglich breiter oder spezieller Themen. (Tages-) Zeitungen bieten Informationen zu breiten, allgemeinen Themenbereichen und lokale Detailinformationen. Das Fernsehen fungiert als Allroundmedium durch Unterhaltung und Information für breite Bevölkerungsschichten (vgl. Meffert, 2000, S. 812).

Zur Messung des Medienverhaltens kann die Reichweitenanalyse herangezogen werden.

Mehrpersonenentscheidung → *Gruppenentscheidung*

Mehrthemenbefragung → *Omnibusbefragung*

Meinungsforschung [s.a. Empirische Sozialforschung; Marktforschung]

Gegenstand der Meinungsforschung ist die Ermittlung und Analyse von Meinungen von Personen hinsichtlich ökonomischer, politischer, kultureller und sonstiger Themen. Meinungsforschung wird oftmals eingeengt auf die Ermittlung des politischen Meinungsbildes. Dieser Teilbereich der Meinungsforschung wird als Demoskopie bezeichnet. Es dominiert die Methode (→) *Befragung*.

Meinungsführer

Meinungsführer (Opinion Leader) sind Mitglieder einer (→) *sozialen Gruppe*, die für den Meinungsbildungsprozess eine besondere Stellung einnehmen (vgl. Kroeber-Riel/Weinberg, 1999, S. 506ff.; Böcker, 1996, S. 67ff.). Im Sinne der Theorie der zweistufigen Kommunikation (→ *Kommunikation*) treten sie als aktiver Teil der Bevölkerung auf, der aus den Massenmedien Informationen aufgreift und diese in persönlichen Gesprächen (→ *Face-to-Face-Kommunikation*) weiterverbreitet. Neben einer Art Relaisfunktion (Übermittlung von Informationen) erfüllen die Meinungsführer dabei auch eine Verstärkerfunktion mittels ihrer Autorität und Glaubwürdigkeit in der Gruppe. Da sie häufig identisch sind mit den (→) *Innovatoren* einer Gruppe, kommt ihnen aus der Sicht des Marketing, z.B. bei der Einführung neuer Produkte (→ *Neuprodukteinführung; Diffusion*) besondere Bedeutung zu.

Die Meinungsführer unterscheiden sich nicht markant hinsichtlich sozioökonomischer Merkmale von anderen Konsumenten. Innerhalb ihrer Bezugsgruppe aber kommt ihnen eine gewisse Schlüsselstellung zu. Dies kommt auch darin zum Ausdruck, dass sie gesellig und besonders stark sozial integriert sind, z.B. als Mitglied in Vereinen.

Sie interessieren sich zunächst besonders stark für den Meinungsgegenstand und suchen aktiv und geplant nach Informationen. Dabei neigen sie weniger zu anbieterorientierten als vielmehr zu technisch-neutralen Informationen (Testzeitschriften, Ausstellungen). Darüber hinaus sind Meinungsführer durch eine relativ hohe Innovationsfreudigkeit und Risikobereitschaft gekennzeichnet.

Auf Grund der fehlenden typischen allgemeinen Persönlichkeitsmerkmale wird das Kommunikationsverhalten auch bei der Messung der Meinungsführerschaft als Indikator herangezogen (→ *Soziometrie*). Als Alternative zu diesen Verfahren kann die Selbsteinschätzung durch (→) *Befragung* herangezogen werden.

Die Meinungsführerschaft ist als graduelles Phänomen zu betrachten. Je nach Umfang des persönlichen Einflusses spricht man von einer mehr oder weniger ausgeprägten Meinungsführerschaft. Die Kompetenz eines Meinungsführers ist zunächst nicht durchgängig auf dem Markt. Sie bezieht sich eher auf einige Produkt- oder weitergehend auf Funktionsbereiche (Mode, Kosmetik). Durch die Überschneidung von Meinungsführerschaften für verschiedene Funktionsbereiche kann es allerdings zur Kompetenzgeneralisierung kommen; die wahrgenommene Kompetenz eines Meinungsführers wird dann verallgemeinert und auf größere Sachbereiche übertragen. Letztlich kann es so zu genereller Meinungsführerschaft kommen.

Mengenpolitik [s.a. Absatzinstrumente]

Als Mengenpolitik wird die Fixierung der Absatzmenge bezeichnet; Mengenpolitik wird meist durch die Festlegung von Verpackungseinheiten betrieben. Zu unterscheiden sind der festgelegte Absatz von

- Mengen gleicher Waren (»Multipackeinheiten«)
- Mengen unterschiedlicher Waren (»Gebinde«)

- Höchstmengen (»Liefermengenbeschränkung«)
- Mindestmengen.

Merchandising

Der Begriff Merchandising wird sehr unterschiedlich verwendet. Teilweise gilt er als Synonym für (→) *Marketinglogistik*. In einer anderen Abgrenzung versteht man darunter die Gesamtheit der abverkaufsfördernden Maßnahmen im Handel. In enger Abgrenzung bezeichnet Merchandising die Tätigkeit der Merchandiser von Markenartikelherstellern, deren Aufgaben die Warenplatzierung, d.h. das Auspacken der Ware, das Einräumen der Ware im Regal, und die Preisauszeichnungen sind. Diese Tätigkeiten werden auch als Regalpflege bezeichnet. In diesem Zusammenhang sind auch die so genannte (→) *Rack Jobber* von Relevanz, deren Servicepalette oft noch weitreichender ist.

Mercosur

Mercosur (Mercado Común en el America del Sur) ist ein (→) *Integrationsabkommen* zwischen Argentinien, Brasilien, Uruguay und Paraguay, das die Schaffung eines »Gemeinsamen Marktes des Südens« mit rund 200 Millionen Verbrauchern vorsieht. Er konstituierte sich durch Unterzeichnung des Vertrages von Asunción vom 26. März 1991. Der Markt umfasst derzeit zwölf Millionen Quadratkilometer oder ca. 58 % der Fläche Lateinamerikas, ein Bruttoinlandprodukt von ca. 735,3 Mrd. Dollar, ein Exportvolumen von ca. 55 Mrd. Dollar und ein Importvolumen von ca. 45 Mrd. Dollar. Zwischenzeitlich sind auch die Länder Bolivien und Chile assoziierte Partner (→ *Assoziierungsabkommen*). Fernziel ist eine völlige Handelsliberalisierung. Bis Ende 2001 soll der gemeinsame Außenzoll für 95 % der Waren vereinheitlicht werden. Ausgenommen bleiben die von Paraguay und Uruguay benötigten Investitionsgüter sowie IT-Güter. Probleme entstehen durch die Existenz einer Reihe von Sonderregelungen, die es einzelnen Ländern für bestimmte Sektoren gestatten, Waren zu niedrigeren Zöllen (im Vergleich mit den ursprünglichen Zöllen) zu importieren. Ein weiterer wichtiger Schritt sind die Freihandelsabkommen jeweils mit der Andengemeinschaft und mit Mexiko, wobei jedoch mit langen Verhandlungsrunden zu rechnen ist.

Dennoch kann nach zehn Jahren festgestellt werden, dass der Handel zwischen den Partnerländern um das 15-fache und die Importe um ein fünffaches angestiegen sind. Bisher ist es den Mercosur-Ländern jedoch nicht gelungen, ihre Wettbewerbsfähigkeit in dem Maße nach außen zu verstärken, wie es das Ziel war. Als großer Verdienst des Mercosur wird die politische Stabilität in den Partnerländern angesehen. So wurden in einem Protokoll, das von allen sechs Ländern unterschrieben wurde, demokratische Institutionen als unentbehrlich für die Entwicklung des Integrationsprozesses bezeichnet.

Mergers and Acquisitions [s.a. Wachstumsstrategien]

Unternehmen haben unterschiedliche Möglichkeiten, Ressourcen zu erwerben und/oder zu wachsen. Die Möglichkeit des Zusammengehens mit (einem) anderen Unternehmen im Rahmen von Mergers & Akquisitions (M&A) heißt zugleich die Frage zu beantworten, ob die verfolgten Unternehmenszwecke besser aus eigener Kraft oder durch den Erwerb der Fähigkeiten anderer Unternehmen erreicht werden sollen.

Mergers, man spricht auch von Verschmelzungen oder Fusionen, führen dabei zur Auflösung der rechtlichen Selbstständigkeit mindestens eines der beteiligten Unternehmen. Der Begriff Acquisitions (→ *Akquisition*) beinhaltet prinzipiell jede Form von Beteiligungen eines Unternehmens an einem anderen; oftmals wird er auf die vollständige Übernahme eingeengt. Im Gegensatz zu Mergers verliert bei Acquisitions nicht zwingend eines der beteiligten Unternehmen seine rechtliche Selbstständigkeit (vgl. Macharzina, 1999, S. 530).

Die Entscheidung für M&A wird immer dann gefällt werden, wenn der Weg über das externe Wachstum

- schneller, kostengünstiger und/oder risikoärmer zum Ziel führt
- wenn die Ressourcen/Leistungen intern nicht erzeugt werden können, oder es keinen freien Markt dafür gibt
- wenn hinsichtlich Gewinn, Umsatz und/oder Marktanteil aus Synergiegründen mehr erreichbar ist als im Alleingang
- wenn Eintrittsbarrieren (→ *Markteintritts- und Marktaustrittsbarrieren*) eines regionalen Marktes nur über eine Akquisition (mit oder ohne Fusion) überwunden werden können (vgl. Kutschker, 1989, Sp. 3f.) (→ *Tochtergesellschaften*).

Zu unterscheiden ist zwischen horizontalen, vertikalen und konglomeraten M&A. Von horizontalen M&A ist zu sprechen, wenn sich Unternehmen derselben Branche und gleicher Wirtschaftsstufe zusammenschließen. Ein vertikaler Unternehmenszusammenschluss liegt vor, wenn sich Unternehmen aufeinanderfolgender Wertschöpfungsstufen miteinander verbinden. Als konglomerate oder nicht verbundene Zusammenschlüsse sind jene Formen zu bezeichnen, bei denen die eine Verknüpfung eingehenden Unternehmen in keinerlei leistungswirtschaftlicher Verbindung miteinander stehen (vgl. Macharzina, 1999, S. 531). Weiterhin kann man bei M&A unterscheiden nach freundlichen und feindlichen Übernahmen (→ *Übernahme- und Abwehrstrategien*).

Message-Effekt → *Kommunikationseffekte*

Messe [s.a. Ausstellung]
Die Messe ist eine überbetriebliche, periodisch innerhalb eines Jahres oder mehrerer Jahre i.d.R. am selben Ort wiederkehrende Marktveranstaltung. Im Gegensatz zum (→) *Trade Mart* ist die Messe zeitlich begrenzt (vgl. Jahrmann, 1998, S. 260).

Aussteller eines Wirtschaftszweiges (Fachmesse) oder mehrerer Wirtschaftszweige (Universalmesse) präsentieren ihre Waren in Form von ausgestellten Mustern. Als Aussteller treten Hersteller, Großhändler und Handelsvertreter auf, die ihre Waren an Gewerbetreibende zum gewerblichen Gebrauch oder Verbrauch oder zur gewerblichen Wiederveräußerung verkaufen. Der Besuch einer Messe durch Letztverbraucher an allen Tagen ist zulässig, jedoch muss sichergestellt sein, dass ein Verkauf an diese zeitlich eingeschränkt ist (vgl. Strothmann, 1995, Sp. 1889). Diese Verkaufsrestriktion gegenüber Letztverbrauchern ist ein wesentliches Unterscheidungskriterium der Messe gegenüber der Ausstellung, bei der ein uneingeschränkter Verkauf an Wiederverkäufer und Letztverwender stattfindet (vgl. Jahrmann, 1998, S. 260).

Als Ziele der Aussteller sind zu nennen:

- Information der Kunden über das Leistungsangebot
- mittelbare Verkaufsgespräche sowie Einholung von Aufträgen
- Konkurrenzanalyse
- allgemeiner Erfahrungsaustausch mit Interessenten, Kunden, Vertretern
- Repräsentation und Profilierung des Unternehmens im Markt.

Aus der Sicht der Messebesucher sind zu erwähnen:

- Information und generelle Orientierung über den Markt und über (→) *Innovationen*

- Kommunikation mit Fachleuten und Geschäftspartnern sowie Anbahnung neuer geschäftlicher Kontakte
- Auftragserteilung.

Der Geschäftsverlauf auf Messen und Ausstellungen ist ein wichtiger Indikator der wirtschaftlichen Entwicklung.

Messen [s.a. Reliabilität; Validität]
Unter Messen versteht man in der (→) *empirischen Sozialforschung* die Zuordnung von Ziffern oder Symbolen zu Eigenschaften der Messgegenstände (Objekte, Ereignisse, Zustände) nach bestimmten Regeln, so dass die Ziffern oder Symbole untereinander die gleiche Beziehung aufweisen wie die Eigenschaften der Messgegenstände. Die Messverfahren führen zu einer Menge geordneter Paare {(x, y)}; dabei kennzeichnet x ein Objekt und y ein Symbol bzw. eine Ziffer.

Häufig können nicht die Eigenschaften der Objekte, sondern nur (→) *Indikatoren* der Eigenschaften gemessen werden, so bei (nicht beobachtbaren) psychischen Eigenschaften von Personen. Zur Messung werden in der empirischen Sozialforschung Skalen eingesetzt (→ *Skalenniveau*).

Messtechniken, apparative

Die Entwicklungen in der Mikroelektronik, der Lasertechnik und der Sensortechnik ermöglichen neuartige Messtechniken, z.B. nonverbale Methoden in der Marktforschung (→ *Erhebungsverfahren*). Zu nennen sind hier etwa die apparativen Techniken für psychobiologische Messungen, z.B. physiologische Messungen und Blickaufzeichnungen.

Physiologische Messungen, die in der Aktivierungsforschung (→ *Aktivierung*) eine zentrale Rolle einnehmen, werden meist in Form so genannter Kontaktmessungen durchgeführt. Zur Messung zentraler und peripherer bioelektrischer (→) *Indikatoren* werden am Körper der Probanden Sensoren (Elektroden) befestigt, die die physiologischen Vorgänge registrieren. Bioelektrische Impulse werden über Kabel zu einem Polygraphen weitergeleitet, der die Reaktionen aufzeichnet (Elektroenzephalogramm, EEG) (vgl. Kroeber-Riel, 1983a, S. 36). Varianten dieser Messtechnik bestehen darin, dass die über Sensoren aufgenommenen Daten über Funk oder Satelit weitergegeben werden.

Telemetrische, kontaktfreie Messungen erfolgen bei der Stimmfrequenzanalyse und der Thermografie, die erst ansatzweise für den praktischen Einsatz in der (→) *Marktforschung* entwickelt sind. In Stimmfrequenzanalysen wird beispielsweise die Grundtonfrequenz – als eine Komponente der menschlichen Stimme – als Aktivierungsindikator gemessen. Dies wiederum setzt Verfahren voraus, den Grundton eines komplexen akustischen Signals (Sprachsignal) zu identifizieren (vgl. Backhaus u.a., 1983, S. 115ff.). Thermografischen Messungen liegt die Annahme zu Grunde, dass Veränderungen der Körperoberflächentemperatur – insbesondere der Gesichtstemperatur – innere Erregungen anzeigen. Solche Temperaturveränderungen lassen sich mit Infrarotkameras messen (vgl. Kroeber-Riel, 1983a, S. 37).

Mit apparativen Techniken zur Blickaufzeichnung wird das Blickverhalten als physisches Korrelat der Informationsaufnahme gemessen (vgl. Kroeber-Riel/Weinberg, 1999, S. 253ff.). Erfasst werden hierbei die Bewegungen der Augen, um festzuhalten, welche Reize fixiert werden. Jeder Blickverlauf, z.B. auf einer Anzeige, verläuft in einer Abfolge von Fixationen (Verweilen auf einem Punkt) und Saccaden (unregelmäßige Sprünge), d.h. der Blick tastet die Vorlage in unregelmäßigen Sprüngen ab, wobei nur die während einer Fixation aufgenommenen Reize verarbeitet werden können. Die Anwendung der sehr validen Methode der Messung der visuellen

Informationsaufnahme erfolgt vor allem in der Werbewirkungsforschung, so bei der Analyse von Anzeigen und TV-Spots, oder zum Testen von Produktdesigns.

Metamarketing

Kennzeichnend für alle Konzeptionen des Marketing, die auf eine Ausweitung des markt- und kundenorientierten Denkens des kommerziellen Marketing (Business Marketing) ausgerichtet sind, z.B. das (→) *Non-Business-Marketing,* das Sozio-Marketing (→ *Marketing, soziales*), das Public Marketing, ist die Berücksichtigung gesellschaftspolitischer Belange.

Ansatzpunkt des Marketing sind generell Austauschprozesse, d.h. (→) *Transaktionen.* Unter Metamarketing erfasst Kotler (1977, S. 858) alle Prozesse, »... die mit dem Versuch verbunden sind, Austauschbeziehungen zu entwickeln und aufrechtzuerhalten, die Produkte/Dienstleistungen, Organisationen, Personen, räumliche Einheiten oder soziale Aufgaben zum Gegenstand haben.« Von der Idee her besteht hier ein Zusammenhang zum (→) *Stakeholder-Ansatz* der Managementforschung.

MFA → *WTA*

Mikrosegmentierung → *Makrosegmentierung*

Milieu, soziales → *Lebensstil*

Mischkalkulation → *Ausgleichskalkulation*

Misfit-Analyse

Die Misfit-Analyse ist eine Methode zur Untersuchung der Vorteilhaftigkeit von verschiedenen Auslandsaktivitäten (→ *Markteintrittsstrategien*). Dabei wird zunächst untersucht, welche Einflussgrößen aus der Umwelt des Unternehmens die unternehmerische Entscheidung im Hinblick auf die unterschiedlichen Gestaltungsformen beeinflussen. Durch Kombination der möglichen Ausprägungen dieser Einflussgrößen in der Zukunft werden diese dann zu Szenarien zusammengefasst. Anschließend wird überprüft, ob die konkreten Gestaltungsformen der Auslandsaktivitäten für die unterschiedlichen Szenarien vorteilhaft, neutral oder unvorteilhaft sind (vgl. Perlitz, 2000, S. 212ff.).

MITI [s.a. JETRO]

Das MITI (Ministry of International Trade and Industry) ist das japanische Ministerium für Handel und Industrie, das ein hohes Maß an Koordination für die japanische Wirtschaft erbringt. So wurde in verschiedenen Branchen die internationale Wettbewerbsfähigkeit Japans nur unter dem Schutz des MITI erreicht, das in der Zeit nach dem Zweiten Weltkrieg über (→) *Handelshemmnisse*, Beeinflussung der Wechselkurse und Exportunterstützung (→ *Exportförderung*) die Entwicklung förderte.

Mittlerweile wurden die Aufgaben des MITI verändert und viele der formalen Kompetenzen abgebaut. Heute liegt eine seiner wesentlichen Aufgaben im Aufzeigen von Entwicklungen sowie der Früherkennung und dem »Geben von Signalen«. Das MITI leitet oder beauftragt zahlreiche Studiengruppen, Branchenausschüsse und erstellt Berichte, die sich mit neuen Technologien, Entwicklungen im internationalen Wettbewerb und Zukunftsfragen befassen. Die Berichte werden weit verbreitet und veröffentlicht und in der Presse ausführlich diskutiert. Der Hauptzweck dieser Studien besteht darin, Unternehmen auf sich abzeichnende Trends und Probleme aufmerksam zu machen (vgl. Porter, 1999c, S. 657f.). So versucht das MITI schon seit Anfang der achtziger Jahre, die Aufmerksamkeit auf zukunftsträchtige Technologien zu lenken und Unternehmen zu (→) *Innovationen* und Veränderungen anzuregen.

Dabei wird oft die japanische Forschung in Kooperation mehrerer Unternehmen unter Leitung des MITI durchgeführt (vgl. Porter, 1999c, S. 419). Auch in anderen Bereichen unterstützt das MITI Unternehmenskooperationen. So werden u.a. die Unternehmen dazu gedrängt, sich auf gemeinsame Normierungen (→ *Normung*) zu einigen, um diesen Normen eine höhere Durchsetzungsfähigkeit zu verschaffen (vgl. Porter, 1999c, S. 431).

Auf der anderen Seite wird die Arbeit des MITI auch kritisiert, da dadurch Wettbewerbsbeschränkungen auf dem Inlandsmarkt entstanden sind und in verschiedenen Branchen auch etliche unrentable Unternehmen am Leben gehalten und somit in einigen Branchen internationale Erfolge eher verhindert wurden (vgl. Porter, 1999c, S. 438). Der Ausbruch der Asienkrise 1997 war der Höhepunkt dieser negativen Entwicklung (→ *APEC*; *ASEAN*).

Mitläufer-Effekt → *Nachfrageeffekte*

Modular Sourcing → *Global Sourcing*

Mondpreis → *Preisempfehlung*

Monodistribution [s.a. Absatzwegepolitik; Multi-Channel-Distribution]

Nach der Anzahl der von einem Unternehmen eingeschalteten Absatzwege unterscheidet man

- Monodistribution
- Dualdistribution
- Polydistribution.

Bei Monodistribution durchläuft die Ware physisch und/oder dispositiv nur einen Absatzweg, z.B. vom Hersteller über den (→) *Großhandel* zum (→) *Einzelhandel*. Bei Dualdistribution werden gleichzeitig zwei Absatzwege eingeschaltet. So kann ein Hersteller sowohl eine Großhandlung einer (→) *Freiwilligen Kette* als auch Verbrauchermärkte direkt beliefern.

Werden mehr als zwei Absatzwege eingeschaltet, spricht man von Polydistribution.

Monopol → *Marktformen; Marktverhaltensweisen*

Monopolistischer Spielraum → *Akquisitorisches Potenzial*

Morphologie → *Kreativitätsmethoden*

Motivation

Die Motivation zählt im System der (→) *intervenierenden Variablen* zu den aktivierenden Variablen bzw. (→) *Antriebskräften*, die im Rahmen der SOR-Modelle (→ *Neobehaviorismus*) zur Erklärung des Konsumentenverhaltens herangezogen werden (vgl. Kroeber-Riel/Weinberg, 1999, S. 53ff., S. 141ff.). In der Theorie des Konsumentenverhaltens werden Motive und Bedürfnisse (→ *Bedürfnishierarchie*) als Beweggründe des Handelns synonym verwendet. Ein Motiv kann definiert werden als wahrgenommener Mangelzustand, der die Veranlassung umfasst, nach Möglichkeiten zu suchen, diesen Mangelzustand zu beseitigen. Motive sind also auf bestimmte Mangelzustände bezogen und beinhalten das zielorientierte Streben nach einer Handlung. Um diese kognitive Handlungsorientierung geht die Motivation über die zugrunde liegende (→) *Emotion* hinaus.

Die Motivation enthält also eine weitere kognitive Komponente gegenüber der Emotion, indem sie nicht nur das Handeln mit Energie versorgt (aktivierende Komponente), sondern auch auf ein Ziel richtet. Die Motivation kann daher mehr im Sinne eines Steuerungsmechanismus gesehen werden und nicht nur als Energiequelle.

Bezüglich der Motive unterscheidet man primäre und sekundäre Motive. Diese

Unterscheidung weist auch auf das unterschiedliche Zustandekommen der Motive hin. Bei den primären bzw. physiologischen Motiven handelt es sich um die angeborenen Motive des Menschen, die durch physiologische Vorgänge im Organismus hervorgerufen werden (z.B. Durst, Hunger). Dagegen handelt es sich bei den sekundären Motiven um gelernte Motive. Sie werden von der Umwelt des Menschen gelernt (→ *Lernen*) und sind häufig auf primäre Motive zurückzuführen. Im Zusammenhang mit diesen Motiven ist auch das Problem der Fremdbestimmung des Konsumenten zu sehen. Man unterscheidet dann originäre und fremdbestimmte Bedürfnisse.

Bei der Messung der Motivation sind ihre beiden Komponenten zu berücksichtigen. Die kognitive Komponente wird anhand verbaler (→) *Indikatoren* (→ *Motivforschung*), die aktivierende Komponente (Motivstärke) anhand psychobiologischer Indikatoren (→ *Messtechniken, apparative*) gemessen.

In der Konsumentenverhaltensforschung ist jedoch die Bedeutung der Motivation als erklärendes Element zurückgegangen, da insbesondere die Befragung der Konsumenten hinsichtlich ihrer wahren Motive problematisch ist.

Motivforschung

Die Motivforschung hat die Analyse menschlicher (→) *Motivation* zum Gegenstand; sie hat das Ziel, die Wünsche, Triebe und Neigungen der Menschen aufzudecken. Diese Disziplin der Psychologie ist seit ihrer Entwicklung zunehmend zur Analyse des (→) *Konsumentenverhaltens* herangezogen worden, da sich mit den üblichen Methoden der direkten (→) *Befragung* kaum Aufschlüsse über die Beweggründe menschlichen Verhaltens gewinnen ließen. Dies liegt einerseits in der Unwilligkeit der Probanden begründet, über ihre wahren Beweggründe zu sprechen, andererseits in ihrer Unfähigkeit, ihre Motive zu erkennen oder zu verbalisieren.

In der Motivforschung werden hauptsächlich spezielle Methoden der Befragung sowie Assoziations- und Zuordnungsverfahren als (→) *projektive Tests* angewendet (vgl. Wiswede, 1974, Sp. 1522ff.). Die Befragung erfolgt vorwiegend über das offene Interview und das Intensivgespräch. Beim offenen Interview werden im Gegensatz zum geschlossenen Interview dem Befragten keine Antworten vorgegeben, sondern er kann frei und ungebunden antworten. Dabei ist es zweckmäßig, dem Interviewer gewisse Freiheiten beim Ablauf der Befragung zu lassen und eher indirekte Fragen zu verwenden.

Das Intensivinterview ist wesentlich länger und gründlicher als normale Befragungen. Probleme bestehen dabei in dem Ausmaß der irrelevanten Aussagen und dem u.U. starken Interviewereinfluss.

Multiattributmodelle → *Kognitive Programme*

Multi-Channel-Distribution [s.a. Absatzwegepolitik; Distribution; Distributionspolitik]

Unter Multi-Channel-Distribution oder multipler Distribution wird der parallele Einsatz mehrerer (nicht zwingend konzeptionell unterschiedlicher) Absatzkanäle durch ein Unternehmen verstanden. Multi-Channel-Distribution wird auch als Polydistribution bezeichnet (→ *Monodistribution*).

Die zentralen Problemstellungen im Rahmen der Multi-Channel-Distribution bestehen in der Auswahl, der Gestaltung, der Steuerung, der Abgrenzung und der Koordination der Absatzkanäle (vgl. Schögel, 1997, S. 22f.). Die Ziele der Multi-Channel-Distribution von Hersteller- und

Handelsunternehmen liegen insbesondere (vgl. Schögel, 1997, S. 26ff.; Zentes/ Schramm-Klein, 2001, S. 292ff.)

- in der Erreichung eines höheren Distributionsgrades bzw. einer höheren Marktabdeckung
- in der Kundenbindung und Neukundengewinnung durch kundengerechte Ausgestaltung der Absatzkanäle, d.h., anhand unterschiedlicher Absatzkanäle wird unterschiedlichen Kundenbedürfnissen Rechnung getragen
- in der Realisierung von Kostensenkungspotenzialen und Steigerung der Wirtschaftlichkeit der Distribution
- in der Risikoreduktion bzw. dem Risikoausgleich durch Bildung eines Absatzkanal-Portfolios
- in der Realisierung von Synergiepotenzialen.

Im Rahmen der Gestaltung der Absatzkanalsysteme ist zwischen dem Absatzkanalsystem der Hersteller bzw. von Handelsunternehmen zu unterscheiden.

Als Absatzkanalalternativen von Herstellern können die unterschiedlichen Optionen der direkten und der indirekten Distribution im Rahmen der Multi-Channel-Distribution kombiniert eingesetzt werden:

- Bei (→) *Direktvertrieb* der Hersteller erfolgt die Distribution ohne die Einschaltung von Absatzmittlern. Als Optionen des Direktvertriebs sind der Verkauf durch den eigenen Außendienst der Hersteller, eigene Verkaufsniederlassungen der Hersteller, Fabrikverkauf bzw. Factory Outlets der Hersteller oder Formen des Versandhandels (z.B. klassischer Versandhandel, Internet-Vertrieb) denkbar.
- Der indirekte Vertrieb der Hersteller beinhaltet die Einschaltung von Absatzmittlern, so Groß- und Einzelhandelsbetriebe oder Industrie- und Handwerksunternehmen. Von zunehmender Relevanz sind in diesem Zusammenhang kontraktorientierte Vertriebssysteme (Secured Distribution) (→ *Kontraktmarketing*).

Einen Überblick über die Absatzkanalalternativen der Herstellerunternehmen gibt Übersicht 98.

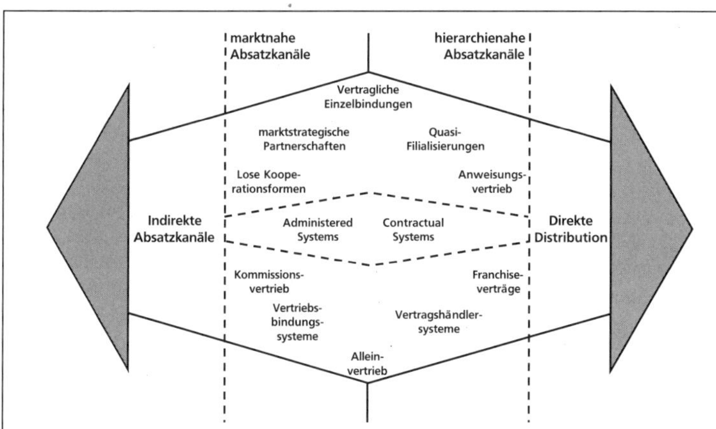

Quelle: Schögel, 1997, S. 38.

Übersicht 98: Absatzkanalalternativen von Industrieunternehmen

Setzen Handelsunternehmen Multi-Channel-Distribution ein, spricht man von Multi-Channel-Retailing. Hierunter wird der parallele Einsatz mehrerer stationärer Kanäle (→ *Betriebstypen des Handels*) bzw. Vertriebskanäle (Formen des Versandhandels) verstanden. Dabei wird in den unterschiedlichen Absatzkanälen ein sich in wesentlichen Teilbereichen überlappendes Sortiment angeboten und anhand der unterschiedlichen Absatzkanäle werden unterschiedliche Kundensegmente und/oder Kundenbedürfnisse angesprochen (vgl. Zentes/Schramm-Klein, 2001, S. 291). Multi-Channel-Retailing stellt i.d.R. eine Strategie der horizontalen (→) *Diversifikation* dar (vgl. Köhler, 1992a, S. 125).

Als Optionen der Konfiguration von Multi-Channel-Retailing-Systemen sind grundsätzlich drei Formen denkbar, so Systeme, die nur stationäre Betriebstypen beinhalten, rein aus Versandhandelsformen bestehende Systeme sowie Kombinationen stationärer Betriebstypen mit Versandhandelsformen. Dabei können jeweils rein traditionelle (z.B. Fachgeschäfte, Supermärkte, Katalogversand), nur neue bzw. innovative (z.B. Convenience Stores, Electronic Shopping) Absatzkanäle oder Mischsysteme eingesetzt werden. Bezüglich des kommunikativen Auftritts der unterschiedlichen Handelskanäle können ein einheitlicher Auftritt unter einer Dachmarke, eine Differenzierung im Auftritt der jeweiligen Kanäle anhand unterschiedlicher Vertriebsschienen-Marken sowie Mischformen als strategische Optionen realisiert werden (vgl. Zentes/Schramm-Klein, 2001, S. 291).

Multidimensionale Skalierung [s.a. Positionierung]
Die Multidimensionale Skalierung (MDS) ist ein (→) *multivariates Verfahren* der (→) *Datenanalyse*. Sie wird vorrangig zur mehrdimensionalen (→) *Einstellungsmessung* eingesetzt. Ziel der MDS ist, Objekte in einem mehrdimensionalen Raum derart zu positionieren (Produktpositionierung), dass die Positionen der Objekte und ihre gegenseitigen räumlichen Entfernungen weitestgehend mit den tatsächlichen Entfernungen bzw. Unterschieden der Objekte übereinstimmen (vgl. Berekoven/Eckert/Ellenrieder, 2001, S. 238ff.).

Die MDS basiert nicht wie andere Verfahren zur Beurteilung von Objekten auf im Voraus explizit festgelegten Kriterien wie Eigenschaften oder Merkmalen von Objekten; es wird zunächst nur die subjektiv empfundene Ähnlichkeit (→ *Ähnlichkeitsmaße*) von Objekten erfasst (vgl. Backhaus u.a., 2000, S. 500ff.). Die Ähnlichkeitsdaten werden durch paarweises Vergleichen, z.B. von Produktmarken, gewonnen und sind meist lediglich ordinal- bzw. rangskaliert.

Die Ähnlichkeitsurteile lassen sich räumlich darstellen. Derartige Darstellungen der Erhebungsdaten liefern die verschiedenen Verfahren der Multidimensionalen Skalierung. Dabei werden die Ähnlichkeiten zwischen zwei Objekten jeweils durch ihre Distanz (→ *Distanzmaße*) beschrieben. Mit Hilfe von Gradientenverfahren wird versucht, aus den Ähnlichkeitsdaten eine Konfiguration der Bewertungsobjekte in einem Merkmalsraum mit wenigen Dimensionen zu finden (vgl. Übersicht 99). Dabei wird gefordert, dass die Rangfolge der Distanzen zwischen den Objekten der Rangfolge der von den Probanden wahrgenommenen Ähnlichkeiten entspricht. Zur Bezeichnung der Dimensionen sind Kenntnisse über die Objekte, z.B. die Produkte und Märkte, erforderlich.

Kennzeichnend für die MDS ist, dass auf der Basis nicht-metrischer Ähnlichkeitsdaten ein metrisch skaliertes Endergebnis erzielt wird.

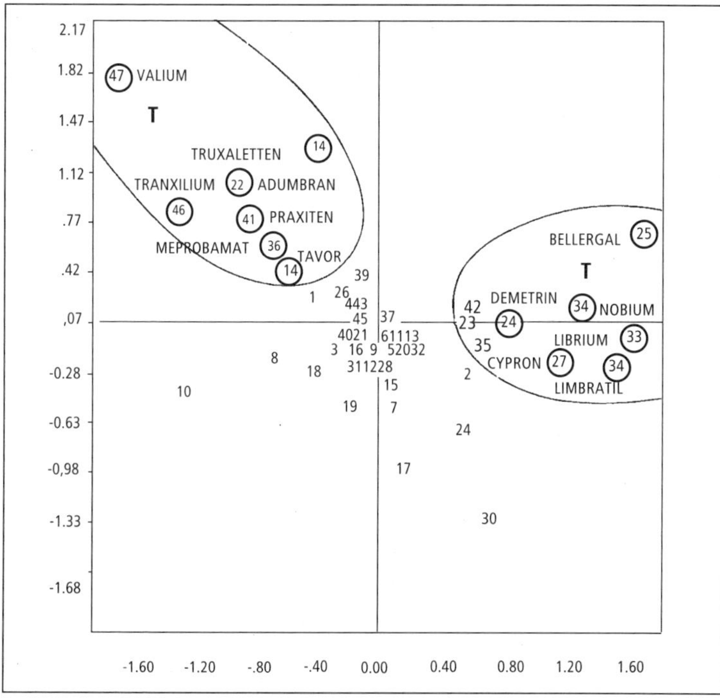

Quelle: Nach: Dichtl/Schobert, 1979, S. 101.

Übersicht 99: Position von Objekten im Merkmalsraum mittels MDS

Multifaserabkommen → *WTA*

Multi-Level-Marketing → *Strukturvertrieb*

Multi-Media

Multi-Media meint den kombinierten Einsatz verschiedener, oft neuer Medien durch Zusammenführen verschiedener Technikbereiche – der Rechnerwelt (speziell der PC-Welt), der Konsumelektronik und der Telekommunikation (Silberer, 1995, S. 4).

Das Neue an Multi-Media im Vergleich zur bisherigen Mediennutzung ist die Rechnerintegration und Rechnerunterstützung. Der Computereinsatz beschränkt sich dabei aber nicht auf das einfache Zusammenschalten von Text, Bild und Ton, sondern ermöglicht insbesondere den gezielten, selektiven und zeitunabhängigen Zugriff auf entsprechende Informationen sowie deren digitale Verarbeitung und Weitergabe (vgl. Hünerberg/Heise, 1995, S. 8).

Zur Entfaltung des vollen Nutzens bedarf Multi-Media des Dialogs mit dem Nutzer. In diesem Sinn kann der Nutzer »... als integraler Bestandteil des Multi-Media-Systems angesehen werden« (Silberer, 1995, S. 4).

Multi-Media-Systeme unterscheiden sich in Entwicklungssysteme und Anwendungssysteme. Multi-Mediale-Anwendungssysteme sind Hard- und Software-Konfigurationen, die beispielsweise im Marketing konkret zum Einsatz kommen, so als Informationsterminal auf Messen oder als PoS-Terminal im Handel.

Anwendungssysteme unterscheiden sich im Wesentlichen hinsichtlich der Medien, die auf der Input- und Outputseite eingesetzt werden, des Informationsangebotes und der Dialog- bzw. Interaktionsmöglichkeiten des Nutzers.

Erste Anwendungen bezogen sich vor allem auf den Point-of-Sale bzw. (→) *Point-of-Purchase*, so dass hierzu eingehende Analysen vorliegen (vgl. Swoboda, 1996a und 2000d, S. 421ff.) Als Beispiel sei hier eines der ersten Multi-Media-Systeme, das Video-Dialog-System der Volkswagen AG (VIDIS) angeführt. Die Volkswagen AG hatte VIDIS am PoS installiert, weil die angebotenen Automobil-Typen sowie deren Ausstattungsvarianten immer zahlreicher und erklärungsbedürftiger wurden. VIDIS bzw. das Nachfolgesystem erlaubt den Autohändlern, sich einen schnellen Überblick über die breite Angebotspalette zu verschaffen und mit visuellen Medien (Videos, Übersichten) Kundengespräche zu unterstützen. Änderungen von technischen Daten und Verkaufskonditionen werden durch einen (Telefon-)Anschluss mit dem Leitrechner über die Outputkomponenten des Systems unmittelbar möglich. Außerhalb der Öffnungszeiten steht den Kunden über eine Schaufenstertastatur das System zur ausführlichen Information zur Verfügung.

Multi-Media findet jedoch auch in vorgelagerten Marketingaktivitäten Anwendung, beispielsweise in der (→) *Marktforschung* und Produktentwicklung (→ *Innovation*).

Der Einsatz von Multi-Media in der Präferenz- und Einstellungsforschung (→ *Einstellungsmessung*) erleichtert die Durchführung jener (→) *Experimente*, in denen Experimentteilnehmern (z.B. den Befragten) eine realistische und ansprechende Gestaltung des Realisierbaren und dessen Funktionsweise vermittelt und auf dieser Grundlage mögliche Präferenzen der (potenziellen) Kunden erfasst werden sollen (→ *Conjoint Measurement*). Insbesondere im (→) *Dienstleistungsmarketing* können audiovisuelle Outputkomponenten des Multi-Media-Systems die Darstellung des Ergebnisses und Ablaufs einer Dienstleistung unterstützen bzw. erst ermöglichen. Analoges gilt für die Einstellungsmessung bzw. (→) *Imageanalysen*, in denen häufig erst durch Anwendung von Multi-Media bestimmte Angebote bzw. Angebotsqualitäten in adäquater Weise den Kunden vermittelt und deren Urteil erfahren werden können. Hierbei ermöglicht oder unterstützt Multi-Media insbesondere (vgl. Silberer, 1995, S. 10f.):

- die Darstellung von Produktentwürfen in wirklichkeitsnaher Weise
- die Darstellung schwer zugänglicher Leistungen, z.B. einer im Ausland erbauten Anlage
- die Darstellung schwer zugänglicher Produkteigenschaften sowie des genauen Leistungsprozessablaufs, z.B. bei einer Operation
- die interaktive Präsentation von Angeboten, insbesondere die nach individuellen Kundenwünschen unmittelbar modifizierte Darstellung des Angebotes, z.B. der »gemeinsame« Entwurf eines Produktes oder einer Ladeneinrichtung.

Nach Hünerberg/Heise liegt der Hauptanwendungsbereich in Multi-Media allerdings in der interaktiven Online-Kommunikation (vgl. Hünerberg/Heise, 1995, S. 9).

Multi-Media-Systeme sind i.d.R. so aufgebaut, dass sich die (interaktiven) Informationsabfragen und somit der Informationsbedarf der Multi-Media-Nutzer, also deren »elektronische Spuren« (Silberer, 1995, S. 11), in Form von Maschinenprotokollen problemlos speichern lassen. Die Analyse von Maschinenprotokollen erlaubt es, die Informationsabruf-Sequenzen und -Inhalte sowie Dauer der Informationskontakte zu rekonstruieren. In diesem Zusammenhang können auch Erkenntnisse über Wirkungen der vom Kunden abgerufenen Informationen auf sein weiteres Entscheidungs- bzw. Abrufverhalten gewonnen werden.

Diese Technologie ist auch die Basis von sich zunehmend verbreitenden interaktiven und individualisierbaren Kommunikationssystemen, die in der Lage sind, auf ein bestimmtes Verhalten des Nutzers oder bestimmte Antworten zu reagieren und die Benutzeroberfläche, die präsentierten Informationen oder Angebote auf das Verhalten des Nutzers anzupassen. Solche Systeme werden heute vor allem bei der Marketingkommunikation im (→) *Internet* ingesetzt, wo im Idealfall der Nutzer ein exakt auf seine Bedürfnisse zugeschnittenes Angebot präsentiert bekommt, das darüber hinaus, in Abhängigkeit von seinem Navigationsverhalten, in Echtzeit angepasst und weiter auf ihn zugeschnitten wird (vgl. Zentes/Janz/Morschett, 2000a, S. 73ff.).

Die Bedeutung in der Produktentwicklung erlangt Multi-Media insbesondere beim so genannten »Virtual Prototyping«. Beim »Virtual Prototyping« werden Gestaltungsvarianten von Produkten in ihren Wirkungen auf Akzeptanz und Verhalten potenzieller Kunden untersucht.

Ungeachtet ihrer breiten Anwendungsmöglichkeiten stoßen Multi-Media-Systeme im betrieblichen Bereich bisher auf eine gewisse Skepsis der potenziellen Anwender, insbesondere des Handels. Zum einen liegt die Zurückhaltung sicherlich in den relativ hohen Projektierungs- und Produktionskosten dieser Systeme begründet. Zum anderen fehlen den Unternehmen oft gesicherte Erfahrungsdaten darüber, welche Nutzen- und Beeinflussungseffekte sie bei den Kunden tatsächlich bewirken (vgl. Swoboda, 1996a; 2000d, S. 438ff.).

Multinationale Unternehmen → *Internationale Unternehmung*

Multiorganisationalität des Kaufprozesses

An Kaufprozessen auf Investitionsgütermärkten sind häufig sowohl auf der Anbieter- als auch der Nachfragerseite mehrere Organisationen beteiligt. Auf der Anbieterseite spricht man auch von (→) *Anbieterkoalitionen.* Bei komplexen Gütern des Typs C (→ *Investitionsgütertypologie*) arbeiten meist mehrere Anbieter- bzw. Herstellerorganisationen bei einem Auftrag zusammen. Auch durch die Einschaltung von (→) *Drittparteien* können multiorganisationale (→) *Buying Center* und (→) *Selling Center* entstehen.

Der Vermarktungsprozess eines Investitionsgutes in einem solchen multiorganisationalen Prozess vollzieht sich in wechselseitiger Beziehung schrittweise zwischen den verschiedenen Parteien auf der Anbieter- und Nachfragerseite (vgl. Backhaus, 1999, S. 454ff.). Die beteiligten Organisationen können daher nicht isoliert betrachtet werden, sondern müssen als Mitglieder eines multiorganisationalen Systems gesehen werden, die miteinander in Interaktionsbeziehungen (→ *Interaktionsansatz*) stehen.

Multipersonalität des Kaufprozesses

[s.a. Gruppenentscheidung]

Multipersonalität eines Kaufprozesses liegt vor, wenn an dem Prozess mehrere Personen beteiligt sind. Dabei können die einzelnen Personen in unterschiedlichem Umfang und mit unterschiedlicher Intensität beteiligt sein; dies gilt zugleich hinsichtlich der einzelnen Phasen des Prozesses (→ *Kaufphasenansatz*).

Für Kaufprozesse auf Investitionsgütermärkten ist die Multipersonalität kennzeichnend und findet in der Konstitution von (→) *Buying Centern* bzw. (→) *Selling Centern* einen deutlichen Ausdruck. Der Kauf von Konsumgütern erfolgt multipersonal, wenn z.B. eine (→) *Familienentscheidung* vorliegt.

Multiple Sourcing → *Global Sourcing*

Multivariate Verfahren

Die multivariaten Verfahren analysieren die gegenseitigen Beziehungen zwischen mehr als zwei Variablen. Sie ermöglichen daher aussagekräftigere Berechnungen im Vergleich zu uni- bzw. bivariaten Analyseverfahren der (→) *Datenanalyse* in der (→) *Marktforschung*.

Wie in Übersicht 100 abgebildet, lassen sich die multivariaten Analyseverfahren danach differenzieren, ob sie eine einseitige Abhängigkeit oder eine gegenseitige Abhängigkeit zwischen den betrachteten Variablen untersuchen (Depenzenzanalyse oder Interdependenzanalyse).

Bei der Dependenz- oder Abhängigkeitsanalyse handelt es sich um Verfahren, die mit Hilfe der Werte der unabhängigen Variable(n) Aussagen über die abhängige(n) Variable(n) treffen, während es bei der Interdependenz- oder Unabhängigkeitsanalyse um die Klärung des Beziehungsgefüges zwischen gleichrangigen Variablen geht. Der Abhängigkeitsbegriff ist hier jedoch nur in einem formalen Sinne zu verstehen.

Die Verfahren der Dependenz- und Interdependenzanalyse lassen sich nach dem (→) *Skalenniveau* der abhängigen und unabhängigen Variablen weiter unterteilen.

Zu den wichtigsten Verfahren der Dependenzanalyse mit der Erfordernis eines metrischen Skalenniveaus der abhängigen Variable zählen die multiple (→) *Regressionsanalyse* und die multiple (→) *Varianz-*

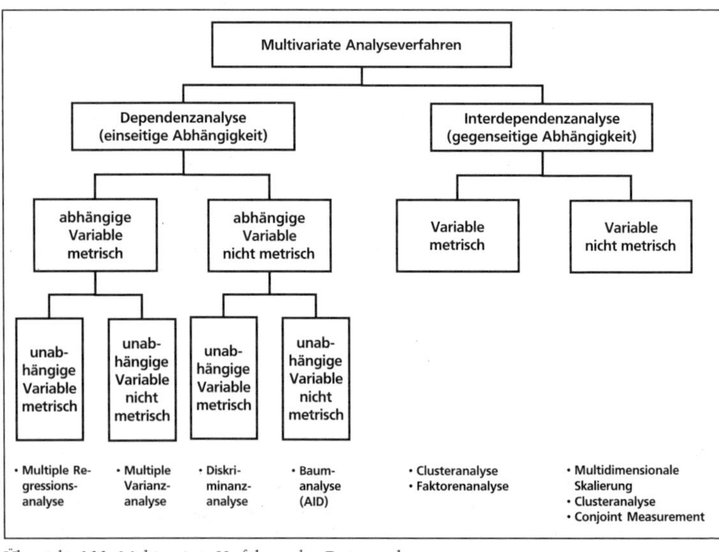

Übersicht 100: Multivariate Verfahren der Datenanalyse

analyse. Ein nicht metrisches Skalenniveau der abhängigen Variable fordern die (→) *Diskriminanzanalyse* sowie die Baumanalyse und die (→) *Kontingenzanalyse*, die mindestens zwei unabhängige Variablen berücksichtigen.

Zu den wichtigsten Verfahren der Interdependenzanalyse mit der Erfordernis eines metrischen Skalenniveaus der Variablen zählen die (→) *Faktorenanalyse* und mit der Erforderniss eines nicht-metrischen Skalenniveaus die (→) *Multidimensionale Skalierung* und das (→) *Conjoint Measurement*. Die (→) *Clusteranalyse* fordert je nach verwendeter Variante metrische oder nicht metrische Skalenniveaus.

Die Anwendungsbereiche der einzelnen Analysen können erweitert werden. Dies ist es bei der Regressions- und Diskriminanzanalyse möglich, wenn nominale Variablen durch Verwendung binärer Variablen wie metrische behandelt werden (sog. Dummy Variablen). Ordinale Variablen können (mit Informationsverlust) in nominale transformiert werden. Die Übersicht 101 zeigt ausgewählte, typische Fragestellungen, die mit den jeweiligen Verfahren untersucht werden können.

Verfahren	Fragestellungen
Regressions-analyse	• Wie verändert sich die Absatzmenge, wenn die Werbeausgaben um 10% gekürzt werden und der Preis um 5 % gesenkt wird? • Wie lässt sich der Preis für Kaffee in den nächsten 6 Monaten schätzen?
Varianz-analyse	• Hat die Art der Verpackung einen Einfluss auf die Höhe der Absatzmenge? • Hat die Farbe einer Anzeige einen Einfluss auf die Zahl der Personen, die sich an die Werbung erinnern?
Diskriminanz-analyse	• In welcher Hinsicht unterscheiden sich Raucher von Nicht-Rauchern? • Lassen sich Kreditkunden anhand der Merkmale »Einkommen«, »Schulbildung«, »Alter« usw. als kreditwürdig einstufen?
Faktoren-analyse	• Lässt sich die Vielzahl von Eigenschaften, die Autokäufer als wichtig empfinden, auf wenige komplexe Faktoren reduzieren? • Wie lassen sich darauf aufbauend die verschiedenen Automarken anhand dieser Faktoren beschreiben?
Cluster-analyse	• Lassen sich Kunden eines Kaufhauses entsprechend ihrer Bedürfnisse in Gruppen einteilen? • Gibt es bei mittelständischen Unternehmen hinsichtlich der Internationalisierungsstufe verschiedene Unternehmenstypen?
Multi-dimensionale Skalierung	• Inwieweit entspricht das neue Produkt den Idealvorstellungen der Konsumenten? • Hat sich die Einstellung mittelständischer Unternehmen zur Internationalisierung innerhalb von 5 Jahren verändert?

Übersicht 101: Anwendung multivariater Verfahren der Datenanalyse

Mund-zu-Mund-Kommunikation

→ *Face-to-Face-Kommunikation*

Mystery Shopper

Der Einsatz so genannter »Mystery Shopper«, auch anonyme Testkäufer genannt, ist in der Praxis relativ weit verbreitet. Hentschel (1992, S. 85) charakterisiert diese Methode als teilnehmende, verdeckte (→) *Beobachtung* im Rahmen eines strukturierten Testkaufs, deren Ziel es ist, einzelne Qualitätsmerkmale zu prüfen. Während dieses Verfahren sich im anglo-amerikanischen Raum immer größerer Popularität erfreut und auch in immer mehr Branchen eingesetzt wird, stehen in Europa dem Verfahren Restriktionen gegenüber, so beispielsweise rechtliche Regelungen. Uneingeschränkt sind Mystery Shoppers von arbeitsunabhängigen Institutionen, die vergleichende Beobachtungen über eine Branche hinweg durchführen (z.B. Stiftung Warentest) (vgl. Rosenberg, 1991, S. 406f.) einsetzbar. Wichtig dabei ist, dass die zu prüfenden Betriebe rechtlich selbstständig sind, so etwa Vertragshändler. Haller (1999) unterscheidet drei Formen von Mystery Shoppern:

- Bei den so genannten »Checkern« handelt es sich um den Einsatz speziell zur Qualitätsprüfung autorisierter Mitarbeiter. Ziel ist es i.d.R. einzelne Kollegen oder ein Team bei der Aufgabenerfüllung zu beobachten und zu beurteilen, wie es etwa bei Fluggesellschaften verbreitet ist. Als nachteilig erweist sich hier allerdings die Tatsache, dass die Checker als solche erkannt werden, da sie sich unbewusst anders verhalten als der Durchschnittskunde.
- »Experten« als Mystery Shopper sind mit externen Testern gleichzusetzen und beispielsweise im Gastronomiebereich bekannt.
- Der Einsatz von »Kunden« als Mystery Shopper ermöglicht eine sozio-demografische und psychographische Übereinstimmung der Mystery Shopper und der zu beobachtenden Kernzielgruppe.

Das Verfahren des Mystery Shopping wird auch als Silent Shopper-Methode bezeichnet. Trotz der praktischen Relevanz ist dieses Verfahren mit einigen Nachteilen behaftet, so vor allem dem Nachteil der Subjektivität der Beobachtung (vgl. Haller, 1999, S. 139).

N

Nachfrage

Während das Bedürfnis eine psychische Größe darstellt, sind Bedarf und Nachfrage ökonomische Größen. Die Nachfrage richtet sich an den Markt und beinhaltet, anders als der Bedarf, neben der Absicht, ein Gut zu beschaffen, auch ein aus dieser Absicht resultierendes Verhalten, etwa in Form einer Informationssuche. Somit stellt die Nachfrage eine marktrelevante Verhaltensweise dar.

Der Bedarf ist in quantitativer Hinsicht größer als die Nachfrage, da der insgesamt bestehende Bedarf nur zum Teil als Nachfrage am Markt auftritt, weil die Voraussetzungen, z.B. die Entschlusskraft oder die notwendige (→) *Kaufkraft*, fehlen.

Nachfrageeffekte

Ist die (→) *Nachfrage* nach einem bestimmten Gut nicht nur von bestimmten ökonomischen Rahmenbedingungen, z.B. dem verfügbaren Einkommen und dem Einsatz des absatzpolitischen Instrumentariums der Anbieter abhängig, sondern auch von dem Verhalten potenzieller Nachfrager dieses Gutes, so liegen Nachfrageeffekte vor. Im Einzelnen unterscheidet man:

- den Bandwagon-Effekt
- den Snob-Effekt
- den Veblen-Effekt.

Ein Bandwagon-Effekt (Mitläufer-Effekt) liegt vor, wenn die Nachfrage nach einem bestimmten Gut steigt, wenn und weil andere Käufer das gleiche Gut nachfragen. Der Bandwagon-Effekt ist damit die Folge eines Nachahmungsverhaltens.

Dagegen beruht der Snob-Effekt auf einem Absonderungsverhalten; er bezeichnet eine Verringerung der Nachfrage, die dadurch bewirkt wird, dass andere Käufer das gleiche Gut nachfragen.

Der Veblen-Effekt beruht auf demonstrativem Konsumverhalten. Ein Veblen-Effekt liegt vor, wenn die Nachfrage nach einem Gut bei einer Preiserhöhung dieses Gutes steigt. Er beruht somit auf einer positiven Preiselastizität (→ *Elastizität*).

Eine positive Preiselastizität liegt auch dem so genannten Giffen-Effekt zugrunde. Der Giffen-Effekt stellt jedoch nicht wie die Nachfrageeffekte auf das Kaufverhalten anderer ab, sondern auf die Beziehungen zwischen Einkommen und inferioren Gütern (hier Kartoffeln): »Als im Jahre 1845 in Irland während einer Hungersnot die Kartoffelpreise beträchtlich stiegen, erhöhten die Familien, die schon immer viel Kartoffeln verbrauchten, weil sie sich wegen ihrer Armut nicht viel Fleisch leisten konnten, nochmals ihren Kartoffelkonsum. Warum? Weil sie für das lebensnotwendige Gut Kartoffeln jetzt so viel ausgeben mussten, dass sie sich überhaupt kein Fleisch mehr leisten konnten, was sie noch stärker vom Kartoffelverbrauch abhängig machte« (Samuelson, 1964, S. 51).

Nachfrageelastizität → *Elastizität*

Nachfragefunktion [s.a. Konsum]

Die Nachfragefunktion stellt den formalen Zusammenhang zwischen der (→) *Nachfrage* nach einem Gut und den Determinanten der Nachfrage dar.

Nachfragefunktionen der mikroökonomischen Theorie sind:

- die Preisabsatzfunktionen und

- die einkommensabhängigen Nachfragefunktionen.

Die (→) *Preisabsatzfunktionen* betrachten die Nachfrage als Funktion des Preises; dabei werden unterschiedliche Verläufe diskutiert.

Die zweite Gruppe von Nachfragefunktionen stellt den Zusammenhang zwischen der Nachfrage nach einem Gut und dem Einkommen her. Dieser Zusammenhang findet erstmals in dem Engel'schen Gesetz seinen Niederschlag. Dieses besagt, dass die Nahrungsmittelausgaben mit steigendem Einkommen des Haushaltes prozentual weniger steigen als die Gesamtausgaben. Die funktionale Beziehung zwischen den Verbrauchsausgaben für eine bestimmte Güterart und dem Einkommen wird heute allgemein als Engel-Kurve bezeichnet (vgl. Varian, 2001, S. 92f.).

Nachkauf-Marketing → *Buying Cycle*

Nachnahmezahlung → *Zahlungsbedingungen*

NAFTA

NAFTA (North American Free Trade Agreement) basiert auf einem im Oktober 1989 von den USA und Kanada geschlossenen Abkommen, auf dessen Grundlage weitgehende Zollfreiheit zwischen den USA und Kanada vereinbart wurde. Aufbauend auf ersten Verhandlungen erfolgte mit dem Vertragsabschluss am 8. Oktober 1992 in San Antonio (Texas) die Gründung der NAFTA unter Einbeziehung Mexikos. Die Ratifizierung durch die Mitgliedsländer erfolgte in den USA am 15. November 1993, in Kanada am 27. Mai 1993 und in Mexiko am 23. November 1993, so dass die NAFTA am 1. Januar 1994 in Kraft trat. Die NAFTA umfasst einen Wirtschaftsraum mit rund 390 Mio. Einwohnern und einem Bruttoinlandsprodukt von 7,7 Billionen US-Dollar. Die NAFTA stellt einen Schritt zur Verwirklichung des »Amerikanischen Freihandelsabkommens« (Free Trade Area of the Americas, FTAA) dar, innerhalb dessen alle sechs subregionalen Handelsabkommen, wie NAFTA, CACM (Central American Common Market), Caricom (Caribbean Community), G-3 (Group of Three), Andean Community sowie (→) *MERCOSUR* bis zum Jahre 2005 integriert werden sollen.

Nebenleistungspolitik → *Kundendienstpolitik*

Neobehaviorismus [s.a. Konsumentenverhalten]

Der Neobehaviorismus stellt eine Weiterentwicklung des (→) *Behaviorismus* dar. In Ergänzung der SR-Modelle wird von zwei Variablenklassen ausgegangen, den beobachtbaren Variablen und den intervenierenden Variablen. Die beobachtbaren Variablen sind die – bereits in den SR-Modellen enthaltenen – Stimuli, die auf den Organismus einwirken, sowie die beobachtbaren Reaktionen (Response). Mit Hilfe der zweiten Kategorie von Variablen, den (→) *intervenierenden Variablen*, soll die so genannte Black-Box beschrieben werden. Bei den intervenierenden Variablen handelt es sich um theoretische Konstrukte für die Erklärung der Vorgänge innerhalb des Organismus. Das System der intervenierenden Variablen besteht nach Kroeber-Riel (1974, Sp. 160f.; Kroeber-Riel/Weinberg, 1999) aus aktivierenden Prozessen wie (→) *Emotion*, (→) *Motivation* und (→) *Einstellung* sowie kognitiven Prozessen wie (→) *Wahrnehmung*, Entscheidung und (→) *Lernen* (→ *Informationsverarbeitungssystem*).

Die beobachtbaren und die intervenierenden Variablen werden im SOR- bzw. SIR-Modell miteinander verknüpft. Nach diesem Modell wird das Verhalten als beobachtbare Reaktion nicht unmittelbar durch das Auftreten von beobachtbaren Reizen erklärt, sondern mit Hilfe des Konzeptes der intervenierenden Variablen und Prozesse.

Die intervenierenden Variablen müssen allerdings für eine Messung wieder mit beobachtbaren Reizen oder Reaktionen in Verbindung gebracht werden; ihre Messung erfolgt anhand von (→) *Indikatoren.*

Netzwerkmodelle [s.a. Lead-Country-Konzept]
Netzwerke, als zeitstabile Beziehungssysteme, treten angesichts der zunehmenden Dynamik und Komplexität der Umwelt zum einen als Koordinationsformen (→ *Koordination*) der unternehmensinternen Aktivitäten und zum anderen als Formen der Abstimmung von Beziehungen zu den Marktpartnern auf (vgl. Macharzina, 1999, S. 373ff.). Im Hinblick auf die verschiedenen Koordinationsbeziehungen zwischen den einzelnen, weltweit dislozierten Unternehmenseinheiten lässt sich eine Entwicklung zum integrierten Netzwerkmodell feststellen, die idealtypisch in drei Phasen verläuft. Bartlett (1989, S. 425ff.) unterscheidet in der Phasenfolge zwischen einem zentralisierten Knotenpunktmodell, einem dezentralisierten föderativen Modell und einem integrierten Netzwerkmodell (vgl. Übersicht 102).

Nach Bartlett (1989, S. 442) ist weder das zentralisierte Knotenpunktmodell – bei dem sich ausländische Tochtergesellschaften sternförmig um einen zentralen Knoten (z.B. die Muttergesellschaft im Stammland) gruppieren – noch das dezentralisierte föderative Modell – bei dem Tochtergesellschaften weitgehend autonom geführt werden, so als (→) *Profit Center* – geeignet, dem vielschichtigen Aufgabenprofil einer internationalen, insbesondere globalen Unternehmung gerecht zu werden.

Notwendig ist eine Struktur, die Bartlett als integriertes Netzwerkmodell bezeichnet, in dem die weltweit verstreuten Betriebseinheiten als Quelle von Ideen, Erfahrungen, Wissen und Fachkenntnissen verstanden werden.

Dieses Modell basiert auf der Erkenntnis, dass die Führungsspitze eines globalen Unternehmens durch die weltweite Streuung von Auslandsgesellschaften nicht in der Lage ist, direkten Einfluss auf die Vielzahl von Einzelentscheidungen zu nehmen. Ihre Aufgabe besteht darin, den Rahmen zu schaffen, in dem die dezentralisierten Entscheidungsprozesse in einer gewünschten Form ablaufen sollen.

Es wird immer mehr Entscheidungskompetenz für bestimmte Bereiche von der Unternehmenszentrale auf Auslandsgesellschaften verlagert, die Struktur wird immer komplexer, u.a. weil die Auslandsgesellschaften sich teilweise innerhalb des Netzwerks ohne Umweg über die Zentrale selbstständig untereinander abstimmen (vgl. Welge/Holtbrügge, 1998, S. 169f.).

Zu den Anforderungen, ein integriertes Netzwerkmodell auch praktisch umzusetzen, gehören:

- die Schaffung infrastruktureller Voraussetzungen, die mit hohen Investitionen verbunden sind
- eine adäquate Mitarbeiterrekrutierung zur Gewährleistung einer personellen Kompetenz bei der Besetzung der einzelnen Knoten
- der Aufbau eines komplexen Controlling-Systems (→ *Controlling*), um eine straffe Kontrolle zu gewährleisten, da der jeweilige Entscheidungsknoten letztlich auch die Umsetzung einer Entscheidung in den anderen Knoten kontrolliert.

Im Vergleich zu dem dezentralisierten, föderativen Modell liegt der Hauptvorteil des integrierten Netzwerkmodells darin, dass die einzelnen Tochtergesellschaften nicht

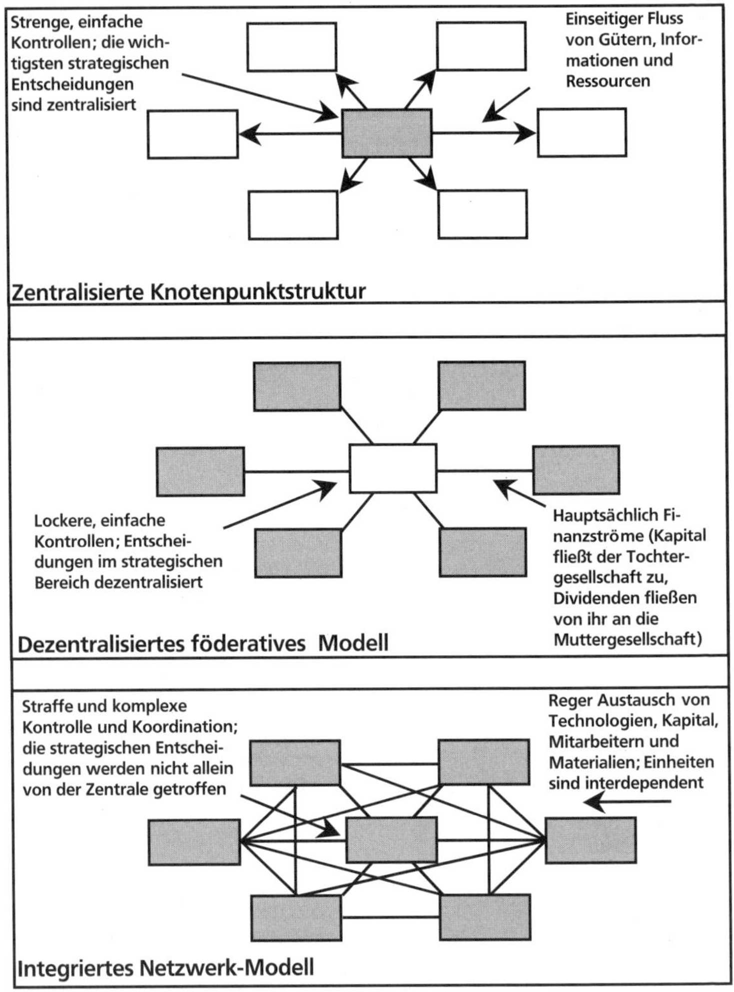

Quelle: Welge/Holtbrügge, 1998, S. 164ff.

Übersicht 102: Netzwerkmodelle

nur versuchen, für ihr strategisches Geschäftsfeld das Optimum zu erreichen, sondern dass sie bestrebt sind, für das gesamte System optimal zu agieren. In diesem Sinne stellt das Netzwerkmodell auch eine Form der (→) *Zentralisation* dar. Die Erreichung von Zielen, wie beispielsweise die Nutzung aller Rationalisierungsvorteile, ist in einem integrierten Netzwerkmodell besser zu erreichen als in einem dezentralisierten, föderativen Modell.

Neugründung → *Direktinvestitionen; Tochtergesellschaften*

Neuprodukteinführung
Die Neuprodukteinführung ist die letzte Phase des Prozesses der Neuproduktentwicklung (→ *Neuproduktentwicklung, Phasen der*) bzw. die Einführung eines erworbenen neuen Produktes, z.B. nach einem Lizenzerwerb (→ *Lizenzpolitik*). Die Einführung eines neuen Produktes ist mit erheblichen Einführungskosten und Risiken verbunden (vgl. Kotler/Bliemel, 2001, S. 509ff.). Den hohen Kosten, z.B. für die Einführungswerbung, den Aufbau der Absatzwege, die Verkäuferschulung usw., stehen zunächst meist nur geringe Erlöse gegenüber. Die Risiken kommen besonders in dem hohen Anteil von Flops zum Ausdruck.

Die Markteinführung eines neuen Produktes erfordert zahlreiche Entscheidungen, so u.a. die Festlegung der Produkt- und Verpackungseigenschaften, die Vorbereitung der Produktion, eventuell die Beschaffung von Anlagen und Einrichtungen, der Aufbau des Distributionssystems, die Motivation des Verkaufspersonals sowie dessen Schulung, die Erstellung eines Werbe- und Verkaufsförderungskonzeptes, die Abstimmung mit externen Agenturen. Im Einführungsstadium sind darüber hinaus Strategien festzulegen wie die Preisstrategie (→ *Marktdurchdringungspolitik; Marktabschöpfungspolitik*).

Die einzuleitenden Marketingmaßnahmen sollten darauf abzielen, das vom potenziellen Käufer empfundene (→) *Kaufrisiko* beim Erstkauf zu überwinden. Um die (→) *Diffusion* positiv zu beeinflussen, ist es wichtig, gezielt die (→) *Innovatoren*, (→) *Meinungsführer* und die Diffusionsagenten (den Handel) anzusprechen.

Neuproduktentwicklung, Phasen der
[s.a. Produktpolitik]
Die Entwicklung von neuen Produkten und deren erfolgreiche Markteinführung (→ *Neuprodukteinführung*) ist eine der entscheidenden strategischen Aufgaben des Marketing, da bei vielen Unternehmen ein Großteil des Umsatzes durch Neuprodukte erzielt wird. Auf Grund der schnellen technologischen Entwicklung und des gesellschaftlichen Wandels werden die (→) *Produktlebenszyklen* kürzer. Gleichzeitig bieten Produktinnovationen (→ *Innovation*) den Unternehmen Wachstumschancen, insbesondere in stagnierenden Märkten (→ *Wachstumsstrategien*). Andererseits bestehen erhebliche Innovationsrisiken und nur ein geringer Prozentsatz der Produktideen gelangt auf den Markt und kann sich dort behaupten.

In den einzelnen Phasen der Neuproduktentwicklung sind zwei Arten von Fehlentscheidungen möglich. Einerseits können erfolgversprechende Ideen zu früh abgebrochen werden, andererseits können (spätere) Flops zu lange weiterverfolgt werden.

Der Produktentwicklungsprozess kann in mehrere Phasen unterteilt werden (vgl. Übersicht 103).

Die erste Phase ist die der Ideensuche. Da hier die Grundlage des gesamten Prozesses geschaffen wird, sollte die Suche nach neuen Chancen systematisch betrieben werden. Dabei können interne und externe Quellen genutzt werden. Interne Ideenlieferanten sind die Forschungs- und Entwicklungsabteilungen, die Patentabteilungen, das betriebliche Vorschlagswesen, die Marketingabteilungen und die Marktforschung. Als externe Quellen können die Analyse von Verbraucherbedürfnissen und Kundenproblemen, die Analyse der Konkurrenzaktivitäten, die Analyse von Pro-

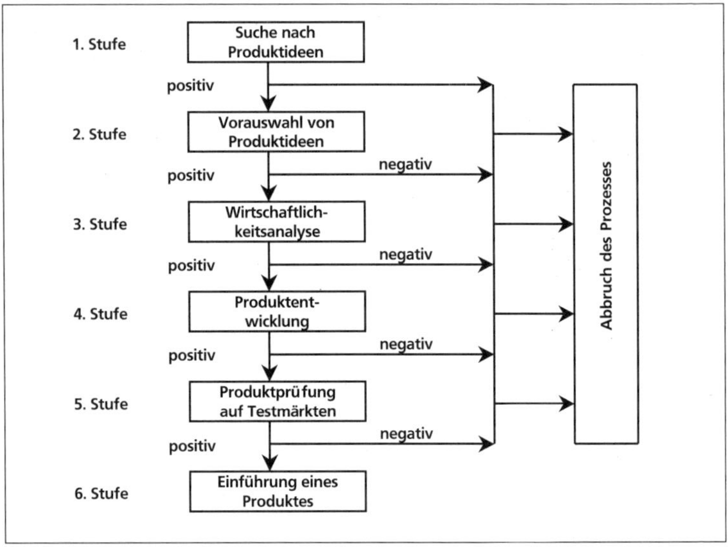

Quelle: in Anlehnung an Kotler/Bliemel, 2001, S. 521.

Übersicht 103: Phasen der Neuproduktentwicklung

dukten anderer Märkte und Branchen, der Handel, Forschungsinstitute, wissenschaftliche Publikationen, Marktforschungsinstitute, Warentestinstitute und Unternehmensberater genutzt werden.

Die Ideenfindung kann durch kreativitätsfördernde Verfahren (→ *Kreativitätsmethoden*) im Unternehmen angeregt und intensiviert werden.

Der Ideensuche schließt sich eine Vorauswahlphase (Screening) an, in der es zu einer ersten Verdichtung der gewonnenen Neuproduktideen kommt. Es werden die Ideen eliminiert, die mit den Unternehmenszielen und -ressourcen unvereinbar sind. Als Methode werden häufig Punktbewertungs- oder Scoring-Modelle (→ *Punktbewertungsverfahren*) angewendet. Anhand verschiedener Kriterien wird für jede Produktidee die gewichtete Gesamtpunktzahl ermittelt; alle Produktideen werden eliminiert, die einen vorgegebenen Mindestpunktwert unterschreiten.

Die verbleibenden Produktideen werden in der folgenden Phase einer Wirtschaftlichkeitsanalyse unterzogen, wobei im Gegensatz zu den eher subjektiven qualitativen Betrachtungen während der Vorselektion eine Quantifizierung der Bewertung erfolgt. Zur Anwendung kommen hierbei u.a. die (→) *Break-Even-Analyse* und investitionsrechnerische Ansätze. Die Break-Even-Analyse gibt darüber Auskunft, ob und unter welchen Preismengenkonstellationen die Erlöse eines neuen Produktes die Kosten decken. Es wird die Mindestabsatzmenge berechnet, die zur Kostendeckung notwendig ist.

Zur Bewertung der alternativen Neuprodukte müssen die berechneten Mindestabsatzmengen mit den prognostizierten Absatzerwartungen verglichen werden. Neben dieser statischen Beurteilung werden Neuproduktalternativen mithilfe der üblichen Methoden der Investitionsrechnung (Kapitalwertmethode, Methode des internen Zinsfußes usw.) bewertet.

Die Produktideen, bei denen ein Markterfolg vermutet wird, gelangen in die Phase der Produktentwicklung. In dieser Phase, in der besonders die Forschungs- und Entwicklungsabteilung und die Marketingabteilung zusammenarbeiten, wird der erste Versuch unternommen, bisher nur aus Ideen bestehende Produkte zu konkretisieren. Diese Phase reicht von der ersten Konstruktionszeichnung bis zur Herstellung von Prototypen. Zu dieser Phase gehören auch die Produktkonzeption, so die Produktgestaltung, die Werbekonzeption, die Preisstellung und die Festlegung des Produktnamens.

Der Produktentwicklung folgt die für die Entscheidung über die Markteinführung entscheidende Testphase. Hierzu gehören sowohl technisch-funktionale Tests wie (→) *Produkttests* als auch (→) *Markttests* bei den potenziellen Kunden, um die Akzeptanz des Produktes und der gesamten Marketing-Konzeption zu überprüfen.

Je nach dem Ergebnis dieser Tests wird die Produktkonzeption verworfen, umgewandelt und verbessert oder für die letzte Phase, die Markteinführung, freigegeben.

Nielsen-Gebiete

Das Gebiet der Bundesrepublik Deutschland wird von dem Marktforschungsunternehmen A. C. Nielsen Company GmbH in sieben Teilräume (Gebiete) und 13 Ballungsräume gegliedert (vgl. Übersicht 104).

Die Einteilung in Nielsen-Gebiete ist im Konsumgütermarketing allgemein akzeptiert. Sie wird u.a. zur regionalen Untergliederung von Analysen im Rahmen der

Nielsen-Gebiete:	Nielsen-Standard-Regionen	Nielsen-Ballungsräume
Gebiet 1: Hamburg, Bremen, Schleswig-Holstein, Niedersachsen	**Nord:** Schleswig-Holstein, Hamburg, **Süd:** Niedersachsen, Bremen	(1) Hamburg (2) Bremen (3) Hannover
Gebiet 2: Nordrhein-Westfalen	**Ost:** Westfalen **West:** Nordrhein	(4) Ruhrgebiet
Gebiet 3a: Hessen, Rheinland-Pfalz, Saarland	**Ost:** Hessen **West:** Rheinland-Pfalz, Saarland	(5) Rhein-Main (6) Rhein-Neckar (7) Stuttgart
Gebiet 3b: Baden-Württemberg	**Nord:** Regierungsbezirk Stuttgart, Karlsruhe **Süd:** Regierungsbezirk Freiburg, Tübingen	
Gebiet 4: Bayern	**Nord:** Ober-, Mittel-, Unterfranken, Oberpfalz **Süd:** Ober-, Niederbayern, Schwaben	(8) Nürnberg (9) München
5: Berlin		(10) Berlin
6: Mecklenburg-Vorpommern, Brandenburg, Sachsen-Anhalt		(11) Halle/Leipzig (12) Chemnitz/Zwickau (13) Dresden
7: Thüringen, Sachsen	**West:** Thüringen **Ost:** Sachsen	

Übersicht 104: Nielsen-Gebiete

(→) *Marktforschung*, in der Werbung zur Streuplanung (→ *Mediaplanung*) und zur Außendienststeuerung eingesetzt.

No Names → *Markenpolitik*

Non-Business-Marketing

Non-Business-Marketing bzw. nicht-kommerzielles Marketing ist Ausdruck der Ausweitung des Objektbereiches des (→) *Marketing*. Das Marketing-Konzept wird vom Bereich der erwerbswirtschaftlichen Organisationen auf den Bereich der nicht-erwerbswirtschaftlichen Organisationen übertragen. Non-Business-Marketing ist das Marketing all der Institutionen, die nicht der Dominanz des Gewinnziels unterliegen, den so genannten Non-Profit-Organisationen (vgl. Raffée, 1979, S. 35).

Zum Non-Business-Marketing gehören das Marketing für (vgl. Raffée, 1979, S. 36; Kotler, 1978):

- Behörden, Bildungs- und Kulturstätten
- Hochschulen
- öffentliche Unternehmen
- Wohlfahrtsorganisationen
- politische und gesellschaftliche Institutionen
- Personen wie Politiker und Unternehmer.

Die ursprünglich für kommerzielle Organisationen entwickelten (→) *Marketinginstrumente* lassen sich auch auf diese Organisationen zur besseren Erreichung ihrer Ziele übertragen, da zwischen diesen Organisationen und ihrer Umwelt ebenfalls Austauschprozesse (→ *Transaktion; Marketing, generisches*) stattfinden.

Non-Business-Marketing ist auch das Spendenmarketing (→ *Fundraising*) wie das Marketing für soziale Ideen, Normen und Wertvorstellungen (→ *Marketing, soziales*); es kann korrigierend auf mögliche Negativeffekte des kommerziellen Marketing für die Gesellschaft und Umwelt wirken (vgl. Raffée, 1979, S. 35f.). Während das soziale Marketing sich jedoch grundsätzlich an aktuellen sozialen Zielen orientiert, weisen die Sachziele des Non-Business-Marketing nicht zwangsläufig das Merkmal der Aktualität auf, sondern eher den Bezug zu traditionellen öffentlichen Aufgaben (Schul- bzw. Berufsbildung, Gesundheitswesen u.Ä.) (vgl. Raffée/Wiedmann, 1995, Sp. 1930).

Non-Response-Problem

Das in (→) *Befragungen* auftretende Non-Response-Problem kann unterschiedlich abgegrenzt werden. Einige Autoren, so Esser (1974, S. 123f.), verstehen darunter die Nichtbeantwortung von Fragen, andere, so Hammann/Erichson (2000, S. 117), zählen dazu auch die Nichterreichbarkeit von Befragten.

Nichterreichbarkeit liegt vor, wenn die ausgewählten Personen einer Stichprobe (→ *Stichprobenverfahren*) verzogen, unbekannt, verstorben oder aus sonstigen Gründen nicht anzutreffen sind. Dabei besteht die Schwierigkeit, »... die ausgefallene Adresse so zu ersetzen, dass die ursprüngliche Stichprobe (wenn es sich um eine Form der Zufallsstichprobe handelt) nicht verfälscht wird« (Friedrichs, 1998, S. 220). Bei der Quotenstichprobe besteht diese Schwierigkeit nicht, da ein anderer Befragter, der die gleichen Quotenmerkmale wie der Nichterreichbare aufweist, als Ersatz herangezogen werden kann. Das Problem der Nichterreichbarkeit tritt nur bei Teil-, sondern auch bei Vollerhebungen auf.

Die Nichtbeantwortung von Fragen kann untergliedert werden in die nicht vollständige Beantwortung von (→) *Fragebogen*, die Weigerung, bestimmte Fragen zu beantworten (z.B. Tabufragen) und das Äußern von Meinungslosigkeit, die wiederum auf Nichtinformation, wirklicher Meinungslosigkeit und Unentschiedenheit beruhen kann (vgl. Esser, 1974, S. 123). Der

Umfang der Nichtbeantwortung von Fragen kann durch eine geschickte Fragestellung und Fragenreihenfolge sowie durch besonders geschulte Interviewer reduziert werden.

Das Non-Response-Problem führt zu einer Einschränkung der Qualität von Umfragen, insbesondere bei schriftlichen Befragungen, da eine Verzerrung der Ergebnisse durch mangelnde (→) *Repräsentanz* zu erwarten ist.

Norm, soziale

Das menschliche Verhalten ist in starkem Maße von der Umwelt determiniert. Die Individuen sind in eine Vielzahl von (→) *sozialen Gruppen* eingebunden, von denen auch auf Kaufentscheidungen teilweise starke Einflüsse ausgehen. Dieser Einfluss zeigt sich u.a. in sozialen Normen (vgl. Böcker, 1996, S. 63ff.; Kroeber-Riel/Weinberg, 1999, S. 480ff.).

Normen sind Verhaltensvorschriften, die von den Mitgliedern einer Gruppe anerkannt werden. Diese Normen haben einen Weisungscharakter; die Gruppen sorgen für die Einhaltung der gruppenspezifischen Normen. Dazu wird ein System von positiven und negativen Sanktionen eingesetzt, d.h. durch soziale Anerkennung oder Missbilligung wird erreicht, dass sich die Gruppenmitglieder konform verhalten. Je nach Verbindlichkeit der Norm unterscheidet man Muss-, Soll- und Kann-Normen. Ein Teil der Normen gilt für alle Gruppenmitglieder gleichermaßen, andere Normen beziehen sich dagegen nur auf einzelne Mitglieder als Träger einer bestimmten Rolle (→ *Soziale Rolle*).

Die sozialen Normen werden entwickelt und verbreitet durch soziales (→) *Lernen* im Rahmen des Sozialisationsprozesses (→ *Konsumentensozialisation*). Das so genormte Verhalten der Individuen stabilisiert die sozialen Interaktionen, wirkt konfliktvermeidend und vereinfacht die persönlichen Entscheidungsprozesse. Dies gilt auch für den Bereich der Konsumnormen. Sie bewirken, dass bei Kaufentscheidungen von vornherein der Teil der möglichen Alternativen ausgeschaltet wird, der nicht den sozialen Normen entspricht.

Die sozialen Normen werden von der sozialen Umwelt festgelegt und zwar von der umgebenden Gesellschaft und Kultur sowie von der näheren Umwelt, besonders von den (→) *Bezugsgruppen*.

Das Marketing sollte soziale Normen berücksichtigen, indem sich z.B. die Werbung auf vorhandene Konsumnormen bezieht, sie verbreitet oder verstärkt. Andererseits können Konsumnormen aktiv verändert werden (→ *Marketing, soziales*).

Normung

Normen sind im Gegensatz zu Güte- und Markenzeichen (→ *Markenpolitik*) überbetriebliche Standardisierungsvorschriften. Unterschiedliche länderspezifische Normen stellen im internationalen Bereich (→) *Handelshemmnisse* dar. So lässt sich die in Deutschland etablierte DIN-Norm nicht auf US- und/oder japanische Märkte transferieren, so dass Produktanpassungen notwendig sind. Doch selbst in der (→) *EU* sind unterschiedliche Normen ein von der Öffentlichkeit kaum wahrgenommenes Handelshemmnis. Insbesondere mittelständische Betriebe verzichten oft auf ein unternehmerisches Engagement im Ausland, weil sie nicht in der Lage sind, nach unterschiedlichen Normen zu produzieren und anzubieten. Das Ergebnis sind zersplitterte Märkte; Größenvorteile in der Produktion und in der Beschaffung können nicht genutzt werden. So zeigen neuere Untersuchungen, dass durch die Anwendung europäischer (EN-Normen) und internationaler Normen (ISO/IEC-Normen) Transaktionskosten in erheblichem Ausmaß gesenkt werden können (vgl. DIN Deutsches Institut für Normung e.V, 2000, S. 13ff.).

Auf EU-Ebene beschäftigen sich mehrere europäische Organisationen (CEN; ETSI usw.) mit der Normung. Zur Zeit gilt in der EU das Prinzip der gegenseitigen Anerkennung: Güter, die nach geltendem Recht eines Mitgliedstaates produziert werden, dürfen im gesamten EU-Raum vermarktet werden. Hauptziel bleiben jedoch einheitliche Normen, wie sie für die anderen beiden Märkte der Triade (→ *Triade-Modell*) – die USA und Japan – seit Jahren gelten. Die Normung ist damit ein Schlüsselfaktor der Wettbewerbsfähigkeit der europäischen Industrie (vgl. Bangemann, 1992, S. 105f.).

Not-invented-here-Syndrom

Unter dem Not-invented-here-Syndrom versteht man die Reaktanz gegenüber Informationen, Entscheidungen und Konzepten, an denen man nicht selbst beteiligt war (vgl. Bruhn, 1992, S. 729). Diese Ablehnung wirkt besonders im (→) *Internationalen Management*, da man hier eine geringe Kenntnis der lokalen Verhältnisse bei der Muttergesellschaft vermuten kann. Gleichzeitig wirkt diese Reaktanz hemmend bei Versuchen, eine globale Marketingstrategie (→ *Marketingstrategie, globale*) einzuführen. Aus diesen Gründen wird häufig versucht, im Rahmen des Gegenstromverfahrens (→ *Planungsprozess*) die einzelnen nationalen Gesellschaften in den Entscheidungsprozess zu integrieren.

Nutzen [s.a. Haushaltstheorie]

Der Begriff Nutzen hat eine vielfache Bedeutung im Rahmen des (→) *Marketing* und der (→) *Marketingforschung*. Entsprechend finden sich verschiedene Ansatzpunkte für die Erklärung dieser Bedeutung.

In der mikroökonomischen (→) *Haushaltstheorie* bildet die sog. Nutzenmaximierungshypothese eine der zentralen Grundannahmen. Sie besagt, dass die Wirtschaftssubjekte rational auf dem Markt handeln (»homo oeconomicus«). Nach dieser Prämisse streben die Nachfrager nach Maximierung ihres subjektiven Nutzens. Die Konsumenten bilden danach Präferenzurteile bezüglich verschiedener Produktalternativen zur Bedürfnisbefriedigung durch Abwägen zwischen den positiven und negativen Nutzenwerten der verschiedenen Qualitätsmerkmale des jeweiligen Produktes. Gewählt wird dann das Produkt mit dem höchsten Nettonutzen. Analog zur Nutzenmaximierungshypothese stellt die Haushaltstheorie für das Verhalten der Anbieter die Gewinnmaximierungshypothese auf. Danach ist das gesamte Verhalten der Unternehmen auf Maximierung ihres Gewinnes ausgerichtet.

Bei der Frage, welche Erwartungen einen Verbraucher, Händler oder industriellen Nachfrager motivieren, sich für ein Produkt zu interessieren, stößt man auf den für die Theorie des Tausches überaus bedeutsamen, wenngleich wenig konkreten Begriff des Nutzens, unter dem man ein nur nach individuellen Maßstäben zu bewertenden und deshalb intersubjektiv nur schwer überprüfbares Maß an Bedürfnisbefriedigung versteht (vgl. Nieschlag/Dichtl/Hörschgen, 1997, S. 7f.).

Vershofen (1940, S. 71) unterscheidet in seiner klassischen Nutzenlehre zwischen dem Grundnutzen und dem Zusatznutzen. Danach stiftet jedes Produkt zunächst einen Grundnutzen, der aus den wirtschaftlichen, technisch-stofflichen und funktionalen Eigenschaften eines Gutes resultiert. Einen Zusatznutzen erlangt man, wenn dieses, etwa durch Design, seine Markierung oder das Image, das ihm anhaftet, auch seelisch-geistige Bedürfnisse befriedigt. Hierbei lassen sich ein persönlich bedingter Individualnutzen (z.B. Erfüllung eines Verlangens nach Schönheit) und ein Geltungsnutzen (Vermittlung von Sozialprestige, Förderung von Zuneigung usw.) unterscheiden.

Während die Bedeutung des Nutzens unstrittig ist, können in beiden Fällen mehrfache Kritikpunkte für die Beschreibung des Nutzenbegriffs anführt werden.

Diese rein normative Betrachtung des Nutzens in der Mikroökonomie, die zudem auf einem nicht operationalisierten Nutzenbegriff basiert, vernachlässigt wesentliche psychische und soziale Verhaltensdimensionen. Letztere sind wesentliche Erklärungsgrößen der neueren (→) *Konsumentenverhaltensforschung* und werden entsprechend detailliert im Rahmen neobehavioristischer Ansätze (→ *Neobehaviorismus*) untersucht.

Die Kritik an der Nutzentheorie bezieht sich hauptsächlich auf die geringe Operationalität des Begriffs Nutzen. Auch die Aufteilung von Vershofen ist in mancher Hinsicht unzweckmäßig, so die Kennzeichnung des Grundnutzens als eines stofflichen Nutzens, da somit alle Dienstleistungen ausschließlich einen Zusatznutzen stiften würden. Die Aufteilung lässt sich daher nicht auf immaterielle Güter beziehen.

O

Obsoleszenz

Unter Obsoleszenz versteht man die künstliche Veralterung eines Produktes. Die wirtschaftliche Lebensdauer eines Produktes wird verkürzt, obwohl das Produkt noch technisch gebrauchsfähig ist. Damit wird die Marktperiode bzw. der (→) *Produktlebenszyklus* künstlich vom Anbieter verkürzt. Ziele des vorzeitigen »Aus-dem-Markt-Nehmens« sind die Abkürzung unrentabler Phasen des Produktlebenszyklus und der Ersatz von Produkten.

Es lassen sich drei Typen von Obsoleszenz hinsichtlich der entsprechenden Maßnahmen der Anbieter unterscheiden:

- modische Obsoleszenzen, die durch die Änderung von Farben, der Form usw. gefördert werden
- Obsoleszenzen auf Grund einer verbesserten Funktionsqualität, z.B. Pkws mit geringerem Energieverbrauch oder Produkte mit einem neuen Zusatznutzen
- Obsoleszenzen durch die Einführung von Produktinnovationen (→ *Innovation*).

Der Einsatz der Obsoleszenz als Marketingstrategie ist ein Hauptangriffspunkt der Verbraucherbewegungen (→ *Konsumerismus*). Diese Kritik richtet sich vorwiegend auf die psychologische Obsoleszenz, bei der Werbung eingesetzt wird, um Produkte psychologisch zu entwerten, um Kunden zu veranlassen, das »neue« Produkt zu kaufen. Diese »neuen« Produkte unterscheiden sich oftmals nur in unwesentlichen Merkmalen von den »alten« Produkten. Insbesondere der Modewechsel wird zu diesem Zweck genutzt und gefördert.

Es ist jedoch darauf hinzuweisen, dass der Wohlstand westlicher Industriegesellschaften auf bestimmten Obsoleszenzgraden beruht.

OECD [s.a. WTO]

Die Organization for Economic Cooperation and Development (OECD) entstand 1961 aus der Umwandlung der Organisation für europäische wirtschaftliche Zusammenarbeit (Organization for European Economic Cooperation, OEEC), deren Hauptziel die Organisation und sinnvolle Verwendung der amerikanischen Mittel des European Recovery Program (Marshall-Plan) waren. Ziel der OEEC war neben der Förderung des Wiederaufbaus der europäischen Wirtschaft die Liberalisierung des Handels zwischen den Mitgliedstaaten.

Nach Ablauf des Marshall-Plans versteht sich die OECD als Interessenvertretung westlich orientierter Industrieländer. Sie umfasst 20 Gründungsmitglieder (18 europäische Länder sowie Kanada und die USA) und die später hinzugetretenen Länder Japan (1964), Finnland (1969), Australien (1971), Neuseeland (1973) sowie Mexiko (1994), Tschechien (1995) Republik Korea, Polen, Ungarn (alle 1996) und Slowakei (2000).

Ziel ist heute die Förderung der wirtschaftlichen und sozialen Entwicklung ihrer Mitglieder sowie der (→) *Entwicklungsländer*. Die Mitgliedsländer repräsentieren fast 20 % der Weltbevölkerung, 70 % der Weltexporte und weit über 70 % des Welthandelsvolumens. Deutschland ist seit 1949 Mitglied der OEEC.

Im Zentrum der Organisation der OECD steht der Rat als oberstes Organ, der sich aus Vertretern aller Mitgliedsländer unter Vorsitz des OECD-Generalsekretärs zusammensetzt. Die OECD ist in Paris beheimatet. Einmal jährlich tagt der Rat auf Ministerebene und leitet die Arbeiten der sonstigen Organe der OECD, koordiniert deren Aktivitäten und beschließt den Haushaltsplan. Entscheidungen werden einstimmig getroffen. Die Beschlüsse sind »mutual agreements« und gelten bei Enthaltungen nur für die zustimmenden Mitglieder. Ein internationales Sekretariat ist das operative Arbeitsorgan der OECD. Es wird vom Generalsekretär und vier Stellvertretern geleitet und umfasst mehr als 2.000 Mitarbeiter.

Unter dem Dach der OECD arbeiten u.a.

- die Internationale Energieagentur (International Energy Agency, IGA) mit 24 Mitgliedsländern
- die Kernenergie-Agentur (Nuclear Energy Agency, NEA) mit 27 Mitgliedsländern
- das Zentrum für Forschung und Innovation im Bildungswesen (Centre for Educational Research and Innovation, CERI) mit 29 Mitgliedsländern
- eine Europäische Konferenz der Transportminister (European Conference of Ministers of Transport) mit 28 Mitgliedsländern
- ein Entwicklungszentrum (Development Centre) mit 26 Mitgliedsländern
- der Exekutiv-Ausschuss – offen für alle Mitgliedsländer mit den G7-Ländern als ständige Mitglieder (Deutschland, Frankreich, Großbritannien, Italien, Japan, Kanada, USA)
- der Club du Sahel als informelle Diskussionsplattform mit Brainstorming-Charakter zwischen allen Mitgliedsländern und Partnern aus dem privatwirtschaftlichen und öffentlichen Bereich
- rund 200 Fachausschüsse u.a. für Wirtschaftspolitik, Energiepolitik, Handel, Finanz- und Steuerfragen, Arbeitskräfte, Bildungs- und Sozialfragen, Umweltschutz, Wissenschafts- und Technologiepolitik, Industrie, Information und Kommunikation, Entwicklungshilfe (Development Assistance Committee, DAC), die sich mit speziellen Fragen beschäftigen und wissenschaftliche Analysen publizieren (z.B. Länderberichte, Economic Surveys).

OECD-Konsensus [s.a. Berner Union]
Der OECD-Konsensus umfasst ein Übereinkommen über Leitlinien für staatlich unterstützte Exportkredite (→ *Exportkreditversicherung*), in dem sich die Partner verpflichten, festgelegte Regeln über

- (→) *Zahlungsbedingungen* für An- und Zwischenzahlungen
- Höchstkreditlaufzeiten
- Kreditraten und Zinserhebung
- kreditierte örtliche Kosten
- Mindestzinssätze und
- an nationale Exporte gebundene Hilfskredite

einzuhalten (vgl. Häberle, 1998, S. 697).

Der Konsens findet auf öffentlich unterstütze Kredite mit einer Mindestlaufzeit von zwei Jahren Anwendung und umfasst eine Vielzahl von Bestimmungen, die um Auslegungen ergänzt werden, um einen staatlich beeinflussten Niedrigzins-Wettlauf zu vermeiden. Mit dem Konsens soll erreicht werden, dass Exportgeschäfte durch staatliche Versicherung oder Finanzierungshilfen dann nicht mehr gefördert werden, wenn sie bestimmten Mindestanforderungen nicht mehr genügen.

Die Bemühungen zur Vermeidung von Wettbewerbsverzerrungen der staatlichen Exportkreditversicherungen in der EU sowie innerhalb der OECD-Länder haben große Erfolge erzielt. Am 1. April 1999 trat die EU-Richtlinie zur Harmonisierung der mittel- und langfristigen Exportkredite zeitgleich mit dem OECD-Prämiensystem in Kraft. Die Anwendung eines harmonisierten Entgeltsystems in allen beteiligten OECD-Staaten ist ein wichtiger Schritt zur Konvergenz der Kreditversicherungssysteme. Die EU-Richtlinie legt einheitliche Begriffsdefinitionen sowie Regelungen zu Deckungsumfang, Schadenursachen und Haftungsausschlüssen fest.

Die Höchstlaufzeiten für eine Exportförderung betragen 8,5 Jahre für Industrieländer und zehn Jahre für Entwicklungsländer (vgl. Kreditanstalt für Wiederaufbau (KfW), 1999, S. 10). Die Abgrenzung der Länder erfolgt nach der DAC-Liste der OECD (→ *Entwicklungsländer*). Die An- und Zwischenzahlungen der Kredite sollen 15 % des Auftragswertes nicht unterschreiten und die Kredittilgung muss spätestens sechs Monate nach dem »starting point« (Beginn der Tilgungslaufzeit) in gleichen Kapitalraten zuzüglich der halbjährlich zu berechnenden Zinsen beginnen. Die Mindestzinssätze werden auf der Basis von kommerziellen Ausleihzinssätzen auf dem jeweiligen Inlandsmarkt zuzüglich einer Marge als Referenzzinssätze festgelegt. Als maßgeblicher Mindestzinssatz für DM-Exportkredite gilt die jeweils zum Monatsende auf der Basis öffentlicher Schuldverschreibungen mit einer Restlaufzeit von fünf Jahren zuzüglich einer Marge von 1 % p.a. berechnete Commercial Interest Reference Rate (CIRR) (vgl. Jahrmann, 1998, S. 475f.).

OEEC → *OECD*

Öffentlichkeitsarbeit → *Corporate Identity; Public Relations*

Ökoskopie → *Empirische Wirtschaftsforschung; Marktforschung*

Öko-Sponsoring → Sponsoring

Offset-Vertrag [s.a. Local-Content-Politik]
Offset-Verträge sind eine Sonderform der (→) *Kompensationsgeschäfte*. Bei Offset-Geschäften werden Unternehmen, die an Ausschreibungen für öffentliche Bau- oder Beschaffungsaufträge teilnehmen, dazu verpflichtet, zu einem bestimmten Anteil des Auftragswerts Unteraufträge an inländische Zulieferer zu vergeben (vgl. Berndt/Fantapié Altobelli/Sander, 1999, S. 140).

Off-shore-Zentren
Off-shore-Zentren sind Finanzplätze, die sich außerhalb des Geltungsbereiches einzelstaatlicher Währungshoheit extraterritorial entwickelt haben. Es werden drei Arten von Off-shore-Zentren unterschieden (vgl. Fischer, 1989, Sp. 1553f.):

1. In der weitesten Bedeutung werden darunter Märkte subsumiert, die als Konzentrationspunkte bestimmter internationaler Güter- und Dienstleistungsströme dienen und die von dem sie umgebenen Wirtschaftsgebiet rechtlich, räumlich und administrativ getrennt sind. Die Transaktionen berühren das binnenwirtschaftliche Hinterland nicht; sie bleiben »off-shore«. Zu den bekanntesten Beispielen extraterritorialer Wirtschaftszentren zählen die internationalen (→) *Freihäfen* und Freizonen. Neben der Trennung vom Hinterland und ihrer durchleitenden Funktion sind sie durch besondere steuerliche und administrative Rahmenbedingungen charakterisiert. Sie tragen zur Attraktivität dieser Regionen bei, in dem sie Veräußerungsgewinne niedrig oder überhaupt nicht besteuern, auf Devisenverkehrsbestimmungen und auf die Erhebung von Quellensteuer auf Zinsen, Dividenden und Lizenzgebühren verzichten sowie Meldepflichten und andere aufsichtsrechtliche Hemmnisse so gering wie möglich halten.

2. In einer zweiten Begriffsauffassung wird der güterwirtschaftliche Aspekt ausgeklammert, so dass Off-shore-Plätze Zentren internationaler Bank-, Finanzierungs- und anderer Dienstleistungen außerhalb der Reichweite der Regulierungskompetenzen nationaler Zentralbanken sind. Zu den etablierten Off-shore-Finanzplätzen zählen beispielsweise London, Luxemburg, New

York. Sie bieten vorwiegend kurz- bis mittelfristige Refinanzierungen für langfristige Kredite mit periodischer Zinsanpassung, bei denen allerdings die Kreditnehmer das Zinsänderungsrisiko tragen müssen. Wegen des stark gestiegenen Volumens der Off-shore-Geschäfte haben sich zunehmend Off-shore-Zentren auch in (→) *Schwellenländern* (z.B. Bahamas, Kaimaninseln, Hongkong, Singapur, Bahrein) etabliert (vgl. Deutsche Bank, 1998, S. 322; Perridon/Steiner, 1999, S. 171).

3. In der engsten Begriffsauffassung wird als Kriterium zur Abgrenzung von Off-shore-Zentren allein die steuerliche Günstigkeit herangezogen. Eine exakte Abgrenzung zwischen Off-shore-Zentren und reinen Steueroasen ist kaum möglich, da steuerliche Vergünstigungen auch zu den Merkmalen der Off-shore-Zentren gehören. Beispiele sind neben den schon erwähnten Bahamas, Kaimaninseln, die niederländischen Antillen und Panama.

Die Bedeutung der Off-shore-Zentren im Außenhandel liegt in der Ausnutzung internationaler Finanzierungsvorteile, im freien Zugang zu internationalen Finanzmärkten, aber auch im Warenumschlag. Off-shore-Zentren sind auch Sitz internationaler Finanz-Servicegesellschaften von Großunternehmen. Weitere Formen des Off-shore-Geschäfts sind Holdinggesellschaften internationaler Konzerne, internationale Finanzierungsgesellschaften sowie Off-shore-Banken (vgl. Fischer, 1989, Sp. 1553ff.).

Oligopol → *Marktformen; Marktverhaltensweisen*

Omnibusbefragung

Nach der Anzahl der Themen einer (→) *Befragung* sind Spezialbefragungen und Omnibusbefragungen zu unterscheiden. Während bei den Spezialbefragungen nur ein Thema behandelt wird (Einthemenbefragung) ist die Omnibusbefragung (Mehrthemenbefragung) auf mehrere Themen ausgerichtet. Marktforschungsinstitute sprechen häufig erst dann von einer Omnibusbefragung, wenn zugleich mehrere Auftraggeber vorhanden sind.

Die Vorteile einer Mehrthemenbefragung liegen neben der größeren Wirtschaftlichkeit in einigen methodischen Aspekten. Die Befragung einer Person zu mehreren Themen führt durch die Möglichkeit, verschiedene Themen mischen zu können, zu einer günstigen Gesprächsatmosphäre mit geringeren Ermüdungserscheinungen der Befragten. Die Themenmischung bietet auch die Möglichkeit zur indirekten Befragung durch die Trennung von einzelnen Sachverhalten. Durch ein solches Vorgehen lassen sich auch unbewusste Verzerrungen der gewonnenen Aussagen vermeiden, die bei der intensiven Befragung bezüglich eines Themas entstehen können (vgl. Hüttner, 1989, S. 49f.)

One-to-One-Marketing

One-to-One-Marketing und Massenmarketing (Mass Marketing) stellen zwei sich gegenüberstehende Extrempunkte eines Kontinuums zwischen Individualisierung und Generalisierung des Marketing dar (vgl. Becker, 1996, S. 20). In Übersicht 105 sind die Abstufungsmöglichkeiten zwischen diesen Extremausprägungen dargestellt.

Unter One-to-One-Marketing, das auch als Customized Marketing bezeichnet wird, wird ein kundenindividuelles Marketing verstanden, bei dem die Ausrichtung aller Marketingaktivitäten auf den einzelnen Kunden erfolgt. One-to-One-Marketing ist durch einen hohen Grad an (→) *Customizing* der Produkte und/oder der Prozesse gekennzeichnet. One-to-One-Marketing beinhaltet insofern die Anpassung der Marketingaktivitäten an die Kundenbedürfnisse. So sind individuelle Ausgestaltungsformen

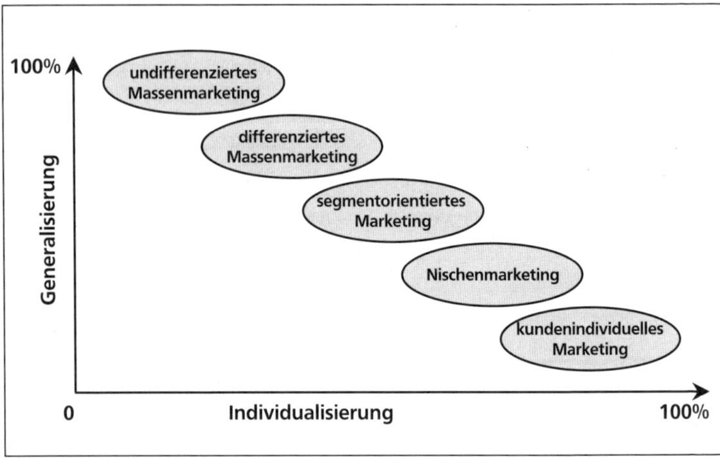

Quelle: Becker, 1996, S. 20.

Übersicht 105: Entwicklungsstufen zum kundenindividuellen Marketing

im Rahmen der Kommunikationspolitik, der Preis- und Konditionenpolitik, der Produktpolitik und der Distributionspolitik Ausdruck des One-to-One-Marketing. Das One-to-One-Marketing ist dabei durch Rückkopplungen in den Informations- und Kommunikationsbeziehungen gekennzeichnet (vgl. Tomczak, 2000, S. 32f.).

Die Zielsetzung im Rahmen des One-to-One-Marketing besteht im Aufbau langfristiger Kundenbeziehungen (→ *Customer Relationship Management*). Damit verbunden sind die Ausrichtung auf die Erzielung von (→) *Kundenbindung* und die Zielsetzung, den »Share of Customer« zu maximieren.

Im Rahmen des One-to-One-Marketing sind Rentabilitäts- und Effizienzbetrachtungen von hoher Bedeutung. Da Customizing-Prozesse i.d.R. einen hohen Ressourceneinsatz erfordern, erfolgt die Ausrichtung im Rahmen des One-to-One-Marketing zumeist auf »profitable« bzw. »wertvolle« Kunden (vgl. Peppers/Rogers, 1994, S. 124ff.).

Wichtige Voraussetzungen für die Realisierung einer One-to-One-Marketing-Strategie liegen in der Verfügbarkeit und Nutzbarkeit von Daten und Informationen über die Kunden; so ist die informationstechnische Unterstützung im Rahmen des Einsatzes von Data Mining und Data Warehousing von besonderer Bedeutung (→ *Data-Base-Marketing*). Weiterhin stellt das Einverständnis der Kunden zu einer One-to-One-Ansprache eine wichtige Grundvoraussetzung des erfolgreichen Einsatzes dieser Strategie dar (Permission-Marketing) (vgl. Tomczak, 2000, S. 27f.).

Online-Marketing → *E-Commerce*

Online-Marktplätze → *EDI*

OPEC

Die Organisation erdölexportierender Länder (Organization of Petrol Exporting

Countries, OPEC) wurde 1960 auf Initiative Venezuelas von fünf Förderländern zur gemeinsamen Interessenvertretung auch gegenüber den internationalen Ölkonzernen gegründet. Wesentliche Ziele der Organisation sind die Koordination der Erdölpolitik der Mitgliedstaaten, die Wahrung ihrer Interessen sowie die Stabilisierung des Weltmarktpreises durch Regulierung der Fördermengen (Angebotskontigentierung). Die OPEC besteht aus elf Mitgliedstaaten, so Algerien, Indonesien, Iran, Irak, Katar, Kuwait, Libyen, Nigeria, Saudi-Arabien, Venezuela und den Vereinigten Arabischen Emiraten.

Formal stellt die OPEC ein (→) *Kartell* dar, welches vor allem in den siebziger und achtziger Jahren entscheidenden Einfluss auf die Ölpreissteigerungen genommen hat. In Folge des durch die Ölpreisentwicklung entstandenen Finanzstroms haben sich in diesen Ländern besondere Entwicklungen bezüglich des Pro-Kopf-Einkommens, der Infrastruktur und des Lebensstandards ergeben (vgl. Dülfer, 1997, S. 70). Der Welthandelsanteil der OPEC stieg von 5,7 % im Jahre 1970 auf 15,2 % im Jahre 1980. Diese starke Verschiebung der Welthandelsanteile zu Gunsten der OPEC-Länder ging vor allem zu Lasten der Gruppe der Industrieländer, deren Anteil von 73,4 % im Jahre 1970 auf 63,9 % im Jahre 1980 sank. Mit der Ölpreissenkung und dem vorübergehenden Ölpreisverfall im Jahre 1986 trat eine Umkehrung der Entwicklung der siebziger Jahre ein. Der Welthandelsanteil der OPEC ging auf 5,4 % im Jahre 1986 zurück (vgl. Dieckheuer, 1998, S. 13f.).

»Die jüngste Entwicklung der OPEC macht nicht nur deutlich, dass die Preis- und Mengenpolitik eines Kartells konfliktreich und der Zusammenhalt daher ständig bedroht ist, sondern dass der zeitweise durchgesetzte, relativ hohe Monopolpreis für die einzelnen Mitgliedsländer (...) letzten Endes sogar schädlich sein kann« (Dieckheuer, 1998, S. 103).

Die OPEC-Staaten haben auf Grund ihrer am internationalen Kapitalmarkt angelegten »Petrodollars« zur Liquidität der dort tätigen Banken beigetragen (Euro-Dollar-Markt).

Insgesamt zeigt das Preis- und Mengenkartell der OPEC, wie eine temporäre Stabilisierung der Exportpreise vorgenommen werden kann (Kartellierung). In einem ersten Schritt werden die Preise vereinheitlicht, die am Weltmarkt erzielt werden sollen. In einem zweiten Schritt sind dann unter Berücksichtigung der Weltnachfrage die Angebotsmengen, die insgesamt auf den Weltmarkt gebracht werden, sowie die Verteilung dieser Mengen auf die einzelnen Anbieter festzulegen. Derartige Anbieterkartelle sind auch für andere Güter des Grundstoffbereichs gebildet worden.

Organisation → *Marketingorganisation; Organisationsstrukturen*

Organisationsstrukturen [s.a. Marketingorganisation]

Organisationsstrukturen sind Regelsysteme zur Beeinflussung (Steuerung) des Verhaltens der Mitarbeiter einer Unternehmung im Hinblick auf ein übergeordnetes Gesamtziel (vgl. Frese, 2000, S. 243). Sie sind die durch Regeln geschaffene Ordnung eines sozialen Systems und somit das Resultat der Bemühungen des Organisierens (vgl. Steinmann/Schreyögg, 1997, S. 392f.). Im Allgemeinen basieren Organisationsstrukturen auf vielfältigen Ansätzen zur Erklärung des Aufbaus von Organisationen.

Die strukturellen Gestaltungsbemühungen sind bereits aus einer historischen Perspektive, wie sie Kieser (1992, Sp. 1648ff.) vornimmt, durch den inhärenten Konflikt gekennzeichnet, einerseits eine möglichst dauerhafte Stabilität der Mitarbeiteraktivitäten anzustreben, andererseits die für die Unternehmung notwendige Dispositions-

und Innovationsfähigkeit gewährleisten zu können.

Generell lassen sich bei internationalen Unternehmen die gleichen Strukturierungsprinzipien wie bei national tätigen Unternehmen anwenden (vgl. Macharzina, 1999, S. 707), so dass die vielfachen Gestaltungsalternativen mehr oder weniger übertragbar sind. Dazu gehören beispielsweise Einlinien- und Mehrliniensysteme, die Stabsorganisation, die Matrixorganisation, die Tensororganisation.

Macharzina (1999, S. 707ff.) zeigt zwei idealtypische Gestaltungsalternativen für die Organisation international tätiger Unternehmen auf. Er unterscheidet zwischen einer differenzierten Struktur, die Inlands- und Auslandsaktivitäten trennt, und einer, diese Aktivitäten nicht trennenden, integrierten Struktur. Die Unterteilung berücksichtigt im gewissen Sinne das Ausmaß der Auslandsaktivitäten und zeigt die unterschiedlichen Entwicklungsstadien der sich internationalisierenden Unternehmen im strukturellen Sinne auf (vgl. auch Macharzina/Oesterle, 1995, S. 203ff.; Welge, 1980, S. 193). Mischstrukturen bzw. kombinierte Organisationsstrukturen, so differenzierte und integrierte Organisationsstrukturen, werden als Hybridstrukturen bezeichnet. Eine hybride Organisationsstruktur, wie in Übersicht 106 dargestellt, ist für jene Unternehmen empfehlenswert, deren Teilsysteme in Umwelten unterschiedlicher Dynamik agieren.

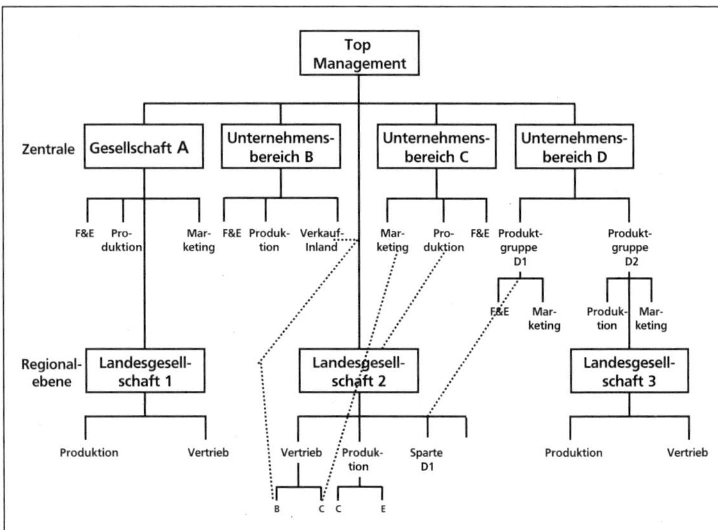

Quelle: Macharzina, 1999, S. 377.

Übersicht 106: Hybride Organisationsstruktur

»Differenzierte Strukturen werden vor allem bei solchen internationalen Unternehmen gebildet, deren Auslandsengagement im Verhältnis zu ihren Größenmerkmalen noch relativ gering ist oder deren Produktionsprogramm im Hinblick auf die nationalen Anforderungen als standardisiert oder homogen bezeichnet werden kann« (Welge, 1992, S. 595). Die drei wesentlichen idealtypischen Gebilde sind die Exportabteilung, die internationale Division sowie (→) *Holding-Konzepte*.

Bei den integrierten Strukturen oder integrierten Organisationsformen werden die inländischen und die ausländischen Aktivitäten einer einheitlichen oder integrierten Leitung unterstellt. »Zu den empirischen Typen der integrierten Struktur zählen die integrierte funktionale, die produktorientierte (Spartenorganisation) (vgl. Übersicht 107) und die regionale Struktur sowie die mehrdimensionale Matrix- und Grid-Struktur« (Welge, 1992, S. 596).

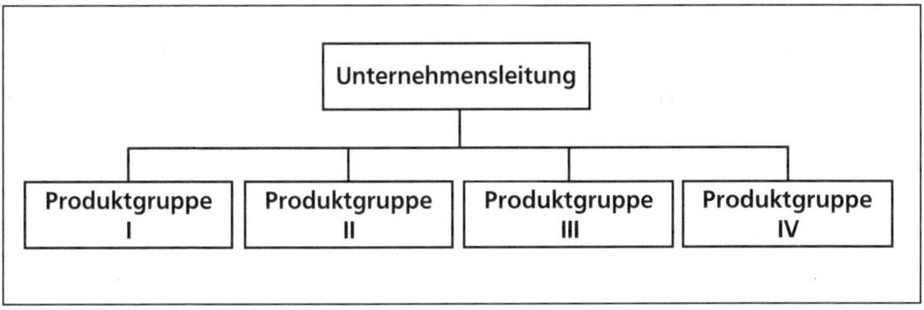

Quelle: in Anlehnung an Frese, 2000, S. 362.

Übersicht 107: Integrierte Produktstruktur

Die funktionale bzw. regionale Organisationsstruktur sind ähnlich aufgebaut, jedoch erfolgt auf der ersten Gliederungsebene entsprechend eine Differenzierung nach Funktionen bzw. Regionen.

Die Organisationsgestaltung hat in international tätigen Unternehmen die Schaffung von Rahmenstrukturen, die der (→) *Internationalisierungsstrategie* und dem (→) *Internationalisierungsgrad* von Unternehmen entsprechen, zum Gegenstand. Sie geht der Frage nach, in welcher Art und Weise bestimmte Internationalisierungsstrategien mit bestimmten Organisationsmodellen oder -formen korrespondieren, und zweitens, in welcher Art und Weise die gewählte Organisationsstruktur auch von dem Internationalisierungsgrad des Unternehmens abhängt. Macharzina (1999, S. 393ff.) beschreibt die Organisationsgestaltung als Prozess des Aufbaus und der Veränderung von Organisationsstrukturen. Einer der bekanntesten Ansatzpunkte zur Organisationsgestaltung, gerade im Bereich des (→) *Internationalen Managements*, ist die von Chandler (1962) formulierte These »structure follows strategy«. Diese, in jüngerer Literatur häufig kritisierte, These postuliert die Notwendigkeit, dass in Abhängigkeit von unterschiedlichen Internationalisierungsstrategien Anpassungen der unternehmensinternen Strukturen vorzunehmen sind.

Organization for Economic Cooperation and Development → *OECD*

Orientierungslernen

Das Orientierungslernen ist eine Variante des kognitiven (→) *Lernens*. Der Lernprozess beruht darauf, dass für verschiedene Handlungsalternativen bereits erfahrene Konsequenzen gespeichert sind. Tritt eine gleiche Wahlentscheidung auf, so prüft der

Entscheidende alle möglichen (realisierbaren) Handlungsalternativen und greift dabei auf die gelernten früheren Erfahrungen zurück.

Große Bedeutung hat dieses Vorgehen bei der Produktauswahl. Dabei geht der Verbraucher in einer bestimmten Bedürfnissituation vereinfacht so vor, dass er sich diejenigen Produkte vergegenwärtigt, die für die Befriedung der gegebenen Bedürfnisse (→ *Bedürfnishierarchie*) mehr oder weniger relevant sind. Die Auswahl des Produktes kann über bereits gelernte, gespeicherte Entscheidungsheuristiken erfolgen.

Orientierungsreaktion

Die Orientierungsreaktion ist ein Phänomen, das in enger Beziehung zur Aufmerksamkeit zu sehen ist. In der Literatur werden z.T. beide Begriffe nicht gegeneinander abgegrenzt, z.T. wird Aufmerksamkeit als Oberbegriff angesehen.

Die Orientierungsreaktion ist eine kurzzeitige, reflexartige Hinwendung des Organismus auf einen Reiz oder eine Reizkonstellation (vgl. Kroeber-Riel/Weinberg, 1999, S. 62f.). Die so ausgelöste phasische (→) *Aktivierung* sensibilisiert das (→) *Informationsverarbeitungssystem* des Menschen für diesen Reiz. Diese Reaktion äußert sich z.B. motorisch durch die Drehung des Kopfes zur Reizquelle oder in einer Erweiterung der Pupille. Hierin zeigen sich auch die spezifischen Möglichkeiten zur Messung der Orientierungsreaktion.

Die Orientierungsreaktion wird durch die folgenden Eigenschaften von Reizen bestimmt: Intensität, Farbe, Größe, Neuartigkeit und Ungewissheit.

Outpacing-Strategie

Die Outpacing-Strategie stellt eine Kombination aus den Grundformen der (→) *Wettbewerbsstrategien* – Kostenführerschaft und Qualitätsführerschaft – im Zeitablauf

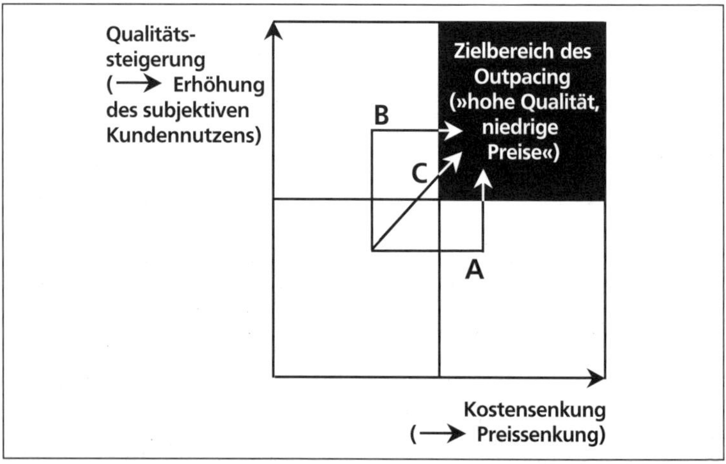

Quelle: Hünerberg, 1994, S. 196.

Übersicht 108: Outpacing

der Marktentwicklung dar und erfordert vom Unternehmen, in Abhängigkeit der Markt- und Wettbewerbsentwicklung flexibel strategische Akzente zu setzen, so zwischen einer Orientierung an der maximalen Zahlungsbereitschaft des Abnehmers (Qualitätsführerschaft) einerseits und an den tatsächlichen Kosten einer Leistung (Kostenführerschaft) andererseits.

Langfristiges Ziel des Outpacing ist die gleichzeitige Preis- und Qualitäts- bzw. Leistungsdominanz auf einem Markt. Hierzu existieren je nach Produktart und Marktentwicklungsphase unterschiedliche Vorgehensweisen (vgl. Übersicht 108).

Bei der Realisierung des Strategietyps A wird zunächst die Dominanz über den Preis, danach die zusätzliche Erreichung von Leistungsdominanz angestrebt. Dieses Vorgehen ist typisch für asiatische Anbieter auf bereits etablierten Märkten, z.B. japanische Automobilanbieter (vgl. Hünerberg, 1994, S. 196). Umgekehrt wird häufig von Unternehmen der Technologiebranchen zunächst die Leistungsdominanz angestrebt, um die maximale Zahlungsbereitschaft der Käufer für die i.d.R. innovativen Leistungen abzuschöpfen. Nachdem sich die (→) *Innovation* am Markt zum Standard entwickelt hat und von vielen Wettbewerbern angeboten wird, verlagert sich die strategische Orientierung zur Kostensenkung und Produktivitätssteigerung mit dem Ziel der Preisdominanz (Strategietyp B) (vgl. auch Gilbert/Strebel, 1987, S. 31f.).

Strategietyp C, die simultane Preis- und Qualitätsdominanz – ausgehend von einer konträren Ausgangssituation –, ist ein bisher wenig realistischer Fall (vgl. Hünerberg, 1994, S. 196).

Outsourcing [s.a. Financial Sourcing; Global Sourcing]
Der Begriff Outsourcing (Outside Resource Using) umfasst den Fremdbezug von Ressourcen bzw. die Übergabe der Verantwortung an Dritte. Er setzt an der Diskussion der Frage Eigenfertigung/Fremdbezug bzw. Make-or-Buy an.

Die Outsourcing-Frage lässt sich für jede separierbare Aktivität oder Funktion stellen. Während in der Vergangenheit nahezu ausschließlich der Fertigungs- und Beschaffungsbereich – in weiteren Untersuchungen der Marketingbereich (vgl. Fischer, 1993) sowie der Forschungs- und Entwicklungsbereich (vgl. Schneider/Zierlinger, 1991) – analysiert wurde, bezieht sich Outsourcing zunehmend auch auf den Fremdbezug von Dienstleistungen (vgl. Köhler-Frost, 1993, S. 14ff.). Neben dieser Klassifizierung des Outsourcing in Abhängigkeit von den betroffenen Funktionsbereichen des Unternehmens kann eine Differenzierung gemäß folgender Kriterien vorgenommen werden:

- In Abhängigkeit vom Umfang der »outgesourcten« Leistungen unterscheidet man zwischen Single Sourcing, Modular Sourcing, Multisourcing.
- Die Institution, an die eine Aufgabe übertragen wird, kann beispielsweise eine Tochtergesellschaft, eine Servicegesellschaft, eine Beteiligungsgesellschaft oder eine völlig fremde Institution sein. Die ersten beiden Arten des Outsourcing bezeichnet man häufig als internes, die Letztgenannte als externes Outsourcing.

Die Beweggründe für ein Outsourcing gehen über klassische (→) *Make-or-Buy-Entscheidungen* hinaus und weisen eine zunehmend strategisch-partnerschaftliche Perspektive auf. Derartige strategisch relevante Faktoren sind u.a. (vgl. Bruch, 1998, S. 5ff.):

- Kosten- und Effizienzaspekte bzw. Ausnutzung komparativer Kostenunterschiede
- Konzentration auf Kernkompetenzen im Sinne einer Managemententlastung

- Konzentration auf Kernkompetenzen im Sinne von Wertschöpfungspartnerschaften
- Aufbau von Kernkompetenzen durch Innovationspartnerschaften (→ *Kooperationen*)
- Kulturtransformation und Stärkung des internen Unternehmertums (Entrepreneurship)
- Minimierung von Risiken.

Etwaigen Kosteneinsparungen des Outsourcing sind die im Zusammenhang mit dem Outsourcing entstehenden Transaktionskosten der Informationssuche und -beschaffung (Anbahnungskosten), der Vertragsformulierung und Einigung (Vereinbarungskosten), der Sicherstellung der Einhaltung von Preis-, Mengen-, Termin- und Qualitätsvereinbarungen (Kontrollkosten) sowie die Kosten der Durchsetzung notwendiger Änderungen (Anpassungskosten) gegenüberzustellen (vgl. Perlitz, 2000, S. 489f.).

Out-Supplier → *In-Supplier*

P

Paneleffekt → *Panelerhebung*

Panelerhebung

Eine Panelerhebung ist i.d.R. eine Teilerhebung, die wiederholt in regelmäßigen Abständen, mit derselben (repräsentativen) Teilauswahl (Panel) zum selben Untersuchungsgegenstand vorgenommen wird. Der Zweck der Panelerhebung liegt darin, durch periodische Wiederholung von Einzelerhebungen Veränderungen im Zeitablauf sichtbar zu machen (vgl. Hüttner, 1989, S. 135ff.). Indem stets derselbe Personenkreis mehrmals zu einem Thema befragt wird, erhält man Längsschnittdaten (→ *Längsschnittanalyse*), die als Grundlage für (→) *Prognosen*, z.B. des (→) *Marktvolumens*, des (→) *Marktanteils*, der Marktdurchdringung von Produktinnovationen (→ *Diffusion*) oder des Markenwechsels bzw. der (→) *Markentreue* herangezogen werden können.

Nach den Panelteilnehmern unterscheidet man die in Übersicht 109 dargestellten Panelarten.

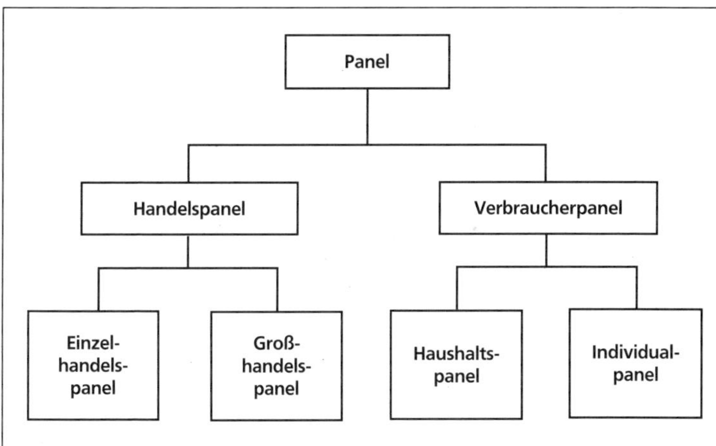

Übersicht 109: Panelarten

Während sich das (→) *Handelspanel* an die Groß- und Einzelhandlungen wendet, bezieht sich das (→) *Verbraucherpanel* auf die Endverbraucher. Hierin kommt zum Ausdruck, dass Panelerhebungen vorwiegend im Konsumgüterbereich durchgeführt werden. Bei Handwerksbetrieben und Baufirmen werden für Produkte, die diese bei ihrer Leistungserstellung benötigen, insbesondere Roh-, Hilfs- und Betriebsstoffe, so genannte Vorverbraucherpanels durchgeführt.

Technologisch unterscheidet man konventionelle und elektronische Panels. In konventionellen Panels erfolgt die Datengewinnung meist durch schriftliche (→) *Befragungen*, so bei Verbraucherpanels, oder durch Formen der (→) *Beobachtung*, so in Handelspanels. In elektronischen Panels erfolgt die Datenerfassung i.d.R. mittels Kundenkarten. Die artikelgenaue Verkaufsdatenerfassung über Scanner-Kassen ermöglicht den Aufbau elektronischer Handelspanels, mit der Option einer kontinuierlichen Erhebung der Daten bei jedem Einkauf des Konsumenten.

Die modernen Technologien bieten die Möglichkeit zum Aufbau kombinierter elektronischer Handels- und Verbraucherpanels, d.h. sie schaffen die Voraussetzungen, unterschiedliche Datenquellen in einem gemeinsamen Datensystem zusammenzufassen. Die weitestgehende Integrationsmöglichkeit bieten Singulärquellen-Verfahren (Single-Source-Ansatz), bei denen die Einkäufe einzelner Haushalte und der Umfang, in dem Werbemedien diese Haushalte erreichen, erfasst werden. Die Technologie zeigt den Zusammenhang zwischen Fernsehgewohnheiten bzw. Fernsehnutzung und Einkaufsverhalten und ermöglichst daher integrierte Informationen. »Die Einkäufe der Haushalte werden an den Einzelhandelskassen oder über Scanner in den Haushalten aufgezeichnet. Die Fernsehbeteiligung wird im elektronischen Speicher der Messgeräte festgehalten. Daraus ergibt sich die Möglichkeit, eine weitestgehend passive Betätigung der Haushaltsmitglieder in präzise Informationen über bestimmte Zusammenhänge umzusetzen« (Gold, 1986, S. 3).

Gemeinsames Merkmal der Verfahren einer High-Tech-Marktforschung ist die Verbindung von Kausaldaten, z.B. empfangenen TV-Spots, mit effektivem Kaufverhalten. Dieses Design stellt eine völlig neue Möglichkeit für die Testmarktforschung dar. Die Systeme werden daher auch als Testmarktsysteme bezeichnet.

Methodische Probleme bei der Panelerhebung ergeben sich bei der Auswahl und Gewinnung der Panelteilnehmer sowie beim Ersatz ausgeschiedener Teilnehmer. Bei der Beurteilung von Panelerhebungen sind deren (→) *Repräsentanz* und Gültigkeit (→ *Validität*) zu überprüfen:

- Die Repräsentanz wird durch zwei Probleme gefährdet. Da viele Personen nicht bereit sind, die mit der Panelteilnahme verbundene Arbeit (z.B. das Ausfüllen von Berichtsbogen in konventionellen Panels) auf sich zu nehmen, ist die Verweigerungsrate bei der Gewinnung von Panelteilnehmern hoch. Weiterhin ist das Problem der Panelsterblichkeit, d.h. das Ausscheiden von Panelteilnehmern aus einer möglicherweise repräsentativ gestalteten Stichprobe, zu beachten.
- Auch die Gültigkeit von Panelerhebungen wird durch viele Fehlerquellen gefährdet. Es handelt sich dabei etwa um die im Laufe des Panels auftretende Verhaltensänderung der Teilnehmer. Ein Paneleffekt liegt vor, wenn ein Panelteilnehmer durch die laufende Berichterstattung mehr oder weniger unbewusst sein Verhalten ändert. Diese Verhaltensänderung wird durch eine stärkere Bewusstwerdung der Einkaufstätigkeit auf Grund der Aufschreibungen aller Daten eines Einkaufs ausgelöst. So ist es denkbar, dass ein Teilnehmer preisbewusster wird und vermehrt nach Informationen vor dem Einkauf sucht.

Der Paneleffekt tritt in erster Linie beim Verbraucherpanel in konventioneller Form auf. Elektronische Verbraucherpanels erfassen dagegen die Einkaufsdaten selbsttätig. Zudem kommt es bei einer langen Panelzugehörigkeit zu vielfachen Ermüdungserscheinungen, z.B. in Form von falschen

Eintragungen infolge von Nachlässigkeit. Da auf den Berichtsbogen die verschiedenen Warengruppen aufgeführt sind, kann es zu einem Impuls zum Kauf bestimmter nicht notwendiger Produkte kommen (Checklisten-Effekt). Aus Prestigegründen geben weiterhin einzelne Panelteilnehmer mehr Käufe an, als sie getätigt haben (Overreporting).

Derartige Effekte werden durch elektronische Panels, die aus methodischer Sicht als nonverbale Verfahren der Informationsgewinnung zu betrachten sind (→ *Erhebungsverfahren*), weitestgehend ausgeschaltet oder zumindest reduziert.

Parallelgeschäft → *Counterpurchase*

Patente

»Patente werden für Erfindungen erteilt, die neu sind, auf einer erfinderischen Tätigkeit beruhen und gewerblich anwendbar sind« (§ 1 Abs. 1 PatG). Bei einem Patent handelt es sich um das vom Staat einem Erfinder ausschließlich erteilte, zeitlich begrenzte Recht, eine Erfindung gewerbsmäßig zu nutzen (§ 9 PatG). Patente werden für neue Erfindungen erteilt, die eine gewerbliche Verwertung gestatten (Patentfähigkeit), nicht jedoch für

- »Entdeckungen sowie wissenschaftliche Theorien und mathematische Methoden
- ästhetische Formschöpfungen
- Pläne, Regeln und Verfahren für gedankliche Tätigkeiten, für Spiele oder für geschäftliche Tätigkeiten sowie Programme für Datenverarbeitungsanlagen
- die Wiedergabe von Informationen« (§ 1 Abs. 2 PatG).

Auf Grund der i.d.R. nationalen Ausrichtung des Patentschutzes stellt er ein wesentliches Problem im Rahmen der (→) *Internationalisierung* von Unternehmen dar, so bei der Lizenzvergabe (→ *Lizenzpolitik*). Dies betrifft besonders den Extra-EU-Handel, zumal im Intra-EU-Handel der Patentschutz auf EU-Normen basiert.

Das Fehlen eines international bzw. weltweit einheitlichen Patentschutzabkommens wirkt sich auf die Internationalisierung der Unternehmenstätigkeit aus. So würde ein funktionierendes Patentsystem eine erhebliche Erleichterung des internationalen Know-how-Transfers (→ *Technologietransfer*) sowie der Spezialisierung und Arbeitsteilung mit sich bringen (vgl. Schoppe, 1998, S. 100f.).

Als ein erster Schritt zur Harmonisierung kann das in der letzten GATT-Runde (→ *Uruguay-Runde*) getroffene Abkommen zum Schutz geistiger Eigentumsrechte (→ *TRIPS*) bewertet werden. Obwohl es u.a. Aspekte der Kontrolle von wettbewerbswidrigen Praktiken in Vertragslizenzen und Schutzmaßnahmen gegen die »Produktpiraterie« (→ *Markenpiraterie*) umfasst, kann es jedoch nicht als eine globale Patentschutzregelung angesehen werden (vgl. Yüksel, 2001, S. 81ff.; Hilpold, 2000, S. 114f.).

Patentpolitik

Die Patentpolitik dient der Sicherung eigener Schutzrechte, d.h. dem Schutz von eigenen (→) *Innovationen*, bei denen ein beachtlicher Fortschritt bezüglich des bisherigen Standes der Technik vorliegt. Nur der Inhaber eines Patents ist berechtigt, den patentierten Gegenstand herzustellen oder anzubieten.

Es bestehen Problemfelder bei Imitationen und Doppelerfindungen. Nach § 16 PatG dauert das Patent 20 Jahre, die mit dem Tag beginnen, der auf die Anmeldung der Erfindung folgt. Die wirkliche Schutzdauer ist aber kürzer. Die Offenlegung erfolgt spätestens 18 Monate nach der Anmeldung. In dieser Zeit besteht kein Schutz vor Imitationen, sondern nur ein Prioritätsrecht.

Die Aufgabe der Patentpolitik besteht nicht nur darin, Patente anzumelden, deren Laufzeit zu bestimmen und den Patentschutz zu überwachen, sondern auch darin, nicht selbst genutzte Patente unter bestimmten Bedingungen zu vermarkten (vgl. Brockhoff, 1999a, S. 99ff.). In diesem Fall wird das Patent zur Marktleistung. Beim Verkauf von Patenten geht das Eigentum an den gesamten Rechten dauerhaft an den Käufer über; es bestehen keinerlei Kontroll- und Einflussmöglichkeiten mehr. Als Alternative dazu können Lizenzen vergeben werden (→ *Lizenzpolitik*).

Die Analyse der Patentanmeldungen durch Konkurrenzunternehmen ist für die (→) *Konkurrenzanalyse* von großer Bedeutung; sie liefert zugleich Erkenntnisse bezüglich der technologischen Weiterentwicklung.

Penetrations-Politik → *Marktdurchdringungspolitik*

Permission-Marketing → *One-to-One-Marketing*

Personal Selling [s.a. Absatzwegepolitik; Key-Account-Management]
Kennzeichnend für das Personal Selling (persönlicher Verkauf) ist der unmittelbare Kontakt zwischen Verkäufer und Käufer beim Absatz von Waren. Beim persönlichen Verkauf werden zwei Kontakttypen unterschieden:

- Face-to-Face-Selling
- (→) *Telefonverkauf*.

Dabei kann grundsätzlich zwischen Verkaufsmitarbeitern im Innendienst, insbesondere in Handels- und Dienstleistungsbetrieben, und den Außendienstmitarbeitern unterschieden werden.

Vom Standpunkt eines Unternehmens kann weiter danach differenziert werden, ob der Verkauf durch eigene Verkaufsorgane (eigener Außendienst) oder fremde Verkaufsorgane (fremder Außendienst) erfolgt. Neben den Alternativen Reisende (festangestellte Mitarbeiter) bzw. Handelsvertreter, (→) *Kommissionäre*, Makler (→ *Handelsformen, kodifizierte*), die auch kombiniert eingesetzt werden können, sind Zwischenformen möglich. Hierzu gehören der Einsatz externer Verkäufer, die von speziellen Verkaufsorganisationen zeitweise im Leasing-Verfahren (→ *Leasing*) übernommen werden, sowie das (→) *Outsourcing* des Außendienstapparates.

Eine weitere Zwischenform ist in der Vertriebskooperation (→ *Kooperation*) zu sehen. Hierunter sind

- die Ausgliederung der Außendienstaufgaben von zwei oder mehreren Unternehmen auf eine gemeinsame Vertriebsgesellschaft
- die partielle oder totale Übernahme der Außendienstaufgaben eines Unternehmens durch ein anderes Unternehmen
- die wechselseitige Übernahme bestimmter Außendienstaufgaben durch die Kooperationspartner

zu verstehen.

Auf Grund der hohen Kosten des Personal Selling ist der Einsatz dieser Kommunikationsform weitgehend auf Anlagengeschäfte oder Großkunden beschränkt.

Moderne Informations- und Kommunikationstechnologien verändern die Arbeitsweise bzw. die Art der Aufgabenerfüllung des Personal Selling wesentlich. So führt die mobile Datenerfassung unter Einsatz tragbarer PCs zu Formen des computergestützten Verkaufs (→ *Computer Aided Selling*), zum Abruf von Kundendaten aus komplexen Datenbanken oder zur Auftragserfassung während des Kundenbesuchs. Andere Technologien erlauben eine Verbindung des Personal Selling und eines unmittelbaren Kaufvorganges im Zuge des (→) *Electronic Shopping*. Es handelt sich zugleich um neue Formen der Distribution.

Personalmarketing

Das Bemühen, das Gedankengut des Marketing-Konzeptes auch zur Lösung personalbezogener Fragestellungen heranzuziehen, dokumentiert sich in dem Ansatz des Personalmarketing.

In enger Abgrenzung wird Personalmarketing nur auf die Beschaffung von Arbeitsleistungen auf dem Arbeitsmarkt bezogen; es ist dann als Teilbereich des (→) *Beschaffungsmarketing* zu betrachten. Für diese Zuordnung findet sich auch die Bezeichnung Personalbeschaffungsmarketing.

Dem Konzept des generischen Marketing (→ *Marketing, generisches*) folgend, bezeichnet Personalmarketing die aktive Gestaltung der sozialen Austauschprozesse zwischen Unternehmen und Arbeitnehmern. Dabei werden sowohl der externe als auch der unternehmensinterne Arbeitsmarkt zum Betrachtungsgegenstand. Zum Personalmarketing werden somit arbeitnehmerbezogene Maßnahmen organisationsinterner und organisationsexterner Ausrichtung gerechnet.

Wird Personalmarketing in diesem Sinne abgegrenzt, so sind die Aktionsparameter des betrieblichen Personalwesens zugleich Instrumente des Personalmarketing. Das personalpolitische Instrumentarium kann nach Zimmer (1979) in

- die Instrumente der Anreizpolitik
- die Instrumente der Kommunikationspolitik
- die Instrumente der Beschaffungspolitik

gegliedert werden (vgl. Übersicht 110).

Diese Systematik orientiert sich an drei Problemfeldern, die im Zentrum der Personalpolitik stehen (vgl. Zimmer, 1979, S. 251):

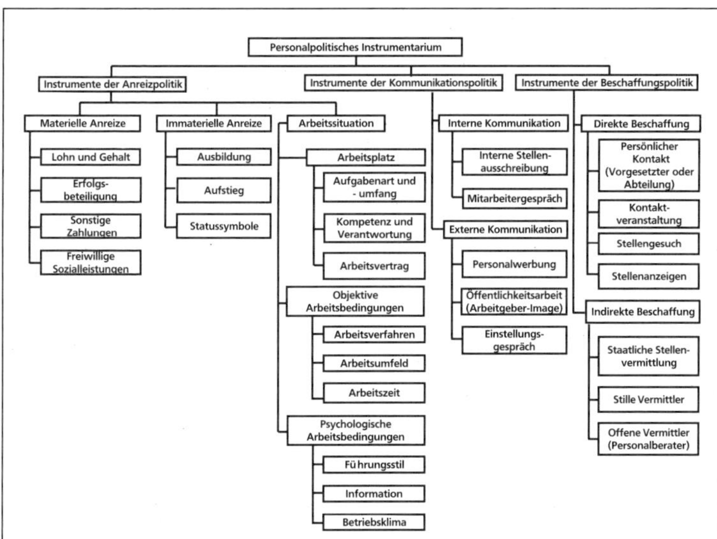

Quelle: Zimmer, 1979, S. 251.

Übersicht 110: Personalpolitisches Instrumentarium

- Welche Instrumente bzw. Aktivitäten bewegen einen Bewerber, in ein Unternehmen einzutreten und einen Mitarbeiter, im Unternehmen mit möglichst hoher Leistungsbereitschaft zu verbleiben? Welche Anreize hat das Unternehmen zu bieten?
- Welche Instrumente stehen dem Unternehmen zur Verfügung, Bewerber und Mitarbeiter über die Anreize zu informieren?
- Welche Instrumente sind einsetzbar, um potenzielle Bewerber dem Unternehmen und vorhandene Mitarbeiter unbesetzten Arbeitsplätzen zuzuführen? Welche Personen und/oder Institutionen sind hierzu verfügbar?

Analog zum Profilierungsproblem, das sich Unternehmen auf Grund zunehmender Austauschbarkeit von Gütern und Dienstleistungen stellt, sehen sich demnach die Unternehmen verstärkt gezwungen, sich auch als Anbieter von Arbeitsplätzen zu differenzieren und zu profilieren. Vor dem Hintergrund einer zunehmenden Angleichung der materiellen Entgelt-Anteile besteht langfristig die Herausforderung an das Personalmarketing im Aufbau immaterieller Unterscheidbarkeitskriterien, um ihren (potenziellen) Mitarbeitern einen emotionalen Zusatznutzen zu bieten (vgl. Scholz, 2000a, S. 417).

Pfadanalyse [s.a. Kausalanalyse; LISREL] Die Pfadanalyse ist ein Verfahren der Dependenzanalyse, das im Gegensatz zu den anderen Verfahren der (→) *Datenanalyse* die Analyse von kausalen Beziehungen zum Ziel hat. Die Erforschung kausaler Zusammenhänge ist gerade im Marketing auf Grund der Vielzahl von Wirkungszusammenhängen, z.B. beim Einsatz der verschiedenen (→) *Marketinginstrumente*, problematisch. Untersuchungen mit Hilfe der

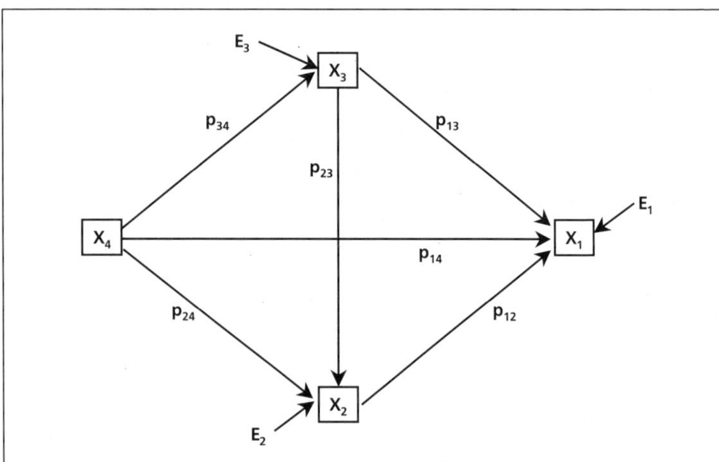

Quelle: Hüttner, 1979, S. 327.

Übersicht 111: Beispiel einer Pfadanalyse

(→) *Korrelationsanalyse* lassen keinen Rückschluss auf eventuelle (→) *Kausalitäten* zu; experimentelle Analysen (→ *Experiment*) erlauben auf Grund der meist vorherrschenden Laborbedingungen nur begrenzt realitätsnahe Aussagen.

Die Pfadanalyse stellt demgegenüber ein nicht-experimentelles Verfahren der Kausalanalyse dar. Ausgangspunkt ist ein hypothetisches Kausalmodell, das anhand theoretisch vermuteter kausaler Abhängigkeitsbeziehungen zwischen den Variablen aufgestellt wird. Im Modell werden Anzahl und Status der Variablen sowie die Richtung (= der Pfad), in der die vermuteten Einflüsse wirken, festgelegt. Bei den Variablen wird zwischen abhängigen, unabhängigen und Residualvariablen unterschieden. Da nicht immer die abhängigen Variablen vollständig durch die unabhängigen erklärt werden können, bleibt u.U. ein nicht erklärbarer Rest, der Residualvariable oder Residuum genannt wird (vgl. Roth/Gosslar, 1979, S. 49). Das Kausalmodell wird grafisch in Form eines Pfaddiagramms dargestellt, in dem alle Beziehungen zwischen den Variablen abgebildet sind (vgl. Übersicht 111).

Die Pfeile zeigen die vermutete Richtung der Abhängigkeiten an. X_4 ist die unabhängige, $X_{1\text{-}3}$ sind die abhängigen Variablen und $E_{1\text{-}3}$ die Residuen. Ausgehend von den empirischen Korrelationen zwischen den Modellparametern werden die einzelnen Pfadkoeffizienten p_{ij} ermittelt. Mit ihrer Hilfe kann unter Berücksichtigung des Einflusses der Residuen E der Anteil der Varianz der abhängigen Variablen festgestellt werden, der kausal erklärbar ist.

Ein Anwendungsbeispiel im Marketing (vgl. Roth/Gosslar, 1979, S. 51ff.) ist bspw. die Möglichkeit, auftretende Konflikte zwischen Herstellern und Händlern auf deren Ursachen wie Kommunikationsdefizite, Machtbeziehungen, Zieldivergenzen u.Ä. zu untersuchen.

Physische Distribution → *Logistik; Marketinglogistik*

Pilzmethode → *Schirmmethode*

PIMS-Studie

Die PIMS-Studie (Profit Impact of Market Strategy) des Strategic Planning Institute gehört zu den neueren Ansätzen der (→) *Strategischen Planung*. Es handelt sich hierbei um den Versuch, aus einer strategischen Datenbank einer großen Anzahl von Unternehmen ein Diagnose- und Prognosemodell zu entwickeln und es auf bestimmte Produkt-/Marktbereiche bzw. Segmente anwendbar zu machen.

Kernstück von PIMS ist eine (→) *Datenbank*, in der Daten und Erfahrungen der Mitgliedsunternehmen gespeichert werden. Inhaltlich wird die Erklärung zwischen dem Marktanteil einerseits und dem Gewinn bzw. der Rentabilität andererseits betrachtet. Methodisch wurde beim PIMS-Projekt mit Hilfe einer multiplen Regressionsanalyse auf der Basis einer empirischen Untersuchung von rund 600 Unternehmen mit über 2000 Geschäftsbereichen der Einfluss von 37 strategischen Einflussfaktoren auf den Erfolg der Unternehmen untersucht. Als Erfolgsmaßstab diente der jeweilige ROI (Return on Investment).

Die PIMS-Studie zeigt die große Bedeutung des Marktanteils und des Marktwachstums als Leitgrößen der strategischen Planung. Die Bedeutung dieser Faktoren als Schlüsselgrößen hebt auch das Erfahrungskurvenkonzept hervor (vgl. Kreikebaum, 1997, S. 98ff.; Meffert, 2000, S. 253f.).

Die (→) *Erfahrungskurve* (experience curve) beschreibt den Zusammenhang zwischen der kumulierten produzierten Menge eines Produktes und den Stückkosten dieses Produktes. Eingeführt wurde der Begriff durch die Boston Consulting Group. Das Erfahrungskurvenkonzept besagt, dass »... mit jeder Verdopplung der im Zeitablauf kumulierten Absatzmengen eines Produktes die auf den Wertschöpfungsanteil einer Leistungseinheit bezogenen zahlungswirksamen inflationsbereinigten Stückkosten potenziell zwischen 20% und 30% sinken« (Backhaus, 1999, S. 236; vgl. auch Gälweiler, 1986, S. 258).

Planung → *Marketingplanung*

Planungsprozess

Bei internationalen Unternehmen sind i.d.R. die Planungssysteme vertikal gegliedert. Ausgehend von der Unternehmensleitung im Stammland muss ein Prozess bis hin zu den jeweiligen nationalen Tochtergesellschaften durchlaufen werden. In diesem Zusammenhang ist zu klären, in welcher Reihenfolge und in welchem Umfang welche Stellen in der Unternehmenshierarchie in den Planungsprozess integriert werden (vgl. Macharzina, 1999, S. 326ff.). Diese Frage stellt sich in ähnlicher Form auch auf der nationalen Ebene.

Bei der retrograden Planung (Top-Down-Planung) geht der Planungsprozess von den hierarchisch höchsten Stellen aus und durchläuft die Hierarchie von oben nach unten. Die Grundsatzentscheidungen werden vom Top-Management im Stammland getroffen, die hierarchisch nachgeordneten Stellen konkretisieren diese Planung schrittweise für ihren Bereich. Als Hauptvorteil dieser Methode lässt sich die Konsistenz des Gesamtplans nennen, der auch die Interessen der Gesamtunternehmung beachtet. Nachteile bestehen durch Motivationsprobleme sowie durch oft fehlende Marktkenntnisse in der Zentrale bzw. im Stammland. Diese Planung entspricht im internationalen Kontext weitgehend einem ethnozentrischen Ansatz (→ *EPRG-Konzept*).

Die umgekehrte Planungsreihenfolge wird bei der progressiven Planung (Bottom-Up-Planung) verfolgt. Die untersten hierarchischen Ebenen in den einzelnen Märkten planen ihre Bereiche unabhängig voneinander, die jeweils höheren hierarchischen Stellen fassen diese Teilpläne zusammen und koordinieren sie. Den hierbei erzielbaren Motivations- und Identifikationsvorteilen stehen hingegen erhebliche Probleme bei der Integration der Teilpläne gegenüber. Es werden eventuell Suboptima erreicht, eine Interdependenz der einzelnen Märkte wird i.d.R. nicht beachtet. Dieser Prozess entspricht einem polyzentrischen Ansatz.

Eine Verknüpfung beider Planungsmethoden wird im Gegenstromverfahren versucht. Das Top-Management gibt dabei vorläufige Oberziele und Rahmenpläne vor, die in einem ersten Schritt wie bei der retrograden Planung schrittweise nach unten verfeinert werden. In einem zweiten Schritt werden jedoch in einem Bottom-Up-Verfahren ein Feedback und erste Planänderungen von den unteren Ebenen nach oben weitergegeben, die wiederum verdichtet werden. Dabei können diese beiden Phasen wiederholt durchlaufen werden, bis ein endgültiger Gesamtplan mit konkreten Teilplänen erreicht ist. Ziel ist es, im Sinne einer geozentrischen Orientierung, Pläne zu entwickeln, die nicht Suboptima, sondern ein Gesamtoptimum erreichen. Hierbei können eine hohe Motivation und eine hohe Konsistenz der Gesamtplanung erreicht werden. Gleichzeitig ist aber der hohe Aufwand des Verfahrens herauszustellen. Motivationsprobleme können sich ergeben, wenn von den Planungen der unteren Ebenen zu weit abgewichen werden muss.

Point-of-Purchase

Point-of-Purchase (PoP) bzw. Point-of-Sale (PoS) – bedeuten in ihrer wörtlichen Übersetzung Kauf- bzw. Einkaufsstelle aus der Sicht des Konsumenten bzw. Verkaufsstelle aus der Sicht des stationären Handels. Beide Begriffe werden synonym verwendet und bezeichnen den Ort des Angebots, oft auch nur den Standort einer Ware oder Warengruppe innerhalb des Verkaufsraumes (vgl. Ausschuß für Begriffsdefinitionen aus der Handels- und Absatzwirtschaft, 1995, S. 107f.).

Am PoP findet die Konfrontation des Konsumenten mit dem Handelsunternehmen statt. Daher trägt dieser wesentlich zum Händler- bzw. zur »Ladenpersönlichkeit« bei. In zunehmendem Maße vollzieht sich die Kaufentscheidung, insbesondere bei Impulsivkäufen, am PoP, was dessen akquisitorische Bedeutung verstärkt (vgl. Liebmann/Zentes, 2001, S. 522f.) (→ *Impulsives Kaufverhalten*).

Point-of-Purchase-Werbung
Werbemaßnahmen, die von Herstellern und vom Handel unmittelbar am Ort des Verkaufs (→ *Point-of-Purchase*) durchgeführt werden, bezeichnet man als Point-of-Purchase- oder Point-of-Sale-Werbung. Die Übergänge zwischen der Point-of-Purchase (PoP-)Werbung und der (→) *Verkaufsförderung* sind fließend.

Werbung am Verkaufspunkt wird auch in einer institutionellen Abgrenzung als werbliche Aktivität von Herstellern definiert, die allerdings eine weitgehende Kooperation zwischen Handel und Herstellern voraussetzt. Die Effizienz der herstellerinitiierten PoP-Werbung hängt im Wesentlichen davon ab, ob der oftmals bestehende Interessengegensatz, der in unterschiedlichen Zielsetzungen des Einzelhandels und der Hersteller begründet ist, beseitigt werden kann.

Als (→) *Werbemittel* der Point-of-Purchase-Werbung können u.a. herausgestellt werden (vgl. Tietz, 1993b, S. 257):

- die Schaufenster
- das Display-Material
- die Sonderausstellungen
- die Fensterstreifen und Preisplakate
- die Lautsprecherwerbung
- die Regalstopper, z.B. Regalfahnen.

Neue Formen der PoP-Werbung bieten die modernen Informations- und Kommunikationstechniken, so in Form multimedialer Systeme) (→ *Multi-Media*). Die Werbung am Verkaufspunkt kann darüber hinaus durch Anzeigenwerbung, Handzettel und Plakate unterstützt werden.

Point-of-Sale → *Point-of-Purchase*

Polaritätsprofil → *Einstellungsmessung*

Political Risk Index → *BERI-Index*

Politische Union → *Integrationsabkommen; Kooperations- und Integrationsformen*

Polypol → *Marktformen; Marktverhaltensweisen*

Polyzentrischer Ansatz → *EPRG-Konzept*

Porter-Matrix [s.a. Outpacing-Strategie]
Die Porter-Matrix teilt Unternehmensstrategien (→ *Wettbewerbsstrategien*) danach ein, welchen Wettbewerbsvorteil sie anstreben und auf welche Märkte sie ausgerichtet sind (vgl. Übersicht 112). Dabei unterscheidet Porter als strategische Wettbewerbsvorteile die Kostenführerschaft und die Differenzierung. Diese Wettbewerbsvorteile kann eine Unternehmung fokussiert auf einem Teilmarkt oder auf dem Gesamtmarkt einsetzen.

Die Kostenführerschaftsstrategie besteht darin, einen umfassenden Kostenvorsprung innerhalb einer Branche durch eine Reihe von Maßnahmen zu erlangen. Zu diesen Maßnahmen gehört u.a. das Ausnutzen des Erfahrungskurveneffektes (→

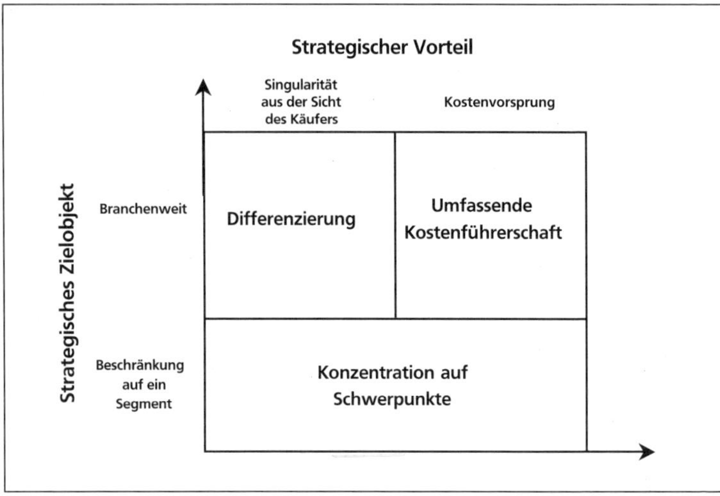

Quelle: Porter, 1999a, S. 75.

Übersicht 112: Wettbewerbsstrategien nach Porter

PIMS-Studie) und anderer Größeneffekte. Der zweite Strategietyp besteht darin, das Leistungsprogramm des Unternehmens zu differenzieren, um etwas Einzigartiges innerhalb einer Branche zu schaffen. Dies bewirkt eine hohe Kundenloyalität und verringert die Preisempfindlichkeit.

Bei den Konzentrationsstrategien fokussiert man seine Anstrengungen auf einen Teilmarkt, wobei die Zielsetzung wiederum darin liegt, innerhalb einer bestimmten Nische die Kostenführerschaft oder die Qualitätsführerschaft zu erlangen (vgl. Porter, 1999a, S. 75ff.).

Nach Porter führen nur diese beiden Grundrichtungen zu einer starken Wettbewerbsposition, während eine mittige Position, bei der weder die Qualitäts- noch die Kostenführerschaft erreicht werden kann, nur zu einem mäßigen Erfolg führt.

Untersuchungen bestätigten das grundsätzliche Vorliegen der Strategietypen in diversen Branchen, so etwa im Handel (vgl. Gröppel, 1998). Zugleich verdeutlichen sie, dass weitere Grundrichtungen, z.B. die Innovationsorientierung (→ *Innovation*), für die Typologisierung von Wettbewerbsstrategien relevant sind und es gleichwohl sehr erfolgreiche Unternehmen gibt, die gleichzeitig beide Grundrichtungen berücksichtigen (→ *Outpacing-Strategie*).

Portfolio-Analyse

Die Grundidee des Portfolios stammt aus dem finanzwirtschaftlichen Bereich; dort bezeichnet ein Portfolio die optimale Mischung mehrerer Investitionsmöglichkeiten. Im Rahmen der Portfolio-Analyse im (→) *Strategischen Marketing* wird versucht, eine optimale Zusammenstellung von Entscheidungsobjekten anhand von mehreren (aus praktischen Gründen meist zwei) Dimensionen zu erzielen, um somit die Ressourcen des Unternehmens auf die erfolgsträchtigsten Verwendungsalternativen zu richten.

Dabei werden in den verschiedenen Portfolio-Ansätzen sowohl unterschiedliche Dimensionen berücksichtigt als auch unterschiedliche Entscheidungsobjekte untersucht.

Eine häufig eingesetzte Portfolio-Matrix ist die der Boston Consulting Group (BCG-Matrix), welche die (→) *Strategischen Geschäftseinheiten* eines Unternehmens anhand der Dimensionen Marktwachstum und relativer Marktanteil (als Quotient aus dem eigenen Marktanteil und dem des stärksten Konkurrenten) untersucht (vgl. Kotler/Bliemel, 2001, S. 117f.). Abhängig von den Ausprägungen der beiden Dimensionen werden die Strategischen Geschäftseinheiten in vier Felder eingeteilt (vgl. Übersicht 113). Für die einzelnen Felder erfolgt die Ableitung unterschiedlicher Normstrategien (vgl. Kotler/Bliemel, 2001, S. 118f.; Scholz, 1987, S. 191):

- *Question Marks*: in Abhängigkeit von der Zukunftsperspektive ist eine verstärkte Wachstumsstrategie zur Verbesserung der relativen Kostenposition oder eine klare Desinvestitionsentscheidung erforderlich.
- *Stars*: weitere Investitionen zur Verbesserung des relativen Marktanteils und Verteidigung der Marktführerschaft.
- *Cash Cows*: in Abhängigkeit von der Zukunftsperspektive sind für starke Cash Cows Abschöpfungsstrategien und eine Positionsstabilisierung (»Milking«), für schwache Cash Cows ein Ausschlachten (»Harvesting«) vorgesehen.
- *Dogs*: Mittelfristige Desinvestitionen über »Ausschlachten« oder Verkauf.

Der Ansatz der BCG-Matrix beruht auf zwei theoretischen Grundlagen: Die horizontale Achse lässt sich mit der (→) *Erfahrungskurve* begründen, die vertikale Achse findet ihre Begründung im Konzept der Produktlebenskurve (→ *Produktlebenszyklus*).

Die Kritikpunkte an der BCG-Matrix, nämlich ihre zu hohe Simplifizierung und die nur begrenzt aussagefähigen Dimensionen, führten zu Weiterentwicklungen, so zur McKinsey-Matrix (vgl. Kreikebaum, 1997, S. 77f.) (vgl. Übersicht 114). Hier werden zwei Variablen, die Marktattraktivität und die Wettbewerbsstärke (auch: rela-

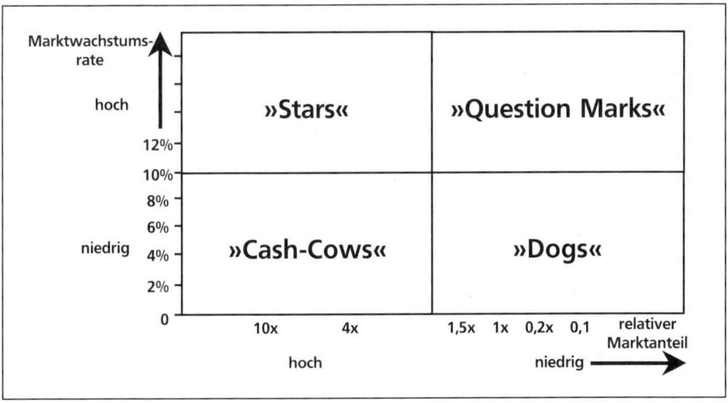

Quelle: in Anlehnung an Kreikebaum, 1997, S. 76.

Übersicht 113: Marktanteils-Marktwachstums-Portfolio

tive Geschäftsfeldstärke) verwendet, die sich jeweils aus mehreren Unterkriterien zusammensetzen. Als Subkriterien für die Marktattraktivität sind beispielsweise zu nennen (vgl. Kotler/Bliemel, 2001, S. 123):

- Marktgröße
- jährliche Wachstumsrate
- Gewinnspanne in der Branche
- Wettbewerbsintensität
- technologische Erfordernisse
- Inflationsanfälligkeit
- Energiebedarf
- Umwelteinwirkungen
- gesellschaftliches/politisch-rechtliches Umfeld.

Als Subkriterien für die eigene Wettbewerbsstärke werden u.a. genannt (vgl. Kotler/Bliemel, 2001, S. 123):

- Marktanteil
- Wachstum des Marktanteils
- Produktqualität
- Markenimage
- Distributionsnetz
- Effektivität der Absatzförderung
- Stückkosten.

Fundierung für viele dieser Kriterien ist die (→) *PIMS-Studie*. Als Normstrategien der Marktattraktivitäts-Wettbewerbsstärken-Matrix sind drei grundsätzliche Vorgehensweisen zu unterscheiden: Für die günstig positionierten Geschäftseinheiten (rechte, obere Ecke) sind Investitions- und Wachstumsstrategien, für die ungünstig positionierten (linke, untere Ecke) sind Abschöpfungs- oder Desinvestitionsstrategien empfehlenswert. Für die dazwischen liegenden Felder

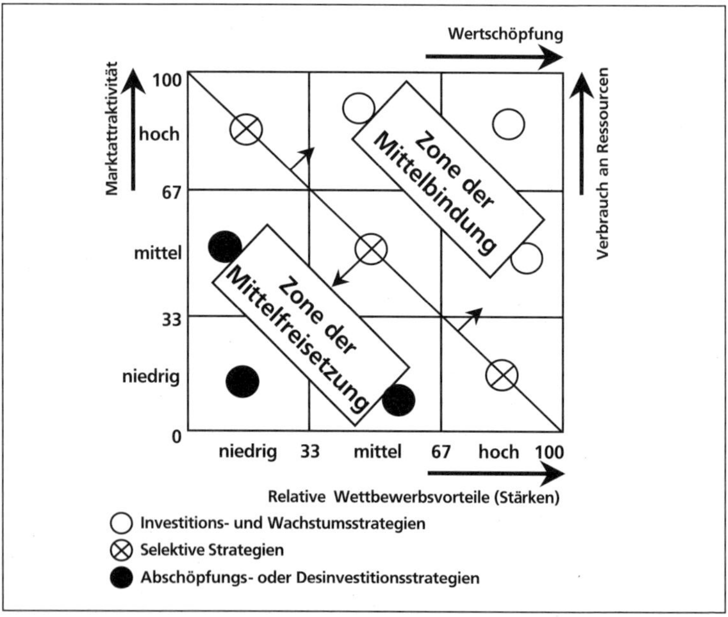

Quelle: Kreikebaum, 1997, S. 79.

Übersicht 114: Marktattraktivitäts-Wettbewerbsvorteil-Portfolio

der Diagonale sind selektive Strategien zu realisieren (vgl. Kreikebaum, 1997, S. 79).

Weitere Portfolio-Matrizen, die Strategische Geschäftseinheiten als Entscheidungsobjekt nutzen, sind die Umsatzanteil-Deckungsbeitragsanteil-Matrix von Drucker und die Produktlebenskurve-Wettbewerbsstellung-Matrix von Arthur D. Little (vgl. Scholz, 1987, S. 187ff.).

Andere Entscheidungsobjekte, die im Rahmen von Portfolio-Analysen betrachtet werden, sind etwa Ländermärkte (→ *Länderportfolio*) oder Technologien (→ *Technologieportfolio*).

PoS-Banking→ *Kreditkarte; Kundenkarte*

Positionierung

Positionierung lässt sich als eine Segmententscheidung, als imagebozogene Fragestellung, als eine Objektbesonderheit oder als Resümee dieser Begriffe auffassen. Dahinter steht die Vorstellung, dass die Eigenschaften konkurrierender Positionierungsobjekte gegeneinander abgegrenzt und gegenüber der Nachfrage herausgestellt werden, um (→) *Wettbewerbsvorteile* zu realisieren. Nach Trommsdorff (1995, Sp. 2057) hat die Positionierung zwei Bedeutungen:

- die für das Management notwendige Abbildung des im Wettbewerb verbundenen Objekt-/Markensystems mit dem kaufrelevanten Eigenschaften der konkurrierenden Objekte/Marken;
- die Strategien und Maßnahmen des (Produkt-)Managements, die auf der Basis dieser Informationen zu gezielten Veränderungen führen.

Dieses Begriffsverständnis stellt im traditionellen Sinne auf Produkte bzw. Marken und ihre Position im Wettbewerbsgefüge des Absatzmarktes ab. Produktpositionierung ist demnach ein Entscheidungstatbestand der (→) *Produktpolitik*.

Übertragen auf den (→) *Handel* versteht Tietz (1993a, S. 124) unter dem Positionierungsbegriff die strategische und aktive Gestaltung der Stellung von Einzelhandelsunternehmen im relevanten Markt. »In diesem Sinne sind nicht Produkte, sondern Einkaufsstätten mit ihrer Vielzahl von aus Sach- und Dienstleistungen zusammengesetzten Leistungen Gegenstand der Positionierung« (Liebmann/Zentes, 2001, S. 184). Oftmals wird im Zusammenhang mit der Einkaufsstätten- oder Unternehmenspositionierung von Imagepositionierung im Gegensatz zur Produktpositionierung gesprochen.

Die Positionierungen von Produkten, von Einkaufsstätten bzw. Handelsbetrieben oder generell von Dienstleistungen drückt eine objektspezifische Ausgestaltung der Positionierung aus. In diesem Sinne kann die Positionierung eines neuen bzw. die Umpositionierung eines bestehenden Objektes (Produkt, Einkaufsstätte usw.) in einem Markt als eine wichtige strategische Marketingentscheidung (→ *Strategisches Marketing*) gesehen werden. Die Position eines Objektes kennzeichnet seine Stellung im Markt, insbesondere gegenüber den Konkurrenzprodukten. Hierbei geht man nicht von objektiven Qualitätsgrößen aus, sondern von der subjektiven Einschätzung der Objekte durch die potenziellen Käufer. Ausgangspunkt sind die (→) *Einstellungen*, welche die Käufer zu den Objekten haben. Die Verfahren der (→) *Einstellungsmessung* sind eine daher wesentliche methodische Grundlage der Positionierung.

Die Positionierung kann sich auch an dem Konzept des psychologischen Marktmodells von Spiegel (→ *Feldtheorie*) orientieren, nach dem die Objekte in einem sozialen Feld eingruppiert werden. Dadurch lassen sich (→) *Marktnischen* und Marktlücken ermitteln, die durch neue Produkte besetzt werden können. Auch diese Möglichkeit wurde jedoch erst durch die operationalen Methoden der Einstellungsmessung für die praktische Anwendung erschlossen (vgl. Hammann/Erichson, 2000, S. 334ff.).

Ziel der Positionierung – als einer Strategie – ist es, den Abstand (→ *Distanz*) zwischen den von den potenziellen Interessenten wahrgenommenen Eigenschaften eines Objektes und den von ihnen für ideal betrachteten Ausprägungen der Objekteigenschaften zu minimieren. Soll ein neues Objekt in den Markt eingeführt werden, so ist das Ziel, das Objekt so zu gestalten, dass es möglichst den Idealvorstellungen der potentiellen Käufer (Idealprodukt) entspricht.

Zur Messung der Position des Idealobjektes und der Distanzen der Realobjekte können die Einstellungsmessung nach dem Trommsdorff-Modell, das explizit Idealvorstellungen einschließt und die Verfahren der (→) *Multidimensionalen Skalierung* oder des (→) *Conjoint Measurement* herangezogen werden. Als Beispiel sei ein Marktpositionsbild von Automarken dargestellt.

Übersicht 115 zeigt die Marktstellung bestehender Produkte (A und B) und die Idealvorstellung der befragten Konsumenten (I). Die Positionierung liefert wichtige Erkenntnisse über die relevanten Eigenschaften, die Distanzen der real existierenden Produkte zum Idealprodukt, über Marktnischen und -lücken sowie über mögliche Marktsegmente (→ *Marktsegmentierung*).

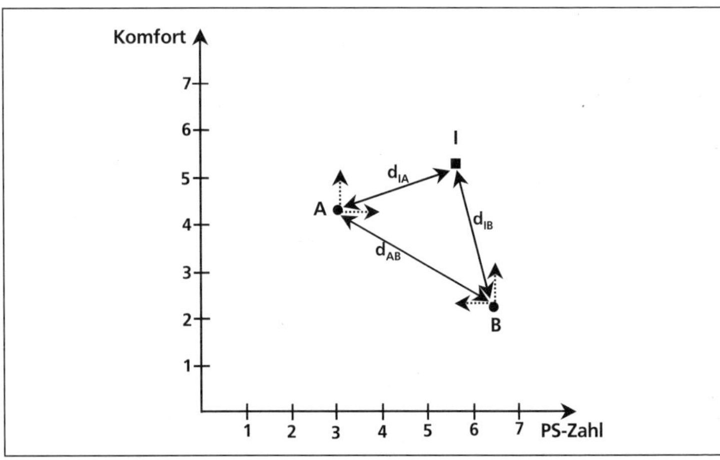

Quelle: Hammann/Erichson, 2000, S. 355.

Übersicht 115: Markenpositionsbild im zweidimensionalen Merkmalsraum

Potenzialanalyse → *Stärken-/Schwächenanalyse*

Potenzialplanung
Potenziale sind als Mittel zur Erreichung langfristiger, strategisch relevanter Ziele charakterisiert (vgl. Knolmayer, 1989, Sp. 1672f.). Der Potenzialplanung vorgeschaltet ist die Potenzialanalyse, bei der neben den bereits vorhandenen Potenzialen auch alle alternativen und/oder zusätzlich

verfügbaren sowie die in naher Zukunft im eigenen Unternehmen verfügbaren Potenziale in die Betrachtung miteinbezogen werden. Bei der Potenzialanalyse wird häufig funktionsbezogen vorgegangen, in dem jeweils auf die einzelnen Funktionsbereiche der Unternehmung abgestellt wird (vgl. Kreikebaum, 1997, S. 134f.). Hierbei sind jedoch die extreme Komplexität und die Wechselwirkung zwischen den einzelnen Potenzialbereichen zu beachten.

Im nächsten Schritt wird untersucht, welche Potenziale besonders förderungswürdig sind. Dies kann z.B. im Rahmen einer Erfolgsfaktorenanalyse geschehen. Dabei wird eine Konzentration auf wenige, förderungswürdige Potenzialbereiche empfohlen (vgl. Scholz, 2000b, S. 47f.).

Die internationale Potenzialplanung beinhaltet zwei Besonderheiten. Einerseits muss beim Aufbau und der Ausschöpfung von Potenzialen beachtet werden, wo diese geografisch anzusiedeln sind (→ *Konfiguration*). Andererseits stellt eben diese Internationalisierung der Unternehmenspotenziale selbst wiederum ein Erfolgspotenzial dar, das sich durch Einsatz von optimalen internationalen (→) *Wettbewerbsstrategien* erschließen lässt.

Prädisposition

Die Marketingaktivitäten, die auf eine Beeinflussung des Käuferverhaltens abzielen, sind auf Individuen gerichtet, die u.a. durch ihre Persönlichkeitsstruktur, Erfahrungen und ihre soziale Umwelt (vor-)geprägt sind.

Als Prädisposition bezeichnet man das auf unterschiedliche psychische und soziale Determinanten zurückzuführende Vorgeprägtsein. Die Prädispositionen bestehen im Wesentlichen aus einem System von (→) *Einstellungen* und Persönlichkeitsmerkmalen wie Risikoneigung, persönliches (→) *Involvement* und Informationsniveau (vgl. Kroeber-Riel/Weinberg, 1999, S. 248). Diese Prädispositionen sind wesentliche Einflussgrößen des menschlichen Verhaltens.

Präferenz

Nach den Prämissen der (→) *Haushaltstheorie* existieren auf einem vollkommenen Markt (→ *Marktformen*) keine Präferenzen der Abnehmer, d.h. es gibt keine marktbezogene, persönliche, zeitliche oder räumliche Bevorzugung der Güter oder der Anbieter durch die potenziellen Käufer.

Diese Annahme entspricht jedoch nicht der Realität. Konsumenten (Abnehmer) haben meist verfestigte Präferenzen. Diese entwickeln sich über einen längeren Zeitraum, etwa durch Produkterfahrungen. Solche Präferenzen finden z.B. in dem Evoked Set, als der vom Konsumenten als kaufrelevant wahrgenommenen Alternativenmenge, ihren Ausdruck (vgl. Weinberg, 1981, S. 90).

Liegen Präferenzen vor, so bedeutet das, dass die potenziellen Marktpartner bestimmte Unternehmen, Marken oder Produkte bevorzugen und sich entsprechend verhalten. Ähnliches kann für Einkaufsstätten festgestellt werden (vgl. Swoboda, 2000b, S. 151ff.), wo beispielsweise allein die Sensibilität für das Preisniveau unterschiedlich sein kann (vgl. Swoboda, 2000c, S. 1281ff.).

Ziel des Marketing ist es daher, solche an das eigene Unternehmen oder die eigenen Produkte geknüpften Präferenzen zu schaffen, zu verstärken und in Markterfolge umzusetzen sowie zu versuchen, Präferenzen zu Gunsten von Konkurrenzunternehmen bzw. -produkten abzuschwächen bzw. abzubauen. Gutenberg (1984, S. 243ff.) spricht im Zusammenhang mit Präferenzen vom (→) *akquisitorischen Potenzial*. Zum Aufbau von Präferenzen wird das gesamte Instrumentarium des (→) *Marketing-Mix* (→ *Marketinginstrumente*) eingesetzt.

Präferenzabkommen

Präferenzabkommen regeln zwischenstaatliche Beziehungen durch die Gewährung von Vergünstigungen, z.B. Zollbefreiung bei Importen gegenüber ausländischen Partnern. Im Vergleich zu (→) *Handelsabkommen* sind Präferenzabkommen die nächsthöhere Stufe zwischenstaatlicher Beziehungen.

Grundsätzlich kann unterschieden werden zwischen einseitigen Präferenzen, bei denen ein Partner dem anderen unter Verzicht auf Gegenseitigkeit (Reziprozität) Vergünstigungen gewährt und zweiseitigen Abkommen, bei denen dies gegenseitig gilt. Beide Formen stellen Ausnahmeregelungen von den GATT-Prinzipien der Gegenseitigkeit bzw. der Meistbegünstigung (→ *Allgemeines Zoll- und Handelsabkommen*) dar.

Es existieren eine Fülle von Präferenzabkommen (vgl. Andrecs/Huter, 1996; Deutsche Bank, 1998, S. 341ff.; Altmann, 1993, S. 617ff.). Die wichtigsten einseitigen Präferenzregelungen der EU sind:

1. Das Allgemeine Präferenzsystem (APS oder General System of Preferences, GSP), das insgesamt rund 167 (→) *Entwicklungsländern* einseitige Zollpräferenzen einräumt. Es trägt insbesondere der zweiten Welthandelskonferenz (→ *UNCTAD*) in Neu Delhi aus dem Jahre 1968 Rechnung, ist jedoch eine autonome, freiwillige Maßnahme der (→) *EU*, die nicht auf einer vertraglichen Verpflichtung beruht. Deshalb werden die Präferenzen auch jeweils nur für ein Jahr festgelegt und müssen entsprechend verlängert bzw. erneuert werden. Es erstreckt sich auf Ursprungswaren der begünstigten Länder. Für einige sensible Waren (z.B. im Agrarbereich und bei Textilien) bestehen Kontingente mit zollfreien Höchsteinfuhrmengen pro Jahr, nach deren Erschöpfung wieder der normale Drittlandszoll Anwendung findet. Für andere, weniger sensible Waren bestehen Plafonds, bei denen die Einfuhr dieser Waren auch nach Überschreiten von Höchstmengen so lange zollfrei oder zollbegünstigt bleibt, bis die Europäische Kommission auf Antrag eines Mitgliedstaates die Wiedereinführung des normalen Zolltarifes anordnet. Für die unter das Welttextilabkommen (→ *WTA*) fallenden Erzeugnisse gelten im Rahmen von Kontingenten Zollbefreiungen für eine Reihe von Ländern, die mit der EU (→) *Selbstbeschränkungsabkommen* abgeschlossen haben.

2. Im Rahmen des (→) *Lomé-Abkommens* gewährt die EU den so genannten (→) *AKP-Staaten* einseitige Zollpräferenzen, die sich in sachlicher Hinsicht auf eine analoge Güterpalette erstrecken.

3. Einseitige Präferenzabkommen bestehen mit den Maghreb-Staaten (Algerien, Marokko, Tunesien), den Maschrik-Staaten (Ägypten, Jordanien, Libanon, Syrien) sowie Andorra und den Nachfolgestaaten Jugoslawiens. Sie gewähren diesen Staaten freien Zugang zum Europäischen Markt, mit bestimmten Sonderregelungen bei Agrarprodukten und Textilien.

Zu den wichtigsten zweiseitigen Präferenzregelungen der EU zählen:

1. Präferenzabkommen mit den Mittelmeerländern Malta (1971), Zypern (1973), Israel (1975) sowie mit den zum dänischen Hoheitsgebiet zählenden Färöerinseln und den ehemals von Israel besetzten Gebieten.

2. Als Vorstufe zu einer Vollmitgliedschaft sind die (→) *Assoziierungsabkommen* (Interimsabkommen) mit den mittel- und osteuropäischen Ländern Ungarn, Polen, Rumänien, Tschechische und Slowakische Republik sowie Slowenien und Bulgarien (→ *CEFTA*) zu bewerten. Die eingeräumten länderbezogenen Zollpräferenzen sind zunächst asymmetrisch.

3. Die weitreichendste zweiseitige Präferenzregelung hat die EU mit den EFTA-Staaten geschlossen. Trotz der abnehmenden Bedeutung der (→) *EFTA* auf Grund des EU-Beitritts von Österreich, Schweden und Finnland haben die Präferenzregelungen weiterhin Bedeutung.

4. Mit einigen noch nicht selbstständigen Treuhandgebieten, Kolonien und überseeischen Provinzen einiger EU-Mitglieder bestehen bilaterale Präferenzabkommen, die den Begünstigungen des Lomé-Abkommens ähneln. Beispielsweise bestehen Abkommen zwischen Dänemark und Grönland (welches nicht Mitglied der EU ist); Frankreich und Neukaledonien, Französisch Polynesien, Französisch Antarktis, Mayotte usw.; Niederlande und Aruba, Niederländische Antillen (Bonaire, Curacao, Saba, St. Eustatius, Sint Maarten); Großbritannien mit Antigua, Kreman-Inseln, Falkland-Inseln, Britischen Jungferninseln usw. Ähnliches gilt für das zum Zollgebiet der EU gehörende spanische Hoheitsgebiet der Kanarischen Inseln sowie für die Städte Ceuta und Melilla in Nordmarokko.

Die Präferenzabkommen der EU werden i.d.R. von der Europäischen Kommission ausgehandelt und im Namen der Union vom Ministerrat abgeschlossen. Sie werden üblicherweise durch eine so genannte Bestätigungsverordnung (nochmals) in Gemeinschaftsrecht transformiert (vgl. Altmann, 1993, S. 617).

Obwohl diese Präferenzregelungen prinzipiell dem GATT-Grundsatz der Meistbegünstigung und einseitige Präferenzen dem Grundsatz der Reziprozität widersprechen, sind die von der EU geschlossenen Vereinbarungen auf Grund eines entsprechenden Beschlusses der GATT-Staaten im Zusammenhang mit Teil IV des GATT konform mit dem GATT-Vertrag.

Prämie → *Vergütungssystem*

Preisabsatzfunktionen [s.a. Preistheorie]
Die Preisabsatzfunktion ist eine instrumentspezifische (→) *Response-Funktion*. Die Preisabsatzfunktion ordnet jedem Preis die realisierbare Absatzmenge zu. Sie stellt damit zunächst den formalen Zusammenhang von Angebotspreis und Absatzmenge dar und kennzeichnet zugleich die Marktsituation des anbietenden Unternehmens.

Als Maß für die Absatzänderung bei Preisänderungen werden Preiselastizitäten (→ *Elastizität*) berechnet. Grundsätzlich wird davon ausgegangen, dass die Nachfrage bei sinkendem Preis zunimmt (fallende Preisabsatzfunktion, Gesetz der Nachfrage). Dieser Zusammenhang gilt jedoch nicht generell.

In der traditionellen absatzwirtschaftlichen Literatur werden Preisabsatzfunktionen für unterschiedliche (→) *Marktformen* aufgestellt; diese Funktionen basieren auf modelltheoretischen Überlegungen. Erwähnt seien die Preisabsatzfunktionen im Monopol und bei atomistischer Konkurrenz.

Im Falle eines Monopols unterstellt man eine linear oder nichtlinear fallende Preisabsatzfunktion (vgl. Übersicht 116). Die Gesamtabsatzmenge ist hier abhängig vom Preis, den der Monopolist fordert. Ab einem bestimmten Höchstpreis (Prohibitivpreis) setzt er keine Güter ab. Unterhalb dieses Preises steigt die Absatzmenge mit fallendem Preis bis die Sättigungsmenge erreicht ist.

Bei einer atomistischen Marktstruktur (freie Konkurrenz) liegen andere Bedingungen vor. Die (→) *Marktanteile* der einzelnen Anbieter sind so gering, dass sie beliebige Mengen innerhalb ihrer Kapazität anbieten können, ohne dass dies eine Auswirkung auf den Marktpreis hat. Der Marktpreis ist für sie ein Datum, d.h. die Preisabsatzfunktion verläuft parallel zur Mengenachse (vgl. Übersicht 117).

Die atomistische Marktstruktur auf einem unvollkommenen Markt bildet Gutenberg (1984) in einer doppelt-geknickten Preisabsatzfunktion (→ *Akquisitorisches Potenzial*) ab (Gutenberg-Funktion). Empirische Befunde zu Preisabsatzfunktionen liegen nur vereinzelt vor.

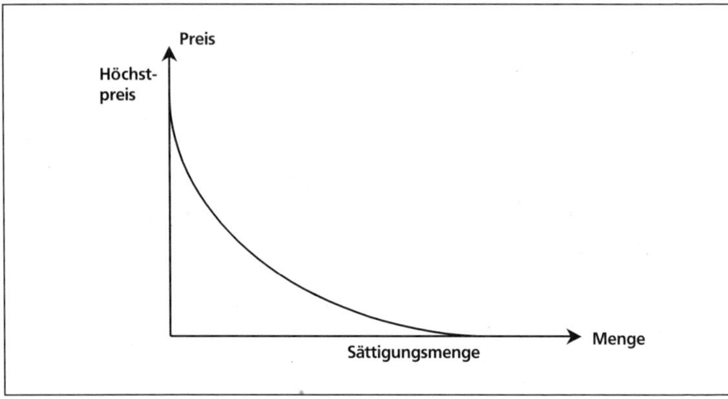

Übersicht 116: Preisabsatzfunktion im Monopol

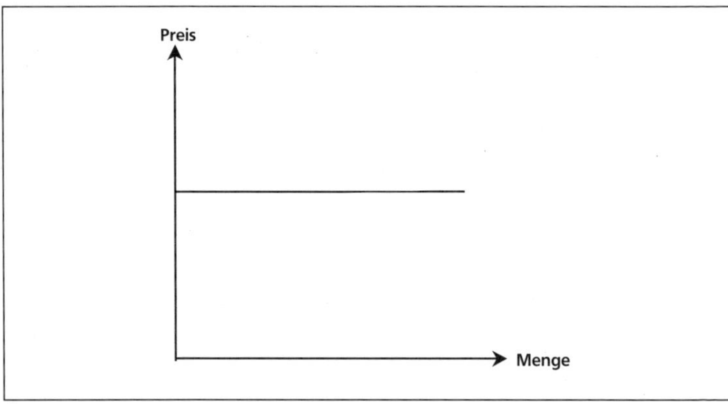

Übersicht 117: Preisabsatzfunktion bei freier Konkurrenz

Eine auf *Feldexperimenten* basierende empirische Preisabsatzfunktion resultierte aus den Untersuchungen von Kaas (1977). Es handelt sich dabei um Preisabsatzfunktionen, die den paarweisen Marktanteil als Funktion der paarweisen Preisdifferenzen darstellen, wobei stets zwei Konkurrenzmarken betrachtet werden (vgl. Übersicht 118). Der paarweise Marktanteil der Marke A berechnet sich aus dem Verhältnis des Absatzes von Marke A zur Summe des Absatzes von Marke A und der Konkurrenzmarke B.

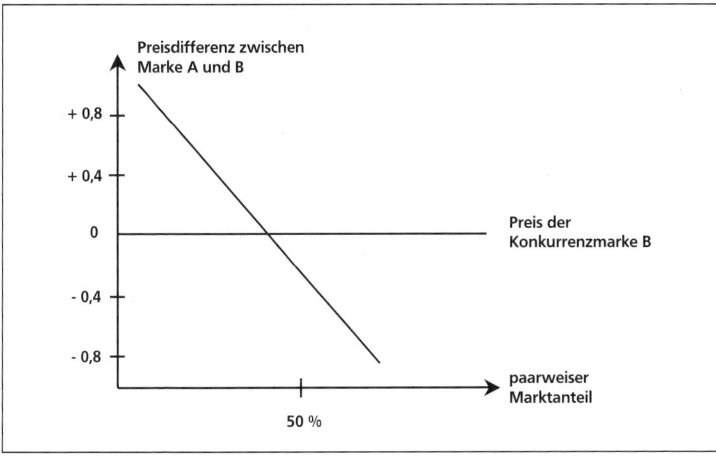

Übersicht 118: Preisdifferenzen und paarweiser Marktanteil

Würden auf dem Markt keine (→) *Präferenzen* bestehen (Homogenität), so müssten sich bei gleichen Preisen der Güter (keine paarweise Preisdifferenz) gleiche Marktanteile ergeben bzw. ein paarweiser Marktanteil von 50%. Abweichungen hiervon zeigen Präferenznachteile eines Produktes, z.B. auf Grund eines schlechten (→) *Images.*

Preisbildung → *Preiskalkulation; Preispolitik*

Preisbindung
Vertikale Preisbindung oder »Preisbindung der zweiten Hand« liegt vor, wenn ein Anbieter einer Ware den Abnehmern, die diese Ware zum Wiederverkauf erwerben, die Verkaufspreise verbindlich vorschreibt.

Derartige Verträge zwischen Eigenhändlern (→ *Handelsformen, kodifizierte*) waren in der Bundesrepublik Deutschland bis Ende 1973 bei Markenwaren und Verlagserzeugnissen zulässig. Seit dem 1. Januar 1974 ist die Preisbindung nur noch bei Verlagserzeugnissen rechtlich zulässig. Rechtsgrundlage ist hierfür das Gesetz gegen Wettbewerbsbeschränkungen (→ *GWB*). Weiterhin zulässig ist die vertikale (→) *Preisempfehlung* bei Markenwaren.

Die (vertikale) Preisbindung ist zu unterscheiden von Formen horizontaler Preisabsprachen, d.h. Absprachen zwischen Unternehmen der gleichen Wirtschaftsstufe, so zwischen Herstellern oder Handelsunternehmen. Derartige (→) *Kartelle* sind nach dem Gesetz gegen Wettbewerbsbeschränkungen nicht zulässig.

Preisdifferenzierung [s.a. Marktabschöpfungspolitik; Marktdurchdringungspolitik]
Unter Preisdifferenzierung versteht man die Forderung verschiedener Preise für das gleiche Produkt oder die gleiche Dienstleistung. Sie kann nach mehreren Kriterien erfolgen. So unterscheidet man

- die sachliche Preisdifferenzierung, die sich an dem Verwendungszweck der Güter orientiert

- die abnehmerorientierte Preisdifferenzierung, die an der Funktion bzw. Position des Abnehmers ausgerichtet ist
- die zeitliche Preisdifferenzierung, die dann vorliegt, wenn Güter zu verschiedenen Zeitpunkten zu unterschiedlichen Preisen angeboten werden (→ *Preisstrategien*) und
- die räumliche Preisdifferenzierung, bei der die Produkte oder die Dienstleistungen auf geografisch unterschiedlichen Märkten zu unterschiedlichen Preisen abgesetzt werden.

Die Letztgenannte steht im Vordergrund der internationalen Marktbearbeitung. Eine internationale Preisdifferenzierung ergibt sich oft bereits aus den unterschiedlichen Kosten für die Belieferung verschiedener Auslandsmärkte. Insofern kann sie auch oftmals mit einer (→) *Produktdifferenzierung* verknüpft sein.

Ziele der räumlichen (internationalen) Preisdifferenzierung können beispielsweise in der Ausnutzung unterschiedlicher Steuerbelastungen in verschiedenen Ländern oder in der schnelleren Markterschließung bzw. der gezielten Bekämpfung von Wettbewerbern im Ausland liegen.

Der Erfolg der Preisdifferenzierung ist an mehrere Voraussetzungen gebunden (vgl. Diller, 2000, S. 323f.):

- Der Gesamtmarkt muss sich in Teilmärkte aufspalten lassen, die auf preispolitische Maßnahmen unterschiedlich reagieren (→ *Preisabsatzfunktionen*).
- Die Teilmärkte müssen gut isolierbar sein, d.h. zwischen den Teilmärkten darf keine Arbitrage erfolgen.
- Die Konkurrenzsituation muss die Durchsetzung der jeweiligen Preise auf den Teilmärkten zulassen.
- Die Preisdifferenzierung darf bestimmte Abnehmer bzw. Abnehmergruppen nicht diskriminieren, d.h., sie darf nicht zu einer dem Gerechtigkeitsempfinden der Abnehmer widersprechenden Preisstruktur führen.

Um ein Minimum an Standardisierung bei internationalen Preisfestlegungen zu erreichen, werden häufig Preisrichtlinien für Auslandsmärkte mit dem Ziel erlassen, ein möglichst einheitliches Preis-Leistungs-Image auf allen Märkten zu schaffen, um Reimporte zu verhindern. Eine zentrale Preisvorgabe in Form von Bandbreiten durch das Stammhaus wird in diesem Falle lediglich durch eine dezentrale Festlegung der Endpreise innerhalb der Bandbreiten durch das nationale Management erweitert (vgl. Müller/Kornmeier, 1995, S. 377). Die Festsetzung solcher Preiskorridore und die Durchsetzbarkeit der Preise auf den einzelnen Handelsstufen ist auf Grund der Unzulässigkeit der vertikalen (→) *Preisbindung* in vielen Ländern problematisch. Insofern richtet sich die Höhe der Bandbreite bei der Preiskorridorstrategie nach den Arbitragekosten, zumal diese dafür ausschlaggebend sind, inwiefern Reimporte aus dem Ausland sinnvoll sind. Sind nämlich die Arbitragekosten höher als die Bandbreite, lohnen sich entsprechende Reimporte nicht (vgl. Perlitz, 2000, S. 308).

U.U. ist es sogar sinnvoll, einzelne Märkte nicht zu bearbeiten bzw. aufzugeben, nämlich dann, wenn der Preis erheblich von dem auf anderen Märkten abweicht (vgl. Kucher/Simon, 1993, S. 56). Die Entwicklung des (→) *Europäischen Binnenmarktes* und die damit verbundene Reduktion der Transaktionskosten bei internationaler Arbitrage hat eine starke Preisdifferenzierung innerhalb der EU bereits erschwert. Ein weiterer Faktor, der zu einer zunehmenden Standardisierung der Preise beitragen kann, ist die Einführung der einheitlichen Währung, des (→) *Euro*, da hierdurch die internationale Preistransparenz erhöht wird.

Preiselastizität → *Elastizität*

Preisempfehlung [s.a. Preisbindung]
Vertikale Preisempfehlung liegt vor, wenn ein Anbieter einer Ware den Abnehmern, die diese Ware zum Wiederverkauf erwerben, Orientierungshilfen für die Preisstellung gibt. Sie drückt sich in »unverbindlichen Preisempfehlungen« aus.

Das Setzen derartiger Leitlinien ist nach dem Gesetz gegen Wettbewerbsbeschränkungen (→ *GWB*) bei Markenwaren zulässig. Die unverbindliche Preisempfehlung ist der Missbrauchsaufsicht durch das Bundeskartellamt unterworfen. Die Abnehmer können die unverbindlichen Richtpreise sowohl unterschreiten als auch überschreiten, wenngleich die Preisempfehlung faktisch meist eine obere Preisschwelle darstellt.

Werden die »unverbindlichen Preisempfehlungen« so hoch angesetzt, dass die Wiederverkäufer diese Leitlinien weit unterschreiten können, um den Käufern das Gefühl eines preisgünstigen Einkaufs zu vermitteln, so spricht man von »Mondpreisen« bzw. »Mondpreisempfehlungen«; sie gelten als Missbrauch.

Preisführerschaft

Die Preisführerschaft kann als eine Form kollektiver (→) *Preispolitik* angesehen werden; das kollektive Moment der Preispolitik besteht dabei in koordinierten Verhaltensweisen der Anbieter. Die Orientierung an einem Preisführer ist für oligopolistische Märkte (→ *Marktformen*) typisch. Die preisfolgenden Unternehmen verzichten dabei auf eine autonome Preissetzung und vermeiden Preiskonkurrenz.

Im Wesentlichen unterscheidet man zwei Arten der Preisführerschaft:

- die dominierende Preisführerschaft und
- die barometrische Preisführerschaft.

Bei dominierender Preisführerschaft liegt eine Preisanpassung der Anbieter konkurrierender Produkte an die Preise des von der Marktbedeutung her wichtigsten Unternehmens vor.

Bei barometrischer Preisführerschaft wächst ein Unternehmen auf Grund traditioneller Faktoren in die Rolle des Koordinators. Dieses Unternehmen beobachtet die Entwicklung der Nachfrage und Kosten und reagiert auf Änderungen der grundlegenden Marktsituationen mit für alle Wettbewerber »gültigen« Preisänderungen.

Somit existiert im Gegensatz zur dominierenden Preisführerschaft in der Situation der barometrischen Preisführerschaft kein überlegener Anbieter, sondern nur eine kleine Gruppe ähnlich starker Wettbewerber. Jenem Unternehmen, welches als Koordinator von allen anderen anerkannt wird, fällt die Aufgabe zu, einen für alle akzeptablen Preis vorzugeben, ohne selbst einen eigentlichen Vorteil aus seiner Führerrolle zu ziehen. Die Übernahme dieser Rolle ist nicht an besondere materielle Voraussetzungen gebunden, so dass – wie sich in der Praxis häufig zeigt – jeder der Mitwettbewerber einmal als temporärer barometrischer Preisführer auftritt (z.B. in der Mineralöl- oder Automobilbranche). Dieses Phänomen ist u.a. Ausdruck der Sorge, mit dem geltenden Kartellrecht (→ *GWB*) in Konflikt zu geraten (vgl. Nieschlag/Dichtl/Hörschgen, 1997, S. 412f.).

Preisgleitklausel

Viele Transaktionen im (→) *Produktionsgütermarketing* und (→) *Investitionsgütermarketing* sind durch langfristige Beziehungen gekennzeichnet. Dies gilt z.B. für Rahmenlieferverträge für Rohstoffe und langfristige Auftragsfertigungen im (→) *Anlagengeschäft* bzw. (→) *Systemgeschäft*. Dabei besteht für den Anbieter ein großes Preis- bzw. Kalkulationsrisiko auf Grund von Preisschwankungen auf der Kostenseite. Während der langfristigen (→) *Transaktionsepisode* muss der Anbieter z.B. mit Lohn- und Rohstoffpreissteigerungen bzw. mit einer allgemeinen Kostenerhöhung rechnen, so dass zum Zeitpunkt des Vertragsabschlusses die Kostensituation und damit die Kalkulationsbasis mit großer Unsicherheit verbunden sind (vgl. Backhaus, 1999, S. 503f.).

Durch die Vereinbarung von Preisgleitklauseln sollen die Abnehmer durch nachträgliche Preisanpassungen an dem Preisrisiko des Anbieters beteiligt werden. Die endgültige Festsetzung des Preises wird von der Entwicklung bestimmter Kostenfaktoren abhängig gemacht. Zu diesem Zweck wird eine Preisanpassungsformel vereinbart, die die einzubeziehenden Kostenfaktoren sowie deren Wirkungsstärke festlegt. Eine gebräuchliche Preisformel ist die der ECE (United Nations Economic Commission For Europe):

$$P = \frac{P_0}{100}\left(a + m\frac{M}{M_0} + l\frac{L}{L_0}\right)$$

Dabei bedeuten:

P = endgültiger Preis (Abrechnungsstichtag),
P_0 = Preis am Basisstichtag (z.B. bei Vertragsabschluss),
a = nicht gleitender Preisanteil (in Prozent),
m = Anteil der Materialkosten am Preis (in Prozent),
l = Lohnanteil am Preis (in Prozent),
M_0 = Materialkosten am Basisstichtag (z.B. bei Vertragsabschluss),
M = Materialkosten zum Abrechnungsstichtag,
L_0 = Lohnkosten am Basisstichtag (z.B. bei Vertragsabschluss),
L = Lohnkosten zum Abrechnungsstichtag.

Weiterhin gilt:
$a + m + l = 100$.

Es lassen sich verschiedene Arten von Klauseln unterscheiden (vgl. Backhaus, 1999, S. 507). Bezieht sich die Preisgleitklausel auf die gesamte Leistung, so handelt es sich um eine Gesamtpreisgleitklausel; werden dagegen An- und Zwischenzahlungen ausgeklammert, so liegt eine Partialpreisgleitklausel bzw. Restpreisgleitklausel vor. Je nach Fixanteil unterscheidet man Vollgleitklauseln, bei denen auch Gemeinkosten der Gleitung unterliegen, und Teilgleitklauseln, in die nur Einzelkosten einbezogen werden. Von einer unbegrenzten Gleitklausel spricht man, wenn der Preis unbegrenzt gleiten kann, im Gegensatz zur eingegrenzten Klausel, bei der der Preis nur innerhalb einer Spannweite variieren kann.

Gegen die Vereinbarung von Preisgleitklauseln bestehen wegen der damit verbundenen Ungewissheit über den endgültigen Preis erhebliche Widerstände der Nachfrager (vgl. Plinke, 1998b, S. 155f.).

Preisgrenzen [s.a. Preiskalkulation]
Unter Preisgrenzen versteht man zielabhängige kritische Werte für absatz- und beschaffungsmarktorientierte Entscheidungen (vgl. Zentes, 2002). Preisgrenzen werden systematisiert in

- (→) *Preisuntergrenzen*
- (→) *Preisobergrenzen*
- (→) *Preisschwellen*
- (→) *Preiskorridore*.

Preiskalkulation [s.a. Preispolitik; Target Pricing]
Die Preiskalkulation dient der Ermittlung und Festsetzung (→ *Preisstellung*) von Preisen für die Leistungen eines Unternehmens. Sie kann als eine Entscheidungsheuristik der (→) *Preispolitik* betrachtet werden.

Bei der Preiskalkulation lassen sich die Kostenkalkulation und die Marktpreiskalkulation unterscheiden. Die Kostenkalkulation (vgl. Tietz, 1975, S. 951f.) berechnet den Preis auf der Grundlage von Kosten (Produktionskosten, Wareneinstandskosten,

Handlingkosten). Der Preis wird durch einen Gewinnaufschlag auf die Kosten ermittelt. Das Hauptproblem ist hierbei die Frage der Zurechenbarkeit von Kosten zu Produkten bzw. Artikeln. Als Kalkulationsverfahren werden im Marketing angewendet:

- *die Divisions- oder Durchschnittskalkulation*

Kennzeichnend hierfür ist die Berechnung von Stückkosten, indem die Gesamtkosten durch die erzeugte Stückzahl dividiert werden. Ist der Leistungsprozess durch mehrere nicht vergleichbare Stufen gekennzeichnet, so wird eine mehrstufige Divisionskalkulation durchgeführt. Werden hingegen mehrere artverwandte Produkte in dem Fertigungssystem hergestellt, so arbeitet man mit Äquivalenzziffern, welche die Kostenunterschiede zwischen den Produkten berücksichtigen.

- *die Stufen- oder Zuschlagskalkulation*

Bei diesem Verfahren werden alle direkt zurechenbaren Kosten und die Gemeinkosten mittels Schlüssel oder Prozentsätzen auf die Produkte umgelegt. Die Produkte werden also mit Gemeinkostenzuschlägen belastet.

Ziel der auf Vollkostenbasis arbeitenden Kalkulationsverfahren ist es, zumindest langfristig alle Periodenkosten zu decken und durch den Gewinnaufschlag die Erzielung eines angemessenen Gewinns sicherzustellen (vgl. Riebel, 1994, S. 209). Bei der Vollkostenkalkulation werden folgende systemimmanente Gefahren nicht beachtet (vgl. Riebel, 1994, S.210ff.):

- Durch die Berechnung von Zuschlags- und Verrechnungssätzen werden die fixen Kosten proportionalisiert und mit echten proportionalen Kosten zusammengefasst weiterverrechnet.
- Echte Gemeinkosten, d.h. Kosten, die für mehrere Leistungen gemeinsam entstehen, werden nach plausiblen Schlüsseln auf Kostenstellen und Kostenträger aufgeteilt, so dass die Leistungsverbundenheit ignoriert wird.
- Es besteht auch die Gefahr, dass man sich »aus dem Markt kalkuliert«. Geht beispielsweise auf Grund einer Nachfrageverschiebung die Kapazitätsauslastung zurück – sinkt also die produzierte Stückzahl-, so werden die Fixkosten auf die verbleibende Menge verteilt, so dass der Preis – ermittelt nach dem Kostenkalkulationsverfahren- mit sinkender Nachfrage vom Unternehmen angehoben werden müsste. Dieses Verhalten bei rückläufiger Nachfrage würde jedoch den Nachfragerückgang weiter verstärken und die Absatzchancen zusätzlich verschlechtern. Eine kostenorientierte Preisbildung ist daher bei rückläufiger Nachfrage nicht realisierbar.

Eine Alternative zur Kostenkalkulation stellt die Marktpreiskalkulation dar (vgl. Tietz, 1975, S. 952f.; Riebel, 1994 S. 253), bei der ohne explizite Berücksichtigung von Kosten der Preis einer Leistung nach der Markttragfähigkeit festgelegt wird. Als Grundlage wird die (→) *Deckungsbeitragsrechnung* herangezogen. Durch marktgerechte Festsetzung des Preises wird ein Gesamtbetrag angestrebt, der zur Deckung der nicht den Leistungseinheiten zurechenbaren Kosten dient.

Bei dieser Preiskalkulation dürfen nur die relevanten Kosten einbezogen werden, d.h. die Kosten, die für eine bestimmte Leistungseinheit (z.B. ein Produkt oder einen Auftrag) zusätzlich entstehen. Die Preiskalkulation wird als Wirtschaftlichkeitsanalyse durchgeführt, wobei die jeweiligen Veränderungen von Kosten und Erträgen, Ausgaben und Einnahmen sowie die Nutzung knapper Mittel beachtet werden.

Konkurrieren verschiedene Produkte oder Aufträge um gegebenenfalls vorliegende Engpässe in der Produktion, so wird die

(→) *Preisuntergrenze* neben den zusätzlich entstehenden Kosten ebenfalls durch die von anderen Alternativen verdrängten Deckungsbeiträge (Opportunitätskosten) bestimmt (vgl. Riebel, 1972, S. 36f.; 1994, S. 253ff.).

Preiskorridore

Preiskorridore stellen eine Ausprägungsform von (→) *Preisgrenzen* dar. Sie werden durch obere und untere Grenzwerte determiniert. Preiskorridore existieren in unterschiedlichen Formen. Die doppelt geknickte (→) *Preisabsatzfunktion* von Gutenberg drückt den Preiskorridor aus, in dem die Nachfrage auf Grund des (→) *akquisitorischen Potenzials* relativ unelastisch ist. Im Rahmen der internationalen Preisdifferenzierung können Preiskorridorstrategien (→ *Preispolitik*) eingesetzt werden, die so festgelegt werden, dass ein Kompromiss zwischen Einheitspreisen (standardisierten Preisen) und Landespreisen (differenzierte Preisen) erreicht wird. Der Korridor muss dabei so festgelegt werden, dass Arbitrage nicht möglich ist (vgl. Diller, 2000, S. 357).

Preispolitik

[s.a. Marktabschöpfungspolitik; Marktdurchdringungspolitik; Preisdifferenzierung; Preisstrategien]

Gegenstand der Preispolitik ist die Festlegung der Verkaufspreise, eine der wichtigsten Transaktionsbedingungen gegenüber den Abnehmern. Zur Preispolitik, einem Teilbereich der Absatzpolitik, gehören zunächst die Preisstrukturpolitik und die Preisablaufpolitik (laufende Preispolitik).

Die Preisstrukturpolitik ist durch die Festlegung des Gefüges der Preislagen eines Unternehmens gekennzeichnet. Bei Handelsbetrieben weist sie starke Interdependenzen zur Betriebstypenpolitik (→ *Betriebstypen des Handels*), (→) *Standortpolitik* und (→) *Sortimentspolitik* auf. Preisstrukturentscheidungen werden sowohl in Bezug auf das Basissortiment bzw. das Kernprogramm eines Unternehmens als auch in Bezug auf Erweiterungen durch Aufnahme neuer Produkte oder Dienstleistungen getroffen.

Die Preislagen fixieren eine Bandbreite, innerhalb derer sich das Unternehmen in seinen laufenden Preisentscheidungen bewegt. Hierzu zählt auch die (→) *Sonderangebotspolitik*.

Die betriebliche Preispolitik ist primär durch die Marktdaten (→ *Preisabsatzfunktionen*), die rechtlichen Daten und die Kostenstrukturen (→ *Preiskalkulation*) geprägt.

Aus rechtlicher bzw. wettbewerbspolitischer Sicht sind insbesondere zu unterscheiden (vgl. Krelle, 1976):

- die private Preisbildung
- die staatliche Preisbildung.

Bei privater Preisbildung werden die Preise grundsätzlich zwischen den unmittelbar beteiligten Parteien gebildet. Hierzu zählt die freie Preisbildung. Im Falle freier Preisbildung kommen die Preise durch autonome Fixierung einer der am Kauf- bzw. Verkaufsakt beteiligten Entscheidungseinheiten oder im Zusammenwirken mit dem Marktpartner (Verhandlungen) zu Stande. Bei autonomer Fixierung werden die Verkaufs- bzw. Kaufpreise zieladäquat auf der Basis der relevanten Daten bestimmt. In Verhandlungen einigen sich die Marktpartner unter Beachtung kalkulierter (→) *Preisgrenzen* über Kauf- bzw. Verkaufspreise.

Staatliche Preisbildung liegt vor, wenn öffentlich-rechtliche Institutionen Höchst-, Mindest-, Spannen- oder im Extremfall Festpreise bestimmen, so auf Agrarmärkten (→ *Marktordnung*).

Festpreise engen den preispolitischen Spielraum der Entscheidungsträger vollständig ein. In diesem Fall entfällt eine aktive Preisstellung durch die Unternehmen; sie besitzen dispositive Freiheitsgrade nur in Bezug auf die Festlegung der Absatzmenge. Beim Vorliegen exogen fixierter Höchst-, Mindest- oder Spannenpreise kann die Preisfestlegung nach den Verfahren bei freier Preisbildung, jedoch unter Beachtung der Restriktionen, erfolgen.

Zur Preispolitik zählen auch die Festlegung von Preisleitlinien gegenüber Wiederverkäufern im Rahmen der (→) *Preisempfehlung*, die Fixierung von Endverbraucherpreisen über mehrere Handelsstufen hinweg (→ *Preisbindung*) sowie die (→) *Preisdifferenzierung* (vgl. Schmalen, 1995; Diller, 2000). Die Maßnahmen und die Wirksamkeit der unternehmerischen Preispolitik sind in engem Zusammenhang zur (→) *Konditionenpolitik* zu sehen.

Der preispolitische Spielraum international tätiger Unternehmen ist im Vergleich zu nationalen Unternehmen meist erheblich erweitert. Damit verbunden sind größere Chancen, andererseits aber auch erhöhte Risiken und vor allem eine erhöhte Komplexität des Entscheidungsfeldes (vgl. Belz/Mühlmeyer, 2000).

Eine Vielzahl von Faktoren beeinflusst die Preisbildung im Ausland. Neben den generellen Preisstrategien sind situative Faktoren (Kosten, Konkurrenz- und Nachfragesituation, staatliche Regelungen), aber auch Wechselkurs- und Inflationsentwicklungen sowie die generellen Formen der Marktbearbeitungs- und -eintrittsstrategie im Ausland hervorzuheben.

Zusätzlich anfallende Kosten führen im Ausland oft zu einem erhöhten Preis (Preiseskalationseffekt). Als gravierend erweisen sich die Kosten dann, wenn neue Fixkostenblöcke (z.B. für das Personal einer ausländischen Serviceorganisation oder für Lagerräume im Hafen) entstehen, weil sich dadurch die Kostenstruktur verschlechtert und dauerhafter Kapitalbedarf sowie Auslastungsdruck entsteht (vgl. Diller, 2000, S. 348ff.).

Ein weiterer Grund für erhöhte Kosten im Auslandsgeschäft resultiert aus speziellen Risiken im Ausland (→ *Außenhandelsrisiken*), so (→) *Währungsrisiken*, Inflationsraten für Produktteile, die im Bestimmungsland zugekauft werden, Produktions- und Lieferverzögerungen, die höheren Kapitalbedarf und Bezugskosten nach sich ziehen, oder unbekannte Haftungs- und Gewährleistungsnormen (→ *Produkthaftung*).

Weitere Einflussgrößen sind beispielsweise tarifäre und nicht-tarifäre (→) *Handelshemmnisse*, kartellrechtliche Bestimmungen, Preiskontrollen im Ausland (die Minimal- oder Maximalpreise, Preisstopps, Preisbindungs- oder Rabattvorschriften umfassen) sowie diskriminierende Steuervorschriften. Auch Dumpingstrafen (→ *Dumping*) und Ex- bzw. Importbestimmungen wirken sich u.U. auf die Preisfestlegung im Ausland aus.

Diesen Restriktionen und Einflussgrößen stehen Chancen der Preispolitik im internationalen Geschäft gegenüber. Diller (2000, S. 363f.) identifiziert acht Effekte, welche die Chancen einer aktiven Preispolitik wiedergeben:

1. Die Marktverhältnisse auf bestimmten Auslandsmärkten ermöglichen höhere Gewinnspannen als im Inland, z.B. auf Grund eines fehlenden Preiswettbewerbs (Marktdifferenzierungseffekte).

2. Kostendegressionseffekte treten dann auf, wenn es durch die Preispolitik gelingt, den Gesamtabsatz der Unternehmung zu steigern. Dies ist insbesondere dann der Fall, wenn die Preiselastizität auf den Auslandsmärkten relativ hoch ist oder wenn die Unternehmen dort bereits ein großes akquisitorisches Potenzial besitzen. Durch den Mehrabsatz verbessert sich die Kapazitätsauslastung; die Fixkosten verteilen sich auf mehr Einheiten.

3. Eng mit dem Kostendegressionseffekt ist der Erfahrungskurveneffekt verbunden, der zusätzlich zu den langfristig wirksamen Größenvorteilen Kostensenkungen auf Grund zunehmender Erfahrungen der Unternehmung in Produktion, Organisa-

tion und Management verspricht (→ *Erfahrungskurve*).

4. Innovationseffekte können dann auftreten, wenn für die zusätzlich benötigten Absatzmengen neue Fabrikationsanlagen mit jeweils modernster Fertigungstechnologie erstellt werden.

5. Pioniereffekte treten dann auf, wenn der Lebenszyklus eines Produktes (→ *Produktlebenszyklus*) in verschiedenen Ländern unterschiedlich weit fortgeschritten ist. In diesem Fall kann aus einem technologisch hoch entwickelten Land ein schon in intensivem Wettbewerb stehendes Produkt zu viel höheren Preisen in einem wenig entwickelten Land abgesetzt werden.

6. Eine flexible internationale Preispolitik kann ferner einen Absicherungseffekt erbringen, der unabhängig von nationalen oder kontinentalen Konjunkturen auftritt.

7. Eine Preispolitik kann auf internationalen Märkten schließlich zum positiven (→) *Image* einer Marke beitragen (Imageeffekt).

8. Die geschickte Wahl von (→) *Transferpreisen* ermöglicht die Umgehung von Steuern, Importrestriktionen, Kapitaltransferverboten usw. (Steuereffekt).

Preisobergrenzen [s.a. Preisuntergrenzen]

Preisobergrenzen als Ausprägungsform von (→) *Preisgrenzen* können absatz- und beschaffungsmarktorientiert abgegrenzt werden. In der beschaffungsmarktorientierten Sicht stellen Preisobergrenzen kritische Einkaufspreise dar, die die Nachfrager maximal zu zahlen bereit sind (vgl. Schwellnuß, 1993, S. 495). Die Festlegung der Preisobergrenzen erfolgt i.d.R. als investitionsrechnerische Überlegung und erfordert die Betrachtung alternativer Vorgehensweisen.

Aus absatzmarktorientierter Perspektive sind Preisobergrenzen Ausdruck einer Preisorientierung an der Markttragfähigkeit. Im klassischen Monopol existiert z.B. der Prohibitivpreis, bei dem der Monopolist keinen Absatz mehr erzielt. Im Rahmen wettbewerbsstrategischer Betrachtungen sind Preisobergrenzen z.B. im Falle des Strebens nach Preisführerschaft im Sinne einer Position als preisgünstigster Anbieter relevant oder bei der Verfolgung einer Preislagenstrategie, die einen bestimmten Preisbereich definiert, der nicht überschritten werden soll. Preisobergrenzen ergeben sich zudem bei geografischer Preisdifferenzierung zur Vermeidung von Arbitrageeffekten (vgl. Zentes, 2002).

Preisschwellen

Preisschwelleneffekte drücken preispsychologische Markteffekte aus. Als Schwelleneffekt bezeichnet man das Phänomen, dass die Wirkung einer kontinuierlichen Veränderung des Aktivitätsniveaus eines absatzpolitischen Instruments erst mit Erreichen einer bestimmten Grenze deutlich ansteigt oder abnimmt. Schwelleneffekte drücken sich in formaler Sicht in Unstetigkeitsstellen der (→) *Response-Funktionen* aus.

Preisschwelleneffekte beruhen auf der subjektiven (→) *Wahrnehmung* von Preisen; sie liegen u.a. bei so genannten gebrochenen Preisen vor, d.h. bei Preisen unmittelbar unter einer runden Zahl (vgl. Zentes, 2002). Preisschwelleneffekte kommen auch in der doppelt-geknickten (→) *Preisabsatzfunktion* von Gutenberg zum Ausdruck (→ *Akquisitorisches Potenzial*).

Preissicherung

Preissicherung dient der Begrenzung von Preisrisiken, d.h. der Gefahr von Preisänderungen insbesondere im Außenhandel (→ *Außenhandelsrisiken*). Für den Importeur besteht vor allem ein Preissteigerungsrisiko im Hinblick auf die im Ausland beschafften Produkte; für Exporteure entsteht ein Preissenkungsrisiko auf Grund eines verschärften Wettbewerbs auf Auslandsmärkten.

Zu den Maßnahmen der Preissicherung zählen (→) *Preisgleitklauseln*, Preisabsprachen (→ *Kartelle*), langfristige Außenhandelsverträge sowie Preissicherungsmaßnahmen an Warenbörsen. Letztere bieten sich an, wenn Festpreise (z.B. bei bestimmten Rohstoffen) vertraglich nicht durchsetzbar sind (vgl. Schroth, 2001, S. 550f.). Dabei werden ein Effektivgeschäft – der Verkauf eines bestimmten Rohstoffes ins Ausland – und ein Termingeschäft – an der Warenbörse – kombiniert. Etwaige Verluste im Effektivgeschäft können mit Gewinn im Termingeschäft kompensiert werden (Hedging).

Vereinbart beispielsweise ein Kupfer-Exporteur im Januar eine Kupfer-Lieferung per März, dann gilt, abgesehen von vertraglichen Regelungen, für diesen Kontrakt der Weltmarktpreis für Kupfer im März. Er bekommt u.a. von Importeuren bereits im Januar Angebote, die vom derzeitigen Weltmarktpreis ausgehen. Würde nun der Weltmarktpreis im März niedriger liegen als der Preis der Angebote, dann würde der Exporteur automatisch einen Verlust aus dem Effektivgeschäft erwirtschaften. Diesen kann er dann absichern, wenn er parallel zum Abschluss des Effektivgeschäfts ein Termingeschäft eingeht und z.B. ein März-Termin-Kontrakt zu dem niedrigen Januar-Preis kauft. Durch den Verkauf des März-Kontraktes zu einem höheren Preis, neutralisiert er die Verluste im Effektivgeschäft.

Insgesamt können sich durch die durchgeführte Spekulation an der Warenbörse sowohl Exporteure als auch Importeure vor einer Preissteigerung und einem Preisverfall am Weltmarkt schützen. Sie erhalten eine »klare« Kalkulationsgrundlage (vgl. Jahrmann, 1998, S. 294ff.).

Preisstellung [s.a. Preiskalkulation]
Unter Preisstellung versteht man die Art der Einbeziehung von Zu- und Abschlägen sowie der Rabatte in die Preisforderung. Im Wesentlichen unterscheidet man drei Verfahren:

- die Bruttopreisstellung
- die Nettopreisstellung
- die Cost-Plus-Preisstellung.

Bei der Bruttopreisstellung werden ausgehend von einem Listenpreis unterschiedliche Rabatte gewährt; bei der Nettopreisstellung wird auf Abschläge vom Listenpreis generell verzichtet. Die Cost-Plus-Preisstellung ist dadurch gekennzeichnet, dass Zuschläge für besondere Leistungen auf einen Basispreis berechnet werden.

Preisstrategien [s.a. Preis- und Konditionenpolitik]
Bei der Bestimmung der Preisstrategie im Rahmen einer internationalen Unternehmenstätigkeit ist zu entscheiden, welche Bedeutung die Preispolitik im Rahmen der internationalen Marketingstrategie grundsätzlich einnehmen soll. Für die Beantwortung dieser Frage sind die Konkurrenzsituation, die produkttechnischen oder psychologischen Vorteile der eigenen Produkte und die Nuancen im jeweiligen Auslandsmarkt relevant. Sofern nicht vorrangig Preis-, sondern Leistungsvorteile als akquisitorische Instrumente eingesetzt werden, kann der länderspezifische Preisspielraum größer bleiben, ohne dass z.B. nachhaltige Imageschäden befürchtet werden müssen (vgl. Diller, 1989, Sp. 1688).

Eine zweite Frage im Zusammenhang mit der Festlegung der Preisstrategie betrifft die generelle Preislage, in der das Produkt positioniert werden soll. Da im Vergleich zum Inland die Auslandsmärkte oft anders strukturiert sind, u.U. auch bestimmte Konkurrenten fehlen oder die Lebenszyklen (→ *Produktlebenszyklus*) verschiedener Produktgattungen phasenverschoben ablaufen, ergibt sich die Möglichkeit zur unterschiedlichen (→) *Positionierung* der eigenen

Produkte. Dies hat i.d.R. unmittelbare Rückwirkungen auf deren Preislage und Preisspielraum (vgl. Diller, 1989, Sp. 1688).

Eine weitere strategische Option betrifft die Frage nach der Preisabfolge im Zeitablauf. Die generellen Strategieoptionen sind:

- Skimming-Pricing (→ >*Marktabschöpfungspolitik*), bei der zunächst über einen hohen Preis nur ein kleiner Kreis von potenziellen Käufern angesprochen wird, um durch sukzessive Preissenkungen weitere Käuferkreise zu gewinnen und so die (→) *Konsumentenrente* abzuschöpfen (zeitliche (→) *Preisdifferenzierung*).
- Penetration-Pricing, mit dem Ziel der Marktdurchdringung (→ *Marktdurchdringungspolitik*) durch gleichbleibend niedriges Preisniveau.

Die Marktabschöpfung ist insofern risikoarm, da in den ersten Phasen des Produktlebenszyklus die Preiselastizität häufig niedrig ist. Dieses unelastische Verhalten der Konsumenten entsteht insbesondere bei neuen Produkten durch das Fehlen von Vergleichsmaßstäben für Wert und Kosten des Gutes.

Im internationalen Wettbewerb führt die verschärfte Konkurrenzsituation i.d.R. dazu, dass Firmen zur globalen Penetrations-Strategie neigen. Diese erlaubt zwar die rasche Realisierung von Erfahrungskurven- und Innovationseffekten (→ *Erfahrungskurve*) sowie die globale Durchsetzung bestimmter Produkttechnologien. Doch sind die Voraussetzungen für eine solche Strategie zum einen ein großes Marktpotenzial und vor allem große Produktions- und Distributionskapazitäten, deren Aufbau mit erheblichen Risiken verknüpft ist.

Im Vergleich beider Strategieoptionen ist zudem herauszustellen, dass auf Grund der hohen Margen bei der Skimming-Strategie besondere Anreize für Konkurrenten vorliegen, in den Markt einzutreten. Demgegenüber wird bei der Penetrations-Strategie – auf Grund der niedrigen Preise – den Konkurrenten der Markteintritt erschwert, d.h. Markteintrittsbarrieren (→ *Markteintritts- und Marktaustrittsbarrieren*) werden errichtet.

Preistest

Als Grundlage für preispolitische Entscheidungen (→ *Preispolitik*) liefern Preistests wichtige Erkenntnisse über die Wirkungsmechanismen des Preises.

Preistests zielen u.a. auf die Beantwortung folgender Fragestellungen (vgl. Diller, 2000, S. 197ff.):

- Was ist der Kunde bereit, für ein etabliertes oder neues Produkt zu zahlen?
- Welches ist der gewinnoptimale Preis?
- Was sind dem Kunden bestimmte Produkteigenschaften in Geldeinheiten wert?
- Wie hoch sind Absatzmenge, (→) *Marktanteil*, Umsatz und Gewinn bei verschiedenen Preisen?
- Wie wirkt der Preis im Zusammenhang mit anderen Marketing-Mix-Instrumenten (→ *Marketing-Mix; Marketinginstrumente*) auf Marktanteil, Absatzmenge, Umsatz und Gewinn?
- Wie wirken sich Preisänderungen bei einem Produkt auf den Marktanteil anderer Produkte innerhalb einer Produktgruppe aus?

Um einen quantifizierbaren Zusammenhang zwischen Preis und Absatzmenge (→ *Preisabsatzfunktionen*) herzustellen, unterscheidet man je nach Zielsetzung und verfügbarem Datenmaterial drei Typen von Preistests:

- Preistests auf Basis ökonometrischer Modelle
- Preistests auf Basis von Expertenschätzungen
- Preistests auf Basis von (→) *Conjoint Measurement* (vgl. Laker, 1995, Sp. 2087).

Preistheorie

Die klassische Preistheorie – als ein wichtiges Teilgebiet der mikroökonomischen (volkswirtschaftlichen) Theorie – liefert Aussagen über das Zustandekommen der Preise in unterschiedlichen Märkten (→ *Marktformen*) auf der Grundlage eines ausgebauten Prämissensystems. Im Mittelpunkt stehen dabei formalisierte Modelle; als zentrales Lösungsverfahren kommt die Marginalanalyse zum Einsatz.

Als Beispiel soll hier die Preisfindung im Monopol dienen.

Bei gegebener linearer (→) *Preisabsatzfunktion* eines Monopolisten (Einproduktunternehmen), die durch einen Prohibitivpreis, d.h. einen Höchstpreis, bei dessen Erreichen der Monopolist nicht mehr verkaufen kann, und eine Sättigungsmenge, d.h. die zum Preis Null nachgefragte Menge, gekennzeichnet und zugleich stetig und differenzierbar ist und einer linearen Gesamtkostenfunktion ergibt sich die gewinnmaximale Absatzmenge (x) aus folgendem Kalkül:

$$G(x) = U(x) - K(x) \rightarrow Max!$$

$$\frac{dG}{dx} = U'(x) - K'(x) = 0$$

$$\frac{d^2G}{dx^2} = U''(x) - K''(x) < 0$$

Dabei kennzeichnet U den Umsatz und K die Gesamtkosten.

Die gewinnmaximale Preis-Mengen-Kombination des Monopolisten ist die Menge (mit zugehörigem Preis), für die gilt:

$U'(x) = K'(x)$
d.h. Grenzerlös (U') = Grenzkosten (K').

Diese Preis-Mengen-Kombination wird als Cournot'scher Punkt bezeichnet.

Die Modellansätze der klassischen Preistheorie haben wegen der Realitätsferne ihrer Basisannahmen keine praktische Relevanz.

Preisuntergrenzen [s.a. Preisobergrenzen]

Preisuntergrenzen sind kritische Verkaufs- bzw. Angebotspreise, die ein Anbieter nicht anzunehmen bereit oder in der Lage ist bzw. die rechtlich nicht zulässig sind (vgl. Diller, 2000, S. 239). Man unterscheidet dabei nach den Bestimmungsgründen der Preisfestlegung unterschiedliche Arten von Preisuntergrenzen.

Kostenwirtschaftliche Preisuntergrenzen werden nach ihrer Fristigkeit unterschieden. Die langfristige Preisuntergrenze wird durch die Forderung nach Vollkostendeckung bestimmt. So entspricht die langfristige Preisuntergrenze den totalen Stückkosten. Kurzfristig kann eine Unterschreitung dieses kritischen Wertes zweckmäßig sein. Die kurzfristige Preisuntergrenze wird durch die Forderung nach Teilkostendeckung determiniert, so nach Deckung der variablen Kosten. Sie entspricht den Grenzkosten pro Leistungseinheit (vgl. Zentes, 2002).

Finanzwirtschaftliche Preisuntergrenzen sind liquiditätsorientiert und zielen auf die Aufrechterhaltung der Zahlungsfähigkeit der Unternehmen ab (vgl. Engeleiter, 1981, Sp. 1371).

Markt- bzw. wettbewerbsstrategische Preisuntergrenzen basieren auf Überlegungen bezüglich zulässiger bzw. angestrebter Preisabstände zur Konkurrenz. Sie können z.B. im Rahmen einer (→) *Positionierung* als Premium-Anbieter eine Rolle spielen (vgl. Liebmann/Zentes, 2001, S. 190ff.).

Rechtlich vorgegebene Preisuntergrenzen basieren auf rechtlichen Regelungen, so z.B. ist in Deutschland gemäß GWB der Verkauf unter Einstandspreis verboten.

Preisuntergrenzen in organisierten Marktveranstaltungen, so (→) *Auktionen*, sind z.B. die Ausgangspreise Englischer Auktionen, die nach dem Aufschlagverfahren erfolgen; auch im Rahmen von Holländischen Auktionen, die nach dem Abstrichverfahren verlaufen, bestehen zumeist definierte Preisuntergrenzen (vgl. Zentes, 2002).

Eine weitere Form der Preisuntergrenzen stellen die Preis-Mengen-Grenzen dar, die im Rahmen von (→) *Break-Even-Analysen* als Preis-Mengen-Kombinationen ermittelt werden, bei denen die Gewinnschwelle erreicht wird.

Pre-Sales-Service → *Kundendienstpolitik*

Pretest

Als Pretest werden einerseits Voruntersuchungen bezeichnet, die im Vorfeld einer Hauptuntersuchung zwecks der Überprüfung der Forschungsdesigns, so der Verständlichkeit der Fragen, des (→) *Fragebogens* oder der gesamten Messkonzeption (→ *Messen*) durchzuführen sind. Letzteres dient, ganz ähnlich wie Posttests, beispielsweise zur Überprüfung der Güte der verwendeten Skalen, so zu Absicherung der (→) *Validität*, im Fall von Posttests auch der (→) *Reliabilität* der Messung.

Andererseits können Pretests eingesetzt werden um die Wirkung der (→) *Marketinginstrumente* auf dem Weg zu direkt beobachtbaren Kaufentscheidungen von Konsumenten zu erfassen. Hammann/Erichson (2000, S. 219ff.) heben beispielhaft die Werbung hervor, die im Hinblick auf die Wirkung auf die Kaufentscheidung von Konsumenten eine Reihe von vorgelagerten Stufen durchlaufen muss:

- Ein Werbemittel muss bei den Zielpersonen Aufmerksamkeit erregen.
- Die wichtigsten Elemente des Werbemittels müssen wahrgenommen werden (→ *Wahrnehmung*).
- Die zu übermittelnde Werbebotschaft muss von den Zielpersonen verstanden werden.
- Sie müssen glaubwürdig erscheinen, um akzeptiert zu werden.
- Außerdem muss die Werbebotschaft als wichtig erachtet werden, z.B. indem sie einen bedeutsamen Vorteil gegenüber den Konkurrenzprodukten (Unique Selling Proposition; USP) herausstellt.
- Die Erinnerung an die Werbung ist Vorbedingung für eine dauerhafte Wirksamkeit, während das letzte und beste Bindeglied zum Kaufverhalten die (→) *Einstellung* zum beworbenen Produkt bildet.

Folgt man diesen Stufen der Werbewirkung, die sich im weiteren Sinne an die SOR-Modelle der neobehavioristischen Kaufverhaltensforschung (→ *Neobehaviorismus*) anlehnen, dann bilden Pretests Untersuchungen ab, auf dem Weg zur Erfassung der am Ende stehenden Kaufentscheidung.

Primärforschung

Die Primärforschung (Feldforschung, Field Research) und die Sekundärforschung (Schreibtischforschung, Desk Research) stellen aus methodischer Sicht Basiskategorien der (→) *empirischen* Sozialforschung und der (→) *empirischen Wirtschaftsforschung* dar.

Die Primärforschung hat die Beschaffung der Analyse neuer, bisher nicht bekannter Daten zum Gegenstand. Sie bedient sich spezieller (→) *Erhebungsverfahren*, so der (→) *Befragung* und der (→) *Beobachtung*. Die Sekundärforschung ist dagegen auf die Beschaffung und Analyse bereits vorhandener Daten ausgerichtet. Der Sekundärforschung kommt aus Zeit- und Kostengründen eine erhebliche praktische Bedeutung zu, die durch den Aufbau von externen (→) *Datenbanken* zunehmen dürfte.

Primärkommunikation → *Face-to-Face-Kommunikation*

Principal-Agent-Theorie → *Institutionenökonomik*

Privater Verbrauch [s.a. Konsum]
Das Statistische Bundesamt definiert als Privaten Verbrauch »die Waren- und Dienstleistungskäufe der inländischen privaten Haushalte für Konsumzwecke [...] und der Eigenverbrauch der privaten Organisationen ohne Erwerbszweck« (StBA, 2000, S. 632).

Bei der Berechnung des Privaten Verbrauchs werden zum einen tatsächliche Käufe, zu denen u.a. Entgelte für häusliche Dienste zählen, gerechnet. Zum anderen werden bestimmte unterstellte Käufe einbegriffen, z.B. der Eigenverbrauch der Unternehmer, der Wert der Nutzung von Eigentümerwohnungen wie auch Deputate der Arbeitnehmer. In den Zahlenwerken des Statistischen Bundesamtes werden die Angaben zum Privaten Verbrauch nach einem systematischen Güterverzeichnis in verschiedene Haupt- und Untergruppen aufgegliedert (vgl. StBA, 2000, S. 645).

Product Placement → *Sponsoring*

Produktdifferenzierung [s.a. Produktpolitik]
Produktdifferenzierung kennzeichnet eine Veränderung von Produktkomponenten i.w.S. mit dem Ziel, das entstandene »neue« Produkt vom bisherigen und anderen Produkten abzuheben. Dabei wird das bisherige Produkt nicht ersetzt, sondern das »neue« Produkt tritt hinzu.

Nach den Komponenten des Originalproduktes, die verändert werden, kann man verschiedene Formen der Produktdifferenzierung unterscheiden. Werden bei einem Produkt die Form (das Design) oder die Verpackung verändert, die Qualität verbessert oder aber geringfügige Veränderungen an der Konstruktion des Produktes vorgenommen, um Sonderwünsche von Kunden besser erfüllen zu können, so liegt eine stofflich-technische Produktdifferenzierung vor. Wird hauptsächlich durch Werbung eine Differenzierung eines Produktes vorgenommen, wobei höchstens geringfügige Farb- oder Formänderungen als Unterstützung herangezogen werden, so handelt es sich um eine psychologische oder emotionale Produktdifferenzierung.

Beide Formen treten häufig kombiniert auf. Gemeinsames Ziel ist es, das »neue« Produkt von anderen gleichartigen Produkten abzuheben. Dabei ist es wesentlich, dass sich das so entstandene differenzierte Produkt aus der Sicht der potenziellen Käufer positiv von anderen Produkten abhebt, unabhängig davon, ob es sich technisch gesehen um ein neues Produkt handelt.

Aus dieser Sicht ist es auch durchaus gerechtfertigt, die Produktdifferenzierung als eine Form der Produktinnovation (→ *Innovation*) anzusehen; entscheidend ist nicht die Sicht des Unternehmens, sondern die Sicht der Käufer. Auch durch eine rein psychologische Produktdifferenzierung entsteht ein »neues« Produkt mit einem eigenen (→) *Produktlebenszyklus*.

Produkteliminierung → *Produktpolitik*

Produktentwicklung → *Produktpolitik*

Produktgeschäft
Nach dem Umfang des Leistungsangebots von Investitionsgüteranbietern unterscheidet man drei klassische Formen des (→) *Investitionsgütermarketing*:

- das Produktgeschäft
- das (→) *Anlagengeschäft*
- das (→) *Systemgeschäft*.

Beim Produktgeschäft (Product Selling) handelt es sich i.d.R. um vorgefertigte und in Mehrfachfertigung erstellte Leistungen, die auf einem breiten Markt angeboten werden und die der Kunde im isolierten

Einsatz verwendet, so dass grundsätzlich keine Kaufverbundwirkungen entstehen (Backhaus, 1999, S. 305). Zudem entfällt eine weitreichende Kundenindividualisierung, so dass das Produktgeschäft insgesamt weniger komplex ist als das Anlagen- und Systemgeschäft. Allerdings gewinnen auch beim Produktgeschäft flankierende Dienstleistungen wie Beratung, Schulung, Finanzierung und Lösungen für Schnittstellenprobleme an Bedeutung, so dass sich hier ein Trend vom traditionellen Produkt- zum Systemgeschäft abzeichnet (vgl. Richter, 2001, S. 20ff.).

Produktgestaltung → *Produktpolitik*

Produkthaftung [s.a. Produkthaftungsrecht]
»Unter Produkthaftung versteht man die Verantwortung des Herstellers oder Mittlers einer Leistung für Schäden des Abnehmers, falls auf Grund eines Mangels der Leistung der Abnehmer oder eine andere Person verletzt, getötet oder in ihrem Eigentum geschädigt wird« (Mühlbacher, 1995, S. 163).

Die rechtliche Grundlage für die Haftung eines deutschen Herstellers bildet vor allem das Produkthaftungsgesetz (ProdHaftG), das im Zuge der Harmonisierungsbestrebungen der europäischen Rechts- und Verwaltungsvorschriften der Mitgliedstaaten geändert wurde.

Infolge dieser Vorschrift unterliegen auch Handelsunternehmen oder Importeure der Produkthaftung. Zudem hat die Produkthaftung auf Grund der unterschiedlichen rechtlichen Vorschriften – abgesehen von der rechtlichen Harmonisierung in Europa – eine hohe Relevanz für (→) *Exporte* in Länder außerhalb der EU, so beispielsweise in die USA, wo die Haftungsgesetzgebung ungleich strenger gehandhabt wird. Hieraus erwächst die Notwendigkeit zur verstärkten Qualitätssicherung der Produkte, so durch verschärfte Lieferantenauswahl, Eigenprüfungen oder Schulungen.

Produkthaftungsrecht [s.a. AGB-Gesetz; Garantie; Produkthaftung]
Die vom Rat der Europäischen Gemeinschaften am 25. Juli 1985 erlassene Richtlinie zur Angleichung der Rechts- und Verwaltungsvorschriften der Mitgliedstaaten über die Haftung für fehlerhafte Produkte ist durch das am 15. November 1989 vom Bundestag verabschiedete Produkthaftungsgesetz (ProdHaftG) in nationales Recht umgewandelt worden. Am 1. Januar 1990 ist das Gesetz in Kraft getreten. Zuletzt geändert wurde das Produkthaftungsgesetz am 2. November 2000 (BGBl. I S. 1478).

Die Produkthaftung bezeichnet die Verpflichtung des Herstellers, für Folgeschäden aus der Nutzung eines Produktes zu haften, wenn diese auf Grund von Produktfehlern entstehen. § 1 Abs. 1 Satz 1 ProdHaftG regelt die generelle Haftung: »Wird durch den Fehler eines Produktes jemand getötet, sein Körper oder seine Gesundheit verletzt oder eine Sache beschädigt, so ist der Hersteller des Produktes verpflichtet, dem Geschädigten den daraus entstehenden Schaden zu ersetzen«.

Eine wesentlicher Aspekt betrifft die verschuldungsunabhängige Gefährdungshaftung von Herstellern. »Hersteller im Sinne dieses Gesetzes ist, wer das Endprodukt, einen Grundstoff oder ein Teilprodukt hergestellt hat. Als Hersteller gilt ferner, wer ein Produkt zum Zweck des Verkaufs, der Vermietung, des Mietkaufs oder einer anderen Form des Vertriebs mit wirtschaftlichem Zweck im Rahmen seiner geschäftlichen Tätigkeit in den Geltungsbereich des Abkommens über den Europäischen Wirtschaftsraum einführt oder verbringt« (§ 4 ProdHaftG). Weiterhin betrifft die Haftungspflicht auch Quasi-Hersteller. So gilt nach § 4 Abs. 1 Satz 2 als Hersteller auch derjenige, »der sich durch das Anbringen seines Namens, seines Warenzeichens oder eines anderen unterscheidungskräftigen Kennzeichens als Hersteller ausgibt.« Dies ist z.B. bei (→) *Handelsmarken* gegeben.

Produktionsgütermarketing [s.a. Typologie der Wirtschaftsgüter]
Produktionsgüter sind diejenigen Produktivgüter, die unverändert oder nach Bearbeitung und/oder Verarbeitung verändert in Erzeugnisse eingehen oder zu deren Produktion verbraucht werden (= gewerbliche Verbrauchsgüter). Typische Produktionsgüter sind Rohmaterialien, Vorprodukte, Einbauteile und -aggregate, Hilfsstoffe (z.B. Schmierstoffe) und Betriebsstoffe (z.B. Heizöl).

Im Gegensatz hierzu sind Investitionsgüter (→ *Investitionsgütermarketing*) diejenigen Produktivgüter, die in Organisationen zum Zwecke der Leistungserstellung längerfristig genutzt werden.

Dieser engen Abgrenzung des Begriffes Investitionsgut steht eine weitere Abgrenzung gegenüber (vgl. Engelhardt/Günter, 1981). Der Begriff Investitionsgut wird dann gleichgesetzt mit Produktionsgut. Diese Begriffsfassung entspricht derjenigen des (→) *Konsumgütermarketing*: Als Konsum- oder Konsumtivgüter werden dort sowohl die privaten Gebrauchs- als auch die privaten Verbrauchsgüter bezeichnet.

Bestimmend für die weitere Begriffsabgrenzung ist, dass alle Güterarten einbezogen werden, die organisationalen Kaufentscheidungen (→ *Beschaffungsentscheidungsprozess*) unterliegen und zu deren Transaktion Hersteller- und Verwenderorganisationen interagieren. Aus dieser Sicht ist das Produktionsgütermarketing keine eigenständige Teildisziplin.

Produktlebenszyklus [s.a. Neuprodukteinführung]
Der Produktlebenszyklus (PLZ) kennzeichnet die empirisch feststellbare Absatzentwicklung eines Produktes oder die erwartete Entwicklung des Absatzes während der Zeit, in der sich das Produkt am Markt befindet. Man geht davon aus, dass auch industrielle Erzeugnisse nur eine begrenzte Lebensdauer haben und während ihres »Lebens« verschiedene Phasen durchlaufen. Als Gründe hierfür können z.B. die Ausschöpfung des (→) *Marktpotenzials*, Nachfrageveränderungen, der technische Fortschritt und Veränderungen der wirtschaftlichen Rahmenbedingungen genannt werden (vgl. Meffert, 2000, S. 338).

Bei der Lebensdauer eines Produktes ist zwischen der Dauer seiner technischen Verwendbarkeit und seiner marktlichen Lebensdauer zu unterscheiden. Die marktliche Lebensdauer ist Gegenstand der PLZ-Betrachtung. Sie wird als Marktperiode bezeichnet, d.h. als Zeitabschnitt innerhalb dessen das Produkt Gegenstand von Angebot und Nachfrage ist.

Die einzelnen Phasen des PLZ (vgl. Übersicht 119) können wie folgt charakterisiert werden (vgl. Meffert, 2000, S. 339ff.).

1. Einführungsphase
Diese Phase ist durch einen langsamen Anstieg des Umsatzes (U) gekennzeichnet. Der Verlauf der Kurve erklärt sich durch Neugierkäufe und die Erfolge des Marketing. In dieser Phase entscheidet sich, ob eine Produktidee zu einem marktreifen Produkt geworden ist. Diese Phase verläuft etwa bis zur Gewinnschwelle.

2. Wachstumsphase
Durch die Wirkung der Absatzpolitik wird das Produkt immer bekannter, die ersten Konkurrenten treten mit Nachahmungen auf, die aber meistens vom ursprünglichen Produkt differenziert werden. So werden neue Käuferschichten erschlossen, wodurch

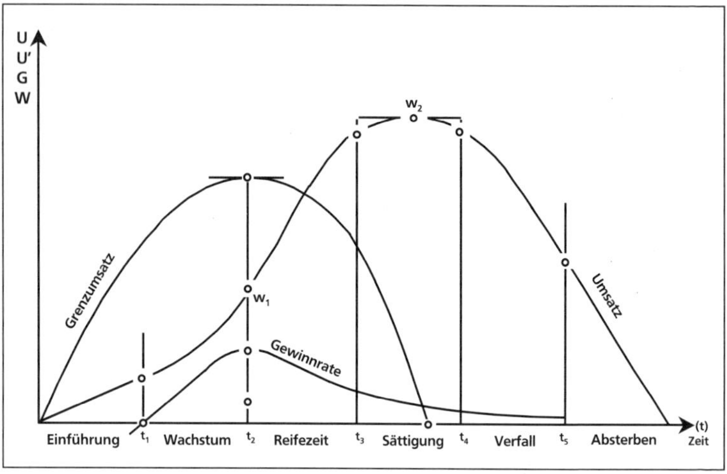

Quelle: Meffert, 2000, S. 339.

Übersicht 119: Produktlebenszyklus

es zu einer starken Expansion des Marktes kommt. Es sind überproportionale Umsatzzuwächse zu verzeichnen, jedoch stabilisieren sich die Zuwachsraten nach einiger Zeit. Formal liegt dort der Wendepunkt der Umsatzkurve (W_1). In dieser Phase wird i.d.R. auch die höchste Umsatzrendite erreicht.

3. *Reifephase*
Diese Phase ist durch eine weitere absolute Marktausdehnung bei Absinken der Zuwachsraten des Umsatzes gekennzeichnet. Der Wettbewerb ist in dieser Phase oft besonders stark. Das Ende der Reifephase ist durch das Ende der absoluten Umsatzzuwächse gekennzeichnet.

4. *Marktsättigungsphase*
In dieser Phase erreicht die Umsatzkurve ihr Maximum; die Grenzumsätze werden negativ.

5. *Degenerationsphase*
Die letzte Phase (Verfall/Absterben) beendet die Lebenszeit des Produktes. Als Ursache kann angeführt werden, dass nun verstärkt Substitutionsgüter auftreten, die die Bedürfnisse besser befriedigen. Weitere Gründe können der technische Fortschritt oder eine künstliche Veralterung sein, indem bewusst substituierende Produkte auf den Markt gebracht werden.

Grundlage der Umsatzentwicklung eines Produktes, wie sie der PLZ darstellt, sind Adoptions- oder Diffusionsprozesse (→ *Adoption; Diffusion*).

Das Produktlebenszyklusmodell besitzt keine Allgemeingültigkeit, d.h. es drückt keine generelle Gesetzmäßigkeit aus. Es ist mehr ein Denkschema als ein operatives Modell (vgl. Meffert, 2000, S. 343). Sein Aussagewert hängt stark von der Bezugsgröße, so Marken, Produkten, Produktgruppen ab; der Verlauf des Produktlebenszyklus ist nicht unveränderlich vorgegeben; die Abgrenzung der einzelnen Phasen ist problematisch. In international tätigen Unternehmen kommt erschwerend die Tatsache hinzu, dass ein Produkt auf verschiedenen Märkten alternative Produktlebenszyklen haben kann und es sich – bezogen auf einen Zeitpunkt – in unterschiedlichen Phasen des PLZ befinden kann. Dies erschwert eine standardisierte, globale Marktbearbeitung (vgl. Meissner, 1995, S. 125ff.). Anwendungsbereiche des PLZ sind u.a. die Prognose der künftigen Absatzentwicklung bzw. des Entwicklungspotenzials eines Produktes, die Produkt- und Programmplanung und der Einsatz eines phasenadäquaten Marketing-Mix. Solche auf den PLZ bezogene Strategien sind die z.B. Strategie der geplanten Veralterung (→ *Obsoleszenz*) oder die gegenläufige Verlängerungsstrategie (→ *Relaunching*).

Produktlinienpolitik

Die Produktlinienpolitik oder Programmpolitik der Hersteller bezieht sich auf das produzierte Programm (Produktionsprogramm), aber auch auf den Zukauf von Waren zur Arrondierung der Angebotspalette. Ihr entspricht die (→) *Sortimentspolitik* der Handelsbetriebe.

Die Programmpolitik äußert sich z.B. in Aktivitäten wie Produktinnovation (→ *Produktpolitik*), (→) *Produktdifferenzierung* und (→) *Diversifikation*. So verändern Produktinnovationen die Produktlinie eines Herstellers. Programmvariationen infolge Produktinnovation resultieren aus Programmerweiterungen (Produktinnovation auf bisherigem Markt bzw. Produktdifferenzierung, wenn enge Beziehungen zum bisherigen Produkt bestehen) oder aus Diversifikationen (Produktinnovation auf neuem Markt).

Produktmanagement

Das Produktmanagement bzw. Brand Management kennzeichnet wie das (→) *Key-Account-Management* eine Form der objektorientierten (→) *Marketingorganisation*, die insbesondere bei Konsumgüterherstellern anzutreffen ist. Es lassen sich drei Varianten des Produktmanagements unterscheiden:

- Produktmanagement als Linienorganisation
- Produktmanagement als modifizierte Linienorganisation
- Produktmanagement als Matrixorganisation.

Das Produktmanagement als Liniensystem entspricht der Produktorientierung, bei der die Produktgruppe zum primären Strukturierungskriterium der Marketingorganisation wird.

Beim Produktmanagement in Form einer modifizierten Linienorganisation wird grundsätzlich die vertikal-hierarchische Organisationsstruktur beibehalten. Eine verstärkte Berücksichtigung horizontaler produktspezifischer Koordinierungserfordernisse wird durch die Einsetzung von Produktmanagern angestrebt. Der Produktmanager hat die Verantwortung für die Entwicklung und Durchsetzung der Marketingstrategien hinsichtlich der von ihm betreuten Absatzobjekte, d.h. von der Konzeption des Produktes bis hin zu dessen Elimination aus dem Angebot. Im Einzelnen zählen zu den Aufgaben des Produktmanagers (vgl. Nieschlag/Dichtl/Hörschgen, 1997, S. 996; Meffert, 2000, S. 1074f.):

- Beobachtung und Analyse des Marktes sowie die Prognose der Entwicklung
- Planung und Koordination erzeugnisbezogener Ziele und Maßnahmen
- Erarbeitung von Vorschlägen für Qualitätsverbesserung, Neupositionierung usw.
- permanente Überprüfung des Marketingerfolgs
- Information und Beratung
- Warn- und Durchsetzungsfunktion sowie Innovationsfunktion.

In einem Matrixsystem haben die Produktmanager nicht nur eine koordinierende

Funktion, sie sind den Funktionsmanagern hierarchisch gleichgestellt.

Produktpolitik [s.a. Positionierung; Produktlinienpolitik]
Die Produktpolitik, als Element des absatzpolitischen Instrumentariums von Unternehmen (→ *Marketinginstrumente*), umfasst alle Entscheidungen und Maßnahmen, die sich auf die Einführung neuer Produkte (Leistungsprogramme) sowie auf die Veränderung bereits eingeführter Produkte bzw. Programme beziehen. Ziel ist die Erweiterung oder der Erhalt der Marktanteile auf den Märkten.

Es werden mehrere Teilbereiche der Produktpolitik unterschieden. Als (integrative) Grundlage kann die enge Verbindung der Produkt- und Qualitätspolitik herangezogen werden.

Die Qualitätspolitik bezieht sich auf physische und psychische Eigenschaften der am Markt angebotenen Waren und ihre Verpackung, i.w.S. auch auf Dienstleistungen. Für die Gestaltung physischer Eigenschaften gehören zu ihren Instrumenten:

- die Gestaltung technisch-physikalischer Merkmale, z.B. Gewicht, Größe, Dauerhaftigkeit u.Ä.
- die Standardisierung der Ausführungen und der Qualität durch (→) *Normung*, Gütezeichen und staatliche Prüf- und Gewährzeichen.

Unter diesen Qualitätsmerkmalen wird häufig die Produktbeschaffenheit subsumiert. Sie hat im Zusammenhang mit Fragen der (internationalen) (→) *Produkthaftung* eine große Bedeutung. Demgegenüber betrifft die psychische Qualität einer Ware insbesondere die Produktgestaltung und die Markierungspolitik.

Unter Produktgestaltung versteht man die Form- und Farbgebung von industriell oder handwerklich hergestellten Produkten. Die Markierungspolitik (→ *Markenpolitik*) bezieht sich auf die Kennzeichnung eines Produktes als Markenware – so als Herstellermarke (Markenartikel), (→) *Handelsmarke* und Verbundmarke einschließlich No Names oder als anonyme Ware.

Auch die Produktverpackung hat physische und psychische Eigenschaften. Sie dient einerseits dem Schutz der Waren, logistischen Aspekten wie Warenhandhabung, Transport und Lagerhaltung, andererseits der Erhöhung der Verkaufsfähigkeit, d.h. akquisitorischen Aspekten, sowie der Information über Ge- und Verbrauch.

Die verstärkte ökologische Sensibilität der Konsumenten und der veränderte Rechtsrahmen, so durch die Verpackungsverordnung, bringen neue Anforderungen an die Warenverpackungen (Verkaufsverpackungen, Umverpackungen und Versandverpackungen) mit sich. Im Vordergrund stehen dabei Fragen der Verpackungsreduzierung bzw. -vermeidung, der stofflichen Verwertbarkeit und Mehrweglösungen.

Als produktpolitische Alternativen i.e.S. bzw. als Instrumente der Produktpolitik werden herausgestellt (vgl. Brockhoff, 1999b, S. 25f.):

- Produktentwicklung (Innovation)
- Produktdifferenzierung
- Produktvereinheitlichung
- Produktvariation
- Produktelimination.

Die Einführung eines neuen Produktes stellt einen zentralen Bestandteil der Produktpolitik dar. Hierbei sind zwei alternative Vorgehensweisen denkbar. War ein Hersteller bisher nicht auf einem Teilmarkt vertreten, spricht man von Produktentwicklung (→ *Neuproduktentwicklung, Phasen der*) bzw. Innovation. Ist der Hersteller auf dem betrachteten Teilmarkt bereits mit einem bzw. mehreren Produkten vertreten, handelt es sich bei der Einführung eines neuen Produktes in diesem Teilmarkt um Produktdifferenzierung. Unter Produktvereinheitlichung versteht man die Herausnahme von Produktalternativen aus einem differenziert bearbeiteten Markt. Als Produktvariation bezeichnet man die Veränderung substanzieller Eigenschaften eines Produktes. Produktelimination stellt die Herausnahme eines Produktes aus dem Markt dar.

Im Rahmen der Produktpolitik werden als Alternativen der Geschäftsausweitung mit Produktlinien und Marken vier Strategien unterschieden (→ *Markenpolitik*) (vgl. Kotler/Bliemel, 2001, S. 759ff.; Kotler/Armstrong, 2001, S. 306ff.):

- *Line Extension* (Produktlinienausweitung): Integration zusätzlicher Produkte (z.B. neue Formen, neue Farben, neuer Geschmack, neue Zutaten, neue Packungsgrößen o.Ä.) im Rahmen einer bereits etablierten Produktlinie unter dem vorhandenen Produktnamen.
- *Brand Extension* (Markenbereichsausweitung): Integration neuer Produktkategorien unter vorhandene Marken durch Markentransfer.
- *Parallelmarkeneinführung* (Multibrands): Entwicklung mehrerer Marken innerhalb derselben Produktlinie.
- *Entwicklung neuer Marken und neuer Produktlinien* (New Brands).

Im Rahmen einer internationalen Unternehmenstätigkeit erlaubt eine konsequente Orientierung an den Rahmenbedingungen und Eigenheiten des Auslandsmarktes in vielen Fällen keine Standardisierung des Angebotes, sondern erfordert eine den Marktbedingungen angepasste (→) *Differenzierung*.

Produktpositionierung → *Positionierung; Produktpolitik*

Produkttest [s.a. Markttest; Neuproduktentwicklung, Phasen der]
Durch Produkttests – i.d.R. in Form von Laborexperimenten (→ *Experiment*) – wird die Akzeptanz eines Produktes oder einer Produktkonzeption bei den Verbrauchern bzw. Verwendern überprüft.

Man kann dabei die Wirkung einzelner Gestaltungselemente testen (Partialtest) oder das Produkt in seiner Gesamtheit. Das Ziel von Partialtests ist neben dem Test einzelner Elemente die Ermittlung der optimalen Kombination der einzelnen Gestaltungselemente zu einer Produktkonzeption.

Als Partialtests sind besonders Qualitäts-, Verpackungs-, Namenstests sowie das Testen von Gebrauchsanweisungen zu nennen. Dabei umfasst der Qualitätstest einige methodische Varianten. Er kann als Einzeltest oder als Vergleich mehrerer Produkte bzw. Produktkonzeptionen durchgeführt werden. Beim Vergleich kann nach dem Präferenz- oder Parallelprinzip vorgegangen werden. Beim ersten erfolgt die Beurteilung eines Produktes im Vergleich zu einem anderen; es wird eine Präferenzordnung aufgestellt. Nach dem Parallelprinzip erfolgt die Beurteilung der Produkte nebeneinander anhand verschiedener Maßstäbe (vgl. Hüttner, 1989, S. 293ff.).

Als Verfahren zur Durchführung von Partialtests kommen das Eliminations- und das Substitutionsverfahren in Betracht. Beim Eliminationsverfahren wird eine sukzessive Anonymisierung des Produktes bis zum Blindtest vorgenommen, bei dem auch die Herstellerbezeichnung neutralisiert wird. Beim Substitutionsverfahren werden die zu testenden Komponenten variiert.

Unverzichtbar ist bei einer Produktentwicklung der Test der Gesamtwirkung, die ein Produkt beim potenziellen Käufer erzielt. Nur eine solche ganzheitliche Betrachtung kann die Erfolgschancen verschiedener Alternativen gegenüber eventuell vorhandenen Konkurrenzprodukten aufzeigen. Auch hierbei können Parallel- und Präferenztests durchgeführt werden.

Produkttests werden meist durch Interviews (→ *Befragung*) nach Vorlage von Warenproben oder zumindest von Bildern und Beschreibungen durchgeführt. Zum Teil wird den Versuchspersonen auch das Produkt für eine bestimmte Zeit zur Erprobung überlassen (Erfahrungstest).

Dieses Verfahren wird bei Investitionsgütern als »Concept Testing« (vgl. Cox, 1979, S. 346f.) durchgeführt. Potenziellen Abnehmern wird ein Prototyp des Produktes zum Testen und Bewerten vorgestellt und überlassen. Da bei sehr komplexen und hochtechnischen Produkten im Sinne einer mehr individuellen Problemlösung die Ausgestaltung des Produktes in seinen Einzelheiten erst während des Kaufprozesses im Zusammenwirken mit dem Abnehmer erfolgt, muss das Testen der Produktkonzeption schon in früheren Phasen der Kaufentscheidung geschehen. Es ist dabei stets zu prüfen, ob das Produkt den speziellen technischen und organisatorischen Anforderungen des Abnehmerbetriebes zur Erfüllung der vorgesehenen Funktionen entspricht.

Produkttreue

Die Produkttreue, als Treuebeziehung zu einem Produkt, weist enge Parallelen zur (→) *Markentreue* auf, die sich auf Markenartikel bezieht.

Um beide Begriffe abzugrenzen, ist es zweckmäßig, auf die unterschiedlichen Dimensionen des Begriffs Produkt einzugehen (vgl. Nolte, 1976, S. 144f.):

- Versteht man Produkt im Sinne von Produktkategorie, so ist die Produkttreue dadurch gekennzeichnet, dass ein Käufer eine bestimmte Produktkategorie zur Befriedigung eines Bedürfnisses gegenüber anderen vorzieht.
- Sieht man das Produkt als eine technologisch-physikalische Sachleistung, so ist die Produkttreue der Markentreue unterzuordnen. Die Produkttreue kennzeichnet dann ein markentreues Verhalten, das durch die Präferenz des Konsumenten für die unter einer Marke angebotenen technologisch-physikalischen Sachleistungen hervorgerufen wird.
- Bei Betrachtung des Produktes im weiteren Sinne als Konglomerat aus Sachleistungen, Dienstleistungen und weiteren immateriellen Komponenten, gibt es keinen Unterschied zwischen Produkt- und Markentreue, sofern es sich um ein markiertes Produkt im Sinne eines Markenartikels (→ *Markenpolitik*) handelt.

Produkttreue kann auch das Verhältnis von Hersteller und Handel beeinflussen. Man spricht dann von einer Anbieter-Produkttreue (vgl. Nolte, 1976, S. 143f.), als einem Festhalten des Herstellers an bisher produzierten Produkten und des Händlers an bisher vertriebenen Produkten. Die Gründe für ein solches Verhalten liegen oft im Traditionsbewusstsein oder in ökonomischen Zwängen der Transaktionspartner.

Produzentenhaftung → *Produkthaftung; Qualitätssicherung; Verbraucherschutz*

Produzentenrente

Die Produzentenrente ist ein der (→) *Konsumentenrente* analoges Theorem der klassischen Mikroökonomie. Prämisse dieses Theorems ist ein Marktgleichgewicht auf polypolistischen Märkten (→ *Marktformen*).

Die Produzentenrente (vgl. Übersicht 120) resultiert daraus, dass entsprechend der Angebotsfunktion einige Anbieter (Produzenten) bereit wären, dass Gut auch für einen geringeren Preis als den Gleichgewichtspreis anzubieten.

Profit Center [s.a. Marketingorganisation]
»Profit Center sind organisatorische Teilbereiche einer Unternehmung, für die ein ge-

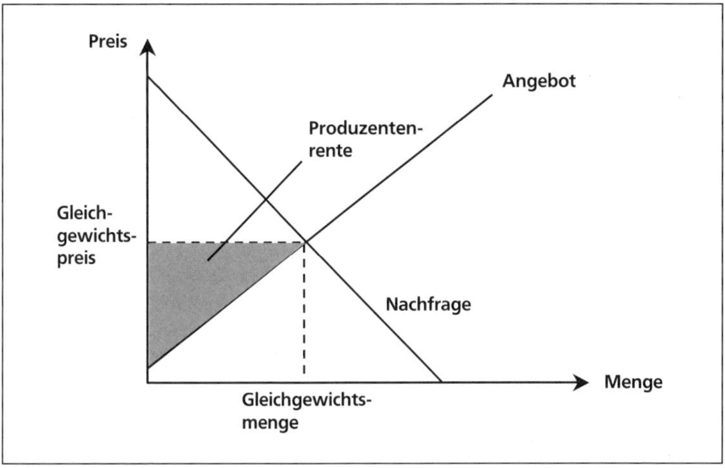

Übersicht 120: Produzentrente

sonderter Erfolgsausweis vorgenommen wird « (Frese, 2000, S. 205).
Nach Schweitzer (1992, Sp. 2078) sind diese Teilbereiche (Aufgabenbereiche einer Unternehmung) meist nach dem Objektprinzip gegliedert und ihre Verantwortlichkeit wird am Erfolg orientiert. Somit bezeichnet man als Profit Center den Geschäftsbereich (Sparte, Division) eines Unternehmens, der nach Produkten, Abnehmergruppen oder Regionen abgegrenzt sein kann und der für seinen ökonomischen Erfolg weitgehend verantwortlich ist. Die Erfolgsverantwortung beim Profit Center bezieht sich i.d.R. auf den Gewinn. Im Extremfall hat ein Profit Center die Handlungsfreiheit zur Festlegung des Produktprogramms ohne Rücksprache mit der Unternehmensleitung (vgl. Macharzina, 1999, S. 359). Können die Geschäftsbereiche auch autonom über ihre Investitionen entscheiden, so bezeichnet man sie als Investment Center.

Das Profit Center-Konzept ist ursprünglich eine Form der divisionalen Organisation (Spartenorganisation bzw. Geschäftsbereichsorganisation) (vgl. Schreyögg, 1999, S. 132f.), d.h. einer Objektorientierung auf der zweitobersten Hierarchieebene eines Stellengefüges. Es wird zunehmend als generelles Konzept der Dezentralisation (→ *Zentralisation*) betrachtet und stellt das Gegenstück zu einer funktionalen Organisationsform (→ *Organisationsstrukturen*) dar. In diesem Sinne kann beispielsweise auch eine Außendienstorganisation nach dem Profit Center-Modell aufgebaut werden (vgl. Zentes, 1980, S. 62ff.). Als Profit Center werden die einzelnen Verkaufsregionen betrachtet, die auf der Grundlage vorgegebener Gewinnziele weitgehend autonom im Markt operieren.

Als zentrale Vorteile des Profit Center-Konzepts nennt Schweitzer (1992, Sp. 2082) die transparente, objektorientierte Erfolgsbewertung, die positive Motivation der selbstständig tätigen Profit Center-Manager sowie eine erhöhte Flexibilität der Unternehmung durch verkürzte Kommunikationswege im Vergleich zur funktionalen Organisation.

Profit Impact of Market Strategy

→ *PIMS-Studie*

Profit Opportunity Recommendation

→ *BERI-Index*

Prognose [s.a. Technological Forecasting]

Das Ziel von Prognosen ist die Beschreibung zukünftig möglicher Unternehmungs- und Umweltzustände. Die Prognose baut auf vergangenheitsbezogenem Erfahrungsmaterial auf und projeziert es mittels eines zeitunabhängigen Kalküls in die Zukunft. Im Falle realtheoretisch fundierter Prognosen muss daher allgemeines Wissen in Form bestätigter Gesetzesaussagen vorliegen (vgl. Horváth, 1998, S. 389f.; Macharzina, 1999, S. 299).

Im Gegensatz hierzu ist Planung als systematisches, zukunftsbezogenes Durchdenken und Festlegen von Zielen sowie von Maßnahmen und Ressourceninput zur Zielerreichung zu verstehen (vgl. Pfohl, 1981, S. 16; Macharzina, 1999, S. 297f.). Wesentliches Merkmal des Planungsprozesses ist die Unsicherheit, d.h., die verfügbaren Informationen lassen keine eindeutigen Erwartungen zu. Auf Grund dieser Unsicherheit kommt der Prognose im Planungsprozess große Bedeutung zu.

Gegenstand von Absatzprognosen im Rahmen des Marketing sind nach Meffert (2000) das Marktpotenzial, das Absatzpotenzial, das Marktvolumen, das Absatzvolumen sowie der Marktanteil. Grundsätzlich wird zwischen Entwicklungs- und Wirkungsprognosen differenziert.

Bei Entwicklungsprognosen werden die Wirkungen der einsetzbaren bzw. eingesetzten Instrumentalvariablen, z.B. des Marketinginstrumentariums (→ *Marketinginstrumente*) der eigenen Unternehmung oder des Wettbewerbs, nicht berücksichtigt. Wirkungsprognosen sollen dagegen die Wirkung von Aktivitäten erfassen, so die Marktreaktion auf absatzpolitische Maßnahmen.

Ein weiteres Unterscheidungsmerkmal von Prognosen ist ihre Fristigkeit. Im Allgemeinen unterscheidet man:

- kurzfristige Prognosen (bis zu einem Jahr)
- mittelfristige Prognosen (bis zu fünf Jahren)
- langfristige (bis zu zehn Jahren)
- futurologische Prognosen (mehr als zehn Jahre).

Weiterhin werden quantitative von qualitativen Prognosen methodenorientiert unterschieden (vgl. Macharzina, 1999, S. 173ff.; Welge/Al-Laham, 1999, S. 287ff.):

- *Quantitative Prognosemethoden*

Als Beispiel sei die Extrapolation erwähnt, bei der die zu prognostizierende Größe lediglich in Abhängigkeit vom Faktor Zeit gesehen wird. Die Extrapolation, als eine der bekanntesten quantitativen Prognosemethoden, kann nach der Methode der kleinsten Quadrate (so bei der Zeitregression), durch Bildung gleitender Durchschnitte oder durch die Exponentielle Glättung erfolgen. Sehr komplexe Zusammenhänge können durch (→) *Simulationsmodelle* erfasst und prognostizierbar gemacht werden.

- *Qualitative Prognosemethoden*

Hierzu zählen Methoden, die auf subjektiven Vorstellungen, Intuitionen u.Ä. beruhen. Vielfach entziehen sich die zu Grunde liegenden Informationen einer objektiven Nachprüfbarkeit, andererseits sind jedoch Prognosen aus der Erfahrung von Experten mitunter sehr exakt. Bekanntestes qualitatives Prognoseverfahren, das Expertenwissen auf möglichst breiter Basis und somit möglichst verlässlich nutzt, ist die (→) *Delphi-Methode*.

Projektfinanzierung

Projektfinanzierung wird definiert als Finanzierung einer spezifischen, abgrenzbaren wirtschaftlichen Einheit (Projekt), welche sich primär auf den Cash-Flow des Projektes und dessen Substanzwert stützt. Es handelt sich also um eine Einheit, bei der primär der Cash-Flow, der mit dem Projekt erzielt werden soll, als Quelle für Zins- und Tilgungszahlungen dient und nicht die das Projekt fördernden Akteure; sie sind in die Projektfinanzierung i.d.R. nicht mit eingebunden (Non-Resource-Financing). In diesem Sinne ist die Projektfinanzierung von der (→) *Auftragsfinanzierung* abzugrenzen.

Projektfinanzierungen finden vorwiegend ihre Anwendung im Bereich der Rohstofferschließung und der petrochemischen Industrie. Ihre wichtigste Aufgabe besteht darin, die einzelnen mit einem Projekt verbundenen Risiken transparent zu machen, zu bewerten und Möglichkeiten aufzudecken, bestehende Risiken zu verteilen (Risk Sharing) (vgl. Backhaus, 1989, Sp. 1728). Dabei sind folgende Arten von Projektrisiken zu unterscheiden:

- geologisches Risiko
- verfahrenstechnisches Risiko
- Fertigstellungsrisiko
- Betriebsrisiko
- Absatz- und Preisrisiko
- politisches Risiko
- Wechselkursrisiko
- Risiken höherer Gewalt (vgl. Backhaus, 1989, Sp. 1729f.).

Zur Absicherung und zur Finanzierung eines Projektes wird i.d.R. ein umfassendes Finanzierungsmodell erstellt, das durch eine größere Anzahl von Kreditinstituten und Kreditquellen unter der Führung einer Bank als Lead-Manager getragen wird.

Projektive Tests

Projektive Tests sind eine Form der psychologischen Tests; sie gehören zu den Methoden der indirekten Befragung (vgl. Nieschlag/Dichtl/Hörschgen, 1997, S. 743f.; Hüttner, 1989, S. 58ff.). Projektive Tests werden häufig in der (→) *Motivforschung* eingesetzt. Bei den projektiven Tests sollen die Auskunftspersonen ihre subjektiven Wünsche und Vorstellungen in ihre Antworten »projizieren«, so dass man aus den Antworten auf die Wünsche schließen bzw. Verhalten prognostizieren kann.

Der Begriff der Projektion geht auf Freud zurück und beschreibt die Operation, »durch die ein neurologischer oder psychologischer Tatbestand nach außen verschoben und lokalisiert wird, entweder vom Zentrum zur Peripherie oder vom Subjekt zum Objekt« (Laplanche/Pontalis, 1982, S. 399f.). Bei der Projektion ordnet die Versuchsperson einer Reizkonstellation, besonders anderen Personen Eigenschaften und Verhaltensweisen zu, die sie sich selbst zuschreibt oder die sie von anderen erwartet.

Die Interpretation der Ergebnisse projektiver Tests erfordert großen psychologischen Sachverstand. Die Tests müssen so konzipiert sein, dass sich die Projektionen in möglichst eindeutigen Antworten niederschlagen, so dass eine quantitative Analyse möglich ist.

Ein bekanntes projektives Testverfahren ist der Thematische Apperzeptions-Test (TAT). Hierbei werden Testpersonen verschiedene Bilder mit typischen Lebens-, Konsum- oder Kaufsituationen vorgelegt. Die Personen sollen dann zu jedem Bild schildern, was auf dem jeweiligen Bild gerade abläuft, wie es zu der Situation kam und wie es weitergehen könnte. Analysiert werden insbesondere die Rollen der Produkte, die Verhaltensweisen und die Beweggründe in den Erzählungen. Der TAT ist in erster Linie ein Persönlichkeitstest.

Ein weiteres Verfahren ist der Rosenzweig- oder Picture-Frustration-Test (PFT). Den Probanden werden hierbei karikaturartige Zeichnungen vorgelegt, oftmals von zwei Personen, die ein Gespräch führen. Der Dialog wird in Sprechblasen wiedergegeben, wobei nur ein Teil des Dialogs in den Sprechblasen enthalten ist. Die Versuchspersonen haben dann den fehlenden Teil zu ergänzen. Man geht davon aus, dass die Probanden unbewusst für sie typische Antworten abgeben, die sie nicht offen äußern würden.

Zu den projektiven Tests gehören auch der Wortassoziationstest (WAT) und der Satzergänzungstest (SET) (vgl. Wiswede, 1974, Sp. 1532). Nieschlag/Dichtl/Hörschgen (1997, S. 743) unterscheiden die Verfahren der Projektion und der Assoziation und ordnen die beiden zuletzt genannten Tests dem Prinzip der Assoziation zu.

Projektmanagement → *Management*

Projektorganisation

Macharzina (1999, S. 364f.) bezeichnet das Modell der Projektorganisation (Projektmanagement, Task-Force-Organization) als ein Sammelkonzept für verschiedene Formen problemfallorientierter, temporär angelegter Organisationsstrukturen, bei dem Personen aus unterschiedlichen Abteilungen und Hierarchieebenen für die gemeinsame Bearbeitung eines Projekts, das allgemein als komplexes, neuartiges, risikobeladenes Problem von zeitlich befristeter Dauer definierbar ist, zusammengezogen werden.

Aus den Problemdimensionen resultieren unmittelbar die Anforderungen an die Projektorganisation. Deren konkrete Formen unterscheiden sich im Hinblick auf die Kriterien:

- Ressourcenautonomie, d.h. die Verfügungsgewalt über die für die Projektaufgaben notwendigen personellen und sachlichen Ressourcen
- Verselbstständigung gegenüber der Basisorganisation, die sich in der Spannbreite zwischen der Wahrnehmung der Projektaufgaben durch die Basisorganisation (ohne Nominierung eines Projektleiters) bis zur rechtlichen Ausgliederung der Projekte aus der Basisorganisation bewegt
- projektinterne Strukturierung, die in Abhängigkeit von den beiden genannten Kriterien so variiert, dass bei stark ausgeprägter Ressourcenautonomie bzw. Verselbstständigung eine interne (horizontale und vertikale) Strukturierung der Projektorganisation vorteilhaft bzw. zwingend ist (vgl. Grün, 1992, Sp. 2107).

Als Varianten der Projektorganisation unterscheidet Frese (2000, S. 504ff.; vgl. auch Perlitz, 2000, S. 495f.):

- *Organisation ohne strukturelle Projektausrichtung:* Sie bildet einen Grenzfall bei der organisatorischen Gestaltung des Projektbereichs und ist durch den Verzicht auf die Einrichtung projektbezogener Einheiten gekennzeichnet.
- *Stabs-Projektorganisation:* Bei dieser Variante werden bestimmte Projektaufgaben von Stäben wahrgenommen, deren Aufgabenschwerpunkt in der Koordination der Projekte besteht, zumal sie keine Weisungsbefugnis gegenüber der Linie besitzen.
- *Matrix-Projektorganisation:* Wie bei der Matrixorganisation (→ *Organisationsstrukturen*) liegt hier eine zweidimensionale Struktur vor, bei der ein projektbezogenes und ein verrichtungsorientiertes Leitungssystem gekoppelt werden, so dass die Projektmitarbeiter nicht aus ihren Funktionsbereichen herausgelöst, bezogen auf ihre Projektarbeit jedoch von einer zweiten Instanz geführt werden. Bei internationalen Matrix-Projektorganisationen arbeitet z.B. ein internationaler Projektleiter mit lokalen Linienmanagern zusammen.
- *Reine Projektorganisation* (Task-Force-Modell): Hier ist die zeitlich befristete

Schaffung von Organisationseinheiten für die ausschließliche Erfüllung von Projektaufgaben dergestalt vorgesehen, dass die Beteiligten aus ihren bisherigen Organisationseinheiten herausgenommen, in eine neue, zeitlich befristete Projektstruktur integriert werden und in Projektteams – u.a. mit unternehmensexternen Personen – zusammenarbeiten können.

Promotor [s.a. Innovator]
Das Konzept des Promotors wurde von Witte (1973) in Bezug auf unternehmenspolitische Entscheidungsprozesse entwickelt. Ausgangspunkt war die Frage nach den bewegenden Kräften in diesen Prozessen, die gekennzeichnet sind durch multipersonale und multioperationale geistige Arbeitsabläufe, die der Anregung, Steuerung und Koordination bedürfen (vgl. Witte, 1976, S. 319).

In der Realität liegen Entscheidungen selten rationale Strukturen zu Grunde, sondern eher habituelle psychologische Verhaltensmuster. Personen neigen vielfach dazu, Entscheidungsprozesse zu verzögern oder zu vermeiden, sie zumindest aber zu vereinfachen. Insbesondere Innovationsprozesse folgen weniger einer sachlichen oder inhaltlichen Zwangsläufigkeit als dem Einfluss von Promotoren. Das sind Personen, die einen Innovationsprozess aktiv und intensiv fördern. Innovationsentscheidungen haben i. d. R. Willens- und Fähigkeitsbarrieren zu überwinden, die sich in Form sachlicher und organisatorischer Schwierigkeiten zeigen und sich in so genannten Opponenten verkörpern (vgl. Witte, 1976, S. 321f.). Opponenten sind Personen, die den Innovationsprozess hemmen oder verhindern wollen.

Die Promotoren lassen sich nach ihrem Prozessförderungspotenzial in Machtpromotoren und Fachpromotoren unterscheiden (vgl. Gemünden/Walter, 1995, S. 973ff.). Der Machtpromotor fördert den Innovationsprozess durch sein hierarchisches Potenzial, d.h. durch formalen Einfluss; der Fachpromotor dagegen verfügt über objektspezifisches Fachwissen, das er gezielt und intensiv einsetzt. Sein Mittel zur Promotion ist die Argumentation.

Innovationen werden häufig nicht von einem der beiden Promotorentypen allein, sondern von einem Promotorengespann, d.h. einer Zusammenarbeit von Macht- und Fachpromotor, durchgesetzt. Beide verbünden sich im Hinblick auf das gemeinsame Ziel.

Die Förderung des Innovationsprozesses benötigt häufig eine dritte Art von Promotoren, den Prozesspromotor (Beziehungspromotor). Der Prozesspromotor hat die Organisationskenntnis und das Kommunikationspotenzial und stellt die Beziehung zwischen Machtpromotor und Fachpromotor her. Er muss in der Lage sein »... die Sprache der Technik in die Sprache zu übersetzen, die in der Unternehmung gesprochen und verstanden wird. Er hat diplomatisches Geschick und die Kenntnis, wie man unterschiedliche Menschen individuell anspricht und für die Innovation gewinnt« (Hauschildt, 1992, Sp. 1038).

Seinen Einsatz findet der Prozess- bzw. Beziehungspromotor, wenn in einem Innovationsprozess komplexe und vielfältige Informationsbeziehungen zu aktivieren, organisatorische, fachliche und sprachliche Distanzen zu überbrücken sind und weder Macht- noch Fachpromotor diese Überbrückungsfunktion ausüben können (vgl. Hauschildt, 1992, Sp. 1039).

Neben der Komplexität der Problemstrukturen ist von den Promotoren auch der Widerstand der Opponenten zu überwinden. Auf Seiten dieser, den Innovationsprozess hemmenden Personen sind in analoger Weise Macht- und Fachopponenten zu unterscheiden. Sie arbeiten vielfach gemeinsam als Opponentengespann, teils aktiv, teils durch passives Unterlassen, gegen die Innovationsentscheidung. Während Promotoren stets offen agieren, ist hier eine Unterscheidung in offene und stille Opponenten möglich.

Die Aktivität von Gegenkräften kann durchaus positiv auf den Innovationsprozess wirken, da einerseits die Opposition sachlich begründet sein kann, andererseits auch der Widerspruch bei den Promotoren produktive Kräfte freizusetzen vermag. Opponenten können als Herausforderung erscheinen und die andere Seite zu einer stärker prozessfördernden Leistung zwingen, als es ohne sie der Fall gewesen wäre. Entscheidungsprozesse unter Zusammenwirken von Promotoren- und Opponentengespannen können demgemäss eine höhere Effizienz aufweisen als solche ohne Auftreten von Opponenten.

Das Promotoren-Opponenten-Konzept kann zur Analyse von (→) *Buying Centern* im (→) *Investitionsgütermarketing* herangezogen werden. So werden in manchen Fällen die Verwender, Fachpromotoren bzw. Fachopponenten sein, d.h., in Bezug auf ihr Informationsverarbeitungsverhalten als Fakten-Reagierer handeln, also als jene Mitglieder des Buying Center, die umfassende Detailinformationen zur Beurteilung eines Beschaffungsobjektes verwenden (vgl. Backhaus, 1999, S. 61ff.) und die Anschaffung befürworten (Fachpromotor) oder ablehnen (Fachopponenten).

Property-Rights-Ansatz → *Institutionenökonomik*

Protektionismus

Unter Protektionismus werden gezielte politische Maßnahmen im Rahmen der Außenhandelspolitik verstanden, die heimische Produzenten vor ausländischer Konkurrenz schützen. Im engeren Sinne sind hierunter alle Maßnahmen der Importbehinderung zu fassen, im weiteren Sinne auch exportfördernde Maßnahmen, da sie der einheimischen Wirtschaft zusätzliche Vorteile im internationalen Wettbewerb schaffen. Im engeren Sinne ist Protektionismus im Zusammenhang mit (→) *Handelshemmnissen* zu sehen (vgl. Koch, 1998a, S. 123).

Als protektionistische Maßnahmen können auch Importverbote aus militärischen oder kulturellen Gründen, Importabgaben zur Finanzierung des Staatsbudgets, Importverbote aus gesundheitspolitischen oder sittlichen Motiven oder Embargos aus politischen Gründen und (→) *Subventionen* gesehen werden (vgl. Sauernheimer, 1989, Sp. 1761).

In Analogie zu den Handelshemmnissen kann der Protektionismus in einen tarifären und nicht-tarifären Bereich unterteilt werden.

Tarifärer Protektionismus umfasst (Schutz-)Zölle, während zu dem nicht-tarifären Protektionismus alle übrigen handelshemmenden und -verzerrenden Instrumente, z.B. preisbezogene Maßnahmen (Abgaben, Subventionen usw.), Mengenregulierungen (Quoten) sowie administrative Maßnahmen (Normen, Verzollungspraktiken) gehören (vgl. Schroth, 2001, S. 456).

Als Grundformen der Protektion lassen sich unterscheiden:

- die Abwehr einer unerwünschten Importkonkurrenz und eine Stärkung der Nachfrage nach inländischen Produkten durch Importbehinderungen (→ *Selbstbeschränkungsabkommen*)
- eine Verbesserung der Absatzchancen der einheimischen Wirtschaft auf dem Weltmarkt durch (→) *Exportförderung*.

Die schlechten Erfahrungen mit dem Protektionismus, der von 1929 bis 1933 das Welthandelsvolumen von drei auf eine Milliarde US-Dollar reduzierte, führten zu einer Wiederbelebung der Freihandelsidee, die mit der Beendigung des Zweiten Weltkrieges in eine Phase der Handelsliberalisierung mündete. Erfolge wurden u.a. durch die international gestützte Politik des GATT (→ *Allgemeines Zoll- und Handelsabkommen*) und des Internationalen Währungsfonds (→ *IWF*) erzielt. Insbesondere das GATT führte zu einer Liberalisierung der Handelsströme und zu einer zunehmenden Reduzierung protektionistischer Maßnahmen. Davon betroffen waren insbesondere tarifäre (→) *Handelshemmnisse*, die unter den Statuten des GATT geächtet wurden. Allerdings verschlechterte sich Mitte der siebziger Jahre mit der ersten Ölpreiskrise 1973 die wirtschaftlichen Rahmenbedingungen für die ölimportierenden Staaten drastisch. Diese Entwicklung war durch eine Protektionswelle gekennzeichnet, die weder an Preisen noch an Mengen anknüpfte, sondern nicht-tarifäre Maßnahmen zum Inhalt hatten. Da sich der Protektionismus auf nicht-tarifäre Maßnahmen und subtilere Instrumente, z.B. Selbstbeschränkungsabkommen, verlagerte, wird auch von Neo-Protektionismus gesprochen. Zwischen 1981 und 1987 ist der Anteil der von nicht-tarifären Handelshemmnissen betroffenen Importe der Industrieländer um 20,7 % gestiegen. (vgl. Deutsche Bank, 1998, S. 347; Koch, 1998a, S. 168; Beise/Oppermann/Sander, 1998, S. 61ff.).

Selbst einzelne (→) *Handelsabkommen* weisen protektionistische Züge auf, so das Welttextilabkommen (→ *WTA*). Zu Beginn der neunziger Jahre hat die (→) *Weltbank* festgestellt, dass weniger als 10 % des Welthandels den GATT-Bestimmungen entsprechen. In diesem Zeitraum bestanden zwischen der EG und den USA rund 200 Konfliktbereiche in den besonders anfälligen Sektoren wie Stahl, Textilien, Kleidung, Flugzeuge, Schiffsbau, Automobile, Unterhaltungselektronik, Kohle, Soja-Bohnen und sonstige Agrarprodukte.

Die Folgen der Protektion sind vielfältig (vgl. Altmann, 1993, S. 262ff.):

- Protektionistische Maßnahmen ähneln denen regionaler Integrationszonen (→ *Kooperations- und Integrationsformen*). Eine Zollunion oder ein Binnenmarkt (→ *Europäischer Binnenmarkt*) ist immer mit einer Liberalisierung nach innen, aber protektionistischen Abschottungen nach außen verbunden. Negative Effekte betreffen beispielsweise das Preisniveau, das unter Umständen im Vergleich zu einem freien Handel höher ausfallen kann.
- Protektionistische Maßnahmen gegen Exportländer verringern die Absatz- und damit die Beschäftigungs-, Wachstums- und Gewinnmöglichkeiten auf Seiten der Exporteure (Importprotektion) und beeinträchtigen die Absatzmöglichkeiten anderer Länder auf dem Weltmarkt (Exportprotektionismus).

Als Gegenmaßnahmen der Protektion kommen grundsätzlich Anpassung, Umgehung, Vergeltung oder Verhandlung in Frage. Umgehungsstrategien erfolgten beispielsweise in Form von (→) *Direktinvestitionen* in so genannte »Schraubenzieherfabriken«, in denen bestimmte Fertigprodukte insbesondere von japanischen Produzenten in der EU nur zusammengesetzt (montiert) wurden. Sie provozierten Gegenmaßnahmen mit Vorgaben für den Anteil inländischer Wertschöpfung (→ *Local-Content-Politik*). Vergeltungsmaßnahmen äußern sich in Handelskriegen, während Verhandlungen häufig zu »freiwilligen« (→) *Selbstbeschränkungsabkommen* führen. Insgesamt bedroht die Zunahme protektionistischer Maßnahmen und insbesondere nicht-tarifärer Handelshemmnisse die Liberalisierungsbestrebungen.

Die neunziger Jahre waren durch eine neue Welle der Handelsliberalisierung gekennzeichnet, die durch einen rapiden Anstieg weltweiter Investitions- und Finanzbeziehungen geprägt war. Insbesondere mit dem konstruktiven Abschluss der 8. (→)

Welthandelsrunde des GATT im Dezember 1993 begann sich weltweit die Erkenntnis durchzusetzen, dass hohe protektionistische Hürden nicht nur die Handelspartner vor Probleme stellen, sondern auch Gegenreaktionen und verringerte Wettbewerbsintensität auch der eigenen Wirtschaft schadeten (vgl. Koch, 1998a, S. 168).

Proximitätsmaße → *Ähnlichkeitsmaße*

Prozesspromotor → *Promotor*

Psychologische Marktforschung
Im Wege des an Bedeutung gewinnenden interdisziplinären Ansatzes in der Marketingtheorie wurden besonders aus der Psychologie stammende Methoden adoptiert. Mit der Entwicklung der (→) *Verhaltensforschung* hin zum (→) *Neobehaviorismus* wurden auch für das Marketing (→) *intervenierende Variablen* wie (→) *Motivation*, (→) *Einstellung* und Formen der menschlichen Informationsverarbeitung zu wichtigen Forschungsgegenständen. Nur durch psychologische Marktforschung, d.h. durch Übernahme von psychologischen Erhebungs- und Analysemethoden, ist es möglich, diese Konstrukte zu analysieren und damit Erkenntnisse über das marketingrelevante Verhalten von Individuen zu gewinnen.

Zu den wichtigsten Methoden der psychologischen Marktforschung, als einem Teilgebiet der (→) *Marktforschung*, gehören die (→) *Imagemessung* und die (→) *Einstellungsmessung*, aber auch die Assoziationstests und die (→) *projektiven Tests*. Diese Aufzählung zeigt bereits, dass bei den Methoden der psychologischen Markforschung die (→) *Befragung* eine entscheidende Bedeutung hat. Ein großes Problem der psychologischen Marktforschung stellt die Operationalisierung- der verwendeten theoretischen Konstrukte dar (→ *Messen*).

Public Affairs → *Public Relations*

Public Relations [s.a. Corporate Identity]
In Erweiterung der Kommunikationsinstrumente (→ *Kommunikationspolitik*) der Unternehmung, die in erster Linie der Absatzförderung dienen, ist es Ziel von Public Relations (Öffentlichkeitsarbeit) für die Institution als Ganzes zu werben (Werbung um öffentliches Vertrauen).

Mit Öffentlichkeitsarbeit sollen die Beziehungen zwischen dem Unternehmen und den relevanten Gruppen der Öffentlichkeit (Lieferanten, Mitarbeiter, Kirchen, Verbände, Gewerkschaften, Staat, Gesellschaft usw.) verbessert und Sympathie für das Unternehmen als Ganzes aufgebaut werden (→ *Stakeholder-Ansatz*). Dieser Teilbereich der unternehmerischen Kommunikationspolitik hat in den letzten Jahren erheblich an Bedeutung gewonnen.

Ein wichtiges Ziel der internationalen Öffentlichkeitsarbeit besteht darin, Konfliktpotenziale zwischen der inländischen Unternehmung und den Gastländern zu minimieren. Während die Wirtschaftswerbung (→ *Werbung*) zur Imagegestaltung von Produkten oder von Produktgruppen eingesetzt wird, prägt Public Relations das Firmen- und/oder Gruppenimage. Das Ergebnis der Public Relations-Arbeit findet seinen Niederschlag im Goodwill.

Zu den wichtigsten Maßnahmen der Öffentlichkeitsarbeit zählen:

- Public Relations-Inserate und Public Relations-Spots
- Durchführung publizistischer Aktionen
- Herausgabe von Dokumentationen
- Vorträge
- Schulung der Mitarbeiter im Sinne der Public Relations-Ziele
- Mitwirkung in lokalen, regionalen und nationalen politischen Gremien
- aktive Beteiligung an gemeinnützigen Einrichtungen oder Aktionen
- Teilnahme an Ausstellungen.

Spezifische Ziele der Öffentlichkeitsarbeit internationaler Unternehmen sind u.a. (vgl. Perlitz, 2000, S. 347):

- Identifikation mit den Interessen des Gastlandes
- Herstellung guter Kontakte zu den Regierungsstellen
- Respektierung kultureller und sozialer Eigenheiten
- Beitrag zur Entwicklung des Gastlandes
- Selbstdarstellung der Unternehmung
- Unterstreichung der Unabhängigkeit von der Zentrale.

Zur Überprüfung des Konfliktpotenzials, das sich zwischen einem Unternehmen und seiner Umwelt ergeben kann, kann z.B. die Societal Response Assessment-Matrix, die von Shell verwendet wird, angewandt werden (vgl. Perlitz, 2000, S. 347).

Pull-Strategie

Pull-Strategien versuchen, mit Mitteln der Information und Kommunikation eine Unabhängigkeit von anderen Instrumenten zu erreichen. Die Pull-Strategie zielt auf den medialen Vorverkauf bei Konsumenten ab. So soll durch intensive Informations- und Kommunikationsaktivitäten der Hersteller gegenüber den Endabnehmern ein auf die Absatzmittler gerichteter Nachfragesog erzeugt werden.

Push-Strategien verzichten auf Instrumente der medialen Kommunikation und »drücken« das Produkt in den Markt, insbesondere durch persönlichen Verkauf (→ *Personal Selling*) und aggressive (→) *Preispolitik* gegenüber den Absatzmittlern.

Punktbewertungsverfahren

Punktbewertungsverfahren oder Scoring-Modelle sind eine Methode zur systematischen Alternativenauswahl, wobei sich die Gesamtbeurteilung der einzelnen Alternativen aus der gewichteten Summe von Teilbeurteilungen zusammensetzt. Punktbewertungsverfahren werden im Marketing häufig angewandt, so zur Bewertung von Neuproduktideen in der Vorauswahlphase (→ *Neuproduktentwicklung, Phasen der*). Daneben können auch alternative Vertriebssysteme oder Werbemittel anhand von Scoring-Verfahren bewertet werden.

Die Beurteilung der Objekte erfolgt anhand von verschiedenen Merkmalen. Häufig werden dabei qualitative Kriterien angewandt, so dass auch dann eine Bewertung vorgenommen werden kann, wenn keine quantitativen Daten vorliegen. Die Merkmale sollen in ihrer Gesamtheit alle für den Erfolg des Objektes relevanten Einflussgrößen abdecken.

Für die Bewertung der Merkmale werden einheitliche Skalen verwendet, die i.d.R. fünf bis zehn nummerische oder verbale Ausprägungsstufen (z.B. von »sehr gut« bis »sehr schlecht«) haben. Die Bewertung der einzelnen Merkmale eines Objektes erfolgt durch Angabe von Wahrscheinlichkeiten für alle Skalenausprägungen. Die Summe der mit den jeweiligen Wahrscheinlichkeiten multiplizierten Skalenausprägungen ergibt den Erwartungswert eines jeden Kriteriums. Diese werden nun mit einem Gewichtungsfaktor multipliziert, der die Bedeutung des einzelnen Kriteriums zum Ausdruck bringt. Die Summe der Gewichtungsfaktoren über alle Faktoren beträgt 1 (lineare Gewichtung). Der Gesamturteilswert des Objektes ergibt sich folglich aus der Summe der gewichteten Erwartungswerte über alle Merkmale (vgl. Böcker, 1996, S. 217ff.).

Beispielsweise werden bei der Auswahl von Neuproduktideen als übergeordnete Hauptkriterien die Markttragfähigkeit, die Lebensdauer, Produktionsmöglichkeiten und das Wachstumspotenzial herangezogen, die noch weiter differenziert werden können. Die ermittelten Punktzahlen der verschiedenen Produktideen können mit einem bestimmten Mindestpunktwert im

Sinne eines Anspruchsniveaus verglichen werden.

Probleme ergeben sich bei der Anwendung des Verfahrens für die Auswahl der relevanten Kriterien, die Bestimmung der Eintrittswahrscheinlichkeiten sowie die Bewertung und Gewichtung der Faktoren. Sowohl die Entscheidung, welche Kriterien in welchem Ausmaß relevant sind, als auch die Bewertung der qualitativen Kriterien erfolgen subjektiv.

Push-Strategie → *Pull-Strategie*

Q

Qualitätsmanagement

Grundsätzlich zielt Qualitätsmanagement darauf ab, die Erfüllung der Kundenanforderungen durch das Leistungsangebot sicherzustellen. Total Quality Management (TQM) ist die umfassendste Erscheinungsform von Qualitätsmanagement. TQM wird allgemein definiert (Petrick, 1995, S. 12) als »eine auf der Mitwirkung aller ihrer Mitglieder beruhende Führungsmethode einer Organisation, die Qualität in den Mittelpunkt stellt und durch Zufriedenheit der Kunden auf langfristigen Geschäftserfolg sowie auf Nutzen für die Mitglieder der Organisation und für die Gesellschaft zielt.«

Die Bestandteile von Total Quality Management sind nach Wonigeit (1994, S. 56f.):

1. *Total* – d.h. Einbeziehen aller an einem Produkt beteiligten Zulieferer und Mitarbeiter in den Qualitätssicherungsprozess. Dieses basiert auf der Grundannahme, dass die fehlervermeidende Qualitätssicherung die effizienteste Qualitätssicherung ist.

2. *Quality* – d.h. die Qualitätsspezifikationen eines Produktes sind aus den internen und externen Kundenbedürfnissen abzuleiten und nicht herstellerorientiert aufzustellen.

3. *Management* – d.h. der TQM-Ansatz muss integraler Bestandteil der Führungsphilosophie sein.

Im Rahmen des Qualitätsmanagements werden häufig so genannte Qualitätszirkel (Quality Circle) eingerichtet. Dabei handelt es sich um kleinere Arbeitsgruppen von Mitarbeitern eines Unternehmens, die gemeinsam in ihrem Arbeitsumfeld auftretende Probleme bearbeiten. Die jeweiligen Qualitätszirkel treten regelmäßig zusammen und sind durch eine weitestgehend hierarchielose Struktur geprägt (vgl. Nieschlag/Dichtl/Hörschgen, 1997, S. 133).

Unternehmen orientieren sich zunehmend an den international standardisierten Qualitätssicherungsnormen der ISO 9000 Normenfamilie (→ *Normung*).

Qualitätspolitik → *Produktpolitik*

Qualitätssicherung

Qualität wird in der wirtschaftswissenschaftlichen Literatur i.d.R. in mehrdimensionalen, komplexen Definitionsansätzen erfasst. Je nach Sicht existieren mehr oder weniger deutliche Unterschiede der Qualitätsdefinitionen. So wird Qualität in der absatzwirtschaftlichen Literatur eher auf Produkte bezogen, wobei zwischen einer physischen und einer psychischen Produktqualität unterschieden wird (→ *Produktpolitik*). Demgegenüber steht die produktionswirtschaftliche Sicht, die Qualität eher auf den Herstellungsprozess bezieht und als möglichst exakte und fehlerfreie Ausführung der Herstellung eines geplanten Produktdesigns versteht (vgl. Perlitz, 2000, S. 395).

Konsens herrscht über die Bedeutungszunahme der Qualität für den wirtschaftlichen Erfolg. Trotzdem sind die Auffassungen über Qualitätssicherung vielschichtig. In einer ursprünglichen Form liegt das Hauptaugenmerk der Qualitätssicherung auf der Brauchbarkeit der Erzeugnisse und akzentuiert im besonderen Maße die Funktionsfähigkeit, die Leistungsfähigkeit und die Zuverlässigkeit (vgl. Meffert, 1999b, S. 423). Neueren Ansätzen zufolge, versteht man unter Qualitätssicherung alle planmäßigen und organisatorischen Tätigkeiten, die erforderlich sind, um ein angemessenes Vertrauen zu begründen, so dass die an Erzeugnisse und Dienstleistungen gestellten Anforderungen erfüllt werden.

Im internationalen Kontext spielt die Qualitätssicherung im Zusammenhang mit Fragen der (→) *Produkthaftung* eine wesentliche Rolle. Beispielsweise führen strenge Produkt- bzw. Produzentenhaftungsvorschriften (in den USA) zu veränderten Kostenkalkulationen, um die für europäische Verhältnisse extrem hohen Schadensersatzansprüche zu berücksichtigen. Aus diesen wird häufig die Notwendigkeit zur Qualitätssicherung für internationale Unternehmen abgeleitet, so beispielsweise die Einhaltung der ISO 9000ff. Qualitätsstandards (→ *Qualitätsmanagement*). Diese Maßnahmen sind zum einen als Vorbeugung zu verstehen, die Fehler oder Mängel verhindern sollen. Sie sind aber auch Standards, die alle Unternehmen erfüllen müssen, die auf einem bestimmten Markt Produkte verkaufen wollen.

Auf einer operativen Ebene können folgende Schritte zur Gewährleistung der Sicherheit von Produkten unterschieden werden (vgl. Shimizu, 1989, Sp. 1778ff.):

1. Auf der Konstruktionsstufe: Festlegung der Sicherheitsniveaus, Prüfung der Gesetzmäßigkeit und der Gebrauchsbedingungen sowie der Sicherheitstechnik.

2. Auf der Fertigungs-, Inspektions- und Teststufe: Beseitigung von Mängeln, die aus Fehlern des Materials oder aus Fehlern bei der Fertigung entstehen.

3. Auf der Stufe der Distribution, des Vertriebes und des (→) *After-Sales-Services*: Fragen der Verpackung, des Transports und der Lagerhaltung, aber auch Fragen des Aufbaus eines Reparatur- und Ersatzteilesystems.

Da trotz der ergriffenen Maßnahmen keine (→) *Garantie* bezüglich der Qualitätssicherung übernommen werden kann, kommt der Produkthaftpflichtversicherung eine ebenso bedeutende Rolle zu sowie den Maßnahmen, die präventiv gegen eventuelle Risiken ergriffen werden (→ *Risk Management*).

Insgesamt hat die Qualitätssicherung neben den genannten Aspekten auch die Wirtschaftlichkeit zu berücksichtigen. So kann im Rahmen einer Standortentscheidung (→ *Standortpolitik*) die Produktion technisch anspruchsvoller Erzeugnisse in einem Schwellenland auf Grund der überproportional hohen erforderlichen Investitionen in Ausbildung, technische Ausrüstung, Infrastruktur usw. sogar teurer sein als in einem Industrieland (vgl. Perlitz, 2000, S. 396).

Qualitätszirkel → *Qualitätsmanagement*

Quality Function Deployment [s.a. Qualitätsmanagement]

Quality Function Deployment (QFD) als ein Instrument des Total Quality Managements stellt eine Methode zur Identifizierung von Kundenbedürfnissen (→ *Bedürfnishierarchie*) und -erwartungen dar. Hierzu müssen die Kundenbedürfnisse – man spricht auch von der »Stimme des Kunden« (voice of the customer) – mittels (→) *Beobachtung* oder im Rahmen von (→) *Panelerhebungen* ermittelt werden.

Die Umsetzung der Kundenerwartungen in konkrete Problemlösungen führt zu einer kundenorientierten Gestaltung von Produkten und Prozessen. Dieses Instrument, das von japanischen Unternehmen entwickelt und insbesondere in der Automobilindustrie eingesetzt wird, gewährleistet, dass auch nicht unmittelbar absatzwirtschaftlich tätige Funktionsbereiche (z.B. Beschaffung, Konstruktions- und Fertigungsabteilungen) eine starke Kundenorientierung in allen Phasen der Planung und Realisierung eines Produktes verfolgen. Die kundenspezifischen Anforderungsmerkmale können dadurch schon beim Entwicklungsprozess berücksichtigt werden, wodurch zeit- und kostenintensive Anpassungsprozesse in der Testphase vermieden werden (vgl. Köhler, 1995a, Sp. 1610).

Beim Quality Function Deployment handelt es sich um ein Verfahren, das durch interdisziplinäre Teamarbeit eine hohe Effizienz des Entwicklungsprozesses erzielt.

Querschnittsanalyse [s.a. Längsschnittanalyse]
Gegenstand der Querschnittsanalyse ist die einmalige Erhebung und Auswertung eines Ist-Zustandes. Querschnittsdaten liegen vor, wenn zu einem Zeitpunkt bei verschiedenen Untersuchungsobjekten die jeweiligen Ausprägungen einer oder mehrerer Variablen gemessen werden (→ *Datenmatrix*). Ziele der Querschnittsanalyse sind der Vergleich der Ausprägungen der Variablen bei unterschiedlichen Erhebungseinheiten und die darauf aufbauende Analyse der Auswirkungen der Charakteristika der verschiedenen Objekte auf die Ausprägung der erhobenen Variablen.

Die Querschnittsanalyse soll Strukturunterschiede sichtbar machen, während (→) *Längsschnittanalysen* i.d.R. Verhaltensänderungen erfassen.

So kann durch eine Querschnittsanalyse bei verschiedenen Haushalten durch eine Einkommens- und Verbrauchsstichprobe ermittelt werden, inwieweit sich bei Haushalten (Untersuchungsobjekte) verschiedener Einkommensklassen (Charakteristikum) unterschiedliche Verbrauchsmengen eines bestimmten Produktes (Ausprägungen der erhobenen Variablen) zeigen.

Quotenstichprobe → *Stichprobenverfahren*

R

Rabattpolitik → *Konditionenpolitik*

Rack Jobber

Der Rack Jobber – auch als Regalgroßhändler, Regalgrossist oder Service Merchandiser bezeichnet – ist ein Hersteller oder Großhändler, dem in Groß- oder Einzelhandelsbetrieben Verkaufsraum oder Regalflächen zur Verfügung gestellt werden, die er in eigener Disposition und auf eigene Rechnung mit Waren ausstattet und pflegt. Die Groß- bzw. Einzelhandelsbetriebe übernehmen dabei das Inkasso für den Rack Jobber und erhalten von diesem eine Vergütung in Form einer Regalmiete und/oder einer Umsatzbeteiligung.

Als Spezialist bzw. Sortimenter übernimmt der Rack Jobber den Sortimentsaufbau, die Beschaffung, den Transport und die Lagerung der Waren. In seiner Funktion als Marktbeobachter testet er die Erfolgsaussichten neuer Artikel und beobachtet die Entwicklung der bestehenden Sortimente.

Der Service, den der Rack Jobber neben seiner Funktion als Sortimenter bietet, umfasst die Beratung von Marktleitern bzw. Geschäftsinhabern hinsichtlich der Sortimentsauswahl, der Platzierung und Präsentation im Laden sowie des Aktionsgeschäfts. Weitere Serviceaufgaben sind die Belieferung (→ *Marketinglogistik*) und das (→) *Merchandising*. Letzteres beinhaltet das Nachfüllen, die Platzierung sowie die Auszeichnung der Waren, die Regalpflege sowie die verkaufstechnische Unterstützung des Sortimentes (vgl. Liebmann/Zentes, 2001, S. 366).

Rahmenvereinbarungen

Rahmenvereinbarungen sind eine lose Form des (→) *Kontraktmarketing*. Durch Rahmenvereinbarungen versuchen Hersteller, den Umsatz mit ihren Partnern abzusichern, z.B. in Form einer generellen Jahresvereinbarung über den Umsatz unter Berücksichtigung spezieller Rabatt- und Konditionenarten (vgl. Liebmann/Zentes, 2001, S. 290ff.).

Jahresvereinbarungen (Jahresabkommen, Leistungsabkommen) umfassen Regelungen über folgende Tatbestände (vgl. Tietz/Mathieu, 1979, S. 32):

- Zielumsatz (Gesamtumsatz, Produktgruppenumsätze)
- Sortiment (Führung aller Produktgruppen)
- Aktion (Anzahl und Art der Aktionen)
- Stammplatz
- Leistungsvergütungen.

Random Sample → *Stichprobenverfahren*

Randomisierung

Randomisierung ist ein Verfahren, das wie das Matching bei der Durchführung von (→) *Experimenten* angewendet wird, um die Untersuchungseinheiten auf Kontroll- und Experimentgruppen so zu verteilen, dass die Wirkung der nicht kontrollierbaren Variablen eliminiert wird. Voraussetzung ist, dass die nicht kontrollierbaren Variablen, deren Wirkung eliminiert werden soll, bekannt sind.

Beim Matching stellt man zunächst die Ausprägungen dieser Variablen bei den Untersuchungseinheiten fest und teilt diese je nach den Ausprägungen in Kontroll- und Experimentgruppe auf (vgl. Beike/ Christmann, 1974, S. 45). Bei der Randomisierung erfolgt diese Aufteilung nach dem Zufallsprinzip. Es ist dann sichergestellt, dass sich die nicht kontrollierbaren Faktoren in beiden Gruppen gleichermaßen auswirken (vgl. Hammann/ Erichson, 2000, S. 186f.).

Rangreihenverfahren → *Mediaplanung*

Ranking [s.a. Messen; Rating]
Als Ranking (Rangskalierung) bezeichnet man ein Skalierungsverfahren, das in der Bildung einer Rangreihe von Messgegenständen durch Versuchspersonen besteht. Die Rangreihung hat ordinales (→) *Skalenniveau.*

Die Rangskalierung wird in der (→) *Marktforschung* zum Stimulusvergleich (Vergleich von Produkten, Werbemitteln u.Ä.) eingesetzt. Der Vergleich kann sich z.B. auf die Präferierung bestimmter Produkte (Rangskalierung von Präferenzdaten) oder auf die Ähnlichkeit bzw. Unähnlichkeit von Produkten beziehen (Rangskalierung von Proximitätsdaten) (→ *Multidimensionale Skalierung*).

Rating [s.a. Messen; Ranking]
Als Rating (Einschätzungsskalierung, Zuordnungsskalierung) bezeichnet man ein Skalierungsverfahren, das in der Zuordnung bestimmter Messwerte zu Messgegenständen durch Versuchspersonen besteht. Die Messwerte sind dabei einer vorgegebenen Antwortskala zu entnehmen.

Die Antwortskala, die meist semantisch differenziert ist, hat zunächst ordinales Niveau (→ *Skalenniveau*). Sie nimmt die Eigenschaften einer Intervallskala an, wenn die Hypothese zugrunde gelegt werden kann, dass die semantischen Abstände zwischen den Skalenwerten als gleich eingeschätzt werden. Das Rating-Verfahren kann zur Beurteilung eines Stimulus bzw. zum Stimulusvergleich (Rating von Präferenzdaten oder von Proximitätsdaten) eingesetzt werden.

Die Rating-Verfahren finden in der (→) *Einstellungsmessung* breite Anwendung.

Reaktanz
Nimmt ein Individuum die Absicht wahr, seinen Meinungs- oder Verhaltensfreiraum einzuschränken, so entsteht eine motivationale Spannung (Reaktanz), die dazu führt, dass sich das Individuum dieser Beeinflussungsabsicht widersetzt. Wenn es schon zu einer Beeinflussung kam, ergibt sich durch die Reaktanz eine nachträgliche Abwehr. Übersteigt die aufgebaute Reaktanz eine bestimmte Schwelle und wird sie somit verhaltenswirksam, so führt sie zu einem gefühlsmäßigen Widerstand gegen die Beeinflussung bis hin zu einer Resistenz gegenüber Beeinflussungsversuchen (vgl. Kroeber-Riel/Weinberg, 1999, S. 205ff.; Kroeber-Riel/Meyer-Hentschel, 1982, S. 101ff.).

Die Aussagen der Reaktanztheorie haben eine große Relevanz für die (→) *Kommunikationspolitik.* Gewinnen die Ansprechpartner der betrieblichen Kommunikation den Eindruck, dass sie beeinflusst oder dass sie zu einer bestimmten Meinung oder Verhaltensweise veranlasst werden sollen, wodurch ihre Meinungs- und Verhaltensfreiheit bezüglich wichtiger Objekte eingeschränkt würde, so ist mit einem Widerstand zu rechnen. Bei Personen mit Reaktanz führt ein Beeinflussungsversuch zu geringeren Meinungs- und Verhaltensänderungen als bei anderen Personen. Eventuell kommt es auf Grund sehr starker Reaktanz sogar zu einer der Beeinflussungsabsicht gegenläufigen Wirkung.

Die Stärke der Reaktanzreaktion ist abhängig von der Stärke des wahrgenommenen Beeinflussungsdrucks, von der Bedeutung des Meinungsobjektes oder der Verhaltensweise für die Person, von der Distanz der beiden Meinungen und von dem Umfang des bedrohten Freiheitsspielraums (vgl. Kroeber-Riel/Weinberg, 1999, S. 207). Dabei wird der wahrgenommene Beeinflussungsdruck eines Kommunikators durch seine Glaubwürdigkeit und sachliche Kompetenz determiniert.

Das Marketing muss durch geeignete Maßnahmen die Wahrnehmung des Beeinflussungsdrucks vermeiden oder verringern, d.h. die Beeinflussungsabsicht darf nicht offen zu Tage treten.

Recall-Test → *Erinnerungsverfahren*

Recognition-Test → *Wiedererkennungsverfahren*

Recycling → *Marketing, ökologisches*

Referenz

Der Einsatz von Referenzen (Referenzlisten und Referenzobjekten) ist ein wichtiges Absatzinstrument im Investitionsgüterbereich, speziell bei komplexen Produkten und Anlagen.

In dem Wunsch der Nachfrager nach Referenzen des Anbieters dokumentiert sich das hohe wahrgenommene Risiko (→ *Kaufrisiko*) beim Kauf von höherwertigen Investitionsgütern. Durch Präqualifikationen in Form von Referenzen sollen die Anbieter nachweisen, dass sie bereits für ähnliche oder gleiche Probleme funktionsfähige und effiziente Lösungen gefunden und realisiert haben. In den Referenzen zeigt sich ihr Stand hinsichtlich des technischen und organisatorischen Know-hows (vgl. Backhaus, 1999, S. 566f.). Durch das Referenzobjekt zeigt sich auch, inwieweit sich das Investitionsgut unter realen Produktionsbedingungen bewährt hat. Die Erfahrungen des Referenzbetriebes geben dem Nachfrager ein realistischeres und objektiveres Bild von dem Nutzen des Produktes, als es Darstellungen und Erläuterungen des Anbieters könnten; die Glaubwürdigkeit von Referenzen ist hoch (vgl. Fließ, 1999, S. 507).

Mit dem Wunsch nach Referenzen ist häufig auch das Bedürfnis nach Objektbesichtigung verbunden. Sie haben den Vorteil, das in eine reale Arbeitswelt integrierte Produkt betrachten zu können, im Gegensatz zu Produktdarbietungen auf Ausstellungen und (→) *Messen*.

Günter (1979, S. 211ff.) unterscheidet vier Referenzarten:

- Gesamtprojekt-Referenzen bezüglich abgewickelter Großprojekte und -anlagen (→ *Anlagengeschäft; Systemgeschäft*)
- Komponenten-Referenzen bezüglich gelieferter Komponenten für größere Anlagen (→ *Produktgeschäft*)
- Know-how-Referenzen bezüglich geleistetem Know-how (insbesondere relevant bei Consultingunternehmen)
- Koalitions-Referenzen bezüglich eines Referenzobjektes für alle Partner einer (→) *Anbieterkoalition*.

Regaloptimierung → *In-Store-Marketing*

Regiozentrischer Ansatz → *EPRG-Konzept*

Regressionsanalyse [s.a. Datenanalyse; Kanonische Analyse; Pfadanalyse]

Während die (→) *Korrelationsanalyse* die Strenge des Zusammenhangs zwischen Variablen untersucht, misst die Regressionsanalyse die Art des Zusammenhangs zwischen einer abhängigen Variablen und einer oder mehreren unabhängigen Variablen. Im letzteren Fall spricht man von multipler Regression; bei nur einer unabhängigen Variablen dagegen von einfacher Regression.

Die Regressionsanalyse setzt metrisch skalierte Variablen (→ *Skalenniveau*) voraus, deren Einteilung in abhängige und unabhängige vor der Analyse nach sachlogischen Gesichtspunkten zu erfolgen hat. Dies bedeutet, dass die Richtung des Zusammenhangs bekannt sein muss (vgl. Hammann/Erichson, 2000, S. 297ff.). Nach der Art des Zusammenhangs wird zwischen linearer und nicht-linearer Regression unterschieden. Im linearen Fall kennzeichnet eine Gerade die funktionale Beziehung zwischen den Variablen. Mit Hilfe der Methode der kleinsten Quadrate werden die Parameter der Regressionsfunktion so bestimmt, dass die Summe der (quadrierten) Abweichungen der Beobachtungswerte von den korrespondierenden Schätzwerten minimiert wird. Typische Fragestellungen der Regressionsanalyse (vgl. Backhaus u.a., 2000, S. 4) sind bspw.:

- Wie wirkt eine Preiserhöhung um x Prozent auf die Absatzmenge, wenn gleichzeitig die Werbeausgaben um y Prozent erhöht werden?
- Hängt die Höhe des Verkäuferumsatzes von der Anzahl der Kundenbesuche pro Verkäufer ab?

Reichweite → *Leserschaftsanalyse; Mediaplanung; Werbung*

Reifephase → *Produktlebenszyklus*

Relaunching

Unter Relaunch versteht man die Strategie der Verlängerung des (→) *Produktlebenszyklus* mit dem Ziel, die größtmögliche Lebensdauer durch Dehnung insbesondere der profitablen mittleren Phasen zu erreichen.

Zu diesem Zweck können folgende Maßnahmen durchgeführt werden:

- Steigerung der Verwendungshäufigkeit des Produktes bei den bisherigen Verwendern
- Entwicklung von Verwendungsvariationen
- Gewinnung neuer Kunden(-schichten) durch den Einsatz von(→) *Werbung* und(→) *Verkaufsförderung*.

Oftmals wird Relaunching (Revitalisierung) nur auf die Neupositionierung eines Produktes (→ *Positionierung*) bezogen, das sich in der Degenerationsphase seines Lebenszyklus befindet. Im Rahmen dieser Repositionierung werden unterschiedliche Elemente des (→) *Marketing-Mix* kombiniert (vgl. Brockhoff, 1999b, S. 47).

Als Folge des Relaunching durch Produktvariation entwickeln sich häufig sekundäre Produktlebenszyklen, die ihren Ausgangspunkt beim Absatzvolumen des ursprünglichen Produktes zum Zeitpunkt des Relaunchs nehmen (vgl. Brockhoff, 1999b, S. 120ff.).

Reliabilität [s.a. Messen]

Die Reliabilität ist neben der (→) *Validität* ein Maß zur Beurteilung der Güte von empirischen Messungen. Reliabilität wird auch als Zuverlässigkeit, Genauigkeit und Stabilität der Messung bezeichnet. Sie liegt vor, wenn wiederholte Messvorgänge unter sonst gleichen Rahmenbedingungen zu gleichen Werten führen. Zur Abschätzung der Reliabilität werden verschiedene Kontrollmessungen miteinander verglichen (vgl. Kerlinger, 1979, S. 683ff.).

Zur Reliabilitätsprüfung werden vorwiegend folgende Verfahren angewendet (vgl. Friedrichs, 1998, S. 102):

- *Test-Re-Test-Methode*

Es erfolgen mehrere Messungen mit demselben Instrument nacheinander, bspw. wird dieselbe Messskala denselben Befragten mehrmals vorgelegt. Von Messung zu Messung abweichende Werte bei Konstanz aller anderen Bedingungen sind ein Hinweis für Unzuverlässigkeit. Hierbei ist jedoch der Einfluss von Lernprozessen (→ *Lernen*) bei den Befragten zu berücksichtigen.

– *Parallel-Test-Methode*
Bei dieser Methode erfolgt eine Messung des gleichen Sachverhaltes mit mehreren adäquaten alternativen Instrumenten.

– *Split-half-Methode*
Ein Messinstrument, z.B. eine eindimensionale Messskala, die sich aus mehreren Items zusammen setzt, wird in zwei gleiche Teilskalen geteilt. Es werden die Skalenwerte beider Teilskalen miteinander korreliert.

Als Maß für die Reliabilität wird bei allen drei Methoden die Höhe der Korrelation (→ *Korrelationsanalyse*) zwischen den verschiedenen Messwerten betrachtet. Eine starke Korrelation ist Ausdruck einer hohen Reliabilität des verwendeten Messinstrumentes.

Eine inhaltliche Reliabilitätsprüfung der verwendeten Items im Hinblick auf ihre Erklärungskraft für die gemessenen Konstrukte ermöglichen Standardsoftwarepakete der Datenanalyse.

Remote Ordering

Der Begriff des Remote Ordering (Remote Shopping) bezeichnet den Prozess der Bestellung von Produkten durch einen Konsumenten auf der Basis unterschiedlicher Bestellmöglichkeiten sowie der Auslieferung dieser Produkte durch i.d.R. den Handel über verschiedene Auslieferungsformen. Bei Remote Ordering unterteilt man die Bestellformen in die klassischen Formen der Bestellung per Telefon oder Fax sowie in die neueren, auf modernen Technologien beruhenden wie (vgl. Übersicht 121):

- E-Mail-Bestellung
- Internet-Bestellung
- Home Scanning
- Bestellung über elektronische Kiosksysteme
- Bestellung über mobile Endgeräte (Portable Devices)
- Automatisches Replenishment.

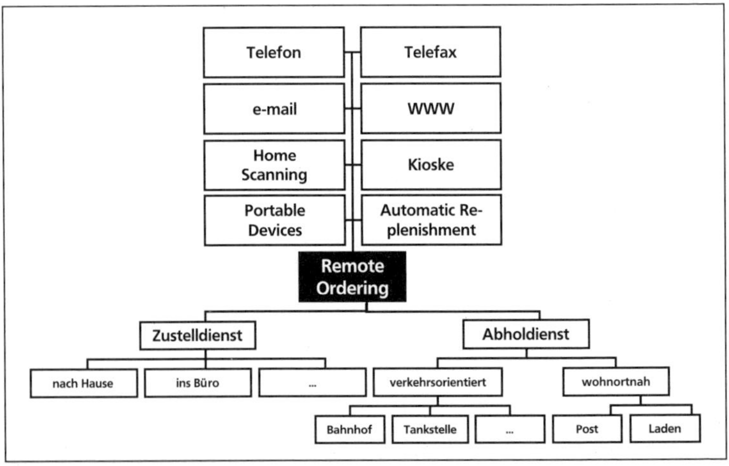

Quelle: Zentes, 2000, S. 7.

Übersicht 121: Remote Ordering – Bestell- und Logistikformen

Beim Home-Scanning verfügt der Kunde zu Hause über einen Handscanner, durch den er durch Einscannen der Strichcodes, z.B. leerer Produktverpackungen, Einkaufslisten generieren und diese dann über den PC an einen Händler übermitteln kann.

Elektronische Kiosksysteme sind PoS-Terminals in den Verkaufsstellen, über die ein Kunde Produkte bestellen kann, die z.B. nicht im Laden selbst verfügbar sind.

Automatic Replenishment bezeichnet eine Technologie, bei der eine Bestellung automatisch ausgelöst wird, wenn ein bestimmter Mindestbestand eines Produktes im Haushalt erreicht bzw. unterschritten wird. Hierzu müssen allerdings die entsprechenden Haushaltsgeräte (z.B. Kühlschränke) in der Lage sein, die Bestände an Produkten, z.B. über bestimmte Sensoren und entsprechende Etiketten an den Produkten, zu erkennen.

Im Zusammenhang mit der zunehmenden Verbreitung von Handys oder Palmtop-Computern gewinnt auch die Bestellung über solche mobilen Endgeräte an Bedeutung

Bezüglich der Auslieferungsformen sind vor allem Zustell- und Abholvarianten zu unterscheiden.

Bei den Zustellvarianten werden die Produkte dem Kunden direkt nach Hause, ins Büro oder an einen sonstigen Aufenthaltsort geliefert. Bei den Abholvarianten werden die Produkte von Seiten des Handels an eine für den Kunden günstig gelegene Stelle transportiert, wo dieser dann die Waren abholen kann. Man unterscheidet in diesem Zusammenhang zwischen verkehrsorientierten Standorten dieser Abholpunkte, z.B. an Bahnhöfen oder Tankstellen, und wohnortnahen Abholpunkten wie dem örtlichen Postamt oder einem nahegelegenen Laden.

Besonders die gesellschaftlichen Veränderungen der letzten Jahre haben weltweit einen enormen Markt für Heimlieferung bzw. Zustellung von Produkten entstehen lassen. Die wichtigsten Veränderungen in diesem Zusammenhang sind (vgl. Liebmann/Zentes, 2001, S. 396):

- steigende Zahl von Doppelverdienerhaushalten
- in höher qualifizierten Berufen steigende Arbeitsstundenzahl
- steigende Zahl älterer Menschen in vielen Industrieländern
- convenience- und erlebnisorientiertes Einkaufen in der knappen Freizeit.

In Bezug auf die Lieferabwicklung (Fulfillment) ergeben sich vor allem durch die logistische Komplexität der Auslieferung von Kleinstmengen an eine Vielzahl von Endkonsumenten enorme Probleme. Diese Problematik stellt sich insbesondere im Lebensmittelbereich, wo dem Remote Ordering zwar ein enormes Potenzial bescheinigt wird, wo aber die logistischen Probleme im Zusammenhang mit der Auslieferung der Produkte besonders evident sind. In diesem Zusammenhang entstehen vor allem die Notwendigkeiten einer

- Mengenbündelung und einer
- Lieferoptimierung.

Lieferoptimierungen werden aus Sicht des Anbieters vor allem über Lieferroutenoptimierung erreicht, mit dem Ziel möglichst viele Auslieferungen auf einer Route zu bündeln und somit die Lieferfahrzeit optimal auszulasten.

Die Notwendigkeit zu einer Mengenbündelung erklärt vor allem das Entstehen von abholorientierten Remote Ordering-Systemen. Eine solche Mengenbündelung wird durch das Einrichten von Sammelpunkten für Waren erreicht. In diesem Zusammenhang erscheinen sich vor allem Pick-up-Stationen im Supermarkt selbst sowie – in begrenztem Umfang – Bürolieferungen durchzusetzen. Pick-up-Stationen im Markt haben den Vorteil, dass sich ein Händler überhaupt nicht auf die Logistikproblematik einlassen muss.

Ein weiterer Kostentreiber beim Heimservice ist vor allem die Lieferdichte bzw. die Lieferreichweite. Je dichter die Anzahl an Konsumenten an einer bestimmten Lieferstrecke ist, desto billiger wird der Service. Somit kommt der Optimierung des Standortes für die Auslieferungsstützpunkte der bestellten Waren entscheidende Bedeutung zu. Demzufolge setzen sich im Bereich des Remote Ordering vor allem lokale bzw. regionale Lösungen gegenüber flächendeckenden Angeboten durch.

Auch die Basisentscheidung, ob die bestehenden Waren aus den bestehenden Läden heraus distribuiert werden oder aus bestehenden oder neu zu errichtenden Auslieferungslägern, ist für Händler in diesem Zusammenhang von Relevanz. Während die Distribution aus Lägern heraus auf Grund einer einfacheren Kommissionierung im Idealfall anzustreben ist, nutzen viele Einzelhändler auf Grund der bestehenden Standorte und aus Kostenüberlegungen dennoch die Distribution aus den stationären Geschäften heraus.

Repräsentanz

Bei Marktanalysen wird meist auf eine Erhebung der Gesamtheit aller Untersuchungseinheiten (Vollerhebung) verzichtet und nur eine Stichprobe analysiert, die dann Grundlage der Untersuchung ist (Teilerhebung). Repräsentanz einer Teilerhebung liegt vor, wenn die Stichprobenergebnisse auch für die Grundgesamtheit gelten. Dies ist der Fall, wenn die Merkmale und ihre Verteilungen in der Stichprobe und der Grundgesamtheit übereinstimmen. Die Strukturidentität ist durch geeignete (→) *Stichprobenverfahren* sicherzustellen. Die Stichprobe kann dann stellvertretend für die Gesamtheit untersucht werden und die Aussagen, die aus der Analyse der Stichprobenerhebung gewonnen werden, können auf die Grundgesamtheit übertragen werden (Inferenz).

Repräsentanzbüros

Repräsentanzbüros sind eine mögliche Form der (→) *Tochtergesellschaften* (i.w.S.) im Ausland. I.d.R. haben sie keine eigene Rechtspersönlichkeit, sondern gehören, juristisch gesehen, zum exportierenden Unternehmen im Stammland. Repräsentanzbüros treten lediglich als Geschäftsvermittler zwischen der Muttergesellschaft und dem Kunden im Ausland auf (vgl. Büschgen, 1989, Sp. 1216).

Response-Funktionen

Response-Funktionen sind der formale Ausdruck instrumenteller (→) *Marktwirkungen*. Insofern handelt es sich um die Formalisierung exogener Daten (Gesetzmäßigkeiten). Das Zustandekommen dieser Marktwirkungen wird dabei i.d.R. nicht näher untersucht; ihr Entstehungsprozess wird damit wie eine Black-Box behandelt (→ *Behaviorismus*). Den Input des so abgebildeten Prozesses stellen die absatzpolitischen Maßnahmen, seinen Output die beobachtbare Marktwirkung dar (vgl. Übersicht 122).

Als Inputvariable (Instrumentalvariable, Stimulus) gilt z.B. das Werbebudget, als Output das Verhalten (Reaktion, Response) der Umworbenen (Zielgruppe), z.B. die abgesetzte Menge. Die Response-Funktionen lassen sich nach unterschiedlichen Merkmalen klassifizieren (vgl. Übersicht 123). Zunächst kann nach dem Informationsstand über den Wirkungszusammenhang zwischen Response-Funktonen bei

- Sicherheit (deterministische Situation)
- Risiko (stochastische Situation)
- Ungewissheit (Ungewissheitssituation)

unterschieden werden.

Nach der Zahl der berücksichtigten Instrumentalvariablen spricht man von

- monoinstrumentalen Response-Funktionen

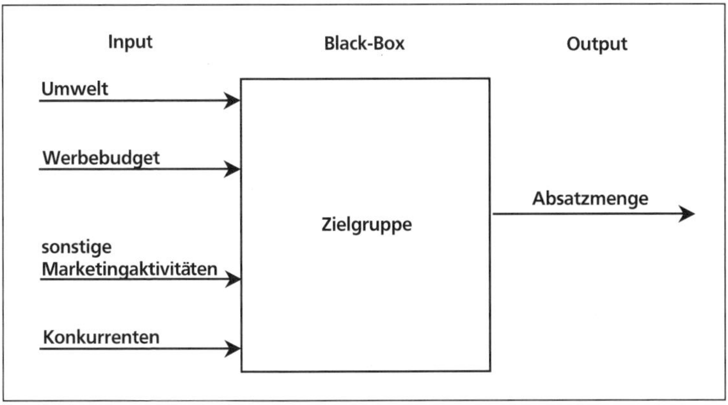

Übersicht 122: Grundschema einer Response-Funktion

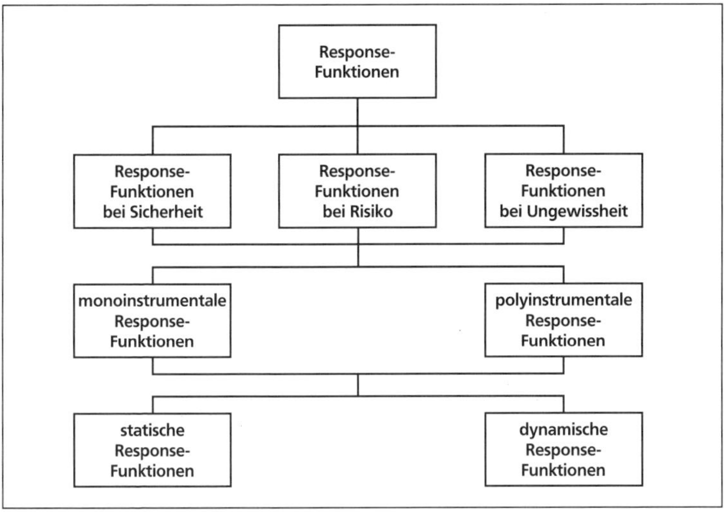

Übersicht 123: Response-Funktionen

– polyinstrumentalen Response-Funktionen.

Mit monoinstrumentalen Response-Funktionen untersucht man die Wirkung einer Instrumentalvariablen, mit polyinstrumentalen gleichzeitig die mehrerer Marketinginstrumente. Letztere werden auch als Marketing-Mix-Funktionen bezeichnet (→ *Marketing-Mix*) und können auch so genannte (→) *Spill-over-Effekte* aufzeigen.

Nach dem Merkmal Zeit kann in

- statische und
- dynamische

Response-Funktionen unterschieden werden. In statischen Wirkungsfunktionen wird von der Zeit abstrahiert; alle Variablen beziehen sich auf dieselbe Periode. In dynamischen Response-Funktionen wird der Zeitfaktor explizit berücksichtigt. Dadurch wird die Berücksichtigung von (→) *Carry-over-Effekten* und Time-lags ermöglicht.

Als Beispiel für eine elementare Response-Funktion sei hier eine deterministische, monovariable, statische (→) *Werbewirkungsfunktion* erwähnt:

$x = f(W)$

Für den Fall eines linearen Wirkungszusammenhangs gilt:

$x = a + bW \; (a>0,\ b>0).$

Dabei kennzeichnet a die Absatzmenge (x) für den Fall, dass die Werbeausgaben (W) Null sind; b charakterisiert den konstanten Wirkungszuwachs pro Geldeinheit. Die Wirkung tritt unmittelbar zum Zeitpunkt des Instrumentaleinsatzes ein, d.h. es besteht kein Time-lag.

Klassische Response-Funktionen sind die (→) *Preisabsatzfunktionen.*

Reverse Auction → *Auktion; Ausschreibung*

Reverse Marketing → *Beschaffungsmarketing*

Risk Management

International tätige Unternehmen haben auf Grund ihrer Geschäftstätigkeit mit erhöhten Risikopotenzialen zu tun, die aus einer Reihe länderspezifischer Eigenheiten resultieren (vgl. Wittmann, 2000, S. 791ff.). Von besonderer Bedeutung sind dabei politische (→ *Länderrisiken*) und wirtschaftliche Risiken, so im Währungsbereich (→ *Währungsrisiken*).

Das Risk Management lässt sich vor diesem Hintergrund als ein Sicherungsprozess verstehen, der die Erkennung, Analyse, Bewertung und Bewältigung von Risiken im Auslandsgeschäft zum Gegenstand hat. Begrifflich geht es dabei um das Management von

- Geschäftsrisiken, beispielsweise wirtschaftliche und politische Risiken
- natürlichen Risiken, beispielsweise soziale und technische Risiken (vgl. Adolff, 1989, Sp. 1855f.).

Dem Risk Management kommt generell eine zunehmende Bedeutung zu, unabhängig von internationalen Aktivitäten eines Unternehmens. Dies schlägt sich auch in den verschärften Pflichten von Aufsichtsgremien nieder, so durch das Gesetz zur Kontrolle und Transparenz im Unternehmensbereich (KonTraG).

Aus der Prozessperspektive können für das Risk Management folgende Ablaufschritte identifiziert werden (vgl. Wittmann, 2000, S. 805ff.):

1. Risikoidentifikation als Ausgangspunkt, bei dem eine systematische Erfassung aller relevanten Risiken erfolgt.
2. Risikobewertung, bei der eine Rangordnung der Risiken im Hinblick auf das jeweilige Gefährdungspotenzial erstellt wird.
3. Risikosteuerung im Sinne einer Vermeidung, Verminderung, Bewältigung oder Akzeptanz der jeweiligen Risiken.
4. Risiko-Reporting oder auch Risiko-Controlling, bei dem über die identifizierten und bewerteten Risiken sowie über die Maßnahmen zur Risikohandhabung berichtet wird.

Grundsätzlich wird gefordert, das Risikomanagement in den operativen Einheiten zu verankern, da hier die relevanten Risiken am ehesten erkannt werden können und zudem eine flexible, zeitnahe Reaktion sichergestellt wird.

Robinson-Liste → *Direct-Marketing*

ROI-System → *Kennzahlen*

Rückverlagerungsthese

Die Rückverlagerungsthese geht davon aus, dass auf Grund technologischer Entwicklungen Fertigungen, die vorher aus Kostengründen in (→) *Entwicklungsländer* ausgelagert wurden, zurück in die Industrieländer verlagert werden. Diese Theorie wurde auf Grund rückläufiger (→) *Direktinvestitionen* in Entwicklungsländern Mitte der achtziger Jahre entworfen (vgl. Jungnickel, 1992, S. 56f.). Als Begründung wird angeführt, dass der Kostenanteil der Lohnkosten an den Produktionskosten ständig zurückgeht und somit die Vorteile einer Produktionsverlagerung gegenüber den Nachteilen, die sich z.B. durch ein schlechteres Ausbildungsniveau in Niedriglohnländern sowie erhöhte Transportkosten ausdrücken, unbedeutender werden.

Andererseits wird argumentiert, dass das Ausbildungsniveau in Niedriglohnländern besser wird und auch dort – bei niedrigerem Lohnniveau – moderne Produktionstechnik eingesetzt werden kann. Jungnickel zufolge ist die Rückverlagerungsthese – als Erklärungsansatz für den Rückgang der Investitionen in Entwicklungsländern – schon theoretisch nicht zwingend und hält auch einer empirischen Überprüfung nicht Stand, zumal durch Kosten bedingte Produktionsverlagerungen und – damit einhergehend – ein entsprechender (→) *Technologietransfer* beispielsweise in südeuropäische Niedriglohnländer, in die Staaten Osteuropas und in die Entwicklungsländer weiter zunehmen (vgl. Jungnickel, 1992, S. 56f.).

S

Sales Promotion → *Verkaufsförderung*

Scanning

Als Scanning bezeichnet man ein Verkaufsdatenerfassungssystem auf der Basis elektronischer Kassenterminals (Datenkassen). Scanning ermöglicht eine artikelspezifische Erfassung am Verkaufspunkt (→ *Point-of-Purchase*).

Grundlage des Scanning bildet eine (→) *Artikelnummerierung*. Die Artikelnummern werden i.d.R. bereits vom Hersteller auf den Produkten angebracht (Source Marking). Das Lesen und Registrieren an der Kassenstelle (Check-out) kann dann so ablaufen, dass während die mit speziellen Etiketten, z.B. EAN-Etiketten, ausgezeichneten Waren über ein Sichtfenster im Kassentisch geschoben werden, ein Laserstrahl die auf dem Strichcode-Etikett verschlüsselten Informationen (Artikelnummern) abtastet (Slot Scanner). Den so identifizierten Artikeln werden im Price-look-up-Verfahren die im angeschlossenen Rechner gespeicherten Preise zugeordnet.

Scanning eröffnet Handelsunternehmen und Konsumgüterherstellern sowie Marktforschungsinstituten zahlreiche neue Perspektiven.

Für den Handel sind zunächst die Möglichkeiten einer artikelgenauen (→) *Deckungsbeitragsrechnung* (→ *Direkte Produkt Profitabilität*) und kurzfristigen Erfolgsrechnung herauszustellen. Die so gewonnenen DB-Informationen bilden dann die Grundlage sortimentspolitischer Entscheidungen. Artikelspezifische Verkaufsdaten bilden auch die Grundlage zur Anwendung computerisierter (→) *Warenwirtschaftssysteme* bis hin zu Systemen mit automatischer Nachbestellung. Die Verkaufsdatenerfassung ermöglicht die Steuerung logistischer Prozesse (z.B. in Filialbetrieben mit Zentrallager) und unterstützt die Personaleinsatzplanung.

Höherwertige Datenanalysen ermöglichen das Aufdecken von Strukturen, die für das Marketing der Handelsbetriebe (→ *Handelsmarketing*) von Bedeutung sind.

Zu erwähnen sind:

- Sortimentsverbundanalysen sowie
- Wirkungsanalysen, bezogen auf
  - Preisvariationen
  - Sonderangebote
  - Werbeaktivitäten
  - Platzierungsänderungen u.Ä.

Erfolgt die Abrechnung an der Kasse über (→) *Kundenkarten*, (→) *Kreditkarten* o.Ä., so werden auf der Grundlage der gespeicherten sozio-ökonomischen Variablen der Kunden, Segmentierungsanalysen ermöglicht, die eine kundengruppenspezifische Anpassung des Marketing erlauben (→ *Kundenbindung*), z.B. für eine segmentspezifische (→) *Mediaplanung* im Handel.

Auch für die Hersteller bilden Scanning-Daten wertvolle Entscheidungshilfen, z.B. für die Produktionssteuerung und die Steuerung logistischer Prozesse auf der Basis der Abverkäufe und der Lagerbestände der Abnehmer, d.h. des Handels. Die Verkaufsdatenerfassung ermöglicht differenzierte Distributionsanalysen sowie höherwertige Wirkungsanalysen bezogen auf die einzelnen Marketinginstrumente auf der Basis von (→) *Markttests* (Feldexperimenten). Auch hier kann die Kopplung mit sozio-ökonomischen Merkmalen der Käufer Segmentierungsanalysen oder sonstige Strukturanalysen ermöglichen. Scanning ist zugleich die Grundlage für Systeme der Marktdatenkommunikation (→ *MADAKOM*).

Für die Marktforschungsinstitute bieten sich Möglichkeiten zum Aufbau elektronischer Verbraucher- und Handelspanels (→ *Panelerhebung*).

Scanningsysteme sind für das Marketing insbesondere von Handelsunternehmen aber auch insofern relevant, als sie dem Kunden den Abwicklungsvorgang an der Kasse und damit Wartezeiten verkürzen sollen. In diesem Zusammenhang wurden neben den klassischen stationären Kassenscannern neue Systeme entwickelt (vgl. Zentes/Janz/Morschett, 1999, S. 52f.):

- tragbare Handscanner, mit denen ein Kunde die gekauften Waren während seines Einkaufs selbst einscannen kann
- stationäre Selbstscanner, die ähnlich wie die traditionellen Kassensysteme funtionieren, bei denen jedoch der Kunde den Scanningvorgang selbst übernimmt
- Tunnel-Scanning, bei dem der Kunde den kompletten Einkaufswagen einfach durch ein elektronisches Messtor schiebt, wobei die darin befindlichen Waren über spezielle Etikettierungen erkannt werden. Solche Systeme werden auf Grund der notwendigen aufwendigen Etikettierung in einem kompatiblen Standard allerdings erst langfristig eine nennenswerte Bedeutung erlangen können.

Scanning-Panel → *Panelerhebung; Scanning*

Schätzverfahren

Ziel einer Stichprobenerhebung (→ *Stichprobenverfahren*) ist es, von dieser auf die Verhältnisse in der Grundgesamtheit zu schließen (vgl. Hüttner, 1979, S. 113). Das aus der Stichprobe ableitbare Ergebnis kann jedoch nicht ohne weiteres auf die Grundgesamtheit übertragen werden, da es durch Fehler verfälscht sein kann. Neben systematischen Fehlern können Zufallsfehler auftreten (→ *Erhebungsfehler*), die darauf zurückzuführen sind, dass lediglich eine Teilerhebung durchgeführt wurde. Systematische Fehler können nicht wie Zufallsfehler bei der Schätzung der Parameter der Grundgesamtheit berücksichtigt werden.

Unter Berücksichtigung des Zufallsfehlers ist eine Intervallschätzung bestimmter Größen der korrespondierenden Grundgesamtheit möglich. Ausgehend von dem Ergebnis der Stichprobe wird ein so genanntes Konfidenzintervall angegeben, in dem der Wert des zu schätzenden Parameters der Grundgesamtheit mit einer vorgegebenen Wahrscheinlichkeit liegt (vgl. Bleymüller/Gehlert/Gülicher, 2001, S. 85).

Die Schätzung von Werten der Grundgesamtheit durch Stichprobenergebnisse oder umgekehrt geschieht mit Hilfe von Messgrößen wie Mittelwerten und Streuungsmaßen, die die Verteilungen kennzeichnen.

Für die (→) *Marktforschung* vorrangig von Interesse ist der erste Fall, der indirekte Schluss. Er verwendet die Stichprobenkennwerte, um die unbekannten Parameter der Grundgesamtheit zu schätzen (Inferenz). Ein Beispiel für eine solche Schätzung in Form eines Konfidenzintervalls ist eine Aussage folgender Form: »Mit einer Wahrscheinlichkeit von 95% liegen die durchschnittlichen Ausgaben für Grundnahrungsmittel bei Familien mit zwei Kindern zwischen x DM und y DM monatlich.«

Schichtenmodell der Umweltdifferenzierung

Die Umwelteinflüsse, die auf international tätige Unternehmen wirken, können im Schichtenmodell der Umweltdifferenzierung von Dülfer dargestellt werden (vgl. Übersicht 124).

Die Anordnung im Schichtenmodell berücksichtigt, dass, langfristig gesehen, die tiefer liegenden Schichten die höher liegenden beeinflussen. Dabei stellen die natürlichen Gegebenheiten die Basis dar. Sie beziehen sich z.B. auf klimatische Verhältnisse oder den Bestand an natürlichen Ressourcen. Die Nutzung dieser Verhältnisse und auch die Anpassung an diese Verhältnisse hängt zum einen von der Fähigkeit

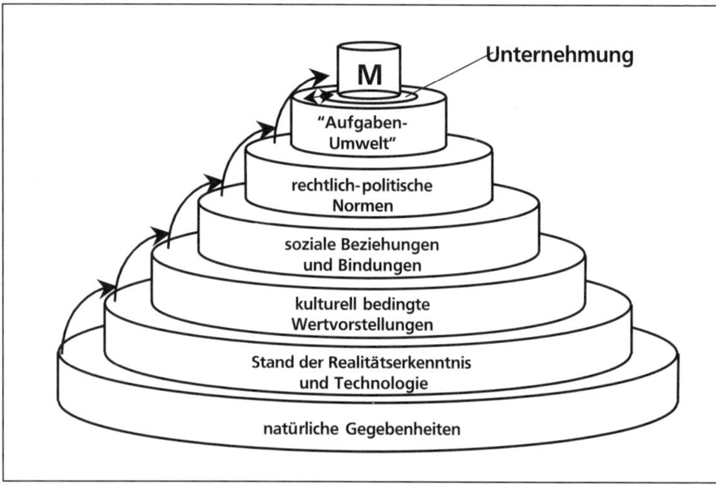

Quelle: Dülfer, 1997, S. 261.

Übersicht 124: Schichtenmodell der Umweltdifferenzierung

ab, die Beschaffenheit, Struktur und Funktionsweise der natürlichen Systeme zu erkennen, zum anderen jedoch auch vom Stand der verfahrenstechnischen Kenntnisse (Stand der Realitätserkenntnis und Technologie).

Auf der nächsten Ebene sind die kulturell bedingten Wertvorstellungen zu nennen, zu denen Dülfer Glaube, Einstellungen, Prinzipien und persönliche Ziele des Individuums zählt (→ *Kultur*). Diese Wertvorstellungen sind Voraussetzung für die Herstellung sozialer Beziehungen und Bindungen, die in der nächsten Schicht (den politisch-rechtlichen Normen) verfestigt werden. Eingepasst in diese Normen steht der Einfluss der Aufgabenumwelt des Unternehmens. Dies ist nach Dülfer der Teil der Wirtschaft, mit dem die betrachtete Unternehmung durch ihre Aufgabenstellung bzw. durch ihr Zielsystem bedingt in unmittelbarer Interaktion steht (vgl. Dülfer, 1997, S. 259ff.).

Schiedsgerichte

Schiedsgerichte stellen Institutionen dar, die über einen eventuellen Streit von Unternehmen entscheiden. Zu unterscheiden sind (vgl. Sandrock, 1992, S. 150):

- ad-hoc-Schiedsgerichte, die ohne administrative Hilfe durch eine bestimmte Institution lediglich für die Entschei-

dung eines spezifischen Rechtstreits gebildet werden
- institutionelle Schiedsgerichte, deren Mitglieder zwar ebenfalls zur Entscheidung über den betreffenden konkreten Fall besonders ernannt werden, die jedoch administrativ von einer bestimmten privatrechtlichen Organisation oder von einer öffentlich-rechtlichen Körperschaft oder Anstalt betreut werden.

Institutionelle Schiedsgerichte spielen im Außenhandel bei internationalen Rechtstreitigkeiten eine zunehmende Rolle. Insofern besteht eine große Anzahl institutioneller Schiedsgerichte, die nach Regionen getrennt werden können (vgl. Sandrock, 1992, S. 150f.):

- In Europa sind der Schiedsgerichtshof der (→) *Internationalen Handelskammer* in Paris, das wichtigste internationale, institutionelle Schiedsgericht in der gesamten Welt überhaupt, der London Court of International Arbitration, das Schiedsgericht der Züricher Handelskammer und das Schiedsgericht der deutsch-französischen Handelskammer in Düsseldorf/Paris hervorzuheben.
- In Nordamerika ist vor allem die American Arbitration Association mit Sitz in New York relevant.
- In Osteuropa hat sich beispielsweise das Schiedsgericht bei der polnischen Kammer für Außenhandel in Warschau etabliert.
- In Ostasien haben das Schiedsgericht der Japan Commercial Arbitration Association in Tokio, das Korean Commercial Arbitration Board in Seoul sowie das Schiedszentrum der Economic Commission for Asia and the Far East der Vereinten Nationen in Bangkok eine besondere Relevanz.
- Im Nahen Osten und Nordafrika ist das Euro-Arab Conciliation, Arbitration and Expertise System der euro-arabischen Handelskammer zu nennen.
- In Mittel- und Südamerika spielt die Inter-American Commercial Arbitration Commission mit ihren nationalen Sektionen eine Rolle.

Für die Anerkennung und Vollstreckung der Schiedssprüche im jeweiligen Land sowie im Ausland existieren drei unterschiedliche Arten von Normen, so die internen (verfahrens-)rechtlichen Vorschriften desjenigen Staates, in dem die Anerkennung und Vollstreckung des betreffenden Schiedsspruches beantragt wird, die Bestimmungen internationaler bilateraler Abkommen und die Bestimmungen multilateraler Übereinkommen.

Schirmmethode [s.a. Markenpolitik]
Jedes absatzpolitische Instrument hat eine mehr oder weniger stark ausgeprägte imagebildende Komponente. Im Rahmen des qualitativen (→) *Marketing-Mix* werden spezielle Eigenschaften dieser Instrumente herausgehoben und unter imagepolitischen Zielen eingesetzt. Möglichkeiten des aggregierten oder differenzierten Einsatzes der Instrumente sind die Schirmmethode (Dachmarkenstrategie/Familienmarkenstrategie) und die Pilzmethode (Einzelmarkenstrategie) (vgl. Tietz, 1993b, S. 303f.).

Bei der Schirmmethode erscheinen alle Produkte unter einem gemeinsamen Firmennamen (gewissermaßen »unter einem großen Schirm«), sie besitzen ein weitgehend einheitliches (→) *Image*. Vorteile dieser Methode sind geringere Marketingkosten sowie eine geringere Flopgefahr bei neuen Produkten, da sie mit dem Image des Unternehmens bzw. der anderen Produkte in Beziehung gebracht werden (→ *Imagetransfer*). Nachteilig wirken sich die schwierige Produktprofilierung sowie bei heterogenen Produkten die Gefahr von Verfremdungseffekten aus. Wird das Produkt vom Markt schlecht beurteilt oder abgelehnt, so hat dies negative Rückwirkungen auf das gesamte Firmenimage.

Die Pilzmethode ist dadurch gekennzeichnet, dass jedes Produkt unter einem eigenen Markennamen (→ *Markenpolitik*) erscheint. Sie ermöglicht eine starke Produktprofilierung. Eine Marketingstrategie mithilfe von »Kampfmarken« ist ohne Imageverluste des Gesamtunternehmens möglich. Als Nachteile müssen die höheren Marketingkosten berücksichtigt werden. Die Flopgefahr ist durch die fehlende Unterstützung des Firmenimages größer.

Schnittstellenmanagement

Schnittstellen (Übergangsstellen, Verbindungsstellen) ergeben sich dann, wenn komplexe Aufgaben innerhalb oder zwischen Organisationen (→ *Beziehungsmanagement*) in Teilaufgaben zerlegt und auf Grund von Ähnlichkeitsaspekten relativ autonomen organisatorischen Einheiten (z.B. Abteilungen, Unternehmensbereichen) zugeordnet werden.

Die Aufgabe des Schnittstellenmanagement ist es, Schnittstellen unter Effektivitäts- und Effizienzaspekten zu analysieren, zu planen, zu gestalten und zu kontrollieren.

Sofern eine Integration möglich ist, sollen sachlich unnötige Schnittstellen zusammengefügt werden. Ist dieses nicht möglich, so hat das Schnittstellenmanagement dafür zu sorgen, dass die Aktivitäten bestmöglich koordiniert werden (vgl. Specht, 1995, Sp. 2265f.).

Nach Specht (1995, Sp. 2266) ergeben sich somit folgende Ziele für das Schnittstellenmanagement:

- Schaffung von anforderungerechten Produkten und Prozessen
- Verkürzung von Prozesszeiten
- Verminderung von Prozesskosten
- Erhöhung der Flexibilität
- Verbesserung der betrieblichen Leistungspotenziale
- Risikominderung.

Schutzrechte, gewerbliche

Unternehmen stehen zum Schutz von (→) *Innovationen* gesetzlich normierte Schutzrechte zur Verfügung, so:

- Patente
- Gebrauchsmuster
- Geschmacksmuster
- Warenzeichen
- Urheberrechte.

Diese Schutzrechte unterscheiden sich hinsichtlich der Anforderungen für eine amtliche Anmeldung, des Schutzumfanges und der maximalen Schutzdauer.

Das Patent ist das weitgehendste Schutzrecht für Produkt- und Verfahrensinnovationen, die einen beachtlichen Fortschritt hinsichtlich des bisherigen Standes der Technik aufweisen. Die Schutzdauer beträgt 20 Jahre.

Durch das Gebrauchsmustergesetz vom 28. August 1986 (letzte Änderung am 1. November 1998) werden kleinere technische Erfindungen geschützt. Der Gebrauchsmusterschutz bezieht sich nur auf Produktinnovationen, d.h. auf Arbeitsgerätschaften oder Gebrauchsgegenstände sowie deren Teile, die sich durch eine neue Gestaltung, Anordnung, Vorrichtung oder Schaltung auszeichnen. Es handelt sich um einen Schutz von Gegenständen, die den Gebrauchswert erhöhen. Entdeckungen wie wissenschaftliche Theorien und mathematische Methoden, ästhetische Formschöpfungen, Pläne, Regeln und Verfahren für gedankliche Tätigkeiten, für Spiele oder für schriftliche Tätigkeiten wie Programme für Datenverarbeitungsanlagen und die Wiedergabe von Informationen können keinen Gebrauchsmusterschutz erwerben, ebenso keinen Patentschutz (§ 1 Abs. 2 GebrMG; § 1 Abs. 2 PatG).

An die Erteilung eines Gebrauchsmusterschutzes werden erheblich geringere Anforderungen erhoben als bei der Patentvergabe. Der Gebrauchsmusterschutz ist zunächst auf drei Jahre begrenzt. Nach einer ersten Verlängerung um drei Jahre kann er um jeweils zwei Jahre bis auf höchstens zehn Jahre verlängert werden (§ 23 GebrMG). Diese Erweiterung der Schutzdauer brachte die Änderung des Gebrauchsmustergesetzes durch das Gesetz zur Stärkung des geistigen Eigentums und zur Bekämpfung der Produktpiraterie (PrPG) vom 7. März 1990 mit sich.

Schutzgegenstand des Geschmacksmusterrechts sind nach einer Definition des Bundesgerichtshofes »... Farb- und Formgestaltungen, die bestimmt und geeignet sind, das geschmackliche Empfinden eines Betrachters, insbesondere seinen Formensinn anzusprechen, und die deshalb dem Geschmacksmusterschutz zugänglich sind, wenn sich in ihnen eine eigenpersönliche Leistung verkörpert, die über das Landläufige, Alltägliche, dem Durchschnittskönnen eines Mustergestalters Entsprechende hinausgeht und nicht den Rang eines Kunstwerks zu erreichen braucht.« Nicht jede Gestaltung ist für den erstrebten Schutz geeignet; nicht jedes Muster oder Modell kann ein Geschmacksmuster werden, sondern »... nur neue und eigentümliche Erzeugnisse ...« (§ 1 Abs. 2 Geschmacksmustergesetz). Der Schutz dauert fünf Jahre; die Schutzdauer kann nach § 9 Abs. 2 um jeweils fünf Jahre oder ein Mehrfaches davon, bis auf höchstens 20 Jahre verlängert werden.

Ziel des Warenzeichengesetzes (→ *Warenzeichen*) ist es, Wort und/oder Bildzeichen, die in die Zeichenrolle des Patentamtes eingetragen sind, zur Unterscheidung von Waren anderer Wettbewerber zu schützen (vgl. § 2 Warenzeichengesetz).

Das (→) *Urheberrecht* bezieht sich auf persönliche geistige Schöpfungen in den Bereichen Literatur, Wissenschaft und Kunst; es erlischt 70 Jahre nach dem Tod des Urhebers (§ 64 Urheberrechtsgesetz).

Die gewerblichen Schutzrechte schließen sich nicht gegenseitig aus; sie können zum Zweck des optimalen Schutzes einer Innovation kombiniert werden.

Schwellenländer [s.a. Entwicklungsländer]

Als Schwellenländer werden solche Länder bezeichnet, die sich in Folge ihrer Entwicklung am Übergang zu einem Industrieland befinden. Es handelt sich tendenziell um ehemalige Länder der »Oberschicht« der Dritten Welt, die im Zuge weltwirtschaftlich-räumlicher Veränderungen ein enormes Wachstumsniveau aufweisen. Diese Länder werden im englischen Sprachraum als Newly Industrialized Countries (NIC), Newly Industrialized Economies (NIE) bzw. als Semi-Industrialized Countries, Take-off-Countries teilweise als Emerging Markets bezeichnet. Emerging Markets lassen sich von Schwellenländern insofern abgrenzen, als dass die Barrieren für ausländische Kapitalanleger relativ niedrig sind (vgl. Koch, 1998b, S. 216).

Die Abgrenzung der Schwellenländer ist uneinheitlich. Während das (deutsche) Bundesministerium für wirtschaftliche Zusammenarbeit 30 Staaten als Schwellenländer definiert, unterscheidet die (→) *Weltbank* die Entwicklungsländer grundsätzlich nach dem Pro-Kopf-Einkommen in US-Dollar, das sich allein schon bei Änderungen der Wechselkursparitäten verändern kann, und wählt innerhalb der Gruppe mit mittleren Einkommen weniger als 20 Schwellenländer aus (vgl. Riedel, 1989, Sp. 1886f.). Die (→) *OECD* dagegen betrachtet nur zehn Länder als Schwellenländer (→ *Welthandelsstrukturen*).

Schwellenländer

- besitzen eine sich selbst tragende, durch eine Verflechtung der Konsum- und Produktions-Güterstrukturen und einen hohen Anteil an Schlüsselindustrien gekennzeichnete Wirtschaft

- verfügen über eine entwickelte Sozial-Infrastruktur und weisen damit einen starken Rückgang der Geburtenzahl auf
- besitzen durch ihre wirtschaftliche Dynamik ein Potenzial für steigenden, relativ gleichmäßig verteilten Lebensstandard.

Des Weiteren können folgende Kriterien zu Grunde gelegt werden:

- Das Pro-Kopf-Einkommen übersteigt 2.000 US-Dollar und wächst rasch.
- Der Anteil des sekundären Sektors am Bruttosozialprodukt ist größer als 30 %.
- Sie besitzen einen Weltmarktanteil wie kleinere Industrieländer und bieten eine vielfältige Palette von Exportprodukten, vor allem Fertigwaren an.
- Die Analphabeten-Quote liegt unter 30 % (vgl. Dülfer, 1997, S. 68).

Als Beispiele lassen sich Länder anführen wie Argentinien, Brasilien oder Mexiko sowie die »Tiger-Länder« Hongkong, Südkorea, Singapur, Taiwan, aber auch Länder wie Indonesien, Jordanien, Malaysia, Marokko, Philippinen, Thailand, Tunesien sowie China. Die Länder der ersten Gruppe sowie die Transformationsländer (→ *Staatshandelsländer*) sind bedeutende Standorte für deutsche Wirtschaftsinteressen, die sich neben traditionellen Handelsbeziehungen in unterschiedlichen Formen der Industriekooperation (→ *Kooperationen*) sowie (→) *Direktinvestitionen* manifestieren (vgl. Deutsche Bank, 1998, S. 363).

Scoring-Modell → *Punktbewertungsverfahren*

S.E. [s.a. EWIV]
Der Wunsch, Unternehmen in Europa zu etablieren, die nicht in einem nationalen Recht verwurzelt sind, sondern einen transnationalen Charakter haben, führte bereits 1970 zu einem Vorschlag einer Sonderkommission der EG. So wurde angestrebt, eine Europäische Gesellschaft (Societas Europaea; S.E.) in Form einer Aktiengesellschaft zu konzipieren. Ein Richtlinienentwurf des Status einer S.E. wurde bereits 1989 von der Kommission und 1991 vom Parlament der EG vorgelegt (vgl. Niedenhoff, 1995, S. 90ff.; Wunsch-Semmler, 1995, S. 74ff.).

In der Zwischenzeit wurde über eine Vielzahl von Initiativen und Vorschlägen versucht, diese Form der europäischen Aktiengesellschaft zu realisieren.

Am 20. Dezember 2000 hat die Europäische Kommission eine im EU-Ministerrat erzielte politische Einigung über den Verordnungsvorschlag zum Statut der Europäischen Aktiengesellschaft (S.E.) gebilligt. Nach der politischen Einigung im Rat wird nun das Europäische Parlament zu den Vorschlägen konsultiert. Die Rechtsakte dürften in 2001 erlassen werden und drei Jahre später 2004 in Kraft treten. Die Verabschiedung des SE-Statuts ist eine der zehn Prioritäten, die die Kommission als unerlässlich für die Errichtung eines voll integrierten Markts der Finanzdienstleistungen im Sinne des Aktionsplans für Finanzdienstleistungen eingestuft hat, zu dessen Umsetzung sich die Mitgliedstaaten bis 2005 verpflichtet haben (vgl. Europäische Kommission, 2000b, S. 12).

Die Wahl der Aktiengesellschaft als Rechtsform beruht darauf, dass sie in allen nationalen Rechten der (→) *EU* bekannt ist, eine hohe Flexibilität in ihren Möglichkeiten der inneren Ausgestaltung aufweist und nicht zuletzt umfassende Möglichkeiten der Kapitalbeschaffung hat.

Eine S.E. kann auf vier verschiedene Arten gegründet werden:

- durch Verschmelzung von zwei oder mehr Aktiengesellschaften aus mindestens zwei verschiedenen Mitgliedstaaten

- durch Bildung einer S.E.-Holdinggesellschaft, an der Aktiengesellschaften oder GmbHs aus mindestens zwei verschiedenen Mitgliedstaaten beteiligt sind
- durch Gründung einer S.E.-Tochtergesellschaft durch Gesellschaften aus mindestens zwei verschiedenen Mitgliedstaaten
- durch Umwandlung einer Aktiengesellschaft, die seit mindestens zwei Jahren eine Tochtergesellschaft in einem anderen Mitgliedstaat hat, in eine S.E.

Die praktische Bedeutung des S.E.-Statuts besteht darin, dass Unternehmen mit Niederlassungen in mehreren Mitgliedstaaten auf der Grundlage einheitlicher Regeln fusionieren und mit einem einheitlichen Management und Berichtssystem überall in der Europäischen Union tätig werden können, ohne mit erheblichem Zeit- und Kostenaufwand ein Netz von Tochtergesellschaften errichten zu müssen, für die unterschiedliche nationale Vorschriften gelten. Vorteile ergeben sich insbesondere durch deutlich geringere Verwaltungs- und Rechtskosten, eine einzige Rechtsstruktur, eine einheitliche Geschäftsführung und ein einheitliches Berichtssystem.

Ein als Europäische Aktiengesellschaft verfasstes Unternehmen lässt sich schnell und problemlos umstrukturieren, um die Geschäftsmöglichkeiten, die der Binnenmarkt bietet, optimal nutzen zu können. Europäische Aktiengesellschaften mit Geschäftsinteressen in mehreren Mitgliedstaaten können Landesgrenzen ohne weiteres überwinden, wenn dies auf Grund sich ändernder Geschäftsbedingungen erforderlich ist, da das S.E.-Statut die Verlegung des Satzungssitzes erlaubt.

Das Mindestkapital zur Gründung einer S.E. wurde auf 120 000 Euro festgesetzt, so dass auch mittelständische Unternehmen aus verschiedenen Mitgliedstaaten eine solche gründen können.

SEDAS [s.a. Artikelnummerierung; Scanning]
Im Jahre 1977 erschien die erste von der CCG entwickelte nationale Norm für den elektronischen Datenaustausch, die »Standardregelungen Einheitlicher Datenaustauschsysteme« (SEDAS) für den Rechnungsdatenaustausch zwischen Handel und Industrie der Konsumgüterwirtschaft. 1983 wurde SEDAS um zwei weitere Funktionalitäten erweitert: den SEDAS-Bestelldatenaustausch und die Marktdatenkommunikation (→ *MADAKOM*). Noch unter dem SEDAS-Dach wurden 1984 die »SEDAS-Informationssätze« (SINFOS) für den Artikelstammdatenaustausch entwickelt.

Die zunehmende Globalisierung der Geschäftstätigkeit macht jedoch eine Standardisierung der Kommunikation auf internationaler Ebene unabdingbar. Mit EDIFACT (Electronic Data Interchange for Administration and Transport) wurde hierfür in den letzten Jahren ein entsprechender internationaler Standard entwickelt.

So wird in der Konsumgüterwirtschaft SEDAS zunehmend durch das EDIFACT-Subset EANCOM (→ *EDI*) ersetzt.

Auch heute hat der SEDAS-Rechnungsverkehr noch immer seine Bedeutung, wenngleich mit abnehmender Tendenz. In 1997 arbeiteten immerhin noch knapp 500 Unternehmen mit den SEDAS-Datensatzstrukturen.

Von der CCG wurden Umstellungs- und Anpassungshilfen entwickelt, die es ermöglichen, vom etablierten SEDAS-Format in das EANCOM-Format (und umgekehrt) zu konvertieren. Ein festes, allgemein gültiges Umstellungsdatum für die Migration von SEDAS auf EANCOM existiert jedoch nicht. Diese Umstellung wird sich letztlich, durch den Markt beeinflusst, schrittweise vollziehen.

Segmentierung → *Marktsegmentierung*

Segmentierungskriterien [s.a. Makrosegmentierung; Marktsegmentierung]
Auf der Basis von Segmentierungskriterien wird die Gesamtheit der Abnehmer, Konsumenten bzw. Nicht-Konsumenten (Unternehmen, Institutionen), die für ein spezielles Produkt oder eine spezielle Dienstleistung in Frage kommen, in Untergruppen aufgeteilt. Folgende Segmentierungskriterien können je nach Fragestellung herangezogen werden:

- ökonomische Kriterien
- demografische und sozialökonomische Kriterien
- psychologische und sozialpsychologische Kriterien
- soziologische Kriterien
- kombinierte Kriterien.

Die Segmentierung nach ökonomischen Kriterien ist in erster Linie relevant für eine Schichtenbildung der Nicht-Konsumenten. Die Gesamtheit der Nicht-Konsumenten lässt sich nach folgenden Merkmalen in Teilmengen untergliedern:

- Jahresumsatz
- Deckungsbeitrag
- Auftragsstückelung
- Zahlungsmodus
- Betriebstyp
- Betriebsgröße
- Marktaktivitätenniveau u.Ä.

Die Gruppierungen nach diesen Merkmalen bilden auch die Grundlage der Abnehmerselektion.

Eine Segmentierung nach demografischen und sozialökonomischen Kriterien bezieht sich insbesondere auf

- Geschlecht
- Alter
- Familienstand
- Zahl und Alter der Kinder (→ *Familienzyklus*)
- Einkommen des Haushaltsvorstandes oder des Haushalts
- Beruf und Bildung des Haushaltsvorstandes oder der Haushaltsmitglieder
- Besitzmerkmale
- Wohnort und Wohnortgröße.

In der neueren Segmentierungsdiskussion werden psychologische und sozialpsychologische Kriterien vorgeschlagen. Zu den psychologischen Kriterien gehören die folgenden Persönlichkeitsmerkmale:

- Erfolgsstreben
- Anpassungsfähigkeit
- Ordnungssinn
- Selbstdarstellung
- Unabhängigkeit bzw. Abhängigkeit
- Geselligkeit
- Beobachtungsgabe
- Dominanz
- Hilfsbereitschaft
- Ausdauer
- Aggressivität.

Bei den sozialpsychologischen Kriterien handelt es sich um Merkmale, die im Interaktionsprozess des Einzelnen mit seiner Umwelt erkennbar werden.

Ausgangspunkt der Segmentierung nach soziologischen Kriterien sind Erkenntnisse, die besagen, dass das Konsumentenverhalten u.a. durch folgende Merkmale beeinflusst wird bzw. erklärt werden kann:

- Status (→ *Status, sozialer*),
  d.h. die Position, die ein Individuum in der Gesellschaft innehat
- Rolle (→ *Soziale Rolle*),
  d.h. bestimmte Verhaltensweisen, die die Gesellschaft vom Einzelnen erwartet
- Mobilität
- Gruppendynamik
- Gruppenzwang, d.h. Werte und Normen (→ *Norm, soziale*) einer Gruppe, an denen sich das Individuum orientiert
- Schicht (→ *Soziale Schicht*)
- Sozialprestige.

Die Beurteilung der Segmentierungskriterien erfolgt im Hinblick auf drei Dimensionen:

- Messbarkeit und Datenverfügbarkeit
- Trennschärfe,

  d.h. die Eignung zur Bildung von Gruppen, die folgende Eigenschaften aufweisen (vgl. Übersicht 125):

  • Intra-Homogenität und
  • Inter-Heterogenität
- Umsetzbarkeit,

  d.h. Verwertbarkeit im Rahmen der (→) *Absatzpolitik* (Produktgestaltung, Gestaltung der Werbeinhalte, Streuung der Werbung usw.).

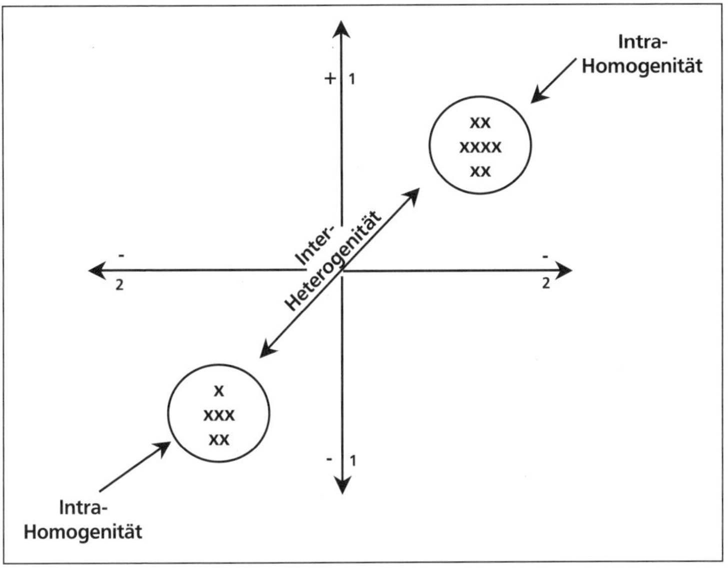

Übersicht 125: Intra-Homogenität und Inter-Heterogenität

Sekundärforschung → *Primärforschung*

Sekundärkommunikation → *Massenkommunikation*

Selbstbedienung → *Bedienungsformen*

Selbstbeschränkungsabkommen

Selbstbeschränkungsabkommen sind bilaterale, freiwillige Verpflichtungen zwischen zwei Staaten (→ *Handelsabkommen*). Ein Importland verpflichtet sich darin, die Lieferung einer bestimmten Gütermenge innerhalb eines festgelegten Zeitraumes zuzulassen und nicht durch protektionistische Maßnahmen zu behindern (→ *Protektionismus*). Demgegenüber verpflichtet sich das Exportland, eine bestimmte Exportmenge nicht zu überschreiten. Bei Selbstbeschränkungsabkommen handelt es sich im engeren Sinne um eine vertraglich ausgehandelte Handelsbehinderung. Im Gegensatz zu (→) *Handelshemmnissen*, insbesondere den nicht-tarifären Handelshemmnissen, umgehen »freiwillige« Selbstbeschränkungsabkommen die Überwachungsmechanismen des GATT (→ *Allgemeines Zoll- und Handelsabkommen*). Weil sie bilateral abgeschlossen werden, unterlaufen sie das GATT-Prinzip der Nicht-Diskriminierung (vgl. Beise/Oppermann/Sander, 1998, S. 75ff.).

Ihre Funktion ist vor allem darin begründet, dass sie andere protektionistische Maßnahmen wie Importquoten verhindern. Durch eine »freiwillige« Einwilligung im Selbstbeschränkungsabkommen verhindert ein Exportland protektionistische Maßnahmen des Importlandes. Um ein Unterlaufen der Selbstbeschränkung durch (→) *Direktinvestitionen* zu verhindern, wird meist auch eine Vereinbarung über die Anrechnung der Inlandsproduktion des ausländischen Anbieters auf die Importquoten getroffen (vgl. Schroth, 2001, S. 483).

Weitere Vorteile der Selbstbeschränkungsabkommen beispielsweise im Vergleich zu Importquoten sind (vgl. Altmann, 1993, S. 270f.):

- Selbstbeschränkungsabkommen vollziehen sich im Gegensatz zu Importkontingenten in einer GATT-rechtlichen Grauzone und provozieren daher tendenziell weniger Widerstände als Importquoten.
- Selbstbeschränkungsabkommen können gezielt bei individuellen Problempartnern ansetzen, während Importkontingente eher global wirken.
- Bei der Zustimmung zur freiwilligen Selbstbeschränkung kann das Exportland sicher sein, dass das Importland auf andere Protektionsmaßnahmen verzichtet.
- Auf die konkrete Ausgestaltung von Selbstbeschränkungsabkommen (z.B. hinsichtlich ihrer Befristung oder ihres Volumens) kann die Exportseite Einfluss nehmen und darüber verhandeln, was bei Importkontingenten i.d.R. nicht der Fall ist.
- Die Überwachung der Einhaltung von Importkontingenten liegt beim Importland, während Selbstbeschränkungsabkommen von beiden Seiten kontrolliert werden.

Zu unterscheiden sind zwei Arten von Selbstbeschränkungsabkommen (i.w.S.):

1. Selbstbeschränkungsabkommen zwischen Staaten bzw. Staatsverbänden, welche die Qualität von Staatsverträgen haben (Orderly Market Arrangements, OMA).
2. Privatrechtlich ausgehandelte Selbstbeschränkungsabkommen, die zwischen Unternehmen oder zwischen Staat und Unternehmen abgeschlossen werden, und insbesondere im ersten Fall als Absichtserklärung zu werten sind (Voluntary Export Restraints, VER) (vgl. Schroth, 2001, S. 483; Beise/Oppermann/Sander, 1998, S. 78f.).

Selektiver Vertrieb → *Absatzwegepolitik; Distributionspolitik; Kontraktmarketing*

Selling Center

Für Investitionsgütertransaktionen, insbesondere für das (→) *Systemgeschäft* und das (→) *Anlagengeschäft* sind die Multipersonalität und Multiorganisationalität der Entscheidungsprozesse auf der Anbieter- und Nachfragerseite typisch (→ *Multiorganisationalität des Kaufprozesses; Multipersonalität des Kaufprozesses*). Auf der Nachfragerseite kommt dies in einem z.T. multiorganisationalen (→) *Buying Center* zum Ausdruck; auf der Anbieterseite kann sich ein Selling Center als ein Verkaufskollegium entwickeln.

Auch an den Entscheidungen der Anbieter sind häufig mehrere Personen beteiligt; ihre Aufgabenverteilung lässt sich analog zu der in einem Buying Center darstellen (vgl. Günter, 1979, S. 151f.). Es kann zwischen Entscheidungsträgern (decider), Verkäufern (salesman), Produzenten (producer), Beeinflussern (influencer) und den Informationselektierern (gatekeeper) unterschieden werden. Die Entscheidungsträger sind formell berechtigt, Entscheidungen zu treffen; die Verkäufer sind auf Grund ihrer Funktion berechtigt, Akquisitions- und Verkaufsaktivitäten zu entfalten.

Durch Bildung von (→) *Anbieterkoalitionen* entstehen multiorganisationale Selling Center. Die Analyse des Selling Center bezüglich seiner Größe und Zusammensetzung, der Aufgaben- und Kompetenzverteilung und möglicher Konflikte ist eine wichtige Informationsgrundlage für den Einsatz der Marketinginstrumente der Abnehmerorganisationen (→ *Beschaffungsmarketing*).

Semantisches Differential → *Einstellungsmessung*

Shareholder-Ansatz → Shareholder Value

Shareholder Value

Im Gegensatz zum (→) *Stakeholder-Ansatz* geht der Shareholder-Ansatz davon aus, dass die Unternehmensführung die Interessen der Anteilseigner eines Unternehmens an oberster Stelle berücksichtigen sollte. Es handelt sich hier um ein interessenmonistisches Grundkonzept, bei dem den Anteilseignern die alleinige Entscheidungsgewalt im Unternehmen zugesprochen wird. Nach einer langen Phase, in der dem Stakeholder-Ansatz eine hohe Bedeutung zugemessen wurde, orientieren sich in den letzten Jahren im Rahmen der Diskussion um den Shareholder Value Unternehmen wieder zunehmend am Shareholder-Ansatz. Die Renaissance dieses Ansatzes hat mehrere Ursachen (vgl. Rappaport, 1999, S. 3ff.):

- drohende Unternehmensübernahmen durch diejenigen, die ständig auf der Suche nach unterbewerteten und unzureichend geführten Aktiva sind
- notwendige Aufbringung von Kapital auf den internationalen Finanzmärkten, so dass Unternehmen in immer stärkerer, weltweiter Konkurrenz bei der Aufbringung von Finanzmitteln stehen
- beeindruckende Ergebnisse von Unternehmensleitern, die sich diesen Ansatz zu eigen gemacht haben
- die wachsende Einsicht, dass traditionelle Maßstäbe des Rechnungswesens wie Gewinn pro Aktie und ROI keine verlässliche Beziehung zur Steigerung des Kurswertes von Aktien aufweisen
- die wachsende Erkenntnis, dass langfristige Entlohnungssysteme für Führungskräfte enger mit der Eigentümerrendite verknüpft werden sollten, um damit auch die Interessenkonflikte von Management und Anteilseigner auszuschalten.

Geschäftsstrategien sollten dabei nach Rappaport (1999) entsprechend der Maßgabe der ökonomischen Renditen beurteilt werden, die sie für die Anteilseigner schaffen und die im Falle einer an der Börse gehandelten Kapitalgesellschaft mittels Dividendenzahlungen und Kurswertsteigerungen der Aktien gemessen werden.

Der ökonomische Wert einer Investition wird im Shareholder-Ansatz durch die so genannte Discounted-Cash-Flow-Methode (DCF-Methode) bewertet. Diese Methode ist dynamisch angelegt und analysiert Wertsteigerungsaspekte, wobei zu erwartende Geldmittelrückflüsse (»Free Cash-Flow«), der Endwert der Investition sowie nicht betriebsnotwendige Vermögensbestandteile berücksichtigt werden (vgl. Macharzina, 1999, S. 540f.). Dieser Wert wiederum bildet die Grundlage für die Eigentümerrendite aus Dividenden und steigenden Kurswerten.

Diese Zielsetzung kollidiert nicht unmittelbar mit dem Stakeholder-Ansatz, sondern ist eher nach Ansicht ihrer Verfechter die Grundlage für die Befriedigung der unterschiedlichen Ansprüche. Die Fähigkeit eines Unternehmens, Geldmittel an seine Anspruchsgruppen zu verteilen, hängt nämlich maßgeblich von seiner Fähigkeit ab, Geldmittel aus dem laufenden Geschäft zu erwirtschaften und zusätzliches Kapital von externen Quellen zu beschaffen. Die Fähigkeit, externe Finanzierungsquellen, also Eigen- und Fremdkapitalquellen, zu nutzen, hängt aber von Schätzungen ab, wie viel Geldmittel das Unternehmen in Zukunft erwirtschaften wird. Somit wird deutlich, dass die Eigentümer nicht nur die Nutznießer des finanziellen Erfolgs sind, sondern auch diejenigen, die über die weitere Verteilung der Geldmittel – und damit auch über die Befriedigung der Ansprüche der Stakeholder – entscheiden (vgl. Rappaport, 1999, S. 13f.).

Share of Mind → *Share of Voice*

Share of Voice

»Share-of-Voice«- und »Share-of-Mind«-Verfahren werden häufig im Rahmen von Werbebudgetierungsmethoden, so in der Konkurrenz-Paritäts-Methode, angewandt (vgl. Schweiger/Schrattenecker, 1995, S. 69). Ausgangspunkt für die Bestimmung des optimalen Werbebudgets nach dieser Methode ist das diesbezügliche Verhalten der Konkurrenz. Die Orientierung erfolgt i.d.R. an durchschnittlichen Vergangenheitswerten der Branche.

In beiden »Share-Verfahren« orientiert sich der Werbungstreibende am Werbedruck entweder des spezifischen Produktbereichs, des Interessenbereichs der (→) *Zielgruppe*, am Gesamtwerbedruck in sämtlichen oder in den genutzten Medien oder letztlich am saisonalen Werbedruck (vgl. Schweiger/ Schrattenecker, 1995, S. 69). Share-of-Voice bezeichnet in diesem Zusammenhang den Anteil der Werbeaufwendungen des einzelnen Werbetreibenden an den Gesamtaufwendungen in der Branche. Dieser Anteil kann sich auch auf eine einzelne Marke beziehen; die Bezugsgröße für die Anteilsberechnung ist in diesem Fall das gesamte Werbeaufkommen in der Produktgruppe.

Unter Share-of-Mind versteht man den Anteil am Bewusstsein bzw. an der spontanen Erinnerung der Käufer (→ *Erinnerungsverfahren*). Der Share-of-Mind entsteht erst im Zeitablauf. Aus diesem Grunde empfiehlt sich eine Betrachtung des Share-of-Voice (vgl. Schweiger/ Schrattenecker, 1995, S. 69).

Shop-in-Shop-Systeme [s.a. Betriebstypen des Handels]

Unter Shop-in-Shop-Systemen werden Ladenkonzepte verstanden, bei denen bestimmte aktuelle Teile des Sortiments als Spezialabteilungen herausgehoben werden. Somit werden hier – meist in großflächigen Einkaufsstätten – bestimmte Sortimentsteile durch ihre Anordnung und Darbietung optisch vom Umfeld abgehoben. Ziel einer derartigen Warenpräsentation ist es häufig, Produkte für bestimmte Kundensegmente oder bestimmte Hersteller bzw. deren Marken in einem abgegrenzten Bereich gebündelt zu präsentieren, häufig in Verbindung mit einem besonderen Service, einer besonderen Ladengestaltung oder über spezielle Displays (vgl. Liebmann/Zentes, 2001, S. 552). Shop-in-Shop-Konzepte finden sich heute vielfach in Warenhäusern im Bereich der Modesortimente. Somit besteht die Verkaufsfläche in diesem Sortimentsbereich aus kleinen abgegrenzten Flächen, auf denen, häufig unter Kontrolle bzw. unter Ausführung der Hersteller, bestimmte Marken präsentiert werden. Es wird somit die herkömmliche Gliederungssystematik der

Abteilungen aufgehoben bzw. gelockert. Das Sortiment wird aufgegliedert und im Boutiquenstil angeboten. Ziel ist es somit, eine Profilierung des Anbieters bzw. des Herstellers und seiner Marke und somit des gesamten Angebotes zu erreichen. Somit finden sich dann nicht mehr klassische Abteilungen, sondern Markenshops, in denen sich alle Sortimentsteile wiederfinden. Während die klassischen Formen der Shop-in-Shop-Systeme häufig ein für ein Handelsunternehmen branchentypisches Sortiment umfassen, zeigt sich in der jüngeren Vergangenheit auch eine Ausweitung dieses Konzeptes, indem auf den bestehenden Flächen des Handelsunternehmens Shops mit kontrastierenden oder gar branchenfremden Sortimenten entstehen, bspw. ein Bankshop im Verbrauchermarkt oder eine Wäscherei, ein Friseursalon oder ein Telekomshop im SB-Warenhaus. Dieser Trend geht einher mit der zunehmenden Vermischung von Branchengrenzen, einem Trend, der sich generell heute im Einzelhandel immer stärker zeigt.

Im Zusammenhang mit diesen Konzepten ist zu unterscheiden zwischen reinen Shop-in-Shop-Konzepten, bei denen sich bspw. spezielle Shopecken auf der Verkaufsfläche für das Kernsortiment befinden und solchen, wo um die Kernverkaufsfläche des Hauptsortimentes herum bestimmte Anbieter bzw. Shops in separaten Bereichen angesiedelt sind, bspw. in der Ladenstraße von großen SB-Warenhäusern.

Bei den Konzepten, bei denen auf der Verkaufsfläche des regulären Kernsortimentes Shops eingerichtet werden, ist zwischen permanenten Shops und temporären Shops, die etwa im Rahmen von Aktionen auf bestimmten dafür vorgesehenen Rotationsflächen genutzt werden können, zu unterscheiden. Bei Letzteren werden häufig bestimmte Flächen für eine bestimmte Zeit etwa von Herstellern oder Dienstleistungsunternehmen genutzt, um bestimmte Produkte zu vermarkten wie bspw. Neueinführungen.

Das Ziel der permanenten Shops mit branchenfremden Sortimenten ist häufig die Ausweitung des Sortimentes von Handelsunternehmen, um den Konsumenten eine zusätzliche Dienstleistung in Form eines One-Stop-Shopping zu ermöglichen. Da häufig für solche Sortimentsteile kein ausreichend hohes Know-how innerhalb des Handelsunternehmen vorhanden ist, da es sich um branchenfremde Sortimente handelt, wird so auf das Know-how von Herstellern oder Dienstleistern zurückgegriffen, die diese Shops dann für das Handelsunternehmen führen (vgl. Ahlert/Schlüter/Vogel, 1999, S. 136f.).

Shopping Goods → *Konsumgütertypologie*

Side-Trading → *Trading-up*

Signifikanzniveau → *Testverfahren*

Simulationsmodelle [s.a. Marketing-Modelle]

Simulation kann umfassend als adäquate Nachahmung der Realität definiert werden. Es werden (→) *Experimente* mit Hilfe von Modellen durchgeführt an Stelle von Experimenten mit in der Empirie anzutreffenden Versuchseinheiten. Einengend umfasst Simulation die Konstruktion, den Ablauf und die Auswertung nummerischer Modelle.

Für das Marketing sind folgende Formen der Simulation relevant:

- kombinatorische Simulation und Stichprobensimulation
- deterministische und stochastische Simulation
- synthetische und analytische Simulation.

Eine kombinatorische Simulation liegt vor, wenn alle möglichen Verknüpfungen der exogenen Variablen des Modells systematisch durchgespielt werden. Bei der Stichprobensimulation hingegen wird aus der Gesamtheit der Verknüpfungen eine begrenzte Anzahl ausgewählt.

Bei deterministischer Simulation sind die Daten des Prozesses eindeutig festgelegt, während in stochastischen Simulationen mindestens ein Teil der Daten Wahrscheinlichkeitsverteilungen unterliegt.

In synthetischen Simulationen wird das durch Interaktion von mehreren genau bekannten Elementen bedingte Verhalten eines Systems untersucht. Ist hingegen das Verhalten des realen Systems bekannt und wird ein Simulationsmodell konstruiert, das sich wie dieses System verhalten soll, so spricht man von analytischer Simulation.

Marketing-Simulationsmodelle werden u.a. in folgenden Bereichen eingesetzt:

- Logistik: Bestimmung der optimalen Anzahl der Läger und ihrer optimalen Standorte, Bestimmung der optimalen Kundenzuteilung
- Werbung: Bestimmung optimaler Mediapläne auf der Grundlage individueller Media-Kontaktwahrscheinlichkeiten
- Kaufprozesse: Ableitung von Kaufwahrscheinlichkeiten bei verändertem Einsatz des absatzpolitischen Instrumentariums.

In so genannten (→) *Testmarktsimulationen* werden der zu erwartende Marktanteil prognostiziert sowie weitere diagnostische Informationen auf der Basis von Daten, die in einem Teststudio erhoben werden, gewonnen (vgl. Erichson, 1981, S. 202ff.).

Single Sourcing → *Global Sourcing*

Singulärquellen-Verfahren → *Panelerhebung*

Sinus-Milieu-Modell → *Lebensstil*

Skalenniveau [s.a. Messen]
Eine Skala ist eine Klassifikationsvorschrift zur Differenzierung von Eigenschaften einer Menge von Untersuchungseinheiten.

Nach der Messeigenschaft lassen sich mehrere Skalenkategorien bzw. Skalenniveaus unterscheiden. Zur Gruppe der nichtmetrischen Skalen zählen die Nominal- und Ordinalskalen. Nominalskalen beruhen auf einer Klassifikation von Untersuchungsobjekten und dienen lediglich der Identifikation der Objekte. Sie entstehen z.B. durch die Zuordnung von Zahlen zu bestimmten Ausprägungen eines Merkmals. Anhand von Ordinalskalen werden Untersuchungsobjekte in eine Rangfolge gebracht, ohne jedoch Aussagen über die Abstände der Objekte zueinander zu machen. Man spricht daher auch von Rangskalen.

Metrisches Skalenniveau haben die Intervall- und die Verhältnisskalen. Die Intervallskalen beruhen auf konstanten Abständen und haben einen beliebig festgelegten Nullpunkt. Die Verhältnis- oder Ratioskalen unterscheiden sich von den Intervallskalen durch einen natürlichen Nullpunkt.

Die Aussagefähigkeit der einzelnen Skalenniveaus, die Zulässigkeit der Anwendung bestimmter Transformationen und Verfahren sind in Übersicht 126 zusammengestellt.

Skalierungsverfahren → *Einstellungsmessung; Ranking; Rating*

Skimming-Politik → *Marktabschöpfungspolitik*

Sleeper-Effekt → *Kommunikationseffekte*

Smart Shopper → *Kaufentscheidungstypen*

Snob-Effekt → *Nachfrageeffekte*

Social Marketing → *Marketing, soziales*

Bezeichnung	zulässige Rechen-operation	empirische Aussage	zulässige Maßzahlen und Verfahren	Beispiel
Nominalskala	jede ein-eindeutige Transformation	Feststellung von Identitäten	Modus, Kontingenzmaße	Geschlecht des Probanden: 1 = männlich / 2 = weiblich
Ordinalskala	jede monotone, rangerhaltende Transformation	Feststellung von größeren oder kleineren Werten	Median, Centile, Rangkorrelation	Rangreihe von Produkten nach ihrer Präferierung durch einen Probanden: Produkt B = Rang 1 Produkt C = Rand 2 Produkt A = Rang 3
Intervallskala	lineare Trans-formation	Festestellung der Gleichheit von Intervallen oder Differenzen	arithmetisches Mittel, Varianz, Produkt-Moment-Korrelation, t-Test, F-Test	Einstellung eines Probanden zu einem Produkt:*) 1 2 3 4 5 6 7 sehr gut … sehr schlecht
Verhältnisskala	Ähnlichkeits-transformation	Feststellung eines Verhält-nisses zweier Werte	geometrisches Mittel, har-monisches Mittel	Einkommen in DM

* Die Antwortskala hat zunächst ordinales Niveau. Sie nimmt die Eigenschaft einer Intervallskala an, wenn die Hypothese zu Grunde gelegt werden kann, dass die semantischen Abstände zwischen Skalenwerten als gleich eingeschätzt werden.

Übersicht 126: Synopse der Skalenniveaus

Societas Europaea → *S.E.*

Sogo Shosha

Sogo Shosha sind japanische (→) *Universalhandelshäuser*, die weltweite Beschaffungs- und Absatznetze unterhalten, über die ein wesentlicher Teil des japanischen Außenhandels abgewickelt wird. Bei vielen Gütern ihres umfassenden Handelssortiments halten sie hohe Weltmarktanteile. Ihre Aktivitäten erstrecken sich über Groß- und Außenhandel, Distribution, Ressourcenerschließung und Finanzierung bis hin zur Marktforschung und Informationsbereitstellung.

Für ausländische Unternehmen stellt die Distributionsmacht der Universalhandelshäuser in Japan eine bedeutende Markteintrittsschranke dar.

Sogo Shosha sind oft Mittelpunkt und Steuerungszentralen der japanischen Unternehmensverbundgruppen, der (→) *Keiretsu*. Die bedeutendsten Sogo Shosha sind u.a. Mitsubishi, Mitsui, Itochu, Sumitomo und Marubeni.

Sonderangebotspolitik

Sonderangebote sind Warenangebote mit zeitlich begrenzter Preisreduzierung; sie sind Ausdruck einer aktiven (→) *Preispolitik*. Die Sonderangebotsartikel erzielen häufig nur geringe, oftmals sogar negative Deckungsbeiträge (Verkauf unter Einstandspreis).

Ziel eines Sonderangebots ist es zum einen, den Abverkauf bestimmter Artikel zu fördern, zum anderen, die preisliche Leistungsfähigkeit eines Anbieters zu dokumentieren und damit neue Kunden zu akquirieren. Darüber hinaus soll durch eine erhöhte Kundenfrequenz der Gesamtabverkauf positiv beeinflusst werden. So ziehen bestimmte Sonderangebotsartikel häufig den Kauf anderer ergänzender Artikel nach sich (»Lockvogelangebot«).

Die Sonderangebotspolitik ist zu unterscheiden von einer (Dauer-)Niedrigpreispolitik (»Every Day Low Price«), die durch ein permanent niedriges Preisniveau für das gesamte Sortiment gekennzeichnet ist. Diese Form der Preispolitik ist charakteristisch für discountorientierte Betriebstypen (→ *Betriebstypen des Handels*).

Die Entscheidungen der Sonderangebotspolitik betreffen:

- die Selektion der Artikel
- die Zahl der gleichzeitig angebotenen Sonderartikel
- die Dauer des Sonderangebotes
- die Festlegung der Preise.

Darüber hinaus ist die Platzierung der Sonderangebotsartikel, die meist in Form einer verkaufsfördernden Zweitplatzierung (→ *Verkaufsförderung*) durchgeführt wird, ein wichtiges Instrument des (→) *Handelsmarketing*.

SOR-Modell → *Neobehaviorismus*

Sortimentsgleichgewicht → *Sortimentspolitik*

Sortimentspolitik

Das Sortiment eines Handelsbetriebes umfasst alle zum Verkauf angebotenen Waren; ihm entspricht die Produktlinie bzw. das Programm der Herstellerbetriebe (→ *Produktlinienpolitik*). Bei der Gestaltung des Sortiments (Sortimentspolitik) sind zu unterscheiden (vgl. Liebmann/Zentes, 2001, S. 479ff.):

- die Sortimentsstrukturpolitik
- die Sortimentsablaufpolitik.

Fragestellungen der Sortimentsstrukturpolitik betreffen relativ dauerhafte Festlegungen, so

- die geführten Warenkategorien
- die geführten Qualitätsniveaus
- die angestrebte Bedeutung der konstanten und im Zeitablauf variablen Sortimentsbereiche.

Hierzu zählen auch

- die angestrebte Sortimentsbreite
- die angestrebte Sortimentstiefe.

Die Sortimentsbreite kennzeichnet die Zahl der angebotenen Warengruppen; die Sortimentstiefe bezieht sich auf die Zahl der Artikel und Sorten innerhalb einer Warengruppe. Sortimentsbreite und Sortimentstiefe sind wesentliche Bestimmungsfaktoren des Betriebstyps (→ *Betriebstypen des Handels*).

Zur Sortimentsablaufpolitik gehören Entscheidungen über

- die Variation von Artikeln
- die für Sonderangebote (→ *Sonderangebotspolitik*) und Aktionen benötigten Artikel.

Neben den Gesetzmäßigkeiten des (→) *Sortimentsverbundes* sind in der Sortimentspolitik warenbezogene Ausstrahlungseffekte zu beachten. So können bestimmte Waren das Sortimentsimage beim Abnehmer bestimmen. Diese Waren bezeichnet man als Zeigerwaren. Zeigerwaren sind zugleich für das Preisimage eines Handelsbetriebes von Bedeutung. Als Prestigewaren bezeichnet man Waren mit meist geringem Stückabsatz, die die Leistungsfähigkeit bzw. das Niveau des Sortiments demonstrieren sollen.

In der Sortimentspolitik werden

- ein Sortimentsgleichgewicht und
- ein Artikelgleichgewicht

angestrebt.

Artikelgrößen und -farben werden meist in unterschiedlicher Menge nachgefragt. Ein Artikelgleichgewicht ist erreicht, wenn die Häufigkeitsverteilung der Nachfrage der Angebotsstruktur entspricht. Das Sortimentsgleichgewicht gibt an, in welchem Ausmaß jeder Artikel zu einem angestrebten Umsatz beiträgt und kennzeichnet somit die Leistungsfähigkeit dieses Artikels.

Im Rahmen der Sortimentspolitik ist das (→) *Category Management* von besonderer Bedeutung (vgl. Liebmann/Zentes, 2001, S. 489).

Sortimentsverbund [s.a. Response-Funktionen]

Der Sortimentsverbund stellt einen intrainstrumentellen Wirkungsverbund dar. Zwischen den einzelnen zum Verkauf angebotenen Waren eines Handelsbetriebes, d.h. dem Sortiment, können

- neutrale
- hemmende und
- fördernde

Beziehungen bestehen.

Eine fördernde Beziehung zwischen Waren bezeichnet man als Komplementarität. Diese warenbezogene Gesetzmäßigkeit bringt zum Ausdruck, dass der Kauf einer Ware den Kauf einer anderen Ware nach sich zieht oder zumindest begünstigt (vgl. Tietz, 1993b, S. 188).

Eine hemmende Beziehung zwischen Waren bezeichnet man als Substitutionalität. Warenbezogene Substitutionalität liegt vor, wenn der Kauf einer Ware den Kauf einer anderen Ware zurückdrängt.

Source-Effekt → *Kommunikationseffekte*

Soziale Gruppe

Als soziale Gruppe bezeichnet man eine Anzahl von Personen, zwischen denen dauerhafte wechselseitige Beziehungen (Interaktionen) bestehen. Kennzeichnend ist, dass die Mitglieder sozialer Gruppen ein Zusammengehörigkeitsgefühl (»Wir-Bewusstsein«) aufweisen. Dies zeigt sich auch in der Verfolgung gemeinsamer Ziele. Weiterhin ist eine soziale Gruppe durch ein enges Beziehungsgefüge gekennzeichnet, in dem jedes Individuum eine Position einnimmt, an die wiederum gewisse Rollenerwartungen (→ *Soziale Rolle*) geknüpft sind (vgl. Nieschlag/Dichtl/Hörschgen, 1997, S. 188).

Die sozialen Gruppen werden in Primär- oder Kleingruppen und Sekundär- oder Großgruppen eingeteilt. Die Unterscheidung erfolgt nach der Anzahl der Gruppenmitglieder und der Kontaktaufnahme untereinander. In Primärgruppen, zu denen besonders die Familie, Nachbarschaft sowie Gruppen von Gleichaltrigen und sozial Gleichgestellten (Peer Groups) zählen, besteht eine relativ hohe Kontaktintensität in Form von persönlichen Kontakten. Es liegt eine direkte gegenseitige Einflussnahme vor.

Als Sekundärgruppen treten etwa Betriebe und Vereine auf. In diesen Großgruppen bestehen zum Teil nur unpersönliche, indirekte Kontakte, wobei auch oftmals technische Medien zur Kontaktaufnahme herangezogen werden.

Eine weitere für das (→) *Marketing* wichtige Gliederung der sozialen Gruppe ist die Unterscheidung in Mitgliedschafts- und Fremdgruppen. Gruppen, denen ein Individuum selber angehört, bezeichnet man als Mitgliedschaftsgruppe, Gruppen, denen es nicht angehört, dagegen als Fremdgruppen.

Maßgebliche Bedeutung für das Marketing gewinnt die soziale Gruppe bei der Analyse der Kaufentscheidungen in der Familie (→ *Familienentscheidung*) wie auch bei der Analyse des Bezugsgruppeneinflusses (→ *Bezugsgruppe*) auf das Konsumentenverhalten.

Soziale Rolle

Die soziale Rolle ist eng mit der sozialen Position einer Person verknüpft. Die soziale Position bezeichnet dabei einen Ort in einem Feld von sozialen Beziehungen. Jedes Individuum kann stets mehrere Positionen einnehmen, etwa die des Vaters, eines Wissenschaftlers und eines Deutschen. Zu jeder dieser Positionen in einem (→) *sozialen System* gehört eine bestimmte Rolle (vgl. Dahrendorf, 1977, S. 30f.)

»Soziale Rollen bezeichnen Ansprüche der Gesellschaft an die Träger von Positionen, die von zweierlei Art sein können: einmal Ansprüche an das Verhalten der Träger von Positionen (Rollenverhalten), zum anderen Ansprüche an sein Aussehen und seinen Charakter (Rollenattribute)« (Dahrendorf, 1977, S. 33).

Die sozialen Rollen üben Zwänge auf die Individuen aus; sie haben Weisungscharakter. Durch positive und negative Sanktionen sorgt die Gesellschaft für ihre Einhaltung. Je nach Stärke der Sanktionen unterscheidet man Muss-, Soll- und Kann-Erwartungen. Die Nichterfüllung von Muss-Erwartungen zieht gerichtliche Konsequenzen nach sich. Auch Soll-Erwartungen haben eine fast zwingende Verbindlichkeit; die negative Sanktion liegt im sozialen Ausschluss. Positive Sanktionen bei Erfüllung der Erwartungen sind Sympathien. Das Erfüllen von Kann-Erwartungen bringt die Wertschätzung durch andere Menschen ein. Die Stärke der möglichen negativen Sanktionen ist geringer. Mit diesem System von Sanktionen üben die Gesellschaft bzw. die Mitglieder von Gruppen sozialen Druck aus (vgl. Dahrendorf, 1977, S. 36ff.).

Die Wirkung der sozialen Rolle auf das marketingrelevante Verhalten von Personen ist bedingt durch ihre Einbindung in ein soziales System. Sie treffen ihre Kaufentscheidungen nicht unabhängig von den Erwartungen anderer Menschen; teilweise orientieren sie sich sogar daran. Jeder Käufer handelt auch als Träger verschiedener Positionen und unterliegt somit sozialem Einfluss. Durch unterschiedliche Rollenerwartungen, die an eine Person gestellt werden, können Rollenkonflikte entstehen. Als Beispiele für die Einwirkung der sozialen Rolle auf das Kaufverhalten können die Wirkung der (→) *Bezugsgruppe*, die Entstehung von (→) *Familienentscheidungen* und der Kauf sozial auffälliger Produkte erwähnt werden.

Soziale Schicht

Die soziale Schicht umfasst Personen mit gleichem Status (→ *Status, sozialer*). Diese Personen sind durch gleiche Merkmale wie Beruf, Herkunft, Einkommen, Besitz u.a. gekennzeichnet (vgl. Nieschlag/Dichtl/Hörschgen, 1997, S. 189ff.).

Für die Messung der sozialen Schichten ist es notwendig, die subjektive Einschätzung der fraglichen Person über ihrer eigene Schichtzugehörigkeit – und die anderer – und ihrer »tatsächliche« Schichtzugehörigkeit auseinander zu halten. Die Messung erfolgt entweder direkt durch (→) *Befragung* über die Einschätzung der eigenen Schichtzugehörigkeit und der anderer Personen oder indirekt mit Hilfe von (→) *Indikatoren*, z.B. (→) *Einstellungen*, Interaktionsmustern oder Statuskriterien (vgl. Kroeber-Riel/Weinberg, 1999, S. 553ff.). Zur Sicherung werden meist ein- oder mehrdimensionale Indizes gebildet.

Anhand von Statuskriterien, die auf 7-Punkte-Skalen gemessen werden, wurde der bekannte Warner-Index gebildet. Warner zog als Kriterien den Beruf, die Einkommensquelle, die Art des Wohnhauses und die Wohngegend heran. Die Bevölkerung wurde nach diesen Merkmalen in fünf verschiedene Schichten unterteilt (vgl. Warner/Meeker/Eells, 1960, S. 121ff.).

Die Relevanz der Schichtzugehörigkeit für das (→) *Marketing* ist in einem schichtspezifischen Konsumverhalten bzw. dem Streben von Personen, sich durch einen entsprechenden Konsum zu einer Schicht zugehörig zu fühlen, begründet. Das schichtspezifische Verhalten äußert sich etwa darin, dass Personen aus der »Unterschicht« auf Grund ihres geringen Einkommens ein größeres (→) *Kaufrisiko* wahrnehmen, während etwa die Mitglieder der »Oberschicht« das Einkaufen auch als gesellschaftliche Veranstaltung und demonstrative Selbstdarstellung ansehen (vgl. Kroeber-Riel/Weinberg, 1999, S. 557ff.).

Soziales System

Als soziales System wird die Gesamtheit aller Gruppen und Personen bezeichnet, die einen Einfluss auf das Verhalten anderer Personen ausüben. Da der Einzelne stets auch als Element eines sozialen Systems handelt, ist dieses eine relevante Determinante des Kaufverhaltens (→ *Käuferverhalten*).

Das soziale System, das ein Individuum umgibt, lässt sich unterteilen in ein System mit bilateralem Einfluss und ein System mit unilateralem Einfluss (vgl. Böcker, 1996, S. 63ff.). Das soziale System mit bilateralem Einfluss umfasst eine Hierarchie von sozialen Gruppierungen, die sich durch die Intensität der Beeinflussung unterscheiden (vgl. Übersicht 127).

Der stärkste Einfluss geht von den primären und sekundären (→) *sozialen Gruppen* aus; die (→) *Kultur* wirkt dagegen mehr als Hintergrundmerkmal des Verhaltens und drückt sich besonders in ähnlichen Grundeinstellungen aus.

Das soziale System mit unilateralem Einfluss umfasst die Bezugspersonen (→ *Bezugsgruppe*), (→) *Meinungsführer* und (→) *Innovatoren*. Charakteristisch ist eine einseitige Beeinflussung; die Beeinflusser sind dabei nicht immer Mitglieder derselben sozialen Gruppe.

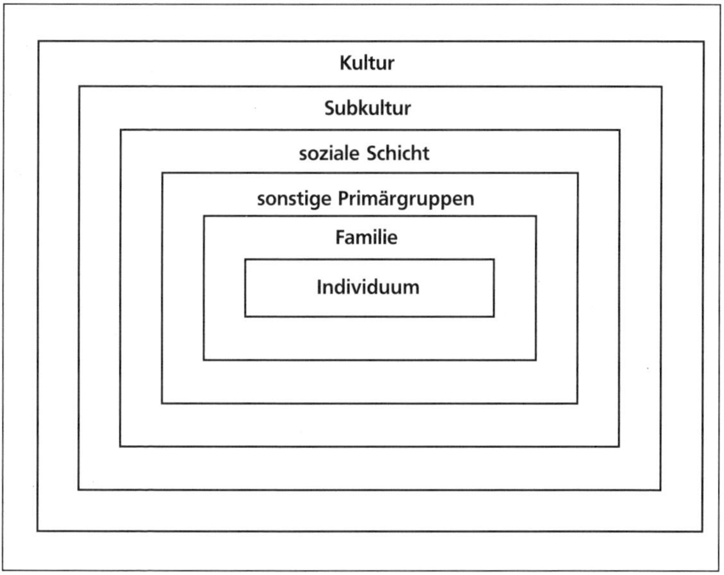

Quelle: Böcker, 1996, S. 65.

Übersicht 127: Hierarchie von sozialen Gruppen

Sozialisation → *Konsumentensozialisation*

Soziogramm [s.a. Soziomatrix]
Das Soziogramm ist die grafische Darstellung der mit Hilfe der (→) *Soziometrie* erfassten Kommunikationsbeziehungen in einer (→) *sozialen Gruppe*. Dabei werden – je nach Erhebungsmethode – die beobachteten oder erfragten Beziehungen dargestellt. Neben der Richtung lässt sich auch die Stärke der Beziehung ausdrücken. Dabei werden Symbole verwendet.

Als Beispiel für die Ermittlung von (→) *Meinungsführern* sei das Soziogramm der klassischen »Drug-Studie« von Colemann/Katz/Menzel (1972) erwähnt.

Übersicht 128 zeigt z.B., dass die Personen Nr. 26, 27, 29 und 34 besonders viele Wahlen auf sich vereinigen, so dass bei ihnen von einer Meinungsführerschaft ausgegangen werden kann. Durch die Verteilung der gegenseitigen Wahlen lassen sich auch die drei informellen Gruppen (Cliquen) A, B und C erkennen sowie einige isolierte und zwischen den Gruppen stehende neutrale Personen.

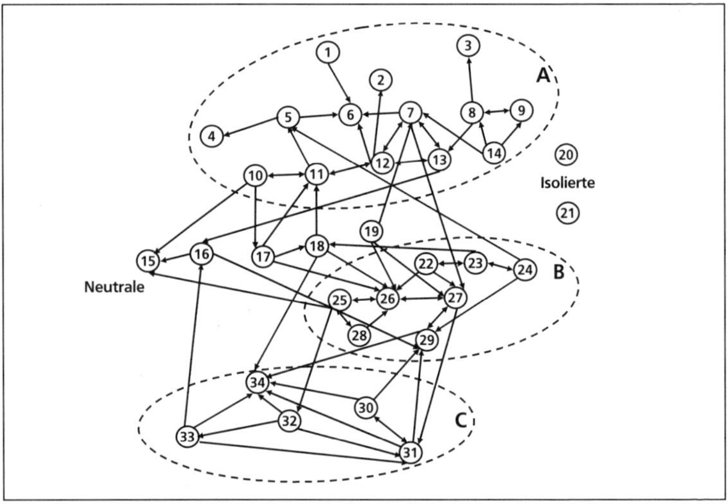

Quelle: Kroeber-Riel/Weinberg, 1999, S. 510.

Übersicht 128: Soziogramm der Kommunikationsbeziehungen

Sozio-Marketing → *Marketing, soziales*

Soziomatrix
Die Soziomatrix ist eine Form der Darstellung der Ergebnisse der (→) *Soziometrie*. Es handelt sich um eine Beziehungstabelle, in die die beobachteten oder erfragten Interaktionsbeziehungen zwischen den Personen einer Gruppe eingetragen werden. Als Beispiel sei das Ergebnis der Befragung nach personellen Präferenzen in einer Gruppe von fünf Personen dargestellt (vgl. Übersicht 129).

Durch die Summe der positiven und negativen Wahlen (Symbole +, -) lässt sich in dem Beispiel eine besondere Beliebtheit von C und eine hohe Ablehnung von E feststellen.

Der Vorteil der Soziomatrix gegenüber dem (→) *Soziogramm* besteht in der Möglichkeit, durch Matrizenrechnungen verschiedene Strukturmerkmale von Gruppen zu ermitteln. So lassen sich kooperative Beziehungen, informelle Gruppen oder Spannungszentren ableiten. Vielfach stellt die Soziomatrix auch die Grundlage des Soziogramms dar.

Wähler		Gewählte					Abgegebene Stimmen		
		A	B	C	D	E	+	-	Total
A				+		-	1	1	2
B				+		-	1	1	2
C			+			-	1	1	2
D				+		-	1	1	2
E		+			-		1	1	2
Erteilte	+	1	1	3	0	0	5		
Stimmen	-	0	0	0	1	4		5	
Total		1	1	3	1	4			10

Quelle: Atteslander, 1975, S. 262.

Übersicht 129: Beispiel einer Soziomatrix

Soziometrie [s.a. Interaktionsanalyse]
Zur Soziometrie zählen Verfahren der (→) *empirischen Sozialforschung*, welche die Wechselbeziehungen der Individuen und Gruppen sowie deren Struktur und Dynamik metrisch messen und darstellen, um soziale Beziehungen und Strukturen zu analysieren. Die Analyse bezieht sich auf die Frage nach den Variablen, die für bestimmte soziometrische Muster spezifisch sind, und auf die Frage, ob sich auf Grund von soziometrischen Strukturen bestimmte Beziehungsfaktoren voraussagen lassen. Als Variablen oder Beziehungsfaktoren werden einerseits Persönlichkeitsmerkmale wie Alter, Gesellschaft, Einkommen, Intelligenzquotient, andererseits sozio-kulturelle Dimensionen wie der soziale Status (→ *Status, sozialer*), Majoritäts- und Minoritätsbeziehungen sowie die Gruppengröße herangezogen (vgl. Atteslander, 1975, S. 257f.).

Zur Messung der soziometrischen Beziehungen können verschiedene (→) *Indikatoren* herangezogen werden. Die Messung kann durch (→) *Beobachtung* der Interaktionen und durch (→) *Befragung* der Personen nach ihren Präferenzen erfolgen.

Die Soziometrie kommt im Marketing besonders in der Grundlagenforschung zur Anwendung, so zur Messung komplexer

Kommunikationsstrukturen auf den Märkten. Die Soziometrie liefert auch geeignete Verfahren zur Ermittlung von (→) *Meinungsführern*, da die Meinungsführer durch ihr spezifisches Kommunikationsverhalten charakterisiert werden können.

Der Nachteil dieser Methoden liegt in ihrem Aufwand, so dass man sich auf kleine abgrenzbare Marktausschnitte beschränken muss. Insbesondere auf Investitionsgütermärkten lassen sich so Kommunikationsnetze und Meinungsführer identifizieren (vgl. Kroeber-Riel/Weinberg, 1999, S. 510).

Bei der Ermittlung von Meinungsführern mit den Methoden der Soziometrie wird das situationsbedingte Kommunikationsverhalten als (→) *Indikator* gemessen. Man ermittelt die faktischen Interaktionen und Interaktionspräferenzen innerhalb einer Gruppe. Die Ergebnisse werden in einer (→) *Soziomatrix* und/oder in einem (→) *Soziogramm* dargestellt. Abgebildet wird also, welche Person mit welchen anderen Personen in Interaktion tritt, bzw. von welcher Person sie sich am ehesten einen Rat einholen würde. Neben den »positiven Wahlen« lassen sich auch Ablehnungen als »negative Wahlen« ermitteln. Durch die Anzahl und Art der empfangenen Wahlen wird der soziometrische Status einer Person gekennzeichnet. Aus der Soziozentralität einer Person, die durch eine überdurchschnittliche Zahl von positiven Wahlen gekennzeichnet ist, kann man auf das Vorliegen von Meinungsführerschaft schließen. Durch Umrechnung der soziometrischen Daten zu Koeffizienten erhält man schließlich quantitative Messwerte zur Beurteilung der sozialen Beziehungen.

Sozio-Sponsoring → *Sponsoring*

Specialty Goods → *Konsumgütertypologie*

Speditionen, internationale

Unter internationalen Speditionen versteht man Unternehmen, die grenzüberschreitende Verkehre anbieten bzw. koordinieren. Dies kann durch die Muttergesellschaft und/oder durch im Ausland gegründete Tochterunternehmen, Niederlassungen oder auch in Kooperation mit ausländischen Partnern (Korrespondenzspediteuren) geschehen (vgl. Schroth, 2001, S. 488). Die Bezeichnung international bezieht sich demzufolge nicht auf den Standort einer Spedition, sondern auf die Reichweite des (internationalen) Dienstleistungsangebotes.

Die Aufgabenbereiche von international tätigen Speditionen unterscheiden sich hinsichtlich der Komplexität der Strukturen und der Kenntnis rechtlicher Unterschiede, so der Ein- und Ausfuhrbestimmungen in den einzelnen Ländern und der Zollvorschriften (→ *Zölle*) von den national-operierenden Speditionen.

Weiterhin kann zwischen Importspeditionen und Exportspeditionen unterschieden werden.

Die Aufgaben der Importspedition umfassen u.a. das Besorgen und Ausstellen der notwendigen Zollpapiere, die Vorbereitung der dem Zoll obliegenden Arbeiten (Vorführen der Ware), das Entrichten der Abgaben und die Erledigung von Versandscheinen. Oftmals übernimmt die Importspedition die Organisation des Transportes aus dem Ausland, den Empfang der Ware gegen Konnossements und die Wahrung der Rechte aus dem Frachtvertrag (einschl. Schadensersatzforderungen), die Durchführung von Qualitätskontrollen, die Einlagerung, Kommissionierung und Wiederauslieferung der Ware und die Organisation des Transportes zum jeweiligen Empfänger im Einfuhrland.

Zu den Tätigkeitsfeldern der Exportspedition gehören i.d.R. die Ausfuhrabfertigung, d.h. die zollamtliche Vorabfertigung sowie die Erstellung der erforderlichen Dokumente (Ausfuhrerklärung).

Eine andere Unterteilung führt zu Spediteuren, die auf unterschiedlichen Gebieten spezialisiert sind (vgl. Schroth, 2001, S. 488f.):

- Grenzspediteure besorgen den Warenumschlag an den Grenzen und erledigen die Ein-, Ausfuhr- und Durchfuhrsowie Zollformalitäten. Sie haben, durch den Wegfall der Binnengrenzen, ihre Funktion im Warenhandel mit EU-Mitgliedstaaten weitestgehend verloren.
- Messespediteure besorgen für ihre Auftraggeber Speditionsleistungen im Zusammenhang mit in- und ausländischen Ausstellungen und Messen, einschließlich der bereits zuvor beschriebenen Nebenleistungen.
- Seehafenspediteure, die in Hafenstädten geschäftsansässig sind, führen i.d.R. reine Vermittlungsgeschäfte (Vermittlungsspediteure) durch, indem sie die Anlieferung der Güter im Seehafen und die Weiterlieferung von dort, den Umschlag von Gütern auf Seeschiffe und umgekehrt sowie die Zusammenstellung und Verteilung von Sammelladungen veranlassen.

Spill-over-Effekt

Der Spill-over-Effekt kennzeichnet eine interinstrumentelle Verbundwirkung, die auch als sachliche Wirkungsübertragung bezeichnet wird.

Grundsätzlich sind neutrale, fördernde oder behindernde Auswirkungen absatzpolitischer Maßnahmen auf den Wirkungsbeitrag anderer Instrumente möglich. Die fördernden oder behindernden Ausstrahlungseffekte werden als Spill-over-Effekte bezeichnet.

So kann eine Preisänderung die Wirkung einer Werbeaktion positiv oder negativ beeinflussen (→ *Marktwirkung; Response-Funktionen*).

Sponsoring

Das Sponsoring ist durch folgende Merkmale charakterisiert:

- Der Sponsor stellt dem Gesponsorten Geld und/oder Sachmittel zur Verfügung. Gesponsort werden Personen, Personengruppen, Institutionen und Veranstaltungen im sportlichen, kulturellen und gesellschaftspolitischen Bereich.
- Der Sponsor erhält dafür vorher definierte Gegenleistungen. Diese müssen so geartet sein, dass sie direkt oder indirekt der Erreichung der Marketingziele einer Unternehmung förderlich sind.
- Sponsoring-Aktivitäten berühren alle Bereiche des Kommunikations-Mix, also Werbung, Verkaufsförderung, Public Relations und persönlichen Verkauf (→ *Kommunikationspolitik*). Eine eindeutige Zuordnung des Sponsoring zu einem dieser Bereiche ist demnach nicht möglich.

Abzugrenzen ist das Sponsoring von Sportwerbung, Mäzenatentum und Product Placement. Der Begriff Sportwerbung wird in der Praxis häufig synonym zu Sponsoring verwandt. Die Sportwerbung umfasst allerdings nur die Werbung in und mit dem Sport, nicht aber den kulturellen oder gesellschaftspolitischen Bereich. Hierbei wird der Sport als Medium zur Übermittlung von (→) *Werbebotschaften* eingesetzt. Sportwerbung ist also lediglich ein Teilbereich des Sponsoring und ihm untergeordnet. Zur Sportwerbung zählen z.B. Ausrüstungsverträge, Trikot- oder Bandenwerbung. Das Mäzenatentum beruht im Gegensatz zum Sponsoring nicht auf dem Prinzip von Leistung und Gegenleistung. Die Förderung durch einen Mäzen erfolgt hauptsächlich aus altruistischen Motiven. Gegenleistungen werden i.d.R. nicht erwartet bzw. sind nicht von ausschlaggebender Bedeutung (vgl. Liebmann/Zentes, 2001, S. 534).

Unter Product Placement versteht man die visuelle oder verbale Platzierung eines Produktes oder einer Dienstleistung im redaktionellen Teil eines Mediums bzw. in einer nicht werblichen Programmform (z.B. Spiel- oder Fernsehfilm), die vom Unternehmen in Geld oder vermögenswerter Leistung bezahlt wird. Durch das werbewirksame Platzieren von Produkten im Fernsehen werden die geltenden Werbebeschränkungen umgangen. So ist es möglich, werktags nach 20 Uhr und am Wochenende in den öffentlich-rechtlichen Sendern zu »werben«. Ebenso kann durch Product Placement das Zapping umgangen werden. Zapping bedeutet die Vermeidung der Wahrnehmung von Werbesendungen durch die Konsumenten. Man unterscheidet als Erscheinungsformen des Zapping den Kanalwechsel beim Fernsehen, die geistige Abwesenheit sowie die physische Abwesenheit (z.B. Verlassen des Raumes) während der Werbespots. Als Ursache des Zapping wird eine negative Einstellung zur Werbung allgemein oder ein Missfallen bestimmter Werbespots angesehen. Es führt dabei zu einer Reduktion der Reichweite von Fernsehwerbespots (vgl. Meffert, 2000, S. 720).

Ein zentraler Vorteil des Product Placement besteht in der glaubwürdigen, realistischen Darstellung des Produkts und der Produktverwendung u.U. in Verbindung mit einem Leitbild (→ *Leitbildmarketing*). In rechtlicher Hinsicht ist das Product Placement umstritten. Die Abgrenzungen zu Formen des Sponsoring sind fließend. Bei aktuellen und potenziellen Zielgruppen aus dem internen und externen Umfeld eines Unternehmens sollen diese neuen Kommunikationsformen für eine Steigerung und Festigung des Bekanntheitsgrades, eine Veränderung bzw. Festigung des (→) *Images* oder die Schaffung eines Goodwills sorgen.

Sponsoring kann in den Bereichen Sport (Förderung von Sportlern, Mannschaften, Sportveranstaltungen), Kultur (Förderung von Künstlern, künstlerischen Ereignissen) und im gesellschaftspolitischen Bereich (Förderung sozialer und ökologischer Aufgabenstellungen, z.B. Krankenhäusern, Forschungen, Natur- und Landschaftsschutz, Tier- und Artenschutz, Umwelterziehung) eingesetzt werden (vgl. Liebmann/Zentes, 2001, S. 534f.).

Sport-Sponsoring → *Sponsoring*

SR-Modell → *Behaviorismus*

Staatshandelsländer

Staatshandelsländer sind dadurch gekennzeichnet, dass nicht einzelne Unternehmen Außenhandel betreiben, sondern der Staat das Außenhandelsmonopol besitzt und für die Durchführung des (→) *Außenhandels* verantwortlich ist. Die unternehmerische Souveränität der Austauschbeziehungen wird vom Staat in weiten Teilen oder vollständig reglementiert. Obwohl ein Großteil der Länder auf der Welt diesen reglementierenden Charakter aufweist, wurde die Bezeichnung Staatshandelsländer fast ausschließlich auf die sozialistischen/kommunistischen Länder des früheren Ostblocks, die zum Rat für gegenseitige Wirtschaftshilfe (RGW) zählten, einschließlich Kuba angewandt. Die Länder des Rates für gegenseitige Wirtschaftshilfe (RGW oder Council for Mutual Economic Cooperation, COMECON) bildeten das Gegengewicht zu der so genannten Ersten Welt, wie EWG (→ *EU*) und (→) *EFTA*, und wurden 1991 mit der UdSSR als der dominierenden Macht aufgelöst. Alle übrigen Länder mit einem staatlichen Außenhandelsmonopol einschließlich China gelten als (→) *Entwicklungsländer* bzw. (→) *Schwellenländer*.

Ein wesentliches Kennzeichen der Staatshandelsländer war deren Autarkiepolitik. Der Handel mit dem »Westen« erfüllte in ihren Augen nur eine »Lückenbüßerfunktion«, d.h. westliche Importe dienten zur Schließung der Lücke in der eigenen Planrealisierung, so insbesondere die Beschaffung technologisch anspruchsvoller Anlagen.

Heute werden die ehemaligen sozialistischen/kommunistischen Länder als Transformationsländer bezeichnet. Transformationsländer sind Länder Mittel- und Osteuropas sowie Zentralasiens, die seit dem Ende der achtziger Jahre einen ökonomisch und politisch radikalen Wechsel ihrer Wirtschafts- und Gesellschaftsordnung eingeleitet haben. Das wirtschaftliche und politische Erscheinungsbild dieser Länder gestaltet sich in Abhängigkeit der Fortschritte der Transformation sehr unterschiedlich (vgl. Deutsche Bank, 1998, S. 390).

Stärken-/Schwächenanalyse

Die Stärken-/Schwächenanalyse, die Potenzialanalyse und die Impact-Analyse sind die klassischen Analysemethoden zur Abgrenzung und Bewertung von Erfolgspotenzialen im (→) *Strategischen Marketing*.

Die Stärken-/Schwächenanalyse ist eine Methode zur Bewertung der vorhandenen finanziellen, physischen, organisatorischen und technologischen Ressourcen (Potenzialanalyse) eines Unternehmens im Hinblick auf die Schlüsselanforderungen des Marktes im Vergleich zur Konkurrenz (vgl. Kreikebaum, 1997, S. 139f.). So lassen sich spezifische derzeitige und zukünftige Wettbewerbsvorteile erkennen und in eine (→) *Wettbewerbsstrategie* umsetzen (vgl. Perlitz, 2000, S. 34).

Die Impact-Analyse versucht, auf der Grundlage einer Expertenbefragung (→ *Delphi-Methode*) Chancen und Gefahren aus der Unternehmensumwelt zu erkennen und auf Plausibilität und Relevanz für das Unternehmen zu untersuchen.

Stärken-/Schwächenanalyse bzw. Potenzialanalyse und Impact-Analyse lassen sich zu einer so genannten Cross-Impact-Analyse kombinieren (vgl. Wiedmann/Kreutzer, 1989, S. 103ff.).

Stakeholder-Ansatz

Während die traditionelle Unternehmensführung von einem interessenmonistischen Grundkonzept getragen wurde, nach dem die Führung ausschließlich an den Interessen der Anteilseigner auszurichten ist (→ *Shareholder Value*), konnte man schon frühzeitig vereinzelte Ansätze zu einer Erweiterung der Perspektive feststellen. Bereits in der zweiten Hälfte des 19. Jahrhunderts wurde durch das Auseinanderfallen der Unternehmerfunktion in Eigentum und Verfügungsgewalt, also durch das Einbeziehen externer Manager, die nicht gleichzeitig Anteilseigner waren, eine zweite Interessengruppe in die Betrachtung einbezogen. Wesentlich später wurde diese Perspektive noch um die Interessen anderer Gruppen erweitert, die als legitimierte Anspruchsgruppen anerkannt wurden.

In diesem interessenpluralistischen Verständnis sind die Entscheidungsprozesse im Unternehmen darauf zu richten, die Interessen der Anteilseigner bzw. der Eigenkapitalgeber ebenso zu beachten wie die Interessen vielfältiger anderer Gruppen, z.B. Fremdkapitalgeber, Lieferanten, Kunden, Mitarbeiter, Arbeitgeberverbände, Gewerkschaften, Umweltschutzgruppen, Kommunalbehörden und Staat. Die Ziele dieser Gruppen stimmen jedoch nur teilweise überein, so dass es Aufgabe der Unternehmensführung ist, einen Interessenausgleich herbeizuführen (vgl. Macharzina, 1999, S. 7ff.). Scholz (2000b, S. 71) schlägt dazu ein Stakeholder-Scanning vor, das in drei Schritten ablaufen kann:

1. Auflistung möglicher Interessengruppen.
2. Charakterisierung der Interessengruppen hinsichtlich ihrer Ziele, ihrer

Macht sowie des Risikos, das sie durch die Unternehmenshandlungen tragen.
3. Bestimmung der Relevanz: Erst durch eine entsprechende Zielhöhe und/oder ein bestimmtes Einsatzrisiko wird eine Interessengruppe zum Stakeholder. Zusätzlich ist auch eine adäquate Machtbasis notwendig.

Dieses Stakeholder-Scanning stellt ein systematisches Durchsuchen und Analysieren der Umwelt in Hinsicht auf die relevanten Interessengruppen dar.

In der tatsächlichen Situation der Unternehmen findet heute noch eine nur geringe Berücksichtigung von verschiedenen Interessengruppen statt; allenfalls Arbeitnehmervertreter sind direkt an den Unternehmensentscheidungen beteiligt.

Stammhausdelegierte

Expatriates bzw. Stammhausdelegierte sind i.d.R. Führungskräfte, die von der Zentrale ihres Heimatlandes in ausländische Tochtergesellschaften und Niederlassungen entsandt werden und deren Einsatz im Ausland zeitlich begrenzt ist, jedoch mindestens ein bis zwei Jahre beträgt (vgl. Kenter, 1989, Sp. 1925). Im Gegensatz dazu stehen Mitarbeiter, die im Betätigungsland einer Tochtergesellschaft beheimatet sind oder aus Drittländern kommen.

Obwohl in der Unternehmenspraxis der zeitweilige Einsatz von Führungskräften im Ausland keine Ausnahmeerscheinung ist, existieren Probleme im Zusammenhang mit dem Personaltransfer. Diese betreffen vor allem die Mitarbeiterreintegration.

Stammhauskultur → *EPRG-Konzept*

Standardisierung [s.a. Differenzierung; Marketingstrategie, globale]

Die gleichzeitige Bearbeitung mehrerer Märkte im Rahmen des (→) *Internationalen Marketing* führt zur strategischen Kernfrage der Standardisierung oder Differenzierung der Marktbearbeitungskonzepte.

Unter Standardisierung versteht man dabei die einheitliche Ausprägung bzw. Durchführung der Marketingmaßnahmen in den unterschiedlichen Ländern, in denen man tätig ist. »Im Extremfall würde eine derartige Standardisierung darauf hinauslaufen, identische Produktgruppen zu identischen Preisen anzubieten und durch identische Distributionskanäle zu vertreiben. Unterstützt würde diese Methode durch weltweit identische Verkaufs- und Werbeprogramme« (Porter/Takeuchi, 1989, S. 131). Dabei wird die (→) *Globalisierung* der Märkte als eine der Grundvoraussetzungen für ein standardisiertes Marketing gesehen (vgl. Kotler/Bliemel, 2001, S. 635f.).

Die Basisziele einer Standardisierung lassen sich in das Erzielen von Wirkungsvorteilen und Kostenvorteilen einteilen. Wirkungserhöhungspotenziale entstehen etwa durch die Nutzung werblicher (→) *Spill-over-Effekte*. Ebenso erhöht sich die Marketingwirkung durch einen einheitlichen Marktauftritt und ein daraus resultierendes weltweit einheitliches Image (vgl. Meffert/Bolz, 1998, S. 159f.). Ein weiterer Vorteil ist, dass der Kunde in mehreren Ländern, die er besucht, mit demselben (→) *Marketing-Mix* konfrontiert wird. Dieser Effekt gewinnt durch die ständig steigende Reisetätigkeit der Konsumenten an Bedeutung. Kostenvorteile der Standardisierung entstehen z.B. durch eine Senkung der Entwicklungskosten, der Werbekosten und einer Verkürzung der Entwicklungszeit (vgl. Kux/Rall, 1990, S. 79). Eine weitere wesentliche Kostenreduzierung kann durch die Nutzung von Kostendegressions- und Erfahrungskurveneffekten realisiert werden, die bei einer Standardisierung wesentlich schneller eintreten. Bei einer weltweiten Standardisierung geht es darum, auch länderbezogene suboptimale Konzepte zu akzeptieren, da häufig die auf Grund differenzierter Marketingkonzepte entstehenden Mehrerlöse nicht zur Deckung der dadurch entstehenden Mehrkosten ausreichen (vgl. Meffert/Bolz, 1998).

Die Frage der Standardisierung des Marketing ist jedoch i.d.R. nicht allgemein, sondern nur in Bezug auf die einzelnen (→) *Marketinginstrumente* zu beantworten.

Standortpolitik

Die Standortpolitik, als Teil der Absatzpolitik, bezieht sich auf die marktorientierte Wahl eines geografischen Ortes, an dem ein Unternehmen Produktionsfaktoren einsetzt, um Leistungen zu erstellen.

Die marktbedingten Bestimmungsfaktoren der Standortentscheidung bezeichnet man als Standortfaktoren. Hierzu zählen u.a.:

- die Bevölkerung
- die Erwerbstätigkeit
- die Wirtschaftstätigkeit
- die Kaufkraft
- der Wohlstand
- die Siedlungsstruktur
- die Konkurrenzsituation
- die Vertriebssituation
- die zentralitätsfördernden Faktoren.

Die Standortfaktoren sind zugleich vom Standpunkt einer Kommune von Bedeutung, so zur Akquisition neuer Gewerbebetriebe.

Ein zentrales Datum für die Standortpolitik des Handels stellt die (→) *Baunutzungsverordnung* dar. Sie wirkt u.a. restriktiv auf die Schaffung bzw. Erweiterung großflächiger Betriebstypen des Einzelhandels (→ *Betriebstypen des Handels*). Dennoch lassen sich deutliche Standortverlagerungen in den letzten fünfzig Jahren im deutschen Handel feststellen (vgl. Zentes/Swoboda, 1999d, S. 89ff.).

I.w.S. gehören zur Standortpolitik des Handels auch die Festlegung der räumlichen Struktur der einzelnen Abteilungen bzw. Warengruppen sowie der Verkaufs- und Werbehilfen.

Im Rahmen des (→) *Internationalen Marketing* befasst sich die Standortpolitik mit den Konfigurationsmöglichkeiten eines international operierenden Unternehmen. Dabei bezieht sich die Strategiedimension (→) *Konfiguration* auf die geografische Verteilung der Wertkette auf unterschiedliche Länder oder Regionen, d.h. den strukturellen Aufbau der Wertkette in geografischer Hinsicht (vgl. Zentes, 1995d, S. 19ff.).

Status, sozialer

Während die soziale Rolle die funktionale Einordnung von Personen in ein (→) *soziales System* wiedergibt, kennzeichnet der soziale Status eine Bewertung dieser Position im Sinne einer Wertschätzung des Inhabers einer Position oder ein mit einer sozialen Position verbundenes Wertbewusstsein. Dabei kommt es häufig vor, dass zwischen Position und Status Unterschiede bestehen (vgl. Böcker, 1996, S. 63).

Der soziale Status findet als ein Kriterium der (→) *Marktsegmentierung* Anwendung. Man geht hier davon aus, dass Personen mit gleichem sozialen Status zu einer Schicht gehören (→ *Soziale Schicht*). Als Statuskriterien und damit als Schichtungskriterien können herangezogen werden (vgl. Kroeber-Riel/Weinberg, 1999, S. 554f.):

- Beruf, Ausbildung, Einkommen, im Sinne des erworbenen Status
- Vermögen und Abstammung, im Sinne des übernommenen Status sowie
- die Macht und Interaktion als Verhaltenskonsequenzen des Status.

Für die Messung der sozialen Schichten ist es wichtig, die subjektiven Vorstellungen eines Probanden über die eigene Schichtzugehörigkeit – und über die Schichtzugehörigkeit anderer – und die

»tatsächliche« Schichtzugehörigkeit auseinander zuhalten.

Stichprobenfehler → *Erhebungsfehler*

Stichprobenverfahren

Bei der Durchführung von empirischen Erhebungen im Rahmen der (→) *Marktforschung* kann zwischen Voll- und Teilerhebungen unterschieden werden.

Bei der Vollerhebung wird die Gesamtheit der relevanten Erhebungseinheiten (z.B. der gesamte Kundenkreis) untersucht, bei der Teilerhebung lediglich eine Auswahl davon. Vollerhebungen kommen in der Marktforschung nur selten in Betracht, da die Grundgesamtheiten meist zu groß sind.

Bei einer Teilerhebung wird nur eine Teilmenge der Grundgesamtheit erfasst. Auf Basis der hierüber abgeleiteten Aussagen wird eine Aussage über die Grundgesamtheit (→ *Schätzverfahren*) getroffen (vgl. Hammann/Erichson, 2000, S. 125f.). Ein solcher indirekter Schluss ist nur möglich, wenn die untersuchte Teilmenge repräsentativ ist, d.h. ein getreues Abbild der Grundgesamtheit darstellt (→ *Repräsentanz*).

Die Verfahren zur Auswahl der zu untersuchenden Teilmenge, der Stichprobe, werden in zufällige und nicht-zufällige Auswahlverfahren unterschieden.

Zufallsauswahlverfahren sind:

– *die einfache Zufallsauswahl*

Jedes Element der Grundgesamtheit hat grundsätzlich die gleiche Wahrscheinlichkeit, in die Auswahl zu gelangen (Random Sample) (z.B. eine zufällige ausgewählte Menge von 1000 Kunden eines Kaufhauses).

– *die geschichtete Auswahl*

Innerhalb zuvor festgelegter (disjunkter) Klassen wird eine zufällige Auswahl der Untersuchungsobjekte getroffen (z.B. je eine gleiche Auswahl zufällig ausgewählter weiblicher und männlicher Kunden).

– *die Klumpenauswahl*

Eine Grundgesamtheit wird in Gruppen (Klumpen) eingeteilt. Die Auswahl der Untersuchungsobjekte erfolgt nicht unter den Elementen der Grundgesamtheit, sondern unter den (disjunkten) Klumpen. In den ausgewählten Klumpen (z.B. Filialen) werden dann alle Elemente erfasst. Sie findet häufig in Form der Flächenstichproben (Area Sampling) Anwendung. Eine besondere Gefahr besteht in einer zu großen Homogenität der Gruppen im Vergleich zur Grundgesamtheit (Klumpeneffekt).

– *die mehrstufige Auswahl*

Die mehrstufige Auswahl ist dadurch gekennzeichnet, dass mindestens zwei Auswahlstufen bestehen. Sie kann z.B. folgende Struktur haben:

- Die Grundgesamtheit wird in Primäreinheiten in Form disjunkter Teilmengen zerlegt.
- Aus der Menge der Primäreinheiten erfolgt zunächst eine Zufallsauswahl.
- Aus jeder ausgewählten Primäreinheit erfolgt eine Zufallsauswahl von Untersuchungseinheiten (Sekundäreinheiten).

Eine mehrstufige Auswahl ist dann vorteilhaft, wenn die Grundgesamtheit hierarchisch gegliedert ist. Die im Zusammenhang mit der Klumpenauswahl angesprochene Flächenstichprobe kann auch in Form einer mehrstufigen Auswahl durchgeführt werden.

– *die sequentielle Auswahl*

»Die sequentielle Auswahl (Sequential Sampling) ist dadurch gekennzeichnet, dass der Stichprobenumfang nicht vor Beginn des Auswahlprozesses festgelegt wird. Vielmehr wird zunächst eine kleine Stichprobe gezogen und analysiert. Es erfolgt dann eine Entscheidung, ob die vorliegende Information hinreichend ist, z.B. um eine Hypothese abzulehnen oder anzunehmen, oder ob mehr Information durch Ziehung einer weiteren Einheit beschafft werden soll. Dieser Entscheidungsprozess wird fortgesetzt, bis ein hinreichender Informationsstand erreicht ist« (Hammann/Erichson, 2000, S. 148). Die sequentielle Vorgehensweise ermöglicht eine Minimierung des zur Erzielung einer bestimmten Genauigkeit erforderlichen Stichprobenumfangs.

Nicht-zufällige Auswahlverfahren sind:

– *die Quotenauswahl*
Die (→) *Repräsentanz* der Stichprobe wird dadurch zu gewährleisten versucht, dass die Verteilung bestimmter Merkmale in der Stichprobe und der Grundgesamtheit übereinstimmen. Z.B. können für die Zusammensetzung der Stichproben die gleichen Anteile von Männern und Frauen, wie sie in der Gesamtbevölkerung vorhanden sind, festgelegt werden.

– *die Konzentrationsauswahl*
Es wird eine bewusste Konzentration auf einen Teil der Grundgesamtheit vorgenommen, der als wesentlich oder typisch in Bezug auf den Erhebungsgegenstand angesehen wird (z.B. Beschränkung der Erhebung auf Großabnehmer).

– *die Auswahl aufs Geratewohl*
Es werden die Elemente einer Grundgesamtheit ausgewählt, die am einfachsten erreichbar sind (z.B. Befragung von Passanten einer Einkaufsstraße). Dieses Verfahren wird zwar häufig in der Praxis angewandt; eine derartige Auswahl führt jedoch i.d.R. nicht zu einem repräsentativen Ausschnitt einer Grundgesamtheit.

Store Erosion

Store Erosion bezeichnet das »Veralten« von Betriebstypen des Einzelhandels (→ *Betriebstypen des Handels*), des Kredit- und des Dienstleistungsgewerbes. Änderungen des Konsumentenverhaltens und generelle Einstellungsänderungen der Verbraucher (→ *Wertedynamik*) führen zu einer Verringerung des akquisitorischen Potenzials von Betriebstypen.

Diese Veränderungen bewirken den physischen und konzeptionellen Verschleiß von Betriebstypen oder Verkaufsstätten, so z.B. hinsichtlich der Ladengestaltung oder des Sortiments (vgl. Ausschuß für Begriffsdefinitionen aus der Handels- und Absatzwirtschaft, 1995, S. 55). Dadurch verringern sich die Anziehungs- und Ausstrahlungskraft von Betriebstypen im Zeitablauf. Auch die Standortkonkurrenz unterstützt diesen Verfall.

Store-Test → *Markttest*

Strategische Allianzen → *Allianzen, strategische*

Strategische Geschäftseinheiten [s.a. Wettbewerbsstrategien]

Die Definition Strategischer Geschäftseinheiten (SGE; Strategische Geschäftsfelder, SGF; Strategic Business Units, SBU) bildet die Grundlage für die Entwicklung von Marketingstrategien, insbesondere in stark diversifizierten Unternehmen. SGEs sind das Ergebnis einer Segmentierung und Gliederung der Geschäftsaktivitäten nach unternehmensinternen und unternehmensexternen Kriterien in einzelne, autonome Bereiche mit klarer Kompetenz- und Verantwortungszuordnung. Eine SGE lässt sich durch folgende Merkmale charakterisieren (vgl. Welge/Al-Laham, 1999, S. 325ff.):

- Sie entsteht durch die Zusammenfassung von Produkt/Markt-Kombinationen zu einer relativ autonomen Einheit mit eigenen Chancen, Bedrohungen und Tendenzen unter besonderer Orientierung an einem eindeutig definierbaren und dauerhaften Kundenproblem.

- Sie soll eine bestimmte Funktion erfüllen, die sich von der anderer SGEs abhebt und zwar in Bezug auf die Kundenbedürfnisse, Marktverhältnisse und Kostenstrukturen.
- Sie muss Wettbewerbsvorteile erzielen können (→ *Erfolgspotenziale*).
- Die Voraussetzungen für strategische Planung und deren Durchführung müssen für jede SGE gegeben sein.

Das Konzept der SGEs findet häufig Anwendung in der Portfolio-Technik (→ *Portfolio-Analyse*), wo SGEs in einem zweidimensionalen Beurteilungsraum (Matrix) positioniert und Normstrategien abgeleitet werden (vgl. Kreikebaum, 1997, S. 74f.)

Strategische Netzwerke → *Allianznetzwerke; Netzwerkmodelle*

Strategische Planung

Der strategischen Planung kommt die Aufgabe zu, grundsätzliche Handlungskonzepte zu entwickeln, wie ein Unternehmen seine zentralen Ziele erreichen soll. Dabei kann man strategische Planungsentscheidungen dadurch charakterisieren:

- dass sie von besonderer Bedeutung für die Vermögens- und/oder Erfolgsentwicklung des Unternehmens sind
- dass sie wegen der besonderen Verantwortung für das gesamte Unternehmen aus dem Gesamtzusammenhang zu treffen sind
- dass sie grundsätzlich von der obersten Unternehmensführung zu fällen sind
- dass sie auf lange Sicht gelten und von relativ geringer Häufigkeit sind (vgl. Hahn, 1996, S. 100f.; Kühn/Grünig, 1998).

Die strategische Planung befasst sich primär mit der langfristigen Planung von Strategien für bestimmte Produkt-Markt-Kombinationen (Geschäftsfelder) und damit verbunden mit Plänen, die sich mit der Schaffung und Erhaltung von Erfolgspotenzialen beschäftigen und die letztlich die langfristige Programmplanung bestimmen. Obwohl die strategische Planung eindeutig auf die Gesamtunternehmung ausgerichtet ist, zerlegt sie diese aus Gründen der Komplexitätsreduktion in weniger komplexe Segmente, die strategischen Geschäftsfelder, welche auf Produkt-Markt-Kombinationen beruhen (vgl. Wöhe, 2000, S. 138f.). Hierbei muss die strategische Planung die Aspekte Umwelt, Unternehmen und Unternehmensziele beachten (vgl. Ziener, 1985, S. 97). Man kann sie in drei Arbeitsschritte einteilen (vgl. Macharzina, 1999, S. 210ff.):

1. *Strategisch orientierte Gegenwarts- und Zukunftsbeurteilung*: Ziel ist es, die Entwicklung interner und externer Rahmenbedingungen der Strategieformulierung zu prognostizieren. Instrumente, die in dieser Phase eingesetzt werden können, sind die Umweltanalyse, die Unternehmensanalyse, die Analyse der (→) *Wertkette*, die (→) *Branchenanalyse* und die (→) *Konkurrenzanalyse*, die Chancen-Gefahren-Analyse, die (→) *GAP-Analyse* und die strategische Frühaufklärung (→ *Früherkennung, strategische*).
2. *Entwicklung der strategischen Stoßrichtung*: In diesem Schritt wird die grundlegende Aktions- bzw. »Marschrichtung« des Unternehmens bestimmt. Konkrete Strategien werden auf dieser Prozessstufe noch nicht entwickelt. Als Instrumente sind die Space-Analyse, das Produkt-Markt-Matrix-Konzept (→ *Ansoff-Matrix*), die SWOT-Analyse, das Market-Boundary-Definition-Konzept, das strategische Spielbrett sowie die (→) *Misfit-Analyse* zu nennen.
3. *Formulierung der Produkt-Markt-Strategie*: In diesem Schritt werden die künftigen Produkte und Dienstleistungen des Unternehmens, die zu bearbeiten-

den Zielmärkte (→ *Marktauswahl*) sowie der Ressourcentransfer zwischen den Strategischen Geschäftseinheiten festgelegt. Als Instrumente sind die (→) *Portfolio-Analyse*, das (→) *Technologieportfolio*, das Ökologie-Portfolio und das (→) *Länderportfolio* zu nennen.

Das Gegenstück zur strategischen Planung ist die operative Planung. Hierbei werden konkrete Maßnahmen zur Realisierung der Strategien in den einzelnen operativen Einheiten festgelegt (vgl. Kreikebaum, 1997, S. 211), d.h. die operative Planung hat die Aufgabe, die im Rahmen der strategischen Planung festgelegten Maßnahmen unter Berücksichtigung der vorhandenen Ressourcen in einzelne Handlungsfolgen aufzuspalten. Operative Pläne sind deshalb detaillierter und präziser als strategische Pläne; ihr Zeithorizont ist notwendigerweise auf einen überschaubaren Zeitraum begrenzt.

Strategisches Marketing [s.a. Marketingplanung]
Strategisches Marketing kennzeichnet im Gegensatz zum operativen Marketing eine langfristig orientierte, gesamthafte Marketingkonzeption eines Unternehmens. Sie ist gekennzeichnet durch einen umfassenden theoretischen Entwurf, der die Festlegung der Marketing- und Unternehmensziele, des grundlegenden Handlungsrahmens in Form von Strategien wie auch die längerfristige Festlegung des Instrumenteneinsatzes (→ *Marketinginstrumente*) beinhaltet (vgl. Meffert, 2000, S. 14ff.). Das Strategische Marketing stellt den zentralen, marktorientierten Teil des übergreifenden Strategischen Managements dar, das darüber hinaus die langfristige Gestaltung der Führungs- und Organisationssysteme, die Pflege und Allokation von Unternehmensressourcen und die Gestaltung der weiteren Umweltbeziehungen zum Gegenstand hat.

Strategische Marketingplanung ist als Prozess aufzufassen. Ausgangspunkt ist die strategische Analyse und Prognose der externen und internen Unternehmensumwelt zur Erkennung und Planung interner und externer Erfolgspotenziale. Unter Erfolgspotenzialen sind Faktoren zu verstehen, die den Erfolg eines Unternehmens in einer bestimmten Umweltkonstellation maßgeblich bestimmen, z.B. (→) *Wettbewerbsvorteile*. Interne Erfolgspotenziale lassen sich als Stärken und Schwächen eines Unternehmens, externe Erfolgsfaktoren als sich aus der Umwelt ergebende Chancen und Risiken interpretieren. Zur Erkennung solcher Erfolgsfaktoren stehen eine Reihe von Analysemethoden zur Bestimmung der Ist-Position der Unternehmung zur Verfügung. Unternehmensintern sind hier vor allem die Ressourcenanalyse in Form einer (→) *Stärken-/Schwächenanalyse* und die Potenzialanalyse zu nennen.

Die strategische Markforschung (→ *Marktforschung*) hat dagegen die Aufgabe, externe Umweltinformationen über den Ist-Zustand in Form von Chancen und Risiken – wie auch durch Wettbewerbsanalysen – zu beschaffen und Prognosen über zukünftige Entwicklungstendenzen (→ *Früherkennung, strategische*) zu erstellen.

Die Verknüpfung der Stärken-/Schwächenanalyse mit der Chancen-/Risikenanalyse in Form einer Matrix wird als SWOT (Strengths, Weaknesses, Opportunities and Threats)-Analyse bezeichnet. Ziel hierbei ist beispielsweise eine über die Prüfung der Wettbewerbsstrategie in den bestehenden Märkten (im Sinne der Stärken-/Schwächenanalyse) hinausgehende Prüfung der festgestellten Stärken auch in neuen Märkten (Chancen). Andererseits können bestehende Schwächen zu bedeutsamen Risiken werden, so z.B. durch Markteintritte neuer Konkurrenten in bestehende Märkte.

Aufbauend auf dieser strategischen Datenbasis erfolgt der hierarchisch angeordnete Zielbildungsprozess, d.h. die Festlegung von Unternehmenszielen und die Ableitung von Subzielen, z.B. (→) *Marketingzielen*. Die Zielhierarchie, an deren Spitze der Unternehmenszweck steht (»Business Mission«), hat die Aufgabe, Oberziele und Subziele wie auch die Strategien des Unternehmens zu harmonisieren, um eine einheitliche Unternehmenskultur (→ *Corporate Identity*) zu schaffen. Diese drückt sich in einem gleichgerichteten Verhalten, Kommunikationskonzept und Erscheinungsbild des Unternehmens aus.

Die Segmentierung der Betätigungsfelder eines Unternehmens ist eine notwendige Voraussetzung zur Entwicklung von Marketingstrategien (→ *Marktsegmentierung*). In strategischer Hinsicht muss die Segmentierung einerseits einzelne Segmente klar abgrenzen, auf der anderen Seite aber genügend Handlungsspielraum zur Strategieentwicklung lassen. Daher segmentiert das Strategische Marketing relativ global in (→) *Strategische Geschäftseinheiten* (SGE), definiert als Produkt/Markt-Kombinationen. Diese haben sowohl für die strategische Steuerung des Gesamtunternehmens, bestehend aus unterschiedlichen SGEs, z.B. in (→) *Portfolio-Analysen*, als auch in der Strategieentwicklung innerhalb der SGE große Bedeutung.

Neben den reinen Analysemethoden existieren im Strategischen Marketing weitere Verfahren, welche die Analyse von Erfolgspotenzialen mit der Festlegung grundlegender Normstrategien verbinden. Hier sind vor allem die Lebenszyklusanalyse (→ *Produktlebenszyklus*), die (→) *GAP-Analyse* und die (→) *Portfolio-Analyse* zu nennen.

Auf Grundlage der erhobenen Umweltinformation und mit Hilfe der Planungsinstrumente wird im nächsten Schritt der strategischen Marketingplanung eine Strategie festgelegt (vgl. Meffert, 2000, S. 233ff.). Eine Marketingstrategie ist als ein bedingter, langfristiger, globaler Verhaltensplan zur Erreichung der Unternehmens- und Marketingziele zu charakterisieren. Die Marketingstrategie bildet das Bindeglied, um das Instrumentarium des Marketing-Mix im Hinblick auf die Marketing- und Unternehmensziele zu koordinieren. Als Basisstrategien können die Produk/Markt-Entscheidungen, d.h. die grundlegende Entscheidung darüber, welcher Markt mit welcher Leistung bearbeitet wird (→ *Wachstumsstrategien*), betrachtet werden. Darüber hinaus lassen sich neben der Marktauswahlstrategie noch Strategietypen der Marktbearbeitung unterscheiden:

- Strategien bezüglich der Art und Weise der Marktbeeinflussung, d.h. Profilierung auf dem Markt durch Leistungs- oder durch Kostenvorteile (Qualitätsführerschaft versus Kosten- und Preisführerschaft)
- Strategien bezüglich der Differenzierung der Marktbearbeitung, so differenzierte, konzentrierte oder undifferenzierte Marktbearbeitung
- Strategien bezüglich der Marktabdeckung, d.h. lokale, regionale, nationale und übernationale Marktabdeckung (→ *Global Marketing; Internationales Marketing*).

Diese grundlegenden Optionen strategischer Entscheidungen können zu individuellen Strategietypen kombiniert werden.

Ein Nachteil der bisher beschriebenen Strategietypen ist die mangelnde Berücksichtigung des Konkurrenzumfeldes. Die Informationen einer Wettbewerbsanalyse sollen es ermöglichen, für jede Strategische Geschäftseinheit eine Position zu finden, die Gewinnaussichten gegenüber Wettbewerbern erhält, verbessert oder neue Gewinnquellen aufbaut. Auf der Basis der Untersuchung der zentralen Wettbewerbskräfte entwickelt Porter (1999a) grundlegende (→) *Wettbewerbsstrategien*.

Die Ressourcenallokation innerhalb des Marketing-Mix und die Kontrolle (→ *Marketing-Controlling*) bzw. das (→) *Marketing-Audit* schließen den Prozess der strategischen Marketingplanung ab.

Streckengeschäft

Das Streckengeschäft – auch als Streckengroßhandel bzw. Streckenhandel bezeichnet – umfasst den (→) *Handel* mit Waren, die (physisch) nicht das Lager des Handelsbetriebes berühren, sondern unmittelbar vom Lieferanten an den Kunden geliefert werden (vgl. Ausschuß für Begriffsdefinitionen aus der Handels- und Absatzwirtschaft, 1995, S. 40). Die Auftragsstellung, Auftragsabwicklung, Rechnungsstellung und Entgegennahme der Zahlungen fallen in den Aktivitätenbereich des Handelsunternehmens.

Das Streckengeschäft ist im Handel mit Massengütern (Getreide, Eisen, Stahl, Kohle, Baustoffe usw.) sowie im Handel mit Verbrauchsgütern, beispielsweise im Geschäftsverkehr zwischen kooperativen Zusammenschlüssen (→ *Kooperation*) und ihren Mitgliedern einerseits sowie ihren Lieferanten andererseits, vorzufinden.

Der Gegenbegriff zum Streckenhandel bzw. Streckengroßhandel ist der des lagerhaltenden (→) *Großhandels*. Dieser ist durch eine ausgeprägte Wahrnehmung der Zeitüberbrückungsfunktion durch Lagerhaltung charakterisiert (vgl. Liebmann/Zentes, 2001, S. 362f.).

Strukturvertrieb [s.a. Direktvertrieb]

Strukturvertrieb (Multi-Level-Marketing, Netzwerkmarketing) ist eine Sonderform des Direktvertriebs. Die Besonderheit des Strukturvertriebs ist, dass bereits tätige Verkäufer weitere Verkaufsmitarbeiter gewinnen, so dass hierarchische Verkäuferketten entstehen (»Schneeballsystem«). Dabei ist die Vergütung der Verkäufer der vorgelagerten Stufe von der Verkaufstätigkeit der nachgelagerten Stufen abhängig.

Beim klassischen Strukturvertrieb haben die Verkäufer keine Verpflichtung zur Haltung von Lagerbeständen oder zur Abnahme von Waren. Der Hersteller oder Systemträger ist dabei nur auf der ersten Stufe beteiligt, die Verkaufsmitarbeiter aller nachfolgenden Stufen sind selbstständig und arbeiten i.d.R. im Rahmen eines vom Systemträger kontrollierten Franchiseprogramms. Auf Grund der kettenförmigen Netzwerkstrukturen weisen diese Systeme zum Teil starke Schwächen in der Betreuung und Überwachung durch den Systemkopf auf. Dieses kann zur Vernachlässigung der Kundeninteressen führen (vgl. Kotler/Bliemel, 2001, S. 1109ff.; Tietz, 1994, S. 629f.).

Submission → *Ausschreibung*

Substitutionalität → *Sortimentsverbund*

Subventionen

Subventionen sind nationale Unterstützungsleistungen für die einheimische Industrie mit dem Ziel, dieser im Vergleich zu ausländischen Konkurrenten eine günstigere Wettbewerbsposition zu verschaffen. Man unterscheidet zwischen direkten Subventionen und indirekten Subventionen. Die Erstgenannten sind durch eine direkte Zuweisung von Leistungen gekennzeichnet, während die Zweitgenannten darüber hinausgehen und beispielsweise subventionierte Kredite, staatliche Kapitalbeteiligungen oder Steuererleichterungen umfassen.

Diese Subventionierung hat in einer internationalen Unternehmung insofern Bedeutung, als dass es unter Umständen möglich ist, eine internationale Mischkalkulation der Preise zu betreiben, bei der einzelne Länder von anderen preislich subventioniert werden. Eilenberger (1987, S. 271) unterscheidet drei Arten von Subventionen:

- Subventionen einer ausländischen Grundeinheit im Land A durch das Domizilland A

- Subventionen einer ausländischen Grundeinheit im Land A durch das Domizilland B der Spitzeneinheit
- Subventionen durch Vorzugskonditionen supranationaler Banken und/oder regionaler Entwicklungsfonds einer ausländischen Grundeinheit im Land A.

Grundsätzlich verschaffen alle diese Arten von Subventionierung einem internationalen, subventionierten Unternehmen außenwirtschaftliche Vorteile. Sowohl die Förderung von Exporten (Exportsubventionierung) als auch die Subventionierung inländischer Produktion importkonkurrierender Güter sind Instrumente der protektionistischen Außenwirtschaftspolitik (→ *Protektionismus*) (vgl. Dieckheuer, 1998, S. 476ff.).

Deswegen wurde auf einer internationalen Ebene bereits 1980 im Rahmen der Tokio-Runde der GATT-Verhandlungen ein Subventions-Kodex beschlossen (vgl. Yüksel, 2001, S. 225ff.), der dem GATT (→ *Allgemeines Zoll- und Handelsabkommen*) als Anlage beigefügt ist.

Suchfeldanalyse [s.a. Früherkennung, strategische]
Die Suchfeldanalyse ist ein Modell zur Planung einer Diversifikationsstrategie (vgl. Welge/Al-Laham, 1999, S. 440), also der Suche nach neuen Betätigungsfeldern. Dementsprechend kann ein für eine Unternehmung neu zu identifizierendes Betätigungsfeld als ein strategisches Suchfeld definiert werden. »Der Begriff ›Strategische Suchfeldanalyse‹ steht [...] für eine Systemkonzeption, die eine Identifikation, Analyse [...], Bewertung und Auswahl neuer Geschäfte zu unterstützen hat« (Müller-Stewens, 1990, S. 6).

Im Rahmen eines Prozesses der Diversifikation werden zunächst geeignete Diversifikationsprojekte identifiziert. Von einem weiten und erst grob abgegrenzten Suchraum ausgehend, werden untaugliche Alternativen sukzessive und über mehrere Auswahlebenen ausgefiltert und neue Geschäfte konkretisiert. Dies beinhaltet die Auswahl potenzieller Zielmärkte, die Bewertung der Marktattraktivität (Tiefenanalyse) sowie der Erfolgsträchtigkeit möglicher Markteintrittsstrategien (Planung des Markteintritts). Im Anschluss an die Bewertung und Auswahl der möglichen Eintrittsstrategien findet die operative Realisation und somit Diversifikation statt (vgl. Welge/Al-Laham, 1999, S. 440ff.).

Supply Chain Management [s.a. ECR; Logistik; Marketinglogistik]
Der Begriff des Supply Chain Managements stellt eine Erweiterung des klassischen Logistikbegriffes dar, indem er zum einen explizit eine unternehmensübergreifende Betrachtung und Optimierung von logistischen Systemen bzw. Warenfluss-Systemen mit einbezieht und indem er zum anderen gerade Planungs- und Steuerungsprozesse auf der Basis eines kontinuierlichen Informationsaustausches hervorhebt. Supply Chain Management zählt somit zu den Basisstrategien des ECR-Ansatzes.

Durch isoliert optimierte Systeme ergeben sich in der Konsumgüterlogistik erhebliche Ineffizienzen. Nach der weitgehenden Ausschöpfung interner Effizienzpotenziale wurde daher im Rahmen des ECR-Ansatzes der Fokus auf die unternehmensübergreifende Optimierung von Logistikprozessen gelegt. Das Supply Chain Management-Konzept basiert im Wesentlichen darauf, dass im Gegensatz zu klassischen Versorgungsketten nicht mehr ein »push«, ausgehend von der Produktion des Herstellers, mit einem Durchdrücken der produzierten Produkte durch die eigenen Läger und die Läger des Handels bis hin in die Verkaufsstellen des Handels erfolgt, sondern dass umgekehrt, ausgehend von tatsächlich erfolgten Abverkäufen in den Filialen, die demzufolge benötigten Produkte möglichst effizient und kontinuierlich wiederbeschafft werden. Somit steuert nicht mehr die Produktion des Herstellers, sondern der Kauf des Kunden am Point-of-Sale die Versorgungskette (Pull-Prinzip).

Als technologische Grundlage des Supply Chain Managements wurden im Rahmen der ECR-Bestrebungen zahlreiche Ansätze entwickelt, die Kombinationen aus waren- und informationsbezogenen Prozessen darstellen. Im Wesentlichen sind dies (vgl. Liebmann/Zentes, 2001, S. 599ff.):

- Continuous Replenishment (CRP)
- Vendor Managed Inventory (VMI)
- Quick Response (QR)
- Collaborative Planning, Forecasting and Replenishment (CPFR).

Continuous Replenishment bezeichnet hierbei die kontinuierliche Warenversorgung. Den Nachschub der Produkte steuert die Nachfrage der Verbraucher. Ähnlich der aus der Automobilindustrie bekannten (→) *Just-in-Time*-Belieferung muss der PoS immer genau zum richtigen Zeitpunkt über die benötigte Ware verfügen. Dies wird dadurch erreicht, dass durch einen integrierten Waren- und Informationsfluss entlang der Versorgungskette das herkömmliche Belieferungssystem durch einen sich an der tatsächlichen bzw. prognostizierten Nachfrage der Konsumenten orientierten abgestimmten Prozess ersetzt wird. Wichtige Bausteine der informationstechnischen Vernetzung im Rahmen von CRP sind einheitliche Strichcodierungen von Produkten, Verpackungen, Paletten und anderen Transportbehältern (→ *Artikelnummerierung; Scanning*).

Vendor Managed Inventory ist ein zwischen Hersteller und Handelsunternehmen stattfindendes Partnerschaftsprogramm, das einen automatisierten Warennachschub zum Ziel hat. Dieser automatisierte Warennachschub liegt allerdings in der Verantwortung des Herstellers und basiert auf einem permanenten Angleich von Angebots- und Nachfragerhythmen. Das permanente Angleichen der Aktivitäten der beiden Partner erfolgt durch kontinuierlichen Datenaustausch und Abgleich und hat die Vermeidung überflüssiger Sicherheitsbestände auf der Handelsstufe zum Ziel (vgl. Kotzab, 1997, S. 142).

Quick Response-Systeme sind ebenfalls partnerschaftliche Systeme zwischen Handel und Hersteller mit dem Ziel, Prognoseprozesse bzw. Bedarfsprognosen durch eine schnelle Reaktion auf tatsächliche Abverkaufszahlen zu ersetzen. Prognosen sind in vielen Branchen oft mit hohen Ungenauigkeiten auf Grund eines stark schwankenden Bedarfes verbunden, so im Textilbereich. Durch einen zeitnahen Austausch von Abverkaufsinformationen an den Hersteller kann dieser eine entsprechend schnelle Anpassung seiner Produktion und vor allem Anpassung der Nachschubversorgung erreichen, die in der Lage ist, auf stark schwankende Nachfragen und insbesondere auf unerwartet hohe Bedarfe in bestimmten Perioden zu reagieren.

CPFR kann als eine Weiterentwicklung des CRP-Ansatzes verstanden werden und beschreibt einen Prozess zur Entwicklung einer gemeinsamen Prognose der Konsumentennachfrage, welche die Planung entlang der gesamten Wertkette steuert. Dieses Konzept nutzt das vom Händler und vom Hersteller angesammelte Wissen zur Absatzplanung und führt einen neuen, gemeinsamen und kontinuierlichen Verbesserungsprozess bei der Absatzplanung ein. Im Rahmen dieses Konzeptes wird eine gemeinsame Planung zwischen Handel und Hersteller durchgeführt, an deren Ergebnisse beide gebunden sind. Innerhalb bestimmter, fest vereinbarter Parameter kann jeder der Partner die Planung anpassen, während größere Abweichungen das Einverständnis des Partners voraussetzen.

Swap-Geschäfte

Besitzt ein Finanzmarktteilnehmer auf Grund seiner Bonität und seiner Marktstellung günstige Finanztitel, hat aber einen relativ schlechten Marktzugang zu Finanztiteln, die er benötigt, kann er diese am Swap-Markt tauschen. Dabei kann es sich um einen Tausch von Währungspositionen (Währungsswap) oder einen Tausch von Zinspositionen (Zinsswap) handeln. Oft liegt eine Kombination aus Währungs- und Zinsswap vor. Währungsswaps umfassen einen Tausch von zwei Kapitalsummen in zwei verschiedenen Währungen, die sich auf gleiche Laufzeiten und Zinskonditionen beziehen, nach deren Laufzeit die Swap-Partner ihre ursprüngliche Währung wieder zurücktauschen, so dass ihnen kein Wechselkursrisiko entsteht. Swap-Geschäfte stellen insofern eine Form der (→) *Kurssicherung* dar. Bei einem Zinsswap werden die jeweiligen Zinsverpflichtungen aus Finanzierungsmitteln gleicher Laufzeit und Währung getauscht. Bei einem kombinierten Swap tauschen die Marktteilnehmer die Währungspositionen einschließlich der damit verbundenen Zinsverpflichtungen. Bei einem Devisen-Swapgeschäft (Devisenswaps) dagegen wird heute bereits die Devise für einen späteren Zeitpunkt wieder zurück getauscht. Beim Devisenswap schließen beide Partner sowohl ein Kassa- als auch ein Termingeschäft miteinander ab, so dass der unterschiedliche Nutzungswert der Fremdwährung im Hinblick auf das Zinsniveau im Voraus durch den Swapsatz ausgeglichen wird. Insofern spiegeln sich in dem Swapsatz die Kosten der Kurssicherung wider (vgl. Jahrmann, 1998, S. 327f.).

Bei einem Devisenkassageschäft erfolgt der Kauf bzw. Verkauf von Devisen sofort über Devisenbörsen zu einem täglich börsennotierten Kassakurs. Bei Devisentermingeschäften wird das heute abgeschlossene Geschäft zu einem späteren Zeitpunkt zu einem heute vereinbarten Terminkurs erfüllt. Devisenterminkurse werden in der Regel nur außerbörslich auf Grund von Angebot und Nachfrage bei Kreditinstituten vor allem im Telefonverkehr gebildet (vgl. Jahrmann, 1998, S. 306). Devisenkurse sind von Sortenkursen (Notenkursen) zu differenzieren. Devisenkurse gelten für den bargeldlosen (→) *Zahlungsverkehr* (z.B. Überweisung, Wechseleinreichung, Schecks usw.), während sich Sortenkurse auf Bargeld beziehen. Der Sortenkurs ist höher als der Devisenkurs, da den Banken durch Bargeldgeschäfte Kosten entstehen, die beim bargeldlosen Verkehr nicht anfallen. Ein Kunde zahlt somit einen höheren Preis für ausländisches Bargeld, als wenn er Reiseschecks kauft (vgl. Häberle, 1998, S. 848f.).

Switch-Geschäft → *Clearing-Vertrag*

SWOT-Analyse → *Stärken-/Schwächenanalyse; Strategisches Marketing*

Synektik → *Kreativitätsmethoden*

Synergieeffekt

Der Begriff Synergie stammt aus der griechischen Sprache und bedeutet »Zusammenwirken«. Im Bereich der Wirtschaftswissenschaft versteht man unter Synergieeffekten die größere oder kleinere Gesamtwirkung eines integrierten Einsatzes von Instrumenten im Vergleich zur Summe ihrer Einzelwirkungen. Synonym dazu werden häufig die Begriffe Ausstrahlungseffekte oder Verbundeffekte verwendet.

Man unterscheidet die Synergieeffekte nach betrieblichen Funktionen:

- Verkaufssynergien
- Operationssynergien
- Managementsynergien
- Investitionssynergien.

Dabei erweist sich insbesondere das Marketing als ein Bereich, in dem große Möglichkeiten zur Nutzung von Synergien, also große Synergiepotenziale, liegen. Die Art und die Anzahl der Synergiepotenziale spielen eine entscheidende Rolle bei Diversifikationsentscheidungen (→ *Wachstumsstrategien; Gap-Analyse*), Fusionsentscheidungen wie auch bei der Wahl einer (→) *Organisationsstruktur*.

So sind erwartete positive Synergieeffekte eine wesentliche Ursache für die steigende Bereitschaft zu (→) *Kooperationen* und Strategischen Allianzen (→ *Allianzen, strategische*), bei denen durch das Zusammenführen spezifischer Fähigkeiten eines jeden Partners (»X-Allianzen«) oder durch Erhöhung kritischer Massen (»Y-Allianzen«) Synergieeffekte entstehen können.

Vor dem Hintergrund der Kooperationen kommt der Synergie neben der positiven »2+2=5 – Wirkung« eine gewisse Katalysatorwirkung zu, d.h., es ist nicht nur der Gesamterfolg der Synergiepartner größer als die Summe der Einzelerfolge, sondern bestimmte Projekte können in ihrer Art erst durch Synergie zustande kommen.

Als Aufgabe des Synergiemanagements können generell die frühzeitige Erkennung von positiven Synergiepotenzialen sowie die Auswahl und Veranlassung von Maßnahmen zur langfristigen Erschließung dieser Potenziale (→ *Potenzialplanung*) genannt werden. Im Zusammenhang mit (→) *Akquisitionen* versteht Kogeler (1992, S. 5ff. und S. 235) das Synergiemanagement als einen Prozess, der alle akquisitionsspezifischen Managementmaßnahmen vor dem Kauf, Maßnahmen zur Integration sowie Instrumente zur korrigierenden Gegensteuerung umfasst, mit dem Ziel, die Erfolgswahrscheinlichkeit einer Akquisition zu erhöhen. Hierbei stellt Kogeler (1992, S. 238) insbesondere ein gutes (→) *Schnittstellenmanagement* als »... eine unabdingbare Voraussetzung für die Umsetzung bestimmter Maßnahmen im Integrationsprozess« heraus, die u.U. weitreichende Veränderungen des Planungs- und Informationssystems (insbesondere im Berichtswesen und Controlling) sowie des Organisationssystems im Integrationsprozess bedeuten kann (vgl. Kogeler, 1992, S. 209ff.).

Systemgeschäft

Neben dem (→) *Produktgeschäft* und dem (→) *Anlagengeschäft* ist das Systemgeschäft (Systems Selling) eine Form des (→) *Investitionsgütermarketing*, die nach dem Umfang des Leistungsangebots der Anbieter unterschieden wird.

Analog zum Anlagengeschäft werden beim Systemgeschäft komplexe Leistungsbündel beziehungsweise Hardware-/Software-Kombinationen vermarktet. Allerdings unterscheidet sich das Systemgeschäft dahingehend, dass hier die Leistungen zunächst für den anonymen Markt konzipiert werden und die Vermarktungsphase sowie die kundenindividuelle Anpassung der Angebote im Nachhinein erfolgen. Zudem ist das Systemgeschäft geprägt durch den zeitlichen Kaufverbund im Sinne einer sukzessiven Abfolge hintereinandergeschalteter Kaufprozesse, die eine innere Verbindung aufweisen (vgl. Backhaus, 1999, S. 306), sowie durch umfangreiche, über Engineering-Leistungen hinausgehende, Dienstleistungen (System-Software). Dabei handelt es sich um Pre-Sales-Services, After-Sales-Services (→ *Kundendienstpolitik*) sowie episodenbegleitende Dienstleistungen, etwa in Form der Projektorganisation (vgl. Backhaus, 1999, S. 569f.; Meyer/Kern/Diehl, 1998, S. 159ff.).

Jeder Investitionsgüterhersteller steht vor der Entscheidung, welche Stellung seine Marketingstrategie zwischen den Polen der Vermarktung von Einzelaggregaten bzw. Komponenten und integrierten Anlagenkomplexen (Systemen) einnehmen soll (vgl. Backhaus, 1999, S. 281). Die weiteste Ausgestaltung des Systemgeschäfts besteht in der Vermarktung schlüsselfertiger Gesamtanlagen (→ *Turn-key-Verträge*) durch einen Anbieter oder eine (→) *Anbieterkoalition.*

Systems Selling → *Systemgeschäft*

Szenarien

Die Szenariotechnik findet ihre Anwendung im Rahmen der strategischen Früherkennung (→ *Früherkennung, strategische*). Sie konzentriert sich auf die Prognose der Entwicklung der unternehmensrelevanten Felder, so

- weltwirtschaftliche Trends
- Energiesituation
- geopolitische und ökologische Trends
- technologischer Wandel
- gesellschaftspolitische Veränderungen
- Geld-, Kapital-, Beschaffungs- und Absatzmarktentwicklungen.

Die Erstellung von Szenarien erfolgt u.a. mit Hilfe von Simulationsmodellen, Experten- (→ *Expertenbefragung*) bzw. Delphi-Befragungen (→ *Delphi-Methode*), Brainstorming-Techniken (→ *Brainstorming*). Ziel ist die umfassende Erstellung eines möglichen Zukunftsstatus, d.h. einer Prognose mit einem zeitlichen Horizont von mindestens zehn Jahren, unter Berücksichtigung qualitativer wie auch quantitativer Informationen. Die Einzeltrends werden zu einem Zukunftsbild (Szenario) zusammengefasst.

T

Target Costing → *Target Pricing*

Target Pricing

Target Pricing stellt eine Form der marktorientierten Preisfestlegung dar, bei der sowohl Kosten- als auch Nutzenaspekte beachtet werden. Im Rahmen des Target Pricing erfolgt die Preisbestimmung anhand eines retrograd-progressiven Prozesses, bei dem zum einen die Nutzenvorstellungen der Abnehmer bezüglich der betreffenden Produkte bzw. Leistungen analysiert werden und darauf basierend die den Nutzenerwartungen entsprechend realisierbaren Handelsabgabe- bzw. Endverbraucherpreise ermittelt werden. Diese werden den unter Kostengesichtspunkten ermittelten (→) *Preisuntergrenzen* gegenübergestellt und es findet eine Überprüfung statt, ob diese Preisuntergrenzen eingehalten werden können (vgl. Meffert, 2000, S. 527f.).

In engem Zusammenhang mit dem Target Pricing ist das Target Costing zu betrachten. Hierbei ist es das Ziel, bereits in frühen Phasen der Produktentwicklung bzw. -einführung Kostenplanungen durchzuführen und das Kostenmanagement marktorientiert auszugestalten (vgl. Kotler/Armstrong, 2001, S. 376). Beim Target Costing werden die auf dem Markt »zulässigen« Kosten (»allowable costs«) als Differenz zwischen dem geschätzten realisierbaren Zielverkaufspreis und dem von dem Unternehmen geforderten Mindestgewinn retrograd ermittelt. Im Rahmen einer progressiven Vorgehensweise werden weiterhin die Selbstkosten (»drifting costs«) des Unternehmens durch Kalkulation auf Basis bisheriger bzw. geschätzter eigener Standardkosten ermittelt. Durch Gegenüberstellung von »allowable costs« und »drifting costs« werden die Zielkosten (»target costs«) für das betreffende Produkt bzw. die Leistung festgelegt (vgl. Horváth, 1998, S. 521ff.).

Tausch → *Transaktion*

Tausenderpreis → *Mediaplanung*

Technological Forecasting [s.a. Kreativitätsmethoden]

Technological Forecasting oder technologische Voraussage wird definiert als »... the probabilistic estimate of the future rate of technology transfer« (Lloyd, 1976, S. 91). Gegenstand ist also das Schätzen von Zeitabständen, in denen Veränderungen und Weiterentwicklungen von Technologien mit bestimmten Wahrscheinlichkeiten zu erwarten sind.

Beim Technological Forecasting lassen sich zwei methodische Ansätze unterscheiden (vgl. Árpád, 1989, S. 128ff.). Der erste Ansatz ist die »potenzialorientierte Vorhersage«. Es handelt sich um eine Vorhersage der gütertechnischen Entwicklung auf der Basis gegebener technischer Informationen. Dieser Ansatz geht von neuen, aber vorhandenen wissenschaftlichen Informationen aus und versucht, ihre gütertechnische Bedeutung für die Zukunft abzuschätzen und zu bewerten. Weiterhin werden innovative Konzepte einbezogen, die sich in der Realisationsphase befinden. Ihre weitere Entwicklung und die entsprechenden Auswirkungen werden beurteilt.

Der zweite Ansatz ist die »bedarfsorientierte Vorhersage«. Dieser Ansatz geht von einem normativ festgelegten Zukunftszustand aus und führt retrograd zu Aktionen der Gegenwart. Es werden also zunächst Zukunftsziele und der zukünftige Bedarf geschätzt und anschließend die entsprechenden Lösungsmöglichkeiten antizipiert.

Die Techniken des Technological Forecasting lassen sich nach Jantsch (1967, S. 115ff.) in drei Gruppen unterteilen. Zu den intuitiven Techniken zählen z.B. das (→) *Brainstorming* und die (→) *Delphi-Methode*; zu den explorativen Techniken werden u.a. Extrapolationen von Zeitreihen, die Morphologie sowie Szenario- und Analogie-Verfahren (→ *Szenarien*) gerechnet; zu den normativen Techniken gehören u.a. Entscheidungsmatrix-Verfahren und Systemanalysen.

Technologieportfolio [s.a. Forschung und Entwicklung]
Im Rahmen der (→) *strategischen Planung* der Technologieentwicklung gibt es die grundlegenden Methoden der Einzelbetrachtung der verschiedenen Alternativen oder der Gesamtbetrachtung von Technologieportfolios (vgl. Brockhoff, 1999a, S. 211ff.). Zur Gesamtbetrachtung existieren verschiedene Verfahren der (→) *Portfolio-Analyse*.

Hierbei kann man zwischen Marketing-dominanten, Technologie-dominanten und integrierten Vorgehensweisen unterscheiden. Bei den Marketing-dominanten Verfahren wird eine Verknüpfung der Portfolios der → *Strategischen Geschäftseinheiten* mit der Forschungs- und Entwicklungsstrategie dadurch vorgenommen, dass den

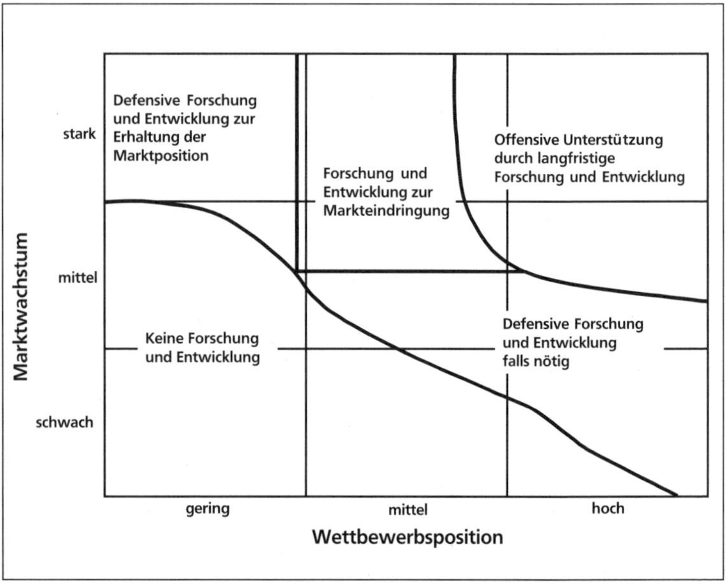

Quelle: Brockhoff, 1999a, S. 219.

Übersicht 130: Forschungs- und Entwicklungsstrategie und Marktportfolio

Marktportfolios eine Norm-Forschungs- und Entwicklungsstrategie zugeordnet wird, wie dies in Übersicht 130 deutlich wird (vgl. Brockhoff, 1999a, S. 218f.).

Bei der Technologie-dominanten Vorgehensweise werden Einzeltechnologien abgebildet. Die Dimensionen der Matrix sind die Technologieattraktivität und die Ressourcenstärke eines Unternehmens hinsichtlich dieser Technologie, die sich jeweils wieder aus verschiedenen Unterkriterien zusammensetzen (vgl. Brockhoff, 1999a, S. 222ff.). Den Positionen der Einzeltechnologien im Technologieportfolio sind wiederum Normstrategien zugeordnet.

Integrierte Portfolios versuchen beispielsweise, Informationen aus Marktportfolios und Technologieportfolios in ein neues Portfolio zu übertragen. Auf diese Art kann beispielsweise ein Marktprioritäten-Technologieprioritäten-Portfolio gebildet werden (vgl. Brockhoff, 1999a, S. 229ff.).

Technologie-S-Kurve

Die Technologie-S-Kurve folgt der empirischen Erkenntnis, dass die Leistungsdaten vieler Techniken – sowohl über die Zeit betrachtet als auch über den kumulierten Forschungs- und Entwicklungsaufwand – einen S-förmigen Verlauf beschreiben (vgl. Brockhoff, 1999a, S. 185ff.). Die Leistung von Produkt- und/oder Prozesstechnologien verändert sich in Abhängigkeit von dem kumulierten Forschungs- und Entwicklungsaufwand in Form einer S-Kurve (vgl. Übersicht 131).

Die Technologie-S-Kurve ist als Analyseinstrument zur Abbildung des Status quo der Technologieentwicklung relevant. Im internationalen Kontext ist sie insbesondere im Zusammenhang mit der Frage der Verlagerung der (→) *Forschung und Entwicklung* ins Ausland von Bedeutung.

Befindet sich beispielsweise die Technologie des Unternehmens in Punkt A auf der Technologie-S-Kurve, dann kann durch

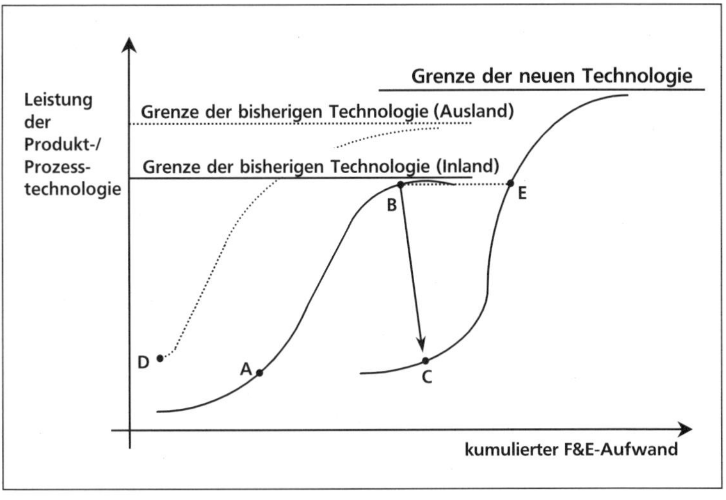

Quelle: Perlitz, 2000, S. 476.

Übersicht 131: Technologie-S-Kurve

einen zusätzlichen Einsatz von Forschung und Entwicklung eine überproportionale Steigerung der Leistung der Produkt-/Prozesstechnologie erreicht werden (Technologiereserven).

Im Punkt B der Technologie-S-Kurve sind die Leistungsgrenzen der bisherigen Technologie weitgehend ausgeschöpft. Für das Unternehmen besteht die Option eines Technologieparadigma-Wechsels. Hierunter versteht man die Konzentration auf Schrittmachertechnologien, von denen man erwartet, dass sie zukünftig das Wettbewerbsgeschehen einer Industrie bestimmen werden. Dies setzt oft einen Übergang zu einer neuen Organisationsstruktur, zu neuen Produktionsprozessen voraus, so dass das Effizienzniveau der neuen Technologie i.d.R. niedriger ist als das der bisher verwandten. Das Unternehmen bewegt sich von Punkt B zum Punkt C der Technologie-S-Kurve hin (in Ausnahmefällen von B nach E).

Eine weitere Option besteht in der Verlagerung der Forschung und Entwicklung ins Ausland. Ist im Ausland das Ausgangskostenniveau niedriger als im Inland, dann bewegt sich die Technologie-S-Kurve, bei gleichem Forschungs- und Entwicklungsaufwand wie im Inland, auf einem höheren Leistungsniveau und hat unter Umständen einen steileren Anstieg. Letzteres ist der Fall bei effizienteren Forschungs- und Entwicklungsaktivitäten im Ausland als im Inland.

Anwendungsvoraussetzungen des Analyseinstruments der Technologie-S-Kurve liegen darin, dass

- das Unternehmen weiß, wo es sich auf der Technologie-S-Kurve befindet
- das Unternehmen abschätzen kann, wann die Grenze der eigenen Technologie erreicht ist und wann der Druck von Seiten innovativer Konkurrenten besonders groß wird.

Gerade die Abschätzung der Technologiegrenze erfordert die Implementierung eines Frühwarnsystems (→ *Früherkennung, strategische*).

Technologietransfer [s.a. Forschung und Entwicklung]
Die Übertragung von wissenschaftlichen Erkenntnissen oder praktischen Fähigkeiten trifft den Kern des Begriffs Technologietransfer. Dabei findet Technologietransfer nicht mehr ausschließlich in den klassischen Formen des Know-how-Kaufs bzw. -Verkaufs (→ *Know-how-Verträge*) oder der Lizenznahme bzw. -vergabe (→ *Lizenzpolitik*) statt. Vielmehr erfolgt zunehmend eine direkte Zusammenarbeit von Unternehmen untereinander bzw. mit F&E-Einrichtungen, so in Form von Auftragsforschung, Gemeinschaftsentwicklungen, Verbundprojekten und Personaltausch (vgl. Baumann/ Meißner, 1999, S. 161).

Technologietransfer umfasst grundsätzlich die Übertragung unfertiger Technologie (die beispielsweise durch eine ungeklärte rechtliche Situation gekennzeichnet ist) und fertiger Technologie (die i.d.R. auf einer patentrechtlichen Basis steht) auf eine andere Institution. Damit bezieht sich der Technologietransfer auf unterschiedliche Phasen der Technikentwicklung, so die Innovationsphase im ersten Fall und die Repetitionsphase im zweiten Fall (vgl. Kortzfleisch, 1989, Sp. 2054f.).

Aus der Perspektive der Technologiepolitik eines Staates beschäftigt sich der Technologietransfer insbesondere mit der Know-how-Übertragung aus Industrieländern in (→) *Entwicklungsländer* oder aus marktwirtschaftlichen in (ehemals) planwirtschaftliche Systeme.

Für das (→) *Internationale Management* ist die so genannte Technologietransferhypothese von Bedeutung. Diese geht von einer Trennung der F&E-Aktivitäten von der Produktion der jeweiligen hochwertigen Güter aus. Dies bedeutet, dass Unternehmen Betriebsstätten an günstigen Standorten unterhalten und gleichzeitig die F&E-Aufgaben an anderen attraktiven Plätzen konzentriert werden können. Die Ausnutzung kostengünstiger Produktionsstandorte ist neben Wachstumsschranken, Autonomiebestrebungen oder dem Prestige/Image ein wesentlicher Grund für den Technologietransfer (→ *Konfiguration*).

Hervorzuheben ist, dass auf Grund der Bündnisse zwischen einzelnen Großunternehmen und Regierungen die technologiepolitischen Aktivitäten zur Verschärfung der Wettbewerbssituation zwischen international tätigen Unternehmen und über protektionistische Maßnahmen (→ *Protektionismus*) zur Störung von grenzüberschreitenden Waren- und Dienstleistungsströmen führen, so dass nicht nur handelspolitische, sondern auch technologiepolitische Schranken grenzüberschreitende Aktivitäten gefährden (→ *Handelshemmnisse*).

Technologieverträge → *Forschungs- und Entwicklungsverträge; Lizenzpolitik*

Technology Assessment [s.a. Marketing, ökologisches; Marketing, soziales; Marketing Assessment]

Als Technology Assessment bezeichnet man eine Analyse der Fernwirkungen von Technologien, so deren soziale, politische, kulturelle und ökologische Konsequenzen. Diese Analyse schließt die Bewertung im Sinne einer Beurteilung der Sozial- und Umweltverträglichkeit ein.

Es handelt sich um eine systematische Untersuchung bezüglich möglicher Wirkungen der Anwendung einer bereits vorhandenen oder der Einführung einer neuen Technologie, wobei alle Aspekte und tangierten Bereiche eingeschlossen werden müssen (vgl. Kern/Schröder, 1977, S. 156).

Eine Technologiewirkungsanalyse besteht aus vier Teilen (vgl. Kern/Schröder, 1977, S. 157):

1. Antizipation aller Folgewirkungen der Technologie
2. Identifizierung der betroffenen Gruppen und Interessen
3. Bewertung der Folgewirkungen und
4. Erarbeitung von Alternativen.

Das Technology Assessment ist nicht auf die Diagnose beschränkt; es schließt mit der Entwicklung von Alternativen ab. Dabei wird das Ziel verfolgt, die negativen Folgewirkungen zu reduzieren und die positiven Folgewirkungen zu verstärken.

Das Technology Assessment entspricht der Forderung, dass Unternehmen nicht nur ihre (ökonomischen) Einzelinteressen verfolgen, sondern sich ihrer gesellschaftlichen Gesamtverantwortung bewusst sein sollten (vgl. Kreikebaum, 1997, S. 166f.).

Telefonverkauf [s.a. Personal Selling]

Der Telefonverkauf ist eine Verkaufsmethode, bei der der Geschäftsabschluss auf der Grundlage telefonischer Kontakte erfolgt. Zur Geschäftsanbahnung kann das Telefon auch als Werbeinstrument eingesetzt werden. Dabei sind die rechtlichen Rahmenbedingungen zu beachten, nach denen es gegen die guten Sitten des lauteren Wettbewerbs (→ *UWG*) verstößt, »... unangefordert Inhaber von Fernsprechanschlüssen, zu denen bislang keine Beziehungen bestehen, in ihrem privaten Bereich anzurufen, um Geschäftsabschlüsse anzubahnen oder vorzubereiten, insbesondere um Waren oder sonstige Leistungen anzubieten« (BGH, Urteil vom 19.06.1970, Aktenzeichen (AZ): I ZR 115/68 »Telefonwerbung I«).

Die vielfältigen Einsatzmöglichkeiten des Telefonverkaufs können in passive und aktive Möglichkeiten, je nachdem ob Nachfrager oder Anbieter anrufen, unterschieden werden:

- *passive Einsatzmöglichkeiten*
  - Annahme von Bestellungen und Kundendienstaufträgen

  - Behandlung von Reklamationen
  - Erteilung von Auskünften
- *aktive Einsatzmöglichkeiten*
  - Ankündigung von Sonderangeboten
  - Umwandlung von Anfragen in Verkäufe
  - Gewinnung neuer Kunden und Rückgewinnung von Kunden
  - Einführung neuer Produkte und Dienstleistungen
  - Unterstützung der Tätigkeit von Reisenden.

Der Telefonverkauf gewinnt im gewerblichen Bereich zunehmend an Bedeutung, so durch die steigenden Kosten des Außendiensteinsatzes (vgl. Zentes, 1986, S. 21ff.). Die modernen Informations- und Kommunikationstechnologien eröffnen darüber hinaus neue Formen des computergestützten Telefonverkaufs, die auch als (→) *Computer Aided Selling* (CAS) bezeichnet werden (vgl. Hermanns, 1995).

Der Telefonverkauf ist meist schwieriger als das persönliche Verkaufsgespräch, da sich die Partner nicht sehen können und somit die Reaktion auf das Gespräch nur unzureichend kontrolliert werden kann. Der Einsatz und die Beobachtung der Körpersprache sind nicht möglich.

Telekommunikation
Innovative Möglichkeiten der Telekommunikation spielen heute eine bedeutende Rolle für die Wettbewerbsfähigkeit von Unternehmen, stellen zugleich aber Herausforderungen dar und fördern die Vernetzung der internationalen Unternehmenstätigkeit.

So hat beispielsweise die elektronische Vernetzung eine wesentliche Rolle bei der Beschaffung (→ *Beschaffungsmanagement; Global Sourcing*) sowie im Absatz von Produkten. Im ersten Fall ermöglicht sie es, in einem konzernweiten Datennetz die tagesaktuellen Bestände, Spezifikationen, Koordinationen, Qualitätsprobleme und Qualitätsstandards von Lieferanten, Lieferengpässe usw. auszutauschen. Den Austausch genormter, aufbereiteter Daten bezeichnet man als Electronic Data Interchange (→ *EDI*).

Auch die zunehmende Entstehung von elektronischen Märkten, die quasi eine informationstechnische Verbindung einer Vielzahl von Anbietern und Nachfragern bedeutet, eröffnet hier neue Potenziale.

Im Absatzbereich bietet die Telekommunikation eine Plattform für elektronische Vertriebsformen, wie das Internet-Shopping (→ *Electronic Shopping*). Dies hat Konsequenzen für die Internationalisierung der Unternehmenstätigkeit (»elektronische Globalisierung der Märkte«) und für einzelne Branchen, so den Einzelhandel (vgl. Swoboda, 1998b, S. 3ff.).

Pribilla/Reichwald/Goecke (1996, S. 32ff.) stellen u.a. folgende Funktionen und Anwendungen der Telekommunikation im Marketing und Management heraus:

- Netze und ISDN
- Electronic Mail, Voice Mail, Fax Mail
- Video-Conferencing
- Mobilkommunikation
- Telearbeit
- (→) *Multi-Media*.

Teleselling [s.a. Multi-Media; Telefonverkauf]
Teleselling ist eine elektronische Vertriebs- bzw. Verkaufsform, deren technische Voraussetzung die Zwei-Wege-Kommunikation (→ *Informationstechnologie*) ist; die Logistik des Teleselling ähnelt derjenigen des Versandhandels. Auf Seiten der Kunden spricht man analog von Teleshopping (→ *Electronic Shopping*).

Die technischen Voraussetzungen für Teleselling wurden bereits in den siebziger Jahren durch Bildschirmtext und Kabelfernsehen mit Rückkanaltechnik erfüllt. Der Konsument kann die Waren z.B. auf seinem Fernsehbildschirm betrachten und auswählen. Der Bestellvorgang lief über Bildschirmtext oder über den Kabelfernsehrückkanal ab.

Anbieter auf diesem Gebiet sind heute beispielsweise Teleshopping-Kanäle wie QVC (Quality Value Convenience), HSN (Home Shopping Network) oder HSE (»Home Shopping Europe«).

Eine weitere Voraussetzung für die Zunahme von Teleselling bzw. Teleshopping stellt das sich wandelnde Kaufverhalten von Konsumenten dar. Der Kauf von problemlosen Waren wird zunehmend unter dem Aspekt einer Rationalisierung und zeitlichen Verkürzung des Einkaufsvorgangs gesehen. Teleshopping kommt dieser Tendenz entgegen. Beim Kauf erklärungsbedürftiger Güter stehen das Bestreben, Fehlkäufe zu vermeiden (→ *Kaufrisiko*) sowie das Streben nach Einkaufserlebnissen (→ *Erlebnismarketing*) dem elektronischen Einkauf entgegen.

Durch die zunehmende Vernetzung von Computer-, Telekommunikations- und Videotechnologien eröffnen sich zunehmend weitergehende Perspektiven für das Teleselling. Durch diese Umsetzung einer konsequenten und umfassenden Zwei-Wege-Kommunikationsinfrastruktur wird der Konsument durch interaktive Informationsabfrage und -selektion auf die Produktpräsentationen und -angebote online Einfluss nehmen und reagieren können. In Ansätzen realisiert sind auch bereits Konzepte, bei denen ein Konsument während des Fernsehens Produkte, die in den Sendungen vorkommen (z.B. Kleider von Schauspielern oder Moderatoren), direkt über den Rückkanal oder über die Internetseite des Fernsehsenders bestellen kann. Man spricht in diesem Zusammenhang von sog. virtuellen Impulskäufen (vgl. Zentes/Janz/Morschett, 1999, S. 46).

Teleshopping → *Teleselling*

Tensororganisation → *Marketingorganisation; Organisationsstrukturen*

Terms of Payment → *Zahlungsbedingungen*

Terms of Trade

Mit Terms of Trade (reales Austauschverhältnis) bezeichnet man das in gleichen Währungseinheiten ausgedrückte Preisverhältnis zwischen Export- und Importgütern. Im gleichen Sinne verwendet man auch den Begriff Commodity-Terms of Trade (Warenaustauschverhältnis):

Terms of Trade = Exportpreisindex : Importpreisindex.

Die reale Austauschrelation gibt jene Menge an Importgütern an, die durch Verkauf einer Exporteinheit erwerbbar wird. Insofern werden Erkenntnisse über die Kaufkraft der Ausfuhrerlöse gewonnen. Steigen die Exportpreise in Relation zu den Importpreisen an, so ist die für eine Exporteinheit im Austausch erhältliche Importmenge größer; die Terms of Trade verbessern sich. Steigen die Importpreise im Verhältnis zu den Exportpreisen, so geht die für eine Exporteinheit im Austausch auf dem Weltmarkt erhältliche Importmenge zurück; es kommt zu einer Verschlechterung der Terms of Trade. Wenn der Wert größer als 1 bzw. größer als 100 je nach Skala ist, besagt er, dass beim Export bessere Preise erzielt werden können, als für Importgüter bezahlt werden müssen. Veränderungen der Terms of Trade dienen in ihrer zeitlichen Veränderung als Maßstab für die Position einer Volkswirtschaft im Wettbewerb bzw. zur Ableitung des Nutzens, den eine Volkswirtschaft aus dem internationalen Wirtschaftsverkehr zieht (vgl. Deutsche Bank, 1998, S. 386).

Für die Bundesrepublik Deutschland ermittelt das Statistische Bundesamt die Terms of Trade. Zur Berechnung des realen Austauschverhältnisses werden Durchschnittswertindizes der Ausfuhr und der Einfuhr zueinander ins Verhältnis gesetzt. Diese Durchschnittswertindizes werden nach der Formel von Paasche durch einen Vergleich der tatsächlichen Ausfuhr- bzw. Einfuhrwerte des Berichtszeitraumes mit den Ausfuhr- bzw. Einfuhrvolumina des Vergleichszeitraumes ermittelt. Diese Berechnung zeigt, dass die Situation der Bundesrepublik Deutschland sich tendenziell verbessert, während für die meisten (→) *Entwicklungsländer* tendenziell von einer Verschlechterung auszugehen ist, weil aus ihrer Sicht die Importpreise steigen, während die Exportpreise (meist Rohstoffpreise) tendenziell sinken. Die sich verschlechternde Preisrelation kann durch steigende Exportmengen oder sinkende Importmengen aufgefangen werden.

Die Aussagefähigkeit von Terms of Trade-Berechnungen ist dahingehend zu relativieren, ob bei der Umrechnung realistische Wechselkurse und Preise verwendet wurden. Insbesondere eine überbewertete Währung, welche die Importpreise »künstlich« verbilligt, verzerrt die Terms of Trade. Analoges gilt für »künstlich« unterbewerteten Währungen, um Exportanteile zu erreichen (so genanntes Währungsdumping).

Nicht zu verwechseln sind die Terms of Trade mit den Trade Terms, die sich auf die handelstechnischen und kaufmännischen Bedingungen beziehen (→ *INCOTERMS*).

Testimonial → *Leitbildmarketing*

Testmarkt

Der Testmarkt ist ein regional abgegrenzter Teilmarkt, auf dem (→) *Markttests* in Form von Gebietstests durchgeführt werden.

Das wesentliche Problem der Testmärkte besteht in ihrer (→) *Repräsentanz*. Repräsentanz muss hinsichtlich der folgenden Faktoren gegeben sein:

- Bevölkerungsstruktur
- (→) *Kaufkraft*,
- (→) *Marktpotenzial*
- Bedarfsstruktur
- Handelsstruktur
- Konkurrenz- und Wettbewerbsstruktur
- Werbeträgerstruktur.

Hinsichtlich der Werbeträgerstruktur ist die Abgrenzung des Testmarktes wegen der überregionalen Medien (wie Fernsehen) oftmals problematisch. Es ist dann keine gezielte Werbeansprache der Verbraucher des Testmarktes möglich.

Da sich nur relativ wenige regionale Gebiete als Testmarkt eignen, werden diese häufig zu Tests herangezogen. Es bilden sich dann typische Testmärkte wie das Saarland oder früher Berlin, auf Grund der Insellage vor der deutschen Wiedervereinigung. Auf einer europäischen Ebene fungiert oftmals die Schweiz als Testmarkt, so bei (→) *Neuprodukteinführungen*. Dies führt zu einer Übertestung dieser Gebiete, was die Ergebnisse beeinträchtigen kann. Die Übertestung wird durch Lerneffekte und dadurch bewirkte Veränderungen des Verhaltens der Verbraucher hervorgerufen (vgl. Nieschlag/Dichtl/Hörschgen, 1997, S. 840f.; Hüttner, 1989, S. 300).

Testmarktsimulation

Durch Testmarktsimulation – auch als Einsatz von simulierten Testmärkten oder Labor-Testmärkten bezeichnet – sollen die Marktchancen eines neuen Produktes vor einer Markteinführung (→ *Neuprodukteinführung*) quantifiziert sowie dessen (→) *Positionierung* diagnostiziert werden (vgl. Erichson, 1981, S. 201).

Die Verfahren der Testmarktsimulation verknüpfen stets ein Erhebungs- mit einem

Analyseverfahren. Eine Testmarktsimulation bildet somit keine reine Computersimulation. Als Beispiel kann das klassische Test- und Prognoseverfahren für neue Produkte TESI angeführt werden.

Im Rahmen des Erhebungsverfahrens werden »Käuferverhalten und Einstellungsbildungsprozesse simuliert. Hierzu dient ein kombinierter Labor/Home-Test, der mit einer Stichprobe von etwa 200 bis 400 Konsumenten durchgeführt wird. Die so gewonnenen Daten werden unter Ergänzung von Daten aus Haushaltspanels (→ *Verbraucherpanel*) und anderen Quellen mittels des Analyseverfahrens ausgewertet. Das Analyseverfahren, dessen Durchführung umfangreiche Computerprogramme erforderlich macht, bildet ein System aus Methoden und Modellen. Es dient der Berechnung von Marktanteilsschätzungen und Positionierungsanalysen « (Erichson, 1981, S. 202).

Die Testmarktsimulation besitzt gegenüber (→) *Markttests* in Form von Gebietstests (regionale Testmärkte) und teilweise auch gegenüber Tests auf Mini-Testmärkten folgende Vorteile (vgl. Erichson, 1981, S. 201):

- geringere Kosten
- geringere Zeitdauer
- Geheimhaltung
- Diagnostik, d.h. Gewinnung detaillierter Informationen über die Schwächen eines Produktes.

Als nachteilig wird meist die geringere Prognosegenauigkeit genannt. Neuere Validierungsanalysen (→ *Validität*) relativieren jedoch diesen Nachteil.

Testverfahren

Mit Hilfe von statistischen Testverfahren werden Vergleiche durchgeführt zwischen

- den Werten einer hypothetischen und einer empirischen Verteilung
- den Werten mehrerer Gesamtheiten bzw. einer Gesamtheit, bei der ein Merkmal zu unterschiedlichen Zeitpunkten gemessen wurde und
- zwischen den Werten mehrerer Stichproben (vgl. Tietz, 1993b, S. 457).

Zur Durchführung von Tests werden üblicherweise zwei Hypothesen aufgestellt, die Nullhypothese (H_0) und die Alternativhypothese (H_1), d.h. eine Behauptung und eine Gegenbehauptung. Die Nullhypothese wird getestet; als Ergebnis wird entweder H_0 verworfen und H_1 bestätigt oder umgekehrt. Die Überprüfung der Nullhypothese wird für ein bestimmtes, vorgegebenes Signifikanzniveau durchgeführt. Das Signifikanzniveau ist die Angabe einer Irrtumswahrscheinlichkeit, z.B. 5%.

Bei Hypothesentests sind grundsätzlich zwei Typen von Fehlern möglich. Typ I tritt auf, wenn H_0 abgelehnt wird, obwohl sie wahr ist; bei Typ II wird H_0 dagegen angenommen, obwohl sie falsch ist.

Die Testschritte sind hierbei im Einzelnen (vgl. Tietz, 1993b, S. 457):

- Aufstellung der Hypothesen
- Wahl des geeigneten Tests
- Festlegung des Signifikanzniveaus
- Bestimmung des kritischen Wertes Z_{krit}
- Berechnung des empirischen Wertes Z_{emp}
- Vergleich der Z-Werte.

Durch Tests lässt sich bspw. die Frage beantworten, ob eine im Rahmen einer empirischen Erhebung abgeleitete Korrelation (→ *Korrelationsanalyse*) zwischen Einkommenshöhe und Kaufvolumen statistisch signifikant ist.

Time Based Management → *Timing*

Time-to-Market → *Timing*

Timing
Das Timing-Problem bezeichnet generell die Eignung eines Zeitpunktes für eine betriebliche Maßnahme. Dies gilt sowohl für innerbetriebliche Maßnahmen wie die Umstellung der (→) *Organisationsstruktur* als auch für marktorientierte Aktivitäten wie die Einführung eines neuen Produktes (→ *Neuprodukteinführung*). Die Wahl eines günstigen Zeitpunktes wird als »gutes« Timing bezeichnet; entsprechend ist ein »schlechtes« Timing durch die Wahl eines ungünstigen Zeitpunktes gekennzeichnet.

Bei der Neuprodukteinführung kann im internationalen Kontext unterschieden werden nach den beiden Timingstrategien der Springler-Strategie, bei der das Leistungsprogramm gleichzeitig in allen Gebieten eingeführt wird, und der Wasserfall-Strategie, bei der die Einführung auf den Ländermärkten sukzessive nacheinander erfolgt. Somit stellt sich hier auch für jeden Ländermarkt die Frage, ob die Position des Firstcomers, Followers oder Nachzüglers eingenommen wird (vgl. Hünerberg, 1994, S. 150).

Grundsätzlich ergibt sich die Möglichkeit der Erlangung von Wettbewerbsvorteilen in Abhängigkeit von der Geschwindigkeit der Markteinführung (Zeitwettbewerb, Time-to-Market, Time Based Management) bzw. allgemein der Reaktion auf Kundenwünsche (vgl. Nieschlag/Dichtl/Hörschgen, 1997, 143ff.). So können in einem frühen Stadium eines (→) *Produktlebensyklus* Monopolgewinne abgeschöpft werden, sofern noch keine Wettbewerber auf diesem Markt agieren.

Tochtergesellschaften [s.a. Markteintrittsstrategien]
Die Errichtung einer Tochtergesellschaft in einem anderen Land kennzeichnet in Abhängigkeit vom Ausmaß des Kapitaltransfers die langfristigste und risikoreichste Strategie des Auslandsengagements (vgl. Meffert/Bolz, 1998, S. 129). Ein solches Engagement kann aus unterschiedlichen Gründen geschehen (→ *Internationalisierungsmotive*) und in verschiedenen Formen realisiert werden. Die Errichtung einer Tochtergesellschaft ist eine (→) *Transaktionsform*, bei der als Koordinationsmechanismus das Autoritätsprinzip genutzt wird (vgl. Weder, 1989, S. 61).

Als Vorteil einer Tochtergesellschaft gegenüber kooperativen Formen ist die höhere Stabilität zu nennen, da bei kooperativen Formen oft durch eine Verschiebung der Interessen und Erfahrungen der Partner im Zeitablauf Probleme auftreten können (vgl. Aaker, 1998, S. 148). Als weiterer Vorteil einer Tochtergesellschaft ergibt sich eine bessere Möglichkeit der Integration in die internationale Unternehmensstrategie im Vergleich zu partnerschaftlichen Formen des Engagements, so dass auch eine einheitliche Steuerung der Tochtergesellschaften ermöglicht wird. Auf diese Art lassen sich (→) *Synergieeffekte* im Gesamtunternehmen leichter realisieren (vgl. Pausenberger, 1992, S. 214). Auch die Begrenzung des Know-how-Abflusses spricht für die Errichtung einer Tochtergesellschaft.

Als wesentlicher Nachteil ist zu nennen, dass die Marktverbindungen eines örtlichen Partners nicht zur Verfügung stehen, so dass das Risiko der Absatz- oder Beschaffungsmarktbearbeitung erheblich steigen kann. Dieser Nachteil kann auch durch die Akquisition einer bereits bestehenden Unternehmung kompensiert werden (→ *Mergers and Acquisitions*) (vgl. Bradley, 1999, S. 356ff.). Jedoch muss man auch hier sowohl die Risiken der Auslandstätigkeit als auch die Kosten alleine tragen.

Tochtergesellschaften im Ausland können somit entweder durch (→) *Akquisition* oder durch die Neugründung eines Unternehmens im ausländischen Markt entstehen. Als Vorteile einer Akquisition sind zu nennen (vgl. Pausenberger, 1992, S. 212):

- Zeitliche Gründe: Der Erwerb eines vorhandenen Betriebes ermöglicht die sofortige Aufnahme der Produktion und damit einen unverzüglichen Markteintritt.
- Finanzielle Gründe: Sowohl die Beschleunigung des Markteintritts bzw. der Produktionsaufnahme als auch die bereits bestehende Führungsmannschaft im ausländischen Unternehmen können zu einer beachtlichen Kapitalersparnis führen.
- Wettbewerbsgründe: Eine bestehende ausländische Unternehmung verfügt bereits über Marktanteile, so dass Erfahrungskurveneffekte (→ *Erfahrungskurve*) schneller realisiert werden können.
- Ressourcen: Wichtige Markteintrittsbarrieren (→ *Markteintritts- und Marktaustrittsbarrieren*), z.B. fehlende Distributionskanäle, können durch eine Akquisition umgangen werden (vgl. Aaker, 1998, S. 235). Außerdem kann – auf Grund oftmals geringer Landeskenntnis, z.B. bezüglich der Gesetze, der Konsumenten oder Personalmentalität – das Know-how eines bereits bestehenden Unternehmens sehr hilfreich sein. So ist bereits eine erhebliche Kenntnis des ausländischen Marktes vorhanden, die im Falle der Neugründung erst aufgebaut werden muss.

Diesen Vorteilen der Akquisition stehen aber auch einige Gründe entgegen, die für eine Neugründung sprechen (vgl. Pausenberger, 1992, S. 213):

- Unternehmensinterne Integrationsvorteile: Bei der Neugründung einer Tochtergesellschaft sind nicht erst Friktionen und Widerstände bereits bestehender Personalstrukturen zu überwinden, so dass mögliche Umstellungskosten entfallen. Auch Unterschiede in der (→) *Unternehmenskultur*, die sich bei einer Akquisition negativ auswirken können, entfallen bei einer Neugründung, ebenso wie Unterschiede in den technischen und betriebswirtschaftlichen Abläufen.
- Unternehmensexterne Integrationsvorteile: Die Regierung und die Öffentlichkeit in den Gastländern bevorzugen i.d.R. Neugründungen im Vergleich zu Unternehmensaufkäufen, die häufig Aversionen hervorrufen.
- Aspekte des Partnerunternehmens: Um eine Akquisition vornehmen zu können, muss ein geeignetes Unternehmen im Gastland bestehen, zudem muss ein Aufkauf dieses Unternehmens überhaupt möglich sein (→ *Übernahme- und Abwehrstrategien*). Ohne ein passendes Unternehmen im betreffenden Markt ist eine Neugründung die einzig mögliche Alternative (vgl. Root, 1994, S. 142ff.).

Bei der Führung von Tochtergesellschaften können unterschiedliche Ansätze verfolgt werden, die sich in den Freiheitsgraden und der Bedeutung der Tochtergesellschaften für die Gesamtorganisation unterscheiden (→ *EPRG-Konzept; Koordination*).

Tokio-Runde → *Welthandelsrunden*

Top-Down-Planung → *Planungsprozess*

Total Quality Management (TQM)
→ *Qualitätsmanagement*

Trade Marketing

Trade Marketing ist Ausdruck der Kundenorientierung eines Herstellerunternehmens gegenüber dem (→) *Handel* mit dem Ziel, zu dessen »preferred suppliers« zu gehören. Ziel des Trade Marketing ist insbesondere, die Zusammenarbeit zwischen Handel und Hersteller im Sinne einer Wertschöpfungspartnerschaft zu fördern und durch eine Erhöhung der Wertschöpfung in der gesamten Versorgungskette den Verteilungskonflikt zwischen Handel und Hersteller zu entschärfen (vgl. Liebmann/Zentes, 2001, S. 294).

Während das Consumer Marketing sich an den Bedürfnissen des Verbrauchers orientiert und Marken oder Markenkategorien (→ *Category Management*) die strategischen Einheiten bilden, sieht das Trade Marketing den Handelskunden mit dessen eigenen Konzepten und Bedürfnissen als eine strategische Einheit.

Wesentliche Elemente des Trade Marketing (→ *Marketing-Mix*) sind (vgl. Liebmann/Zentes, 2001, S. 296):

- Sortiment (→ *Sortimentspolitik*)
- Trade Relationship
- Logistik
- Handelskonditionen (→ *Konditionenpolitik*)
- (→) *Verkaufsförderung*
- Informations- und Know-how-Transfer sowie
- Umweltkooperation.

Das Umsatzpotenzial des Sortiments ist eine zentrale Größe im Gesamtgeschäft zwischen Hersteller und Handel bzw. zwischen Handel und Käufer. So ist es wichtig, dass der Hersteller bereits bei der Neuentwicklung eines Produktes oder einer Marke (→ *Innovation*) auf deren Attraktivität für den Handelskunden im Rahmen dessen (→) *Category-Management* achtet.

Insbesondere die Gestaltung der Konditionenpolitik zwischen Hersteller und Handel kann dazu beitragen, den Konflikt um die Verteilung der erzielten Gewinne zu reduzieren. Zugeständnisse an den Handel hinsichtlich des Abgabepreises bergen jedoch die Gefahr, dass die vom Hersteller angestrebte preisliche (→) *Positionierung* gegenüber den Käufern durch ein Trading down unterlaufen wird.

Im Rahmen des Trade Marketing dienen Werbekostenzuschüsse (WKZ) der Funktionen- und Risikoverteilung zwischen Hersteller und Handel. Werbekostenzuschüsse werden ohne Knüpfung an mengen- oder wertmäßige Bedingungen an den Handel gewährt und dienen der Finanzierung von Werbe- oder Verkaufsförderungsmaßnahmen, die (vorrangig) auf die Produkte bzw. Leistungen der betreffenden Hersteller bezogen sind (vgl. Theis, 1999, S. 703).

Trade Relationship kann als eine Form des (→) *Beziehungsmanagements* bezeichnet werden, in der der Hersteller seine Beziehungen zu den Key-Managern des Handels (→ *Key-Account-Management*) im Sinne eines partnerschaftlichen Verhältnisses pflegt. Die Logistik weist ein großes Potenzial zur Effizienzsteigerung in der Gesamtwertschöpfung von Hersteller und Handel auf. Ansatzpunkte finden sich im Lieferservice und in der (ökologischen) Verpackungsgestaltung sowie in der Anwendung moderner Kommunikationsmedien wie des CAS (→ *Computer Aided Selling*) oder des elektronischen Bestelldatenaustauschs in der Auftragsannahme und -abwicklung (→ *SEDAS*).

Verkaufsfördernde Maßnahmen des Herstellers begünstigen nicht nur den Abverkauf, sondern verhelfen auch dem Handelskunden, sein eigenes Shop-Image bei den Käufern zu kommunizieren (→ *Kommunikation*).

Darüber hinaus verfügt der Hersteller i.d.R. auf Grund seiner Sortimentsspezialisierung über einen Informationsvorsprung gegenüber dem Handel hinsichtlich Marktinformationen, Verbraucherverhalten und Produktspezifika, den er in Form eines Know-how-Transfers im Trade Marketing instrumentalisieren kann.

Trade Mart [s.a. Großhandelszentrum]
Eine Trade Mart, auch Mart, Trade Center oder Großhandelsdispositionszentrum genannt, stellt die räumliche Zusammenfas-

sung von Verkaufsniederlassungen, Musterräumen oder Außenhandelsbüros der Industrie, des Großhandels und/oder der Handelsvertreter einer Branche oder Branchengruppe dar. Ein Trade Mart hat somit den Charakter einer ständigen (→) *Messe* oder (→) *Ausstellung*. Überlicherweise werden von jeder vertretenen Firma in speziellen Schauräumen Warenmuster gezeigt. Der ausschließlich gewerbliche Kunde hat somit die Möglichkeit, sich über das aktuelle Warenangebot von Firmen zu informieren, sich von Firmenvertretern beraten zu lassen und Bestellungen aufzugeben. In einem Trade Mart finden keine physischen Warenprozessleistungen, sondern nur dispositive Einkaufs- und Verkaufstätigkeiten statt.

Neben den Firmen bieten oft auch Verbände und sonstige Organisationen ihre Dienste an (z.B. Übersetzungen, Beratungen, Bibliotheksdienste). In international ausgerichteten Trade Marts sind oft Konsulate und Handelsvertretungen integriert.

Als Formen von Trade Marts sind

- Fach-Marts
- Mehrbranchen-Marts
- internationale Marts

zu nennen.

Trade Terms → *INCOTERMS*

Trading-down → *Trading-up*

Trading-up [s.a. Handelsmarketing; Strategisches Marketing]
Unter Trading-up versteht man die Menge der Maßnahmen, die ein Handelsbetrieb trifft, um eine Verbesserung des betriebsindividuellen Leistungsstandes zu erreichen. Hierzu gehören u.a.:

- die Mehr-Ausstattung mit Verkaufs- und Parkflächen
- die qualitative und quantitative Sortimentserweiterung
- die qualitative und quantitative Verbesserung des Betriebsmittellayouts und der Raumausstattung in Bezug auf Bodenbeläge, Klimatisierung, Dekoration
- die Erweiterung der Kundendienstleistungen
- die qualitative und quantitative Verbesserung der Personalausstattung.

Unter Trading-down versteht man dagegen die Menge der geschäftspolitischen Maßnahmen, die ein Handelsbetrieb trifft, um eine Senkung von Kosten zu erreichen. Auf der Grundlage des Niedrigpreiskonzeptes wird eine Niveausenkung der betrieblichen Merkmale angestrebt.

Neben Trading-up und Trading-down ist Side-Trading als Strategie des Handelsmarketing herauszustellen. Darunter versteht man die Koevolution mit einer Zielgruppe.

Transaktion
Nach Kotler/Bliemel (2001, S. 16f.) ist es Ziel des Marketing, Austauschprozesse zu erleichtern und durchzuführen. Als Transaktionen bezeichnet man einmalige, als Austauschbeziehungen dauerhafte Beziehungen zwischen den Marktpartnern. Transaktionen beziehen sich auf den Tausch von Waren und Dienstleistungen gegen andere Güter oder gegen Geld. Grundsätzlich können alle Werte als Tauschobjekte betrachtet werden, so auch Zeit, Aufmerksamkeit oder Zuneigung (→ *Marketing, generisches*).

Transaktionsepisode
Die Transaktionsepisode beinhaltet alle Planungs-, Entscheidungs- und Verhandlungsprozesse innerhalb und zwischen den an einer (→) *Transaktion* beteiligten Organisationen, die das Ziel verfolgen, eine solche

Transaktion herbeizuführen und durchzuführen (vgl. Kutschker/Kirsch, 1978, S. 3f.).

Auf Grund der langen Dauer und Phasendifferenziertheit von Investitionsgütertransaktionen ist es zweckmäßig, zwischen Marketingaktivitäten innerhalb und außerhalb der Transaktionsepisode zu unterscheiden.

Im Gegensatz zu Konsumgütermärkten (→ *Konsumgütermarketing*) erfolgen die meisten Marketingaktivitäten bei Investitionsgütern (→ *Investitionsgütermarketing*) innerhalb der Transaktionsepisode. Während der Transaktionsepisode werden die meisten Entscheidungen über die Absatzinstrumente, d.h. Entscheidungen über die Leistungsgestaltung, Preise, Konditionen u.a., in Interaktionen mit den beteiligten Organisationen getroffen. Diese Entscheidungen werden nicht autonom vom Anbieter gefällt, sondern während der Episode erfolgen parallele und sukzessive Verhandlungen zwischen den Marktpartnern (vgl. Kirsch/Schneider, 1974, Sp. 944ff.).

Außerhalb der Transaktionsepisode werden Marketingaktivitäten durchgeführt, die sich nicht auf konkrete Transaktionen beziehen, sondern die dem Aufbau und der Pflege von Potenzialen (→ *Potenzialplanung*) dienen. Es handelt sich dabei um Marketingentscheidungen und -aktivitäten, die in ihrer Auswirkung eine Vielzahl von (potenziellen) Transaktionen betreffen. Der generellen Förderung mehrerer oder aller möglichen Transaktionen eines Unternehmens dienen etwa Maßnahmen der Promotion. Hierzu gehören (→) *Werbung*, (→) *Public Relations*, aber auch Maßnahmen zur Verkäuferaus- und -weiterbildung (vgl. Kirsch/Schneider, 1974, Sp. 946f.).

Zu den Marketingaktivitäten außerhalb der Episode gehören auch Maßnahmen zur Vorstrukturierung von Transaktionsepisoden. Dies geschieht durch das Aufstellen von allgemeinen Richtlinien und Prozeduren, die dann bei allen ähnlichen Fällen angewendet werden; dadurch werden mögliche Entscheidungen in der Transaktionsepisode eingeengt. Innerhalb der Episode werden die einzelnen Instrumente unter Beachtung der Richtlinien konkretisiert.

Die Marketingaktivitäten innerhalb und außerhalb von Transaktionsepisoden beeinflussen sich in ihrer Wirkung gegenseitig. Diese Interdependenz ist ein wesentlicher Bestimmungsfaktor für das optimale (→) *Marketing-Mix* für Investitionsgüter.

Transaktionsformen

Die Transaktionsform beschreibt den jeweiligen Integrationsgrad einer Wertschöpfungsaktivität in die unternehmensinternen Planungs-, Durchführungs- und Kontrollprozesse (vgl. Poungias, 1996, S. 34). Das Alternativenspektrum lässt sich als Kontinuum zwischen den polaren Transaktionsformen Markt und Hierarchie charakterisieren (vgl. Übersicht 132).

Die reine Markttransaktion stellt eine mögliche Transaktionsform dar. Dabei schließen zwei unabhängige Wirtschaftssubjekte durch freiwillige, übereinstimmende Willensäußerung einen Kaufvertrag ab. Die zentrale Koordinationsfunktion übernimmt hierbei der Preis. Das andere Extrem wird durch die Hierarchie bzw. Integration gegeben. Dabei erfolgen die relevanten Wertschöpfungsaktivitäten innerhalb desselben Unternehmens. Die Koordination wird im Rahmen des Autoritätsprinzips ausgeübt (vgl. Weder, 1989, S. 58ff.). Zwischen diesen Polen liegen vielfältige Formen kooperativer Transaktionen. Dabei zeigt das »Transaktionsformen-Typenband« von links nach rechts einen zunehmenden Internalisierungsgrad bzw. von rechts nach links einen zunehmenden Externalisierungsgrad (vgl. Zentes, 1995d, S. 22).

Kooperative Transaktionen (→ *Kooperationen*) zeichnen sich dadurch aus, dass »die Parteien sich gegenseitig einen gewissen Grad von Verpflichtung und damit Si-

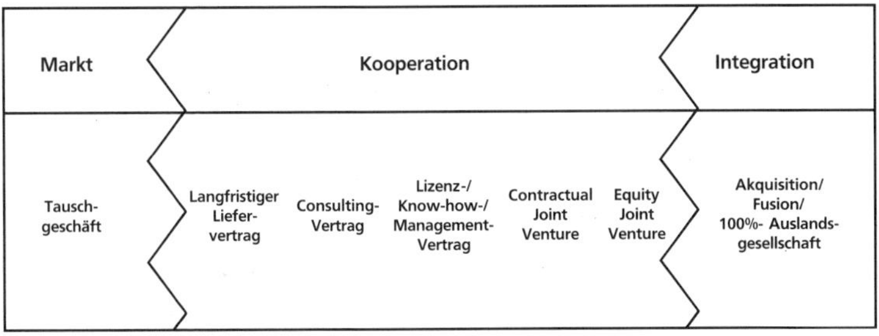

Quelle: in Anlehnung an Weder, 1989, S. 74.

Übersicht 132: Transaktionsformen-Typenband

cherheit in Bezug auf weitere zukünftige Geschäfte geben« (Weder, 1989, S. 62). Kooperationen können in unterschiedlichen Formen realisiert werden, so als (→) *Management-Vertrag*, als Lizenzvertrag (→ *Lizenzpolitik*) oder als (→) *Joint Venture*. Das für kooperative Organisationsformen kennzeichnende Zusammenwirken sowohl marktlicher als auch hierarchischer Kontroll- und Koordinationsinstrumente kann dabei zu Transaktionskostenersparnissen führen (vgl. Sydow, 1995, S. 103) (→ *Transaktionskosten*).

Transaktionskosten [s.a. Institutionenökonomik]

Das Konstrukt der Transaktionskosten und die darauf basierende Transaktionskostentheorie sind zentraler Bestandteil der Neuen Institutionenökonomik. Im Mittelpunkt der Betrachtung stehen dabei die Verfügungsrechte, deren Übertragung bzw. Nutzung mit (Transaktions-) Kosten verbunden ist.

Konkret können Transaktionskosten – vereinfacht – als »Kosten der Betreibung eines Wirtschaftssystems« (Richter/Furubotn, 1999, S. 49) bezeichnet werden. Beispiele für Transaktionskosten sind Kosten, die mit der Nutzung eines Marktes oder einer Unternehmung entstehen. Zu unterscheiden sind

- fixe Transaktionskosten, so spezifische Investitionen oder »versunkene Investitionen« (»sunk costs«), die bei der Errichtung von Institutionen entstehen und
- variable Transaktionskosten, die von Anzahl oder Umfang der Transaktionen abhängig sind (vgl. Richter/Furubotn, 1999, S. 50).

Transaktionskosten bestimmen wesentlich den betriebswirtschaftlichen Alltag, z.B. in Form von Kosten, die bei der Suche nach geeigneten Geschäftspartnern und für die Anbahnung von Verträgen entstehen (Anbahnungskosten). Sind diese Kosten höher als die Transaktionskosten eines unternehmensinternen Leistungsaustauschs, insbesondere Organisations- und Kontrollkosten, so wird angenommen, dass die betrachtete Aktivität internalisiert wird, um die entsprechenden Transaktionskosten zu senken.

Die Theorie der Transaktionskosten kann auch angewendet werden, um (→) *Direktinvestitionen* zu erklären. So wird argumentiert, dass eine multinationale Unternehmung dann entsteht, wenn die interne Koordination der Aktivitäten in den unterschiedlichen Ländern effizienter ist als eine externe, marktliche Koordination (→ *Transaktionsformen*). Man spricht hierbei von der Theorie der Internalisierung (vgl. Buckley/Casson, 1976, S. 36f.). Sind die so zu erzielenden Vorteile einer internationalen Internalisierung größer als die Kosten der Internalisierung, z.B. Koordinationskosten, so entsteht eine multinationale Unternehmung bzw. wird eine Direktinvestition vorgenommen.

Transfer

Der Verwendungszusammenhang von Theorien bezeichnet die Verwertung wissenschaftlicher Erkenntnisse, d.h. die Übertragung von wissenschaftlichen Erkenntnissen in die Praxis (Forschungstransfer). Im Marketing geht es z.B. um die Adaption von sozialwissenschaftlichen Erkenntnissen zur Gestaltung der sozialen Umwelt (vgl. Kroeber-Riel/Weinberg, 1999, S. 38ff.).

Voraussetzung für einen effizienten Forschungstransfer ist eine verstärkte Kommunikation zwischen Forschung und Praxis. Zur Förderung der Interaktionen zwischen Wissenschaft und Praxis werden daher zunehmend Institutionen im Sinne von Transferagenten eingeschaltet. Zu erwähnen sind hier die Technologieberatungsstellen der Industrie- und Handelskammern und der Gewerkschaften, die Technologietransfer- bzw. Forschungs- und Entwicklungstransferstellen der Hochschulen sowie freiberuflich tätige Transfer-Berater und gewerbliche Transfer-Beratungsinstitute (→ *Technologietransfer*).

Zur Förderung des Forschungstransfers, insbesondere im ingenieur- und naturwissenschaftlichen Bereich, werden darüber hinaus von vielen Gemeinden Technologieparks eingerichtet, in die neben Forschungs- und Entwicklungsabteilungen bestehender Unternehmen neu gegründete Unternehmen (»Existenzgründer«) integriert werden. Diese Technologieparks kooperieren meist eng mit Hochschulen, mit dem Ziel, so genannte Spin-offs zu erzielen, d.h. Anstöße zur Produktentwicklung bzw. zur Entwicklung von Prototypen aus der Forschung zu erhalten.

Transfer bedeutet umgekehrt aber auch die Übertragung von Problemen der Praxis in die Forschung (Problemtransfer).

Transferpolitik → *Gewinn- und Kapitaltransfer*

Transferpreise

Transfer- oder Verrechnungspreise haben im (→) *Internationalen Management* vor allem Bedeutung beim Leistungsaustausch zwischen verbundenen in- und ausländischen Unternehmen oder organisatorischen Einheiten eines Unternehmens. Drumm (1989, Sp. 2077ff.) unterscheidet in Abhängigkeit von der (→) *Organisationsstruktur* internationaler Unternehmen drei alternative Ansätze zur Bestimmung von Transferpreisen:

1. Das Unternehmen greift auf das Transferpreissystem für seine Inlandsgeschäfte zurück, soweit es den Anforderungen in- und ausländischer Finanzverwaltungen entspricht. Dies bietet sich in dem Fall an, wenn die Muttergesellschaft eine divisionale Grundstruktur aufweist und ihre Tochter- und Beteiligungsgesellschaften im Ausland dezentral durch ihre Geschäftsbereiche steuert.

2. Hat die Muttergesellschaft eine funktionale Struktur und steuert ihre Auslandsgesellschaften zentral, dann muss das Unternehmen für seine Auslandsbeziehungen ein eigenes Transferpreissystem bilden.

3. Im dritten Fall bildet das Unternehmen Verrechnungspreise nach dem Prinzip der verlustfreien Bewertung bzw. der Resale Price Method. Diese Transferpreisbildung trifft auf Unternehmen zu, die unabhängig von ihrer Organisationsstruktur im Aus-

land nur Verkaufsniederlassungen betreiben.

Transferpreisbildungen können unterschiedlichen Zielsetzungen unterliegen. Sie können der optimalen Allokation der Ressourcen dienen oder mit dem Ziel der Gewinnverlagerung und den Subzielen der Steuerminderung (vgl. Emmanuel, 1999, S. 419) und/oder Kapitalverlagerung (in Form verdeckter Innenfinanzierung) gebildet werden.

Internationale Unternehmen stützen sich auf folgende Bestimmungsgrößen zur Ermittlung von Transferpreisen (vgl. Drumm, 1989, Sp. 2079f.):

- Transferpreise auf der Basis marktorientierter Listenpreise
- Transferpreise auf der Basis von Vollkosten
- Transferpreise auf der Basis von Vollkosten zuzüglich eines bestimmten Gewinnaufschlages und
- Transferpreise auf der Basis ausgehandelter Preise.

Neben den ökonomischen Problemen der Transferpreisbildung sind ferner eine Reihe von gesetzlichen Regelungen zu berücksichtigen. Hervorzuheben sind hier die Empfehlung des Committee on Fiscal Affairs der (→) *OECD* und das Außensteuergesetz der Bundesrepublik Deutschland. Die darin vorgeschriebenen »angemessenen« Transferpreise sollen die Gewinnverlagerung in Niedrigsteuerländer verhindern. Die Angemessenheit unterliegt dem so genannten Fremdvergleich (grundsätzliche Orientierung am Markt- oder Börsenpreis) (vgl. Drumm, 1989, Sp. 2080).

Transformationsländer → *Staatshandelsländer*

Transithandel

Beim Transithandel – eine Grundform des (→) *Außenhandels* – erfolgen wirtschaftliche Leistungen zwischen zwei unterschiedlichen Auslandsmärkten durch einen Handelsbetrieb (Transithändler) mit Sitz in einem dritten Land. Je nach Sitz des Transithändlers wird in aktiven und passiven Transithandel unterschieden. Beim aktiven Transithandel ist der Transithändler im Inland ansässig und tätigt Außenhandelsgeschäfte zwischen Herstellern und Abnehmern in Drittländern. Beim passiven Transithandel dagegen ist der Transithändler im Ausland ansässig. Eine weitere Unterscheidung wird zwischen direktem und indirektem Transithandel vorgenommen. Beim direkten Transithandel erfolgt nur der dispositive Warenfluss über das Land des Transithändlers, während die Ware physisch direkt vom Herstellerland in das Abnehmerland transportiert wird. Beim (indirekten) gebrochenen Transithandel dagegen folgt der physische Warenfluss dem dispositiven Warenfluss, um z.B. im Land des Transithändlers umgepackt oder neu sortiert zu werden (vgl. Jahrmann, 1998, S. 57f.).

Transit-Terminals

Transit-Terminals sind Konsolidierungspunkte bzw. Umschlagpunkte für Güterströme, in denen die Ware nicht physisch gelagert wird, sondern lediglich »durchfließt« und umgeladen wird. Diese Terminals finden sich immer häufiger in der Konsumgüterwirtschaft. Es werden hier die Warensortimente der unterschiedlichen Hersteller in diesen Transit-Terminals für die Handelsfilialen konsolidiert und gebündelt, meist über einen durch den Handel bestimmten Logistikdienstleister, ausgeliefert. Für die Bündelung der Ware erfolgt lediglich eine transportbedingte, bestandslose Zwischenlagerung. Transit-Terminals können sowohl Konsolidierungspunkte von Logistikdienstleistern sein, wodurch sich der Vorteil ergibt, dass i.d.R. größere Konsolidierungseffekte erzielt werden können, als auch eigene Läger des Handels (vgl. Kunkel, 1999, S. 724).

Die Standorte von Transit-Terminals sind typischerweise transportorientiert, da im Mittelpunkt der Effizienzüberlegungen weniger eine hohe Lagerkapazität stehen, sondern Bewegungsprozesse wie eine hohe Umschlagleistung oder Umschlaggeschwindigkeit (vgl. Liebmann/Zentes, 2001, S. 637).

Hinsichtlich der Warenflussprozesse in Transit-Terminals ist zu unterscheiden, ob die ankommende Ware, wie beim Cross Docking-Verfahren (→ *Marketinglogistik*), bereits filialgenau vorkommissioniert ist und demzufolge nur noch »umgeladen« werden muss, oder ob der Kommissioniervorgang im Terminal durchgeführt wird.

Transitverkehr

Beim Transitverkehr handelt es sich um die Durchfuhr durch einen Staat, um eine Ware zwischen zwei Drittstaaten zu transportieren. Zur administrativen Vereinfachung gibt es mehrere Verfahren, so das Carnet T.I.R. (→ *Carnet*).

Transnationale Unternehmung

→ *Internationale Unternehmung*

Transport

Güter können durch physische, räumliche und zeitliche Merkmale beschrieben werden. Prozesse, welche die räumlichen Merkmale verändern, werden als Transportleistungen bezeichnet (vgl. Ihde, 2001, S. 3). Der Transport im Bereich der Beschaffung von Unternehmen, in der Bewegung von Objekten zwischen Unternehmensteilen und in der Distribution der Leistungen des Unternehmens spielt eine bedeutende Rolle im Rahmen der internationalen Unternehmenstätigkeit. Er ist Teil der internationalen (→) *Logistik*. Zwar findet Transport auch bei rein nationaler Unternehmenstätigkeit statt, die internationale Dislozierung der Wertkette erhöht jedoch die Komplexität und die Unsicherheiten in der Planung und Realisierung des Transports. Wesentlichen Einfluss auf den Transport hat die (→) *Konfiguration* der (→) *Wertkette* eines Unternehmens.

Da die Transportkosten oft einen wesentlichen Teil an den Gesamtkosten ausmachen, sollten grundsätzlich für jedes Geschäft Zweckmäßigkeit und Kosten des einzelnen Transportangebotes überprüft werden. Die Zweckmäßigkeit hängt hierbei u.a. von der Haltbarkeit der Ware, der Transportdauer, dem Volumen der Ware und der Lieferfrist ab (vgl. Jahrmann, 1998, S. 135).

Grundsätzlich lassen sich verschiedene Transportarten unterscheiden (vgl. Ihde, 2001, S. 135ff.):

- Seeschifffahrt
- Binnenschifffahrt
- Eisenbahnverkehr
- Straßenverkehr
- Luftverkehr
- Rohrleitungsverkehr.

Diese Verkehrsträger können nicht nur isoliert, sondern auch kombiniert eingesetzt werden. Vom gebrochenen Güterverkehr oder auch kombinierten Verkehr spricht man, wenn mehrere Transportarten für einen Transportweg benutzt werden. Hier ist die Verwendung von Normverpackungen (Container) empfehlenswert, da sie auf die verschiedenen Transportmittel verladen werden können, ohne ein Umladen des Inhalts in Kauf nehmen zu müssen (vgl. Jahrmann, 1998, S. 153). Es sind jedoch auch andere Formen des kombinierten Verkehrs möglich (vgl. Übersicht 133).

Transportversicherung

»Die Transportversicherung ist eine Form der Schadensversicherung [...] der mit einem Transportmittel, mit transportierten

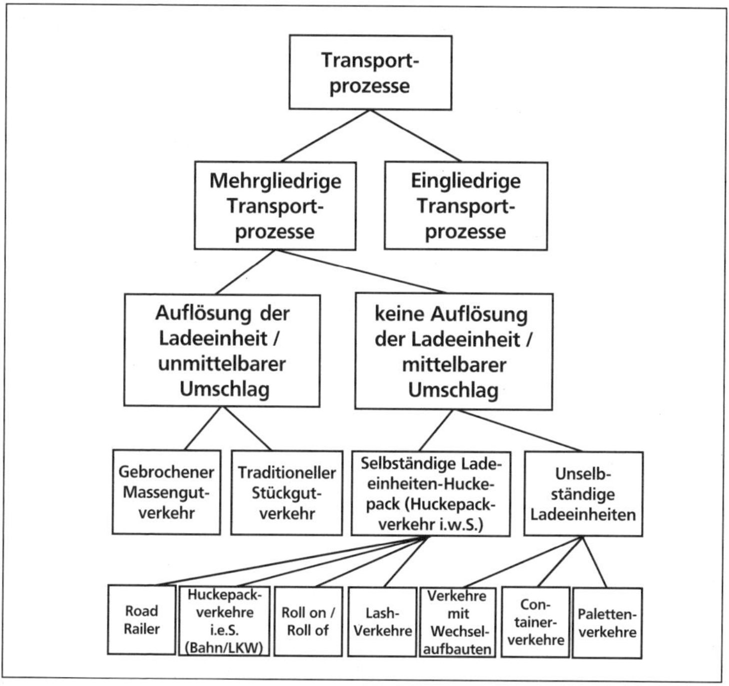

Quelle: Ihde, 2001, S. 204.

Übersicht 133: Erscheinungsformen kombinierter Verkehre

Gütern oder einer Reise [...] in Verbindung stehenden und im Vertrag bezeichneten Interessen, in der Regel gegen eine Vielzahl von Gefahren, die während der Dauer der Bewegung, der Bewegungsbereitschaft oder der Aufbewahrung vorhanden sind« (Enge, 1996, S. 16). Als eine der ältesten Versicherungsformen kann die Transportversicherung nach drei Unterscheidungsmerkmalen unterteilt werden (vgl. Enge, 1996, S. 17ff.; Burgmann, 1998, S. 659f.):

1. Nach der Art der versicherten Interessen: Kaskoversicherung, Güterversicherung, Frachtversicherung, Schiffsmiete und Überfahrgelder.
2. Nach den Wegen, die der Transport nimmt: Seetransport-, Binnentransport-, Lufttransportversicherung und Versicherung für kombinierte Transporte.
3. Nach der Dauer der Versicherung: Reise- und Zeitversicherung sowie Einzel- und laufende Versicherung.

Die Transportversicherung dient dazu, Transportrisiken abzusichern (→ *Außenhandelsrisiken*). Die wichtigsten deutschen Verbände in der Transportversicherung sind:

– der Deutsche Transport-Versicherungs-Verband e.V. (DTV), der die Interessen

der Transportversicherung innerhalb der deutschen Gesamtwirtschaft wahrnimmt
- der Verein Hamburger Assecuradeure (VHA) und der Verein Bremer Seeversicherer (VBS) als Zusammenschlüsse für alle in Hamburg bzw. Bremen tätigen Transportversicherer für die Erfüllung von Gemeinschaftsaufgaben.

Im Ausland sind insbesondere der internationale Transport-Versicherungs-Verband, das Institute of London Underwriters (eng verknüpft mit dem Institute of Lloyd's Underwriters) sowie in Frankreich das Comité Central d'Assurance Maritime zu nennen.

Rechtsgrundlage für die Transportversicherung sind insbesondere das Versicherungsvertragsgesetz (VVG) und das Versicherungsaufsichtsgesetz (VAG). Deutsche Transportversicherer unterliegen im Wesentlichen zwei Versicherungsbedingungen (vgl. Enge, 1996, S. 36ff.):

- den Allgemeinen Deutschen Seeversicherungsbedingungen (ADS)
- den Allgemeinen Deutschen Binnentransport-Versicherungsbedingungen (ADB).

Für den Seeverkehr mit besonderer Berücksichtigung der Güterversicherung bildeten die ADS (1919) mit den dazugehörigen Zusatzbestimmungen (ADS Güterversicherung 1973 in der Fassung 1984 und 1994) die wichtigste Rechtsgrundlage. Bei diesen Bedingungen handelte es sich nicht um Gesetze, sondern um vertragliche Regeln, die jedoch nahezu die gesetzlichen Regelung des Handelsgesetzbuches (HGB) ersetzen, auf die nur noch in Zweifelsfällen Bezug genommen wurde (vgl. Burgmann, 1998, S. 660). Das Transportrecht war zersplittert in viele Verordnungen, Gesetze sowie Geschäftsbedingungen mit gesetzesähnlichem Charakter. Seit der Transportrechtsreform am 1. Juli 1998 wurden die deutschen Gesetze und Verordnungen außer Kraft gesetzt und im HGB in reformierter Form festgeschrieben. Das HGB bildet nun die (fast) alleinige Rechtsgrundlage im deutschen Transportrecht. Die ADS sowie die dazugehörigen Klauseln wurden mit dem Transportrechtsreformgesetz durch die DTV-Güterversicherungsbedingungen 2000 (DTV-Güter 2000) ersetzt. Da die ADS in ihrer jahrzehntelangen Entwicklung durch abweichende Bedingungen immer unübersichtlicher wurden, ist mit den »DTV-Güter 2000« ein modernes, leichter verständliches und einfacher handhabbares Bedingungswerk für Transporte zu Wasser, Land und Luft sowie damit zusammenhängende Lagerungen geschaffen worden. Der aus den »ADS-Güter« bekannte Deckungsumfang ist erhalten geblieben; es wurden allerdings einige Verbesserungen vorgenommen, die am Markt übliche Erweiterungen berücksichtigen.

Für den grenzüberschreitenden Güterverkehr gab und gibt es weiterhin internationale Übereinkommen. Die internationale Transportversicherung unterliegt einer Reihe von Rechtsquellen des Internationalen Transportrechts (→ *ITR*). Die nationalen Rechtsnormen über den grenzüberschreitenden Güterverkehr beruhen dabei auf internationalen Vereinbarungen (vgl. Zippel, 1998, S. 677ff.). Im deutschen Transportrechtsreformgesetz kommen als Vertragsform entweder Einzelversicherungsverträge oder Rahmenversicherungsverträge, letztere in Form von Generalpolicen, Abschreibungspolicen und Pauschalpolicen in Betracht (vgl. Burgmann, 1998, S. 660f.; Schroth, 2001, S. 540).

Treasuring

Treasuring bezeichnet im amerikanischen Sprachgebrauch die Gesamtheit der finanzwirtschaftlichen Aufgaben eines Unternehmens. Es trägt für folgende Aspekte die (inhaltliche) Verantwortung (vgl. Horváth, 1993, S. 637):

- Beschaffung der Finanzmittel
- Verwendung der Finanzmittel
- Gestaltung der Vermögens- und Kapitalstruktur
- Abwicklung des Zahlungsverkehrs
- finanzielle Abwicklung des Außenhandels
- Organisation des Finanzwesens (Aufbau- und Prozessstruktur).

Das Treasuring ist eng mit dem Finanzmanagement verwandt (vgl. Horváth, 1993, S. 637). Zugleich steht es in engem Zusammenhang zu dem (→) *Controlling*, insbesondere dem Finanzcontrolling, das im Wesentlichen die Aufgabe hat, dass die Aufgaben des Finanzmanagements wahrgenommen und mit den Schnittstellen zu anderen betrieblichen Funktionsbereichen (Produktions-, Beschaffungsbereich usw.) inhaltlich und zeitlich abgestimmt werden (Koordinationsaufgabe des Controlling). Allerdings hat das Controlling (im engeren Sinne) keine inhaltliche Verantwortung für das Finanzmanagement, diese liegt beim Treasuring (vgl. Horváth, 1993, S. 637).

Triade-Modell

Nach Ohmae (1985) lassen die Globalisierung von Produkten und Märkten, der rasche technische Fortschritt und neoprotektionistische Tendenzen einen neuen Unternehmenstyp, das Triade-Unternehmen, entstehen. Dessen Hauptmerkmal ist eine starke Wettbewerbsposition sowie eine Insiderposition in den Triade-Regionen USA, Europa und Japan. Das dazu geeignete Organisationsmodell ist die multiregionale Unternehmung mit Schwerpunkten in diesen drei Regionen. Durch technische Entwicklungen ist der Lohnkostenanteil in der Produktion soweit gefallen, dass nach Ansicht von Ohmae eine Produktionsverlagerung in (→) *Entwicklungsländer* nicht mehr vorteilhaft ist. Um die für die Produktion von High-Tech-Produkten notwendigen qualifizierten Arbeiter zu finden, bietet sich somit die Produktion in den Industrieländern der Triade an. Zudem kann nach Ohmae gerade für die Triade-Märkte die These der Homogenisierung der Märkte von Levitt (1983, S. 92ff.) herangezogen werden.

Für die Einführung neuer Produkte schlägt Ohmae vor, das bisher vorherrschende »Wasserfall-Modell« eines sukzessiven Markteintritts in die verschiedenen Märkte durch ein »Sprinkler-Modell« zu ersetzen, bei dem ein Produkt in allen Triade-Märkten zeitgleich eingeführt wird (vgl. Perlitz, 2000, S. 143f.).

Triffin'scher Koeffizient

Die Erfassung der (→) *Marktstruktur* nach Reaktionsweisen, d.h. auf der Basis von Marktwirkungen zwischen Konkurrenten, geht auf Triffin zurück. Die von ihm gewählten Messgrößen (Kreuzpreiselastizitäten) werden als Triffin'sche Koeffizienten bezeichnet (→ *Elastizität*).

Der erste Triffin'sche Koeffizient (τ) ist ein Maß für die Stärke der Konkurrenzbeziehungen; er ist wie folgt definiert:

$$\tau = \frac{\delta x_B}{x_B} : \frac{\delta p_A}{p_A}.$$

τ gibt die relative Änderung der Menge (x) des Anbieters B im Verhältnis zur verursachenden relativen Preisänderung (p) des Anbieters A an. Die Werte dieses Koeffizienten werden wie folgt interpretiert.

$\tau=0$ (*reines Monopol*):

Die Preisänderung von Anbieter A bewirkt keine Absatzänderung des Anbieters B; Anbieter B ist Monopolist.

$\tau=\infty$ (*homogene Konkurrenz*):

Die geringste Preisänderung des Anbieters A führt im Falle der Preiserhöhung zum totalen Übergang der Nachfrage auf Anbieter B.

$0<\tau<\infty$ (*heterogene Konkurrenz*):

Die Preisänderung des Anbieters A beeinflusst die Absatzmenge des Mitanbieters B.

Der zweite Triffin'sche Koeffizient (τ') ist eine Messgröße für oligopolistische Rückwirkungen, d.h. eine Messgröße der Zirkularität. Er ist wie folgt definiert:

$$\tau' = \frac{\delta p_A}{p_A} : \frac{\delta x_B}{x_B}.$$

τ' gibt die eintretende zweite relative Preisänderung des Anbieters A auf Grund der induzierten relativen Mengenänderung des Anbieters B an. Seine Werte werden im Falle homogener bzw. heterogener Konkurrenz, d.h. für $\tau \neq 0$, wie folgt interpretiert:

$\tau'=0$: nicht zirkulare Konkurrenz ($p_A \rightarrow x_B$)

$\tau' \neq 0$: zirkulare Konkurrenz ($p_A \leftrightarrows x_B$).

TRIMS [s.a. GATS; TRIPS]
TRIMS (Agreement on Trade-Related Aspects of Investment Measures) beschreiben ein Abkommen über handelsbezogene Investitionsmaßnahmen im Rahmen multilateraler Regelungen des GATT (→ *Allgemeines Zoll- und Handelsabkommen*). Damit wurde ein Abkommen bezüglich der, den GATT-Prinzipien zuwiderlaufenden Local-Content-Auflagen abgeschlossen. Das Abkommen enthält eine Liste mit Beispielen von gegen das GATT verstoßenden TRIMS. Beispielsweise gehört auch die Verpflichtung von Unternehmen zur Verwendung heimischer Vorleistungen bei Direktinvestitionen (→ *Local-Content-Politik*) zu diesen unzulässigen Maßnahmen (vgl. Koch, 1998a, S. 220).

Im Rahmen des TRIMS sind zugleich Maßnahmen zum Ausgleich der Handelsbilanz, z.B. die Beschränkung des Ankaufs und der Verwendung importierter Produkte im Verhältnis zum wert- oder volumenmäßigen Umfang der Exporte, sowie Vorschriften über Inlandsverkäufe und Produktionsbeschränkungen geregelt. Dieses Abkommen ist ein wesentliches Ergebnis der 8. Verhandlungsrunde des GATT (→ *Welthandelsrunden*).

TRIPS [s.a. GATS; TRIMS]
TRIPS (Agreement on Trade-Related Aspects of Intellectual Property Rights, including Trade in Counterfeit Goods) stellt die Einbeziehung eines umfassenden Schutzes geistigen Eigentums (→ *Urheberrecht*) in die multilateralen Regelungen des GATT (→ *Allgemeines Zoll- und Handelsabkommen*) dar. Mit dem Schutz geistigen Eigentums einschließlich des Handels mit Nachahmungen und Fälschungen wurde erstmalig ein Wirtschaftsbereich, der bisher nicht den GATT-Regelungen unterworfen war, zum Bestandteil des Allgemeinen Zoll- und Handelsabkommens als ein Hauptergebnis der 8. Verhandlungsrunde des GATT (→ *Welthandelsrunden*). Insofern wurde Wissen und seine wirtschaftliche Bedeutung als schutzwürdiges Gut international anerkannt. Vormals bestanden nur Sonderregelungen. Die TRIPS beinhalten im Wesentlichen die Verbesserung des Markenschutzes zur Vermeidung von Produkt- und Patentpiraterie (→ *Markenpiraterie*) sowie illegaler Softwarekopien, die den Handel mit Originalen beeinträchtigen. Je nach Entwicklungsstand eines Landes wurden Übergangsfristen bis zum Jahre 2006 gewährt, in der die Länder ihre Gesetzgebung mit den TRIPS-Bestimmungen in Einklang bringen müssen (vgl. Koch, 1998a, S. 173f.).

Trommsdorff-Modell → *Einstellungsmessung*

Turn-Key-Verträge
Turn-Key-Verträge sind eine Variante der Vertragsbeziehungen im internationalen

(→) *Anlagengeschäft*. Dabei werden Großprojekte, z.B. Raffinerien, Walzwerke, Kraftwerke usw., erstellt und dem Auftraggeber schlüsselfertig übergeben. Zusätzlich können weitere Aufgaben für den Auftraggeber übernommen werden, z.B. die umfassende Schulung seiner Führungsmannschaft, um die erstellten Anlagen auch effizient nutzen zu können (vgl. Altmann, 1993, S. 28). Da Anlagenprojekte in der Regel in (→) *Kooperationen* ausgeführt werden, kann der Vertrag z.B. mit einem (→) *Konsortium* oder einer (→) *Auslandsprojektgesellschaft* geschlossen werden. Auch der Einsatz eines Generalunternehmers, mit dem ein Kunde die Gesamtleistung kontrahiert, ist möglich. Der Vorteil des Abschlusses eines Turn-Key-Vertrages mit einem Generalunternehmer besteht darin, dass dieser dem Kunden dann für die gesamte schlüsselfertige Erstellung der Anlage im Außenverhältnis alleine haftet, inklusive der von seinen Unterlieferanten zu erbringenden Teilleistungen (→ *Generalunternehmerschaft*).

Typologie der Wirtschaftsgüter

Auf Grund der Vielfältigkeit und Heterogenität der Wirtschaftsgüter ist es zweckmäßig, eine (→) *Typologisierung* dieser Güter vorzunehmen. Dabei werden Gütergruppen gebildet, die hinsichtlich der Produkt- und Marktcharakteristika relativ homogen sind. Als Merkmale werden u.a. die Art der Nutzung der Güter und die zeitliche Inanspruchnahme bzw. Nutzung der Güter herangezogen (vgl. Übersicht 134).

Nach dem ersten Merkmal lassen sich die Wirtschaftsgüter in Konsumtivgüter und Produktivgüter gliedern. Die Konsumtivgüter werden i.d.R. synonym als Konsumgüter bezeichnet. Beide Gruppen lassen sich nach dem zweiten Merkmal in Gebrauchs- und Verbrauchsgüter unterteilen. Die Gebrauchsgüter zeichnen sich dadurch aus, dass sie sich zu einer wiederholten, längere Zeit andauernden Leistungsabgabe eignen, während Verbrauchsgüter nur einmal verwendet werden. Dabei bezeichnet man die gewerblichen Verbrauchsgüter als Produktionsgüter und die gewerblichen Gebrauchsgüter als Investitionsgüter (vgl. Wagner, 1978a, S. 269f.).

Diese Gütertypen lassen sich darüber hinaus auch noch nach anderen Merkmalen differenzieren (→ *Konsumgütertypologie; Investitionsgütertypologie*).

Typologisierung

Die Typologisierung ist eine qualitative Betrachtungsweise von verschiedenen realen Erscheinungsformen mit dem Ziel einer Ordnung oder Systematisierung. Während sich die Klassifikation formaler, kategorialer und quantitativer Kriterien bedient und zu einer mehr oder weniger rigiden Gliede-

Wirtschaftsgüter			
Konsumtivgüter		Produktivgüter	
Verbrauchsgüter	Gebrauchsgüter	Produktionsgüter	Investitionsgüter
im Sinne privater Verbrauchsgüter	im Sinne privater Gebrauchsgüter	im Sinne gewerblicher Verbrauchsgüter	im Sinne gewerblicher Gebrauchsgüter

Quelle: Wagner, 1978a, S. 269.

Übersicht 134: Typologie der Wirtschaftsgüter

rung führt, zielt die Typologisierung oder Typenbildung auf das Erfassen der bedeutsamen Ausprägungen realer Erscheinungsformen oder Gebilde, wobei sie charakterisierende, sachbezogene Merkmale qualitativer Natur verwendet. Dadurch lassen sich homogene Gruppen identifizieren, die durch gleiche Merkmalsausprägungen gekennzeichnet sind (vgl. Schäfer, 1978, S. 12f.; Beike/Christmann, 1974, S. 209f.).

Das Verfahren der Typologisierung findet im Marketing vielfältige Anwendung, so

- zur Systematisierung von Marktleistungen in Gütertypologien (→ *Typologie der Wirtschaftsgüter; Investitionsgütertypologie; Konsumgütertypologie*)
- zur Bildung homogener Gruppen von Personen oder Betrieben als Marktpartner (→ *Marktsegmentierung*), z.B.:
  - (→) *Käufertypologien*
  - Typologien des (→) *Lebensstils*
  - Typologien des (→) *Informationsverhaltens*
  - Typologien von Märkten (→ *Ländertypologie*).

Das weitergehende Ziel ist, über die gewonnenen Typen marketingrelevante Kenntnisse und Aussagen zu gewinnen, die dann für jedes Element eines Typs zutreffen. So ist es Ziel der Käufertypologisierung, homogene Gruppen zu finden, die sich durch gleiche (→) *Motivationen*, (→) *Einstellungen* und Verhaltensweisen auszeichnen.

U

Übernahme- und Abwehrstrategien

[s.a. Akquisition]

Übernahmestrategien im Rahmen von (→) *Mergers and Acquisitions* (M&A) kann man grundsätzlich in freundliche und unfreundliche Übernahmen einteilen (friendly and unfriendly takeovers). Entscheidend für die Beurteilung ist dabei, inwiefern sich das Management des übernommenen Unternehmens mit der Transaktion einverstanden erklärt (vgl. Macharzina, 1999, S. 531f.). Weiter kann man sie nach Basisformen und Sonderformen unterscheiden. Als Basisformen sind dabei folgende Methoden zu sehen (vgl. Bühner, 1990, S. 7f.):

1. Fusionen bzw. Mergers.
2. Übernahmeangebote (»tender offers«): Darunter versteht man die öffentliche Offerte einer Bietergesellschaft an die Aktionäre der Zielgesellschaft, deren Aktien innerhalb eines festgesetzten Zeitraumes zu festgesetzten Bedingungen zu erwerben, wobei der Preis pro Aktie i.d.R. deutlich über den aktuellen Börsenkursen liegt.
3. Stimmrechtskämpfe (»proxy contests«): Stimmrechtskämpfe treten in Deutschland nicht auf, sind aber auf der Basis des US-amerikanischen Rechtssystems möglich. Mit Hilfe geliehener Stimmen anderer Aktionäre und mit Hilfe von Mehrstimmrechtsaktien versucht man, im Rahmen von Aktionärsversammlungen die Kontrolle über das Zielunternehmen zu gewinnen, etwa in dem man Manager abwählt, die gegen die geplante Übernahme sind.

Zu den Sonderformen kann man etliche andere Übernahmemethoden zählen (vgl. Macharzina, 1999, S. 532f.). Im Rahmen von Management Buy Outs (MBO) kaufen Manager ihr Unternehmen oder nur Teile davon auf. Im zweiten Fall wird auch von Spin-offs gesprochen. Eine ähnliche Struktur wie MBO weisen die Employee Stock Ownership Plans (ESOP) auf, bei denen jedoch nicht nur Manager, sondern auch andere Mitarbeiter am Unternehmen beteiligt werden. In Ermangelung ausreichenden Eigenkapitals werden Unternehmensübernahmen, insbesondere MBO, häufig in der Form von Leveraged Buy Outs (LBO) realisiert, bei denen die Übernahme zu einem hohen Grad fremdfinanziert wird. Hierbei wird der so genannte Leverage-Effekt genutzt, nach dem die Eigenkapitalrendite durch einen zunehmenden Fremdkapitalanteil gesteigert werden kann, solange die Gesamtrentabilität des Unternehmens über den Fremdkapitalzinsen liegt.

Eine weitere Sonderform der Unternehmensübernahmen ist der »hostile raider«. Er ist eine Steigerungsform der unfreundlichen Übernahme. Ziel hierbei ist nicht eine langfristig orientierte Gewinnerzielung, sondern durch das Zerlegen eines aufgekauften Unternehmens kurzfristige Gewinne zu erzielen. Bei diesem so genannten »asset stripping« werden ertragsschwache, aber substanzstarke Unternehmen aufgekauft, um diese dann auszuschlachten (vgl. Macharzina, 1999, S. 532).

Bei dem »greenmailing« steht nicht die tatsächliche Übernahmeabsicht im Vordergrund. Vielmehr wird dergestalt verfahren, dass ein Unternehmen (oder eine Person) Aktien eines Unternehmens aufkauft und dieses unter Androhung einer (destruktiven) Übernahme dazu zwingt, die Aktien zu überhöhten Preisen wieder zurückzukaufen (vgl. Macharzina, 1999, S. 532).

Um unfreundliche Übernahmen, also Übernahmen, denen das Management eines Unternehmens ablehnend gegenübersteht, abzuwehren, gibt es eine Reihe von möglichen Abwehrstrategien. So können bereits im Vorfeld bestimmte Präventivmaßnahmen getroffen werden, die potenzielle Aufkäufer abschrecken sollen (vgl. Macharzina, 1999, S. 548ff.; Jansen, 2000, S. 54):

- Mit der Ausgabe vinkulierter Namensaktien wird die Übertragung von Aktien durch einen Aktionär von der Zustimmung des Unternehmens abhängig gemacht; eine Übernahme kann also sehr erschwert werden. Allerdings ist eine nachträgliche Änderung bereits ausgegebener Aktien in vinkulierte Aktien nur schwer realisierbar.
- Durch die zeitliche Auffächerung der Amtszeit der Aufsichtsratsmitglieder (»staggered board«) ist es feindlich gesonnenen Käufern nicht sofort möglich, das Leitungsorgan des Zielunternehmens auszutauschen und eine strategische Neuorientierung durchzusetzen.
- Eine mögliche, in der Unternehmenssatzung vorgesehene, Abwehrmaßnahme sind Sonderrechte für bestimmte Aktionäre (»poison pills«). Diese beziehen sich auf bezugsrechtsselektive Kapitalerhöhungen, bei denen vinkulierte oder wandelbare Wertpapiere, wie Options- oder Wandelanleihen, ausgegeben werden, mit denen bestimmten, freundlich gesonnenen Aktionären Aktien zufließen und somit der Einfluss des Übernehmers verringert wird.
- Durch die wechselseitige Beteiligung von »befreundeten« Unternehmen wird der Streubesitzanteil der Aktien reduziert, so dass die Erlangung einer Mehrheit schwieriger wird.
- Ausgabe von Mehrstimmrechtsaktien.
- »golden parachutes«: Absicherung der Managementpositionen durch extrem hohe Abfindungen bei einer Absetzung.

Auch wenn bereits ein unfreundliches Übernahmeangebot vorliegt, können noch bestimmte Verteidigungsmaßnahmen eingeleitet werden, die eine Übernahme verhindern sollen. Als Abwehrreaktionen sind z.B. zu nennen (vgl. Macharzina, 1999, S. 548ff.; Jansen, 2000, S. 54):

- Vermögensumstrukturierungen, bei denen die für den potenziellen Aufkäufer interessanten Teile an ein »befreundetes« Unternehmen (»white knight«) verkauft oder verpfändet werden, um sie später wieder zurückzukaufen
- entgegengerichtetes Übernahme-Angebot durch das attackierte Unternehmen (»Pac-Man-Abwehr«)
- »Crown-Jewels-Abwehr«: Verkauf von Unternehmensobjekten, die mit hohen stillen Reserven belegt sind, um somit weniger attraktiv für eine Übernahme zu sein
- Aktienrückkäufe, bei denen das Unternehmen eigene Aktien erwirbt und damit die Kurse für die am Markt verbleibenden Aktien erhöht
- Prozesse, die gegen den Aufkäufer geführt werden, um damit die Übernahme zumindest zu verzögern und zu verteuern.

Übertragungseffekte → *Carry-over-Effekt; Spill-over-Effekt*

UNCTAD

Auf Grund der Forderung zur Einberufung einer internationalen Wirtschaftskonferenz über die Wirtschaftsprobleme des Südens wurde erstmalig 1964 in Genf eine Welthandelskonferenz einberufen, die unter Beteiligung von 120 Ländern stattfand

(UNCTAD I). Durch UN-Beschluss wurde die United Nations Conference on Trade and Development (UNCTAD) 1964 zu einem ständigen Organ der Generalversammlung erklärt. Sie besitzt den Status einer UN-Sonderorganisation und untersteht direkt dem UN-Generalsekretariat und dem UN-Wirtschafts- und Sozialausschuss.

Das Hauptziel der UNCTAD ist die Förderung des internationalen Handels unter besonderer Berücksichtigung der Fragen der Rohstoffpolitik und der speziellen Probleme der (→) *Entwicklungsländer*. Bereits im Zusammenhang mit der ersten UNCTAD-Konferenz bildete sich die so genannte »Gruppe 77« (heute rund 135 (→) *Entwicklungsländer*) heraus, die als Interessengruppe der Dritten Welt vorwiegend im Rahmen der UN die wirtschaftlich-politischen Interessen und die Förderung der Dritten Welt gegenüber den Industrieländern koordiniert (vgl. Koch, 1998a, S. 69; Koch, 1998b, S. 90).

Im Vordergrund der Beschlüsse der UNCTAD stehen Rohstoffabkommen. Den Ländern, die stark vom Erlös einiger weniger Rohstoffe abhängig sind, soll eine Sicherheit gegenüber Preisschwankungen auf den Rohstoffmärkten gegeben werden. Vorbild ist die existierende (→) *Marktordnung* der Europäischen Union (→ *Europäischer Binnenmarkt*) mit garantierten Mindestpreisen für eine Vielzahl von Agrarprodukten und Abnahmegarantien für die Erzeuger. Technische Hilfsmittel hierfür sind Pufferlager, die bei fallenden Rohstoffpreisen in den Markt eingreifen und durch Stützungskäufe den Rohstoffpreis stabilisieren sollen. Rohstoffabkommen wurden für Weizen, Zucker, Zinn, Kaffee, Kakao und Naturkautschuk geschlossen. Diese Abkommen sind vergleichbar mit dem (→) *Lomé-Abkommen* der EU (vgl. Altmann, 1993, S. 158f.).

Oberstes Entscheidungsorgan der UNCTAD ist die Vollversammlung, die i.d.R. alle drei bis vier Jahre zusammentritt. Auf den mehrwöchigen Konferenzen werden Nord-Süd-Probleme thematisiert und entsprechende Empfehlungen ausgesprochen, die Anregungen zu internationalen Vereinbarungen liefern. Zwischen den Vollversammlungen nimmt der Welthandels- und Entwicklungsrat in Genf die Interessen der Organisation wahr. Eine Reihe von Ausschüssen bearbeitet im Welthandels- und Entwicklungsrat unterschiedliche Schwerpunkte, so Rohstoffe, Dienstleistungen und Finanzen, Technologietransfer usw. Die Beschlüsse und Resolutionen der UNCTAD sind jedoch nicht rechtsverbindlich. Obwohl bei der UNCTAD derzeit 190 Staaten Mitglied sind, sinkt der Einfluss der Organisation ständig. Nach einer 1996 beschlossenen Reorganisation wird sich die UNCTAD verstärkt auf einige Kernfunktionen konzentrieren müssen. Dazu gehören in Zusammenarbeit mit der (→) *WTO* die Erarbeitung und Bereitstellung von Analysen und Konzepten für eine Stärkung der Rolle der (→) *Entwicklungsländer* in der Weltwirtschaft (vgl. Koch, 1998a, S. 69).

UN/ECE

Die United Nations Economic Commission for Europe (UN/ECE) ist eine 1947 gegründete Unterorganisation des Wirtschafts- und Sozialrates (Economic and Social Council, ECOSOC) der Vereinten Nationen (United Nations Organization, UNO) mit Sitz in Genf, der 52 europäische Staaten (inklusive der in Asien liegender Nachfolgestaaten der UdSSR), Israel, Kanada und die USA angehören. Der UN/ECE ist eine der fünf regionalen Kommissionen der UNO, zu der weiterhin die Economic Commission for Asia and the Pacific (ESCAP), die Economic Commission for Latin America and the Caribbean (ECLAC), die Economic Commission for Africa (ECA) und die Economic and Social Commission for Western Asia (ESCWA) gehören.

Die Aufgabe der UN/ECE besteht in der Förderung der Wirtschaftsbeziehungen der Mitgliedstaaten untereinander und zu Drittstaaten. Dazu entwickelt sie konkrete Maßnahmen und wirkt an ihrer Durchführung mit. Als bisherige Aktivitäten sind hervorzuheben:

- technische Standardisierung, d.h. Vereinfachung und Vereinheitlichung von Normen (→ *Normung*) und Standards im technischen Bereich
- Vereinheitlichung von Dokumenten und Verfahren im (→) *Außenhandel*
- Transportabkommen (→ *Transport*) sowie
- gesamteuropäische Umweltabkommen (vgl. Schroth, 2001, S. 193f.).

Besondere Bedeutung haben die erarbeiteten »Allgemeinen Lieferbedingungen für den Export von Maschinen und Anlagen« sowie »Allgemeine Liefer- und Montagebedingungen für den Import und Export von Maschinen und Anlagen«. Diese Lieferbedingungen sind speziell für den Außenwirtschaftsverkehr mit Maschinen und Anlagen konzipiert worden und stellen einen Ersatz für die im Binnenverkehr verwendeten »Allgemeinen Vertrags- bzw. Geschäftsbedingungen« dar. Im Gegensatz zu den (→) *INCOTERMS* enthalten die UN/ECE-Bedingungen auch Regelungen zum Vertragsabschluss, zu Verpackungen, Lieferfristen, Zahlungen, Gewährleistungen, Schiedsgerichtsvereinbarungen zur Vertragsauflösung usw. (vgl. Schroth, 1994, S. 638ff.).

Aktuell engagiert sich das UN/ECE bei der Erarbeitung von Definitionen internationaler Protokolle für den elektronischen Austausch von Dokumenten (→ *EDI*), welches sie in Kooperation mit dem Joint Electronic Data Interchange Committe in den USA kürzlich erst beendete.

Bis 1990 war die Kommission das einzige Gremium, in dem West- und Osteuropa vollständig vertreten waren. Neben den europäischen Mitgliedern der Vereinten Nationen inklusive der Türkei, Zypern und der Schweiz gehören seit 1996 auch die Nachfolgestaaten der UdSSR, Israel, Kanada und die USA zu den 55 Mitgliedern. Insofern konzentrieren sich die gegenwärtigen Aktivitäten der Wirtschaftskommission auf die gesamteuropäische Koordination zwischen den Staaten Westeuropas und den Transformationsländern (→ *Staatshandelsländer*) Mittel- und Osteuropas (vgl. Deutsche Bank, 1998, S. 427).

UN-Kaufrecht → *Internationales Handelsrecht; KVR*

Unique Selling Proposition → *USP*

Universalhandelshäuser

Universalhandelshäuser oder Generalhandelshäuser sind Handelshäuser, die im (→) *Außenhandel* tätig sind und dabei weder eine regionale noch eine produktspezifische Einschränkung ihres Leistungsspektrums vornehmen. Ihre Einschaltung stellt i.d.R. eine Form des indirekten Außenhandels dar. Eine hohe Bedeutung haben derartige Handelshäuser insbesondere in Japan, wo ein wesentlicher Teil des Außenhandels über die (→) *Sogo Shosha* abgewickelt wird.

Unternehmenskultur [s.a. Corporate Identity]

»Unternehmenskultur ist das implizite Bewusstsein eines Unternehmens, das sich aus dem Verhalten der Organisationsmitglieder ergibt und das umgekehrt die formalen sowie die informalen Verhaltensweisen der Individuen steuert« (Scholz, 1987, S. 88). Damit handelt es sich im engeren Sinne nur um eine spezifische Ausgestaltung des allgemeinen Kulturbegriffs (→ *Kultur*).

Bei der aktiven Ausgestaltung einer Unternehmenskultur muss gerade bei einer international tätigen Unternehmung auf die

Wechselwirkung mit der jeweiligen (→) *Landeskultur* geachtet werden. In die Landeskultur sind alle Unternehmenskulturen der Gesellschaften im jeweiligen Land eingebettet. Somit muss eine gewisse Kongruenz zwischen der Landeskultur und einer Unternehmenskultur gegeben sein (vgl. Scholz/Hofbauer, 1990, S. 87).

Unternehmenskultur kann man dabei in zwei Dimensionen erfassen, nämlich in ihrer Stärke und in ihrer Art. Dabei lässt sich die Stärke einer Unternehmenskultur z.B. am Vorhandensein von spezifischen Symbolen oder Geschichten, die in einer Unternehmung existieren, messen (vgl. Scholz, 2000b, S. 227ff.). Die Art der Unternehmenskultur kann man nach verschiedenen Kriterien erfassen. Legt man die Zeitperspektive zu Grunde, so kann man stabile, reaktive, antizipative, erfinderische und kreative Unternehmenskulturen unterscheiden (vgl. Scholz, 2000b, S. 235; Ansoff, 1979, S. 120).

In einer anderen Gliederung konnten Deal/Kennedy (1982, S. 107ff.) empirisch vier verschiedene Unternehmenskulturen identifizieren, die je nach Risiko der Unternehmung/Abteilung und je nach Geschwindigkeit des Feedbacks auf ihre Aktionen auftreten, also als Reaktionen auf die externe Unternehmensumwelt gesehen werden:

- *Tough-guy/macho-Kultur*: Bei Unternehmen, die hohe Risiken eingehen und schnelle Marktreaktionen auf ihre Handlungen erhalten, z.B. Unternehmensberatungen oder Unternehmen der Werbebranche, ist diese Kultur verbreitet. In derartigen Unternehmen handeln im idealtypischen Fall aggressive Individualisten, die bereit sind, Risiken einzugehen, um schnelle Erfolge zu erzielen.
- *Work hard/play hard-Kultur*: Bei Unternehmen, z.B. dem Einzelhandel oder Immobilienmaklern, bei denen das Marktfeedback schnell verläuft, aber keine extrem hohen Risiken auf die Unternehmen zukommen, resultiert der Erfolg eher aus der Ausdauer und dem hartem Arbeitseinsatz. Teamwork ist wichtig und der Zusammenhalt im Team wird mit Ritualen wie gemeinsamen Feiern u.Ä. gestärkt.
- *Bet-your-company-Kultur*: Bei Unternehmen, die extrem hohe Risiken eingehen müssen, bei denen aber die Marktreaktionen nur sehr langsam auf die eigentlichen Entscheidungen folgen, ist empirisch häufig eine langsame und wohl durchdachte Entscheidungsfindung vorzufinden. Unternehmen dieser Art sind beispielsweise Ölgesellschaften oder Flugzeugbauer. Wegen der hohen Risiken einer Entscheidung ist Erfahrung hier ein zentraler Faktor.
- *Process-Kultur*: Bei dieser Kultur, die man z.B. in großen Banken oder in der öffentlichen Verwaltung vorfindet, ist ein geringes Risiko mit einer sehr langsamen Reaktion verbunden. Wegen des langsamen Feedbacks ist auch die Effektivität von Entscheidungen nur schwer zu messen. Eine hohe Ordnung, Pünktlichkeit, Interesse für Details usw. charakterisieren diese Kultur.

Urheberrecht [s.a. Schutzrechte, gewerbliche]
Das deutsche Urheberrechtsgesetz (UrhG) existiert in seinen Grundzügen seit dem 9. September 1965 und wurde zuletzt am 1. September 2000 geändert.

Unter den Schutz des Urheberrechts fallen folgende Werke:

- Sprachwerke, z.B. Schriftwerke, Reden und Computerprogramme
- Werke der Musik
- pantomimische Werke einschließlich der Werke der Tanzkunst

- Werke der bildenden Künste einschließlich der Werke der Baukunst und der angewandten Kunst und Entwürfe solcher Werke
- Lichtbildwerke einschließlich der Werke, die ähnlich wie Lichtbildwerke geschaffen werden
- Filmwerke einschließlich der Werke, die ähnlich wie Filmwerke geschaffen werden
- Darstellungen wissenschaftlicher oder technischer Art, wie Zeichnungen, Pläne, Karten, Skizzen, Tabellen und plastische Darstellungen.

Alle diese Werke sind durch das Gesetz geschützt, solange sie persönliche und geistige Schöpfungen sind. Auch Datenbanken, Adressbücher und Gebrauchsanweisungen sind urheberrechtlich geschützt, unabhängig von ihrer geistigen Schöpfungshöhe. Nicht geschützt sind hingegen zum Beispiel Nachrichten und Pressemitteilungen, die lediglich Tatsachen wiedergeben.

Das Urheberrecht knüpft an die Person des Urhebers des neuen Werkes an. Deshalb können Urheberrechte nur bei natürlichen, nicht aber bei juristischen Personen liegen. So kann beispielsweise kein Urheberrecht bei einem Unternehmen liegen, bei dem der »Schöpfer« lediglich angestellt ist. Es hat auch allein der Urheber das Recht zu entscheiden, ob und in welcher Form sein Werk veröffentlicht wird.

Der Urheber eines Werkes kann seine Verwertungsrechte auch an andere Personen in Form von Nutzungsrechten übertragen. Auch die Übertragung an Firmen, also an juristische Personen, ist möglich. Zu beachten ist aber, dass die zu übertragenen Rechte im Zeitpunkt der Übertragung bekannt und konkret benannt sein müssen.

Grundsätzlich ist im Urheberrecht zwischen einfachen und ausschließlichen Nutzungsrechten zu unterscheiden: Räumt ein Urheber einer anderen Person nur das einfache Recht ein, das Werk für einen ganz bestimmten Zweck zu nutzen, kann der Urheber das Recht auch weiterhin an andere Personen übertragen. Räumt der Urheber einer anderen Person aber ein ausschließliches Nutzungsrecht ein, hat diese Person das alleinige Nutzungsrecht, auch unter Ausschluss des Urhebers.

Durch das Urheberrechtsgesetz soll die Persönlichkeit des Urhebers geschützt werden; er allein soll bestimmen dürfen, was mit seinem Werk passiert. Bei bestimmten Nutzungsarten kommt es aber zu Einschränkungen: Es ist erlaubt, Vervielfältigungen im privaten oder sonstigen Gebrauch herzustellen, wenn dies zum eigenen wissenschaftlichen Verwenden, zur Aufnahme in ein eigenes Archiv oder zur eigenen Unterrichtung über Tagesfragen notwendig ist.

Das Urheberrecht an einem Werk besteht bis 70 Jahre nach dem Tod des Urhebers; sind an einem Werk mehrere Urheber beteiligt, besteht das Urheberrecht bis 70 Jahre nach dem Tod des Längstlebenden. Für Datenbanken gilt allerdings eine kürzere Schutzfrist von nur 15 Jahren.

Eine neue Bedeutung erhält des Urheberrecht im Zusammenhang mit der Verbreitung des (→) *Internet*. Hier ergibt sich eine völlig neue Problematik, was den Schutz geistigen Eigentums angeht.

Allgemein gestattet das Urheberrecht, Vervielfältigungen im privaten oder sonstigen Gebrauch herzustellen, wenn dies zum eigenen wissenschaftlichen Verwenden, zur Aufnahme in ein eigenes Archiv oder zur eigenen Unterrichtung über Tagesfragen notwendig ist. So kann es auch beim Abrufen und Speichern von Web Sites zu Einschränkungen des alleinigen Bestimmungsrechts des Urhebers kommen.

Bei dem Abruf einer Web Site wird ein »Original« in den Arbeitsspeicher des Computers kopiert und auf dem Bildschirm dargestellt, so dass eigentlich schon ein zustimmungspflichtiger Vervielfältigungsvorgang gegeben ist, für den ein Lizenzvertrag zwischen Urheber und Nutzer geschlossen werden müsste. Auch das Speichern von Web Sites müsste in Anwendung des Verbreitungsrechts durch den Urheber genehmigt werden.

Das Urheberrechtsgesetz sieht jedoch für diesen Fall vor, dass kein Vertrag zwischen Urheber und Internet-Nutzer besteht, und, dass im Rahmen der bestimmungsgemäßen Verwendung die zeitweilige und dauerhafte Vervielfältigung zustimmungsfrei ist.

Eine besondere Problematik ergibt sich in diesem Zusammenhang allerdings mit dem Herunterladen von z.B. Musikstücken bzw. mp3-Dateien aus dem Internet. Hier sieht das Urheberrecht folgende Regelungen vor:

- Erlaubt ist die Verbreitung von eigenen Musikstücken.
- Erlaubt ist auch die mp3-Erstellung von gekauften Tonträgern. Durch den Kauf erwirbt der Käufer die Nutzungsrechte an dem Tonträger.
- Erlaubt ist ferner die Weitergabe der erworbenen Tonträger kostenlos an den privatesten Freundeskreis. Dieser Kreis ist allerdings eng definiert, unregelmäßiger Kontakt genügt i.d.R. nicht.
- Erlaubt ist ebenfalls das Herunterladen von mp3-Dateien aus dem Internet. Dies gilt selbst für urheberrechtlich geschützte Musikstücke. Abgesehen von wirtschaftlichen Schäden, die der Musikindustrie zugefügt werden, liegt in diesem Fall kein Straftatbestand vor.
- Nicht erlaubt ist allerdings das Verbreiten von urheberrechtlich geschützter Musik. Dies gilt sowohl bezüglich einer Verbreitung über das Internet als auch über den privaten Freundeskreis hinaus. Derjenige, der auf seiner Web Seite Musik ohne Genehmigung des Urhebers zum Download anbietet, verstößt gegen das Urhebergesetz und kann vom Urheber auf Unterlassung und Schadensersatz in Anspruch genommen werden. Allerdings stellt sich in diesem Zusammenhang die entscheidende Frage, ob ein Internet-Nutzer seine mp3-Daten schon dadurch verbreitet, dass er sich auf den Server z.B. einer Musiktauschbörse einloggt, denn diese Anbieter erstellen i.d.R. eine Datenbank mit mp3-Dateien, die sich auf der Festplatte des Nutzers befindet. Aus dieser Datenbank können sich dann andere Nutzer mp3-Dateien herunterladen. Somit wird häufig die Auffassung vertreten, dass mit dem bloßen Einloggen selbst noch kein widerrechtliches Verbreiten vorliegt (vgl. Schilling, 2000, S. 1ff.).

Ursprungslandprinzip → *Bestimmungslandprinzip*

Uruguay-Runde → *Welthandelsrunden*

USP

Das Erreichen einer Unique Selling Proposition (USP) ist eine Zielgröße des Strategischen Marketing. Durch Individualisierungs- und Profilierungsstrategien wird eine Einzigartigkeit und Unverwechselbarkeit, z.B. eines Produktes, eines Betriebstyps, eines Erscheinungsbildes angestrebt.

Das Erfolgspotenzial des USP hängt wesentlich davon ab, dass diese Einzigartigkeit und Unverwechselbarkeit

- von den Kunden wahrgenommen wird
- für den Kunden wichtig ist
- von der Konkurrenz schwer einholbar ist.

UWG

Das UWG – Gesetz gegen den unlauteren Wettbewerb – soll den Gewerbetreibenden, den einzelnen Verbraucher und die Allgemeinheit gegen unlauteres Verhalten im

Wettbewerb schützen. Das Gesetz gilt, mit zahlreichen Änderungen versehen, seit dem 7. Juni 1909 (letzte Änderung am 1. September 2000).

Das UWG gliedert sich im Wesentlichen in zwei Teile: Der erste Teil (§§ 1ff.) bezieht sich auf Wettbewerbshandlungen gegenüber einer unbestimmten Mehrheit von Mitbewerbern. Es sind dies das generelle Verbot sittenwidriger Wettbewerbshandlungen (§ 1, Generalklausel des UWG), das Verbot irreführender Werbung (§ 3) (→ *Irreführung*), das Verbot des Hinweises auf die Hersteller- oder Großhändlereigenschaft (§ 6a), das Verbot des Kaufscheinhandels (§ 6b), das Verbot progressiver Kundenwerbung (§ 6c) und die Regelung des Ausverkaufswesens (§§ 7, 8). Bei den Tatbeständen der §§ 1, 3, 4, 6a-c, 7 und 8 sowie bei Vorliegen des Tatbestandes der strafbaren Werbung (§ 4) sind zur Erhebung der Unterlassungsklage nicht nur die unmittelbar Betroffenen berechtigt, sondern auch branchenangehörige Mitbewerber (§ 13 II Nr. 1), rechtsfähige Verbände, zu deren satzungsmäßigen Aufgaben es gehört, die Interessen der Verbraucher durch Aufklärung und Beratung wahrzunehmen (§ 13 II Nr. 3), sowie Industrie- und Handelskammern und Handwerkskammern (§ 13 II Nr. 4). Der zweite Teil (§§ 14ff.) bezieht sich auf Wettbewerbshandlungen gegenüber bestimmten Mitbewerbern. Er regelt die Tatbestände der Anschwärzung (§§ 14, 15) und des Verrats von Geschäfts- und Betriebsgeheimnissen (§§ 17-20a).

Für das operative Marketing bedeutsame Änderungen des UWG sind die mit der UWG-Novelle von 1986 erfolgte Neuregelung des Rechts der Sonderveranstaltungen und die Einführung eines Rücktrittrechts für Verbraucher, die seit Oktober 1994 zugelassene Werbung mit mengenmäßiger Beschränkung und Preisgegenüberstellungen sowie die Ende 1997 durchgesetzte EU-Richtlinie 97/55/EG, die bewirkt, dass (→) *Vergleichende Werbung*, die zuvor bis auf wenige streng reglementierte Ausnahmen verboten war, nun erlaubt ist (vgl. Keßler, 1998, 451ff.).

Nach § 7 I zählen zu Sonderveranstaltungen »... Verkaufsveranstaltungen im Einzelhandel, die außerhalb des regelmäßigen Geschäftsverkehrs stattfinden, der Beschleunigung des Warenabsatzes dienen und den Eindruck der Gewährung besonderer Kaufvorteile hervorrufen«. Keine Sonderveranstaltung im Sinne des UWG, sondern ein Sonderangebot liegt vor, »... wenn einzelne nach Güte oder Preis gekennzeichnete Waren angeboten werden und diese Angebote sich in den regelmäßigen Geschäftsbetrieb des Unternehmens einfügen«.

Das Rücktrittsrecht verbessert erheblich die Position des Käufers gegenüber dem Verkäufer. Nach § 13a steht dem Abnehmer in den Fällen ein Rücktrittsrecht zu, in denen er »... durch eine unwahre und zur Irreführung geeignete Werbeangabe, die für den Personenkreis, an den sie sich richtet, für den Abschluss von Verträgen wesentlich ist, zur Abnahme bestimmt worden ist«. Geht die Werbung mit der Angabe von einem Dritten, also insbesondere vom Hersteller aus, so steht dem Abnehmer nach § 13a I 2 UWG »... das Rücktrittsrecht nur dann zu, wenn der andere Vertragsteil die Unwahrheit und ihre Eignung zur Irreführung kannte oder kennen musste oder sich die Werbung mit dieser Angabe durch eigene Maßnahmen zu eigen gemacht hat«.

Nach Artikel 3a der EU-Richtlinie 97/55/EG gilt Vergleichende Werbung als zulässig, die neben dem grundsätzlichen Verbot der Irreführung mehrere Bedingungen erfüllt. Demnach ist nur ein Vergleich von Waren und Dienstleistungen für den gleichen Bedarf erlaubt. Der Vergleich darf nicht zu Verwechslungen zwischen den Werbenden auf dem Markt führen. Weiterhin ist es verboten, den Mitbewerber herabzusetzen oder den Ruf einer Marke oder anderer Unterscheidungszeichen auf unlautere Weise auszunutzen sowie geschützte Marken zu imitieren. Der Vergleich mit Sonderangeboten wird nur zugelassen, wenn hier deutlich eine zeitliche Befristung zum Ausdruck kommt.

V

Validität [s.a. Messen]
Die Validität bzw. Gültigkeit ist neben der (→) *Reliabilität* ein Maß zur Beurteilung der Güte von Messverfahren und Messergebnissen (→ *Messen*). Während die Reliabilität die formale Genauigkeit einer Messung betrachtet, bezieht sich die Validität auf inhaltliche Aspekte der Messung. Ist Validität gegeben, messen und kennzeichnen die gewonnenen Daten genau den Tatbestand, der gemessen werden sollte, d.h. Messergebnis und Messabsicht stimmen überein. Die Validität gibt somit nicht darüber Auskunft, ob ein Tatbestand fehlerfrei gemessen, sondern ob er adäquat erhoben wird. Dazu muss die Messung frei sein von systematischen Fehlern (→ *Erhebungsfehler*) (vgl. Kerlinger, 1979, S. 705).

Inhaltliche Validität (content validity) ist gegeben, wenn die verwendeten Kriterien (Testitems) für den Untersuchungsinhalt charakteristisch sind.

Es existieren mehrere Verfahren, um die Validität einer Skala, eines Index oder eines Tests zu ermitteln (vgl. Friedrichs, 1998, S. 101f.):

– *Verfahren der Extremgruppen*
Es werden zwei Stichproben von Untersuchungsobjekten definiert, von denen man weiß oder vermuten kann. dass sie jeweils eine extrem schwache bzw. extrem starke Ausprägung des zu messenden Kriteriums aufweisen. Die Skala wird dann anhand dieser beiden Extremgruppen erprobt und validiert.

Voraussetzung für eine konsistente Validierung ist, dass die Mittelwerte der Extremgruppen signifikant verschieden sind und dass sich Mittelwert und Streuung der Gesamtgruppe signifikant von den entsprechenden Werten der Extremgruppen unterscheiden.

– *Verfahren des Außenkriteriums*
Die Skala wird anhand eines externen Kriteriums (Außenkriterium) validiert, von dem man weiß, dass es in einer (starken) korrelativen Beziehung mit dem zu messenden Kriterium (Merkmal) steht. Die Messung des Kriteriums ist dann valide, wenn sich hinsichtlich des Außenkriteriums ein der korrelativen Beziehung entsprechendes Ergebnis ermitteln lässt.

– *Verfahren der Vorhersagevalidität*
Man prognostiziert bspw. auf Grund der Skalenwerte, die den befragten Personen zugeordnet wurden, deren zukünftiges Verhalten gegenüber dem Merkmal bzw. Kriterium, nach dem sie befragt wurden. Vorhersagevalidität einer (→) *Einstellungsmessung* ist bspw. dann gegeben, wenn sich ein entsprechendes Verhalten nachweisen lässt.

– *Verfahren der Konstruktvalidität*
Die Konstruktvalidität bezieht sich auf die zur Messung eines Phänomens herangezogenen theoretischen Konstrukte bzw. auf ihre Operationalisierung. Man prüft dazu die hinter der Messung stehenden Theorien. Die Hypothese wird mit Hilfe einer weiteren Untersuchung überprüft. Konstruktvalidierung ist methodologisch die Prüfung der Angemessenheit der operationalen Definition eines Begriffes.

Eine andere Unterscheidung der Validität ist bei (→) *Experimenten* üblich. Dort wird zwischen interner und externer Validität differenziert (vgl. Berekoven/Eckert/Ellenrieder, 2001, S. 86f.).

Interne Validität liegt vor, wenn die gemessene Veränderung der abhängigen

Variablen einzig und allein auf die Variation der unabhängigen Variablen (Experimentalfaktoren) zurückgeführt werden kann. Diese Situation liegt insbesondere dann vor, wenn während des Experimentes keine unkontrollierten Störeinflüsse auftreten. Ein Experiment gilt als extern valide, wenn seine Ergebnisse eine Generalisierung zulassen, d.h., wenn sie von der Stichprobe auf die Grundgesamtheit übertragen werden können.

Value Added Marketing

Value Added Marketing bezeichnet die Abwendung vom rein produktorientierten hin zu einem nutzenorientierten Marketing (vgl. Remmerbach, 1990, S. 56).

Kerngedanke des Value Added Marketing ist die Schaffung eines über das originäre Produkt hinausgehenden Mehrwertes, der Unternehmen einen Wettbewerbsvorteil gegenüber ihren Mitwettbewerbern verschaffen soll.

Dieser Mehrwert wird mittels »complementary assets« geschaffen, Service- und Dienstleistungen, die sich wie ein »Software-Kranz« um das Kernprodukt (»Hardware«) legen und mit diesem ein Systemangebot bilden. In vielen Märkten bedeuten diese Zusatzwerte mehr als (→) *Produktdifferenzierungen* und stellen bereits den Hauptanteil an der Gesamtwertschöpfung im produzierenden Gewerbe (vgl. Remmerbach, 1990, S. 56).

Die Bedeutung des Dienstleistungsfaktors ist auf verschiedene Entwicklungen zurückzuführen. Zum einen erfordert die zunehmende Technologisierung der Produktinnovationen (→ *Innovation*) intensive Service- und Betreuungsleistungen vor, während und nach dem Kaufprozess. Zum anderen sind die Potenziale einer am primären (→) *Nutzen* des Produktes orientierten Profilierung auf Grund eines starken Homogenisierungsprozesses auf der Angebotsseite und eines Wertewandels auf der Nachfrageseite, insbesondere im Konsumbereich, weitgehend erschöpft.

Value Added Marketing versteht das Unternehmen als Service-Organisation des Kunden. Mit der Service- und Dienstleistungsphilosophie werden intern auch den Mitarbeitern die Prioritäten des Kunden kommuniziert (→ *Internes Marketing*).

Die Realisierung eines effektiven Value Added Marketing-Konzeptes setzt die Kenntnis über die Wertestruktur der (→) *Zielgruppe* voraus, die Aufschluss gibt über den vom Kunden wahrgenommenen (→) *Nutzen* verschiedener Unternehmensleistungen. Ziel ist es, mit Hilfe von Service- und Dienstleistungen auf der Basis der ermittelten Wertestruktur entweder eine höhere Preisdurchsetzung zu realisieren oder die Produkt- bzw. Firmentreue bei gleichem Preisniveau zu stabilisieren oder zu erhöhen.

Im Investitionsgüterbereich ist die Wertschöpfungskette (→ *Wertkette*) des Kunden Ausgangspunkt zur Ableitung wertsteigernder Aktivitäten.

Im Konsumgüterbereich kann die Anwendung neuerer statistischer Methoden (→ *Conjoint Measurement*) zur Erhöhung der Transparenz der Wertestruktur beitragen.

Varianzanalyse

Die Varianzanalyse gehört zu den Verfahren der Dependenzanalyse (→ *Datenanalyse*). Mit den Verfahren der Varianzanalyse kann die Abhängigkeit einer oder mehrerer metrisch skalierter Variablen von einer oder mehreren nominalen Variablen untersucht werden (vgl. Hammann/Erichson, 2000, S. 318). Die relativ geringen Anforderungen der Varianzanalyse an das (→) *Skalenniveau* der unabhängigen Variablen ermöglichen einen großen Anwendungsbereich im Marketing, so zur Überprüfung von Hypothesen im Rahmen von (→) *Experimenten*.

Mit Hilfe der Varianzanalyse kann festgestellt werden, ob überhaupt ein Zusammenhang zwischen der unabhängigen Variablen und der abhängigen Variablen vorliegt. Als Anwendungsbeispiel kann die Frage angeführt werden, ob zwischen der Kaufrate von männlichen und weiblichen Käufern bei einem bestimmten Produkt Unterschiede bestehen.

Wird die Wirkung einer, zweier bis n unabhängiger Variablen auf eine abhängige Variable überprüft, spricht man von einfacher, zweifacher bis n-facher Varianzanalyse; stehen einer oder mehreren unabhängigen zwei oder mehrere abhängige Variablen gegenüber, kommt die multiple Varianzanalyse als (→) *multivariates Verfahren* zur Anwendung (vgl. Backhaus u.a., 2000, S. 70ff.).

Veblen-Effekt → *Nachfrageeffekte*

Venture Management

»Das Venture Management stellt eine unternehmerische Aktivität dar, bei der ein gereiftes, am Markt etabliertes Unternehmen an der Gründung neuer unternehmensinterner oder -externer Einheiten, die selbstständige Unternehmen oder Unternehmensteile sein können, beteiligt ist. Die neu gebildeten Einheiten übernehmen dabei vor allem innovative, risikobeladene Aufgaben; daher haben sie den Charakter von Wagniseinheiten« (Macharzina, 1999, S. 569).

Da das Venture Management schwerpunktmäßig zur Öffnung etablierter Unternehmen gegenüber neuen technologischen Entwicklungen eingesetzt wird, ist es eng mit dem (→) *Innovationsmanagement* verwandt. Die Diskussion bzw. die strategische Entscheidung zur Ein- und Ausgliederung der Innovationstätigkeit führt zur Zweiteilung des Venture Managements (vgl. Macharzina, 1999, S. 570ff.):

- Externes Venture Management bedeutet Ausgliederung der Innovationsfunktion bzw. Abgabe von Risikokapital (auch Venture Capital bzw. Wagniskapital) an innovative Unternehmen. Dieses Risikokapital stellt somit eine Form der Beteiligungsfinanzierung für junge, wachstumsorientierte Unternehmen dar.

- Internes Venture Management bezeichnet Gründung und Betrieb quasi-autonomer Teileinheiten innerhalb eines gegebenen Strukturrahmens der Unternehmung (→ *Profit Center*). Diese Einheiten werden analog der ihnen zugeteilten Aufgaben auch als »Venture-Teams« bezeichnet (vgl. Bea/Göbel, 1999, S. 361) (→ *Projektorganisation*).

Bei kooperierenden Unternehmen sollen im konzeptionellen Ansatz des Venture Managements – durch die Zusammenarbeit von Wirtschaftseinheiten unterschiedlicher Entwicklungsstufen – die strategischen Stärken der Kooperationspartner genutzt werden, ohne jedoch deren jeweilige Schwächen auf die Partner zu überwälzen oder sogar zu potenzieren (→ *Kooperation*).

Verbraucherorganisationen

Die Verbraucherorganisationen sind neben staatlichen Institutionen die wesentlichen Träger der (→) *Verbraucherpolitik*.

Die Verbraucherorganisationen unterscheidet man in Selbst- und Fremdorganisationen (vgl. Biervert/Monse/Rock, 1984, S. 22f.). Selbstorganisationen sind Zusammenschlüsse von Verbrauchern, die ihre Interessen selbst artikulieren und mittels gemeinsamer Aktivitäten durchzusetzen versuchen. Fremdorganisationen entstehen dagegen nicht durch den direkten Einfluss und unter direkter Kontrolle der Verbraucher; ihre Gründung geht auf Initiativen des Staates oder von Verbänden zurück. Das Verbraucherinteresse wird dabei durch Dritte vertreten.

Wichtige Selbstorganisationen sind z.B. Verbrauchervereine, Mietvereine und Automobilclubs sowie der nur auf begrenzte Zeit angelegte Verbraucherstreik bzw. Verbraucherboykott. Als Fremdorganisationen sind besonders die Arbeitsgemeinschaft der Verbraucher (AgV), die Verbraucherzentralen, die Stiftung Warentest, die Stiftung Verbraucherinstitut, die der Fortbildung von Funktionären der Verbraucherpolitik dient, sowie Beiräte (z.B. der Verbraucherbeirat beim Bundesminister für Wirtschaft) und wissenschaftliche Verbraucherinstitute zu nennen.

Verbraucherpanel [s.a. Experimentanordnung; Panelerhebung]
Nach den an einem Panel beteiligten Teilnehmern unterscheidet man das (→) *Handelspanel* und das Verbraucherpanel (Konsumentenpanel). Bei Verbraucherpanels sind entweder Einzelpersonen (Individualpanel) oder private Haushalte (Haushaltspanel) Teilnehmer (vgl. Hüttner, 1989, S. 136ff.; Nieschlag/Dichtl/Hörschgen, 1997, S. 749ff.).

Weitere Differenzierungen beziehen sich auf die Güterarten und die Technologien der Datengewinnung. Nach den Güterarten unterscheidet man das Verbrauchsgüterpanel und das Gebrauchsgüterpanel.

Die Datengewinnung erfolgt in konventionellen Panels meist durch schriftliche (→) *Befragungen*. Die Panelteilnehmer füllen i.d.R. täglich einen Berichtsbogen (Tagebuch) aus, den sie periodisch (wöchentlich, monatlich) einsenden. Die Haushaltstagebücher beinhalten:

- Datum des Einkaufs
- Einkaufsquelle
- eingekaufte Produkte (Art und Marke des Produktes, Menge, Packungsgröße, Preis usw.).

In elektronischen Panels (→ *Panelerhebung*) erfolgt die Datengewinnung durch moderne Informations- und Kommunikationstechnologien (→ *Informationstechnologie*), so mit Hilfe von (→) *Kundenkarten* und Scannerkassen (→ *Scanning*).

Da beim Haushaltspanel der gesamte Haushalt Gegenstand der Untersuchung ist, eignet sich diese Form besonders für Produkte, die gemeinsam vom Haushalt verbraucht oder gebraucht werden. Für Produkte, bei denen Einzelpersonen als Käufer bzw. Verwender auftreten, ist das Individualpanel zweckmäßig, da dann Einzelpersonen ihre Käufe von bestimmten Produkten schriftlich festhalten.

Durch Verbraucherpanels erhält man Angaben über die Mengen, die durchschnittlich pro Haushalt oder Verbraucher (je Einkauf oder Periode) gekauft werden, den finanziellen Aufwand je Periode für bestimmte Produkte (Produktgruppen), die präferierten Marken und Sorten, Marktanteile, Preise, Geschmacksrichtungen, Käuferwanderungen, Einkaufshäufigkeiten, Einkaufstage und die Wirkung bestimmter Werbe- oder Verkaufsförderungsmaßnahmen. Diese Daten können nach unterschiedlichen Kriterien, z.B. sozio-demografischen Merkmalen, ausgewertet werden (→ *Marktsegmentierung*).

Probleme liegen hauptsächlich in der Wirkung des (→) *Paneleffektes* und der Panelsterblichkeit.

Verbraucherpolitik [s.a. Konsumerismus]
Die Verbraucherpolitik umfasst ein Instrumentarium, das staatliche Organe und (→) *Verbraucherorganisationen* einsetzen, um die Stellung des Verbrauchers auf dem Markt gegenüber den Produzenten bzw. den Anbietern von Waren und Dienstleistungen zu verbessern, um so Informations- und Machtdefizite der Verbraucher auszugleichen. Dabei werden so genannte Dysfunktionen bekämpft, z.B. die Monopolbildung auf der Angebotsseite, die auf mangelnder Realisierung des Wettbewerbskonzeptes (→ *Wettbewerb*) beruhen.

Während die Verbraucherpolitik zunächst vorwiegend wettbewerbspolitisch orientiert war und lange Zeit das Ziel der (→) *Konsumentensouveränität* verfolgte, rückt das Ziel der (→) *Konsumfreiheit*, als Gleichberechtigung von Verbraucher- und Produzenteninteressen in den Mittelpunkt der Verbraucherpolitik (vgl. Kroeber-Riel/Weinberg, 1999, S. 557f.). In der Kritik an quantitativen Wachstumszielen und der verstärkten Orientierung an qualitativen Aspekten dokumentiert sich zudem eine Umorientierung der Verbraucherpolitik.

Das verbraucherpolitische Instrumentarium gliedert sich in drei Bereiche (vgl. Biervert/Monse/Rock, 1984, S. 112ff.):

- Verbraucherinformation
- Verbrauchererziehung und Verbraucherbildung
- Verbraucherschutz.

Der Instrumentalbereich Verbraucherinformation verfolgt das Ziel, das Informationsdefizit der Verbraucher zu reduzieren. Die Verbraucher sollen mit aktuellen Informationen über die Marktsituation, d.h. Preise, Qualität, Verfügbarkeit von Produkten und Leistungen, versorgt werden.

Diese Informationen sollen ein Gegengewicht zur (→) *Kommunikationspolitik* der Unternehmen bilden, indem sie ergänzende, richtigstellende und kritische Informationen geben. Eine solche Politik ist vorwiegend reaktiv ausgerichtet.

Ziel des Instrumentalbereichs Verbrauchererziehung und Verbraucherbildung ist es, grundlegende Kenntnisse über das Marktgeschehen, über Konsumnormen und über den Konsum als gesellschaftliches Handeln zu vermitteln; es werden die Lernziele »mündiger Verbraucher« und »Entschließungs- und Handlungsfreiheit« verfolgt. Den Verbrauchern sollen Grundkenntnisse über die wirtschaftlichen Prozesse vermittelt werden, die zu einem verstärkten Problembewusstsein und einer höheren Kritikfähigkeit gegenüber dem eigenen Konsumverhalten und dem Verhalten der Anbieter führen.

Bei dem dritten Instrumentalbereich, dem (→) *Verbraucherschutz* handelt es sich um den rechtlichen Bereich der Verbraucherpolitik. In diesem Sinne wird Verbraucherschutz als rechtlicher Verbraucherschutz verstanden, der aus einem Katalog von Gesetzen und Verordnungen besteht.

An der praktizierenden Verbraucherpolitik wird von vielen Seiten Kritik geübt. So werden als Kritikpunkte angeführt (vgl. Kroeber-Riel/Weinberg, 1999, S. 661ff.):

- fehlende gesellschaftliche Legitimation
- unzureichende politische Zielgewichtung
- einseitige und unzweckmäßige Zielsetzungen
- geringe Wirksamkeit der Maßnahmen.

Zentrale Kritikpunkte sind die einseitige Ausrichtung der Verbraucherpolitik auf das rationale Kaufverhalten, die Verfolgung des Leitbildes vom souveränen Verbraucher und die unzureichende Berücksichtigung verhaltenswissenschaftlicher Erkenntnisse. Auf der Grundlage solcher Erkenntnisse formulieren Kroeber-Riel/Weinberg (1999, S. 664ff.) verbraucherpolitische Ziele und Strategien:

- Unterstützung und Förderung von routinemäßigen und vereinfachten Kaufentscheidungen (→ *Kaufentscheidungstypen*) beim Kauf von Konsumgütern des täglichen Bedarfs und anderen Gütern, bei denen der Konsument kein (→) *Kaufrisiko* wahrnimmt und ein nur geringes Informationsbedürfnis hat.
- Hinsichtlich der Käufe mit hohem wahrgenommenem Kaufrisiko und hohem Informationsbedürfnis (extensive Kaufentscheidungen) ist es das Ziel, die Kaufentscheidung zu rationalisieren, indem durch Verbraucherbildung den Verbrauchern bessere Problemlösungsprogramme (»Denkprogramme«) ver-

mittelt und sie mit zusätzlichen Informationen versorgt werden.
- Darüber hinaus sind Verbraucher vor der manipulativen Beeinflussung des Marketing zu schützen. Dabei soll nicht die manipulative Beeinflussung des Marketing generell verboten oder reglementiert, sondern deren Missbrauch verhindert werden.

Verbraucherschutz [s.a. Verbraucherpolitik]
Verbraucherschutz dient dem Schutz der Konsumenten vor materiellen oder immateriellen Schäden beim Einkauf und beim Ge- bzw. Verbrauch von Waren und Dienstleistungen in ihrer Rechtsstellung im Wirtschaftsverkehr (vgl. Kroeber-Riel/Weinberg, 1999, S. 658).

In der Bundesrepublik Deutschland bestehen u.a. folgende Verbraucherschutzregelungen:

- Schutz vor überhöhten Preisen (z.B. gegen Mietwucher)
- Schutz von Qualitätsstandards, insbesondere Vorschriften gegen Gesundheitsgefährdungen durch Güter
- Schutz vor (→) *Irreführung* und Täuschung, z.B. durch Vorschriften gegen Mogelpackungen und bezüglich Vertragsbeziehungen durch das (→) *AGB-Gesetz*
- Schutz vor psychologischen Zwängen, besonders bezüglich der (→) *Werbung*
- Schutz vor schädlichen Produktionsverfahren
- Gewährleistungshaftung
- Produzentenhaftung.

Verbrauchertypologie → *Käufertypologie*

Verbraucherzufriedenheit → *Verbraucherorganisationen*

Verbrauchselastizität → *Elastizität*

Verbundgruppe
Die Verbundgruppen umfassen einen wichtigen Bereich der (→) *Kooperation.* »Sie sind auf Dauer angelegte Verbände, an denen selbstständige Unternehmen beteiligt sind« (Tietz, 1993a, S. 254). Die klassischen Verbundgruppen des Handels, so (→) *Einkaufsgemeinschaften* und (→) *Freiwillige Ketten*, sind überwiegend Betriebsverbände, d.h. Verbindungen von Betrieben zum Zwecke der gemeinschaftlichen Erfüllung von Teilaufgaben unter Beibehaltung der Selbstständigkeit der Aufgabenerfüllung hinsichtlich der übrigen, nicht koordinierten Aufgaben.

Die Tätigkeit der Verbundgruppen im Handel bezieht sich i.d.R. auf (vgl. Liebmann/Zentes, 2001, S. 283):

- die Beschaffung von Waren
- die Festlegung von Absatzgebieten
- die Entwicklung und Förderung von Handelsmarken
- die Durchführung von Marketingaktivitäten wie Sonderpreisaktionen
- das Delkredere
- die (→) *Zentralregulierung*.

Die Intensität der Kooperation in den Verbundgruppen hat sich in den letzten Jahren stark in Richtung eines Gruppenmarketing erhöht (vgl. Zentes/Swoboda, 2000a, S. 135). Dies ist auf den erhöhten Wettbewerbsdruck in vielen Branchen durch großflächige, filialisierte Fachmarktsysteme zu erklären. Um der Marketingkraft dieser Händler begegnen zu können, erhöhen die Verbundzentralen sukzessive auch die marketingtechnische Anbindung ihrer mittelständischen Anschlusshäuser, um über integrierte Marketing- und Markenprogramme ein größeres Gegengewicht zu den Filialisten zu schaffen. Diese Entwicklung lässt die Abgrenzung zu Franchisesystemen (→ *Franchising*) zunehmend verschwimmen, da diese Anbindung in vielen Fällen über Franchiseverträge erreicht wird.

Verbundwerbung → *Werbung, kooperative*

Veredelung

Veredelung bzw. Veredelungsverkehr ist eine Sonderform des (→) *Außenhandels*. Es handelt sich dabei um einen besonderen Zollverkehr von Waren zwecks Bearbeitung, Verarbeitung oder Ausbesserung und anschließende Rücksendung in das Ursprungsland. Weder zollrechtlich noch außenwirtschaftsrechtlich liegt dabei ein Export oder Import vor (vgl. Altmann, 1993, S. 25f.). I.d.R. ist für den Veredelungsverkehr eine Zollbefreiung vorgesehen, um eine Kumulierung der Zölle zu vermeiden und eine wirtschaftsfördernde Entwicklung zu unterstützen.

Veredelung kann für Unternehmen u.a. zum Ausnutzen von Lohnunterschieden zwischen In- und Ausland genutzt werden, wobei aber die (→) *Transaktionskosten*, so die Transportkosten zu beachten sind. Da die mit der Entfernung steigenden Transportkosten den Ersparnissen durch den Veredelungsverkehr entgegenlaufen, gibt es eine kritische Distanz zum ausländischen Produktionsstandort, ab der sich der Veredelungsverkehr nicht mehr als vorteilhaft erweist. Aus diesem Grund findet Veredelungsverkehr verstärkt in grenznahen Regionen statt (vgl. Zentes, 1995a, Sp. 135f.).

Man unterscheidet zwischen aktivem Veredelungsverkehr, bei dem die Veredelungstätigkeit im Inland für einen ausländischen Hersteller vorgenommen wird, und dem passiven Veredelungsverkehr, bei dem die Wertschöpfung der Veredelung im Ausland vorgenommen wird. Bei der Freizonen-Veredelung handelt es sich um eine Sonderform des passiven Veredelungsverkehrs, bei dem »die Ware zwar das Zollerhebungsgebiet, nicht aber das Hoheitsgebiet verlässt« (Jahrmann, 1998, S. 59).

Häufig wird die Ware von dem veredelnden Unternehmen nicht an den Auftraggeber, sondern unmittelbar an dessen Kunden weitergeliefert. Dieser Vorgang kann jedoch unter Umständen Probleme bei der Anerkennung eines grenzüberschreitenden Geschäfts als Veredelungsverkehr mit sich bringen.

Vergessen → *Informationsverarbeitungssystem; Lernen; Lernkurve*

Vergleichende Werbung [s.a. UWG]

Vergleichende Werbung stellt eine Form der bezugnehmenden Werbung dar. Bei Vergleichender Werbung handelt es sich um Werbung, die in unmittelbarer oder mittelbarer Form Mitbewerber oder deren Erzeugnisse oder Dienstleistungen erkennbar macht. Nach der Art und Weise der Bezugnahme (inhaltliche Argumentation und Bezugsobjekt bzw. -subjekt) werden drei Arten Vergleichender Werbung unterschieden (vgl. Freund, 2001, S. 4f.):

- *persönliche (personenbezogene) Vergleichende Werbung*: Die Werbung bezieht sich auf persönliche Eigenschaften und Verhältnisse und nicht auf die Marktleistung der Konkurrenz (z.B. Unternehmensträger, Organe, Mitarbeiter).
- *anlehnende Vergleichende Werbung*: Das eigene Angebot wird als qualitativ gleichwertig zu dem der Konkurrenz dargestellt, um an dessen positiven Image zu partizipieren.
- *kritisierende Vergleichende Werbung*: Das Angebot der Konkurrenz wird in herabsetzender Form im Vergleich zum eigenen Angebot dargestellt, um das eigene Angebot vorteilhaft erscheinen zu lassen.

Die Vergleichende Werbung ist abzugrenzen von der Alleinstellungs-, insbesondere der Superlativwerbung, die eine Spitzenstellung auf dem Markt behauptet. Abzugrenzen ist die Vergleichende Werbung auch von der Publikation vergleichender (→) *Warentests* durch Verbrauchervereinigungen, Zeitschriften oder neutrale Institute.

Rechtlich geregelt sind Bestimmungen bezüglich Vergleichender Werbung in der EU-Richtlinie zur Vergleichenden Werbung (Richtlinie 97/55/EG), die im UWG in Deutschland umgesetzt wurde. Danach ist Vergleichende Werbung, die in Deutschland zunächst verboten bzw. deren Zulässigkeit umstritten war, seit In-Kraft-Treten der UWG-Novelle am 14.09.2000 laut § 2 UWG erlaubt, sofern sie nicht gegen die guten Sitten verstößt, d.h., wenn

- der Vergleich nicht irreführend ist
- nachprüfbare Eigenschaften miteinander verglichen werden
- die Konkurrenz nicht herabgesetzt oder verunglimpft wird.

Vergütungssystem [s.a. Personalmarketing]
Aus absatzpolitischer Sicht sind vorrangig die Systeme zur Vergütung des Verkaufspersonals (→ *Personal Selling*) von Bedeutung.

Die möglichen Entlohnungsformen des Verkaufspersonals lassen sich in drei Gruppen zusammenfassen:

- Festgehaltssysteme
- Provisionssysteme
- Kombinationssysteme.

Eine Sonderstellung innerhalb dieser Klassifikation nehmen die Prämiensysteme ein, da Prämien keine selbstständige Vergütungsform, sondern eine leistungsorientierte Zusatzvergütung, die an bestimmte Kriterien gebunden ist, darstellen.

Der Grundgedanke der Festgehaltssysteme ist die pauschale Vergütung der in einem bestimmten Zeitraum ausgeführten Aktivitäten, unabhängig von deren Ergebnis. Eine derartige Entlohnungsform ist somit zeitorientiert und nicht leistungsorientiert. Ein mittelbarer Leistungsanreiz kann durch ein Festgehaltssystem mit vorgegebener Stufenfolge erzielt werden. Die Einstufung eines Mitarbeiters ist an die Erfüllung bestimmter Kriterien gekoppelt. Ein derartiges System setzt eine systematische Personalbeurteilung voraus. Die Festgehaltssysteme werden meist zur Entlohnung der Verkaufsmitarbeiter im Innendienst, so des Verkaufspersonals im Handel, eingesetzt.

Provisionssysteme streben eine rein leistungsbezogene Vergütung an. Die technische Ausgestaltung der Provisionssysteme weist unterschiedliche Freiheitsgrade auf hinsichtlich:

- der Bemessungsgrundlagen
- der Provisionssätze.

Grundlage der Provisionsberechnung ist

- der Umsatz oder
- der Deckungsbeitrag.

Die Verprovisionierung des Umsatzes ist die traditionelle Lösung. Neben der Bemessungsgrundlage sind die Provisionssätze ein weiterer Bestimmungsfaktor der variablen Vergütung. Wird der Umsatz verprovisioniert, so lassen sich die folgenden Formen unterscheiden:

- konstanter Provisionssatz
- degressiver Provisionssatz
- progressiver Provisionssatz.

Im ersten Fall gilt für alle Umsätze, unabhängig von der Gesamtumsatzhöhe, ein einheitlicher Provisionssatz. Die degressive Regelung zeichnet sich dadurch aus, dass die Provisionssätze mit steigenden Umsätzen fallen. Dabei wird nicht der Gesamtwert mit dem niedrigen Satz verprovisioniert, sondern der jeweils eine bestimmte Schranke übersteigende Betrag. Die progressive Provision zeichnet sich dadurch aus, dass die Sätze mit steigenden Umsätzen steigen.

Neben diesem Berechnungsmodus können die Provisionssätze auch nach Artikelgruppen, Auftragsgrößen oder Kundengruppen differenziert werden. Dies gilt auch bei einer deckungsbeitragsorientierten Provision (→ *Deckungsbeitragsrechnung*).

Eine andere Art der Staffelung der Provisionssätze liegt bei der so genannten konditionsgebundenen Provision vor. Dieses System ist dadurch gekennzeichnet, dass der Provisionssatz – ausgehend von einem Basispreis – sinkt, je mehr Rabatt der Verkäufer dem Kunden einräumt und umgekehrt.

Derartige Provisionssysteme kommen vorrangig bei der Einschaltung fremder Verkaufsorgane, so Handelsvertreter, zum Einsatz.

Kombinative Lösungen bestehen in einer Verknüpfung von Elementen beider Systeme. Die Mischformen unterscheiden sich durch die Art der Elemente und den relativen Anteil der einzelnen Einkommensarten. Die Kombinationssysteme stellen die wichtigste Form der Vergütung fest angestellter Außendienstmitarbeiter (Reisender) dar.

Das Ziel der Prämienentlohnung besteht darin, dem Verkäufer einen zusätzlichen materiellen (monetären oder nichtmonetären) Leistungsanreiz zu schaffen. Prämien sind ein Entlohnungsinstrument, das eine hohe Flexibilität aufweist; durch sie wird ermöglicht, operationale unternehmerische Zielsetzungen zu verfolgen. Basis der Prämien können je nach dem Steuerungsziel sein:

- effektiv erreichte Umsätze
- Sollvorgaben
- Verkaufsquoten
- Stückzahlen
- relative Umsatzsteigerungen
- durchschnittliche Auftragswerte
- Zahl der täglichen Aufträge
- Zahl der Neukunden
- Kosteneinsparungen
- Verbesserung der Besuchsberichte u.Ä.

Nach dem zeitlichen Gültigkeitsbereich lassen sich unterscheiden:

- zeitlich begrenzte Prämiensysteme
- zeitlich unbegrenzte Prämiensysteme;

nach der Art der Entlohnung:

- monetäre Prämiensysteme
- Sachprämiensysteme;

nach dem Berechnungszeitraum:

- monatliche Prämien
- quartalsmäßige Prämien
- Halbjahresprämien
- Jahresprämien.

Weiterhin lassen sich die Prämiensysteme wie folgt differenzieren:

- individuelle Entlohnung
- Gruppenentlohnung.

Prämien werden sowohl als Leistungsanreiz bei Außendienstmitarbeitern als auch bei Verkaufsmitarbeitern des Innendienstes eingesetzt. Prämien sind zugleich eine Form der Belohnung von Verkaufsmitarbeitern für Leistungen in temporären Verkaufswettbewerben. Als Anreize werden vorrangig Sachprämien eingesetzt (→ *Incentives*).

Verkaufswettbewerbe werden auch mit den Verkäufern der Abnehmerbetriebe durchgeführt (→ *Verkaufsförderung*); durch sie soll eine Konzentration der Verkaufsanstrengungen auf die Produkte des betreffenden Lieferanten erzielt werden. Auch hier kommen als Anreize in erster Linie Sachzuwendungen zum Einsatz.

Verhaltensforschung [s.a. Käuferverhalten]

Die Verhaltensforschung beschäftigt sich – bei weiter Begriffsfassung – mit den Aktivitäten von Organismen. Hierzu gehören die klassischen Disziplinen Biologie, Psychologie, Soziologie, Anthropologie u.v.a. Aber auch die Ökonomie betreibt letztlich Verhaltensforschung im Sinne der Analyse wirtschaftlichen Verhaltens der Menschen. Der Begriff Verhalten beinhaltet dabei alle Formen des Agierens und Reagierens, und zwar sowohl das nach außen sichtbare Verhalten als auch das innere Verhalten, z.B. in Form von Denkvorgängen (vgl. Schrader, 1971, S. 11).

Betrachtet man die Entwicklung der Marketingwissenschaft, so hat dort die verhaltenswissenschaftliche Orientierung über die Entwicklung des (→) *Behaviorismus* und (→) *Neobehaviorismus* eine stets zunehmende Bedeutung gewonnen. Dabei werden für die Analyse des marketingrelevanten Verhaltens der Konsumenten und der gewerblichen bzw. institutionellen Käufer Erkenntnisse aus der Psychologie, Soziologie und Sozialpsychologie herangezogen.

Verhaltensmuster, kulturelles → *Culture Pattern*

Verkäufermarkt → Käufermarkt

Verkaufsförderung

Verkaufsförderung oder Sales Promotion stellt im klassischen Marketing ein wichtiges Instrument der (→) *Kommunikationspolitik* dar. Verkaufsförderung soll unterstützende, motivierende und absatzfördernde Wirkung haben (vgl. Bruhn, 1997b, S. 388).

Die Maßnahmen der Verkaufsförderung umfassen:

- direkte Verkaufshilfen, z.B. Verkaufshandbücher, Prospekte, Kataloge und Informationshilfen wie Schulung und Verkaufstraining, Fachliteratur
- persönliche Anreizsysteme, z.B. Verkaufswettbewerbe (→ *Incentives*)
- individuelle Kontaktpflege, z.B. Produktvorführung, Kontaktbesuche, Geschenke.

Diese Maßnahmen können danach differenziert werden, auf welche Stufe sie ausgerichtet sind. So lassen sich unterscheiden (vgl. Liebmann/Zentes, 2001, S. 530f.):

- konsumentenorientierte Verkaufsförderungsmaßnahmen (z.B. Preisausschreiben, Warenproben)
- handelsorientierte Verkaufsförderungsmaßnahmen (z.B. die Bereitstellung von Displaymaterial, der Einsatz von Propagandisten)
- verkaufspersonalorientierte Verkaufsförderungsmaßnahmen (z.B. Verkaufswettbewerbe).

Im Rahmen der Verkaufsförderungspolitik des Handels spielt die Zweitplatzierung als Instrument der Präsentationspolitik eine besondere Rolle (vgl. Barth, 1999, S. 255f.). Als Zweitplatzierung (Zweitdisplay) wird die zusätzliche Präsentation von Produkten (insbesondere von Impuls-Produkten (→ *Impulsives Kaufverhalten*)) an gesonderter Stelle im Verkaufsraum (z.B. in der Kassenzone) bezeichnet, die parallel zu der laufenden Belegung von Regalfläche erfolgt. Konsumenten assoziieren mit Zweitplatzierungen i.d.R. Sonderangebote bzw. eine besondere Preisgünstigkeit der jeweiligen Produkte (vgl. Berekoven, 1995, S. 191).

Die Herausforderung an die Verkaufsförderung im internationalen Kontext liegt in den länderspezifisch unterschiedlichen rechtlichen Möglichkeiten und Einstellungen des Handels zur kooperativen Förderung des Abverkaufs. Einflussgrößen auf die Durchführbarkeit der einzelnen Maßnahmen sind somit

- nationale Handelsstrukturen
- wettbewerbsrechtliche Bestimmungen in den Auslandsmärkten.

Auf Grund des kurzfristigen Charakters der Verkaufsförderungsmaßnahmen ist eine (→) *Standardisierung* am ehesten bei internationalen Unternehmen mit einem eigenen, vollständig kontrollierbaren Distributionssystem denkbar. Im (→) *Internationalen Marketing* ist die Bedeutung der Verkaufsförderung eher eingeschränkt (vgl. Meffert/Bolz, 1998, S. 206ff.).

Verkaufsorgan → *Absatzwegepolitik; Personal Selling*

Verkaufspolitik → *Personal Selling*

Verkaufswettbewerb → *Incentives; Vergütungssystem; Verkaufsförderung*

Verpackungspolitik → *Produktpolitik*

Verrechnungspreise → *Transferpreise*

Versendung → *Export*

Vertikales Marketing → *Marketing, vertikales*

Vertrieb [s.a. Distributionspolitik]
Die Vertriebsentscheidung ist ein wesentlicher Tatbestand der (→) *Distributionspolitik*. Grundsätzlich ist zwischen direktem Vertrieb und indirektem Vertrieb zu unterscheiden.

Der (→) *Direktvertrieb* (Direktabsatz) kennzeichnet eine spezielle Absatzwegepolitik der Hersteller, die dadurch charakterisiert ist, dass der Handel (Groß- und Einzelhandel) nicht eingeschaltet wird. Beim direkten Vertrieb übernimmt der Hersteller alle oder den überwiegenden Teil der Funktionen, die beim Absatz der Leistungen bis zum Endkäufer anfallen, selbst oder durch von ihm wirtschaftlich abhängige Absatzorgane. Wesentlich ist hierbei, dass der Hersteller den Einsatz der (→) *Marketinginstrumente* bis zum Endkunden steuern und kontrollieren kann.

Der Direktvertrieb erfolgt meist durch den Einsatz von Außendienstmitarbeitern. Ein persönlicher Verkauf durch Außendienstmitarbeiter stellt eine Form des (→) *Direct Marketing* dar. Direktvertrieb ist auch bei der Einschaltung eigener Verkaufsstellen (Factory Outlet) oder durch Versandhandel möglich. Die modernen Informations- und Kommunikationstechnologien eröffnen insbesondere in Form des (→) *E-Commerce* neue Möglichkeiten des Direktvertriebs (vgl. Zentes/Swoboda, 1999b, S. 40ff.).

Die Vorteile des Direktvertriebs, der vor allem im Investitionsgüterbereich eine große Bedeutung hat, liegen in der Möglichkeit zur unmittelbaren Einflussnahme auf die Endabnehmer und der beim Hersteller verbleibenden Handelsspanne. Als Nachteile sind höhere Kosten und ein möglicherweise geringerer Distributionsgrad zu sehen.

Indirekter Vertrieb liegt vor, wenn über die Glieder der Absatzkette, durch Zwischenschaltung rechtlich und wirtschaftlich selbstständiger Absatzorgane, z.B. Handelsbetriebe, die Steuerungs- und Kontrollmöglichkeiten hinsichtlich des Einsatzes der Marketinginstrumente beim Endkunden weitgehend verloren gehen und die marketingpolitischen Aufgaben im Endkundenmarkt überwiegend von Absatzmittlern wahrgenommen werden. Für das Herstellerunternehmen gehen damit ein Teil der Marktnähe und des damit verbundenen Informationspotenzials sowie die Steuerungs- und Kontrollmöglichkeiten verloren.

Der Vorteil bei international tätigen Unternehmen liegt beim indirekten Vertrieb darin, dass ein markterfahrenes Unternehmen genutzt werden kann, das mit den Problemstrukturen und Kaufgewohnheiten des jeweiligen Landesmarktes vertraut ist und gegebenenfalls auch über ein entsprechendes Servicenetz verfügt, ohne die Kosten und Risiken für eine adäquate direkte Vertriebsstruktur aufwenden zu müssen.

Die Entscheidung zwischen direktem Vertrieb und indirektem Vertrieb kann in internationalen Kontext in einer engen Beziehung zur Exportentscheidung (→ *Export*) betrachtet werden. Übersicht 135 visualisiert die Möglichkeiten des direkten und indirekten Exports sowie des direkten und indirekten Vertriebes.

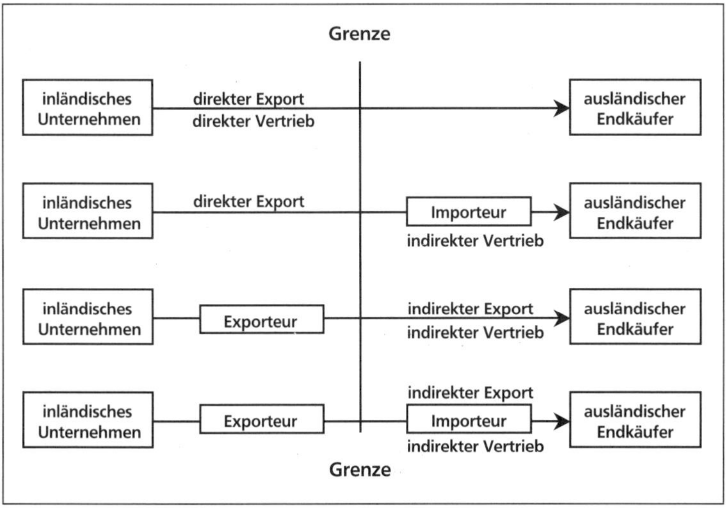

Quelle: Schneider, 1995, S. 262.

Übersicht 135: Direkter und indirekter Export sowie Vertrieb

Weitere Entscheidungen im Rahmen des Vertriebes betreffen die Zahl der Zwischenstufen (einstufiger und mehrstufiger Vertrieb) sowie die Festlegung eingleisiger und mehrgleisiger Vertriebskanäle (→ *Distributionskanäle; Multi-Channel-Distribution*).

Virtuelle Unternehmen

Eine der ersten Definitionen des virtuellen Unternehmens stammt von Byrne/Brandt/Port (1993, S. 37), die darunter ein zeitweise bestehendes Netzwerk von rechtlich sowie wirtschaftlich weitgehend unabhängigen Unternehmen verstehen, die sich zusammenschließen, um Wissen, Kosten und Zugang zu Märkten miteinander zu teilen.

Virtuelle Unternehmen verzichten auf die für »klassische« Unternehmen typischen Attribute wie ein gemeinsames juristisches Dach oder eine zentrale Verwaltung und Koordinierungsstelle. Es handelt sich vielmehr um einen spontanen Zusammenschluss von Unternehmen, der ohne formellen Aufwand zu Stande kommt und durch kooperative und vertrauensvolle Beziehungen der Partner gekennzeichnet ist (vgl. Engelhard, 1999, S. 327f.).

Das Konzept des virtuellen Unternehmens basiert auf einer objekt- bzw. prozessorientierten Betrachtungsweise, die dadurch zum Ausdruck kommt, dass für ein Objekt wie ein Kundenauftrag eine Optimierung des Wertschöpfungsprozesses erreicht werden soll, in dem die beteiligten Unternehmen nur die Aktivitäten bzw. Teilprozesse in das virtuelle Unternehmen einbringen, die zur Erstellung des Objekts erforderlich sind.

Die Zielsetzung des virtuellen Unternehmens besteht darin, die Wettbewerbsposition der an ihm beteiligten Unternehmen zu stärken. Dies soll zum einen in Verbindung mit einer konsequenten Kundenorientierung erreicht werden. Zum anderen soll durch das virtuelle Unternehmen eine schnellere, innovationsgetriebene Ausnutzung von Marktchancen ermöglicht werden.

Insgesamt betrachtet, stellen virtuelle Unternehmen eine Form der (→ *Kooperation*) dar, die sich auf eine gemeinsame Aktivität bzw. einen Teilprozess (z.B. ein Projekt) bezieht. Nach Abschluss des Projektes löst sich das virtuelle Unternehmen unter Umständen wieder auf. Es geht letztlich um ein befristetes Bündeln von Kernkompetenzen mit dem Ziel, den vom Kunden wahrgenommenen Wert eines Gesamtprodukts zu verbessern sowie Flexibilität auszunutzen.

Als Formen virtueller Unternehmen (i.w.S.) können interorganisationale Formen, d.h. das Zusammenwirken mehrerer Partnerunternehmen zur Verfolgung eines gemeinsamen temporären Ziels, sowie intraorganisationale Formen, wie virtuelle Büros oder virtuelle Abteilungen, unterschieden werden. Ihr Management ist durch flache Hierarchien gekennzeichnet. Es handelt sich um Unternehmensnetzwerke (polyzentrische Systeme) (→ *Netzwerkmodelle*), in denen Führungsentscheidungen zwar dezentral getroffen werden können, gleichwohl aber zwischen den Kooperationspartnern abgestimmt werden. So werden strategische Grundsatzentscheidungen zwischen allen Partnern abgestimmt (vgl. Specht/Kahlmann, 2000, S. 59ff.).

Vollerhebung → *Stichprobenverfahren*

Vollkommener Markt → *Marktformen*

Vorauszahlung → *Zahlungsbedingungen; Zahlungskonditionen*

Vorwahl → *Bedienungsformen*

W

Wachstumsphase → *Produktlebenszyklus*

Wachstumsstrategien
Das unternehmerische Wachstum bildet einen traditionellen Gegenstand des (→) *Strategischen Marketing* und genereller der Unternehmensforschung. Entsprechend finden sich Überlegungen zu Wachstumsstrategien in vielfachen Basiswerken der Literatur zur Strategieforschung. Hervorzuheben sind die Werke von Penrose (1959) oder Ansoff (1979), letzterer mit der heuristischen Grundlagenkonzeption von Wachstumsstrategien entsprechend den Alternativen der Produkt-/Markt-Matrix, d.h. Marktdurchdringung, Marktentwicklung, Produktentwicklung und (→) *Diversifikation* (→ *Ansoff-Matrix*). Daneben bildet das unternehmerische Wachstum ein explizites oder implizites Ziel vielfacher praktische Analyseinstrumente, wie etwa der (→) *Portfolio-Analyse*.

In der Mehrheit der Untersuchungen stehen externe, d.h. durch marktlichen Konkurrenzdruck induzierte Wachstumsstrategien bzw. -muster im Vordergrund. So hat das Buch »Grow to be Great« von Gertz/Baptista (1995) für Aufsehen gesorgt, als es gleichsam als Reaktion auf die Lean-Management-, Downsizing- und Reengineering-Debatte auf die Grenzen von Schrumpfungsprozessen hinwies und in letzter Konsequenz eine ständige Überprüfung der Wachstumsstrategie postuliert. Entgegen der Fülle von Untersuchungen zu extern induzierten Wachstumsstrategien bzw. -mustern liegt im Bereich der intern induzierten Wachstumsstrategien bzw. -muster ein großes Forschungsdefizit vor, obwohl offensichtlich ist, dass Unternehmen nicht nur durch die Umwelt zum Wachstum getrieben werden, sondern gerade interne Strukturen oder das Management das Wachstum vorantreiben und Wachstumsstrategien evozieren (vgl. Scholz, 2000b, S. 204ff.).

Währungsrisiken [s.a. Kurssicherung]
Neben den allgemeinen (→) *Außenhandelsrisiken* und den speziellen (→) *Länderrisiken* bestehen in der Außenwirtschaft zusätzliche und besondere Risiken im Währungsverkehr. Die wichtigsten Währungsrisiken sind (vgl. Schroth, 2001, S. 548f.; Altmann, 1993, S. 748ff.; Schäfer, 1995, S. 30ff.):

- Konvertierungs- und Transferrisiko (KT-Risiken)
- Erfüllungsrisiken, d.h. eine zum Terminkurs kalkulierte und erwartete Zahlung eines Partners bleibt durch Konkurs des Partners aus und der entsprechende Devisenbetrag auf Grund eigener Verpflichtungen muss zum (höheren) Kassakurs beschafft werden
- Wechselkursrisiko, das daraus resultiert, dass sich Forderungen und Verbindlichkeiten, die auf ausländische Währung lauten, durch Wechselkursänderungen ungünstig verändern: Forderungen können durch Aufwertung der Inlandswährung vor Einlösung der Forderung umgerechnet in Inlandswährung weniger Wert haben. Verbindlichkeiten können analog durch Abwertung der Inlandswährung/Aufwertung der Auslandswährung »teurer« werden.

Gleichermaßen bieten Wechselkursschwankungen auch Chancen (Gewinnmöglichkeiten). Im Hinblick auf diese Gewinnüberlegung ist zwischen Spekulationen und Arbitrage zu unterscheiden. Bei Kurs-Arbitrage werden Kursunterschiede genutzt, die zum selben Zeitpunkt an verschiedenen Börsenplätzen auftreten. Kurs-Spekulationen beziehen sich demgegenüber auf Kursentwicklungen im Zeitablauf.

Währungsrisiken im Sinne von Wechselkursrisiken können direkt oder indirekt auftreten (vgl. Altmann, 1993, S. 748; Schäfer, 1995, S. 35ff.):

- Ein direktes Währungsrisiko entsteht bei allen Forderungen, Verbindlichkeiten und Vermögensteilen, die auf ausländische Währung lauten.
- Ein indirektes Währungsrisiko resultiert durch Wechselkursveränderungen, die sich auf die Wettbewerbssituation negativ auswirken, indem beispielsweise eine Aufwertung der Inlandswährung inländische Exporteure gegenüber ausländischen Konkurrenten auf dem Weltmarkt benachteiligt.

Die Betroffenheit eines Unternehmens von Wechselkursveränderungen ist bei einer Aufwertung der Inlandswährung dann um so größer, je größer diese Wechselkursveränderung ist und je mehr Forderungen bzw. Vermögensteile das exportierende Unternehmen in einer fremden Währung notiert hält. Bei Wechselkursrisiken werden folgende Risikoarten (Exposure) unterschieden:

- *Transaction Exposure*: Risiko bereits bestehender Forderungen und Verbindlichkeiten aus laufenden Transaktionen, deren Wert sich durch eine Wechselkursänderung verändert.
- *Translation Exposure*: Risiko bereits bestehender Aktiva und Passiva in der Bilanz, deren DM-Werte sich durch eine Wechselkursänderung verändern.
- *Economic Exposure*: Risiko zukünftiger Wettbewerbsfähigkeit im Weltmarkt und auf dem Binnenmarkt, die durch eine Wechselkursveränderung beeinflusst wird.

Da Währungsrisiken im engeren Sinne mit Wechselkursrisiken gleichgesetzt werden, fokussieren die Maßnahmen zur Begrenzung von Währungsrisiken vor allem auf der Kurssicherung.

Währungssystem

Wesentliches Merkmal eines internationalen Währungssystems sind die Wechselkursregelungen. Wechselkurse bezeichnen das Austauschverhältnis zwischen der inländischen und einer ausländischen Währung. Aus einer historischen Perspektive heraus lassen sich folgende Währungssysteme unterscheiden (vgl. Jarchow, 1989, Sp. 2213ff.):

- Klassischer Goldstandard (etwa ab 1880) mit festen Wechselkursen, die dadurch fixiert wurden, dass Goldstandardländer so genannte Goldparitäten festlegten, z.B. 1 DM = 1/2790 kg Feingold (FG) und 1 Pfund Sterling = 1/13657 kg FG.
- Das Bretton Woods-System mit Stufenflexibilität, welches durch die 1944 beschlossene Gründung des Internationalen Währungsfonds (→ *IWF*) erstmals als ein umfassendes, weltweites Währungssystem im Rahmen eines internationalen Abkommens galt. Basierend auf den schlechten Erfahrungen der dreißiger Jahre wurde in diesem System ein größerer Spielraum für eine binnenwirtschaftliche Ausrichtung der Wirtschaftspolitik geschaffen. Dies erfolgte beispielsweise durch ein System von Sonderziehungsrechten (SZR).
- Das IWF-System mit flexiblen Wechselkursen, bei dem (in der Neufassung von 1978) das Sonderziehungsrecht die Rolle des Geldes innerhalb des IWF-Abkommens übernahm. Es stellt den IWF-Mitgliedern die Wahl des Wech-

selkurssystems frei; nicht zulässig war lediglich eine Bindung der heimischen Währung an das Gold. Insgesamt handelt es sich um eine nachträgliche Freigabe der Dollarkurse und einen Schritt in Richtung eines unabhängigen Floating.

- Das Europäische Währungssystem (→ *EWS*) mit Blockfloating, das im März 1979 in Kraft trat mit dem Ziel der Schaffung einer stabilen Währungszone in Europa mit einer auf größere innere (Geldwert-) und äußere (Wechselkurs-) Stabilität gerichteten Wirtschaftspolitik. Wesentlicher Bestandteil des EWS war die europäische Währungseinheit ECU (→ *Euro*).

Währungsunion → *Euro; Integrationsabkommen; Kooperations- und Integrationsformen; Maastrichter Abkommen*

Warenbörsen → *Börsen*

Warentest

Warentests bzw. Gütertests – da zunehmend nicht nur Waren, sondern auch Dienstleistungen getestet werden – sind durch drei Merkmale gekennzeichnet (vgl. Silberer, 1979, S. 34f.; Kandler, 1980, S. 12f.):

- verbraucherpolitische Orientierung
- Neutralität
- spezifische Testbedingungen.

Durch die verbraucherpolitische Orientierung (→ *Verbraucherpolitik*) unterscheiden sich Warentests, die auch als vergleichende Warentests bezeichnet werden, von den (→) *Produkttests* und (→) *Markttests* der Unternehmen. Der Warentest bezieht sich hauptsächlich auf die Gebrauchstauglichkeit und den Gebrauchswert eines Gutes. Als zweites Merkmal ist die Neutralität der Tests und der Testberichterstattung zu nennen. Diese ist sichergestellt, wenn die Testinstitutionen unabhängig von den Anbietern sind.

Ein Test liegt nur dann vor, wenn der Prüfvorgang unter kontrollierbaren und reproduzierbaren Bedingungen durchgeführt wird. Somit kann man den Gütertest als einen verbraucherpolitisch orientierten, neutralen Test von Produkten und Dienstleistungen definieren. In Deutschland werden regelmäßig Tests von der Stiftung Warentest durchgeführt, deren Ergebnisse in der Zeitschrift »Test« veröffentlicht werden.

Empirische Untersuchungen haben bestätigt, dass die Warentests für die Verbraucher eine wichtige Informationsquelle sind. Zum Teil haben sie die Funktion einer Schlüsselinformation. Daher werden die Testergebnisse auch zunehmend von den Unternehmen in der Werbung eingesetzt.

Warentypologie → *Typologie der Wirtschaftsgüter*

Waren-Verteilzentren → *Marketinglogistik; Transit-Terminal*

Warenwirtschaftssystem [s.a. Marketinglogistik]

Warenwirtschaftssysteme (WWS) strukturieren die informatorische Ebene der warenbezogenen Logistik im Handel; insofern sind sie eng mit dem System der physischen Distribution, d.h. dem Warenfluss verbunden (vgl. Hertel, 1999, S. 5ff.).

Die Teilaufgaben eines Warenwirtschaftssystems können entweder manuell erledigt werden (= konventionelle Warenwirtschaftssysteme) oder mit Hilfe der EDV (= computergestützte Warenwirtschaftssysteme). Die Einbeziehung aller warenbezogenen Informationsprozesse führt zu geschlossenen Warenwirtschaftssystemen (vgl. Übersicht 136). Computergestützte Warenwirtschaftssysteme werden zum einen durch die zunehmende Verbreitung überbetrieblicher Artikelnummerierungssysteme (→ *Artikelnummerierung*), die artikelgenaue Verkaufsdatenerfassung (→ *Scanning*) und zum anderen durch die zunehmende Miniaturisierung der elektronischen Datenverarbeitung (z.B. Personalcomputer, neue Speichertechniken) und neue Softwaretechnologien ermöglicht. Geschlossene, computergestützte Warenwirtschaftssysteme sind durch einen modularen Aufbau gekennzeichnet.

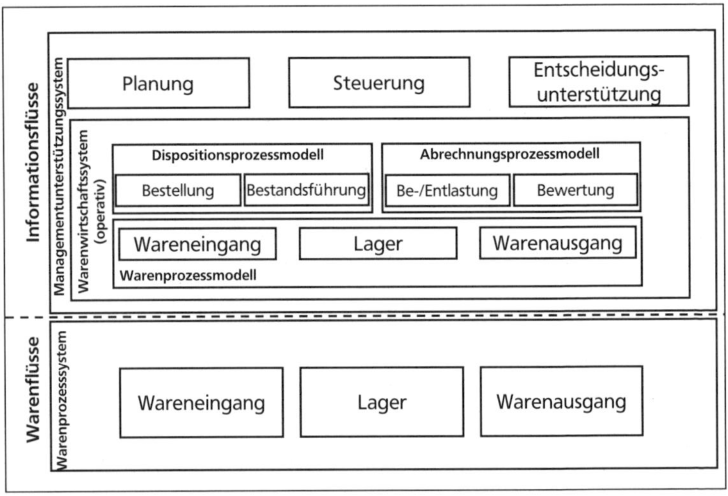

Quelle: Liebmann/Zentes, 2001, S. 672.

Übersicht 136: Aufbau von Warenwirtschaftssystemen im Handel

Das Warenprozesssystem beschreibt den Warenfluss und die damit in Verbindung stehenden Prozesse wie Lagerung oder Transport. Das Warenwirtschaftssystem selbst umfasst mehrere Komponenten. Die Komponenten auf der operativen Ebene sind zunächst das Warenprozessmodell, das die realen Warenprozesse spiegelbildlich im Datenraum abbildet und somit eine datenmäßige Simulation der realen Güterströme darstellt.

Auf diesen Daten aufbauend, erfasst das Dispositionsprozessmodell alle durch den Warenfluss ausgelösten Prozesse und Tätigkeiten sowie solche Prozesse und Tätigkeiten, die ihrerseits Warenströme verursachen. Die Bestellung von Ware ist ein Beispiel eines solchen Prozesses.

Als dritte Komponente der operativen Ebene umfasst das Abrechnungsprozessmodell alle mit dem Waren- bzw. Dispositionsfluss in Verbindung stehenden Abrechnungs- und Bewertungs-, also Nominalgüterprozesse.

Auf der strategischen Ebene ist das Planungs- und Entscheidungsunterstützungsmodell angesiedelt.

Im Subsystem des Warenprozessmodells ist das Modul der Wareneingangserfassung – im Gesamtbereich der Warenwirtschaft das am weitesten entwickelte Modul. Dies erklärt sich dadurch, dass die in diesem Bereich ablaufenden Prozesse wenig komplex und daher einfach datentechnisch zu modellieren sind (vgl. Liebmann/Zentes, 2001, S. 683). Im Wesentlichen geht es in diesem Modul darum zu prüfen, ob ein Auftrag in der vorgesehenen Form abgewickelt wurde, also ob die Ware in der gewünschten Menge und Qualität geliefert wurde und ob der gewünschte Liefertermin eingehalten wurde (vgl. Barth, 1999, S. 324).

Die Wareneingangserfassung ist zugleich Basis der Rechnungskontrolle. Beim Wareneingang wird eine Soll-Rechnung (Proforma-Rechnung) erstellt, die mit der Lieferantenrechnung verglichen wird. Hier ist zugleich eine Schnittstelle zum Informationskreis Buchhaltung/Rechnungswesen gegeben. Das Submodul Rechnungsprüfung sollte dabei über eine Möglichkeit der Konditionenbearbeitung verfügen, d.h. es sollte alle am Markt befindlichen Konditionen bewältigen (→ *Konditionenpolitik*).

Eine totale Erfassung und eine transparente Darstellung der Konditionensysteme ermöglicht einen echten Vergleich zwischen Lieferanten und unterstützt dadurch gezielt Lieferantenverhandlungen (→ *Beschaffungsmarketing*).

Im Teilsystem Lagerverwaltung sind im Wesentlichen die Aufgaben der Wareneingangs- und -ausgangserfassung angesiedelt, in Verbindung mit einer entsprechenden Lagerbestandsführung und einer Optimierung der Lagerplatzsteuerung. Diese Zuweisung von Lagerplätzen für die angelieferten Waren stellt gleichzeitig die komplexeste Aufgabe dieses Moduls dar, da hierfür bestimmte Zuteilungskriterien verwendet werden müssen, die sich zum Teil widersprechen.

Die Warenausgangserfassung kann in unterschiedlicher Form erfolgen. Die Ausgangsdaten können vom Kassensystem erfasst und über Datenträger oder über Online-Verbindung dem Computer zur weiteren Verarbeitung zur Verfügung gestellt werden. Der Warenausgangserfassung schließt sich die Warenbestandverbuchung an.

Das Warenausgangsmodul eines Warenwirtschaftssystems ist zugleich die Schnittstelle zur Fakturierung und damit zum Informationskreis Buchhaltung/Rechnungswesen bzw. zur Filialabrechnung.

Das Dispositionsprozessmodell umfasst zunächst die Erfassung der Bestellmengen bzw. Warenanforderungen der Filialen bzw. der Anschlusshäuser. Als wesentlicher Bestandteil dieses Moduls kann die Dispositionsunterstützung betrachtet werden.

Aufbauend auf den artikelspezifisch geführten Umsätzen und Beständen können unter Berücksichtigung von

- Bedarf
- Lieferzeit
- Umschlagshäufigkeit
- Mindestbestellmenge
- Konditionen

und sonstigen Parametern Bestellvorschläge generiert werden (→ *Prognose*). Diese werden den Disponenten vorgelegt und gegebenenfalls modifiziert (→ *Decision-Support-System*). In Abhängigkeit von der Struktur der Nachfrage können auch Formen der automatischen Disposition eingesetzt werden, bei denen keine Interaktion des Disponenten erfolgt.

Die abgeschlossene Disposition führt zur automatischen Bestellschreibung mit gleichzeitiger Speicherung der Daten zur Bestellüberwachung.

Neben der Optimierung der Bestandsführung gehört zur Bestelloptimierung auch die Frage der Lieferantenselektion und die Frage der optimalen Distribution, so die Belieferung einer Filiale über das Zentrallager oder über Strecke.

Ziel des Abrechnungsprozessmodells ist es, die Tätigkeiten und Prozesse auf der Warenprozessebene bzw. den anderen Modulen des Warenwirtschaftssystems wertmäßig zu erfassen und darzustellen.

Als Teilaufgaben gehören in dieses Modul u.a.:

- das Management von Abrechnungsmeldungen
- die Rechnungsschreibung und Rechnungsprüfung
- die Zahlungsabwicklung.

Der Aufbau eines Warenwirtschaftssystems ermöglicht zugleich die Ableitung von Führungsinformationen, Statistiken, Auswertungen u.Ä., was eine wesentliche Fundierung des (→) *Handelsmarketing* ermöglicht, so

- Umsätze, Absatzmengen, Spannen, Deckungsbeiträge (→ *Direkte Produkt Profitabilität*)
- Aktionsergebnisse (→ *Sonderangebotspolitik*)
- Sortimentsbeziehungen (→ *Sortimentspolitik*).

Die qualitative und quantitative Leistungssteigerung der elektronischen Informationssteigerung der elektronischen Informations- und Kommunikationstechnologien (→ *Multi-Media*) ermöglicht darüber hinaus in Filialunternehmen und (→) *Verbundgruppen* Systeme der verteilten Datenverarbeitung und damit Formen arbeitsteiliger Warenwirtschaftssysteme, so Aufgabenverteilungen zwischen der Zentral-EDV und den Satellitenrechnern in den Verkaufsstellen. In diesem Zusammenhang ist auch die zunehmende Entstehung von sog. Filialwarenwirtschaftssystemen von Bedeutung, die eine weitgehende Integration der Filialen in die Warenwirtschaft von Handelsunternehmen erlaubt (vgl. Liebmann/Zentes, 2001, S. 679ff.).

Die modernen elektronischen Technologien ermöglichen zugleich die Einbeziehung von Lieferanten, Banken und Marktforschungsinstituten in die komplexen warenwirtschaftlichen Informationsströme. Zu erwähnen sind:

- der elektronische Bestell-, Liefer- und Rechnungsdatenaustausch mit Lieferanten (→ *EDI*)
- die elektronische Zahlungsabwicklung am Check-out in Form des PoS-Banking
- die elektronische Kommunikation von Marktdaten (→ *MADAKOM*) sowie elektronische Konsumenten- und Handelspanels.

Warenzeichen [s.a. Schutzrechte, gewerbliche]

Warenzeichen sind Schutzrechte für bestimmte Zeichen (z.B. Schriftzüge, Symbole, Wappen u.Ä.), die Unternehmen zur Kennzeichnung ihrer Produkte einsetzen. Hierdurch kann ein Produkt von ähnlichen Produkten abgehoben werden, da es nur dem Inhaber des Schutzrechtes erlaubt ist, das Warenzeichen zu benutzen. Wird dieses Recht durch ein anderes Unternehmen verletzt, so kann bei Warenähnlichkeit und Verwechslungsgefahr diesem Unternehmen die Benutzung gerichtlich verboten werden. Die gesetzliche Grundlage ist das Warenzeichengesetz. Seit 1979 sind in Deutschland auch Dienstleistungsmarken zulässig. Voraussetzung für eine Erteilung dieses Schutzrechtes ist, dass kein älteres verwechslungsfähiges Warenzeichen eines anderen Unternehmens besteht.

Die Bedeutung des Warenzeichens für das Marketing von Unternehmen liegt v.a. im Schutz bestimmter Elemente oder der gesamten Elemente von Marken (→ *Markenpiraterie; Markenpolitik*), die in vielen Branchen gerade in der Konsumgüterindustrie eine enorme Bedeutung haben, in der Werbung, in der Produktgestaltung und als Element zum Aufbau einer (→) *Corporate Identity*.

Wahrnehmung

Die Wahrnehmung ist ein kognitiver Prozess der menschlichen Informationsverarbeitung (→ *Informationsverarbeitungssystem*). Die Wahrnehmung ist zunächst ein Vorgang der Informationsgewinnung, und zwar von Umweltreizen (äußere Wahrnehmung) und von Innen- bzw. Körperreizen (innere Wahrnehmung). Die äußere Wahrnehmung erfolgt primär durch bewusste Informationsaufnahme. Daneben aber werden auch Reize unterhalb einer Wahrnehmungsschwelle aufgenommen; man spricht dann von unterschwelliger Wahrnehmung (→ *Werbung*) (vgl. Koeppler, 1972).

Der Wahrnehmungsprozess geht über die reine Informationsaufnahme hinaus, indem die aufgenommenen Reize entschlüsselt und mit anderen Informationen zu einem komplexen inneren Bild zusammengesetzt werden (vgl. Kroeber-Riel/Weinberg, 1999, S. 265ff.; Behrens, 1991, S. 14ff.).

Die Wahrnehmung ist dabei ein subjektiver, selektiver und aktiver Vorgang (vgl. Kroeber-Riel/Weinberg, 1999, S. 265ff.). Nicht nur die passive Aufnahme von Reizen, z.B. bei der (→) *Orientierungsreaktion*, sondern auch die aktive Informationsaufnahme und -weiterverarbeitung von Reizen sind Bestandteil des Wahrnehmungsprozesses. Dabei unterliegt die Wahrnehmung der Subjektivität des Individuums, d.h. nicht die objektive, sondern die subjektiv wahrgenommene Umwelt wird erlebt. Die komplexe Umwelt wird in eine vereinfachte, subjektive Umwelt transformiert. Durch subjektive Interpretation und Bewertung der aufgenommenen Informationen entstehen Abweichungen zwischen Realität und wahrgenommener Umwelt sowie zwischen der subjektiven Wahrnehmung verschiedener Personen.

In engem Zusammenhang mit der Subjektivität steht die Selektivität der Wahrnehmung (vgl. Behrens, 1991, S. 14ff.). Aus der Vielzahl der auf das Individuum einwirkenden Reize wird ein bestimmter Teil herausgefiltert. Dies dient dazu, die nicht relevanten Reize auszuschalten und so einer Informationsüberlastung (Information-Overload) entgegenzuwirken. Dabei werden verschiedene Selektionsformen angewendet. Zum Teil beruhen diese auf der biologischen Entwicklung des Menschen, speziell seiner Sinnesorgane. Dies gilt für die Selektion bzw. Konzentration auf die, für den Einzelnen wichtigen Reizarten und Bandbreiten der verschiedenen Reizarten. Wichtig für das Marketing sind hierbei die begrenzte Fähigkeit, gleichzeitig über verschiedene Sinne Informationen aufzunehmen, und die Frage nach der Reizintensität im Zusammenhang mit den Reizschwellen (→ *Wahrnehmung; Imagery-Forschung*).

Hinzu tritt eine psychologische Selektion; die bewusst wahrgenommenen Reize haben für das Individuum eine subjektiv unterschiedlich große Bedeutung. Besonders die subjektiv wichtigen Informationen werden kognitiv weiterverarbeitet. Diese Verarbeitung steuert sowohl aktivierende Prozesse (→ *Aktivierung; Antriebskräfte*) wie emotionale und motivationale als auch kognitive. Eine kognitive Steuerung erfolgt durch Ziele, Normen oder Schemata der Informationsverarbeitung. So können Reize eventuell wegen ihrer Unverständlichkeit nicht wahrgenommen werden. Die aktivierenden Prozesse wie (→) *Emotion* und (→) *Motivation* beeinflussen bewusst und unbewusst insbesondere die Intensität und Selektivität der Wahrnehmung. So wird beispielsweise die Aufmerksamkeit auf Grund eines starken Bedürfnisses (→ *Bedürfnishierarchie*) auf bestimmte Reize gelenkt.

Aus der Aktivität, Subjektivität und Selektivität der Wahrnehmung folgt für das Marketing, dass nicht das objektive, sondern das subjektiv wahrgenommene Angebot eines Unternehmens entscheidend für seinen Erfolg ist (vgl. Kroeber-Riel/Weinberg, 1999, S. 267).

Zur Erforschung der Wahrnehmungsprozesse der Konsumenten werden vor allem aktualgenetische Verfahren, z.B. apparative Blickaufzeichnungsmethoden (→ *Messtechniken, apparative*) eingesetzt.

Wear-out-Effekt → *Abnutzungseffekt*

Wechselkredit

Der Wechsel ist ein Wertpapier, durch dessen Vorlage der in ihm verbriefte Anspruch geltend gemacht werden kann (gezogener Wechsel). Er ist auf Dritte übertragbar. Als Finanzierungsinstrument hat der Wechsel eine Doppelfunktion (vgl. Häberle, 1998, S. 629ff.; Perridon/Steiner, 1999, S. 416ff.):

- Er dient einerseits dem Käufer als Finanzierungsinstrument, in dem der Bezogene erst bei Fälligkeit des Wechsels die Wechselsumme zahlen muss (Zahlungsaufschub). In diesem Fall handelt es sich um einen (→) *Lieferantenkredit*, bei dem die Forderung wechselrechtlich abgesichert ist. So finanziert beispielsweise im Außenhandel der Exporteur die Kreditlaufzeit selbst und präsentiert den Wechsel bei Fälligkeit dem Importeur zur Zahlung (Wechselkredit).
- Andererseits dient der Wechsel als Refinanzierungsinstrument. Der Verkäufer kann einen akzeptierten Wechsel zur Refinanzierung der Wechselforderung bei einem Kreditinstitut unter bestimmten Bedingungen einreichen. Dieses Institut kann wiederum den diskontierten Wechsel (in Deutschland bei der Deutschen Bundesbank) zum Rediskont einreichen (Wechseldiskontkredit).

Im Exportgeschäft hat der so genannte Solarwechsel als Finanzierungsinstrument Bedeutung. Gegenüber dem gezogenen Wechsel ist der Solarwechsel (Eigenwechsel) ein Zahlungsversprechen des Schuldners als Aussteller. Er kann bei der Ausfuhrkredit-Gesellschaft mbH (AKA) und bei sonstigen Kreditinstituten diskontiert werden, wobei der Remittent seine Haftung mit wechselrechtlicher Wirkung ausschließen kann. Insofern dient der Solarwechsel im Exportgeschäft als Forfaitierungsinstrument (→ *Forfaitierung*). Ein Haftungsausschluss ist bei einem gezogenen Wechsel nicht möglich.

Wechselkurs → *Währungsrisiken; Währungssystem*

Weltbank

Die Weltbank oder die Internationale Bank für Wiederaufbau und Entwicklung (International Bank for Reconstruction and Development, IBRD) wurde zusammen mit dem (→) *IWF* anlässlich der Währungs- und Finanzkonferenz der Vereinten Nationen im Juli 1944 in Bretton Woods konzipiert; das Abkommen trat 1945 in Kraft. Zwischen Weltbank und IWF findet insofern eine Arbeitsteilung statt, als dass der IWF prinzipiell für kurzfristige Zahlungsbilanzprobleme seiner Mitglieder verantwortlich ist, während sich die Weltbank der Finanzierung längerfristiger Entwicklungsaufgaben widmet (vgl. Koch, 1998b, S. 71f.).

Die ursprüngliche Aufgabe der Weltbank bestand in der Bereitstellung langfristigen Kapitals für den Wiederaufbau der vom Krieg zerstörten Länder. Im Zeitablauf hat sich jedoch die Abgrenzung zwischen beiden Institutionen verwischt. Heute werden sämtliche Mittel an (→) *Entwicklungsländer* für Projekte bereitgestellt, die für die wirtschaftliche Entwicklung des Landes von besonderer Bedeutung sind. Hierbei handelt es sich vor allem um Infrastrukturprojekte, Maßnahmen zur ländlichen Entwicklung, Projekte im Bildungsbereich sowie Vorhaben zur Förderung des Umweltschutzes. Neben diesen Projekten vergibt die Weltbank auch Kredite an ihre Mitgliedsländer für die Entwicklung bestimmter Wirtschaftssektoren, wie z.B. Bergbau oder Fischerei (so genannte Sektoralanpassungsdarlehen) sowie für Umstrukturierungsmaßnahmen der gesamten Volkswirtschaft zur Überwindung von Leistungsbilanzproblemen, z.B. im Zusammenhang mit Umschuldungsabkommen oder beim Übergang zu marktwirtschaftlichen Wirtschaftsordnungen (so genannte Strukturanpassungsdarlehen). In diesen Bereichen arbeitet die Weltbank eng mit dem IWF zusammen.

Die Weltbankkredite werden verzinst und stehen mittel- bis langfristig zur Verfügung (15 bis 20 Jahre, 3 bis 5 tilgungsfreie Jahre). Die Kredite werden von der Weltbank auf Grund der Tatsache, dass ihr Kapital von den Industriestaaten garantiert ist, auf dem internationalen Kapitalmarkt zu günstigen Konditionen aufgenommen und an die betreffenden Entwicklungsländer weitergeleitet. Der den Entwicklungsländern berechnete Zinssatz ist so kalkuliert, dass sämtliche Kosten einschließlich derjenigen der Kapitalbeschaffung gedeckt sind. Kredite zur Förderung privater Investitionen (IFC-Kredite) werden zu ungünstigeren Konditionen gewährt als normale Weltbankkredite oder Kredite der Internationalen Entwicklungs-Organisation (IDA-Kredite) an die am wenigsten entwickelten Länder (Least Developed Countries). Die Weltbank gilt als einflussreichste Organisation im Bereich der internationalen Entwicklungspolitik (→ *Welthandelsstrukturen*). In knapp 50 Jahren bewilligte sie fast 6.000 Kredite. Die Kapitalanteile der Weltbank sind im Besitz der beteiligten Staaten, wobei die Stimmrechte von den Kapitalanteilen abhängig sind. So verfügt beispielsweise die USA über rund 15,4 % Kapitalanteile, Japan über 8,9 %, Deutschland über 6,9 %, Großbritannien über 6,6 % und Frankreich über 5,4 % Kapitalanteile (vgl. Koch, 1998b, S. 73).

Die Organisationsstruktur der Weltbank ist vergleichbar mit der des IWF. Oberstes Entscheidungs- und Kontrollorgan ist der Gouverneursrat, in den jedes Mitgliedsland einen Gouverneur und einen Stellvertreter entsendet. Die Überwachung des Tagesgeschäfts der Verwaltung, die Genehmigung der Beschlüsse zur Kapitalvergabe und auch politische Entscheidungen werden von einem Exekutivdirektorium getroffen, in das die sieben größten Kapitalgeber Exekutivdirektoren entsenden. An der Verwaltungsspitze steht ein Präsident und mehrere Vizepräsidenten, wobei der Präsident aus Tradition ein US-Amerikaner ist. Die Weltbank verfügt über mehrere Tochterorganisationen, die gleichzeitig die (→) *Internationalen Finanzinstitutionen* darstellen und sich zum Teil in ihren Aufgabenbereichen überschneiden.

Welthandelsrunden

Der Abbau von Handelsbeschränkungen (→ *Handelshemmnisse*) erfolgte im Rahmen des GATT (→ *Allgemeines Zoll- und Handelsabkommen*) schrittweise innerhalb von acht sich zum Teil über mehrere Jahre erstreckende multilaterale Handelsrunden wie beispielweise die Kennedy-Runde (1964 bis 1967), die Tokio-Runde (1973 bis 1979) sowie die 8. und letzte Uruguay-Runde (1986 bis 1993). Ungeachtet der geografischen Bezeichnung finden die sich über einen längeren Zeitraum hinziehenden Verhandlungen, abgesehen von der Eröffnungs-, wichtigen Zwischen- oder der Schlusskonferenz, i.d.R. in Genf statt. In den Welthandelsrunden werden die Bestimmungen des Abkommens überprüft und angepasst, wobei jede der Runden unter einem bestimmten sachlichen Vorzeichen steht.

In der 6. Verhandlungsrunde (Kennedy-Runde) wurden der Übergang von bilateralen zu multilateralen Verhandlungen vollzogen, eine umfassende Zollsenkung realisiert und mit dem Konzipieren des Teils IV des GATT die Probleme der (→) *Entwicklungsländer* berücksichtigt sowie der erste Anti-Dumping-Kodex verabschiedet. Während an der Kennedy-Runde nur 62 Länder teilnahmen, waren es bei der Tokio-Runde (7. Verhandlungsrunde) 102 teilnehmende Länder. Die Tokio-Runde stand im besonderen Zeichen der Problematik nicht-tarifärer (→) *Handelshemmnisse*, da mit der ersten Ölpreiskrise 1973 eine neue Protektionswelle eintrat (→ *Protektionismus*). Durch eine dramatische Verschlechterung der wirtschaftlichen Rahmenbedingungen für ölimportierende Staaten fand eine sprunghafte Zunahme der Anwendung nicht-tarifärer Handelshemmnisse vor allem von den Industrieländern gegen die wettbewerbsfähiger werdenden (→) *Schwellenländer* statt (vgl. Koch, 1998a, S. 168).

Die Uruguay-Runde (8. Verhandlungsrunde) war die wichtigste Welthandelsrunde, in der auch die Gründung der (→) *WTO* beschlossen wurde. Die Uruguay-Runde mit 123 Teilnehmerländern beschäftigte sich neben dem »Dauerthema« nicht-tarifärer Handelshemmnisse (Tokio-Runde) erstmals mit dem internationalen Dienstleistungshandel, mit dem Schutz geistigen Eigentums (Patente, Lizenzen) sowie mit Agrarproblemen und Direktinvestitionen (vgl. Koch, 1998a, S. 171).

Ein besonders strittiger Komplex war der Abbau des Agrarprotektionismus, deren Verhandlungen ursprünglich bis zum Jahr 1990 anberaumt waren. Angesichts des Festhaltens der (→) *EU* an den Prinzipien ihrer Agrarpolitik, insbesondere im Hinblick auf die Beibehaltung von Agrarsubventionen (vorrangig vertreten durch Frankreich und Spanien) war ein Scheitern der Uruguay-Runde in dieser Hinsicht nicht auszuschließen. Insbesondere die USA und die 14 in der Cairns-Gruppe zusammengeschlossenen Agrarhandelsländer (Argentinien, Australien, Brasilien, Chile, Fidschi, Indonesien, Kanada, Kolumbien, Malaysia, Neuseeland, Philippinen, Thailand, Ungarn, Uruguay) forderten einen Abbau von (→) *Subventionen* der Landwirtschaft. Tatsächlich waren Anfang der neunziger Jahre in Japan 72 %, in der EU 38 % und in den USA noch 27 % der Einkommen der Landwirte auf staatliche Subventionen zurückzuführen (vgl. Koch, 1998a, S. 171).

Die Hauptergebnisse der Uruguay-Runde sind folgende (vgl. World Trade Organization, 1995a; Koch, 1998a, S. 171ff.; Engel/Reichert, 1999, S. 16f.):

- Agrarhandel: Umwandlung der Marktzugangshindernisse bei Agrarerzeugnissen in Zollsätze, Abbau der Zölle um 36 % in Industrieländern bzw. 24 % in (→) *Entwicklungsländern* über einen Zeitraum von sechs bzw. zehn Jahren, Senkung der Menge der subventionierten Exporte um 21 %, Abbau der Agrarsubventionen um 20 % sowie Kürzung der Budgets für die Exportsubventionierung um 36 %.
- Zölle: Senkung der Zölle (Industriegüter) in den nächsten Jahren in fünf Stufen um etwa 35 bis 50 %.
- Dienstleistungen: Einbeziehung des internationalen Dienstleistungshandels in die multilateralen Regeln (→ *GATS*).
- Geistiges Eigentum: Erstmaliger, umfassender Schutz des geistigen Eigentums (→ *TRIPS*).
- Textilien: Integration in das GATT in drei Schritten bis zum Jahr 2005 (→ *WTA*).
- Handelsregeln: Schärfere Fassung der Anti-Dumping-Regeln (→ *Antidumpingzölle*; *Dumping*) und Abkommen über handelsbezogene Investitionsmaßnahmen, z.B. (→) *Direktinvestitionen* (→ *TRIMS*).

Welthandelsstrukturen

Bezüglich der Welthandelsstrukturen ist zwischen:

- Ländern der Ersten Welt (westliche Industrienationen)

- Ländern der Zweiten Welt (Länder des ehemaligen Rates für gegenseitige Wirtschaftshilfe (RGW) (→ *Staatshandelsländer*) sowie
- Ländern der Dritten Welt (→ *Entwicklungsländer*) zu unterscheiden (vgl. Altmann, 1993, S. 42ff.).

Die Entwicklungsländer können zwischen den reichen, erdölfördernden Ländern der Organization of Petrol Exporting Countries (→ *OPEC*), den »normalen« Entwicklungsländern (Less Developed Countries, LDC) und den am wenigsten entwickelten Ländern (Least Developed Countries, LLDC) differenziert werden. Die LLDC überschneiden sich mit den »von Wirtschaftskrisen am meisten betroffenen Ländern« (Most Seriously Affected Countries, MSAC). Zu den LLDC gehören derzeit 47 Länder mit rund 400 Mio. Einwohnern (vgl. Koch, 1998a, S. 184).

Eine weitere, für die Weltwirtschaft wesentliche Gruppe sind die (→) *Schwellenländer*. Es handelt sich um Länder, die auf Grund bestimmter Kriterien (Analphabeten-Quote, Infrastruktur, Einkommensverteilung usw.) prinzipiell als Entwicklungsländer einzustufen sind, jedoch durch ihre ökonomische Entwicklung am Übergang zu einem Industrieland stehen.

Eine weitere Einteilung setzt an Staatenverbänden an. Beispiele dafür sind die (→) *EU*, aber auch Interessensverbände ohne Integrationsziele wie die (→) *OECD* oder die OPEC.

Innerhalb der Dritten Welt existiert die Gruppe 77 (G 77), die ein Sprachrohr von ursprünglich 77, heute rund 135 Entwicklungsländern in den Vereinten Nationen bildet, die sich im Anschluss an die erste (→) *UNCTAD*-Konferenz gründete, um vorwiegend Anliegen gegenüber den Industriestaaten zu vertreten (vgl. Koch, 1998b, S. 90). Daneben existiert eine Gruppe der blockfreien Länder, die rund 110 Länder umfasst und rund die Hälfte der Weltbevölkerung repräsentiert, aber weniger als 10 % der Welt-Wirtschaftsleistung erbringt. Hierzu gehören Länder wie Indien, Ägypten, Indonesien usw. (vgl. Altmann, 1993, S. 43).

Zusätzlich zu den staatlichen Akteuren spielen für die Welthandelsstrukturen internationale Institutionen wie der Internationale Währungsfonds (→ *IWF*), die (→) *Weltbank*, die Welthandelskonferenz (→ *UNCTAD*), das (→) *Allgemeine Zoll- und Handelsabkommen* (GATT) sowie eine Reihe weiterer UN-Organisationen eine Rolle. Im Rahmen des GATT wird seit der Uruguay-Runde (→ *Welthandelsrunden*) die Bezeichnung Weltwirtschaftsordnung statt Weltwirtschaftsstrukturen verwendet (vgl. Ipsen/Haltern, 1991, S. If.).

Auf einer einzelwirtschaftlichen Ebene sind schließlich die vielfachen internationalen Unternehmen (→ *Internationale Unternehmung*) zu nennen, die durch Kapitalbeteiligung und Direktinvestitionen in verschiedenen Ländern tätig werden.

Weltmarke → *Global Brand; Markenpolitik*

Welttextilabkommen → *WTA*

Weltwirtschaftsordnung → *Welthandelsstrukturen*

Werbebotschaft

Werbebotschaften können als inhaltliche Operationalisierungen von Werbezielen unter Berücksichtigung der Werbedaten definiert werden. Aus diesem Grund ist die genaue Kenntnis der jeweils verfolgten Werbeziele und des jeweils relevanten Datenrahmens unerlässlich. Die Konturierung der Werbebotschaften kann erst nach einer Analyse der angestrebten Inhalte durch Auswahl von Werbeelementen erfolgen.

Die Werbebotschaften werden durch die Elemente Text oder Sprache, Ton und

Bild zu (→) *Werbemitteln* gestaltet. Die Gestaltung umfasst die Gesamtheit der kreativen und künstlerischen Umsetzungsprozesse.

Werbebotschaften können nach der Art ihrer (→) *Wahrnehmung* differenziert werden (vgl. Tietz/Zentes, 1980, S. 215):

- *die visuelle Werbebotschaft*: Sie kann durch Schrift oder durch Bild oder durch deren Kombinationen mitgeteilt werden.
- *die akustische Werbebotschaft*: Sie wird durch das gesprochene Wort oder durch Musik vermittelt. Die Musik kann eine instrumentale oder eine gesungene Botschaft darstellen. Auch hier sind Kombinationen möglich.
- *die geruchswirkende (olfaktorische) Werbebotschaft*: Diese kann nur im direkten Zusammenhang mit dem entsprechenden Werbeobjekt bzw. seinen Dufteigenschaften übermittelt werden.
- *die geschmackliche Werbebotschaft*: Hier ist eine Wahrnehmung nur durch den (teilweisen) Verzehr des Werbeobjektes möglich.
- *die auf den Tastsinn bezogene (haptische) Werbebotschaft*: Sie erreicht den Konsumenten nur bei körperlichem Kontakt mit dem Werbeobjekt.

Die olfaktorische, geschmackliche und haptische Werbung haben eine vergleichsweise geringe Bedeutung, da sie den unmittelbaren Kontakt zwischen Werbeobjekt und Umworbenen voraussetzen. Bei diesen Botschaften wirbt das Produkt quasi für sich selbst. (→) *Werbeträger* ist das Produkt, (→) *Werbemittel* die entsprechende Produkteigenschaft.

Zwischen Werbebotschaft und Werbeobjekt besteht immer ein direkter Bezug. Jedoch bestehen Freiheitsgrade hinsichtlich der Prägnanz oder der Heraushebung des Objektbezuges. Man kann z.B. Kernaussagen und Randaussagen zu einem Werbeobjekt unterscheiden. Der Objektbezug kann zwingend oder nur angedeutet sein. Angedeutete Objektbezüge sind vor allem dann möglich, wenn bei den Umworbenen bereits verfestigte Vorstellungen über ein Werbeobjekt bestehen.

Werbebotschaften können sich auch auf gesellschaftliche Werte und Normen (→ *Norm, soziale*) beziehen. So deutet die Herausstellung des Familiendenkens oder der Naturverbundenheit auf einen solchen Bezug hin.

Ein weiterer interessanter Gegenstand für Werbebotschaften sind Leitbilder (→ *Leitbildmarketing*) als individuelle Orientierungshilfen in Wertesystemen. Oft stehen Leitbilder stellvertretend für Werte und Normen.

Darüber hinaus können Werbebotschaften auch auf Aktivitäten der Konkurrenz Bezug nehmen. Im Zusammenhang hiermit sind die (→) *Vergleichende Werbung* und die Werbung unter Verwendung von Testmaterialien (→ *Warentest*) zu nennen.

Werbebudgetierung [s.a. Mediaplanung]
Das Werbebudget (Werbeetat, Advertising Budget) kann als monetäres Äquivalent der werblichen Maßnahmen eines Unternehmens betrachtet werden. Werbebudgetierung (Etatbestimmung) (→ *Budgetierung*) kennzeichnet den planerischen Prozess der Festlegung der Höhe des Werbeaufwandes für eine Planungsperiode. Der Werbeaufwand kann nach sachlichen, räumlichen und zeitlichen Kriterien differenziert und geplant werden. Unter sachlichen Kriterien ist eine Aufteilung nach Werbeobjekten (Produkten bzw. Dienstleistungen), Werbesubjekten (→ *Zielgruppe*), (→) *Werbemitteln* und (→) *Werbeträgern* möglich. Eine räumliche Differenzierung kann nach lokalen, regionalen oder nationalen Verteilungskriterien erfolgen; eine zeitliche Differenzierung bedeutet die Bündelung des Werbeaufwandes nach Zeitabschnitten (→ *Timing*).

Das Entscheidungsproblem der Dimensionierung des Werbebudgets kann auf unterschiedliche Art und Weise gelöst werden. Die Höhe des Werbebudgets kann sich auch derivativ ergeben. Das Werbebudget ergibt sich dann als Residualgröße nach Abzug aller weiteren als notwendig eingestuften Marketingausgaben vom gesamten Marketingetat (vgl. Hammann, 1980, S. 139).

Als Entscheidungsverfahren können herangezogen werden:

- heuristische Prinzipien und Verfahren
- Optimierungsverfahren.

Heuristische Prinzipien sind einfache Entscheidungsregeln (»Faustregeln«) im Sinne eines Trial-and-Error-Verfahrens. Sie basieren meist auf Erfahrungen aus der Vergangenheit. Zur Bestimmung des Werbebudgets lassen sich folgende Heuristiken anführen (vgl. Meffert, 2000, S. 786ff.):

- die Prozent-vom-Umsatz-Methode (Percentage-of-Sales-Method)
- die Prozent-vom-Gewinn-Methode (Percentage-of-Profit-Method)
- die Was-können-wir-uns-leisten-Methode (Affordable-Method)
- die Wettbewerbs-Paritäts-Methode (Competitive-Parity-Method)
- die Werbeanteil-Marktanteils-Methode (Competitive-Level-Method)
- die Methode der Werbekosten je Verkaufseinheit (Per-Unit-Method).

Heuristischen Charakter hat auch die Festlegung des Werbebudgets im Rahmen eines mehrstufigen, iterativen Planungsprozesses nach

- der Ziel- und Aufgaben-Methode (Objective-and-Task-Method).

Nach der Prozent-vom-Umsatz-Methode wird die Höhe des Werbebudgets proportional zum Umsatz festgelegt. Wird der Gewinn als Kriterium gewählt, so handelt es sich um die Prozent-vom-Gewinn-Methode.

Das Unternehmen legt nach der Was-können-wir-uns-leisten-Methode seinen Werbeetat (Budget) auf der Basis verfügbarer finanzieller Mittel fest. Nach dem Wettbewerbs-Paritäts-Prinzip werden die geplanten Werbeausgaben an den entsprechenden Werten der Konkurrenz orientiert. Die Werbeanteil-Marktanteils-Methode setzt die Werbeausgaben in Beziehung zu dem Marktanteil. Nach dem Prinzip der Werbekosten je Verkaufseinheit wird zunächst (autonom) festgesetzt, welches Werbevolumen je Produkteinheit erforderlich ist. Das Budget ergibt sich dann durch Multiplikation mit der Zahl der zu erstellenden Einheiten. Die Budgetierung nach dem Ziel-und-Aufgaben-Prinzip wird oftmals auch als »Job-to-be-done-Method« oder »Adequate-Campaign-Method« bezeichnet. Der Planungsprozess nach dem Ziel-und-Aufgaben-Prinzip kann wie folgt beschrieben werden (vgl. Kotler/Bliemel, 2001, S. 910f.):

Der Werbende muss

- eine spezifische Formulierung der Werbeziele vornehmen
- eine Beschreibung der Aufgaben vornehmen, die zur Zielerreichung notwendigerweise durchgeführt werden müssen
- eine Schätzung der Kosten vornehmen, die bei der Erledigung der Aufgaben entstehen; die Summe der Kosten ergibt die Höhe des zu Budgetantrags.

Die Summe aller Budgetanträge entspricht der erwünschten Höhe der gesamten Werbeausgaben. Eine Um- bzw. Neuformulierung der Werbeziele im Sinne eines Rückkopplungsprozesses ist immer dann notwendig, wenn sich das auf diese Weise erstellte Budget nicht als finanzierbar erweist.

Voraussetzungen zur Anwendung von Optimierungsverfahren zur Lösung des Budgetierungsproblems sind Messung und Prognose der (→) *Werbewirkung*. Dabei muss der Zusammenhang zwischen den Werbeaktivitäten, deren kostenmäßige

Bündelung als Werbebudget bezeichnet wird, und ihrer Wirkung formalisierbar sein, d.h. der Zusammenhang muss sich in Form einer (→) *Response-Funktion* (→ *Werbewirkungsfunktion*) abbilden lassen.

Werbeerfolgskontrolle → *Werbewirkungskontrolle*

Werbehilfe → *Werbemittel*

Werbekostenzuschuss → *Konditionenpolitik; Trade Marketing*

Werbemittel

In den Werbemitteln werden die aus den Werbezielen abgeleiteten (→) *Werbebotschaften* gebündelt und dargestellt. Werbemittel der Mediawerbung sind u.a.:

- Anzeigen
- Rundfunkspots
- Fernsehspots
- Banner im (→) *Internet*.

Diese Werbemittel sind werbeträgergebunden (→ *Werbeträger*).

Unter einer Anzeige kann allgemein eine Mitteilung in gedruckten Medien verstanden werden, die erkennbar eine im Interesse des Mitteilenden stehende werbliche Aussage enthält (vgl. Kropff, 1959, S. 29). Eine Anzeige gewinnt das Interesse des Adressaten durch textliche und bildliche Elemente. Der Dimensionierung der Informationsmenge sind vergleichsweise geringe Schranken auferlegt.

Der Rundfunkspot kann – analog zur Anzeige – als eine über das Medium Rundfunk verbreitete Mitteilung definiert werden, die erkennbar eine im Interesse des Mitteilenden stehende werbliche Aussage enthält. Die Gestaltungselemente dieses ausschließlich akustisch wahrnehmbaren Werbemittels beschränken sich auf die Sprache und damit die Rhetorik und den Gesang sowie auf Geräusche und Effekte (vgl. Guttmann, 1973, S. 964).

Im Gegensatz zur Anzeige und zum Rundfunkspot basiert der Fernsehspot auf einer zweikanaligen Informationsübermittlung. Die Aufmerksamkeit der Kommunikanten wird durch Bild und Ton gleichermaßen erregt. Der Zwang zur Verarbeitung sowohl optischer als auch akustischer Eindrücke setzt der Informationsdimensionierung des Werbungtreibenden vergleichsweise enge Grenzen. Ein Zuviel an Information führt zur Überforderung des Kommunikanten (Information-Overload). Die Synchronisation zweier sinnlicher Wahrnehmungen führt zu einer Reihe von Vorteilen gegenüber anderen Werbemitteln.

Die Gestaltungsmöglichkeiten des Fernsehspots sind auf Grund der simultanen Einsatzmöglichkeiten der Werbeelemente Text, Bild und Ton sehr vielschichtig. Überdies können bei der Herstellung der Spots zahlreiche Tricktechniken genutzt werden.

Zunehmende Bedeutung im Rahmen der Mediawerbung erlangen Neue Medien wie CD-ROM, DVD, digitales Fernsehen, Internet usw. Die Gestaltungsmöglichkeiten sind hier gegenüber den klassischen Medien erweitert. Insbesondere kennzeichnen sie sich durch Interaktivität.

Im Spektrum der Werbemittel der Außenwerbung nimmt das Plakat in zweifacher Hinsicht eine Sonderstellung ein. Zum einen stellt es das älteste Mittel wirtschaftlicher Werbung dar. Zum anderen ist die Plakatwerbung ein auch in der Kunst bedeutsamer Faktor. Nach wie vor werden vergleichsweise hohe künstlerische Anforderungen an dieses Werbemittel gestellt. Der dekorative Charakter des Plakats wird als gesellschaftlicher Faktor hervorgehoben und z.B. in der »wiederentdeckten Innenstadt als Mittelpunkt humanen Zusammenlebens« für wünschenswert erachtet (vgl. Friedrich, 1977, S. 586).

In einer technischen Gliederung können Wortmarken-, Bildmarken-, Text- und Bildplakate unterschieden werden.

Gegenstand der Plakatwerbung sind in erster Linie Genuss- und Konsumgüter sowie Güter des täglichen Bedarfs. Ein steigender Anteil entfällt auf hochwertige Gebrauchsgüter der privaten Haushalte wie Farbfernsehgeräte oder Personenwagen. Eine steigende Tendenz ist auch hinsichtlich der Plakatwerbung des tertiären Sektors zu verzeichnen.

Zu den Werbedrucksachen werden im Allgemeinen gerechnet:

- der Katalog
- die Broschüre
- der Prospekt
- der Handzettel.

Die Grenzen zwischen diesen Werbemitteln sind fließend. Kataloge können definiert werden als eine umfassende Mitteilung in Text und Bild, die einen möglichst geordneten und lückenlosen Überblick über das Waren- und Dienstleistungsangebot des Katalogherausgebers vermittelt. Sie können in gedruckter oder elektronischer Form (CD-ROM, Internet) realisiert werden. Prospekte sind gedruckte Werbemittel, die in ausführlicher Form Mitteilungen des Werbungtreibenden über einzelne Angebote – auch über Preise und Konditionen – vermitteln. Herausragende Katalogwerber sind der (→) *Versandhandel* und die Investitionsgüterindustrie. Kataloge und Prospekte können versandt oder am Verkaufsort, auf besonderen Marktveranstaltungen wie (→) *Messen* oder am Wohnort des Adressaten ausgelegt oder übergeben werden oder im Internet bereitgestellt werden. Prospekte können Zeitungen, Zeitschriften oder anderen Druckmedien beigelegt oder an bestimmten Orten ausgeteilt werden.

Ein weiteres Werbemittel der Direktwerbung (→ *Direct Marketing*) sind Werbehilfen. Werbehilfen erfüllen nicht ausschließlich Werbeaufgaben, sondern dienen in ihrer Hauptfunktion wesentlichen andere Funktionen, so. z.B. Verpackungen (Warenumhüllung), die werblich ausgestaltet sind. Zu den Werbehilfen zählen z.B. auch Geschäftsdrucksachen (Briefbögen, Rechnungsformulare usw.), die durch Aufdrucke zugleich auf Werbeziele abgestimmt werden. Eine wichtige Rolle spielen neben diesen direkten Werbehilfen, die eine offensichtliche und bewusst angestrebte Werbefunktion erfüllen, insbesondere die indirekten Werbehilfen. So können alle Unternehmensbereiche und z.B. auch der Qualitätsgedanke (»Meine Ware ist meine Reklame«), der Kundendienst, das Image eines Unternehmens oder der Standort auch im Sinne werblicher Zwecke betrachtet werden, ohne dass eine offene bzw. direkte Werbefunktion besteht (vgl. Seyffert, 1972, S. 564).

Werbeträger

Als Werbeträger – auch als Streumedien bezeichnet – gelten personelle und stoffliche Medien. Ihnen kommt die Funktion zu, die (→) *Werbebotschaft* an die Zielpersonen heranzutragen. Während in den (→) *Werbemitteln* die Botschaften gebündelt dargestellt werden, dienen die Werbeträger der Streuung der Werbemittel (vgl. Schweiger/Schrattenecker, 1995, S. 217).

Die wichtigsten Werbeträger sind (Tietz, 1993b, S. 258):

- Zeitungen und Zeitschriften
- Rundfunk- und Fernsehanstalten
- Anschlagtafeln und Plakatsäulen
- Direktwerbe- und Verteilerunternehmen
- Bundespost (insbesondere mit ihren Brief-, Fernsprech- und Fernschreibdiensten sowie den Fernsprechbüchern)
- Adressbücher und andere Druckwerke
- Messe- und Ausstellungsgesellschaften
- Schaufenster
- öffentliche und private Verkehrsmittel
- Luftwerbeunternehmen

- Ware bzw. Verpackung
- Absatzmittler
- Mitarbeiter eines Unternehmens (z.B. die Probenverteilerinnen).

Behrens gliedert die Werbeträger im Hinblick auf die Erfordernisse bei der Aufstellung von Werbeträgerplänen in folgende Kategorien (vgl. Behrens, 1976, S. 92f.):

1. Primäre Zweckbestimmung: »Nur«-Werbeträger, so Schaufenster; »Auch«-Werbeträger, so Zeitungen.
2. Periodizität der Einsatzmöglichkeit, d.h. periodisch oder aperiodisch einsetzbare Werbeträger.
3. Örtliche Bindung der Werbeträger, d.h. ortsgebundene oder nicht-ortsgebundene Werbeträger.
4. Eigentumsverhältnisse, d.h. betriebseigene oder betriebsfremde Werbeträger.
5. Verfügbarkeit, d.h. generell oder nur speziell verfügbare Werbeträger.

Werbewirkung [s.a. Werbewirkungsfunktion]
Analog der Unterscheidung in ökonomische und kommunikative Werbeziele kann man zwischen ökonomischer und kommunikativer Werbewirkung unterscheiden. Bei den ökonomischen Wirkungsmaßstäben handelt es sich etwa um Absatz- oder Umsatzgrößen. Kommunikative Größen beziehen sich auf vorgelagerte Ebenen wie die Kontakt- und Gedächtnisebene.

Weit verbreitet sind Stufenmodelle der Werbewirkung wie die AIDA-Formel, die DAGMAR-Formel oder das Stufenmodell von Behrens (vgl. Behrens, 1996, S. 280ff.). Auf Grund des geringen Differenzierungsgrades und des Anspruchs einer hierarchischen Abfolge der einzelnen Stufen sind diese Modelle sehr umstritten. Sie sind daher eher als pragmatische Checklisten wichtiger Beeinflussungswirkungen zu betrachten, welche die Werbung in vielen Fällen anstrebt (vgl. Kroeber-Riel/Esch, 2000, S. 156f.).

Kommunikative Werbewirkungen können aus verhaltenswissenschaftlicher Sicht zum einen die (→) *Aktivierung* der Empfänger zum Ziel haben und zum anderen auf die kognitiven Vorgänge des Konsumenten zielen. Aus der Aktivierungsforschung ist der positive Einfluss der Aktivierung auf die kognitiven Prozesse bekannt. Insofern stellt die Aktivierung durch ein Werbemittel eine erste, grundlegende Werbewirkung dar. Dies gilt insbesondere bei einer zunehmenden Informationsüberlastung (Information-Overload) der Konsumenten. Aktivierung durch Werbung kann beispielsweise durch die Verwendung emotionaler Reize (→ *Emotion*), motivationaler Reize (→ *Motivation*), gedanklicher Reize und physischer Reize ausgelöst werden (vgl. Kroeber-Riel/Meyer-Hentschel, 1982, S. 64ff.). Ebenso können vorhandene (→) *Einstellungen*, z.B. in Bezug auf ein (→) *Werbeobjekt*, aktivierend wirken. Die Stärke der Aktivierung durch Werbereize kann durch

- Verhaltensbeobachtung (→ *Beobachtung*)
- (→) *Befragungen*
- psychobiologische Verfahren (→ *Messtechniken, apparative*)

gemessen werden.

Durch die Aktivierung der Empfänger wird die Leistungsfähigkeit der Informationsverarbeitung einer (→) *Werbebotschaft* bestimmt. Zu diesen kognitiven Wirkungen zählen nach Barg (1982, S. 939ff.):

- die (→) *Wahrnehmung* einer Werbebotschaft
- die Akzeptanz und Glaubwürdigkeit einer Werbebotschaft
- das Lernen und Erinnern einer Werbebotschaft.

Darüber hinaus unterscheidet Barg (1982, S. 950) die emotional-kognitiven Verbundwirkungen. Hierzu zählen:

- die Bildung bzw. Veränderung von Einstellungen
- die Erzeugung einer Handlungsabsicht (Kauf, Information) durch Werbung (→ *Kaufabsicht*).

Kroeber-Riel/Weinberg (1999, S. 587ff.) entwickeln in Anlehnung an die grundlegenden psychischen Vorgänge aktivierender und kognitiver Prozesse ein Modell von fünf Wirkungen bzw. Beeinflussungszielen: Aufmerksamkeit, affektive Haltung, rationale Beurteilung, Kaufabsicht und Kauf.

Werbewirkungsfunktion [s.a. Response-Funktionen]
Werbewirkungsfunktionen beschreiben den formalen Zusammenhang zwischen den instrumentell umgesetzten Beeinflussungsabsichten und den Beeinflussungswirkungen der Werbung. Die Wirkungsfunktionen können nach den verfolgten Werbezielen gegliedert werden (→ *Werbewirkung*). Betrachtet man z.B. den Erinnerungserfolg als Wirkungsmaßstab, so lassen sich Werbewirkungsfunktionen als Lernfunktionen interpretieren. Dem Werbeerfolg – als erinnerte Werbebotschaft – wird dann die Zahl der Kontakte gegenübergestellt. Man gelangt somit zu einer Darstellung aggregierter Lern- und Vergessenskurven (→ *Lernkurve*) (vgl. Übersicht 137).

Bei diesem Vorgehen sind zwei Probleme zu beachten. Auf Grund der Heterogenität der individuellen Lernkurven ist eine Aggregation zu einer allgemein gültigen Lernkurve und damit Werbewirkungskurve problematisch (Aggregationsproblem). Da Lernfunktionen aus experimentellen Erforschungen von Lernprozessen in kleinen Gruppen abgeleitet werden und Werbewirkungsfunktionen auf Felduntersuchungen bei größeren Stichproben beruhen, ist eine

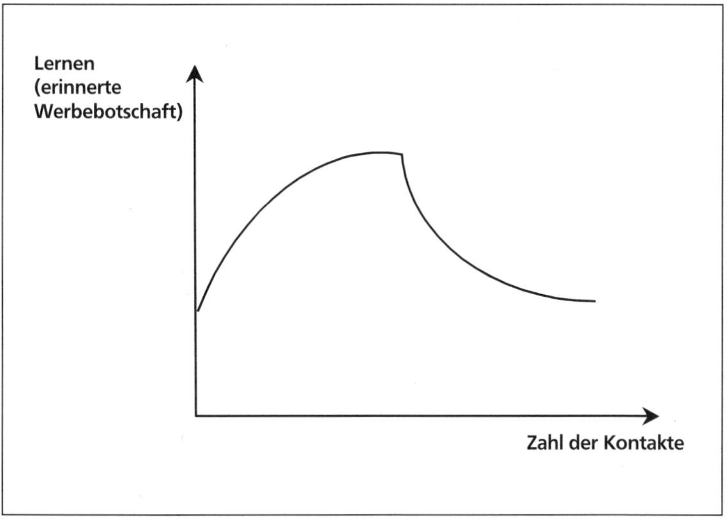

Quelle: Little, 1977, S. 131.

Übersicht 137: Beispiel einer Werbewirkungsfunktion

Gleichsetzung problematisch (Analogieproblem).

Bezieht man die Werbewirkung direkt auf ökonomische Größen, so stellen die Werbewirkungsfunktionen etwa den Zusammenhang von Werbeaufwand und Umsatz oder Marktanteil dar. Ein Zusammenhang zwischen Werbeausgaben und Marktanteil wird im klassischen Modell ADBUDG von Little (1970) hergestellt. Es ergibt sich dabei eine Werbewirkungsfunktion mit einem S-förmigen Verlauf (vgl. Übersicht 138).

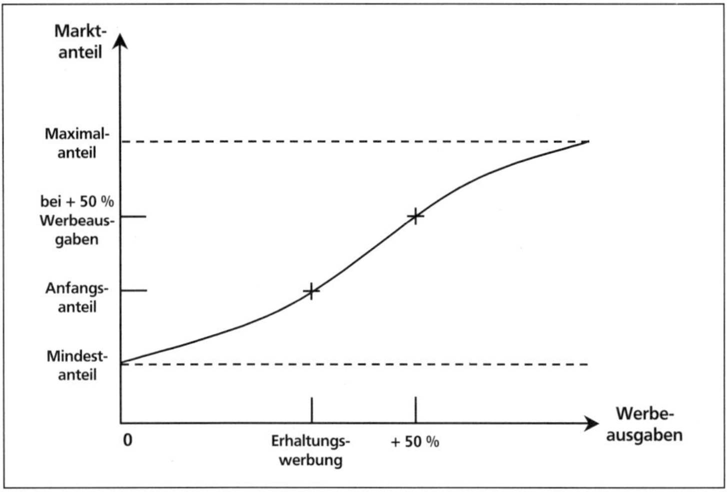

Quelle: Little, 1977, S. 131.

Übersicht 138: Beispiel einer Werbewirkungsfunktion

Werbewirkungskontrolle [s.a. Erfolgskontrolle]
Die Werbewirkungskontrolle bezieht sich auf die Überprüfung der effektiven Durchsetzungskraft der eingesetzten (→) *Werbemittel* und der eingeschalteten (→) *Werbeträger*. Hierzu wird der Grad der Zielerreichung hinsichtlich verschiedener Aspekte der (→) *Werbewirkung*, so der Werbeziele (→ *Marketingziele*) durch geeignete Verfahren gemessen.

Aus methodischer Sicht kann die Aktivierungskraft einer Werbung durch Messtechniken (→ *Messtechniken, apparative*) sensibel und valide gemessen werden.

Bei den kognitiven Wirkungen wird zur Messung der Wahrnehmung zumeist die apparative Blickaufzeichnungsmethode angewandt. Die Messung von Akzeptanz, Glaubwürdigkeit, Lernen und Erinnerung erfolgt hauptsächlich durch verbale (→) *Indikatoren*. Zur Kontrolle der Lern- und Erinnerungswirkung einer Werbebotschaft werden vor allem (→) *Wiedererkennungsverfahren* und (→) *Erinnerungsverfahren* eingesetzt.

Die emotional-kognitiven Verbundwirkungen Einstellung und Kaufabsicht werden verbal erhoben. Die Methoden der (→) *Einstellungsmessung* konzentrieren sich zumeist auf die Verwendung ein- oder mehrdimensionaler Ratingskalen. Die genannten Verfahren lassen sich sowohl zur Werbewirkungsprognose (→ *Pretest*) als auch als Posttest einsetzen.

Die Werbeerfolgskontrolle beschränkt sich auf eine Dimension der Werbewirkungen; sie betrachtet als Wirkungskategorie nur die ausgelösten Kaufakte. Gegenstand der Werbeerfolgskontrolle sind daher die Feststellung und Analyse

- der Umsätze
- der Verwenderanteile
- der Marktanteile
- der Einkaufshäufigkeiten
- der Markenloyalität
- der Verwendungsgewohnheiten
- der Distributionsgrade.

Sie stellt dabei in erster Linie auf die Veränderungen der einzelnen Messgrößen ab. Aus methodischer Sicht kann das gesamte Spektrum der (→) *Marktforschung* eingesetzt werden. Eine besondere Bedeutung haben neue Formen der (→) *Verbraucherpanels* und der (→) *Handelspanels*.

Werbeziele → *Marketingziele; Werbewirkungskontrolle*

Werbung

In allgemeiner Form umfasst die Werbung, als sozialpsychologisches und soziologisches Phänomen, alle Formen des systematischen Versuchs der bewussten Beeinflussung von Menschen im Hinblick auf jeden beliebigen Gegenstand (vgl. Kroeber-Riel/Weinberg, 1999, S. 581ff.). Werbung kann aus wirtschaftlichen, politischen oder kulturellen Gründen betrieben werden. Sie hat vier Hauptaufgaben, die im konkreten Falle mit unterschiedlichen Schwerpunkten realisiert sind:

- die Information
- die Überzeugung
- die Veranlassung
- die Unterhaltung.

Die Werbung als Instrument der (→) *Kommunikationspolitik* lässt sich in verschiedene Elemente unterteilen. Sie sind auf die Verbesserung der Information, genauer des Wissens beim Umworbenen, ausgerichtet, z.B. des Wissens über Produkteigenschaften, Produktqualitäten, Produktverwendungsmöglichkeiten, Preise und Preis-Leistungs-Verhältnisse oder Beschaffungsquellen für den Kunden.

Differenziert nach Werbeobjekten können folgende Werbeziele hervorgehoben werden:

- bezüglich bestehender Werbeobjekte: z.B. die Erhaltung oder die Gewinnung von Neukunden
- bezüglich neuer Werbeobjekte: die Bekanntmachung der Neuerung oder die Integration der Neuerung in das Programm.

Als eine besondere Form der Werbung ist das (→) *Awareness Advertising* erwähnenswert. Es handelt sich um Werbung für Produkte und/oder Dienstleistungen in einem Land, die dort zum Zeitpunkt der Werbung noch nicht oder nur in begrenztem Umfang zur Verfügung stehen.

Neben den Werbezielen und dem (→) *Timing* der Werbung sind als weitere Entscheidungselemente vor allem die Auswahl der Werbeträger (→ *Mediaplanung*), die Gestaltung der (→) *Werbebotschaft*, die Wahl der (→) *Werbemittel* zu nennen.

In internationalen Märkten variiert die Bedeutung einzelner Werbemittel wie Anzeigen, Fernseh- oder Rundfunkspots, Prospekte, Kataloge, Plakate. Die Auswahl der Werbemittel hat u.a. die unterschiedliche Reichweite der Werbeträger zu berücksichtigen. Auch bei der Gestaltung der Werbebotschaft ist auf die Merkmale des jeweiligen Marktes, so auf Traditionen, Einstellungen, Religionen usw., Rücksicht zu nehmen. Sie schlagen sich in der Wahrnehmung einzelner Werbebotschaften nieder und sind bei der Gestaltung der Werbebotschaft (z.B. non-verbale Kommunikationsbotschaften, Tonalität, Bildmotive) relevant (vgl. Berndt/Fantapié Altobelli/Sander, 1997, S. 273ff.).

Ein wesentliches Element internationaler Werbung sind gesetzliche Werberestriktionen. Sie schränken in den einzelnen Ländern in unterschiedlicher Weise die Werbepolitik ein. Einschränkend wirken sich auch internationale Bestimmungen aus.

Werbung, kooperative

Die kooperative Werbung oder Kollektivwerbung kann nach mehreren Kriterien gegliedert werden. Nach der Stufenzugehörigkeit der kooperierenden Unternehmen (→ *Kooperation*) kann zwischen horizontaler Kollektivwerbung und vertikaler Kollektivwerbung unterschieden werden.

Die horizontale Kollektivwerbung bezieht sich auf die Kooperation zwischen Unternehmen der gleichen Wirtschaftsstufe (Landwirtschaft, Industrie, Handwerk, Einzelhandel, Kreditinstitute); sie wird auch als Gruppenwerbung bezeichnet. Die vertikale Kollektivwerbung ist durch eine Kooperation zwischen Unternehmen verschiedener Wirtschaftsstufen gekennzeichnet. Ein Beispiel sind gemeinsame Werbeaktionen von Herstellern und Einzelhändlern.

Nach der Art der Bekanntgabe der Werbungtreibenden kann zwischen Gemeinschaftswerbung und Sammelwerbung unterschieden werden. Bei der Gemeinschaftswerbung bleiben die an der Werbung beteiligten Unternehmen anonym, d.h. sie werden nicht einzeln genannt. Dies ist z.B. der Fall bei der Werbung für gleichartige Produkte einer Branche (z.B. Gemeinschaftswerbung für Bier). Im Gegensatz dazu werden die Beteiligten bei der Sammelwerbung namentlich genannt. Als Beispiel kann die gemeinsame Werbung mehrerer Einzelhändler einer Stadt für einen Einkaufsbummel in der Weihnachtszeit erwähnt werden.

Neben der Gemeinschaftswerbung, bei der i.d.R. Unternehmen der gleichen Branche kooperieren (horizontale Gemeinschaftswerbung), ist die Verbundwerbung zu erwähnen. Die Verbundwerbung, auch komplementäre Werbung genannt, ist dadurch gekennzeichnet, dass Unternehmen der gleichen Wirtschaftsstufe, jedoch unterschiedlicher Branchen werblich zusammenarbeiten. Die Verbundwerbung bezieht sich meist auf bedarfsverwandte Erzeugnisse, z.B. Brot und Bier.

Wertedynamik

Werte lassen sich nach Raffée/Wiedmann (1987, S. 15) allgemein als grundlegende explizite und/oder implizite Konzeptionen des Wünschenswerten charakterisieren. »Werte haben einerseits teilweise den Charakter von Zielen; andererseits verkörpern sie Kriterien zur Beurteilung von Zielen, Objekten und Handlungen, übernehmen mithin die Funktion von Orientierungsstandards, Leitlinien und kanalisieren das Verhalten in bestimmte Richtungen« (Raffée/Wiedmann, 1987, S. 15).

Wertewandel oder Wertedynamik lässt sich allgemein als eine Veränderung im Wertsystem begreifen. »Solche Veränderungen treten beispielsweise dann auf, wenn neue Werte in das Wertsystem aufgenommen bzw. in die Wertehierarchie eingeordnet werden (Werteinnovationen). ... Im Kern äußert sich ein Wertewandel jedoch vor allem in Werteverschiebungen, also in der Verschiebung einzelner Werte auf einer Bedeutungsskala innerhalb der Hierarchie des Wertesystems« (Raffée/Wiedmann, 1987, S. 22).

Ändern sich die Werte in der Gesellschaft, so spiegelt sich dies auch im Verhalten der Konsumenten wider. Marketingrelevante Aspekte der allgemeinen Wertedynamik sind u.a. (vgl. Tietz, 1982, S. 93):

- stärkere Akzentuierung ökologie- und gesundheitsbezogener Werte
- zunehmende Sorge um Arbeitsplätze
- steigende Tendenz zu Kritik und Widerspruch in breiten Bevölkerungskreisen
- Schwankungen zwischen Arbeits- und Freizeitorientierung
- Wunsch nach sozialen Kontakten sowie sozialer Einbindung einerseits und Streben nach mehr Individualität andererseits.

Die gesellschaftliche Wertedynamik bzw. der Wertewandel manifestiert sich insbesondere in Megatrends. So ist bspw. die Verschiebung der Rangfolge, nach welcher Konsumenten ihr Geld ausgeben, zu Gunsten von Reisen und »Kulturprodukten« Ausdruck veränderter Konsumpräferenzen (→ *Präferenz*).

Vor diesem Hintergrund resultieren aus dem Wertewandel ernst zu nehmende Herausforderungen an das Marketing, die sowohl mit Risiken als auch mit Chancen verbunden sein können. Somit eröffnet der Wertewandel neue Profilierungschancen im Wettbewerb und attraktive (→) *Marktnischen* (vgl. Raffée/Wiedmann, 1987, S. 7f.). Als Beispiel sei hier der Freizeitmarkt erwähnt.

Wertkette [s.a. ECR; Wettbewerbsstrategien]

Um Ursachen von Wettbewerbsvorteilen zu untersuchen, sind systematische Methoden zur Analyse aller Aktivitäten eines Unternehmens und ihrer Wechselwirkungen notwendig. Die Wertkette stellt ein analytisches Instrument dar, mit dessen Hilfe sich ein Unternehmen in strategisch relevante Tätigkeiten (»Wertaktivitäten«) gliedern lässt, »... um dadurch Kostenverhalten sowie vorhandene Differenzierungsquellen zu verstehen« (Porter, 1999b, S. 62).

Die für die Entwicklung einer Wertkette relevante Ebene sind die spezifischen Wertaktivitäten der einzelnen Unternehmung innerhalb einer Branche; eine die gesamte Branche umfassende Wertkette würde auf Grund ihrer Allgemeinheit die Lokalisierung der Quellen von Wettbewerbsvorteilen nicht zulassen (vgl. Porter, 1999b, S. 67).

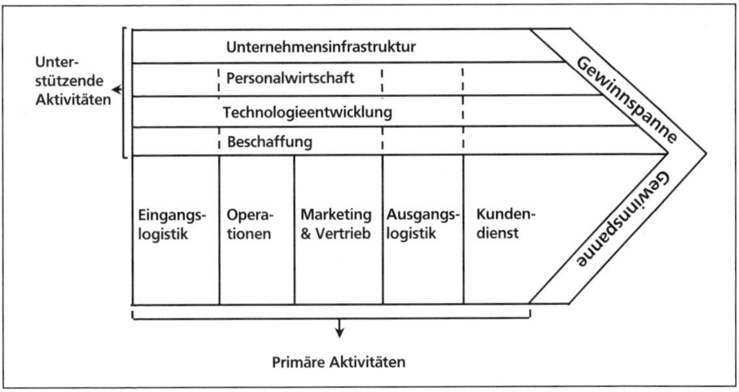

Quelle: Porter, 1999b, S. 66.

Übersicht 139: Modell der Wertkette

Die Wertkette zeigt den Gesamtwert der Leistung und setzt sich aus den Wertaktivitäten und der Gewinnspanne zusammen. Wertaktivitäten lassen sich grundsätzlich in zwei Typen – primäre und unterstützende Aktivitäten – unterteilen (vgl. Übersicht 139).

Die primären Aktivitäten entfallen auf die Erstellung und die Vermarktung der eigentlichen Unternehmensleistung: Eingangslogistik, Operationen, (→) *Marketing* und Vertrieb, Ausgangslogistik, Kundendienst.

Die unterstützenden Aktivitäten halten die primären Aktivitäten aufrecht, indem sie für den Kauf von Inputs, Technologie, menschlichen Ressourcen und von verschiedenen Funktionen für das ganze Unternehmen sorgen.

Die Aktivitäten Beschaffung, Technologieentwicklung und Personalwirtschaft hängen mit bestimmten primären Aktivitäten zusammen; sie können aber auch die gesamte Kette unterstützen.

Ziel der Wertkettenanalyse ist es nun, in den einzelnen Aktivitäten konkrete Ansatzpunkte (Quellen) für Wettbewerbsvorteile durch Realisierung von Kostensenkungspotenzialen oder durch Leistungsdifferenzierung zu finden.

Hierzu müssen in einem ersten Schritt die unternehmensrelevanten Wertkategorien ermittelt werden. Diese sind dabei nicht deckungsgleich mit den jeweiligen institutionalisierten Funktionsabteilungen, sondern umfassen die Summe aller Tätigkeiten im Zusammenhang mit der jeweiligen betrieblichen Basisfunktion und sind damit eher auf der Basis einer prozessualen Sicht zu bestimmen.

In einem zweiten Schritt sind für alle Kategorien die detaillierten Aktivitäten zu spezifizieren. Dabei gilt allgemein, dass wettbewerbsrelevante Kategorien feiner zu detaillieren sind als solche, die nur unwesentlich zur Realisierung der angestrebten Wettbewerbsvorteile beitragen können. Die Einordnung einer Einzelaktivität in die »richtige« Kategorie ist insbesondere abhängig von der Branchenzugehörigkeit und der verfolgten Wettbewerbsstrategie des betrachteten Unternehmens. So könnte die Aktivität Auftragsabwicklung der Kategorie der Ausgangslogistik oder dem Marketing bzw. Vertrieb zugeordnet werden. In einem Handelsunternehmen beispielsweise erfüllt die Auftragsabwicklung eher Marketingfunktionen (vgl. Porter, 1999b, S. 75ff.).

Eine Aktivität erhält erst dann unmittelbare Wettbewerbsrelevanz im Vergleich zu anderen, wenn feststeht, welche Art von Wettbewerbsvorteilen realisiert werden soll. So erwächst ein zu realisierender Kostenvorteil i.d.R. aus der Gesamtheit aller vom Unternehmen bearbeiteten Märkte bzw. aus der Unternehmensgröße selbst (z.B. Kostenvorteile durch Größen- und Lerneffekte); dieser Kostenvorteil dürfte eher mit vorgelagerten oder unterstützenden, länderunspezifischen Aktivitäten zu realisieren sein. Differenzierungsvorteile hingegen beruhen i.d.R. auf einer spezifischen kunden- oder länderorientierten Ausprägung vorgelagerter Aktivitäten.

Eine wesentliche Aufgabe der Wertkettenanalyse ist die Ermittlung der relativen Kosten- und Differenzierungsposition: Nachdem die eigene Wertkette mit ihren Stärken und Schwächen analysiert ist, wird sie der angenommenen Wertkette der jeweiligen Konkurrenten gegenübergestellt, und es werden Handlungsanweisungen abgeleitet.

Neben diesem Konkurrenzvergleich und der effizienteren Gestaltung der internen Aktivitätenschnittstellen durch eine konsequente Ausrichtung eines (→) *Schnittstellenmanagements* auf die angestrebten Wettbewerbsvorteile liegt die strategische Bedeutung der Wertkettenanalyse in der Einordnung der eigenen Wertkette in ein Wertsystem (vgl. Übersicht 140).

Diese unternehmensübergreifende Betrachtung eröffnet weitere – häufig ver-

Quelle: Porter, 1999b, S. 64.

Übersicht 140: Wertsysteme

nachlässigte – Synergiepotenziale (→ *Synergieeffekte*) im Management der externen Schnittstellen zu Unternehmen, die im gesamten System-Wertschöpfungsprozess dem eigenen Unternehmen vor- oder nachgelagert sind (vgl. Altobelli, 1995, Sp. 2713ff.). Die Entstehung des (→) *Supply Chain Managements* im Bereich der Logistik ist eine Konsequenz dieser Erkenntnis.

Das Konzept der Wertkette findet seine Marketingrelevanz zum einen im Zusammenhang mit dem (→) *internen Marketing*. Ein effizientes internes Schnittstellenmanagement setzt eine entsprechend über die Aktivitätengrenzen hinausgehende »interne Vermarktung« der angestrebten Wettbewerbsvorteile voraus. Zum anderen sind insbesondere die abnehmernahen Aktivitäten des operativen (→) *Marketing-Mix*, so die (→) *Kontrahierungspolitik* und (→) *Distributionspolitik*, vom externen Schnittstellenmanagement betroffen.

Wertpapiere und Dokumente

Zur Durchführung von Außenhandelstransaktionen sind unterschiedliche Dokumente nötig, die im Hinblick auf die Warensendung ausgestellt werden. Dabei kann man Wertpapiere, Beweisurkunden und Legitimationspapiere unterscheiden (vgl. Jahrmann, 1998, S. 157f.). Wertpapiere sind Urkunden, in denen ein privates Recht verbrieft wird, das nur durch den Besitz des Papiers ausgeübt werden kann. Typische Wertpapiere im Außenhandel sind:

- das Konnossement
- der Ladeschein
- der Lagerschein und
- die Transportversicherungspolice.

Beweisurkunden sind Dokumente, bei denen weder eine Pflicht zur Vorlage noch zur Einlösung besteht. Sie dienen nur der vereinfachten Beweisführung; das Recht kann jedoch auch ohne sie geltend gemacht werden. Beweispapiere im Außenhandel sind u.a.

- der Frachtbrief
- einige Spediteurdokumente
- der Posteinlieferungsschein
- die Kreditversicherungspolice
- alle Handels- und Zollpapiere, z.B. die Handelsrechnung und Ursprungszeugnisse.

Legitimationspapiere sind Dokumente, auf Grund derer der Schuldner mit befreiender Wirkung an jeden Vorlegenden des Dokumentes zahlen kann. Im Außenhandel sind beispielsweise

- das Parcel Receipt und
- der Lagerempfangsschein

zu nennen. In rechtlicher Hinsicht können Wertpapiere und Dokumente nach den Übertragungsformen in Inhaber-, Order- und Rektapapiere eingeteilt werden (vgl. Jahrmann, 1998, S. 160). In wirtschaftlicher Hinsicht kann beispielsweise eine Einteilung in Warenpapiere, Geldpapiere und Kapitalpapiere vorgenommen werden (vgl. Jahrmann, 1998, S. 162).

Wertschöpfungskreislauf

»Das Erkenntnisinteresse der Wirtschaftswissenschaften ist nicht auf die Gestaltung des Gutes selbst [...] gerichtet, sondern auf die Schöpfung der Werteigenschaften von Gütern, jenen Eigenschaften also, die Nutzen stiften. Der Zweck von Unternehmen besteht demnach in der Wertschöpfung, indem Güter mit jenen Werteigenschaften erzeugt werden, die eine Befriedigung der Bedürfnisse (Lösung der Probleme) beim Kunden bewirken« (Pfohl, 2000, S. 21f.).

In einer prozessualen Betrachtung resultiert der von Stufe zu Stufe realisierte Wertzuwachs aus der Verarbeitung von Gütern und dem Einsatz von Dienstleistungen im betrieblichen Leistungsprozess, wobei an diesem alle Funktionsbereiche (z.B. Einkauf, Fertigung, Logistik und Marketing) beteiligt sind (vgl. Nieschlag/Dichtl/Hörschgen, 1997, S. 6).

Dieser Prozess und seine Wertschöpfungsaktivitäten, die Porter (1999b, S. 66) in Basisaktivitäten (Eingangslogistik, Operationen, Ausgangslogistik, Marketing und Vertrieb sowie Kundendienst) und unterstützende Aktivitäten (Unternehmensinfrastruktur, Personalwirtschaft, Technologieentwicklung, Beschaffung) unterteilt, kommen im Ansatz der (→) *Wertkette* zum Ausdruck. Dieser Ansatz umfasst allerdings nicht Aktivitäten wie Entsorgung, Redistribution usw. Diese Aktivitäten sind jedoch für den gesamten Wertschöpfungskreislauf von Relevanz. Ein geschlossenes Wertschöpfungssystem umfasst demnach die Realisierung von Wertzuwächsen aus der Be- und Verarbeitung von Gütern, aber auch aus deren Wiederverwendung, so der Aufbereitung von Abfallstoffen (Recycling) und deren Nutzung in den nachfolgenden Produktionsstufen der Wertschöpfung.

Gerade die Letztgenannten stellen international tätige (z.B. exportierende) Unternehmen vor erhebliche (logistische) Probleme bei der Realisierung eines geschlossenen Wertschöpfungskreislaufs über Ländergrenzen hinweg.

Wettbewerb

Unter Wettbewerb versteht man allgemein eine Situation gegenseitiger Rivalität sowie die durch sie initiierten Aktionen und Prozesse. Als Markterscheinung ist Wettbewerb ein Ordnungs- und Steuerungsprinzip der Wirtschaft (→ *Marktwirtschaft*).

Zum festen Bestand der Lehre von der Wettbewerbswirtschaft gehört, » ... dass der Antriebsmotor für die Selbststeuerung in den egoistischen Wünschen und Bestrebungen der Wirtschaftseinheiten liegt. Die einzelnen Haushalte und Unternehmen stellen selbstständig für ihren Bereich Wirtschaftspläne auf, die ausschließlich ihrem Eigeninteresse dienen. Ihre Planungen versuchen sie auf den Märkten, d.h. den ökonomischen Orten des Zusammentreffens von Angebot und Nachfrage, durchzusetzen. Bei Wettbewerb um die Geschäftsabschlüsse mit Tauschpartnern wird dabei jede Wirtschaftseinheit letztlich zu Leistungsangeboten veranlasst, die außer ihren eigenen egoistischen Zielen dem Allgemeinwohl im Sinne einer günstigen Verbraucherversorgung dienen. Das Verbraucherinteresse wird auf Grund der wettbewerblichen Koordination sogar um so besser verwirklicht, je konsequenter die einzelnen Wirtschaftseinheiten ihre Eigeninteressen wahrnehmen (marktwirtschaftliches Scheinparadoxon)« (Bartling, 1980, S. 9).

Die Wettbewerbstheorie hat seit ihrem Entstehen vor über 200 Jahren eine Vielzahl von Leitbildern entworfen (vgl. hierzu u.a. Bartling, 1980), die in unterschiedlichem Umfang die Grundlage für die staatliche Wettbewerbspolitik und das kodifizierte Wettbewerbsrecht lieferten (→ *GWB*).

Vor dem Hintergrund zunehmender (→) *Kooperation* und (→) *Konzentration* in marktwirtschaftlichen Systemen ist die Unterscheidung in die Wettbewerbskategorien

- Individualwettbewerb und
- Gruppenwettbewerb (Systemwettbewerb)

zweckmäßig.

Der Individualwettbewerb bezieht sich auf nicht oder nur unwesentlich kooperativ gebundene Marktpartner, der Gruppenwettbewerb auf straffe Kooperationssysteme. Dabei kennzeichnet der Inter-Gruppenwettbewerb den Wettbewerb zwischen mehreren kooperativen Gruppen, der Intra-Gruppenwettbewerb den Wettbewerb zwischen Partnern einer Gruppe (vgl. Tietz, 1981).

Die Erfahrung zeigt, dass die Ausprägung des Wettbewerbs umweltbedingt ist: »Die Antriebskraft des Wettbewerbs, der Wettbewerbsgeist, unterliegt historischem Wandel und gesellschaftlichen Einflüssen. In wirtschaftlich hoch entwickelten Ländern finden sich meist genügend wettbewerbswillige Anbieter und Nachfrager, die ihre Mitbewerber nicht zur Ruhe kommen lassen – sofern die Leistungsanreize, wie Gewinne und sonstige Vorteile verschiedener Art, nicht beseitigt und die Märkte national und international offengehalten werden« (Woll, 2000, S. 300). In wirtschaftlich unterentwickelten Ländern versagt der Wettbewerb als wirtschaftliches Lenkungsinstrument, weil die für die Lenkungsfunktion notwendige »Wirtschaftsgesinnung« fehlt (vgl. Woll, 2000, S. 300).

Wettbewerbsanalyse

Aus betrieblicher Sicht umfasst die Wettbewerbsanalyse jede zielorientierte und systematische Erhebung, Sammlung, Aufbereitung, Bewertung und Interpretation von Daten über die aktuelle und künftige Wettbewerbssituation des Unternehmens und die wettbewerbsbeeinflussenden Faktoren zum Zwecke der Entscheidungsunterstützung in der Unternehmensführung, insbesondere im (→) *Marketing* (vgl. Görgen, 1995, Sp. 2717f.).

Die Wettbewerbssituation eines Unternehmens ist sowohl durch die existierenden und potenziellen Kunden und Kundenbeziehungen gekennzeichnet als auch durch vorhandene und potenzielle Konkurrenten. Insofern umfasst Wettbewerbsanalyse auch die Kunden- und Konkurrenzanalyse.

Die im Rahmen der Analyse gewonnenen Daten fließen in das (→) *Marketinginformationssystem* ein, da sie vorwiegend die Entscheidungsfindung im Marketing unterstützen. Dabei sind sie als Ergänzung zur (→) *Marktforschung* zu sehen, die überwiegend konsumentenorientierte Aufgabenschwerpunkte besitzt. Marktforschung und Wettbewerbsanalyse sind demnach »... komplementäre Bestandteile einer integrierenden Marketingforschung im Unternehmen« (Görgen, 1995, Sp. 2720).

Im Rahmen der Wettbewerbsanalyse nimmt die strategische Früherkennung (→ *Früherkennung, strategische*) eine zentrale Stellung ein: Unter Berücksichtigung makroökonomischer Entwicklungen und sich abzeichnender Megatrends sind zukunftsorientierte Informationen zu beschaffen, um die Erstellung von (→) *Szenarien* über die künftige Wettbewerbssituation zum Zwecke einer antizipativen Unternehmungsführung zu ermöglichen.

Wettbewerbsfähigkeit

Die Fähigkeit im internationalen Wettbewerb zu bestehen umfasst eine volkswirtschaftliche und eine unternehmerische Dimension. Die Erstgenannte betrifft die internationale Wettbewerbsfähigkeit einzelner Länder bzw. Regionen im internationalen Vergleich. Ihre Ausprägung kann in Welthandelsstatistiken abgelesen werden, so beispielsweise die Rolle der Bundesrepublik Deutschland, gemessen am Welthandelsumsatz oder am, auf den Pro-Kopf der Bevölkerung, saldierten Import und Export (vgl. Dichtl/Müller, 1992, S. 431).

Eine umfassende Analyse der Wettbewerbsvorteile von Volkswirtschaften stammt von Porter (1999c). Er unterscheidet die in Übersicht 141 dargestellten Bestimmungsfaktoren nationaler Wettbewerbsvorteile.

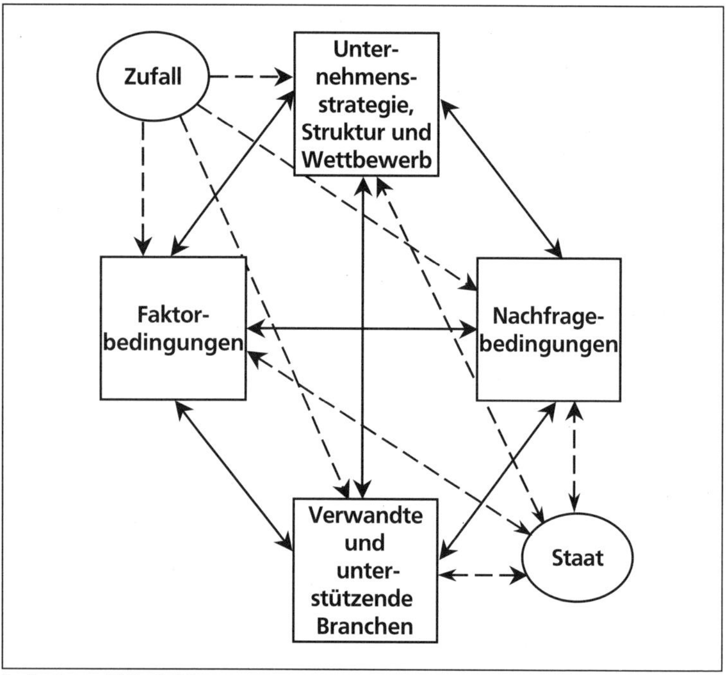

Quelle: Porter, 1999c, S. 151.

Übersicht 141: System der nationalen Wettbewerbsfähigkeit

Demgegenüber bezieht sich die unternehmerische Dimension auf die Wettbewerbsfähigkeit eines Unternehmens innerhalb einer Branche. Sie ist von vielen Faktoren abhängig. So zeigt sich beispielsweise, dass die internationale Wettbewerbsfähigkeit von Unternehmen einzelner Branchen aus einer engen Beziehung zwischen Forschungsaktivitäten (→ *Forschung und Entwicklung*) und Produktion im Heimatland abgeleitet werden kann (z.B. im Maschinenbau oder in der Mess- und Regeltechnik). In anderen Branchen wie Chemie, Mikroelektronik ist dieser Zusammenhang weniger stark ausgeprägt (vgl. Oppenländer, 1992, S. 42).

Aus Mikro- und Makrosicht hängt die Wettbewerbsfähigkeit von der Schaffung von Wettbewerbsvorteilen ab (→ *Wettbewerbsstrategien*). Wettbewerbsvorteile eines

Unternehmens ergeben sich beispielsweise aus dessen relativen Ressourcenpotenzialen, aus Produktmerkmalen wie Zuverlässigkeit, Präzision, Design, Herkunftsland (→ *Country-of-Origin-Effekt*), aus der Produktivität der Arbeitskräfte oder aus der Fähigkeit, innovative Produkte schneller als Konkurrenten zu entwickeln (→ *Innovationsmanagement*). Auf Basis dieser Faktoren ist es einer Unternehmung möglich, ihre Wettbewerbsvorteile und damit ihre Wettbewerbsfähigkeit einzuschätzen.

Wettbewerbspolitik

Die Wettbewerbspolitik regelt unter einer weitgehenden Beibehaltung einer freien Marktwirtschaft alle staatlichen Maßnahmen zur indirekten Steuerung des Wirtschaftsgeschehens, so insbesondere zur Vermeidung wettbewerbsbeschränkender Vereinbarungen und Verhaltensweisen seitens der Unternehmen (→ *Kartelle*) und seitens des Staates. Basierend auf dem neoklassischen Konzept der Wettbewerbsfreiheit, das im deutschen Sprachraum insbesondere von Hoppmann unter Rückgriff auf Gedanken der klassischen und neoliberalen Markttheorie seit Mitte der sechziger Jahre entwickelt wurde, beschäftigt sie sich mit Überlegungen über Möglichkeiten, »den normierten Wettbewerb in realen Marktprozessen herzustellen und zu sichern« (Clapham, 1981, S. 131). Ihre praktische Relevanz kommt dadurch zum Ausdruck, dass auch in marktwirtschaftlich orientierten Ländern nicht im gleichen Maße wie in Deutschland eine bewusste Wettbewerbspolitik mit rechtlichen Regeln (→ *GWB*) vorliegt, was sich in zweifacher und ganz entgegengesetzter Weise bemerkbar macht (Dülfer, 1997, S. 471f.):

- »Auf der einen Seite wird in solchen Ländern infolge des Mangels an Information und Ausbildung über Nützlichkeit und Erfordernisse einer funktionierenden Wettbewerbsstruktur auch von den Beteiligten Wettbewerb nicht als etwas Positives, sondern als etwas aus der Sicht der Unternehmung Ärgerliches aufgefasst. Typischerweise benutzt man den älteren Ausdruck ›Konkurrenz‹, der diesen negativen Touch beinhaltet. Die Auseinandersetzung am Markt nimmt von daher gelegentlich Formen an, die nach bundesdeutscher Auffassung als unlauterer Wettbewerb oder auf jeden Fall als Verstoß gegen das GWB verstanden werden würden. [...]
- Auf der anderen Seite bestehen in vielen Ländern legale Möglichkeiten der Kartellbildung, die für die internationalisierende Unternehmung günstig sein können. Da ihre Wettbewerber aus anderen Stammländern häufig schon aus ihrer heimatlichen Erfahrung heraus von solchen Möglichkeiten durchaus ungehinderten Gebrauch machen, wird es der internationalisierenden Unternehmung nicht möglich sein, ihrerseits aus besserer gesamtwirtschaftlicher Einsicht auf gleiche Maßnahmen zu verzichten«.

In der Europäischen Union wurden die Grundsätze der Wettbewerbspolitik im Zuge der europäischen Binnenmarktintegration (→ *Europäischer Binnenmarkt*) in Artikel 85 EG-Vertrag (Verbot wettbewerbsbeschränkender Vereinbarungen und Verhaltensweisen) sowie in Artikel 86 (Verbot des Missbrauchs einer marktbeherrschenden Stellung) festgeschrieben. Verboten sind alle Vereinbarungen zwischen Unternehmen und Beschlüsse von Unternehmensvereinigungen sowie aufeinander abgestimmte Verhaltensweisen, welche den Handel zwischen Mitgliedstaaten zu beeinträchtigen geeignet sind und eine Verhinderung, Einschränkung oder Verfälschung des Wettbewerbs innerhalb des gemeinsamen Marktes bezwecken oder bewirken (Bundesanzeiger, 1997, S. 233ff.).

Auf europäischer Ebene ist Trägerin der Wettbewerbsaufsicht die Kommission der (→) *EU*, der eine Entscheidungsbefugnis gegenüber den Unternehmen (einschließlich einer Bußgeldkompetenz im Falle von Verstößen) sowie eine Genehmigungsbefugnis gegenüber Staaten zusteht.

Wettbewerbsregeln

Nach § 28 Abs. 2 GWB (→ *GWB*) sind Wettbewerbsregeln »... Bestimmungen, die das Verhalten von Unternehmen im Wettbewerb regeln zu dem Zweck, einem den Grundsätzen des lauteren oder der Wirksamkeit eines leistungsgerechten Wettbewerbs zuwiderlaufenden Verhalten im Wettbewerb entgegenzuwirken und ein diesen Grundsätzen entsprechendes Verhalten im Wettbewerb anzuregen.«

Als Beispiel für Wettbewerbsregeln seien die Verhaltensgrundsätze erwähnt, die der Markenverband zur Förderung eines leistungsgerechten Wettbewerbs und seiner Sicherung gegen wettbewerbsfremde Praktiken für die Markenartikelindustrie aufgestellt hat. Diese Verhaltensgrundsätze wurden vom Bundeskartellamt in das Register für Wettbewerbsregeln eingetragen. Geregelt ist u.a. das Verhalten bei Anzapfversuchen: Hersteller verstoßen gegen die Grundsätze eines leistungsgerechten Wettbewerbs, wenn sie sich von ihren Abnehmern »anzapfen« lassen, d.h. der Forderung nach zusätzlichen Leistungen ohne Gegenleistung entsprechen, die nicht unmittelbar mit dem Warenverkauf verbunden sind und zu deren Durchsetzung in offener oder verdeckter Form Druck ausgeübt wird. Unter den Voraussetzungen des Satzes 1 lassen sich als Beispiele für Leistungen, die ungeachtet ihrer jeweiligen Bezeichnung wettbewerbsfremd sind, nennen: Eintrittsgelder zur Anbahnung und Zahlungen zur Erhaltung oder Erweiterung der Geschäftsbeziehung, Listungsgebühren, Investitionsbeiträge, Einrichtungszuschüsse, Automationskostenbeteiligungen, Zuwendungen zu Jubiläen u.a., Ausgleich für Schäden und Umsatzausfall im eigenen Risikobereich, übersteigerte Werbegeschenke, Barzahlungen statt handelsüblicher Werbepräsente.

Wettbewerbsstrategien

Als Wettbewerbsstrategien (competitive strategies) sind die Strategien auf der Ebene (→) *Strategischer Geschäftseinheiten* (SGE) zu verstehen, deren Ziel die Schaffung bzw. die Verteidigung von (→) *Wettbewerbsvorteilen* ist. Da sich der Wettbewerb auf der Ebene von SGE's vollzieht, sind Wettbewerbsstrategien von den auf das ganze Unternehmen bezogenen und damit übergeordneten Strategien (corporate strategies) abzugrenzen. Die Formulierung einer Wettbewerbsstrategie besteht darin, eine SGE in Bezug zu ihrem Umfeld, so Wettbewerbern, Lieferanten, Abnehmern usw., zu setzen, mit dem Ziel eine gefestigte Branchenposition zu schaffen, d.h. Wettbewerbsvorteile und somit einen höheren Ertrag auf das investierte Kapital zu erzielen (vgl. Liebmann/Zentes, 2001, S. 172f.).

Von den vielfachen Typologien von Wettbewerbsstrategien fanden eine Verbreitung die Typologie von Porter (1999a, S. 75), mit der Unterscheidung von Kostenführerschafts- und Differenzierungsstrategien (→ *Porter-Matrix*), sowie die Typologie von Miles/Snow (1978, S. 112), mit der aus Hypothesen resultierenden Unterscheidung der Defender-, Analyzer- und Prospector-Strategy. Folgt man dem Konzept von Porter, dann sind als Basisdimensionen moderner Wettbewerbsstrategien – so in internationalen Märkten – das Strukturieren der (→) *Wertkette* sowie die (→) *Konfiguration*, die (→) *Koordination* und die (→) *Transaktionsformen* der Wertschöpfungsaktivitäten zu nennen (vgl. Zentes, 1995d, S. 14).

- Die Konfiguration der Wertschöpfungsaktivitäten bezieht sich auf die geografische Verteilung der Aktivitäten der Wertkette auf unterschiedliche Regionen oder Länder, betrifft also die Frage der »geografischen Streubreite« (vgl. Porter, 1989, S. 25f.).
- Die Koordination bezieht sich auf die Art und Weise, wie ähnliche bzw. verwandte Aktivitäten (in verschiedenen Ländern) koordiniert werden (vgl. Porter, 1989, S. 27). Auch hier liegen, je nach Aktivität, in den Extremen – hohe bzw. niedrige Koordination – unterschiedliche Potenziale.
- Die Strategiedimension Transaktionsformen bezieht sich aus klassischer institutionenökonomischer Sicht (→ *Institutionenökonomik*) auf die Wahl zwischen den Alternativen Markt, (→) *Kooperation* oder Integration (vgl. Zentes, 1995d, S. 21). Auch die Frage des (→) *Outsourcing*, Make-or-Buy-Entscheidungen u.Ä. sind hier zuzuordnen.

Wettbewerbsverhalten

Die von einem Unternehmen jeweils verfolgte konkurrenzgerichtete (→) *Wettbewerbsstrategie* äußert sich in seinem Wettbewerbsverhalten (Unternehmensverhalten) auf den Beschaffungs- und Absatzmärkten.

Für die (→) *Typologisierung* des Unternehmens- bzw. Wettbewerbsverhaltens ist zunächst zwischen einem passiven und einem aktiven Verhalten zu unterscheiden (vgl. Meffert, 1994, S. 155). Ein passives Verhalten liegt vor, wenn die Aktivitäten der Konkurrenten in keiner Weise, d.h. weder explizit noch implizit, in den eigenen Unternehmensentscheidungen berücksichtigt werden. In diesem Fall entwickeln Unternehmen keine konkurrenzorientierten Strategien im Sinne eines längerfristigen Verhaltensplanes und realisieren auch keine auf den Wettbewerber gerichteten operativen Maßnahmen. Das passive Verhalten findet sich häufig bei Unternehmen, die entweder über eine dominierende, monopolartige Stellung am Markt verfügen (»wettbewerbsautonomes Verhalten«) oder die Bedeutung der Konkurrenzberücksichtigung ignorieren (»wettbewerbsignorantes Verhalten«) (vgl. Meffert, 1994, S. 155).

Aktives Verhalten hingegen berücksichtigt die Aktivitäten der Konkurrenten in der Strategieplanung und -umsetzung. Zwei grundlegende Dimensionen zur Typologisierung dieses Verhaltens sind:

- innovativ/imitativ sowie
- wettbewerbsvermeidend/wettbewerbsstellend.

In der Unterscheidung innovatives oder imitatives Verhalten kann der Wettbewerbsprozess – in Abhängigkeit vom Verhalten der Konkurrenten – bei Anpassung an die langfristige Entwicklung ein Imitationsverfahren und bei technischem Fortschritt ein Entdeckungsverfahren sein (vgl. Meffert, 1994, S. 156).

Ob ein Unternehmen sich dem Wettbewerb stellt oder ihn vermeidet, kommt insbesondere darin zum Ausdruck, zu welchem Zeitpunkt es Maßnahmen im Wettbewerbsumfeld einleitet. So beruht ein wettbewerbsvermeidendes Verhalten auf der reinen Anpassung der eigenen Unternehmensentscheidungen an die bereits umgesetzten Entscheidungen der Konkurrenz. Maßnahmen erfolgen erst, nachdem sich die Wettbewerbssituation (→ *Wettbewerbsanalyse*) durch offensives Vorgehen der Konkurrenten verändert hat.

Im Gegensatz hierzu ist wettbewerbsstellendes Verhalten dadurch gekennzeichnet, dass Unternehmen bereits auf erste schwache Signale von wettbewerblichen Anstrengungen ihrer Konkurrenten reagieren und deren mögliches weiteres Vorgehen in ihren strategischen Entscheidungen antizipieren (→ *Früherkennung, strategische*).

Verhaltens-dimensionen	Innovativ	Imitativ
Wettbewerbs-vermeidend	Ausweichen	Anpassung
Wettbewerbs-stellend	Konflikt	Kooperation

Quelle: Meffert, 1994, S. 157.

Übersicht 142: Typologisierung konkurrenzgerichteten Verhaltens

Auf der Grundlage dieser Dimensionen lassen sich vier Basisstrategien ableiten (vgl. Übersicht 142).

Kooperationsstrategien werden häufig von Unternehmen angestrebt, die über keinen deutlichen Wettbewerbsvorteil bzw. nicht über die notwendigen Ressourcen verfügen, um langfristige Auseinandersetzungen mit der Konkurrenz zu führen. Konfliktstrategien dagegen beinhalten eine bewusste, direkte Konfrontation mit dem Wettbewerber.

Ziel der Ausweichstrategie ist es, durch im Vergleich zur Konkurrenz innovative Aktivitäten dem Wettbewerbsdruck zu entgehen, während die Anpassungsstrategie auf die bloße Erhaltung der einmal realisierten Position ausgerichtet ist und erst dann Aktivitäten vorsieht, wenn diese Position durch Vorstöße der Konkurrenz gefährdet wird.

Wettbewerbsvorteile [s.a. Wettbewerbsstrategien]

Die von Porter (1999a) entwickelten grundlegenden Wettbewerbsstrategien haben das Ziel, für eine Unternehmung oder eine (→) *Strategische Geschäftseinheit* (SGE) eine Position zu finden, die sich gegenüber den wettbewerbsbestimmenden Kräften innerhalb einer Branche, insbesondere gegenüber der Konkurrenz, behaupten lässt.

Im Mittelpunkt der Wettbewerbsstrategien steht die Schaffung und Verteidigung strategischer Wettbewerbsvorteile, als einer im Vergleich zur Konkurrenz überlegenen Leistung.

Eine Profilierung kann nach Porter zum einen auf Leistungs- bzw. Qualitätsvorteilen (»Differenzierung«), zum anderen auf Kostenvorteilen (»Kostenführerschaft«) beruhen, wobei beide Basisstrategien branchenweit oder auf ein Segment konzentriert (»Konzentration auf Schwerpunkte«) (→ *Marknische*) realisiert werden können (vgl. Porter, 1999a, S. 70ff.). Die (→) *Porter-Matrix* illustriert die » ... drei erfolgsversprechenden Typen strategischer Ansätze, um andere Unternehmen in einer Branche zu übertreffen« (Porter, 1999a, S. 70).

Die Auswahl der optimalen Strategie hängt von der Position der eigenen Geschäftseinheit im Branchenwettbewerb ab. Zur Analyse dieser Position ist die Durchführung einer (→) *Wettbewerbsanalyse* notwendig. Sie umfasst die Analyse der auf den Branchenwettbewerb einwirkenden

Wettbewerbskräfte, des Verhaltens neuer Konkurrenten, der Lieferanten, Abnehmer und bisherigen Wettbewerber wie auch der Bedrohung durch Substitutionsprodukte.

Bei der Wahl der Strategie sollte nach Porter auf Grund der in Übersicht 143 dargestellten empirisch festgestellten Beziehung zwischen Rentabilität und Marktanteil auf eine konsequente Ausrichtung in Bezug auf eine der drei strategischen Grundkonzeptionen geachtet werden. Die unprofilierte Mitte (»stuck in the middle«) befindet sich langfristig in einer gefährlichen Situation.

Wenngleich eine Polarisierung der Konsumenten hinsichtlich des für sie relevanten Kaufkriteriums (Preis oder Qualität) zu beobachten ist (Phänomen des »Verlustes der Mitte«) und diese Entwicklung von den Unternehmen eine eindeutige Positionierung als Premiumanbieter oder Discountanbieter erfordert, wird mittel- bis langfristig die alternative Realisierung einer der beiden Basiswettbewerbsvorteile nicht mehr ausreichen, um den Unternehmenserfolg zu sichern. Insbesondere auf (→) *Käufermärkten*, so im Konsumgüterbereich, ist sich der Konsument seiner dominanten Verhandlungsposition bewusst und versucht, seine hohen Qualitätsansprüche zu niedrigen Preisen zu erfüllen.

Dieses Verhalten zwingt Unternehmen, zunehmend ihre strategischen Aktivitäten sowohl an Kostenvorteilen als auch an Qualitäts- (Differenzierungs-) Vorteilen zu orientieren (→ *Outpacing-Strategie*).

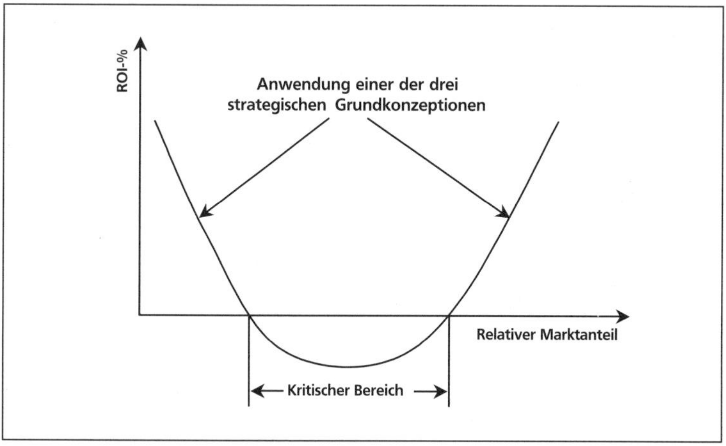

Quelle: in Anlehnung an: Porter, 1999a, S. 81.

Übersicht 143: Beziehung zwischen Rentabilität und relativem Marktanteil

Wiedererkennungsverfahren

Die Wiedererkennungsverfahren (Recognition-Tests) sind wie die (→) *Erinnerungsverfahren* Verfahren zur Erfassung von Gedächtniswirkungen der Werbung (→ *Werbewirkung; Werbewirkungskontrolle*).

Beim Wiedererkennungsverfahren wird das zu kontrollierende (→) *Werbemittel* zunächst einer bestimmten Zielgruppe vorgelegt. Es handelt sich dabei entweder um Vorlagen von Plakaten oder Werbeanzeigen; Werbespots des Rundfunks werden mit Hilfe von Tonbändern präsentiert. Anschließend werden die Versuchspersonen gefragt, ob sie die entsprechenden Werbemittel, die ihnen erneut vorgelegt werden, schon einmal gesehen oder gehört haben (vgl. Möbius, 1975, S. 747).

Ein klassisches Wiedererkennungsverfahren ist der Starch-Test für Anzeigen. Interviewer gehen dabei mit den Versuchspersonen die Seiten einer bekannten Zeitschrift durch. Der Interviewer darf nur die Seiten umblättern; es ist ihm nicht erlaubt, auf irgendeine Anzeige aufmerksam zu machen. Anschließend wird gefragt, ob die Versuchsperson bestimmte Anzeigen gesehen bzw. bestimmte Produkte bemerkt hat. Ermittelt wird für jede Anzeige der Prozentsatz der Leser, welche die Anzeige ganz oder teilweise wiedererkannt haben. Der Starch-Test verwendet eine Reihe von Messgrößen (vgl. Lucas/Britt, 1966, S. 72):

- noted = Prozentsatz der Leser, die angeben, eine Anzeige in der betreffenden Zeitschrift früher gesehen oder bemerkt zu haben
- seen/associated = Prozentsatz der Leser, die eine Anzeige gesehen, Teile davon gelesen haben und sich deutlich an den Namen des umworbenen Produkts, der Dienstleistung oder des Werbungtreibenden erinnern
- read most = Prozentsatz der Leser, die nicht nur die Anzeige gesehen haben, sondern auch bestätigen, dass sie mehr als die Hälfte des Textes gelesen haben.

Jährlich werden so genannte Adnorms (Rangskalen) veröffentlicht, die sich auf alle Anzeigen, die im Vorjahr untersucht wurden, beziehen.

Eine deutsche Variante des Starch-Tests ist der so genannte Infratest-Anzeigen-Kompass. Durch diesen Test wird festgestellt, welche Anzeigen oder Anzeigenteile sich den Lesern besonders eingeprägt haben.

Problematisch bei der Anwendung des Wiedererkennungsverfahrens ist die Gefahr der Verwechslung bei der Identifikation einzelner Anzeigen. Um diese Gefahr auszuschalten, wird ein so genanntes kontrolliertes Wiedererkennungsverfahren vorgeschlagen (vgl. Koeppler, 1974, S. 40). Dabei werden neben tatsächlich erschienenen Werbemitteln fiktive, d.h. noch nie erschienene, präsentiert. Die unveröffentlichten Anzeigen haben eine Kontrollfunktion; es werden alle Personen herausgefiltert, die meinen, diese Anzeigen schon einmal gesehen zu haben, da man davon ausgeht, dass auch die Behauptung, andere Werbemittel wiederzuerkennen, relativ unglaubwürdig erscheint.

Trotz möglicher Kontrollen sind die Ergebnisse der Recognition-Verfahren häufig mit Fehlern behaftet. Lucas/Britt (1966, S. 79) nennen als häufigste Fehlerursachen:

- die echte Verwechslung mit anderen Werbeanzeigen
- das Raten der Versuchspersonen bei Ungewissheit
- die bewusste Übertreibung
- die Behauptung, man kenne die Anzeige, obwohl man in Wirklichkeit nur das sie umgebende Material wiedererkennt
- die Bereitwilligkeit, dem Interviewer zu gefallen
- die Hemmungen, unwissend zu erscheinen
- die Missverständnisse der erhaltenen Instruktionen.

Aus methodischer Sicht können die Wiedererkennungsverfahren sowohl als (→) *Pretest* als auch als Posttest durchgeführt werden.

Wirtschaftsgemeinschaft [s.a. Integrationsabkommen]
Der Begriff der Wirtschaftsgemeinschaft umfasst sehr unterschiedliche Formen von

Zusammenschlüssen selbstständiger Staaten zum Zweck der Integration der nationalen Wirtschaftsgebiete. Dabei können in Abhängigkeit von den verschiedenen Stufen des Integrationsprozesses (→ *Kooperations- und Integrationsformen*) folgende Formen abgegrenzt werden (vgl. Amelung, 1989, Sp. 2285f.):

- die Handelsintegration, die aus der Beseitigung von Handelshemmnissen folgt
- die Faktorintegration, die eine Liberalisierung der zwischenstaatlichen Faktorbewegung erfordert
- die Politikintegration als Folge der Harmonisierung der nationalen Wirtschaftspolitiken
- die totale Integration, die eine vollständige Vereinheitlichung der nationalen Politiken beinhaltet.

Amelung (1989, Sp. 2285ff.) grenzt die Wirtschaftsgemeinschaften (im Sinne von Integrationen) von den zwischenstaatlichen Kooperationen insofern ab, als Kooperationen diskretionär und projektbezogen konzipiert sind, während Integrationen einen breiteren Rahmen von Maßnahmen umfassen und durch deren verpflichtenden Charakter gewöhnlich über die Wirkung von Absichtserklärungen hinausgehen. Entsprechend der Tiefe der Integration wird ausgehend von der schwächsten Form der Wirtschaftsgemeinschaft zwischen Handelspräferenzräumen, Freihandelszonen, Zollunion, Gemeinsamer Markt und Wirtschaftsunion unterschieden.

Beispiele für Wirtschaftsgemeinschaften sind u.a.:

- die Europäische Union (→ *EU*)
- der ehemalige Rat für gegenseitige Wirtschaftshilfe (RGW) (→ *Staatshandelsländer*).

Wirtschaftsunion → *Integrationsabkommen; Kooperations- und Integrationsformen*

World Trade Organization → *WTO*

WTA

Das Welttextilabkommen (WTA) ist eines der bekanntesten (→) *Selbstbeschränkungsabkommen*. Es kombiniert Exportselbstbeschränkung und Kontingente für die Märkte der Industrieländer hinsichtlich Textilien und Bekleidung sowie synthetischer Fasern. Deswegen wird es auch als Multifibre Arrangement (Multifaserabkommen, MFA) bezeichnet (vgl. Koch, 1988a, S. 138).

Das WTA löste 1974 (WTA I) das bis dahin bestehende kurzfristige Baumwollwaren-Abkommen des GATT (→ *Allgemeines Zoll- und Handelsabkommen*) und das spätere langfristige Baumwolltextil-Abkommen des GATT ab. Das WTA stellt die bisher einzige im GATT getroffene Ausnahmeregelung für einen Teilbereich des Welthandels dar. Es umfasst Grundsätze, nach denen Handelsverträge zwischen Liefer- und Abnehmerländern zu gestalten sind, um ein System bilateraler Selbstbeschränkungsabkommen und einseitiger Quotierungen zu schaffen, in denen durch Export- und Importkontingente die Wettbewerbsvorteile von Billiganbietern begrenzt werden. Ziel des WTA ist die Liberalisierung des Handels mit den genannten Produkten, die Förderung der wirtschaftlichen und sozialen Entwicklung der Länder der Dritten Welt (→ *Entwicklungsländer*) unter Vermeidung von Strukturproblemen in den Industrieländern. Passive Veredelungsverkehre (→ *Veredelung*) werden auf die WTA-Quoten nicht angerechnet. Spezielle Klauseln sollen verhindern, dass der angestrebte Schutz durch Umgehungseinfuhren oder Nichtbeachtung von Etikettierungsvorschriften unterlaufen wird. Die Überwachungsfunktion übernehmen das Textiles Surveillance Board und das Textiles Committee.

Das WTA reguliert für rund 50 Unterzeichnerstaaten deutlich mehr als die Hälfte des Welthandels mit Textilien und Bekleidung, wobei die (→) *EU* als ein Land aufgefasst wird (vgl. Schroth, 2001, S. 563).

Zugleich ist das WTA ein Verstoß gegen das Liberalisierungspostulat des GATT und war einer der am heftigsten umstrittenen Schwerpunkte der letzten GATT-Verhandlungsrunde (→ *Welthandelsrunden*). »Der Interessensgegensatz zwischen Industrie- und Entwicklungsländern war in keinem anderen Verhandlungsgebiet der Uruguay-Runde derart krass wie im Zusammenhang mit den Textilien, da 22 % der gesamten Textilien- und Kleidungsexporte aus den Entwicklungsländern stammen« (Yüksel, 2001, S. 59). Nach dem Final Act der Uruguay-Runde (Agreement on Textiles and Clothing, ACT) sollen die Importbeschränkungen im Textilhandel schrittweise während eines Zeitraums von zehn Jahren bis 2005 beseitigt werden. Dies soll in drei Schritten erfolgen (vgl. Yüksel, 2001, S. 59f.):

- 1. Phase (3 Jahre), mit einer Re-Integration von 16 % der Einfuhren des Jahres 1990 ins GATT und mit jährlichen Erhöhungen der Zuwachsraten um jeweils 15 %.
- 2. Phase (4 Jahre), mit einer Re-Integration von weiteren 17 % der Einfuhren des Jahres 1990 und mit einer jährlichen Erhöhung der Zuwachsraten um 25 %.
- 3. Phase (3 Jahre), mit einer Integration von weiteren 18 % der Einfuhren des Jahres 1990 und mit jährlichen Erhöhungen der Zuwachsraten um 27 %, die vom 1. Januar 2002 bis zum 31. Dezember 2004 umgesetzt werden wird.

Für jede Liberalisierungsetappe sind Schutzklauseln vorgesehen, welche die Importländer während der gesamten zehnjährigen Übergangszeit in Anspruch nehmen dürfen. Diese Schutzmaßnahmen unterliegen einer strengen Kontrolle und dürfen allerhöchstens drei Jahre in Kraft bleiben (§ 6 WTO-ATC-Abkommen) (vgl. World Trade Organization, 1995b).

WTO

Im Rahmen der Uruguay-Runde (→ *Welthandelsrunden*) wurde die Gründung der WTO (World Trade Organization) beschlossen. Die WTO gilt nicht als Nachfolgerin des GATT (→ *Allgemeines Zoll- und Handelsabkommen*), sondern bildet einen neuen institutionellen Rahmen für das ausgebaute internationale Handelssystem. Die WTO sollte die provisorische Funktion des GATT auf Grund der Legitimations- und Durchsetzungsprobleme ablösen, welches nach dem Zweiten Weltkrieg zur Intensivierung der internationalen Arbeitsteilung und Reintegration aller Länder als Provisorium gegründet wurde. Das GATT bildete keine übergeordnete internationale Organisation, sondern einen völkerrechtlichen Vertrag, der von den Vertragsparteien gesteuert und von einem Sekretariat in Genf verwaltet wurde (vgl. Koch, 1998a, S. 168f.). Die weltpolitische Bedeutung der WTO ist nun gestiegen, da sie dem Status des Internationalen Währungsfonds (→ *IWF*) und der (→) *Weltbank* angeglichen wurde. In diesem Zusammenhang wird auch vom »Triumvirat von Weltinstitutionen« gesprochen. Als Gründungsmitglieder der WTO galten alle Staaten, die zum Zeitpunkt der WTO-Inkraftsetzung zugleich Vertragsparteien des GATT waren.

Parallel zur WTO besteht das GATT weiter; es wird jedoch auf dem Stand eingefroren, den es vor der Uruguay-Runde erreicht hatte. Dementsprechend gilt für die Staaten, die nicht bereit sind, das Gesamtergebnis dieser Verhandlungsrunde zu akzeptieren, der im »alten« GATT erreichte Liberalisierungsgrad. Im WTO-Übereinkommen wurde zur Erhöhung der Transparenz auf eine Besitzstandsklausel (»Großvaterklausel«) verzichtet, wonach bereits in Kraft befindliche, aber von den GATT-Regeln abweichende Regeln beibehalten werden konnten. Des Weiteren besteht für die Mitglieder der WTO die Verpflichtung, ihre nationalen Vorschriften mit den WTO-Bestimmungen in Einklang zu bringen.

Zu den Organen der WTO gehören die Ministerkonferenz aller Vertragsparteien, die mindestens alle zwei Jahre stattfindet, und ein Allgemeiner Rat, der nach Bedarf tagt und in der Zwischenzeit die Tagesgeschäfte führt. Weiterhin existieren der (→) *GATT*-Rat, der (→) *GATS*-Rat und der (→) *TRIPS*-Rat, die unter dem gemeinsamen WTO-Dach für das sachspezifische Tagesgeschäft verantwortlich sind, und das WTO-Sekretariat, an dessen Spitze ein Generaldirektor steht.

In den Zuständigkeitsbereich der WTO-Organe fallen die Verwaltung der Einheitsakte, des integrierten Streitschlichtungssystems und des handelspolitischen Überwachungssystems sowie die Kooperation mit den Bretton Woods-Institutionen. Neben diesen Verwaltungsaufgaben fungieren die Organe als Verhandlungsforen für die Weiterentwicklung des Regelwerkes (vgl. Koch, 1998a, S. 175).

X

X-Allianzen → *Allianzen, strategische*

Y

Y-Allianzen → *Allianzen, strategische*

Yield-Management

Die Entstehung des Yield-Management-Konzepts fällt in die Periode der harten Preiskämpfe zwischen neu entstandenen, kleinen Fluggesellschaften und den etablierten großen Gesellschaften in den USA, die auf Grund ihrer vergleichsweise ungünstigeren Kostenstrukturen sich in ihrer Preispolitik nicht schadlos auf längerfristige Preiskämpfe mit den flexibleren Kleinanbietern einlassen konnten (vgl. Daudel/Vialle, 1992, S. 9f.).

Yield-Management lässt sich als »... eine Summe von Verfahrensweisen definieren, die an einem Grundsatz ausgerichtet sind: der gezielten Steuerung der Kapazitäten zur Maximierung des Gesamtumsatzes eines Dienstleistungsunternehmens« (Daudel/Vialle, 1992, S. 35). Kritische Größen sind Preis, Nachfrage und Kapazität. Dabei geht das Konzept davon aus, dass ein Dienstleistungsunternehmen ein Angebot steuert, das sich in erster Linie durch die verfügbare Kapazität auszeichnet. Ziel des Yield-Managements ist es, unter Berücksichtigung der Nachfragestruktur ein optimales Gleichgewicht zwischen dem Auslastungsgrad einer Anlagen- bzw. Betriebseinheit und dem Durchschnittspreis je verkaufter Leistung zu realisieren und den Umsatz dieser Betriebseinheit zu maximieren. Dieses Ziel soll durch eine erhöhte Selektivität und Flexibilität der (→) *Preispolitik* erreicht werden (vgl. Nieschlag/Dichtl/Hörschgen, 1997, S. 122).

Yield-Management ist nach Daudel/Vialle (1992) als eine Erweiterung des (→) *Marketing* zu betrachten. In diesem Verständnis führt es die Kapazitätssteuerung, die bisher den Funktionen Produktion und operatives Management untergeordnet und von den Marketingaktivitäten getrennt war, als ein eigenständiges (→) *Marketinginstrument* ein.

Die Verbindung zwischen Yield-Management und den »klassischen« Marketinginstrumenten wird durch Struktur und Umfang der Nachfrage hergestellt: Die Nachfrage und bestimmte Maßnahmen des klassischen Marketing, die auf eine (→) *Segmentierung* der Kunden und eine Stimulation der Nachfrage abzielen, beeinflussen sich gegenseitig. Insoweit das Yield-Management das Nachfrageverhalten beeinflussen will, entspricht es einem klassischen (→) *Marketinginstrument*. Gemeinsamer Aktionsbereich ist insbesondere die Preispolitik. Jedoch wird ihr eine jeweils unterschiedliche Bedeutung beigemessen:

Das Yield-Management verfolgt die Politik der (→) *Preisdifferenzierung*. Angestrebt wird jedoch nicht die klassische persönliche Preisdifferenzierung, die unterschiedliche Preise für identische Leistungen an unterschiedlichen Kundensegmenten vorsieht. Das Konzept des Yield-Management fordert vielmehr die Festsetzung von unterschiedlichen Preisniveaus für die spezifischen Kundensegmente bei gleichzeitiger Leistungsdifferenzierung. Dabei unterstellt es die Gültigkeit der Abschottungshypothese, wonach Kunden eines höherpreisigen Segments nicht in ein neugeschaffenes, niedrigerpreisiges Segment überwechseln bzw. umgekehrt (vgl. Daudel/Vialle, 1992, S. 41f.).

Für die Fluggesellschaften bspw. bedeutet dies eine Differenzierung der Basisdienstleistung Personentransport nach den besonderen Bedürfnissen der als abgeschottet betrachteten Kundensegmente (z.B. Juniortouristen, Seniortouristen, Geschäftsreisende) in Verbindung mit entsprechend differenzierten Preisniveaus. Diese Form der Preisdifferenzierung basiert auf der Tatsache, dass die Nachfrage nach bestimmten Dienstleistungen i.d.R. keine einheitliche Struktur und Kundensegmente mit unterschiedlichen Preiselastizitäten aufweist (vgl. Meister/Meister, 2000, S. 115ff.).

Yield-Management und klassisches (→) *Marketing-Mix* wirken über die Preispolitik hinausgehend zusammen. So unterstreicht das Yield-Management-Konzept die Bedeutung der Preisetikettierung für die (→) *Kommunikation* mit dem Kunden sowie für deren Segmentierung.

Wenngleich sich das Yield-Konzept aus Problemstellungen der Dienstleistungsbranche heraus entwickelt hat, könnte es sich auch im industriellen Bereich als leistungsfähig erweisen (vgl. Daudel/Vialle, 1992, S. 142f.). Eine zunehmende Umstellung auf Just-in Time-Produktion und -Zulieferung führt zu einer Reduktion der Lagerhaltungskapazitäten und Leerkosten. Gleichzeitig verstärkt sich damit die Notwendigkeit einer effizienten Kapazitätssteuerung auch in der Industrie.

Z

Zahlungsbedingungen [s.a. Zahlungskonditionen]
Die Zahlungsbedingungen (Terms of Payment) sind diejenigen Bedingungen, welche die Geschäftspartner auf Grund ihrer vertraglichen Absprache über die Fälligkeit, die Art und Weise der Zahlung, den Erfüllungsort sowie die Aufrechterhaltungsmöglichkeiten einer Zahlschuld getroffen haben.

Die Zahlungsbedingungen sind neben dem Warenpreis und den Lieferbedingungen (→ *INCOTERMS*) die wichtigsten Bestandteile einer vertraglichen Gestaltung zwischen den Partnern eines Außenhandelsgeschäfts (vgl. Schroth, 2001, S. 570). Ihre Vereinbarung richtet sich nach den unterschiedlichen Interessenlagen der Geschäftspartner. Hierzu zählen auf Seiten des Exporteurs eine schnelle Zahlung des Kaufpreises, ein Abwälzen der Zahlungsrisiken auf den Importeur oder die Vorbeugung der Zahlungsunfähigkeit des Importeurs durch Einschaltung Dritter (z.B. Kreditinstitute). Die Interessen des Importeurs liegen dagegen darin, möglichst spät nach Eingang und Prüfung der Ware zu zahlen, die Zahlungsrisiken auf den Exporteur abzuwälzen sowie möglichst die Darlehensaufnahme zu vermeiden.

Die Hauptaufgabe der Zahlungsbedingungen ist es, die Zahlungsabwicklung und (→) *Zahlungssicherung* so zu gestalten, dass der Exporteur sein Zahlungseingangsrisiko (Kreditrisiko) minimiert und dass der Importeur sein Risiko hinsichtlich des Eingangs der Warenlieferung (Lieferrisiko) möglichst gering hält.

Eine weitere Aufgabe der Zahlungsbedingungen ist die klare Verteilung der Kredit- und Zahlungskosten sowie die Festlegung der Zahlungswege und Zahlungsarten. Dies ist untrennbar mit der Wahl einer bestimmten Finanzierungsform verbunden (vgl. Jahrmann, 1998, S. 367).

Die tatsächliche Vereinbarung bestimmter Zahlungsbedingungen erfolgt vor dem Hintergrund der Marktstellung der Geschäftspartner. Diese wird bestimmt durch Faktoren wie

- Finanzkraft von Exporteur und Importeur
- Zahlungsgewohnheiten der Branche und/oder des Auslandsmarktes
- Dauer der Geschäftsverbindung
- politische und wirtschaftliche Rahmenbedingungen (insbesondere bei langfristigen Kreditverträgen) (vgl. Jahrmann, 1998, S. 367).

Die vielfältigen Formen der Zahlungsbedingungen können nach dokumentären und nichtdokumentären Zahlungsbedingungen sowie nach kurz- und langfristigen Zahlungsbedingungen (→ *Außenhandelsfinanzierung; Exportfinanzierung; Importfinanzierung*) differenziert werden.

Die üblichen kurzfristigen Zahlungsbedingungen sind (vgl. Jahrmann, 1998, S. 368; Schroth, 2001, S. 507f.):

- Vorauszahlung (cash before delivery), Anzahlung (advance payment, down payment)
- offenes Zahlungsziel
- Zahlung durch Nachnahme (cash on delivery)
- Zahlung gegen einfache Rechnung (clean payment)
- Dokumente gegen Zahlung (d/p inkasso) oder gegen Akzept (d/a inkasso) (→ *Dokumenteninkasso*)

- Dokumente gegen Zahlung auf Akkreditivbasis (d/p credit) oder gegen Akzept auf Akkreditivbasis (d/a credit) (→ *Dokumentenakkreditive*).

Wesentliche langfristige Zahlungsbedingungen sind (vgl. Jahrmann, 1998, S. 368; Schroth, 2001, S. 507f.):

- der (→) *Lieferantenkredit* mit Refinanzierungsmöglichkeiten über die Ausfuhrkredit-Gesellschaft mbH (AKA) oder Kreditanstalt für Wiederaufbau (KfW)
- der Bestellerkredit von AKA, KfW oder Geschäftsbanken
- gebundene Finanzkredite von supranationalen Spezialinstituten, wie die (→) *Weltbank*, Europäische Investitionsbank (EIB) (→ *Internationale Finanzinstitutionen*)
- das Exportleasing (→ *Leasing*)
- die (→) *Forfaitierung*.

Vorauszahlungen, Anzahlungen, Zahlung gegen Nachnahme oder einfache Rechnung stellen gleichzeitig nichtdokumentäre Zahlungsbedingungen dar (vgl. Schroth, 2001, S. 507f.). Diese Zahlungsart ist nicht an bestimmte Bedingungen wie die Vorlage bestimmter Dokumente geknüpft. Sie müssen daher grundsätzlich als unsicher angesehen werden, da der Zahlungsempfänger vor Zahlungseingang nicht weiß, ob der Partner seiner Zahlungsverpflichtung tatsächlich nachkommen wird. Solche Zahlungsarten sind auf Grund ihrer einfachen Abwicklung dennoch im internationalen (→) *Zahlungsverkehr* stark verbreitet (vgl. Deutsche Bank, 1998, S. 93f.).

Zahlungskonditionen [s.a. Zahlungsbedingungen]
Zahlungskonditionen stellen einen Teil der Instrumente der (→) *Konditionenpolitik* dar, die bei einem Kaufvertrag zusammen mit den Lieferkonditionen ausgewiesen werden. Liefer- und Zahlungskonditionen, oft auch als Liefer- und (→) *Zahlungsbedingungen* bezeichnet, werden von den jeweiligen Unternehmen meist in den Allgemeinen Geschäftsbedingungen (→ *AGB-Gesetz*) des Kaufvertrages hinterlegt. Zu den Zahlungskonditionen zählen beispielsweise Vorauszahlung (Vorkasse), Anzahlung, Zahlung gegen Nachnahme, Zahlung gegen einfache Rechnung mit der Angabe eines bestimmten Zahlungsziels, Zahlung per Kreditkarte oder Verrechnungsscheck, Finanzierung über Kredite, (→) *Leasing* oder auch Ratenzahlung. Bei einer Ratenzahlung, die insbesondere bei hochwertigen Käufen Anwendung findet, werden beispielsweise 50 % des Kaufpreises bei Auftragseingang, 30 % nach Beendigung der Arbeit und 20 % per Rechnung mit einem bestimmten Zahlungsziel entrichtet. Bei Zahlung des vollen Kaufpreises wird meist von dem Verkäufer Skonto gewährt (→ *Konditionenpolitik*).

Zahlungsrisiken [s.a. Außenhandelsrisiken; Länderrisiken]
Im Außenhandel nehmen die Zahlungsrisiken, als eine Teilmenge der Außenhandelsrisiken und der Länderrisiken, eine besondere Rolle ein. Sie beziehen sich in erster Linie auf das außereuropäische Ausland, während Zahlungsrisiken im (→) *EU-* und (→) *EFTA*-Bereich weitgehend den allgemeinen Zahlungsrisiken im Inland entsprechen. Dies zeigt sich beispielsweise darin, dass eine staatliche (→) *Exportkreditversicherung* (→ *HERMES*) nicht für EU-Länder zu erhalten ist. Als Zahlungsrisiken sind u.a. hervorzuheben (vgl. Altmann, 1993, S. 727):

- das Kreditrisiko, worunter man den Ausfall oder den verspäteten Eingang der Zahlung versteht (Bonitätsrisiko oder Zahlungsrisiko i.e.S.)

- das Konvertierungs- und Transferrisiko (KT-Risiko)
- das Zahlungsverbot- und Moratoriumsrisiko (ZM-Risiko)

sowie

- die Risiken aus dokumentärer Zahlung (→ *Dokumentenakkreditive*).

Problematisch sind die Zahlungsrisiken insofern, als dass der Zugriff auf ausländische Schuldner auf Grund unterschiedlicher rechtlicher Vorschriften im Drittland nur schwierig möglich ist. Insofern haben bei den Zahlungsrisiken die das Risiko begrenzenden Maßnahmen eine hohe Bedeutung (→ *Zahlungssicherung*).

Zahlungssicherung

Die Zahlungssicherung dient dem Schutz von (→) *Außenhandelsrisiken*, insbesondere von (→) *Zahlungsrisiken*. Bedingt durch die räumliche Entfernung und die sehr unterschiedlichen Rahmenbedingungen in den jeweiligen Auslandsmärkten kommt im Rahmen der Zahlungssicherung der vertraglichen Vereinbarung der (→) *Zahlungsbedingungen* eine große Bedeutung zu, zumal ihre Qualität nicht unwesentlich die Höhe des Preises für die Warenlieferung bzw. für die Dienstleistung bestimmt.

Neben den vertraglichen Gestaltungsmöglichkeiten der Zahlungsbedingungen, so Voraus-, An- oder Abschlagszahlungen, sind als Instrumente der Zahlungssicherung hervorzuheben (vgl. Altmann, 1993, S. 729ff.):

- dokumentäre Zahlungsbedingungen wie (→) *Dokumentenakkreditive*
- Forderungsverkauf (→ *Factoring; Forfaitierung*)
- (→) *Garantien* und (→) *Bürgschaften*
- staatliche und private (→) *Exportkreditversicherungen* (→ *HERMES*)
- (→) *Kompensationsgeschäfte*.

Zahlungsverkehr

Ein freier Kapital- und Zahlungsverkehr ist das gemeinsame Merkmal des Außenhandels der (→ *EU*). Er betrifft die Gegenleistung, die im Rahmen des Waren- und Dienstleistungsaustauschs zu erbringen ist. Danach verpflichtet sich jeder Mitgliedstaat, in der Währung der Mitgliedstaaten, in denen die Gläubiger oder die Begünstigten ansässig sind, die Zahlung zu genehmigen, die sich auf den Waren-, Dienstleistungs- und Kapitalverkehr bezieht (vgl. Bundesanzeiger, 1997, S. 223ff.).

Die Beschränkung des internationalen Zahlungsverkehrs stellt einen unmittelbaren, dirigistischen staatlichen Eingriff zur Beeinflussung des Wirtschaftsverkehrs über die monetäre Seite dar. Zu den Beschränkungen des internationalen Zahlungsverkehrs zählen alle administrativen Bestimmungen und Maßnahmen eines Landes, die einen (genehmigungs-) freien An- und Verkauf von Fremdwährungen behindern. Es handelt sich um die Einschränkung der freien Konvertierbarkeit einer Währung in andere Währungen.

Maßnahmen zur Kontrolle des internationalen Zahlungsverkehrs sind:

- staatliche Kontrollen und Beschränkungen des An- und Verkaufs von Devisen bei internationalen Transaktionen
- Limitierung und Kontrolle von Rechtsgeschäften, für die ein An- und Verkauf von Devisen – der selbst nicht begrenzt ist – notwendig ist.

Die Beschränkungen des Zahlungsverkehrs erstrecken sich häufig nur auf bestimmte Teilbereiche des Außenwirtschaftsverkehrs, so auf Beschränkungen des internationalen Kapitalverkehrs oder auf Devisenbeschränkungen im internationalen Reiseverkehr. Auch können für Inländer und Ausländer unterschiedliche Beschränkungen des internationalen Zahlungsverkehrs gelten.

Zaibatsu

Zaibatsu (wörtlich: Finanzcliquen) waren im Vorkriegs-Japan wirtschaftliche Verbundgruppen, die in familieneigenen Holdinggesellschaften (»Honsha«) zusammengefasst waren. Zu diesen sehr einflussreichen Verbundgruppen, die i.d.R. von einem Familienrat gesteuert wurden, gehörten sowohl Industrie- und Großhandelsunternehmen unterschiedlicher Branchen als auch Finanzinstitute (vgl. Eli, 1988, S. 13ff.). Die bedeutendsten Zaibatsu waren Mitsui, Mitsubishi und Sumitomo. Nach dem zweiten Weltkrieg nahm die amerikanische Militärregierung eine Entflechtung der Zaibatsu-Konzerne auf der Basis des Anti-Monopoly-Act von 1947 vor. Die wichtigsten Gruppen arbeiten aber auch heute noch in Form der (→) *Keiretsu* zusammen.

Zeitwettbewerb → *Timing*

Zentralisation

Die Verteilung der Entscheidungskompetenz zwischen mehreren Gesellschaften/Einheiten in Unternehmen führt zu unterschiedlichen Graden der Zentralisation und Dezentralisation. Eine Organisation ist dabei um so stärker zentralisiert, je geringer die Zahl der am Entscheidungsprozess beteiligten Stellen und je eingeengter der Entscheidungsbereich der beteiligten Stellen ist. Diese Frage, die sich in besonderem Maße in internationalen Unternehmen stellt, tangiert direkt die internationalen (→) *Wettbewerbsstrategien*. So führt eine hohe Zentralisation der Entscheidungskompetenz zu einer hohen (→) *Koordination* im internationalen Unternehmensverbund. Die umgekehrte Aussage gilt jedoch nicht, denn eine hohe Koordination kann auch dezentral durchgeführt werden, so im Rahmen eines (→) *Netzwerkmodells*.

Es können sowohl für die Zentralisation als auch für die Dezentralisation Vorteile aufgeführt werden. Zentrale Entscheidungen bewirken oftmals eine bessere Allokation der Ressourcen, die Kompatibilität der Geschäftsbereichsziele und eine bessere Kooperation zwischen den Tochtergesellschaften untereinander und mit der Muttergesellschaft. Ungewollte Doppelarbeit bei Tochtergesellschaften kann vermieden werden und Zielkonflikte zwischen Muttergesellschaft und Tochtergesellschaften können einfacher gelöst werden (vgl. Perlitz, 2000, S. 502f.).

Es ergeben sich jedoch auch Gefahren aus der Zentralisation. Durch den so genannten »Kamineffekt« werden operative Tagesfragen bis zur Unternehmenszentrale gesogen, so dass diese überlastet wird. Übertriebene Einheitlichkeit und Standardisierung können weiterhin zu enge Restriktionen hervorrufen. Weiterhin bewirkt die entstehende operationsferne und nur noch bürokratische Motivation möglicherweise eine mangelnde Anpassungsfähigkeit der Operationen an ihre besonderen Bedingungen sowie den Verlust an Flexibilität und Innovationsfähigkeit.

Durch die Dezentralisation der Entscheidungsbefugnisse kann eine an den lokalen Verhältnissen orientierte Unternehmensstrategie in den verschiedenen Ländern entwickelt werden. So sind eine gezielte Produktstrategie, eine bessere lokale Allokation der Ressourcen und eine bessere Identifizierung der Marktchancen in dem betreffenden Land erreichbar. Zudem wird die Unternehmensspitze von operativer Überforderung befreit und kann sich auf die (→) *strategische Planung* konzentrieren, während in den Tochtergesellschaften wieder eine unternehmerische Motivation aufkommen kann (vgl. Bleicher, 1991, S. 223).

Die Grundfrage der Zentralisation oder Dezentralisation steht dabei in einem engen Zusammenhang mit der strategischen Ausrichtung eines Unternehmens im Sinne des (→) *EPRG-Konzepts*. Während ethnozentrisch operierende Unternehmen eine zentrale Entscheidungsgewalt im Heimatland haben, sind polyzentrische Unternehmen weitgehend dezentralisiert. Bei geozentrischen Unternehmen versucht man die optimale Kompromisslösung zwischen den beiden Extremen zu finden. Bestimmte Aspekte werden dezentral entschieden, gleichzeitig werden aber durch eine zentrale Steuerung Interdependenzen zwischen den einzelnen Tochtergesellschaften beachtet.

Zentralregulierung

Die Zentralregulierung (ZR) ist ein Abrechnungssystem, das sich auf den Zahlungsverkehr zwischen Lieferanten und Mitgliedern/Gesellschaftern von Einkaufsgemeinschaften (Kooperationsgruppen oder → *Verbundgruppen*) des Groß- und/oder Einzelhandels bezieht (vgl. Zentes, 2001, S. 5). »Sämtliche Forderungen, die Mitglieder aus Kaufverträgen schulden, werden von einer zentralen Stelle aus bearbeitet und zum Zeitpunkt der Skontofälligkeit in einer Summe an den jeweiligen Lieferanten bezahlt. Gleichzeitig erhalten die jeweiligen Mitglieder für die Vielzahl aller angeschlossenen Lieferanten die Abrechnung in einer Summe, aus einer Hand« (Olbort/Secker/Weimer, 1993, S. 53).

Nach Tietz (1993a, S. 854) ist bei zentralreguliertem Warengeschäft der Einkaufsverband oder ein von ihm beauftragtes Bankinstitut diese zentrale Regulierungsstelle (= Bezahlstelle). Be- und Zustellung der Waren erfolgen hingegen i.d.R. direkt zwischen Vertragslieferanten und Mitgliedern.

In den meisten Fällen ist die Zentralregulierung darüber hinaus mit der Übernahme des Delkredere durch die Verbundgruppe verknüpft (ZR+D-Geschäft), d.h. für die Erfüllung der Kaufpreisforderung durch die Mitglieder der Verbundgruppe übernimmt diese i.d.R. die selbstschuldnerische Bürgschaft, wofür sie wiederum als Entgelt eine Delkredereprovision erhält (vgl. Zentes, 2001, S. 5; Tietz, 1993a, S. 854).

Beim Zentralregulierungsgeschäft stehen sich nach Tietz (1993a, S. 854f.) folgende Vertragspartner gegenüber:

- die Mitglieder des Einkaufsverbandes, die von den Vertragslieferanten Ware beziehen
- die Vertragslieferanten, für die ein Einkaufsverband das Delkredere und die Zentralregulierung übernommen hat
- der Einkaufsverband oder eine von ihm beauftragte Bank als Träger der Zentralregulierung.

Die Zentralregulierung schafft in einer Verbundgruppe auch die informatorischen Voraussetzungen zum Aufbau eines marktorientierten und partnerbezogenen Früherkennungssystems. So lassen sich aus den Regulierungsdaten Umsatzstatistiken für die einzelnen Anschlusshäuser und für die Gruppe in ihrer Gesamtheit gewinnen. Das im Wege der Zentralregulierung ermittelte Zahlungsverhalten, z.B. Nichtausschöpfung von Skontofristen u.Ä., kann auf mögliche Liquiditätsprobleme der Partner hindeuten (vgl. Zentes, 1987, S. 79f.). Darüber hinaus lassen sich in einem ZR-Verbund beachtliche Potenziale zur Regulierung der Zahlungs- und Wertschöpfungsströme realisieren (vgl. Swoboda, 2001b, S. 135ff.).

Die Frage der generellen Abwicklung der Finanz- und Zahlungsströme in Allianzen wird sich auf Grund der Zunahme von horizontalen und vertikalen Strategischen Allianzen in allen Branchen und Sektoren auch zukünftig verstärkt stellen. Als Katalysator der künftigen Bedeutung der Zentralregulierung sind u.a. die Entwicklungen im Bereich des (→) *E-Commerce* zu sehen, die zu neuen virtuellen Allianzen (→ *Virtuelle Unternehmen*) zwischen Service-Providern, Herstellern, Logistik- und Finanzdienstleistern führen werden.

Zero-Base-Budgeting [s.a. Budgetierung]
Zero-Base-Budgeting (ZBB) – entwickelt zu Beginn der sechziger Jahre bei der Firma Texas Instruments – ist ein Analyse- und Planungsprozess im Rahmen der Gemeinkostenplanung und -kontrolle. Von jedem beteiligten Manager wird eine vollständige und detaillierte Rechtfertigung seines Budgets von Grund auf (»zero-base«) verlangt (vgl. Horváth, 1998, S. 262). Die »Beweislast«, warum überhaupt die einzelnen Kostenpositionen entstehen müssen, liegt bei den entsprechenden Managern selbst.

Zielsetzung des ZBB ist die Senkung der Gemeinkosten und deren Umverteilung im Sinne operativer und strategischer Ziele. Der Prozessablauf lässt sich in drei Phasen bzw. neun Stufen darstellen (vgl. Übersicht 144).

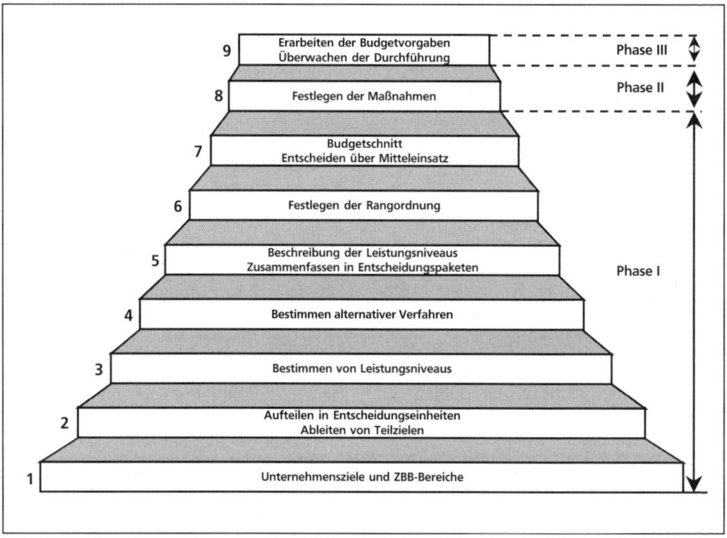

Quelle Horváth, 1998, S. 263.

Übersicht 144: Stufen und Phasen des Zero-Base-Budgeting

ZBB eignet sich sowohl für repetitive als auch für innovative Aufgaben innerhalb des Gemeinkostenbereiches. Durch den relativ hohen Zeitaufwand auf Grund der detaillierten Darstellung der einzelnen Entscheidungseinheiten ist es jedoch weniger auf kurzfristige als auf mittelfristige Kosteneinsparungen ausgerichtet. Im Gegensatz zur Gemeinkostenwertanalyse ist die Umverteilung der Gemeinkosten zur Verfolgung strategischer Ziele eine explizite Aufgabe des ZBB (vgl. Horváth, 1998, S. 267).

Zessionskredit
Der Zessionskredit ist i.d.R. ein kurzfristiger Bankkredit, dem als Sicherheit eine Forderungsabtretung (Zession) zu Grunde liegt: Ein Exporteur (Gläubiger) über-

trägt beispielsweise eine Forderung zur Sicherheit an eine Bank (Zessionär). Zessionskredite werden vornehmlich dann abgeschlossen, wenn weder Lager- oder Verladedokumente noch Wechsel als Kreditgrundlage zur Verfügung stehen, wenn sie einem Dokumentenvorschuss oder Wechseldiskont vorgeschaltet sind oder der Anschlussfinanzierung dienen, sowie bei grenzüberschreitenden Dienstleistungen (vgl. Deutsche Bank, 1998, S. 433f.).

Gegenstand eines Zessionskredits sind sämtliche Ansprüche des Exporteurs aus dem Lager- und Leistungsgeschäft einschließlich aller Nebenforderungen. Ein Zessionskredit kann einmalig erfolgen (Einzelzession) oder für eine Reihe von Forderungen (Rahmenzession). Die Kredithöhe richtet sich nach dem Wert der Leistung abzüglich einer Sicherheitsmarge von ca. 20 bis 40 % bzw. in Höhe der Selbstbeteiligungsquote. Der Zessionskredit ist mit dem (→) *Factoring* verwandt.

Zielgruppe

Die Zielgruppe umfasst einen Kreis von effektiven oder potenziellen Kunden, auf die die Marketingaktivitäten ausgerichtet werden. Das Zielgruppenkonzept, d.h. die Differenzierung der Kunden nach relevanten Merkmalen, ist die Grundlage der (→) *Marktsegmentierung*.

Die Ausrichtung an Zielgruppen ist auch eine Grundaufgabe der (→) *Mediaplanung*. Zur Vermeidung von Streuverlusten werden diejenigen (→) *Werbeträger* ausgewählt, die die angestrebten Kundenkreise am besten erreichen.

Sowohl für die Mediaplanung, als einem instrumentellen Teilbereich des Marketing, als auch für die Marktsegmentierung stellt sich das Problem der zeitlichen Stabilität der Zielgruppen bzw. das Problem der Zielgruppendynamik.

Zölle

Zölle sind staatliche Abgaben im grenzüberschreitenden Warenverkehr eines Landes oder einer Staatenorganisation, die Einnahmen für den Staatshaushalt erbringen (Fiskalzölle) und/oder die inländische Wirtschaft schützen sollen (Wirtschaftszoll). Nach der deutschen Abgabenordnung sind Zölle Leistungen ohne Gegenleistung und dienen explizit der Erzielung von Einnahmen. Bei Zöllen handelt es sich dabei nicht um ein Entgelt für eine Leistung der Verwaltung (Gebühr) oder für Warenbewegungen im Inland (Verbrauchssteuer). Zölle können bei der Einfuhr (Einfuhrzölle), Ausfuhr (Ausfuhrzölle) und Durchfuhr (Transitzölle) von Waren erhoben werden. Sie sind traditionelle politische Instrumente im Rahmen der Außenwirtschaftspolitik. Dazu gehören beispielweise Schutzzölle zur Protektion heimischer Industrien, Erziehungszölle zum Schutz sich entwickelnder Industriezweige bis zur Weltmarktfähigkeit, Finanzzölle zur Erzielung von Staatseinnahmen sowie (→) *Antidumpingzölle*. Wegen umfangreicher Abkommen der (→) *EU* mit Drittländern, die im Rahmen der (→) *Assoziierungsabkommen* und (→) *Präferenzabkommen* Zollfreiheit bzw. Zollermäßigungen vorsehen, hat die Bedeutung der Zölle als Instrument der Außenwirtschaftspolitik abgenommen (vgl. Deutsche Bank, 1998, S. 439; Schroth, 2001, S. 580f.).

Nach der Art des Zolls wird unterschieden zwischen:

- einem Wertzoll, der sich in einem bestimmten Prozentsatz des Warenwertes bemisst
- einem spezifischen Zoll, der sich auf quantifizierbare Mengenangaben (z.B. Gewicht, Volumen, Länge, Alkoholanteil, usw.) bezieht
- Gleitzölle, deren Höhe mit steigenden Einfuhrpreisen fallen und mit sinkenden Einfuhrpreisen steigen.

Zollpolitisch entfalten sie Schutzwirkungen gegen das Eindringen eines Überangebots von Waren und Erzeugnissen des Weltmarktes. Sie schöpfen die Differenz zwischen Weltmarktpreisen und dem Binnenpreis ab und halten den Binnenpreis konstant. Der gemeinsame Außenzolltarif der EU enthält keine Gleitzölle, da diese die internationale Arbeitsteilung negativ beeinflussen (vgl. Deutsche Bank, 1998, S. 439; Schroth, 2001, S. 580f.).

Spezifische Zölle sind im Deutschen Gebrauchszolltarif (DGebrZT), basierend auf dem Gemeinsamen Zolltarif (GZT) der EU, geregelt (→ *Zollrecht*) und belasten insbesondere billige Güter (Schutzeffekt gegen Billigwaren). Der Schutzeffekt des spezifischen Zolls nimmt bei steigenden Weltmarktpreisen ab.

Zollkodex [s.a. Zollrecht]

Der Zollkodex (ZK), der am 1.1.1994 in Kraft trat, repräsentiert seither die kodifizierte Fassung des Zollrechts der Europäischen Gemeinschaft. Mit seiner Einführung wurden eine Reihe gemeinschaftsrechtlicher und nationaler Vorschriften aufgehoben bzw. ersetzt (vgl. Schroth, 2001, S. 587).

Der Zollkodex hat darüber hinaus zahlreiche Änderungen des Zollrechts vorgenommen, die dieses kohärenter machen, vereinfachen und gewisse noch vorhandene Lücken schließen, um ein umfassendes gemeinschaftliches Regelwerk zu schaffen. Eine Lücke wurde aus der Sicht der Gemeinschaft vor allem bei der Überführung von Waren in den zollrechtlich freien Verkehr geschlossen, die gemeinschaftsrechtlich bislang nur in Richtlinien geregelt war (vgl. Olbrich, 1994, S. 1f.). So sind beispielsweise im Artikel 23 ZK die Ursprungswaren geregelt, die in Zusammenhang mit dem Ursprungslandprinzip von Bedeutung sind (→ *Bestimmungslandprinzip*).

Der Zollkodex regelt jedoch nicht alle Aspekte des grenzüberschreitenden Warenverkehrs. Bestimmte Überwachungs- und Schutzmaßnahmen, Mengenbeschränkungen, Verbote und Genehmigungsvorbehalte, die derzeit im (→) *Außenwirtschaftsgesetz*, in der (→) *Außenwirtschaftsverordnung* und in einigen Sondergesetzen geregelt sind, fallen nicht unter den Geltungsbereich des Zollkodex (vgl. Schroth, 2001, S. 588).

Zolllager [s.a. Freihäfen]

In Zolllagern werden Waren für den Zeitraum gelagert, bis sie in den freien Verkehr gelangen oder bis festgestellt wird, was mit der Ware geschehen soll; ob sie beispielsweise wieder ausgeführt wird oder nicht. »Als Zolllager gilt jeder von der Zollbehörde zugelassene und unter zollamtlicher Überwachung stehende Ort, an dem Waren unter den festgelegten Voraussetzungen gelagert werden können« (Artikel 98 Abs. 2 ZK) (→ *Zollkodex*). Falls Waren nur physisch eingeführt werden, jedoch nicht in den freien Verkehr gelangen, sondern weiterverkauft werden sollen, handelt es sich um (→) *Transithandel*.

Nach dem geltenden Zollkodex gibt es sechs Arten von Zolllagern, die in zwei Gruppen zusammengefasst werden (vgl. Artikel 99ff. ZK; Müller-Eiselt, 2000; Jahrmann, 1998, S. 116f.; Deutsche Bank, 1998, S. 435f.; Altamnn, 1993, S. 648f.):

- Öffentliche Zolllager sind Lager, die jedermann für die Lagerung von Waren zur Verfügung stehen. Es handelt sich dabei um geschlossene Zolllager, die entweder direkt unter Zollverschluss, d.h. nur die Zolldienststelle hat Zugang zum Lager, oder unter Zollmitverschluss, d.h. bei Einlagerung und Entnahme ist eine Mitwirkung der Zollverwaltung erforderlich, stehen. In Abhängigkeit der Verantwortlichkeit existieren Zolllager Typ A, B und F. Verantwortlich für das Zolllager F ist die Zollbehörde in Orten mit starkem Zollverkehr. Ein zolleigenes Lager wird dann errichtet, wenn ein allgemeines Interesse für die Lagerhaltung besteht und kein anderer Lagerhalter zu finden ist. Daneben gibt es öffentliche Zolllager, die durch private Lagerhalter (Typ A) verwaltet werden und für die entsprechenden Pflichten verantwortlich sind (z.B. eine Hafenverwaltung, ein Kommissionär oder eine Spedition). Beim Zolllager Typ B trägt der Einlagerer die Verantwortung als Zollverpflichteter. Typ A und B sind Lager unter Zollverschluss, welche die natürliche Verfügbarkeit über die Waren einschränkt.

– Private Zolllager stehen nur dem Lagerinhaber bzw. Lagerhalter zu eigenen Zwecken zur Verfügung, der Dritten die Einlagerung von Waren ermöglicht. Einlagerer und Lagerhalter als Genehmigungsinhaber sind identisch. Derartige Lagermöglichkeiten werden auch von Speditionen und Lagerhausgesellschaften angeboten. Private Zolllager werden zwischen den Typen C, D und E unterschieden. Lagertyp C sind Zollverschlusslager, bei der die Zollbehörden bei der Lagerabwicklung mitwirken. Dieser Typus ist relativ selten und kommt insbesondere für Güter in Betracht, die Verboten und Beschränkungen unterliegen. Beim Typ D handelt es sich um offene Zolllager, die nicht unter Zollmitverschluss der Zollbehörde stehen, aber an bestimmte Auflagen hinsichtlich der Lageraufzeichnung (Festlegung der Bemessungsgrundlage bei Einlagerung, Abgaberechnung bei Auslagerung) gebunden sind. Ein Beispiel für diese Lagerart sind Duty-Free-Shops. Lagertyp E ist ein fiktives Zolllager, welches in Zukunft an Bedeutung gewinnen wird. Die Lagerung der Ware erfolgt lediglich durch »buchungsmäßiges« Ein- und Auslagern ohne zwingend erforderliche physische Bewegung der Güter. Dadurch kann die Ware auch auf einem Transportmittel eingelagert werden. Die entsprechenden Aufzeichnungen ersetzen die physische Ein- und Umlagerung. Die Flexibilität in der Lagerdisposition besteht darin, dass z.B. ein deutscher Lagerhalter seine Ware dezentral in jedem anderen EU-Staat einlagern kann.

Die wirtschaftlichen Vorteile des Zolllagers bestehen hauptsächlich in der Befreiung von den Eingangsabgaben während der (zeitlich unbegrenzten) Lagerung, die Liquiditäts- und Zinsvorteile für die Unternehmen generieren. Darüber hinaus müssen die außenwirtschaftsrechtlichen Abfertigungsunterlagen (z.B. eine Einfuhrgenehmigung) noch nicht vorliegen. Nachteile von Zolllagern sind Kostenaspekte, die Notwendigkeit zur Beantragung und Bewilligung der Einlagerung sowie die Geltung außenwirtschaftlicher Einfuhrbeschränkungen.

Zolllager müssen von so genannten Freilagern abgegrenzt werden. Freilager sind nach dem (→) *Zollrecht* Freizonen, die den Umschlag und die Lagerung von Waren im Außenhandel erleichtern, so dass diese Aktivitäten möglichst wenig durch (Zoll-)Formalitäten behindert werden.

Zollrecht

Das Zollrecht ist neben dem (→) *Außenwirtschaftsrecht* das zweite Rechtsgebiet für den Außenhandel. Im Gegensatz zum Erstgenannten beruht das Zollrecht in Deutschland weitgehend auf dem EU-Gemeinschaftsrecht.

Das Gemeinschaftszollrecht (EG-Zollrecht) ist ein primäres Gemeinschaftsrecht, welches im EG-Vertrag – insbesondere im Titel I: Der freie Warenverkehr – geregelt ist. Die Zollformalitäten werden nach dem (→) *Einheitspapier* geregelt.

Gegenüber Drittländern existiert ein EG-einheitlicher gemeinsamer Außenzoll (Zolltarif). Im Hinblick auf das Zollrecht hat die Europäische Kommission mit der Verordnung (EWG) Nr. 2913/92 vom 12.7.1993 und den Durchführungsvorschriften des Rates zu dieser Verordnung einen (→) *Zollkodex* (ZK) der Gemeinschaft verabschiedet. »Dieser Zollkodex und die auf gemeinschaftlicher und einzelstaatlicher Ebene dazu erlassenen Durchführungsvorschriften stellen das Zollrecht dar« (Artikel 1 ZK). Da der Zollkodex bestimmte Aspekte ausklammert, ist weiterhin nationales Zollrecht erforderlich. In Deutschland sind hier hervorzuheben (vgl. Müller-Eiselt, 2000, S. 1000-Iff.):

- Abgabenverordnung (AO)
- Umsatzsteuergesetz (UstG)
- Zollverwaltungsgesetz (ZollVG)
- Zollverordnung (ZollV).

Geltungsbereich des Zollrechts ist grundsätzlich die Gesamtheit der nationalen Hoheitsgebiete, einschließlich der (→) *Freihäfen*.

Zollunion → *Integrationsabkommen; Kooperations- und Integrationsformen*

Zollverfahren

Obwohl der Warenverkehr innerhalb der (→) *EU* seit der Realisierung des Binnenmarktes vereinfacht wurde, bedeutet es nicht, dass er frei von Formalitäten ist. Die weitestgehende Freiheit von Formalitäten an den Binnengrenzen geht einher mit einer Verlagerung der Abfertigungsformalitäten auf Binnenzollstellen bzw. Unternehmen.

Unter Zollverfahren werden vereinfachte Formalitäten zur Regelung des Warenverkehrs innerhalb der Gemeinschaft, aber auch bezüglich des Verkehrs mit Drittländern verstanden, bei dem ebenfalls Vereinfachungen vorgenommen wurden (besondere Verkehre). »Alle Waren, die in ein Zollverfahren überführt werden sollen, sind zu den betreffenden Verfahren anzumelden« (Artikel 59 Abs. 1 ZK) (→ *Zollkodex*). Diese Anmeldung ist an bestimmte persönliche, wirtschaftliche und organisatorische Voraussetzungen geknüpft (Artikel 62ff.). Nach Artikel 4 Nr. 17 ist eine Zollanmeldung die Handlung, mit der eine Person in der vorgeschriebenen Form nach den vorgeschriebenen Bestimmungen die Absicht bekundet, eine Ware in ein bestimmtes Zollverfahren überführen zu lassen. Zu den Zollverfahren (Normales Verfahren, Artikel 62ff., und Vereinfachtes Verfahren, Artikel 76ff.) zählen (vgl. Schroth, 2001, S. 590f.; Müller-Eiselt, 2000):

- Überführung in den zollrechtlich freien Verkehr (Artikel 79ff.)
- Externes Versandverfahren (Artikel 91ff.)
- Zolllagerverfahren (Artikel 98ff.)
- Aktive (→) *Veredelung* (Artikel 114ff.)
- Umwandlungsverfahren unter zollamtlicher Überwachung (Artikel 130ff.)
- Vorübergehende Verwendung (Artikel 137ff.)
- Passive (→) *Veredelung* (Artikel 145ff.)
- Ausfuhrverfahren (Artikel 161ff.)
- Internes Versandverfahren (Artikel 163ff.).

Die größte Bedeutung kommt dabei der Warenbeförderung in Versandverfahren zu. Hier vergleicht eine Abgangszollstelle beim Versender die Waren mit den Begleitdokumenten und verplombt z.B. den als Transportmittel verwendeten LKW, während die Bestimmungszollstelle beim Empfänger prüft, ob die Plombe unversehrt und dies durch einen Versandschein bestätigt ist. Dieser wird als Rückschein an die Abgangszollstelle geschickt. Eine Kontrolle bei den Grenzübertritten erfolgt nicht. Mit dem Versandverfahren wird sichergestellt, dass Waren unverändert zwischen zwei

Orten innerhalb eines Zollgebietes befördert werden können.

Besonderheiten bestehen allerdings in Abhängigkeit davon, ob Waren innerhalb der (→) *EU* versandt werden (gemeinschaftliches Versandverfahren), oder ob der Versand zwischen EU- und EFTA-Ländern erfolgt (gemeinsames Versandverfahren). Im Rahmen des gemeinsamen Versandverfahrens wird seit dem 1. Januar 1988 die zollamtliche Überwachung der Warenbeförderung zwischen den Mitgliedstaaten der (→) *EU* und den Ländern der (→) *EFTA* bzw. zwischen den EFTA-Ländern durchgeführt, damit eine Erfassung der Warenbeförderung im gesamten westeuropäischen Raum möglich ist. An der Inkraftsetzung des (→) *Zollkodex* zum 1. Januar 1994 hat sich daran nichts geändert. Die bisherigen Vorschriften sind in den Zollkodex eingearbeitet worden.

Beim Versandverfahren wird eine Unterscheidung in Bezug auf den Versand von Nichtgemeinschaftswaren (externes Versandverfahren T1) und von Gemeinschaftswaren (internes Versandverfahren T2) getroffen. Als maßgebliches Dokument des externen Versandverfahrens gilt das Einheitspapier der EU, das zum Versandschein (T1) von der Abgangszollstelle ausgefertigt wird. Die Zollanmeldung erfolgt bei der Bestimmungszollstelle im Land des Importeurs. Das interne Versandverfahren (T2) ist bei Transporten innerhalb der EU entfallen und gilt nur noch bei Transporten in oder über die EFTA-Länder (vgl. Schroth, 2001, S. 538f.).

Für den Warenverkehr mit Staaten außerhalb des (→) *EWR* greifen andere Regelungen, so internationale Abkommen bzw. Zollverkehre (→ *Carnet*).

Bei der vorübergehenden (Zollgut- und Freigut-)Verwendung liegt die Besonderheit vor, dass sie keine zollamtliche Vorabfertigung voraussetzt, d.h. die Antragstellung erfolgt ad hoc z.B. am Grenzzollamt und wird sofort entschieden. Bei der Umwandlung werden Waren endgültig eingeführt, jedoch vor der Überführung in den freien Verkehr so be- oder verarbeitet, dass sie einer geringen bzw. keiner Abgabenbelastung unterliegen (vgl. Altmann, 1993, S. 664f.).

Zufallsauswahl → *Stichprobenverfahren*

Zufallsfehler → *Erhebungsfehler*

Zuständigkeitsverordnungen → *Außenwirtschaftsrecht*

Zweigniederlassungen → *Auslandsniederlassungen*

Zweitplatzierungen → *Verkaufsförderung*

Verzeichnis der Abkürzungen

BFuP	Betriebswirtschaftliche Forschung und Praxis
CJWB	Columbia Journal of World Business
DBW	Die Betriebswirtschaft
EJM	European Journal of Marketing
HBR	Harvard Business Review
HM	Harvard Manager
HdM	Handbuch der Marktforschung
HdW	Handbuch der Werbung
HIU	Handbuch der Internationalen Unternehmenstätigkeit
HWA	Handwörterbuch der Absatzwirtschaft
HWB	Handwörterbuch der Betriebswirtschaft
HWBF	Handwörterbuch des Bank- und Finanzwesens
HWFü	Handwörterbuch der Führung
HWInt	Handwörterbuch Export und Internationale Unternehmung
HWM	Handwörterbuch des Marketing
HWO	Handwörterbuch der Organisation
HWR	Handwörterbuch des Rechnungswesens
HWUC	Handwörterbuch Unternehmensrechnung und Controlling
IJRM	International Journal of Research in Marketing
IMM	Industrial Marketing Management
JAR	Journal of Advertising Research
JIBS	Journal of International Business Studies
JMR	Journal of Marketing Research
JoM	Journal of Marketing
Marketing – ZFP	Marketing – Zeitschrift für Forschung und Praxis
mir	Management International Review
MS	Management Science
OR	Operations Research
SMJ	Strategic Management Journal
SMR	Sloan Management Review
W & P	Werbeforschung und Praxis
WiSt	Wirtschaftswissenschaftliches Studium
WISU	Das Wirtschaftsstudium
ZfB	Zeitschrift für Betriebswirtschaft
ZfbF	Zeitschrift für betriebswirtschaftliche Forschung

Verzeichnis der Bücher und Aufsätze

Aaker, D.A. (1992): Management des Markenwertes, Frankfurt/Main 1992

Aaker, D.A. (1998): Strategic Marketing Management, 5. Aufl., New York u.a. 1998

Adler, N.J. (1983): A Typology of Management Studies Involving Culture, in: JIBS, 14. Jg., 1983, Nr. 3, S. 29-49

Adolff, P. (1989): Risk Management, in: Macharzina, K./Welge, M.K. (Hrsg.): HWInt, Stuttgart 1989, Sp. 1854-1865

Ahlert, D. (1996): Distributionspolitik, 3. Aufl., Stuttgart – Jena 1996

Ahlert, D./Schlüter, H./Vogel, S. (1999): Shop in ... -Konzepte als Diversifikationsalternativen im Konsumgüterhandel, in: Tomczak, T. u.a. (Hrsg.): Alternative Vertriebswege, St. Gallen 1999, S. 135-150

aid (Hrsg.) (1997): Agrarmarktordnungen in der Europäischen Union und Agrarmärkte in Deutschland, Bonn 1997

Albers, S. (Hrsg.) (2001): Marketing mit interaktiven Medien, Frankfurt/Main 2001

Alemann, H. v. (1984): Der Forschungsprozeß, 2. Aufl., Stuttgart 1984

Althans, J. (1989): Internationale Marktsegmentierung, in: Macharzina, K./Welge, M.K. (Hrsg.): HWInt, Stuttgart 1989, Sp. 1469-1477

Altmann, J. (1993): Außenwirtschaft für Unternehmen, Stuttgart – Jena 1993

Altobelli, C.F. (1995): Wertkette, in: Tietz, B./Köhler, R./Zentes, J. (Hrsg.): HWM, 2. Aufl., Stuttgart 1995, Sp. 2709-2716

Amelung, T. (1989): Wirtschaftsgemeinschaften, in: Macharzina, K./Welge, M.K. (Hrsg.): HWInt, Stuttgart 1989, Sp. 2285-2293

Anderson, E. u.a. (2001): Marketing Channels, 6. Aufl., New York u.a. 2001

Andrecs, R./Huter, C. (1996): Abkommen der Europäischen Union mit Drittstaaten – Ein Überblick, Wirtschaftskammer Österreich, Wien 1996

Androsch, H./Plank, T. (1989): Internationaler Konsortialkredit, in: Macharzina, K./Welge, M.K. (Hrsg.): HWInt, Stuttgart 1989, Sp. 1134-1143

Ansoff, I.H. (1957): Strategies for Diversification, in: HBR, 35. Jg., 1957, Nr. 5, S. 113-124

Ansoff, I.H. (1979): Strategic Management, London 1979

Ante, B. (1974): Marketing in der Investitionsgüterindustrie, in: Marketing Enzyklopädie, 2. Bd., München 1974, S. 437-452

Ante, B. (1979): Marktanalyse und -prognose, in: Rationalisierungs-Kuratorium der Deutschen Wirtschaft e.V. (RKW) (Hrsg.): Leitlinien für eine marktorientierte Unternehmensführung, Frankfurt/Main 1979, S. 13-46

Arend-Fuchs, C. (1996): Betriebstypenakzeptanz und Warengruppenakzeptanz als Grundlage zur Profilierung der Einkaufsstätten, Frankfurt/Main 1996

Arnold, U. (1990): »Global Sourcing» – Ein Konzept zur Neuorientierung des Supply Management von Unternehmen, in: Welge, M.K (Hrsg.): Globales Management, Stuttgart 1990, S. 49-71

Arnold, U. (1992): Probleme der Beschaffung und Materialwirtschaft bei eigener Auslandsproduktion, in: Kumar, B.N./Haussmann, H. (Hrsg.): HIU, München 1992, S. 637-655
Arnold, U. (1997): Beschaffungsmanagement, 2. Aufl., Stuttgart 1997
Árpád, T. (1989): Forschung und Entwicklung im strategischen Management, Berlin u.a. 1989
Atteslander, P. (1975): Methoden der empirischen Sozialforschung, 4. Aufl., Berlin u.a. 1975
Atteslander, P. (2000): Methoden der empirischen Sozialforschung, 9. Aufl., Berlin u.a. 2000
Ausschuß für Begriffsdefinitionen aus der Handels- und Absatzwirtschaft (1995): Katalog E – Begriffsdefinitionen aus der Handels- und Absatzwirtschaft, 4. Ausgabe, Köln 1995
Backhaus, K. (1977): Bestimmungsfaktoren der Lieferantenauswahl als Basis einer Marktsegmentierung im internationalen Anlagengeschäft, in: ZfbF, 37. Jg., 1997, Sonderheft 7, S. 57-72
Backhaus, K. (1989): Internationale Projektfinanzierung, in: Macharzina, K./Welge, M.K. (Hrsg.): HWInt, Stuttgart 1989, Sp. 1728-1736
Backhaus, K. (1999): Industriegütermarketing, 6. Aufl., München 1999
Backhaus, K. u.a. (1983): Die Stimmfrequenz, in: Marketing – ZFP, 5. Jg., 1983, S. 113-121
Backhaus, K. u.a. (2000): Multivariate Analysemethoden, 9. Aufl., Berlin u.a. 2000
Backhaus, K./Büschken, J./Voeth, M. (2000): Internationales Marketing, 3. Aufl., Stuttgart 2000
Bales, R.F. (1975): Die Interaktionsanalyse: ein Beobachtungsverfahren zur Untersuchung kleiner Gruppen, in: König, R. (Hrsg.): Beobachtung und Experiment in der Sozialforschung, 8. Aufl., Köln – Berlin 1975, S. 148-167
Bamberger, I./Evers, M. (1994): Internationalisierungsverhalten von Klein- und Mittelunternehmen – Empirische Ergebnisse, in: Engelhard, J./Rehkugler, H. (Hrsg.): Strategien für nationale und internationale Märkte, Wiesbaden 1994, S. 249-283
Bangemann, M. (1992): Der Europäische Binnenmarkt: Rechtlicher Rahmen und Marktpotential für die Tätigkeit deutscher Unternehmen, in: Kumar, B.N./Haussmann, H. (Hrsg.): HIU, München 1992, S. 99-120
Barg, C.D. (1982): Die Tests in der Werbung, in: Tietz, B. (Hrsg.): Die Werbung, 1. Bd., Landsberg/Lech 1982, S. 925-955
Baron, M. (1999): Das neue Kartellgesetz, Köln 1999
Barth, K. (1999): Betriebswirtschaftslehre des Handels, 4. Aufl., Wiesbaden 1999
Bartlett, C.A. (1989): Aufbau und Management der transnationalen Unternehmung: Die neue organisatorische Herausforderung, in: Porter, M.E. (Hrsg.): Globaler Wettbewerb, Wiesbaden 1989, S. 425-464
Bartlett, C.A./Ghoshal, S. (1990): Managing Innovation in the National Corporation, in: Bartlett, C.A. u.a. (Hrsg.): Managing the Global Firm, London – New York 1990, S. 215-255
Bartling, H. (1980): Leitbilder der Wettbewerbspolitik, München 1980
Bauer, E. (1995a): Internationale Marktforschung, Wien – Oldenburg 1995
Bauer, H.H. (1995b): Kaufkraft und Kaufkraftkennziffern, in: Tietz, B./Köhler, R./Zentes, J. (Hrsg.): HWM, 2. Aufl., Stuttgart 1995, Sp. 1115-1125
Bauer, H.H. (1995c): Marketing-Planung und -Kontrolle, in: Tietz, B./Köhler, R./Zentes, J. (Hrsg.): HWM, 2. Aufl., Stuttgart 1995, Sp. 1653-1667

Baum, H.-G./Coenenberg, A.G./Günther, T. (1999): Strategisches Controlling, 2. Aufl., Stuttgart 1999

Baumann, P./Meißner, D. (1999): Technologietransfer und Unternehmensgründung, in: Sabisch, H. (Hrsg.): Management technologieorientierter Unternehmensgründungen, Stuttgart 1999, S. 161-173

Baumgarten, R. (1977): Führungsstile und Führungstechniken, Berlin u.a. 1977

Baumgarth, C. (1998): Ingredient Branding – Begriff, State of the Art & Empirische Ergebnisse, Arbeitspapier des Lehrstuhls für Marketing der Universität-GH-Siegen, Siegen 1998

Bea, F.X./Göbel, E. (1999): Organisation, Stuttgart 1999

Bebié, A. (1978): Käuferverhalten und Marketing-Entscheidung, Wiesbaden 1978

Becker, J. (1994): Typen von Markenstrategien, in: Bruhn, M. (Hrsg.): Handbuch Markenartikel, Stuttgart 1994, 1. Bd., S. 462-498

Becker, J. (1996): Vom Massenmarketing über das Segmentmarketing zum Kundenindividuellen Marketing (Customized Marketing), in: Tomczak, T./Belz, C. (Hrsg.): Kundennähe realisieren, 2. Aufl., St. Gallen 1996, S. 16-30

Becker, J. (1998): Marketing-Konzeption: Grundlagen des strategischen und operativen Marketing-Managements, 6. Aufl., München 1998

Becker, J. (2001): Strategisches Vertriebscontrolling, 2. Aufl., München 2001

Bedacht, F. (1995): Global Sourcing. Analyse und Konzeption der internationalen Beschaffung, Wiesbaden 1995

Behrens, G. (1976): Werbewirkungsanalyse, Opladen 1976

Behrens, G. (1991): Werbepsychologie, 3. Aufl., München 1991

Behrens, G. (1996): Werbung, München 1996

Behrens, K.Ch. (1966): Demoskopische Marktforschung, 2. Aufl., Wiesbaden 1966

Beike, P./Christmann, G. (1974): Marktforschungspraxis, Gernsbach 1974

Beise, M./Oppermann, T./Sander G.G. (1998): Grauzonen im Welthandel, Baden-Baden 1998

Bekmeier-Feuerhahn, S. (1998): Marktorientierte Markenbewertung, Wiesbaden 1998

Belz, Ch./Mühlmeyer, J. (Hrsg.) (2000): Internationales Preismanagement, Wien u.a. 2000

Berekoven, L. (1985): Internationales Marketing, 2. Aufl., Herne – Berlin 1985

Berekoven, L. (1995): Erfolgreiches Einzelhandelsmarketing, 2. Aufl., München 1995

Berekoven, L./Eckert, W./Ellenrieder, P. (2001): Marktforschung, 9. Aufl., Wiesbaden 2001

Berelson, B. (1952): Content Analysis in Communication Research, Glencoe, Illinois, 1952

Bergener, D. (1989): International Political Affairs, in: Macharzina K./Welge, M.K. (Hrsg.): HWInt, Stuttgart 1989, Sp. 884-891

BERI (2001): Country Risk Forecasts for International Lenders, Genf 2001

Berndt, R./Fantapié Altobelli, C./Sander, M. (1997): Internationale Marketing-Politik, Berlin u.a. 1997

Berndt, R./Fantapié Altobelli, C./Sander, M. (1999): Internationales Marketing-Management, Berlin u.a. 1999

Bieg, H. (1995): Absatzfinanzierung, in: Tietz, B./Köhler, R./Zentes, J. (Hrsg.): HWM, 2. Aufl., Stuttgart 1995, Sp. 1-12

Biervert, B./Monse, K./Rock, R. (1984): Organisierte Verbraucherpolitik: Zwischen Ökonomisierung und Bedürfnisorientierung, Frankfurt/Main 1984

Birkigt, K./Funck, H.J./Stadler, M. (2000): Corporate Identity – Grundlagen, Funktionen, Fallbeispiele, 10. Aufl., Landsberg/Lech 2000

Bleicher, K. (1991): Das Konzept Integriertes Management, Frankfurt/Main 1991
Bleicker, U. (1983): Produktbeurteilung der Konsumenten, Würzburg – Wien 1983
Bleymüller, J./Gehlert, G./Gülicher, H. (2001): Statistik für Wirtschaftswissenschaftler, 12. Aufl., München 2001
Bliemel, F./Fassott, G./Theobald, A. (2000): Einleitung – Das Phänomen Electronic Commerce, in: Bliemel, F./Fassott, G./Theobald, A. (Hrsg.): Electronic Commerce, 3. Aufl., Wiesbaden 2000, S. 1-8
Böcker, F. (1996): Marketing, 6. Aufl., Stuttgart 1996
Bodin, M. (1997): Wachstumsimpulse durch den Euro, in: Sparkasse, 114. Jg., 1997, Nr. 1, S. 20-24
Boehmer, A. v. (1995): Internationalisierung industrieller Forschung und Entwicklung, Wiesbaden 1995
Böhler, H. (1995): Käufertypologien, in: Tietz, B./Köhler, R./Zentes, J. (Hrsg.): HWM, 2. Aufl., Stuttgart 1995, Sp. 1091-1104
Booms, B.H./Bitner, M.J. (1981): Marketing Strategies and Organization Structure for Service Firms, in: Donnelly, J./George, W.R. (Hrsg.): Marketing of Services, Chicago 1981, S. 51-69
Bradley, F. (1999): International Marketing Strategy, 3. Aufl., New Jersey 1999
Brandstetter, G. (1996): Chronologisches Lexikon der Europäischen Integration, Baden-Baden 1996
Bredow, J./Seiffert, B. (2000): INCOTERMS 2000 – ein Kommentar, Bonn 2000
Brockhoff, K. (1999a): Forschung und Entwicklung. Planung und Kontrolle, 5. Aufl., München – Wien 1999
Brockhoff, K. (1999b): Produktpolitik, 4. Aufl., Stuttgart u.a. 1999
Bruch, H. (1998): Outsourcing – Konzepte und Strategien, Chancen und Risiken, Wiesbaden 1998
Bruhn, M. (1992): Werbung und Kommunikation für internationale Märkte, in: Kumar, B.N./Haussmann, H. (Hrsg.): HIU, München 1992, S. 703-734
Bruhn, M. (1997a): Bedeutung der Handelsmarke im Markenwettbewerb – Eine Einführung in den Sammelband, in: Bruhn, M. (Hrsg.): Handelsmarken, 2. Aufl., Stuttgart 1997, S. 3-47
Bruhn, M. (1997b): Kommunikationspolitik, München 1997
Bruhn, M. (1999): Kundenorientierung, München 1999
Bruhn, M./Boenigk, M. (1999): Integrierte Kommunikation, Wiesbaden 1999
Bruhn, M./Homburg, Ch. (Hrsg.) (1998): Handbuch Kundenbindungsmanagement, Stuttgart 1998
Buchal, D. (1994): Kreditkartengeschäft, in: Gerke, W./Steiner, M. (Hrsg.): HWBF, 2. Aufl., Stuttgart 1994, Sp. 1272-1282
Buckley, P./Casson, M. (1976): The Future of the Multinational Enterprise, London – Basingstoke 1976
Buddeberg, H. (1959): Betriebslehre des Binnenhandels, Wiesbaden 1959
Bühner, R. (1990): Unternehmenszusammenschlüsse, Stuttgart 1990
Bundesanzeiger (1997): EU- und EG-Vertrag – Konsolidierte Fassung im Rahmen des Vertrages von Amsterdam, Baden-Baden 1997
Burgmann, I. (1998): Die Versicherung von Transport- und Kreditrisiken im Auslandsgeschäft, in: Schoppe, S.G. (Hrsg.): Kompendium der Internationalen Betriebswirtschaftslehre, 4. Aufl., München – Wien 1998, S. 659-674

Büschgen, H.-E. (1989): Internationale Kreditwirtschaft, in: Macharzina, K./Welge, M.K. (Hrsg.): HWInt, Stuttgart 1989, Sp. 1209-1220

Büschgen, H.-E. (1997): Internationales Finanzmanagement, 3. Aufl., Frankfurt/Main 1997

Busse, R. (1994): Die besondere Problematik der Produkt- und Markenpiraterie, in: Bruhn, M. (Hrsg.): Handbuch Markenartikel, 3. Bd., Stuttgart 1994, S. 1881-1906

Byrne, J.A./Brandt, R./Port, O. (1993): The Virtual Corporation, in: Business Week, 8.2.1993, S. 36-41

Cavusgil, S.T./Nevin, J.R. (1981): Internal Determinants of Export Marketing Behavior, in: JMR, 18. Jg., 1981, Nr. 1, S. 114-119

Chandler, A.D. (1962): Strategy and Structure. Chapters in the History of Industrial Enterprise, Cambridge u.a. 1962

Churchill, G.A. (1976): Marketing Research: Methodological Foundations, Hinsdale, Illinois, 1976

Clapham, R. (1981): Das wettbewerbspolitische Konzept der Wettbewerbsfreiheit, in: Cox, H./Jens, U./Markert, K. (Hrsg.): Handbuch des Wettbewerbs, München 1981, S. 129-148

Colemann, J.S./Katz, E./Menzel, H. (1972): Die Ausbreitung einer Innovation unter Ärzten, in: Kroeber-Riel, W. (Hrsg.): Marketingtheorie – Verhaltensorientierte Erklärungen von Marktreaktionen, Köln 1972, S. 122-140

Cox, W.E. (1979): Industrial Marketing Research, New York u.a. 1979

Cundiff, E.W./Hilger, M.T. (1988): Marketing in the International Environment, 2. Aufl., Englewood Cliffs 1988

Cwik, M. (1991): Binnenmarkt 1992: Währung und Finanzen, in: Grindlmayer, M. u.a. (Hrsg.): Wege zum EG-Binnenmarkt 1992, Bonn 1991, S. 145-179

Dahrendorf, R. (1977): Homo Sociologicus, 15. Aufl., Opladen 1977

Daudel, S./Vialle, G. (1992): Yield-Management, Frankfurt/Main u.a. 1992

Dawson, L.M. (1969): The Human Concept: New Philosophy for Business, in: Business Horizonts, o.Jg., 1969, S. 29-38

Deal, T.E./Kennedy, A.A. (1982): Corporate Cultures. The Rites and Rituals of Corporate Life, Reading, Mass., 1982

Decker, F. (1974): Dienstleistungsbetriebe, in: Grochla, E./Wittmann, W. (Hrsg.): HWB, Stuttgart 1974, Sp. 1164-1175

Deutsche Bank (Hrsg.) (1998): Außenwirtschaftsalphabet, 7. Aufl., Frankfurt/Main 1998

Deutscher Franchise-Verband e.V. (Hrsg.) (1999): Jahrbuch Franchising 1999/2000, Frankfurt/Main 1999

Dichtl, E. (1979): Grundzüge der Binnenhandelspolitik, Stuttgart – New York 1979

Dichtl, E. (Hrsg.) (1996): Kundenzufriedenheit: Erreichbar und bezahlbar?, Ergebnisse 2. CPC TrendForum, Mainz 1996

Dichtl, E./Müller, S. (1992): Merkmale erfolgreicher Exporteure, in: Kumar, N./Haussmann, H. (Hrsg.): HIU, München 1992, S. 429-446

Dichtl, E./Schobert, R. (1979): Mehrdimensionale Skalierung, München 1979

Dieckheuer, G. (1998): Internationale Wirtschaftsbeziehungen, 4. Aufl., München – Wien 1998

Diez, W. (1999): Die Zukunft des Automobilservice, Bonn 1999

Diller, H. (1989): Preispolitik, in: Macharzina, K./Welge, M.K. (Hrsg.): HWInt, Stuttgart 1989, Sp. 1682-1693

Diller, H. (1992a): Beschaffungsmanagement, in: Diller, H. (Hrsg.): Vahlens Großes Marketinglexikon, München 1992, S. 115-117

Diller, H. (1992b): Event-Marketing, in: Diller, H. (Hrsg.): Vahlens Großes Marketinglexikon, München 1992, S. 289

Diller, H. (1992c): Euro-Key-Account-Management, in: Marketing – ZFP, 14. Jg., 1992, Nr. 4, S. 239-245

Diller, H. (1996): Kundenbindung als Marketingziel, in: Marketing – ZFP, 18. Jg., 1996, Nr. 2, S. 81-94

Diller, H. (2000): Preispolitik, 3. Aufl., Stuttgart u.a. 2000

DIN Deutsches Institut für Normung e.V. (2000): Gesamtwirtschaftlicher Nutzen der Normung, Berlin u.a. 2000

Doz, Y.L. (1996): The Evolution of Cooperation in Strategic Alliances: Initial Conditions or Learning Processes?, in: SMJ, 17. Jg., 1996, Special Issue, S. 55-83

Droege, W.P.J. (1989): Marketing-Audit. Darstellung einer Methodik zur Identifizierung von Erfolgsfaktoren und Beseitigung von Engpaßfaktoren im Marketing, in: Raffée, H./Wiedmann, K.P. (Hrsg.): Strategisches Marketing, 2. Aufl., Stuttgart 1989, S. 169-184

Drumm, H.J. (1989): Transferpreise, in: Macharzina, K./Welge, M.K. (Hrsg.): HWInt, Stuttgart 1989, Sp. 2077-2085

Dülfer, E. (1985): Die Auswirkungen der Internationalisierung auf Führung und Organisationsstruktur mittelständischer Unternehmen, in: BFuP, 37. Jg., 1985, S. 493-514

Dülfer, E. (1997): Internationales Management in unterschiedlichen Kulturbereichen, 5. Aufl., München 1997

Dülfer, E. (Hrsg.) (1982): Projektmanagement – International, Stuttgart 1982

Dülfer, E. (Hrsg.) (1983): Personelle Aspekte im Internationalen Management, Berlin u.a. 1983

ECR Europe (Hrsg.) (1996): Efficient Replenishment and EDI – Efficient Replenishment Techniques, London 1996

Eilenberger, G. (1987): Finanzierungsentscheidungen multinationaler Unternehmungen, 2. Aufl., Heidelberg 1987

Eiteman, D. (1989): Financial Sourcing, in: Macharzina, K./Welge, M.K. (Hrsg.): HWInt, Stuttgart 1989, Sp. 602-621

Eli, M. (1988): Japans Wirtschaft im Griff der Konglomerate, Frankfurt/Main 1988

Emmanuel, C.R. (1999): International Transfer Pricing and Countervailing Fiscal Rules, in: Engelhard, J./Oechsler, W.A. (Hrsg.): Internationales Management, Wiesbaden 1999, S. 415-433

Emmerich, V. (2001): Kartellrecht, 9. Aufl., München 2001

Enge, H.J. (1996): Transportversicherung, 3. Aufl., Wiesbaden 1996

Engel, A./Reichert, T. (1999): Von Subsistenz zur WTO-Reform, Hamburg 1999

Engeleiter, H.-J. (1981): Preisgrenzen in Beschaffung und Absatz, in: Kosiol, E./Chmielewicz, K./Schweitzer, M. (Hrsg.): HWR, 2. Aufl., Stuttgart 1981, Sp. 1368-1374

Engelhard, J. (1992): Bewertung von Länderrisiken bei Auslandsinvestitionen: Möglichkeiten, Ansätze und Grenzen, in: Kumar, B.N./Haussmann, H. (Hrsg.): HIU, München 1992, S. 367-383

Engelhard, J. (1999): Virtualisierung der internationalen Unternehmenstätigkeit, in: Engelhard, J./Oechsler, W.A. (Hrsg.): Internationales Management, Wiesbaden 1999, S. 317-342

Engelhardt, W.H./Günter, B. (1981): Investitionsgüter-Marketing, Stuttgart u.a. 1981

Erichson, B. (1981): TESI: Ein Test- und Prognoseverfahren für neue Produkte, in: Marketing – ZFP, 3. Jg., 1981, S. 201-207

Esch, F.-R. (1995): Expertensysteme, in: Tietz, B./Köhler, R./Zentes, J. (Hrsg.): HWM, 2. Aufl., Stuttgart 1995, Sp. 654-666
Esch, F.-R. (1999): Wirkung integrierter Kommunikation, 2. Aufl., Wiesbaden 1999
Esch, F.-R. (Hrsg.) (2000): Moderne Markenführung, 2. Aufl., Wiesbaden 2000
Esser, H. (1974): Der Befragte, in: Koolwijk, J. v./Wieken-Mayser, M. (Hrsg.): Techniken der empirischen Sozialforschung, 4. Bd., Erhebungsmethoden: Die Befragung, München – Wien 1974, S. 107-146
Europäische Gemeinschaft (Hrsg.) (1996): Der Binnenmarkt, Luxemburg 1996
Europäische Gemeinschaft (Hrsg.) (1999): Dritter Jahresbericht über den Stand des Schutzes natürlicher Personen bei der Verarbeitung personenbezogener Daten und des Schutzes der Privatsphäre in der Gemeinschaft und in Drittländern, Brüssel 1999
Europäische Kommission (2000a): Steuerpolitik in der Europäischen Union, Luxemburg 2000
Europäische Kommission (2000b): Bulletin der EU, Nr. 12, Luxemburg 2000
Fantapié Altobelli, C. (1994): Kompensationsgeschäfte im internationalen Marketing, Heidelberg 1994
Festinger, L. (1978): A Theory of Cognitive Dissonance, Bern u.a. 1978
Fischer, L. (1989): Off-shore-Centren, in: Macharzina, K./Welge, M.K. (Hrsg.): HWInt, Stuttgart 1989, Sp. 1553-1563
Fischer, M. (1993): Make-or-Buy-Entscheidung. Neue Institutionenlehre und Distributionspolitik, Wiesbaden 1993
Fischer, P. (1976): Das internationale Wirtschaftsrecht, in: German Yearbook of International Law, 19. Jg., 1976, S. 143-176
Flegel, V. (1995): Electronic Shopping, in: Tietz, B./Köhler, R./Zentes, J. (Hrsg.): HWM, 2. Aufl., Stuttgart 1995, Sp. 555-568
Fließ, S. (1999): Persönlicher Verkauf, in: Kleinaltenkamp, M./Plinke, W. (Hrsg.): Markt- und Produktmanagement, Berlin u.a. 1999, S. 491-562
Frese, E. (2000): Grundlagen der Organisation, 8. Aufl., Wiesbaden 2000
Freter, H. (1983): Marktsegmentierung, Stuttgart u.a. 1983
Freund, C. (2001): Vergleichende Werbung nach der Richtlinie 97/55/EG und der UWG-Novelle, Frankfurt/Main 2001
Friedrich, R. (1977): Plakat-Renaissance, in: Markenartikel, 39. Jg., 1977, S. 584-586
Friedrichs, J. (1998): Methoden empirischer Sozialforschung, 15. Aufl., Opladen 1998
Fritz, W./Oelsnitz, D. v. (2001): Marketing – Elemente marktorientierter Unternehmensführung, 3. Aufl., Stuttgart 2001
Fritze, U./Holzbach, C. (2000): E-Commerce-Richtlinie der Europäischen Union, in: Wettbewerb in Recht und Praxis, 46. Jg., 2000, S. 872-876
Gabler Verlag (Hrsg.) (2000): Gabler Wirtschaftslexikon, 15. Aufl., Wiesbaden 2000
Gälweiler, A. (1986): Unternehmensplanung, Frankfurt/Main – New York 1986
Gansera, H./Röske, W. (1981): Strategisches Marketing – Ein Vorschlag für ein computergestütztes Marketing-Support-System in den 80er Jahren, in: Thome, R. (Hrsg.): Datenverarbeitung im Marketing, Berlin u.a. 1981, S. 25-97
Gehrke, I. (1999): Desinvestitionen erfolgreich planen und steuern, München 1999
Geisser, H.O. (1961): Marktforschung in der Schweizerischen Produktionsgüterindustrie, Freiburg 1961
Gemünden, H.G./Walter, A. (1995): Der Beziehungspromotor, in: ZfB, 65. Jg., 1995, Nr. 9, S. 971-986
Gerth, N. (1999): Online-Absatz, Ettlingen 1999

Gertz, D.L./ Baptista, J.P.A. (1995): Grow to Be Great. Breaking the Downsizing Cycle, New York u.a. 1995
Geschka, H. (1993): Wettbewerbsfaktor Zeit. Zur Beschleunigung von Innovationsprozessen, Landsberg/Lech 1993
Gilbert, X./Strebel, P. (1987): Strategies to Outpace the Competition, in: Journal of business strategy, o.Jg., 1987, Nr. 1, S. 28-36
Gilly, M.C./Enis, B.M.C. (1982): Recycling the Family Life Cycie: A Proposal for Redefinition, in: Mitchell, A.A./Olson, J.C. (Hrsg.): Advances in Consumer Research, Nr. 9, Ann Arbor 1982, S. 271-276
Glagow, H. (1984): Interview-Computer: Rechnergestützte Datenerhebung, in: Zentes, J. (Hrsg.): Neue Informations- und Kommunikationstechnologien in der Marktforschung, Berlin u.a. 1984, S. 42-66
Gold, L.N. (1986): Technologie in der Marketingforschung: Vergangenheit, Gegenwart und Zukunft, in: Nielsen Marketing Trends, o.Jg., 1986, Nr. 2, S. 2-8
Görgen, W. (1995): Wettbewerbsanalyse, in: Tietz, B./Köhler, R./Zentes, J. (Hrsg.): HWM, 2. Aufl., Stuttgart 1995, Sp. 2716-2729
Grass, R.C./Wallace, W.H. (1969): Saturation Effects of TV Commercials, in: JAR, 9. Jg., 1969, Nr. 3, S. 3-8
Greipl, E. (1974): Indikatoren, absatzwirtschaftliche, in: Tietz, B. (Hrsg.): HWA, Stuttgart 1974, Sp. 830-835
Grey Werbeagentur (1995): Smart Shopper, Düsseldorf 1995
Grochla, E./Fieten, R. (1989): Internationale Beschaffungspolitik, in: Macharzina, K./Welge, M.K. (Hrsg.): HWInt, Stuttgart 1989, Sp. 203-220
Gröppel, A. (1995): In-Store-Marketing, in: Tietz, B./Köhler, R./Zentes, J. (Hrsg.): HWM, 2. Aufl., Stuttgart 1995, Sp. 1020-1030
Gröppel, A. (1998): Wettbewerbsstrategien im Einzelhandel, Wiesbaden 1998
Großweischede, M. (2000): Category Management aus Sicht der Lieferanten des Lebensmitteleinzelhandels: Grundlagen und ausgewählte Ergebnisse einer empirischen Studie, in: Ahlert, D./Borchert, S. (Hrsg.): Prozessmanagement im vertikalen Marketing, Berlin u.a. 2000, S. 159-192
Grün, O. (1989): Internationales Projektmanagement, in: Macharzina, K./Welge, M.K. (Hrsg.): HWInt, Stuttgart 1989, Sp. 1736-1746
Grün, O. (1992): Projektorganisation, in: Frese, E. (Hrsg.): HWO, 3. Aufl., Stuttgart 1992, Sp. 2102-2116
Grunert, K.G./Bader, M. (1986): Die Weiterverarbeitung qualitativer Daten durch computergestützte Inhaltsanalyse, in: Marketing – ZFP, 8. Jg., 1986, S. 238-247
Gümbel, R./Woratschek, H. (1995): Institutionenökonomik, in: Tietz, B./Köhler, R./Zentes, J. (Hrsg.): HWM, 2. Aufl., Stuttgart 1995, Sp. 1008-1019
Günter, B. (1979): Das Marketing von Großanlagen, Berlin u.a. 1979
Günter, B. (1998): Projektkooperationen, in: Kleinaltenkamp, M./Plinke, W. (Hrsg.): Auftrags- und Projektmanagement, Berlin u.a. 1998, S. 267-318
Gutenberg, E. (1984): Grundlagen der Betriebwirtschaftslehre, 2. Bd., Der Absatz, 17. Aufl., Berlin u.a. 1984
Guttmann, K. (1973): Der Funkspot, in: Trauth, P.I. (Hrsg.): Werbeleiterhandbuch, München 1973, S. 961-969
Häberle, S.G. (1998): Handbuch der Außenhandelsfinanzierung, 2. Aufl., München – Wien 1998

Haedrich, G. (Hrsg.) (1997): Der loyale Kunde: Ist Kundenbindung bezahlbar?, Ergebnisse 4. CPC TrendForum, Mainz 1997
Hafermalz, O. (1976): Schriftliche Befragung – Möglichkeiten und Grenzen, Wiesbaden 1976
Hahn, D. (1996): PuK – Controllingkonzepte, 5. Aufl., Wiesbaden 1996
Hahn, D./Krystek, U. (1989): Internationales Krisenmanagement, in: Macharzina, K./Welge, M.K. (Hrsg.): HWInt, Stuttgart 1989, Sp. 1200-1238
Haller, S. (1999): Beurteilung von Dienstleistungsqualität, 2. Aufl., Wiesbaden 1999
Hallier, B. (1995): Direkte Produkt-Profitabilität, in: Tietz, B./Köhler, R./Zentes, J. (Hrsg.): HWM, 2. Aufl., Stuttgart 1995, Sp. 492-498
Hamel, G./Prahalad, C.K. (1995): Wettlauf um die Zukunft, Wien 1995
Hammann, P. (1980): Werbebudgetplanung, in: Kaiser, A. (Hrsg.): Werbung, Theorie und Praxis werblicher Beeinflussung, München 1980, S. 137-155
Hammann, P./Erichson, B. (2000): Marktforschung, 4. Aufl., Stuttgart – New York 2000
Hammes, W. (1994): Strategische Allianzen als Instrument der strategischen Unternehmensführung, Wiesbaden 1994
Hansen, U. (1990): Absatz- und Beschaffungsmarketing des Einzelhandels, 2. Aufl., Göttingen 1990
Hansen, U./Algermissen, G. (1979): Handelsbetriebslehre 2, Taschenlexikon, Göttingen 1979
Hansen, U./Jeschke, K. (1995): Nachkaufmarketing, in: Tietz, B./Köhler, R./Zentes, J. (Hrsg.): HWM, Stuttgart 1995, Sp. 1919-1929
Harbrecht, W. (1989): Außenwirtschaftspolitik, in: Macharzina, K./Welge, M.K. (Hrsg.): HWInt, Stuttgart 1989, Sp. 133-156
Harms, I. (1989): Freihäfen und internationaler Zahlungsverkehr, in: Macharzina, K./Welge, M.K. (Hrsg.): HWInt, Stuttgart 1989, Sp. 726-732
Härting, N. (2000): Kurzkommentar zum Fernabsatzgesetz, Köln 2000
Hauschild, J. (1997): Innovationsmanagement, 2. Aufl., München 1997
Hauschildt, J. (1992): Innovationsmanagement, in: Frese, E. (Hrsg.): HWO, 3. Aufl., Stuttgart 1992, Sp. 1029-1041
Hauser, H./Schanz, K.-U. (1995): Das neue GATT – Die Welthandelsordnung nach Abschluß der Uruguay-Runde, München 1995
Hellauer, J. (1910): System der Welthandelslehre. Ein Lehr- und Handbuch des internationalen Handels, 1. Bd., Allgemeine Welthandelslehre, 1. Teil, Berlin u.a. 1910
Hemberle, G./Keitz, W.v. (1978): Ziele und Strategien der Verbraucherpolitik – Normenkritische Analyse verbraucherpolitischer Konzeptionen, in: Biervert, B. u.a. (Hrsg.): Plädoyer für eine neue Verbraucherpolitik, Wiesbaden 1978, S. 30-61
Hentschel, B. (1992): Dienstleistungsqualität aus Kundensicht, Wiesbaden 1992
Henzler, H. (1990): Der Controller der 90er Jahre, in: Horváth, P. (Hrsg.): Strategieunterstützung durch das Controlling: Revolution im Rechnungswesen?, Stuttgart 1990, S. 51-62
Hermanns, A. (1995): Computer Aided Selling (CAS), in: Tietz, B./Köhler, R./Zentes, J. (Hrsg.): HWM, 2. Aufl., Stuttgart 1995, Sp. 365-376
Hermanns, A. (Hrsg.) (2001): Management-Handbuch Eelectronic Commerce, München 2001
Hermes Kreditversicherungs-AG (Hrsg.) (1999a): Geschäftsbericht 1999, Hamburg 1999
Hermes Kreditversicherungs-AG (Hrsg.) (1999b): Grundzüge der Ausfuhrgewährleistungen der Bundesrepublik Deutschland, Merkblatt, Hamburg 1999

Hertel, J. (1999): Warenwirtschaftssysteme, 3. Aufl., Heidelberg 1999
Hesse, J. (1974): Befragung, in: Tietz, B. (Hrsg.): HWA, Stuttgart 1974, Sp. 326-331
Hildebrandt, L. (1992a): Kausalanalyse, in: Diller, H. (Hrsg.): Vahlens Großes Marketinglexikon, München 1992, S. 525-527
Hildebrandt, L. (1992b): Kanonische Analyse, in: Diller, H. (Hrsg.): Vahlens Großes Marketinglexikon, München 1992, S. 504-505
Hilger, A. (2001): Erfolgsfaktoren für Internationalisierungsstrategien – Dargestellt am Beispiel des Engagements deutscher Unternehmen in der VR China, Frankfurt/Main 2001
Hill, W./Rieser, I. (1993): Marketing Management, 2. Aufl., Bern – Stuttgart 1993
Hilpold, P. (2000): Die EU im GATT/WTO-System, 2. Aufl., Frankfurt/Main 2000
Hocke, E./Bergwald, S./Maurer, H.D. (2000): Außenwirtschaftsrecht. Gesetze, Verordnungen, Erlasse mit Kommentar, Heidelberg 2000
Hofstätter, P.R. (1973): Psychologie, Frankfurt/Main 1973
Hofstede, G. (1993): Interkulturelle Zusammenarbeit: Kulturen – Organisationen – Management, Wiesbaden 1993
Hofstede, G. (1997): Lokales Denken, globales Handeln, München 1997
Höhn, S. (1983): Szenario-Analyse als Instrument der strategischen Planung, in: Buchinger, G. (Hrsg.): Umfeldanalysen für das strategische Management, Wien 1983, S. 27-38
Holland, H. (2000): Kundenbindungsmanagement, in: Gablers Wirtschaftslexikon, 3. Bd., Wiesbaden, S. 1893-1897
Holscher, C. (1977): Sozio-Marketing, Essen 1977
Holscher, C. (1994): Sozio-Marketing, in: Meyer, P.W./Meyer, A. (Hrsg.): Marketing-Systeme – Grundlagen des institutionellen Marketing, Stuttgart u.a. 1994, S. 221-258
Holten, R./Knackstedt, R./Becker, J. (2001): Betriebswirtschaftliche Herausforderungen durch Data-Warehouse-Technologien, in: Schütte, R./Rotthowe, T./Holten, R. (Hrsg.): Data Warehouse Managementhandbuch, Berlin u.a. 2001, S. 41-64
Holzmüller, H. (1989): Interkulturelle Konsumentenforschung, in: Macharzina, K./Welge, M.K. (Hrsg.): HWInt, Stuttgart 1989, Sp. 1143-1157
Hombach, H./Kockelkorn, G./Molter, W. (1987): Einführung in die Auftragsfinanzierung, in: Backhaus, K./Siepert, H.-M. (Hrsg.): Auftragsfinanzierung im industriellen Anlagengeschäft, Stuttgart 1987, S. 3-38
Homburg, Ch. (1995): Kundennähe von Industriegüterunternehmen, Wiesbaden 1995
Homburg, Ch./Giering, A./Hentschel, F. (2000): Der Zusammenhang zwischen Kundenzufriedenheit und Kundenbindung, in: Bruhn, M./Homburg, Ch. (Hrsg.): Handbuch Kundenbindungsmanagement, 3. Aufl., Wiesbaden 2000, S. 81-112
Homburg, Ch./Hildebrandt, L. (1998): Die Kausalanalyse: Bestandsaufnahme, Entwicklungsrichtungen, Problemfelder, in: Hildebrandt, L./Homburg, Ch. (Hrsg.): Die Kausalanalyse, Stuttgart 1998, S. 15-43
Horn, T. (1999): Internet – Intranet – Extranet, München 1999
Horváth & Partner (Hrsg.) (2000): Balanced Scorecard umsetzen, Stuttgart 2000
Horváth, P. (1993): Controlling, in: Horváth, P./Reichmann, T. (Hrsg.): Vahlens großes Controllinglexikon, München 1993, S. 112-114
Horváth, P. (1998): Controlling, 7. Aufl., München 1998
Horváth, P./Stark, H. (1982): Controlling für das Marketingmanagement, in: Marketing – ZFP, 4. Jg., 1982, S. 183-194
Hucko M./Wagner, J. (2001): Außenwirtschaftsrecht und Kriegswaffenkontrollrecht, 8. Aufl., Köln 2001

Hülser, A./Mühlenkamp, C. (1992): Werbung für ökologische Güter: Gestaltungsaspekte aus informationsökonomischer Sicht, in: Marketing – ZFP, 14. Jg., 1992, S. 149-156
Hünerberg, R. (1994): Internationales Marketing, Landsberg/Lech 1994
Hünerberg, R./Heise, G. (1995): Multi-Media und Marketing, in: Hünerberg, R./Heise, G. (Hrsg.): Multi-Media und Marketing, Wiesbaden 1995, S. 1-21
Hüttner, M. (1979): Informationen für Marketing-Entscheidungen, München 1979
Hüttner, M. (1986): Auf dem Wege zur »Strategischen Marktforschung«?, in: Thexis, 3. Jg., 1986, Nr. 4, S. 10-21
Hüttner, M. (1989): Grundzüge der Marktforschung, 4. Aufl., Wiesbaden 1989
Ihde, G.B. (2001): Transport, Verkehr, Logistik, 3. Aufl., München 2001
Imai, M. (1994): Kaizen. Der Schlüssel zum Erfolg der Japaner im Wettbewerb, 4. Aufl., Berlin u.a. 1994
Ipsen, K./Haltern, U.R. (1991): Reform des Welthandelssystems? Perspektiven zum GATT und zur Uruguay-Runde, Frankfurt/Main 1991
Isselstein, T./Schaum, F. (1998): Auftragsfinanzierung und Financial Engineering, in: Kleinaltenkamp, M./Plinke, W. (Hrsg.): Auftrags- und Projektmanagement, Berlin u.a. 1998, S. 161-226
Jahrmann, F.U. (1998): Außenhandel, 9. Aufl., Ludwigshafen 1998
Jansen, S.A. (2000): Mergers & Acquisitions, 3. Aufl., Wiesbaden 2000
Jantsch, E. (1967): Technological Forecasting in Perspective, Paris 1967
Jarchow, H.-J. (1989): Internationales Währungssystem, in: Macharzina, K./Welge, M.K. (Hrsg.): HWInt, Stuttgart 1989, Sp. 2213-2225
Johannsen, U. (1975): Methoden der Werbeerfolgskontrolle in psychologischer Sicht, in: Behrens, K.Ch. (Hrsg.): HdW, 2. Aufl., Wiesbaden 1975, S. 753-772
Jones, T.O./Sasser, W.E. (1995): Why Satisfied Customer Defect, in: HBR, 73. Jg., 1995, Nr. 5/6, S. 88-99
Jung, H.F. (1993): Kaizen – ein Konzept des mitarbeiterorientierten Managements, in: Personal, 45. Jg., 1993, Nr. 8, S. 359-363
Jungnickel, R. (1992): Die Internationalisierung deutscher Unternehmen – Stand und Perspektiven, in: Kumar, B.N./Haussmann, H. (Hrsg.): HIU, München 1992, S. 45-70
Kaas, K.P. (1973): Diffusion und Marketing, Stuttgart 1973
Kaas, K.P. (1977): Empirische Preisabsatzfunktionen bei Konsumgütern, Berlin u.a. 1977
Kaas, K.P. (1983): Zeitbezogene Untersuchungspläne – Neue Analysemethoden der Marktforschung, in: Forschungsgruppe Konsum und Verhalten (Hrsg.): Innovative Marktforschung, Würzburg – Wien 1983, S. 161-176
Kaas, K.P. (1990): Langfristige Werbewirkung und Brand Equity, in: W&P, 35. Jg., 1990, S. 48-52
Kaas, K.P. (1991): Screening und Signaling unter Partnern und Rivalen, in: ZfB, 61. Jg., 1991, Nr. 3, S. 357-370
Kandler, C. (1980): Marketing-Management von Warentestinstitutionen, Berlin u.a. 1980
Kaplan, R.S./Norton, D.P. (1997): Balanced Scorecard, Stuttgart 1997
Keller, E. v. (1982): Management in fremden Kulturen, Bern u.a. 1982
Keller, E. v. (1995): Kulturabhängigkeit der Führung, in: Kieser, A./Reber, G./Wunderer, R. (Hrsg.): HWFü, 2. Aufl., Stuttgart 1995, Sp. 1397-1406
Kelz, A. (1989): Die Weltmarke, Idstein 1989
Kenter, M. (1989): Entsendung von Stammhausdelegierten, in: Macharzina, K./Welge, M.K. (Hrsg.): HWInt, Stuttgart 1989, Sp. 1925-1937

Kerlinger, F.N. (1979): Grundlagen der Sozialwissenschaften, 2. Bd., Weinheim – Basel 1979
Kern, W./Schröder, H.-H. (1977): Forschung und Entwicklung in der Unternehmung, Reinbek bei Hamburg 1977
Keßler, J. (1998): Vergleichende Werbung im Einzelhandel, in: Trommsdorff, V. (Hrsg.): Handelsforschung 1998/99: Innovation im Handel, Wiesbaden 1998, S. 451-467
Kieser, A. (1992): Historische Entstehung von Organisationsstrukturen, in: Frese, E. (Hrsg.): HWO, 3. Aufl., Stuttgart 1992, Sp. 1648-1670
Kirsch, W. (1971): Entscheidungsprozesse, 3. Bd.: Entscheidungen in Organisationen, Wiesbaden 1971
Kirsch, W./Kutschker, M./Lutschewitz, H. (1980): Ansätze und Entwicklungstendenzen im Investitionsgütermarketing, 2. Aufl., Stuttgart 1980
Kirsch, W./Schneider, J. (1974): Investitionsgütermarketing, in: Tietz, B. (Hrsg.): HWA, Stuttgart 1974, Sp. 938-952
Kirschhofer-Bozenhardt, A. v./Kaplitza, G. (1991): Der Fragebogen, in: Holm, K. (Hrsg.): Die Befragung, 1. Bd., 4. Aufl., München 1991, S. 92-126
Kleinaltenkamp (1999): Auswahl von Vertriebswegen, in: Kleinaltenkamp, M./Plinke, W.: Markt- und Produktmanagement, Berlin u.a. 1999, S. 283-326
Kleinaltenkamp, M. (2000): Ingredient Branding, in: GEM e.V. (Hrsg.): Markendialog – Marktdurchdringung durch Markenpolitik, Frankfurt/Main 2000, S. 103-110
Kleinaltenkamp, M./Jacob, F. (1999): Grundlagen der Gestaltung des Leistungsprogramms, in: Kleinaltenkamp, M./Plinke, W. (Hrsg.): Markt- und Produktmanagement, Berlin u.a. 1999, S. 1-73
Kleinaltenkamp, M./Rieker, S.A. (1997): Kundenorientierte Organisation, in: Kleinaltenkamp, M./Plinke, W. (Hrsg.): Geschäftsbeziehungsmanagement, Berlin u.a. 1997, S. 161-217
Klingebiel, N. (2000): Marketing-Accounting (I), in: WISU, 29. Jg., 2000, Nr. 1, S. 67-71
Knolmayer, G. (1989): Potentialplanung, in: Macharzina, K./Welge, M.K. (Hrsg.): HWInt, Stuttgart 1989, Sp. 1672-1682
Knüvener, H.B. (1967): Die Problematik der Absatzmarktforschung für Produktivgüter, Diss., Münster 1967
Koch, E. (1998a): Internationale Wirtschaftsbeziehungen, 1. Bd.: Internationaler Handel, 2. Aufl., München 1998
Koch, E. (1998b): Internationale Wirtschaftsbeziehungen, 2. Bd.: Internationale Wirtschafts- und Finanzbeziehungen, 2. Aufl., München 1998
Koeppler, K. (1972): Unterschwellig wahrnehmen – unterschwellig lernen, Stuttgart u.a. 1972
Koeppler, K. (1974): Werbewirkung definiert und gemessen, Velbert 1974
Kogeler, R. (1992): Synergiemanagement im Akquisitions- und Integrationsprozess von Unternehmungen, München 1992
Köhler, F. (1992a): Handelsstrategien im systematischen Überblick, in: Trommsdorff, V. (Hrsg.): Handelsforschung 1991: Erfolgsfaktoren und Strategien, Wiesbaden 1992, S. 117-134
Köhler, R. (1992b): Absatzorganisation, in: Frese, E. (Hrsg.): HWO, 3. Aufl., Stuttgart 1992, Sp. 34-56
Köhler, R. (1993): Beiträge zum Marketing-Management, 3. Aufl., Stuttgart 1993
Köhler, R. (1995a): Marketing-Management, in: Tietz, B./Köhler, R./Zentes, J. (Hrsg.): HWM, 2. Aufl., Stuttgart 1995, Sp. 1598-1614

Köhler, R. (1995b): Marketing-Organisation, in: Tietz, B./Köhler, R./Zentes, J. (Hrsg.): HWM, 2. Aufl., Stuttgart 1995, Sp. 1636-1653

Köhler-Frost, W. (Hrsg.) (1993): Outsourcing. Eine strategische Allianz besonderen Typs, Berlin u.a. 1993

Kornobis, K.-J. (1997): Die Entwicklung von Handelsmarken – Untersuchung und Zukunftsperspektiven im Verbrauchsgüterbereich, in: Bruhn, M. (Hrsg.): Handelsmarken, 2. Aufl., Stuttgart 1997, S. 237-264

Kortzfleisch, G. v. (1989): Technologietransfer, in: Macharzina, K./Welge, M.K. (Hrsg.): HWInt, Stuttgart 1989, Sp. 2052-2063

Kotler, P. (1972): A Generic Concept of Marketing, in: JoM, 36. Jg., 1972, Nr. 2, S. 46-54

Kotler, P. (1977): Marketing-Management, Stuttgart 1977

Kotler, P. (1978): Marketing für Nonprofit-Organisationen, Stuttgart 1978

Kotler, P./Armstrong, G. (2001): Principles of Marketing, 9. Aufl., Englewood Cliffs 2001

Kotler, P./Bliemel, F. (2001): Marketing-Management, 10. Aufl., Stuttgart 2001

Kotzab, H. (1997): Neue Konzepte der Distributionslogistik von Handelsunternehmen, Wiesbaden 1997

Kräkel, M. (1992): Auktionstheorie und interne Organisation, Wiesbaden 1992

Krämer-Eis (1998): Evaluierung hoheitlicher Länderrisiken, Diskussionspapier Reihe B, Nr. 98/01, Universität Jena – Wirtschaftswissenschaftliche Fakultät, Jena 1998

Kreditanstalt für Wiederaufbau (KfW) (1999): Guter Start für Auslandsgeschäfte – Export- und Projektfinanzierung der KfW, Frankfurt/Main 1999

Kreikebaum, H. (1960): Das Prestigeelement im Investitionsverhaltan, Diss., Köln 1960

Kreikebaum, H. (1961): Das Prestigeelement im Investitionsverhalten, in: Kreikebaum, H./ Rinsche, G. (Hrsg.): Das Prestigemotiv in Konsum und Investition, Berlin u.a. 1961, S. 9-104

Kreikebaum, H. (1997): Strategische Unternehmensplanung, 6. Aufl., Stuttgart u.a. 1997

Krelle, W. (1976): Preistheorie I, Tübingen 1976

Kreutzer, R. (1989): Global Marketing – Konzeption eines länderübergreifenden Marketing, Wiesbaden 1989

Kreutzer, R./Segler, K. (1989): Awareness Advertising, in: Macharzina, K./Welge, M.K. (Hrsg.): HWInt, Stuttgart 1989, Sp. 184-190

Kroeber, A.L./Kluckhohn, C. (1952): Culture: A Critical Review of Concepts and Definitions, Harvard University Peabody Museum of American Archeology and Ethnology Papers, 47. Jg., 1952, Nr. 1

Kroeber-Riel, W. (1974): Absatztheorie, verhaltensorientierte, in: Tietz, B. (Hrsg.): HWA, Stuttgart 1974, Sp. 159-167

Kroeber-Riel, W. (1983a): Analyse des nichtkognitiven Konsumentenverhaltens, in: Forschungsgruppe Konsum und Verhalten (Hrsg.): Innovative Marktforschung, Würzburg – Wien 1983, S. 13-44

Kroeber-Riel, W. (1983b): Neuere Methoden der Marktforschung, in: DBW, 43. Jg., 1983, S. 277-285

Kroeber-Riel, W. (1984):Konsumentenverhalten, 3. Aufl., München 1984

Kroeber-Riel, W./Esch, F.-R. (2000): Strategien und Technik der Werbung, 5. Aufl., Stuttgart u.a. 2000

Kroeber-Riel, W./Meyer-Hentschel, G. (1982): Werbung, Würzburg – Wien 1982

Kroeber-Riel, W./Neibecker, B. (1983): Elektronische Datenerhebung: Computergestützte Interviewsysteme, in: Forschungsgruppe Konsum und Verhalten (Hrsg.): Innovative Marktforschung, Würzburg – Wien 1983, S. 193-208

Kroeber-Riel, W./Weinberg, P. (1999): Konsumentenverhalten, 7. Aufl., München 1999

Kropff, H.F. (1959): Wörterbuch der Werbung, Essen 1959

Krubasik, E./Schrader, J. (1989): Forschungs- und Entwicklungsstrategien, in: Macharzina, K./Welge, M.K. (Hrsg.): HWInt, Stuttgart 1989, Sp. 687-698

Krugman, H. E. (1965): The Impact of Television Advertising: Learning Without Involvement, in: Public Opinion Quarterly, 29. Jg., 1965, Nr. 3, S. 349-356

Krystek, U./Walldorf, G. (1992): Früherkennungssysteme (FES) in Bezug auf Marktchancen und Marktbedrohungen auf Auslandsmärkten, in: Kumar, B.N./Haussmann, H. (Hrsg.): HIU, München 1992, S. 341-366

Kucher, E./Simon, H. (1993): Schwierige Balanceakte: Die Preispolitik in Europa, in: HM, 15. Jg., 1995, S. 341-366

Kuehn, A.A. (1972): Die Produktwahl des Konsumenten als Lernprozeß, in: Kroeber-Riel, W. (Hrsg.): Marketingtheorie, Köln 1972, S. 156-170

Kühn, R./Grünig, R. (1998): Grundlagen der strategischen Planung, Bern 1998

Kulhavy, E. (1974): Dienstleistung, in: Tietz, B. (Hrsg.): HWA, Stuttgart 1974, Sp. 455-457

Kulhavy, E. (1975): Multinationale Unternehmungen, in: Grochla, E./Wittmann, W. (Hrsg.): HWB, Stuttgart 1975, Sp. 2723-2738

Kulhavy, E. (1993): Internationales Marketing, 5. Aufl., Linz 1993

Kunkel, F.M. (1999): Veränderte Rahmenbedingungen der Logistik in der Konsumgüterindustrie, in: Weber, J./Baumgarten, H. (Hrsg.): Handbuch Logistik, Stuttgart 1999

Kutschker, M. (1989): Internationale Akquisition, in: Macharzina, K./Welge, M.K. (Hrsg.): HWInt, Stuttgart 1989, Sp. 1-22

Kutschker, M. (1999): Das internationale Unternehmen, in: Kutschker, M. (Hrsg.): Perspektiven der internationalen Wirtschaft, Wiesbaden 1999, S. 101-125

Kutschker, M./Bäurle, I./Schmid, S. (1997): International Evolution, International Episodes, and International Epochs – Implications for Managing Internationalization, in: mir, 37. Jg., 1997, Nr. 2, Special Issue, S. 101-124

Kutschker, M./Kirsch, W. (1978): Verhandlungen in multiorganisationalen Entscheidungsprozessen – Eine empirische Untersuchung der Absatz- und Beschaffungsentscheidung von Investitionsgütern, München 1978

Kutschker, M./Roth, K. (1975): Das Informationsverhalten vor industriellen Beschaffungsentscheidungen, Bericht aus dem Sonderforschungsbereich 24 an der Universität Mannheim, Mannheim 1975

Kux, B./Rall, W. (1990): Marketing im globalen Wettbewerb, in: Welge, M.K. (Hrsg.): Globales Management, Stuttgart 1990, S. 73-84

Laker, M. (1995): Preistests, in: Tietz, B./Köhler, R./Zentes, J. (Hrsg.): HWM, 2. Aufl., Stuttgart 1995, S. 2085-2095

Landeszentralbank im Freistaat Bayern (2000): Direktinvestitionen 1999, München 2000

Langeard, E. (1981): Grundfragen des Dienstleistungsmarketing, in: Marketing – ZFP, 3. Jg., 1981, S. 233-240

Laplanche, J./Pontalis, J.-B. (1982): Das Vokabular der Psychoanalyse, 2. Bd., Frankfurt/Main 1982

Läufer, T. (1994): 22 Fragen zu Europa. Die Europäische Union und ihr Parlament, Bonn 1994

Läufer, T. (1998): Europäische Union – Europäische Gemeinschaft. Die Vertragstexte von Maastricht, Bonn 1998

Laurent, M. (1996): Vertikale Kooperationen zwischen Industrie und Handel, Frankfurt/Main 1996

Leitherer, E. (1989): Ländertypologie im Rahmen betrieblicher Außenpolitik, in: Macharzina, K./Welge, M.K. (Hrsg.): HWInt, Stuttgart 1989, Sp. 1268-1276

Lenders, B. (1995): Kultur des Managements im Kulturmanagement, Frankfurt/Main 1995

Lerchenmüller, M. (1992): Handelsbetriebslehre, Ludwigshafen 1992

Levitt, T. (1965): Industrial Purchasing Behavior – A Study of Communication Effects, Boston 1965

Levitt, T. (1983): The Globalization of Markets, in: HBR, 61. Jg., 1983, Nr. 3, S. 92-102

Lewin, K. (1969): Grundzüge der topologischen Psychologie, Bonn – Stuttgart 1969

Liebmann, H.-P./Zentes, J. (2001): Handelsmanagement, München 2001

Lingenfelder, M. (1996): Die Internationalisierung im europäischen Einzelhandel, Berlin u.a. 1996

Link, J./Gerth, N./Voßbeck, E. (2000): Marketing-Controlling, München 2000

Link, J./Hildebrand, V. (1994): Database Marketing und Computer Aided Selling, in: Marketing – ZFP, 16. Jg., 1994, Nr. 2, S. 107-120

Little, J.D.C. (1970): Models and Managers: The Concept of Decision Calculus, in: MS, 16. Jg., 1970, S. B466-B485

Little, J.D.C. (1977): Modelle und Manager: Das Konzept des Dicision Calculus, in: Köhler, R./Zimmermann, H.-J. (Hrsg.): Entscheidungshilfen im Marketing, Stuttgart 1977, S. 122-147

Little, J.D.C. (1979): Decision Support Systems for Marketing Managers in: JoM, 43. Jg., 1979, Nr. 3, S. 9-26

Little, J.D.C./Lodish, L.M. (1969): A Media Planning Calculus, in: OR, 17. Jg., 1969, Nr. 1, S. 135

Lloyd, R.A. (1976): Combine Forecasting Methods for Demand Estimates, in: IMM, 5. Jg., 1976, S. 89-93

Lodish, L.M. (1971): Callplan: An Interactive Salesman-s Call Planning System, in: MS, 18. Jg., 1971, S. P25-P40

Louis, J.-V. (1995): Die Rechtsordnung der Europäischen Gemeinschaften, 3. Aufl., (Amt für amtliche Veröffentlichung der Europäischen Gemeinschaft) Luxemburg 1995

Lucas, D.B./Britt, S.H. (1966): Messung der Werbewirkung, Essen 1966

Luck, J. (1969): Broadening the Concept of Marketing – Too Far, in: JoM, 33. Jg., 1969, Nr. 3, S. 53-55

Macharzina, K. (1982): Theorie der internationalen Unternehmenstätigkeit – Kritik und Ansätze einer integrativen Modellbildung, in: Lück, W./Trommsdorff, V. (Hrsg.): Internationalisierung der Unternehmung als Problem der Betriebswirtschaftslehre, Berlin u.a. 1982, S. 111-143

Macharzina, K. (1989a): Diskontinuitätenmanagement, in: Macharzina, K./Welge, M.K. (Hrsg.): HWInt, Stuttgart 1989, Sp. 316-340

Macharzina, K. (1989b): Internationale Betriebswirtschaftslehre, in: Macharzina, K./Welge, M. K. (Hrsg.): HWInt, Stuttgart 1989, Sp. 903-914

Macharzina, K. (1992): Organisation der Internationalen Unternehmenstätigkeit, in: Kumar, B.N./Haussmann, H. (Hrsg.): HIU, München 1992, S. 591-607

Macharzina, K. (1999): Unternehmensführung. Das internationale Managementwissen, 3. Aufl., Wiesbaden 1999

Macharzina, K. (Hrsg.) (1984): Diskontinuitätenmanagement. Strategische Bewältigung von Strukturbrüchen bei internationaler Unternehmenstätigkeit, Berlin u.a. 1984

Macharzina, K./Oesterle, M.-J. (1995): Internationalisierung und Organisation unter besonderer Berücksichtigung europäischer Entwicklungen, in: Scholz, C./Zentes, J. (Hrsg.): Strategisches Euro-Management, Stuttgart 1995, S. 203-225

Macharzina, K./Staehle, W.H. (Hrsg.) (1986): European Approaches to International Management, Berlin u.a. 1986

Macharzina, K./Welge, M.K. (Hrsg.) (1989): HWInt, Stuttgart 1989

Madauss, B. (1989): Internationale Projektorganisation, in: Macharzina, K./Welge, M.K. (Hrsg.): HWInt, Stuttgart 1989, Sp. 1746-1760

Mahefa, A. (1998): Internationales Marketing-Management, in: Schoppe, S.G. (Hrsg.): Kompendium der Internationalen Betriebswirtschaftslehre, 4. Aufl., München – Wien 1998, S. 503-563

Maletzke, G. (1972): Einführung in die Massenkommunikationsforschung, Berlin u.a. 1972

Martinek, M. (1992): Moderne Vertragstypen, 2. Bd.: Franchising, Know-How-, Management- und Consultingverträge, München 1992

Maslow, A.H. (1970): Motivation and personality, 2. Aufl., New York 1970

Mayer, A./Mayer, R.U. (1987): Imagetransfer, Spiegel Verlagsserie Fach & Wissen, 5. Bd., Hamburg 1987

McAfee, R.P./McMillan, J. (1987): Auctions and Bidding, in: Journal of Economic Literature, 25. Jg., 1987, S. 699-738

Meffert, H. (1985): Zur Typologie internationaler Marketing-Strategien – Ein situativer Ansatz, in: Thexis, 2. Jg., 1985, Nr. 2, S. 3-7

Meffert, H. (1989): Globale Marketingstrategien, in: Macharzina, K./Welge, M.K. (Hrsg.): HWInt, Stuttgart 1989, Sp. 1412-1427

Meffert, H. (1994): Marketing-Management, Wiesbaden 1994

Meffert, H. (1999a): Herausforderungen an die Betriebswirtschaftslehre – Die Perspektive der Wissenschaft, in: Meffert, H. (Hrsg.): Marktorientierte Unternehmensführung im Wandel, Wiesbaden 1999, S. 517-549

Meffert, H. (1999b): Wettbewerbsstrategische Aspekte der Globalisierung, in: Meffert, H. (Hrsg.): Marktorientierte Unternehmensführung im Wandel, Wiesbaden 1999, S. 411-440

Meffert, H. (2000): Marketing, 9. Aufl., Wiesbaden 2000

Meffert, H./Bolz, J. (1998): Internationales Marketing-Management, 3. Aufl., Stuttgart 1998

Meffert, H./Bruhn, M. (2000): Dienstleistungsmarketing, 3. Aufl., Wiesbaden 2000

Meissner, H.G. (1995): Strategisches Internationales Marketing, 2. Aufl., München 1995

Meissner, H.G./Gerber, S. (1980): Die Auslandsinvestitionen als Entscheidungsproblem, in: BFuP, 32. Jg., 1980, S. 217-228

Meister, H./Meister, U. (2000): Yield Management als Verkehrskonzept, Stuttgart 2000

Mengele, J. (1994): Horizontale Kooperation als Markteintrittsstrategie im internationalen Marketing, Wiesbaden 1994

Merk, G. (1976): Mikroökonomik, Stuttgart u.a. 1976

Mette, M. (1999): Strategisches Management im Konjunkturzyklus, Wiesbaden 1999

Meyer, A. (1997): Das deutsche Kundenbarometer 1998: Jahrbuch der Kundenzufriedenheit in Deutschland, München 1997

Meyer, M. (1987): Die Beurteilung von Länderrisiken der internationalen Unternehmung, Berlin u.a. 1987

Meyer, M./Kern, E./Diehl, H.-J. (1998): Geschäftstypologien im Investitionsgütermarketing – Ein Integrationsversuch, in: Büschken, J./Meyer, M./Weiber, R. (Hrsg.): Entwicklungen des Investionsgütermarketing, Wiesbaden 1998, S. 117-175

Miles, R.E./Snow, C.C. (1978): Organizational Strategy, Structure and Process, New York 1978

Möbius, G. (1975): Demoskopische Verfahren zur Messung des außerwirtschaftlichen Werbeerfolges, in: Behrens, K.Ch. (Hrsg.): HdW, 2. Aufl., Wiesbaden 1975, S. 743-753

Möller, H. (1962): Kalkulation, Absatzpolitik und Preisbildung, Tübingen 1962

Monczka, P.M./Giunipero, L.C. (1984): International Purchasing: Characteristics and Implementations, in: Journal of Purchasing and Materials Management, 20. Jg., 1984, Nr. 3, S. 2-9

Muchna, C. (1984): Stand und Entwicklungstendenzen der Investitionsgütermarktforschung, in: Marketing – ZFP, 6. Jg., 1984, S. 195-202

Muchna, C. (1995): Früherkennungssysteme, in: Tietz, B./Köhler, R./Zentes, J. (Hrsg.): HWM, 2. Aufl., Stuttgart 1995, Sp. 719-731

Mühlbacher, H. (1982): Selektive Werbung, Linz 1982

Mühlbacher, H. (1995): Internationale Produkt- und Programmpolitik, in: Hermanns, A./ Wißmeier, U.K. (Hrsg.): Internationales Marketing-Management, München 1995, S. 139-175

Müller, P. (1986): Götter, Daten und Gelehrte?, in: Planung und Analyse, 13. Jg., 1986, S. 386-390

Müller, S./Kornmeier, M. (1995): Internationales Konsumgütermarketing, in: Hermanns, A./ Wissmeier, U.K. (Hrsg.): Internationales Marketing-Management, München 1995, S. 339-386

Müller-Eiselt, K.P. (2000): EG-Zollrecht. Zollkodex/Zollwert, Heidelberg 2000

Müller-Hagedorn, L. (1998): Der Handel, 3. Aufl., Stuttgart 1998

Müller-Hagedorn, L./Büchel, D. (1999): Zur Steuerung einer Handelsunternehmung mit der Balanced Scorecard, in: Mitteilungen des Instituts für Handelsforschung an der Universität zu Köln, 51. Jg., 1999, Nr. 8, S. 157-168

Müller-Stewens, G. (1990): Strategische Suchfeldanalyse. Die Identifikation neuer Geschäfte zur Überwindung struktureller Stagnation, 2. Aufl., Wiesbaden 1990

Neibecker, B. (1995): Künstliche Intelligenz, in: Tietz, B./Köhler, R./Zentes, J. (Hrsg.): HWM, 2. Aufl., Stuttgart 1995, Sp. 1309-1318

Nicklisch, H. (Hrsg.) (1926): HWB, Stuttgart 1926

Nicoulaud, B. (1989): Problems and Strategies in the International Marketing of Services, in: EJM, o.Jg., 1989, S. 55-72

Niedenhoff, H.U. (1995): Mitbestimmung in den Staaten der Europäischen Union, 2. Aufl., Köln 1995

Nieschlag, R./Dichtl, E./Hörschgen, H. (1981): Marketing, 12. Aufl., Berlin u.a. 1981

Nieschlag, R./Dichtl, E./Hörschgen, H. (1997): Marketing, 18. Aufl., Berlin u.a. 1997

Noelle-Neumann, E. (o. J.): Zukunftsanforderungen an die Marktforschung oder Nachdenken über die Marktforscher, Vorträge zur Marktforschung, Nr. 25, o.J.

Nolte, H. (1976): Die Markentreue im Konsumgüterbereich, Bochum 1976

o.V. (1999): Tougher guidelines for chaebol restructuring unveiled, in: Asia Time Online, April 1999

Oberparleiter, K. (1913): Die Durchführung von Exportgeschäften, Wien 1913

Oberparleiter, K. (1955): Funktionen und Risiken des Warenhandels, 2. Aufl., Wien 1955

Oelsnitz, D. v. (1999): Marktorientierter Unternehmenswandel, Wiesbaden, 1999
Oelsnitz, D. v. (2000): Marktorientierte Organisationsgestaltung, Stuttgart 2000
Ohmae, K. (1985): Die Macht der Triade, Wiesbaden 1985
Ohr, R. (1989): Internationale Handelsabkommen, in: Macharzina, K./Welge, M.K. (Hrsg.): HWInt, Stuttgart 1989, Sp. 775-781
Olbort, S./Secker, J./Weimer, H. (1993): Factoring und Zentralregulierung: Anwendungen, Fuktionen, Ziele, Lansberg/Lech 1993
Olbrich, V. (1994): Der Zollkodex im Überblick. Eine Einführung in die Systematik, München 1994
Oppenländer, K.H. (1992): Direktinvestitionen und Internationalisierung der deutschen Wirtschaft, in: Kumar, B.N./Haussmann, H. (Hrsg.): HIU, München 1992, S. 35-44
Oppermann, T. (1999): Europarecht, 2. Aufl., München 1999
Paivio, A. (1977): Images, Propositions, and Knowledge, in: Nicholas, J.M. (Hrsg.): Images, Perception, and Knowledge, Boston 1977, S. 47-71
Palandt, O. (2001): BGB, 61. Aufl., München 2001
Parfitt, J.H./Collins, B.J.K. (1972): Prognose des Marktanteils eines Produktes auf Grund von Verbraucherpanels, in: Kroeber-Riel, W. (Hrsg.): Marketingtheorie, Köln 1972, S. 171-207
Pausenberger, E. (1992): Internationalisierungsstrategien industrieller Unternehmungen, in: Dichtl, E./Issing, O. (Hrsg.): Exportnation Deutschland, 2. Aufl., München 1992, S. 200-220
Pausenberger, E. (Hrsg.) (1981): Internationales Management. Ansätze und Ergebnisse betriebswirtschaftlicher Forschung, Stuttgart 1981
Pausenberger, E. (Hrsg.) (1982): Entwicklungsländer als Handlungsfelder internationaler Unternehmungen, Stuttgart 1982
Penrose, E.T. (1959): The Theory of the Growth of the Firm, Oxford 1959
Pepels, W. (1999): Kommunikations-Management, 3. Aufl., Stuttgart 1999
Peppers, D./Rogers, M. (1994): Die 1:1 Zukunft – Strategien für ein individuelles Kundenmarketing, Freiburg 1994
Perlitz, M. (2000): Internationales Marketing-Management, 4. Aufl., Jena – Stuttgart 2000
Perlmutter, H.V. (1969): The tortuous evolution of the multinational corporation, in: CJWB, 4. Jg., 1969, Nr. 1, S. 9-18
Perridon, L. (1967): Ansätze und Methodik der vergleichenden Betriebswirtschaftslehre, in: ZfB, 37. Jg., 1967, S. 677-686
Perridon, L./Steiner, M. (1999): Finanzwirtschaft der Unternehmung, 10. Aufl., München 1999
Petrick, K. (1995): Das Konzept der Zusammenführung von Qualitätsmanagement und Umweltmanagement, in: Petrick, K./Eggert, R. (Hrsg.): Umwelt- und Qualitätsmanagementsysteme, München – Wien 1995, S. 1-52
Pfaffermayr, M. (1996): Direktinvestitionen im Ausland, Heidelberg 1996
Pfohl, H.C. (1981): Planung und Kontrolle, Stuttgart 1981
Pfohl, H.C. (2000): Logistiksysteme, 6. Aufl., Berlin u.a. 2000
Phipps, J.R. (1986): Der neue Trend: Direct Product Profit, in: Coorganisation, o.Jg., 1986, Nr. 4, S. 30-33
Picot, A./Maier, M. (1992): Computergestützte Informationssysteme, in: Frese, H. (Hrsg.): HWO, 3. Aufl., Stuttgart 1992, Sp. 923-936
Picot, A./Reichwald, R./Wigand, R.T. (2001): Die grenzenlose Unternehmung, 4. Aufl., Wiesbaden 2001

Piltz, B. (2001): UN-Kaufrecht, 3. Aufl., Heidelberg 2001

Pine, B.J. (1994): Maßgeschneiderte Massenfertigung, Wien 1994

Piontek, J. (1998): Internationales Beschaffungsmarketing, in: Schoppe, S.G. (Hrsg.): Kompendium der Internationalen Betriebswirtschaftslehre, 4. Aufl., München – Wien 1998, S. 483-502

Plinke, W. (1995a): Außendienst, in: Tietz, B./Köhler, R./Zentes, J. (Hrsg.): HWM, 2. Aufl., Stuttgart 1995, Sp. 118-130

Plinke, W. (1995b): Kundenanalyse, in: Tietz, B./Köhler, R./Zentes, J. (Hrsg.): HWM, 2. Aufl., Stuttgart 1995, Sp. 1328-1340

Plinke, W. (1997a): Bedeutende Kunden, in: Kleinaltenkamp, M./Plinke, W. (Hrsg.): Geschäftsbeziehungsmanagement, Berlin u.a. 1997, S. 113-159

Plinke, W. (1997b): Kaufverhalten in Geschäftsbeziehungen, in: Kleinaltenkamp, M./Plinke, W. (Hrsg.): Geschäftsbeziehungsmanagement, Berlin u.a. 1997, S. 63-111

Plinke, W. (1998a): Effizienz und Effektivität im Management von Geschäftsbeziehungen auf industriellen Märkten, in: Büschken, J./Meyer, M./Weiber, R. (Hrsg.): Entwicklungen des Investitionsgütermarketing, Wiesbaden 1998, S. 179-199

Plinke, W. (1998b): Erlösgestaltung im Projektgeschäft, in: Kleinaltenkamp, M./Plinke, W. (Hrsg.): Auftrags- und Projektmanagement, Berlin u.a. 1998, S. 117-160

Poensgen, O.H. (1973): Geschäftsbereichsorganisation, Opladen 1973

Pohle, K. (1989): Gewinn- und Kapitaltransfer, in: Macharzina, K./Welge, M.K. (Hrsg.): HWInt, Stuttgart 1989, Sp. 768-774

Porter, M.E. (1987): Diversifikation – Konzerne ohne Konzept, in: HM, 9. Jg., 1987, Nr. 4, S. 30-49

Porter, M.E. (1989): Wettbewerb auf globalen Märkten: Ein Rahmenkonzept, in: Porter, M.E. (Hrsg.): Globaler Wettbewerb, Wiesbaden 1989, S. 17-68

Porter, M.E. (1999a): Wettbewerbsstrategie – Methoden zur Analyse von Branchen und Konkurrenten, 10. Aufl., Frankfurt/Main – NewYork 1999

Porter, M.E. (1999b): Wettbewerbsvorteile, 5. Aufl., Frankfurt/Main 1999

Porter, M.E. (1999c): Nationale Wettbewerbsvorteile. Erfolgreich konkurrieren auf dem Weltmarkt, Wien 1999

Porter, M.E./Fuller, M.B. (1989): Koalitionen und globale Strategien, in: Porter, M.E. (Hrsg.): Globaler Wettbewerb, Wiesbaden 1989, S. 363-399

Porter, M.E./Takeuchi, H. (1989): Die drei Aufgaben des internationalen Marketing im Rahmen einer globalen Unternehmensstrategie, in: Porter, M.E. (Hrsg.): Globaler Wettbewerb: Strategien der neuen Internationalisierung, Wiesbaden 1989, S. 127-164

Poungias, P. (1996): Logistiksysteme westeuropäischer Konsumgüterunternehmen in Osteuropa, Frankfurt/Main u.a. 1996

Presse- und Informationsamt der Bundesregierung (1994): Europäische Union, Europäische Gemeinschaft: Die Vertragstexte von Maastricht mit den deutschen Begleitgesetzen, 3. Aufl., Bonn 1994

Pribilla, P./Reichwald, R./Goecke, R. (1996): Telekommunikation im Management. Strategien für den globalen Wettbewerb, Stuttgart 1996

Probst, G.J.B./Rüling, C.-C. (1999): Joint Ventures und Joint Venture-Management, in: Schaumberg, H. (Hrsg.): Internationale Joint Ventures, Stuttgart 1999, S. 1-33

Purtschert, R. (1974): Qualitätssicherung der Ware, in: Tietz, B. (Hrsg.): HWA, Stuttgart 1974, Sp. 2149-2156

PwC Deutsche Revision (1999): 40 Jahre Investitionsgarantien der Bundesrepublik Deutschland, Jahresbericht 1999, Hamburg 1999
Quambusch, L. (1989): Nicht-tarifäre Handelshemmnisse, in: Macharzina, K./Welge, M.K. (Hrsg.): HWInt, Stuttgart 1989, Sp. 782-799
Raffée, H. (1974a): Grundprobleme der Betriebswirtschaftslehre, Göttingen 1974
Raffée, H. (1974b): Konsumentenverhalten, in: Tietz, B. (Hrsg.): HWA, Stuttgart 1974, Sp. 1025-1044
Raffée, H. (1979): Marketing und Umwelt, Stuttgart 1979
Raffée, H./Wiedmann, K.-P. (1987): Dialoge 2: Konsequenzen für das Marketing, Hamburg 1987
Raffée, H./Wiedmann, K.-P. (1995): Nonprofilt-Marketing, in: Tietz, B./Köhler, R./Zentes, J. (Hrsg.): HWM, 2. Aufl., Stuttgart 1995, Sp. 1929-1942
Rao, A.R./Ruekert, R.W. (1994): Brand Alliances as Signals of Product Quality, in: SMR, 36. Jg., 1994, Nr. 1, S. 87-97
Rapp, R. (2000): Customer Relationship Management, Frankfurt/Main – New York 2000
Rappaport, A. (1999): Shareholder Value, 2. Aufl., Stuttgart 1999
Remmerbach, K.-U. (1990): Value Added Marketing, in: Marktforschung & Management, o.Jg., 1990, Nr. 2, S. 56-60
Richter, H. (2001): Investitionsgütermarketing, München – Wien 2001
Richter, R. (1994): Institutionen ökonomisch analysiert, Tübingen 1994
Richter, R./Furubotn, E.G. (1999): Neue Institutionenökonomik, 2. Aufl., Tübingen 1999
Riebel, P. (1972): Kosten und Preise, 2. Aufl., Opladen 1972
Riebel, P. (1994): Einzelkosten- und Deckungsbeitragsrechnung, 7. Aufl., Wiesbaden 1994
Riedel, J. (1989): Handelskooperation mit Schwellenländern, in: Macharzina, K./Welge, M.K. (Hrsg.): HWInt, Stuttgart 1989, Sp. 1884-1899
Ritter, S. (1995): Coorganisation – gesehen als ECR-Infrastruktur, in: Coorganisation, o.Jg., 1995, Nr. 1, S. 26-30
Robinson, P.J./Faris, C.W./Wind Y. (1967): Industrial Buying and Creative Marketing, Boston, Mass. 1967
Rödel, F.E. (1977): Marktforschung in Entwicklungsländern, in: Behrens, K.Ch. (Hrsg.): HdM, 2. Bd., Wiesbaden 1977, S. 1331-1341
Rogge, H.-J. (2000): Werbung, 5. Aufl., Ludwigshafen 2000
Rook, D.W. (1987): The Buying Impulse, in: Journal of Consumer Research, 14. Jg., 1987, Nr. 2, S. 189-199
Root, F.R. (1994): Entry Strategies for International Markets, Lexington 1994
Rosenberg, G. (1991): Messung der Dienstleistungsqualität durch die Stiftung Warentest, in: Bruhn, M./Stauss, B. (Hrsg.): Dienstleistungsqualität, Wiesbaden 1991, S. 391-409
Rosenstiel, L. v. (1992): Menschenführung im Ausland: Motivation und Führungsstil in Auslandsniederlassungen, in: Kumar, B.N./Haussmann, H. (Hrsg.): HIU, München 1992, S. 825-837
Rosenstiel, L. v./Ewald, G. (1979a): Marktpsychologie, 1. Bd.: Konsumentenverhalten und Kaufentscheidung, Stuttgart u.a. 1979
Rosenstiel, L. v./Ewald, G. (1979b): Marktpsychologie, 2. Bd.: Psychologie der absatzpolitischen Instrumente, Stuttgart u.a. 1979
Rosenstiel, L. v./Kirsch, A. (1996): Psychologie der Werbung, Rosenheim 1996
Roth, R./Gosslar, H. (1979): Zur Anwendung der Pfadanalyse im Marketing, in: Marketing – ZFP, 1. Jg., 1979, S. 48-58

Rühli, E. (1992): Koordination, in: Frese, E. (Hrsg.): HWO, 3. Aufl., Stuttgart 1992, Sp. 1164-1175

Samuelson, P.A. (1964): Volkswirtschaftslehre, 2. Bd., 3. Aufl., Köln 1964

Sandrock, O. (1989): Außenwirtschaftsrecht, in: Macharzina, K./Welge, M.K. (Hrsg.): HWInt, Stuttgart 1989, Sp. 156-172

Sandrock, O. (1992): Internationale Schiedsgerichtsbarkeit bei der Internationalen Unternehmenstätigkeit, in: Kumar, B.N./Haussmann, H. (Hrsg.): HIU, München 1992, S. 141-158

Sauernheimer, K. (1989): Protektionismus, in: Macharzina, K./Welge, M.K. (Hrsg.): HWInt, Stuttgart 1989, Sp. 1760-1770

Schäfer, E. (1978): Der Industriebetrieb, 2. Aufl., Wiesbaden 1978

Schäfer, T. (1995): Auslandsinvestitionen und Währungsrisiken, Wiesbaden 1995

Schär, J. (1923): Allgemeine Handelsbetriebslehre, 5. Aufl., Leipzig 1923

Scheer, A.-W. (1984): Interaktive Methodenbanken: Benutzerfreundliche Datenanalyse in der Marktforschung, in: Zentes, J. (Hrsg.): Neue Informations- und Kommunikationstechnologien in der Marktforschung, Berlin u.a. 1984, S. 105-124

Schenk, H.-O. (1997): Funktionen, Erfolgsbedingungen und Psychostrategien von Handels- und Gattungsmarken, in: Bruhn, M. (Hrsg.): Handelsmarken, 2. Aufl., Stuttgart 1997, S. 71-96

Scheuch, F. (1982): Dienstleistungsmarketing, München 1982

Scheuch, F. (1989): Distributionspolitik, in: Macharzina, K./Welge, M.K. (Hrsg.): HWInt, Stuttgart 1989, Sp. 349-361

Schilling, G. (2000): Das Urheberrecht im Internet, in: 123recht Newsletter, 8. September 2000, S. 1-5

Schlegelmilch, B.B. (1988): Der Zusammenhang zwischen Innovationsneigung und Exportleistung, in: ZfbF, 40. Jg., 1988, Nr. 3, S. 227-242

Schlegelmilch, B.B. (1995): Spendenmarketing, in: Tietz, B./Köhler, R./Zentes, J. (Hrsg.): HWM, 2. Aufl., Stuttgart 1995, Sp. 2325-2341

Schlicksupp, H. (1977): Kreative Ideenfindung in der Unternehmung, Methoden und Modelle, Berlin u.a. 1977

Schmalen, H. (1995): Preispolitik, Stuttgart – Jena 1995

Schmalensee, R. (1984): Gaussian Demand and Commodity Bundling, in: Journal of Business, 57. Jg., 1984, Nr. 1, S. 211-230

Schmid, S. (1996): Chaebol, in: WISU, 26. Jg., 1996, Nr. 4, S. 309

Schmidt, R. (1989a): Internationale Diversifikation, in: Macharzina, K./Welge, M.K. (Hrsg.): HWInt, Stuttgart 1989, Sp. 361-370

Schmidt, R. (1989b): Internationalisierungsgrad, in: Macharzina, K./Welge, M.K. (Hrsg.): HWInt, Stuttgart 1989, Sp. 964-973

Schneider, D. (1992a): Distributionspolitik und Vertriebswege bei internationaler Unternehmenstätigkeit, in: Kumar, B.N./Haussmann, H. (Hrsg.): HIU, München 1992, S. 735-755

Schneider, D. (1995): Internationale Distributionspolitik, in: Hermanns, A./Wißmeier, U.K. (Hrsg.): Internationales Marketing-Management, München 1995, S. 256-280

Schneider, D./Müller, R. (1989): Datenbankgestützte Marktselektion: Eine methodische Basis für Internationalisierungsstrategien, Stuttgart 1989

Schneider, D./Zierlinger, C. (1991): Make-or-Buy-Strategien für F + E. Transaktionsorientierte Überlegungen, Wiesbaden 1991

Schneider, K. (1992b): Internationales Wirtschaftsrecht (IWR) – Begriff, Inhalt und Methoden, in: Schoppe, S.G. (Hrsg.): Kompendium der Internationalen Betriebswirtschaftslehre, 2. Aufl., München – Wien 1992, S. 621-646

Schneider, M. (2000): Financial Engineering, in: Gabler Verlag (Hrsg.): Gabler Wirtschaftslexikon, 15. Aufl., Wiesbaden 2000, S. 1081-1083

Schögel, M. (1997): Mehrkanalsysteme in der Distribution, Wiesbaden 1997

Scholl, R. (1989): Internationalisierungsstrategien, in: Macharzina, K./Welge, M.K. (Hrsg.): HWInt, Stuttgart 1989, Sp. 983-1001

Scholz, C. (1987): Strategisches Management – ein integrativer Ansatz, Berlin u.a. 1987

Scholz, C. (2000a): Personalmanagement, 5. Aufl., München 2000

Scholz, C. (2000b): Strategische Organisation, 2. Aufl., Landsberg/Lech 2000

Scholz, C./Hofbauer, W. (1990): Organisationskultur: Die 4 Erfolgsprinzipien, Wiesbaden 1990

Schoppe, S.G. (Hrsg.) (1998): Kompendium der Internationalen Betriebswirtschaftslehre, 4. Aufl., München 1998

Schrade, A. (1996): Data Warehouse – Die strategische Waffe für den Unternehmenserfolg, in: Office Management, o.Jg., 1996, Nr. 12, S. 50-53

Schrader, J. (1989): Managementberatung, internationale, in: Macharzina, K./Welge, M.K. (Hrsg.): HWInt, Stuttgart 1989, Sp. 1371-1382

Schrader, K. (1971): Psychologische und verhaltensbiologische Grundlagen des Marketing, Berlin u.a. 1971

Schreyögg, G. (1999): Organisation – Grundlagen moderner Organisationsgestaltung, 3. Aufl., Wiesbaden 1999

Schroth, K.D. (1994): Handbuch zum Außenwirtschaftsverkehr, Herne – Berlin 1994

Schroth, K.D. (2001): Das kleine Außenhandels-Lexikon, 2. Aufl., Düsseldorf 2001

Schulz-Rinne, G. (1989): Außenhandelsinformationen, in: Macharzina, K./Welge, M.K. (Hrsg.): HWInt, Stuttgart 1989, Sp. 103-112

Schütte, H./Lasserre, P. (1996): Management-Strategien für Asien-Pazifik, Stuttgart 1996

Schwamborn, S. (1994): Strategische Allianzen im internationalen Marketing, Wiesbaden 1994

Schweiger, G. (1985): Nonverbale Imagemessung, in: W & P, 30. Jg., 1985, Nr. 4, S. 126-134

Schweiger, G./Schrattenecker, G. (1995): Werbung, 4. Aufl., Stuttgart u.a. 1995

Schweitzer, M. (1992): Profit-Center, in: Frese, E. (Hrsg.): HWO, 3. Aufl., Stuttgart 1992, Sp. 2078-2089

Schwellnuß, A. (1993): Preisobergrenzen, in: Horváth, P./Reichmann, T. (Hrsg.): Vahlens Großes Controllinglexikon, München 1993, S. 495-497

Segler, K. (1986): Basisstrategien im internationalen Marketing, Frankfurt/Main – New York 1986

Seyffert, R. (1972): Wirtschaftslehre des Handels, 5. Aufl., Opladen 1972

Sheth, J.N. (1973): A Model of Industrial Buyer Behavior, in: JoM, 37. Jg., 1973, Nr. 10, S. 50-56

Shimizu, T. (1989): Weltweite Qualitätssicherung, in: Macharzina, K./Welge, M.K. (Hrsg.): HWInt, Stuttgart 1989, Sp. 1771-1786

Sieber, E.-H. (1966): Die Internationale Unternehmung, Herne – Berlin 1966

Siebert, H. (1991): Außenwirtschaft, 5. Aufl., Stuttgart 1991

Silberer, G. (1979): Warentest, Informationsmarketing, Verbraucherverhalten, Berlin u.a. 1979

Silberer, G. (1995): Marketing mit Multimedia im Überblick, in: Silberer, G. (Hrsg.): Marketing mit Multimedia, Stuttgart 1995, S. 3-31
Simon, H. (1986): Herausforderungen an die Marketingwissenschaft, in: Marketing – ZFP, 8. Jg., 1986, S. 205-213
Simon, H. (1989): Markteintrittsbarrieren, in: Macharzina, K./Welge, M.K. (Hrsg.): HWInt, Stuttgart 1989, Sp. 1441-1453
Simon, H. (1992): Preismanagement, 2. Aufl., Wiesbaden 1992
Simon, H./Homburg, Ch. (Hrsg.) (1997): Kundenzufriedenheit, Wiesbaden 1997
Sinus Sociovision (2001): Die Sinus Milieus. Kurzinformation, Heiselberg 2001
Skiera, B./Revenstorff, I. (1999): Auktionen als Instrument zur Erhebung von Zahlungsbereitschaften, in: ZfbF, 51. Jg., 1999, Nr. 3, S. 224-242
Sonndorfer, R. (1910): Die Technik des Welthandels, 4. Aufl., 1. Bd., Wien – Leipzig 1910
Spannagel, R./Trommsdorff, V. (1999): Kundenorientierung im Handel, in: Dichtl, E./Lingenfelder, M. (Hrsg.): Meilensteine im deutschen Handel, Frankfurt/Main 1999, S. 57-88
Specht, D./Kahlmann, J. (2000): Regelung kooperativer Tätigkeit im virtuellen Unternehmen, in: ZfB, 70. Jg., 2000, Ergänzungsheft 2, S. 55-73
Specht, G. (1995): Schnittstellenmanagement, in: Tietz, B./Köhler, R./Zentes, J. (Hrsg.): HWM, 2. Aufl., Stuttgart 1995, Sp. 2265-2275
Specht, G. (1998): Distributionsmanagement, 3. Aufl., Stuttgart u.a. 1998
Spekman, R.E./Ford, G.T. (1977): Perception of Uncertainty within a Buying Group, in: IMM, 6. Jg., 1977, S. 395-403
Spiegel, B. (1961): Die Struktur der Meinungsverteilung im sozialen Feld, Stuttgart – Bern 1961
Spiegel-Verlag (Hrsg.) (1982): Der Entscheidungsprozess bei Investitionsgütern, Hamburg 1982
Staehle, W.H. (1999): Management, 8. Aufl., München 1999
Stauss, B. (1995a): Beschwerdemanagement, in: Tietz, B./Köhler, R./Zentes, J. (Hrsg.): HWM, 2. Aufl., Stuttgart 1995, Sp. 226-238
Stauss, B. (1995b): Internes Marketing, in: Tietz, B./Köhler, R./Zentes, J. (Hrsg.): HWM, 2. Aufl., Stuttgart 1995, Sp. 1045-1056
StBA (2000): Statistisches Jahrbuch 2000, Wiesbaden 2000
Stehn, J. (1992): Ausländische Direktinvestitionen in Industrieländern, Tübingen 1992
Steinmann, R./Schreyögg, G. (1997): Management, 4. Aufl., Wiesbaden 1997
Stephan, K.-D. (1999): Vertragsgestaltung bei Internationalen Joint Ventures, in: Schaumberg, H. (Hrsg.): Internationale Joint Ventures, Stuttgart 1999, S. 97-130
Stern, H. (1962): Significance of Impulse Buying Today, in: JoM, 26. Jg., 1962, Nr. 2, S. 59-62
Strothmann, K.-H. (1979): Investitionsgütermarketing, München 1979
Strothmann, K.-H. (1995): Messen und Ausstellungen, in: Tietz, B./Köhler, R./Zentes, J. (Hrsg.): HWM, 2. Aufl., Stuttgart 1995, Sp. 1886-1897
Swoboda, B. (1996a): Interaktive Medien am Point of Sale. Eine verhaltenswissenschaftliche Analyse der Wirkung multimedialer Systeme am Point of Sale, Wiesbaden 1996
Swoboda, B. (1996b): Multimedia: Chancen und Voraussetzungen für Inhome- und Instore-Anwendungen, in: Karrenbauer, R./Lauer, T./Weißgerber, D. (Hrsg.): 2. SaarLorLux Multimedia-Kongreß 1996, Aachen 1996, S. 49-58

Swoboda, B. (1997): Wertschöpfungspartnerschaften in der Konsumgüterwirtschaft. Ökonomische und ökologische Aspekte des ECR-Managements, in: WiSt, 26. Jg., 1997, Nr. 9, S. 449-454
Swoboda, B. (1998a): Globale Transaktion und Wertschöpfung durch Electronic Commerce, in: Zentes, J./Swoboda, B. (Hrsg.): Globales Handelsmanagement, Frankfurt/Main 1998, S. 349-384
Swoboda, B. (1998b): Technologiedynamik als Katalysator der Internationalisierung von Absatzaktivitäten – Status quo und strategische Optionen für den Handel, in: Scholz, Ch./Zentes, J. (Hrsg.): Strategisches Euro-Management, 2. Bd., Stuttgart 1998, S. 3-23
Swoboda, B. (1999): Determinanten und Ausprägungen der zunehmenden Convenienceorientierung von Konsumenten, in: Marketing – ZFP, 21. Jg., 1999, Nr. 2, S. 95-104
Swoboda, B. (2000a): Bedeutung internationaler strategischer Allianzen – Ein dynamischer Ansatz, in: Meyer, J.-A (Hrsg.): Jahrbuch der KMU-Forschung, München 2000, S. 107-129
Swoboda, B. (2000b): Messung von Einkaufsstättenpräferenzen auf der Basis der Conjoint-Analyse, in: DBW, 60. Jg., 2000, Nr. 2, S. 151-168
Swoboda, B. (2000c): Methoden der empirischen Messung der Preissensibilität gegenüber Einkaufsstätten – Verfahrens- und Ergebnisvergleich, in: ZfB, 70. Jg., 2000, Nr. 11, S. 1281-1304
Swoboda, B. (2000d): Multimediale Kiosksysteme – Kommunikationsprozeß, Erfolgsbedingungen und Entwicklungsperspektiven, in: Bliemel, F./Fassott, G./Theobald, A. (Hrsg.): Electronic Commerce: Herausforderungen – Anwendungen – Perspektiven, 3. Aufl., Wiesbaden 2000, S. 421-441
Swoboda, B. (2001a): Dynamische Prozesse der Internationalisierung – Managementtheoretische und empirische Perspektiven des unternehmerischen Wandels, Wiesbaden 2001
Swoboda, B. (2001b): Zahlungssysteme und Wertkettenoptimierung, in: Zentes, J./Swoboda, B. (Hrsg.): Perspektiven der Zentralregulierung, Frankfurt/Main 2001, S. 135-164
Swoboda, B./Morschett, D. (1998): Entwicklungspfade der Handelslogistik: Neuorientierung der Logistikkonzepte international tätiger Handelsunternehmen, in: THEXIS, 15. Jg., 1998, Nr. 1, S. 45-50
Swoboda, B./Morschett, D. (2000): Cross Docking in der Konsumgüterwirtschaft, in: WiSt, 29. Jg., 2000, Nr. 6, S. 331-334
Swoboda, B./Morschett, D. (2001a): Convenience-Oriented Shopping: A Model from the Perspective of Consumer Research, in: Frewer, L.J./Risvik, E./Schifferstein, H. (Hrsg.): Food and People and Society: A European Perspective of Consumers' Food Choices, Berlin u.a. 2001, S. 177-196
Swoboda, B./Morschett, D. (2001b): Prozessorientierung im Handel, in: Baumgarten, H./ Wiendahl, H.-P./Zentes, J. (Hrsg.): Logistik-Management, Berlin u.a. 2001, Kapitel 4.02.02, S. 1-25
Sydow, J. (1992): Strategische Netzwerke, Wiesbaden 1992
Sydow, J. (1995): Franchisingnetzwerke, in: ZfB, 64. Jg., 1994, S. 95-113
Teichert, T.A. (1994): Erfolgspotentiale internationaler F&E-Kooperationen, Wiesbaden 1994
Terlutter, R. (2000): Lebensstilorientiertes Kulturmarketing: Besucherorientierung bei Ausstellungen und Museen, Wiesbaden 2000
Theis, H.-J. (1999): Handels-Marketing, Frankfurt/Main 1999
Theisen, P. (1970): Grundzüge einer Theorie der Beschaffungspolitik, Berlin u.a. 1970

Thomas, A. (1996): Aspekte interkulturellen Führungsverhaltens, in: Bergemann, N./Sourisseaux, A. (Hrsg.): Interkulturelles Management, 2. Aufl., Heidelberg 1996, S. 35-58

Thomas, L. (1979): Conjoint Measurement als Instrument der Absatzforschung, in: Marketing – ZFP, 1. Jg., 1979, S. 199-211

Tietz, B. (1969): Grundlagen der Handelsforschung, 1. Bd.: Die Methoden, Rüschlikon – Zürich 1969

Tietz, B. (1975): Die Grundlagen des Marketing, 2. Bd.: Die Marketing-Politik, München 1975

Tietz, B. (1976): Die Grundlagen des Marketing, 3. Bd.: Das Marketing-Management, München 1976

Tietz, B. (1981): Der Gruppenwettbewerb als Element der Wettbewerbspolitik, Köln u.a. 1981

Tietz, B. (1982): Die Wertedynamik der Konsumenten und Unternehmer in ihren Konsequenzen auf das Marketing, in: Marketing – ZFP, 4. Jg., 1982, S. 91-102

Tietz, B. (1984): Zur Emanzipation des Handels-Marketing vom Hersteller-Marketing, in: Hasitschka, W./Hruschka, H. (Hrsg.): Handels-Marketing, Berlin u.a. 1984, S. 63-79

Tietz, B. (1986): Binnenhandelspolitik, München 1986

Tietz, B. (1989): Internationale Marktforschung, in: Macharzina, K./Welge, M.K. (Hrsg.): HWInt, Stuttgart 1989, Sp. 1453-1468

Tietz, B. (1990): Euro-Marketing. Unternehmensstrategien für den Binnenmarkt, 2. Aufl., Landsberg/Lech 1990

Tietz, B. (1993a): Der Handelsbetrieb, 2. Aufl., München 1993

Tietz, B. (1993b): Marketing, 3. Aufl., Düsseldorf 1993

Tietz, B. (1994): Strukturvertrieb, in: WiSt, 23. Jg., 1994, Nr. 12, S. 629-630

Tietz, B. /Zentes, J. (1974): Marketing-Modelle, in: Tietz, B. (Hrsg.): HWA, Stuttgart 1974, Sp. 1264-1293

Tietz, B./Mathieu, G. (1979): Das Kontraktmarketing als Kooperationsmodell – eine Analyse für die Beziehungen zwischen Konsumgüterindustrie und Handel, Köln u.a. 1979

Tietz, B./Zentes, J. (1980): Die Werbung der Unternehmung, Reinbek bei Hamburg 1980

Tomczak, T. (2000): One to One Marketing – Grundlagen und Perspektiven, in: Zentes, J. (Hrsg.): One to One Marketing – Sinnvoll und umsetzbar?, Ergebnisse 9. Bestfoods TrendForum, Wiesbaden 2000, S. 19-38

Tomczak, T./Dittrich, S. (1996): Die Kundenzufriedenheit als strategischer Erfolgsfaktor, in: Dichtl, E. (Hrsg.): Kundenzufriedenheit, Ergebnisse 2. CPC TrendForum, Mainz 1996, S. 16-36

Tonner, K. (2000): Fernabsatzgesetz, in: Der Betriebs-Berater, o.Jg., 2000, Nr. 28/29, S. 1413-1420

Töpfer, A./Mann, A. (1997): Benchmarking: Lernen von den Besten, in: Töpfer, A. (Hrsg.): Benchmarking: Der Weg zu Best Practice, Berlin u.a. 1997, S. 31-75

Topritzhofer, E. (1989): Kurssicherung, in: Macharzina, K./Welge, M.K. (Hrsg.): HWInt, Stuttgart 1989, Sp. 1238-1254

Trommsdorff, V. (1975): Die Messung von Produktimages für das Marketing, Köln u.a. 1975

Trommsdorff, V. (1995): Positionierung, in: Tietz, B./Köhler, R./Zentes, J. (Hrsg.): HWM, 2. Aufl., Stuttgart 1995, Sp. 2057-2068

Trommsdorff, V. (1998): Konsumentenverhalten, 3. Aufl., Stuttgart 1998

Tümpen, M.M. (1987): Strategische Frühwarnsysteme für politische Auslandsrisiken, Wiesbaden 1987
Urselmann, M. (1998): Efolgsfaktoren in Fundraising von Nonprofit-Organisationen, Wiesbaden 1998
Varian, H.R. (2001): Grundzüge der Mikroökonomie, 5. Aufl., München – Wien 2001
Vershofen, W. (1940): Handbuch der Verbrauchsforschung, 1. Bd.: Grundlagen, Berlin u.a. 1940
Vogt, S. (1994): Lexikon des Wettbewerbsrechts, München 1994
Wacker, W.H./Haussmann, H./Kumar, B.N. (Hrsg.) (1981): Internationale Unternehmungsführung. Managementprobleme international tätiger Unternehmen, Berlin u.a. 1981
Wagner, G.-R. (1978a): Die zeitliche Desaggregation von Beschaffungsentscheidungsprozessen aus der Sicht des Investitionsgütermarketing, in: ZfbF, 30. Jg., 1978, S. 266-289
Wagner, G.-R. (1978b): Lieferzeitpolitik, 2. Aufl., Wiesbaden 1978
Walldorf, E.G. (1992): Die Wahl zwischen unterschiedlichen Formen der internationalen Unternehmer-Aktivität, in: Kumar, B.N./Haussmann, H. (Hrsg.): HIU, München 1992, S. 447-470
Walldorf, E.G. (2000): Gabler Lexikon Auslandsgeschäfte, Wiesbaden 2000
Wangenheim, S. v./Stoi, R.: Das System SAP R/3, in: Controlling, 7. Jg., 1995, Nr. 4, S. 208-215
Warner, W.L./Meeker, M./Eells, K. (1960): Social Class in America, New York 1960
Webster, F.E./Wind, Y. (1972): Organizational Buying Behavior, New Jersey 1972
Weder, R. (1989): Joint Venture, Grüsch 1989
Weiber, R./Kollmann, T. (2000): Wertschöpfungsprozesse und Wettbewerbsvorteile im Marketspace, in: Bliemel, F./Fassott, G./Theobald, A. (Hrsg.): Electronic Commerce, 3. Aufl., Wiesbaden 2000, S. 47-62
Weinberg, P. (1981): Das Entscheidungsverhalten der Konsumenten, Paderborn u.a. 1981
Weinberg, P. (1986): Nonverbale Marktkommunikation, Heidelberg 1986
Welge, M.K. (1980): Management in deutschen multinationalen Unternehmungen: Ergebnisse einer empirischen Untersuchung, Stuttgart 1980
Welge, M.K. (1988): Unternehmensführung, 3. Bd.: Controlling, Stuttgart 1988
Welge, M.K. (1989): Internationale Desinvestitionen, in: Macharzina, K./Welge, M.K. (Hrsg.): HWInt, Stuttgart 1989, Sp. 276-289
Welge, M.K. (1992): Strategien für den internationalen Wettbewerb zwischen Globalisierung und lokaler Anpassung, in: Kumar, N./Haussmann, H. (Hrsg.): HIU, München 1992, S. 569-589
Welge, M.K./Al-Laham, A. (1999): Strategisches Management, 2. Aufl., Wiesbaden 1999
Welge, M.K./Holtbrügge, D. (1998): Internationales Management, Landsberg/Lech 1998
Wiedemann, G. (1989): Kommentar zu den Gruppenfreistellungsverordnungen des EWG-Kartellrechts, 1. Bd., Köln 1989
Wiedmann, K.-P./Kreutzer, R. (1989): Strategische Marketingplanung – Ein Überblick, in: Raffée, H./Wiedmann, K.-P. (Hrsg.): Strategisches Marketing, 2. Aufl., Stuttgart 1989, S. 61-141
Wiezorek, H. (1998): ECR – Eine Aufgabe des Beziehungsmanagement, in: Zentes, J./ Swoboda, B. (Hrsg.): Globales Handelsmanagement, Frankfurt/Main 1998, S. 385-402
Wild, J. (1974): Betriebswirtschaftliche Führungslehre und Führungsmodelle, in: Wild, J. (Hrsg.): Unternehmensführung, Berlin u.a. 1974, S. 141-179
Wildemann, H. (2001): Das Just-In-Time-Konzept, 5. Aufl., München 2001

Wimmer, R.-M. (1980): Wiederholungswirkungen der Werbung, Hamburg 1980
Wind, Y./Douglas, S./Perlmutter, H.V. (1973): Guidelines for Developing International Marketing Strategies, in: JoM, 37. Jg., 1973, April, S. 14-23
Wisdorff, E./Haupt, S. (Hrsg.) (1993): EG-Lexikon, Stuttgart 1993
Wiswede, G. (1972): Soziologie des Verbraucherverhaltens, Stuttgart 1972
Wiswede, G. (1974): Motivforschung, in: Tietz, B. (Hrsg.): HWA, Stuttgart 1974, Sp. 1522-1534
Witte, E. (1973): Organisation für Innovationsentscheidungen, Göttingen 1973
Witte, E. (1976): Kraft und Gegenkraft im Entscheidungsprozeß, in: ZfB, 46. Jg., 1976, S. 319-326
Wittink, D.R./Vriens, M./Burhenne, W. (1994): Commercial use of Conjoint Analysis in Europe: Results and Critical Reflection, in: IJRM, 11. Jg., 1994, S. 41-52
Wittmann, E. (2000): Risikomanagement im internationalen Konzern, in: Dörner, D./Horváth, P./Kagermann, H. (Hrsg.): Praxis des Risikomanagements, Stuttgart 2000, S. 789-820
Wloka, D. (1996): Internet, Multimedia und Virtual Reality – Markt und Trends, in: Karrenbauer, R. u.a. (Hrsg.): 2. SaarLorLux Multimedia-Kongreß 1996, Aachen 1996, S. 107-116
Wöhe, G. (2000): Einführung in die Allgemeine Betriebswirtschaftslehre, 20. Aufl., München 2000
Wöhe, G./Bilstein, J. (1998): Grundzüge der Unternehmensfinanzierung, 8. Aufl., München 1998
Wolfstetter, E. (1996): Auctions: An Introduction, in: Journal of Economic Surveys, 10. Jg., 1996, S. 367-420
Woll, A. (2000): Allgemeine Volkswirtschaftslehre, 13. Aufl., München 2000
Wonigeit, J. (1994): Total Quality Management, Wiesbaden 1994
World Trade Organization (Hrsg.) (1995a): The Results of the Uruguay Round of Multilateral Trade Negotiations. The legal texts, Genf 1995
World Trade Organization (Hrsg.) (1995b): The WTO Dispute Settlement Procedures. A collection of the legal texts, Genf 1995
Wrona, T. (1999): Globalisierung und Strategien der vertikalen Integration, Wiesbaden 1999
Wübker, G. (1999): Sonderangebotspolitik und Preisbündelung, in: ZfbF, 51. Jg., 1999, Nr. 7/8, S. 693-713
Wunsch-Semmler, B. (1995): Entwicklungslinien einer europäischen Arbeitnehmermitwirkung, Baden-Baden 1995
Yip, G. (1989): Global Strategy – In a World of Nations?, in: SMR, 31. Jg., 1989, Fall, S. 29-41
Yüksel, A.S. (2001): Welthandelsorganisation WTO (GATT), Frankfurt/Main 2001
Zentes, J. (1980): Außendienststeuerung, Stuttgart 1980
Zentes, J. (1986): Verkaufsmanagement in der Konsumgüterindustrie, in: DBW, 46. Jg., 1986, S. 21-28
Zentes, J. (1987): EDV-gestütztes Marketing, Berlin u.a. 1987
Zentes, J. (1989a): Marketinginstrumente, in: Macharzina, K./Welge, M.K. (Hrsg.): HWInt, Stuttgart 1989, Sp. 1395-1412
Zentes, J. (1989b): Trade-Marketing, in: Marketing – ZFP, 11. Jg., 1989, Nr. 4, S. 224-229
Zentes, J. (1991): Computer Integrated Merchandising – Neuorientierung der Distributions-

konzepte im Handel und in der Konsumgüterindustrie, in: Zentes, J. (Hrsg.): Moderne Distributionskonzepte in der Konsumgüterwirtschaft, Stuttgart 1991, S. 3-15

Zentes, J. (1992a): Kooperative Wettbewerbsstrategien im internationalen Konsumgütermarketing, in: Zentes, J. (Hrsg.): Strategische Partnerschaften im Handel, Stuttgart 1992, S. 3-32

Zentes, J. (1992b): Ost-West Joint Ventures als strategische Allianzen, in: Zentes, J. (Hrsg.): Ost-West Joint Ventures, Stuttgart 1992, S. 3-23

Zentes, J. (1993a): Eintritts- und Bearbeitungsstrategien für osteuropäische Konsumgütermärkte, in: Tietz, B./Zentes, J. (Hrsg.): Ost-Marketing, Düsseldorf u.a. 1993, S. 63-101

Zentes, J. (1993b): Marketing-Informationssysteme, in: Wittmann, W./Kern, W./Köhler, R. u.a. (Hrsg.): HWB, 5. Aufl., Stuttgart 1993, S. 2706-2720

Zentes, J. (1995a): Außenhandel, in: Tietz, B./Köhler, R./Zentes, J. (Hrsg.): HWM, 2. Aufl., Stuttgart 1995, Sp. 130-143

Zentes, J. (1995b): Der Handel in der Informationsgesellschaft, in: Becker, U. u.a. (Hrsg.): Top-Trends. Die wichtigsten Trends für die nächsten Jahre, Düsseldorf – München 1995, S. 221-240

Zentes, J. (1995c): Internationales Marketing, in: Tietz, B./Köhler, R./Zentes, J. (Hrsg.): HWM, 2. Aufl., Stuttgart 1995, Sp. 1031-1045

Zentes, J. (1995d): Wettbewerbsstrategien auf europäischen Märkten, in: Scholz, C./Zentes, J. (Hrsg.): Strategisches Euro-Management, Stuttgart 1995, S. 3-30

Zentes, J. (1996a): Convenience Shopping – Ein neuer Einkaufstrend?, in: Trommsdorff, V. (Hrsg.): Handelsforschung 1996/97: Positionierung im Handel, Wiesbaden 1996, S. 227-236

Zentes, J. (1996b): ECR – eine neue Zauberformel?, in: Töpfer, A. (Hrsg.): Efficient Consumer Response (ECR), Ergebnisse 1. CPC TrendForum, Mainz 1996, S. 24-46

Zentes, J. (1998): Marketing, in: Bitz, M. u.a. (Hrsg.): Vahlens Kompendium der Betriebswirtschaftslehre, 1. Bd., 4. Aufl., München 1998, S. 329-409

Zentes, J. (2000): Ergebnisse des HandelsMonitor, in: Baumgarten, H./Wiehndahl, H.P./Zentes, J. (Hrsg.): Logistik-Management, Berlin u.a. 2000, Kapitel 3.05.03, S. 1-14

Zentes, J. (2001): Stand und Entwicklungstendenzen der Zentralregulierung, in: Zentes, J./ Swoboda, B. (Hrsg.): Perspektiven der Zentralregulierung, Frankfurt/Main 2001, S. 3-23

Zentes, J. (2002): Preisgrenzen, in: Küpper, H.-U./Wagenhofer, A. (Hrsg.): HWUC, 4. Aufl., Stuttgart 2002

Zentes, J. (Hrsg.) (1997): Mitarbeiterzufriedenheit = Kundenzufriedenheit: Eine Wechselbeziehung?, Ergebnisse 6. CPC TrendForum, Mainz 1997

Zentes, J./Ferring, N. (1995): Internationales Handelsmarketing, in: Hermanns, A./Wißmeier, U.K. (Hrsg.): Internationales Marketing-Management, München 1995, S. 410-436

Zentes, J./Ferring, N./Janz, M. (2001): Vertriebssysteme im Dienstleistungsbereich, in: Bruhn, M./Meffert, H. (Hrsg.): Handbuch Dienstleistungsmanagement, 2. Aufl., Wiesbaden 2001, S. 661-686

Zentes, J./Janz, M./Morschett, D. (1999): Neue Dimensionen des Handelsmarketing, Saarbrücken – Walldorf 1999

Zentes, J./Janz, M./Morschett, D. (2000a): Neue Dimensionen des Konsumgütermarketing, Saarbrücken – Walldorf 2000

Zentes, J./Janz, M./Morschett, D. (2000b): HandelsMonitor 2001: Retail Branding – Der Handel als Marke, Frankfurt/Main 2000

Zentes, J./Schramm-Klein, H. (2001): Multi-Channel-Retailing – Ausprägungen und Trends, in: Hallier, B. (Hrsg.): Praxisorientierte Handelsforschung, Köln 2001, S. 290-296

Zentes, J./Swoboda, B. (1998): HandelsMonitor I/98: Wo wird Handel im Jahre 2005 ›gemacht‹?, Frankfurt/Main 1998

Zentes, J./Swoboda, B. (1999a): Motive und Erfolgsgrößen internationaler Kooperationen mittelständischer Unternehmen – Überprüfung kontingenztheoretischer Hypothesen, in: DBW, 59. Jg., 1999, Nr. 1, S. 44-60

Zentes, J./Swoboda, B. (1999b): Neue Vertriebswege aus Sicht des Einzelhandels – Erscheinungsformen, Herausforderungen und Strategieoptionen des Handels, in: Tomczak, T. u.a. (Hrsg.): Alternative Vertriebswege, St. Gallen 1999, S. 40-58

Zentes, J./Swoboda, B. (1999c): Neuere Entwicklungen im Handelsmanagement – Umfeldbedingungen und Strategische Konzepte, in: Marketing – ZFP, 21. Jg., 1999, Nr. 1, S. 75-90

Zentes, J./Swoboda, B. (1999d): Standort und Ladengestaltung, in: Dichtl, E./Lingenfelder, M. (Hrsg.): Meilensteine im deutschen Handel. Erfolgsstrategien – gestern, heute und morgen, Frankfurt/Main 1999, S. 89-121

Zentes, J./Swoboda, B. (2000a): Allied Groups on the Road to Complex Networks, in: Technology in Society, 22. Jg., 2000, Nr. 1, S. 133-150

Zentes, J./Swoboda, B. (2000b): Auswirkungen des Electronic Commerce auf den Handel, in: DBW, 60. Jg., 2000, Nr. 6, S. 687-706

Zentes, J./Swoboda, B. (2000c): Hersteller-Handels-Beziehungen aus markenpolitischer Sicht, in: Esch, F.-R. (Hrsg.): Moderne Markenführung, 2. Aufl., Wiesbaden 2000, S. 801-823

Zentes, J./Swoboda, B. (2000d): Kundenbindung im vertikalen Marketing, in: Bruhn, M./ Homburg, Ch. (Hrsg.): Handbuch Kundenbindungsmanagement, 3. Aufl., Wiesbaden 2000, S. 173-200

Zielke, A. (1992): Erfolgsfaktoren internationaler Joint-Ventures, Frankfurt/Main 1992

Ziener, M. (1985): Controlling im multinationalen Unternehmen, Landsberg/Lech 1985

Zimmer, D. (1979): Personalmarketing, in: Marketing – ZFP, 1. Jg., 1979, Nr. 3, S. 245-255

Zimmermann, C. (2001): Controlling in international tätigen mittelständischen Unternehmen – Einführung, Gestaltung, Performance, Wiesbaden 2001

Zinzius, B. (1996): Der Schüssel zum chinesischen Markt, Wiesbaden 1996

Zippel, K. (1998): Internationales Transportrecht, in: Schoppe, S.G. (Hrsg.): Kompendium der Internationalen Betriebswirtschaftslehre, 4. Aufl., München – Wien 1998, S. 677-698

Neuere Veröffentlichungen (Auswahl)

Der Handel in der Informationsgesellschaft, in: Becker, U. u.a. (Hrsg.): Top-Trends. Die wichtigsten Trends für die nächsten Jahre, Metropolitan 1995, S. 221-240 (Joachim Zentes);

Handwörterbuch des Marketing, 2. Aufl., Schäffer-Poeschel 1995, (Bruno Tietz/Richard Köhler/Joachim Zentes, Hrsg.);

Internationales Handelsmarketing, in: Hermanns, A./Wißmeier, U.K. (Hrsg.): Internationales Marketing-Management, Vahlen 1995, S. 410-436 (Joachim Zentes/Natascha Ferring);

Multimediale Systeme im Handel: Das Erlebnis bestimmt die Wirkung, in: Absatzwirtschaft, 12/1995, S. 80-86 (Bernhard Swoboda);

Strategisches Euro-Management, Schäffer-Poeschel 1995 (Christian Scholz/Joachim Zentes, Hrsg.);

Akzeptanzmessung bei modernen Informations- und Kommunikationstechnologien, THEXIS. Fachbericht für Marketing, Nr. 3, St. Gallen 1996 (Bernhard Swoboda);

Convenience Shopping – Bedrohung oder Chance für den LEH?, Ergebnisse 3. CPC Trend-Forum, SF-Verlag 1996 (Joachim Zentes, Hrsg.);

GDI-Trendbuch Handel No. 1, Metropolitan 1996 (Joachim Zentes/Hans-Peter Liebmann, Hrsg.);

ECR – eine neue Zauberformel?, in: Töpfer, A. (Hrsg.): Efficient Consumer Response (ECR), Ergebnisse 1. CPC TrendForum, SF-Verlag 1996, S. 24-46 (Joachim Zentes);

Informationssysteme, Kriterien für die Implementierung: Ein neues Marketing-Instrument, in: Gablers Magazin, 3/1996, S. 23-26 (Bernhard Swoboda);

Interaktive Medien am Point of Sale – Eine verhaltenswissenschaftliche Analyse der Wirkung multimedialer Systeme, Gabler 1996 (Bernhard Swoboda);

Multimedia-Verkaufsterminals in der Musikindustrie, HighText 1996 (Bernhard Swoboda);

Wirkungen interaktiver Selbstinformationsmedien am PoS. Strukturelle Analyse und empirische Befunde, in: Marketing – ZFP, 4/1996, S. 253-266 (Bernhard Swoboda);

Auswirkungen der Ladenwahrnehmung auf Kaufverhalten und Einkaufszufriedenheit, in: Trommsdorff, V. (Hrsg.): Jahrbuch der Handelsforschung 1997/98, Gabler 1997, S. 315-339 (Bernhard Swoboda);

Grundbegriffe des Internationalen Managements, Schäffer-Poeschel 1997 (Joachim Zentes/Bernhard Swoboda);

Mitarbeiterzufriedenheit = Kundenzufriedenheit: Eine Wechselbeziehung?, Ergebnisse 6. CPC TrendForum, SF-Verlag 1997 (Joachim Zentes, Hrsg.);

Multimediale Systeme im Handel. Einsatzgebiete und Wirkung elektronischer POS-Kundeninformationssysteme, in: WISU, 1/1997, S. 50-55; S. 81-82 (Bernhard Swoboda);

Wertschöpfungspartnerschaften in der Konsumgüterwirtschaft. Ökonomische und ökologische Aspekte des ECR-Managements, in: WiSt, 9/1997, S. 449-454 (Bernhard Swoboda);

Conditions of consumer information seeking: Theoretical foundations and empirical results of using interactive multimedia systems, in: The International Review of Retail, Distribution and Consumer Research, 4/1998, S. 361-381 (Bernhard Swoboda);

Entwicklungspfade der Handelslogistik: Neuorientierung der Logistikkonzepte international tätiger Handelsunternehmen, in: THEXIS, 1/1998, S. 45-50 (Bernhard Swoboda/ Dirk Morschett);

Globales Handelsmanagement, Deutscher Fachverlag 1998 (Joachim Zentes/Bernhard Swoboda, Hrsg.);

HandelsMonitor I/98: Wo wird Handel im Jahre 2005 ‚gemacht'?, Deutscher Fachverlag 1998 (Joachim Zentes/Bernhard Swoboda);

Marketing, in: Vahlens Kompendium der Betriebswirtschaftslehre, 4. Aufl., Vahlen 1998, S. 329-409 (Joachim Zentes);

Multimedia Customer Information Systems at the Point of Sale: Selected Results of an Impact Analysis, in: Englis, B.G./Olofsson, A. (Hrsg.): European Advances in Consumer Research, Provo, UT 1998, S. 239-249 (Bernhard Swoboda);

Status Quo und Trends in der Szenen-Gastronomie, Meininger Verlag 1998 (Joachim Zentes/Christian Zimmermann);

Strategisches Euro-Management, 2. Bd., Schäffer-Poeschel 1998 (Christian Scholz/Joachim Zentes, Hrsg.);

Technologiedynamik als Katalysator der Internationalisierung von Absatzaktivitäten, in: Scholz, Ch./Zentes, J. (Hrsg.): Strategisches Euro-Management, 2. Bd., Schäffer-Poeschel 1998, S. 3-23 (Bernhard Swoboda);

Totalrelaunch des Handels, in: Absatzwirtschaft, 1998, Sondernummer Oktober, S. 24-30 (Joachim Zentes/Bernhard Swoboda);

Determinanten und Ausprägungen der zunehmenden Convenienceorientierung von Konsumenten, in: Marketing – ZFP, 2/1999, S. 95-104 (Bernhard Swoboda);

Die Struktur des Handels, in: Hermann, A. u.a. (1999): Handbuch Mode-Marketing, 2. Aufl., Deutscher Fachverlag 1999, S. 259-313 (Joachim Zentes/Joachim Hurth);

HandelsMonitor 2000: Wie wird Handel im Jahre 2005 ›gemacht‹?, Verlag der Lebensmittelzeitung 1999 (Hans-Peter Liebmann/Joachim Zentes);

Motive und Erfolgsgrößen internationaler Kooperationen mittelständischer Unternehmen – Überprüfung kontingenztheoretischer Hypothesen, in: DBW, 1/1999, S. 44-60 (Joachim Zentes/Bernhard Swoboda);

Neue Vertriebswege aus Sicht des Einzelhandels – Erscheinungsformen, Herausforderungen und Strategieoptionen des Handels, in: Tomczak, T. u.a. (Hrsg.): Alternative Vertriebswege, Thexis Fachbuch, St. Gallen 1999, S. 40-58 (Joachim Zentes/Bernhard Swoboda);

Neuere Entwicklungen im Handelsmanagement – Umfeldbedingungen und Strategische Konzepte, in: Marketing – ZFP, 1/1999, S. 75-90 (Joachim Zentes/Bernhard Swoboda);

Standort und Ladengestaltung, in: Dichtl, E./Lingenfelder, M. (Hrsg.): Meilensteine im deutschen Handel. Erfolgsstrategien gestern, heute und morgen, Deutscher Fachverlag 1999, S. 89-121 (Joachim Zentes/Bernhard Swoboda);

Vertikale Kooperationen in Logistik und Marketing, in: Kaapke, A./Froböse, M. (Hrsg.): Fallstudien zum Handelsmanagement, Kohlhammer 1999, S. 35-48 (Joachim Zentes/ Bernhard Swoboda);

Allied Groups on the Road to Complex Networks, in: Technology in Society, 1/2000, S. 133-150 (Joachim Zentes/Bernhard Swoboda);

Auswirkungen des Electronic Commerce auf den Handel, in: DBW, 6/2000, S. 687-706 (Joachim Zentes/Bernhard Swoboda);

Bedeutung internationaler strategischer Allianzen – Ein dynamischer Ansatz, in: Meyer, J.-A. (Hrsg.): Jahrbuch der KMU-Forschung, Vahlen 2000, S. 107-129 (Bernhard Swoboda);

Cross Docking in der Konsumgüterwirtschaft, in: WiSt, 6/2000, S. 331-334 (Bernhard Swoboda/Dirk Morschett);

Fallstudien zum Internationalen Management, Gabler 2000 (Joachim Zentes/Bernhard Swoboda, Hrsg.);

HandelsMonitor 2001: Retail Branding – der Handel als Marke, Deutscher Fachverlag 2000 (Joachim Zentes/Markus Janz/Dirk Morschett);

Hersteller-Handels-Beziehungen aus markenpolitischer Sicht, in: Esch, Franz-Rudolph (Hrsg.): Moderne Markenführung, 2. Aufl., Gabler 2000, S. 801-823 (Joachim Zentes/Bernhard Swoboda);

Kundenbindung im vertikalen Marketing, in: Bruhn, M./Homburg, Ch. (Hrsg.): Handbuch Kundenbindungsmanagement, 3. Aufl., Gabler 2000, S. 173-200 (Joachim Zentes/Bernhard Swoboda);

Liberalisierung und Deregulierung – Antriebskräfte der Globalisierung des Handels, in: Foscht, Th./Jungwirth, G./Schnedlitz, P. (Hrsg.): Zukunftsperspektiven für das Handelsmanagement, Deutscher Fachverlag 2000, S. 39-54 (Joachim Zentes/Bernhard Swoboda);

Logistik-Management, Springer 2000 (Helmut Baumgarten/Hans-Peter Wiendahl/Joachim Zentes, Hrsg.);

Messung von Einkaufsstättenpräferenzen auf der Basis der Conjoint-Analyse, in: DBW, 2/2000, S. 151-168 (Bernhard Swoboda);

Methoden der empirischen Messung der Preissensibilität gegenüber Einkaufsstätten – Verfahrens- und Ergebnisvergleich, in: ZfB, 11/2000, S. 1281-1304 (Bernhard Swoboda);

Multimediale Kiosksysteme – Kommunikationsprozess, Erfolgsbedingungen und Entwicklungsperspektiven, in: Bliemel, F./Fassott, G./Theobald, A. (Hrsg.): Electronic Commerce, 3. Aufl., Gabler 2000, S. 421-441 (Bernhard Swoboda);

One to One Marketing – Sinnvoll und umsetzbar?, Ergebnisse 9. Bestfoods TrendForum, TrendForum Verlag 2000 (Joachim Zentes, Hrsg.);

Unterschiedliche Perspektiven und Ebenen der Erfolgsmessung, in: DBW, 1/2000, S. 128-133 (Joachim Zentes/Bernhard Swoboda);

Bedeutungswandel des Internationalen Marketing, in: Frankfurter Allgemeine Zeitung, 11. Juni 2001, S. 33 (Joachim Zentes/Bernhard Swoboda);

Convenience-Oriented Shopping: A Model from the Perspective of Consumer Research, in: Frewer, L.J. u.a. (Hrsg.): Food and People and Society: A European Perspective, Springer 2001, S. 177-196 (Bernhard Swoboda/Dirk Morschett);

Dynamische Prozesse der Internationalisierung – Managementtheoretische und empirische Perspektiven des unternehmerischen Wandels, Gabler 2001 (Bernhard Swoboda);

Electronic Commerce im Handel, in: Belz, Ch./Tomczak, T./Schögel, M. (Hrsg.): Roadm@p to E-Commerce, Thexis Fachbuch 2001 (Bernhard Swoboda/Janz Markus);

Entry and Cooperative Strategies in International Business Expansion, in: Management International Review, 2001 (Bernhard Swoboda);

Handelsmanagement, Vahlen 2001 (Hans-Peter Liebmann/Joachim Zentes);
Multi-Channel-Retailing – Ausprägungen und Trends, in: Hallier, B. (Hrsg.): Praxisorientierte Handelsforschung, Köln 2001, S. 290-298 (Joachim Zentes/Hanna Schramm-Klein);
Neuorientierung des Internationalen Marketing, in: Frankfurter Allgemeine Zeitung 11. Juni 2001, Nr. 133, S. 33 (Joachim Zentes/Bernhard Swoboda);
Perspektiven der Zentralregulierung, Deutscher Fachverlag 2001 (Joachim Zentes/Bernhard Swoboda, Hrsg.);
Prozessorientierung im Handel, in: Baumgarten, H./Wiendahl, H.-P./Zentes, J. (Hrsg.): Logistik-Management, Springer 2001, Kapitel 4.02.02, S. 1-25 (Bernhard Swoboda/Dirk Morschett);
Retailing and Distribution in Europe, The Third AFM French-German Conference, Saint-Malo(Gérard Cliquet/Joachim Zentes, Hrsg.);
Urban Entertainment Center, in: WiSt, 2/2001, S. 105-108 (Bernhard Swoboda/Dirk Morschett);
Vertiefung und Reduktion der Engagements in Auslandsmärkten – Ausprägungen und Gründe der Penetration und De-Investition, in: Grabner-Kräuter, S./Wührer, G.A. (Hrsg.): Trends im internationalen Management: Strategien, Trauner 2001 (Joachim Zentes/Bernhard Swoboda);
Vertriebssysteme im Dienstleistungsbereich, in: Bruhn, M./Meffert, H. (Hrsg.): Handbuch Dienstleistungsmanagement, 2. Aufl., Gabler 2001, S. 661-686 (Joachim Zentes/Natascha Ferring/Markus Janz);
Arbeitsbuch zum Marketing-Management, Schäffer-Poeschel 2002 (Bernhard Swoboda);
B2B-Handel: Perspektiven des Groß- und Außenhandels, Deutscher Fachverlag 2002 (Joachim Zentes/Dirk Morschett/Bernhard Swoboda, Hrsg.);
Convenience-orientation – Consumer Preferences, Theoretical Model and Measurement with Conjoint Analysis, in: Gröppel, A./Esch, F.-R. (Hrsg.): European Advances in Consumer Research, Provo, UT 2002 (Bernhard Swoboda);
Einordnung des Pay on Scan-Konzeptes in die modernen Ansätze zur unternehmensübergreifenden Wertkettenoptimierung in der Konsumgüterwirtschaft, in: Trommsdorff, V. (Hrsg.): Handelsforschung 2001/2002, Gabler 2002 (Bernhard Swoboda/Markus Janz);
Informations- und Kommunikationssysteme moderner Verbundgruppen, in: Möhlenbruch, D. (Hrsg.): Informationsmanagement im Handel, Gabler 2002 (Joachim Zentes/Bernhard Swoboda);
Preisgrenzen, in: Küpper, H.-U./Wagenhofer, A. (Hrsg.): Handwörterbuch Unternehmensrechnung und Controlling, 4. Aufl., Schäffer-Poeschel 2002 (Joachim Zentes);
Strategic Management – A European Perspective, 3. Bd., Gabler 2002 (Scholz, Christian/Zentes, Joachim, Hrsg.);
The Relevance of Timing and Time in International Business – Analysis of Different Perspectives and Results, in: Scholz, Ch./Zentes, J. (Hrsg.): Strategic Management – A European Perspective, 3. Bd., Gabler 2002 (Bernhard Swoboda).

Stichwortverzeichnis

Angaben zu den Autoren

Univ.-Professor Dr. Joachim Zentes
Inhaber des Lehrstuhls für Betriebswirtschaftslehre, insbesondere Außenhandel und Internationales Management, Direktor des Instituts für Handel und Internationales Marketing, Geschäftsführender Direktor des Europa-Instituts, Sektion Wirtschaftswissenschaft, der Universität des Saarlandes, Saarbrücken.

Privatdozent Dr. Bernhard Swoboda
Wissenschaftlicher Assistent am Lehrstuhl für Betriebswirtschaftslehre, insbesondere Außenhandel und Internationales Management, Wissenschaftlicher Mitarbeiter am Institut für Handel und Internationales Marketing, Dozent am Europa-Institut, Sektion Wirtschaftswissenschaft, der Universität des Saarlandes, Saarbrücken.